Master Craftsman Machinery Maintenance

최신 출제기준에 맞춘
최고의 수험서

최신 개정판

국가기술자격시험 한 권으로 끝내기!

기계가공 기능장 필기

정연택 · 손일권 · 조영배 · 전준규 공저

📢 핵심 포인트

- SI 단위 적용
- 체계적인 단원 분류 및 요약 · 정리
- 다년간의 실무와 강의 경험이 풍부한 최상급 저자
- 단원별 엄선된 출제 예상 문제 수록 및 상세한 해설
- 2006년 기출 문제부터
  2019년 기출 문제 복원 수록

 질의응답 사이트 운영 http://www.kkwbooks.com(도서출판 건기원)
본서로 공부하면서 내용에 의문점이나 이해가 되지 않는 부분에 관하여 질의응답을 원하는
분은 위 사이트로 문의하시면 항상 감사하는 마음으로 정성껏 답하여 드리겠습니다.

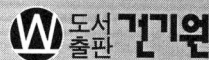

머리말

세계화라는 큰 흐름 속에 컴퓨터산업의 발달로 CAD(Computer Aided Design)/ CAM(Computer Aided Manufacturing)의 응용범위가 더욱 확대되면서 국가 간의 경쟁력은 더욱 치열해지고 있고 현대 산업사회에서 적응하기가 더욱 힘든 실정이다.

제조업 중에서 가장 중요한 기계가공분야는 끊임없는 연구노력과 기술개발 및 발전을 더욱 요구되어가고 있으며 이러한 자기개발을 위하여 기능장 자격증의 도전은 수검자들에게 새로운 성취의욕이 될 것으로 판단된다.

본서는 수년간의 실무경험과 강의경험을 통해 열악한 환경과 모자라는 시간 속에서 기계가공기능장를 준비하는 수험생들에게 단기간에 가장 효율적인 학습이 되도록 구성하였고 수험자가 반드시 알아야 할 중요한 내용을 요약 정리하였으며, 엄선된 예상문제를 선정 수록하여 기계가공기능장 시험에 대비할 수 있도록 최선을 다하였다.

[본 교재의 특징]
- 수험자가 단기간에 완성할 수 있도록 한국산업인력공단의 출제기준안에 의하여 각 과목별로 체계적인 단원분류 및 요약·정리하였다.
- 각 단원별 엄선된 출제 예상문제를 수록하고 상세한 해설로 문제 해결을 쉽게 할 수 있도록 하였다.
- 국제적으로 일반화된 SI 단위를 적용하였다.

본 교재를 충분히 공부하여 기계가공기능장 자격시험에 합격되시기를 기원하며 차후 변경되는 출제경향 및 과년도 문제 등을 수록하여 계속 보완하도록 하겠습니다. 끝으로 본서를 출간함에 있어 도움을 주시고 지도하여 주신 모든 선·후배님들께 감사를 드리며 도서출판 건기원 직원 여러분에게 진심으로 감사를 드린다.

저 자 씀

기계가공기능장 출제기준

1. 검정방법 : 필기

○ 직무분야 : 기계	○ 자격종목 : 기계가공기능장	○ 적용기간 : 2017. 1. 1 ~ 2020. 12. 31
○ 직무내용 : 기계가공에 관한 최상급 숙련기능을 가지고 산업현장에서 작업관리, 소속기능자의 지도 및 감독, 현장훈련, 환경관리, 경영층과 생산계층을 유기적으로 결합시켜 주는 현장의 중간관리 등의 직무수행		
○ 필기시험방법(문제수) : 객관식(60문제)		○ 시험시간 : 1시간

필기과목명	문제수	주요항목	세부항목	세세항목

절삭기계가공법, 공유압, 치공구, CAD/CAM, 절삭재료, 자동화생산시스템 및 측정, 공업경영에 관한 사항	60	1. 절삭기계 가공법	1. 공작기계 및 절삭이론	1. 공작기계의 기본운동과 절삭이론
				2. 칩의 형상과 구성인선
				  1) 칩의 종류 및 특성
				  2) 구성인선의 발생 및 방지법
				3. 절삭공구 및 공구수명
				  1) 절삭공구의 종류 및 특징
				  2) 공구재료 및 공구수명
				  3) 표면거칠기
				  4) 공구의 파손 등
				4. 절삭온도와 절삭유
				  1) 절삭온도
				  2) 절삭유의 종류 및 특성
				  3) 급유방법
				5. 절삭조건
				  1) 절삭속도
				  2) 이송(feed)
				  3) 절삭깊이
				6. 절삭력과 절삭동력

			2. 절삭기계 가공법	1. 공작기계의 검사 및 유지보수
				2. 선반의 개요
				3. 선반작업법
				4. 밀링의 개요
				5. 밀링작업법
				6. 연삭 작업
				7. 연삭숫돌
				8. 기타 기계가공
				  1) 드릴링 머신
				  2) 보링머신
				  3) 기어가공기
				  4) 브로칭머신
				  5) 고속가공기 등

			3. 정밀입자가공 및 특수가공	1. 래핑 및 배럴가공 2. 호닝 및 슈퍼피니싱 3. 전기 및 화학 가공법 4. 기타 특수가공

필기과목명	문제수	주요항목	세부항목	세세항목
		2. 절삭 재료	1. 철강재료	1. 탄소강의 특성 및 용도 2. 특수강의 특성 및 용도 3. 주철의 특성 및 용도 4. 기계재료 시험법
			2. 탄소강의 열처리	1. 탄소강의 열처리
			3. 탄소강의 표면처리	1. 탄소강의 표면처리
			4. 비철금속재료	1. 구리(銅)와 그 합금의 특성과 용도 2. 알루미늄과 그 합금의 용도 3. 마그네슘과 그 합금 4. 티타늄과 그 합금 5. 니켈과 그 합금 6. 기타 비철금속재료와 그 합금

		3. 공유압	1. 유압기기의 종류와 특징	1. 유압기기
				  1) 유압펌프의 종류와 특징
				  2) 유압제어밸브의 종류와 특징
				2. 유압액추에이터
				  1) 유압작동유
				3. 유압기기 표시법 및 유압회로

			2. 공압, 회로 및 장치	1. 공압장치
				  1) 공기압 발생장치
				  2) 압축공기 조절장치
				  3) 제어밸브
				  4) 공기압 작업 요소
				  5) 부속기기
				2. 공압기기 표시법 및 공압회로

		4. 치공구	1. 치공구	1. 치공구 설계의 개요
				  1) 치공구 설계의 목적
				  2) 치공구의 기능
				  3) 치공구의 경제성
				2. 치공구의 종류 및 특징
				  1) 지그고정구
				  2) 드릴부시
				  3) 템플레이트 지그
				  4) 플레이트 지그
				  5) 채널지그 및 박스지그
				  6) 바이스죠오지그 및 고정구
				  7) 특수형의 치공구
				3. 게이지
				  1) 게이지의 종류
				  2) 게이지 설계
				4. 치공구의 구성요소

			2. 공작물의 관리	1. 공작물의 관리
				  1) 위치결정
				  2) 공차관리

필기과목명	문제수	주요항목	세부항목	세세항목
		5. CAD/CAM	1. CAD 작업	1. CAD용 H/W 　1) 그래픽 입력장치, 출력장치 　2) CAD 시스템의 구성방식 　　(1) 컴퓨터 시스템 　　(2) 데이터 저장장치 2. CAD용 S/W 　1) CAD시스템에 의한 도형처리 및 정의 　2) CAD/CAM 인터페이스
			2. CAM 작업 및 안전	1. CNC공작기계 　1) 구 조 　2) 서보기구 　3) 보간법 2. CNC선반 프로그래밍 하기 3. 머시닝센터 프로그래밍 하기 4. CNC가공일반 및 작업안전 　1) DNC 　2) NC데이터 생성 　3) CNC작업안전
		6. 자동화 시스템	1. 자동화 시스템	1. 자동화 시스템의 개요 2. 제어 시스템의 개요 3. 센서 4. 자동화시스템 보수유지
		7. 측정	1. 기본 측정의 특성 및 용도	1. 길이의 측정 　1) 측정단위 및 오차 　2) 버니어캘리퍼스 및 마이크로미터 　3) 공차와 끼워맞춤 　4) 다이얼게이지 　5) 기타 게이지 2. 각도의 측정 　1) 각도의 종류와 기준게이지 　2) 각도기 　3) 수준기 　4) 오토콜리메이터 　5) 공구현미경과 투영기 　6) Sine bar 와 Tangent bar 　7) Taper의 측정법 3. 표면거칠기 측정 4. 나사의 측정 　1) 수나사 측정 　2) 암나사 측정 5. 기어의 측정 및 형상공차
		8. 공업경영	1. 품질관리	1. 통계적 방법의 기초 2. 샘플링 검사 3. 관리도

필기과목명	문제수	주요항목	세부항목	세세항목
			2. 생산관리	1. 생산계획 2. 생산통제
			3. 작업관리	1. 작업방법연구 2. 작업시간연구 3. 작업안전
			4. 기타공업경영에 관한 사항	1. 기타공업경영에 관한 사항

2. 검정방법 : 실기

○ 직무분야 : 기계	○ 자격종목 : 기계가공기능장	○ 적용기간 : 2017. 1. 1 ~ 2020. 12. 31

○ 직무내용 : 기계가공에 관한 최상급 숙련기능을 가지고 산업현장에서 작업관리, 소속기능자의 지도 및 감독, 현장훈련, 환경관리, 경영층과 생산계층을 유기적으로 결합시켜 주는 현장의 중간관리 등의 직무 수행
○ 수행준거 : 1) 기계장치 및 부품도면을 분석하고 가공공정계획을 수립하여 작업 지시서를 작성할 수 있다.
2) CAD/CAM 시스템을 활용하여 2차원 및 3차원 도면을 작성하고 가공데이터를 생성할 수 있다.
3) 선반 및 CNC선반, 밀링 및 머시닝센터를 사용하여 절삭조건에 따라 부품을 가공할 수 있다.
4) 측정기구를 사용하여 설계도면에 따라 완성된 제작부품을 측정할 수 있다.
5) 장비지침서에 의하여 장비를 점검하고 이상유무를 판단한 후 조치할 수 있다.

○ 실기시험방법 : 작업형	○ 시험시간 : 8시간 정도

실기과목명	주요항목	세부항목
기계가공실무	1. 공작기계 가공준비	1. 기본공구 사용하기 2. 치공구 관리하기 3. 작업계획 수립하기 4. 도면 결정하기 5. 도면 해독하기
	2. 선반 작업	1. 가공 조건 설정하기 2. 내, 외경 형상 가공하기
	3. CNC선반 작업	1. 프로그래밍 2. CNC선반 조작 준비하기 3. CNC선반 조작하기
	4. 밀링 작업	1. 가공 조건 설정하기 2. 형상 가공하기
	5. 머시닝센터 작업	1. 프로그래밍 2. CNC밀링(머시닝센터) 조작 준비하기 3. CNC밀링(머시닝센터) 조작하기
	6. CAD/CAM 작업	1. 모델링 2. CNC데이터 생성하기 3. 도면 작업하기
	7. 검사 및 측정	1. 측정기 선정하기 2. 검사 및 측정하기
	8. 정리 및 작업안전	1. 작업정리하기 2. 작업안전

※ 자세한 세세항목은 한국산업인력공단 홈페이지를 확인하시길 바랍니다. (http://www.q-net.or.kr/main.jsp)

차 례

제 1 편 절삭기계가공법

제 1 장 공작기계 및 절삭이론

- 1-1 절삭가공의 개요 ·················· 1-3
- 1-2 칩의 형산과 구성인선 ·········· 1-5
- 1-3 공구수명과 표면 거칠기 ······· 1-8
- 1-4 절삭온도와 절삭유 ·············· 1-11
- 1-5 윤활제 ································ 1-14
- 1-6 절삭조건 ····························· 1-15
- 1-7 절삭공구재료 ······················ 1-16
- 1-8 절삭력과 절삭동력 ·············· 1-19
- ◐ 예상문제 / 1-23

제 2 장 절삭기계가공법

- 2-1 공작기계검사 및 유지보수 ··· 1-39
- 2-2 선반가공 ····························· 1-40
- 2-3 밀링가공 ····························· 1-48
- 2-4 연삭가공 ····························· 1-60
- 2-5 드릴링 및 보링머신 가공 ···· 1-67
- ◐ 예상문제 / 1-72

제 3 장 정밀입자 및 특수 가공

- 3-1 래핑 및 배럴가공 ················ 1-105
- 3-2 호닝 및 슈퍼피니싱 ············· 1-107
- 3-3 전기 및 화학적 가공법 ········ 1-108
- 3-4 기타가공 ····························· 1-112
- ◐ 예상문제 / 1-116

제 2 편 절삭재료

제 1 장 철강재료

- 1-1 철강재료의 개요 ········· 2-3
- 1-2 강괴의 종류 및 특징 ········· 2-4
- 1-3 순 철 ········· 2-5
- 1-4 Fe-C 평형상태도 ········· 2-6
- 1-5 탄소강의 표준조직 ········· 2-8
- 1-6 탄소강은 온도에 따라 여러 가지 취성 ····· 2-9
- 1-7 탄소강 중의 타 원소의 영향 ········· 2-10
- 1-8 탄소강과 그 용도 ········· 2-11
- 1-9 탄소함량에 따른 분류 ········· 2-11
- 1-10 주 강 ········· 2-12

◎ 예상문제 / 2-13

제 2 장 특수강(합금강)

- 2-1 강에서 합금원소의 영향 ········· 2-16
- 2-2 구조용 특수강 ········· 2-17
- 2-3 공구용 합금강 ········· 2-19
- 2-4 특수 용도용 특수강 ········· 2-21

◎ 예상문제 / 2-24

제 3 장 주 철

- 3-1 주철의 특성 ········· 2-28
- 3-2 주철의 종류 ········· 2-31

◎ 예상문제 / 2-36

제 4 장 재료시험법

- 4-1 재료의 기계적 시험법 ········· 2-39
- 4-2 재료의 조직검사법 ········· 2-45

◎ 예상문제 / 2-47

제 5 장
열처리 및 표면처리법

- 5-1 강의 열처리 ·· 2-49
- 5-2 표면처리법 ··· 2-55
- ● 예상문제 / 2-59

제 6 장
비철금속재료

- 6-1 알루미늄과 그 합금 ···································· 2-62
- ● 예상문제 / 2-76

제 3 편 유공압 이론

제 1 장
유압기기의 종류와 특징

- 1-1 유압기기의 특징 ·· 3-3
- 1-2 유압 펌프의 종류와 특징 ··························· 3-4
- 1-3 유압제어 밸브의 종류와 특징 ···················· 3-7
- 1-4 유압 액추에이터 ··· 3-10
- 1-5 유압 작동유 ·· 3-13
- ● 예상문제 / 3-19

제 2 장
공압, 회로 및 장치

- 2-1 공압장치 ·· 3-36
- 2-2 공압 발생장치와 조절장치 ························ 3-37
- 2-3 공압 제어 밸브 ··· 3-40
- 2-4 공압 작업요소 ··· 3-43
- 2-5 공유압 회로 ·· 3-46
- ● 예상문제 / 3-48

제 3 장
유압·공기압 도면기호

3-1 조작방식 ···································· 3-58
3-2 펌프 및 모터 ······························ 3-61
3-3 실린더 ·· 3-62
3-4 특수에너지-변환기기 ·················· 3-62
3-5 에너지-용기 ······························· 3-63
3-6 동력원 ·· 3-63
3-7 전환 밸브 ·································· 3-64
3-8 체크 밸브, 셔틀 밸브, 배기 밸브 ········ 3-65
3-9 압력 제어 밸브 ·························· 3-66
3-10 유량 제어 밸브 ························ 3-68
3-11 기름 탱크 ································ 3-69
3-12 유체 조정 기기 ························ 3-69
3-13 보조 기기 ································ 3-70
3-14 기타의 기기 ····························· 3-71
3-15 부속서 표-기호보기 ················· 3-71

◎ 예상문제 / 3-73

제 4 편 치공구

제 1 장
치공구 총론

1-1 치공구의 의미 ···························· 4-3
1-2 치공구의 설계 계획 ···················· 4-7
1-3 치공구의 종류 및 특징 ··············· 4-8
1-4 지그(Jig)의 형태별 종류 ············· 4-9
1-5 고정구의 형태별 종류 ················ 4-13

◎ 예상문제 / 4-16

Contents

제 2 장 공작물 관리

- 2-1 공작물 관리의 정의 ················· 4-25
- 2-2 공작물 관리의 이론 ················· 4-26
- 2-3 형상 관리(기하학적 관리 : Geometric control) ··· 4-31
- 2-4 치수 관리(Dimensional Control) ········· 4-35
- 2-5 기계적 관리 ····················· 4-37
- 2-6 공차 분석 ······················ 4-41
- 2-7 공차 관리도 ····················· 4-46
- ● 예상문제 / 4-49

제 3 장 위치 결정

- 3-1 위치 결정의 원리 ··················· 4-55
- 3-2 위치 결정구 ····················· 4-56
- 3-3 중심 위치 결정구(centralizer) ············ 4-59
- 3-4 장착(loading)과 장탈(unloading) ·········· 4-63
- ● 예상문제 / 4-65

제 4 장 치공구 구성요소

- 4-1 클램핑(Clamping)의 개요 ·············· 4-68
- 4-2 클램프의 종류 및 고정력 ·············· 4-70
- 4-3 치공구 본체 ····················· 4-76
- 4-4 드릴 지그 ······················ 4-80
- 4-5 밀링 고정구 ····················· 4-86
- 4-6 선반 고정구 ····················· 4-87
- 4-7 보링 고정구 ····················· 4-88
- 4-8 연삭 고정구 ····················· 4-89
- 4-9 용접 고정구 ····················· 4-90
- 4-10 조립 지그 ······················ 4-92
- ● 예상문제 / 4-94

제 5 장
게이지(GAUGE) 설계

5-1 게이지(GAUGE)의 정의 ·············· 4-102
5-2 한계 게이지(Limit Gauge) ·············· 4-106

◐ 예상문제 / 4-115

제 5 편 CAD/CAM

제 1 장
CAD/CAM 작업

1-1 CAD 시스템의 입출력장치 ·············· 5-3
1-2 CAD 시스템의 소프트웨어 ·············· 5-10
1-3 형상 모델링 ·············· 5-12
1-4 곡선과 곡면(curve and surface) ·············· 5-15
1-5 CAD/CAM 시스템 좌표계 ·············· 5-17
1-6 도형정의 ·············· 5-18
1-7 CAD/CAM 인터페이스 ·············· 5-19

◐ 예상문제 / 5-23

제 2 장
CAM 가공

2-1 CAM 용어의 정의 ·············· 5-67
2-2 3차원 곡면에서 가공방법의 종류 ·············· 5-70
2-3 NC 가공 ·············· 5-72
2-4 CNC 공작법 ·············· 5-74
2-5 CNC 선반 ·············· 5-78
2-6 머시닝센터 ·············· 5-96
2-7 CNC 방전가공 및 와이어 컷 ·············· 5-109
2-8 CNC 작업안전 ·············· 5-117

◐ 예상문제 / 5-120

Contents

제 6 편 자동화 시스템

제 1 장 자동화 시스템의 개요
- 1-1 자동화 시스템 ·· 6-3
- 1-2 제어와 자동제어 ·· 6-5
- ● 예상문제 / 6-10

제 2 장 센서(sensor)
- 2-1 센서의 개요 ·· 6-18
- 2-2 기타 물리량 센서 ·· 6-27
- ● 예상문제 / 6-32

제 3 장 자동화 시스템 보수유지
- 3-1 보수 관리의 개요 ·· 6-42
- 3-2 자동화 시스템의 보수유지 방법 ················ 6-43
- ● 예상문제 / 6-49

제 7 편 정밀측정

제 1 장 측정의 기초
- 1-1 정밀측정의 개념 ·· 7-3
- 1-2 측정방법 ·· 7-5
- 1-3 측정기의 특성 ·· 7-6
- 1-4 단위 길이 및 각도의 단위 ·························· 7-7
- 1-5 측정에 미치는 영향 ······································ 7-8
- 1-6 측정 오차 ·· 7-11
- ● 예상문제 / 7-14

제 2 장
길이의 측정

- 2-1 버니어 캘리퍼스 및 마이크로미터 ·········· 7-18
- 2-2 기타 게이지 ·· 7-24
- 2-3 공차와 끼워 맞춤 ······································ 7-28
- ◎ 예상문제 / 7-32

제 3 장
각도측정기

- 3-1 각도 게이지 ·· 7-41
- 3-2 각도측정기 ·· 7-41
- 3-3 수준기 ··· 7-42
- 3-4 오토콜리메이터(시준기) ··························· 7-42
- 3-5 삼각법에 의한 측정 ·································· 7-43
- ◎ 예상문제 / 7-48

제 4 장
표면 거칠기 측정

- 4-1 표면 거칠기의 의의 ·································· 7-54
- 4-2 표면 거칠기의 측정법 ····························· 7-54
- 4-3 표면 거칠기의 표현 ·································· 7-55
- ◎ 예상문제 / 7-61

제 5 장
나사측정 및 기어측정

- 5-1 수나사 측정법 ·· 7-64
- 5-2 암나사의 측정 ·· 7-65
- 5-3 나사 게이지에 의한 검사 ······················· 7-65
- 5-4 기어측정 ·· 7-66
- ◎ 예상문제 / 7-68

제 8 편 공업경영

제 1 장 품질관리

1-1 품질관리의 개요 ················· 8-3
1-2 통계적 방법의 기초 ············· 8-4
1-3 샘플링 ··························· 8-6
1-5 관리도 ··························· 8-10
1-6 샘플링 검사 ···················· 8-16

제 2 장 생산관리

2-1 생산계획의 의의 ················ 8-19
2-2 생산계획의 단계 ················ 8-19
2-3 제조 로트의 결정 방법 ········· 8-20
2-4 생산수량의 기법 ················ 8-22
2-5 세부 생산계획 ··················· 8-23
2-6 절차계획의 합리적인 추진방법 ·· 8-24
2-7 공수계획 ························· 8-27
2-8 일정계획 ························· 8-29
2-9 생산통제 ························· 8-30
2-10 작업분배 ······················· 8-31

제 3 장 작업관리

3-1 작업관리의 개론 ················ 8-34
3-2 표준시간 ························· 8-35
3-3 표준시간의 구성 ················ 8-37
3-4 스톱워치법 ······················ 8-39
3-5 공정분석 ························· 8-40

● 예상문제 / 8-43

제 9 편 최근 기출문제

2006년 4월 2일 시행	9-3
2006년 7월 31일 시행	9-11
2007년 4월 1일 시행	9-18
2007년 7월 15일 시행	9-26
2008년 3월 30일 시행	9-34
2008년 7월 13일 시행	9-42
2009년 3월 29일 시행	9-49
2009년 7월 12일 시행	9-57
2010년 3월 28일 시행	9-65
2010년 7월 11일 시행	9-73
2011년 4월 17일 시행	9-81
2011년 7월 31일 시행	9-89
2012년 4월 8일 시행	9-97
2012년 7월 22일 시행	9-105
2013년 4월 14일 시행	9-113
2013년 7월 21일 시행	9-121
2014년 4월 6일 시행	9-129
2014년 7월 20일 시행	9-138
2015년 4월 4일 시행	9-146
2015년 7월 19일 시행	9-154
2016년 4월 2일 시행	9-162
2016년 7월 10일 시행	9-170
2017년 3월 5일 시행	9-178
2017년 7월 8일 시행	9-186
2018년 기출복원문제	9-194
2019년 기출복원문제	9-204

제 1 편

절삭기계가공법

제 1 장 공작기계 및 절삭이론

제 2 장 절삭기계가공법

제 3 장 정밀입자 및 특수 가공

제1편 절삭기계가공법

제1장 공작기계 및 절삭이론

1-1 절삭가공의 개요

1. 절삭가공의 원리

절삭가공이란 공작물보다 경도가 높은 공구(tool)를 사용하여 칩(chip)을 깎아내어 소정의 모양과 치수로 맞추어 제품을 만드는 작업을 절삭가공이라 한다. 절삭에 미치는 요인으로는 공작물 재질, 공구의 재질, 절삭속도, 칩의 단면적(절삭깊이×이송), 공구의 모양, 냉각 및 윤활 등에 영향이 받는다.

절삭가공	공구에 의한 절삭	고정공구 : 선삭, 평삭, 형삭, 슬로터, 브로칭
		회전공구 : 밀링, 드릴링, 보링, 태핑, 호빙
	입자에 의한 절삭	고정입자 : 연삭, 호닝, 슈퍼피니싱, 버핑
		분말입자 : 래핑, 액체호닝, 배럴

2. 공작기계의 종류

(1) 공작기계의 구비조건

① 제품의 공작 정밀도가 좋을 것.
② 절삭 가공능률이 우수할 것.
③ 융통성이 풍부할 것.
④ 조작이 용이하고, 안전성이 높을 것.
⑤ 동력 손실이 적고, 기계 강성이 높을 것.

(2) 공작기계의 기본운동

공작기계가 목적하는 절삭가공을 수행하기 위해서는 절삭운동 및 이송운동, 위치

조정운동을 하여야한다.
① 절삭운동(cutting motion) : 절삭공구와 공작물이 접촉하여 칩을 내는 운동으로 회전운동(선반, 드릴링, 밀링머신, 연삭기, 호빙머신)과 직선운동(플레이너, 세이퍼, 슬로터)이 있으며, 또한, 절삭공구는 일정 위치에 두고 공작물을 운동시키는 절삭운동(선반, 플레이너)과 공작물을 고정하고 공구를 운동시키는 절삭운동(세이퍼, 드릴링, 밀링머신)이 있다.
② 이송운동(feed motion) : 절삭공구 또는 공작물을 절삭방향으로 이송(feed)하는 운동으로서 절삭위치를 알맞게 조절하기 위한 목적으로 진행되는 운동이다.
일반적으로 이송운동에는 다음과 같은 원칙이 있다.
㉠ 1회의 이송(feed)량은 공구의 폭보다 적게 한다.
㉡ 이송운동 방향은 절삭운동 방향과 직각이며, 공작물 면과 평행 또는 직각으로 한다.
㉢ 이송운동은 절삭운동과 일정한 관계가 있고 규칙적으로 진행한다.
③ 위치조정운동(position motion) : 능률적인 작업 및 공작물을 가공하기 위해서는 절삭운동 이외에도 시간을 단축할 수 있도록 공구와 공작물 사이의 거리나 공구가 대기하고 있는 위치를 조정이 요구된다.
㉠ 기계의 운동중심과 공작물의 중심 또는 가공면의 상대 위치조정
㉡ 공구와 공작물간의 거리조정
㉢ 절삭깊이와 이송 위치조정
일반적으로 절삭이 진행하고 있을 때에는 위치조정을 하지 않지만, 최근에는 기술의 발전으로 운전을 멈추지 않고도 자동으로 위치를 조정하고 있다.

(3) 공작기계의 속도변환기구

가공물의 재질, 가공물의 직경 및 절삭면적에 따라 이에 적당한 절삭속도 및 이송을 사용목적에 알맞게 선택하려면 무단 변속이 이상적이며 공작기계의 구동장치 중 무단구동장치 방법은 기계적인 방법, 전기적인 방법, 유압에 의한 방법이 있으며 유압식 기구의 장점은 다음과 같다.
① 광범위의 무단 변속이 가능하다.
② 충격과 진동이 적은 운전이 가능하다.
③ 과부하에 대하여 파괴될 우려가 적다.
④ 기계구조가 간단하게 된다.

(4) 공작기계의 분류

① 일반 공작기계 : 절삭속도 및 이송의 범위가 크고, 부속 장치를 사용하여 다양한 종류의 가공을 할 수 있는 공작기계이며, 여러 가지 소량 생산에 적합하지만, 부품을 다량으로 양산하는 데 사용하며 이는 선반, 드릴링머신, 밀링머신,

연삭기 등의 공작기계가 있다.

② **단능 공작기계** : 간단한 공정이나 1종의 공정밖에 할 수 없는 공작기계이며, 다량생산에 적합하나 다른 공정의 가공에 융통성이 없다. 이는 바이트 연삭기, 센터리스 연삭기, 타이어 보링머신 등의 공작기계가 있다.

③ **전용 공작기계** : 특정한 모양, 치수의 제품을 양산하기에 적합하도록 만든 공작기계이며, 사용 범위에는 좁고, 소량 생산에는 적합하지 않는 공작기계로 전용 공작기계에는 모방선반, 자동선반, 생산 밀링머신 등이 있으며 또한, 전용공작기계를 여러 개 조합하여 자동화한 트랜스퍼머신(Transfer Machine) 등이 있어서 기계공작에 큰 역할을 한다.

1-2 칩의 형상과 구성인선

1. 칩의 기본형

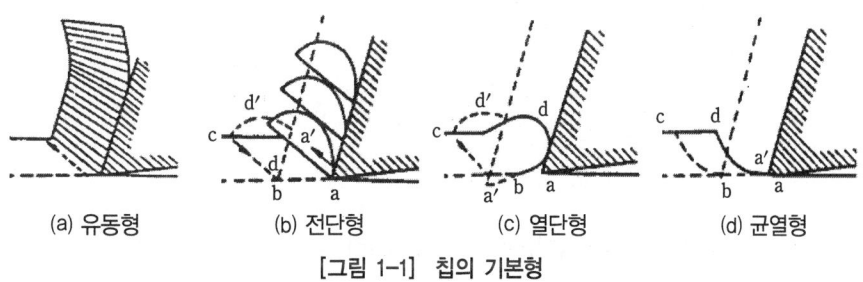

[그림 1-1] 칩의 기본형

(1) **유동형 칩(flow type chip)**

[그림 1-1]의 (a)와 같이 칩이 공구의 경사면 위를 유동하는 것과 같이 원활하게 연속적으로 흘러 나가는 형태로서 칩 발생시 연속적인 미끄럼 파괴에 의하여 절삭되어, 길게 연속적 코일모양으로 되며, 절삭면의 변동이 없고 진동이 적으며, 가공면이 깨끗하고 절삭작용이 원활하고, 신축성이 크고 소성변형이 쉬운 재료에 적합하다.

1) 발생원인

① 연신율 크고 소성변형이 잘되는 재료
② 바이트 상면 경사각이 클 때
③ 절삭속도가 큰 경우
④ 절삭깊이가 적을 때
⑤ 윤활성이 좋은 절삭유 사용하는 경우

2) 영 향
① 절삭작업이 원활
② 절삭저항이 일정하고, 정밀작업이 좋다.

(2) 전단형 칩(shear type chip)

[그림 1-1]의 (b)와 같이 칩이 원활히 흐르지 못하고, 칩을 밀어내는 압축력이 축적되어야 분자사이에 전단이 일어나기 때문에 미끄럼 간격이 커진다. 불연속적인 미끄럼에 의하여 나타나므로 유동형과 균열형의 중간에 속하는 형태이며 절삭저항은 한 개의 칩이 발생할 때마다 변동하여, 가공면이 매끄럽지 못하다.

1) 발생원인
① 가공재료가 비교적 연하면서 취약한 재료
② 바이트 인선의 경사각이 적은 경우
③ 절삭속도가 적게 했을 때
④ 절삭깊이가 크고, 절삭각이 클 때

2) 영 향
① 절삭칩이 불일정
② 절삭저항이 불일정
③ 진동이 일으킴.
④ 원활한 작업 곤란

(3) 열단형 칩(경작형)(tear type chip)

[그림 1-1]의 (c)와 같으며, 공구의 날 끝보다 날의 아래쪽에 균열이 발생되면서 절삭이 되는 형태로서 재료가 공구전면에 접착하여 공구의 상면을 미끄러져 나가지 못하여, 아래 방향에 균열이 발생하여 가공면이 나쁘다.

1) 발생원인
① 바이트의 상면 경사각이 작을 때
② 점성이 큰 재료
③ 절삭깊이가 클 때

2) 영 향
① 경작 흔적이 생기게 되며, 정밀작업이 부적합
② 잔유 내부응력이 크며, 변형이 생김

(4) 균열형 칩(crack type chip)

[그림 1-1]의 (d)와 같이 순간적으로 균열이 일어나 칩이 단숨에 공작물에서 분리

되는 형식이다. 균열의 발생은 열단형과 같으나, 순간적으로 공구의 날 끝 앞에서 일감의 표면을 향해 균열이 생기고 이것이 칩이 된다. 칩 발생시의 진동으로 절삭력의 변동이 크며 가공 면이 매우 불량하다.

1) 발생원인
   ① 메진(취성)이 있는 재료
   ② 경사각이 현저하게 적은 경우
   ③ 절삭속도가 매우 느린 경우
   ④ 절삭깊이를 크게 할 때

2) 영 향
   절삭면이 좋지 않다

2. 절삭조건에 따른 칩의 형태

공작물 재질에 따라 칩의 형태가 달라지는데, 일반적으로 연강과 같이 인성이 있는 공작물은 유동형이 생기기 쉽고, 납과 같이 점성이 있는 공작물은 열단형이 생기기 쉽다. 또한, 주철과 같이 취성이 있는 재질은 전단형이 생기지만 절삭속도가 느리고, 경사각이 적으면 균열형이 생기기 쉽다. 절삭깊이가 작고 경사각이 큰 공구로 절삭할 때는 유동형 칩이 생기고, 절삭깊이가 크고 경사각이 작은 공구로 절삭할 때는 열단형 칩이 생긴다.

[표 1-1] 절삭조건과 칩의 형태

칩의 구분	공작물의 재질	공구경사각	절삭속도	절삭깊이
유동형	소성변형과 연신율이 크다	크다	크다	작다
전단형	↓	↓	↓	↓
열단형	굳고 취성이 큼	작다	작다	크다
균열형				

3. 구성인선(built-up edge)

(1) 구성인선

보통 연강, 스테인리스강 및 알루미늄과 같은 연한재료를 절삭할 때 절삭공구의 날 끝에 공작물의 미분이 압착 또는 용착되어 날 끝을 싸버려 날 끝의 일부와 같은 상태로 절삭을 하는 수가 있다. 날 끝에 쌓인 것을 구성인선이라 한다. 이 구성인선 때문에 절삭된 가공면이 군데군데 흔적이 나타나고 진동을 일으켜 가공면을 나쁘게 만든다. 구성인선의 발생과정은 $\frac{1}{10} \sim \frac{1}{100}$(sec)시간에 발생→성장→분열→탈락의 주기로 반복하여 작업이 진행된다.

(2) 구성인선의 발생

① 알루미늄, 황동, 스테인리스강, 연강 등의 연한 재료
② 절삭공구의 날 끝 온도가 상승
③ 절삭속도가 늦을 때(고속도강인 경우 10~25 m/min)
④ 경사각을 적게 하였을 때
⑤ 절삭깊이가 깊을 때

(3) 방지책

① 절삭깊이를 적게 한다.
② 상면 경사각을 크게 한다.
③ 절삭속도를 크게 한다.(고속도강인 경우, 임계속도 120~150 m/min),
④ 윤활성이 있는 절삭유 사용한다.

4. 칩 브레이커(chip breaker)

절삭가공할 때에 칩이 연속적으로 흘러나와서 공작물에 휘말려 작업의 방해와 가공물의 표면에 손상을 줄 수 있다. 이것을 방지하기 위하여 인위적으로 칩을 짧게 끊어지도록 바이트에 칩 브레이커를 만든다.

칩 브레이커는 여러 가지 형식이 있지만 평행형, 각도형, 홈달림형, 역각도형 등의 종류가 있으며 칩 브레이커를 만들어 널리 사용하고 있다. 하지만 다음과 같은 결점이 있으므로 클램프형(clamp type) 바이트를 많이 이용한다.

(1) 칩 브레이커 홈으로 인한 공구의 팁(tip)이 손실된다.
(2) 연삭시간과 연삭숫돌의 소모가 많다.
(3) 칩 브레이커로 인한 이송범위가 한정된다.

1-3 공구수명과 표면 거칠기

1. 공구의 수명(tool life)

절삭가공을 계속하면 공구 날은 마멸된다. 이로 인하여 절삭성이 저하되고, 가공면의 표면이 거칠어지며, 소요 절삭동력이 증가될 뿐만이 아니라 정밀작업을 할 수 없다. 이와 같이 절삭 날이 손상될 때까지의 실제 절삭시간(min)을 공구 수명시간이라 한다.

(1) 공구의 수명 판정방법

예리하게 연삭된 공구를 사용하여 동일한 가공물을 일정한 조건으로 절삭하기 시작해서부터 깎아지지 않을 때까지의 절삭시간이다.
① 표면에 광택 또는 반점이 있는 무늬가 생길 때
② 절삭 공구인선의 마모가 일정량에 달했을 때
③ 가공된 완성치수의 변화가 일정량에 달하였을 때
④ 주분력에 비해 배분력 또는 이송분력이 급격히 증가할 때
⑤ 칩의 색깔 및 어떤 현상의 변화로 불꽃이 발생할 때

(2) 공구의 수명식 : $V = \dfrac{C}{T^n}$

Taylor의 식 : $VT^n = C, \quad T^n = \dfrac{C}{V}$

- V : 절삭속도(m/min)
- T : 공구수명(min)
- C : 공구 수명 상수(공구, 공작물, 절삭조건에 따른 값)
- n : 공구에 따라 변화는 지수, -고속도강(0.05~0.2), 초경합금(0.4~0.55), 세라믹(0.4~0.55), T=1분(min)일 때의 절삭속도

2. 공구인선의 파손

(1) 크레이터마모(crater wear)

절삭공구의 경사면에 칩이 슬라이드(side)할 때 마찰력에 의하여 오목하게 파진 모양의 형태이다.
① 공구 날 위의 압력을 감소시킨다.
② 공구 상면의 칩의 흐름에 대한 저항을 감소시킨다.
③ 절삭속도 및 이송속도를 감소시킨다.

(2) 플랭크 마모(flank wear)

절삭공구의 여유면과 절삭면과의 마찰에 의해서 절삭면에 평행하게 마모되는 형태이며, 주철과 같이 분말상 칩이 생길 때 주로 발생한다.
① 절삭속도를 저속으로 하고 이송을 크게 한다.
② 절삭깊이를 적게 하고 여유각과 노즈 반경을 다소 크게 한다.
③ 날 끝을 센터에 맞추고 절삭유 공급한다.
④ 공구의 팁 재료를 단단한 것으로 사용한다.

(3) 치핑(chipping)

공구인선의 일부가 파괴되어 탈락하는 것으로 단속절삭, 공작기계의 진동, 절삭시 급냉 등으로 공구인선에 crack이 생기고 선단의 일부가 결손되는 현상이다.
① 절삭 날의 각도가 큰 것을 사용한다.
② 노즈 반경이 큰 공구를 사용한다.
③ 윗면 경사각이 작은 칩 브레이크 만든다.
④ 공구의 팁 재료를 인성이 큰 것으로 사용한다.
⑤ 절삭깊이를 작게 한다.

(4) 미소파괴(minute chipping)

공구 날 연삭할 때 숫돌입자에 의하여 절삭 날이 고르지 못하면 절삭저항에 의해 공구가 쉽게 마모되거나 떨어져 나간다. 이러한 현상을 미소파괴라 하며, 연삭한 공구 날은 가공물 절삭하기 전에 기름숫돌로 연마하여 사용하면 효과가 있다.

(5) 확산마모

공구재료의 용융온도 1/2 이상인 상태에서 절삭하면 칩과 경사면과의 마찰사이에 금속성분이 상호 침투작용으로 중간 화합물이 생기면서 경도가 낮아져서 발생하는 마모이다.

(6) 기계적 마모

절삭속도가 빨라지면 절삭온도가 높아져서 공구 날의 경도가 연화현상으로 급격히 감소함으로서 발생되는 마모를 기계적 마모라 한다. 이를 방지하기 위해서는 내열성이 좋은 절삭공구를 선택하여 사용하여야 한다.

3. 공구인선과 이송이 표면 거칠기에 미치는 영향

표면 거칠기를 적게 하려면, 일반적으로 공구인선의 반지름을 크게 하고 이송을 적게 하는 것이 좋다. 반면, 인선의 반지름을 너무 크게 하면 절삭저항이 증가하여 바이트와 공작물간에 떨림이 발생할 수 있다.

$$H = \frac{S^2}{8r}, \quad S = \sqrt{8rH}$$

1-4 절삭온도와 절삭유

1. 절삭온도

(1) 절삭열

절삭열은 [그림 1-2]와 같이 열이 발생하면 가공물이나 공구에 가열되어 온도가 상승한다. 절삭열의 발생부분은 다음과 같다.
① 전단면 AB에서 전단면에서 전단 소성 변형이 일어날 때 생기는 열(60%)
② 공구경사면 AC에서 칩과 공구 경사면이 마찰할 때 생기는 열(30%)
③ 공구 여유면과 공작물 표면 AO에서 마찰할 때 생기는 열(10%)

(2) 절삭온도

발생된 절삭열의 일부는 절삭으로 인하여 제거되고 일부는 공구에 전달되며 또한 일부는 가공물의 내부에 잠재하여 일정한 양의 열이 절삭부의 어떤 온도를 나타내게 된다. 이온도를 절삭온도라 한다.
열의 분포 크기는 칩(75%)>공구(18%)>공작물(7%) 순이다.
절삭온도가 높아지면 날끝 온도가 상승하여 공구는 빨리 마멸되고 공구수명이 짧아질 뿐만 아니라, 공작물도 온도 상승에 의한 열팽창으로 가공치수가 달라지는 나쁜 영향을 받게 된다.
절삭공구의 온도는 절삭속도가 빨라지면 높아지나, 공구에 따른 어느 일정 범위를 넘으면 공구인선 온도가 오히려 떨어지는 현상을 나타내기도 한다. 그러나 공작물을 200~800℃ 정도로 가열시켜 절삭을 하면, 재료의 경도가 떨어져 절삭저항이 감소하는 기계적 성질을 이용하는 고온절삭도 있다. 이와 반대로 -20~-150℃ 정도로 공작물을 냉각시켜 절삭하면 공구의 마멸이 작아지고, 절삭성능이 오히려 향상되는 재료도 있는데, 이 절삭방법을 저온절삭이라 하며 절삭온도 측정법은 다음과 같다.
① 칩의 색깔에 의한 방법
② 칼로리미터(열량계)에 의한 방법

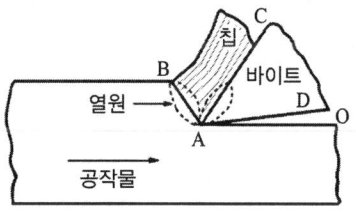

[그림 1-2] 절삭 열원

③ 공구에 열전대를 삽입하는 방법
④ 시온 도료를 사용하는 방법
⑤ 공구와 일감을 열전대로 사용하는 방법
⑥ 복사 고온계에 의한 방법
⑦ PbS 셀(cell)광전지를 이용하는 방법

(3) 절삭온도의 영향의 영향

① 절삭저항의 감소 : 공작물이 연화되어 전단응력이 작아지기 때문
② 공구수명의 단축 : 절삭효율은 상승하나 공구의 날끝 온도가 상승하기 때문
③ 치수정밀도 불량 : 온도상승에 의한 열팽창 때문

2. 절삭유

공작물의 가공면과 공구사이에는 절삭 및 전단 작용에 의해서 온도가 상승하여 나쁜 영향을 주게 된다.

(1) 절삭유의 작용

① 냉각작용 : 절삭공구와 공작물의 온도상승을 방지한다.
② 윤활작용 : 공구 날과 칩 사이의 마찰저항을 감소한다.
③ 방청 및 세척작용 : 공작물을 산화방지하고 미분 및 칩을 제거한다.

(2) 절삭유의 사용 목적

① 절삭저항이 감소하고 공구의 수명을 연장한다.
② 다듬질면의 마찰을 적게 하므로 다듬질면을 좋게 한다.
③ 공작물의 열팽창 방지로 가공물의 치수 정밀도를 높게 한다.
④ 칩의 흐름이 좋아지기 때문에 절삭가공을 쉽게 한다.
⑤ 공구인선을 냉각시켜 온도상승에 따른 경도 저하를 막는다.

(3) 절삭유의 구비조건

① 냉각성, 방청성, 방식성이 우수하여야 한다.
② 감마성, 윤활성이 좋아야 한다.
③ 유동성이 좋고, 적하가 쉬워야 한다.
④ 인화점, 발화점이 높아야 한다.
⑤ 인체에 무해하며, 변질되지 말아야 한다.
⑥ 기계 도장에 영향이 없어야한다.

(4) 절삭유의 분류

① **수용성 절삭유** : 점성이 낮고 비열이 높으며 냉각작용이 우수하다.
  ㉠ 에멀션형(유화유) : 광유에 비눗물을 첨가하여 사용한 것으로 냉각작용이 비교적 크고 윤활성이 좋으며 원액에 10~20배의 물을 희석해서 사용한다. 일반절삭제로 널리 사용되고, 값이 싸다.
  ㉡ 솔류블형 : 침투성, 냉각성이 우수하고 약 50배의 물에 희석하면 투명 또는 반투명 상태이다.
  ㉢ 솔류션형 : 방청력과 냉각성이 우수하고 연삭작업에 주로 사용되며 50~100배 물에 희석한 투명한 액체이다.

② **불수용성 절삭유** : 물에 희석하지 않고 사용하며 냉각작용보다는 윤활작용을 목적으로 한다.
  ㉠ 광물유 : 경유, 머신유, 스핀들유, 석유 및 기타 광유 또는 혼합유로서 윤활작용은 좋으나 냉각작용은 비교적 약하다, 주로 경(輕)절삭에 사용한다.
  ㉡ 동식물유 : 돈유(lard oil), 올리브유(oliv oil), 종자유(seed oil), 피마자유, 콩기름, 기타 고래기름등으로 윤활작용이 강력하나 냉각작용은 그다지 좋은 편은 아니다. 주로 다듬질가공에 사용한다.
  ㉢ 광물유와 동식물유의 혼합유 : 혼합 비율을 바꿈으로서 각종 성능을 가진 절삭유를 만들 수 있다. 강력절삭, 밀링절삭, 나사절삭 등에 사용하며, 가공물이 강인한 재료에는 동식물유의 양을 많이 사용한다.
  ㉣ 석유 : 5~20배의 석유와 황유를 혼합사용. 고속절삭, 니켈, 스테인리스강 단조강 절삭 사용된다.
  ㉤ 극압유 : 공구가 고온, 고압상태에서 마찰을 받을 때 사용하며 윤활작용이 주목적이다. 황, 염소, 납, 인 등의 화합물로 절삭공구의 고온, 고압상태에서 마찰을 받을 때 윤활 목적으로 첨가.
    ※ 주철 절삭시에는 절삭유를 사용하지 않고 황동, 청동 등엔 유화유를 사용한다.
    ※ 윤활제의 목적 - 윤활, 냉각, 밀폐작용, 청정작용(부식 방지)

③ **첨가제**
  칩과 공구 사이의 마찰 면에 강한 유막을 만들어 윤활작용을 양호하기 위해 첨가한다. 첨가제로 동식물성계는 유황, 흑연, 아연분 등을 첨가하고, 수용성 절삭은 인산염, 규산염 등을 첨가한다. 일반적으로 저속 절삭할 때에는 극압 첨가제 사용하지 않는다.

1-5 윤활제

기계의 접촉부분에 적당량의 윤활제를 공급하여 마찰저항을 줄이고 슬라이딩을 원활하게 하여 기계적인 마모를 감소시키는 것을 윤활이라 한다. 윤활제는 윤활작용, 냉각작용, 밀폐작용, 청정작용을 목적으로 사용하며, 갖추어야 할 조건은 다음과 같다.
① 사용 상태에서 충분한 점도가 있어야 한다.
② 한계 윤활상태에서 견딜 수 있는 유성이 있어야 한다.
③ 산화나 열에 대하여 안정성이 높아야 한다.
④ 화학적으로 불활성이며, 균질하여야 한다.

(1) 윤활법의 종류

① 적하 급유법(Drop feed oiling) : 비교적 고속회전에 많이 사용. 기름통으로 저장되어 일정한 양만큼씩 떨어지도록 한 방식이다.
② 오일링(Oil ring) 급유법 : 고속 주축의 급유를 균등히 할 목적에 사용된다.
③ 분무 급유법(Oil mist) : 미세한 안개처럼 된 기름을 공기로 베어링에 보내는 것으로 집중급유법의 하나로 고속회전과 이물질 혼입을 방지할 수 있고 수명이 길다. 고속 내면 연삭기, 고속드릴 초고속 베어링 사용된다.
④ 튀김(비말) 급유법(Splash oil) : 베어링 등을 직접 기름 속에 담그지 않고 옆에 있는 기어나, 회전링(커넥팅로드 끝에 달려있는 국자)에 의해 기름을 튀겨 날려서 윤활하는 방식(보통선반)이다.
⑤ 유욕법(Oil bath method) : 저속 및 중속 축의 급유방식(오일게이지로 확인)이다.
⑥ 강제 급유법 : 순환펌프를 이용하여 급유하는 방법으로 고속회전시 베어링의 냉각효과에 효과적이다.
⑦ 담금 급유법 : 윤활유 속에서 마찰부 전체가 잠기도록 하는 방법
⑧ 패드(pad oiling): 무명이나 털 등을 섞어 만든 패드 일부를 오일통에 담가 저널의 아래면에 모세관 현상으로 급유하는 방법
⑨ 그리스(grease) 윤활: 수동 급유법, 충진 급유법, 컵 급유법, 스핀들 급유법이 많이 사용하며 그리스는 비산이나 유출되지 않으므로 급유 횟수가 적고, 사용 온도 범위가 넓으며, 장시간 사용에 적합하지만 급유, 세정, 교환 등 취급이 까다롭고 이물질이 혼합된 경우 제거가 곤란한 결점이 있으며, 고속회전에는 사용되지 않는다.

1-6 절삭조건

1. 절삭조건

작업자가 공작기계를 조작하여 쉽게 조절할 수 있게, 즉 단위 시간당 절삭량에 영향을 끼치는 변수들의 조합을 절삭조건이라 한다. 실제 가공물을 절삭하는데 있어서 가장 중요한 절삭조건은 절삭공구 재질, 공작물 재질, 절삭속도, 이송, 절삭깊이, 절삭유 사용유무 등에 영향을 받는다.

(1) 절삭속도(cutting speed)

절삭속도는 공구와 가공물 관계의 운동속도로서 가공물이 단위시간당 공구인선을 지나는 원주거리를 말하며, 가공물의 표면 거칠기, 공구수명, 절삭능률 등에 영양을 주는 인자이다.

절삭속도가 빠르면 절삭량이 증가하고 능률은 향상되나 공구인선의 온도가 상승하고 공구인선의 마모가 촉진되어 공구수명의 감소로 연속 절삭작업이 안된다. 선반의 예로 절삭속도 V의 관계식은 다음과 같다.

$$V = \frac{\pi DN}{1000} \text{(m/min)}, \quad N = \frac{1000 V}{\pi D} \text{(rpm)}$$

여기서, V : 절삭속도(m/min)
D : 공작물의 지름(mm)
N : 공작물의 회전수(rpm)

(2) 이송속도(feed speed)

이송량은 선반이나 드릴링작업일 경우, 가공물 1회전당 공구가 축방향으로 이동하는 거리(mm/rev)를 말하며, 밀링의 경우는 커터의 1날당의 테이블의 이동하는 이동거리(mm/tooth) 또는 분당 이동거리(mm/min), 평삭이나 형삭은 절삭공구 또는 가공물의 1왕복에 대한 이동거리(mm/stroke)를 말한다.

이송은 절삭강도와 고온경도 등의 한계 내에서 작업조건에 따라 유효 칩 두께를 결정 즉, 공구의 날끝 강도와 고온경도 등의 한계 내의 작업조건에 따라 유효 칩 두께를 선정하며, 이송에 절삭깊이를 곱하면 절삭면적이 된다.

같은 절삭면적으로 절삭할 때 절삭깊이를 크게 하고 이송을 작게 하는 편이 절삭온도에 영향이 적으며, 공구수명을 향상시킬 수 있다.

(3) 절삭깊이(depth of cut)

절삭깊이는 가공물의 표면에서 가공 깊이까지의 거리를 말하며, 선반에서 원형 가공물일 경우는 절삭깊이의 2배로 직경이 작아진다.

일반적으로 절삭깊이가 증가하면 절삭면적이 커지므로 절삭저항도 증가한다. 절삭 단면적(F)은 칩의 단면적으로, 가공물 1회전에 대한 이송(f)과 절삭깊이(t)의 곱으로 다음과 같이 표시된다.

$$F = f \times t (\text{mm}^2)$$

여기서, F : 절삭면적(mm^2), f : 이송(mm/rev), t : 절삭깊이(mm^2)

(4) 절삭 조건과 공구 수명과의 관계

① 절삭조건의 3요소 : 절삭 속도, 이송, 절삭 깊이
② 공구수명은 절삭속도, 이송, 절삭 깊이 순으로 영향을 받는다.
  ⇒ 경제적 절삭을 위해 절삭 깊이를 크게 하는 것이 유리하다.

1-7 절삭공구재료

1. 절삭공구재료의 구비조건

절삭가공을 할 때, 국부적으로 높은 압력과 온도, 또한 마찰에 의한 열과 마멸에 견딜 수 있고, 절삭속도를 높이기 위해 새로운 공구재질이 출현되고 있다. 공구의 재료로서 갖추어야할 조건은 다음과 같다.

① 가공 재료보다 경도가 클 것
② 고온에서 경도가 감소되지 않아야 한다.
③ 인성, 강도와 내마모성이 클 것
④ 마찰계수가 적을 것
⑤ 쉽게 원하는 모양으로 만들 수 있어야 한다.
⑥ 취급이 편리하고 가격이 싸고 경제적이어야 한다.
⑦ 내용착성, 내산화성, 내확산성 등 화학적으로 안전성이 커야 한다.

구 분		공 구 재 료 종 류
금속계	철금속계	- 탄소공구강(High Carbon Steel : STC, KS D 3751) - 합금공구강(Alloy Steel : STS, KS D 3753) - 고속도 공구강(High Speed Steel : SKH, KS D 3522)
	비철금속계	- 주조합금(Cast Alloy Steel) - 초경 합금(Cemented Carbide) - 서멧(CERMET)
비금속계		- 세라믹(CERMIC) - CBN(Cubic Boron Nitride : 입방정 질화 붕소) - 다이아몬드 공구

2. 공구재료의 종류

(1) 탄소공구강(STC)

① 탄소강 : 탄소량 0.6~1.5
   탄소공구강 : 탄소 함유량 0.9~1.3
② 200℃ 이상의 온도에서 뜨임 효과 → 경도 저하 → 고속 절삭에 불리
   ※ 저온뜨임(100~200℃), 고온뜨임(400~650℃)
③ 줄, 펀치, 정 등을 제작

(2) 합금공구강(STS)

① 재료 : 탄소(0.8~1.5%) 공구강에 W-Cr-V-Ni 등 합금원소를 첨가하여 경화능을 개선한 것.
② 저속절삭 및 총형 공구용(450℃)까지 사용이 가능하다.

(3) 고속도 공구강(SKH)

합금 공구강보다 높은 온도에서 절삭 성능이 있으며, 600℃까지 경도를 유지하고 내열성과 내마모성이 커서 고속절삭이 가능하다. 고속도강의 담금질온도는 1200℃~1350℃, 뜨임온도는 550~580℃하여 드릴, 밀링커터, 바이트 등으로 사용한다.

① 재료 : W-Cr-V-Mo-Co
② 대표적인 것으로 W(18%)-Cr(4%)-V(1%)이 있다.
③ 탄소공구강보다 높은 온도에서 절삭능력이 뛰어나다.
④ 내마모성이 크며 공구수명이 탄소공구강의 2배 이상이다.

(4) 주조 경질 합금

① 대표적인 것 : 스텔라이트가 있으며 주조로 성형한 것을 연삭으로 다듬질하여 사용하며, 금속절삭에 널리 사용되지 않는다.
② 재료 : W-Cr-Co-C
③ 초경합금과 고속도강의 중간 성능을 갖는다.
④ 단조나 열처리가 되지 않으므로 매우 단단하다.
⑤ 850℃까지 경도가 유지되나 취성이 있고 값이 비싸다.
⑥ 절삭 날을 연강 자루에 전기용접이나 경납땜을 하여 사용한다.

(5) 초경합금

① W-Ti-Ta 등의 탄화물 분말을 Co 또는 Ni를 결합하여 1400℃ 이상에서 소결시킨 것.(주성분 : W, Ti, Co, C 등이다)
② 경도 및 고온경도가 높다.

③ 내마모성과 취성이 크다.
④ 피복 초경합금은 내열성, 내마모성, 내용착성이 우수하며 일반 초경합금에 비해 2~5배의 공구수명이 증대되며, 고온, 고속절삭에서 우수한 성능을 갖는다.

※ 초경 팁의 표시
P(푸른색) : 일반 강, 절삭 시.
M(노란색) : 스테인리스강, 주강 절삭 시.
K(붉은색) : 비철금속, 주철 절삭 시.
'P10 - 01 - 3' P : 팁 재종(10 : 인성, 01 : 형태, 3 : 크기)
(P01 : 고속절삭, P10 : 나사절삭, P20, P30 : 황삭)

(6) 세라믹 합금

① 산화알루미늄 가루 (Al_2O_3) 분말에 규소 및 마그네슘 등의 산화물이나 다른 산화물의 첨가물을 넣고 소결한 것.
② 고속절삭, 고온에서 경도가 높고, 내마멸성이 좋다.
③ 경질합금보다 인성이 적고 취성이 있어 충격 및 진동에 약하다.
④ 고속절삭시 구성인선이 생기지 않아 가공 면이 좋다.
⑤ 땜이 곤란하여 고정용 홀더나 접착제를 사용한다.
⑥ 절삭열에 의해 냉각제를 사용하지 않는다.
⑦ 칩 브레이커 제작이 곤란하다.

(7) 세멧 공구

① Al_2O_3 분말 70%에 탄질화 티탄 TiCN 분말을 30% 정도 혼합하여 수소 분위기에 소결하여 제작
② 초경합금에 비해 고속절삭이 가능하고 마모가 적으며 공구수명이 길다.
③ 고속, 저속 등 절삭의 속도범위가 적다.
④ TiN은 내 충격성이 우수하다.
⑤ TiC은 고온에서 강도 및 마찰저항이 우수하고, 열의 변화에 내성이 있어 강의 절삭에 매우 우수한 성능을 나타낸다.
⑥ 중절삭시 인선의 소성변형과 치핑의 우려가 있다.

(8) 다이아몬드

① 가장 경도가 높고 1500m/min의 고속절삭이 가능하다.
② 비철금속의 정밀 완성가공 및 경절삭의 초정밀 연속절삭에 적합하다.
③ 취성이 크고 가격이 너무 고가이다.
④ 열팽창이 적고 열전도율이 크다.(강의 2배)
⑤ 마찰계수가 대단히 적다.
⑥ 공구 사용시 인선의 강도 유지를 위해 경사각을 작게 한다.

(9) CBN 공구(Cubic Boron Nitride Tool)

① CBN(육방정 질화붕소)의 미소분말을 초고온, 고압(약 2000℃, 7만 기압)으로 소결한 공구이다.
② 초경합금보다 1.5~2배의 경도를 갖으며 열전도율이 높고 열팽창이 작다.
③ 담금질강, 고속도강, 내열강 등의 난삭제의 절삭, 연삭에 우수한 성능을 갖는다.
④ 철과의 반응성이 작다.

(10) 피복 초경합금(coated carbide steel)

피복 초경합금은 초경합금의 모재위에 내마모성이 우수한 물질(TiC, TiN, TiCN, Al_2O_3)을 5~10μm 얇게 피복한 것으로 가스의 플라스마 상태에서 생기는 이온을 이용하여 피복하는 물리적 증착방법(Physical Vapor Deposition, PVD)과 화학 증착법(Chemical Vapor Deposition, CVD)으로 행하여, 이는 고온에서 증착되기 때문에 접착력이 아주 강하여 강, 주강, 주철, 비철 금속절삭에 많이 사용된다.

1-8 절삭력과 절삭동력

1. 절삭저항

(1) 절삭저항

공작물을 절삭할 때 절삭공구는 큰 저항을 받는다. 이 저항을 절삭저항이라 한다. 절삭저항의 크기는 절삭에 필요한 소요동력을 결정하는 요소와 공구수명, 가공면의 거칠기, 가공면의 변질층 등에 큰 영향을 주며, 절삭저항을 변화시키는 요소는 다음과 같다.

① 가공물의 재질 : 단단한 재질일수록 절삭저항은 증가한다.
② 공구날끝의 모양 및 공구각 : 경사각이(약 30℃까지)커질수록 감소한다.
③ 절삭면적(이송×깊이) : 절삭면적이 커질수록 절삭저항이 증가한다.
④ 절삭속도 : 절삭속도가 클수록 절삭저항은 감소한다.
⑤ 절삭제 : 절삭유를 사용하면 절삭저항은 감소한다.

(2) 절삭저항의 3분력

절삭저항은 서로 직각인 3개의 분력으로 작용하는데, 그 크기는 대략 $F_1 : F_2 : F_3 =$ (10) : (1~2) : (2~4)로 추측할 수 있으며, 절삭각과 절삭저항의 관계에서와 같이 주분력이 가장 크고, 다음에 배분력, 이송분력이 가장 작게 나타난다.

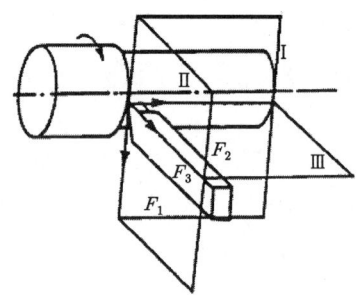

[그림 1-3] 절삭저항의 3분력

① 주분력(principle cutting force) : 절삭방향에 평행한 분력으로 보통 절삭저항이라 한다. 일반적으로 절삭면적이 크면 증가하고, 절삭속도가 빨라지면 감소한다.
② 이송분력(횡분력)(feed force) : 절삭공구의 이송방향과 반대쪽으로 작용하는 분력이며, 바이트가 마모하거나 파손할 때 현저하게 증가한다.
③ 배분력(radial force) : 절삭깊이의 반대방향의 분력이며, 날 끝이 무디면 증가하고 채터링(chattering)이 생긴다.
   * chattering이란 공작물과 바이트 인선과의 사이에 진동에 의해서 생기는 무늬의 고저와 소리를 말한다.

2. 절삭동력

(1) 선반 절삭동력

절삭에 필요한 소요 동력은 절삭저항의 크기로 계산하며 주로 주분력에 의해 결정한다. 선반을 예를 들면 절삭동력 N은 다음과 같다.

$$N = \frac{P \times V}{75 \times 9.81 \times 60 \times \eta} \text{(ps)}, \quad N = \frac{P \times V}{102 \times 9.81 \times 60 \times \eta} \text{(kw)}$$

$P = K_s \times F$인 경우

$$N = \frac{K_s \times F \times V}{75 \times 9.81 \times 60 \times \eta} \text{(ps)}, \quad N = \frac{K_s \times F \times V}{102 \times 9.81 \times 60 \times \eta} \text{(kw)}$$

여기서, P : 절삭저항의 주분력(N)
V : 절삭속도(m/min)
K_s : 비절삭저항(N/mm^2), 칩(chip) 면적의 단위면적당 절삭저항
F : 절삭면적(mm^2), 절삭깊이(mm)×이송(mm)
η : 기계효율 = $\dfrac{(\text{유효 절삭동력} \times \text{이송에 소비되는 동력})}{\text{전소비 동력}}$

(2) 밀링 절삭동력

절삭 폭 b(mm), 절삭깊이 t(mm), 매 분당 이송 f(mm/min)이라고 하면 매 분당 절삭되는 칩량 Q는 다음과 같다.

$$Q = \frac{b \times t \times f}{1000} (\text{cm}^3/\text{min})$$

또한, 밀링 가공할 때 발생하는 3분력 즉, 주분력 P_1, 축방향 분력 P_2, 커터 반경방향 분력 P_3라 하고, 절삭속도 V_c(mm/min), 이송속도 V_f(mm/min)라 하면, 절삭동력 N_c와 이송동력 N_f는 다음과 같다.

$$N_c = \frac{P_1 \cdot V_c}{60 \times 75 \times 9.81} (\text{PS}), \quad N_f = \frac{P_2 \cdot V_f}{60 \times 75 \times 9.81 \times 1000} (\text{PS})$$

여기서, 주축의 구동효율 η_c, 이송효율 η_f라 하면 절삭동력 N은 다음과 같다.

$$N = \frac{N_c}{\eta_c} + \frac{N_f}{\eta_f} (\text{PS})$$

한편, 밀링머신의 절삭동력은 절삭량을 기초로 하여 단위 절삭량당 소요동력으로 계산하면은 소요동력 N은 다음과 같다.

$$N = KQ(\text{PS})$$

여기서, K : 단위 절삭량당 소요동력(PS/cm³/min)

[표 1-2] 단위 절삭량당 실제 소요동력 K

공 작 물	동력(PS/cm³/min)	공 작 물	동력(PS/cm³/min)
알루미늄	0.027	주철(보통)	0.072
황동, 청동(연)	0.031	강(연)	0.072
황동, 청동(보통)	0.043	강(보통)	0.094
황동, 청동(경)	0.094	강(경)	0.128

(3) 드릴의 절삭동력

$$Ps = \frac{2 \times \pi \times M \times N}{75 \times 9.81 \times 60 \times 100} + \frac{Pt \times N \times f}{75 \times 9.81 \times 60 \times 1000}$$

여기서, M : 회전 moment, N : 회전수(rpm),
Pt : 추력, f : 이송

(4) 기계의 효율

① 절삭효율 : 단위 시간당. 단위동력(PS, kW)당의 절삭량(칩의 제거 량)

$$Q = \frac{tfv}{N}$$

여기서, Q : 절삭량, t : 절삭깊이
f : 이송, N : 전 소비동력

※ 각 절삭기계의 효율 정도는 선반 : 20~35%, 밀링 : 20%, 드릴 : 10%

② 기계의 효율 : 실제절삭동력(Nm)과 전 소비동력(N)과의 비

$$\mu m = \frac{Nm}{N} = \frac{(실제동력)}{(실제+이송동력)} (드릴 : 45 \sim 80\%)$$

③ 시간효율 : 정미 절삭에 이용된 일량과 전체 일량과의 비

$$\mu = \frac{절삭일량(유효절삭)}{전체의\ 일량}$$

(5) 절삭량 : 분당 절삭량(cm^3/min)

① 선반 : 절삭량 = 절삭깊이(t)×이송속도(f)×절삭속도(V)
② 밀링 : 절삭량 = 절삭깊이(t)×공잘물 폭(b)×이송속도(f)
③ 드릴 : 절삭량 = $\dfrac{\pi d^2}{4} \times \dfrac{1000\,V}{\pi D} \times f$

제1장 공작기계 및 절삭이론

문제 001

공작기계의 직선운동기구에 사용되는 유압식 기구의 장점이 아닌 것은?

㉮ 무단 변속이 가능하다.
㉯ 충격과 진동이 적은 운전이 가능하다.
㉰ 과부하에 대하여 파괴될 우려가 적다.
㉱ 전동비가 일정하게 유지된다.

해설 유압식 기구의 장점은 다음과 같다.
① 광범위의 무단 변속이 가능하다.
② 충격과 진동이 적은 운전이 가능하다.
③ 과부하에 대하여 파괴될 우려가 적다.
④ 기계구조가 간단하게 된다.

문제 002

무단구동 방식 중 회전운동을 직선운동으로 변환하는 데 가장 적합한 것은?

㉮ 기계식 무단변속 ㉯ 유압식 무단변속
㉰ 전기식 무단변속 ㉱ 벨트식 무단변속

해설 가공물의 재질, 가공물의 직경 및 절삭면적에 따라 이에 적당한 절삭속도 및 이송을 사용목적에 알맞게 선택하려면 무단 변속이 이상적이며 회전운동을 직선운동으로 변환하는 데 가장 적합한 것은 유압식 무단변속이다.

문제 003

공작기계의 구동장치 중 무단구동장치 방법이 아닌 것은?

㉮ 기계적인 방법   ㉯ 전기적인 방법
㉰ 유압에 의한 방법 ㉱ 공압에 의한 방법

해설 공작기계의 구동장치 중 무단구동장치 방법은 기계적인 방법, 전기적인 방법, 유압에 의한 방법이 있다.

문제 004

가공물이 직선왕복운동으로 절삭운동을 하지 않는 공작기계는?

㉮ 세이퍼(shaper)
㉯ 슬로터(slotter)
㉰ 플레이너(planer)
㉱ 핵소 머신(hacksaw machine)

해설 세이퍼, 슬로터, 핵소 머신은 공구가 직선왕복운동으로 절삭운동을 하는 공작기계이다.

문제 005

공작기계의 절삭운동이 아닌 것은?

㉮ 공작물과 절삭공구를 동시에 회전시키는 절삭운동
㉯ 절삭공구를 일정한 위치에 고정하고, 공작물을 회전시키는 절삭운동
㉰ 공작물을 일정한 위치에 고정하고, 절삭공구를 회전시키는 절삭운동
㉱ 공작물과 절삭공구를 일정한 위치에 고정하고, 기계를 회선시키는 절삭운동

해설 공작기계의 절삭운동
① 공작물과 절삭공구를 동시에 회전시키는 절삭운동
② 절삭공구를 일정한 위치에 고정하고, 공작물을 회전시키는 절삭운동
③ 공작물을 일정한 위치에 고정하고, 절삭공구를 회전시키는 절삭운동
④ 공작물이나 절삭공구의 직선 절삭운동

문제 006

다음은 공작기계 기본운동이다. 관계가 없는 것은?

㉮ 정적운동   ㉯ 절삭운동

답 001.㉱ 002.㉯ 003.㉱ 004.㉰ 005.㉱ 006.㉮

㉰ 이송운동 ㉳ 위치조정운동

[해설] 공작기계 기본운동에는 절삭운동, 이송운동, 위치조정운동이 있다. 정적운동은 관계가 없는 것임.

문제 007

공작기계의 기본 운동 중 공구의 고정, 일감의 설치 및 제거, 절삭깊이 등의 조정과 관계가 깊은 것은?

㉮ 절삭운동 ㉯ 이송운동
㉰ 준비운동 ㉳ 조정운동

문제 008

정밀가공 공작의 간접적인 효과로서 적합한 것이 아닌 것은?

㉮ 베드 미끄럼면의 접촉 면적이 증대하고 이에 따라 미끄럼 면의 부하능력이 증대하여 쉽게 마모되지 않는다.
㉯ 기계부품으로서 하중을 받았을 때 단위 면적에 대한 압력이 작아지고 마모를 감소시키는 것이 된다.
㉰ 정밀 다듬질을 하여 매끈한 다듬질면을 얻으므로 변질층이 전혀 생기지 않는다.
㉳ 내부응력을 지닌 변질층 두께가 적은 관계로 내식성이 증가한다.

[해설] 정밀 다듬질을 하여 매끈한 다듬질면을 얻는다고 변질층이 없는 것이 아니다. 변질층은 가공에 따라 생긴다. 다만, 그 변질층의 깊이 및 정도가 다를 뿐이다.

문제 009

정밀가공을 위한 공작의 원칙으로서 가장 거리가 먼 것은?

㉮ 공작물의 잔류응력은 공작 전에 충분히 제거해야 한다.
㉯ 정밀도가 높은 공작기계는 고속생산이 어려워 바람직하지 않다.

㉰ 정확한 기준면이 없는 공작방법은 정밀공작에 적합하지 않다.
㉳ 강성의 결핍과 진동은 정밀공작에 좋지 않다.

[해설] 가능한 고속생산이 되어야 생산성이 높으며, 정밀도가 높은 공작기계를 사용하는 것이 바람직하다.

문제 010

같은 종류의 제품을 대량 생산하는데 적합하지만 모양과 치수가 다른 공작물의 가공에는 융통성이 없는 공작기계를 무엇이라 하는가?

㉮ 범용공장기계 ㉯ 전용공작기계
㉰ 단능공작기계 ㉳ 만능공작기계

[해설] ① 전용공작기계 : 특정한 모양이나 치수의 제품을 대량생산하는 데 적합하도록 만든 공작기계
② 단능공작기계 : 단순히 한 가지의 가공만을 할 수 있는 공작기계 같은 종류를 대량 생산은 적합하지만, 모양이나 치수가 다른 공작물은 융통성이 없다.

문제 011

일반적으로 널리 사용되고 있는 보통 선반, 드릴링 머신, 밀링머신, 연삭기 등이 속하는 공작기계는?

㉮ 단능 공작기계
㉯ 범용 공작기계
㉰ 전용 공작기계
㉳ 특수 가공기계

문제 012

공작기계를 가공 능률에 따라 분류할 때, 바이트 연삭용 그라인더에 해당되는 것은?

㉮ 단능 공작기계
㉯ 전용 공작기계
㉰ 범용 공작기계
㉳ 만능 공작기계

답 007. ㉳ 008. ㉰ 009. ㉯ 010. ㉰ 011. ㉯ 012. ㉮

문제 013

유동형 칩을 발생시키는 조건 중 관계가 없는 것은 어느 것인가?

㉮ 연성재료를 가공할 때
㉯ 절삭속도가 클 때
㉰ 바이트 윗면경사각이 클 때
㉱ 바이트 인선이 무딜 때

해설) 유동형 칩을 발생시키는 조건 중 바이트 인선은 반드시 날카로워야 함.

문제 014

칩의 형태와 거리가 가장 먼 항목은?

㉮ 공구 날의 형상   ㉯ 절삭속도
㉰ 절삭습도   ㉱ 공작물의 재질

문제 015

칩 형성과 관련이 가장 깊은 피삭재 내의 변형 형태는 다음 중 어느 것인가?

㉮ 인장변형   ㉯ 압축변형
㉰ 전단변형   ㉱ 비틂변형

해설) 전단변형은 전단각에 따라 다르게 나타난다. 전단각이 작을 때는 전단의 길이는 길어지며, 칩은 두꺼워지고 각이 커지면 전단의 길이는 짧아지며 칩의 두께는 얇아지고 소요되는 일은 적게 든다.

문제 016

구성인선(Built-up-edge) 설명 중 틀린 것은?

㉮ 구성인선은 발생, 성장, 분열, 탈락의 단계를 짧은 주기로 반복한다.
㉯ 탈락되는 구성인선의 일부는 가공물 표면에 남아 표면 조도를 해친다.
㉰ 절삭속도를 낮추면 그 발생이 억제될 수 있다.
㉱ 바이트 윗면 경사각의 증가로 그 발생이 억제될 수 있다.

해설) 절삭속도 증가로 억제됨

문제 017

다음 중 구성인선(Built up edge)을 감소시키는 대책이 아닌 것은?

㉮ 공구의 윗면 경사각을 크게 한다.
㉯ 칩(chip)의 두께를 증가시킨다.
㉰ 절삭속도를 증가시킨다.
㉱ 공구의 경사면의 표면조도를 좋게 하여 마찰저항을 줄인다.

해설) 칩의 두께가 증가하면 절삭저항이 증가하여 구성인선의 발생이 쉬워진다

문제 018

구성인선이 미치는 영향이 잘못된 것은?

㉮ 절삭되는 정도를 나쁘게 한다.
㉯ 다듬질 치수를 나쁘게 한다.
㉰ 표면조도를 나쁘게 한다.
㉱ 공구의 마모가 적고 공구각을 변화시킨다.

해설) 구성인선은 피삭재 자신보다, 훨씬 단단하고 칩 표면의 금속원자와 인선의 경사면상의 금속원자가 경사면상에 얇게 남아 이것이 쌓이고, 쌓여 구성인선이 된다. 공구수명이 연장되는 이점도 있다.

문제 019

가공물 절삭시 발생하는 칩의 형태 생성 조건으로 적합하지 않은 것은?

㉮ 절삭공구의 형상   ㉯ 피삭재의 지름
㉰ 절삭속도   ㉱ 절삭깊이나 이송

해설) 균열형의 칩을 생성하는 경우에는 다른 경우보다도 확실하게 절삭저항의 변동이 크고, 그로 인하여 가공면은 상당히 거칠고 지저분하다. 따라서 칩이 생기는 상태는 절가공구의 형상, 피삭재의 재질, 절삭속도, 절삭깊이나 이송 등에 따라 좌우된다.

답) 013. ㉱   014. ㉰   015. ㉰   016. ㉰   017. ㉯   018. ㉱   019. ㉯

문제 020

구성인선을 억제하는 방법에 해당하지 않는 것은?

㉮ 바이트의 경사각을 크게 하고, 이송·절입을 적게 한다.
㉯ 고속 절삭을 한다.
㉰ 절삭온도를 재결정온도 이하로 낮게 한다.
㉱ 마찰계수가 작은 절삭공구를 사용한다.

해설 절삭온도가 재결정온도 이상이 되는 조건에서는 구성인선의 발생은 없거나 적어도 크게 성장하지 않으므로 절삭온도를 재결정온도 이상 높게 하면 구성인선은 억제된다.

문제 021

절삭가공에서 칩이 생기는 모양 즉 칩의 형태에 영향을 가장 적게 주는 것은?

㉮ 가공물 및 공구의 재질
㉯ 공구의 모양
㉰ 절삭속도와 절삭깊이
㉱ 가공면의 표면 거칠기

문제 022

절삭 중에 발생되는 칩(chip)의 형상 중에 공구마모인 크레이터가 발생되는 칩의 형태는?

㉮ 유동형   ㉯ 전단형
㉰ 균열형   ㉱ 열단형

해설 유동형은 공구의 상면으로 칩이 연속적으로 발생되는 형태로 유동형이 칩이 계속 발생되면 공구의 상면이 오목하게 파지는 크레이터 마모가 생기게 된다.

문제 023

구성인선(built up edge) 현상이 발생되는 칩의 형태는?

㉮ 유동형   ㉯ 전단형
㉰ 균열형   ㉱ 열단형

문제 024

구성인선 발생에 대한 설명 중 사실과 다른 내용은?

㉮ 구성인선(구성날끝)은 마치 절삭 날처럼 작용하여 정밀가공에 해롭다.
㉯ 가공면의 표면 거칠기를 좋게 한다.
㉰ 구성인선의 발생-성장-분열-탈락 과정이 반복된다.
㉱ 연강, 황동 등과 같은 인성 혹은 연성이 있고, 가공경화하기 쉬운 재료의 절삭 시 발생하기 쉽다.

해설 구성 날 끝이 발생하면 가공면이 거칠어지고 공구의 수명이 짧아지게 된다.

문제 025

면을 매끈하게 하기 위한 Cutting Condition(절삭조건)중에서 적합하지 않은 것은?

㉮ 절삭속도를 크게 한다.
㉯ 절삭깊이를 적게 한다.
㉰ 절삭방향의 이송량을 적게 한다.
㉱ 절삭깊이를 크게 한다.

해설 다듬질면의 거칠기와 절삭조건은 다음과 같은 관계가 성립된다.
① 절삭속도는 저속 시에 다듬질면이 거칠고, 고속 시에는 바이트에 구성인선이 소멸되므로 면이 아름답다.
② 이송속도는 이송량이 적을수록 다듬면이 아름답다.
③ 절삭깊이는 절삭깊이가 얕을수록 다듬면이 좋다.

문제 026

연한재료의 저속 절삭이나, 바이트의 경사각이 적을 때 가장 많이 발생하는 칩(chip)의 형태는?

㉮ Shear Type Chip(전단형 칩)
㉯ Tear Type Chip(열단형 칩)
㉰ Flow Type Chip(유동형 칩)
㉱ Crack Type Chip(균열형 칩)

답 020. ㉰ 021. ㉱ 022. ㉮ 023. ㉮ 024. ㉯ 025. ㉱ 026. ㉮

해설 전단형은 연한 재료의 저속 절삭이나 바이트의 경사각이 적을 때 생긴다.

문제 027

주철을 절삭할 때 일반적인 칩의 형태는?

㉮ 전단형 ㉯ 경작형
㉰ 균열형 ㉱ 유동형

해설 주철과 같이 취성재로 균열형

문제 028

기계의 진동발생이 적고 가공표면이 깨끗하고 정밀공작에 적당한 칩의 형태는?

㉮ 유동형 칩 ㉯ 전단형 칩
㉰ 균열형 칩 ㉱ 열단형 칩

문제 029

점성이 큰 공작물을 경사각이 적은 절삭공구로 가공할 때, 절삭깊이가 클 때 발생하기 쉬운 칩의 형태는 무엇인가?

㉮ 유동형 ㉯ 전단형
㉰ 열단형 ㉱ 균열형

해설 경작형이라고도 한다.

문제 030

구성인선(built up edge)이란 무엇인가?

㉮ 선반공구의 일종
㉯ 공구 끝이 마멸되는 것
㉰ 칩(chip)의 일부가 날끝에 붙는 것
㉱ 조합 구성된 바이트 끝

문제 031

다음 중 칩 브레이크(chip breaker)를 주는 이유로 옳은 것은?

㉮ 윤활유의 윤활성을 향상시키기 위해서
㉯ 유동형 칩(chip)을 잘게 끊어 배출하기 위하여
㉰ 공구의 생산단가를 낮추기 위하여
㉱ 가공물의 정밀도 향상을 위하여

문제 032

초경합금 공구의 수명판정법으로 가장 많이 사용되는 것은?

㉮ 가공면에 광택이 있는 무늬나 점들이 생길 때
㉯ 공구날의 마모가 일정량에 도달하였을 때
㉰ 절삭저항의 주분력이 갑자기 증가할 때
㉱ 완성치수가 일정량으로 변화하였을 때

해설 공구의 수명 판정방법
① 표면에 광택 또는 반점이 있는 무늬가 생길 때
② 절삭공구인선의 마모가 일정량에 달했을 때
③ 가공된 완성치수의 변화가 일정량에 달하였을 때
④ 주분력에 비해 배분력 또는 이송분력이 급격히 증가할 때
⑤ 칩의 색깔 및 어떤 현상의 변화로 불꽃이 발생할 때

문제 033

공구수명에 가장 큰 영향을 주는 것은?

㉮ 절삭속도 ㉯ 절삭깊이
㉰ 이송   ㉱ 공구각

해설 공구수명을 측정할 때는 절삭속도 사이와의 관계로 나타낸다.
$$VT^3 = C$$
(v : 절삭속도, T : 공구수면, n : 공구와 공작물에 의하여 변하는 지수, c : 공구수명을 1분으로 할 때의 절삭속도)

문제 034

테일러(Taylor)의 공구 수명 방정식은 다음 중 어

답 027.㉰ 028.㉮ 029.㉰ 030.㉰ 031.㉯ 032.㉯ 033.㉮ 034.㉮

느 것인가? (단, V : 절삭속도, T : 공구수명, n : 속도곡선의 지수, C : 상수이다.)

㉮ $T^{\frac{1}{n}} = \dfrac{C}{V}$ ㉯ $T^{\frac{1}{n}} = \dfrac{V}{C}$

㉰ $T^{\frac{1}{n}} = VC$ ㉱ $T^{\frac{1}{n}} = \dfrac{VC}{2}$

[해설] $VT^{\frac{1}{n}} = C$

문제 035

절삭조건과 공구수명에 대한 설명이 잘못된 것은?

㉮ 절삭량과 공구수명은 비례 관계이다.
㉯ 절삭량을 감소시키면 공구수명이 증가한다.
㉰ 절삭량은 절삭속도, 이송량, 절삭깊이와 비례한다.
㉱ 절삭조건 중에서 절삭속도가 공구 수명에 미치는 영향이 가장 크다.

[해설] 절삭량을 증가시키면 절삭날에 마찰열 발생이 증가하여 공구수명이 감소하고, 절삭량을 감소시키면 공구수명이 증가한다. 따라서, 절삭량과 공구수명은 반비례 관계이다.

문제 036

초경합금의 공구수명을 결정하는 Flank마모수명 판정 기준에서 플랭크 면의 마모 폭이 0.4(mm)인 경우에 적용범위가 맞는 것은?

㉮ 정밀절삭, 비철합금 등의 다듬질 절삭
㉯ 합금강 등의 절삭
㉰ 주철, 강 등의 일반절삭
㉱ 보통 주철 등의 황삭

문제 037

초경합금공구에 음(minus)의 경사각을 취하는 경우가 있는데 그 이유로 가장 적당한 것은?

㉮ 가공면의 표면정도를 향상시킨다.
㉯ 공구경사면의 마찰을 감소시킨다.
㉰ 절삭저항을 감소시킨다.
㉱ 취성에 의한 치핑(chipping)을 방지한다.

문제 038

절삭공구의 경사면을 칩이 슬라이드 할 때 마찰력에 의해 경사면이 오목하게 파여지는 현상을 무엇이라 하는가?

㉮ 습도 파손   ㉯ 크레이터 마모
㉰ 결손   ㉱ 플랭크 마모

[해설] 크레이터 마모는 윗면 경사면에 칩이 스칠 때 마모되는 현상임.

문제 039

절삭공구의 인선의 일부가 가공 중 미세하게 탈락되는 현상으로 옳은 것은?

㉮ 플랭크 마모(flank wear)현상
㉯ 크레이터 마모(crater wear)현상
㉰ 치핑(chipping)현상
㉱ 버니시(burnish)현상

문제 040

다음 중 공구의 마모 또는 파손현상이 아닌 것은?

㉮ 노치마모   ㉯ 열경화
㉰ 치핑   ㉱ 크레이터 마모

[해설] 공구의 마모/파손현상은 크레이터 마모, 플랭크 마모, 노치마모, 치핑 등이 있다.

문제 041

치핑(chipping : 결손) 현상의 방지대책으로 옳은 것은?

㉮ Nose R반경을 작게 한다.
㉯ 이송을 크게 한다.
㉰ 절삭깊이를 적게 한다.
㉱ 상면 경사각이 큰 칩 브레이크를 사용한다.

[답] 035. ㉮ 036. ㉯ 037. ㉱ 038. ㉯ 039. ㉰ 040. ㉯ 041. ㉰

[해설] 치핑(chipping : 결손) 현상의 방지대책
① 절삭 날 각도를 크게, Nose R을 큰 것으로 상면 경사각이 적은 chip break형상으로 랜드폭과 각도는 크게, 측면 절삭날 각을 크게
② 재질은 인성이 큰 것으로 가공조건의 이송을 적게 절삭깊이를 적게 하여야 치핑을 방지할 수 있다.

문제 042

KS규격에서 표면 거칠기와 관련한 각 규격과 표시기호가 일치되지 않는 것은?

㉮ 평균단면 거칠기 : S_y
㉯ 최대높이 : R_y
㉰ 산술평균 거칠기 : R_a
㉱ 10점평균거칠기 : R_z

문제 043

선반에서 공구의 인선형상과 이송에 따른 이론적인 다듬질 표면 최대 거칠기 H를 나타내는 옳은 식은? (단, r : 인선반경, s : 이송이다.)

㉮ $H = s^2 8r$ ㉯ $H = \dfrac{s^2}{8r}$

㉰ $H = \dfrac{r^2}{8s}$ ㉱ $H = sr$

[해설] $H = \dfrac{s^2}{8r}$

문제 044

선삭에서 바이트의 노즈 반지름 0.8mm 이송을 0.5mm/rev로 절삭할 때 이론적인 표면 거칠기는?

㉮ 0.039mm ㉯ 0.078mm
㉰ 0.39mm ㉱ 0.78mm

[해설] $H = \dfrac{f^2}{8 \times r} = \dfrac{0.5^2}{8 \times 0.8} = 0.039\text{mm} = 39\mu m$

문제 045

절삭속도와 가공면의 표면 거칠기와의 관계를 가장 옳게 설명한 것은 어느 것인가?

㉮ 절삭속도의 증가에 따라 표면 거칠기는 증가한다.
㉯ 절삭속도의 증가에 따라 표면 거칠기는 감소한다.
㉰ 절삭속도의 증가에 따라 표면 거칠기는 증가하였다가 차츰 감소한다.
㉱ 절삭속도와 표면 거칠기는 아무 상관이 없다.

문제 046

노즈 반지름(nose radius)이 0.2mm인 바이트를 사용하여 $R_a = 6.3\mu m$의 이론적 표면 거칠기를 얻으려면 이송(feed)을 얼마로 하여야 하는가?

㉮ 0.1mm/rev ㉯ 0.2mm/rev
㉰ 0.3mm/rev ㉱ 0.4mm/rev

[해설] 이론적 표면 거칠기
$H(R_{\max}) = \dfrac{f}{8R}$에서 $R_{\max} ≒ 4R_a$

이송
$f = \sqrt{R_{\max} \times 8R} = \sqrt{0.0063 \times 4 \times 8 \times 0.2}$
$= 0.2(\text{mm/rev})$

문제 047

다음 중에서 가공되는 제품의 정밀도에 직접적으로 가장 많은 영향을 끼치는 인자는?

㉮ 온도변화 ㉯ 습도변화
㉰ 바람 ㉱ 먼지

문제 048

절삭시 발생되는 절삭열이 가장 많이 분산되는 것은?

㉮ 칩 ㉯ 가공물

답 042. ㉮ 043. ㉯ 044. ㉮ 045. ㉰ 046. ㉯ 047. ㉮ 048. ㉮

㉰ 절삭공구　　　㉱ 공작기계

[해설] 절삭속도 180mm/min인 경우 칩 93%, 가공물 6%, 공구 2~3%의 분포로 열이 분산된다.

문제 049

온도상승을 측정하는 방법은?

㉮ 칩의 색깔로 판정하는 방법
㉯ 서어모 컬러(thermo color)에 의한 방법
㉰ 복사온도계를 사용하는 방법
㉱ 공구 속에 열전대를 삽입하는 방법

[해설] 복사온도계를 사용하는 방법
절삭온도를 측정하는 방법 중 절삭부로부터의 열복사를 렌즈에 의해서 검출하여 열전대의 온도상승을 측정하는 방법

문제 050

절삭가공의 절삭온도를 측정하는 방법으로 옳은 것은?

㉮ 칼로리미터(calorimeter)에 의한 방법
㉯ 스트레인 게이지(strain gage)에 의한 방법
㉰ 로드 쉘(load shell)을 이용하는 방법
㉱ 스냅 게이지(snap gage)를 이용하는 방법

[해설] 절삭온도 측정법
① 칩의 색깔에 의한 방법
② 칼로리미터(열량계)에 의한 방법
③ 공구에 열전대를 삽입하는 방법
④ 시온 도료를 사용하는 방법
⑤ 공구와 일감을 열전대로 사용하는 방법
⑥ 복사 고온계에 의한 방법
⑦ PbS셀(cell)광전지를 이용하는 방법

문제 051

절삭저항의 크기의 변화가 없이 절삭유를 사용하여 공구면의 마찰을 감소시켰을 때 일어나는 현상으로 틀린 것은 어느 것인가?

㉮ 전단 각이 감소된다.
㉯ 가공면 거칠기가 향상된다.
㉰ 칩 두께가 감소된다.
㉱ 절삭저항(절삭력)의 방향이 변한다.

문제 052

절삭을 원활하게 하기 위하여 절삭제를 사용한다. 다음 중 절삭제로 틀린 것은?

㉮ 광물유　　　㉯ 그리스
㉰ 경유　　　　㉱ 비눗물

문제 053

절삭제의 사용목적이 아닌 것은?

㉮ 냉각작용
㉯ 공구와 칩의 친화력 촉진작용
㉰ 윤활작용
㉱ 칩제거 작용

문제 054

절삭제(Cutting Fluid)의 사용 목적이 아닌 것은?

㉮ 공구인선을 냉각시켜 공구의 경도 저하를 막는다.
㉯ 공작기계의 윤활면에 스며들어 공작기계 마모를 방지한다.
㉰ 윤활작용으로 공구 마모를 줄이고 가공표면을 좋게 한다.
㉱ 칩을 제거하여 절삭작업을 용이하게 한다.

문제 055

저속 중 절삭할 때에는 다음 어느 절삭제(Cutting Fluid)를 사용하면 좋은가?

㉮ 윤활성이 좋은 것　　㉯ 마찰계수가 작은 것
㉰ 냉각성이 큰 것　　　㉱ 점성이 큰 것

[해설] 절삭제의 선택
① 저속 경절삭(절삭유 효과의 기대가 적으므로 사용하지 않아도 좋다)
② 저속 중절삭(윤활성에 중점을 둔 절삭유를

답 049. ㉰　050. ㉮　051. ㉮　052. ㉯　053. ㉯　054. ㉯　055. ㉮

택한다)
③ 고속 경절삭(냉각성에 중점을 두나, 어느 정도 윤활성이 있어야 한다)

문제 056

다음 중 절삭유를 사용함으로 좋은 점이 아닌 것은?
㉮ 공구인선을 냉각시켜 공구인선의 온도증가를 억제한다.
㉯ 공작물을 냉각시켜 가공정밀도를 향상시킨다.
㉰ 공구의 마모를 적게 한다.
㉱ 공작기계와 화학적 반응을 일으켜 공작기계에 부식을 초래한다.

문제 057

절삭유에 대한 설명으로서 올바르지 않은 것은?
㉮ 식물유는 점도가 높고 양호한 유막을 형성한다.
㉯ 식물유는 공구의 냉각작용에서 뒤지고 고속도의 절삭에 적당하지 않다.
㉰ 동물유는 식물유보다도 더욱 점도가 높아 고속의 절삭에 적당하다.
㉱ 5%내지 50%범위에서 광물유와 혼합해서 윤활성능을 높인다.

[해설] 동물유는 점도가 높아 고속보다는 저속의 절삭에 적합하다.

문제 058

절삭유의 구비조건 중 잘못된 것은?
㉮ 인화점, 발화점이 낮을 것
㉯ 냉각성이 우수할 것
㉰ 장시간 사용 후에도 변질되지 않을 것
㉱ 방청 및 방식성이 좋을 것

[해설] 인화점과 발화점이 높아야 열에 의한 화재의 위험이 적다.

문제 059

절삭제를 사용함으로써 절삭저항을 감소시킨다. 다음 사항 중 틀린 것은?
㉮ 절삭 칩의 접촉 길이가 감소하므로
㉯ 소비동력이 적어지므로
㉰ 날 끝과 칩, 다듬면 사이의 윤활 작용으로
㉱ 마찰이 적어지므로

문제 060

절삭률은 다음의 어느 것으로 나타내는 것이 가장 좋은가?
㉮ 절삭속도×절삭면적
㉯ 절삭깊이×이송
㉰ 절삭속도×절삭깊이×칩 단면적
㉱ 절삭속도×이송×매분 회전수

[해설] 절삭률은 단위시간당 절삭량(칩 제거량)에 영향을 끼치는 변수들의 조합을 절삭조건이라 말하며 이러한 절삭조건에는 공구재료와 공구형상, 절삭속도, 절삭크기, 절삭유의 유무 등이 포함된다.

문제 061

선반 가공에서 절삭면적에 대한 설명 중 맞는 것은?
㉮ 가공물 1회전에 대한 이송×절삭깊이
㉯ 절삭속도×가공물 1회전에 대한 이송
㉰ 회전수×가공물 1회전에 대한 이송
㉱ 회전수×절삭속도

[해설] 절삭크기는 절삭깊이와 이송이다.

문제 062

절삭비에 대한 설명 중 맞는 것은?
㉮ 절삭비=절삭 전의 칩의 길이/절삭 후의 칩의 길이
㉯ 절삭비=절삭 전의 절삭깊이/절삭 후의 칩의 두께

[답] 056. ㉱ 057. ㉰ 058. ㉮ 059. ㉮ 060. ㉮ 061. ㉮ 062. ㉯

㉰ 절삭비＝배분력/주분력
㉱ 절삭비＝절삭속도/공작물의 회전수

문제 063

절삭조건 중에 단위시간에 가공되는 칩의 양(절삭율)에 영향을 미치는 인자가 아닌 것은?

㉮ 절삭공구의 재질 및 형상
㉯ 가공물의 재질
㉰ 절삭깊이 및 크기
㉱ 절삭깊이

문제 064

다음 공작기계의 가공능률의 기준이 되지 않는 것은?

㉮ 절삭효율
㉯ 단위동력
㉰ 단위시간당 절삭된 칩의 양
㉱ 가공 정밀도

문제 065

구멍이 깊고 정밀도가 높은 구멍을 뚫을 때 드릴의 회전수와 이송속도와의 관계는 다음 어느 것이 좋은가?

　　　회전수　이송속도　　　회전수　이송속도
㉮　크다,　　빠르다　㉯　작다,　　늦다
㉰　크다,　　늦다　　㉱　작다,　　빠르다

문제 066

다음은 절삭가공에서 경제성을 지배하는 인자에 관한 설명이다. 이중 틀린 것은?

㉮ 절삭공구는 공구의 수명, 가공재료의 영향, 절삭조건 등에 따라 선정하여야 한다.
㉯ 드로우 어웨이(throw-away)방식은 바이트의 팁을 경납땜하여 사용한다.
㉰ 절삭조건에는 절삭깊이, 이송속도, 절삭속도, 절삭제 등이 해당된다.
㉱ 절삭깊이와 이송속도가 크면 생산량은 높아지나 공구수명과 소비동력이 증가한다.

[해설] 드로우 어웨이(throw-away) 방식
팁을 기계적으로 고정하는 방법으로 날 교환에 소요되는 시간이 짧고 또 날은 1회에 한하여 사용되므로 재연삭비가 필요 없다.

문제 067

다음 중 일반적으로 절삭조건 3요소가 해당되지 않는 것은?

㉮ 절삭속도　　　㉯ 이송속도
㉰ 절삭깊이　　　㉱ 절삭유

[해설] 절삭에 영향을 미치는 절삭조건의 3요소
절삭속도, 이송속도, 절삭깊이

문제 068

동일한 회전수에서 가공물의 지름과 절삭속도의 관계로 옳은 것은?

㉮ 가공 지름이 크면 절삭속도는 빨라진다.
㉯ 가공 지름이 크면 절삭속도는 느려진다.
㉰ 가공 지름이 작으면 절삭속도는 빨라진다.
㉱ 가공 지름과 관계없이 절삭속도는 일정하다.

문제 069

절삭속도가 가공물에 영향을 끼치는 요인으로 볼 수 없는 것은?

㉮ 표면거칠기　　㉯ 가공물의 중량
㉰ 절삭능률　　　㉱ 공구의 수명

문제 070

절삭속도에 대한 설명이 잘못된 것은?

㉮ 절삭속도가 증가하면 절삭온도가 증가한다.
㉯ 절삭속도가 증가하면 구성인선이 증가한다.
㉰ 절삭속도가 증가하면 절삭저항이 감소한다.

[답] 063. ㉱　064. ㉱　065. ㉰　066. ㉯　067. ㉱　068. ㉮　069. ㉯　070. ㉯

㉣ 절삭속도가 증가하면 공구수명이 감소한다.

해설 절삭속도를 크게 할수록 구성인선은 감소한다.

문제 071

선반작업에서 표준절삭속도를 사용한다. 가공물의 직경과 회전수는 어떤 관계가 성립하는가? (단, k는 비례상수이다.)

㉮ $d = kn$ ㉯ $d = kn^2$
㉰ $d = k\dfrac{1}{n}$ ㉱ $d = \dfrac{1}{n^2}$

해설 절삭속도 $V = \dfrac{\pi \times D \times N}{1000}$ $d = \dfrac{1000 \times V}{\pi \times n}$
$= \dfrac{1000 \times V}{\pi} \times \dfrac{1}{n} = k\dfrac{1}{n}$

문제 072

선반 작업에서 절삭속도 V cm/min, 가공물의 직경 D cm, 매분 회전수 N rpm이다. $D = 32$cm일 때 V와 N의 관계식은?

㉮ $V ≒ 0.1N$ ㉯ $V ≒ N$
㉰ $V ≒ \dfrac{1}{N}$ ㉱ $V ≒ \dfrac{1}{2N}$

해설 절삭속도
$V = \dfrac{\pi d n}{1000 (\text{cm/min})} = \dfrac{\pi \times 32}{1000} \times N = 0.1N$

문제 073

절삭가공시 가공 변질층에 대한 설명으로서 가장 적합하지 않은 내용은?

㉮ 가공변질층은 보통 1mm 이상으로 나타나며, 절삭조건에 영향을 받으나 가공 재료의 조직과는 무관하다.
㉯ 변질층의 깊이를 측정하는 방법은 X선 회절법, 부식법, 재결정법 등이 있다.
㉰ 절삭각의 증대에 따라 변질층은 두꺼워지며 절삭각이 90도 가까이 되면 그 두께가 상당히 증가한다.
㉱ 절삭을 반복하면 가공경화의 영향으로 변질층의 두께는 증대한다.

해설 변질층의 두께는 보통 1mm 이하이며 절삭조건, 피삭재의 조직, 가공경화능, 결정립의 크기 등에 따라서 변화한다.

문제 074

정밀기계 가공을 위한 절삭조건으로서 적합한 사항으로 맞는 것은?

㉮ 공작물, 공구, 공작기계에 진동이 발생하도록 공진현상을 유도한다.
㉯ 공구의 마모가 커지는 조건이 다듬질 치수 정밀도 유지에 바람직하다.
㉰ 절삭가공 시 칩 처리와 배제하기 쉬운 형태의 절삭 칩이 나오는 조건을 선택한다.
㉱ 공작물의 열팽창이 작아지는 조건이라면 다소 휨이 발생하여도 무리가 되는 것은 아니다.

해설 절삭가공 시 칩 처리와 배제하기 쉬운 형태의 절삭 칩이 나오는 조건을 선택하는 것이 좋다.

문제 075

선반작업에서 소재 직경이 80mm, 회전수가 1500rpm일 때 절삭속도(m/min)는?

㉮ 약 276   ㉯ 약 326
㉰ 약 377   ㉱ 약 432

해설 $V = \dfrac{\pi d n}{1000}$ [m/min]
$V = \dfrac{80 \times 3.14 \times 1500}{1000} = 376.99$ [m/min] ≒ 377

문제 076

절삭가공 시 절삭속도와 관계가 적은 것은?

㉮ 칩의 크기   ㉯ 공구의 수명
㉰ 작업능률   ㉱ 다듬면의 정밀도

답 071. ㉰ 072. ㉮ 073. ㉮ 074. ㉰ 075. ㉰ 076. ㉮

[해설] 절삭속도를 높이면 작업능률이 향상되나, 공구의 마모가 증가되어 공구의 수명이 짧아지며, 다듬면의 정밀도가 떨어지게 된다.

문제 077

일반적으로 재료의 절삭성을 정의하는 기준으로 가장 거리가 먼 것은?
㉮ 공품의 표면정도 및 표면완전성
㉯ 공구수명
㉰ 칩의 종류
㉱ 절삭력의 크기 및 소요동력

[해설] 재료의 절삭성은 통상 다음의 3가지 측면에서 정의되고 있다.
① 가공품의 표면정도 및 표면완전성
② 공구수명
③ 절삭력의 크기 및 소요동력

문제 078

절삭가공에 있어 절삭공구의 재료로써 올바르게 짝지어진 것은?
㉮ STC3 - 합금공구강
㉯ SN45C - 탄소공구강
㉰ SKH10 - 고속도강
㉱ GC200 - 일반 구조용 압연강판

문제 079

다음 절삭공구 재료 중 고온 경도가 제일 큰 것은?
㉮ 세라믹   ㉯ 고속도강
㉰ 초경합금   ㉱ 주조경질합금

[해설] 세라믹 > 초경합금 > 고속도강 > 주조경질합금

문제 080

절삭공구의 구비조건이 아닌 것은?
㉮ 가공재료보다 경도가 클 것
㉯ 인성강도와 내마모성이 클 것
㉰ 고온에서 경도가 감소될 것
㉱ 공구의 제작이 쉬울 것

[해설] 접촉부분이 끊어지지 않고 새로운 면이 생성되기 때문에 산화되지 않는다.

문제 081

다음 중 다이아몬드(diamond) 공구를 사용하여 가공하기에 부적당한 것은?
㉮ 유리의 정밀가공
㉯ 탄소강의 다듬질가공
㉰ 구리거울의 경면 다듬질가공
㉱ 황동 부품의 초정밀 완성가공

[해설] 다이아몬드공구는 화학적 친화력이 큰 일반 탄소강 및 티타늄, 니켈, 코발트의 합금의 절삭에는 사용하지 않는 것이 좋다.

문제 082

TiC, TiCN 또는 TiN의 경질재료에 금속인 Ni 및 Co의 결합 상을 이용 첨가한 소결재료로 초경합금보다 고온 강도가 높고 내산화성, 내용착성이 뛰어나서 고속절삭이 가능하고 긴 수명을 갖는 공구 재료는 무엇인가?
㉮ 초경합금   ㉯ 서멧
㉰ 세라믹   ㉱ 다이아몬드

[해설] 서멧
TiC, TiCN 또는 TiN의 경질재료에 금속인 Ni 및 Co의 결합 상을 이용 첨가한 소결재료이다.

문제 083

다음 피복공구(coated tool)에 사용되는 피복재 중 피복하면 금색을 띠며, 마찰계수가 작고, 경도가 크고, 고온에서도 잘 견디며, 모재와 접합성이 좋아 초경합금은 물론 고속도강 공구의 피복에도 사용되는 피복 재료는?
㉮ TiN   ㉯ TiC
㉰ Al_2O_3 ㉱ TaC

[답] 077.㉰ 078.㉰ 079.㉮ 080.㉰ 081.㉯ 082.㉯ 083.㉮

문제 084

세라믹(ceramic)바이트의 주성분은?

㉮ 산화알루미늄   ㉯ 니켈
㉰ 크롬   ㉱ 텅스텐

해설 세라믹은 산화알루미늄(Al_2O_3)의 미 분발을 결합제와 함께 소결한 것으로 고속절삭이 가능하다.

문제 085

초고압기술(50,000기압, 1,600℃ 이상)로 만든 인공합성 제작 공구는?

㉮ 세라믹공구(ceramic tool)
㉯ 다이아몬드 공구(diamond tool)
㉰ CBN 공구(cubic boron nitride tool)
㉱ 서멧공구(cermet tool)

문제 086

절삭공구 재료로 사용하는 Stellite(스텔라이트)의 주성분은?

㉮ W-Cr-Co   ㉯ W-C-Cu
㉰ Co-Mo-C   ㉱ Co-C-W-Cu

해설 스텔라이트는 Co, W, Cr, C 등을 2300℃에서 주조하여 만든 합금으로 메짐이 있어, 인장이나 충격에는 약해도 고온 경도 및 내마멸성이 양호하다.

문제 087

표준 고속도강의 구성 성분비가 옳은 것은?

㉮ W18%, Cr4%, V4%
㉯ W4%, Cr18%, V1%
㉰ W1%, Cr18%, V4%
㉱ W18%, Cr4%, V1%

해설 표준 고속도강은 W18, Cr4%를 함유하는 18-4-1계를 표준 고속도강이라 한다.

문제 088

세라믹공구(ceramic tool)에 대한 설명 중 틀린 것은?

㉮ 산화알루미늄의 미분말을 소결한 재료이다.
㉯ 고속절삭이 가능하다.
㉰ 충격에 약하다.
㉱ 연성, 인성이 높다.

해설 정도는 높으나 인성이 적고 충격에 약한 재료이며, 현재로서는 연속절삭의 완성가공에 많이 사용됨.

문제 089

다음 절삭공구 중 고속도강, 내열강, 열처리합금 등을 절삭하는 데 가장 적합한 공구는?

㉮ 다이아몬드(Diamond tool)
㉯ 입방정 질화붕소(CBN tool)
㉰ 초경공구(Cemented tool)
㉱ 서멧공구(Cernet tool)

해설 CBN 공구(Cubic Boron Nitride tool)는 탄소공구강, 고속도강, 내열강, 열처리 합금강 등에 적합하다.

문제 090

공작기계 절삭동력 중 절삭저항값이 커지면 절삭동력은 어떤 변화가 나타나는가?

㉮ 절삭동력이 변화가 없다.
㉯ 절삭동력이 커진다.
㉰ 절삭동력이 작아진다.
㉱ 절삭동력이 커지다 작아진다.

해설 절삭동력(마력)=$\dfrac{P_1 V}{7560}$(PS) 공식에서 절삭저항 P_1 값이 커지면 절삭동력도 같이 커진다.

문제 091

절삭저항은 3분력으로 나눌 수 있다. 이에 속하지 않는 것은?

답 084. ㉮ 085. ㉯ 086. ㉮ 087. ㉱ 088. ㉱ 089. ㉯ 090. ㉯ 091. ㉯

㉮ 주분력 ㉯ 종분력
㉰ 횡분력 ㉱ 배분력

[해설] 횡분력, 배분력, 주분력

문제 092

다음 3분력 중 주분력을 가장 바르게 설명한 것은?

㉮ 절삭깊이에 반대방향으로 작용하는 힘을 주분력이라 한다.
㉯ 공구의 절삭방향으로 평행한 분력을 말한다.
㉰ 절삭작업에 있어 배분력과 횡분력을 모두 합한 절삭력을 말한다.
㉱ 공구의 이송방향과 반대로 작용하는 것을 말하며 이분력이 가장 크다.

문제 093

절삭저항을 가장 적게 영향을 미치는 요소는 어느 것인가?

㉮ 가공물의 재질   ㉯ 공구의 절삭각도
㉰ 공구의 재질   ㉱ 절삭속도

[해설] 절삭저항을 가장 적게 영향을 미치는 요소는 공구의 재질이며, 거의 무관계이다.

문제 094

다음 중 절삭저항의 분력으로 바르게 짝지어진 것은?

㉮ 배분력 - 이송방향으로 평행한 분력
㉯ 주분력 - 절삭방향으로 평행한 분력
㉰ 이송분력 - 절삭공구 축방향으로 평행한 분력
㉱ 절삭분력 - 칩 배출방향과 평행한 분력

문제 095

절삭저항의 3분력 중 주분력에 대한 내용이 아닌 것은?

㉮ 절삭동력의 계산에 이용된다.
㉯ 주로 측면 강사각의 영향을 받는다.
㉰ 기계 주축의 베어링에 작용한다.
㉱ 바이트 섕크 치수에 대하여 돌출량이 너무 크면, 아래쪽으로 변형을 일으키는 경우가 있다.

[해설] 이송분력 : 기계 주축의 베어링에 작용하지만, 일반적으로 문제가 되지 않는다.

문제 096

절삭력을 3분력으로 나눌 때 주분력, 배분력, 횡분력으로 나눈다. 그 크기의 순서가 맞는 것은?

㉮ 주분력 > 횡분력 > 역분력
㉯ 주분력 > 배분력 > 횡분력
㉰ 배분력 > 주분력 > 횡분력
㉱ 횡분력 > 주분력 > 배분력

문제 097

선반가공시 절삭저항에 영향을 미치는 요소에 대한 설명으로서 부적절한 것은?

㉮ 절삭각이 90도보다 작아지면 직선적으로 절삭저항이 저하하나 60도 부근에서 최소값이 되고, 그 미만은 오히려 증대한다.
㉯ 절삭속도가 100 m/min 이하의 범위에서 절삭저항이 절삭속도에 미치는 영향은 미미하나 그 이상 커지면 절삭저항은 급격히 증대한다.
㉰ 절삭저항에 가장 큰 요소는 주절삭저항이다.
㉱ 일반적으로 절삭저항은 연강 > 주철 > 구리 > 알루미늄 순서이다.

[해설] 절삭속도가 100 m/min 이하의 범위에서는 절삭저항이 절삭속도에 미치는 영향이 거의 없으나 그 이상으로 절삭속도가 상승하면 절삭저항은 감소한다.

[답] 092. ㉯ 093. ㉰ 094. ㉯ 095. ㉰ 096. ㉯ 097. ㉯

문제 098

공작기계에서 주분력이 1001N이고 절삭속도가 20,000 cm/min일 때 실제 절삭동력은 몇 마력(PS)인가?

㉮ 453　　㉯ 4.53
㉰ 333　　㉱ 3.33

해설
절삭동력 $N = \dfrac{P \times V}{75 \times 60 \times 9.81}$ [hp]

※ P = 절삭저항(N), V = 절삭속도(m/min)이므로

절삭동력 $N = \dfrac{1001 \times 20{,}000}{75 \times 60 \times 9.81} = 453$ [PS]
= cm/min을 m/min로 환산
= 4.53 [PS]

문제 099

드릴로 연강판에 구멍을 뚫을 때 피드(s)= 0.5mm/rev, 회전수(n)=200rpm, 스러스트(P)= 29430N일 경우 가공에 필요한 스러스트 절삭동력은 얼마인가?

㉮ 0.01PS　　㉯ 0.03PS
㉰ 0.05PS　　㉱ 0.07PS

해설
$N_f = \dfrac{P \times f \times n}{75 \times 60 \times 1000 \times 9.81}$
$= \dfrac{29430 \times 0.5 \times 200}{75 \times 60 \times 1000 \times 9.81} = 0.07$ PS

문제 100

100mm의 환봉을 선반 주축 회전수 1,000rpm으로 절삭했을 때 주분력을 981N로 하면 절삭동력은?

㉮ 3.08kW　　㉯ 4.19kW
㉰ 5.13kW　　㉱ 6.98kW

해설
$H = \dfrac{F_c V}{102 \times 60 \times 9.81} = \dfrac{F_c \pi D N}{102 \times 60 \times 1000 \times 9.81}$
$= \dfrac{100 \times 3.14 \times 981 \times 1000}{102 \times 60 \times 1000 \times 9.81} = 5.13$ kW

문제 101

드릴작업에서 직경 40mm, 깊이 50mm로 구멍을 뚫을 때 이송 0.05 mm/rev, 회전수 350 rpm일 때 절삭률[cm^2/min]은 얼마인가?

㉮ 200.2　　㉯ 219.8
㉰ 343.4　　㉱ 243.5

해설
드릴작업의 절삭율 = 이송 × 회전수 × 구멍의 단면적
$= 0.05 \times 350 \times \dfrac{\pi \times 4.0^2}{4} = 219.8$ cm^2/min

문제 102

선삭할 때 인장강도 σ_B = 706 N/mm^{2}인 탄소강을 절삭속도 V =70m/min, 절삭깊이 5mm, 이송량 1 mm/rev이라고 하면 절삭동력은? (단, 비절삭력 ks =3.5σ_B로 하고, 기계효율 η_m =0.75로 한다.)

㉮ 19.2kW　　㉯ 18.22kW
㉰ 10kW　　㉱ 20kW

해설
$N = \dfrac{t, s, Ks, V}{102 \times 60 \times \eta \times 9.81} = \dfrac{5 \times 1 \times 2471 \times 70}{102 \times 60 \times 0.75 \times 9.81}$
$= 19.2$ kW
$ks = 3.5 \times 706 ≒ 2471$ N/mm^2

문제 103

직경이 25.4mm인 구멍을 이송이 0.254 mm/rev, 절삭속도가 18m/min의 조건으로 드릴가공 할 때 소요동력은 약 몇 ps인가? (단, 추력은 6563N, 회전 모멘트는 324N/cm이다)

㉮ 0.112　　㉯ 0.1234
㉰ 0.3258　　㉱ 0.4675

해설
$PS = \dfrac{2\pi MN}{75 \times 9.81 \times 60 \times 100} + \dfrac{P t N f}{75 \times 9.81 \times 60 \times 1000}$

$N = \dfrac{1000 V}{\pi D} = \dfrac{1000 \times 18}{\pi \times 25.4} = 225.6$

$PS = \dfrac{2 \times \pi \times 324 \times 225.6}{75 \times 9.81 \times 60 \times 100} + \dfrac{6563 \times 225.6 \times 0.254}{75 \times 9.81 \times 60 \times 1000}$
$= 0.112$

문제 104

절삭가공에서 절삭률(rate of metal removal)은 다

답 098. ㉯　099. ㉱　100. ㉰　101. ㉯　102. ㉮　103. ㉮　104. ㉮

음의 어느 것인가?
- ㉮ 절삭속도×절삭면적
- ㉯ 절삭깊이×이송
- ㉰ 절삭속도×절삭깊이×칩단면적
- ㉱ 절삭깊이×이송×매분회전수

문제 105
선반 절삭가공에서 절삭률은 다음 중 어느 것으로 표시되는가?
- ㉮ 절삭속도×절삭깊이×이송속도
- ㉯ 절삭깊이×이송
- ㉰ 절삭속도×절삭깊이×칩단면적
- ㉱ 절삭깊이×이송×매분 회전수

[해설] 절삭률은 절삭속도×절삭깊이×이동속도

문제 106
램의 행정길이가 580mm, 회전수가 12rpm이고 램의 중앙 위치에 있을 때 절삭속도가 15 m/min, 절삭력이 12263N이라면 몇 kW가 필요한가? (μm=75%이다.)
- ㉮ 4.09
- ㉯ 6.72
- ㉰ 8.09
- ㉱ 2.30

[해설] $kW = \dfrac{15 \times 12263}{102 \times 60 \times 0.75 \times 9.81} = 4.085 = 4.09$

문제 107
절삭가공시 절삭속도를 100m/min, 절삭깊이를 4mm, 이송속도를 1.5 mm/rev이라 하면 절삭동력을 몇 kW인가? (단, 재료의 인장강도 $\sigma_t = 491 N/mm^2$이고 비절삭력 $ks = 3.0\sigma_t$로 하고 기계적 효율 $\eta = 75\%$로 한다.)
- ㉮ 19.6
- ㉯ 26.7
- ㉰ 24.6
- ㉱ 11.03

[해설] $P_{kw} = \dfrac{t \cdot S \cdot ks \cdot V}{102 \times 60 \times 75\% \times 9.81}$

$= \dfrac{4 \times 1.5(3 \times 491) \times 100}{60 \times 102 \times 0.75 \times 9.81}$
$= 19.6 KW$

문제 108
밀링머신에서 탄소강의 경우 절삭속도 70 m/min, 커터의 지름 100m, 매분당 이송 400 mm/min, 절삭저항 1177 N일 때 절삭동력은? (단, 효율은 100%임)
- ㉮ 1.87PS
- ㉯ 2.13PS
- ㉰ 10.66PS
- ㉱ 28PS

[해설] $N_c = \dfrac{P \times V}{75 \times 60 \times \eta \times 9.81} = PS$,

$N_c = \dfrac{1177 \times 70}{75 \times 60 \times 1 \times 9.81} = 1.87PS$

문제 109
초경합금 공구 P20으로 SM55C를 절삭할 때 소요동력은 얼마인가? (단, 이때 칩의 단면적 A는 $5mm^2$이고, 비절삭저항 ks는 $2345 N/mm^2$이며, P20의 절삭속도는 70 m/min, 공작 기계의 효율은 70%이다.)
- ㉮ 15.5kW
- ㉯ 19.5kW
- ㉰ 23.6kW
- ㉱ 9.6kW

[해설] 절삭력 $P_1 = ks \cdot A = 2345 \times 5 = 11725 N$
소요동력
$N = \dfrac{P \cdot V}{60 \times 102\eta \times 9.81} = \dfrac{11725 \times 70}{60 \times 102 \times 0.7 \times 9.81}$
$= 19.5 kW$

문제 110
선반작업에서 비절삭저항이 $ks [N/mm^2]$인 피삭재를 절삭속도 V [m/min]로 절삭면적이 F [mm^2]가 되게 가공할 때 공구에 걸리는 절삭동력 N [PS]은?
- ㉮ $N = \dfrac{V \times 60}{F \cdot ks \times 75}$
- ㉯ $N = \dfrac{F \cdot ks \cdot V}{75 \times 60 \times 9.81}$
- ㉰ $N = \dfrac{75 \times 60 \times 9.81}{F \cdot ks \cdot V}$
- ㉱ $N = \dfrac{F \cdot ks \cdot 75}{V \times 60}$

[답] 105. ㉮ 106. ㉮ 107. ㉮ 108. ㉮ 109. ㉯ 110. ㉯

절삭기계가공법

2-1 공작기계검사 및 유지보수

1. 공작기계 정밀도 검사

(1) **기능시험** : 공작기계의 각부를 조작하여 그 작동의 원활성 및 기능의 확실성시험 하며, 결과표시방법은 양부로 표시한다.

(2) **무부하 운전시험** : 공작기계를 소정의 무부하 상태로 운전하고, 운전상태, 온도변화 및 소요전력을 시험한다.

(3) **부하운전시험** : 공작기계를 소정의 부하상태로 운전하여 그 운전 상태와 가공능력을 시험한다.

(4) **백래시 시험** : 공작기계의 조작 또는 공작 정밀도에 현저한 영향을 미치게 하는 것에 대하여 시험한다.

(5) **강성시험** : 공작정밀도에 현저한 영향을 미치게 하는 부분에 하중을 가하여 변형 상태를 시험한다.

2. 정적 정밀도 시험방법

직진도, 평행도, 평면도, 직각도, 회전축의 흔들림, 회전중의 축방향의 움직임, 동심도, 분할 정밀도, 나사의 리드 정밀도, 교차도

3. 공작 정밀도 시험방법

진원도, 원통도, 평면도, 직각도, 동심도, 분할 정밀도, 상호차

4. 선반 및 밀링 교정 작업

(1) 수평조정 볼트로 평행를 교정하여 진직도를 맞춘다.
(2) 주축대 스핀들 베어링을 교정하여 주축의 흔들림을 맞춘다.
(3) 심압대 조정 볼트로 양 센터 중심을 맞춘다.
(4) 나사가 마모되면 하프너트를 교환하여 왕복대와 리드스크루의 틈새를 조정한다.
(5) 조정볼트를 조정하여 새들의 상하 틈새를 맞춘다.
  (가로 이송대 유극을 조정, 가로 이송대와 세로 이송대를 보정)
(6) 잭 볼트를 조정하여 테이블 진직도를 맞춘다.
(7) 로크너트조정, 베어링을 교환하여 주축의 흔들림을 맞춘다.

2-2 선반가공

주축에 고정한 공작물의 회전운동과 공구대에 설치된 바이트의 직선운동으로 공작물을 깎는 공작기계를 선반(lathe)이라 하고, 이런 작업을 선반가공 또는 선삭(turning)이라 한다.

선반에서 할 수 있는 주요한 작업은 다음과 같고, [그림 2-1]와 같다.

① 외경절삭(turning)　⑥ 구멍뚫기(drilling)　⑪ 너어링(knurling)
② 내경절삭(boring)　⑦ 모방절삭(copying)　⑫ 편심작업
③ 테이퍼절삭(taper turning)　⑧ 절단(cutting)　⑬ 센터작업
④ 단면절삭(facing)　⑨ 나사절삭(threading)
⑤ 총형절삭(formed cutting)　⑩ 리밍(reaming)

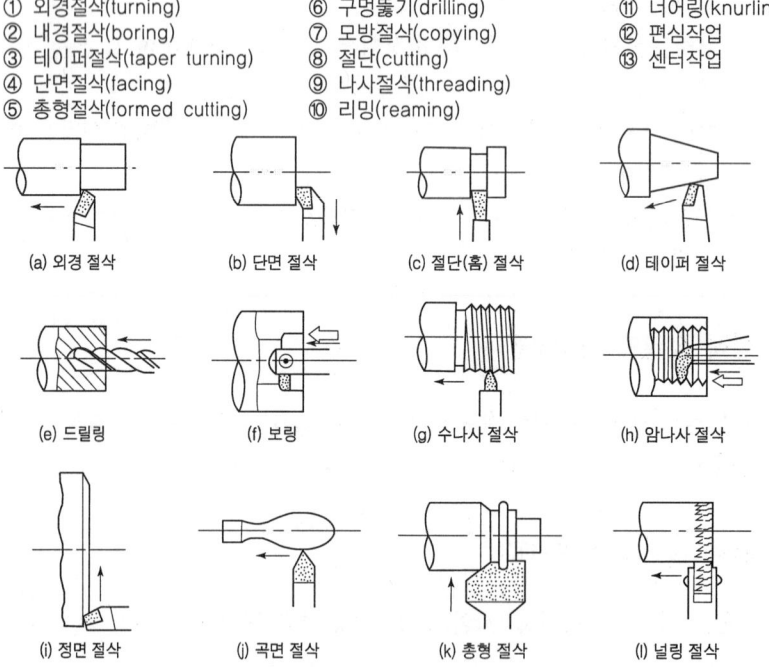

[그림 2-1] 선반 작업의 종류

1. 선반의 크기 표시

선반의 크기는 베드 위에서 스윙(swing), 왕복대 상의 스윙, 양 센터 사이의 거리로 나타낸다.

2. 선반의 종류

(1) **탁상선반** : 정밀 소형기계 및 시계부품 가공
(2) **보통선반** : 가장 많이 사용
(3) **정면선반** : 직경이 크고 길이가 짧은 공작물 가공(대형 풀리, 플라이휠)
(4) **수직선반** : 중량이 큰 대형공작물, 직경이 크고, 폭이 좁으며 불균형한 공작물을 가공하며 공작물 고정이 쉽고 안정된 중 절삭이 가능하고 비교적 정밀하다.
(5) **터릿선반** : 터릿으로 불리는 선회 공구대를 가진 것으로 너트, 와셔, 나사, 핀 등 모양이 간단한 제품의 대량 생산용. 램형, 새들형, 드럼형 등이 있다
(6) **공구선반** : 릴리빙 장치(=Back off 장치)를 가진 것으로 절삭공구(호브, 커터, 탭 등)의 여유각을 가공한다.
(7) **자동선반** : 캠이나 유압기구를 사용하여 자동화한 것으로 핀, 볼트, 시계, 자동차 생산에 사용된다.
(8) **모방선반** : 형상이 복잡하거나 곡선형 외경만을 가진 일감을 많이 가공할 때 편리하며 트레이서를 접촉시켜 형판모양으로 공작물을 가공한다. 자동모방 장치이용, 테이퍼 및 곡면 등을 모방 절삭. 유압식, 전기식, 전기 유압식이 있다.
(9) **차축선반** : 철도 차량용 차축 가공한다.
(10) **크랭크축 선반** : 크랭크축의 베어링 저널과 크랭크 핀 가공한다.
(11) **갭 선반** : 베드 상의 스윙을 크게 하기 위해서 주축대로부터 베드의 일부가 분해될 수 있는 선반이다.
(12) **차륜선반** : 철도차량의 차륜을 깎는 선반으로 정면선반 2개를 서로 마주본다.

3. 선반의 구조

(1) **주축대**(Head stock)

주축대에는 공작물을 지지하면서 회전을 주는 주축(spindle)과 이것을 지지하는 베어링(bearing) 및 주축에 회전을 주는 구동 기구인 속도 변환 장치가 내장되어 있으며, Ni-Cr강, 침탄강, 질화강 등으로 제작되어 있다. 2점 또는 3점 지지방식을 사용한다.

ⓐ 주축대
ⓑ 백기어 레버
ⓒ 새들
ⓓ 공구대
ⓔ 가로이송 핸들
ⓕ 심압대
ⓖ 심압대 핸들
ⓗ 주축속도 변환레버
ⓘ 이송나사 변환레버
ⓙ 베드
ⓚ 리드 스크루
ⓛ 이송속도 변환레버
ⓜ 자동이송 축
ⓝ 노튼 기어
ⓞ 시동 축
ⓟ 왕복대 이송핸들
ⓠ 자동이송 레버
ⓡ 하프너트 레버
ⓢ 왕복대
ⓣ 브레이크
ⓤ 시동 레버

[그림 2-2] 보통선반의 각부 명칭

주축은 중공축으로 되어있는데 그 이유는 다음과 같다.
① 무게를 감소하여 주축 베어링에 작용하는 하중을 줄여준다.
② 중공은 실축보다 굽힘과 비틀림 응력에 강하여 강성을 유지한다.
③ 긴 공작물을 고정에 편리하다.
④ 고정된 센터를 쉽게 분리할 수 있으며, 콜릿 척을 사용할 수 있다.

일반적으로 단차식 주축대의 특징은 다음과 같다.
① 벨트걸이로 구조가 간단하다.
② 주축 속도 변환이 작으며 고속회전이 어렵다.
③ 백 기어(저속강력절삭목적)가 설치되어 있다.
④ 값이 싸나, 운전시 위험이 따른다.

기어전동식 주축대의 특징은 다음과 같다.
① 전동기와 직결되어 있으며 고속회전이 가능하다.
② 레버에 의해 변속하므로 속도변환이 간단하다.
③ 등비급수 속도열을 많이 사용한다.
④ 고장시 수리가 어려우며 중량이 무겁다.
  * 백기어(back gear)는 단차와 백기어를 사용하여 그 구조에 따라 2배, 3배 등의 변속이 된다. 백기어의 단수에 따라 1단, 2단, 3단 백기어로 나눈다.

백기어비는 보통 $(\frac{a}{b} \times \frac{c}{d}) = \frac{1}{5} \sim \frac{1}{10}$ 의 범위가 많이 사용한다.

(2) **주축대의 회전속도열**

등차급수, 등비급수, 대수급수, 복합등비급수 등이 있으며 등비급수 속도열은 가공물의 지름에 관계없이 절삭속도를 일정한 강하율로 적용하기 때문에 가장 많이 사용한다.

① 등차급수

최대, 최소 회전수와의 사이를 등차 수열적으로 구분한 속도열이다. 지름이 작은 곳에서는 강하율이 낮으며 회전수를 조절하고 지름이 큰 곳에서는 회전수의 단이 거칠어지고 정해진 경제속도로 작업을 하는 것이 곤란하다.

$$a = \frac{n_z - n_1}{Z-1}$$

여기서, Z : 단수
n_z : 단에서의 회전수
a : 공차

예제
최소회전수(n_1) 45, 최대회전수(n_z) 120, 단수(Z) 6일 때

풀이 $a = \frac{120-45}{6-1} = \frac{75}{6-1} = 450 \text{rpm}$

② 등비급수

최대, 최소회전수와의 사이를 등비 수열적으로 구분한 속도열이다. 공구의 크기 변화로 절삭속도가 저해하는 것을 일정하게 유지할 수 있음으로 가장 널리 사용되는 속도열이다. 속도 강하율이 일정하며 직경이 작은 경우는 회전수의 간격이 좁게 되며, 직경이 큰 경우에는 간격이 넓게 되나 배열된 계단비는 일정하다.

$$\phi = \sqrt[Z-1]{\frac{n_{\max}}{n_{\min}}}$$

여기서, ϕ : 공비
$Z-1$: 단이 회전수
$\frac{n_{\max}}{n_{\min}}$: 속도역비

예제
최대회전수($n_{\max}$) 250, 최소회전수($n_{\min}$) 45, 단수(n) 6

풀이 $\phi = \sqrt[6-1]{\frac{250}{45}} = 1.4$

③ 대수 급수적 속도열

등차 수열적 속도열이나 등비 수열적 속도열의 경우, 지름이 작은 범위에서는 톱니가 좁게 되고 지름이 큰 범위에서는 톱니선도가 넓게 된다. 이러한 경향을

줄이고 톱니의 이 폭을 균일하게 한 속도열로서 작업의 종류에 따라 결정하도록 된 속도열이다. 여러 가지 다른 공비를 갖게 되므로 속도열이 각기 다르며 제조상, 사용상 복잡해지므로 일정한 속도 규격을 필요로 한다.

(3) 심압대(Tail Stock)

심압대는 우측 베드 상에 있으며, 작업내용에 따라 좌우로 움직여 위치조정이 할 수 있도록 되어 있다. 심압대에서 할 수 있는 사항은 다음과 같다.
① 축에 정지 센터를 끼워 긴 공작물을 고정하거나 센터 대신 드릴·리머 등을 고정할 수 있다.
② 조정나사의 조정으로 심압대를 편위시켜 테이퍼를 절삭을 한다.
③ 심압축을 움직일 수 있다.
④ 심압축은 모스 테이퍼(morse taper)로 되어 있다.

또한, 심압대의 구비조건은 다음과 같다.
① 심압대는 베드의 어떠한 위치에도 적당히 고정할 수 있을 것.
② 센터를 고정하는 심압대의 스핀들은 축 방향으로 이동하여 적당한 위치에 고정할 수 있을 것
③ 축 중심을 편위시켜 테이퍼를 가공할 수 있을 것

(4) 베드(Bed)

베드의 재질은 40~60%의 강철 파쇠를 넣어 만든 강인주철, 구상흑연 주철, 미하나이트(meehanite)주철, 인장강도 30N/mm² 이상의 합금주철 등의 고급 주철을 사용하고, 주조로 인한 내부응력을 제거하기 위해 시즈닝(seasoning)처리하여 사용한다. 베드에는 절삭작용에 의해 비틀림 작용과 굽힘 작용을 받으므로 리브(rib)를 붙여서 튼튼하게 한다. 이 형식은 평행형, 지그재그형, 십자형, X형 등이 있다.

(5) 왕복대

왕복대의 베드 윗면에서 주축대와 심압대 사이를 슬라이드 운동하는 부분으로 에이프런(apron), 새들(saddle), 복식공구대(compound tool rest)로 구성되어 있다. 자동이송은 이송축과 에이프런(apron) 내부의 기어장치, 나사가공은 리드 스크루의 회전을 하프너트(half nut)로 왕복대에 전달해 이송한다.

4. 선반의 부속장치

(1) 센터 : 공작물을 지지하는 부속장치이다.
① 회전센터는 주축에서 사용(모스테이퍼 사용 약 $\frac{1}{20}$)하고

② 정지센터는 심압대에서 사용(모스테이퍼 사용 약 $\frac{1}{20}$)

(2) 센터의 선단의 각도

　① 미국식 : 60° → 정밀가공중 소형 공작물가공에 사용된다.
　② 영국식 : 75° or 90° → 중량이 큰 대형 공작물가공에 사용된다.
　③ 센터의 종류
　　㉠ 베어링 센터 : 고속 회전 시사용 된다.
　　㉡ 하프 센터 : 단(끝)면 가공 시사용 된다.
　　㉢ 베벨 센터(파이프 센터) : 관류나 중량이 큰 공작물에 사용된다.

(3) 면판(face plate)

　① 주축의 나사에 고정, 돌리개를 사용하여 공작물 가공에 사용된다.
　② 대형 공작물이나 복잡한 형상의 공작물 가공에 사용된다.
　　→ 앵글 플레이트, 클램프 등의 고정구와 웨이트 밸런스를 위한 추를 사용한다.

(4) 돌림판과 돌리개 → 양 센터 작업시 사용된다.

　① 돌림판 : 주축 끝 나사 부에 고정된다.
　② 돌리개 : 돌림판과 공작물에 회전 전달에 쓰인다.

(5) 방진구 → 양 센터 가공시 사용된다.

　① 가늘고 긴 공작물 가공시 자중과 절삭력으로 휨이 생겨 균일한 직경을 가진 진원 단면의 절삭가공이 곤란하기 때문에 방진구 사용된다.
　② 보통 직경의 12배 이상의 길이는 불안전한 절삭조건 일 때 사용하고 직경의 20배 이상의 길이일 때 방진구를 사용한다.
　③ 고정식 방진구 : 베드에 설치, 3개의 조로 구성되어 있다.
　④ 이동식 방진구 : 왕복대의 새들에 설치, 2개의 조로 구성되어 있다.

(6) 심봉(mandrel) : 구멍이 있는 공작물을 고정, 가공시 심봉 자체는 양 센터로 지지하거나 주축의 테이퍼 구멍에 끼워 사용하고, 구멍과 외경을 동심으로 가공시에 사용된다.

　① 단체 심봉(Solid) : 정밀한 중심내기용 (가장 보통형)1/100, 1/1000의 테이퍼로 비교적 간단하고 확실하게 공작물을 고정한다.
　② 팽창식 맨드릴(Expanding) : 공작물 구멍이 심봉보다 클 때, 슬리브(Sleeve)를 끼워 이것을 축 방향으로 이동시켜 지름을 조정한다.
　③ 테이퍼 맨드릴(Taper) : 테이퍼 가공용으로 사용된다.
　④ 너트(갱)맨드릴(Gang) : 두께가 얇은 여러 개의 얇은 원판형 공작물을 심봉에

끼우고 너트로 고정하여 사용된다.
⑤ 조립(원추)맨드릴(Cone) : 비교적 큰 지름(pipe)의 원통형을 가공시 사용된다.
⑥ 나사 맨드릴(Thread) : 공작물에 나사 구멍이 있을 때 사용된다.

(7) 척

바깥지름으로 크기를 나타낸다.
① 연동척(만능척, 스크롤 척) : 규칙적인 외경을 가진 재료를 가공. 단동척 보다 고정력이 약하다. 3개의 조를 크라운 기어를 사용, 동시에 이동시킨다.
② 단동척 : 다소 불규칙한 외경의 공작물 가공과 중심을 편심시켜 가공할 수 있다. 4개의 조가 있다.
③ 마그네틱척 : 전자석 설치, 얇은 공작물을 변형시키지 않고 가공된다.
④ 콜릿척 : 가는 지름의 환봉 재료 고정. 탁상, 터릿 선반용으로 사용된다.
⑤ 벨척 : 4, 6, 8개의 볼트로 불규칙한 환봉 재료의 고정
⑥ 공기척 : 공작물의 장탈을 신속 확실하게 하기 위해 압축공기나 유압으로 조를 동작, 다수 가공시 사용되고, 자동화에 능률적이다.
⑦ 복동척(양용척) : 조 4개, 단동척 + 연동척의 기능으로 먼저 단동척으로 중심을 맞추고 다음부터는 연동식으로 작업한다. 불규칙한 공작물의 다량 고정시 유용하다. 렌치 장치에 의해 단동과 연동이 양용된다.

5. 선반작업

(1) 테이퍼 절삭방법

① 복식 공구대 회전 방법 : 길이가 짧고 테이퍼 값이 클 때
$$\theta = \tan^{-1}\frac{D-d}{2\,l}$$
② 심압대(tail stock)를 편위시키는 방법 : 테이퍼 길이가 길 때 외경 테이퍼에서만 적용
  • 전체 길이에 대한 심압대 편위량
$$x = \frac{(D-d)L}{2l}(\text{mm})$$
  • 테이퍼 길이에 대한 편위량
$$x = \frac{D-d}{2}(\text{mm})$$
③ 테이퍼 절삭장치를 이용하는 방법
④ 가로 이송과 세로 이송을 동시에 작업하는 방법
⑤ 총형바이트에 의한 방법

6. 나사 절삭작업

(1) 나사 절삭원리

공작물을 1회전할 때 나사의 1pitch만큼 바이트를 이송시키는 것으로 주축회전은 중간축을 거쳐 리드 스크루에 전해지며 리드 스크루 회전은 에이프런의 하프너트에 의하여 왕복대를 세로방향으로 이송시키면서 나사를 가공하게 된다.

(2) 변환 기어 계산

변환기어은 [표 2-1]과 같이 영국식과 미국식이 있으며, 미터식 선반에서 인치나사를 절삭하거나 인치식 선반에서 미터식 나사를 절삭할 때는 127개의 기어가 필요하며, 웜나사를 절삭하기 위해서 157개의 기어가 있어야한다.

[표 2-1] 변환기어 잇수표

형식	변환 기어 잇수	참 고
영국식	20, 25, 30, 35, 40, 45, 50, 55, 60, 65, 70, 75, 80, 85, 90, 95, 100, 105, 110, 115, 120, 127	· 잇수 20~120사이를 5매씩 기어 · 127기어 1개 · 157기어 1개
미국식	20, 24, 28, 32, 36, 40, 44, 48, 52, 56, 60, 64, 72, 80, 127	· 잇수 20~64 사이를 4매씩 기어 · 72, 80, 127기어 1개

① 리드 스크루 피치(mm), 나사피치(mm)로 절삭할 때

예 L(p)=6mm, 나사가공 p=2mm 절삭시 $\dfrac{2}{6} = \dfrac{20(주축)}{60(리드스크류)}$

② 리드스크루 피치(inch), 나사피치(inch)로 절삭할 때

예 L(p)=1"당 4산, 나사(p) = 1"당 13산으로 가공

$$\dfrac{4 \times 5}{13 \times 5} = \dfrac{20(주축기어\ 잇수)}{65(리드스크류기어\ 잇수)}$$

③ 리드스크루 피치(inch), 나사피치(mm)로 절삭할 때

예 L(p)=1"당 4산, 나사(p)=2mm로 가공 $\dfrac{5 \times 4 \times 2}{127} = \dfrac{40}{127}$

④ 리드 스크루 피치(mm), 나사피치(inch)로 절삭할 때

예 L(p)=8mm, 나사(p)=1"당 6산으로 가공

$$\dfrac{127}{5 \times 8 \times 6} = \dfrac{127}{240} = \dfrac{127 \times 1}{60 \times 4} = \dfrac{127 \times 20}{60 \times 80}$$

⑤ 웜엄나사 절삭

원주 피치 $p = \pi m$(mm) $p = \dfrac{\pi}{D_p}$(in)

여기서, m : 모듀율, D_p : 지름피치(in)

7. 선반의 가공시간

(1) 외경가공 $T = \dfrac{L}{Nf} i$

- T : 정미시간
- N : 회전수($\dfrac{1000V}{\pi D}$)
- f : 이송속도
- L : 공작물 길이+도입부여유량+종료부여유량
- i : 회수 $= \dfrac{\text{소재지름} - \text{가공후 지름}}{2 \times \text{절삭깊이}}$

(2) 단면(내경)작업시간

① 중공형 단면 : $T = \dfrac{(D-d)/2}{Nf} i = \dfrac{dm}{Nf} i$

- D : 공작물 외경
- d : 공작물 내경
- N : 회전수
- dm : 평균지름 $= \dfrac{\text{외경}+\text{내경}}{2}$

② 원형 단면절삭 : $T = \dfrac{D/2}{Nf} i$

2-3 밀링가공

밀링머신은 많은 날을 가진 커터를 회전시켜 테이블 위에 고정된 공작물을 절삭 가공하는 공작기계이다. 이 기계에서 가공할 수 있는 작업은 다음과 같다.

1. 밀링머신의 크기 표시

(1) 일반적으로 가공할 수 있는 최대치수 및 번호(0~5번)
(2) **표준형** : 테이블의 좌우 이송거리
　　　　　새들의 전후 이송거리
　　　　　니이의 상하 이송거리
(3) **보통의 크기표시** : 테이블의 이동량(좌우×전후×상하)
　　　　　　　　　테이블의 작업면의 크기(길이×폭)
　① 만능 및 수평 밀링머신 : 주축 중심선으로부터 테이블 면까지의 최대거리
　② 수직 밀링머신 : 주축 끝으로부터 테이블 면까지의 최대거리 및 주축 헤드의 최대 이동거리

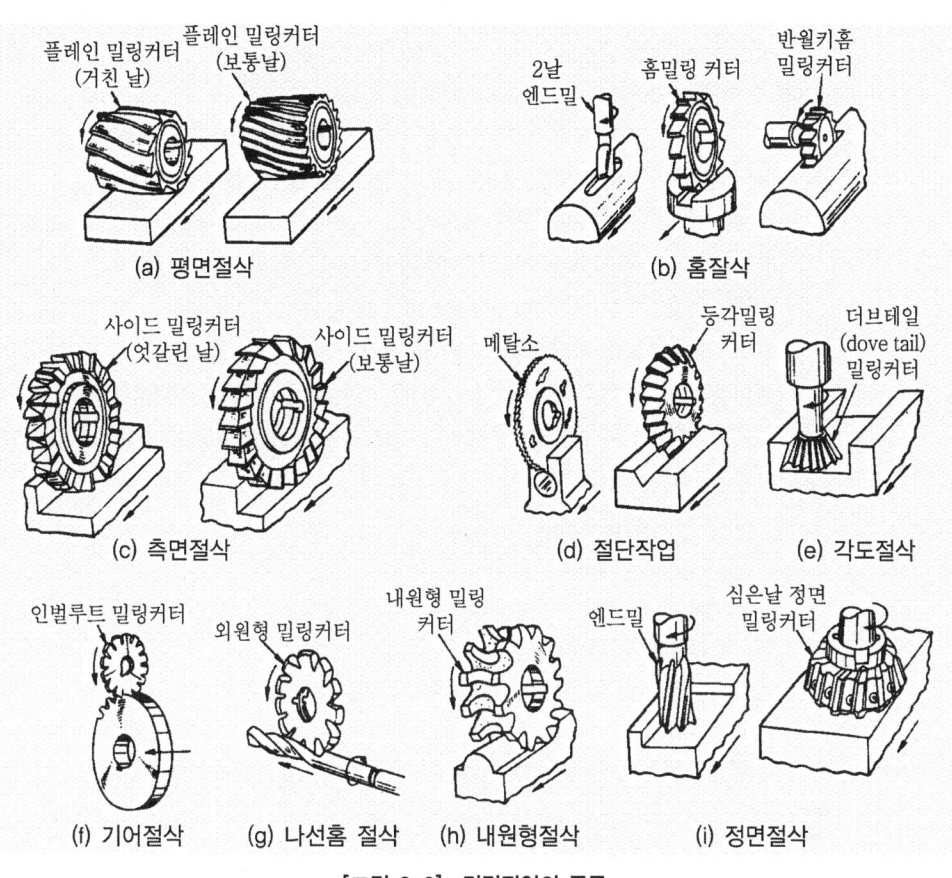

[그림 2-3] 밀링작업의 종류

(4) 보통 호칭 번호의 크기로 표시(0~5번) → 새들의 전후 이송거리(50mm) 간격

번호	No.0	No.1	No.2	No.3	No.4	No.5
이동거리	150	200	250	300	350	400

2. 밀링머신의 종류

(1) 니이형 밀링머신(knee type milling machine)

① 수평 밀링머신(horizontal milling machine)

스핀들을 칼럼(column) 상부에 수평방향으로 장치하고 회전하며, 니이는 상하로 이동하고, 새들은 전후방향, 테이블은 새들 위에서 좌우로 이송하므로 테이블은 칼럼의 앞면을 전후, 좌우, 상하 세 방향으로 이동하게 된다.

아버(arbor)는 스핀들 구멍에 고정하고 여기에 밀링커터를 고정하여 공작물을 가공한다. 아버의 끝 부분은 아버 지지부로 지지되며, 끝 부분의 커터를 죄는 나사는 회전함에 따라 너트가 잠기도록 왼나사로 되어 있다.
② 수직 밀링머신(vertical milling machine)

스핀들이 수직 방향으로 장치되며, 정면커터(face cutter)와 엔드밀(end mill) 등을 이용하여 평면 가공, 홈 가공, 측면 가공 등에 적합한 기계이다.

스핀들 헤드는 고정형, 상하 이동형이 있으며, 일명 복합형이라 하여 좌우로 적당한 각도로 경사시킬 수 있고 수평작업도 가능한 형식 있다.

③ 만능 밀링머신(universal milling machine)

수평 밀링머신과 거의 같으나 다른 점은 새들 위에 선회대가 있고, 그 위에서 테이블이 수평 선회하는 점이 다르다. 이는 분할대를 이용하여 나선 홈을 가공할 수 있으며, 헬리컬 기어(helical gear), 트위스트 드릴(twist drill)의 홈 등을 절삭할 수 있다.

※ 보통 밀링머신과 중요한 차이점
① 테이블의 각도 선회
② 테이블의 상하경사
③ 주축헤드의 임의의 각도 경사
④ 분할대와 비틀림 홈 절삭용의 기어 장치를 가지고 있다.

※ 가공범위
① 평면가공 ② 비틀림 홈 ③ 헬리컬 기어 ④ 스플라인 축

> **참고** 수평 밀링으로는 곤란한 작업을 각도분할 및 일정한 회전운동으로 가능케 한다.

(2) 생산형 밀링머신(production milling machine)

밀링머신의 기능을 대량 생산에 적합하도록 단순화 및 자동화된 밀링머신이며, 스핀들 헤드가 1개 있는 단두형, 2개 있는 쌍두형, 2개 이상 있는 다두형이 있다. 테이블은 상하 이송하지 않고 좌우로만 이송하기 때문에 베드형 밀링머신이라고도 한다. 또한, 공작물을 고정한 원형 테이블을 연속 회전시키며 가공하는 회전밀러(rotary miller)인 회전 테이블형 밀링머신이 있고, 2개의 스핀들 헤드를 써서 두 종류의 가공을 동시에 할 수 있는 고성능 밀링머신이다.

(3) 플레이너형 밀링머신(planer type milling machine)

플래노 밀러(plano-miller)라고도 하며, 플레이너의 공구대 대신 밀링 헤드가 장치된 형식이다. 대형 공작물과 중량물의 공작물을 강력 절삭에 적합하며, 쌍두형과 단두형이 있다.

(4) 특수 밀링머신

특수 밀링머신에는 지그(jig), 게이지(gauge), 다이(die) 등의 공구류를 가공하는 공

구 밀링머신, 나사를 전용으로 가공하는 나사 밀링머신, 모방 장치를 이용하여 단조, 프레스, 주조용 금형 등의 복잡한 형상의 공작물을 가공하는 모방 밀링머신과 그 외 탁상 밀링머신, 키 홈 밀링머신, 조각 밀링머신 등이 있다.

(5) 수동식 모방 밀링머신

① 골든식 : 테이블의 이동형으로 필러를 수직 주축 옆에 설치되어 있어 무리한 힘이나 충격력에 영향을 받는다.
② 데켈식 : 테이블 고정형으로 팬터 그라프 밑의 평행 안내대에 필러가 고정 부착되어 있어 충격력에 영향이 없다.
③ 켐프식 : 주축회전이 V벨트식 및 감속기어의 중간기어에 있어 무단변속으로 밀다듬질이 가능하고 중절삭에 유리

(6) 자동식 모방 밀링머신 : 전기식, 유압식, 광학식, 수치제어식

※ 필러(feeler) : 일명 모방봉(촉침), 스트라이스, 핑거, 트레이서 라고도 함. 모델의 표면에 항상 접촉하여 이송하며 커터를 움직이게 하는 역할, 커터이동을 감지 타원형이 양호
※ 피크 피이드(pick feed) : 커터가 일정속도에 의하여 가로방향으로 움직이며 반복운동을 할 때 테이블을 세로 방향으로 이송시켜 가공되지 않은 다듬면에 커터가 이송되도록 할 때의 이동거리〈커터를 직각방향으로 이송〉
※ Line by Line 밀링법 : 주축헤드와 필러헤드가 서로 연결하며 미리 선정된 모방 이송속도를 커터가 한 방향으로 모방절삭 할 때를 말한다. → 모방밀링은 주로 3차원 가공을 말하며 볼(Ball)엔드밀을 **사용함**.

3. 밀링머신의 구조

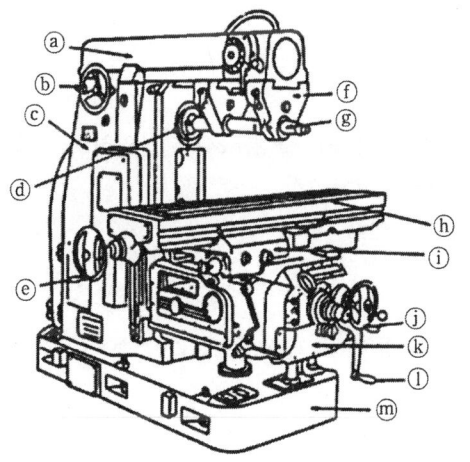

ⓐ 오버 암
ⓑ 오버 암 이송핸들
ⓒ 칼럼
ⓓ 주축(스핀들)
ⓔ 테이블 이송핸들
ⓕ 아버 지지대
ⓖ 아버
ⓗ 테이블
ⓘ 새들
ⓙ 새들 이송핸들
ⓚ 에이프런
ⓛ 상하 이송핸들
ⓜ 베이스

[그림 2-4] 수평 밀링머신의 각부 명칭

(1) 칼럼(column)

밀링머신의 본체로서 앞면은 미끄럼면으로 되어 있으며, 아래는 베이스를 포함하고 있다. 미그럼면은 니이를 상하로 이동할 수 있도록 되어 있으며, 베이스와 니이 사이에 잭 스크루를 지지하고 있어 니이의 상하 이송이 가능하도록 되어 있다.

(2) 오버암(over arm)

칼럼의 상부에 설치되어 있는 것으로 플레인 밀링 커터용 아버를 아버 브레이스가 지지하고 있다. 아버 브레이스는 임의의 위치에 체결하도록 되어 있다.

(3) 니이(knee)

니이는 칼럼에 연결되어 있으며, 위에는 테이블을 지지하고 있다. 또한 니이는 테이블을 좌우, 전후, 상하를 조정하는 복잡한 기구가 포함되어 있다.

(4) 새들(saddle)

새들은 테이블을 지지하며, 니이의 상부 미끄럼면 위에 얹혀 있어 그 위를 앞뒤 방향으로 미끄럼 이동하는 것으로서 윤활장치와 테이블의 어미나사 구동기구로 이루어져 있다.

(5) 테이블(table)

공작물을 직접 고정하는 부분이며, 새들 상부의 안내면에 장치되어 수평면을 좌우로 이동한다.

4. 밀링머신의 부속장치

(1) 아버(Arbor)

커터를 설치하는 장치로써 주축 테이퍼 구멍(7/24)에 삽입하여 사용 - 자루 없는 커터고정 - 칼라에 의해 커터의 위치조정
※ 자루가 없는 커터고정 : 아답터, 콜릿

(2) 바이스(vise)

공작물을 테이블에 설치하기 위한 장치. 테이블의 T홈에 설치(공작물 높이의 1/2이상 물림)
① 바이스의 크기 : 조의 폭으로 표시
② 바이스의 종류 : 수평, 회전, 만능, 유압

(3) 분할대(Indexing head)

밀링머신의 테이블에 설치하고 공작물을 분할대의 스핀들과 심압대 센터 사이에 지지하거나 스핀들에 장치한 척에 공작물을 고정하고, 필요한 각도나 등분으로 분할할 때 사용한다. 또한, 변환기어로 테이블과 연결하여 비틀림 홈, 스파이럴 기어 등을 가공할 수 있다.
① 분할대의 크기표시 : 테이블상의 스윙
② 분할대의 종류 : 단능식(분할수:24), 만능식(각도, 원호, 캠 절삭)
③ 분할대의 형태 : 브라운샤프형, 신시내티형, 밀워키형, 라이네켈형

(4) 회전테이블 장치(circular table)

밀링머신의 테이블에 올려놓고 주로 원형 공작물을 가공할 때 이용한다. 공작물은 회전 테이블 위의 바이스에 고정하고, 수동 또는 테이블 자동이송으로 가공한다. 원판도 가공할 수 있고, 또한 테이블의 좌우 및 전후이송을 사용하면 윤곽가공 도 할 수 있고, 회전 테이블 핸들을 사용하면 간단한 분할 작업도 할 수 있다. 보통 사용되는 테이블 지름은 300mm, 400mm, 500mm등이 사용된다.

(5) 슬로팅(slotting)장치

니형 밀링머신의 컬럼 앞면에 주축과 연결하여 사용하며 주축의 회전운동을 공구대 램의 직선 왕복 운동으로 변화시켜 바이트로써 직선 절삭가능(키이, 스플라인, 세레이션, 기어가공 등)하며 스로팅 장치는 주축을 중심으로 좌우 90°씩 선회할 수 있다.

(6) 수직밀링장치(vertical milling attachment)

수직축장치는 수평 밀링머신의 칼럼(column)상부의 주축에 고정하고 주축에서 기어로 회전이 전달되며, 수직축의 회전수는 밀링머신의 주축의 회전수와 같다. 수직축은 칼럼과 평행된 면내에서 임의의 각도로 경사시킬 수 있다.

(7) 래크절삭장치 (rack cutting attachment)

만능 밀링머신의 칼럼에 고정되고, 밀링머신의 주축에 의하여 회전이 전달되어 래크기어(rack gear)를 절삭할 때 사용한다. 공작물 고정용의 특수바이스(vice) 및 테이블 단부에 고정된 래크 장치에는 각종 피치(pitch)의 래크절삭이 가능하도록 기어 변환장치가 있다.

4. 절삭공구

(1) 평면(Plain) 밀링커터

① 주축과 평행한 평면을 절삭할 때
② 비틀림 날의 나선각(보통 15~30°) 15° : 경 절삭용, 25~35° : 중 절삭용, 45~70° : 헬리컬 밀링커터(진동이 적고 가공 면이 양호하나 추력(Thrust)이 작용한다.)
  ※ 비틀림날 여유각 3~6°

(2) 측면 밀링커터(side milling cutter)

① 측면 밀링커터 : 비교적 날 폭이 좁으며 날은 원주와 양측에 있다. 홈파기, 정면 밀링에 사용.
② 엇갈린날 밀링커터 : 좁은 원통형 커터 서로 15° 정도 어긋나 반대방향으로 나선날이 있다.
③ 슬로팅 밀링커터 : 직경에 비해서 길이가 긴 커터

(3) 메탈 슬리팅 소 : 절단과 홈파기 용

(4) 각 밀링커터

① 내부의 홈 가공용으로 편각커터는 45°, 50°, 60°, 70°, 80°
② 양각커터는 V형 날 45°, 60°, 90°

(5) 엔드밀

일반적으로 가공물의 외측 홈 부 좁은 평면 등의 가공
① 테이퍼자루와 일체가 되어 주축 테이퍼 중공부에 압입
② 특히 대형은 자루와 절인이 별개로 되어 셸 엔드밀(대형 공작물가공)이라 함
  ※ 20mm 이상 테이퍼 자루, 20mm 이하 곧은 자루
  ※ 드릴 13mm 이상 테이퍼 자루, 13mm 이하 곧은 자루

(6) 정면 밀링커터(face milling cutter)

밀링커터 축에 수직인 평면 가공(스로우어웨이 밀링커터를 널리 사용)

(7) 총형 밀링커터

윤곽을 갖는 커터이며 기어, 커터, 리머, 탭 등 윤곽을 가공시

(8) 슬래브 밀링커터

절삭량을 크게 하여 평면절삭, 비틀림날에 홈을 내어 절삭 칩이 끊어지게 함.

(9) 플라이 커터

단인공구로 요구하는 모양으로 연삭하여 사용. 수량이 적은 공작물의 특수한 형상을 가진 부분을 가공할 경우 총형 밀링 커터로 만들어 경제적, 시간적 여유가 없을 때 사용된다.

(10) 홈 밀링커터

T홈, 반달키홈 등을 가공

(11) 더브테일커터(dovetail cutter)

60°의 각을 가진 원추 형상의 커터로서 더브테일 홈가공이나 바닥면과 양쪽 측면을 가공하는 것으로 재질은 고속도강이다.

5. 밀링 커터의 각부 명칭과 경사각

(1) 랜 드

여유각에 의해서 만드는 절인날의 여유면의 일부이다.(인선의 강도를 증가시키기 위해)

(2) 절인각

경사면과 여유면과 이루는 각 절인각이 크면 절삭저항 감소(작으면 절인이 약해짐)

(3) 경사각

밀링커터의 중심선과 경사면이 이루는 각 경사각이 크면 절삭저항 감소, 초경커터에서는 치핑을 감소하기 위하여 0도 혹은 부각(-)으로 연삭한다.

(4) 여유각

인선의 뒷면과 공작물이 마찰하지 않도록 만든 각(연한 재료 : 다소 크게 경한 재료: 다소 작게 함)

(5) 비틀림각

곧은날 밀링커터의 경우 날에 비틀림각을 주면 절삭이 순조롭고 좋은 가공면을 얻을 수 있다. 비틀림각의 경절삭용은 15도, 중절삭용은 25도로서 날의 수가 적다.
※ 최근에는 초경합금 공구로 강력 절삭할 때 -5~-10°의 네거티브(negative : 음각) 경사각이 사용되고 있는데, 이는 종래 사용한 90°이내의 날 끝각으로는 지지력이 작아서 강력 절삭이 곤란한 점을 보완하기 위한 것이다. 단, 네거티브 경사각을 사용하면 상당히 많은 열이 발생하고 절삭동력도 증가되므로 공작 기계의 용량이 충분히 크지 않으면 효과를 완전히 발휘하기 어렵다. 페이스 커터에 네거티브 경사각을 갖는 강력 절삭용 커터를 풀백커터(full back cutter)라고 한다.

6. 밀링 절삭 이론

(1) 절삭속도

밀링커터의 매분 원주 속도로써 공작물 및 공구의 재질에 따라 따르다.

$$V = \frac{\pi DN}{1000} \text{m/min}$$

여기서, D : 커터지름(mm)
N : 회전수(rpm)
V : 속도(m/min)

(2) 이 송

밀링가공시 이송속도는 밀링커터의 날 1개마다의 이송을 기준으로 한다.

$$f = f_z \times Z \times N$$

여기서, f_z : 날 1개당 이송(mm/toolth)
f : 테이블 이송(mm/min)
N : 커터 회전수(rpm)
Z : 커터날수(개)

절삭속도를 결정할 때는 다음과 같은 원칙을 고려한다.
① 공구의 수명을 연장하기 위해서는 약간 절삭속도를 낮게 한다.
② 공작물의 강도, 경도 등의 기계적 성질을 고려한다.
③ 황삭 가공할 때에는 저속으로 이송을 크게 하고, 다듬질 가공할 때에는 고속으로 이송을 느리게 한다.
④ 밀링커터의 마멸과 손상이 클 경우는 절삭속도를 느리게 한다.

(3) 절삭깊이

절삭깊이는 기계의 강성과 동력의 크기, 커터의 종류, 공작물의 재질 등에 따라 다르고 거친절삭과 다듬질절삭에 따라 다르지만, 일반적으로 5mm 이하로 하고, 그 이상일 때는 깊이를 나누어 절삭한다. 또한, 다듬 절삭일 때에는 절삭 깊이를 너무 작게 하면 날끝의 마멸이 커지므로 0.3~0.5mm 정도로 하는 것이 좋다.
절삭깊이가 커지면 절삭속도를 낮게 하고, 절삭깊이를 작게 하면 절삭속도를 높여 가공하는 것이 일반적이다.

(4) 밀링 가공시간

커터가 절삭을 시작하여 절삭이 끝나는 커터의 중심 이동거리를 Lmm, 분당 이송속도를 Fmm/min라 하면 절삭시간 Tmin은 다음과 같다.

$$T = \frac{L}{F} (\text{min})$$

① 평면 밀링커터(plain milling cutter)에 의한 가공시간

$l_1 = \sqrt{t(d-t)}$, $L = l + \sqrt{t(d-t)}$ 이므로

$$T = \frac{L}{F} = \frac{l + \sqrt{t(d-t)}}{F} (\min)$$

② 정면 밀링커터(face milling cutter)에 의한 가공시간

$$T = \frac{L}{F} = \frac{l+d}{F} (\min)$$

여기서, d : 커터의 지름(mm)

(5) 밀링 칩 체적(Q)및 평균 칩 두께

① 칩 체적 : 단위 시간에 절삭되는 칩(매분 절삭량 : cm³/min)

$$Q = b \cdot t \cdot f (\mathrm{mm^3/min}) = \frac{btf}{1000} (\mathrm{cm^3/min})$$

여기서, b : 커터폭, t : 절삭깊이, f : 이송량

※ 유효동력 $= KQ = K\frac{btf}{1000}$, 절삭유효동력$(q) = \frac{btf}{1000} \times K = KQ$

> **예제**
> 커터지름 75mm, 폭 100mm, 절삭깊이 2mm, 이송속도 120 mm/min일 때 절삭률(cm³/min)은?
> **풀이** ∴ 절삭율 $= 2 \times 100 \times 120$mm $= 24000 = 24$cm³/min

② 평균 칩 두께(tm)

③ 칩 길이 $(l) = \sqrt{DT}$

④ 평균 칩두께(tm) $= \dfrac{f}{NZ}\sqrt{\dfrac{t}{D}}$

여기서, D : 커터지름
t : 절삭깊이, 평면 밀링 커터작업
N : 커터회전수
Z : 커터날수

⑤ 최대 칩두께 $t_{\max} = \dfrac{Zf}{NZ}\sqrt{\dfrac{t}{D}}$

여기서, f : 전체이송(mm/rev)

> **예제**
> plain milling cutter의 ϕ100mm, 날수 8개, 절삭속도는 30m/min 전체이송은 240mm/rev, 절삭깊이는 4mm일 때, tm은?
> **풀이** $\dfrac{240}{\dfrac{1000 \times 30}{\pi 100} \times 8}\sqrt{\dfrac{4}{100}} = \dfrac{\pi \times 240 \times 100}{1000 \times 30 \times 8}\sqrt{\dfrac{4}{100}} ≒ 0.0628$

7. 상향절삭과 하향절삭

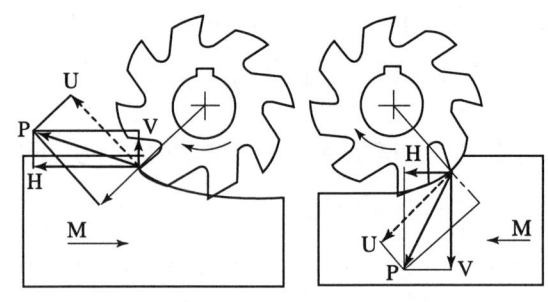

(a) 올려 깎기(상향절삭)　　(b) 내려 깎기(하향절삭)
P : 합력　U : 접선력　M : 반지름 분력　H : 수평분력　V : 수직분력

[그림 2-5] 상향절삭과 하향절삭

[그림 2-5]와 같이 밀링 절삭방법에는 상향절삭(up cutting)와 하향절삭(down cutting)이 있다.

상향절삭은 밀링커터의 회전방향과 반대 방향으로 공작물을 이송하는 경우이고, 하향절삭은 밀링커터의 회전방향과 공작물의 이송방향이 같은 방향인 경우이다.

	상향절삭	하향절삭
장점	① 칩이 날을 방해하지 않는다. ② 밀링커터의 진행방향과 테이블의 이송방향이 반대이므로 이송기구의 백래시 제거 ③ 기계에 무리를 주지 않는다. 　(절삭동력이 적게 소비된다). ④ 일반적인 가공에 유리하고 치수정밀도의 변화가 적다. ⑤ 절삭 날에는 가공시작부터 끝까지 절삭저항이 점차 증가하므로 절삭 날에 작용하는 충격이 적다.	① 커터가 공작물을 아래로 누르는 것과 같은 작용을 하므로 공작물 고정이 간단하다. ② 커터의 마모가 적고 또한 동력 소비가 적다. ③ 가공면이 깨끗하다. ④ 절단, 홈 가공 등 난점이 있는 대량생산에 유리하고 가공면을 잘 볼 수 있고, 절삭량을 크게 할 수 있다. ⑤ 커터의 절삭방향과 이송방향이 같으므로 절삭 날 하나하나의 날 자리 간격이 짧다.
단점	① 커터가 공작물을 올리는 작용을 하므로 공작물을 견고히 고정해야 한다. ② 커터의 수명이 짧다. ③ 동력 낭비가 많다. ④ 가공면이 깨끗하지 못하다.	① 칩이 커터와 공작물 사이에 끼어 절삭을 방해한다. ② 떨림이 나타나 공작물과 커터를 손상시키며 백래시 제거 장치가 없으면 작업을 할 수 없다.

8. 분할 작업

(1) **직접 분할법(면판분할법)** : 분할대의 면판에 24개의 구멍이 등 간격으로 뚫어져 있음.(면판 위의 24개 구멍을 이용하여 분할)

　※ 24의 약수 : 2, 3, 4, 6, 8, 12, 24 ⇒ 7종 분할 가능, $\dfrac{24}{N}$

(2) **단식 분할법** : 웜과 웜(기어)휠의 기어 비는 1 : 40(분할 크랭크 1회전은 웜휠을 1/40 회전시킴.)

$$\frac{h}{H} = \frac{R}{N} = \frac{40}{N}$$

- H : 분할대 구멍수
- h : 1회 분할에 필요한 구멍수
- R : 웜과 웜휠의 회전비(브라운샤프형, 신시네티형)
- N : 분할 등분수

예 단식 분할로 원주 72등분 $\quad \frac{h}{H} = \frac{40}{N} = \frac{40}{72} = \frac{10}{18}$

⇒ 분할판 18공(열)을 사용하여 매 회전 10공씩 이동시킨다.
※ 1~3판에서 18구멍의 판을 찾아서 정하고 분자의 숫자만큼 이동시킨다.

예 원주 7등분 $\quad \frac{h}{H} = \frac{40}{N} = \frac{40}{7} = 5\frac{5 \times 3}{7 \times 3} = 5\frac{15}{21}$

⇒ 분할판 21공(열)을 사용하고 5회전과 15공씩 이동시킨다.

예 원주 15등분 $\quad \frac{h}{H} = \frac{40}{15} = 2\frac{10 \times 2}{15 \times 2} = 2\frac{20}{30}$

(3) **각도 분할법** : $\frac{h}{H} = \frac{\theta°}{9°} = \frac{\theta \times 60'}{540'}$

예 원주에 $7\frac{1}{2}$로 분할 $\quad \frac{7\frac{1}{2}}{9} = \frac{\frac{15}{2}}{9} = \frac{15}{18}$

9. 기어절삭 가공

(1) **커터 번호와 치수**

기어의 치형 크기를 나타내는 방법 : 지름 피치(DP), 모듈(M), 원주 피치(P)가 사용된다.

① $DP = \frac{Z}{D} = \frac{25.4}{N}, \quad D = M \times Z$

DP : 지름 피치, M : 모듈, Z : 잇수, D : 피치원 지름

② 기어의 외경 : $D = M \times (Z+2), \quad M = \frac{D}{Z+2}$

③ 기어의 중심거리 : 외접$(C) = \frac{(Z_1 + Z_2)}{2} \times M$, 내접$(C) = \frac{(Z_2 - Z_1)}{2} \times M$

(2) **스파이럴 기어절삭**

① 커터 번호 지정(등가 잇수 계산)

$Z_0 = \frac{Z}{\cos^3 \theta}$

Z_0 : 등가잇수, Z : 실제치수, θ : 비틀림 각

② 테이블 회전각

$$\tan\theta = \frac{\pi D}{L}$$

L : 리드, D : 공작물 직경, θ : 헬리컬 각

③ 변환 기어

$$\frac{B \times D}{A \times C} = \frac{L}{P \times 40}$$

L : 리드, P : 테이블 이송나사축의 pitch

2-4 연삭가공

연삭가공은 공구 대신에 연삭숫돌(grinding wheel)를 고속으로 회전시켜 공작물의 원통이나 평면을 극히 소량씩 절삭하는 정밀 공작기계를 연삭기(grinding machine)라 하며, 이 연삭기를 이용하여 작업하는 것을 연삭가공이라 한다.

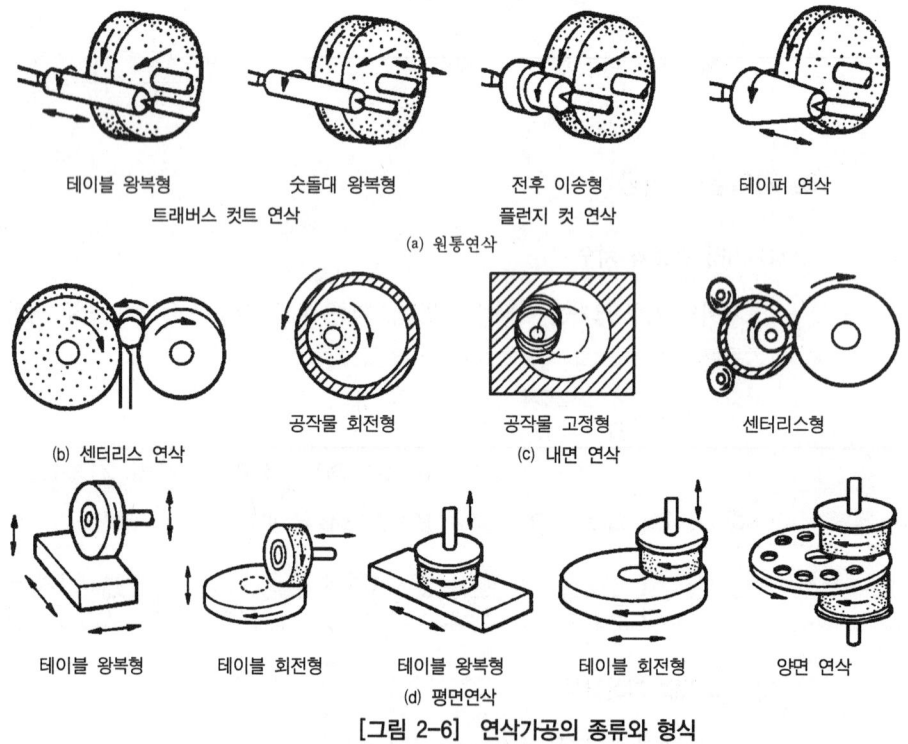

[그림 2-6] 연삭가공의 종류와 형식

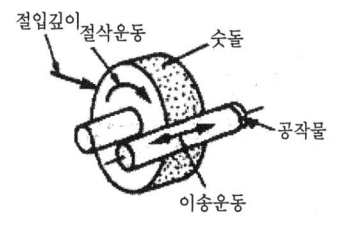 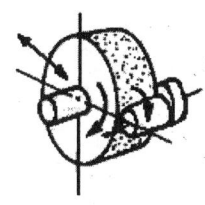

(a) 테이블 왕복형　　　(b) 숫돌대 왕복형　　　(c) 플런지 컷트형

[그림 2-7] 원통연삭기 연삭방식

1. 원통 연삭기

공작물을 양 센터로 지지, 테이블 좌우이송, 숫돌대 전후이송 가공이 있으며 원통연삭 방식은 다음과 같다.
① 트레버스 컷(Treverse cut) 방식
  공작물 회전과 숫돌이송을 동시에 좌우로 운동하여 연삭.
  - 테이블 왕복형
    공작물을 고정한 테이블을 왕복시키는 형식으로 소형 공작물의 연삭에 적합하다.
  - 숫돌대 왕복형
    숫돌대를 왕복 운동시키는 형식으로 대형 중량 공작물의 연삭에 적합하다.
② 플렌지 컷(Plunged cut) 방식
  숫돌 절입 방식으로 공작물과 숫돌에 이송을 주지 않고 전후(가로)이송으로 연삭으로 공작물은 회전만하고 숫돌대의 연삭숫돌을 테이블과 직각으로 전후 이송을 주어 연삭하는 형식이다.

2. 만능 연삭기

구조는 원통연삭기와 같으나 테이블, 숫돌대, 주축대를 각각 선회시킬 수 있으며, 주축대에는 척을 고정할 수 있고, 내면 연삭장치가 부착되어 있어 내면연삭도 할 수 있어 작업할 수 있는 범위가 넓다.

3. 내경 연삭기

(1) 공작물 회전형

공작물에 회전 운동을 주어 연삭하는 방식으로 일반적으로 공작물이 작고 균형이 잡혀 있는 공작물 연삭에 적합하다.

(2) 공작물 고정형

공작물은 정지시키고 숫돌축이 회전 운동과 동시에 공전 운동을 하는 방식으로 플래니터리(planetary)형 또는 유성형이라고 한다.

내연기관의 실린더와 같이 대형이고 균형이 잡히지 않은 것에 적합하며, 원통 연삭도 가능하다.

※ 플래너터리(Planetary : 유성형) 방식
 공작물은 정지 숫돌축이 회전 연삭운동과 동시에 공전운동을 하는 방식.

(3) 센터리스 연삭기 : 가공물은 센터로 지지하지 않는다.

장점	① 가늘고 긴 핀, 원통, 중공축 등을 연삭하기 쉽다. ② 연속 작업할 수 있으며, 대량생산에 적합하다. ③ 기계의 조정이 끝나면 초보자도 작업을 할 수 있다. ④ 고정에 따른 변형이 없고 연삭 여유가 작아도 된다. ⑤ 연삭숫돌의 나비가 크므로 지름의 마멸이 적고 수명이 길다.
단점	① 긴 홈이 있는 공작물은 연삭할 수 없다. ② 대형 중량물은 연삭할 수 없다. ③ 연삭숫돌의 나비보다 긴 공작물은 전후 이송법으로 연삭할 수 없다.

① 센터리스 연삭의 연삭방식
 통과 이송법과 전후 이송방법이 있다.
② 공작물 이송방법
 통과 이송(Through-feed)방법, 전후(In-feed) 이송법, 접선 이송법, 끝 이송법, 가로세로 이송법이 있다.

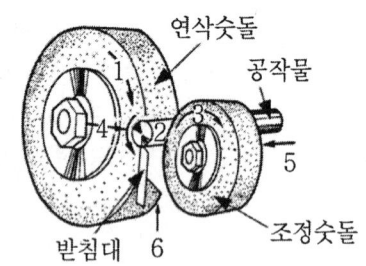

[그림 2-8] 센터리스 연삭 방법

 ㉠ 통과 이송법 : 공작물을 연삭숫돌과 조정 숫돌 사이로 통과시켜 숫돌 한쪽에서 반대쪽으로 빠져나가는 동안에 연삭한다. 가장 많이 사용됨. 조정숫돌은 연삭숫돌 축에 대해 2~8°(보통 3~4°를 많이 쓴다.) 경사시킨다.

$$F = \pi d N \sin\alpha \,[\mathrm{mm/rev}]$$

여기서, $3d$: 조정숫돌 지름, N : 조정숫돌 회전수 α : 경사각

 ㉡ 전후 이송법(수직 통과) : 연삭숫돌 바퀴의 나비 보다 짧은 공작물, 턱붙이, 끝면 플랜지붙이 테이퍼가 있는 것, 곡선 윤곽들이 있는 것 등을 받침판 위에 올려놓고 조정숫돌바퀴를 접근시키거나 수평으로 이송하여 연삭하는 방법 ⇒ 일감을 한쪽으로 가볍게 눌러대기 위해 0.5~1.5도 경사시킨다.

4. 연삭숫돌

연삭숫돌의 3요소	연삭숫돌의 5인자
입자(절삭날) 결합제(절삭날지지) 기공(칩의 저장, 배출)	입자의 종류 : 절삭날의 종류 조직 : 숫돌 입자율 입도 : 절삭날의 크기 결합제의 종류 : 결합제의 특성 결합도 : 절삭날 발생속도의 조정

5. 연삭숫돌의 입자

연삭제의 입자로서 연삭숫돌의 날을 구성하는 부분이므로 공작물보다 굳고 적당한 인성을 구비하여야 한다. 이와 같이 구비한 것으로는 인조산과 천연산이 있다.

천연산 입자는 ① 다이아몬드(diamond) ② 금강석(에머리 ; emery) : 주성분은 알루미나이고 연마제로이용 ③ 커런덤(corundum) : 강옥석으로 주성분은 알루미나이고 색상은 여러 가지이나 양질은 보석(루비어, 사파이어) 이용하고 공업용으로는 유리칼, 연마제로 활용한다. ④ 사암이나 석영 등이 있으며 인조 숫돌입자는 알루미나(alumina, Al_2O_3), 탄화규소(SiC), 탄화붕소(B_4C), 지르코늄 옥시드(ZrO_2) 등이 있다.

(1) 숫돌 입자의 용도(대책)

기호	KS	종류	상품명	용도
A	1A 2A	갈색 용융알루미나질 95%	−Alundum −Alexide	일반강재 보통탄소강
WA	3A 4A	백색 용융알루미나질 99.5%	−38Alundum −AA Aloxide	담금질강, 내열강 고속도강, 합금강
C	1C 2C	암자색(회색) 탄화규소질 97%	−37Crystlon −Carborundum	주철, 석재, 유리, 비철, 비금속
GC	3C 4C	흑색(녹색) 탄화규소질 98%	−39crystlon −Carborundum	초경합금, 다이스강, 특수강, 세라믹
D			D(ND) : 천연산 SD(MD) : 합성 다이아몬드 SDC : 금속 합성다이아몬드	보석절단 석재 및 콘크리트

- 기타 SDC : 금속 합성 다이아몬드
  CBN : 입방 정형 질화붕소(6방형 질화붕소) 상품명-borazon
- 인조입자 : 탄화규소(SiC) - 인장강도가 낮은 재료, 단단한 재료에 적합
  산화알루미늄(Al_2O_3) - 주로 인장강도가 큰 재료에 적합 탄화붕소

6. 입 도

숫돌 입자는 메시(mesh : 체인길이 1평방 Inch안의 체눈의 수)로써 선별하며 입자의 크기를 입도라 한다.

(1) 거친 입도

① 거친 연삭, 절삭깊이와 이송을 많이 줄 때
② 접촉 면적이 넓을(클) 때
③ 공작물이 연하고 연성, 점성, 질긴 성질일 때

(2) 가는 입도

① 다듬 연삭, 공구연삭
② 접촉 면적이 적을 때
③ 공작물이 단단(경도가 높고)하고 취성(메진)인 재료
   ※ 연삭숫돌과 가공물의 접촉면이 적을 때에는 미세한 입자를, 접촉면이 클 땐 거친 입자를 사용

7. 숫돌의 결합도(경도)

경도란 접착제의 세기, 즉 연삭 입자를 고착시키는 접착력이다. 따라서 경도가 크다는 것은 접착력이 세다는 걸 말한다.

(1) 결합도에 따른 숫돌의 선택기준

결합도가 높은 숫돌(굳은 숫돌)	결합도가 낮은 숫돌(연한 숫돌)
연한 재료의 연삭	단단한(경한) 재료의 연삭
숫돌차의 원주 속도가 느릴 때	숫돌차의 원주 속도가 빠를 때
연삭 깊이가 얕을 때	연삭 깊이가 깊을 때
접촉면이 작을 때	접촉면이 클 때
재로 표면이 거칠 때	재료표면이 치밀할 때

8. 연삭숫돌의 조직

연삭숫돌의 단위체적당의 입자수를 밀도라고 한다. 숫돌의 전체 용적 중에 어느 정도의 비율로 입자가 들어 있는가를 말함. 입자가 차지하는 비율이 크면 조밀, 비율이 낮으면 조직이 치밀(거칠다.)

(1) 거친 숫돌 조직

① 연질, 점성이 높은 재료
② 거친 연삭 및 접촉 면적이 크다.

(2) 치밀 조직 숫돌

① 경질(굳고)이고 메짐(취성)이 있는 재료
② 다듬질, 총형 연삭 및 접촉면이 적다.
※ 일반적으로 조직이 조밀해지면 기공이 적고, 거칠면 기공이 많다.

9. 결합제

결합제가 구비하여야할 조건은 다음과 같다.
① 결합력의 조절 범위가 넓을 것.
② 열이나 연삭액에 대해 안정할 것.
③ 원심력, 충격에 대한 기계적 강도가 있을 것.
④ 성형이 좋을 것.

결합제	기호	원호	주성분	용 도
무기질	V	Vitrified	점토, 장석 <자기질>	일반 연삭용(90% 사용) 지름이 크거나 얇은 숫돌에 부적합(충격에 약함)
	S	Silicate	물, 유리 <규산소오다>	대형 숫돌에 사용(중연삭에 부적합) (고속도강), 균열 발생 쉬운 재료.
유기질	E	Shellai	천연수지 <셀락>	결합력 제일 약함, 거울면 연삭절단용 및 다듬질 면의 정밀도가 높은 것에 사용
	R	Rubber	합성<천연>고무	매우 얇은 숫돌 사용 센터리스 조정 숫돌용
	B	Resinoid	베클라이트 <Bakilite>	절단 숫돌용에 적합 주물 덧쇠 자르기에 사용
금속	PVA	Polyvingl	비닐결합제	비철금속 연삭용
	M	Metal	천연다이아몬드 +황동, 니켈, 은	초경합금 연삭용, 세라믹, 보석, 유리

※ 연삭숫돌의 표시

WA - 60 - K - 7 - V - 1 - A - 225 × 20 × 51 × rpm
↓   ↓   ↓   ↓   ↓   ↓   ↓   ↓   ↓   ↓
입자 입도 결합도 조직 결합제 형상 모서리모양   외경 × 폭 × 내경
                          (1~3호) (A~L)

10. 숫돌의 원주속도

$$n = \frac{1000v}{\pi d} \text{(rpm)}$$

여기서, n : 숫돌의 회전수(rpm)
v : 원주속도(m/min)
d : 숫돌의 지름(mm)

11. 연삭 작업

(1) 연삭숫돌의 설치

① 평행한 숫돌 측면을 플랜지로 고정
② 플랜지의 지름은 숫돌지름의 1/2~1/3
③ 숫돌측면과 플랜지 사이에는 두께 0.5mm 이하의 고무나 종이 같은 연한 와셔를 충격흡수를 위해 끼운다.

(2) 연삭숫돌의 균형

① 균형이 잡히지 않을 시 : 진동, 가공면에 떨림 자리가 나타난다.
② 밸런싱 머신을 사용한다.(밸런싱 웨이트로 조정)

(3) 원통 연삭 작업

① 숫돌의 안전성 및 베어링 온도가 일정온도가 되도록 약 5분간 공회전시킨다.
② 절삭깊이는 왕복 행정 양끝에서 주며 숫돌 폭의 1/3정도를 외측으로 나오도록 한다.
 ※ 타리모션(Tarry motion)
  ① 테이블 행정의 말단에서 역전으로 작용하기까지의 여유시간
  ② 트래버스 연삭에서 잠시 테이블을 양끝의 반환점에서 정지시키는 것

12. 연삭숫돌의 수정

(1) 무딤(glazing)

숫돌의 입자가 탈락되지 않고 마모에 의해서 납작하게 둔화된 상태

원 인	결 과
결합도가 높다. 원주속도가 크다. 숫돌재료가 공작물에 부적합	연삭성 불량, 연삭열 발열 연삭손실이 생긴다.

(2) 눈메움(Loading)

숫돌 입자의 표면이나 기공에 칩이 차있는 상태

원 인	결 과
숫돌입자가 너무 가늘고 조직이 치밀하다. 연삭깊이가 깊고 원주속도가 느리다.	연삭성이 불량하고 다듬질면이 거칠다. 숫돌입자가 마모되기 쉽다. 공작물 표면에 상처가 생긴다.

(3) 드레싱(재생작업)

숫돌입자를 무덤이나 눈 메움으로 절삭성이 나빠진 숫돌면에 날카로운 입자를 발생시켜주는 작업

(4) 트루잉(성형, 모양 고치기)

연삭숫돌의 외형을 수정하여 규격에 맞는 제품을 만드는 과정

(5) 입자탈락(spilling)

결합제의 힘이 약해서 작은 절삭력이나 충격에 쉽게 입자가 탈락하는 것

2-5 드릴링 및 보링머신 가공

1. 드릴링머신(drilling machine)

(1) 드릴링(Drilling) : 공작물고정, 공구회전과 주축방향 이송, 리밍, 보링, 카운터 보링, 스폿페이싱, 카운터 싱킹, 태핑 등을 공구에 따라 할 수 있다.

(2) 리머(Reaming) : 구멍의 정밀도를 높이기 위한 작업. 리머의 여유는 직경 10mm일 때 0.2mm 정도이며, 드릴작업 rpm의 2/3~3/4, 이송은 같거나 빠르게 한다.

(3) 탭핑(Tapping) : 공작물 내부에 암나사 가공, 태핑을 위한 드릴가공은 나사의 외경 - 피치로 한다.
  예) M12의 탭 작업시 드릴 구멍은 12-1.75=10.25mm로 한다.

(4) 보링(Boring) : 뚫린 구멍을 다시 절삭, 구멍을 넓히고 다듬질하는 것. 보링 바에 바이트를 사용한다.

(5) 스폿 페이싱(Spot Facing) : 볼트 또는 너트 등의 구멍과 직각이 되게 머리부가 접촉되는 부분을 깎아서 만드는 작업

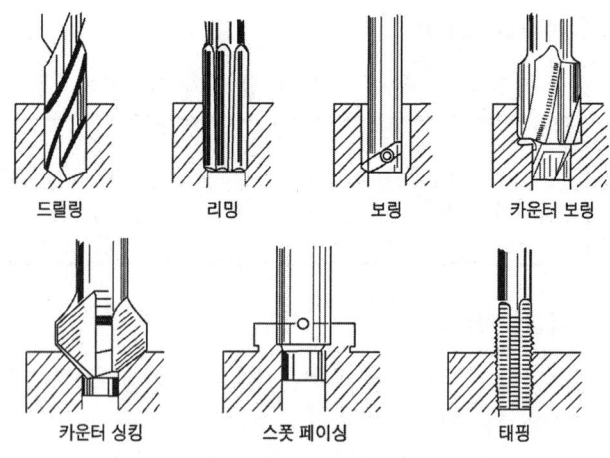

[그림 2-9] 드릴링의 종류

(6) **카운터 싱킹**(Counter Sinking) : 접시머리 나사의 머리가 묻히게 하기 위해 원뿔자리를 만드는 작업

(7) **카운터 보링**(Counter Boring) : 작은 나사, 볼트의 머리부가 돌출되지 않도록 머리부가 들어갈 자리부분을 단이 있게 구멍 뚫는 작업

2. 드릴링머신의 크기

(1) 스윙 즉, 스핀들 중심부터 기둥까지 거리의 2배 정도가 된다.
(2) 뚫을 수 있는 구멍의 최대지름으로 나타낸다.
(3) 스핀들 끝부터 테이블 뒷면까지의 최대거리로 표시한다.

3. 드릴링머신의 종류와 구조

(1) **탁상 드릴링머신**

① 작은 구멍(13mm) 이하 작업용
② 크기는 뚫을 수 있는 구멍지름, 스윙 및 테이블의 크기

(2) **직립 드릴링머신**

① $\phi 13$ 이상 $\phi 50$ 이하 가공
② 구조 : spindle, head, colum, table, base
③ 크기 : ㉠ 스윙(주축 중심부터 컬럼 표면까지의 거리의 2배
㉡ 테이블의 크기
㉢ 드릴가공을 할 수 있는 최대 지름

　　　　ⓔ 주축 구멍의 모스 테이퍼 번호
　　　　ⓜ 주축 끝과 테이블 윗면과의 최대거리

(3) 레이디얼 드릴링머신

① 가장 주로 쓰이며 공작물을 고정시켜 놓고 주축의 위치를 이동 시켜서 구멍의 중심 맞추어 작업
② 비교적 대형이며 무거운 공작물의 구멍 뚫기, 주축이동
③ 암에는 새들이 있고 이동은 피니언과 래크로 작동
④ 크기 : ㉠ 뚫을 수 있는 구멍지름
　　　　㉡ 주축 끝과 테이블 윗면과의 최대거리
　　　　㉢ Base의 작업면적
　　　　㉣ 주축 테이퍼 번호

(4) 다축 드릴링머신

1대의 기계에 많은 수의 스핀들이 있으며 1회에 많은 구멍을 뚫을 때 능률적이고 한 번에 여러 개의 구멍을 작업한다.

(5) 다두 드릴링머신

직립 드릴링머신의 상부기구를 같은 베드위에 여러 개 나란히 장치한 것으로 각각의 스핀들에 드릴, 그밖에 여러 가지 공구를 꽂아 드릴, 리머, 탭 등을 여러 공구를 작업 순서대로 고정 후 연속사용, 황삭 및 완성 가공을 연속적으로 한다.

(6) 심공 드릴링

각종 내연기관의 크랭크축에 있는 오일구멍과 같이 머신 지름에 비해 비교적 깊은 구멍 가공(오일 주입구가 있음.)

4. 절삭공구와 절삭조건

(1) 드릴의 각도

트위스트 드릴의 인선각은 연강용에 대해 118°로 일반적으로 가공 재료가 단단할수록 인선각이 커진다.(여유각 : 10~15°, 웨브각 : 135°, 나선각 : 20~32°)

(2) 디이닝(Thinning)

무디어진 웨브를 연삭하는 것으로 드릴의 생크 쪽으로 갈수록 웨브의 두께가 증가하여 절삭성이 나빠진다. 이 웨브는 드릴가공이 이송을 줄 때 추력이 일어나는 원인이 되며, 드릴 연삭시 웨브의 두께를 처음 두께 상태로 얇게 연삭하는 것

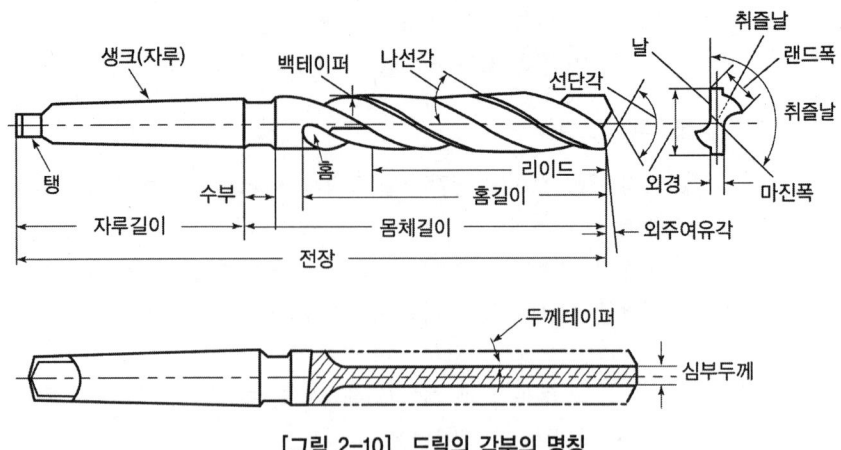

[그림 2-10] 드릴의 각부의 명칭

(3) 웨브

드릴 끝의 홈과 홈 사이의 두께로 자루 쪽으로 갈수록 커진다.

(4) 마진

드릴의 홈을 따라서 나타나는 좁은 면으로 드릴의 크기를 정하며 예비적 날의 역할과 날의 강도 보강하며 드릴의 위치를 잡아준다.

(5) 몸 여유

드릴과 구멍 내면이 마찰하는 것을 방지.(백 테이퍼로 만듦)

몸체 여유(body clearance)는 드릴 지름 5mm 이상으로 날 길이 100mm에 대하여 보통 0.025~0.15mm로 한다.

(6) 절삭조건

$$v = \frac{\pi d n}{1000} \text{(m/min)}, \ n = \frac{1000v}{\pi d} \text{(mm)}$$

그리고, 이송은 드릴 1회전마다 드릴의 축 방향으로 이동한 거리이며, 이송과 가공시간과의 관계는 다음과 같다.

$$T = \frac{t+h}{nf} = \frac{\pi d(t+h)}{1000vf} \text{(min)}$$

여기서, f : 1회전당 이송량(mm)
h : 드릴끝의 원추높이(mm)
t : 구멍의 깊이(mm)
t : 구멍을 뚫는 데 소요되는 시간(min)

구멍이 깊으면 칩의 배출과 윤활이 어려우므로 깊이가 지름의 2배 이상이 되면 절삭속도와 이송을 줄여야 한다.

5. 보링머신(boring machine)

보링머신은 기능이나 구조 등에 따라 수평 보링머신, 정밀 보링머신, 지그 보링 머신 등이 있다. 보링 머신의 크기는 다음과 같다.
① 주축지름 및 주축 이동거리
② 테이블의 크기
③ 주축거리의 상하 이동거리 및 테이블의 이동거리

(1) **수평식 보링 머신** : 대표적인 보링머신

① 테이블형 : 보링 및 기계 가공 병행 중형이하 가공물
② 플레이너형 : 중량이 큰 일감의 정밀가공
③ 플로어형 : 테이블 형에서 곤란한 대형 일감
④ 이동형 : 이동작업, 기계 수리형

(2) **지그 보링머신**

구멍을 대단히 정확한 좌표위치(구멍간의 거리공차 ±0.02~0.005 사이)에 정밀 가공하기 위한 것으로 (보통 항온실 온도 20±1℃, 습도 55% 유지) 나사식 보정장치, 현미경을 이용한 광학적 장치 등을 가지고 있다.

(3) **정밀 보링머신**

① 다이아몬드공구, 초경질 공구를 사용, 고속 경절삭과 미세한 이동으로 정밀한 구멍가공이 가능하다.
② 실린더, 피스톤 핀, 베어링 부시, 라이너의 가공에 사용된다.

(4) **코어(심공) 보링머신**

① 구멍의 깊이가 10~20배 이상의 것을 뚫을 때 사용된다.
② 특수 드릴을 사용하여 자동적으로 축 중심을 유지하면서 구멍 절삭이 된다.
③ 판재에 큰 구멍을 가공하거나 포신 등의 가공에 적합하다.

(5) **보링공구와 부속 장치**

보링의 3대 부속 장치 : 보링 바이트, 보링 바, 보링 공구대

제2장 절삭기계가공법

예상문제

문제 001

공작기계의 베드나 컬럼 제작시 고려해야 할 사항과 거리가 가장 먼 것은?
㉮ 잔류 응력을 제거하여야 한다.
㉯ 진동을 작게 하기 위하여 강성을 높여야 한다.
㉰ 운동부와 조절안내부는 정밀하게 조립하여야 한다.
㉱ 중량을 증대시켜야 한다.

문제 002

다음은 주유 요령에 관하여 기술하였다. 적당치 않은 것은?
㉮ 활동면 및 회전부분에는 항상 적당히 기름을 주어야한다.
㉯ 기름 탱크 및 주유입구에 뚜껑을 항상 덮어둔다.
㉰ 전동 벨트에 기름이 튀지 않게 주의한다.
㉱ 주유는 항상 넘쳐흐를 정도의 기름을 주유한다.

[해설] 기계 각 부분의 주유는 넘쳐흐를 정도의 기름을 주어서는 안 된다.

문제 003

공작기계의 설치장소로서 적당한 곳은?
㉮ 외부진동이 없고 직사광선이 아닌 곳
㉯ 습기가 많은 곳
㉰ 열원에 가까운 곳
㉱ 아크용접기와 접한 곳

문제 004

공작기계의 조작 또는 공작정밀도에 현저한 영향을 미치게 하는 것에 대하여 시험하는 시험항목은?
㉮ 백래시시험   ㉯ 기능시험
㉰ 강성시험   ㉱ 부하운전시험

문제 005

기계를 정지시키면 안 되는 경우는?
㉮ 기계 수리 시   ㉯ 기계 점검 시
㉰ 기계 시운전 시 ㉱ 기계 청소 시

[해설] 기계를 시운전 할 때는 가동을 시키면서 하여야 하지만 이외에는 정지시켜 놓고 하여야 한다.

문제 006

공작기계를 설치할 때 단독 운전 형식으로 하려 한다. 이 방법의 장점이 아닌 것은?
㉮ 비교적 동력을 소비하는 일이 적다.
㉯ 설비비가 적게 든다.
㉰ 공작기계의 배치나 고정방향에 제한을 받지 않는다.
㉱ 기계사정으로 주축을 정지시켜도 해당되는 기계만 정지시킨다.

문제 007

선반의 정적 정밀도 검사에서 검사사항이 아닌 것은?
㉮ 척의 흔들림
㉯ 주축대와 심압대와의 양 센터의 높이차
㉰ 가로 이송대의 운동과 주축 중심선과의 직각도

[답] 001. ㉱ 002. ㉱ 003. ㉮ 004. ㉮ 005. ㉰ 006. ㉯ 007. ㉮

㉣ 주축 중심선과 공구 이송대의 세로방향의 운동과의 평행도

[해설] 선반의 정적 정밀도 검사에서 검사사항은 ㉯, ㉰. ㉣항과 센터의 흔들림을 검사한다.

문제 008

운전시험은 공작기계의 운전에 필요한 성능을 시험한 것을 목적으로 한다. 다음 중 시험항목에 해당되지 않은 것은?

㉮ 기능시험 ㉯ 무부하운전시험
㉰ 부하운전시험 ㉣ 진직도시험

[해설] 시험항목
① 운전시험 : 기능시험, 무부하운전시험, 부하운전시험, 백래시시험, 강성시험
② 정적정밀도시험 : 진직도, 평행도, 평면도, 직각도 등

문제 009

운전시험은 공작기계의 운전에 필요한 성능을 시험하는 것을 목적으로 한다. 다음 중 시험항목에 해당되지 않은 것은?

㉮ 비틀림시험 ㉯ 강성시험
㉰ 백래시시험 ㉣ 기능시험

문제 010

다음은 선반 교정작업이다. 교정작업이 아닌 것은?

㉮ 주축대 스핀들 베어링을 교정한다.
㉯ 가로 이송대 유극을 조정한다.
㉰ 공구대를 교환한다.
㉣ 가로 이송대와 세로 이송대를 보정한다.

[해설] 공구대 교정은 공구대 전체를 교환한 것이 아니라 유극으로 인한 오차를 교정하는 것임.

문제 011

공작기계의 운전상태와 가공능력을 시험하는 시험항목은?

㉮ 기능시험 ㉯ 무부하 운전시험
㉰ 강성시험 ㉣ 부하 운전시험

문제 012

밀링머신에서 주축의 흔들림을 조정 검사 할 때 허용범위는 얼마인가?

㉮ 0.01mm ㉯ 0.03mm
㉰ 0.04mm ㉣ 0.06mm

문제 013

기계를 시험할 때 가공물을 고정하지 않고, 절삭하지 않은 상태에서, 운전상태, 온도변화, 소요전력 등을 시험하는 시험은?

㉮ 무부하운전시험 ㉯ 부하운전시험
㉰ 기능시험 ㉣ 강성시험

문제 014

공작정밀도 시험항목이 아닌 것은?

㉮ 상호차 ㉯ 분할정밀도
㉰ 동심도 ㉣ 교차도

문제 015

선반의 크기를 잘못 표현한 것은?

㉮ 베드 위의 스윙
㉯ 왕복대 위의 스윙
㉰ 심압대 위의 스윙
㉣ 양 센터 사이의 최대 거리

[해설] 선반의 크기는 베드 위의 스윙, 왕복대 위의 스윙, 양 센터간의 최대 거리, 베드의 길이로 한다.

문제 016

재료의 이송과 절삭공구의 이송을 캠(cam)이나 유압 기구를 이용한 다량 생산용 선반은?

[답] 008. ㉣ 009. ㉮ 010. ㉰ 011. ㉣ 012. ㉮ 013. ㉮ 014. ㉣ 015. ㉰ 016. ㉯

㉮ 탁상선반(bench lathe)
㉯ 자동선반(automatic lathe)
㉰ 모방선반(copying lathe)
㉱ 터릿선반(turret lathe)

[해설] 자동선반 : 재료의 이송과 절삭공구의 이송을 캠(cam)이나 유압 기구를 이용하여 자동화한 다량 생산용의 선반

문제 017

다음 중 바르게 설명된 것은?
㉮ 터릿선반은 보통 선반의 4-5배의 능률을 올릴 수 있다.
㉯ NC 선반은 1로트의 개수가 많고 간단한 작업에 많이 이용된다.
㉰ 터릿선반에서 세팅할 때 되도록 6각 터릿을 활용하여 크로스 슬라이드의 사용빈도 수가 많도록 한다.
㉱ 터릿선반에서 터릿 새들은 되도록 주축에서 멀도록 하여 스트로크를 연장시킨다.

문제 018

지름이 큰 플라이 휠이나 벨트 풀리를 가공하고자 한다. 알맞은 선반은?
㉮ 보통선반   ㉯ 터릿선반
㉰ 정면선반   ㉱ 수직선반

[해설] 지름이 크고 길이가 짧은 공작물은 정면선반을 이용하여 가공한다.

문제 019

터릿선반(Turret lathe)을 설명한 내용 중 잘못된 것은?
㉮ 보통선반 보다 많은 공구를 설치할 수 있다.
㉯ 공정마다 공구를 갈아 끼울 필요가 없다.
㉰ 공구설치 시 숙련된 작업자가 필요하며, 작업도 숙련된 자 만이 작업할 수 있다.
㉱ 보통 선반보다 능률이 높다.

[해설] 터릿선반(Turret lathe)은 공구가 세팅되어 있으므로 미숙련자도 작업이 가능하다.

문제 020

밀링 커터(milling cutter), 기어커터 등의 여유각을 절삭하기 위하여 제작된 선반은?
㉮ 모방 선반   ㉯ 롤러 선반
㉰ 터릿 선반   ㉱ 공구선반

[해설] 총형공구의 가공을 먼저 절인의 전면을 판 후 공구선반에서 여유각을 절삭한다.

문제 021

테이블이 수평면 내에서 회전하는 것으로 공구의 길이방향 이송이 수직으로 되어있고 대형이고 중량물을 깎는데 쓰이는 선반은?
㉮ 수직선반   ㉯ 크랭크축선반
㉰ 공구선반   ㉱ 모방선반

[해설] 수직선반 : 중량이 큰 대형공작물, 직경이 크고, 폭이 좁으며 불균형한 공작물을 가공하며 공작물 고정이 쉽고 안전된 중절삭이 가능하고 비교적 정밀하다.

문제 022

터릿선반의 종류 중 크고 무거운 큰 가공물의 선삭, 보링, 래핑 등의 가공을 하는데 가장 편리한 것은?
㉮ 원통형   ㉯ 램형
㉰ 드럼형   ㉱ 새들형

[해설] 램형은 소형 공작물가공에 사용되고 새들형은 대형공작물 가공에 편리하다.

문제 023

선반(Lathe)에서 통상 Live Center (회전센터)의 재질은?
㉮ 특수강   ㉯ 경강
㉰ 주철   ㉱ 연강

[답] 017. ㉮ 018. ㉰ 019. ㉰ 020. ㉱ 021. ㉮ 022. ㉱ 023. ㉱

해설 선반에서 회전센터의 재질은 통상 연강이며, 센터의 끝은 담금질한 것임.

문제 024

선반(lathe)의 주축을 중공축으로 한 이유로 볼 수 없는 것은?

㉮ 굽힘과 비틀림 응력을 강화
㉯ 중량감소와 베어링에 걸리는 하중을 감소
㉰ 긴 공작물을 쉽게 고정
㉱ 용이한 칩 배출

해설 주축(spindle)을 중공축으로 하는 이유
① 긴 공작물 가공
② 베어링에 걸리는 하중감소
③ 척, 면판 등을 끼고 빼는데 편리하도록
④ 주축의 무게를 감소
⑤ 굽힘과 비틀림에 대한 강성이 크다.

문제 025

선반주축의 속도변환장치에는 벨트 전동, 기어 전동, 전기식 속도변환, 유체에 의한 속도변환 등의 장치가 있는데, 기어 전동 장치 중 틀린 것은 다음 중 어느 것인가?

㉮ 클러치 전동   ㉯ 미끄럼 기어 전동
㉰ 다축 전동   ㉱ 단차 기어식 전동

문제 026

선반에서 백기어가 있는 주축대는?

㉮ 단차식 주축대
㉯ 전치차식 주축대
㉰ 유압전동식 주축대
㉱ 변속전동기식 주축대

문제 027

공작기계에서 스핀들의 속도변환은 보통 어떤 방법에 의한 전동인가?

㉮ 마찰차에 의한 전동   ㉯ 캠에 의한 전동
㉰ 기어에 의한 전동   ㉱ 링크에 의한 전동

문제 028

선반에서 백기어를 사용하는 이유 중 가장 큰 이유는?

㉮ 가공시간 단축
㉯ 저속강력절삭
㉰ 주축의 회전수 상승
㉱ 주축의 회전방향 전환

문제 029

일반적으로 공작기계 주축(spindle)의 조건 중 적당하지 않는 것은?

㉮ 정밀도   ㉯ 강성
㉰ 안정성   ㉱ 소성

해설 일반적으로 주축의 성능에 따라 제작하는 기계의 성능이 결정되므로 주축에는 4개의 구비조건이 강조된다.
① 정밀도 : 회전운동과 축심이 정확할 것
② 강성 : 절삭력 구동력 등의 외력에 변함이 없을 것
③ 안정성 : 사용회전수 변화에 따라 정밀도 및 성능을 해치는 요소가 없을 것

문제 030

선반 주축의 스핀들 및 심압대에 사용하는 테이퍼의 종류는 어떤 것인가?

㉮ 모스 테이퍼   ㉯ 쟈곱스 테이퍼
㉰ 브라운샤프 테이퍼 ㉱ 내셔날 테이퍼

해설 선반의 주축 및 심압대에는 모스 테어퍼(Morse taper)가 주로 쓰인다.

문제 031

선반의 주축 끝에 척이나 면판을 부착하는 방법이 아닌 것은 어느 것인가?

답 024. ㉱ 025. ㉱ 026. ㉮ 027. ㉰ 028. ㉯ 029. ㉱ 030. ㉮ 031. ㉱

㉮ 플랜지식   ㉯ 캠록식
㉰ 나사식   ㉱ 베어링식

[해설] 주축 양끝에 척이나 면판을 부착하는 4가지 방법
플랜지식, 캠록식, 나사식, 테이퍼키식

문제 032

공작기계에서 절삭회전속도열 종류 중 가장 널리 사용되고 있는 것은?

㉮ 등차급수 속도열
㉯ 등비급수 속도열
㉰ 대수급수 속도열
㉱ 복합등비급수 속도열

[해설] 회전속도 열 중 가장 널리 사용되는 방정식은 등비급수 속도열로써 최대 회전수와 최소 회전수와의 사이를 등비수열적으로 구분한다.
$A = 1 - \dfrac{1}{\rho}$ (A : 속도강하율, ρ : 공비)

문제 033

선반의 기어식 속도 변환에서 최대회전수 2220rpm, 최소 회전수 50rpm, 단차수 18단일 때 등비급수의 공비 값은?

㉮ 1.2   ㉯ 1.25
㉰ 1.4   ㉱ 2.0

[해설] 등비급수의 공비
$\phi = \sqrt[n-1]{\dfrac{n_{max}}{n_{min}}} = \sqrt[18-1]{\dfrac{2220}{50}} = 1.249$

문제 034

선반 심압대에 관한 설명으로 틀린 것은?

㉮ 심압대는 베드 위에서 일감의 길이에 따라 임의의 위치에서 고정할 수 있다.
㉯ 주축과 심압대 사이에 일감을 고정할 때 이용한다.
㉰ 심압대 중심축의 편위를 조정할 수 있으나 테이퍼 절삭은 할 수 없다.
㉱ 심압대 축의 끝은 센터, 드릴 척 등을 끼워 사용할 수 있다.

문제 035

선반(Lathe)에서 Rib(리브)는 어디에 붙어 있는가?

㉮ Head Stock(주축대)
㉯ Tail Stock(심압대)
㉰ Bed(베드)
㉱ Carriage(왕복대)

[해설] 선반에서 리브(rib)는 베드(bed)의 강도를 유지하기 위하여 베드사이에 평행 또는 삼각형, 지그재그형으로 가로지른 대를 말함.

문제 036

선반 베드에 주로 사용하는 재질은?

㉮ 고급주철   ㉯ 연강
㉰ 공구강   ㉱ 초경합금

[해설] 선반 베드는 주로 고급주철이 쓰인다.

문제 037

선반(lathe)의 베드(bed)에 관한 사항으로 옳지 않는 것은?

㉮ 강성이 높고 방진성이 있어야 한다.
㉯ 경도가 높고 내마모성이 커야 한다.
㉰ 가공성이 좋고 열처리성이 없는 재료를 사용한다.
㉱ 정밀도가 높고 진직도가 좋아야 하다.

문제 038

공작기계 주철 베드의 표면을 경화시키는 데 다음 중 가장 효과적인 방법은?

㉮ 염욕법
㉯ 청화법
㉰ 고주파 경화처리법
㉱ 머플로법

답 032. ㉯ 033. ㉯ 034. ㉰ 035. ㉰ 036. ㉮ 037. ㉰ 038. ㉰

제1편 절삭기계가공법

해설: 주철베드의 표면경화법으로는 화염 경화처리법, 고주파 경화처리법이 있다.

문제 039
베드를 제작할 때는 오랫동안 시즈닝 한다. 시즈닝을 하는 이유 중 다음 어느 것이 가장 적합한가?
- ㉮ 변형방지
- ㉯ 강인성부여
- ㉰ 표면경화
- ㉱ 마모방지

문제 040
왕복대의 구성에 대하여 옳은 것은?
- ㉮ 에이프런과 리드스크루
- ㉯ 복식 공구대와 새들
- ㉰ 에이프런, 새들, 공구대
- ㉱ 복식 공구대와 크로스 핸들

문제 041
선반에서 분할너트(Half nut)는 어느 부분에 있는가?
- ㉮ 주축대
- ㉯ 심압대
- ㉰ 왕복대
- ㉱ 베드

문제 042
덤블링 기어열은 선반의 어느 부분에 있는가?
- ㉮ 주축속도 변환장치
- ㉯ 이송속도 변환장치
- ㉰ 왕복대의 몸체
- ㉱ 심압대의 내부

문제 043
선반에서 중, 소형 공작물의 가공에 사용되는 센터는 일반적으로 몇 도를 사용하는가?
- ㉮ 30도
- ㉯ 45도
- ㉰ 60도
- ㉱ 90도

해설: 일반적으로 60도를 많이 사용하며, 75도 및 90도는 중 절삭에 많이 쓰인다.

문제 044
정지 센터(center)이며 가공물을 지지하고 단면을 가공할 수 있는 센터로 옳은 것은?
- ㉮ 파이프 센터(pipe center)
- ㉯ 베어링 센터(bearing center)
- ㉰ 하프 센터(half center)
- ㉱ 센터 드릴(center drill)

문제 045
길이가 직경에 비해 약 20배 이상 길고, 직경이 작은 봉재(환봉)를 깎을 때, 사용하는 것은 다음 중 어느 것인가?
- ㉮ Dog(돌리개)
- ㉯ Mandrel(심봉)
- ㉰ Center Rest(방진구)
- ㉱ Apron(에이프런)

해설: 직경이 약 20배 이상의 길이를 갖고 있는 공작물을 깎을 때 방진 장치를 하며 약 12배일 경우는 불안정하다.

문제 046
선반에서 공작물을 직접 또는 간접적으로 볼트 또는 기타 고정구를 사용하는 선반 부품은?
- ㉮ 만능식척
- ㉯ 심압대
- ㉰ 공구대
- ㉱ 면판

해설: 면판은 공작물을 직·간접적으로 볼트 직각플레이트, 또는 기타 고정 클램프 등의 고정 장치로 고정하여 작업을 한다.

문제 047
선반에서 공작물을 양 센터를 이용하여 가공할 때 공작물의 고정에 사용되는 것은?
- ㉮ 맨드릴
- ㉯ 콜릿 척
- ㉰ 방진구
- ㉱ 돌리개(dog)

해설: 선반에서 양 센터 작업시 공작물과 면판을 연결하는 기구는 돌리개(dog)이다.

답 039. ㉮ 040. ㉰ 041. ㉰ 042. ㉯ 043. ㉰ 044. ㉰ 045. ㉰ 046. ㉱ 047. ㉱

제 2 장 절삭기계가공법

문제 048

자동선반 및 터릿선반(turret lathe)에서 가공물을 고정할 때 가장 널리 사용되는 척(chuck)으로 스프링작용의 원리를 이용한 것은?

㉮ 콜릿 척(collet chuck)
㉯ 벨 척(bell chuck)
㉰ 만능식 척(universal chuck)
㉱ 단동식 척(independent chuck)

문제 049

선반에서 공작물의 구멍과 심봉(mandrel)의 외경이 약간 차이가 있어도 사용할 수 있으며, 테이퍼가 된 심봉에 갈라진 홈이 있는 슬리브를 끼워 사용하는 심봉은 어느 것인가?

㉮ 갱심봉   ㉯ 원추심봉
㉰ 팽창심봉   ㉱ 나사심봉

[해설] 지름을 변화시킬 수 있는 심봉(Mandrel)은 팽창식 맨드릴이다.

문제 050

선반에서 맨드릴을 사용하는 가장 큰 목적은?

㉮ 내경이 있으므로 센터 작업이 곤란하므로
㉯ 가늘고 긴 가공물의 작업을 위하여
㉰ 내, 외경이 동심이 되도록 가공하기 위하여
㉱ 척킹이 곤란하기 때문에

[해설] 맨드릴을 사용하는 주목적은 내, 외경 동심가공을 할 수 있고, 변형을 많이 줄일 수 있는 효과가 있다.

문제 051

다음 (   ) 안에 알맞은 것은?

> 선반작업에서 자동이송은 주축의 회전운동 → 기어변환 장치 → 이송변환 기어열 → (   ) → 피드 로드 → 에이프런 내부의 전동장치 순으로 전동된다.

㉮ 하프 너트(half nut)
㉯ 노튼 기어(norton gear)
㉰ 리드 스크루(lead screw)
㉱ 체이싱 다이얼(chasing dial)

[해설] 자동이송은 노튼 기어에서 피드 로드로, 나사절삭의 경우에는 노튼 기어에서 리드 스크루로 전동된다.

문제 052

선반에서 지름이 작고 길이가 긴 가공물을 절삭할 때 왕복대에 설치하여 공작물의 떨림을 방지하는 부속장치는?

㉮ 이동식 방진구   ㉯ 조립식 맨드릴
㉰ 모방절삭장치   ㉱ 마그네틱 척

문제 053

선반작업 중 길이방향의 이송 없이 세로방향 이송만 하여 바깥지름을 절삭하는 것은?

㉮ 널링 작업   ㉯ 총형 절삭작업
㉰ 곡면 절삭작업   ㉱ 측면 절삭

문제 054

선반에서 내경 테이퍼를 다음 방법에 의하여 가공하려 한다. 적당하지 않은 방법은 어느 것인가?

㉮ 복식공구대(Tool post)의 회전에 의한 방법
㉯ 심압대(Tail stock)를 편위시켜 가공하는 방법
㉰ 테이퍼 절삭장치(Taper attachment)로 가공하는 방법
㉱ 테이퍼 리머(Taper reamer)에 의한 방법

문제 055

선반에서 그림과 같은 테이퍼를 절삭하고자 한다. 심압대의 편위거리는?

㉮ 5mm

[답] 048. ㉮ 049. ㉰ 050. ㉰ 051. ㉯ 052. ㉮ 053. ㉱ 054. ㉯ 055. ㉰

㉯ 10mm
㉰ 15mm
㉱ 20mm

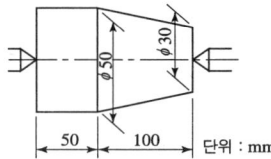

해설 $\dfrac{(D-d)L}{2l} = \dfrac{(50-30)\times 150}{2\times 100} = 15$

문제 056

다음 그림에서 x의 값은 얼마인가?

㉮ 31
㉯ 25
㉰ 27
㉱ 30

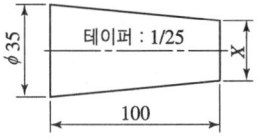

해설 $\dfrac{D-d}{l} = \dfrac{35-d}{100} = \dfrac{1}{25}(100\times 0.04) = 4$
$35 - 4 = 31$

문제 057

아래 그림에서 x의 값은?

㉮ 40mm
㉯ 45mm
㉰ 80mm
㉱ 90mm

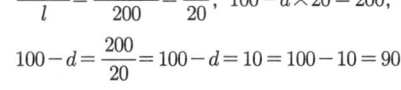

해설 $\dfrac{D-d}{l} = \dfrac{100-d}{200} = \dfrac{1}{20}$, $100-d\times 20 = 200$,
$100-d = \dfrac{200}{20} = 100-d = 10 = 100-10 = 90$

문제 058

그림과 같은 공작물을 양 센터작업에서 심압대를 편위시켜 가공할 때 편위시켜야 할 거리는?

㉮ 12mm
㉯ 10mm
㉰ 8mm
㉱ 6mm

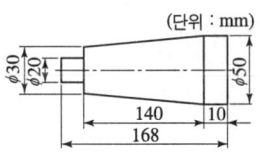

해설 $x = \dfrac{(D-d)L}{2\cdot l} = \dfrac{(50-30)\times 168}{2\times 140} = 12\mathrm{mm}$

문제 059

그림과 같이 심압대를 편위시켜 절삭하려면 센터 편위 거리는 얼마로 하여야 되는가? (단위 mm)

㉮ 5
㉯ 7
㉰ 9
㉱ 11

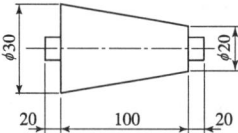

해설 $\dfrac{(D-d)L}{2\cdot l} = \dfrac{(30-20)\times 140}{2\times 100} = 7$

문제 060

다음 그림에서 테이퍼의 값은 얼마인가?

㉮ 0.125
㉯ 0.5
㉰ 0.25
㉱ 35/60

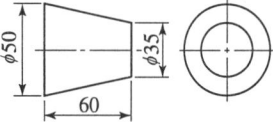

해설 $T = \dfrac{D-d}{l} = \dfrac{50-35}{60} = 0.25$

문제 061

다음 그림과 같은 테이퍼를 선반에서 깎으려 한다. 심압대를 편위시켜 가공한다면 심압대를 몇 mm 이동시켜야 하는가?

㉮ 5mm
㉯ 8mm
㉰ 3.3mm
㉱ 10mm

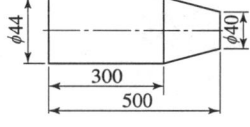

해설 $x = \dfrac{(D-d)L}{2\cdot l} = \dfrac{(44-40)\times 500}{2\times 200} = 5\mathrm{mm}$

문제 062

다음 그림에서 공작물의 테이퍼를 가공할 때 복

답 056.㉮ 057.㉱ 058.㉮ 059.㉯ 060.㉰ 061.㉮ 062.㉮

식 공구대의 선회각도의 tan 값은 얼마로 하는 것이 좋은가?

㉮ 0.1
㉯ 001
㉰ 1.0
㉱ 0.2

[해설] $\theta = \tan^{-1}\dfrac{D-d}{2l} = \tan^{-1}\dfrac{40-20}{2\times 90} = 0.11$

문제 063

도면과 같은 센터의 길이 l은?

㉮ 82.5
㉯ 140
㉰ 152.5
㉱ 165

[해설] $\dfrac{D-d}{l} = \dfrac{1}{20}$, $l = 20(25-18) = 140$

$140 + 12.5 = 152.5$

문제 064

피치 5mm인 리드스크루의 미식선반에 피치 3mm의 나사를 깎을 때 변환기어를 계산하면?

㉮ A=20, C=30
㉯ A=24, C=40
㉰ A=26, C=45
㉱ A=28, C=50

[해설] $\dfrac{A}{C} = \dfrac{3}{5} = \dfrac{3}{5}\times\dfrac{8}{8} = \dfrac{24}{40}$

문제 065

1인치에 6산인 리드 스크루 선반에서 1인치에 28산인 나사를 가공할 때 변환기어를 구하면 얼마인가?

㉮ A=20, B=40, C=30, D=70
㉯ A=20, B=30, C=40, D=70
㉰ A=30, B=40, C=50, D=100
㉱ A=30, B=50, C=40, D=100

[해설] $\dfrac{A}{B}\times\dfrac{C}{D} = \dfrac{Z}{t} = \dfrac{6}{28} = \dfrac{20}{40}\times\dfrac{30}{70}$

문제 066

리드 스크루가 피치가 6mm인 미터식 선반에서 2-TM30×1.5나사를 가공하려고 할 때, 변환기어 계산으로 맞은 것은? (단, A : 주축 측의 기어이수, B : 리드 스크루 측의 기어이수)

㉮ A=30, B=60
㉯ A=60, B=30
㉰ A=15, B=60
㉱ A=60, B=15

[해설] 미터식 선반에서 기어 변환식

$\dfrac{A}{B} = \dfrac{WL}{ML} = \dfrac{3}{6} = \dfrac{3X10}{6X10}$, A=30, B=60

(A : 주축 측의 기어이수, B : 리드 스크루 측의 기어이수, 공작물나사의 리드, 선번의 리드)

문제 067

리드 스크루(lead screw)의 피치(pitch)가 8mm인 선반에서 1인치에 6산의 나사를 가공할 때 변환기어 열은?

㉮ $\dfrac{A}{B}\times\dfrac{C}{D} = \dfrac{20}{60}\times\dfrac{127}{80}$

㉯ $\dfrac{A}{B}\times\dfrac{C}{D} = \dfrac{30}{127}\times\dfrac{80}{20}$

㉰ $\dfrac{A}{B}\times\dfrac{C}{D} = \dfrac{30}{20}\times\dfrac{127}{80}$

㉱ $\dfrac{A}{B}\times\dfrac{C}{D} = \dfrac{60}{20}\times\dfrac{80}{127}$

[해설] $\dfrac{A}{B}\times\dfrac{C}{D} = \dfrac{\frac{1}{6}\times\frac{127}{5}}{8} = \dfrac{127}{240} = \dfrac{127}{80}\times\dfrac{1}{3}$

$= \dfrac{127}{80}\times\dfrac{20}{60}$

문제 068

다음 그림과 같이 변환기어가 걸려있는 선반의 어미나사가 4산 1인치이면 깎여지는 나사는 1인

[답] 063. ㉰ 064. ㉯ 065. ㉮ 066. ㉮ 067. ㉮ 068. ㉰

치에 몇 산이 되는가? (단, A=30, B=60, C=40, D=80)

㉮ 12
㉯ 14
㉰ 16
㉱ 18

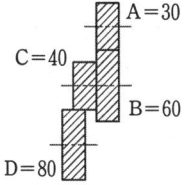

해설 $\dfrac{A}{B} \times \dfrac{C}{D} = \dfrac{30}{60} \times \dfrac{40}{80} = \dfrac{1}{4}$

inch 일 때 $= \dfrac{P}{x} = \dfrac{4}{x} = \dfrac{1}{4}$

∴ $x = 16$

문제 069

어미나사가 4산/인치인 선반에서 공작물 피치가 10mm인 나사를 깎을 때의 변환 기어 잇수는?

㉮ A=60, B=30, C=100, D=127
㉯ A=60, B=30, C=127, D=100
㉰ A=30, B=60, C=127, D=100
㉱ A=30, B=100, C=127, D=200

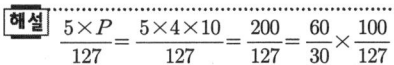

해설 $\dfrac{5 \times P}{127} = \dfrac{5 \times 4 \times 10}{127} = \dfrac{200}{127} = \dfrac{60}{30} \times \dfrac{100}{127}$

문제 070

피치 5mm의 리드 스크루를 가진 선반에서 1인치당 5산인 나사를 깎을 경우 변환기어의 잇수로 맞는 것은? (단, A : 주축기어의 잇수, B : 제1중간축 기어의 잇수, C : 제 2중간축 기어의 잇수, D : 리드 스크루 기어의 잇수)

㉮ A=100, B=40, C=50, D=127
㉯ A=40, B=100, C=127, D=50
㉰ A=40, B=127, C=100, D=50
㉱ A=40, B=100, C=50, D=127

문제 071

웜을 절삭할 때 리드 스크루우 4산/인치 선반에서 D.P=10인 공작물을 가공할 때 변환기어의 잇수는?

㉮ A=110, B=35, C=100, D=40
㉯ A=120, B=30, C=100, D=40
㉰ A=110, B=30, C=40, D=100
㉱ A=110, B=35, C=40, D=100

해설 $\pi = 3.14 = \dfrac{22}{7}$

$\dfrac{\pi/Dp}{1/4} = \dfrac{22/7}{1/4} = \dfrac{22/70}{1/4}$

$= \dfrac{88}{70} = \dfrac{A}{B} \times \dfrac{C}{D} = \dfrac{110}{35} \times \dfrac{40}{100}$

문제 072

리드 스크루우의 피치가 2산/인치인 선반에서 모듈 M=6인 웜(Worm)을 절삭할 때 변환치차 잇수를 구하면?

㉮ A=127, B=120, C=100, D=157
㉯ A=127, B=120, C=157, D=100
㉰ A=120, B=157, C=100, D=157
㉱ A=120, B=127, C=100, D=157

해설 모듈(M)인 경우 : $P = m \times \pi$

지름피치(DP)인 경우 : $p = \dfrac{\pi}{DP}$

$P = \dfrac{1}{2}$(inch), $p = 6\pi$(mm) $= 6\pi \times \dfrac{5}{127}$(inch)

$\dfrac{p}{P} = \dfrac{6\pi \times \dfrac{5}{127}}{\dfrac{1}{2}} = \dfrac{6\pi \times 5 \times 2}{127} = \dfrac{60 \times \pi}{127}$

여기서 $\dfrac{\pi}{2} = \dfrac{3.14}{2} = 1.57$이므로

$\dfrac{60 \times \pi}{127} = \dfrac{120 \times \dfrac{\pi}{2}}{127} = \dfrac{120}{127} \times \dfrac{1.57}{1}$

$= \dfrac{120}{127} \times \dfrac{1.57 \times 100}{1 \times 100} = \dfrac{120}{127} \times \dfrac{157}{100}$

문제 073

지름 125mm, 길이 350mm인 중탄소강 둥근 막대를 초경합금 바이트를 사용하여 절삭깊이 1.5mm, 이송 0.2 mm/rev의 조건으로 깎으려면 1회 깎는데

필요한 시간은? (단, 절삭속도는 150m/min이다.)

㉮ 약 2분 25초 ㉯ 약 4분 35초
㉰ 약 6분 15초 ㉱ 약 8분 45초

[해설]
$T = \dfrac{l}{nf} \times i$

$n = \dfrac{1000V}{\pi D} = \dfrac{1000 \times 150}{\pi \times 125} = 381.97$

$T = \dfrac{350}{381.97 \times 0.2} \times 1 = 4.581$

→ 60진법으로 환산 4분 35초

문제 074

직경 50mm, 길이 150mm SM45C 강소재를 절삭 깊이 2.0mm, 이송 0.5 mm/rev로 선삭한다. 이때 $VT^{0.1} = 60$이 성립된다면 공구수명 3시간을 보장하는 절삭속도로 깎을 때 소요가공시간은 얼마인가?

㉮ 2.0min ㉯ 2.0sec
㉰ 1.3min ㉱ 1.3sec

[해설] 공구수명 $T = 180$min, $VT^{0.1} = 60$

$V = \dfrac{60}{T^{0.1}} = \dfrac{60}{180^{0.1}} = 35.7$(m/min)

소요 회전수
$N = \dfrac{1000 \times V}{\pi \times D} = \dfrac{1000 \times 35.7}{3.14 \times 50} = 227$(rpm)

가공시간 $= \dfrac{L}{F \times N} = \dfrac{150}{0.5 \times 228} = 1.3$(min)

문제 075

지름 50mm, 길이 500mm인 중탄소강 둥근 막대를 보통 선반에서 깎으려고 한다. 이송은 0.3 mm/rev, 절삭속도 45m/min으로 하면 1회 가공시간은 몇 분 정도 걸리는가?

㉮ 2.81분 ㉯ 5.81분
㉰ 8.81분 ㉱ 11.81분

[해설]
$n = \dfrac{1000V}{\pi \cdot D} = \dfrac{1000 \times 45}{\pi \times 50} = 286$

$T = \dfrac{L}{nf}i = \dfrac{500}{286 \times 0.3} = 5.82$

문제 076

선반 나사가공에서 어미나사가 6산/인치, 공작물 나사가 15산/인치일 때 하프너트 넣는 시기는 언제인가? (단, 어미나사가 24회전할 때 체이싱 다이얼은 1회전하고, 다이얼 눈금이 8등분되어 있다.)

㉮ 1눈금마다 ㉯ 2눈금마다
㉰ 3눈금마다 ㉱ 5눈금마다

[해설] 공작물 산수/리드스크류 산수 $= \dfrac{6}{15} = \dfrac{2}{5}$

문제 077

선반의 가로 이송대에 4mm 리드로서 200등분한 눈금의 핸들이 있을 때 지름 36mm의 둥근 일감을 32mm로 가공하려면 핸들의 눈금은 몇 눈금 돌리면 되는가?

㉮ 100눈금 ㉯ 120눈금
㉰ 150눈금 ㉱ 200눈금

[해설] 계산식 : $\dfrac{4}{200} = \dfrac{2}{x}$ 이므로, $x = \dfrac{100}{4} = 100$눈금

문제 078

선반에 가로 이송대에 8mm의 리드로서 100등분 눈금의 핸들이 달려있을 때 지름 34mm의 둥근막대를 지름 30mm로 절삭하려면 핸들의 눈금을 몇 눈금 돌리면 되는가?

㉮ 25 ㉯ 30
㉰ 50 ㉱ 60

[해설] $\dfrac{\{(34-30)/2\}}{\{(8/100)\}} = 25$

문제 079

바이트구조에 따른 분류에서 바이트 팁의 재질과 절삭조건이 모두 같을 때 가장 떨림이 적은 바이트는 어느 것인가?

㉮ 단체바이트

답 074. ㉰ 075. ㉯ 076. ㉯ 077. ㉮ 078. ㉮ 079. ㉮

㉯ 팁 바이트
㉰ 클램프 바이트
㉱ 기계적 결합 바이트

해설 절삭조건 및 바이트팁 재질이 같으면 떨림이 가장 적은 바이트는 단체바이트이다.

문제 080

보통선반에서 바이트 중심이 공작물의 회전중심과 일치하지 않았을 때 설명이다. 틀린 것은?

㉮ 바이트의 중심이 공작물 회전중심보다 낮으면 전방 여유각이 커진다.
㉯ 바이트의 중심이 공작물 회전중심보다 높으면 상면 경사각이 커진다.
㉰ 바이트의 중심이 공작물 회전중심보다 높으면 가공하려는 치수보다 가공 후 측정치수가 크다.
㉱ 바이트의 중심이 공작물 회전중심보다 낮으면 가공하려는 치수보다 가공 후 측정치수가 작다.

해설 바이트의 중심이 공작물의 회전중심과 일치하지 않으면 가공하려는 치수보다 크게 된다. 즉 절입량을 1mm로 하고 가공 후 측정하면 1mm보다 작게 가공되어 가공 후 측정치수는 가공하려는 치수보다 크게 된다.

문제 081

초경합금 바이트의 상면 경사각은 주철재를 선삭할 때, 다음 중 어느 각이 가장 적당한가?

㉮ 0~6°   ㉯ 5~10°
㉰ 10~12° ㉱ 15~20°

문제 082

선반작업을 할 때 가공물의 중심을 구하는 방법이다. 적당한 방법이 아닌 것은?

㉮ 센터링머신을 사용한다.
㉯ 브이블록(V-Block)과 서피스 게이지를 사용한다.
㉰ 버니어 캘리퍼스를 사용한다.
㉱ 센터링 자를 사용한다.

문제 083

다음 설명 중 선반작업에서의 안전사항을 옳게 설명한 것은?

㉮ 널링 작업시는 가공면을 깨끗이 유지시키고, 브러시를 대지 않는다.
㉯ 이상한 소리나 진동이 생기면 회전수를 상승시킨다.
㉰ 칩 제거시 깨끗한 헝겊으로 딱고 압축공기를 이용하여 제거시킨다.
㉱ 절삭상태를 잘 관찰하려면 공작물 회전중에 손으로 확인한다.

문제 084

선삭에서 bite가 공작물의 중심선 밑에 설치되면 일반적으로 유효 경사각의 변화는?

㉮ 감소한다.
㉯ 증가한다.
㉰ 공작물의 직경에 따라 증감한다.
㉱ 변화가 없다.

문제 085

선반에서 환봉을 깎아 중심과 양단을 측정한 결과 중심의 지름이 양단보다 0.5mm커졌다. 가장 큰 원인은?

㉮ 절삭깊이가 너무 컸다.
㉯ 바이트와 피가공물이 직각으로 되지 않았다.
㉰ 가공물이 척에 완전히 고정되지 않았다.
㉱ 가공물의 길이가 직경에 비해 너무 길었다.

답 080. ㉱ 081. ㉮ 082. ㉰ 083. ㉮ 084. ㉮ 085. ㉱

문제 086

다음의 작업 중 CNC 선반보다 범용선반에서 작업하는 것이 바람직한 것은?

㉮ 테이퍼 가공 ㉯ 나사 가공
㉰ 널링 가공 ㉱ 홈 가공

문제 087

양 센터 작업을 할 때 바이트 날 끝 높이는 바르게 고정하여 절삭했는데, 심압대 측이 가늘게 테이퍼로 깎여졌다. 그 원인은?

㉮ 주축대 축의 센터가 심압대측 센터보다 높았다.
㉯ 심압대 측의 센터가 주축대측 센터보다 낮았다.
㉰ 양쪽 센터의 높이는 같으나 심압대측의 센터가 작업자 쪽으로 기울어졌다.
㉱ 양쪽 센터의 높이는 같으나 심압대측의 센터가 작업자 반대쪽으로 기울어졌다.

[해설] 테이퍼 가공 시 심압대를 작업자 쪽으로 움직이면 심압대 쪽이 가늘게 가공되고, 반대쪽으로 움직이면 주축 쪽이 가늘어진다.

문제 088

다음 선반용 폐기형 홀더의 호칭에서 여유각을 나타내는 기호는?

호칭: PCLNR2525M5

㉮ C ㉯ L
㉰ N ㉱ M

[해설] C : 형상, L : 절입각 및 오프셋, N : 여유각, M : 홀더의 길이

문제 089

보통 선반으로 주철의 흑피를 깎는 요령 중 가장 알맞은 방법은?

㉮ 바이트 날끝각에 따라 다르다.
㉯ 어느 쪽이나 마찬가지다.
㉰ 절삭깊이를 크게 하여 깎는다.
㉱ 절삭깊이를 얕게 하여 몇 번으로 나누어 깎는다.

[해설] 주철의 흑피는 단단하고 거칠기 때문에 절삭깊이를 크게 하는 것이 보통이다.

문제 090

다음 설명 중 안전에 위배되는 것은?

㉮ 선반을 시동하기 전에 척 핸들을 반드시 뺀다.
㉯ 핸드 리머 작업시에는 반드시 보안경을 쓴다.
㉰ 선반작업에서는 왼손으로 스위치를 넣는 것이 편리하다.
㉱ 긴 칩은 고리를 사용하여 제거한다.

[해설] 리머 작업에서는 chip이 튀지 않는다.

문제 091

선반작업의 안전사항으로 잘못된 것은?

㉮ 주측의 변속은 기계를 정지시킨 후에 행한다.
㉯ 절삭중에는 기계의 청소를 한다.
㉰ 바이트의 교환은 정지 중에 한다.
㉱ 보안경을 쓰지 않고 작업한다.

[해설] 일감의 성격에 관계없이 꼭 보안경을 쓴다.

문제 092

선반작업 시 안전사항에 가장 위배되는 것은?

㉮ 작업중에도 공구는 항상 잘 정리해둔다.
㉯ 장갑을 끼지 않는다.
㉰ 베드나 공구대 위에 공구를 놓지 않는다.
㉱ 회전기계 너머에 있는 공구로 작업한다.

[해설] 회전기계 너머로 공구를 놓고 짚다가 말려 들어간다.

[답] 086. ㉰ 087. ㉰ 088. ㉰ 089. ㉱ 090. ㉯ 091. ㉱ 092. ㉱

문제 093

선반절삭속도를 10 m/min에서 100 m/min로 올렸을 때 나타나는 현상으로 틀린 것은? (단, 공구는 초경, 피삭재는 탄소강이다.)

- ㉮ 가공제품의 다듬질면이 거칠어진다.
- ㉯ 가공변질 층의 두께가 감소된다.
- ㉰ 구성날 끝이 소멸된다.
- ㉱ 공작 능률이 상승한다.

문제 094

밀링머신의 설명이 잘못된 것은?

- ㉮ 다수의 절삭 날을 가진 밀링 커터를 회전하여 가공을 하는 공작기계이다.
- ㉯ 공구를 고정하고 공작물을 회전시켜 가공하는 공작기계이다.
- ㉰ 작업용도는 불규칙하고 복잡한 면 가공을 한다.
- ㉱ 절삭 및 커터나 부속장치의 사용방법에 따라 다양한 가공을 할 수 있다.

문제 095

엔드밀을 주로 사용하는 작업으로 거리가 가장 먼 것은?

- ㉮ 내면 절삭   ㉯ 평면 가공
- ㉰ T홈 가공   ㉱ 단 가공

해설 T홈의 완성가공을 위해서는 T-형 더브테일 커터를 이용한다.

문제 096

만능 밀링머신에서 할 수 없는 작업은?

- ㉮ 헬리컬 기어가공   ㉯ 트위스트 드릴가공
- ㉰ 키홈 가공   ㉱ 편심 가공

해설 편심 가공은 선반 단동척에서 척 작업으로 가능함.

문제 097

범용 밀링머신(milling machine)의 크기에 관한 사항으로 옳지 않은 것은?

- ㉮ 일반적으로 호칭번호로 표시한다.
- ㉯ 호칭번호가 높으면 테이블 좌우 이송거리가 길다.
- ㉰ 호칭번호가 낮으면 테이블 상하 이송거리가 짧다.
- ㉱ 호칭번호가 낮으면 테이블 면적이 크다.

해설 밀링머신에서 호칭번호가 크면 전후, 좌우, 상하 이송이 크다.

문제 098

밀링머신의 크기를 나타낼 때 테이블 좌우이송이 850mm, 새들 전후이송이 300mm, 나 상하이송이 450mm일 경우 밀링의 호칭번호는?

- ㉮ No.0   ㉯ No.1
- ㉰ No.2   ㉱ No.3

해설
No.0 : 450×150×300mm
No.1 : 550×200×400mm
No.2 : 700×250×400mm
No.3 : 850×300×450mm

문제 099

주로 정면 밀링커터나 엔드밀을 장치하는 주축헤드가 수직으로 설치되어 주로 평면, 키홈 등을 가공하는 머신은?

- ㉮ 수평 밀링머신   ㉯ 수직 밀링머신
- ㉰ 만능 밀링머신   ㉱ 플레인 밀링머신

문제 100

다음 중에서 수직 밀링머신의 주요구조가 아닌 것은?

- ㉮ 주축   ㉯ 컬럼
- ㉰ 테이블 ㉱ 오버 암

해설 오버 암은 수평밀링구조의 일부분이다.

답 093.㉮ 094.㉯ 095.㉰ 096.㉱ 097.㉱ 098.㉱ 099.㉯ 100.㉱

제 2 장 절삭기계가공법

문제 101
밀링헤드가 장치되어 대형 일감과 중량물의 절삭, 특히 강력절삭에 적합하며 단주형, 쌍주형이 있는 것은?
- ㉮ 수직 밀러
- ㉯ 플래노 밀러
- ㉰ 수평 밀러
- ㉱ 모방 밀러

문제 102
모방 밀링기에 모델 표면에 항상 접촉하여 이동하며 그 움직임에 따라 커터의 이동을 안내하는 역할을 하는 것은?
- ㉮ 포인터(pointer)
- ㉯ 롤러(roller)
- ㉰ 필러(feeler)
- ㉱ 볼 엔드밀(ball endmill)

문제 103
모방 밀링 작업에 대한 설명 중 틀린 것은?
- ㉮ 커터 지름과 필러 지름은 같은 것을 사용한다.
- ㉯ 모델로는 게이지판, 석고형, 목형, 금형 등이 사용된다.
- ㉰ 필러는 모델의 표면에 접촉하며 움직인다.
- ㉱ 사용공구로는 단인커터와 엔드밀이 주로 사용된다.

[해설] feeler는 Cutter지름보다 커야함.

문제 104
밀링머신 작동 시 전후로 움직이는 부분은 어느 부분인가?
- ㉮ 테이블
- ㉯ 컬럼
- ㉰ 니
- ㉱ 새들

[해설] 니(knee)부 위에서 새들이 전후로 이동한다.

문제 105
밀링머신의 부속품 및 부속장치가 아닌 것은?
- ㉮ 아버
- ㉯ 밀링 바이스
- ㉰ 회전 테이블
- ㉱ 심압대

문제 106
밀링머신 작업 시 폭이 적은 홈 또는 박판 절단 시 적합한 밀링커터는?
- ㉮ 앵글커터
- ㉯ 메탈소오
- ㉰ 플레인커터
- ㉱ 총형 커터

[해설] 좁은 홈 가공 또는 절단시 메탈소오가 사용된다.

문제 107
다음 중 밀링머신에서 원판의 외경가공, 윤곽가공 및 간단한 분할 작업을 할 수 있는 부속장치는?
- ㉮ 직접 밀링장치
- ㉯ 만능 바이스
- ㉰ 슬로팅 장치
- ㉱ 회전테이블

문제 108
판캠(plate cam)을 밀링머신에서 절삭할 때 가장 효과적인 커터는?
- ㉮ 엔드밀(end mill)
- ㉯ 메탈 소(netal saw)
- ㉰ 플라이 커터(fly cutter)
- ㉱ 페이스 커터(face cutter)

[해설] 엔드밀은 외주와 단면에 절삭 날이 있으며, 주로 외주에 있는 절삭 날을 이용하여 홈이나 윤곽 등을 가공하는데 사용한다.

문제 109
밀링작업에서 공작물 고정방법이 아닌 것은?
- ㉮ 아버에 의한 방법
- ㉯ 센터로 지지하는 방법
- ㉰ 회전 테이블에 의한 방법

[답] 101. ㉯ 102. ㉰ 103. ㉮ 104. ㉱ 105. ㉱ 106. ㉯ 107. ㉱ 108. ㉮ 109. ㉮

㉣ 바이스에 의한 방법

해설 아버에 의한 고정방법은 정면 밀링커터의 장치 방법이다.

문제 110

밀링에서 오버암의 한끝을 컬럼 위에 고정하는 이유 중 가장 적합한 것은 다음 중 어느 것인가?

㉮ 강력절삭을 위하여
㉯ 회전속도를 높이기 위하여
㉰ 작업을 편리하게 하기 위하여
㉱ 아버가 휘는 것을 방지하기 위하여

해설 아버가 휘는 것을 방지하기 위해서이다.

문제 111

밀링작업에서 공작물과 커터를 컬럼에 되도록 가까이 하고 커터의 비틀림 각을 적절히 선정하여 주는 가장 큰 목적은?

㉮ 다듬질 절삭을 하기 위하여
㉯ 커터의 수명을 연장하기 위하여
㉰ 큰 공작물을 설치하기 위하여
㉱ 떨림을 방지하기 위하여

문제 112

밀링머신의 주축대에 사용되는 테이퍼는?

㉮ 자르노 테이퍼
㉯ 모스테이퍼
㉰ 브라운 샤프 테이퍼
㉱ 내셔널 테이퍼

문제 113

밀링에서 분할 시 사용하는 분할대(Index Head)의 크기표시 중 맞는 것은?

㉮ 분할판의 크기
㉯ 분할판의 총 구멍수
㉰ 워엄과 워엄 기어의 기어의 비
㉱ 테이블 위의 스윙

해설 분할대는 주로 테이블위에 설치하고 공작물의 원주를 분할하고자 할 때 사용하는 것으로 테이블상의 스윙으로 크기를 표시한다.

문제 114

밀링머신의 인벌류트 커터번호가 5번일 경우 절삭 가능한 잇수는?

㉮ 80~134개
㉯ 35~54개
㉰ 30~34개
㉱ 21~25개

해설 커터번호
$1\frac{1}{2}$번 : 80 - 134개   3번 : 35 - 54개
$3\frac{1}{2}$번 : 30 - 34개   5번 : 21 - 25개

문제 115

밀링머신에서 기어를 가공할 때 옵셋을 한다. 어떤 기어를 가공할 때인가?

㉮ 스퍼어기어
㉯ 헬리컬기어
㉰ 베벨기어
㉱ 래크기어

해설 베벨기어 가공 시는 옵셋을 하여야 한다.

문제 116

밀링작업에서 절삭조건의 기본요소에 해당되지 않은 것은?

㉮ 절삭속도
㉯ 표면 거칠기
㉰ 이송량
㉱ 절삭깊이

해설 밀링작업에서 절삭조건의 기본요소
절삭속도, 이송량, 절삭깊이

문제 117

밀링머신에서 회전수 780rpm으로 절삭할 때 1분간 이송량은? (단, 밀링커터 날의 수 12개, 커터날

답 110. ㉱ 111. ㉱ 112. ㉱ 113. ㉱ 114. ㉱ 115. ㉰ 116. ㉯ 117. ㉯

한 개당 이송0.14mm이다.)
㉮ 780mm/min   ㉯ 1404mm/min
㉰ 1550mm/min ㉱ 1604mm/min

해설 $F = f_z \cdot Z \cdot N = 0.15 \times 12 \times 780 = 1404 mm/min$

문제 118

커터 날의 개수가 10매, 지름이 100mm, 날 하나에 대한 이송이 0.4mm이며, 절삭속도 90m/min로 연강재를 절삭하는 경우 밀링머신의 테이블의 이송 속도는?

㉮ 1.15m/min   ㉯ 3.54m/min
㉰ 25.46m/min ㉱ 11.46m/min

해설 $n = \dfrac{1000v}{\pi D} = \dfrac{1000 \times 90}{3.14 \times 100} ≒ 287(rpm)$

$f = \dfrac{Fz \times Z \times N}{1000} = \dfrac{0.4 \times 10 \times 287}{1000} = 1.148(m/min)$

문제 119

절삭날수가 10, 바깥지름 100mm인 고속도강 밀링커터로 길이 300mm인 탄소강을 절삭속도 m/min로 절삭할 때, 날 1개마다의 이송량을 0.1mm라 하면 1분간의 이송량은?

㉮ 100 mm/min ㉯ 300 mm/min
㉰ 318 mm/min ㉱ 412 mm/min

해설 $N = \dfrac{1000V}{\pi D} = \dfrac{1000 \times 100}{3.14 \times 100} ≒ 318 rpm$

$f = f_z \times Z \times N = 0.1 \times 10 \times 318 = 318 mm/min$

문제 120

커터의 지름이 100mm, 절삭날 수 18개인 초경합금 밀링커터로 길이 400mm의 일감에 홈을 가공하려 한다. 날 1개 이송을 0.1mm로 하여 1회에 완성한다면 가공 소요시간은? (단, 절삭속도는 50m/min이다.)

㉮ 약 12.3분   ㉯ 약 6.39분
㉰ 약 3.39분   ㉱ 약 1.39분

해설 $V = \dfrac{\pi DN}{1000}$

$N = \dfrac{1000V}{\pi D} = \dfrac{1000 \times 50}{\pi \times 100}$

$= 159.155 \times 18 \times 0.1 = 286.479$

$400 \div 286.479 = 1.396분$

문제 121

머시닝센터에서 ϕ100mm인 정면밀링커터를 사용해서 공작물의 폭이 80mm이고 공작물 길이가 200mm인 공작물의 윗면을 길이 방향으로 가공하는데 가공시간은 얼마인가? (단, 이송속도는 G01G94F100으로 지령되었다.)

㉮ 2분   ㉯ 48초
㉰ 2분 48초 ㉱ 2분 5초

해설 가공시간 =
$\dfrac{공작물을 가공하기 위한 공구의 이동거리(mm)}{이송속도(mm/min)}$

공구의 이동거리 = 공작물길이 + 부가거리(A)
R = 공구반경
W = 공작물 폭
A = R − (R − W)$^{1/2}$

문제 122

밀링머신의 절삭조건 결정 중에서 틀린 것은?

㉮ 지름이 작은 커터는 저속으로 이송을 크게 한다.
㉯ 경질재료는 저속으로 이송을 작게 한다.
㉰ 연질재료는 고속으로 한다.
㉱ 날 끝이 약한 커터는 저속으로 이송을 작게 한다.

해설 ① 지름이 작은 커터 : 고속, 이송을 작게 한다.
② 경질재료 : 저속, 이송 및 절삭깊이를 작게 한다.
③ 연질재료 : 고속
④ 날 끝이 약한 커터 : 저속, 이송을 작게 한다.

답 118. ㉮ 119. ㉰ 120. ㉱ 121. ㉱ 122. ㉮

문제 123

밀링작업에서 절삭속도에 따라 공구수명, 다듬질 상태가 달라진다. 다음은 작업능률을 좋게 하는 방법인데 설명이 잘못 된 것은?

㉮ 고운 가공면을 얻으려면 절삭속도를 느리게 하고, 이송을 크게 한다.
㉯ 커터의 수명을 길게 하려면 절삭속도를 작게 한다.
㉰ 거친 가공은 이송을 크게 하고 절삭속도는 작게 한다.
㉱ 다듬질 가공은 이송을 적게 하고, 고속절삭을 한다.

문제 124

밀링커터(Milling Cuter)를 가장 오래 쓸 수 있는 경우는?

㉮ 절삭속도를 적게 한다.
㉯ 절삭속도를 높이고 이송을 느리게 한다.
㉰ 이송을 작게 한다.
㉱ 절삭속도와 이송을 작게 한다.

해설 절삭속도는 공구수명에 가장 큰 영향을 준다. 즉, 절삭속도가 빠르면 공구가 몇 배 빨리 마모된다. 그러므로 공작물의 재질, 공구의 재질을 검토하여 적합한 절삭속도를 택해야 한다.

문제 125

밀링작업에 대한 설명 중 옳은 것은?

㉮ 절삭을 시작할 때는 느린 자동 이송이나 수동 이송으로 한다.
㉯ 절삭을 시작할 때는 빠른 자동 이송으로 한다.
㉰ 절삭이 끝날 때에는 이송 속도를 빠르게 한다.
㉱ 처음부터 끝까지 같은 속도를 유지한다.

해설 밀링작업에서 절삭이 시작할 때나 끝날 때에는 충격이 가해지지 않도록 느린 이송을 한다.

문제 126

밀링가공면에 눈으로 식별할 수 없는 회전 마크가 있다. 그와 같은 것이 생기는 원인에 속하지 않는 것은?

㉮ 커터가 진원이 아니거나 구멍이 편심되어 있을 경우
㉯ 아버가 편심되었을 경우
㉰ 구멍이 아버의 지름보다 큰 경우
㉱ 상향 절삭을 하는 경우

해설 밀링커터로 가공된 면은 요철이 생기는데 이는 커터날 마크와 회전 마크로 나눌 수 있다. 회전 마크가 생기는 원인은
① 커터가 진원이 아니거나 구멍이 편심되어 있을 경우
② 구멍이 아버의 지름보다 큰 경우
③ 아버가 편심되었을 경우
④ 주축과 베어링의 틈새가 과대할 때 이다.

문제 127

수평 밀링커터에 의한 절삭에서 칩의 평균 두께를 옳게 나타낸 것은? (단, f는 매분당 이송, n은 회전수, z는 커터 날의 수, D는 커터의 오경, d는 절삭깊이다.)

㉮ $\dfrac{f}{nz}\sqrt{D/d}$ ㉯ $\dfrac{f}{nz}\sqrt{d/D}$

㉰ $\dfrac{f}{nz}\sqrt{Dd}$ ㉱ $\dfrac{nf}{z}\sqrt{d/D}$

해설 칩의 평균 두께는 $fz\sqrt{d/D} = \dfrac{f}{nz}\sqrt{d/D}$

문제 128

직경 $D=100$mm, 날수 $Z=8$인 평 커터(Plain cutter)로 절삭속도 $V=30$m/min, 절삭깊이 $t=4$mm, 이송속도 $f=240$mm/min에서 절삭할 때 칩의 평균 두께 tm을 구하면 약 몇 mm인가?

㉮ 0.96   ㉯ 0.063
㉰ 0.63   ㉱ 0.096

답 123. ㉮ 124. ㉱ 125. ㉮ 126. ㉱ 127. ㉯ 128. ㉯

해설
$$\frac{1000V}{\pi \times D} = \frac{1000 \times 30}{\pi \times 100} = 95.4929 \text{rpm}$$
$$\therefore tm = \frac{f}{nz}\sqrt{\frac{t}{D}} = \frac{240}{95.5 \times 8} \times \sqrt{\frac{4}{100}}$$
$$= 0.0628 \text{mm}$$

문제 129

밀링작업 시 하향절삭을 하면 유리한 경우에 해당하지 않는 것은?

㉮ 가공면을 매끈하게 다듬질하는 다듬 절삭
㉯ 스크루가 마모되어 백래시(back-lash)가 있는 경우
㉰ 공구의 수명을 길게 하고자 하는 경우
㉱ 얇은 가공물의 상면을 가공하는 경우

해설 하향절삭의 경우에는 백래시를 제거할 수 있는 장치가 필요하다.

문제 130

밀링머신에서 하향절삭의 특성으로 맞지 않는 것은?

㉮ 작업시 충격이 크기 때문에 높은 강성이 필요하다.
㉯ 인선의 수명이 상향절삭에 비하여 짧다.
㉰ 이송나사의 백래시를 완전히 제거해야한다.
㉱ 절입시 마찰력은 적으나 하향으로 큰 충격력이 작용한다.

해설 하향절삭은 인선의 수명이 상향절삭에 비하여 길다.

문제 131

밀링작업에서 하향절삭에 대한 설명 중 틀린 것은 어느 것인가?

㉮ 절삭 시작점에서 칩 두께가 최대이고 종료 점에서 0이 된다.
㉯ 이송나사에 백래시(backlash)제거 장치가 필요하다.
㉰ 절삭초기에 절인에 충격이 작용하므로 치

핑이 일어나기 쉽다.
㉱ 절삭력에 의하여 공작물의 고정이 쉽지 않다.

해설 절삭력이 Table쪽으로 향하므로 공작물 고정이 상향절삭보다 간단함.

문제 132

밀링머신의 상향 절삭가공을 옳게 말한 것은 다음 중 어느 것인가?

㉮ 커터의 회전방향과 일감의 이송방향이 서로 같다.
㉯ 커터의 회전방향과 일감의 이송방향이 서로 직각이다.
㉰ 커터의 회전방향과 일감의 이송방향이 서로 반대이다.
㉱ 커터의 회전방향과 일감의 이송방향이 45°이다.

문제 133

공작기계의 테이블 위에 파져있는 T홈의 역할이 되지 못하는 것은 어느 것인가?

㉮ T볼트를 삽입한다.
㉯ 절삭 시 생성되는 칩 처리에 도움을 준다.
㉰ 공작물을 테이블 위에 고정시키는데 쓰인다.
㉱ 테이블의 강도를 보강시킨다.

문제 134

수직 밀링머신에 의해 직경 20mm의 앤드밀로 정밀 모방 가공하려고 한다. 필러(feeler)의 변위에 의한 보정장치를 0.1mm, 속 다듬질 하기 위한 다듬질 여유를 0.2mm라 할 때 필러의 적정 지름은 몇 mm인가?

㉮ 19.5 ㉯ 19.7
㉰ 20.3 ㉱ 20.5

해설 $20 + 0.1 + 0.2 + 0.2 = 20.5$

답 129. ㉯ 130. ㉯ 131. ㉱ 132. ㉰ 133. ㉱ 134. ㉱

문제 135

다음 중 분할대의 종류가 아닌 것은?

㉮ 브라운샤프형   ㉯ 크랭크형
㉰ 신시내티형   ㉱ 밀워어키형

해설) 크랭크형은 인덱스의 분할판 손잡이를 말함. 인덱스 종류가 아님

문제 136

원판의 원주를 6등분 하려면 인덱스 헤드(index head)에서 크랭크를 몇 회전시키면 되는가?

㉮ $6\frac{2}{3}$ 회전   ㉯ 6회전
㉰ $\frac{3}{20}$ 회전   ㉱ $\frac{1}{6}$ 회전

해설) Crank 40회전으로 승작물이 1회전 하므로
$\frac{40}{6} = 6\frac{2}{3}$ 회전

문제 137

밀링머신의 브라운샤프형 분할판에서 제2번 판의 구멍수는?

㉮ 51, 53, 55, 57, 59, 61
㉯ 37, 39, 41, 43, 47, 49
㉰ 21, 23, 27, 29, 31, 33
㉱ 15, 16, 17, 18, 19, 20

해설) 제1번 판 : 15, 16, 17, 18, 19, 20
제2번 판 : 21, 23, 27, 29, 31, 33
제3번 판 : 37, 39, 41, 43, 47, 49

문제 138

원주를 밀링머신의 분할대로서 $7\frac{1}{2}°$씩 등분하려고 한다. 다음 중 맞는 것은?

㉮ 18개 구멍판으로 30구멍씩 분할
㉯ 18개 구멍판으로 15구멍씩 분할
㉰ 18개 구멍판으로 16구멍씩 분할
㉱ 18개 구멍판으로 18구멍씩 분할

해설) ① $\frac{360}{40} = 9° = 540$(분할대 1회전 시)

② $t = \frac{7\frac{1}{2}}{9} = \frac{15}{18}$

문제 139

분할대를 이용하여 원주를 9등분 하고자 한다. 분할판 크랭크 핸들의 회전수는?

㉮ 7회전   ㉯ 9회전
㉰ 11회전   ㉱ 4회전

해설) $n = \frac{40}{N} = \frac{40}{9} = 4\frac{43}{93} = 4\frac{12}{36}$

따라서 답은 4회전

문제 140

만능 밀링머시닝에서 분할대의 분할 크랭크를 1회전하면 스핀들은 몇도 회전하는가?

㉮ 9도   ㉯ 18도
㉰ 20도   ㉱ 36도

해설) 분할 크랭크를 40회전 하여야 스핀들이 1회전 하므로 360도/40=9도

문제 141

만능 밀링머시닝에서 7등분할 때 분활대의 회전수 계산이 옳은 것은?

㉮ N/40=7/40 ⇒ 40 hole판에서 7구멍씩 옮긴다.
㉯ 40/N=40/7 ⇒ 5바퀴 회전 후 15 hole판에서 21구멍씩 옮긴다.
㉰ 40/N=40/7 ⇒ 5바퀴 회전 후 21 hole판에서 15구멍씩 옮긴다.
㉱ N/40=7/40 ⇒ 7 hole판에서 5구멍씩 옮긴다.

해설) 40N=40/7=5와 5/7, 21 hole판이 있으므로 이

답) 135. ㉯   136. ㉮   137. ㉰   138. ㉯   139. ㉱   140. ㉮   141. ㉰

를 이용하면 5와 15/21 ⇒ 5바퀴 회전 후 21 hole판에서 15구멍씩 옮긴다.

문제 142

밀링 분할 작업에서 직접 분할법으로 할 수 없는 분할의 수는?

㉮ 2 ㉯ 4
㉰ 8 ㉱ 10

[해설] 직접분할법으로 분할 가능한 수는 2, 3, 4, 6, 8, 12, 24(7종)이다.

문제 143

만능 분할대와 다양한 구멍 열을 가진 분할판을 이용하여 정밀하게 분할하는 방법은?

㉮ 직접분할 ㉯ 간접분할
㉰ 단식분할 ㉱ 차동분할

문제 144

밀링머신에서 원주를 $4\frac{2}{3}$씩으로 등분하려면 다음 어느 방법이 적당한가?

㉮ 18개 구멍자리에 4구멍씩 회전
㉯ 18개 구멍자리에 14구멍씩 회전
㉰ 27개 구멍자리에 4구멍씩 회전
㉱ 27개 구멍자리에 14구멍씩 회전

[해설] $\frac{14}{27}$

문제 145

밀링작업에서 플랜지를 6° 간격으로 등분하려고 한다. 이때 사용하는 분할판과 크랭크 회전수는? (단, 브라운 샤프형을 사용한다.)

㉮ 15구멍의 분할판에서 6구멍씩
㉯ 18구멍의 분할판에서 15구멍씩
㉰ 27구멍의 분할판에서 18구멍씩
㉱ 36구멍의 분할판에서 13구멍씩

[해설] $\frac{6\times 3}{9\times 3} = \frac{18}{27}$

문제 146

브라운 샤프형 밀링에서 원주를 10°씩 등분하려면 다음 어느 방법이 적당한가? (단, 분할판 2번 판의 구멍수는 21, 23, 27, 29, 31, 33이고 워엄과 워엄휘일간의 회전비는 40이다.)

㉮ 21구멍 열을 6구멍씩 회전한다.
㉯ 21구멍 열을 1회전하고, 6구멍씩 회전한다.
㉰ 21구멍 열을 3구멍씩 회전한다.
㉱ 27구멍 열을 1회전하고, 3구멍씩 회전한다.

[해설] $\frac{10}{9} = 1\frac{1}{9} = 1\frac{3}{27}$

문제 147

원주를 단식 분할법으로 13등분 하였다면, 어디에 해당하는가?

㉮ 13구멍 열에서 1회전에 3구멍씩 이동한다.
㉯ 39구멍 열에서 3회전에 3구멍씩 이동한다.
㉰ 40구멍 열에서 1회전에 13구멍씩 이동한다.
㉱ 40구멍 열에서 3회전에 13구멍씩 이동한다.

[해설] $n = \frac{40}{N} = \frac{40}{13} = 3\frac{1}{13} = 3\frac{3}{39}$

∴ 39구멍 열에서 3회전에 3구멍씩 이동시킨다.

문제 148

다음 그림에서 L의 길이는 얼마인가?

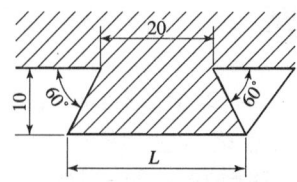

㉮ 29.289mm ㉯ 30.436mm
㉰ 31.547mm ㉱ 32.338mm

[답] 142.㉱ 143.㉰ 144.㉱ 145.㉯ 146.㉰ 147.㉯ 148.㉰

해설 $20+(12\times\frac{10}{\tan 60})=31.547mm$

문제 149

밀링작업 중 안전사항에 위배 되는 것은?
㉮ 일감은 기계가 정지한 상태에서 고정한다.
㉯ 커터에 옷이 감기지 않도록 한다.
㉰ 보안경을 착용한다.
㉱ 절삭 중 측정기로 측정한다.

해설 모든 기계작업 중 측정기로 측정하는 것은 매우 위험하므로 정지상태에서 측정한다.

문제 150

밀링작업에 대한 안전사항이다. 틀린 것은?
㉮ 급속이송은 한 방향으로만 한다.
㉯ 재료에 따라 알맞은 절삭속도를 정한다.
㉰ 급속이송은 백래시 제거장치가 작동하고 있을 때 한다.
㉱ 하향절삭을 할 때에는 백래시 제거장치가 작동하고 있을 때 한다.

해설 백래시(Back lash : 뒤틈) 제거장치는 급속 이송시에는 작동해서는 안 되며, 하향절삭시 반드시 작동하여야 한다.

문제 151

밀링머신에서 밀링커터를 교환 할 때의 주의사항이다. 옳지 않은 것은?
㉮ 테이블 위에 걸레를 깐다.
㉯ 테이블 위에 두꺼운 종이를 깐다.
㉰ 테이블 위에 얇은 판재를 깐다.
㉱ 그냥 교환한다.

문제 152

다음 연삭기에 대한 설명으로 틀린 것은?
㉮ 평면 연삭기에서 공작물의 고정은 일반적으로 마그네틱 척을 이용한다.
㉯ 외경 센터리스 연삭기에서는 공작물의 지지가 안내 바퀴 받침판, 연삭숫돌에 의해 3점접촉으로 이루어 진다.
㉰ 외경 원통 연삭기에서는 공작물을 지지하는 양 센터는 일반적으로 회전센터를 사용한다.
㉱ 내경 원통 연삭기에서는 공작물의 고정을 콜릿 척이나 3번 척, 4번 척을 일반적으로 사용한다.

문제 153

연삭에 의한 작업의 영향을 기술한 것이다. 알맞지 않은 내용을 고른다면?
㉮ 연삭입자의 절삭깊이가 커지면 반드시 칩 크기가 커지며, 연삭입자에 가해지는 연식 저항이 커진다.
㉯ 연삭입자는 산화알루미늄계에서 눈메움이나 무딤이 일어나기 어렵고 결합도가 굳지 않을수록 눈메움이 생기기 쉽다.
㉰ 연삭입자의 절삭깊이가 너무 작으면 절삭성이 나쁜 연삭입자가 그대로 표면에 남거나 숫돌 표면에 칩이 막힌다.
㉱ 연삭입자가 적당히 탈락하여 항상 예리한 절삭 날이 나타나는 것을 절삭 날의 자생작용이라 한다.

해설 연삭입자는 산화알루미늄계에서 눈메움이나 무딤이 일어나기 쉽고 결합도가 굳지 않을수록 눈메움이 생기기 어렵다.

문제 154

연삭에서 센터리스법의 장점이 아닌 것은?
㉮ 연속작업을 할 수 있다.
㉯ 긴축 재료의 연삭이 가능하다.
㉰ 연삭여유가 적어서 좋다.
㉱ 긴 홈이 있는 일감을 연삭할 수 있다.

답 149.㉱ 150.㉰ 151.㉱ 152.㉰ 153.㉯ 154.㉱

[해설] 센터리스 연삭은 외경 연석의 일종으로 작업속도가 빠르고, 외경이 가늘고 긴 제품의 연삭에 적합하다.

문제 155

센터리스 연삭기에서 조정 연삭숫돌의 역할을 바르게 설명한 것은?

㉮ 일감의 지지와 이송   ㉯ 일감의 회전과 지지
㉰ 일감의 회전과 이송   ㉱ 일감의 절삭량 조정

[해설] 센터리스 연삭기에서 조정 연삭숫돌의 기능은 일감의 회전과 이송이다.

문제 156

원통연삭에서 플런지 컷 연삭(plunge cut grinding) 방법은?

㉮ 연삭숫돌에 절입 운동과 공작물의 회전운동으로 연삭하는 방법
㉯ 연삭숫돌에 절입 운동과 공작물을 세로 이송하여 연삭하는 방법
㉰ 공작물에 절입 운동과 연삭숫돌을 세로 이송하여 연삭하는 방법
㉱ 연삭숫돌에 절입 운동과 세로 이송을 하고 공작물은 회전 운동만 하는 방법

[해설] 플런지 컷 연삭(plunge cut grinding) 공작물의 길이가 숫돌 폭 보다 작은 경우 숫돌에 절입 운동만을 부여하여 연삭하는 방법

문제 157

센터리스 연삭기의 이송방법 중 공작물을 연삭숫돌과 조정숫돌 사이로 통과시켜 숫돌 한쪽에서 반대쪽으로 빠져나가는 동안에 연삭을 하는 이송방법은?

㉮ 전후 이송법   ㉯ 전우 이송법
㉰ 단 이송법   ㉱ 통과 이송법

문제 158

연삭작업 시 테리모션(Tarry Motion)이라 함은?

㉮ 일감의 이송을 양 끝에서 빨리하고 중간에서는 늦게 하는 것
㉯ 거친 일감의 연삭 시 원주 속도를 크게 하는 것
㉰ 최종 다듬질 연삭 시 불꽃이 없어질 때까지 연삭하는 것
㉱ 세로 이송을 잠시 동안 정지시킨 후 역전시켜 연삭하는 것

[해설] 숫돌바퀴 폭의 1/3정도 공작물이 나가면 역전시켜 잠시 동안 테이블을 정지시켜야 한다. 이 현상을 테리모션이라 한다.

문제 159

센터리스 연삭 시 채터가 발생하는 결함의 원인으로서 해당되지 않는 것은?

㉮ 공작물과 조정 숫돌의 접촉이 불확실하다.
㉯ 공작물의 중심높이가 너무 높다.
㉰ 받침판의 두께가 너무 두껍다.
㉱ 공작방법이 나쁘고 기계가 진동한다.

[해설] 받침판의 두께가 너무 얇은 때 문제가 된다.

문제 160

연삭숫돌의 구성 3요소로 나열된 것은?

㉮ 입자, 결합제, 기공
㉯ 입자, 조직, 결합도
㉰ 조직, 결합제, 결합도
㉱ 입자, 기공, 결합도

[해설] 연삭숫돌의 3요소는 입자=절삭 날의 역할, 결합제=절삭 날 지지, 입자 지지, 기공=칩 배출이다.

문제 161

연삭 다듬질면의 조도는 연삭조건에 영향을 받는다. 다음 조건의 설명이 타당한 것은?

[답] 155. ㉯ 156. ㉮ 157. ㉱ 158. ㉱ 159. ㉰ 160. ㉮ 161. ㉮

㉮ 숫돌의 반경이 작을수록 조도는 커진다.
㉯ 숫돌주속도가 작을수록 조도는 작아진다.
㉰ 연삭입자가 클수록 조도는 작아진다.
㉱ 공작물 반경이 작을수록 조도는 작아진다.

해설 숫돌 및 공작물의 반경이 작을수록 조도는 커진다. 또한 숫돌 주속도가 작을수록 조도는 커지며, 연삭입자가 클수록 조도는 커진다.

문제 162

연삭 시 연삭온도는 정밀공작에 미치는 영향이 크므로 제어하여야 하는데 공작물의 온도상승을 방지하기 위한 대책으로 맞지 않는 것은?

㉮ 냉각 능력이 높은 공작액을 대량으로 사용
㉯ 숫돌의 회전 속도를 낮춘다.
㉰ 절삭깊이를 작게 한다.
㉱ 이송을 작게 한다.

해설 이송을 크게 하여야 공작물의 온도 상승을 방지할 수 있다.

문제 163

연삭작업 시 일감 이송량을 연삭숫돌 바퀴 폭의 1/2이하로 하면 어떤 현상이 발생하는가?

㉮ 연삭량이 증가한다.
㉯ 다듬면이 깨끗하게 된다.
㉰ 숫돌바퀴 연삭면의 양 끝이 빨리 소모된다.
㉱ 글레이징 현상이 일어난다.

해설 거친 연삭 시 이송량이 숫돌바퀴 폭의 1/2 이하로 하면 숫돌의 양 끝이 빨리 소모되어 숫돌면이 볼록하게 된다. 그러므로 숫돌바퀴 폭의 2/3 정도가 비교적 평균이다.

문제 164

센터리스 연삭 시 아래와 같은 조건으로 연삭할 때 공작물의 이송 속도는 몇 m/min인가? (단, 조정숫돌의 외경이 200mm이고, 회전수는 100rpm, 경사각도는 5°이다.)

㉮ 2.78   ㉯ 3.56
㉰ 4.19   ㉱ 5.47

해설 $F = \dfrac{\pi d n \sin a}{1000} = \dfrac{\pi \times 200 \times 100 \times \sin 5°}{1000}$
$= 5.47 \text{m/min}$

문제 165

센터리스 연삭기계에서 조정 숫돌차의 바깥지름이 300mm이고 회전수가 25rpm, 경사각이 5°라면 1분간의 이송속도는?

㉮ 6.52 m/min   ㉯ 8.86 m/min
㉰ 2.05 m/min   ㉱ 4.45 m/min

해설 $V_a = \pi D r \, \eta_r \sin a = \pi \times 300 \times 25 \times \sin 5°$
$= 2052.5 \text{m/min} = 2.05 \text{m/min}$

문제 166

연삭숫돌의 외경이 300mm이고, 회전수가 1500rpm, 공작물의 원주속도가 30 m/min일 때 연삭속도는 얼마인가? (단, 공작물은 시계방향, 연삭숫돌은 반시계 방향으로 외접하여 회전한다.)

㉮ 1324 m/min   ㉯ 1354 m/min
㉰ 1434 m/min   ㉱ 1444 m/min

해설 $V = \dfrac{oDN}{1000} + V_1 = \dfrac{3.14 \times 300 \times 1500}{1000} + 30 = 1443.7$
따라서 답은 1444m/min 됨.

문제 167

탄화규소계 숫돌의 외경이 200mm, 회전수 3000rpm, 공작물의 원주 속도가 20 m/min일 때 연삭속도는? (단, 공작물은 숫돌과 반대방향으로 회전한다.)

㉮ 1865 m/min   ㉯ 1885 m/min
㉰ 1905 m/min   ㉱ 1925 m/min

해설 $U = \dfrac{\pi DN}{1000} + 20 = \dfrac{\pi \times 200 \times 300}{1000} + 20$
$= 1904.9 \text{m/min}$

답 162. ㉱ 163. ㉰ 164. ㉱ 165. ㉰ 166. ㉱ 167. ㉰

문제 168

내면 연삭기에서 연삭숫돌 D=50mm을 고정하고 일감의 직경 150mm의 구멍을 연삭하려고 한다. 연삭숫돌의 회전수가 7000rpm이고 일감이 500rpm으로 회전하면 연삭숫돌과 가공물의 접촉점에서 연삭속도는 얼마인가?

㉮ 1015 m/min ㉯ 1565 m/min
㉰ 1335 m/min ㉱ 1655 m/min

해설 연삭속도

$$V = \frac{\pi \times D \times N}{100} + \frac{\pi \times d \times n}{1000}$$

$$= \frac{3.14 \times 50 \times 7000}{100} + \frac{3.14 \times 150 \times 500}{1000}$$

$$= 1099 + 235.5 = 1335 (m/min)$$

문제 169

φ150의 그라인딩 휠로 원주속도 1500 m/min을 기준으로 하여 연삭하고 싶다. 그라인딩 후 휠의 회전수는 얼마로 하면 좋겠는가?

㉮ 약 2000rpm ㉯ 약 2600rpm
㉰ 약 3200rpm ㉱ 약 5000rpm

해설 회전수 = $\frac{원주속도}{외경 \times 3.14} = \frac{1500 \times 1000}{150 \times 3.14} ≒ 3200$

문제 170

평면 연삭에서 원주속도는 2500 m/min, 연삭력이 147N일 때 모터 동력이 10kW라면 연삭기의 효율은?

㉮ 약 51.1% ㉯ 약 61.3%
㉰ 약 73.4% ㉱ 약 83.5%

해설 $\eta = \frac{PV}{102 \times 9.81 \times N} = \frac{147 \times 2500}{102 \times 10 \times 60 \times 9.81}$
≒ 61(%)

문제 171

강의 연삭작업에서 일감의 이송속도는 일감이 1회전 할 때 일반적으로 숫돌바퀴보다 어떻게 해야 하는가?

㉮ 크게 한다. ㉯ 같게 한다.
㉰ 작게 한다. ㉱ 관계없다.

해설 강의 거친 연삭의 이송은 숫돌바퀴 나비의 $\frac{2}{3} \sim \frac{3}{4}$ 이하로 하며 다듬 연삭에서는 숫돌바퀴 폭의 $\frac{1}{4} \sim \frac{1}{2}$ 이하로 한다.

문제 172

연삭에서 입도에 따른 숫돌바퀴 선택 시 고운 입도의 숫돌로서 작업에 적당하지 않은 것은?

㉮ 다듬 연삭, 공구 연삭 시
㉯ 절삭깊이와 이송을 많이 줄 때
㉰ 숫돌과 일감의 접촉 면적이 작을 때
㉱ 경도가 높고 메진 재료의 연삭 시

해설 ① 고운 입도의 숫돌: 다듬 연삭, 공구 연삭 시, 경도가 높고 메진 재료의 연삭시, 숫돌과 일감의 접촉 면적이 작을 때
② 거친 입도의 숫돌: 거친 연삭, 절삭깊이와 이송을 많이 줄 때, 숫돌과 일감의 접촉 면적이 클 때, 연하고 연성이 있는 재료 연삭시

문제 173

연삭작업시 다듬질면에 여러 가지 형상의 채터가 나타난다. 그 원인 중 숫돌의 결합도가 너무 클 때의 대책으로서 틀린 것은?

(1) 결합상태가 부드러운 숫돌을 선택한다.
(2) 조도가 약한 숫돌을 선택한다.
(3) 조직이 거친 숫돌을 선택한다.

㉮ (1) ㉯ (2)
㉰ (3) ㉱ 상기 모두 해당 없음

해설 숫돌의 결합도가 너무 클 때 대책은 결합상태가 부드럽고 조도가 약한 숫돌로서 조직이 거친 숫돌을 선택한다.

문제 174

원통 연삭작업 후 진원도를 측정하였더니 진원도

답 168. ㉰ 169. ㉰ 170. ㉯ 171. ㉰ 172. ㉯ 173. ㉱ 174. ㉯

가 불량으로 판단되었다. 원인으로 가장 적합하지 않는 것은 무엇인가?

㉮ 센터와 센터 구멍의 불량
㉯ 공작물의 불균형
㉰ 입자의 크기
㉱ 진동방진구의 사용법 불량

해설 입자의 크기는 공작물의 표면조도에 영향을 크게 미친다.

문제 175

연삭숫돌의 장착에 대한 사항을 기술한 것이다. 다음 중 옳지 않은 것은?

(1) 숫돌은 플랜지 직경의 1/2 정도로 하되 3분의 1 이하 되어서는 안 된다.
(2) 플랜지와 숫돌 접촉면에 종이 또는 고무 등의 부드러운 와셔를 끼운다.
(3) 숫돌 장착 후 반드시 3분정도 공회전 후 작업한다.
(4) 플랜지 고정나사는 숫돌의 회전방향으로 조인다.

㉮ (1), (2)
㉯ (2), (3)
㉰ (4)
㉱ 모두 해당 없음

해설 전부 옳은 사항으로서 모두 해당사항 없음.

문제 176

인조 연삭숫돌 중에 백색으로서 절단용이나 경연삭용 다듬질에 주로 사용되는 숫돌기호는?

㉮ A
㉯ B
㉰ C
㉱ D

해설 B숫돌 : 경 연삭용으로 백색임

문제 177

다음 중 가공물의 재질과 사용하는 연삭숫돌이 옳게 짝지어진 것은?

㉮ 연강 : A숫돌, 고속도강 : WA숫돌, 주철 : C숫돌, 초경합금 : GC숫돌
㉯ 연강 : C숫돌, 고속도강 : WA숫돌, 주철 : A숫돌, 초경합금 : GC숫돌
㉰ 연강 : A숫돌, 고속도강 : C숫돌, 주철 : WA숫돌, 초경합금 : GC숫돌
㉱ 연강 : C숫돌, 고속도강 : GC숫돌, 주철 : A숫돌, 초경합금 : WA숫돌

해설
① A숫돌 : 일반강
② WA숫돌 : 고속도강, 담금질강, 합금강
③ C숫돌 : 주철, 비철금속
④ GC숫돌 : 초경합금

문제 178

다음 연삭(Grinding)에 대한 설명 중 틀린 것은?

㉮ 30메시의 입자는 36메시의 입자보다 크다.
㉯ 숫돌입자의 크기는 메시로 표현하며, 입자의 수를 입도라 한다.
㉰ 입도는 같은 크기의 입자만이 아니라 크기가 다른 입자를 혼합한 것도 있다.
㉱ 1인치 평방당 144개의 눈을 가진 체를 통과할 수 있는 입자의 입도는 12메시로 표시한다.

해설 숫돌입자의 크기를 메시로 나타내며, 입자의 크기를 입도라 한다.

문제 179

숫돌차가 파열되는 경우가 제일 많은 것은?

㉮ 스위치를 넣는 순간
㉯ 스위치를 끄는 순간
㉰ 정전이 되는 순간
㉱ 드레싱을 하는 순간

문제 180

피삭재의 재질이 연(軟)할 때, 연삭숫돌의 선정요령으로 옳게 설명한 것은?

㉮ 입도가 크며, 결합도가 높은 숫돌

답 175. ㉱ 176. ㉯ 177. ㉮ 178. ㉯ 179. ㉮ 180. ㉮

제 2 장 절삭기계가공법
1-97

㉯ 입도가 크며, 결합도가 낮은 숫돌
㉰ 입도가 작으며, 결합도가 높은 숫돌
㉱ 입도가 작으며, 결합도가 낮은 숫돌

문제 181

나사연삭 숫돌의 구비조건 설명 중 틀린 것은? 라

㉮ 입도가 미세하고 다듬질면이 양호하여야 한다.
㉯ 사용중 소모가 적고 정확한 나사산을 얻을 수 있어야 한다.
㉰ 이송이 많을 때 과도한 열이 발생하지 않아야 한다.
㉱ 형 교정에 의한 정확한 형상은 연마시 문제가 되지 않음으로 중요하지 않다.

문제 182

연삭숫돌의 파손 방지를 위하여 숫돌을 검사하는 방법과 거리가 먼 것은?

㉮ 음향 검사　　㉯ 회전 검사
㉰ X-ray 검사　㉱ 균형 검사

문제 183

연삭숫돌에서 결합제의 구비조건 중 잘못된 것은?

㉮ 충격이나 고속회전에 견딜 수 있어야 한다.
㉯ 열 또는 절삭유에 대하여 안전성이 있어야 한다.
㉰ 입자 간에 기공이 없어야 한다.
㉱ 결합 능력을 필요에 따라 조절할 수 있어야 한다.

[해설] 숫돌은 적당한 기공과 균일한 조직을 요한다.

문제 184

다음 연삭숫돌의 표시방법에서 5가 의미하는 것은?

숫돌기호 : WA60K5V

㉮ 결합제　　㉯ 결합도
㉰ 입도　　　㉱ 조직

[해설] WA : 입자, 60 : 입도, K : 결합도, 5 : 조직

문제 185

나사 연삭을 위하여 숫돌을 나사모양으로 만드는 것과 같이 숫돌의 외형을 수정하여 규격에 맞는 제품으로 만드는 과정은?

㉮ 드레싱(dressing)　㉯ 글레이징(glazing)
㉰ 로딩(loading)　　㉱ 트루잉(truing)

[해설] 트루잉 : 연삭 숫돌의 외형을 수정하여 규격에 맞는 제품으로 만드는 과정

문제 186

연삭숫돌은 때에 따라 드레싱(Dressing)을 한다. 드레싱은 다음 어떤 작업에 속하는가?

㉮ 연삭숫돌의 표면을 공구로 수정하는 것
㉯ 연삭숫돌의 열에 의한 파괴를 방지하는 법
㉰ 연삭숫돌의 구멍부에 베어링 합금을 압입하는 법
㉱ 연삭숫돌의 경도를 시험하는 방법

문제 187

연삭숫돌이 심히 변형되어 진동이 발생하면 가장 많이 일어나는 현상은?

㉮ 로딩현상이 일어난다.
㉯ 글레이징 현상이 일어난다.
㉰ 숫돌입자 탈락이 심해진다.
㉱ 숫돌차 파손의 우려가 커진다.

[해설] 글레이징, 로딩 현상이 일어나면 연삭이 잘 안 되므로 드레싱을 통해 숫돌이 표면층을 깎아 새롭게 날카로운 날끝을 발생시켜 주면 된다.

문제 188

다음 연삭숫돌 입자 중 천연 입자가 아닌 것은?

[답] 181. ㉱　182. ㉰　183. ㉰　184. ㉱　185. ㉱　186. ㉮　187. ㉱　188. ㉱

㉮ 에머리   ㉯ 코런덤
㉰ 다이어몬드   ㉱ 지르코늄 옥시드

문제 189

연삭숫돌의 무딤이나 눈메움으로 연삭성이 나빠진 숫돌면에 날카로운 새로운 입자를 발생시켜 주는 작업을 무엇이라고 하는가?

㉮ 드레싱(dressing)   ㉯ 자려진동
㉰ 글레이징(glazing)   ㉱ 로딩(loading)

문제 190

연삭숫돌의 입자와 입자사이에 칩(chip)이 막혀 광택이 나며 잘 깎이지 않는 현상을 무엇이라고 하는가?

㉮ 드레싱(dressing)   ㉯ 트루잉(truing)
㉰ 로우딩(loading)   ㉱ 글레이징(glazing)

문제 191

칩이나 숫돌입자가 기공에 차서 메워지는 현상을 무엇이라 하는가?

㉮ 눈메움(loading)   ㉯ 무딤(glazing)
㉰ 드레싱(dressing)   ㉱ 트루잉(truing)

해설 로딩은 칩이 기공을 메꾸는 현상을 말함.

문제 192

단조 및 주조품에 볼트 또는 너트의 접촉면을 만드는 가공법은?

㉮ 보링(boring)
㉯ 스폿 페이싱(spot facing)
㉰ 카운터 보링(counter boring)
㉱ 카운터 싱킹(counter sinking)

해설 스폿 페이싱 : 단조 및 주조품에 볼트 또는 나사를 고정할 때 접촉부가 안정되기 위하여 구멍 주위를 평면으로 만드는 가공법

문제 193

다음 중 드릴링머신의 종류가 아닌 것은?

㉮ 핸드 드릴 프레스(hand drill press)
㉯ 벤치 드릴머신
㉰ 레이디얼 드릴머신
㉱ 리밍 드릴머신

해설 드릴머신을 형상 및 용도에 따라 분류하면
① 핸드 드릴 프레스, 벤치 드릴머신, 수조별 드릴머신, 레이디얼 드릴머신
② 직립 드릴머신, 만능 드릴머신, 다축 드릴머신, 휴대용 드릴머신
③ 이동식 드릴머신, 전기 드릴머신, 공기 드릴머신 등이 있다.

문제 194

드릴링머신에서 드릴을 주축에 고정하는 방법 중 잘못된 것은?

㉮ 맨드릴 사용   ㉯ 드릴 척 사용
㉰ 드릴 소켓 사용   ㉱ 드릴 슬리브 사용

문제 195

다음 중량이 무거운 대형 금형에 드릴링 작업을 하려고 한다. 적당한 드릴머신은 어느 것인가?

㉮ 탁상 드릴머신   ㉯ 레이디얼 드릴머신
㉰ 직립 드릴머신   ㉱ 다축 드릴머신

해설 레이디얼 드릴링 머신은 대형이며 무거운 공작물의 구멍 뚫기에 가장 효율적인 드릴링 머신이다.

문제 196

드릴작업 시 공작물을 잡는 방법으로 틀린 것은?

㉮ 손으로 잡는 방법
㉯ 클램프로 잡는 방법
㉰ 바이스로 잡는 방법
㉱ 드릴 척으로 잡는 방법

해설 드릴작업 시 공작물의 고정은 작은 경우는 손

답 189. ㉮ 190. ㉱ 191. ㉮ 192. ㉯ 193. ㉱ 194. ㉮ 195. ㉯ 196. ㉱

제 2 장 절삭기계가공법

으로 잡으나 일반적으로는 클램프나 볼트로 고정, 또는 바이스에 고정, 지그를 사용하여 공작물을 테이블에 고정한다.

문제 197

트위스트 드릴(Twist Drill)은 절삭 날의 각도가 중심에 가까울수록 절삭작용이 나쁘다. 이것을 보충하기 위해 어떻게 해야 하는가?

㉮ 드레싱(Dressing)한다.
㉯ 시닝(Thinning)한다.
㉰ 트루잉(Truing)한다.
㉱ 그라인딩(Grining)한다.

해설 드릴은 웨브(Web)가 클수록 절삭성이 나빠진다. 따라서 사용하여 점점 마모된 드릴은 웨브 부분을 연삭하는데 이를 시닝(Thinning)이라고 한다. 시닝하면 칩의 배출이 좋고 누르는 힘도 적어 드릴의 수명이 길어진다.

문제 198

다음은 트위스트 드릴의 웨브(web)에 관한 설명이다. 틀린 것은?

㉮ 드릴링 할 때 비틀림 절삭저항에 견딜 수 있도록 한 부분이다.
㉯ 드릴 홈 사이의 좁은 단면이다.
㉰ 웨브(web)는 끝에서부터 생크부까지 일정한 두께를 가진다.
㉱ 웨브(web)의 두께가 두꺼우면 절삭저항이 크다.

해설 Drill의 web는 생크부로 갈수록 점점 커짐 - web가 클수록 가공이 어렵다. 작게 하기 위하여 thinning함.

문제 199

드릴의 홈을 따라 만들어진 좁은 날이며, 드릴을 안내하는 역할을 하는 것은?

㉮ 탱   ㉯ 마진
㉰ 웨브   ㉱ 생크

문제 200

2개의 날을 가진 드릴 선단부를 외경보다 가늘게 하여 그 단부의 평면도는 경사면으로 만든 드릴이며 대량작업에서 공정수를 줄이기 위해 사용하는 드릴은?

㉮ 평드릴   ㉯ 코어드릴
㉰ 스텝드릴   ㉱ 콤비네이션 드릴

해설 ① 평드릴 : 둥근봉의 선단을 납작하게 만들어 날을 붙인 것
② 코어드릴 : 이미 뚫린 구멍을 넓힐 때 사용
③ 콤비네이션 드릴 : 드릴에 리이머, 탭 등의 날을 동일 중심축으로 한 드릴

문제 201

다음 중 드릴머신으로 얇은 철판에 지름이 큰 구멍으로 가공하기에 적당하지 못한 공구는?

㉮ flat drill   ㉯ saw cutter
㉰ fly cutter   ㉱ gum drill

해설 gun drill은 구멍 깊이가 긴 경우에 사용하는 드릴이다.

문제 202

드릴머신에서 구멍을 뚫을 때 일감이 드릴과 함께 따라서 회전하기 쉬운 때는?

㉮ 처음 구멍을 뚫을 때
㉯ 중간쯤 뚫었을 때
㉰ 처음과 끝
㉱ 거의 구멍이 뚫렸을 때

해설 구멍이 거의 뚫렸을 때 즉 드릴이 가장 깊숙이 들어갔을 때 절삭력이 가장 많이 걸린다.

문제 203

드릴에 관한 설명 중 틀린 것은?

㉮ 비틀림 홈 드릴에서 벡테이퍼는 공작물과 드릴의 마찰을 적게 하기 위하여 만들어져 있다.
㉯ 날끝의 여유각이 크면 진동을 일으키고

답 197.㉯ 198.㉰ 199.㉯ 200.㉮ 201.㉱ 202.㉱ 203.㉰

날이 상하기 쉽다.
㉰ 드릴의 비틀림 홈은 절삭유를 충분히 공급하기 위하여 만들어져 있다.
㉱ 드릴의 날끝각은 단단한 재료에는 크게 하고 연한 재료에는 작게 한다.

[해설] 드릴의 비틀림 홈은 깎여진 쇳밥이 빠져나오도록 하기 위해 만들어진 것이다. (chip)

문제 204
드릴 작업 시의 행동내용 중 불안전한 행동이 아닌 것은?
㉮ 절삭 중에 브러시로 칩을 털어낸다.
㉯ 드릴을 회전시키고 테이블을 조정한다.
㉰ 장갑을 끼고 작업한다.
㉱ 작은 구멍을 뚫고 큰 구멍을 다시 뚫는다.

문제 205
12mm 이상의 드릴자루에 사용되는 테이퍼는 어떤 테이프를 사용하는가?
㉮ 직선자루   ㉯ 내쇼날 테이퍼
㉰ 모스 테이퍼 ㉱ 자이노 테이퍼

[해설] 보통 12mm 이상의 드릴 자루는 모스 테이퍼로 되어있다.

문제 206
지름 13mm의 고속도강 드릴로 연강재 일감에 구멍을 뚫을 때, 절삭속도는 34 m/min으로 하면 드릴링 머신의 스핀들 회전수는 약 얼마인가?
㉮ 122rpm   ㉯ 652rpm
㉰ 833rpm   ㉱ 952rpm

[해설] $N = \dfrac{1000V}{\pi D} = \dfrac{1000 \times 34}{3.14 \times 13} ≒ 833 \, rpm$

문제 207
표준 드릴의 여유각으로 가장 적당한 것은?

㉮ 12~15°   ㉯ 15~17°
㉰ 17~20°   ㉱ 20~23°

문제 208
드릴 날끝의 날끝각은 표준이 몇 도인가?
㉮ 112도   ㉯ 118도
㉰ 125도   ㉱ 130도

[해설] 드릴 표준 날끝각은 118도이다.

문제 209
주철을 가공하기 위한 드릴의 선단각도는?
㉮ 90°   ㉯ 125°
㉰ 150°   ㉱ 165°

문제 210
드릴링머신에서 절삭속도 20 m/min, 드릴의 지름 25mm, 이송속도 0.1 mm/rev, 드릴 끝 원추의 높이를 5.8mm라 하면 98mm 깊이의 구멍을 뚫을 때 소요되는 절삭시간은?
㉮ 약 8분 3초   ㉯ 약 6분 6초
㉰ 약 4분 4초   ㉱ 약 2분 5초

[해설] $T = \dfrac{t+h}{ns} = \dfrac{\pi D(t+h)}{1000v.s} = \dfrac{\pi \times 25 \times (98+5.8)}{1000 \times 20 \times 0.1}$
$= 4.104 = 4분\ 4초$

문제 211
두께 40mm의 주철에 고속도강 드릴로 ϕ32mm의 구멍을 뚫을 때 걸리는 시간을 계산하면?(단, 회전수 n=216rpm, 이송 f=0.254 mm/rev, 드릴의 원추높이는 16mm이다.)
㉮ 1.021분   ㉯ 3.022분
㉰ 5.021분   ㉱ 7.022분

[해설] 가공시간 $T = \dfrac{h+t}{nf} = \dfrac{16+40}{216 \times 0.254} = 1.021(분)$

[답] 204. ㉱ 205. ㉰ 206. ㉰ 207. ㉮ 208. ㉯ 209. ㉮ 210. ㉰ 211. ㉮

문제 212

구멍의 깊이가 50mm, 구멍지름이 15mm, 이송 0.2 mm/rev, 드릴회전수 600rpm이면 표준 드릴로 구멍을 뚫는 시간은? (단, 공작물의 재질은 표준 연강이다.)

㉮ 약 25sec ㉯ 약 28sec
㉰ 약 45sec ㉱ 약 60sec

해설
$$\frac{50 + \frac{15/2}{\tan 59}}{600 \times 0.2} = 0.45 = 27초$$

문제 213

드릴 가공의 문제점에서 구멍이 거칠 경우 대책 방법이 바르지 못한 것은?

㉮ 날 끝을 재연삭한다.
㉯ 알맞은 절삭유를 선택하여 충분히 공급한다.
㉰ 주축에 대하여 테이블을 경사지게 한다.
㉱ 고정구를 견고하게 고정한다.

문제 214

3/8-16 UNC로 표시되어 있는 태핑을 위하여 드릴링 하려면 몇 mm의 드릴이 적당한가?

㉮ 6   ㉯ 8
㉰ 9   ㉱ 10

해설 태핑을 위한 드릴의 지름=호칭지름-피치
$= (\frac{3}{8} - \frac{1}{16}) \times 25.4 = 7.94mm \fallingdotseq 8mm$

문제 215

드릴링작업 중 가공물 내부에 기공이 있을 때 취한 다음 방법 중 옳은 것은 어느 것인가?

㉮ 자동이송으로 하고 이송속도를 줄인다.
㉯ 수동이송으로 하고 이송속도를 빨리한다.
㉰ 기공이 있을 때라도 처음 드릴링 작업조건을 지속한다.
㉱ 수동 이송으로 하고 이송속도를 천천히 한다.

해설 드릴은 기공이 있는 부분에 도달하면 절삭저항이 줄고 이송이 빠르면 기공이 있는 쪽으로 밀리므로 자동이송으로 하고 이송을 작게 하는 동시에 일정하게 한다.

문제 216

다음 리밍(reaming)작업 중 맞는 것은?

㉮ 드릴작업과 같은 속도로 절삭한다.
㉯ 드릴작업보다 피드만 작게 하고 같은 속도로 한다.
㉰ 드릴작업보다 고속으로 절삭하고 피드를 작게 한다.
㉱ 드릴작업보다 저속으로 절삭하고 피드를 크게 한다.

문제 217

드릴에서 큰 구멍을 뚫을 때 먼저 작은 구멍을 뚫는 가장 큰 이유는?

㉮ 우선 작은 구멍을 뚫는 것이 처음부터 큰 구멍을 뚫는 것보다 구멍위치를 맞추기 쉽기 때문이다.
㉯ 재료의 피삭성을 우선 작은 구멍을 뚫음으로서 알 수 있기 때문이다.
㉰ 바로 큰 드릴로 뚫으면 치즐 에지부분의 절삭성능이 좋지 않아 동력소비가 크기 때문이다.
㉱ 작은 구멍을 뚫은 다음 큰 드릴로 뚫는 것이 드릴의 진동이 적기 때문이다.

문제 218

드릴링작업 중 공작물 내부에 기공이 있을 때, 취한 다음 방법 중 옳은 것은?

㉮ 자동이송으로 하고, 이송속도를 줄인다.
㉯ 수동이송으로 하고, 이송속도를 빠르게 한다.

답 212. ㉯ 213. ㉰ 214. ㉯ 215. ㉮ 216. ㉱ 217. ㉰ 218. ㉮

㉰ 수동이송으로 하고, 이송속도를 서서히 한다.
㉱ 자동이송으로 하고, 이송속도를 빠르게 한다.

문제 219

큰 구멍을 뚫을 때 먼저 작은 구멍을 뚫는 가장 큰 이유는 다음 중 어느 것인가?

㉮ 재료의 피삭성을 작은 구멍을 뚫음으로서 알 수 있기 때문이다.
㉯ 큰 드릴로 뚫으면 치즐 에지부의 절삭성능이 나빠 동력소모가 크기 때문이다.
㉰ 작은 구멍으로 우선 정확한 위치를 선정하기 위함이다.
㉱ 큰 드릴의 수명을 향상시킬 수 있기 때문이다.

문제 220

드릴 날부의 길이가 짧아질수록 나타나는 현상이다. 맞지 않은 것은?

㉮ 절삭성이 떨어진다.
㉯ 웨브각이 커진다.
㉰ 웨브가 커진다.
㉱ 웨브의 크기를 작게 하기 위해 드레싱을 한다.

해설 웨브가 커지므로 이를 작게 하기 위하여 시닝을 하여 절삭성을 회복시킨다.

문제 221

12mm 이하 드릴의 자루는 보통 어떤 형태로 되어있는가?

㉮ 직선자루
㉯ 모스 테이퍼 자루
㉰ 자노 테이퍼 자루
㉱ 내쇼날 테이퍼 자루

해설 보통 12mm 이하의 드릴의 자루는 직선으로 되어있다.

문제 222

박스지그(Box Jig)는 어떤 작업에 사용하는가?

㉮ 드릴작업에서 대량 생산을 할 때
㉯ 선반작업에서 크랭크 절삭을 할 때
㉰ 그라인딩에서 테이퍼 작업을 할 때
㉱ 보오링 작업과 정밀한 구멍을 가공할 때

해설 지그(Jig)란 보통 절삭공구를 제어 및 인내하는 장치로 기계가공비 절감, 가공정밀도 향상과 호환성을 준다. 그러므로 지그의 제작비가 비싸므로 가공수량이 적은 경우에는 지그를 사용할 수 없다. 지그에는 여러 가지가 있으나 박스 지그는 복잡한 형상의 구멍 뚫기에 쓰인다.

문제 223

일반적으로 박스지그(Box Jig)는 어떤 작업에 사용하는가?

㉮ 선반작업에서 크랭크축 절삭을 할 때
㉯ 그라인딩에서 테이퍼 작업을 할 때
㉰ 드릴링작업에서 복잡한 가공물에 구멍을 뚫을 때
㉱ 드릴링에서 플랜지와 같은 평면에 적은 수의 구멍을 뚫을 때

해설 박스지그 : 복잡한 가공물에 구멍을 뚫을 때 사용하는 것으로 가공물은 상자형으로 만든 몸체에 나사 또는 지지구로서 정확히 고정하도록 되어있다.

문제 224

다음 중 보링 공구(Boring Tool)가 아닌 것은?

㉮ 보링 바이트
㉯ 보링 바
㉰ 보링 공구대
㉱ 보링 쇼오

해설 보링용 공구에는 보링 바이트, 보링 바이트를 고정시키는 보링 바, 보링 바이트를 끼우는 보링 공구대가 있다. 이의 중심 잡기에 필요한 중심 잡기 현미경, 인디케이터, 세팅게이지 등이 있다.

문제 225

수평식 보링머신을 구조에 따라 분류한 내용과 관계가 없는 것은?

답 219. ㉯ 220. ㉱ 221. ㉮ 222. ㉮ 223. ㉰ 224. ㉱ 225. ㉮

㉮ 만능형(Universal Type)
㉯ 테이블형(Table Type)
㉰ 플로어형(Floor Type)
㉱ 플레이너형(Planer Type)

[해설] 보링머신에는 만능형이 없으며 Drilling M/C에 Universal Type이 있다.

문제 226

보링머신을 공작물 근처로 이동하여 사용되는 것으로 대형 기계의 수리에 적합한 보링머신은?
㉮ 테이블형   ㉯ 플로어형
㉰ 플레이너형 ㉱ 이동형

문제 227

다음 중 보링머신(boring machine)에서 할 수 없는 작업은?
㉮ 탭 작업   ㉯ 단면 절삭
㉰ 리이밍 작업 ㉱ 키이홈 가공

[해설] 보링머신에서 할 수 있는 작업
보링작업, 탭 작업, 리이밍 작업, 단면 절삭, 외경 절삭, 나사깎기, 밀링작업의 일부 등

문제 228

천공 공작기계에 해당하는 공작기계는 어느 것인가?
㉮ 드릴링머신   ㉯ 밀링머신
㉰ 선반   ㉱ 연삭기

[해설] 천공 공작기계에는 드릴링머신, 지그 보오링 머신이 있다.

문제 229

보링작업에 사용하는 공구이다. 관계가 없는 것은?
㉮ 보링 바   ㉯ 보링 바이트
㉰ 마이크로 보링헤드 ㉱ 클래퍼 블록

[해설] 클래퍼 블록은 세이퍼 공구대에 붙어 있는 것으로 보링공구와 관계없음.

문제 230

수평식 보링(Boring)작업에서 절삭공구를 고정하여 작업할 때 단면을 깎을 때 사용하는 것은?
㉮ 보링 바(Boring Bar)
㉯ 보링 툴헤드(Boring Tool Head)
㉰ 페이싱 헤드(Facing Head)
㉱ 커터 아버(Cutter Arbor)

문제 231

지그보링기의 작업조건을 설명할 것 중 가장 거리가 먼 것은?
㉮ 작업장 내의 온도는 상온의 ±1° 이내로 유지시키는 것이 좋다.
㉯ 외부로부터의 진동이 전달되지 않도록 방진처리 한다.
㉰ 햇빛이 닿는 밝은 쪽이 좋다.
㉱ 공기 필터를 통하여 바깥 공기를 빨아들이는 환기 방식이 좋다.

[해설] 햇빛이 기계에 닿으면 부분적으로 기계온도가 상승하여 정도가 떨어진다.

문제 232

다음 가공 중 표면 다듬질이 아닌 것은?
㉮ 래핑   ㉯ 슈퍼피니싱
㉰ 보링   ㉱ 호닝

답 226.㉱ 227.㉱ 228.㉮ 229.㉱ 230.㉰ 231.㉰ 232.㉰

제1편 정삭기계가공법

정밀입자 및 특수 가공
제 3 장

3-1 래핑 및 배럴가공

1. 래 핑

마모(마멸)현상을 가공에 응용한 것으로 래핑은 랩이라는 공구와 공작물 사이에 랩제를 넣고, 공작물을 누르면서 상대 운동으로 공작물을 매끈하고 정밀하게 다듬질하는 가공 방법으로 게이지류(블록, 스냅, 리미트, 프러그 등) 볼, 롤러, 내면기관용 연료 분사펌프 등, 정밀 기계부품 및 렌즈프리즘, 광학 기계용 유리 기구를 다듬질에 사용된다.

(1) **래핑의 장점**

① 가공면이 매끈한 거울면
② 높은 정밀도(평면도, 진원도, 진직도 등)
③ 가공된 면의 내식성, 내마모성 상승
④ 작업 방법이 간단하고 대량생산 가능

(2) **래핑의 단점**

① 가공면에 랩제 잔유가 쉽고 제품의 마멸 촉진
② 아주 높은 정밀도를 위해선 숙련 필요
③ 가공면에 랩제가 잔류하기 쉽고, 제품 사용시 마멸을 촉진한다.
④ 작업이 깨끗하지 못하고 작업자의 손과 옷을 더럽힌다.

(3) **습식 래핑법** : 건식에 비해 가공면이 거칠다.(거친 래핑)

① 랩제와 기름혼합

② 억센 랩으로 비교적 고압력, 고속도 가공
③ 작은 구멍, 유리, 보석 등의 다듬질 가공
④ 압력 $4.9N/cm^2$, 속도는 건식법의 5~6배

(4) **건식 래핑법** : 다듬 래핑

① 건조 상태에서 작업. 주로 습식 래핑 후 더욱 매끈한 표면 가공
② 블록 게이지 제작에 사용
③ 압력 $9.8~14.7N/cm^2$, 속도 30~50 m/min

(5) **랩**

① 원칙적으로 가공물보다 연한 재질(강철은 주철제) - 동합금, 납, 연강 등
② 조직이 치밀할 것
③ 형상을 오래 유지할 수 있도록 내마모성이 좋을 것.

(6) **랩제**

강철-Al_2O_3(산화 알루미늄), 연한금속-SiC(탄화규소), 다듬질용-Cr_2O_3(산화크롬), C 입자(Cr_2O_3(산화크롬), 산화철(Fe_2O_3)-연한금속(유리, 수정), 산화크롬(Cr_2O_3), A, WA 입자-강철, 석류석-목재, 반도체재료

2. 배럴 다듬질

충돌가공(주물귀, 돌기 부분 , 스케일 제거)으로 회전 또는 진동하는 상자에 가공품과 숫돌 입자, 공작액, 메디아(media), 콤파운드 등을 함께 넣고 서로 부딪히게 하거나 마찰로 가공물 표면의 요철을 제거하고 평활한 다듬질 면을 얻는 가공법이다. 고무 라이닝을 한 회전상자를 배럴(barrel)이라 한다. 배럴가공은 주철, 강, 동, 동합금, 알루미늄, 경합금 등의 금속재료는 물론 베이클라이트, 파이버, 비닐수지 목재 등의 비금속재료에도 널리 사용한다.

배럴가공의 장점은 다음과 같다.

(1) 금속재료와 비금속재료에 관계없이 가공할 수 있다.
(2) 형상이 복잡한 제품이라도 각부를 동시에 가공할 수 있다.
(3) 다량의 제품이라도 한 번에 품질이 일정하게 공작할 수 있다.
(4) 작업이 간단하고 기계설비가 저렴하다.

3-2 호닝 및 슈퍼피니싱

1. 호 닝

보링, 리밍, 연삭가공 등에서 가공이 끝난 원통의 내면에 정밀도를 더욱 높이기 위하여 직사각형 단면의 가는 숫돌을 방사 방향으로 배치한 혼(hone)으로 구멍에 넣고 회전운동과 축방향의 운동을 동시에 시켜 정밀 다듬질하는 방법을 호닝이라 한다.
호닝은 실린더, 고속 베어링면 등의 내면에 대한 진원도, 진직도, 표면 거칠기 등을 개선하고, 다듬질하는데 널리 이용한다.

① 호닝의 특징
  - 발열이 적고 경제적인 정밀가공이 가능하다.
  - 전(前)가공에서 발생한 진직도, 진원도, 테이퍼 등에 발생한 오차를 수정할 수 있다.
  - 표면거칠기를 좋게 할 수 있다.
  - 정밀한 치수로 가고 할 수 있다.

② 혼의 구성 : 손잡이부, 숫돌유지부, 가압장치(유압 or 스프링), 자재 연결 장치 등

③ 혼의 크기 : 지름($\phi 6 \sim \phi 106$), 길이(1600mm)

④ 혼의 재질 ┌ Al_2O_3(A, WA입자) : 다듬질용
              └ SiC(G, GC입자) : 거친 작업용

⑤ 원주 속도(연삭의 1/4) : 40~70 m/min,
   연강 30~50 m/min, 주철 60~70 m/min
   (왕복속도는 원주 속도의 1/2~1/4)

⑥ 가공압력 : 보통(거친)가공 : $98.1 N/cm^2$
   정밀가공 : $39.2 \sim 58.7 N/cm^2$

⑦ 혼의 운동 : 회전운동과 동시에 왕복운동 방향의 각도 $-40 \sim 60°$ (무늬 교차각)
   (표준 : $10 \sim 30°$, 정밀 : $10 \sim 40°$, 거침 : $40 \sim 60°$)

⑧ 연삭액 : 등유+돼지기름+황, 주철(등유), 강(등유+황화유), 청동(라아드유)

  ※ 숫돌의 길이는 공작물 길이(구멍깊이)의 1/2이하. 왕복운동은 양끝에서 숫돌길이의 1/4 정도 구멍에서 나올 때 정지

2. 액체호닝

액체호닝은 가공액과 혼합된 연마제를 압축 공기와 함께 노즐로 공작물인 경금속, 플라스틱, 고무, 유리 등의 표면에 분출시켜 다듬면을 얻는 가공 방법이다.
액체호닝은 광택이 적지만 피닝 효과(peening effect)가 크고, 복잡한 모양의 공작물도

다듬질이 가능하며 공작물 표면에 액체(물)와 미세 연삭 입자와의 보통 혼합비 1 : 2로 혼합액을 압축, 공기로 분사하며 습식 다듬질 가공(샌드 블라스팅과 비슷)이다.
액체호닝의 분사각도는 40~50°(45°)이며 노즐(12.5mm)과 표면사이의 거리 60~80mm, 분사량 5~7[N]이다. 액체호닝의 용도는 주조품, 스케일 및 산화막 제거 피로강도 및 인장강도(5~10%) 증가시킨다. 유리, 프라스틱, 고무 금형, 다이케스팅 제품, 주형, 다이의 귀따기 및 표면가공에 응용된다. 연마제는 Al_2O_3, SiC, 규사가 사용되며 액체호닝의 특징은 다음과 같다.
① 가공면에 방향성이 존재하지 않으며 가공시간이 짧다.
② 공작물 표면의 산화막이나 도료, 거스러미 등을 제거할 수 있어, 도장이나 도금의 바탕을 깨끗이 다듬는 데 좋다.
③ 가공물의 피로강도를 10%정도 향상 시킨다.
④ 형상이 복잡한 것도 쉽게 가공한다.
　※ 분출량($2.2m^2$), 분출각도가 직각에 가까울 때 절삭능률 최대

3. 슈퍼피니싱

연삭숫돌을 공작물 표면에 가압(스프링, 유압)하면서 공작물 이송과 진동을 주고 공작물을 회전시켜 균일한 표면을 얻는 법으로 저압, 저속도의 가공이므로 발열이 적고 가공 변질층을 제거 할 수 있으며 내마모성, 내식성이 우수하고 다듬질 시간이 짧다.(방향성이 없는 다듬질 면을 얻으며, 연삭 여유 0.002~0.01mm이다.)
① 용도 : 평면, 원통(외, 내면), 곡면, 베어링 접촉부, 각종 롤러, 게이지, 엔진 등
② 원주(상대)속도 : 15~18m/min ⇒ 초기(거친)에는 5~10m/min
　　　　　　　　　　　　　　　　　후기(다듬)에는 15~30m/min
③ 숫돌 압력 : 0.98~29.4N/cm^2
④ 숫돌의 진동폭 : 보통 2~3mm ⇒ 초기(거친) 1~3, 후기(다듬)3~5

3-3 전기 및 화학적 가공법

1. 전해가공(E.C.M)

공작물과 전극사이 0.1~0.4mm 정도 띄우고 그사이로 전해액을 강제 유동, 공작물이 전극 모양을 따라 가공(용해작용)되며 전기의 용해작용 이용(전기 분해법칙 이용)한다. 보통 전기 도금장치와 반대 작용이고 공작물을 (+)극으로 하고 모형이나 공구(-)극과 함께 알카리성을 전해액 속에 넣어 통전 가공된다.

주로 구멍, 홈, 형조각 등을 가공하며 특징은 다음과 같다.
(1) 전력은 소모되지 않고 단위 시간당 가공량이 많다.
(2) 높은 열이 발생하지 않고 기계적인 힘이 작용하지 않는다.
(3) 내열강, 고장력강 등을 가공

2. 전해연마

전기도금과 반대적인 작업이며 전해가공의 일종으로 전기 화학적 방법으로 전해현상을 이용. 표면을 다듬질. 공작물을 (+)극으로 하고 구리, 아연, 납 등을 (-)로 하여 전해액 혹에 넣고 직류전류를 짧은 시간 동안에 강하게 흐르게 하여 전기적으로 그 표면을 매끈하게 다듬질하며, 금속표면의 미소돌기부분을 용해하여 거울면 상태로 가공된다. 용도는 드릴의 홈이나 바늘 및 주사침 구멍을 깨끗하게 다듬질하며, 특징은 다음과 같다.
(1) 가공 변질층이 나타나지 않으므로 평활한 면을 얻을 수 있다.
(2) 가공면에 방향성이 없다.
(3) 내마멸성 및 내부식성이 좋아진다.
(4) 복잡한 형상의 공작물 연마도 가능하다.
(5) 면이 깨끗하고 도금이 잘 된다.
(6) 연마량이 적어 깊은 홈은 제거가 되지 않으며, 모서리가 라운드된다.
(7) 연질의 금속도 용이하게 연마할 수 있다.

3. 전해연삭

전해연마에서 나타난 양극(+)의 생성물을 전해작용으로 제거하는 작업으로 전해연삭은 작업속도가 빠르고 숫돌의 소모가 적으며, 가공면이 연삭다듬질보다 우수하다. 가공조건으로 접촉 압력은 $19.6 \sim 29.4 N/cm^3$가 쓰이며 가공속도는 증가하나 전극소모가 크며 특징은 다음과 같다.
(1) 경도가 높은 재료 일수록 연삭능률이 기계 연삭보다 높다.
(2) 박판이나 형상이 복잡한 공작물을 변형 없이 연삭할 수 있다.
(3) 연삭저항이 적으므로 연삭열 발생이 적고, 숫돌 수명이 길다.
(4) 설비비와 숫돌 가격이 비싸다.
(5) 필요로 하는 다양한 전류를 얻기가 힘들다.
(6) 다듬질면은 광택이 나지 않는다.
(7) 정밀도는 기계연삭보다 낮다.

4. 전주가공

전해액에서 석출된 금속 이온이 음극의 공작물 표면에 붙은 전착층을 이용하여 원형과 반대 형상의 제품을 만드는 가공법을 전주가공이라 한다.

전기분해에 의한 도금은 모형 제품에 전착층의 밀착성이 절대로 필요로 하는 것이지만, 전주 가공에서는 전착층을 모형에서 분리하여 전착층 그 자체를 제품으로 사용하므로 밀착성을 전제로 하지는 않는다. 전주가공은 전착층 그 자체를 제품으로 하는 특이한 가공법으로 특징은 다음과 같다.

(1) 첨가제와 전주 조건으로 전착금속의 기계적 성질을 쉽게 조정할 수 있다.
(2) 가공 정밀도가 높아 모형과의 오차를 $\pm 2.5 \mu m$ 정도로 할 수 있다.
(3) 매우 높은 정밀도의 다듬질 면을 얻을 수 있다.
(4) 복잡한 형상, 이음매 없는 관, 중공축 등을 제작할 수 있다.
(5) 제품의 크기에 제한을 받지 않는다.
(6) 언더컷형이 아니면 대량생산이 가능하다.
(7) 생산하는 시간이 길다.
(8) 모형전면에 일정한 두께로 전착하기가 어렵다.
(9) 금속의 종류에 제한을 받는다.
(10) 제작 가격이 다른 가공 방법에 비해 비싸다.

5. 화학적 가공

기계적, 전기적 방법으로는 가공할 수 없는 재료를 부식이나 용해 등의 화학반으로 금속과 비금속 공작물 표면을 복잡한 여러 가지 형상으로 파내거나 잘라내며, 깨끗이 다듬는 방법을 화학가공법(chemical machining)이라 한다.

화학적 가공법은 재료의 경도나 강도에 관계없이 가공할 수 있으며, 곡면, 평면, 복잡한 모양 등에 관계없이 표면 전체를 동시에 가공할 수 있고, 넓은 면적이나 여러 개를 동시에 가공할 수도 있으므로 매우 편리하게 가공할 수 있다. 또한, 변형이나 거스름 없이 가공이 되며, 가공경화나 표면의 변질층이 생기지 않으므로 최근에는 높은 정밀도의 자눈판, 진공관의 격자, 반도체, 프린트 회로 등의 가공에 이용되고 있다. 가공방법에는 용삭가공, 화학연마, 화학연삭, 화학절단 등이 있다.

6. 용삭가공

용삭가공은 에칭(etching)의 일종이며, 가공방식에는 침지식과 분무식이 있다. 침지식에는 공작물 전체 면을 가공액에 넣어 한 번에 용삭하는 전면 용삭법과 공작물의 일부분을 용삭하는 부분 용삭법이 있다. 부분 용삭은 녹이면 안 되는 부분을 방식 피막으로 씌워야 한다. 가공액은 부식액으로 금속에는 염화제이철, 인산, 황산, 질산, 염산 등의 산을 사용하고, 유리류는 플루오르화수소를 사용한다.

용삭을 방지하는 피막에는 네오프렌(neoprene), 경질 염화 비닐, 에폭시 수지가 들어 있는 래커 등을 사용한다. 가공법에는 절단, 눈금 새기기, 살빼기 등이 있다.

7. 화학밀링(chemical milling)

화학밀링은 가공하지 않을 공작물 부분에 내식성 피막으로 피복해 부식하는 방법으로 화학절삭이라고도 한다. 가공형상은 기계적 밀링과 거의 같으나 가공 원리는 전혀 다르다.

화학밀링의 특징은 다량생산, 넓은 면 가공, 복잡한 형상 및 얇은 단면 가공이 가능하며, 공구비가 절감되고 가공면의 변질층이 적은 장점이 있지만, 가공속도와 가공깊이에 제한을 받고 부식성 및 다듬질면의 거칠기가 떨어지는 단점이 있다.

마스킹(masking)이란 공작물의 가공하지 않을 부분을 감광성 내식피막(photo resist) 등으로 피복하는 조작을 의미하는데 화학밀링의 마스킹방법은 금긋기 박리법(scride and peel)이 많이 사용된다.

8. 화학연마(chemical polishing)

금속재료를 화학용액에 침적한 열에너지를 이용하여 공작물의 전체 면을 균일하게 용해시켜 두께를 얇게 하거나 평활하게 하는 방법으로 표면의 작은 요철부에서 볼록부를 신속히 용융하고 오목부를 녹이지 않으므로 균일한 면을 얻을 수 있으며, 가공액의 온도를 일정하게 하고 단시간에 처리하는 것이 다듬질 면의 향상에 유리하다. 화학 연마가 가능한 금속은 구리, 황동, 니켈, 모넬 메탈, 알루미늄, 아연 등이다. 가공액은 황산, 질산, 인산, 염화제이철 등을 단독 또는 혼합하여 사용한다.

9. 화학연삭

공작물 표면에 작은 요철부의 볼록부를 용삭할 때, 기계적 마찰로 더욱 능률적인 가공을 하는 방법이다. 공작물과 공구사이에 고운 연삭 입자를 넣으면 효과적이다.

10. 화학절단

날이 없는 메탈 소(metal saw)와 같으며, 절단할 곳에 대고 마찰시키며, 가공액을 작용시키면 그 부분에서 용삭이 진행되어 절단된다. 이 방법은 절단 시간은 같지만 절단면의 조직 변화가 발생하지 않는 장점이 있다.

3-4 기타가공

1. 폴리싱과 버핑

(1) 폴리싱

바퀴표면에 부착시킨 탄성 있는 재료(목재, 피혁, 직물 등)에 미세한 연삭입자로 공작물표면을 버핑하기 전에 다듬는 법. 속도는 1500 m/min이다.

(2) 버핑

직물(면), 털(모) 등으로 원반을 만들고 (나사못 및 아교로 붙이거나 재봉으로 누빔) 공작물 표면의 녹 제거 및 광택을 내는 작업
① 버프재료 : 보통 포목이나 가죽
② 바퀴지름 : 보통 25~600mm
③ 버핑의 평균속도 : 1500 m/min
④ 버핑의 압력 : 330 g/cm^2
⑤ 버프의 3요소 : 연삭입자+유지+직물

2. 버니싱 다듬질

원통의 내면 및 외면을 매끈히 다듬질된 강구(steel ball) 또는 롤러로 공작물에 압입하여 표면을 매끈하게 다듬는 가공법으로 일종의 소성가공이다.
버니싱은 드릴, 리머 등 기계가공에서 생긴 스크래치(scratch), 공구 자국 등을 제거하고, 연삭 가공을 할 수 없는 곳에 많이 쓰이는 가압 가공법이다.
버니싱한 면은 매끈하게 되는 동시에 가공 경화되어 피로강도, 부식저항, 내마모성, 치수 정밀도, 표면 거칠기 등을 향상한다.

3. 롤러 다듬질

선반가공 후 다듬질하는 방법으로 롤러 공구를 사용하여 공작물에 압착하고 공작물 표면에 소성변형을 일으켜 다듬질한다. 표면은 가공경화가 생겨 피로강도 증가한다.

4. 쇼트피닝

표면을 타격하는 일종의 냉간가공으로 철강의 작은 볼(shot)을 공작물 표면에 분사하여 강재의 화학조성을 변화시키지 않고 표면을 매끈하게 하여 피로강도 기계적 성질 향상이 된다.

(1) **피닝 효과** : 공작물의 표면경화 및 피로한도 증가

(2) **Shot 재질** : 칠드주철, 망간주철, 컷 와이어쇼트

(3) **Shot의 크기** : 0.7~0.9mm

(4) **작업속도** : 40~50m/sec

(5) **용도** : 볼베어링의 끝가공, 판스프링, 레일, 기어 등 반복하중을 받는 곳

(6) **공기압(분사속도)** : $39.24N/cm^2$, 분사각 90°

(7) **용도**
① 열처리 후 변형이 생기는 복잡한 공작물
② 압연이나 인발 가공한 공작물
③ 열간 압연에 의한 탈탄층 및 침탄 부분
④ 모서리부분의 응력 하중을 받는 곳

(8) **효과**
① 피로 강도의 향상
② 시효 균열의 방지
③ 주물의 기포 제거
④ 내마모성 증대
⑤ 탈탄에 대한 보안 효과

5. 초음파가공

충돌가공으로 전기적 에너지를 기계적 에너지로 변화시키며 초음파(16 kc/sec 이상), 주파수의 진동(20~30 kc/sec)을 주고 공작물과 공구사이에 연삭입자와 연삭액을 넣고 펌프로 순환시켜 입자와 공작물에 대한 충돌로 인한 다듬질(진동자의 자기변형으로 초경합금, 보석류를 다듬질)하며, 공구재료는 연강, 피아노선이 쓰인다.

(1) **용도** : 담금질강, 초경합금, 보석, 수정 등을 다듬질 가공한다.

(2) **연삭입자** : Al_2O_3, SiC, 다이아몬드+공작액(물+석유)

(3) **특징**
① 초경질이며, 메짐성이 큰 재료에 사용된다.
② 구멍가공, 절단, 평면, 표면 가공 등을 할 수 있다.
③ 연삭 가공에 비하여 가공면의 변질 및 스트레인(변형)이 적다.
④ 전기적으로 불량도체일지라도 보통금속과 동일하게 가공이 된다.

6. 방전가공(E.D.M)

방전현상을 인공적으로 설정하여 그 에너지를 이용하는 가공방법이다.(전기 접점에 의한 직류 콘덴서법) 공작물과 공구가 직접 접촉함이 없이 상호간에 어느 간격을 유지하면서 그 사이에선 물리적으로 가공하는 방법(공작물 (+)극 가공전극 (-)이며 극과의 간격은 5~10mm)이며, 종류로는 콘덴서 형, 크리스탈 형, 다이오드 형이 있으며, 기본적인 회로 형식은 RC 회로이다.

(1) **용도** : 담금질강, 고속도강, 내열강, 다이아, 수정

(2) **장점**
   ① 공작물 경도와 관계없이 전기도체이면 쉽게 가공된다.
   ② 숙련된 작업이 필요하지 않는다.(무인가공 가능)
   ③ 전극 형상 그대로 정밀도가 높은 가공이 된다.
   ④ 가공조건의 선택과 변경이 쉽다
   ⑤ 비접촉성으로 기계적인 힘이 가해지지 않는다.
   ⑥ 다듬질면은 방향성이 없고 균일하다.
   ⑦ 복잡한 표면형상이나 미세한 가공이 가능하다.
   ⑧ 가공표면의 열 변질층 두께가 균일하여 마무리 가공이 쉽다.
   ⑨ 가공변형이 적어 박판가공이 용이하다.

(3) **단점**
   ① 공구 전극이 필요하며 전극가공의 어려움과 공구의 소모가 크다
   ② 가공부분에 변질층이 남으며 다소 가공속도가 느리다
   ③ 비전도체인 경우 가공이 어렵고 가전도(저부형, 금형)에 제한 받음

(4) **전극 재료** : 구리, 은, 텅스텐 합금, 황동, 인청동, 텅스텐, 흑연(가장 좋으나 소모가 빠르다)

(5) **전극재료의 조건**
   ① 아크방전이 안정되고 가공속도가 클 것
   ② 전기저항이 작고, 전기 전도도가 높을 것
   ③ 가공 정밀도, 가공속도, 가공면 거칠기 등이 우수할 것
   ④ 비중이 작으면서 내열성이 높고 전극소모가 적을 것
   ⑤ 기계적 강도가 높고, 성형가공이 용이해야 한다.
   ⑥ 구하기 쉽고 가격이 저렴할 것

(6) **가공액** : 절연도가 높은 유전체액 사용(높은 점도액은 부적절), 일반적으로 경유사용 (와이어 컷은 물(탈이온수) 사용하며 방전 가공에서 가공액의 역할은 다음과 같다.)
① 가공시 생기는 용융금속을 비산시킨다.
② 용해된 칩을 공작물과 전극사이의 밖으로 내보낸다.
③ 방전시 발생된 열을 냉각시킨다.
④ 극간의 절연을 회복시킨다.

7. 레이저가공

레이저 광원의 빛은 대단히 밀도 높은 단색성과 평행도가 높은 지향성을 이용하여 렌즈나 반사경을 통해 파장을 집중시켜 공작물에 빛을 쏘면 전자 빔 가공과 같이 순간적으로 국부에 가열하여 용해 또는 증발시키므로서 가공이 된다. 이와 같이 대기 중에서 비접촉으로 가공하는 것을 레이저가공이라 하며 특징은 다음과 같다.
(1) 비접촉 가공으로 공구마모가 거의 없다.
(2) 임의의 위치 가공이 가능(원격조정이 가능하고 진공이 불필요)
(3) 열에 의한 변형이 적으므로 열, 충격을 받기 쉬운 재료가공에 적합
(4) 비금속(세라믹, 가죽)의 가공이 가능
(5) 미세 가공과 난삭제 가공이 용이하다.
(6) 투명체를 통해 가공할 수 있다.

8. 전자 빔 가공

10^{-6} mmHg 정도의 진공 중에서 높은 전압과 높은 에너지를 가진 열전자를 렌즈를 통해 가는 빔(beam)인 전자총을 만들어 공작물에 집중 투사시키면, 전자는 투사점의 표면층에 침입해 운동 에너지가 순간적으로 $10^6 \sim 10^8$ W/cm² 정도의 높은 열로 변화된다. 이 열로 공작물을 용해, 분출 또는 증발시켜 가공하는 것을 전자 빔가공이라 한다. 전자빔가공은 용접, 표면 담금질, 구멍 뚫기 등에 이용하며, 전자 빔이 공구로서 가지는 특징은 다음과 같다.
(1) 전자 빔의 굵기를 아주 가늘게($1\mu m$ 이하) 조절할 수 있다.
(2) 단시간에 국소부분을 가열시킬 수 있다.
(3) 전자가 고체 내부에 침입해 가공 에너지를 내부에 주어진다.
(4) 전자는 질량이 작고 전하량이 크므로 전기적, 자기적으로 고속도에서 제어가 가능하다.
(5) 용접에 이용하면 용융 폭이 좁고 깊은 용입을 얻을 수 있다.
(6) 전자는 진공중에 발생하지만 용접가공, 화학가공은 대기중에서도 할 수 있다.

제3장 정밀입자 및 특수 가공

예상문제

문제 001
랩핑(lapping)의 설명에서 틀린 것은?
- ㉮ 건식만이 있기 때문에 먼지가 많은 단점이 있다.
- ㉯ 정도 높은 다듬질면을 얻을 수 있다.
- ㉰ 다듬질면의 내마모성과 내식성이 행상 된다.
- ㉱ 랩(lap)제가 비산하여 주위가 더럽게 되는 단점이 있다.

문제 002
랩핑의 장점이 아닌 것은?
- ㉮ 다듬질면이 매끈함을 얻을 수 있다.
- ㉯ 윤활성이 좋게 된다.
- ㉰ 미끄럼면이 원활하게 되고 마찰계수가 적어진다.
- ㉱ 다듬질면은 내식성 및 내마모성이 감소한다.

[해설] 다듬질면은 내식성 및 내마모성이 증가된다.

문제 003
래핑가공의 작업 설명 중 맞지 않는 것은?
- ㉮ 래핑제로 쓰이는 탄화규소, 알루미나 등의 연삭입자는 래핑이 진행됨에 따라 점차 미세한 미분으로 변화된다.
- ㉯ 분해되기 쉬운 래핑제를 쓰면 작업에 따라 조기에 작게 되어 래핑량이 감소한다.
- ㉰ 다듬질면의 거칠기면에서 래핑제의 입자가 클수록 가공면은 더욱 평활해진다.
- ㉱ 거친 다듬질 시에는 비교적 분쇄되지 않는 래핑제를 사용함이 좋다.

[해설] 다듬질면의 거칠기면에서 래핑제의 입자가 작을수록 가공면은 더욱더 평활해진다.

문제 004
블록게이지(Block gage)를 제작하려 한다. 최종 다듬질은 어떤 가공을 하는가?
- ㉮ 방전가공
- ㉯ 래핑
- ㉰ 슈퍼피니싱
- ㉱ 액체호닝

문제 005
주철로 된 랩 정반에 사용하는 래핑유 종류들이다. 다음 중 관계가 없는 것은?
- ㉮ 석유+머신유
- ㉯ 휘발유
- ㉰ 올리브유
- ㉱ 물

[해설] 주철재 랩 정반에는 휘발유를 사용하지 않는다.

문제 006
래핑 작업을 위한 랩의 재료선정에 대한 설명으로 맞지 않는 것은?
- ㉮ 랩은 정확한 형상을 오래 유지할 수 있도록 내마모성이 양호할 것
- ㉯ 동, 황동, 주석, 배빗메탈 등의 금속랩을 쓰기도 한다.
- ㉰ 간단한 폴리싱 다듬질용으로 나무, 대나무, 목탄 등을 쓰기도 한다.
- ㉱ 회주철제 등 주철제 랩은 거의 쓰이지 않는다.

[해설] 회주철제 등 주철제 랩도 많이 쓰인다.

문제 007
래핑 작업에서 랩제로 사용되지 않는 것은?
- ㉮ 탄소강
- ㉯ 산화철
- ㉰ 탄화규소
- ㉱ 알루미늄

[답] 001. ㉮ 002. ㉱ 003. ㉰ 004. ㉯ 005. ㉯ 006. ㉱ 007. ㉮

문제 008

래핑(Lapping)에 사용하는 랩제(Lapping Powder)에 대한 설명 중 틀린 것은?

㉮ 일반적으로 SiC는 억센 래핑에 사용한다.
㉯ 앨런덤(Alundum) 및 산화물계 랩제는 다듬질가공에 적당하다.
㉰ 랩제의 입도는 일반으로 #240~#1000의 입도가 사용된다.
㉱ 랩제는 래핑압력이 크면 클수록 미세하게 파쇄되어 가공이 잘 된다.

[해설] 랩제의 입도는 래핑 압력과 일정한 관계가 있는데 압력이 너무 크면 랩제가 미세하게 파쇄되어 가공이 잘 되지 않는다.

문제 009

래핑(lapping)에 관하여 다음 중 틀린 설명은 어느 것인가?

㉮ 래핑에는 습식래핑과 건식래핑이 있고 건식래핑은 대부분 습식래핑 뒤에 한다.
㉯ 랩(lap)의 재질은 그 경도가 공작물의 경도보다 높은 것을 사용한다.
㉰ 래핑은 철강 계통의 공작물에는 경유 등의 석유류를 흔히 사용한다.
㉱ 래핑에 사용하는 지립으로는 A 및 C입자 외에 산화크롬 다이아몬드 등이 있다.

[해설] 랩의 재질은 일반적으로 승작물보다 연질의 주철황동 등을 사용한다.

문제 010

금속과 비금속 등 고형물에 대하여 시행하며 대량의 일감을 1개의 배럴에 넣고 가공하므로 노력이 절감되고 모든 일감이 균일하게 다듬어지며, 많은 양을 한 번에 다듬을 수 있어 경제적인 다듬질 방법은?

㉮ 텀블링
㉯ 샌드 블라스팅
㉰ 그릿블라스팅
㉱ 쇼트피닝

[해설] 텀블링 : 배럴가공과 비슷하며 회전하는 상자에 스타라는 돌기가 달린 작은 구름쇠와 함께 주물을 넣고 회전을 시켜 스타와 주물의 마찰로 모래를 털어내고 주물표면을 깨끗이 다듬어진다.

문제 011

회전하는 상자에 공작물과 숫돌입자, 공작액, 컴파운드 등을 함께 넣어 공작물이 입자와 충돌하는 동안에 그 표면의 요철을 제거하여 매끈한 가공면을 얻는 가공법은?

㉮ 배럴 다듬질
㉯ 호닝
㉰ 슈퍼피니싱
㉱ 리핑

문제 012

호닝에 의한 정밀 다듬질의 특징으로 적절하지 않은 것은?

㉮ 기계의 정밀도에 직접 의지하지 않고 고정밀도의 가공이 가능하다.
㉯ 열의 발생이 적다.
㉰ 가공구멍의 돌기부에 큰 압력이 가해져 그 부분의 선택적 가공이 이루어져 진직도를 향상시키는 성능이 있다.
㉱ 연삭입자에 의한 속도가 연삭숫돌가공의 3배 내지 4배로 비교적 고속가공이 된다.

[해설] 연삭입자에 의한 속도가 연삭숫돌가공의 수 십분의 일로서 비교적 저속이다.

문제 013

호닝(honing) 가공에서 공작물에 대한 혼(hone)이 하는 절삭운동은?

㉮ 회전운동
㉯ 축방향 왕복운동
㉰ 회전운동과 축방향 왕복운동
㉱ 진동적인 상대운동과 이송운동

[해설] 호닝 : 여러 개의 봉형 숫돌을 혼(hone)이라는 가공 헤드에 장착하고, 스프링, 유압, 나사 등으로

[답] 008. ㉱ 009. ㉯ 010. ㉮ 011. ㉮ 012. ㉱ 013. ㉰

공작물의 원통 내면을 가압하며, 혼을 축방향으로 왕복 운동시킴과 동시에 회전운동시켜 가공한다.

문제 014

호닝작업 방법이 아닌 것은?
- ㉮ 자유호닝방식
- ㉯ 강제호닝방식
- ㉰ 숫돌가압방식
- ㉱ 숫돌분사방식

해설 호닝방법 : 자유호닝방식, 강제호닝방식, 숫돌가압방식으로 나눈다.

문제 015

호닝유의 역할이 아닌 것은?
- ㉮ 호닝숫돌에 끼어진 칩을 제거
- ㉯ 연삭 능력을 크게 한다.
- ㉰ 가공면의 평행도를 향상시킨다.
- ㉱ 발생하는 열을 억제시킨다.

해설 가공면의 표면 거칠기를 양호하게 한다.

문제 016

다음 중 고정 입자가공인 것은?
- ㉮ 호닝
- ㉯ 액체호닝
- ㉰ 래핑
- ㉱ 배럴가공

문제 017

다음 중 공구에 의한 가공법이 아닌 것은?
- ㉮ 선반
- ㉯ 밀링
- ㉰ 브로우칭
- ㉱ 호닝

해설 호닝은 고정입자에 의한 가공이고 나머지는 공구에 의한 가공법이다.

문제 018

다듬질 호닝가공에서 일반적인 압력은 얼마인가?
- ㉮ 4~10 kgf/cm²
- ㉯ 10~20 kgf/cm²
- ㉰ 20~30 kgf/cm²
- ㉱ 30~40 kgf/cm²

문제 019

액체호닝(Liquid Honing)의 작업특성을 설명한 것으로 다음 중 맞지 않는 것은?

1. 공작물 피로강도는 10% 정도 상승시킨다.
2. 표면에 잔류하는 산화막 등을 간단히 제거할 수 있다.
3. 작업 분사각(분사방향과 공작물 표면과의 이루는 각)은 공작능률에 영향을 주며 재료가 단단하고 취성이 클수록 커진다.
4. 다듬질면의 정밀도(진직도 등)가 매우 우수하고 미분이 공작물 표면에 파묻히지 않는다.

- ㉮ 3
- ㉯ 1, 2
- ㉰ 4
- ㉱ 전부 해당 없음

해설 정밀도가 떨어지고 미분이 공작물 표면에 파묻히는 경우가 있다.

문제 020

액체호닝 가공에서 분사각도는?
- ㉮ 20~40°
- ㉯ 40~50°
- ㉰ 50~70°
- ㉱ 70~90°

문제 021

액체호닝의 장점이다. 설명이 잘못된 것은?
- ㉮ 가공시간이 길다.
- ㉯ 피로한도를 10% 증가시킬 수 있다.
- ㉰ 미세한 방향성을 제거한다.
- ㉱ 복잡한 형상의 부품도 쉽게 다듬질할 수 있다.

해설 호닝 가공시간은 짧다.

문제 022

슈퍼피니싱(super finishing)가공 시 적합한 작업조건에 대한 설명으로서 부적당한 것은?
- ㉮ 숫돌의 소모량은 압력의 증대와 함께 처

답 014. ㉱ 015. ㉰ 016. ㉮ 017. ㉱ 018. ㉮ 019. ㉯ 020. ㉯ 021. ㉮ 022. ㉰

음에는 서서히 뒤에는 급격히 증가한다.
㉯ 압력이 높을 때는 공작물의 다듬질량이 커지지만 과도한 압력에서는 숫돌 소모가 급증하고 다듬질량이 저하한다.
㉰ 숫돌의 결합도가 낮을수록, 공작물 경도가 낮을수록, 공작물 점도가 낮을수록, 압력을 크게 한다.
㉱ 작업시간 경과와 더불어 접촉면적이 늘어나므로 압력은 낮아지고 다듬질 능률은 저하한다.

[해설] 숫돌의 결합도가 낮을수록, 공작물 경도가 낮을수록, 공작물 점도가 낮을수록, 압력을 작게 한다.

문제 023

슈퍼피니싱(Super Finishing)에 의한 가공의 다듬질면이 설명으로 맞지 않는 것은?

㉮ 래핑, 호닝에 비해 비교적 짧은 시간에 다듬질 된다.
㉯ 치수적인 정밀도는 떨어지나 다듬질면은 거울면에 가깝다.
㉰ 다량의 공작액을 사용하므로 가공변질층이 적다.
㉱ 다듬질면은 내마모성 내식성이 우수하다.

[해설] 슈퍼피니싱 : 연질 미립자로 된 숫돌을 낮은 압력으로 가공물의 표면에 가압하고 연삭유를 공급하면서 표면 변질부가 극히 적고, 방향성이 없는 아름다운 표면가공을 하는 것을 말하며 치수적인 정밀도가 높고 다듬질 면은 거울면에 가깝다.

문제 024

입도가 작은 숫돌로 일감을 가볍게 누르면서 축방향으로 진동을 주어 변질층의 표면이나 원통내면을 다듬질하는 가공법은?

㉮ 슈퍼피니싱(super finishing)
㉯ 래핑(lapping)
㉰ 액체호닝(liquid honing)
㉱ 버핑(buffing)

[해설] 슈퍼피니싱(super finishing) : 입도가 작은 숫돌로 일감을 가볍게 누르면서 축방향으로 진동을 주어 변질층의 표면이나 원통내면을 다듬질하는 가공법

문제 025

슈퍼피니싱의 숫돌 폭은 공작물 지름의 약 몇 % 정도가 가장 적당한가?

㉮ 20-30% ㉯ 35-45%
㉰ 45-55% ㉱ 60-70%

문제 026

다음 중 슈퍼피니싱에 사용되는 연삭액으로 가장 적합한 것은?

㉮ 비눗물 ㉯ 피마자 기름
㉰ 그리스 ㉱ 석유

[해설] 석유나 경우에 필요에 따라 기계유를 10-30% 정도 혼합하여 사용하는 경우도 있다.

문제 027

슈퍼피니싱에서 일반적으로 숫돌의 압력은 얼마인가?

㉮ 1~3 N/cm²   ㉯ 5~10 N/cm²
㉰ 10~15 N/cm²   ㉱ 15~20 N/cm²

문제 028

슈퍼피니싱의 초기가상에서 진폭은 얼마인가?

㉮ 1~2mm   ㉯ 2~3mm
㉰ 3~5mm   ㉱ 5~7mm

문제 029

가공형상의 전극을 음극에 일감을 양극으로 해 가까운 거리(0.02~0.7mm)로 놓고 그 사이에 전해액을 분출시켜 전기를 통하면 양극에서 용해

답 023.㉯ 024.㉮ 025.㉱ 026.㉱ 027.㉮ 028.㉯ 029.㉯

용출현상이 일어나 가공하게 하는 가공방법은?
- ㉠ 전해연삭
- ㉡ 전해가공
- ㉢ 전해연마
- ㉣ 전주가공

[해설] 전해가공 : 가공형상의 전극을 음극에 일감을 양극으로 해 가까운 거리(0.02~0.7mm)로 놓고 그 사이에 전해액을 분출시켜 전기를 통하면 양극에서 용해 용출현상이 일어나 가공하게 하는 가공

문제 030

도금을 응용한 방법으로 음주에 모델을 전착시킬 금속을 양주에 설치하고 전해액 속에서 전기를 통전하여 적당한 두께로 금속을 입히는 가공방법은?
- ㉠ 전해가공
- ㉡ 전해연삭
- ㉢ 전주가공
- ㉣ 전해연삭

문제 031

전해연마에 관한 설명 중 틀린 것은?
- ㉠ 공작물을 양극으로 하여 통전한다.
- ㉡ 복잡한 형상의 제품도 연마가 가능하다.
- ㉢ 가공면에는 방향성이 없다.
- ㉣ 내마멸성, 내부식성이 저하된다.

[해설] 가공변질층이 생기지 않으며 가공면이 좋다.

문제 032

드릴 홈이나 주사침의 구멍을 깨끗하게 끝 다듬질하는데 가장 좋은 방법은?
- ㉠ 화학연마
- ㉡ 전해연마
- ㉢ 방전가공
- ㉣ 초음파연마

문제 033

전해액 중에 공작물은 양극, 구리 또는 아연을 음극으로 하고 저류를 통과시킬 때 공작물 표면이 용해되어 매끈한 광택이 얻어진다. 다음 중 어느 것인가?
- ㉠ 전해연삭
- ㉡ 전해연마
- ㉢ 방전가공
- ㉣ 화학연마

[해설] 전해연마는 전해액 중에 공작물은 양극, 구리 또는 아연을 음극으로 하고 전류를 통과시킬 때 공작물 표면이 용해되어 매끈한 광택이 얻어진다.

문제 034

방전가공의 10배 정도, 전해연마의 100배 정도로 가공할 수 있어 정밀도가 높지 않은 금형이나 부품가공에 적합한 가공법은?
- ㉠ 초음파가공
- ㉡ 전해가공
- ㉢ 전해연삭
- ㉣ 전주가공

문제 035

전해연마의 작업 특성을 잘못 설명한 것은?
- ㉠ 전기화학적으로 공작물의 미시적 돌기를 석출케하여 광택면을 얻는 가공법이다.
- ㉡ 열때문에 가공 변질층이 발생하는 일이 없다.
- ㉢ 전해액으로 황산, 인산 등 점성이 있는 것이 사용되며 점성을 낮추기 위해 글리세린, 젤라틴 등 유기물 첨가를 하기도 한다.
- ㉣ 연마량이 작아 깊은 홈집은 제거하기 어렵고 모서리가 둥그렇게 될 수 있다.

[해설] 점성을 높이기 위해 글리세린, 젤라틴 등의 유기물 첨가를 하기도 한다.

문제 036

롤러 다듬질의 장점이 아닌 것은?
- ㉠ 치수 정도를 높인다.
- ㉡ 다듬질면을 좋게 한다.
- ㉢ 간단한 장치로 높은 정도의 가공이 가능하다.
- ㉣ 초 다듬질, 연삭에 비교하여 마모량이 적다.

[해설] 마모량은 조도와도 비례하지만 재질경도에 따라 상당한 변화가 있다.

답 030.㉢ 031.㉣ 032.㉡ 033.㉡ 034.㉣ 035.㉢ 036.㉣

문제 037

필요한 형상을 한 공구로 공작물로 표면을 누르며 이동시켜 표면을 매끈하고 정도가 높은 면으로 만드는 가공법으로 주로 구멍 내면의 다듬질에 이용되는 가장 적합한 가공법은?

㉮ 롤러(Roller) 다듬질
㉯ 배럴(Barrel)가공
㉰ 버니싱(Burnishing)
㉱ 쇼트피닝(Shot Peening)

문제 038

쇼트피닝과 가장 관계없는 것은?

㉮ 금속의 표면 경도를 증가시킨다.
㉯ 피로 한도를 높여준다.
㉰ 강구를 표면에 때린다.
㉱ 표면을 연마한다.

문제 039

초음파가공에 대한 설명으로 틀린 것은?

㉮ 유리나 다이아몬드를 가공할 수 있다.
㉯ 가공재료의 제한이 매우 적다.
㉰ 복잡한 형상은 쉽게 가공할 수 없다.
㉱ 구멍뚫기, 문자, 절단 등의 가공에 효율적이다.

문제 040

초음파가공에 대한 설명 중 잘못 된 것은?

㉮ 수정, 유리 등의 가공은 불가능하다.
㉯ 복잡한 모양의 가공이 가능하다.
㉰ 가공재료의 제한이 매우 적다.
㉱ 구멍을 가공하기 쉽다.

문제 041

초음파가공의 특징과 가장 관계없는 것은?

㉮ 공구재료는 피아노선, 황동, 모세메타 등이 있다.
㉯ 숙련도가 요구되지 않는다.
㉰ 부도체는 가공할 수 없다.
㉱ 원형 또는 이형단면 가공이 가능하다.

문제 042

스프링이나 기어 등의 경도나 피로 강도를 크게 할 목적으로 하는 특수 공작법은?

㉮ 덤블링 ㉯ 방전가공
㉰ 쇼트피닝 ㉱ 초음파가공

문제 043

다이아몬드, 수정과 같은 보석에 글자를 새기려고 한다. 가장 효과적인 가공법은?

㉮ 와이어 컷 방전가공
㉯ 전해연마
㉰ 초음파 가공
㉱ 화학연마

문제 044

다음은 정밀 가공법을 나열한 것이다. 이중 연삭 입자를 사용하는 것은?

㉮ 초음파 가공법 ㉯ 전해연마
㉰ 쇼트피닝 ㉱ 방전가공

문제 045

경화된 철의 작은 볼을 공작물의 표면에 분사하여 표면을 매끄럽게 하는 동시에 피로강도나 기계적 성질을 향상시키는 가공법은?

㉮ 슈퍼피니싱(super finishing)
㉯ 쇼트피닝(shot peening)
㉰ 샌드 블라스트(sand blast)
㉱ 그릿 블라스트(grit blast)

답 037. ㉰ 038. ㉱ 039. ㉰ 040. ㉮ 041. ㉯ 042. ㉰ 043. ㉰ 044. ㉮ 045. ㉯

제3장 정밀입자 및 특수 가공

해설 쇼트피닝(shot peening) : 경화된 철의 작은 볼을 공작물의 표면에 분사하여 그 표면을 매끄럽게 하는 동시에 공작물의 피로강도나 기계적 성질을 향상시키는 가공법

문제 046

초음파가공의 작업특성을 설명한 것으로 적절하지 않은 것은?

㉮ 파쇄작용과 캐비테이션에 의한 침식작용으로 공구단면과 동일현상의 구멍을 뚫게 된다.
㉯ 공구를 고속 회전시키고 높은 진동수로 진동시켜 원형 단면 형상의 가공을 한다.
㉰ 진폭자 단면의 진폭은 피로현상을 피하기 위해 미소진폭으로서 그대로 가공에 사용할 수 없어 진폭확대용 호온을 사용하여 증폭한다.
㉱ 공구재료는 스프링강, 스테인레스강 등을 사용하나 유리와 같이 가공이 쉬운 재료에는 연강 등을 사용한다.

해설 공구를 회전시키지 않아도 되는바 비등경 단면 형상 가공이 가능하다.

문제 047

방전가공에서 전극 봉으로 사용하는 재질이 아닌 것은?

㉮ 동   ㉯ 알루미늄
㉰ 그라파이트   ㉱ 황동

해설 전극 봉 재질은 동, 황동, 그라파이트, Cu-W 등을 사용한다.

문제 048

방전가공의 진행순서로 맞는 것은?

㉮ 암류 → 불꽃방전 → 코로나방전 → 글로우방전 → 아크방전
㉯ 암류 → 코로나방전 → 불꽃방전 → 글로우방전 → 아크방전
㉰ 암류 → 글로우방전 → 코로나방전 → 불꽃방전 → 아크방전
㉱ 암류 → 불꽃방전 → 글로우방전 → 코로나방전 → 아크방전

해설 방전가공의 진행순서 : 암류 → 코로나방전 → 불꽃방전 → 글로우방전 → 아크방전

문제 049

방전가공에서 전극 재료에 요구되는 조건이 아닌 것은?

㉮ 비중이 클수록 좋다.
㉯ 전기 전도도가 높아야 한다.
㉰ 기계적 강도가 높고, 가공이 용이하여야 한다.
㉱ 내열성이 높고, 방전시의 소모가 적어야 한다.

해설 방전가공에서 전극 재료에 요구되는 조건
㉯, ㉰, ㉱항 및 짧은 시간의 과도 아크 방전의 반복이 안정되게 발생하고, 도중에 방진이 끊어지지 않아야 한다. 가격이 저렴해야 한다. 비중이 작을수록 좋다. 방전가공성이 우수해야 한다.

문제 050

지름이 0.02~0.3mm의 가는 금속선을 전극으로 하여 2차원 형상으로 공작물을 잘라내는 가공기는?

㉮ 방전 가공기
㉯ 와이어 컷 방전 가공기
㉰ 초음파 방전 가공기
㉱ 전해 가공기

문제 051

방전가공에 대한 설명 중 틀린 것은?

㉮ 가공 후 가공변질층이 적다.
㉯ 임의의 단면 형상의 구멍 가공도 할 수 있다.

답 046. ㉯ 047. ㉯ 048. ㉯ 049. ㉮ 050. ㉯ 051. ㉱

㉰ 초경합금도 가공할 수 있다.
㉱ 전기의 부도체인 공작물도 가공할 수 있다.

㉰ 가공부분에 변질층이 남지 않는다.
㉱ 가공액 중에서 가공해야 한다.

문제 052

방전가공의 특징에 관한 설명 중 틀린 것은?

㉮ 재질이나 경도와 무관계로 담금질강, 내열강 등을 가공할 수 있다.
㉯ 공구를 회전시킬 필요가 없으므로 4각공이나 복잡한 윤곽의 구멍 가공이 가능하다.
㉰ 절삭공구의 절삭력에 견딜만한 강성이 부족한 얇은 부품의 가공에도 유용하다.
㉱ 초음파 가공보다 가공속도가 떨어지나 전해 연삭보다는 가공속도가 크다.

해설 초음파 가공보다 가공속도가 빠르고 전해연삭보다는 가공속도는 떨어지나 가공정도가 좋다.

문제 053

방전가공에서 가스나 칩을 처리하는 방법이 아닌 것은?

㉮ 공작물 측에서 분사나 흡입하는 방법
㉯ 전극측에서 분사나 흡입하는 방법
㉰ 탱크(Tank)측에서 분사나 흡입하는 방법
㉱ 측면에서 분사하는 방법

문제 054

방전가공 할 때 전극 재질로 사용되지 않는 것은?

㉮ 구리(Cu)   ㉯ 아연(Zn)
㉰ 텅스텐(W)   ㉱ 은(Ag)

문제 055

방전가공의 특징이 아닌 것은?

㉮ 도전성인 것이라면 경도, 취성, 점성에 관계없이 가공이 된다.
㉯ 가공을 위해서 기계적인 힘이 가해지지 않는다.

문제 056

방전가공의 특성을 설명한 것이다. 맞지 않는 것은?

(1) 가공정밀도에 영향을 주는 요인은 방전현상, 기계강성, 위치결정 정밀도 등이 있다.
(2) 가공면에는 가공조건에 따라 급격한 열작용에 의한 경화, 침탄현상, 크랙 등이 일어날 수도 있다.
(3) 전극재료는 동, 황동, 그라파이트 등을 쓸 수 있고 융점이 높고 열 특성이 적절하고 성형하기 쉬운 것이 요구된다.
(4) 가공능률은 다듬질 정도에 따라 크게 다르며 다듬질면 거칠기는 방전펄스의 1펄스당 에너지가 클수록 거칠다.

㉮ (1)   ㉯ (2), (3)
㉰ (4)   ㉱ 전부 해당 없음

문제 057

방전가공용 전극재료의 구비조건이 아닌 것은?

㉮ 기계가공이 쉬울 것
㉯ 방전이 안정하고 가공속도가 클 것
㉰ 가공전극이 소모가 많을 것
㉱ 가공 정밀도가 높을 것

해설 방전가공용 전극재료의 구비조건은 기계가공이 쉬울 것, 방전이 안정하고 가공속도가 클 것, 가공전극이 소모가 적을 것, 가공정밀도가 높을 것, 구하기 쉽고 가격이 저렴할 것.

문제 058

다음 레이저(LASER)가공의 특징 설명 중 틀린 것은?

㉮ 비접촉 가공으로 공구마모가 없다.
㉯ 자동 가공이 가능하다.
㉰ 높은 에너지를 집중시킴으로써 열에 의한 변형이 많다.

답 052. ㉱ 053. ㉰ 054. ㉯ 055. ㉱ 056. ㉱ 057. ㉰ 058. ㉰

㉠ 금속 및 비금속 어느 재료라도 가공이 가능하다.

문제 059

다음 중 고속가공기로 고속가공을 할 때 나타나는 특징이 아닌 것은?

㉮ 단위 시간당 절삭량 증가
㉯ 절삭력 감소
㉰ 가공면의 표면 거칠기 향상
㉱ 가공 변질층의 두께 증대

[해설] 고속가공을 하면 가공 변질층의 두께가 얇아지게 되어 표면 품질이 향상된다.

[답] 059. ㉱

제 2 편

절삭재료

제 1 장 철강재료

제 2 장 특수강(합금강)

제 3 장 주 철

제 4 장 재료시험법

제 5 장 열처리 및 표면처리법

제 6 장 비철금속재료

철강재료

1-1 철강재료의 개요

(1) 철강의 분류

① 철강재료는 일반적으로 순철, 강 주철의 세 종류로 구분한다. 이 중에서 순철은 공업용으로 사용빈도가 적으며, 탄소가 적당히 함유된 강과 주철이 주로 사용된다.

② 보통 강과 주철은 탄소 함유량으로 구분하는데, 학술상 분류는 강은 아공석강(0.025~0.77%C), 공석강(0.77%C), 과공석강(0.77~2.11%C)으로 되어 있고, 주철은 아공정 주철(2.11~4.3%C), 공정 주철(4.3%C), 과공정 주철(4.3~6.68%C)으로 되어 있다.

③ 강을 탄소강과 합금강으로 분류하는 경우도 있는데, 탄소강은 탄소(C) 이외에 규소(Si), 망간(Mn), 인(P), 황(S) 등의 5대 원소가 분순물의 성격으로 약간 포함한 것이고 합금강은 탄소강에 특수한 성질을 부여하기 위해 니켈(Ni), 크롬(Cr), 망간(Mn), 규소(Si), 몰리브덴(MO), 텅스텐(W), 바나듐(V) 등의 합금 원소를 한 가지 또는 그 이상 첨가한 것이다.

(2) 철강 재료의 5대 원소

C(강에 가장 큰 영향), S<0.05%, P<0.04%, Si<0.1~0.4%, Mn<0.2~0.8%

① 화합탄소 : Fe_3C → 단단하고 취성이 있다.
② 흑연탄소 : 흑연의 유리탄소 → 연하고 약하다.

(3) 제철법

① 철광석 : 적·자·갈·능철광 → Fe 40~60% 이상

② 선철(pig iron) : 철광석을 용광로에 넣어서 정련하여 만든 철
③ 용제 : 석회석, 형석, 백운석 등이 있으며, 철과 불순물을 분리시킨다.

(4) 제강법

① 평로 제강법 : 바닥이 낮고 넓은 반사로
  ㉠ 산성법 : 규소 내화물(저P, 고Si)
  ㉡ 염기성법 : 돌로마이트 또는 마그네시아(고P, 저Si)
② 전로 제강법 : 노안에 용선 장입 후 공기를 불어넣어 불순물을 산화시켜 제강
  ㉠ 베세머법(산성법) : 규소 내화물(저P, 고Si)
  ㉡ 토머스법(염기성법) : 돌로마이트 또는 마그네시아(고P, 저Si)
③ 전기로 제강법 : 전열을 이용하여 강을 제련한다. 온도조절이 용이, 제품이 고가
  ㉠ 종류 : 아크식, 유도식, 저항식

> 참고 용량
> 1회에 생산되는 용강의 무게

1-2 강괴의 종류 및 특징

(1) 킬드강

완전히 탈산한 강으로 강괴의 중앙 상부에 큰 수축관이 생긴다.

(2) 세미킬드강

킬드강과 림드강의 중간 정도로 탈산한 강

(3) 림드강

탈산 및 기타 가스 처리가 불충분한 상태의 강으로 주형의 외벽으로 림(rim)을 형성한다.

(4) 캡드강

림드강을 변형시킨 강으로 비등을 억제시켜 림 부분을 얇게 한 강이며 탈산제로 Fe-Si, Al, Fe-Mn 등이 쓰인다.

(5) 강괴의 결함

① 비등작용 : 산소(O_2)와 탄소(C)가 반응한 코발트(Co)의 생성 가스가 대기중으로 빠져나가는 현상으로 끓는 것처럼 보인다. 림드강에서 발생한다.

② 헤어크랙(hair crack) : 수소(H_2)가스에 의해 머리칼 모양으로 미세하게 갈라지는 균열하는 것으로 킬드강에서 발생한다.
③ 백점 : 수소의 압력이나 열응력, 변태응력 등에 의해 생긴 균열이 생긴다. 이외에 수축관, 수축공, 기포, 편석 등이 있으며 킬드강에서 발생한다.

1-3 순 철

(1) 순철의 용도

탄소의 함유량이 0~0.025% 정도이므로 연하고 전연성이 풍부하고, 기계재료로는 거의 쓰이지 않으나 항장력이 낮고 투자율이 높기 때문에 변압기 및 발전기용 발철판의 전기재료로 많이 사용된다.

(2) 순철의 변태

① 순철의 변태점에는 동소변태 A_2(768℃), A_3(910℃)이고, 자기변태 A_4(1400℃)점이 있다.
② 순철에는 α철, γ철, δ철의 3개 동소체가 있으며 910℃ 이하에서는 α철로 체심입방격자, 910~1400℃에서는 γ철로 안정한 면심입방격자로 되며, 1400℃ 이상에서는 δ철로 체심입방격자이다.
③ 강은 강자성체이나 가열하면 자성이 점점 약해져서 768℃ 부근에서는 급격히 상자성체가 되는데 이러한 변태를 자기변태(A_2)라 하고, 앞에서 말한 격자 변화를 동소변태(A_3, A_4)라 한다. 또한 변태가 일어나는 온도를 변태점이라 한다.
④ 동소변태는 원자배열의 변화가 생기므로 상당한 시간을 요한다.
⑤ 자기변태는 원자배열의 변화가 없으므로 가열, 냉각시 온도변화가 없다.

(3) 순철의 성질

① 순철의 종류로는 암코철, 전해철, 카보닐철 등이 있으며 카보닐철이 가장 순수하다.
② 항자력이 낮고 투자율이 높아 전기재료(변압기, 발전기용 박판)로 사용
③ 단접성, 용접성 양호하나 유동성 및 열처리성 불량
④ 상온에서 전연성 풍부하며 항복점·인장강도 낮고, 연신율·단면수축률·충격값·인성은 높다.
⑤ 순철의 물리적 성질은 비중(7.87), 용융점(1,538℃), 열전도율이 0.18, 인장강도(18~25 N/mm^2), 브리넬경도(60~70 N/mm^2)

1-4 Fe-C 평형상태도

720°C에서 A_1변태, 768°C에서 A_2변태, 910°C에서 A_3변태, 1400°C에서 A_4변태가 일어난다. A_2변태점 이하의 온도의 것을 α철, A_2변태점에서 A_3변태점까지의 온도의 것을 β철이라 한다. 또 A_3변태점 온도에서 A_4변태점 온도까지의 것을 γ철이라 하고 A_4로부터 용융점에 1536.5°C까지의 것을 δ철이라 한다.

[그림 1-1]에 표시된 Fe-C계 상태도의 각 상태를 설명하면 다음과 같다.

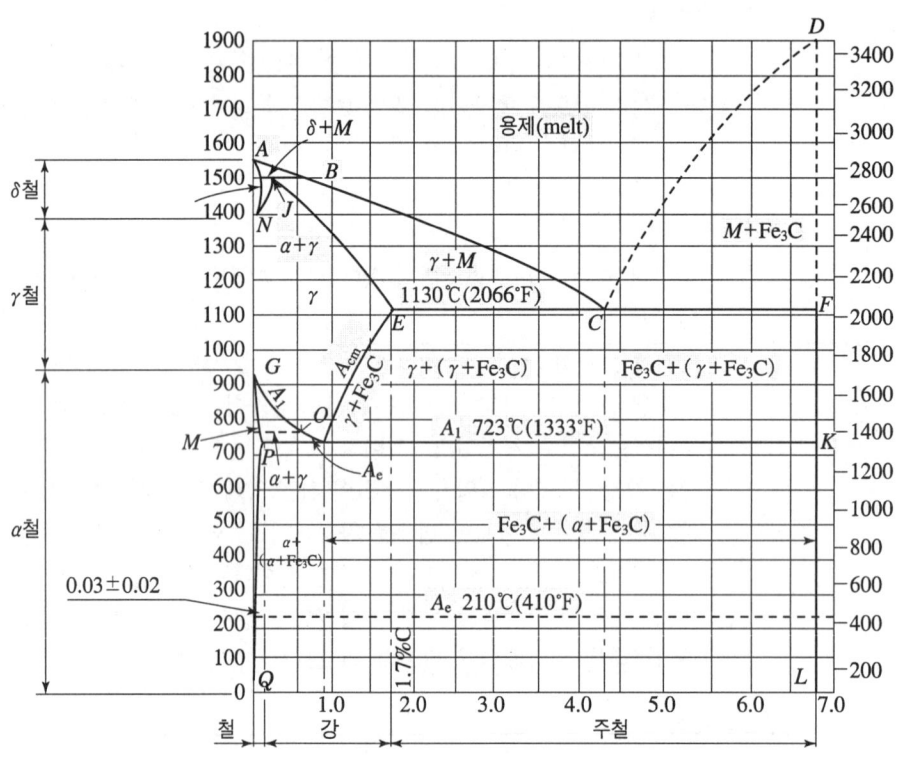

[그림 1-1] Fe-C의 평형상태도

A : 순철의 용융점 1538°C
AB : δ고용체(δ-Fe에 탄소 C가 고용된 고용체)의 액상선 B점은 0.51%C
AH : δ고용체의 고상선, H점은 0.077%C
HJB : 포정선 1493°C, 용액(농도B)+δ고용체(농도H) $\Leftrightarrow$ γ고용체(농도J)되는 포정반응을 일으킨다.
BC : γ고용체(γ-Fe에 탄소 C가 고용된 고용체)에 대한 액상선
JE : γ고용체의 고상선
N : 순 Fe의 A_4변태점(1401°C), δ-Fe $\Leftrightarrow$ γ-Fe
HN : δ고용체가 γ고용체로 변화하기 시작하는 온도, 강의 A_4변태가 시작되는 온도
JN : δ고용체가 γ고용체로 변화를 마치는 온도, 강의 A_4변태를 종료하는 온도
CD : 시멘타이트(Fe_3C)에 대한 액상선, 시멘타이트가 석출하기 시작하는 온도
E : γ고용체에 대한 C의 최대 용해도, C량 2.11%

C : 공정점(eutectic point) 1132℃, E는 고용체가 F로 되는 시멘타이트가 액체로부터 동시에 정출하는 점, C량 4.3%
ECF : 공정선(1145℃), F점은 6.67%C
ES : γ고용체로부터 시멘타이트가 석출하기 시작하는 온도로 이 곡선을 A_{cm}선이라 한다.
G : 순 Fe의 A_3변태점, 910℃, γ-Fe ⇔ α-Fe
GOS : γ고용체로부터 α고용체(α-Fe에 탄소 C가 고용된 고용체)의 석출이 시작되는 온도, 강의 A_3변태가 시작되는 온도
GP : P점의 C량 0.02%, 이 농도 이하의 γ고용체로부터 α고용체의 석출이 완료되는 온도, 강의 A_3변태를 완료하는 점
M : 순Fe의 A_2변태점. 자기 변태점, 큐리점
MO : 강의 A_2변태점, 769℃
S : 공석점, 723℃, C량 0.85%, γ고용체로부터 α고용체와 시멘타이트가 동시에 석출하는 온도
S(γ고용체) ⇔ P(α고용체)+K(Fe_2C)
P : α고용체에 대한 탄소(C)의 최대 용해도를 가지는 점(0.025%)
PSK : 공석선, 강의 A_1변태점, 723℃, K점의 C량 6.67%
PQ : α고용체에 대한 시멘타이트의 용해도 곡선, 상온에서 C의 용해도는 0.006%이다.

(1) 변태점

① A_0(210℃) : 시멘타이트의 자기변태점

② A_1(723℃) : 순철에는 없고 강에서만 일어나는 특유한 변태

③ A_2(768℃) : 자기변태(Fe, Ni, Co)

④ A_3(912℃) : 동소변태

⑤ A_4(1,400℃) : 동소변태

(2) 강의 표준조직(normal structure)

① α고용체 : 페라이트(강자성체로 극히 연하고 전성과 연성이 크다. H_B=90)

② γ고용체 : 오스테나이트(A_1점에서 안정된 조직으로 상자성체이고 인성이 크다. H_B=155)

③ Fe_3C : 시멘타이트(경도가 높고 취성이 크며 백색으로 상온에서 강자성체. H_B=820)

④ α+Fe_3C : 펄라이트(pearlite ; 오스테나이트가 페라이트와 시멘타이트의 층상으로 된 조직. 강도는 크고 어느 정도 연성이 있다. H_B=225)

⑤ γ+Fe_3C : 레데부라이트(상온에서 불안정하고 Fe_3C는 흑연과 지철(地鐵)로 분해한다.)

(3) 탄소함량에 따른 분류

① 강

㉠ 공석강 : 0.77%C(펄라이트)

㉡ 아공석강 : 0.025~0.77%C(페라이트+펄라이트)

ⓒ 과공석강 : 0.77~2.0%C(펄라이트+시멘타이트)

② 주철

㉠ 공정주철 : 4.3%C(레데부라이트)

㉡ 아공정주철 : 2.0~4.3%C(오스테나이트+레데부라이트)

㉢ 과공정주철 : 4.3~6.67%C(레데부라이트+시멘타이트)

- 포정점 : 0.18%C, 1,492℃
- 공석점 : 0.77%C, 723℃
- 공정점 : 4.3%C, 1,147℃(상온 표준조직 : 펄라이트)

1-5 탄소강의 표준조직

강을 단련하여 불림(normalizing) 처리, 즉 표준화 처리한 것을 말하며 조직에는 다음과 같은 용어가 있으며 그 기계적 성질은 [표 1-1]과 같다.

[표 1-1] 표준조직의 기계적 성질

성질 \ 조직	페라이트	펄라이트	시멘타이트
인장강도(N/mm^2)	30~35	90~100	35 이하
연 신 율(%)	40	10~15	0
브리넬 경도(HB)	80~90	200~225	800~820

(1) 오스테나이트(austenite)

γ철에 탄소가 1.7% 이하로 고용된 고용체로서 페라이트보다 굳고 인성이 크다. 그러나 이것은 비자성이다. 경도는 Hv ≒ 100~200 정도이다.

(2) 페라이트(ferrite)

α(BCC)철에 극히 소량(상온에서 0.006%, 721℃에서 최대 0.03%)까지 탄소가 고용된 고용체이며, α고용체라고도 한다. 이것은 극히 연하고 연성이 크나 인장강도는 작고 상온에서 강자성체이다. 파면의 백색을 띠며 순철의 바탕 조직이다. 경도는 Hv ≒ 70~100 정도이다.

(3) 펄라이트(pearlite)

A$_1$변태점에서 오스테나이트의 분열에 의하여 생기는 것으로 탄소 0.85%C의 함유하며 γ고용체가 723℃에서 분열하여 생긴 페라이트와 시멘타이트의 공석정으로 페라이트와 시멘타이트가 층으로 나타나며 앞에서 설명한 페라이트보다 경도가

크고 강하며 자성이 있다. 탄소강의 기본조직이다. 경도는 Hv ≒ 240 정도이다.

(4) 시멘타이트(cementite)

시멘타이트는 철(Fe)과 탄소(C)의 화합물인 탄화철(Fe_3C)로서 탄소를 6.68%의 탄소를 함유한 탄화철로 경도와 취성이 커서 잘 부스러지는 성질, 즉 메짐성이 크며 백색이다. 상온에서 강자성체이며, 담금질을 해도 경화되지 않고 화학식으로는 Fe_3C로 표시한다. 경도는 Hv ≒ 1050~1200 정도이다.

(5) 레데부라이트(ledeburite)

γ고용체와 시멘타이트의 공정조직으로 주철에 나타난다.

> **참고** 주조직의 경도 순서
> 시멘타이트 > 마텐자이트 > 트루스타이트 > 베이나이트 > 솔바이트 > 펄라이트 > 오스테나이트 > 페라이트

1-6 탄소강은 온도에 따라 여러 가지 취성

(1) 청열 취성

강은 온도가 높아지면 전연성이 커지나, 200~300℃에서는 강도는 크지만, 연신율은 대단히 작아져서 결국 메짐성을 증가한다. 이 때의 강은 청색의 산화피막을 형성하는데, 이것을 청열 취성(메짐성)이라고 한다.

(2) 적열 취성

강이 900℃ 이상에서 황이나 산소가 철과 화합하여 산화철이나 황화철을 만든다. 황(S)이 많은 강은 고온에 있어서 여린 성질을 나타내는데 이것을 적열 취성이라고 한다.

(3) 상온 취성

인(P)은 강의 결정 입자를 조대화시켜서 강을 여리게 만들며, 특히 상온 또는 그 이하의 저온에 있어서는 특별히 현저해 진다. 인(P)은 상온 메짐성 또는 냉간 메짐성의 원인이 된다.

(4) 고온 취성

강은 구리(Cu)의 함유량이 0.2% 이상(일반적으로 Cu 1.0% 이하)으로 되면 고온에 있어서 현저히 여리게 되며, 결국 고온 메짐성을 일으킨다.

(5) 냉간(저온) 취성

강은 일반적으로 충격값은 100℃ 부근에서 최대이며, 상온 이하에 있어서는 현저히 여리게 된다. 이것을 냉간 메짐성이라고 한다.

1-7 탄소강 중의 타 원소의 영향

(1) 규소(Si)

강의 경도, 탄성한계, 인장강도를 증가시키며, 연신율, 충격값, 전성, 가공성은 감소시키고 단접성을 해치고 주조성(유동성)을 좋게 하며 결정입자의 크기를 증대시켜 거칠어진다. 탄소함량은 0.10~0.35%이다.

(2) 망간(Mn)

황과 화합하여 적열취성방지(MnS)하게 되어 황의 해를 제거하며, 고온 가공을 용이하게 한다. 강도, 경도, 인성을 증가시키며, 고온에 있어서는 결정 입자의 성장을 방해한다. 소성을 증가시키고 주조성을 좋게 한다. 담금질 효과를 크게 하며 탈산제로도 사용되며, 강중의 탄소함량은 0.20~0.80%이다.

(3) 인(P)

경도와 강도를 증가시키고, 연신율이 감소하며 가공시 편석 및 균열을 일으킨다. 상온메짐성의 원인이 된다. 기포가 없는 주물을 만들 수 있고, 절삭성이 좋아진다.

(4) 황(S)

적열상태에서는 메짐성이 커 적열 취성의 원인이 되며, 인장강도, 연신율, 충격값을 감소시킨다. 강의 용접성을 나쁘게 하며, 강의 유동성을 해치고 기포를 발생시킨다. 망간과 화합하여 절삭성이 좋아진다.

(5) 구리(Cu)

인장강도, 탄성한도를 증가시키고 내식성을 증가시킨다. 압연시 균열의 원인이 된다.

(6) 가스(O_2, N_2, H_2)

산소는 적열 메짐성의 원인이 되며, 질소는 경도와 강도를 증가시키고, 수소는 백점(flake)이나 헤어크랙(hair crack)의 원인이 된다.

1-8 탄소강과 그 용도

(1) 0.15%C 이하의 저탄소강

탄소량이 적어 담금질 뜨임에 의한 개선이 어려워 냉간가공을 하여 강도를 높여 사용할 때가 많다. 대상 강, 박강판, 강선 등에는 냉간 가공성이 좋으며 규소 함유량이 적은 저탄소강이 사용된다. 보일러용 강판 및 강관은 냉간 가공성, 용접성, 내식성이 좋아야 하므로 저탄소강이 가장 적당하다.

(2) 0.16~0.25%C 탄소강

강도에 대한 요구보다도 절삭 가공성을 중요시하는 것으로 0.15%C 부근의 것은 침탄용강 또는 냉간가공용 강으로 널리 사용된다. 0.25%C 부근의 것은 볼트, 너트, 핀, 등 용도는 극히 넓다. 엷은 탄소강 관재로는 0.15~0.25%C 정도가 많이 사용된다. 강 주물도 이 범위의 탄소량의 것이 주조가 가장 쉽다.

(3) 0.25~0.35%C 탄소강

이 범위의 탄소강은 단조, 주조, 절삭가공, 용접 등 어떠한 경우에도 쉽다. 또한 조질에 의해서 재질을 개선할 수도 있다. 담금질, 뜨임을 실시하면 대단히 강인해지며 차축 기타 일반 기계 부품에서는 압연 또는 단조 후 풀림이나 불림을 행하므로 열간가공에 의해서 조대화 또는 불균일하게 된 결정입자를 균일 미세화해서 그대로 절삭 가공만을 하여 사용한다.

(4) 0.35~0.60%C 탄소강

취성이 있고 담금질성은 크나 담금질 균열이 생기기 쉽다. 열균열이 생기기 쉽고 인성도 불충분하기 때문에 크랭크축, 기어 등에 사용할 때는 설계상 충분히 주의해야 하며, 이 범위의 탄소강은 비교적 용도가 적다.

(5) 0.65%C 이상의 고탄소강

구조용재로서 0.6%C 이상의 고탄소강을 사용하는 일은 거의 없으나 공구강, 핀, 차륜, 레일(rail), 스프링 등과 같은 내마모성, 고항복점을 요구하는 물품에 사용된다.

1-9 탄소함량에 따른 분류

① 가공성만을 요구하는 경우 : 0.05~0.3%C
② 가공성과 강인성을 동시에 요구하는 경우 : 0.3~0.45%C

③ 가공성과 내마모성을 동시에 요구하는 경우 : 0.45~0.65%C
④ 내마모성과 경도를 동시에 요구하는 경우 : 0.65~1.2%C

1-10 주 강

주철은 주물을 만들기 쉽지만 종래의 편상 흑연 주철로는 강도가 부족하고 취성이 있는 결점이 있어 보다 강인한 주물이 필요한 시에 주강 주물이 사용된다.

(1) 주강의 성질

① 주강은 단조강보다 가공 공정을 줄일 수 있고 균일한 재질을 얻을 수 있다.
② 대량생산에도 적합하다. 하지만 용융점이 높아 주조하기가 힘든 단점이 있다.
③ 수축률은 주철의 2배이며 주조 시 응력이 크고 기포가 발생되기 쉽다.
④ 주조 시에는 조직이 억세고 메지기 때문에 주조 후 반드시 열처리해야 한다.

(2) 주강의 종류

종류에는 0.3%C 이하의 저탄소 주조강, 0.2~0.5%C의 중탄소강 0.5%C 이상의 고탄소 주강이 있으며, C, Si, Mn의 %는 규정하지 않고 P, S만 규정하고 있다. 또, 강도, 내식, 내열, 내마모성 등이 요구되는 경우 Ni, Mn, Cu, Mo 등이 첨가된 특수 주강을 사용한다.

제1장 철강재료

예상문제

문제 001
다음 중 순철을 사용하면 가장 좋은 곳은?
- ㉮ 코일 스프링
- ㉯ 기계의 구조물
- ㉰ 소결자석용 철분
- ㉱ 내마모성을 요구하는 부품

문제 002
탄소강 중 인장강도와 경도가 최대인 것은 어느 것인가?
- ㉮ 아공석강
- ㉯ 공석강
- ㉰ 극연강
- ㉱ 과공석강

해설 인장강도와 경도는 공석강(0.85%C)에서 최대가 되고 인장강도는 그 후 감소한다.

문제 003
탄소강이 200~300℃에서 취약하게 되어 가공성도 나쁘게 되는 현상을 무엇이라고 하는가?
- ㉮ 동소변태
- ㉯ 자기변태
- ㉰ 적열 취성
- ㉱ 청열 취성

문제 004
다음 중 SM35C의 재료를 올바르게 설명한 것은?
- ㉮ 기계구조용 탄소강, 탄소함유량 0.30~0.40%
- ㉯ 기계고주용 탄소강, 인장강도 35 N/m²
- ㉰ 탄소공구강, 탄소 함유량 0.3~0.40%
- ㉱ 탄소공구강, 인장강도 35 N/m²

문제 005
Fe-Fe₃C계 평형상태도에서 A_cm선은?
- ㉮ 시멘타이트의 자기변태선
- ㉯ γ고용체로 부터 Fe₃가 석출되기 시작하는 온도선
- ㉰ γ고용체로부터 펄라이트(pearlite)로 변태하는 선
- ㉱ δ고용체의 γ고용체 석출 완료선

문제 006
금속재료에서 공업용으로 가장 많이 사용되는 금속의 성질 중 관계없는 것은?
- ㉮ 취성
- ㉯ 강도
- ㉰ 연성
- ㉱ 경도

문제 007
다음 탄소강의 기본조직 중에서 공석강으로 페라이트와 시멘타이트의 층상조직으로 현미경에서 수백 배 이상의 높은 배율에서 명암이 층상으로 나타나는 조직은?
- ㉮ 페라이트
- ㉯ 오스테나이트
- ㉰ 펄라이트
- ㉱ 시멘타이트

문제 008
탄소강 함유 원소 중 상온 취성(cold brittleness)의 원인이 되는 원소는?
- ㉮ S
- ㉯ Mn
- ㉰ P
- ㉱ Si

답 001. ㉰ 002. ㉯ 003. ㉱ 004. ㉮ 005. ㉯ 006. ㉮ 007. ㉰ 008. ㉰

문제 009

탄소(C)를 0.2~0.3% 함유하며 건축, 조선, 교량 기계부품 제작에 널리 사용하는 강은?
- ㉮ 반연강
- ㉯ 반경강
- ㉰ 경강
- ㉱ 최경강

문제 010

금형 구성품으로서 펀치플레이트, 스트리퍼플레이트, 배킹 플레이트 등에 주로 사용되는 재료는?
- ㉮ GC
- ㉯ STC
- ㉰ STD
- ㉱ SKH

문제 011

탄소강에서 탄소가 증가할수록 감소하는 성질은?
- ㉮ 인장강도
- ㉯ 경도
- ㉰ 항복점
- ㉱ 비중

해설 탄소강에서 탄소량이 증가에 따라 비중, 열팽창 계수, 열전도도는 감소한다.

문제 012

다음 중 상온에서 소성가공이 가장 용이한 재료는?
- ㉮ 순철
- ㉯ 탄소강
- ㉰ 주철
- ㉱ 합금강

문제 013

탄소강의 상온에서 기계적 성질 중 탄소(C)량의 증가에 따라 현저히 저하하는 성질은?
- ㉮ 인장강도
- ㉯ 항복점
- ㉰ 경도
- ㉱ 연신율

해설 탄소강의 상온에서의 기계적 성질에서 탄소함유량이 증가할수록 인장강도, 경도, 및 항복점 등을 증가하지만 연신율, 단면수축률 및 충격치 등은 감소하는 현상을 나타낸다.

문제 014

탄소 함유량에 따른 탄소강의 물리적 성질 중 탄소량이 증가하면 증가하는 성질은?
- ㉮ 열팽창 계수
- ㉯ 열전도도
- ㉰ 전기저항
- ㉱ 내식성

해설 탄소강의 물리적 성질 중 탄소량이 증가하면 비중, 열팽창 계수, 열전도도, 내식성은 감소하며, 비열, 전기저항, 항자력은 증가한다.

문제 015

주강의 재료기호 SC410에서 410은 무엇을 나타내는가?
- ㉮ 탄소함량
- ㉯ 인장강도
- ㉰ 항복점 또는 내구력
- ㉱ 뜨임온도

문제 016

탄소강에 함유된 5대 원소와 거리가 먼 것은?
- ㉮ Mn
- ㉯ Si
- ㉰ Ag
- ㉱ C

해설 탄소강에 함유된 5대 원소에는 Mn, Si, P, S, C가 있다.

문제 017

탄소강의 불순물 중에서 강도, 연신율 충격치를 모두 감소시키고 특히 고온에서 적열취성(red shortness)을 일으키는 원소는?
- ㉮ S
- ㉯ Cu
- ㉰ C
- ㉱ Mn

문제 018

순철의 동소체 중 910~1400°C 사이에서 변태하는 철은?

답 009. ㉮ 010. ㉯ 011. ㉱ 012. ㉮ 013. ㉱ 014. ㉰ 015. ㉯ 016. ㉰ 017. ㉮ 018. ㉯

㉮ α철 ㉯ β철
㉰ γ철 ㉱ δ철

문제 019

다음 탄소강의 기본조직 중에서 공석강으로 페라이트와 시멘타이트의 층상조직으로 현미경에서 수백 배 이상의 높은 배율에서 명암이 층상으로 나타나는 조직은?

㉮ 페라이트 ㉯ 오스테나이트
㉰ 펄라이트 ㉱ 시멘타이트

문제 020

탄소강이 200~300℃ 정도에서 연신율과 단면수축률이 저하되고 인장강도, 경도가 증가하여 취성이 커지는 것은?

㉮ 청열 취성 ㉯ 고온 취성
㉰ 냉간 취성 ㉱ 적열 취성

문제 021

탄소강에서 일반적으로 탄소함유량이 많아지면, 그 성질이 감소하는 기계적 성질은?

㉮ 경도 ㉯ 인장강도
㉰ 충격치 ㉱ 항복점

문제 022

탄소강 함유 원소 중 상온 취성(cold brittleness)의 원인이 되는 원소는?

㉮ S ㉯ Mn
㉰ P ㉱ Si

문제 023

기계구조용 탄소강의 SM 45C에서 기호표시 중 "45"는 무엇을 뜻하는가?

㉮ 탄소함유량 ㉯ 항복점
㉰ 경도 ㉱ 인장강도

[해설] 45숫자는 탄소함유량을 뜻하며, 0.45%C의 평균치를 나타낸다.

[답] 019. ㉰ 020. ㉮ 021. ㉰ 022. ㉰ 023. ㉮

제 2 장 특수강(합금강)

2-1 강에서 합금원소의 영향

탄소강에서 얻을 수 없는 특별한 성질을 얻기 위해서 양질의 강괴를 선정하여 여기에 탄소 이외의 Mn, Si, Ni, Cr, Mo, V 등의 합금원소를 첨가하면 목적하는 강도가 증가됨에 따라 인성도 좋아져서 경량화에 유리한 특수재료를 얻을 수 있다. 이러한 강을 합금강 또는 특수강이라 한다. 합금강은 용도에 따라 구조용, 공구용, 특수용도용으로 구분한다.

(1) 특수강(합금강)의 목적

　① 강의 경화능 증가로 기계적 성질의 향상(강도, 경도, 인성, 내피로성)
　② 고온 및 저온에서의 기계적 성질의 저하 방지
　③ 높은 뜨임온도에서 강도 및 연성 유지
　④ 담금질성의 향상
　⑤ 단접 및 용접의 용이
　⑥ 전자기적 성질의 개선
　⑦ 결정 입도의 성장 방지

(2) 일반적인 합금원소의 영향

　① 탄소 : 주된 경화 원소
　② 유황 : 기계가공성 향상
　③ 인 : 기계가공성 향상
　④ 망간 : 경도의 증대, 내마멸성 증가, 황의 메짐 방지, 탈황제
　⑤ 니켈 : 강인성, 내식성, 내마멸성의 증대, 저온 충격저항 증가
　⑥ 크롬 : 내식성(15% 크롬보다 많은 경우), 경도 깊이(15% 크롬보다 낮은 경우),

내마모성 증가
⑦ 규소 : 전자기 특성, 내식성, 내열성 우수
⑧ 몰리브덴 : 경도 깊이 증가, 고온에서의 강도, 인성 증대, 뜨임 메짐 방지, 텅스텐효과의 2배
⑨ 바나듐, 티탄, 이리륨 : 입자 미세화, 결정 입자의 조절, 경화성은 증가하나 단독사용 안 됨
⑩ 텅스텐 : 경화능, 고온에 있어서의 경도와 인장강도 증가
⑪ 실리콘 : 유동성, 탈산제
⑫ 실리콘과 망간 : 작업 경화능력 향상
⑬ 알미늄 : 탈산제
⑭ 붕소(boron) : 경화능력 향상
⑮ 납 : 기계가공성 향상
⑯ 구리 : 공기 중 내산화성 증가
⑰ 코발트 : 고온경도 및 인장 강도 증대, 단독사용 불가
⑱ 티탄 : 입자 사이의 부식에 대한 저항을 증가시켜 탄화물을 만들기 쉽다.

(3) 합금원소의 공통된 특성

① P, Si, Mo, Ni, Cr, W, Mn : 페라이트 강화성
② V, Mo, Mn, Cr, Ni, W, Cu, Si : 담금질 효과, 침투성 향상
③ Al, V, Ti, Zr, Mo, Cr, Si, Mn : 오스테나이트 결정 입자의 성장 방지
④ V, Mo, W, Cr, Si, Mn, Ni : 뜨임 저항성 향상
⑤ Ti, V, Cr, Mo, W : 탄화물 생성성 향상

(4) 보통 특수강의 탄소 함유량은 0.25~0.55%가 많이 사용되며 다음과 같은 성질의 개선을 위하여 제조한다.

① 기계적 성질의 개선 및 고온에서 저하 방지
② 내식성, 내마멸성의 증가
③ 담금질성의 향상과 단조 및 용접의 용이 등이다.

2-2 구조용 특수강

(1) 강인강

탄소강으로 얻기 어려운 강인성을 가져야 하기 때문에 탄소강에 Ni, Cr, Mo, W, V, Ti, Zr, Co, B, Si 등을 적당량 첨가한 것으로서 Ni-Cr강, Ni-Cr-Mo강, Ni-Mo강, Cr

강, Cr-Mo강, Mn강(저망간강, 고망간강), 고장력강 등이 있다.
① Ni강(1.5~5% Ni 첨가) : 표준상태에서 펄라이트 조직, 질량효과가 적고 자경성, 강인성이 목적
② Cr강(1~2% Cr 첨가) : 상온에서 펄라이트 조직, 자경성, 내마모성이 목적
③ Ni-Cr강(SNC)
　㉠ 수지상 조직이 피기 쉽고 냉각 중 헤어크랙, 백점 등을 발생시키며 뜨임 메짐이 있다.
　㉡ 강인하고 점성이 크며 담금질성이 높다.
　㉢ 850℃ 담금질, 550~680℃에서 뜨임하여 소르바이트 조직을 얻는다.
　㉣ 가장 널리 쓰이는 구조용 강으로 Ni강에 Cr 1% 이하의 첨가로 경도 보충한 강
④ Ni-Cr-Mo강(SNCM)
　㉠ Mo첨가로 뜨임 취성이 방지
　㉡ 고급내연기관의 크랭크축, 기어, 축 등에 쓰인다.
⑤ Cr-Mo강(SCM)
　㉠ 펄라이트 조직의 강으로 뜨임 취성이 없고 용접선 우수
　㉡ 인장강도 충격저항이 증가하고 Ni-Cr강의 대용으로 사용
⑥ Mn강
　㉠ 저망간강(듀콜강) : 펄라이트 조직의 Mn 1~2% 함유한 강
　㉡ 고망간강(하드필드강) : 오스테나이트 조직의 Mn 10~14% 함유한 강. 고온취성이 생기므로 1000~1100℃에서 수중 담금질(수인법)하여 인성을 부여한다.
⑦ 고장력강 : 인장강도 490MPa(50kgf/mm^2) 이상, 항복강도 314MPa(32kgf/mm^2) 이상의 강으로 인장강도 1962MPa(200kgf/mm^2) 이상의 것은 초고장력강이라 한다.
⑧ Cr-Mn-Si강 : 구조용 강으로 값이 싸고 기계적 성질이 좋아 차축 등에 널리 쓰인다. 대표적으로 크로만실이 있다.

(2) 표면 경화강

① 침탄강 : 침탄용 강으로는 보통 저탄소강(0.25% 이하)이 사용되나 보다 우수한 성능이 요구될 때는 Ni, Cr, Mo, W, V 등을 함유하는 특수강이 쓰인다.
② 질화강 : 질화강은 Al, Cr, Mo, Ti, V 등의 원소 중에 두 가지 이상의 원소를 함유한 것이 사용되고 있는데 최근에는 질화강 중에서 Al 1~2%, Cr 1.5~1.8%, Mo 0.3~0.5%를 함유하는 것이 널리 사용되고 있다.
③ 스프링 강 : 탄성한도, 항복점이 높은 Si-Mn강이 사용되며, 정밀고급품에는 Cr-V강을 사용한다.

2-3 공구용 합금강

공구란 금속을 가공할 때 절삭, 전단 등에 사용되는 날 류 또는 측정에 사용되는 기구를 말하는 것으로서 공구 재료로서 구비해야 할 조건은 다음과 같다.
① 상온 및 고온 경도가 높을 것.
② 내마모성이 클 것.
③ 강인성이 있을 것.
④ 열처리 및 가공이 용이해야 할 것.
⑤ 제조 취급이 쉽고 가격이 저렴할 것.

따라서 각종 공구 재료로서 사용되는 특수강은 탄소공구강보다 강도, 인성, 내마모성이 우수해야 한다. 그러므로 공구용 특수강은 높은 탄소함유량 외에 Cr, W, Mn, Ni, V 등이 하나 이상 첨가되며, 고급 특수강에서는 성질 개선을 위하여 Mo, V, Co 등이 더 첨가된다.

(1) 합금공구강(STS)

경도를 크게 하고 절삭성을 개선하기 위하여 탄소공구강에 Cr, W, V, Mo 등을 첨가한 강으로서 바이트(bite), 탭(tap), 드릴(drill), 절단기(cutter), 줄 등에 쓰인다.

(2) 고속도강(SKH)

절삭공구강의 대표적인 특수강으로서 W, Cr, V 이외의 Co, Mo 등을 다량 함유하고 있는 고 합금강으로 500~600℃까지 가열하여도 뜨임에 의해서 연화되지 않고 고온에서도 경도 감소가 적은 것이 특징이다. 대표적인 것으로는 W 18%, Cr 4%, V 1%를 함유한 18-4-1형이 있다.

① 고속도강의 열처리 : 1250~1350℃에서 담금질하고 550~600℃에서 뜨임하여 2차 경화시킨다. 풀림은 820~860℃에서 행한다.
② 고속도강의 종류
  ㉠ W계 고속도강 : 18-4-1이 대표적으로 SKH1, 2종이 해당한다.
  ㉡ Mo계 고속도강 : W계에 비해 가격이 싸고, 인성이 높으며 담금질 온도가 낮아 열처리가 용이하다.
  ㉢ Co계 고속도강 : Co의 첨가는 고온경도를 높이고 절삭의 내구성을 향상시킨다. 강력 절삭공구로서 SKH 13~5종이 해당한다.

> **참고** 공구강의 경도 순서
> 탄소공구강 < 합금공구강 < 스텔라이트 < 고속도강 < 초경합금 < 세라믹 < 다이아몬드 < CBN

(3) 주조경질 합금

주조한 강을 연마하여 사용하는 공구재료로서 충분한 강도를 가지고 있으므로 열처리가 필요 없고 단조가 불가능하다. 대표적인 것으로는 Co를 주성분으로 하는 Co-Cr-W-C계의 스텔라이트(stellite)가 있으며 절삭용 공구, 다이스(dies), 드릴(drill), 의료용 기구, 착암기의 비트(bit) 등에 사용된다.

(4) 소결 초경합금

고속도강보다 더욱 훌륭한 공구재료로서 Co, W, C 등의 분말형 탄화물을 프레스로 성형하여 소결시킨 것으로 소결 경질합금이라고도 한다. 상품명으로는 독일의 비디아(Widia), 미국의 카볼로이(Carboloy), 영국의 미디아(Midia), 일본의 탕갈로이(Tungaloy) 등이 있다. 초경합금은 사용목적, 용도에 따라 재질의 종류와 형상이 다양한데, 절삭공구용 P, M, K종과 내마모성 공구용으로 D종 그리고 광산공구용으로 E종이 있다.

(5) 세라믹공구(Ceramictool)

Al_2O_3 외 99% 이상의 분말을 산화물, 탄화물 등을 배합하여 1600℃ 이상에서 소결한 공구로 1000℃ 이상에서 경도를 유지할 수 있다. 하지만, 초경합금보다 취약하고 열충격에 약한 단점이 있다. Al_2O_3-Tic계 세라믹은 이 결점을 개선한 것이다.

[표 2-1] 공구재료의 성질을 비교

구 분	고 탄 소 강	고 속 도 강	W C 공 구	세 라 믹 공 구
비 중	7.85	8.5~8.8	8~15	3.7~4.1
열전도율 (cal/s·cm²·℃)	0.02~1.10	0.07	0.05~0.18	약 0.05
열팽창 계수	$11~15×10^{-6}$	$11×10^{-6}$	$5~7×10^{-6}$	약 $8×10^{-6}$
탄성 계수(N/mm²)	$2.1×10^4$	$3~4×10^4$	$4.5~6×10^4$	$3~4×10^4$
압축강도(N/mm²)	열처리 따라 다름	350	400~560	200
로크웰 경도(HRC)	HRC55~61	HRC58~61	HRC88~91	HRC85~94
연화온도(℃)	200~400	600	1100~1200	1500
열처리	필요	필요	불필요	불필요
가 격	저	중	고	고

2-4 특수 용도용 특수강

(1) 쾌삭강

탄소강에 S, Pb, 흑연을 첨가시켜 절삭성을 향상시킨 것을 말하며, S을 0.16% 정도 첨가시킨 황 쾌삭강, 0.10~0.30% 정도의 Pb을 첨가시킨 납 쾌삭강, 탄화물을 흑연화시킨 흑연 쾌삭강이 있다.

(2) 게이지(gauge)강

블록 게이지(block gauge), 와이어 게이지(wire gauge) 등 정밀 기계 기구 등에 사용된다. 조성은 W-Cr-Mn이고 소입 후 장시간 저온뜨임 또는 영하 처리(심냉 처리)한다.
게이지강은 다음과 같은 성질이 필요하다.
① 내마모성이 크고 경도가 높을 것.
② 담금질에 의한 변형 및 담금질 균열이 적을 것.
③ 오랜 시간 경과하여도 치수의 변화가 적을 것.
④ 열팽창계수는 강과 유사하며 내식성이 좋을 것.

(3) 스프링용 특수강

보통 냉간가공의 것과 열간가공의 것이 있다. 철사, 스프링, 얇은 판스프링 등은 냉간 가공, 판스프링, 코일 스프링은 열간가공에 속하는데 열간가공용의 스프링으로서는 0.5~1.0%C의 탄소강 외에 Mn강, Si-Mn강, Si-Cr강, Cr-V강 등의 특수강이 사용된다.

(4) 베어링강

0.95~1.10%의 고탄소 크롬강이 사용되는데 고급용은 V, Mo 등을 첨가해서 사용된다. 고탄소 크롬강은 내구성이 크고 담금질 후 140~160℃에서 반듯이 뜨임한다.

(5) 스테인리스강

Cr, Ni을 다량 첨가하여 내식성을 현저히 향상시킨 강으로서 녹이 슬지 않는다 하여 불수강이라고도 한다. 일반적으로 Cr의 함량이 12% 이상인 강을 스테인리스강이라 하고, 그 이하의 강은 그대로 내식성 강이라 하며, 금속 조직학상 마텐자이트계와 페라이트계 및 오스테나이트계로 분류되는데 그 대표적인 것은 18-8형 스테인리스강인 오스테나이트계 스테인리스강이다.

[표 2-2] 스테인리스강의 분류와 특성

분류(조직상)	강 종	성 분	담금 경화성	내식성	굴곡 가공성	용접성
마텐자이트계	Cr 계	C>0.15, Cr<18	있음	나쁨	나쁨	불가
페라이트계	Cr 계	C<0.20, 11<Cr<27	전혀 없음	보통	보통	보통
오스테나이트계	Cr-Ni	Cr>16, C<0.20, Ni>7	없음	좋음	좋음	좋음

18-8 스테인리스강이라 함은 그 성분이 18% Cr, 8% Ni인 것으로 그 특징은 다음과 같다.
① 내산 및 내식성이 13% Cr 스테인리스강보다 우수하다.
② 비자성이다.
③ 인성이 좋으므로 가공이 용이하다.
④ 산과 알칼리에 강하다.
⑤ 용접하기 쉽다.
⑥ 탄화물(Cr_4C)이 결정립계에 석출하기 쉽다.(즉, 결정립계 부식이 발생하는데 이를 강의 예민화(sensitize)라 한다.

> 참고 | 입계부식방지법
> ① Cr탄화물(Cr_4C)를 오스테나이트 조직 중에 용체화하여 급냉시킨다.
> ② 탄소량을 감소시켜 Cr_4C의 발생 억제
> ③ Ti, V, Nb 등을 첨가하여 Cr_4C의 발생 억제

(6) 내열강과 내열합금(STR)

① 공업의 발달에 따라서 기계나 설비의 중요한 부분이 고온을 받아야 할 경우가 많다. 따라서 재료도 고온에 견딜 수 있는 것이 요구되는데 그 고온에 견딜 수 있는 내열재료의 구비 조건은 다음과 같다.
  ㉠ 고온에서 화학적으로 안정해야 한다.
  ㉡ 고온에서 기계적 성질이 우수해야 한다.(경도, 크리프한도, 전연성)
  ㉢ 고온에서 조직이 변하지 않아야 한다.
  ㉣ 열팽창 및 열변형이 적어야 한다.
  ㉤ 소성 가공, 절삭 가공, 용접 등이 쉬워야 한다.
② 내열강의 종류에는 Fe-Cr계를 기본으로 하여 이것에 Cr을 비롯한 여러 원소를 첨가한 페라이트계 내열강, 이 중에는 특히 Cr량을 적게 하여 고온취성을 피하고 Si를 첨가하여 내산성의 저하를 보충한 내열강(0.1% C, 6.5% Cr, 2.5% Si), 18-8계 스테인리스강을 주체로 하고 이것에 Ti, Mo, Ta, W등을 첨가하여 만든 오스테나이트계 내열강, 초내열 합금(super heat resisting alloy) 등이 있다.

(7) 전자기용 특수강

① 규소강(Si) : 저탄소(0.08% 이하)강에 0.5~4.5%의 Si를 첨가한 규소강(silicon steel)은 잔류자속밀도가 적다. 따라서 히스테리시스 손실이 적으므로 발전기, 전동기, 변압기 등의 철심 재료에 적합하다.

② 자석강 : 강한 영구자석 재료로는 결정입자가 극히 미세하고 결정 입계가 많은 것이 좋다. 잔류 자기와 항자력이 크고, 온도, 진동 등에 의해 자기를 상실하지 않는 것으로 텅스텐, 코발트, 크롬이 함유된 강이다. KS 자석강은 Fe-Co-Cr-W계 합금이다.

③ 비자성강 : 변압기, 차단기, 반전기의 커버 및 배전판에 자성재를 사용하면 맴돌이 전류가 유도 발생되어 온도가 상승되므로 이것을 피하기 위하여 비자성 재료를 사용하는데, Ni의 일부를 Mn으로 대치한 Ni-Mn강 또는 Ni-Cr-Mn강 등이 사용된다.

(8) 불변강

불변강(invariable steel)이라 함은 온도가 변화하더라도 어떤 특정의 성질(열팽창계수, 탄성계수 등)이 변화하지 않는 강을 말하며, 그 종류에는 다음과 같은 것들이 있다.

① 인바(invar) : Ni 36%를 함유하는 Fe-Ni 합금으로서 상온에서 열팽창계수가 매우 적고 내식성이 대단히 좋으므로 줄자, 시계의 진자, 바이메탈 등에 쓰인다.

② 초인바(super invar) : 인바보다도 열팽창계수가 한층 더 작은 Fe-Ni-Co합금이다.

③ 엘린바(elinvar) : 상온에 있어서 실용상 탄성계수가 거의 변화하지 않는 30% Ni-12% Cr합금으로 고급 시계, 정밀 저울 등의 스프링 및 기타 정밀 계기의 재료에 적합하다.

④ 플래티나이트(platinite) : Ni 40~50%, 나머지 Fe이고, 전구의 도입선과 같은 유리와 금속의 봉착용으로 쓰이는 Fe-Ni계 합금으로 페르니코(Fe 54%, Ni 28%, Co 18%), 코바르(Fe 54%, Ni 29%, Co 17%)라는 것도 있다.

⑤ 코엘린바(Coelinvar) : Cr10~11%, Co26~58%, Ni10~16% 함유하는 철 합금으로 온도변화에 대한 탄성률의 변화가 극히 적고 공기중이나 수중에서 부식되지 않고, 스프링, 태엽, 기상관측용 기구의 부품에 사용된다.

⑥ 퍼멀로이(permalloy) : Ni 75~80%, Co 0.5% 함유, 약한 자장으로 큰 투자율 가지므로 해저전선의 장하 코일용으로 사용되고 있다.

제2장 특수강(합금강)

예상문제

문제 001
강 보다 우수하고 매마모성이 크며, 내충격성이 요구되는 재료로 적합한 것은?
㉮ 탄소공구강 ㉯ 합금공구강
㉰ 세라믹 ㉱ 초경합금

해설 합금공구강은 탄소공구강에 Cr, Mo, W, V, Ni, Al, Ti 등을 첨가하여 담금질효과 고온경도 및 내마모성을 개선하기 위해 만든 합금강이다. 담금질과 뜨임 처리하여 내충격성이 요구되는 재료에 사용된다.

문제 002
베어링용의 재료로서 갖추어야 할 성질이 아닌 것은?
㉮ 눌어붙지 않아야 한다.
㉯ 피로강도가 낮아야 한다.
㉰ 마찰에 의한 마멸이 적어야 한다.
㉱ 내식성이 높아야 한다.

해설 베어링재료는 탄성한도 및 피로한도가 잘 견딜 수 있도록 피로강도가 높아야 한다.

문제 003
특수강의 정의에 해당되는 것은?
㉮ 특수 원소만으로 만들어진 재료
㉯ 경도와 강도를 고려하여 고탄소 성분으로 만들어진 재료
㉰ 탄소강에 타원소를 하나 또는 둘 이상의 합금 원소를 첨가하여 특수한 성질을 부여하여 준 강
㉱ 일반 탄소강에 제조법을 특수하게 하여 만든 재료

문제 004
표준형 고속도강의 주성분으로 구성된 것은?
㉮ Cr, Ni, Mo ㉯ Cu, Zn, Pb
㉰ W, Cr, V ㉱ W, Co, B

해설 고속도강의 대표적인 표준조성은 18%W, 4%Cr, 1%V, 0.8%C로 되어 있다.

문제 005
공구강의 종류에 속하지 않는 것은?
㉮ SMC ㉯ STS
㉰ STC ㉱ STD

해설 ① SMC는 기계구조용 탄소강
② STS : 합금공구강
③ STS : 합금공구강
④ STC : 탄소공구강
⑤ SKH : 고속도강
⑥ STD : 다이스강

문제 006
초경합금의 절삭공구 중 칩(chip)이 길게 나오는 재료에 적합한 재종은?
㉮ P종 ㉯ M종
㉰ K종 ㉱ E종

해설 P종 : 일반강 등의 절삭에 이용

문제 007
초경합금의 제조시 탄화물(WC, TaC)의 점결 재료로 사용되는 것은?
㉮ Cr ㉯ Ti
㉰ Co ㉱ W

답 001. ㉯ 002. ㉯ 003. ㉰ 004. ㉰ 005. ㉮ 006. ㉮ 007. ㉰

문제 008
WC, TiC, TaC의 분말과 Co 결합제로 소결(Sintering) 시켜 만든 공구재료는?
- ㉮ 고속도강
- ㉯ 세라믹
- ㉰ 초경합금
- ㉱ 합금공구강

문제 009
Co, W, Cr, C 등을 성분으로 하며, 주조 합금의 대표적인 것은?
- ㉮ 고속도강
- ㉯ 스텔라이트
- ㉰ Co-Cr강
- ㉱ W-Cr강

문제 010
다음 중 선팽창계수가 작고 내식성이 좋아 미터 표준봉 지진계 등의 재료로 쓰여 지는 특수강은?
- ㉮ 인바강
- ㉯ 합금공구강
- ㉰ 크롬강
- ㉱ 망간강

문제 011
고속도강을 담금질 한 후 뜨임은 몇 도(℃)에서 하는가?
- ㉮ 450~500
- ㉯ 550~600
- ㉰ 650~700
- ㉱ 750~800

문제 012
온도가 변화해도 열팽창계수, 탄성계수 등이 변하지 않는 불변 강에 해당되지 않는 것은?
- ㉮ 인바(invar)
- ㉯ 코엘린바(coelinvar)
- ㉰ 인코넬(inconel)
- ㉱ 플래티나이트(platinite)

해설 인코넬은 내열강의 한 종류이다.

문제 013
합금강은 탄소강에 비하여 성질이 개선되는 경우가 많다. 합금원소가 많이 함유될수록 감소되는 개선 내용은?
- ㉮ 강도
- ㉯ 경도
- ㉰ 전기 전도도
- ㉱ 담금질성

해설 합금원소가 많이 함유될수록 전기전도도는 감소

문제 014
다음 중 KS 기호로 고속도강을 나타낸 것은?
- ㉮ SUS
- ㉯ STS
- ㉰ SNS
- ㉱ SKH

문제 015
다음 중 내식용 특수목적으로 사용되는 스테인리스강의 주성분은?
- ㉮ 탄소강+Co+Mn
- ㉯ 탄소강+W+Co
- ㉰ 탄소강+Cu+V
- ㉱ 탄소강+Cr+Ni

해설 스테인리스강은 Fe-Cr계와 Fe-Cr+Ni계로 크게 분류할 수 있다.

문제 016
쾌삭강에서 절삭성을 향상시키기 위하여 첨가시키는 원소는?
- ㉮ V
- ㉯ Cr
- ㉰ Bi
- ㉱ S

문제 017
탄소강에 니켈, 크롬 등이 첨가되어 내식성이 향상된 합금 주강을 무엇이라고 하는가?
- ㉮ 스테인리스강
- ㉯ 강인주강
- ㉰ 하드필드주강
- ㉱ 칠드주강

답 008. ㉰ 009. ㉯ 010. ㉮ 011. ㉯ 012. ㉰ 013. ㉰ 014. ㉱ 015. ㉱ 016. ㉱ 017. ㉮

해설 스테인리스강 : 강에 Cr, Ni 등을 첨가하여 내식성을 갖게 한 강이다.

문제 018
세라믹(ceramic) 공구의 주성분은?
㉮ Co-Cr-W-C   ㉯ Al₂O₃
㉰ Co-W-C   ㉱ Cr-W-V

문제 019
피복 초경합금의 피복재에 해당하지 않는 것은?
㉮ TiC   ㉯ TaC
㉰ TiN   ㉱ Al₂O₃

문제 020
프레스용 금형재료의 구비조건 중 옳지 않은 것은?
㉮ 경도 및 인성이 클 것
㉯ 내마모성이 클 것
㉰ 열처리시 치수변화가 많은 것
㉱ 기계가공성이 좋을 것

문제 021
텅스텐에 탄소를 소결한 합금으로 내마모성이 우수하며 대량 생산용으로 적당한 금형재료는?
㉮ 주철공구강   ㉯ 고속도강
㉰ 초경합금   ㉱ 다이스강

문제 022
서멧공구를 옳게 설명한 것은?
㉮ 텅스텐 탄화물(WC)을 CO로 소결한 것
㉯ 소결 초경공구에 TaC를 가한 3원 초경합금
㉰ 순 알루미나로 만든 합금
㉱ 금속(Mo, Cr, Fe, Ni)과 Al₂O₃를 복합한 것

문제 023
적당한 열처리를 하면 비교적 약한 자장에서 높은 투자율이 얻어지므로 고 투자율 자심 재료로 사용되는 Ni 합금은?
㉮ 엘린바(elinvar)
㉯ 퍼멀로이(permalloy)
㉰ 프랜티나이트(platinite)
㉱ 인바(invar)

해설 퍼멀로이는 70~90%Ni 10~30%Fe합금으로 투자율이 높고 약한 자장 내에서 초 투자율이 높다.

문제 024
다음 금속재료 중 자석에 붙지 않는 비자성체인 금속재료는?
㉮ 연강
㉯ 탄소공구강
㉰ Cr18%, Ni8%의 스테인리스강
㉱ Cr13%인 스테인리스강

해설 18-8 오스테나이트계 스테인리스강은 비자성체이다.

문제 025
다음 중 18-8 스테인리스강의 조직과 합금원소를 올바르게 나타낸 것은?
㉮ 페라이트 - 철, 니켈, 크롬
㉯ 오스테나이트 - 철, 마그네슘, 크롬
㉰ 오스테나이트 - 크롬, 니켈, 철
㉱ 페라이트 - 철, 마그네슘, 크롬

문제 026
스테인리스강을 산업전반에 걸쳐 수요가 계속 증가하고 있다. 다음 중 스테인리스강의 종류가 아닌 것은?
㉮ Ferrite형   ㉯ Sobite형
㉰ Austenite형   ㉱ 석출경화형

답 018. ㉯ 019. ㉯ 020. ㉰ 021. ㉰ 022. ㉱ 023. ㉯ 024. ㉰ 025. ㉰ 026. ㉯

문제 027

합금강은 탄소강에 비하여 성질이 개선되는 경우가 많다. 합금원소가 많이 함유도리수록 감소되는 개선 내용은?

㉮ 강도
㉯ 경도
㉰ 전기전도도
㉱ 담금질성

해설 합금원소가 많이 함유될수록 전기도도는 감소

문제 028

고속도강에서 고온 경도, 강도를 향상시키고 내마모성을 증진시키기 위해 사용되는 합금원소는?

㉮ W
㉯ Mn
㉰ Ti
㉱ B

해설 고속도강 중에서 주성분이 18%W-4%Cr-1%V, 0.8%C인 것을 표준형 고속도강이라고 한다.

문제 029

특수강은 탄소강에 Ni, Cr, Mo, W, Al, Si, Mn 등의 원소를 한 가지 이상 첨가하는데 이 특수 원소의 역할과 관계없는 것은?

㉮ 변태속도의 변화
㉯ 소성, 가공성의 개량
㉰ 페라이트 입자 조성
㉱ 기계적, 물리적, 화학적 성질의 개선

해설 특수 원소의 역할은 오스테나이트 입자 조성, 변태속도의 변화, 소성, 가공성의 개량, 황 등의 해로운 물질의 제거, 기계적, 물리적, 화학적 성질의 개선 등이다.

문제 030

스테인리스강 중에서 내식성이 가장 높고 비자성체이나 입계부신의 단점을 가지고 있어 이를 개량하여 화학공업에 주로 사용하는 것은?

㉮ 페라이트계 스테인리스강
㉯ 마텐자이트계 스테인리스강
㉰ 오스테나이트계 스테인리스강
㉱ 석출경화계 스테인리스강

문제 031

하드 필드 망간강의 표준 성분은?

㉮ C13%, Mn4.2%, Si0.3%
㉯ Mn10%, C3.2%, Si0.4%
㉰ C10%, Mn13%, Si0.4%
㉱ Mn13%, C1.2%, Si0.1%

문제 032

선팽창 계수가 아주 작아 줄자나 표준자등 불변강으로 쓰이는 강은?

㉮ 스테인레스
㉯ 마템퍼
㉰ 인바
㉱ 센터스터

해설
① 인바(invar) : Ni 36%를 함유하는 Fe-Ni 합금으로서 상온에서 열팽창계수가 매우 적고 내식성이 대단히 좋으므로 줄자, 시계의 진자, 바이메탈 등에 쓰인다.
② 초인바(super invar) : 인바아보다도 열팽창계수가 한층 더 작은 Fe-Ni-Co합금이다.
③ 엘린바(elinvar) : 상온에 있어서 실용상 탄성 계수가 거의 변화하지 않는 30%Ni-12%Cr 합금으로 고급 시계, 정밀 저울 등의 스프링 및 기타 정밀 계기의 재료에 적합하다.
④ 플래티나이트(platinite) : 전구의 도입선과 같은 유리와 금속의 봉착용으로 쓰이는 Fe-Ni계 합금으로 페르니코(Fe 54%, Ni 28%, Co 18%), 코바르(Fe 54%, Ni 29%, Co 17%)라는 것도 있다.
⑤ 코엘린바(Coelinvar) : 스프링, 태엽, 기상관측용 기구의 부품에 사용된다.
⑥ 퍼멀로이(permalloy) : Ni 75~80%, co 0.5% 함유, 약한 자장으로 큰 투자율을 가지므로 해저전선의 장하 코일용으로 사용되고 있다.

답 027.㉰ 028.㉮ 029.㉰ 030.㉰ 031.㉱ 032.㉰

제3장 주 철

3-1 주철의 특성

주철은 탄소(C)의 함유량이 2.11~6.68%(보통 2.5~4.5% 정도)인 철(Fe)-탄소(C)의 합금을 말한다.

인장강도가 강에 비하여 작고 메짐성이 크며, 고온에서도 소성변형이 되지 않는 결점이 있으나 주조성이 우수하여 복잡한 형상으로도 쉽게 주조되고 값이 저렴하므로 널리 이용되고 있다.

1. 주철의 성질

주철의 성질은 탄소량 또는 같은 탄소량이라 하더라도 그 때의 성분, 용해(溶解) 조건 등에 따라 달라질 수 있으나 일반적인 주철의 성질은 다음과 같다.

(1) 주철의 장점

① 주조성이 우수하고 복잡한 부품의 성형이 가능하다.
② 가격이 저렴하다.
③ 잘 녹슬지 않고 칠(도색)이 좋다.
④ 마찰저항이 우수하고 절삭가공이 쉽다.
⑤ 압축강도가 인장강도에 비하여 3~4배 정도 좋다.
⑤ 내마모성이 우수하고, 알칼리나 물에 대한 내식성(부식)이 우수하다.
⑥ 용융점이 낮고 유동성이 좋다.

(2) 주철의 단점

① 인장강도, 휨강도가 작고 충격에 대해 약하다.
② 충격값, 연신율이 작고 취성이 크다.
③ 소성가공(고온가공)이 불가능하다.
④ 내열성은 400℃까지는 좋으나 이상온도에서는 나빠진다.
⑤ 산(질산, 염산)에 대한 내식성이 나쁘다.
⑥ 단조, 담금질, 뜨임이 불가능하다.

2. 주철의 조직

(1) 주철 중에 함유되는 탄소량

① 탄소의 상태와 파단면의 색에 따른 분류
  ㉠ 회주철 : 유리 탄소 또는 흑연이며, 다른 일부분은 지금 중에 화합상태로 펄라이트(pearlite) 또는 시멘타이트(cementite)로서 존재하는 화합탄소(combined carbon)로 되어 있다. 따라서 주철에 함유하는 탄소량은 보통이 2가지 합한 전 탄소(total carbon)로 나타낸다. 즉 흑연+화합탄소=전탄소이다. 주철은 같은 탄소량이라 하더라도 여러 조건(성분, 용해 조건, 주입 조건) 등에 의하여 흑연과 화합탄소(Fe_3C)의 비율이 뚜렷하게 달라지는데 흑연이 많을 경우에는 그 **파면이 흰색을 띠는 회주철**(gray cast iron)로 된다.
  ㉡ **백주철 : 흑연의 양이 적고** 대부분의 탄소가 화합탄소로 존재할 경우에는 그 파면이 흰색을 띠는 백주철(white cast iron)로 되는 것이다. 일반적으로 주철이라 함은 회주철을 말한다.
  ㉢ 반주철 : 회주철과 백주철의 혼합된 조직으로 되어 있을 경우에는 반주철(mottledcast iron)이라 한다.

② 탄소함유량에 따른 분류
  ㉠ 아공정주철 : 2.0~4.3%C이며 조직은 오스테나이트+레데부라이트이다.
  ㉡ 공정주철 : 4.3%C이며 조직은 레데부라이트(오스테나이트+시멘타이트)이다.
  ㉢ 과공정주철 : 4.3~6.68%C이며 조직은 레데부라이트+시멘타이트이다.

(2) 주철 중 흑연의 모양

주철 중 흑연의 모양은 조직과 대단히 밀접한 관계를 가지며 화학성분, 주철의 종류, 주입온도, 냉각속도 등의 차이에 따라 조직과 흑연의 모양은 다르게 변하게 되는데 그 종류는 흑연의 모양에 따라서 다음과 같은 6종으로 나누어진다.([그림 3-1] 참조)

① 공정상 흑연(eutectic graphite)

② 편상 흑연(flake graphite)
③ 괴상 흑연(lump graphite)
④ 장미상 흑연(rosette graphite)
⑤ 국화상 흑연(chrysanthemum graphite)
⑥ 구상 흑연(spheroidal graphite)

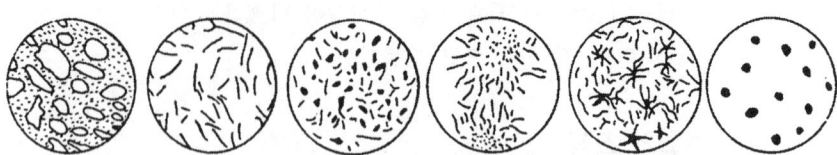

[그림 3-1] 주철 중 흑연(黑鉛)의 모양

(3) 마우러의 조직도(Maurer's diagram)

탄소(C)량과 규소(Si)량에 의해 마우러가 주철의 조직도를 만든 것으로 냉각속도에 따른 조직의 변화를 표시한 것으로 규소(Si)는 강력한 흑연화 촉진 요소로 함유량이 많아질수록 회 주철화된다.

3. 주철의 성질

(1) 주철의 주조성

① 주철의 용해온도 : 주철은 보통 큐폴라 또는 전기로 등에서 용해하며 용융점은 대개 1200℃ 정도이다. 용해온도는 약 1400~1500℃
② 유동성 : 주철에 Si량이 증가되면 수축이 적어지며 다량 첨가되면 팽창된다. 유동성이란 용융금속이 주형 내로 흘러 들어가는 성질을 말하며 주조성을 이루는 중요한 요인이 된다.

(2) 주철의 성장

주철은 보통 Ar점(723℃) 상하의 고온으로 가열과 냉각을 반복하면 강도나 수명을 저하시키는데 이것을 주철의 성장(growth of cast iron)이라 한다.
① 주철의 성장 원인
  ㉠ 펄라이트 조직 중의 Fe_3C 분해에 따른 흑연화에 의한 팽창
  ㉡ 페라이트 조직 중의 규소의 산화에 의한 팽창
  ㉢ A_1변태의 반복과정에서 오는 체적 변화에 따른 미세한 균열이 형성되어 생기는 팽창
  ㉣ 흡수된 가스에 의한 팽창
  ㉤ 불균일한 가열로 생기는 균열에 의한 팽창

　　　　ⓑ 시멘타이트의 흑연화에 의한 팽창
　② 주철의 성장 방지법
　　　㉠ 흑연의 미세화로 조직을 치밀하게 한다.
　　　㉡ C, Si는 적게 하고 Ni 첨가
　　　㉢ 편상 흑연을 구상화시킨다.
　　　㉣ 탄화물 안정원소 망간, 크롬, 몰리브덴, 바나듐 등을 첨가하여 Fe_3C 분해 방지
　③ 주철의 성장에 도움되는 원소
　　규소, 알루미늄, 니켈, 티탄이다. 이 중 티탄을 강탈산제이면서 흑연화를 촉진하나 오히려 많이 첨가하면 흑연화를 방해하는 요소가 된다.
　④ 주철의 성장에 방해되는 원소
　　크롬, 망간, 황, 몰리브덴

(3) 주철에 미치는 원소의 영향

① C : 주철에 가장 큰 영향을 미치며, 탄소함유량이 적으면 백선화된다. 반대로 증가하면 용융점이 저해되고 주조성이 좋아진다.
② Si : 주철의 질을 연하게 하고 냉각시 수축을 적게 한다. 규소가 많으면 공정점이 저탄소강 쪽으로 이동하며, 흑연화를 촉진시킨다.
③ Mn : 적당한 양의 망간은 강인성과 내열성을 크게 한다.
④ P : 쇳물의 유동성을 좋게 하고, 주물의 수축을 적게 하나 너무 많으면 단단해지고 균열이 생기기 쉽다.
⑤ S : 쇳물의 유동성을 나쁘게 하며 기공이 생기기 쉽고 수축률이 증가한다.

(4) 시즈닝(자연시효)

주철을 급냉하면 서냉시키는 것보다 수축이 크고 수축 응력이 많이 생기므로 주물에 균열이 생긴다. 그러므로 정밀가공을 요하는 주물에는 응력을 제거하여야 하는데 응력을 제거하는 방법이 시즈닝이라 한다.
응력 제거는 주조 후 1년 이상 장시간 자연 중에 방치하는 자연시효와 인공시효가 있다.
자연균열을 일으키는 주된 원인은 상온취성이다.

3-2 주철의 종류

주철의 종류는 분류하는 방법에 따라 여러 가지가 있겠으나 가장 일반적인 방법으로 다음과 같이 나눌 수 있다.

1. 보통주철과 고급주철

(1) 보통주철(회주철)

① 조직 : 편상 흑연과 페라이트(ferrite)로 되어 있으며, 다소의 펄라이트(pearlite)를 함유하는데 보통 회주철 중의 1~3종을 말한다. 그 조성범위는 [표 3-1]과 같다.(보통 주철의 KS규격 : GC)

[표 3-1] 보통 주철의 조성(단위 : %)

C	Si	Mn	P	S
3.0~3.6	1.0~2.0	0.5~1.0	0.3~1.0	0.06~0.1

② 성질 : 흑연의 모양, 분포 등에 따라 좌우되나 강인성이 적고 단조가 되지 않으며, 용융점이 낮아 유동성이 좋은 편이므로 기계 구조 부분 등에 사용된다.
  ㉠ 기계적 성질 : 인장강도, 하중, 경도 등으로 표시한다. 회주철의 인장강도는 100~392MPa(10~40kgf/mm^2)이며 보통 주철의 인장강도는 98~196MPa(10~20kgf/mm^2)이다.
  ㉡ 내마모성 : Ni, Cr, Mo 등을 알맞게 가하여 기타의 조직을 베이나이트(bainite)로 한 특수주철은 내마모성이 우수, 특히 이를 애시큘러 주철(aciculer carst iron)이라 한다.
  ㉢ 피삭성 : 강에 비해 우수하다.
  ㉣ 내열성 : 주철의 성장현상, 고온산화, 고온강도 크리프(creep) 열충격 등에 대한 저항성을 정리하여 주철의 내열성이라 한다.
  ㉤ 내식성 : 주철은 대기 또는 물이나 바닷물에 대해서는 내식성이 우수하다. 그러나 알칼리(수류)에는 강하게 산(묽은 황산, 질산, 염산)에는 약하다. 이같은 현상을 에로젼(errosion)이라 한다. Ni를 다량으로 포함한 주철은 내연과 오스테나이트 조직으로 되고 이것은 내식성, 내열성, 무수하고 비자성체가 된다.

(2) 고급 주철(강인주철)

회주철중에서 석출한 흑연편을 미세화하고 기지를 치밀한 펄라이트 조직화하여 강도와 인성을 높인 주철이다.
C 2.5~3.2%, Si 1~2%이고 현미경 조직은 펄라이트와 미세한 흑연으로 된 것으로 인장강도 245MPa(25kgf/mm^2) 이상인 것을 말한다. 회주철 4~6종이 이에 속한다. 고강도, 내마멸성을 요구하는 기계 부품에 많이 사용된다.

2. 특수주철

(1) 합금주철

몇 가지를 들어보면 내열성인 Al주철, 내식성인 Cr주철, 내마모성인 Ni주철과 내마모 주철로서 침상주철, 애시큘러 주철(acicular cast iron)이 있다. 인장강도는 440~640MPa(45~65kgf/mm^2)이다. 합금주철에서 가장 많이 사용되는 원소는 대개 7종(Al, Cr, Mo, Ni, Si, B, Cu)인데 그 영향을 보면 대략 다음과 같다.

① Al : 강력한 흑연화 원소의 하나로 Al$_2$O$_3$을 만들어 고온산화 저항성을 향상시키고, 10% 이상 되면 내열성을 증대시킨다.
② Cr : 흑연화를 방지하고 탄화물을 안정시킨다. 탄화물을 안정화시키며, 내식성, 내열성을 증대시고 내부식성이 좋아진다.
③ Mo : 강도, 경도, 내마모성을 증가시키며 0.25~1.25% 정도 첨가시킨다. 두꺼운 주물(鑄物)의 조직을 균일하게 한다.
④ Ni : 흑연화를 촉진하며, 내열, 내산화성이 증가한다. 내알칼리성을 갖게 하며, 내마모성도 좋아진다.
⑤ Cu : 보통 0.25~2.5% 첨가하면 경도가 증가하고 내마모성이 개선되며, 내식성이 좋아진다.
⑥ Si : 내열성이 좋아진다.
⑦ Ti : 강탈산제이고, 흑연을 미세화시켜 강도를 높인다.
⑧ V : 흑연을 방지하고 펄라이트를 미세화시킨다.

(2) 미하나이트 주철(Meehanite cast iron)

미하나이트 주철은 약 3%C, 1.5%Si인 쇳물에 칼슘 실리케이트(Ca-Si)나 페로실리콘(Fe-Si)을 접종시켜 미세한 흑연을 균일하게 분포시킨 펄라이트 주철이다. 이 주철은 주물의 두께 차나 내외에 상관없이 균일한 조직을 얻을 수 있고, 강인하나 칠화할 위험성이 있다.

인장강도는 255~340MPa(35~45kgf/mm^2)이고, 용도는 브레이크 드럼, 크랭크 축, 기어 등에 내마모성이 요구되는 공작기계의 안내면과 강도를 요하는 내연기관의 실린더 등에 사용한다. 접종(inoculation)은 백선화 억제 및 양호한 흑연을 얻기 위하여 첨가물을 용탕 속에 넣는 것이다.

(3) 칠드 주철(chilled casting : 냉경주물)

① 적당한 성분의 주철을 금형이 붙어 있는 사형에 주입해서 응고할 때 필요한 부분만을 급냉시키면 급냉된 부분은 단단하게 되어 연하고 강인한 성질을 갖게 되는데 이와 같은 조작을 칠(chill)이라고 하며, 칠층의 두께는 10~25mm 정도

이다. 이와 같이 해서 만들어진 주물을 냉경주물(chill casting)이라 한다.

② 칠드(chilled) 주철이란 표면은 백주철로 하고, 내부는 연한 회주철로 만든 것으로 압연용 칠드 롤러, 차륜 등과 같은 것에 사용된다.

(4) 구상흑연주철

① 주철은 보통 주방 상태에서 흑연이 편상으로 된다. 그러나 특수한 처리(특수원소 첨가, 열처리)를 하면 흑연이 구상으로 되는데 이것을 구상흑연주철이라 하다.

② 인장강도는 주조상태가 370~800MPa(50~70kgf/mm^2), 풀림 상태가 230~480MPa(45~55kgf/mm^2)이다.

③ 구상흑연주철은 조직에 따라 페라이트형, 펄라이트형, 시멘타이트형을 분류되다. 페라이트형은 그 모양이 마치 황소의 눈과 같다고 하여 소눈 조직(bull's eye structure)이라고 한다.

④ 주철을 구상화하기 위하여 Mg, Ca, Ce 등을 첨가하며, 구상화 촉진원소 Cu > Al > Sn > Zr > B > Sb > Pb > Bi > Te이다.

[표 3-2] 구상흑연주철의 분류와 성질

명 칭	발 생 원 인	성 질
시멘타이트형 (시멘타이트가 석출)	① Mg의 첨가량이 많을 때 ② C, Si 특히 Si가 적을 때 ③ 냉각속도가 빠를 때 ④ 접종이 부족할 때	① 경도가 HB220 이상이 된다. ② 연성이 없다.
펄라이트형 (바탕조직이 펄라이트)	시멘타이트형과 페라이트형의 중간의 발생원인	① 강인하고 인장강도 588~686MPa ② 연신율 2% 정도 ③ 경도 HB = 150~240
페라이트형 (페라이트가 석출한 것)	① C, Si 특히 Si가 많을 때 ② Mg의 양이 적당할 때 ③ 냉각속도가 느리고 풀림을 했을 때 ④ 접종이 양호한 경우	① 연신율 6~20 ② 경도 HB = 150~200 ③ Si가 3% 이상이 되면 여려진다.

(5) 가단주철

가단주철이란 주철의 취약성을 개량하기 위해서 백주철을 열처리하여 제조하기 쉽고 강인성을 부여시킨 주철로서 다음과 같이 분류할 수 있다.

① 백심 가단주철(WMC)

백주철을 철광석 밀 스케일(mill scale)과 같은 산화철과 함께 풀림상자 안에 넣고 약 950~1000℃로 가열하여 표면에서 상당한 깊이까지 탈탄시킨 것이다. 이로써 표면은 탈탄하여 페라이트로 되어 연하며 내부로 들어갈수록 강인한 조직이 된다.
② 흑심 가단주철(BMC)

저탄소, 저규소의 백주철을 풀림 처리하여 Fe_3C를 분해시켜 흑연을 입상으로 석출시킨 것이다.
　㉠ 제1단계 흑연화 : 백주철을 700~950℃로 가열 풀림 처리한다. 기지조직은 펄라이트 조직을 가지는데 이를 불스아이 조직이라 한다.
　㉡ 제2단계 흑연화 : 펄라이트 조직 중의 공석 Fe_3C의 분해로 뜨임탄소와 페라이트 조직이 된다.

③ 펄라이트 가단주철(Pearlite) (PMC)
　㉠ 흑심 가단주철의 흑연화를 완전히 하지 않고 제2단의 흑연화를 막기 위하여 제 1단의 흑연화가 끝난 후에 약 800℃에서 일정한 시간 동안 유지하고 급냉하면 펄라이트가 남게 되는데 이와 같은 처리를 한 것을 말한다. 가단주철은 그 용도가 많아 자동차 부속품, 방직기 부속품, 캠, 농기구, 기어, 밸브, 공구류, 차량의 프레임 등에 쓰인다.
　㉡ 각 주철의 인장강도 순서는 구상흑연＞펄라이트가단＞백심가단＞흑심가단＞미하나이트＞칠드

제3장 주 철

예상문제

문제 001

주철의 특성 중 틀린 것은?
- ㉮ 주조성이 우수하다.
- ㉯ 복잡한 형상도 쉽게 제작할 수 있다.
- ㉰ 가격이 싸고 널리 사용된다.
- ㉱ 인장강도가 강에 비해 우수하다.

[해설] (1) 주철의 장점
① 주조성이 우수하고 복잡한 부품의 성형이 가능하다.
② 가격이 저렴하다.
③ 잘 녹슬지 않고 칠(도색)이 좋다.
④ 마찰저항이 우수하고 절삭가공이 쉽다.
⑤ 압축강도가 인장강도에 비하여 3~4배 정도 좋다.
⑤ 내마모성이 우수하고, 알칼리나 물에 대한 내식성(부식)이 우수하다.
⑥ 용융점이 낮고 유동성이 좋다.
(2) 주철의 단점
① 인장강도, 휨강도가 작고 충격에 대해 약하다.
② 충격값, 연신율이 작고 취성이 크다.
③ 소성가공(고온가공)이 불가능하다.
④ 내열성은 400℃까지는 좋으나 이상온도에서는 나빠진다.
⑤ 산(질산, 염산)에 대한 내식성이 나쁘다.

문제 002

일반적으로 강철에 비하여 주철의 성질 중 가장 부족한 것은?
- ㉮ 내마멸성
- ㉯ 인성
- ㉰ 유동성
- ㉱ 주조성

[해설] 주철은 인성이 낮고 메짐성이 크다.

문제 003

백심가단주철의 KS기호는?
- ㉮ PBC
- ㉯ BPC
- ㉰ WMC
- ㉱ BMC

문제 004

강탈산제이며 동시에 흑연화를 촉진하나 오히려 많이 첨가하면 흑연화를 방지시키는 합금주철 내의 합금원소는?
- ㉮ 니켈
- ㉯ 티탄
- ㉰ 규소
- ㉱ 크롬

[해설] 합금주철내의 합금원소의 영향
① Cu : 0.25~2.5% 첨가로 경도증가. 내마모성, 내식성 향상, 산성에 대한 내식성우수
② Cr : 흑연화 방지, 탄화물 안정, 펄라이트 조직을 미세화, 경도증가, 내열성, 내식성 향상
③ Ni : 흑연화 촉진, 내열, 내산화, 내알카리성 주철이 되며 비자성체 오스테나이트 주철이 된다.
④ Mo : 흑연화를 다소 방해, 강도, 경도, 내마모성 향상
⑤ Ti : 강한 탈산제, 흑연화를 촉진시키거나 다량 함유하면 역효과가 일어날 수 있다.

문제 005

주철의 여러 성질을 개선하기 위하여 합금 주철에 첨가하는 특수원소 중 크롬(Cr)이 미치는 영향으로 잘못된 것은?
- ㉮ 탄화물을 안정시킨다.
- ㉯ 0.2~1.5%정도 포함시키면 경도를 증가시킨다.
- ㉰ 흑연화를 촉진시킨다.
- ㉱ 내열성과 내부식성을 좋게 한다.

[답] 001. ㉱ 002. ㉯ 003. ㉰ 004. ㉯ 005. ㉰

문제 006

일반적으로 구상흑연주철의 풀림처리 한 것은 그 인장강도가 몇 N/mm² 정도나 되는가?

㉮ 45~55   ㉯ 55~80
㉰ 20~25   ㉱ 10~18

문제 007

주철은 탄소와 규소의 함유량 및 냉각속도에 따라 여러 가지로 변화하게 되는데 탄소와 규소의 관계를 그림으로 나타낸 것은?

㉮ Fe-C상태도   ㉯ S-N곡선
㉰ 마우러 조직도   ㉱ TTT곡선

문제 008

내식성이 있으며 비교적 값이 싸므로 상수도, 배수, 가스 등의 매물 관과 지상배관으로 사용되며, 미분탄재 등을 포함 하는 유체, 해수용관 등으로 사용되는 관은?

㉮ 강관   ㉯ 구리판
㉰ 주철관   ㉱ 연관

문제 009

주조할 때 주물표면에 금속 형을 대어 백선화시켜 경도, 내마모성, 내압성을 크게 한 주철은?

㉮ 고급주철   ㉯ 구상흑연주철
㉰ 가단주철   ㉱ 칠드주철

문제 010

고급 주철로서 주철의 연료에 강철 부스러기를 배합하고 용선로에서 고온으로 융해한 Ca-Si를 첨가하여 접종한 것으로 항장력이 크고 표면이 깨끗하며 두께에 대한 변화가 적은 주철은?

㉮ 미하나이트 주철   ㉯ 구상 흑연 주철
㉰ 가단주철   ㉱ 칠드 주철

[해설] 미하나이트주철은 1923년 미한(Meehan)씨가 개발한 주철로서 Ca-Si이나 Fe-Si등의 접종제로 접종 처리하는 것이다. 용융된 백선철이나 반선철에 Ca-Si합금을 0.3%정도 첨가하면 응고와 함께 흑연화를 일으켜서 강인한 펄라이트 주철을 제조할 수 있다.

문제 011

주철 중의 인(P)은 어떤 작용을 하는가?

㉮ 내열성을 증가시킨다.
㉯ 인성을 준다.
㉰ 강도와 경도를 증가시킨다.
㉱ 유동성을 좋게 한다.

[해설] P : 유동성 증가로 얇은 주물에서 유용함.

문제 012

구상흑연주철에서 시멘타이트형 조직의 발생 원인이 아닌 것은?

㉮ Mg의 첨가량이 많을 때
㉯ Si가 적을 때
㉰ 냉각속도가 많을 때
㉱ 풀림을 했을 때

문제 013

주철의 종류 중 탄소가 Fe₃C의 화합상태로 존재하는 것은?

㉮ 백주철   ㉯ 회주철
㉰ 반주철   ㉱ 합금주철

문제 014

주철이 성장하는 원인 중 옳지 않은 것은?

㉮ 펄라이트 조직 중의 Fe₃C의 분해에 의한 흑연화
㉯ 페라이트 조직 중의 Mn에 의한 백선화
㉰ A₁변태의 반복과정에서 오는 체적변화에

[답] 006. ㉮ 007. ㉰ 008. ㉰ 009. ㉱ 010. ㉮ 011. ㉱ 012. ㉱ 013. ㉮ 014. ㉯

의한 미세한 균열의 발생
㉣ 흡수된 가스의 팽창에 따른 부피 증가

[해설] 주철의 성장이란 고온으로 가열하였다가 냉각하는 과정의 반복 중 부피가 팽창하는 현상을 말하며 원인으로는 다음이 있다.
1) 펄라이트 조직중의 Fe_3C 분해에 따른 흑연화
2) 페라이트 조직중의 Si의 산화
3) A1 변태과정에서 오는 체적 변화에 기인되는 균열의 발생
4) 흡수된 가스 팽창에 의한 부피 증가

주철의 방지법
① 조직을 치밀하게 한다.
② 흑연을 미세화한다.
③ 흑연화 방지 원소를 첨가한다.(Cr, W, Mo, V)
④ 산화하기 쉬운 Si양을 줄인다.

문제 015

주조할 때 주형에 냉금을 삽입함으로써 표면을 백선화하여 경도를 증가시킨 내마모성 주철로 압연기의 롤러, 철도 차륜 등에 주로 사용되는 주철은?

㉮ 보통주철   ㉯ 합금주철
㉰ 칠드주철   ㉱ 가단주철

문제 016

구상흑연주철 제조시 용탕에 무엇을 첨가하여 흑연을 편상화시키고 Fe-Si, Cu-Si 등을 접종하여 흑연핵을 형성시키는가?

㉮ M0   ㉯ Ni
㉰ Gr   ㉱ Mg

문제 017

흑심가단 주철의 풀림은 2단으로 행하는데 제1단계 작업 후에 제2단계를 생략하면 어떤 주철이 얻어지는가?

㉮ 백심가단주철   ㉯ 고력가단주철
㉰ 회주철   ㉱ 반주철

답 015. ㉰ 016. ㉱ 017. ㉰

제2편 절삭재료

제 4 장 재료시험법

4-1 재료의 기계적 시험법

금속재료시험은 재료의 기계적, 물리적, 화학적 성질 등을 시험하는 것으로 보통 좁은 의미로는 기계적 성질을 시험하는 것만을 의미하는 경우가 많다. 재료의 기계적 성질에는 탄성, 최대 강도, 연신율, 경도, 인성, 피로강도, 크리프, 항복점 등이 있다. 재료 시험은 파괴 시험(기계적 시험)과 비파괴 시험으로 크게 분류할 수 있다.

1. 기계적 시험

(1) 인장시험

인장시험(tensile test)은 주로 암슬러(Amsler)형 만능재료시험기를 써서 행한다. 인장시험편의 규격은 [그림 4-1]과 같으며 시험방법은 다음과 같다.

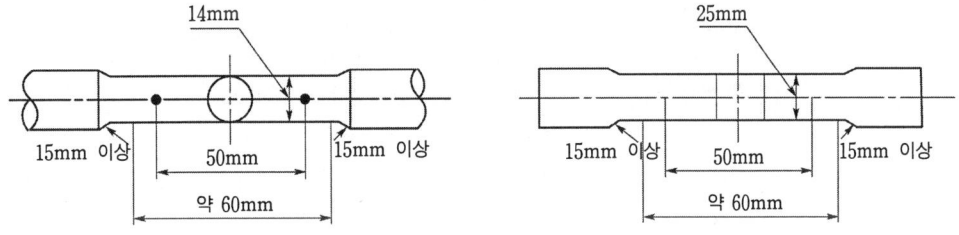

[그림 4-1] 인장시험편

시험편을 인장시험기에 물려 놓고 시험편에 서서히 인장하중을 가하여 전단될 때의 하중과 이에 대응하는 변형을 측정하여 응력-변형 곡선을 기록하여 재료의 항복점, 탄성한도, 인장강도, 연신율 등을 측정할 수 있다. 만능재료시험기로는 인장시험뿐만 아니라 압축, 굽힘항복 등의 시험을 할 수 있다. [그림 4-2]는 응력-변형 곡선을 나타낸 것이다. W_A는 비례한계하중, W_B는 탄성한계하중, W_C는 상부항복하중, W_D는 하부항복하중, $W_{\max}$는 최대 하중을 나타낸 것이다. 인장시험에서 인장력에 의해서 시편이 절단되었을 때의 하중을 시편의 처음 단면적 A_0로 나눈 값을 인장강도라 한다.

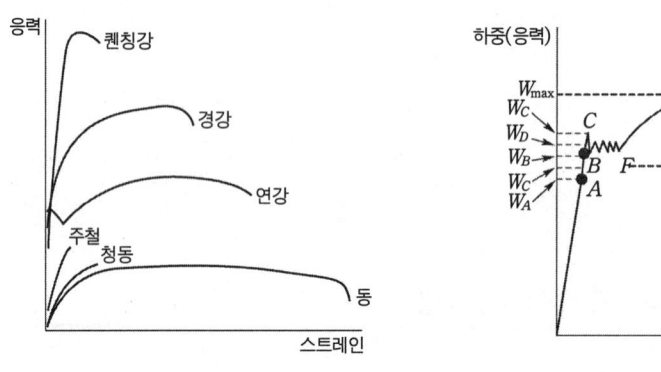

A : 비례한도로 물체를 하중을 가하면 비례한도까지 응력과 변형이 정비례한다.
B : 탄성한도로 물체에 작용된 응력을 제거하면 본래의 길이가 되는 점
C : 항복점으로 물체에 하중이 계속 가해지면 하중과 변형은 비례하지 않고 하중을 증가하지 않아도 재료가 늘어나기 시작할 때의 응력이다.
E : 최대하중점으로 재료는 균일하게 늘어나다가 F(파괴점)점이 지나면 재료는 파괴된다.

[그림 4-2] 응력-변형 곡선

① 인장강도(σ)

$$\sigma_B = \frac{W_{\max}}{A_0} \text{N/mm}^2$$

σ_B : 인장강도
$W_{\max}$: 최대 하중(N)
A_0 : 원래의 단면적(mm^2)

② 연신율(ϵ)

$$\epsilon = \frac{L_1 - L}{L} \times 100(\%)$$

L : 처음의 표점거리(mm)
L_1 : 파단되었을 때의 표점거리(mm)

③ 단면수축률(ψ)

$$\psi = \frac{S - S_1}{S} \times 100(\%)$$

S : 처음 단면적(mm^2)
S_1 : 파단되었을 때의 수축된 최소 단면적(mm^2)

(2) 경도시험

금속재료시험에서 경도는 재료의 기계적 성질을 결정하는 중요한 것으로서 인장강도와 함께 널리 사용되고 있다. 경도의 본질은 마모 및 절삭성 등에 대한 저항으로 측정한다. 경도를 시험하는 방법에는 다음과 같은 네 가지가 있다.

① 브리넬 경도시험(Brinell hardness test)

담금질한 고탄소강이나 특수강의 강구를 시험편의 시험면에 대고 일정한 하중 $P(N)$를 걸어서 30초 동안 눌러 주어, 이때의 하중을 시험 면에 생긴 오목부분의 표면적 $A\,cm^2$로 나눈 값을 브리넬 경도라 하며 가공하기 전 재료의 경도를 시험하는 데 많이 쓰인다. 브리넬 경도(H_B)를 구하는 식은 다음과 같다.

$$H_B = \frac{P}{A} = \frac{P}{\pi Dt}$$

P : 하중(N)
D : 압입 자국의 대각선 길이
t : 홈의 최대 깊이(mm)
A : 자국의 표면적(mm^2)

시험하중은 강구의 지름, 재료의 종류에 따라 다르다. 따라서 다른 하중 P 또는 강구의 지름 D를 써서 시험결과를 비교하려면 P와 D의 일정비를 일정하게 하여야 한다.

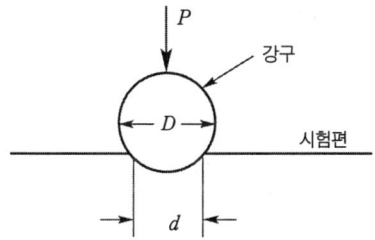

[그림 4-3] 브리넬 경도 형상

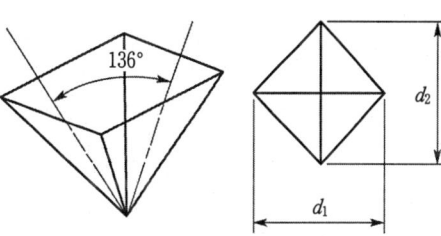

[그림 4-4] 브리넬 경도 압입 형상

② 비커즈 경도시험(Vickers hardness test)

꼭지각이 136° 되는 사각뿔형(피라미드형)인 다이아몬드 압입자를 사용하여 시험편을 눌러 시험편에 생긴 피라미드 모양의 오목부분의 대각선을 측정하여 경도를 구한다. 압입부의 흔적이 극히 작으므로 경화된(침탄층, 질화층, 탈탄층 등의) 강이나 정밀가공 부품 박판 등의 시험에 쓰이며 하중을 임의로 변화시켜도 일정한 측정값을 얻을 수 있다.

비커즈 경도(H_V)는 하중을 자국의 표면적으로 나눈 값으로 표시한다.

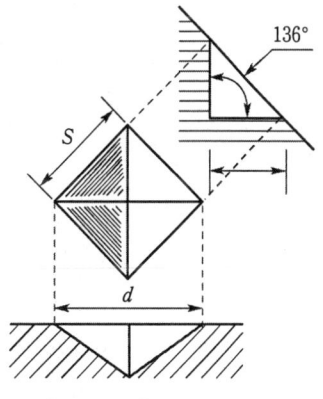

[그림 4-5] 비커즈 경도

$$H_V = \frac{P}{A} = \frac{하중}{자국의 \ 표면적} = 1.854\frac{P}{d^2}$$

$\quad\quad\quad\quad\quad\quad\quad\quad$ $\begin{cases} P : 하중 \\ d : 압입 \ 자국의 \ 대각선 \ 길이 \\ A : 자국의 \ 표면적 \end{cases}$

③ 로크웰 경도시험(Rockwell hardness test)

로크웰 경도에는 B스케일과 C스케일이 있는데 B스케일은 100N의 하중에서 1/16in(1.588mm)의 강구를 사용하며, C스케일은 150N 하중에서 꼭지각 120°의 다이아몬드 원뿔을 사용하여 측정한다.

$$\text{B스케일} : HR_B = 130 - 500h \quad \text{C스케일} : HR_C = 100 - 500h$$

여기서 h 는 처음하중과 시험하중으로 생긴 압입자국깊이의 차이이다.

로크웰 경도 특징은 얇은 재료 및 작고 열처리된 단단한 재료에도 적용이 가능하며 개인차나 측정오차가 적다. 또 압흔이 비교적 작으므로 완성된 제품의 경도 측정으로 적합하다.

④ 쇼어 경도시험(Shore hardness test)

작은 다이아몬드를 선단에 고정시킨 낙하체를 일정한 높이 h_0 에서 시험편 위에 낙하시켰을 때 반발하여 올라간 높이를 h 라 하면 쇼어 경도(H_S)는 다음 식으로 표시한다.

$$H_S = \frac{100}{65} \times \frac{h}{h_0}$$

시험편은 무게 100g 이상과 두께 10mm 이상을 원칙으로 하며 쇼어 경도계는 작아서 휴대하기 편리하고 시험한 재료에 아무런 흔적도 남기지 않기 때문에 제품에 직접 적용할 수 있어서 이용 범위가 넓은 장점이 있으나 개인 측정 오차가 나오기 쉽다는 단점이 있다.

(3) 충격시험

재료가 충격에 대하여 저항하는 성질을 인성(toughness)이라고 하며, 인성과 메짐성(brittleness)을 알아보기 위하여 하는 시험을 충격시험(impact test)이라 한다. 해머를 일정한 높이에서 떨어뜨리면 시험편에 충격이 가해져서 파단되고 나머지 힘으로는 해머가 반대쪽으로 올라가게 되는데, 이 올라가는 높이로서 재료에 대한 인성을 측정한다. 시험기에는 여러 가지가 있으나 금속 재료의 충격 시험기로서 많이 쓰이는 것에는 샤르피(Charpy type)형과 아이조드형(Izod type)이 있으며, 모두 일정한 중량을 가지고 있는 펜듈럼 해머를 일정한 각도로부터 내리쳐서 수직의 위치에 있는 시험편을 1회의 충격으로 부러뜨려 파괴될 때에 소모된 에너지를 그 재료의 충격값, 즉 강인성으로 나타낸다.

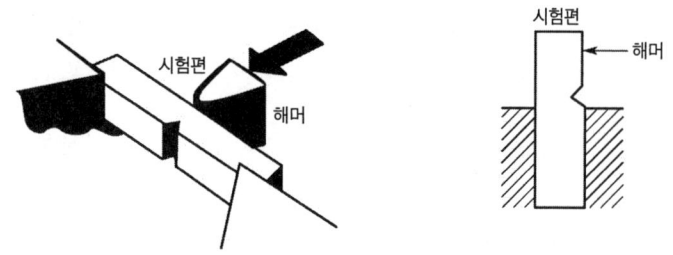

[그림 4-6] 아이조드와 샤르피(b) 충격시험

(4) 피로시험

피로시험은 기계나 구조물 중에는 크랭크축, 차축, 스프링 등과 같이 인장과 압축을 되풀이해서 작용시켰을 때 재료가 파괴되는 현상으로서 하중이 어떤 값보다 작을 때에는 무수히 많은 반복하중이 작용하여도 재료가 파단되지 않는다. 영구히 재료가 파단되지 않는 영역 중에서 가장 큰 것을 피로한도(fatigue limit)라 하고 이 것을 구하는 시험을 피로시험이라 한다. 피로시험의 결과는 최대 응력(stress)과 파괴에 이르는 사이클의 수의 관계를 S-N곡선으로 나타내며 응력이 작을수록 사이클 수는 증가한다. 비철금속은 대부분 S-N곡선에서 피로한도, 내구한도(endurance limit)가 나타나지 않으므로 $10^7 \sim 10^8$, 즉 1000만 사이클의 반복에 상당하는 응력값을 피로한도로 한다.

(5) 크리프 시험

재료에 일정한 응력을 가할 때에 생기는 변형량의 시간적 변화를 크리프(creep)라 하며, 크리프 시험은 재료의 인장 크리프 스트레인의 크기를 측정하는 것으로서 시료의 온도 및 시험 시간을 규정하고 있다. 또한 크리프 파괴시험은 재료가 정온 및 정하중에서 파괴될 때까지의 인장 크리프 변형률(creep stain)을 측정하고, 파괴시간을 정하는 것을 목적으로 한다. 특히, 저융점 금속, Pb, Cu, 연한 경합금 등은 상온에서도 크리프 현상이 나타난다.

(6) 마멸시험(wearing test)

재료가 다른 물체와 접촉하여 마찰을 일으킴으로써 재료의 표면이 소모되는 현상을 마멸이라고 한다. 마멸에 대한 강도를 내마멸성이라고 한다.
① 미끄럼 마멸(sliding wear)
　㉠ 윤활제를 사용할 때 : 축과 베어링
　㉡ 윤활제를 사용하지 않을 때 : 브레이크와 차바퀴
② 회전 마멸(rolling wear)
　㉠ 윤활제를 사용할 때 : 롤러와 베어링

　　　　　ⓒ 윤활제를 사용하지 않을 때 : 차바퀴와 레일

　(7) 그 밖의 시험
　　① 압축시험(compression test) : 재료에 압력을 가하여 파괴에 견디는 힘을 구하는 시험
　　② 휨시험(bending test)
　　　㉠ 휨 저항시험 : 구부림에 대한 재료의 휨강도, 탄성계수, 탄성에너지를 결정하는 시험
　　　ⓒ 휨 균열시험 : 전연성 및 균열의 유무를 시험
　　③ 에릭센 시험(erichsen test) : 재료의 연성을 알아보기 위한 시험이며, 일명 커핑(cupping) 시험이라고도 한다.
　　④ 비틀림 시험(distortion test) : 시험편에 비틀림 모멘트를 가하여 비틀림에 대한 저항력을 전단저항력으로 구하는 시험이다.

2. 비파괴 검사(Non-destructive Inspection)

시간의 단축, 재료의 절약, 완성된 제품의 검사가 가능함을 알아낸다.

(1) 자기탐상시험

　자기탐상시험을 대별하면 자분탐상시험, 침투탐상시험 및 전자유도시험으로 나눌 수 있다.
　① 자분탐상시험(magnetic particle test : MT) : 철강과 같은 강자성체를 자화하면 재료 표면이 결합된다. 즉 표면 가까운 부분에 균열이나 기포가 있으면 그 부근에서는 자력선의 일부가 표면에 누설되어 자분이 부착되므로 결함의 위치나 형상을 알 수 있다.
　② 침투탐상시험 : 시험품의 표면에 벌어져 있는 흠을 눈으로 보기 쉽게 하기 위해서 황록색의 형광침투액 또는 적색의 염색침투액을 더욱 확대한 상으로 해서 지시모양을 하게 한 방법이다.
　③ 전자유도시험 : 도전체인 시험품에 전류를 통하게 하여 전류의 변화를 측정하는 시험으로 맴돌이 전류시험이라고도 한다.

(2) 초음파 탐상시험(ultrasonic test : UT) 또는 초단파 검사법

　높은 주파수(1~25 MHz)의 초음파를 피사체에 투사하여 균열 등의 결함부분에서 반사하는 초음파 빛으로서 결함의 크기 및 위치를 비파괴적으로 알아내는 방법을 말한다. 종류로는 반사식, 투과식, 공진식이 있다.

(3) 방사선 투과시험(radiographic test : RT)

X-선이나 코발트(Co) 등에서 발생한 γ선이 물질을 투과할 때에 그 금속재료의 내부결함 또는 불균일 등에 의하여 일어나는 투과량의 차이를 사진필름에 감광시켜 결함을 찾아내는 방법을 말한다.

① X-선 검사법 : X-선 투과시험은 내부결함의 검출에 적합한 비파괴시험방법이며, 선체나 파이프 라인(pipe line), 그 밖에 구조물의 용접부 또는 구조품 등에 사용된다.

② γ선 검사법 : 라듐(Ra) 또는 방사성 동위원소 Co, Ir, Cs(세슘), Th 등에서 방사하는 γ선에 의하여 투과시험하는 방법

(4) 타진법

두드려서 소리의 청탁으로 검사(음파속도 : 철강 5700 m/sec, Al 6150 m/sec)

4-2 재료의 조직검사법

1. 매크로 시험

(1) 파단면법

파단면을 보고 검사한다.

(2) 설퍼 프린트(sulfur print)법

철강재료에 존재하는 황의 분포상태를 검사하는 방법으로 흠의 검출과 고스트 라인(ghost line) 검출 등에 사용된다.

(3) 매크로 부식(macro etching)

식별이 어려운 미세균열, 백점, 편석 검출 등에 사용된다.

2. 현미경 조직시험

금속 내부의 조직을 연구하는 데는 금속현미경이 가장 많이 이용되며 금속이나 합금의 화학조성, 금속조직의 구분, 결정입도의 크기, 모양, 배열상태, 열처리 등의 가공상태, 비금속게재물의 종류와 형상, 크기, 분포상태 등을 관찰할 수 있다. 시험편을 절단하여 표면을 연마한 다음 금속 부식제를 사용하여 부식시켜 조직을 검사하는 방법(1500~40000배까지 확대)이다.

시료 채취 ➡ 기계 가공 ➡ 연마 ➡ 세척 ➡ 부식 ➡ 검사

[표 4-1] 현미경 조직시험의 부식제

재 료	부 식 제	재 료	부 식 제
철 강	질산 알코올 용액 피크르산 알코올 용액	Pb 합금	질산 용액
		Zn 합금	염산 용액
Cu, 황동, 청동	염화제이철 용액	Al과 그 합금	수산화나트륨 용액 플루오르화수소산
Ni과 그 합금	질산 및 초산 용액		
Sn 합금	질산 용액, 나이탈	Au, Pt 등의 귀금속	왕수

제4장 재료시험법

예상문제

문제 001
강철의 두께 3~10인치까지 검사할 수 있는 비파괴검사법은?
- ㉮ 침투탐상법
- ㉯ 초음파탐상법
- ㉰ 다분탐상법
- ㉱ 방사선탐사법

문제 002
철강, 주철에 현미경 조직검사용 부식액으로 쓰이는 것은?
- ㉮ 암모니아과산화수소
- ㉯ 염화제2철용액
- ㉰ 피크린산알콜용액
- ㉱ 불화수소용액

문제 003
인장시험에서 표점거리 50mm, 지름 14mm인 시편이 2000N에서 절단되었다. 이 때 표점거리가 60mm가 되었다면 인장강도는 약 몇 N/mm²인가?
- ㉮ 13
- ㉯ 23
- ㉰ 33.4
- ㉱ 10.2

해설
$$\sigma_B = \frac{P_{max}}{A_o} = \frac{4 \times 2000}{\pi \times 14^2} = 12.9922 \text{N/mm}^2$$

문제 004
육안으로 관찰하거나 10배 이내의 확대경을 사용하여 금속의 조직을 검사하는 것은?
- ㉮ 매크로 검사
- ㉯ 현미경 조직검사
- ㉰ 초음파 탐상법
- ㉱ 형광 검사법

문제 005
피로파괴를 일으킬 수 있는 기계요소는 피로시험을 실시하여야 한다. 다음 중에서 피로시험 대상인 기계요소와 거리가 가장 먼 것은?
- ㉮ 크랭크축
- ㉯ 스프링
- ㉰ 벨트풀리
- ㉱ 구름베어링

문제 006
표점거리 50mm, 직경 φ14mm인 인장시편을 시험한 후 시편을 측정한 결과 길이는 늘어나고 직경은 φ12mm였다. 이 재료의 단면수축률은 몇 %인가?
- ㉮ 13.5
- ㉯ 20.5
- ㉰ 26.5
- ㉱ 36.1

해설
$$\phi = \frac{A_0 - A}{A_0} = \frac{14^2 - 12^2}{14^2} \times 100 = 26.5\%$$

문제 007
특수강괴를 단조한 후 특수강 외부의 상태를 검사하여 기공이나 균열, 겹침 등을 검사하려고 한다. 다음에서 가장 적절한 비파괴시험은?
- ㉮ 자분탐상법
- ㉯ 초음파탐상법
- ㉰ 방사선투과검사법
- ㉱ 크리프시험

문제 008
일정한 지름의 강구 압입체로 시험면에 구형(求刑)의 오목부를 만들었을 때 시험 하중을 오목부의 지름에서 구한 오목부의 표면적으로 나눈 값으로 나타내는 경도시험은?
- ㉮ 브리넬 경도시험
- ㉯ 로크웰 경도시험
- ㉰ 비커스 경도시험
- ㉱ 쇼어 경도시험

문제 009
반복하중이 작용하여도 재료가 영구히 파단되지 않는 응력 중에서 가장 큰 것은?

답 001.㉱ 002.㉰ 003.㉮ 004.㉮ 005.㉰ 006.㉰ 007.㉮ 008.㉮ 009.㉮

㉮ 피로한도　　㉯ 탄성한계
㉰ 극한강도　　㉱ 크리프강도

문제 010

다음 중 경도시험이 아닌 것은?

㉮ 로크웰　　㉯ 브리넬
㉰ 비커스　　㉱ 샤르피

문제 011

재료의 인장시험으로 알 수 없는 것은?

㉮ 탄성계수　　㉯ 연신율
㉰ 비례한도　　㉱ 피로한도

문제 012

재료에 인장 강도보다 작은 응력일지라도 고온에서 장시간 가하면 시간의 흐름에 따라 재료는 차차 늘어나서 절단된다. 이런 현상은?

㉮ 피로한도　　㉯ 크리프
㉰ 시효경화　　㉱ 항복점

문제 013

기계나 구조물에서는 반복하중을 받는 횟수가 아주 많을 때에는 극한 강도보다 훨씬 작은 값으로 파괴되는 수가 있는 데 이것은 재료에 무슨 현상이 생기기 때문인가?

㉮ 반복　　㉯ 크리프
㉰ 피로　　㉱ 극한파괴

문제 014

같은 물질이 다른 상으로 변하는 것을 변태(Transformation)라고 하는데 변태가 일어나는 온도를 측정하는 방법이 아닌 것은?

㉮ 열분석법　　㉯ 열팽창법
㉰ X-선 분석법　　㉱ 결정격자법

문제 015

다음 중 탄소량을 체적으로 알 수 있는 가장 간단한 방법은?

㉮ 분석시험법　　㉯ 불꽃시험법
㉰ 설퍼프린트법　　㉱ 현미경조직시험

문제 016

재료의 비파괴 시험법을 설명한 내용 중 틀린 것은?

㉮ 침투 탐상시험 : 침투액과 현상액을 사용하여 균열 등의 결함을 검사하는 시험이다.
㉯ 자분 탐상시험 : 오스테나이트강을 자화하여 자분인 Al_2O_3을 흡착시켜 균열과 같은 결함을 검출하는 방법이다.
㉰ 방사선 투과시험 : X선, γ선 등의 투과 방사선을 이용하여 재료의 두께와 밀도 차이에 따른 방사선 흡수량의 차이를 이용하여 재료의 결함을 관찰하는 방법이다.
㉱ 초음파 탐상시험 : 재료에 초음파를 입사시켜 반사파의 시간과 크기를 브라운관을 통하여 관찰하는 방법이다.

[해설] 자분 탐상시험 : 철강재료(오스테나이트강 제외)를 자화하여 자부인 Al_2O_3을 흡착시켜 균열과 같은 결함을 검출하는 방법이다.

문제 017

재료의 경도시험법 중 반발저항을 이용하는 방법은?

㉮ 브리넬 경도시험　　㉯ 로크웰 경도시험
㉰ 비커스 경도시험　　㉱ 쇼어 경도시험

[해설] 브리넬 경도, 로크웰 경도, 비커스 경도 시험은 압입저항을 이용한 방법이다.

문제 018

Al합금의 조직을 현미경으로 검사하기 위하여 부식시키는 부식재로 적합한 것은?

㉮ 피크린산 알콜용액　　㉯ 질산 초산 용액
㉰ 수산화나트륨액　　㉱ 염화 제2철 용액

[답] 010.㉱ 011.㉱ 012.㉯ 013.㉰ 014.㉱ 015.㉯ 016.㉯ 017.㉱ 018.㉰

제2편 절삭재료

제 5 장 열처리 및 표면처리법

5-1 강의 열처리

1. 담금질(quenching)

담금질은 강을 강도 및 경도를 증가시킬 목적으로 아공석강인 경우 $A_3+50℃$, 공석강과 과공석강인 경우는 $A_1+50℃$로 높은 온도로 일정 시간 가열한 후 물 또는 기름과 같은 담금질제 중에서 급냉시키는 조작이다. 즉 오스테나이트 조직에서 급냉함에 따라 강의 변태를 정지시키고 마텐자이트 조직을 얻는 방법이다.

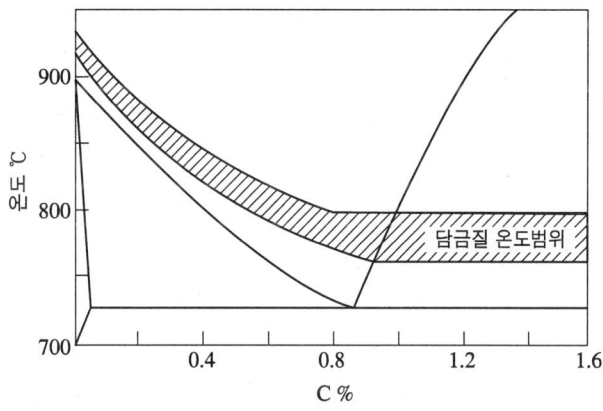

[그림 5-1] 탄소강의 담금질 온도

(1) 담금질 조직

① 오스테나이트(austenite)
  ㉠ 냉각속도가 지나치게 빠르고, 고탄소강을 수냉하였을 때 나타나는 조직이다.

ⓒ 탄소강에서는 상온에서 불안정하여 가열하면 분해되어 마텐자이트로 변한다.
　　　ⓓ 비자성체이며, 전기저항이 크고 경도는 낮으며 인장강도에 비하여 연신율이 크다.
　　　ⓔ 점성과 내식성이 크고 절삭성이 나쁘다.
　② 소르바이트(sorbite)
　　　ⓐ 트루스타이트보다 냉각속도를 공냉으로 느리게 하면 나타나는 조직이다.
　　　ⓑ 경도와 강도는 마텐자이트와 펄라이트의 중간 정도이다.
　　　ⓒ 큰 강재를 기름에 냉각하거나 작은 강재를 공기 중에서 냉각할 때 나타난다.
　　　ⓓ 강도와 경도가 트루스타이트보다 작다.
　　　ⓔ 인성과 탄성을 동시에 요하는 스프링, 와이어로프, 피아노선 등에 많이 이용된다.
　　　ⓕ 가공경화가 가장 적은 조직이다.
　③ 트루스타이트(troostite)
　　　ⓐ 마텐자이트보다 냉각속도를 조금 유냉으로 느리게 하였을 때 나타난다.
　　　ⓑ 냉각이 불충분하면 오스테나이트 조직이 페라이트와 시멘타이트로 변한 조직이다.
　　　ⓒ 인성과 연성이 있는 큰 경도와 약간의 충격값을 요구하는 곳에 쓰인다.
　　　ⓓ 큰 강재를 수중에 담금질할 경우 재료 중앙부분에 잘 나타난다.
　④ 마텐자이트(martensite)
　　　ⓐ 강을 물에 급냉시켰을 때 나타나는 침상조직으로 과포화한 상태로 고용된 α철의 조직이 된다.
　　　ⓑ 부식 저항이 크고, 인장강도 및 경도는 가장 크나 취성이 있다.
　　　ⓒ 강자성체이며 여린 성질이 있고 연성이 작다.
　　　ⓓ 마텐자이트가 시작하는 온도를 Ms점, 끝나는 온도를 Mf점이라 한다.
　　　ⓔ 급냉이 너무 빠르면 오스테나이트의 일부가 남는다.

이상 네 가지 조직이 담금질 조직이라 하는 것인데 이 조직들의 경한 순으로 나열하면 다음과 같다.
시멘타이트(HB850) > 마텐자이트(HB650) > 트루스타이트(HB430) > 소르바이트(HB270) > 펄라이트(HB200) > 오스테나이트(HB130) > 페라이트(HB100)
냉각속도가 클수록 오른쪽 조직이 얻어지며, 경도는 이 순서대로 높아지며 냉각방법 다음과 같다.
　　　• 급냉 : 소금물, 물, 기름에서 급속히 냉각
　　　• 노냉 : 노 내에서 서서히 냉각
　　　• 공냉 : 공기 중에서 자연냉각
　　　• 항온냉각 : 급냉 후 일정 온도 유지한 다음 냉각

(2) 담금질 액과 담금질 온도

담금질 효과는 냉각속도에 영향을 받게 되며 냉각제와 밀접한 관계가 있다. 냉각능이 큰 것은 소금물(식염수 ; 10%의 NaCl), NaOH용액, 황산액 등이 있고, 물보다 냉각능이 적은 것은 각종 기름이나 비눗물 등이 있다. 대체로 냉각제의 냉각능력은 교반할수록 커진다.

(3) 담금질 균열과 그 방지책

재료를 경화하기 위하여 급냉하면 재료 내외의 온도차에 의한 열응력과 변태응력으로 인하여 내부변형도는 균열이 일어나는데 이와 같이 갈라진 금을 담금질 균열(quenching crack)이라 하며, 그 방지책은 다음과 같다.
① 급격한 냉각을 피하고 무리 없이 일정한 속도로 냉각한다.
② 가능한 한 수냉을 피하고 유냉을 하여야 한다.
③ 담금질 후 즉시 뜨임처리한다.
④ 부분적인 온도차를 적게 하기 위하여 부분단면을 적게 한다.
⑤ 재료면의 스케일을 완전 제거하여 담금질 액이 잘 접촉하게 한다.
⑥ 설계시 부품에 될 수 있는 대로 직각부분을 적게 한다.
⑦ 유냉을 해서 충분한 담금질 효과를 가져올 수 있는 특수원소가 포함되어 있는 재료를 선택한다.
⑧ 구멍이 있는 부분은 점토, 석면으로 메운다.
⑨ 탄소 함유량이 0.5% 이상의 강은 담금질 후 오랜 시간의 뜨임처리나 심냉처리(서브제로)를 한다.

(4) 질량효과(mass effect)

재료를 담금질할 때 질량이 작은 재료는 내·외부에 온도차가 없으나 질량이 큰 재료는 열의 전도에 시간이 길게 소요되어 내·외부에 온도차가 생겨 외부는 경화되어도 내부는 경화되지 않는 현상이다. 질량이 큰 재료일수록 질량효과가 크며 담금질 효과가 감소한다.

2. 뜨임(tempering)

담금질한 강은 경도는 크나 반면 취성을 가지게 되므로 경도는 약간 낮추고 인성을 증가시키기 위해 재가열하여 서냉하는 열처리며 불안정한 조직을 안정화하는 것으로 재결정온도 이하에서 행한다. 재결정온도 이상으로 가열 유지시키면 담금질 전의 상태로 되돌아가게 된다.
담금질한 강을 재가열하면 마텐자이트 → 트루스타이트 → 소르바이트 → 펄라이트로 변화한다.

(1) 뜨임 방법

① 저온뜨임 : 주로 150~200℃ 가열 후 공냉시키며 내부응력을 제거하고 경도를 유지하면서 변형 방지, 내마모성 향상과 고속도강, 합금강 등의 잔류 오스테나이트를 안정화시키기 위해서 한다. 주로 절삭공구, 게이지, 공구 등이 뜨임에 사용한다.

② 고온뜨임 : 주로 500~600℃ 가열 후 급냉시키며 뜨임 취성이 발생한다. 솔바이트 조직을 얻기 위해서 강도와 인성이 풍부한 조직으로 만들기 위해서는 고온에서 뜨임을 하는데 이것을 고온뜨임이라 한다. 따라서 구조용 강과 같이 높은 강도와 풍부한 인성이 요구되고 좋은 절삭성이 요구되는 것은 열처리를 한 후 고온뜨임을 하여 사용한다.

③ 뜨임은 담금질 후 뜨임처리를 실시하는데 이와 같이 담금질과 뜨임을 같이 실시하는 조작을 조질이라 하며, 상온가공한 강을 탄성한계를 향상시키기 위해 250~370℃로 가열하는 작업을 블루잉(bluing)이라 한다.

(2) 뜨임 균열

① 발생 원인 : 탈탄층이 있을 때, 급히 가열하였을 때, 급히 냉각하였을 때
② 방지책 : 뜨임 전에 탈탄층을 제거하고, 급가열을 피하고 서냉한다.

3. 불림(normalizing)

불림은 내부응력을 제거하면서 기계적, 물리적 성질을 표준화하는 것으로 단조, 압연 등의 소성가공이나 주조로 거칠어진 조직을 미세화하고, 편석이나 잔류응력을 제거하기 위해 A_3 변태점보다 약 30~50℃ 높게 가열하여 대기중에서 공냉하는 조작을 불림이라 한다.

불림처리한 강의 성질은 결정입자와 조직이 미세하게 되어 경도, 강도가 크게 증가하고 연신율과 인성도 다소 증가한다.

4. 풀림(annealing)

재료를 단조, 주조 및 기계 가공을 하면 조직이 불균일하며 거칠어지고 가공경화나 내부응력이 생기게 되는데 이를 제거하기 위해 변태점 이상의 적당한 온도로 가열하여 서서히 냉각시키는 작업을 풀림이라 하다.

(1) 풀림의 목적

① 기계적 성질 및 피절삭성의 개선이 개선되며 조직이 균일화된다.
② 내부응력 및 재료의 불균일을 제거시킨다.
③ 인성의 증가 및 조직을 개선하고 담금질 효과를 향상시킨다.

(2) 풀림의 종류

① 완전풀림 : 일반적으로 풀림이라면 완전풀림을 말하며, 탄소강을 고온으로 가열하면 결정입자가 커지고, 재질이 약해진다. 이 결점을 제거하기 위하여 A_3~A_1 변태점보다 30~50℃ 높은 온도에서 풀림을 한다.
② 구상화 풀림 : 펄라이트 중에 시멘타이트가 망상으로 존재하면 가공성이 나쁘고 여리고 약해지며 담금질할 때 변형이나 균열이 생기기 쉽다. 이것을 방지하기 위해 AC_3~A_{cm} ±(20~30℃)에서 가열과 냉각을 반복하든가 장시간 가열 후 서냉하여 망상조직을 구상화시킨다. 공구강과 같은 고탄소강은 담금질하기 전에 반드시 시멘타이트를 구상화하여야 한다.
③ 저온풀림 : 응력을 제거하는 목적으로 500~600℃로 가열 후 서냉하는 응력제거풀림이다.

5. 심냉처리(sub zero-treatment)

담금질 후 경도 증가, 시효변형 방지하기 위하여 0℃ 이하의 온도로 냉각하면 잔류 오스테나이트를 마텐자이트로 만드는 처리를 심냉처리라 한다. 특히, 스테인리스강에서의 기계적 성질 개선과 조직 안정화와 게이지강에서의 자연시효 및 경도 증대를 위해 실시한다.

■ 심냉처리의 목적

① 공구강의 경도 증대 및 성능이 향상되고 강을 강인하게 만든다.
② 게이지 등 정밀기계부품의 조직을 안정화시키고, 형상 및 치수의 변형을 방지한다.
③ 스테인리스강에서의 기계적 성질을 개선시킨다.

6. 항온 열처리(Isothermal Heat Treatment)

변태점 이상으로 가열한 강을 보통의 열처리와 같이 연속적으로 냉각하지 않고 염욕 중에 담금질하여 그 온도로 일정한 시간 동안 항온 유지하였다가 냉각하는 열처리를 항온 열처리라 하다. 담금질과 뜨임을 같이 할 수 있고, 담금질의 균열을 방지할 수 있어 경도와 인성이 동시에 요구되는 공구강, 합금강의 열처리에 사용된다.

(1) 강의 항온냉각변태곡선

강을 오스테나이트 상태에서 A1점 이하의 항온까지 급냉하여 이 온도에 그대로 항온 유지했을 때 일어나는 변태를 항온변태(isothermaltrans-formation)라 하고, 이 항온변태 및 조직의 변화를 시간에 대하여 그림으로 나타낸 것을 항온변태곡선(time-temperatrue transformation ; TTT curve) 또는 그 모양이 S자이므로 S곡선이라고도 한다. 베이나이트(bainite)는 마텐자이트와 트루스타이트의 중간상태의 조직이다.

(2) 연속냉각변태곡선

강재를 오스테나이트 상태에서 급냉 또는 서냉 할 때의 냉각곡선을 연속냉각변태곡선(continuous cooling transformationcurve ; CCT curve)이라 한다.

(3) 항온 열처리 종류

① 등온풀림(Isothermal annealing) : 풀림온도로 가열한 강재를 S곡선의 코(nose) 부근의 온도(600~650℃)에서 항온변태시킨 후 공냉한다. 공구강, 특수강, 기타 자경성이 강한 특수강의 풀림에 적합하다.

② 항온 담금질(Isothermal quenching)

  ㉠ 오스템퍼(austemper) : 오스테나이트 상태에서 Ar'와 Ar'''(Ms점) 변태점 사이의 온도에서 염욕에 담금질한 후 과냉한 오스테나이트가 변태 완료할 때까지 항온으로 유지하여 베이나이트를 충분히 석출시킨 후 공냉하는 열처리로서 베이나이트 조직이 되며 뜨임 필요 없고 담금질 균열이나 변형이 잘 생기지 않는다.

  ㉡ 마템퍼(martemper) : 담금질 온도로 가열한 강재를 Ms와 Mf점 사이의 열욕(100~200℃)에 담금질하여 과냉 오스테나이트의 변태가 거의 완료할 때까지 항온 유지한 후에 꺼내어 공냉하는 열처리로서 마텐자이트와 베이나이트의 혼합조직이며, 경도와 인성이 크다.

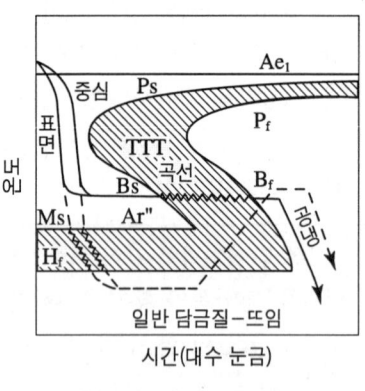

[그림 5-2] 오스템퍼

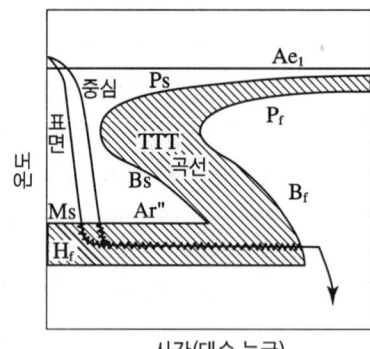

[그림 5-3] 마템퍼

  ㉢ 마퀜칭(marquenching) : 담금질 온도까지 가열된 강을 Ar'''(Ms)점보다 다소 높은 온도의 염욕에 담금질한 후 마텐자이트로 변태를 시켜서 담금질 균열과 변형을 방지하는 방법으로 복잡하고, 변형이 많은 강재에 적합하다.

  ㉣ MS 퀜칭(MS quenching) : 담금질 온도로 가열한 강재를 MS점보다 약간 낮은 온도의 염욕에 넣어 강의 내외부가 동일 온도로 될 때까지 항온 유지한

후 꺼내어 물 또는 기름 중에 급냉하는 방법이다.
ⓓ 패턴팅 : 패턴팅은 시간 담금질을 응용한 방법이며 피아노선 등을 냉간가공할 때 이 방법이 쓰인다. 패턴팅은 재료의 조직을 소르바이트 모양의 펄라이트 조직으로 만들어 인장강도를 부여하기 위한 것으로서 냉간가공 전에 한다. 고탄소강의 경우에는 900~950℃의 오스테나이트 조직으로 만든 후 400~550℃의 염욕 속에 넣어 담금질한다.

③ 항온 뜨임(isothermal tempering) : MS점(약 250℃) 부근의 열욕에 넣어 유지시킨 후 공냉하여 마텐자이트와 베이나이트의 혼합된 조직을 얻는다. 고속도강이나 다이스(dies)강 등의 뜨임에 이용되는 방법으로 뜨임온도로부터 항온 유지시켜 2차 베이나이트가 생기지 않는다.

5-2 표면처리법

기어, 크랭크축, 클러치, 캠, 스핀들 등은 내마멸성 및 내마모성과 인성 및 강도가 동시에 필요하다. 이때 강인성이 있는 재료의 표면을 열처리하여 경도를 크게 하는 것을 표면경화법이라 하다.

1. 침탄법

탄소의 함유량(0.2% 이하)이 적은 저탄소강을 탄소 또는 탄소를 많이 함유한 목탄, 골탄 등으로 표면에 탄소를 침투시켜 고탄소강으로 만든 다음에 이것을 급냉시켜 표면을 표면경화하는 방법이다. 침탄 후 담금질 열처리를 케이스 하드닝이라 한다.

(1) 고체침탄법

침탄제인 목탄, 코크스, 골탄 분말과 침탄촉진제 탄산바륨($BaCO_3$), 탄산소다(Na_2CO_3), 염화나트륨(NaCl) 등을 소재와 함께 침탄상자 속에 침탄하려는 물품을 넣고 내화점토로 밀봉하고 900~950℃로 가열하여 4~5시간 동안 유지하면 0.5~2.0mm 정도의 침탄층을 얻는 방법이다.

(2) 액체침탄법(청화법)

침탄제로 시안화칼륨(KCN), 시안화나트륨(NaCN) 및 페로시안칼륨[$K_4Fe(CN)_6$, $3H_2O$] 등을 사용하고 촉진제로는 탄산칼륨(K_2CO_3), 탄산나트륨(Na_2CO_3), 염화칼륨(KCl), 염화나트륨(NaCl) 등을 사용하여 용융 염욕(salt bath)을 만들어 이 속에 강을 침적시키는 방법으로 탄소(C) 및 나트륨(N)도 침투되므로 침탄질화법(carbo-nitriding)

또는 시안청화법(cyaniding)이라고도 한다.

(3) 가스침탄법

고온에서 탄화수소계인 천연가스, 메탄(C_2H_6), 에틸렌(C_2H_4), 프로판가스(C_3H_8), CO, CO_2 등의 가스를 표면에 침투시켜 활성탄소를 석출시키는 방법이다.

[표 5-1] 고체, 액체, 기체 침탄법의 특성

고 체 침 탄 법	액 체 침 탄 법	가 스 침 탄 법
① 값이 싸다. ② 작업이 곤란하다. ③ 작업이 안전하다	① 용융염의 온도 조절과 작업이 용이하다. ② 물품은 빨리 균일하게 가열시킨다. ③ 처리 시간이 짧으며, 열처리 응력이 적다. ④ 형상이 복잡하고 정밀 가공한 소형 부품에도 할 수 있다. ⑤ 대량 생산에 적합하다. ⑥ 맹독을 발한다. ⑦ 염류는 값이 비싸고 소모가 많다. ⑧ 침탄층이 얕다.	① 침탄층의 침탄 농도와 확산 조절이 용이하다. ② 균일한 침탄층을 얻는다. ③ 열효율이 좋다. ④ 작업이 간단하다.

2. 질화법

강을 500~550℃의 암모니아(NH_3)가스 중에서 장시간 가열하면 질소가 흡수되어 Fe_4N, Fe_2N 등의 질화물이 형성된다.

[표 5-2] 침탄법과 질화법의 비교

침 탄 법	질 화 법
① 침탄층의 경도는 질화층보다 작다.	① 질화층의 경도가 크다.
① 침탄 후 열처리가 필요하다.	② 질화 후 열처리가 필요 없다.
③ 침탄 후에도 수정이 가능하다.	③ 질화 후 수정이 불가능하다.
④ 단시간에 표면경화할 수 있다.	④ 표면경화시간이 길다.
⑤ 경화에 의한 변형이 생긴다.	⑤ 경화로 인한 변형이 적다.
⑥ 고온이 도면 뜨임에 의해 경도가 낮아진다.	⑥ 고온으로 가열하여도 경도저하가 없다.
⑦ 침탄층은 여리지 않는다.	⑦ 질화층은 여리다.
⑧ 처리비용이 비교적 작다.	⑧ 처리비용이 많이 든다.
⑨ 처리 적용 강의 종류에 제한이 적다.	⑨ 처리 적용 강의 종류에 제한을 받는다.

3. 물리적 표면경화법

(1) 고주파경화법

재료를 장치된 코일 속으로 고주파 전류를 흐르게 하면 재료 표면에는 맴돌이 전류가 유도되고 표피만 가열되는데 표면온도가 A_1점을 넣었을 때 냉각수를 분사하여 표면만 경화시키는 방법으로 토코 방법(Toco process)이라고도 한다. 또, 주파수가 높아질수록 경화깊이가 얕아진다.

■ 고주파경화법의 특징
① 열처리 시간이 매우 짧아 산화 및 변형이 적다.
② 직접 가열하기 때문에 열효율이 좋고 대량생산이 가능하다.
③ 국부적인 가열과 전체적인 가열을 선택하여 할 수 있다.
④ 전류는 강재 표면에 흐르기 쉽기 때문에 표면의 가열이 잘 된다.
⑤ 유지비가 적고 균일 가열 및 온도제어가 용이하다.
⑥ 작업이 깨끗하다.
⑦ 설비비용이 많이 들고, 부품의 형상과 소재가 제한적이다.

(2) 화염경화법(flame hardening)

산소-아세틸렌(또는 LPG) 가스불꽃을 이용하여 강 표면을 급속 가열한 후 담금질 온도에 도달할 때 냉각수로 급냉시켜 표면층만을 경화시키는 열처리 방법이다.

■ 화염경화법의 특징
① 부품의 크기와 형상에 제한이 없다.
② 국부 담금질이 가능하고 설비비가 저렴하다.
③ 담금질 변형이 적다.
④ 가열온도의 조절이 어렵다.

4. 금속침투법(Cementation)

(1) 세라다이징(Zn의 침투처리)

Zn을 침투 확산시키는 법으로서, 청분(blue powder)이라고 불리는 300메시(mesh) 정도의 가는 Zn분말 속에 경화시키고자 하는 재료를 묻고, 보통 300~420℃로 1~5시간 동안 처리해서 두께 0.015mm 정도의 경화층을 얻는 방법이다.

(2) 크로마이징(Cr 침투처리)

재료의 표면에 Cr을 침투 확산시키는 법으로서, 도금할 물건을 침투제인 크롬분말(Al_2O_3을 20~25% 첨가) 속에 파묻고, 환원성 또는 중성 분위기 중의 연강이 사용되며, 탄소량이 그 이상으로 되면 크롬침투가 곤란해진다. Cr이 침투된 표면층은 고 크롬의 조성이 되어 스테인리스강의 성질을 갖게 되므로 내열, 내식성 및 내마모성이 크게 된다.

(3) 칼로라이징(Al 침투처리)

주로 철강의 표면에 Al을 침투 확산시키는 방법으로서, Al분말을 소량의 염화암모늄과 혼합시켜 피경화재료와 같이 회전로 중에 넣어 중성 분위기를 만든 후 850~950℃에서 1000℃에서 12~40시간 동안 가열하여 침투 Al이 확산되도록 한다.

(4) 보로나이징(boronizing ; B 침투처리)

철강에 붕소를 확산 침투시키면 경도가 커진다.(Hv=1300~1400)

(5) 실리코나이징(siliconizing : Si 침투처리)

철강에 Si를 확산 침투시켜 내산성을 향상한다.

5. 기타 표면경화법

(1) 쇼트피닝

쇼트피닝(shot peening)은 표면냉간가공의 일종으로 재료의 표면에 고속력으로 강철이나 주철의 작은 입자(0.5~0.1mm)를 분산하여 금속의 표면층을 가공 경화시키는 방법으로서, 이와 같은 처리를 한 재료를 한 재료는 인장이나 압축에는 그다지 영향이 없으나 휨이나 비틀림의 반복응력에 대하여서는 기계부품의 피로한도를 뚜렷하게 증가시킨다.

(2) 방전경화법

방전경화법은 방전현상을 이용하여 강의 표면을 침탄·질화시키는 방법이다. 즉, 음극에 탄화텅스텐(WC)이나 탄화티탄(Tic) 등의 초경합금을 사용하는데, 이것을 공구의 피경화부분을 향하여 방전시켜서 공구 표면에 WC이나 Tic을 용착시키고, 동시에 그 열로써 주위도 경화시키는 방법이다. 전압 120V로써 50~70μ 두께의 경화층이 얻어진다. 이 경화층의 경도는 Hv 1400~1600에 달하므로 내마모성이 향상되고, 절삭수명이 증가된다.

(3) 하드페이싱(hard facing)

금속의 표면에 스텔라이트, 경합금 등을 용착시켜 표면경화층을 만드는 방법이다.

(4) 금속용사법

철강 표면에 Zn 및 Al 등의 용융한 금속을 압축공기가 분무상태로 붙이는 방법이다.

제 5 장 열처리 및 표면처리법

문제 001
굴삭기의 삽날과 같이 내부의 인성을 유지한 상태로 표면만 내마모성이 요구되는 곳의 열처리 방법으로 가장 좋은 것은?
- ㉮ 담금질
- ㉯ 불림
- ㉰ 표면경화법
- ㉱ 항온 열처리

문제 002
같은 조성의 강재를 동일한 조건하에서 담금질 하여도 강재의 크기에 따라 담금질 효과가 달라지게 된다. 이러한 것을 담금질의 무엇이라 하는가?
- ㉮ 경화능
- ㉯ 시효
- ㉰ 질량효과
- ㉱ 냉각능

문제 003
탄소강을 연화할 목적으로 적당한 온도까지 가열한 다음 노 내에서 천천히 냉각시켜 열처리 하는 방법으로 알맞은 것은?
- ㉮ 불림
- ㉯ 풀림
- ㉰ 뜨임
- ㉱ 담금질

[해설] 풀림은 재질을 연화하고, 결정조직의 조정 및 내부응력의 제거를 목적으로 실시한다.

문제 004
다음 열처리 방법 중 경도를 증가시키는 방법이 아닌 것은?
- ㉮ 풀림
- ㉯ 담금질
- ㉰ 표면경화
- ㉱ 화염경화

[해설] 풀림은 탄소강을 연화시킬 목적으로 노 내에서 천천히 냉각시켜 열처리 하는 방법

문제 005
잔류응력을 제거하고 경도는 낮아지나 탄성한계가 향상되고 인성이 좋아지는 열처리법은?
- ㉮ Annealing
- ㉯ Tempering
- ㉰ Quenching
- ㉱ Normalizing

문제 006
강의 표면에 알루미늄을 침투 시키는 표면경화 방법은?
- ㉮ 보로나이징(boronizing)
- ㉯ 실리콘나이징(siliconizing)
- ㉰ 칼로라이징(calorizing)
- ㉱ 크로마이이징(chromizing)

문제 007
니켈강이나 크롬강을 가열 후 공기중에 방치하여도 담금질 효과를 나타내는 현상은?
- ㉮ 질량효과
- ㉯ 가공경화
- ㉰ 자경성
- ㉱ 이상경화

문제 008
다음 중 Ar'''변태는?
- ㉮ 오스테나이트 → 마르텐사이트
- ㉯ 오스테나이트 → 시멘타이트
- ㉰ 오스테나이트 → 트루스타이트
- ㉱ 오스테나이트 → 펄라이트

[해설] Ar' : Austenite → troosite

[답] 001. ㉰ 002. ㉰ 003. ㉯ 004. ㉮ 005. ㉯ 006. ㉰ 007. ㉰ 008. ㉮

문제 009

다음은 질량효과(Mass Effect)에 대한 설명 중 맞지 않는 것은?

㉮ 탄소강은 질량효과가 크다.
㉯ 질량효과가 적다는 것은 열처리가 잘된다는 뜻이다.
㉰ 질량효과가 적은 강을 구하려면 열전도가 높은 것을 취한다.
㉱ 특수강은 일반적으로 질량효과가 크다.

문제 010

강의 뜨임시 뜨임온도는 다음 중 어느 것이 적절한가?

㉮ A_1 변태점 이하
㉯ A_3 변태점 이하
㉰ A_{cm}선 이하
㉱ A_0선 이하

문제 011

침탄을 할 필요가 없는 부분 즉, 부분침탄을 하려고 할 때의 방법으로서 잘못된 것은?

㉮ 진흙을 바르고 석면으로 싸고 얇은 철판으로 감는다.
㉯ 구리로 도금을 해준다.
㉰ 가공여유를 충분히 주고 전체를 침탄을 한 후 가공한다.
㉱ 침탄이 필요치 않는 부분에 염산을 바른다.

문제 012

표면경화강인 질화강에서 질화층의 경도를 높여주는 역할을 하는 원소는?

㉮ 니켈
㉯ 구리
㉰ 주철
㉱ 알루미늄

[해설] 경화원소 : Al, Cr, V, Mn, Ti, Mo

문제 013

강철표면에 타 금속을 침투시켜 포면에 합금층이나 금속피복을 만들어 경화시키는 것은?

㉮ 고주파 표면경화
㉯ 금속침투법
㉰ 화염경화
㉱ 하드페이싱

문제 014

강의 표면에 친화력이 강한 금속(Zn, Cr, Si 등)을 침투시켜 내식성이나 경도를 증가시키는 방법은?

㉮ 쇼트피닝(shot peening)
㉯ 질화법(nitriding)
㉰ 금속침투법(metallic cementation)
㉱ 침탄경화(carburizing)

문제 015

다음 설명 중 강의 열처리에서 M_f점을 바르게 설명한 것은?

㉮ 마르텐사이트에서 오스테나이트로 변하는 온도
㉯ 전체가 마르텐사이트 조직으로 되는 온도
㉰ 오스테나이트가 전부 미세한 펄라이트로 변태하는 온도
㉱ 고용탄소가 유리탄소로 변하는 온도

문제 016

$M_f \sim M_s$ 내의 항은 열처리로 열욕(hot bath)에 담금질하여 그 온도를 항온 유지함으로써 마르텐사이트와 베이나이트로 변화시켜 경도는 그리 떨어지지 않고 충격치가 높은 조직을 얻는 항온 열처리법은?

㉮ 오스템퍼
㉯ 마템퍼
㉰ MS퀜칭
㉱ 마퀜칭

[해설] ① 마퀜칭 : Ms점보다 다소 높은 온도의 열욕에 담금질, 마텐자이트 조직
② 마템퍼 : Ms점 이하 항온 변태 후 열처리
③ 오스템퍼 : Ms변태점간의 열욕에 담금질, 베

[답] 009. ㉱ 010. ㉮ 011. ㉱ 012. ㉱ 013. ㉯ 014. ㉰ 015. ㉯ 016. ㉯

이나이트조직
④ Ms 퀜칭 : Ms점보다 약간 낮은 온도, 물 또는 기름에 급냉

문제 017

강의 열처리 조직 중 담금질에 의한 조직이 아닌 것은?

㉮ 솔바이트(sorbite)
㉯ 시멘타이트(cementite)
㉰ 투루스타이트(troostite)
㉱ 마텐사이트(martensite)

문제 018

풀림(annealing) 열처리의 목적을 틀리게 설명한 것은?

㉮ 절삭 및 소성가공에서 생긴 내부응력의 제거
㉯ 열처리로 인한 연화된 재료의 경화
㉰ 단조, 주조에서 경화된 재료의 연화
㉱ 금속 결정입자의 조정

해설 풀림의 종류
① 완전 풀림 : 일반적인 풀림
② 항온 풀림 : A₁변태점 이하의 항온에서 변태를 완료한 것으로 가장 짧은 시간에 풀림가능
③ 저온 풀림(응력제거 풀림) : 500~600℃ 부근에서 풀림
④ 연화 풀림 : 가공도중 경화된 재료를 연화시키는 풀림
⑤ 구상화 풀림 : 소성가공이나 절삭가공을 쉽게 하거나 기계적 성질을 개선할 목적으로 탄화물을 구상화시키는 풀림

문제 019

담금질한 재료에 인성을 부여할 목적으로 변태점 이하로 가영하여 서냉하는 열처리 방법은?

㉮ 뜨임   ㉯ 고온풀림
㉰ 저온풀림   ㉱ 불림

문제 020

금속 침투법의 명칭과 침투 물질이 잘못된 것은?

㉮ 세라다이징 - Zn 침투
㉯ 크로마이징 - Cr 침투
㉰ 칼로라이징 - Ca 침투
㉱ 실리콘나이징 - Si 침투

해설 칼로라이징 - Al 침투

문제 021

시안화칼륨(KCN)을 이용한 표면경화법은 어느 것인가?

㉮ 침탄법   ㉯ 질화법
㉰ 청화법   ㉱ 화염법

해설 청화법은 시안화칼륨 또는 시안화나트륨등의 CN 화합물을 발라 가열하여 담금질하는 방법이다.

문제 022

금속의 표면에 스텔라이트나 경합금 등의 특수금속을 용착시켜 표면경화층을 만드는 것은?

㉮ 쇼트피닝   ㉯ 하드페이싱
㉰ 금속침투법   ㉱ 시안화법

해설 금속침투법은 피복하고자 하는 부품을 가열해서 그 표면에 다른 종류의 피복 금속을 부착시키는 동시에 확산에 의해 합금 피복층을 형성시키는 방법으로 내식성, 방청성, 내고온 산화성 등의 화학적 성질을 개선할 목적으로 사용한다. 확산 침투 원소로는 Zn, Cr, Al, Si, B 등이 사용된다.

답 017. ㉯ 018. ㉯ 019. ㉮ 020. ㉰ 021. ㉰ 022. ㉯

제 6 장 비철금속재료

6-1 알루미늄과 그 합금

(1) 알루미늄 합금의 성질

① 마그네슘, 베릴륨 다음으로 가벼운 금속으로 비중이 2.7, 용융점 660℃, 변태점이 없다.
② 열 및 전기의 양도체이다.(구리 다음)
③ 대기중에서 산소와 화학작용을 하여 산화알루미늄이라는 얇은 보호피막을 형성하여 내식성이 우수하고, 전연성이 풍부하며, 400~500℃에서 연신율이 최대이다.
④ 표면이 산화막이 형성되어 있어 내식성이 우수하다. 그러나 유동성이 불량하고, 수축률이 커서 순수 알루미늄은 주조가 불가능하므로 구리, 규소, 마그네슘, 아연 등을 합금하여 기계적 성질을 개선한다.
⑤ 알루미늄 합금의 열처리는 탄소강과는 달리 시효 경화를 이용한다.

> **참고** 시효 경화란 시간이 경과함에 따라 고용물질이 석출되면서 강도가 증가하는 현상을 말하며 인공적으로 시효 경화를 일으키는 인공 시효와 대기 중에서 진행하는 자연 시효가 있다. 자연 시효를 이용할 경우 열처리 과정을 생략할 수 있어 시간과 경비를 절감할 수 있다.

(2) 알루미늄 합금의 특성과 용도

① 알루미늄 합금은 용접 및 기계적인 조립을 할 수 있다.
② 주조용 합금과 가공용 합금이 있으므로 특성에 맞는 재료를 선택해야 하며, 알루미늄은 비철 공구 재료로서 가장 광범위하게 사용되고 있다.
③ 가공성, 적응성 좋고 무게가 가볍다.

④ 알루미늄은 광범위하게 각종 형상을 만들 수 있다.
⑤ 경도나 안정성을 증가시키기 위한 공정이나 열처리를 병행할 수 있다는 점이다.
⑥ 알루미늄은 보통 필요한 조건에 따라 주문하며 그 후의 처리는 불필요하다. 이는 시간과 경비를 절감하는 것이다.
⑦ 알루미늄은 용접도 할 수 있으며 기계적인 클램핑력에 의해 결합될 수 있다.

[표 6-1] 알루미늄의 기계적 성질

구 분	풀 림	냉간압연
인 장 강 도	4.7~4.8	11~12
항 복 점	1.0~1.2	10~11
연 신 율	60	5
경 도	17	27

(3) 알루미늄의 열처리

Al 합금의 대부분은 시효경화성이 있으며 용체화 처리와 뜨임에 의해 경화한다.

① 고용체화 처리

완전한 고용체가 되는 온도까지 가열하였다가 급냉해 과포화 상태로 만든 방법

② 시효 처리

과포화 고용체를 120~200℃로 가열 10~14일간 뜨임해 과포화 성분을 석출시켜 경화시키는 방법

③ 풀림

과포화 처리온도와 시효 처리온도의 중간 정도로 가열, 잔류응력 제거와 연화시키는 방법

> **참고** 석출 경화
> 급냉에 의해 과포화로 고용된 탄화물, 화합물이 그 뒤의 시효에 의해 석출되어 경화하는 현상을 말한다.

(4) 알루미늄의 방식법

알루미늄표면을 적당한 전해액 중에서 양극산화 처리하여 산화물계 피막을 형성시킨 방법이며 수산법, 황산법, 크롬산법 등이 있다.

(5) 알루미늄 합금의 종류

① 가공용 알루미늄 합금

[표 6-2] 가공용 알루미늄 합금

분류	합금계	대표합금	특징	용도
내식용 AI 합금	Al-Mn계	알민(Almin)	Mn 2% 미만 함유	차량, 선반, 창, 송전선
	Al-Mg-Si계	알드레이(Aldrey)	시효경화처리 가능	
	Al-Mg계	하이드로날륨 (hydronalium)	대표적인 내식성 합금 비열처리형 합금	
고강도 AI 합금	Al-Cu-Mg계	듀랄루민 (dralumin)	Al-Cu-Mg-Mn의 합금으로 시효경화 처리한 대표적인 합금, 시효경화시킨 상태에서 인장강도는 294~441MPa 이다.	항공기, 자동차, 리벳, 기계
	Al-Zn-Mg계	초듀랄루민	Al-Cu-Zn-Mg의 합금으로 인장강도 530MPa(54kgf/mm^2) 이상으로 알코아 75S 등이 이에 속한다.	
내열용 AI 합금	Al-Cu-Ni계	Y-합금	Al-Cu-Ni-Mg의 합금으로 대표적인 내열용 합금이다. $Al_5Cu_2Mg_2$가 석출 경화되며 시효 처리한다. 인장강도는 186~245MPa(19~30kgf/mm^2) 이다.	내연기관의 피스톤, 실린더
	Al-Cu-Ni계	코비탈륨 (cobitalium)	Y-합금의 일종으로 Ti와 Cu를 0.2% 정도씩 첨가	
	Al-Ni-Si계	로엑스 합금 (Lo-Ex)	Al-Si계에 Cu, Mg, Ni을 첨가한 특수 실루민으로 Na으로 개질처리한다.	

※ 참고 : Al의 내식성을 해치지 않고 강도를 개선하는 요소로는 Mn, Mg, Si 등이 있다.

② 주조용 알루미늄 합금
  ㉠ Al-Cu계 : 담금질과 시효경화에 의해 강도 증가, 내열성, 연율, 절삭성이 좋으나 고온취성이 크며 수축균열이 있다. 실용합금으로는 4% Cu합금인 알코아 195(Alcoa)가 있다.
  ㉡ Al-Si계 : 이 합금의 주조조직의 Si는 육각판상의 거친 조직이므로 실용화할 수 있도록 개량(개질)처리한다. 대표합금으로 실루민(silumin) 알펙스(alpax) 등이 있다.
  ㉢ Al-Cu-Si계 : Si에 의해 주조성 개선 Cu로 피삭성을 좋게 한 합금으로 대표적인 합금으로 라우탈이 있다.

> **참고** 개량처리(개질처리 : modification)
> Si의 거친 육각판상 조직을 금속니코륨, 가성소다, 알칼리염 등을 접종시켜 조직을 미세화시키고 강도를 개선하기 위한 처리

㉣ Al-Mg합금 : 내식성이 크고 절삭성도 좋은 합금이지만 용해될 때 용탕 표면에 생기는 산화피막 때문에 주조가 곤란하고 내압 주물로서 부적당하다.

2. 마그네슘 및 그 합금

(1) 마그네슘 합금의 성질 및 특징

① 마그네슘은 열전도율과 전기 전도율이 구리나 알루미늄보다 훨씬 낮다.
② 기계적 성질도 뒤지는 편이나 실용 금속 중에서 가장 가벼우며 비중에 대한 인장강도, 즉 비강도가 대단히 큰 금속이다. 비중 1.74, 용융점 650℃, 재결정온도 150℃, 인장강도 147~343MPa(15~35kgf/mm^2)이다.
③ 마그네슘 합금은 주물로 만들 때 인장강도, 연신율, 충격값 등이 알루미늄 합금과 비슷하다.
④ 절삭성은 목재와 같을 정도로 좋아서 기계재료로 사용할 때는 부품의 무게 경감과 가공비의 절감이라는 효과가 있다.
⑤ 바닷물에는 아주 약하며 냉간가공도 거의 불가능하다.
⑥ 단련재로서의 강도는 두랄루민의 약 1/3 정도이며, 충격값도 두랄루민보다 작다.
⑦ 마그네슘 합금도 용접이나 기계적으로 결합시킬 수 있다.
⑧ 마그네슘은 지그 및 고정구의 재료로써 사용하는 또 다른 하나의 비철공구 재료이다.
⑨ 마그네슘은 대단히 가볍고 다양하게 사용할 수 있고 무게 대 강도의 비가 높다.
⑩ 마그네슘은 알루미늄이나 강보다 더 빠르게 기계 가공될 수 있다.
⑪ 마그네슘은 용접할 수도 있으며 기계적인 접합도 할 수 있다.
⑫ 마그네슘 사용에 있어 한 가지 문제점은 화재의 위험이 크다는 것이다. 그러나 칩을 거칠게 하고 적절한 절삭유를 사용하면 화재의 위험은 크게 감소한다. 마그네슘을 어떤 형태로 기계 가공할 때에는 화재에 대비하여 모래나 건조된 가루를 뿌리는 것이 좋다.

(2) 마그네슘 합금의 종류

① 주물용 마그네슘(Mg) 합금
㉠ 다우메탈(dow metal) : 대표적인 주물용 Mg합금으로 Mg-Al계로서 Al 10% 내외이다.
㉡ 엘렉트론(Electron) : Mg-Al-Zn계 합금으로 Mg 90% 이상으로 내연기관 피스톤에 사용된다.
② 가공용 Mg합금
㉠ Mg-Mn계, Mg-Al-Zn계, Mg-Zn-Zr계, Mg-Th계 등이 있다.
㉡ MIA합금 : Mg+Mn+Ca의 조성으로 가공용 Mg합금

3. 니켈합금

Ni은 공기 중에서 500℃까지 산화되지 않고 1000℃에서 다소 산화한다. 초산, 왕수에는 쉽게 용해되고 연산, 황산에는 서서히 침식되며 알칼리에는 강하다. 상온 및 고온에서 쉽게 가공된다.

(1) 니켈 합금의 종류

① Ni-Cu계 합금

전기저항이 대단히 크고 내열성이 크고 고온에서 경도 및 강도저하가 적은 내식성이 크고 산화도가 적고, Fe 및 Cu에 대한 열전효과가 크다.

㉠ 10~30% Ni합금(큐프로 니켈 cuprolls nikel) : 비철합금 중 전연성이 가장 크고 화폐 열교환기에 사용된다.

㉡ 40~50% Ni합금(콘스탄탄 : constantan) : 전기저항이 크고 온도계수가 낮아 통신기, 전열선 열전쌍 등에 사용된다.

㉢ 44% Ni합금(어드밴스 : advence) : 1% Mn이 첨가되고 정밀전기의 저항선으로 사용된다.

㉣ 60~70% Ni합금(모넬메탈 : monel metal) : 강도와 내식성이 우수해서 화학공업용으로 사용되고 여기에 4% Si(S모넬), 3% Si(H모넬), 0.035% S(R모넬), 2.75% Al(K모넬) 등을 첨가한다.

> **참고** 20~25%, Ni합금은 백동이라 하여 가공성이 좋아 가정용품 등에 널리 사용된다.

② 내식용 니켈합금

㉠ 인코넬(inconel), 하스텔로이(hastallay), 일리움(illium) 등이 있다.

㉡ Ni-Mo-Cr 합금 : 헤이스트로이, C, N, W 등이 이 계에 속하며, 광범위의 부식환경에 저항성이 우수하다. 연소 가스, 산화성 산, 황산, 아황산, 차아염소산, 염화제2철, 황산제2철, 크롬산염 등의 수용액에 저항이 크다.

4. 아연, 납, 주석과 그 합금

(1) 아 연

납(Pb), 주석(Sn)과 함께 저용점 금속(Sn의 용점 231.9℃보다 낮은 용점을 갖는 합금의 총칭)이라 불리우며, 그들의 합금도 특수한 용도로서 공업상 중요하다. 또 이들의 합금은 색이 백색이므로 화이트 메탈(white metal)이라고도 한다. 아연의 주요 용도는 아연도금인데 이 경우의 아연은 비교적 고순도의 것이 바람직하다. 압연하여 건전지 및 인쇄 판재로서 용도가 넓고 또한 다이캐스팅(diecasting)으로서도 수요가 급증되고 있다.

(2) 납

융점이 낮고 가공이 쉬워 예로부터 인류가 사용해 온 금속 중의 하나이다. 땜납, 수도관, 활자 합금, 베어링 합금, 건축용에 쓰이고, 실용 금속 중 가장 밀도가 크고 유연하다. 또한 전연성이 크고 융점이 낮으며, 내식성이 우수하고 방사선의 투과도가 낮은 것이 특징이다.

(3) 주 석

주석 도금 철판, 그 밖에 구리 합금, 마모 합금, 땜납 등으로도 이용된다. 달리 독이 없으므로 의약품, 식품 등의 포장용 튜브로서 사용된다.

5. 베어링 합금

(1) 베어링 합금의 조건

① 하중에 대한 내구력을 가질 수 있을 정도의 경도, 내압력을 가질 것.
② 축에 적응이 잘 될 수 있을 정도로 충분한 점성과 인성이 있을 것.
③ 주조성, 피가공성이 좋고 열전도율이 클 것.
④ 마찰계수가 적고 저항력이 클 것.
⑤ 소착에 대한 저항력이 클 것.
⑥ 윤활유에 대한 내식성이 좋고 값이 쌀 것.

이상의 성질을 구비한 합금으로서 주석 바탕 또는 Pb 바탕의 화이트 메탈 Cu-Pb 합금 등이 널리 사용된다.

(2) 베어링 합금의 종류

① **주석계 화이트메탈** : Sn-Sb-Cu계 합금으로 배빗 메탈(Babbit metal)이 대표적이다. 하중이 크며 고속도의 발전기 내연기관 발전기 및 축 베어링으로 사용
② **납계 화이트메탈** : Pb-Sb-Sn계와 Pb-Ca-Ba-Na계인 러지 메탈(Larigi metal)과 바흔메탈(Bahn metal)이 있다. 하중이 작고 속도가 큰 베어링에 적합. 강도는 주석계보다 낮다.
③ **Cu계 베어링합금** : 켈밋(Kelmet)은 내소착성이 좋고 고속, 고하중용으로 적합, 자동차, 항공기 등의 주 베어링용, 발전기, 전동기, 철도차량용, 베어링에 사용된다. Cu계는 경도, 내압력이 커서 저속의 하중변동이 적은 큰 하중 베어링에 사용된다.
④ **오일리스 베어링** : Cu계 합금으로 Cu-Sn-흑연합금이 많이 사용되며, 부피의 10~40%의 기름을 함유하고 있고, 내소착성이 크다. 급유 곤란 및 작은 하중의 저속 베어링용으로 사용된다. 이외에 Cd에 Ni, Ag, Cu 등을 넣은 Cd계 합금과 Zn계 합금인 알젠(Alzen) 305가 있다.

[표 6-3] 각 베어링 합금의 비교

	Sn계 W.M	Pb계 W.M	켈밋	오일리스 베어링
속도	고속	고속	고속	저속
하중	고하중	저하중	고하중	저하중
경도	크다	작다	크다	작다
진동	강하다	약하다	강하다	약하다

6. 구리와 그 합금

(1) 구리의 성질

① 전기 및 열전도성이 우수하다.
② 전연성이 좋아 가공이 용이하다.
③ 내식성이 강해 부식이 안 된다.
④ 아름다운 광택과 귀금속적 성질이 우수하다.
⑤ Zn, Sn, Ni, Ag 등과 용이하게 합금을 만든다.
구리는 철과 같은 동소변태가 없고 재결정온도는 약 200℃ 정도이다. 또 상온 중 크리프 현상이 일어난다.

7. 황동(Brass)

(1) 황동의 성질

① 전기(열)전도도가 Zn 40%까지 감소, 그 이상에서는 50%에서 최대이고, 연신율은 Zn 30% 최대이다.
② 주조성, 가공성, 내식성, 기계적 성질이 좋다. 압연과 단조가 가능하다.
③ 인장강도는 Zn 45% 최대가 되며 그 이상에서는 급감한다. 따라서 Zn 50% 이상의 황동은 취약해진다.
④ **경년변화(시효경화)** : 황동의 가공재를 상온에서 방치하거나 저온풀림 경화시킨 스프링재가 사용 도중 시간의 경과에 따라 경도 등 여러 가지 성질이 악화되는 현상으로 가공도가 낮을수록 심해진다.
⑤ 화학적 성질
　㉠ 탈아연 부식(dezincification) : 불순한 물 및 부식성 물질이 녹아 있는 수용액의 작용에 의해 황동의 표면에는 내부까지 탈아연되는 현상으로 방지책은 Zn 30% 이하의 α황동 사용, 또는 0.1~0.5%, As, Sb 1% 정도의 Sn 첨가한다.
　㉡ 자연균열(season cracking) : 일종의 응력부식균열(stress corrosion cracking)로 잔류응력에 기인하는 현상으로 방지책은 도료 및 Zn 도금, 180~260℃

에서 응력제거풀림 등으로 잔류응력을 제거된다.
ⓒ 고온 탈아연(dezincing) : 고온에서 탈아연되는 현상으로 표면이 깨끗할수록 심하다. 방지책은 표면에 산화물 피막 형성된다.

(2) 황동의 종류

① 단련황동
ⓐ 톰백(tombac) : 5~20%의 저아연합금으로 전연성이 좋고 색이 금에 가까우므로 모조금박으로 금대용으로 사용
ⓑ 7-3황동(cartridage brass) : Cu 70%, Zn 30%의 $\alpha + \beta$황동이며 인장강도가 크며 고온가공이 용이하다. 탈아연 부식이 일어나기 쉽다. 열교환기나, 열간 단조용으로 사용된다.

② 특수황동
ⓐ 애드미럴티황동(admiralty brass) : 7-3황동에 1% Sn 첨가관, 판으로 증발기, 열교환기에 사용
ⓑ 네이벌황동(naval brass) : 6-4황동에 0.75% Sn첨가 파이프, 용접봉, 선박 기계부품으로 사용
ⓒ 델타메탈(delta metal) : 6-4황동에 1~2% Fe함유 강도, 내식성 증가, 광신기계, 선박, 화학기계용으로 사용된다.
ⓓ 두라나메탈(durana metal) : 7-3황동에 2% Fe, 그리고 소량의 Sn, Al 첨가
ⓔ 양은, 양백(nickel silver 또는 Germem silver) : 7-3황동에 10~20% Ni 첨가하여 전기저항이 높고, 내열, 내식성 우수, Ag 대용으로 사용한다. 이 외에도 1.5~2% Al을 첨가한 Al황동(알브렉 : Albrac), 1.5~3% pb을 첨가하여 절삭성을 좋게 한 연황동, 그리고 고강도 황동으로는 6-4 황동에 8% Mn을 첨가한 망간황동이 있다.

8. 청동(Bronze)

넓은 의미에서 황동 이외의 구리합금을 모두 청동이라고 하지만 좁은 의미에선 Cu-Sn합금을 말한다. Sn이 증가할수록 전기전도율과 비중이 감소된다. Sn 17~20%에서 최대 인장강도 값을 가지며 연율은 Sn 4%에서 최대치가 된다. 부식률은 실용금속 중 가장 낮다.

(1) 청동의 종류 및 용도

① 압연용 청동 : 3.5~7.0% Sn청동으로 단련 및 가공성 용이. 화폐, 메달, 선, 봉 등에 사용
② 포금(gun metal) : 8~12% Sn, 1% Zn 첨가, 내해수성이 좋고 수압, 증기압에도 잘 견딘다. 선박용 재료로 사용된다.

③ 화폐용 청동(coining bronze) : 3~10% Sn에 1% Zn 첨가 이외에도 미술용 청동과 13~18% Sn을 첨가한 베어링 청동 등이 있다.

(2) 특수청동

① 인청동(phosphor bronze) : 청동에 탈산제 P를 첨가한 합금으로 경도, 강도 증가하며 내마모성 탄성이 개선된다. 고탄성을 요구하는 판, 선의 가공재로서 내식성, 내마모성이 요구되는 밸브, 베어링, 선박용품, 고급 스프링재료로 사용된다.

② 연청동(lead bronze) : 인장강도가 200 MPa 이상으로 청동에 3.0~26% pb를 첨가한 것으로, 그 조직 중에 Pb이 거의 고용되지 않고 입계에 점재하여 윤활성이 좋아지므로 베어링, 패킹재료 등에 널리 쓰인다.

③ Al 청동 : 인장강도가 450 MPa 이상으로 8-12%의 Al을 첨가하여 강도, 경도, 인성, 내마모성, 내식성, 내피로성이 황동, 청동보다 좋지만, 주조성, 가공성, 용접성이 나쁘다.

④ 규소 청동 : 인장강도가 150 MPa 이상으로 Cu에 탈탄을 목적으로 Si를 첨가한 청동으로 4.7% Si까지 Cu 중에 고용되어 인장강도를 증가시키고 내식성, 내열성을 좋게 한다.

⑤ 니켈 청동 : 니켈 청동은 1029 MPa의 높은 인장강도와 통신선, 전화선으로 사용되는 Cu-Ni-Si의 콜슨(corson)합금, 뜨임경화성이 큰 쿠니알 청동, 열전대용 및 전기저항선에 사용되는 Cu-Ni 45%의 콘스탄탄이 있다.

⑥ 망간 청동 : 전기저항재료로 사용되는 Cu-Mn-Ni의 망가닌(Manganin) 등이 있다. Cu-Cd계 합금은 1%의 Cd 함유 합금으로 큰 인장강도와 우수한 전도도로 송전선, 안테나용으로 쓰인다.

⑦ 베릴륨 청동 : Cu에 2~3%의 Be를 첨가한 시효 경화성 합금으로 구리합금 중 최고 강도(약 980 MPa)를 가진다.

⑧ 오일리스베어링 : 구리, 주석, 흑연의 분말을 혼합시켜 성형한 후 가열하여 소결한 것으로 주유가 곤란한 곳에 사용된다. 큰 하중이나 고속회전에는 부적합하다.

⑨ 양은 : 니켈 15~20%, 아연 20~30%에 구리를 함유한 합금으로 주로 기계부품, 식기, 가구, 온도조절용 바이메탈, 스프링 재료에 쓰인다.

9. 금속복합재료

(1) 섬유강화 금속복합재료

휘스커(whisker) 등의 섬유를 Al, Ti, Mg 등의 연성과 인성이 높은 금속이나 합금 중에 균일하게 배열시켜 복합화한 재료를 섬유강화 복합재료(FRM : Fiber Reinforced Metals)이다. 특히, Al 및 Al합금이 기지금속으로 가장 많이 쓰이며, 이외에 Mg, Ti, Ni, Co, Pb 등이 있다.

① 강화섬유의 종류
   ㉠ 비금속계 : C, B, SiC, Al_2O_3, AlN, ZrO_2 등
   ㉡ 금속계 : Be, W, Mo, Fe, Ti 및 그 합금
② 제조법
  주조법, 확산결합법, 소성가공을 이용한 압출 및 압연법 등이 있다.
   ㉠ 주조법 : 제품 형상에 가까운 소형 부품 제조 및 부품의 일부를 복합화하는 2재료로 응용이 가능
   ㉡ 확산결합법 : 대형의 판재, 봉재 등의 제조에 적합
③ 특 징
   ㉠ 경량이고 기계적 성질이 매우 우수하다.
   ㉡ 고내열성, 고인성, 고강도를 지닌다.
   ㉢ 주로 항공 우주 산업이나 레저 산업 등에 사용된다.

> **참고** 복합재료의 모재 사용에 따라
> ① 금속을 사용하면 섬유강화 금속(FRM, Fiber Reinforced Metals)
> ② 플라스틱을 사용하면 섬유강화 플라스틱(FRP, Fiber Reinforced Plastics)
> ③ 섬유와 고무를 복합한 것을 섬유강화 고무
> ④ 플라스틱에 탄소섬유, 유리섬유를 섞어서 강도와 탄성의 성질을 개선한 것을 강화 플라스틱이라 한다.
> ⑤ 섬유강화 세라믹스(FRC, Fiber Reinforced Ceramics)

(2) 분산강화 금속복합재료

기지금속 중에 $0.01 \sim 0.1 \mu m$ 정도의 산화물 등 미세한 입자를 균일하게 분포시킨 재료로 기지금속으로는 Al, Ni, Ni-Cr, Ni-Mo, Fe-Cr 등이 이용된다.

① 특 징
   ㉠ 고온에서 크리프 특성이 우수하다.
   ㉡ 분산된 미립자는 기지 중에서 화학적으로 안정하고 용융점이 높다.
   ㉢ 복합재료의 성질은 분산입자의 크기, 형상, 양에 따라 변한다.
② 제조 방법
  혼합법, 열분해법, 내부산화법 등이 있다.
③ 실용재료의 종류
   ㉠ SAP(sintered aluminium powder product) : 저온 내열재료
     • Al 기지 중에 Al_2O_3의 미세입자를 분산시킨 복합재료로 다른 Al합금에 비하여 350~550℃에서도 안정한 강도를 나타낸다.
     • 주로 디젤 엔진의 피스톤 밴드나 제트 엔진의 부품으로 사용된다.
   ㉡ TD Ni(thoria dispersion strengthened nickel) : 고온 내열재료

- Ni 기지 중에 ThO₂ 입자를 분산시킨 내열재료로 고온 안정성이 크다.
- 주로 제트엔진의 터빈 블레이드(turbine blade) 등에 응용된다.

(3) 입자강화 금속복합재료

1~5μm 정도의 비금속 입자가 금속이나 합금의 기지 중에 분산되어 있는 것으로 서멧(cermet)이라고 한다.

① 특 성

경도, 내열성, 내산화성, 내약품성, 내마멸성과 금속의 인성을 겸비한 복합재료이다.

② 종 류
- ㉠ 탄화물계 : WC-Co계, TiC-Ni계, TiC-Co계, Cr₃C₂-Ni계 등
- ㉡ 산화물계 : Al₂O₃-Fe계, Al₂O₃-Cr계 등
- ㉢ 질화물계 : TiN-Cr계
- ㉣ 붕화물계 : ZrB₂, CrB, TiB₂ 등
- ㉤ 규화물계 : MoSi₂, TiSi₂, CrSi₂ 등

용도로는 공구용 재료, 내열재료, 내마멸용 재료 등으로 이용되고 있다.

(4) 클래드 재료

두 종류 이상의 금속 특성을 복합적으로 얻을 수 있는 재료로 얇은 특수한 금속을 두껍고 가격이 저렴한 모재에 야금학적으로 접합시킨 것이 많다.

① 종 류
- ㉠ 내식성 재료(Ni 합금, 스테인리스강)와 저탄소강을 조합 : 화학 공업장치에 사용
- ㉡ 스테인리스강과 인바(invar)를 조합 : 가정용 전기기구 등의 온도 조절용 바이메탈(bimetal)에 사용

② 제조법

폭발압착법, 압연법, 확산결합법, 단접법, 압출법 등이 있다.

(5) 다공질 재료

다공질 금속으로는 소결체의 다공성을 이용한 베어링이나 다공질 금속 필터가 있다. 소결 다공성 금속제품으로는 방직기용 소결 링크, 열교환기, 전극 촉매, 발포성 금속 등이 있다.

(6) 일방향 응고 공정 합금

이 합금은 공정 조성의 용융금속을 일방향으로 응고시켜 조직을 섬유상 또는 층상 구조로 배열시킨 것이다. 종류로는 Al-CuAl₂(층상조직)과 Al-Al₃Ni(섬유상 조직) 등이 있다.

공정 복합재료는 장시간 고온에서 견디므로 항공기용 제트엔진 터빈 등의 내열재료로 연구 개발되고 있다.

10. 형상 기억 합금

형상 기억 합금이란, 문자 그대로 어떠한 모양을 기억할 수 있는 합금을 말한다. 즉, 고온상태에서 기억한 형상을 언제까지라도 기억하고 있는 것으로, 저온에서 작은 가열만으로도 다른 형상으로 변화시켜 곧 원래의 형상으로 되돌아가는 현상을 형상 기억 효과라 하며, 이 효과를 나타내는 합금을 형상 기억 합금(shape memory alloy)이라고 한다. 현재 실용화된 대표적인 형상 기억 합금은 Ni-Ti합금이며, 회복력은 $30\,N/mm^2$이고 반복동작을 많이 하여도 회복 성능이 거의 저하되지 않는다.

이 합금은 주로 우주선의 안테나, 치열 교정기, 여성의 브래지어 와이어, 전투기의 파이프 이음 등에 사용된다.

11. 제진재료

제진재료란, 「두드려도 소리가 나지 않는 재료」라는 뜻으로, 기계장치나 차량 등에 접착되어 진동과 소음을 제어하기 위한 재료를 말한다.

제진합금으로는 Mg-Zr, Mn-Cu, Cu-Al-Ni, Ti-Ni, Al-Zn, Fe-Cr-Al 등이 있으며, 내부마찰이 크므로 고유진동계수가 작게 되어 금속음이 발생되지 않는다.

고감쇠능 구조용 재료로서 제진합금은 비감쇠능이 10% 이상, 인장강도 $30N/mm^2$ 이상의 것이 요구된다. 여기서, 비감쇠능이란, 재료에 타격을 가하면 큰 진동음을 내게 되는데 소리를 감쇠시키는 능력이 큰 것을 말한다.

12. 비정질 합금

결정립의 크기는 $0.1\mu m$ 정도의 미세 결정립에서 조대한 단결정까지 다양하지만, 이러한 금속에 열을 가하여 액체상태로 한 후에 고속으로 급냉하면 원자가 규칙적으로 배열되지 못하고 액체상태로 응고되는데 이를 비정질(amorphous)이라고 한다.

(1) 비정질 합금의 제조법

① 기체급냉법 : 진공증착법, 이온도금법, 스패터링(spattering)법, 화학(CVD)증착법 등
② 액체급냉법 : 단롤(single roll)법, 쌍롤(double roll)법, 원심법, 스프레이법, 분무법 등
③ 금속이온법 : 전해코팅법, 무전해코팅법 등

(2) 비정질 합금의 성질
① 높은 경도와 강도 및 인성이 높다.
② 표면 전체가 균일하고 내식성이 우수하다.
③ 자기적 특성이 있어 자성재료로 사용된다.

13. 초전도 재료

금속은 전기저항이 있기 때문에 전류를 흐르면 전류가 소모된다. 보통 금속은 온도가 내려갈수록 전기저항이 감소하지만, 절대온도 근방으로 냉각하여도 금속 고유의 전기저항은 남는다. 그러나 초전도 재료는 일정 온도에서 전기저항이 0이 되는 현상이 나타나는 재료를 말한다.
초전도를 나타내는 재료는 순금속계, 합금계, 세라믹스계로 나눠진다.

■ 초전도체로 구비해야 하는 조건
① 초전도 전이온도가 가능한 높고 물리화학적으로 안전할 것.
② 요구되는 전자기 특성을 만족할 것.
③ 자원이 많고 가공이 쉽고 경제성이 있을 것.
④ 독성이 없을 것.

(1) 합금계 초전도 재료
① Nb-Zr 합금 : 가공성이 풍부하고 인발가공으로 선재를 만든다.
② Nb-Ti 합금 : 일반적으로 많이 사용되고 있으며, 가격 저렴하고 가공성 및 기계적 성질이 좋고 취급이 용이하다.
③ Nb-Ti심 둘레에 Cu-Ni 합금층 삽입 또는 Nb-Ti-Ta(3원 합금) : 강자성, 초전도 마그네트의 유망한 재료로 사용

(2) 초전도 재료의 응용

초전도 재료의 응용분야는 전기저항이 0으로 에너지 손실이 전혀 없으므로 전자석용 선재의 개발 및 초고속 스위칭 시간을 이용한 논리회로 및 미세한 전자기장 변화도 감지할 수 있는 감지기 및 기억소자 등에 응용할 수 있다. 또한, 전력 시스템의 초전도화, 핵융합, MHD(magnetic hydrodynamic generator), 자기부상열차, 핵자기 공명 단층 영상장치, 컴퓨터 및 계측기 등의 여러 분야에 응용할 수 있다.

14. 자성재료

자성재료는 자기적 성질을 가지는 재료를 말하며, 공업적으로 자기의 성질이 필요한 기계, 장치, 부품 등에 활용할 수 있는 재료를 말한다.

(1) 경질 자성재료(영구자석재료)

① 주로 음향기기, 전동기, 통신 계측 기기 등에 이용된다.
② 종류로는 알니코 자석, 페라이트 자석, 희토류계 자석, 네오디뮴(Nd) 자석, Fe-Cr-Co계 반경질 자석 등이 있다.

(2) 연질 자성재료

① 보자력이 작고, 미세한 외부 자기장의 변화에도 크게 자화되는 특성을 가지는 이력 손실이 작은 고투자율 재료이다.
② 주로 전동기나 변압기의 자심, 자기 헤드 마이크로파(microwave) 재료 등에 이용된다.
③ 종류로는 규소(Si) 강판, 퍼멀로이(permalloy), 센더스트(sendust) 및 알펌(alperm, Fe-Al), 퍼멘듈(permendur, Fe 49%-Co 2%-V), 수퍼멘듈 등이 있다.

15. 그 밖의 새로운 금속재료

(1) 수소 저장 합금

금속 수소화합물의 형태로 수소를 흡수 방출하는 합금이 수소 저장 합금이다. 종류로는 $LaNi_5$, $TiFe$, Mg_2Ni 등이 있다.

(2) 금속 초미립자

초미립자의 크기는 미크론(μm) 이하 또는 100nm의 콜로이드(colloid) 입자의 크기와 같은 정도의 분체라 할 수 있다.
현재 초미립자는 자기테이프, 비디오테이프, 태양열 이용 장치의 적외선 흡수재료 및 새로운 합금재료, 로켓 연료의 연소 효율 향상을 위해 이용되고 있다.

(3) 초소성 합금

초소성 재료는 수백 % 이상의 연신율을 나타내는 재료를 말한다.
초소성 현상은 소성가공이 어려운 내열합금 또는 분산강화합금을 분말야금법으로 제조하여 소성가공 및 확산 접합할 때 응용할 수 있으며, 서멧과 세라믹에도 응용이 가능하다.

(4) 반도체 재료

반도체는 도체와 절연체의 중간인 약 $10 \sim 5\Omega m$에서 $107\Omega m$ 범위의 저항률을 가지고 있다. 현재, 반도체 중에서 Si 반도체가 가장 큰 비중을 차지하고 있다.

제 6 장 비철금속재료

예상문제

문제 001

알루미늄 물리적 성질 중 맞지 않는 것은?

㉮ 공기 중에서 표면에 Al_2O_3의 얇은 막이 생겨 내식성이 좋다.
㉯ 산과 알칼리에 강하다.
㉰ 전기 및 열의 양도체이다.
㉱ 비중이 가벼운 경금속이다.

[해설] 알루미늄의 물리적 성질은 전기전도도는 약 65% 전도이며 비중(20℃)은 2.69, 용융점 660.2 비열 222.6, 전기저항온도계수 0.00429, 열팽창계수 23.86×10^{-6}이다.

문제 002

두랄루민의 중요한 합금 원소가 아닌 것은?

㉮ 알루미늄(Al)   ㉯ 구리(Cu)
㉰ 니켈(Ni)   ㉱ 망간(Mn)

[해설] 두랄루민(duralumin) → Cu-Mn-Mg-Al

문제 003

Al-Si-Ni합금에 2-4% Cu를 첨가한 실용합금을 무엇이라고 하는가?

㉮ 알코아   ㉯ 로엑스
㉰ 라우탈   ㉱ Y합금

문제 004

알루미늄 합금 중 Al-Cu-Mg-Mn이 함유된 합금은 다음 중 어느 것인가?

㉮ 실루민   ㉯ 하이드로날륨
㉰ 듀랄루민   ㉱ 알민

문제 005

다음 금속 중 중금속에 해당하는 것은?

㉮ Al   ㉯ Mg
㉰ Ti   ㉱ Ni

[해설] Ni은 중금속임

문제 006

다음 중 내식성 Al합금이 아닌 것은?

㉮ 하이드로날륨(hydronalium)
㉯ 알민(almin)
㉰ 알드레이(aldrey)
㉱ 크로멜(chromel)

[해설] 크로멜(chromel)은 Ni에 Cr20% 합금한 Ni 합금으로 열전대에 사용된다.

문제 007

다이캐스팅용 알루미늄 합금에 해당하지 않는 것은?

㉮ 라우탈   ㉯ 실루민
㉰ Y합금   ㉱ 캘밋

[해설] 캘밋은 구리계 베어링 합금이다.

문제 008

알루미늄에 내식성을 해치지 않고 공도를 개선하는데 사용하는 합금원소로만 이루어진 것은?

㉮ Cu, Ni, S   ㉯ Mn, Mg, Si
㉰ Mn, Zn, P   ㉱ Ni, Be, Pb

[해설] 알루미늄에 내식성을 해치지 않고 강도를 개선하는데 사용하는 합금원소는 Mn, Mg, Si이 있다.

답 001. ㉯ 002. ㉰ 003. ㉮ 004. ㉰ 005. ㉱ 006. ㉱ 007. ㉱ 008. ㉯

문제 009

알루미늄 합금의 압연 및 압출가공은 몇 도(℃)에서 실시하는 것이 가장 좋은가?

- ㉮ 100~200
- ㉯ 200~300
- ㉰ 300~400
- ㉱ 400~500

문제 010

다음 중 두랄루민(duralumin)의 합금원소로 옳은 것은?

- ㉮ Al, Cu, Mg, Mn
- ㉯ Al, Ni, Mg, Mn
- ㉰ Al, Cu, Cr, Ni
- ㉱ Al, Cu, Cr, Ni

문제 011

초두랄루민에 대한 설명이다. 틀린 것은?

- ㉮ 마그네슘은 함유량이 0.5~1.5%이다.
- ㉯ 인장 강도가 최고 48 N/mm^{2}정도이다.
- ㉰ 리벳, 항공기의 구조재, 기구 등에 쓰인다.
- ㉱ 단조 가공성이 두랄루민보다 좋다.

[해설] 초두랄루민(SD, Super Duralumin)은 2024합금으로 Al-4.5%, Cu-1.5%, Mg-0.6%, Mn의 조성을 가지며 항공기 재료로 사용한다. 인장강도 490MPa 정도 54N/mm^{2}이며 내력은 상승하고 연신율은 감소한다.

문제 012

비강도가 커서 항공기 부품용 등에 가장 많이 쓰이는 합금은?

- ㉮ Au합금
- ㉯ Mg합금
- ㉰ Ni합금
- ㉱ Cr합금

[해설]
① Mg합금은 비강도가 커서 항공기 부품용 등에 널리 사용된다.
② 마그네슘은 비중 1.74, 용융 온도 650℃ 이상으로 타기 쉽다.
③ 물이나 바닷물에 침식되기 쉬우나 알칼리성에는 부식되지 않는다.
④ 상온 가공이 곤란하고 200℃ 이상에서 압연고 단조가 용이하다.
⑤ 도우메탈(dow detal, Mg-Al계)과 일렉트론(electron, Mg-Al-Zn계)이 있다.

문제 013

다음은 베어링 합금으로서 필요한 조건이다. 옳지 못한 것은?

- ㉮ 축과 베어링과의 접촉면에 기름의 얇은 막을 잘 유지할 것
- ㉯ 균열이 생기지 않을 정도로 점성이 클 것
- ㉰ 접촉면에서 마찰계수가 클 것
- ㉱ 마찰이 적을 것

[해설] 베어링 합금은 마찰계수가 작아야 윤활성이 높아진다.

문제 014

Sn10% 정도에 1~2% Zn을 포함한 것으로서, 강도, 내식성, 내마모성이 우수하여 기계부품에 사용되는 청동은?

- ㉮ 톰백(tom-bac)
- ㉯ 포금(gun metal)
- ㉰ 문츠메탈(muntz metal)
- ㉱ 켈멧(Kelnet)

문제 015

탄성과 내마멸성, 내식성이 우수하여 스프링 재료로 가장 많이 쓰이는 청동 합금은?

- ㉮ Cu-Al청동
- ㉯ Mn-Mg 청동
- ㉰ Cu-Sn-P계 청동
- ㉱ Cu-Si계 청동

문제 016

절삭성과 전성이 우수하여 기계부품 및 볼트, 너트 재료로 가장 많이 쓰이는 황동 합금은?

- ㉮ 함석황동
- ㉯ 연황동
- ㉰ 규소황동
- ㉱ 델타메탈

[답] 009. ㉱ 010. ㉮ 011. ㉯ 012. ㉯ 013. ㉰ 014. ㉯ 015. ㉰ 016. ㉯

제 6 장 비철금속재료

문제 017
다음 중 합금 금속이 아닌 것은?
- ㉮ 강
- ㉯ 황동
- ㉰ 청동
- ㉱ 니켈

해설 니켈은 순금속이다.

문제 018
다음 중 황동 합금에 속하지 않는 것은?
- ㉮ 톰백(tombac)
- ㉯ 포금(gun metal)
- ㉰ 문츠메탈(muntz metal)
- ㉱ 하이브라스(high brass)

해설 포금은 청동합금에 속함.

문제 019
(20~40)%의 Pb과 Cu의 합금으로 마찰계수가 적고, 열전도율이 우수하여 발전기, 모터, 자동차 등의 베어링에 주로 사용되는 합금은?
- ㉮ 켈밋
- ㉯ 포금
- ㉰ 톰백
- ㉱ 배빗메탈

문제 020
양백 또는 양은이라고 불리며 장식품용, 계측기용 전기저항체 등으로 널리 쓰이는 합금의 주성분은?
- ㉮ Cu - Zn - Ni
- ㉯ Cu - Ni - Al
- ㉰ Cu - Zn - Sn
- ㉱ Cu - Sn - Pb

문제 021
뜨임 시효경화성이 있고 내식성, 내열성, 내피로성 등이 좋으므로 베어링이나 고급 스프링 등에 사용되며, 인장강도는 133 N/mm² 정도인 청동은?
- ㉮ 베릴륨 청동(Be-bronze)
- ㉯ 콜슨 합금(Colson alloy)
- ㉰ 아암즈 청동(Arms bronze)
- ㉱ 에버듀르(Everdur)

문제 022
오일리스(Oillless)베어링은 어떻게 만드는가?
- ㉮ 성형하여 수소기류 중에서 소결한다.
- ㉯ 절삭가공으로 성형한다.
- ㉰ 일반적인 주조법으로 성형한다.
- ㉱ 원심주조법에 의하여 제조한다.

문제 023
5-20% Zn의 황동으로 강도는 낮으나 전연성이 좋고 황금색에 가까운 색을 나타내며, 금박 대용으로 사용되는 것은?
- ㉮ 포금(gum metal)
- ㉯ 네이벌 황동(naval brass)
- ㉰ 톰백(tom-bac)
- ㉱ 델타메탈

문제 024
구리(Cu)의 성질에 해당되지 않는 것은?
- ㉮ 비중이 8.96 정도이다.
- ㉯ 전기전도율이 금속 중 가장 높다.
- ㉰ 내식성이 우수하다.
- ㉱ 가공이 용이하다

해설 구리(Cu)의 전기전도율은 은(Ag) 다음이다.

문제 025
다음 중 구리의 특성에 해당하지 않는 것은?
- ㉮ 전기와 열의 전도성이 우수하다.
- ㉯ 화학적 저항력이 커서 부식되지 않는다.
- ㉰ 전연성이 좋아 가공이 용이하다.
- ㉱ 200℃에서 동소변태를 일으킨다.

해설 구리는 철과 같은 동소변태가 없다.

답 017. ㉱ 018. ㉯ 019. ㉮ 020. ㉮ 021. ㉮ 022. ㉮ 023. ㉰ 024. ㉯ 025. ㉱

문제 026

황동의 탈아연 부식은 무엇 때문인가?

㉮ Sn ㉯ Cl
㉰ Pb ㉱ Fe

해설 황동의 탈아연 부식은 Cl을 함유한 물을 사용하는 수관에서 흔히 볼 수 있다.

문제 027

액체의 성질과 고체 결정의 성질을 가지는 중간 상태의 것으로 두께가 얇고, 소비전력이 매우 적으며 동작 전압이 낮아, 손목시계, 계산기, 노트북의 모니터, 벽걸이용 텔레비전, 핸드폰 등에 이용되는 신소재는?

㉮ 형상 기억 합금 ㉯ 초전도 재료
㉰ 파인 세라믹스   ㉱ 액정

문제 028

다음 항공기용 신소재 중 비강도(比强度)가 가장 큰 것은?

㉮ 유기재료(흑연-에폭시) 복합재
㉯ 티타늄 복합재
㉰ 알루미늄 복합재
㉱ 카본 복합재

문제 029

티타늄(Titanium)의 성질에 속하지 않는 것은?

㉮ 비교적 비중이 작다.
㉯ 융점이 낮다.
㉰ 열전도가 낮다.
㉱ 산화성 수용액 중에서 내식성이 크다.

해설 티타늄(Titanium)의 성질은 다음과 같다.
① 비중 4.5, 용융점 1,668℃, 변태 883℃이다.
② 크리프 강도가 크고, 내식성, 내열성이 우수하나 가격이 고가이다.
③ 티탄 제조법에는 크롤(Kroll)법과 헌터(Hunter)법이 있다.
④ 용도는 항공기, 우주선, 가스터빈, 디스크, 제트 엔진 등에 사용한다.

문제 030

복합 재료 중 FRP는 무엇을 말하는가?

㉮ 섬유 강화 목재   ㉯ 섬유 강화 플라스틱
㉰ 섬유 강화 금속   ㉱ 섬유 강화 세라믹

해설 FRP는 유리 섬유를 보강재로 하여 불포화 폴리에스테르 수지를 함침 가공한 복합 구조재로서 알루미늄보다 가볍고 철보다 강하고 내식, 내열 및 내부식성이 우수한 반영구적인 소재로 전 산업분야에 걸쳐 그 용도가 다양하며 점차 그 응용분야가 확대되고 있는 섬유 강화 플라스틱 제품이다.
① 내산성, 내알칼리성, 내식성이 우수하다.
② 비중이 철의 약 1/5, 강도가 철의 약 1/3로 가벼워 제작, 설치 운반 등이 훨씬 용이하다.
③ 열전도율이 철의 약 1/180로 보온, 보냉성이 우수하기 때문에 실내용 저장탱크, 물탱크 등에 가장 적합하다.
④ 열변형률이 낮다.
⑤ 전기 절연성이 우수하여 전기 집합 단자부의 봉입용 등에 적합하다.
⑥ 설계, 가공이 어떠한 형태이든 자유롭고 간편하다.
⑦ 반투명이므로 액면계가 필요 없다.
⑧ 접착성이 강하기 때문에 재질과의 혼성이 용이하다.

문제 031

다음에서 설명하는 신소재는 무엇인가?

· 일정한 온도에서 형성된 자기 본래의 모양을 기억하고 있어서, 변형을 시켜도 그 온도가 되면 본래의 모양으로 되돌아가는 성질
· 우주선 안테나, 전투기의 파이프 이음, 치열교정기, 여성의 브래지어와이어

㉮ 형상 기억 합금 ㉯ 액정
㉰ 초전도체   ㉱ 파인 세라믹스

답 026. ㉯ 027. ㉱ 028. ㉮ 029. ㉯ 030. ㉯ 031. ㉮

문제 032

다음 합금 중 고체 음이나 고체 진동이 문제가 되는 경우 음원이나 진동 원을 사용하여 공진, 진폭, 진동속도를 감소시키는 합금은?

㉮ 초소성 합금   ㉯ 초탄성 합금
㉰ 제진 합금   ㉱ 초내열 합금

[해설] 제진 합금 : 고체 음이나 고체 진동이 문제가 되는 경우 음원이나 진동원을 사용하여 공진, 진폭, 진동속도를 감쇠시키는 합금

문제 033

금속 재료가 일정한 온도 영역과 변형속도의 용역에서 유리질처럼 늘어나는 특수한 현상은?

㉮ 형상기억   ㉯ 초소성
㉰ 초탄성   ㉱ 초인성

[해설] 초소성 : 금속 재료가 일정한 온도 용역에서 유리질처럼 늘어나는 특이한 형상수한 현상

문제 034

형상기억 합금인 니티놀의 합금 성분은?

㉮ Ti-Ni   ㉯ Ti-Mn
㉰ Ni-Cd   ㉱ Ni-Ag

문제 035

분산 강화 금속 복합 재료의 제조법으로 옳지 않은 것은?

㉮ 혼합법   ㉯ 열분해법
㉰ 내부 산화법 ㉱ 용접법

[답] 032. ㉰ 033. ㉯ 034. ㉮ 035. ㉱

제 3 편

유공압 이론

제 1 장 유압기기의 종류와 특징
제 2 장 공압, 회로 및 장치
제 3 장 유압·공기압 도면기호

제3편 유공압 이론

유압기기의 종류와 특징

1-1 유압기기의 특징

1. 유압장치의 장점

(1) 기계에 의하지 않고 힘과 속도를 무 단계로 간단히 변화시킬 수 있다.
(2) 원격제어가 가능하고 전기와의 조합으로 간단히 자동제어가 가능하다.
(3) 직선운동과 회전운동이 쉽고 소형으로 큰 힘을 낼 수 있다.
(4) 과부하시 안전장치가 간단하다.
(5) 에너지 축적이 가능하다.
(6) 수동 및 자동조작이 용이하다.
(7) 전부하 중에도 시동이 가능하다.
(8) 충격이나 진동을 쉽게 감쇄시킬 수 있다.
(9) 입력부와 출력부의 위치를 자유롭게 배치할 수 있다.
(10) 공기압에 비하여 조작이 안전하고 응답이 빠르다.
(11) 다른 유체에 비하여 윤활성 및 방청성이 좋다.

2. 유압장치의 단점

(1) 유압기기와 유압유의 선정과 배관방법에 따른 압력손실 방지를 고려해야 한다.
(2) 장치의 연결부분에서 오일이 새기 쉽다.
(3) 오일의 온도가 올라가면 점도가 변화하여 액추에이터의 정확한 위치나 속도제어가 어렵다.
(4) 유압회로의 구성이 전기회로의 구성보다 쉽지 않다.
(5) 오일 속에 공기나 먼지가 들어가지 않도록 주의해야 한다.

(6) 소음과 진동이 발생하기 쉽다.

1-2 유압 펌프의 종류와 특징

1. 기어 펌프

일반적으로 기어펌프는 구조가 간단하고 값이 저렴하여 차량, 건설기계, 운반기계 등에 널리 사용된다.

(1) 외접 기어 펌프

기어 펌프는 1조의 기어와 이것을 내장하는 기어케이스, 4개의 베어링, 기어의 측판 등이 주요부품이다. 특징은 다음과 같다.
① 부품수가 다른 펌프에 비해서 적다.
② 고속운전이 가능하다.
③ 기어의 정도, 치형을 적절히 선정하면 공동(空洞) 현상이거나 이상소음과 같은 장해 없이 70~80% 정도의 펌프 효율을 용이하게 얻을 수 있다.

(2) 내접 기어 펌프

펌프 중심을 회전중심으로 편심되어 바깥 기어와 접하여 회전하는 안쪽 기어와 초생달 모양의 스페이서로 구성되며 특징은 다음과 같다.
① 소형 펌프의 제작에 사용된다.
② 두 기어가 같은 방향으로 회전한다.
③ 바깥 기어와 접해서 회전하는 안쪽기어와 스페이서로 구성되어 있다.

(3) 로브 펌프

① 작동원리는 외접기어 펌프와 같으나 연속적으로 회전하므로 소음이 적다.
② 기어 펌프보다 1회전당 배출량이 많으나 배출량의 변동이 다소 크다.

(4) 트로코이드 펌프

① 안쪽 기어의 로터가 전동기에 의하여 회전하면 바깥쪽 로터도 따라서 회전한다.
② 안쪽 로터의 잇수가 바깥쪽 로터보다 1개 적으므로 바깥쪽 로터의 모양에 따라 배출량이 결정된다.

(5) 스크루 펌프

① 축 수에 따라 1축, 2축, 3축으로 구분하며 사출성형이나 프레스, 공작기계, 유

압 엘리베이터 등에 사용된다.
② 토출량이 범위가 넓어 윤활유 펌프나 각종 액체의 이송 펌프로도 사용된다.

(6) 기어 펌프의 폐입 현상

기어의 두 치형 사이의 틈새에 가두어진 유압유는 기어가 회전함에 따라 가두어진 상태로 그 용적이 좁아지고 넓어지기도 하여 유압유의 압축, 팽창을 반복하는데 이 현상을 폐입 또는 밀폐현상이라 한다. 이 현상이 발생하면 거품이 많이 발생하고 축동력의 증가, 기어의 진동, 소음의 원인이 된다.

2. 베인 펌프

베인 펌프는 공작기계, 프레스기계, 사출성형기 등의 산업기계장치, 차량용에 많이 사용되며 유압 펌프로서 정토출량형과 가변토출량형이 있다.

(1) 정용량형 베인 펌프

① 단단 베인 펌프(Single type vane pump) : 로터(Rotor)홈에 끼워진 베인은 원심력과 토출압력에 의해 캠링 내벽에 접촉력을 발생시키며 회전한다.
② 이연 베인 펌프(Doudle type vane pump) : 도출구가 2개 있으므로 각각 다른 유압원이 필요한 경우나 서로 다른 유량이 필요로 할 때 사용된다.
③ 2단 베인 펌프(Two-stage vane pump)
  ㉠ 단단 베인 펌프 2개를 1개의 본체 내에 직렬로 연결
  ㉡ 고압이므로 대출력이 요구되는 구동에 적합
④ 복합 베인 펌프(Combination vane pump)
  ㉠ 압력제어를 자유로이 조절할 수 있다.
  ㉡ 오일 온도가 상승하는 것을 방지한다.
  ㉢ 고가이며 크기가 대형이다.

(2) 가변용량형 베인 펌프

① 로터와 링의 편심량을 바꿈으로서 토출량을 변화시킬 수 있는 비평형형 펌프이다.
② 유압회로의 효율을 증가시킬 수 있다.
③ 오일의 온도 상승이 억제된다.
④ 전에너지를 유효한 일량으로 변화시킬 수 있다.

(3) 베인 펌프의 장점

① 기어 펌프나 피스톤 펌프에 비해 토출 압력의 맥동이 적다.
② 베인의 마모에 의한 압력 저하가 발생되지 않는다.

③ 비교적 고장이 적고 수리 및 관리가 용이하다.
④ 펌프 출력에 비해 형상 치수가 작다.
⑤ 수명이 길고 장시간 안정된 성능을 발휘할 수 있다.

(4) 베인 펌프의 단점
① 제작시 높은 정도가 요구된다.
② 작동유의 점도에 제한이 있다.
③ 기름의 오염에 주의하고 흡입 진공도가 허용한도 이하이어야 한다.

(5) 피스톤 펌프
피스톤을 구동축에 대해 동일 원주 상에 축 방향으로 평행하게 배열한 엑시얼형과 구동축에 대하여 배열한 레이디얼형 펌프가 있으며 특징은 다음과 같다.
① 고속 및 고압의 유압장치에 적합하다.
② 가변용량형 펌프로 많이 사용된다.
③ 다른 유압 펌프에 비해 효율이 가장 좋다.
④ 구조가 복잡하고 가격이 고가이다.
⑤ 흡입능력이 가장 낮다.

3. 유압 펌프의 동력과 효율

(1) 유압 펌프의 동력

① 펌프동력

$$L_p = \frac{PQ}{7,500}(\text{PS}) = \frac{PQ}{10,200}(\text{kW})$$

= 기름에 유효하게 전동되는 동력

$$1\text{PS} = 75\,\text{N}\cdot\text{m/sec},\ 1\text{kW} = 102\,\text{kg}\cdot\text{m/sec}$$

② 액동력

$$L_h = \frac{P_0 Q_0}{7,500}(\text{PS}) = \frac{P_0 Q_0}{10,200}(\text{kW})$$

③ 축동력

$$L_s = \frac{PQ}{7,500 \times \eta}(\text{PS}) = \frac{PQ}{10,200 \times \eta}(\text{kW})$$

= 펌프축을 구동하는데 필요한 동력

$\begin{cases} P_0 : \text{펌프에 손실이 없을 때의 토출압력}(\text{N/cm}^2) \\ P : \text{실제 펌프 토출압력}(\text{N/cm}^2) \\ Q_0 : \text{이론 펌프 토출량}(\text{cm}^3/\text{sec}) \\ Q : \text{실제 펌프 토출량}(\text{cm}^3/\text{sec}) \\ \eta : \text{펌프의 전효율} \end{cases}$

(2) 유압 펌프의 효율

① 용적효율$(\eta v) = \dfrac{Q}{Q_0} \times 100\%$

② 압력효율$(\eta p) = \dfrac{P}{P_0} \times 100\%$

③ 기계효율$(\eta m) = \dfrac{L_h}{L_s} \times 100\%$

$\begin{bmatrix} L_h : \text{이론적 유체동력} \\ L_s : \text{축동력} \end{bmatrix}$

④ 전효율$(\eta) = \dfrac{L_p}{L_s} = \dfrac{L_p}{L_h} \eta m = \dfrac{PQ}{P_0 Q_0} \eta m = \eta v \eta p \eta m$

1-3 유압제어 밸브의 종류와 특징

1. 압력제어 밸브(pressure control valve)

회로의 압력을 제한, 감압, 과부하 방지, 무부하 동작, 조작의 순서 동작, 외부 부하와의 평형동작 등을 하는 밸브이다.

(1) 릴리프 밸브(relief valve)

회로의 최고 압력을 제어하는 밸브로서 유압 시스템 내의 최고 압력을 유지시켜 주는 밸브로 실린더내의 힘이나 토크를 제한하여 과부하를 방지한다. 직동형과 파일럿형이 있다.

(2) 감압 밸브(reducing valve)

주회로의 압력보다 저압으로 감압시켜 사용할 때 사용하는 밸브로 고압의 압축유체를 감압시켜 사용조건이 변동되어도 설정공급압력을 일정하게 유지시키며 출구 압력을 일정하게 유지한다.

(3) 시퀀스 밸브(sequence valve)

분기회로의 일부가 작동하더라도 주회로의 압력을 일정하게 유지하면서 조작의 순서를 제어할 때 사용하는 밸브로 응답성이 좋아 저압용으로 많이 사용한다.

(4) 무부하 밸브(unload valve)

펌프를 무부하로 하여 동력절감과 발열방지를 목적으로 하고 펌프의 무부하 운전을 시키는 밸브이다.

(5) 카운터 밸런스 밸브(counter balance valve)

회로의 일부에 배압을 발생시키고자 할 때 사용하는 밸브로서 배압 밸브라고도 하며 부하가 급격히 제거되어 관성에 의한 제어가 곤란할 때 사용한다. 수직형 실린더의 자중낙하를 방지하는 역할을 한다.

(6) 압력스위치(pressure switch)

압력스위치는 유압신호를 전기신호로 전환시키는 일종의 스위치이다.

(7) 유체 퓨즈(fluid fuse)

회로 압이 설정 압을 넘으면 막이 유체 압에 의해 파열되어 유압유를 탱크로 귀환시킴과 동시에 압력 상승을 막아 기기를 보호하는 역할을 한다.

2. 방향제어 밸브(directional control valve)

운동속도를 제어하는 밸브이다.

(1) 형 식

① 포핏 형식 : 밸브의 추력을 형성시키는 방법이 곤란하고 조작이 자동화가 어려우므로 고압용 유압 방향전혼 밸브로 사용되지 않으며 밸브 내부 누설이 적고 조작이 확실하여 공기압용 전한밸브로 사용된다.
② 로터리 형식 : 밸브 본체가 비교적 대형이며 고압 대용량의 것은 부리하다. 구조가 간단하고 조작이 쉬우면서 확실하므로 유량이 적고 압력이 낮은 원격제어용 파일럿 밸브로 사용한다.
③ 스풀 형식 : 전환 밸브로서 많이 사용된다.

(2) 포트수와 전환 위치수

① 포트수 : 밸브와 주 관로를 접속하는 접속구의 수
② 전환 위치수 : 밸브 내부에서 생기는 전환의 위치 수

(3) 체크 밸브(Check valve : 역류방지 밸브)

한쪽방향으로의 흐름은 제어하지만 역방향의 흐름은 제어가 불가능한 밸브이다.

(4) 감속 밸브(Deceleration valve)

액추에이터를 감속시키기 위해서 캠 조작 등에 의해 유량을 서서히 감속 및 가속

시킬 때 사용하는 밸브이다.

3. 유량 제어 밸브(flow control valve)

유압유의 유량을 조절하여 작동체의 운동속도를 제어하기 위하여 사용된다.

(1) 교축 밸브

유량 조절 밸브 중 구조가 가장 간단하며 통로 단면을 변화시켜 유량을 조절하는 밸브로서 압력보상이 없는 밸브이다.
① 스톱 밸브(Stop valve) : 상수도 및 유압용 등의 다양한 용도로 사용되는 교축 밸브로 조정핸들을 조정함으로서 스로틀 부분의 단면적을 바꾸어 통과하는 유량을 조절하는 밸브이다.
② 스로틀 밸브(Throttle valve) : 유압구동에서 가장 많이 사용하는 교축밸브로 기름의 흐름 방향에 관계없이 두 방향의 흐름을 향상 제어하고 미세조정이 가능한 밸브이다.
③ 스로틀 체크밸브 : 교축밸브의 종류로서 양쪽 방향의 흐름에 대한 제어가 가능하지만 한쪽방향의 흐름은 자유로이 한다.

(2) 압력 보상형 유량 조절 밸브

유량 조절 밸브는 압력보상기구를 내장하고 있으므로 압력의 변동에 대하여 유량이 변동되지 않도록 회로에 흐르는 유량을 항상 일정하게 또는 자동으로 유지시켜준다.

(3) 속도 제어 밸브

유량을 교축하는 동시에 흐름의 방향을 제어하는 밸브로 실린더의 속도를 제어하는데 주로 사용된다.
- 실린더의 속도를 제어하는 방식
  ① 실린더에 공급되는 유체를 교축하는 미터-인 방식
  ② 배기되는 유체를 교축하는 미터-아웃 방식
  ③ 실린더와 병렬로 밸브를 설치하여 실린더로 유입되는 유량을 조절하는 블리드 오프방식이 있다.

(4) 급속 배기 밸브

실린더의 속도를 증가시켜 급속히 작동시키고자 할 때 사용된다.

1-4 유압 액추에이터

1. 실린더의 종류

(1) 단동 실린더

① 기름 포트(port)가 1개이고 한쪽방향으로만 작용한다.
② 피스톤형, 플런저 램형으로 분류된다.
③ 후진행정은 자중력(自重力)이나 스프링의 힘을 이용한다.
④ 동력을 절약하는 이점이 있고, 프레스나 간단한 작동장치에 사용한다.

(2) 복동 실린더

① 피스톤의 양쪽에 기름 포트를 설치한다.
② 흡입과 토출을 교대로 시켜 왕복운동을 한다.
③ 양방향에 작용력을 주는 실린더이다.

(3) 다단 실린더

① 텔레스코픽형 실린더
  ㉠ 유압 실린더의 내부에 또 하나의 다른 실린더를 내장된다.
  ㉡ 유압이 유입하면 순차적으로 실린더가 이동한다.
  ㉢ 실린더 길이에 비해 긴 행정(stroke)이 필요하다.
② 디지털형 실린더
  ㉠ 하나의 실린더 튜브 속에 몇 개의 피스톤을 삽입한다.
  ㉡ 각 피스톤 사이에는 솔레노이드 방향전환밸브를 적절히 이용한다.
  ㉢ 실린더의 행정을 여러 단으로 만들 수 있다.

2. 유압 모터 종류

(1) 기어 모터

① 구조가 간단하고 값이 싸다.
② 유압유 중의 이물에 의한 고장이 적다.
③ 가혹한 운전 조건에 비교적 잘 견딜 수가 있다.
④ 누설량이 많고, 토크의 변동이 크다.
⑤ 베어링 하중이 크므로 수명이 짧다.

(2) 베인 모터
　① 구조가 비교적 간단하고, 출력 토크 변동이 적다.
　② 정회전, 역회전이 원활하며, 무단변속이 가능하다.
　③ 로더에 작용하는 압력의 평형이 유지되므로 베어링 하중이 작다.
　④ 베인과 캠링의 접촉이 유지되므로 누설이 그렇게 증가하지 않는다.

(3) 피스톤 모터
　① 고압, 고속, 대출력을 발생한다.
　② 구조가 복잡하고 고가이다.
　③ 효율이 유압모터 중 가장 좋다.

(4) 유압모터의 특징
　① 장점
　　㉠ 소형 경량인데 비하여 큰 토크와 동력을 낼 수 있다.
　　㉡ 비압축성 유체로써 응답성이 좋다.
　　㉢ 내폭성(耐爆性)이 좋다.
　　㉣ 무단변속의 범위가 비교적 넓다.(1 : 100~1 : 500)
　　㉤ 전동모터에 비하여 쉽게 급속정지를 시켜도 과부하가 걸리지 않는다.
　　㉥ 과부하에 대한 안전장치나 브레이크가 용이하다.
　② 단점
　　㉠ 유압 작동유 안에 먼지나 공기가 혼입이 되지 않게 분해 조립시 주의를 해야 한다.
　　㉡ 작동유의 점도변화에 의해 유압모터 사용에 제약을 받는다.
　　㉢ 석유계 작동유는 일반적으로 인화점이 낮아 화재의 위험이 있다.

(5) 유압모터의 출력

$$L = \frac{2\pi TN}{60 \times 7{,}500} = \frac{TN}{71{,}620} \text{PS}$$

$$L = \frac{9NP}{60 \times 7{,}500} \text{PS}$$

$$T = \frac{9P}{2\pi} \text{N} \cdot \text{m}$$

각가속도 = $\frac{T}{J} \text{rad/sec}^2$

정정시간 = $\frac{2\pi NJ}{60 \times T} \text{sec}$

N : 유압 모터의 회전수(rpm)
L : 유압 모터의 마력(PS)
T : 유압 모터의 출력 토크(N·m)
P : 작동유의 압력(N/cm^2)
9 : 유압 모터의 1회전당 배출량(cm^3/rev)
J : 회전부 관성능률(N·cm·sec^2)

3. 오일탱크

(1) 오일탱크의 구조

① 기름 속에 혼입되어 있는 불순물이나 기포의 분리 또는 제거를 한다.
② 운전중에 발생하는 열을 충분히 발산하여 유온상승을 완화시킬 수 있어야 한다.
③ 운전 정지중에는 관로의 기름이 중력에 의해서 넘치지 않아야 한다.
④ 관을 분리할 때에는 기름 탱크에서 넘쳐흐르지 않을 만큼의 크기로 해야 한다.

(2) 오일탱크의 필요조건

① 탱크의 용적은 귀환유의 열을 충분히 발산시키고, 필요 최대 유량에 대해서도 충분히 여유 있는 크기가 필요하며, 탱크내의 유량은 유압 펌프 토출량의 2~3배 정도로 한다.
② 먼지, 절삭분, 윤활유 등의 이물질이 혼입되지 않도록 주유구에는 여과망과 뚜껑을 부착한다.
③ 오일탱크의 용량은 장치의 운전중지 중 장치내의 작동유가 복귀하여도 지장이 없을 만큼의 크기를 가져야 한다.
④ 운전 중에 유면이 정상위치에 있는가를 보기 위하여 유면계를 설치한다.
⑤ 오일탱크의 바닥면은 바닥에서 최소 간격 15cm를 유지하는 것이 바람직하다.
⑥ 기름을 흘리지 않고 탱크에서 방출한다든지 탱크 바닥에 침전된 불순물을 제거할 수 있도록 드레인을 설치한다.
⑦ 탱크 내면에는 방청과 수분의 응결(凝結)을 방지하기 위하여 양질의 내유성 도료를 칠한다.
⑧ 스트레이너의 유량은 유압펌프 토출량의 2배 이상의 것을 사용한다.
⑨ 오일탱크는 보통 철판을 용접하여 제작하고, 상판은 펌프나 전동기 등을 장착하는데 충분한 강도와 면적이 필요하다.
⑩ 업세팅 운반용으로서 적당한 곳에 혹(hook)을 단다.

4. 여과기

(1) 스트레이너(strainer)

펌프의 흡입측에 붙어 여과작용을 하는 것으로 펌프 고장 원인이 되는 0.1mm(100메시) 이상의 이물질을 제거하기 위해서 사용한다.

(2) 필터

회로 내에 혼입되어 있거나 내부에서 발생하는 오염물을 기름으로부터 제거하여 회로가 필요한 청정도를 유지하여 충분한 기간동안 기기가 오염물로 인한 사고나 손상이 없도록 하기 위해 설치한다.

(3) 어큐뮬레이터

압력을 축적하는 용기로 구조가 간단하고 용도도 광범위하여 유압장치에 많이 활용한다.

용도는 에너지 축적용, 펌프 맥동 흡수용, 충격 압력의 완충용, 유체이송용이 있다.

5. 오일 냉각기 및 가열기

(1) 냉각기

유압회로 내에 오일 냉각기를 설치하여 유온 상승을 방지하고 적정 유온(40~50℃)으로 유지하기 위해서 설치한다.

(2) 가열기

동절기나 한냉지(寒冷地)에서 유압장치를 시동할 경우, 작동유의 점도가 높아 펌프의 캐비테이션(cavitation)이 일어나거나 엑추에이터의 작동시간이 길어진다. 이러한 현상이 있을 때 가열기를 사용하여 운전개시 전의 작동유의 점도를 낮게 하기 위해서 사용한다.

6. 축압기

(1) 용도

① 유압 에너지의 축적
② 2차회로의 구동
③ 누설보충
④ 압력유량의 보상
⑤ 맥동제거
⑥ 충격 압력 흡수
⑦ 액체의 수송

1-5 유압 작동유

유압장치에서 유압유는 동력전달의 매체, 기기의 윤활 등의 중요한 역할을 하는 것이며, 기기 마찰부분의 윤활작용, 실(Seal) 작용 및 방청 작용을 하는 중요한 구성 요소이다. 유압장치를 설계, 제작, 운전, 관리하기 위해서도 유압기기와 더불어 유압유를 알고 있어야 한다. 일반적으로 유압유로 사용되고 있는 것은 석유계 유압유이지만 기타 불연성 유압유도 있다.

1. 유압유의 필요조건

유압유는 유압장치에서 흐르는 사이에 압력, 온도, 속도 등의 변화에 의한 영향을 받아서 유압유의 성질이 열화 한다. 따라서 유압유로서 필요한 조건은 다음과 같다.
(1) 확실한 동력을 전달시키기 위하여 비압축성이고 유동성이 좋아야 한다.
(2) 운동부분의 마모를 방지하고 회로내의 유연하게 행동할 수 있는 적절한 점도가 유지되어야 한다.
(3) 장시간 사용하여도 물리적으로나 화학적으로 안정성이 커야 한다.
(4) 외부로부터 침입한 불순물을 쉽게 침전, 분리시킬 수 있고, 특히 유압유 중의 공기를 속히 분리시킬 수 있어야 한다.
(5) 온도변화에 대하여 점도변화가 적어야 한다.
(6) 열을 전달시킬 수 있어야 한다.
(7) 녹이나 부식발생 등이 방지되어야 한다.
(8) 투명도가 높고 독특한 색을 가져야 한다.
(9) 유아장치용 재료(실, 패킹 및 금속)에 대하여 적합성이 양호하여야 한다.

2. 유압 작동유의 종류

유압유는 석유계 유압유와 난연성 유압유로 크게 나눌 수 있으며 이는 다음과 같이 분류된다.
① 광유계(석유계, 파라핀계) : 석유계 유압유
② 합성계(에스텔계) : 난연성 유압유
③ 수성계(글리콜계, 에멀존계) : 난연성 유압유

(1) **석유계 유압작동유** : 광유계(석유계, 파라핀계)

① 순 광유(무 첨가) : 원유에서 얻어지는 윤활유 유분자체이며 산화방지제, 방청제, 마모방지제 등의 첨가제를 혼합하지 않은 광유를 말한다. 무첨가 터빈유가 사용되나 산화 안전성, 방청성이 결여되어 단순한 장치 외는 사용하지 않는다.
② 일반 유압유(R & O) : 첨가 터빈유를 유압에 전용화 한 형식이며, 수명이 길고 방청성, 황유화성이 우수하여 특별한 지시가 없는 한 이 유압유를 사용한다.
③ 내마모성 유압유 : 일반 유압유(R & O)에 첨가제(아연계, 유황 등)를 넣어 내마모성, 열 안정성을 향상시킨 것이다.

④ 고VI형 유압유 : 점도지수 향상제를 첨가하여 온도에 의한 점도변화를 최소화 하려는 용도에 사용된다.
⑤ 첨가 터빈유 : 터빈유에 산화방지제 등의 첨가제를 넣어 긴 수명, 고온사용 등에 효과가 크다.

(2) 난연성 유압유 : 합성계(에스텔계)

① 인산 에스테르형 유압유 : 윤활성은 광유계와 같고 인화점이 590℃ 이상으로 내화성이 뛰어나지만 도료나 시일 재에 주의하여야 한다.
② 폴리에스테르형 유압유(지방산) : 내화성은 인산 에스테르계보다 떨어지지만 도료는 에폭시수지, 시일 재는 니트릴 고무를 사용한다.

(3) 난연성 유압유 : 수성계(글리콜계, 에멀존계)

① 물 글리콜계 유압유 : 에틸렌 글리콜과 물을 37~40%로 섞은 것이며, 알루미늄과 아연 등의 금속제와 반응한다.
② 수중 유형 유화유(O/W에멀존계 유압유) : 약 90~95%의 물에 첨가제를 혼합하여 사용
③ **유중 수형 유화유(W/O에멀존계 유압유)** : 석유계 작동유에 35~45%의 물로 미립자 상태로 **혼합시킨 작동유**

3. 유압유의 성질

(1) 비중

비중이란 4℃의 증류수와 같은 체적의 유압유가 15℃일 때의 중량비이다.
각종 유압유의 비중은 다음과 같다.
① 광유계의 유압유 : 0.85~0.95
② 인산에스텔계 유압유 : 1.12~1.35
③ 수성계의 유압유 : 0.92~1.1

(2) 비중과 비중량의 관계

비중은 무차원 수로 표시하고, 비중량은 단위체적당의 중량[kg/m^3]을 표시한다.

(3) 비열

비열이란 1kg의 물을 1℃ 올리는데 필요한 열량을 말한다. 유압장치의 발생열량에서 냉각기로 흡수할 열량을 계산할 때 오일이나 물의 비열이 필요하며 단위는 kcal/kg·℃로 표시한다. 각종 유압유의 비열은 다음과 같다.
① 광유계의 유압유 : 0.44~0.47 kcal/kg·℃

② 인산에스텔계 유압유 : 0.3~0.4 kcal/kg · ℃
③ 물 : 1 kcal/kg · ℃

(4) 점도

점도는 유압유의 끈끈한 정도를 나타내는 것이다.

① 유압에서 점도의 영향
  ㉠ 관로저항에 영향을 준다.
  ㉡ 유압펌프나 유압모터 등의 효율에 영향을 준다.
  ㉢ 유압기기의 윤활작용 및 누설량에 영향을 준다.

② 점도 표시방법
  일반적으로 유압유는 점도수(cst)로 표시된다.
  ㉠ 절대점도 : 포아이즈(P)[dyne·sec/cm^2, g/cm·sec]
  ㉡ 동점도 ・스토크스(st)[cm^2/sec]
       ・센티스토크스(cst)[mm^2/sec]

$$\nu = \frac{\mu}{\rho}$$

여기서 ν : 동점도, ρ : 밀도, μ : 점도

③ 적정 점도
  유압장치에서 적정 점도는 펌프종류나 사용압력 등에 따라 다르다. 그러나 일반적으로 보면 40℃에서 20~80cst의 유압유가 사용된다.

(5) 점도지수(VI ; Viscosity Index)

점도지수란 온도의 변화에 대한 점도의 변화량을 표시하는 것이다.
① 일반 광유계 유압유의 VI는 90 이상이다.
② 고점도지수 유압유의 VI는 130~225 정도이다.
③ 점도지수가 높은 유압유일수록 넓은 온도범위에서 사용할 수 있다.

(6) 압축성

유압유의 압축성은 고압화가 진행됨에 따라 제어기기의 응답성이나 정밀도에 영향을 주므로 중요한 성질 중의 하나이다.

① 압축률 $\beta = \frac{1}{V} \cdot \frac{\Delta V}{\Delta P}$

② 압축했을 때 최소량(ΔV)
$\Delta V = \beta \cdot V \cdot \Delta P$로 된다.
유압유의 압축률 β는 일반적으로 [표 4-5]와 같다.

(7) 인화점

유압유를 가열하여 그 발생가스에 불꽃을 가까이 했을 때 순간적으로 불이 인화할 때의 온도를 인화점이라고 한다.

① 유압유의 인화점
    ㉠ 광유계 유압유 : 일반적으로 200℃ 이상임.
    ㉡ 물 글리콜계 유압유 : 인화점 없음.
    ㉢ 인산에스텔계 유압유 : 250℃ 전후임.
    ㉣ O/W 에멀존계 유압유 : 인화점 없음.
    ㉤ W/O 에멀존계 유압유 : 인화점 없음.

산화의 판정은 유압유 중에 산성성분을 중화하는데 필요한 수산화칼륨의 양으로 하며 유압유 온도가 60℃를 넘으면 산화는 급격하게 이루어진다.

4. 유압유의 사용법

(1) 유압유의 선정

유압유의 적정사용 온도는 일반적으로 50~60℃를 기준으로 하고 있으나 그 용도에 따라 85~90℃까지도 사용하는 경우가 있다.

(2) 혼입공기(Aeration) 방지

유압회로 속에 여러 가지의 원인에 의하여 기포로 된 미세한 공기가 섞여있는 상태를 말하며 이는 유압회로 내에서 기포로 되어 여러 가지 장애를 일으킨다.

이를 방지하기 위해서는

① 오일탱크 내의 소용돌이 흐름을 줄이고
② 회로중에 유압이 떨어지는 부분이 없도록 하고(속도 등)
③ 배관중에 누설이 없게 하고
④ 공기 드레인을 회로의 상부에 설치한다.

(3) 유압유의 오염

유압기기의 고장은 이물질에 의하여 일어나는 경우가 많으며 마찰이나 용접작업 기타 기계가공시의 칩, 녹 등 금속입자로 이루어진 경질의 이물질과 오일의 열화나 시일의 마모 등으로 일어나는 연질의 이물질이 있다. 경질의 이물질은 기계의 섭동부에 흠을 내게 하여 오일 누설이 이루어지며 이는 성능의 저하를 가져온다. 연질의 먼지는 회로의 관로를 막아서 작동불량이나 유량유속 등에 영향을 주며 회로 중에 이물질의 발생 상태를 보면 다음과 같다.

① 운전 중 회로 속에서 발생하는 이물질

기계의 마찰에 의하여 마모되면서 생기는 것과 작동유의 산화에 의하여 생기는 것이 있다. 오일의 산화생성물은 고형인 먼지와 수분과 함께 슬러지가 되는 수도 있다.

② 회로 중에 처음부터 들어있는 이물질

기계가공중이나 조립 시 들어온 용접슬래그, 칩 등이 있다. 경질의 이물질로서 섭동부에 홈을 내어 매우 위험하다. 회로 속에 발생하는 녹은 재료의 선정 잘못이나 조립전의 보관 잘못 등으로 인하여 생기는 것이 일반적이며, 온도의 변화에 따라 공기중의 수증기의 결로 현상으로 생기는 경우도 있다.

③ 사용 중 외부에서 들어온 이물질

유압유 주유구의 필터불량이나 통기구의 필터불량으로 들어오는 경우가 많다. 또한 피스톤 로드를 통하여 들어오는 경우도 있다.

④ 보충 오일 속에 들어있는 이물질

이런 경우는 물이 가장 많은 이물질이며, 물이 들어가면 유압유 탱크를 통해 유압펌프의 작동에 의하여 미세하게 분해된 후 기계의 각 부분에 녹을 발생시킨다.

(4) 유압유의 점검과 교환

작동유의 상태를 점검하는 방법에는 눈으로 보는 방법과 시험에 의한 방법이 있다. 일반적으로 5000~20000시간 사용하면 작동유의 성질이 변하여 응고되는 경향이 생기므로 처음에는 100~1000시간 정도에 교환을 한다. 2회부터는 2000시간마다 교환한다. 만약 유압유가 흑갈색을 띄고 있으면 즉시 교환하고 비중, 점도 등도 확인하는 것이 좋다.

(5) 유압유의 점도 영향

유압유는 그 점도가 적정수준을 벗어나면 교환해야 한다. 일반적으로 유압유의 점도가 유압장치에 미치는 영향을 보면 다음과 같다.

① 점도가 지나치게 클 때
 ㉠ 동력손실이 증가하므로 기계효율이 떨어진다.
 ㉡ 유동저항이 증대하고, 압력손실이 증가한다.
 ㉢ 유압작용이 활발하지 못하게 된다.
 ㉣ 내부마찰이 증가하고, 유압이 상승한다.

② 점도가 너무 작을 때
 ㉠ 펌프의 체적효율이 떨어진다.
 ㉡ 각 운동부분의 마모가 심해진다.
 ㉢ 내부누설 및 외부누설이 증대한다.
 ㉣ 회로에 필요한 압력발생이 곤란하기 때문에 정확한 작동을 얻을 수 없게 된다.

제3편 유공압 이론

제1장 유압기기의 종류와 특징

예상문제

문제 001

유압의 장점으로 맞는 것은?
- ㉮ 배관이 까다롭다.
- ㉯ 무단변속이 가능하다.
- ㉰ 에너지의 손실이 크다.
- ㉱ 기름의 온도에 따라 기계의 속도가 변한다.

문제 002

다음 중 유압장치의 장점이 아닌 것은?
- ㉮ 발생열의 냉각장치가 필요하다.
- ㉯ 작은 장치로 큰 힘을 얻을 수 있다.
- ㉰ 전기의 조합으로 자동제어가 가능하다.
- ㉱ 속도를 무단으로 변속 할 수 있다.

[해설] 유압의 경우 냉각장치가 필요한 것은 단점에 해당된다.

문제 003

1공학 기압은 몇 mAq인가?
- ㉮ 1.0
- ㉯ 735.5
- ㉰ 10.0
- ㉱ 760

[해설] A_q는 aqua의 약자이며 1공압 기압은 10.0 mAq 이다. 1표준기압 = 10.33 mAq(4℃)

문제 004

다음 그림에서 A_1 = 5cm², A_2 = 50cm²이라고 할 때 F_1에 10 kgf의 힘을 가하면 F_2의 힘은 몇 kgf인가?
- ㉮ 10
- ㉯ 100
- ㉰ 500
- ㉱ 1000

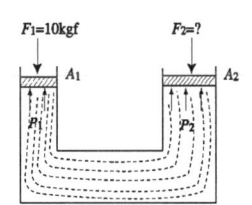

[해설] $P_1 = \dfrac{F_1}{A_1}$ $P_2 = \dfrac{F_2}{A_2}$ 여기서 $P_1 = P_2$

따라서 $\dfrac{F_1}{A_1} = \dfrac{F_2}{A_2}$, $F_2 = F_1\left(\dfrac{A_2}{A_1}\right)$

$F_2 = 10\text{kgf}\left(\dfrac{50\text{cm}^2}{5\text{cm}^2}\right)$
$= 10\text{kgf} \times 10 = 100\text{kgf} = 981\text{N}$

문제 005

절대압력과 게이지압력과의 관계를 나타낸 것 중 옳은 것은?
- ㉮ 절대압력 = 대기압력 + 게이지압력
- ㉯ 절대압력 = 대기압력 × 게이지압력
- ㉰ 절대압력 = 대기압력 - 게이지압력
- ㉱ 절대압력 = $\dfrac{(대기압력 \times 게이지압력)}{2}$

[해설] 절대압력 = 대기압력 + 게이지압력

문제 006

대기압을 0으로 하여 측정한 압력은?
- ㉮ 표준압력
- ㉯ 양정압력
- ㉰ 절대압력
- ㉱ 게이지압력

[해설] 게이지압력 : 대기 압력을 0으로 하여 측정한 압력

문제 007

유체의 흐름에는 층류와 난류가 있다. 어떤 경우에 난류가 가장 많이 발생하는가?
- ㉮ 점도가 높고 유속이 클 때
- ㉯ 점도가 높고 유속이 작을 때
- ㉰ 점도가 낮고 유속이 클 때
- ㉱ 점도가 낮고 유속이 작을 때

[답] 001. ㉯ 002. ㉮ 003. ㉰ 004. ㉯ 005. ㉮ 006. ㉱ 007. ㉰

해설 층류 : 유체의 점도가 크고, 유속이 비교적 작고, 가는 관이나 좁은 틈새통과 시 난류, 유체의 점도가 작고, 유속이 룩은 관을 흐를 때 유속이 클 때

문제 008

공기의 온도가 32℃, 상대습도 80%, 압축기가 흡입하는 공기유량 10 m³/min일 때 압축기가 흡입하는 수증기량(g/min)은 얼마인가? (단, 32℃에서 포화수증기량은 33.8 g/m³이다.)

㉮ 2.7 ㉯ 27
㉰ 54 ㉱ 270

해설 $33.8 \times \dfrac{80}{100} = 27\,\text{g/m}^3$

$27 \times 10 = 270\,\text{g/min}$

문제 009

다음 그림에서 A_1의 단면적은 20cm², A_2의 단면적은 10cm²이고 평균유속 V_1은 10m/sec이다. 이때의 V_2는 몇 m/sec인가?

㉮ 10
㉯ 20
㉰ 30
㉱ 40

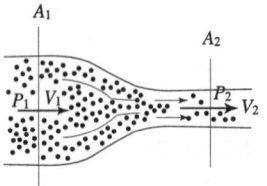

해설 $A_1 V_1 = A_2 V_2$

$V_2 = A_1 \dfrac{V_1}{A_2} = \dfrac{20 \times 10}{10} = 20\,\text{m/sec}$

문제 010

다음 그림에서 A_1의 단면적이 10cm², F_1이 20kgf이고 A_2의 단면적이 20cm²일 때 F_2의 하중은 몇 kgf인가?

㉮ 10
㉯ 20
㉰ 40
㉱ 80

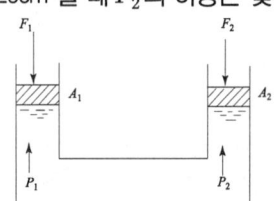

해설 $\dfrac{F_1}{A_1} = \dfrac{F_2}{A_2}$, $F_2 = \dfrac{20 \times 20}{10} = 40(\text{kgf}) = 392.4(\text{N})$

문제 011

어떤 물질 무게의 단위가 N이고, 체적이 m³이다. 이 물질의 비중량의 단위는 무엇인가?

㉮ N/m² ㉯ N/m³
㉰ m²/N ㉱ m³/N

해설 $r = \dfrac{W}{V} = \dfrac{\text{N}}{\text{m}^3} = \text{N/m}^3$

문제 012

구조가 간단하고 값이 싸므로 차량, 건설기계, 운반기계 등에 널리 쓰이고 있는 유압 펌프는 무엇인가?

㉮ 피스톤 펌프(piston pump)
㉯ 베인 펌프(vane pump)
㉰ 기어 펌프(gear pump)
㉱ 벌류트 펌프(volute pump)

해설 일반적으로 기어 펌프는 구조가 간단하고 값이 싸므로 차량, 건설기계, 운반기계 등에 널리 쓰이고 있다.

문제 013

구조가 간단하고 성능이 좋아 많은 양의 기름을 수송하는 산업용에 적합한 펌프는?

㉮ 기어 펌프(gear pump)
㉯ 나사 펌프(screw pump)
㉰ 피스톤 펌프(piston pump)
㉱ 베인 펌프(vane pump)

해설 베인 펌프(vane pump) : 구조가 간단하고 성능이 좋아 많은 양의 기름을 수송하는 산업용에 적합하다.

문제 014

다음 중 로터의 회전에 의해서 작동하는 펌프는

답 008. ㉱ 009. ㉯ 010. ㉰ 011. ㉯ 012. ㉰ 013. ㉱ 014. ㉮

무엇인가?
㉮ 베인 펌프   ㉯ 기어 펌프
㉰ 나사 펌프   ㉱ 축류 펌프

[해설] 로터의 회전에 의해서 작동하는 펌프는 베인 펌프이다.

문제 015

다음 중 베인 펌프에서 압력을 발생하는 주요 부품이 아닌 것은 무엇인가?
㉮ 켐링   ㉯ 베인
㉰ 모터   ㉱ 로터

[해설] 베인 펌프에서 압력을 발생하는 주요 부품은 켐링, 베인, 로터이다.

문제 016

유압 펌프의 장점에 해당되지 않는 것은?
㉮ 높은 압력(70 N/cm²)을 낼 수 있다.
㉯ 작동조건에 따라 효율의 변화가 크다.
㉰ 펌프의 크기가 작고 체적효율이 높다.
㉱ 여러 가지 압력 및 유량에서 원활히 작동한다.

[해설] 유압 펌프의 장점 : 작동조건에 따라 효율의 변화가 작다.

문제 017

원동기로부터 공급받은 동력을 기계적 유압 에너지로 변환시켜 작동매체인 작동유를 통하여 유압계통에 에너지를 가해주는 기기를 무엇이라 하는가?
㉮ 공압 펌프   ㉯ 유압 펌프
㉰ 서보 모터   ㉱ 스테핑 모터

[해설] 유압 펌프란 원동기(전기 모터, 내연기관 등)로부터 공급받은 동력을 기계적 유압 에너지로 변환시켜 작동 매체인 작동유를 통하여 유압계통에 에너지를 가해주는 기기를 말하는데, 간단히 말해서 압축유를 공급하는 기기이다.

문제 018

다음 유압 펌프의 고장 원인 중 작동유가 토출되지 않는 원인이 아닌 것은 무엇인가?
㉮ 펌프의 회전과 모터의 회전이 반대인 경우
㉯ 펌프의 회전수가 작은 경우
㉰ 여과 필터에 이물질이 끼어 막힌 경우
㉱ 유압 작동유의 점도가 작은 경우

[해설] 유압 작동유의 점도가 작아도 토출과는 무관함.

문제 019

용적식 펌프 중 정토출형 펌프가 아닌 것은 무엇인가?
㉮ 기어 펌프   ㉯ 나사 펌프
㉰ 피스톤 펌프   ㉱ 푸갈 펌프

[해설] 푸갈 펌프는 정토출형 펌프가 아님.

문제 020

다음의 나사 펌프에 대한 설명 중 올바른 것은 무엇인가?
㉮ 마찰력이 크고 효율이 높다.
㉯ 축방향 부하에 대한 평형이 어렵다.
㉰ 가변토출량형 펌프이다.
㉱ 운전소음이 작고 맥동에 의한 영향이 미소하다.

[해설] 나사 펌프는 운전소음이 작고 맥동에 의한 영향이 미소하다.

문제 021

다음 중 기어 펌프의 밀폐 작용으로 인한 용적 변화 시 유압장치에 주는 영향이 아닌 것은 무엇인가?
㉮ 고압이 발생한다.
㉯ 압유의 압축, 팽창이 반복
㉰ 기어의 진동, 소음 발생 원인이 됨.
㉱ 동력 소모가 다소 감소한다.

[답] 015. ㉰   016. ㉯   017. ㉯   018. ㉱   019. ㉱   020. ㉱   021. ㉱

[해설] 기어 펌프의 밀폐 작용으로 인하여 동력 소모가 다소 감소한다.

문제 022

다음 중 유압 펌프의 장점에 관한 설명 중 틀린 것은 무엇인가?
㉮ 나사 펌프는 내구성이 크고 용적효율이 크다.
㉯ 플런저 펌프는 고압에 적당하며 누설이 적다.
㉰ 기어 펌프는 최고 토출량이 600l/min 정도로 맥동이 적다.
㉱ 베인 펌프는 압력포트, 캠링을 사용하므로 송출 압력에 맥동이 크다.

[해설] 베인 펌프는 압력포트, 캠링을 사용하므로 송출 압력에 맥동이 작다.

문제 023

고압 발생에 가장 적당한 펌프는?
㉮ 드레인 분리 펌프 ㉯ 필터 사용 펌프
㉰ 플런저 펌프   ㉱ 진공 펌프

문제 024

유압 펌프의 취급상 주의사항 중 올바르지 못한 것은?
㉮ 차가운 펌프에 뜨거운 작동유를 사용하여 시동해서는 안된다.
㉯ 시동 전에 회전상태를 검사해야 한다.
㉰ 펌프의 운전속도는 규정속도 이상으로 해서는 안된다
㉱ 흡입구의 양정을 3m 이상으로 하여야 한다.

[해설] 흡입구의 양정은 1m이하로 해야 한다.

문제 025

피스톤의 왕복운동을 활용하여 작동유에 압력을 주며 고압에 적당하고 누설이 적어 효율을 높일 수 있고 사축식과 사판식의 두 가지 종류를 가지고 있는 펌프를 무엇이라 하는가?
㉮ 플런저 펌프(Plunger pump)
㉯ 복합 펌프(Combination pump)
㉰ 가변용량형 펌프(Variable delivery vane pump)
㉱ 기어 펌프(Gear pump)

[해설] 피스톤 펌프를 플런저 펌프라 한다.

문제 026

유압 펌프의 종류가 아닌 것은?
㉮ 밸브 펌프   ㉯ 기어 펌프
㉰ 베인 펌프   ㉱ 플런저 펌프

문제 027

유압 단단 베인 펌프의 소용량 펌프와 대용량 펌프를 동일 축 상에 조합시킨 펌프는?
㉮ 2단 베인 펌프   ㉯ 2연 베인 펌프
㉰ 2중 베인 펌프   ㉱ 2극 베인 펌프

문제 028

베인 펌프에 사용되는 베인의 분류 중 특수 베인형에 속하지 않는 것은?
㉮ 스프링 압상 베인식
㉯ 듀알 베인식
㉰ 플런저 베인식
㉱ 인트라 베인식

[해설] 특수 베인형 : 스텝, 듀알, 인트라, 스프링로뎃 방식 등

문제 029

가변용량형 사축식 액셜 피스톤 펌프의 경사각 허용범위로 적당한 것은?
㉮ 22~30도   ㉯ 32~40도
㉰ 42~50도   ㉱ 52~60도

[답] 022.㉱ 023.㉰ 024.㉱ 025.㉮ 026.㉮ 027.㉯ 028.㉰ 029.㉮

문제 030

유압장치에 사용하는 실의 요구조건과 거리가 먼 것은?

㉮ 압축변형이 커야한다.
㉯ 열화가 적고 내약품성이 양호하여야 한다.
㉰ 내구성 및 내마모성이 우수하여야 한다.
㉱ 저온 시에도 탄성저하가 적어야 한다.

[해설] 압축복원성이 좋고 압축변형이 작아야 한다.

문제 031

유압 펌프 중에서 가장 효율이 좋은 펌프는 무엇인가?

㉮ 기어 펌프   ㉯ 베인 펌프
㉰ 피스톤 펌프   ㉱ 나사 펌프

[해설]
① 기어 펌프 : 75%~90%
② 베인 펌프 : 75%~90%
③ 피스톤 펌프 : 85%~95%
④ 나사 펌프 : 75%~85%

문제 032

유압펌프의 소음발생 원인이 아닌 것은?

㉮ 헤드커버 고정 볼트가 느슨한 경우
㉯ 펌프회전이 너무 빠른 경우
㉰ 작동유의 점성이 낮은 경우
㉱ 펌프의 흡입이 불량한 경우

[해설] 펌프의 소음 원인 : 펌프의 흡입이 불량, 공기의 침입, 에어필터의 막힘, 작동유의 점성이 높다, 펌프회전이 너무 빠른 경우

문제 033

피스톤 펌프의 배제용적을 변화시키기 위한 유량 제어하는 방법이 아닌 것은?

㉮ 압력 차단 제어   ㉯ 실린더 제어
㉰ 일정 압력 제어   ㉱ 일정 속도 제어

[해설] 유량 제어방법 : 핸들식 제어, 스템식 제어, 실린더 제어, 압력차단 제어, 일정압력 제어

문제 034

다음 중 유압 펌프의 용적 효율 η_v(Volumeric Efficiency)을 나타내는 식으로 옳은 것은? (단, Q는 실제 토출(l/min), Q_{th}는 이론 토출(l/min)이다.)

㉮ $\eta_v = \dfrac{Q}{Q_{th}} \times 100\%$

㉯ $\eta_v = \dfrac{2Q}{Q_{th}} \times 100\%$

㉰ $\eta_v = \dfrac{Q_{th}}{Q} \times 100\%$

㉱ $\eta_v = \dfrac{2Q_{th}}{Q} \times 100\%$

[해설] 용적효율은 체적효율이라고도 하며 이론적인 펌프의 토출량에 대한 실제 토출량의 비를 의미하며 다음과 같이 계산된다.

$\eta_v = \dfrac{Q}{Q_{th}} \times 100\%$

여기서 η_v : 용적효율 Q : 실제토출(l/min)
Q_{th} : 이론 토출(l/min)

문제 035

유압 펌프의 송출압력이 4905N/cm², 송출량이 20 l/min일 때 펌프 동력은 몇 PS인가?

㉮ 1.3   ㉯ 1.7
㉰ 2.2   ㉱ 3.2

[해설]
$L_p[\text{PS}] = \dfrac{PQ}{75 \times 60 \times 9.81}$
$= \dfrac{4905 \times 20}{75 \times 60 \times 9.81} = 2.22[\text{PS}]$

문제 036

유압 베인 모터의 1회전 당 유량이 30 cc/rev이고, 공급압력이 80 N/cm²이면 발생되는 최대의 토크는 몇 N·m인가?

답 030. ㉮   031. ㉰   032. ㉰   033. ㉱   034. ㉮   035. ㉰   036. ㉮

㉮ 3.82　　㉯ 38.2
㉰ 382　　㉱ 3820

[해설] $T = 9P/2\pi [N \cdot m] = 30 \times 80/2\pi = 3.82 [N \cdot m]$

문제 037

유압 펌프에서 펌프 토출압력이 $1667.7 N/cm^2$ 펌프 토출량이 $400 l/s$일 때 펌프 동력은?

㉮ 3.66kW　　㉯ 5.06kW
㉰ 6.66kW　　㉱ 9.06kW

[해설] $L_0 = PQ = 1667.7 \times 400 = 667080 N$
　　　cm/s = 6670.8 m/s
　　　$L_p = \dfrac{6670.8}{102 \times 9.81} = 6.66 kW$

문제 038

유압 펌프에서 송출압력을 P N/cm², 실제 송출량을 Q cm³/sec라고 할 때, 펌프동력 L_p kW의 식은?

㉮ $L_p = PQ/102000$
㉯ $L_p = PQ/102$
㉰ $L_p = PQ/7500$
㉱ $L_p = PQ/75$

[해설] ① 동력계산 : 1PS = 75 kg·m/sec
　　　　　　　　　1kW = 102 kg·m/sec
② $L_p = P \cdot Q (N/cm^2 \cdot cm^3/sec)$
　　　 $= PQ (N \cdot cm/sec)$
따라서 단위 나산에 의해 $L_p = \dfrac{PQ}{102 \times 1000}$ (kW)

문제 039

유압 펌프에서 이론동력을 L_h, 펌프 축 동력을 L_s라고 할 때 기계효율 η_m 을 구하는 식은?

㉮ $\eta_m = L_h \times L_s$　　㉯ $\eta_m = L_h + L_s$
㉰ $\eta_m = L_h/L_s$　　㉱ $\eta_m = L_s/L_h$

[해설] $\eta_m = \dfrac{L_h}{L_s}$　η_m : 기계효율, L_s : 축동력,
L_h : 액동력(이론유체동력)

문제 040

유압모터의 토크효율을 η_T, 최적효율을 η_V라고 할 때, 전 효율은?

㉮ $\eta = \eta_T - \eta_V$　　㉯ $\eta = \eta_T + \eta_V$
㉰ $\eta = \eta_T \times \eta_V$　　㉱ $\eta = \eta_T / \eta_V$

[해설] 유압모터에서 얻는 출력동력(L) : $L = 2\pi nT$
기름이 가지고 있는 동력(L_p) : $L_p = \Delta p \cdot Q$

전효율(η) : $\eta = \dfrac{L}{L_p} = \dfrac{2\pi\eta T}{\Delta P \cdot Q} = \dfrac{2\pi\eta T}{\Delta P \cdot Q} \cdot \dfrac{Vth}{Vth}$

$= \dfrac{Vth^3}{Q} \cdot \dfrac{T}{\dfrac{\Delta P \cdot Vth}{2\pi}}$

$= \dfrac{Qth}{Q} \cdot \dfrac{T}{Tth} = \eta_V \times \eta_T$

문제 041

펌프의 송출압력이 $343 N/cm^2$이고, 실제 송출유량은 $45 l/min$이며, 회전수 1000rpm이다. 소비동력이 4PS이라면 펌프의 효율은 몇 %인가?

㉮ 82.5　　㉯ 87.5
㉰ 92.5　　㉱ 95.5

[해설] $\eta = \dfrac{L_h}{L_s}$

여기서 $LP = 343 N/cm^2 \times 45 \times 1000 cm^3/min$
　　　 $= 15435000 [N \cdot m]$
　　　 $= \dfrac{15435000}{75 \times 100 \times 60 \times 9.81}$ [ps]
　　　 $= 3.5$ [ps]

∴ $\eta = \dfrac{3.5}{4} = 87.5\%$

문제 042

유압펌프 토출압력이 $491 N/cm^2$, 토출량 $80 l/min$, 회전수 1500rpm이다. 이 때 펌프의 소요 동력은 얼마인가? (단, 전 효율이 85%이다.)

㉮ 약 6.54kW　　㉯ 약 7.69kW
㉰ 약 8.89kW　　㉱ 약 10.45kW

[답] 037. ㉰　038. ㉮　039. ㉰　040. ㉰　041. ㉯　042. ㉯

해설 $L(\text{kW}) = \dfrac{P \cdot Q}{612 \cdot \eta \cdot 9.81} = \dfrac{491 \times 80}{612 \times 0.85 \times 9.81}$
　　　$= 7.69[\text{kW}]$

문제 043

유량 제어 밸브에서 교축밸브의 형상이 아닌 것은?

㉮ 니들형　　㉯ 스풀형
㉰ 디스크형　㉱ 나비형

해설 교축 밸브의 종류에는 미터형 교축 밸브, 직렬형 교축 밸브, 니들 밸브 등이 있다.

문제 044

다음 중 유체의 유량을 제어하는 밸브에서 교축밸브에 해당되지 않는 것은?

㉮ 스톱 밸브　　　　㉯ 스로틀 밸브
㉰ 스로틀 체크 밸브　㉱ 집류 밸브

해설 안전회로는 유량제어 회로가 아니다.

문제 045

다음 중 유체 흐름의 방향을 바꾸어 주는 기기는?

㉮ 실린더　㉯ 공기탱크
㉰ 밸브　　㉱ 드레인 분리기

문제 046

유압 회로에서 어떤 부분회로의 압력을 주회로의 압력부다 저압으로 해서 사용하고자 할 때 사용하는 밸브는?

㉮ 감압 밸브(Pressure reducing valve)
㉯ 시퀀스 밸브(Sequence valve)
㉰ 무부하 밸브(Unloading valve)
㉱ 카운터 밸런스 밸브(Counter balance valve)

해설 고압에서 저압으로 감압시키는 것은 감압밸브이다.

문제 047

유압회로에서 회로의 압력이 설정치를 초과했을 때 동작하는 밸브는?

㉮ 급속배기밸브　㉯ 셔틀밸브
㉰ 릴리프밸브　　㉱ 교축밸브

문제 048

압력제어 밸브에 해당되지 않는 것은?

㉮ 릴리프 밸브(relief valve)
㉯ 시퀀스 밸브(sequence valve)
㉰ 체크 밸브(check valve)
㉱ 감압 밸브(reducing valve)

해설 체크 밸브(check valve) : 방향제어 밸브

문제 049

방향 전환밸브에 사용하는 밸브의 기본구조에 해당되지 않는 것은?

㉮ 포핏식(poppet valve type)
㉯ 로터리식(rotary valve type)
㉰ 스풀식(spool valve type)
㉱ 오픈식(open valve type)

해설 방향 전환밸브에 사용하는 밸브의 기본구조는 포핏식, 로터리식, 스풀식이 있다.

문제 050

실린더의 오일탱크의 복귀 측에 일정한 배압을 발생시켜주는 밸브는?

㉮ 감압 밸브
㉯ 시퀀스 밸브
㉰ 카운터 밸런스 밸브
㉱ 무부하 밸브

해설 실린더의 오일탱크의 복귀 측에 일정한 배압을 발생시켜주는 밸브는 카운터 밸런스 회로이다.

답 043. ㉱　044. ㉱　045. ㉰　046. ㉮　047. ㉰　048. ㉰　049. ㉱　050. ㉰

문제 051

다음 중 유체의 유량을 제어하는 밸브가 아닌 것은?
- ㉮ 교축 밸브
- ㉯ 유량 조정 밸브
- ㉰ 릴리프 밸브
- ㉱ 디셀러레이션 밸브

해설 릴리프 밸브는 압력제어 밸브이다.

문제 052

다음 중 유압장치에서 압력 제어 밸브가 아닌 것은?
- ㉮ 릴리프 밸브
- ㉯ 체크 밸브
- ㉰ 감압 밸브
- ㉱ 시퀀스 밸브

해설 체크 밸브는 방향 제어 밸브이다.

문제 053

압력 제어 밸브(pressure control valve)를 기능에 따라 분류할 때 속하지 않는 것은?
- ㉮ 시퀀스 밸브
- ㉯ 카운터 밸런스 밸브
- ㉰ 프레셔 스위치
- ㉱ 체크 밸브

해설 체크 밸브는 방향 제어 밸브이다.

문제 054

다음 시퀀스 밸브(sequence valves)의 기능을 설명한 것 중 옳은 것은?
- ㉮ 주회로의 압력을 일정하게 유지하면서 조작의 순서를 제어할 때 사용한다.
- ㉯ 유압 회로의 일부를 릴리프 밸브의 설정압력 이하로 감압하고 싶을 때 사용한다.
- ㉰ 유압 회로의 최고 압력을 제한하여 회로 내의 과부하를 방지하고 싶을 때 사용한다.
- ㉱ 유압 신호를 전기신호로 전환시킬 때 사용한다.

해설 시퀀스 밸브는 주회로의 압력을 일정하게 유지하면서 조작의 순서를 제어할 때 사용하는 밸브이다. 예를 들면 따로따로 작동하는 두 개의 유압 실린더가 있을 때 한 쪽이 행정을 완료하면 다른 한 쪽의 실린더가 작동을 시작하도록 작동순서를 순차적으로 제어하고자 할 때 사용한다. 그러므로 이 밸브는 다음 작동이 행해지는 동안 먼저 작동한 유압 실린더를 설정압으로 유지시킬 수 있다.

문제 055

공유압 회로에서 유체의 흐름을 일정방향으로 흐르게 하고 역방향의 흐름을 통과시키지 않는 밸브는?
- ㉮ 슬라이드 밸브(Slide valve)
- ㉯ 솔레노이드 밸브(Solenoid valve)
- ㉰ 2압 밸브(Two pressure valve)
- ㉱ 체크 밸브(Check valve)

해설 체크 밸브는 한 방향의 흐름만 허용하는 밸브이다.

문제 056

다음 중 2개의 전환위치를 갖는 밸브는?
- ㉮ 2위치 밸브
- ㉯ 다위치 밸브
- ㉰ 2포트 밸브
- ㉱ 다포트 밸브

문제 057

회로의 압력이 설정치를 초과했을 때 동작하는 밸브는?
- ㉮ 감압 밸브
- ㉯ 릴리프 밸브
- ㉰ 시퀀스 밸브
- ㉱ 체크밸브

문제 058

다음 중 기능면에서 분류한 밸브의 종류가 아닌 것은?
- ㉮ 방향 제어 밸브
- ㉯ 유량 제어 밸브
- ㉰ 진공 제어 밸브
- ㉱ 압력 제어 밸브

답 051. ㉰ 052. ㉯ 053. ㉱ 054. ㉮ 055. ㉱ 056. ㉮ 057. ㉯ 058. ㉰

문제 059

다음 중 제어 밸브가 아닌 것은?
- ㉮ 방향 제어 밸브
- ㉯ 회로 지시 밸브
- ㉰ 압력 제어 밸브
- ㉱ 유량 제어 밸브

문제 060

기기와 관로의 파괴를 방지하기 위해 회로의 최고 압력을 한정하는 밸브는?
- ㉮ 교축 밸브
- ㉯ 안전 밸브
- ㉰ 시퀀스 밸브
- ㉱ 첵 밸브

문제 061

유량 제어 밸브에서 교축밸브의 형상이 아닌 것은?
- ㉮ 니들형
- ㉯ 스풀형
- ㉰ 디스크형
- ㉱ 나비형

해설 교축 밸브의 종류에는 미터형 교축 밸브, 직렬형 교축 밸브, 니들 밸브 등이 있다.

문제 062

다음 중에서 실린더 배압을 발생시켜 주는 밸브는?
- ㉮ 시퀀스 밸브
- ㉯ 감압 밸브
- ㉰ 무부하 밸브
- ㉱ 카운터 밸런스 밸브

해설 카운터 밸런스 밸브 : 회로의 일부에 배압을 발생시키고자 할 때 사용

문제 063

다음 밸브 중 미세 유량 조절이 가능한 밸브는?
- ㉮ 릴리프 밸브
- ㉯ 언로드 밸브
- ㉰ 시퀀스 밸브
- ㉱ 스로틀 밸브

문제 064

다음 중 압력 제어 밸브의 종류에 속하는 것은?
- ㉮ 리듀싱 밸브
- ㉯ 스로틀 밸브
- ㉰ 셔틀 밸브
- ㉱ 퀵 릴리스 밸브

문제 065

다음 밸브 중 안전밸브로 사용될 수 있는 것은?
- ㉮ 스로틀밸브
- ㉯ 니들밸브
- ㉰ 릴리프밸브
- ㉱ 셔틀밸브

해설 릴리프 밸브는 회로의 최대압력을 제한하므로 안전밸브로 사용된다.

문제 066

다음 밸브 중 방향 제어 밸브에 속하는 것은?
- ㉮ 리듀싱 밸브
- ㉯ 스크틀 밸브
- ㉰ 체크 밸브
- ㉱ 니들 밸브

문제 067

릴리프 밸브의 특성 중 압력 오버라이드(Pressure override)에 대한 설명이 적당한 것은?
- ㉮ 채터링 압력과 크래킹 압력의 배압
- ㉯ 언로드 압력과 전유량 압력의 배압
- ㉰ 밸브시트 압력과 채터링 압력과의 차압
- ㉱ 전유량 압력과 크래킹 압력과의 차압

해설 ㉱항은 압력 오버라이드에 대한 설명이다.

문제 068

유압 회로의 일부에 배압을 발생시키고자 할 때 사용하는 밸브는?
- ㉮ 시퀀스 밸브
- ㉯ 카운터 밸런스 밸브
- ㉰ 리듀싱 밸브
- ㉱ 언로드 밸브

문제 069

방향 제어 밸브 중 인력 조작방식이 아닌 것은?
- ㉮ 레버방식
- ㉯ 페달방식
- ㉰ 누름버튼방식
- ㉱ 스프링방식

해설 스프링방식은 기계방식이다.

답 059. ㉯ 060. ㉯ 061. ㉱ 062. ㉱ 063. ㉱ 064. ㉮ 065. ㉰ 066. ㉰ 067. ㉱ 068. ㉯ 069. ㉱

문제 070

릴리프 밸브 등에서 밸브 시트를 두들겨서 비교적 높은 음을 발생시키는 현상은 무엇인가?

㉮ 서지압력　　㉯ 캐비테이션현상
㉰ 맥동현상　　㉱ 채터링현상

해설 채터링현상은 압력릴리프에서 발생하는 현상임

문제 071

퀵 릴리스 밸브의 장점은?

㉮ 배출저항 감소　　㉯ 공기누설방지
㉰ 일정한 속도유지　　㉱ 작업방향의 전환

해설 퀵 릴리스 밸브는 배출저항을 적게 하여 액추에이터의 운동속도를 빠르게 한다.

문제 072

유압 밸브는 구조에 따라 분류하면 포핏형과 슬라이드형으로 나눌 수 있다. 다음 중 포핏형의 특성이라고 할 수는 없는 것은?

㉮ 밀봉이 우수하다.
㉯ 먼지에 약하다.
㉰ 응답속도가 빠르다.
㉱ 디지털제어에 적당하다.

해설 특징 : 선 접촉으로 밀봉이 우수하다, 좁은 틈새가 없으므로 먼지에 강하다. 응답속도가 빠르다. 디지털제어에 적당하다.

문제 073

회로 중에 카운터 밸런스 밸브를 설치하였다. 설명으로 적합한 것은?

㉮ 2개 이상의 액추에이터의 작동순서를 결정해주기 위하여
㉯ 회로 전체의 압력을 일정하게 유지시키기 위하여
㉰ 회로 내의 압력이 소정의 압력에 도달하면 압유를 펌프로부터 직접 탱크로 귀환시키기 위하여
㉱ 자유낙하를 방지하기 위해 배압을 걸어주기 위하여

해설 ㉮ 시퀀스 밸브, ㉯ 릴리프 밸브, ㉰ 무부하 밸브

문제 074

유량 제어 밸브를 사용한 회로도 중 미터 인 회로의 효율을 나타내는 것은? (단, Q : 펌프의 토출량, Q_R : 릴리프 밸브의 유출량, P_1 : 릴리프 밸브의 설정압력, P_2 : 실린더 유압압력)

㉮ $\eta = \left[\dfrac{(Q \cdot P_1)}{(Q-Q_R) \cdot P_2}\right] \times 100(\%)$

㉯ $\eta = \left\{\dfrac{[(Q-Q_R) \cdot P_2]}{(Q \cdot P_1)}\right\} \times 100(\%)$

㉰ $\eta = \left[\dfrac{(Q \cdot P_2)}{(Q-Q_R)} \cdot P_1\right] \times 100(\%)$

㉱ $\eta = \left\{\dfrac{[(Q \cdot Q_R) \cdot P_1]}{(Q \cdot P_2)}\right\} \times 100(\%)$

해설 $\eta = \dfrac{(Q-Q_R) \cdot P_2}{Q \cdot P_1} \times 100(\%)$

문제 075

유압장치 내에서 주어진 일을 하여 펌프로부터 유체 동력을 기계적 동력으로 바꾸는 유압기기의 종류 중 올바르게 표시된 것은?

㉮ 유압 실린더와 모터
㉯ 유압 실린더와 루브르게이터
㉰ 유압 밸브와 압력계
㉱ 축압기와 부스터

해설 위 문제는 유압 액추에이터를 질문한 것이다. 유압 액추에이터는 실린더와 모터 등이 있다.

문제 076

실린더를 지지하는 형식에 속하지 않는 것은?

㉮ 타이로드(tie rod)형

답 070.㉱　071.㉮　072.㉯　073.㉱　074.㉯　075.㉮　076.㉮

㉯ 푸트(foot)형
㉰ 플랜지(flange)형
㉱ 크레비스(clevis)형

해설 타이로드형 : 실린더의 조립형식이다.

문제 077

다음 중 유압 실린더를 형식에 따라 분류할 때 적용하는 기준으로 옳지 않은 것은?
㉮ 최고 사용압력 ㉯ 최저 사용압력
㉰ 조립 형식   ㉱ 지지 형식

해설 유압 실린더는 유압 에너지를 직선운동으로 변환하는 기기로서, 형식에 따라 분류하면 다음과 같다.
① 최고 사용압력
② 조립 형식
③ 지지 형식

문제 078

유압 실린더의 선정에 있어서 유의할 사항이 아닌 것은?
㉮ 운동의 방법과 방향
㉯ 스트로크
㉰ 외관
㉱ 작동유

해설 실린더의 선정에 있어서는 다음 사항에 유의할 필요가 있다.
① 부하의 크기와 그것을 움직이는 데에 필요한 힘
② 속도
③ 운동의 방법과 방향
④ 스트로크
⑤ 작동시간
⑥ 작동유

문제 079

유체 에너지를 사용하여 기계적인 일을 하는 기기는?
㉮ 진공펌프   ㉯ 솔레노이드 펌프
㉰ 필터   ㉱ 실린더

문제 080

유압 실린더에서 작동 유체를 출입시키는 통로의 개구부는?
㉮ 포트   ㉯ 피스톤
㉰ 로드   ㉱ 씰

문제 081

다음 중 피스톤의 양쪽에 유체압력을 공급할 수 있는 구조의 실린더는?
㉮ 공기압 모터 ㉯ 부하 실린더
㉰ 단동 실린더 ㉱ 복동 실린더

문제 082

유압 실린더 선정시 유의할 사항이 아닌 것은?
㉮ 행정거리   ㉯ 운동의 방향과 방법
㉰ 작동유   ㉱ 유량

해설 유압 실린더 선정에 있어서 유의할 사항
부하의 크기와 그것을 움직이는데 필요한 힘, 속도, 운동의 방향과 방법, 스트로크(행정거리), 작동시간, 작동유

문제 083

유압 실린더의 출력을 가장 올바르게 설명한 것은?
㉮ 유압 실린더에 공급된 압력
㉯ 유압 실린더 튜브에 작용하는 힘
㉰ 피스톤 로드에 의해 전달되는 기계적인 힘
㉱ 유압 실린더 헤드가 받는 힘의 중량

문제 084

스트로크 종단 부근에서 유체의 유출을 자동적으로 죄는 것에 의하여 피스톤 로드의 운동을 감속시키는 운동은?
㉮ 실린더 평균속력 ㉯ 실린더 스틱슬립
㉰ 실린더 요동   ㉱ 실린더 쿠션

답 077. ㉯ 078. ㉰ 079. ㉱ 080. ㉮ 081. ㉱ 082. ㉱ 083. ㉰ 084. ㉱

문제 085
다음 중 유압 실린더의 구성부품이 아닌 것은?
- ㉮ 실린더 튜브
- ㉯ 피스톤
- ㉰ 클러치
- ㉱ 피스톤 로드

문제 086
다음 중 실린더의 행정종단 부근에서 공기의 유출을 교축함으로써 피스톤 로드의 운동을 감속시키는 작용은?
- ㉮ 에어 쿠션
- ㉯ 감압 작용
- ㉰ 스틱 슬립 작용
- ㉱ 에어 리턴

문제 087
공기압 에너지를 사용하여 연속회전 운동을 하는 기기는?
- ㉮ 공기압 모터
- ㉯ 공기압 실린더
- ㉰ 진공 실린더
- ㉱ 회전 밸브

문제 088
내경 30mm의 유압 실린더에 250kgf의 추력을 발생하고자 한다. 유압 실린더의 유압을 얼마로 하면 좋은가?
- ㉮ 26 kgf/cm^2
- ㉯ 36 kgf/cm^2
- ㉰ 46 kgf/cm^2
- ㉱ 56 kgf/cm^2

해설 $P = \dfrac{F}{A} = \dfrac{4F}{\pi d^2} = \dfrac{4 \times 250}{\pi \times 9} = 35.37 \text{kgf/cm}^2$
$= 347 [\text{N/cm}^2]$

문제 089
실린더의 내경이 10mm인 단로드형 유압 실린더에 작용하는 부하가 300kgf일 때 유체압력(kgf/cm^2)은?
- ㉮ 282
- ㉯ 382
- ㉰ 262
- ㉱ 362

해설 $P = \dfrac{F}{A} = \dfrac{300}{\left(\dfrac{\pi \times 1^2}{4}\right)} = 382 \text{kgf/cm}^2 = 3747.4 \text{N/cm}^2$

문제 090
900kgf의 힘을 발생하고 피스톤의 전진속도는 3.5 m/min인 단로드 실린더를 설계하고자 한다. 실린더 효율은 45%이고 사용 압유는 28kgf/cm^{2}라 할 때 실린더 내경은 얼마인가?
- ㉮ 6.54cm
- ㉯ 7.54cm
- ㉰ 8.54cm
- ㉱ 9.54cm

해설 $F = A \cdot P \cdot \eta$
$A = \dfrac{F}{P \times \eta} = \dfrac{900}{28 \times 0.45} = 71.43 \text{cm}^2$
$\dfrac{\pi \times D^2}{4}, D = \sqrt{\dfrac{4 \times 71.43}{\pi}} = 9.54 \text{cm}$

문제 091
안지름 10cm, 피스톤 평균속도가 0.1m/s일 때 필요한 유량은 몇 l/min인가?
- ㉮ 0.471
- ㉯ 4.71
- ㉰ 47.1
- ㉱ 471

해설 $Q = A \times V$
$A = \dfrac{\pi d^2}{4} = 78.5 \text{cm}^2$
$V = 0.1 \text{m/s} = 600 \text{m/min}$
그러므로 $9 = 78.5 \times 600 \times 10^{-3} = 47.1 [l/\text{min}]$

문제 092
1회전 당 31.4cm^{3}의 유량을 필요로 하는 시스템에 압력이 50 kgf/cm^{2}라고 할 때 출력토크는 몇 kgf·cm인가?
- ㉮ 50
- ㉯ 500
- ㉰ 25
- ㉱ 250

해설 $T = \dfrac{qP}{2\pi} = \dfrac{31.4 \times 50}{2 \times 3.14} = 250 [\text{kgf} \cdot \text{cm}]$
$= 2452.5 = 2453 [\text{N} \cdot \text{cm}]$

답 085. ㉰ 086. ㉮ 087. ㉮ 088. ㉯ 089. ㉯ 090. ㉱ 091. ㉰ 092. ㉱

문제 093

다음 중 유압 모터의 장점에 속하지 않는 것은?

㉮ 무단계로 회전수를 조절할 수가 있으며 또한 역회전도 가능하다.
㉯ 관성이 작아서 응답성이 빠르다.
㉰ 같은 출력일 경우 원동기에 비하여 크기가 훨씬 작다.
㉱ 동력의 전달효율이 기계식에 비하여 높다.

해설 유압 모터는 유체 에너지를 연속회전운동을 하는 기계적인 에너지로 변환시켜주는 액추에이터를 말한다. 유압 모터는 유압 펌프와 구조상으로 비슷하나 기능이 다르다. 유압 모터는 무단계로 회전수를 조절할 수가 있으며 또한 역회전도 가능하다. 회전체의 관성이 작아서 응답성이 빠르기 때문에 자동제어의 조작부, 서보기구의 요소에 적합하다. 같은 출력일 경우 원동기에 비하여 크기가 훨씬 작은 것도 큰 이점이다. 유압 모터의 단점으로는 동력의 전달 효율이 기계식에 비하여 낮으며, 소음이 크고 기동할 때나 지속일 경우 원활한 운전을 얻기가 곤란하다는 점이다. 유압모터도 펌프와 같이 고정용량형과 가변용량형이 있다. 가변용량형은 회전 속도의 변화가 모터 안에서 이루어진다.

문제 094

다음 중 유압 모터의 종류 중 기어 모터가 사용되는 분야와 사용 예가 적절히 연결되지 않은 것은?

㉮ 공작기계 - 그라인더의 주축 구동
㉯ 일반 산업기계 - 테이블 구동
㉰ 차량 - 냉동기 구동
㉱ 선박 - 윈치 구동

해설 그라인더의 주축 구동에는 주로 액시얼피스톤모터를 사용한다.

문제 095

유압기기는 다음 중 어느 것을 이용한 것인가?

㉮ 파스칼의 원리 ㉯ 베르누이의 정리
㉰ 아보가드로의 법칙 ㉱ 뉴튼의 법칙

해설 유압에 의한 힘의 전달은 파스칼의 힘의 원리에 기초를 둔 것이다.

문제 096

다음 중 유압에 사용되는 압력스위치의 용도는?

㉮ 실린더를 순차적으로 작동
㉯ 실린더의 속도를 조절
㉰ 회로 내의 압력을 감압, 일정하게 유지
㉱ 압력변화를 전기신호로 변환

해설 ㉮ 시퀀스밸브, ㉯ 유량조절밸브, ㉰ 감압밸브

문제 097

밸브에 유체가 흐르기 시작한 최초의 극히 짧은 시간에 설정유량을 크게 상회하는 유량이 흐르는 현상을 무엇이라 하는가?

㉮ 점핑 ㉯ 서징
㉰ 인터플루즈 ㉱ 오버랩

해설 ① 서징 : 계통 내의 유체 압력의 과도적인 변동
② 인터플루즈 : 밸브의 변환도중에 과도적으로 생기는 밸브포토간의 흐름
③ 오버랩 : 슬라이드 밸브 등에서 밸브가 중립점으로부터 조금 변위하여 비로소 포트가 열리고 유체가 흐르도록 된 겹침의 상태

문제 098

다음 중 유압필터의 역할은?

㉮ 배압발생
㉯ 기기의 윤활
㉰ 유체온도 보상
㉱ 유체 내 불순물 제거

문제 099

유압기기의 구성요소가 아닌 것은?

㉮ 유압 액추에이터 ㉯ 유압 밸브
㉰ 유체점도기 ㉱ 유압 탱크

답 093.㉱ 094.㉮ 095.㉮ 096.㉱ 097.㉮ 098.㉱ 099.㉰

문제 100
다음은 유압장치의 각 기구에 대한 설명이다. 잘못된 것은?
- ㉮ 오일 여과기는 이물질이 섞이는 것을 방지한다.
- ㉯ 릴리프밸브는 유압이 설정압 이상일 때 유압장치를 보호한다.
- ㉰ 어큐뮬레이터는 유압을 저장하고 맥동을 제거한다.
- ㉱ 언로딩 밸브는 어큐뮬레이터의 유압을 조정한다.

[해설] 언로딩 밸브는 설정압력 이상일 때 작동하여 설정압력을 유지해 주는 장치이다.

문제 101
압유 속에 공기가 기포로 되어 있는 상태를 무엇이라 하는가?
- ㉮ 공동현상
- ㉯ 노킹현상
- ㉰ 조기착화
- ㉱ 인화현상

[해설] 압유 속에 공기가 기포로 되어 있는 상태를 공동현상이라 한다.

문제 102
다음 중 유압장치의 구성요소가 아닌 것은?
- ㉮ 오일탱크
- ㉯ 유량 제어 밸브
- ㉰ 실린더
- ㉱ 냉각기

[해설] 냉각기는 공압장치의 구성요소이다.

문제 103
다음 중 유압기기의 마모나 천착, 부식 등의 원인이 아닌 것은?
- ㉮ 점도가 불량한 작동유 사용
- ㉯ 불순물이 혼입된 작동유 사용
- ㉰ 투명하고 엷은 색의 작동유 사용
- ㉱ 산화된 작동유 사용

[해설] 투명하고 엷은 색의 작동유를 사용하면 성능이 좋아진다.

문제 104
다음 중 점성계수의 단위는?
- ㉮ 푸아즈(Poise)
- ㉯ 스토크(Stoke)
- ㉰ 아쿠아(Aqua)
- ㉱ 토크(Torque)

[해설] 점성계수의 단위는 푸아즈(Poise, p), 센티푸아즈(cp)이다.

문제 105
다음 중 동점성계수의 단위는?
- ㉮ 푸아즈(Poise)
- ㉯ 스토크(Stoke)
- ㉰ 아쿠아(Aqua)
- ㉱ 토크(Torque)

[해설] 동점성계수는 점성계수를 밀도로 나눈 값으로서 그 단위는 스토크(stoke), 센티스토크(cst) 등이다.

문제 106
다음 중 유체운동의 기초이론에 해당되지 않는 것은?
- ㉮ 베르누이의 정리
- ㉯ 파스칼의 원리
- ㉰ 오일러의 운동방정식
- ㉱ 보일-샤를의 법칙

[해설] 유압장치에 적용되는 기본 이론은 파스칼의 원리이다.

문제 107
다음 중 오일탱크의 역할이 아닌 것은? 라
- ㉮ 오일에서 발생하는 열을 외부로 발산시킨다.
- ㉯ 유압회로에 필요한 오일을 저장한다.
- ㉰ 오일 속에 함유된 불순물을 제거한다.
- ㉱ 회로 내에 발생하는 압력을 제어해 준다.

[답] 100. ㉱ 101. ㉮ 102. ㉱ 103. ㉰ 104. ㉮ 105. ㉯ 106. ㉱ 107. ㉱

[해설] 오일탱크는 운전중에 오일에서 발생하는 열을 외부로 반산시키는 역할을 한다.

문제 108
다음 유압 축압기 분류 중에서 가스부하식이 아닌 것은?
- ㉮ 블래더형
- ㉯ 스프링형
- ㉰ 피스톤형
- ㉱ 벨로즈형

[해설] 가스부하식 : 블래더형, 피스톤형, 벨로즈형
비가시 부하식 : 직압형, 중추형, 스프링형

문제 109
오일탱크의 설명이다. 다음 중 틀린 것은?
- ㉮ 오일탱크의 용량은 펌프 토출량의 1배 이상이어야 한다.
- ㉯ 공기청정기의 통기용량은 펌프 토출량의 2배 이상이어야 한다.
- ㉰ 스트레이너의 유량은 펌프 토출량의 2배 이상이어야 한다.
- ㉱ 오일탱크의 바닥면은 바닥에서 최소 15cm 이상이어야 한다.

[해설] 오일탱크의 용량은 펌프 토출량의 2~3배 이상이어야 한다.

문제 110
다음 중 어큐뮬레이터의 가장 중요한 사용 목적은 무엇인가?
- ㉮ 유압유를 유압펌프에 계속 공급한다.
- ㉯ 폐유를 재생시켜 준다.
- ㉰ 유압회로의 맥동, 서지압을 흡수하고 유압유를 축적한다.
- ㉱ 설정 압력을 유지해 준다.

[해설] 어큐뮬레이터는 유압회로의 맥동, 서지압을 흡수하고 유압유를 축적한다.

문제 111
유체의 에너지를 사용하여 기계적 일을 하는 부분은?
- ㉮ 유압 액추에이터
- ㉯ 유압 밸브
- ㉰ 유압 탱크
- ㉱ 오일 미스트

문제 112
요동형 액추에이터를 사용 할 수 없는 곳은?
- ㉮ 켄베이어의 반전장치
- ㉯ 장력 조정장치
- ㉰ 밸브의 개폐
- ㉱ 터빈 회전

[해설] 터빈 회전 : 유체에 의한 회전

문제 113
다음 중 서지탱크라 불리는 부품은?
- ㉮ 어큐뮬레이터
- ㉯ 체크 밸브
- ㉰ 오일탱크
- ㉱ 오일여과기

[해설] 축압기를 서지 탱크라 한다.

문제 114
유압 요동 액추에이터의 종류 중 피스톤형 요동 액추에이터가 아닌 것은?
- ㉮ 래크 피니언형
- ㉯ 피스톤 체인형
- ㉰ 피스톤 링크형
- ㉱ 스크루형

[해설] 피스톤형 요동 액추에이터 : 래크피니언형, 피스톤 헬리컬 스플라인형, 피스톤 체인형, 피스톤 링크형

문제 115
다음 중 유압 액추에이터(hydraulic actuator)의 분류에 포함되지 않는 것은?
- ㉮ 유압 모터
- ㉯ 유압 실린더

[답] 108. ㉯ 109. ㉮ 110. ㉰ 111. ㉮ 112. ㉱ 113. ㉮ 114. ㉱ 115. ㉱

㉰ 요동 액추에이터　㉱ 토크 밸브

[해설] 밸브는 제어 요소이다.

문제 116
유압유의 점도가 너무 높을 때 발생되는 현상은?

㉮ 내, 외부 누설이 증가한다.
㉯ 동력손실이 증가한다.
㉰ 각 운동부분의 마모가 심해진다.
㉱ 펌프의 체적 효율이 떨어진다.

[해설] 유압유의 점도가 너무 높을 때 : 동력손실이 증가한다.

문제 117
다음 중 유압유에 의한 소음 발생 원인이 아닌 것은?

㉮ 점도가 규정보다 높은 경우
㉯ 기온이 내려가는 겨울철 점도가 높아진 경우
㉰ 오일 탱크 내에 기포가 적을 때
㉱ 캐비테이션 발생 시

[해설] 오일탱크 내에 기포가 적을 때는 소음이 적다.

문제 118
다음 중에서 작동유의 점도가 너무 작을 경우 나타나는 현상이 아닌 것은?

㉮ 펌프의 체적효율이 증가한다.
㉯ 각 운동부분의 마모가 심해진다.
㉰ 내부 누설이 증대한다.
㉱ 외부 누설이 증대한다.

문제 119
유압 작동유의 구비 조건으로 옳지 않은 것은?

㉮ 장시간 사용하여도 화학적으로 안정되어야 한다.
㉯ 열은 외부로 방출되어서는 안 된다.
㉰ 녹이나 부식이 없어야 한다.
㉱ 적정한 점도가 유지 되어야 한다.

[해설] 방열성 : 열이 방출되어야 한다.

문제 120
유압에서 점도가 지나치게 작은 경우 틀린 것은 어느 것인가?

㉮ 펌프효율이 증가한다.
㉯ 정확한 작동이 곤란하다.
㉰ 각 부품사이에 손실이 커진다.
㉱ 윤활작용이 어려워 마멸이 심함.

[해설] 펌프의 효율이 떨어짐.

문제 121
다음 중 유압유에 요구되는 특성이 아닌 것은?

㉮ 넓은 온도 범위에서 점도 변화가 작아야 한다.
㉯ 불순물의 침전, 분리가 가능해야 한다.
㉰ 열팽창 계수가 작아야 한다.
㉱ 수명이 길고 산화에 대한 안정성이 작아야 한다.

[해설] 수명이 길고 산화에 대한 안정성이 높아야 한다.

문제 122
유압유의 점성이 지나치게 클 경우에 해당되지 않는 것은?

㉮ 마찰에 의한 열의 발생이 적다.
㉯ 밸브나 파이프를 지날 때 압력손실이 많다.
㉰ 마찰손실에 의한 펌프동력의 소모가 크다.
㉱ 유동저항이 지나치게 많아진다.

[해설] 점도가 너무 높을 경우
① 내부마찰의 증대와 온도 상승(캐비테이션 발생)
② 장치의 관내저항에 의한 압력증대(기계효율 저하)
③ 동력손실의 증대(장치 전체의 효율저하)
④ 각 동유의 비활성(응답성 저하)

[답] 116.㉯　117.㉰　118.㉮　119.㉯　120.㉮　121.㉱　122.㉮

문제 123

다음 중 오일의 점성을 이용하여 진동을 흡수하거나 충격을 완화하는 기계는?

㉮ 쇼크 업소버 ㉯ 토크 컨버터
㉰ 유압 프레스 ㉱ 커플링

[해설] 오일의 점성을 이용한 기계는 진동 흡수 댐퍼, 쇼크 업소버 등이 있다.

문제 124

유압유의 첨가제로 볼 수 없는 것은?

㉮ 산화방지제 ㉯ 방청제
㉰ 점도지수 향상제 ㉱ 열방출 방지제

[해설] 유체를 압축시키거나 일을 하면 유체의 온도는 상승된다. 온도가 상승이 되면 유압유의 경우 점도 등의 변화가 발생되어 유압기기의 정상적인 작동에 해가 돌아온다. 그러므로 냉각기가 필요하게 된다.

문제 125

다음 중 R/O형 유압 작동유에 내마모성을 개선한 작동유로 베인 펌프의 고압, 고속화에 따르는 섭동부의 마모 방지를 목적으로 개발된 석유계 작동유는?

㉮ 순광유
㉯ 내마모형 유압 작동유
㉰ 고 VI형 작동유
㉱ 물-글리콜형 작동유

[해설] 내마모형 유압 작동유는 R/O형 유압 작동유에 내마모성을 개선한 작동유로 베인 펌프의 고압, 고속화에 따르는 섭동부의 마모 방지를 목적으로 개발된 석유계 작동유이다. 내마모제의 첨가로 R/O형의 작동유에 비해 내마모성이 우수하고, 고온에서의 산화안정성도 양호하나, 내마모제 첨가에 의해 황유화성이 저하된 제품도 있다.

문제 126

다음 중 유압 작동유에 물이 혼입되는 원인으로 가장 적당한 것은 무엇인가?

㉮ 이물의 혼입 ㉯ 공기의 혼입
㉰ 기름의 열화 ㉱ 수증기 응축

[해설] 유압 작동유에 물이 혼입되는 원인으로 가장 적당한 것은 수증기 응축이다.

문제 127

유압 작동유로 적당한 성질을 설명한 것은?

㉮ 인화점이 높아야 한다.
㉯ 산화가 쉬워야 한다.
㉰ 압축성이 좋아야 한다.
㉱ 온도에 따른 점도 변화가 커야 한다.

문제 128

유압 작동유의 조건에 적당한 것은?

㉮ 인화점이 낮아야 한다.
㉯ 녹이나 부식발생이 쉬워야 한다.
㉰ 장치의 온도 범위 내에서 점도가 유지되어야 한다.
㉱ 온도에 따른 열팽창이 커야 한다.

문제 129

유압 작동유에 있어서 적당한 운전 유온은?

㉮ 10~20℃ ㉯ 25~35℃
㉰ 40~80℃ ㉱ 35~50℃

[해설] 함수형 유입유는 35~50℃가 바람직하며 60도 이상에서는 사용하지 않는 것이 바람직하다.

[답] 123. ㉮ 124. ㉱ 125. ㉯ 126. ㉱ 127. ㉮ 128. ㉰ 129. ㉱

제3편 유공압 이론

공압, 회로 및 장치
제 2 장

2-1 공압장치

1. 공압장치의 특성

(1) 장 점

① 사용 에너지를 쉽게 구할 수 있다.
② 동력 전달이 간단하며 먼 거리의 이송도 매우 쉽다.
③ 에너지로서 저장성이 있다.
④ 힘의 증폭이 용이하고, 속도 조절이 간단히 이루어진다.
⑤ 제어가 간단하고 취급이 간편하다.
⑥ 과부하 상태에서 안정성이 보장된다.
⑦ 압축성이 있다.

(2) 단 점

① 큰 힘을 얻을 수 없다.
② 공기의 압축성으로 효율이 좋지 않다.
③ 저속에서 균일한 속도를 얻을 수 없다.
④ 응답속도가 늦다.
⑤ 배기의 소음이 크다.
⑥ 구동 비용이 고가이다.

2. 공압장치의 구성

(1) **동력원**(power unit) : 공기 압축기를 구동하기 위한 전기 모터, 기타 동력원

(2) **공기 압축기**(air compressor) : 압축 공기의 생산(일반적으로 10bar 이내)
(3) **애프터 쿨러**(after cooler) : 공기 압축기에서 생산된 고온의 공기를 냉각
(4) **공기 탱크**(air tank) : 압축공기를 저장하는 일정크기의 용기
(5) **공기 필터**(air filter) : 공기중의 먼지나 수분을 제거
(6) **제어부** : 압력제어, 유량제어, 방향제어
(7) **작동부** : 실린더, 모터

2-2 공압 발생장치와 조절장치

1. 공기 압축기

공압 시스템은 압축공기를 에너지원으로 이용하기 때문에 공기를 압축시켜 주기위한 압축기나 송풍기가 필요하다. 일반적으로 토출압력이 $9.8\,N/cm^2$ 이상이면 압축기라 한다. 총상 게이지 압력 $68.7 \sim 990.8\,N/cm^2$의 압축기가 사용되지만 용도에 따라서 $990.8\,N/cm^2$ 이상 고압의 압축기가 사용되기도 한다.

(1) **토출압력에 따른 분류**

① 저압 : $9.8 \sim 78.5\,N/cm^2$
② 중압 : $98 \sim 157\,N/cm^2$
③ 고압 : $157\,N/cm^2$ 이상

(2) **출력에 따른 분류**

① 소형 : $0.2 \sim 14\,kW$
② 중형 : $12 \sim 75\,kW$
③ 대형 : $75\,kW$ 이상

2. 공기 압축기의 종류

(1) **왕복식 압축기-피스톤 압축기**

① 가장 일반적으로 사용된다.
② 압력범위는 1단 압축 1.2 MPa, 2단 압축 3 MPa, 3단 압축 22 MPa까지이다.
③ 냉각방법으로는 공냉식과 수냉식이 있다.

(2) 회전식 압축기

　① 베인식
　　㉠ 소음과 진동이 작다.
　　㉡ 공기를 안정되고 일정하게 공급한다.
　　㉢ 크기가 소형이고 공기압 모터 등의 공급원으로 이용한다.
　② 스크루식
　　㉠ 고속회전이 가능하며 토출능력이 크다.
　　㉡ 소음이 적다.
　③ 루트블로어
　　㉠ 비접촉형이므로 무급유식이다.
　　㉡ 소형, 고압으로 사용한다.
　㉢ 토크변동이 크고, 소음이 크다.

(3) 터보 압축기

　① 대형, 대용량의 공기압원으로 이용한다.
　② 종류로는 축류식, 원심식 등이 있다.

3. 냉각기

(1) 목 적

고온의 압축공기를 공기건조기로 공급하기 전 건조기의 입구온도조건에 알맞도록 수분을 제거하는 장치이다.

(2) 사용시 주의사항

　① 수냉식
　　㉠ 공기압축기와 가까운 곳에 설치
　　㉡ 단수시 경보를 낼 수 있는 장치가 있어야 한다.
　　㉢ 청소시에는 적당한 세정제를 사용하여야 한다.
　② 공랭식
　　㉠ 벽이나 기계로부터 20cm 이상의 간격을 두고 설치한다.
　　㉡ 필히 방전용 필터를 설치한다.

4. 공기 건조기

수분을 제거하여 건조한 공기로 만드는 기기

(1) 종 류

① 냉동식 건조기
  ㉠ 이슬점 온도를 낮추는 원리를 이용
  ㉡ 수증기를 응축시켜 수분을 제거하는 방식
② 흡착식 건조기
  ㉠ 고체흡착제 속을 압축공기가 통과하도록 하여 수분이 고체표면에 붙어버리도록 하는 건조기이다.
  ㉡ 최대 $-70℃$의 저노점을 얻을 수 있다.
③ 흡수식 건조기
  ㉠ 흡수액을 사용한 화학적 방식이다.
  ㉡ 장비 설치가 간단하다.
  ㉢ 기계적 마모가 적다.
  ㉣ 외부에너지의 공급이 필요 없다.

5. 윤활기(루브리케이터)

공압 실린더나 밸브 등 작동을 원활하게 하기 위해서 사용

(1) 작동원리

벤튜리의 작동원리에 의해 작동한다.

(2) 윤활기의 종류

① 고정 벤튜리식 : 발생된 윤활유 분부량 전부를 송출하고 윤활유 분무입도도 공기유량에 따라 변하게 되어 있는 방식이다.
② 가변 벤튜리식 : 공기유량이 변화하면 벤튜리부가 가변되어 항상 적정한 공기유속이 유지되도록 하는 방식이다.
③ 윤활유 입자 신별식 : 공압공구의 경우 배관이 길어 윤활유의 비산이 어려운 경우에 사용한다.

6. 공기압 조정 유닛

(1) 압축공기 필터

공기압 회로에 수분, 먼지가 침입하는 것을 막기 위해 입구부에 공기 필터를 설치하며 청정한 압축 공기를 공급하는 것이 필터이다.

(2) 압축공기 조절기(레귤레이터)

불안정한 공기압력을 제원에 맞도록 적절한 압력으로 조절하여 안정시키는 역할을 하는 것을 레귤레이터라 한다.

(3) 압축공기 윤활기(루브리케이터)

윤활기의 목적은 공기압장치의 습동부에 충분한 윤활유를 공급하여 움직이는 부분의 마찰력을 감소시켜 마모를 적게 하고 장치의 부식을 방지한다.

7. 필터

(1) 공기필터

공기압 발생장치에서 보내지는 공기 중에는 수분, 먼지 등이 포함되어 있어 이러한 물질들을 제거하기 위해 사용되며, 입구쪽에 필터를 설치한다.

(2) 작동원리

① 공기여과방식
  ㉠ 원심력을 이용한 분리 방식
  ㉡ 충돌판을 닿게 하여 분리하는 방식
  ㉢ 흡수제를 사용하여 분리하는 방식
  ㉣ 냉각하여 분리하는 방식
② 드레인 배출방식
  ㉠ 플로트식
  ㉡ 파일럿식
  ㉢ 전동기 구동방식

2-3 공압 제어 밸브

공압 제어 시스템은 동력원(power unit), 신호 감지요소(signal element), 제어요소(control element), 작업요소(working element) 등으로 구성되어 있다. 신호감지 요소와 제어요소는 작업요소들의 작동순서에 영향을 미치며 이들을 밸브라고 한다. 밸브는 시작과 정지 그리고 방향을 제어하고, 유량과 압력을 제어 및 조절해주는 기능을 한다. 이러한 밸브들을 기능에 따라 분류하면 다음과 같다.

- 압력제어 밸브(pressure control valves) : 액추에이터의 속도제어 밸브
- 유량제어 밸브(flow control valves) : 액추에이터의 속도제어 밸브

- 방향제어 밸브(directional control valves) : 액추에이터의 방향제어 밸브
- 논-리턴 밸브(non-return valve) : 역류 차단 밸브
- 셧-오프 밸브(shut-off valve) : 차단 밸브, 볼 밸브

1. 압력제어 밸브

압력제어 밸브(pressure control valves)는 시스템의 압력과 액추에이터의 출력에 영향을 미치거나 압력의 크기에 의해 제어되는 밸브를 말한다. 압력조절 밸브(pressure regulating valve), 압력제한 밸브(pressure limit valve), 시퀀스 밸브(sequence valve)로 분류하며, 공압 회로에서 압력제어 밸브의 기능은 다음과 같다.
- 적당한 압력을 사용하여 압축 공기의 소모를 방지한다.
- 압축 공기의 압력을 일정한 압력 값으로 제어해서 안정한 압력을 공급한다.
- 적당한 공기 압력을 사용하므로 공기의 신뢰성이 확보된다.
- 이상 공기 압력에 대한 안정성을 확보한다.
- 공기 압력의 유무를 전기신호로 감시한다.

(1) 압력조절 밸브(pressure regulating valve)

압력조절 밸브는 공기 압축기의 압력을 사용하는 공압기기의 적정 압력으로 일정하게 조절하여 유지하는 밸브이며, 감압 밸브(reducing valve)라 한다.

(2) 릴리프 밸브

릴리프 밸브는 회로중의 압력이 최고 허용압력을 초과하지 않도록 하여, 회로중의 기기 파손을 방지하거나 과대 출력을 방지하기 위하여 사용하며, 압력 제한 밸브(pressure limiting valve)라 한다. 직접 작동형과 간접 작동형이 있고 주로 안전밸브로 사용된다.

(3) 시퀀스 밸브

공압 회로에 다수의 액추에이터를 사용할 때, 압력에 의해서 액추에이터의 작동순서를 미리 정해두고 순서에 따라 동작하는 경우나, 일정한 압력을 확인하고 다음 동작이 진행되어야 하는 경우에 사용된다.

(4) 감압 밸브(압력 조절 밸브)

공기압축기에서 공급되는 고압의 압축공기를 감압시켜 회로내의 압축공기를 일정하게 유지시켜 주는 밸브이다.

(5) 압력 스위치

압력 스위치는 유체의 압력이 설정 값에 도달할 때, 전기 접점을 개폐하는 기기를

말하며, 공압원의 압력이 저하되거나 상승되어 기계의 동작에 이상이 발생될 우려가 있을 때 경보 신호를 울리거나 다음 공정의 입력신호 발생장치 등에 이용된다.

2. 유량 제어 밸브

유량 제어 밸브는 공압회로의 유량을 일정하게 유지하거나 공압 액추에이터의 속도 및 회전수의 제어가 필요한 경우 압축공기의 배출유량이나 유입유량을 조절하기 위하여 사용되며, 교축 밸브, 속도 제어 밸브, 급속 배기 밸브가 있다.

(1) 교축 밸브

교축 밸브는 유로의 단면적을 교축하여 유량을 일정하게 조절하는 밸브이며, 니들 밸브와 밸브 시트 틈새를 공기가 통과할 때의 압력 강하를 이용한 것으로 안정성은 좋으나 제작 상 니들 밸브와 밸브시트가 완전 동심을 이루지 않아 틈새가 생기거나, 공기중의 먼지 등의 영향을 받아 미소 유량을 정밀하게 조정하는 것은 곤란하다.

(2) 속도 제어 밸브

속도 제어 밸브는 유량을 조절하는 동시에 압축공기의 흐름 방향에 따라서 교축 작용을 하는 밸브이다. 일반적으로 스피드 컨트롤러라 하는 이 밸브는 교축 밸브에 체크 밸브를 조합한 것이며, 공압 회로에서 실린더의 속도를 제어하기 위한 밸브이다. 속도 제어 밸브의 사용방법에는 액추에이터에 공급되는 공기를 교축하는 미터 인(meter in) 회로와 배기되는 공기를 교축하는 미터 아웃(meter out) 회로가 있으며, 공압 회로에서는 배기되는 공기를 교축하는 방법이 일반적으로 사용된다.

(3) 급속 배기 밸브(quick exhaust valve)

공압 실린더의 속도를 증가시키거나 공기탱크의 공기를 급속히 방출할 필요가 있을 때 사용하며, 공압 실린더에 가까운 배관 도중에 급속 배기 밸브를 부착하여 배기 공기를 급속히 방출하면 저항이 작아지므로 속도가 빨라지게 된다.

3. 방향 제어 밸브(directional control valves)

공압 회로에서 액추에이터로 공급되는 압축 공기의 흐름 방향을 제어하고, 시동과 정지 기능을 갖춘 밸브를 방향제어 밸브라 한다. 방향 제어 밸브는 공압 회로의 구성기기 중 가장 중요한 역할을 하며 밸브의 기능, 구조, 조정방법에 따라 분류한다.

2-4 공압 작업요소

1. 공압 실린더

(1) 단동 실린더

　① 특징
　　㉠ 행정거리의 제한(100mm 미만)
　　㉡ 귀환장치가 내장되어 있어 공기소요량이 적다.
　② 종류
　　㉠ 단동 피스톤 실린더
　　㉡ 격판 실린더(스트로크가 3~4mm 정도)
　　㉢ 롤링 격판 실린더(행정거리가 50~80mm 정도)

(2) 복동 실린더

　① 특징
　　㉠ 전, 후진 모두 작동할 수 있다.
　　㉡ 전, 후진 운동 시 힘의 차이가 있다.
　　㉢ 행정거리가 최대 2m 이내이다.
　② 종류
　　㉠ 양로드형 실린더 : 양방향 같은 힘을 낼 수 있다.
　　㉡ 다위치 제어 실린더 : 정확한 위치를 제어할 수 있다.
　　㉢ 탠덤 실린더 : 같은 크기의 복동 실린더에 의해 두 배의 힘을 낼 수 있다.
　　㉣ 충격 실린더 : 빠른 속도(7~10m/s)를 얻을 때 사용된다.
　　㉤ 쿠션 내장형 실린더 : 충격을 완화할 때 사용된다.

(3) 기타 실린더

　① 종류
　　㉠ 텔레스코픽형 실린더 : 로드의 전장에 비해 긴 행정거리를 얻을 수 있다.
　　㉡ 램형 실린더
　　㉢ 브레이크 부착 실린더

(4) 실린더의 힘

① 단동 실린더
$$F = P \cdot A - F_s - F_u$$
F : 출력되는 힘
P : 사용압력
A : 피스톤 사이드 단면적
F_s : 내장된 스프링 힘
F_u : 실린더 내의 저항 및 마찰력

② 복동 실린더
㉠ 전진시
$$F = P \cdot A - F_u$$
㉡ 후진시
$$F = P(A - A_r) - F_u$$
A_r : 실린더 로드의 단면적

2. 공압 모터

(1) 공압 모터의 특징

① 장점
㉠ 회전수, 토크를 자유로이 조절할 수 있다.
㉡ 과부하 시 위험성이 없다.
㉢ 에너지의 축적으로 정전 시에도 작동이 가능하다.
㉣ 기동, 정지, 역회전 시 자연스럽게 작동한다.

② 단점
㉠ 소음이 크다.
㉡ 에너지 변환효율이 낮다.
㉢ 압축성 때문에 제어성이 나쁘다.
㉣ 회전속도의 변동이 크다.

③ 공압 모터의 종류
㉠ 베인형 : 고속회전 저토크형이다.
㉡ 피스톤형 : 중저속회전 고토크형이다.
㉢ 기어형 : 고속회전 고토크형이다.
㉣ 터빈형 : 초고속회전 미소토크형이다.

④ 공압 모터의 출력계산
$$출력 = \frac{nT}{716.2 \text{PS}}$$
n : 회전수
T : 토크(N·m)

3. 요동 액추에이터 종류

(1) 날개형

① 날개에 의해 압축공기 에너지를 회전운동 에너지로 변환한다.
② 날개가 1개 내지 2개인 경우가 있으며 아주 간결하다.

(2) 래크 피니언형

래크와 피니언을 이용하여 직선운동을 회전운동으로 변환한다.

(3) 스크루형

① 스크루에 의해 회전운동으로 변환한다.
② 360° 이상의 요동각도를 얻을 수 있다.

4. 기타 공압장치

(1) 공압 센서

비접촉식 검출기로서 에어센서, 제트센서로 불리며 기계적 위치변화를 공압변화로 변환하는 것이다.
① 공기 베리어 : 생산이나 조립공정에서의 계수나 어떤 물체의 유무에 대한 검사
② 반향 감지기 : 배압원리에 의해 작동되며 구조가 간단하며 분사 노즐과 수신 노즐이 한데 합쳐있다. 먼지, 충격파, 어두움, 투명함 또는 내자성 물체의 영향을 받지 않기 때문에 모든 산업체에 이용된다.
③ 배압 감지기 : 배압 감지기 작동원리로 가장 간단한 구조를 갖고 있으며 위치제어와 마직막 위치 감지에 응용된다.
④ 공압 근접 스위치 : 공기 베리어와 같은 원리로 작동되며 압력 증폭기를 사용해야 한다.

(2) 공압 센서의 장점

① 물체의 재질이나 색에 영향이 없이 검출
② 고온, 진동, 충격, 습기가 많은 곳에서도 사용가능
③ 발열, 불꽃 발생이 없으므로 폭발 방지를 필요로 하는 장소에서 사용가능
④ 물체의 유무나 모양, 형상, 치수에 관계없이 광범위한 검출이 가능
⑤ 검출 목적에 따른 센서의 제작이 가능하다.

(3) 공압 센서의 단점

① 검출 대상물에 대하여 공기류의 영향을 줄 수 있다.

② 항상 공기의 분출이 있으므로 공기소비량에 의한 손실이 크다.
③ 신호전달이 지연되므로 응답성능에 주의해야 한다.

2-5 공유압 회로

1. 논리회로

(1) AND 회로

복수의 입력 조건을 동시에 충족하였을 때에만 출력이 되는 회로를 AND 회로라 한다. 이 회로의 기능은 진리값표의 '0'을 OFF로, '1'을 ON으로 읽어서 2개의 입력신호 A와 B에 대한 출력 C의 ON-OFF상태를 진리값표로부터 읽을 수 있다.

(2) OR 회로

복수의 입력조건 중 어느 한 개라도 입력조건이 충족되면 출력이 되는 회로를 OR 회로라 한다. 이러한 OR 회로를 논리합 회로라 하며 공압 회로에서 많이 사용되고 있다.

(3) NOT 회로

입력신호가 '1'이면 출력은 '0'이 되고, 입력신호가 '0'이면 출력은 '1'이 되는 부정의 논리를 갖는 회로를 NOT 회로라 한다. 회로도에서 입력신호 A와 출력신호 B는 부정의 상태이므로 인버터(inverter)라 부르기도 한다.

(4) NOR 회로

입력신호 A와 B가 모두 '0'일 때만 C가 '1'이 되며, 그 외의 신호 입력조건에는 출력 C가 '0'의 상태가 되는 회로를 NOR 회로라 한다.

(5) NAND 회로

AND 회로의 역기능 회로로서 모든 입력이 1일 때만 출력이 없어지는 회로를 NAND 회로라 한다.

(6) 플립플롭 회로

먼저 도달한 신호가 우선되어 작동되며 다음 신호가 입력될 때까지 처음 신호가 유지되는 회로로 이 플립플롭 회로는 주어진 입력신호에 따라 정해진 출력을 보내며, 기억 기능이 있는 회로이다. 출력이 최종적으로 주어진 입력신호를 기억하는 기능을 한다.

(7) 부스터 회로

저압력을 어느 정해진 높은 출력으로 증폭하는 회로

(8) ON 릴레이 회로

신호가 입력되고 일정시간이 경과된 후 출력되는 회로

(9) OFF 릴레이 회로

입력신호가 주어지면 곧바로 출력이 얻어지고 입력신호가 없어지면 일정시간이 경과한 후에 출력이 소멸되는 회로

(10) 속도제어 회로

① 미터 인 회로 : 공급쪽 관로에 설치한 바이패스 관로의 흐름을 제어함으로서 속도를 제어하는 회로
② 미터 아웃 회로 : 배출쪽 관로에 설치한 바이패스 관로의 흐름을 제어함으로서 속도를 제어하는 회로
③ 블리드 오프 회로 : 공급쪽 관로에 바이패스 관로를 설치하여 바이패스로의 흐름을 제어함으로서 속도를 제어하는 회로

(11) 기타회로

① 시퀀스 회로 : 미리 정해진 순서에 의해서 작동해 나가는 회로
② 레지스터 회로 : 정보를 내부로 기억하여 적시에 그 내용이 이용될 수 있도록 구성한 회로
③ 카운터 회로 : 가해진 펄스 신호의 수를 계수로 하여 기억하는 회로
④ 온, 오프 회로 : 제어동작이 밸브의 개폐와 같은 2개의 정해진 상태만을 취하는 회로
⑤ 인터록 회로 : 먼저 입력된 신호가 유효하고 후에 입력된 신호는 동작할 수 없는 회로, 기기의 보호나 조작자의 안전을 위해 사용
⑥ 로킹회로 : 피스톤의 이동을 방지하는 회로

제2장 공압, 회로 및 장치

예상문제

문제 001

공압(空壓)장치에서 그 특징을 설명한 것 중 틀린 것은?
- ㉮ 에너지 축적(蓄積)이 용이하다.
- ㉯ 인화의 위험이 없다.
- ㉰ 제어방법 및 취급이 간단하다.
- ㉱ 비(非) 압축성이다.

[해설] ① 공압 : 압축성유체
② 유압 : 비압축성 유체

문제 002

다음 중 공기압을 발생시키는 기기는?
- ㉮ 공기압 모터
- ㉯ 공기압 밸브
- ㉰ 공기압 실린더
- ㉱ 공기 압축기

문제 003

압축공기 윤활기의 원리는?
- ㉮ 벤튜리의 원리
- ㉯ 연속의 법칙
- ㉰ 베르누이의 원리
- ㉱ 파스칼의 원리

문제 004

공기압 에너지를 저장하는 기기는?
- ㉮ 액추에이터
- ㉯ 펌프
- ㉰ 서비스 유니트
- ㉱ 공기탱크

문제 005

압축공기의 특징과 관계없는 것은?
- ㉮ 화재 및 폭발이 용이하다.
- ㉯ 저장탱크에 저장할 수 있다.
- ㉰ 온도변동에 비교적 둔감하다.
- ㉱ 누설되더라도 오염과는 관계없다.

문제 006

다음 중 공기압을 발생시키는 부분은?
- ㉮ 방향 제어 밸브
- ㉯ 교축 밸브
- ㉰ 공기압 실린더
- ㉱ 공기 압축기

문제 007

다음 중에서 압축기 설치조건에 맞지 않는 것은?
- ㉮ 저습한 장소에 설치하여 드레인 발생을 적게 한다.
- ㉯ 유해물질이 적은 장소에 설치한다.
- ㉰ 가급적 직사광선이 많이 비치는 곳에 설치한다.
- ㉱ 흡기 필터를 부착한다.

문제 008

공기압축기 사용상의 주의 사항에 대한 설명 중 틀린 것은?
- ㉮ 공기탱크 내의 드레인을 매일 제거한다.
- ㉯ 소음과 진동에 대한 대책을 세워야 한다.
- ㉰ 공기 흡입구에 반드시 흡입필터를 설치한다.
- ㉱ 공기 흡입구의 온도와 습도를 높게 한다.

[해설] 공기 흡입구의 온도와 습도를 낮게 한다.

문제 009

공기압 발생장치 중 사용압력이 게이지압 1 N/cm² 이상인 경우 압력원으로 사용하는 장치는?
- ㉮ 압축기
- ㉯ 송풍기

[답] 001. ㉱ 002. ㉱ 003. ㉮ 004. ㉱ 005. ㉮ 006. ㉱ 007. ㉰ 008. ㉱ 009. ㉮

㉰ 진공펌프 ㉱ 팬

[해설] 송풍기의 팬을 1~0 N/cm², 진공펌프는 대기압 이하에서 사용

문제 010

다음 중에서 왕복 피스톤 압축기에 해당하는 것은?

㉮ 미끄럼 압축기 ㉯ 격판 압축기
㉰ 루드 블로어 ㉱ 반경류 압축기

문제 011

공기압 배관 파이프 직경 선정 시 필요 없는 것은?

㉮ 유량
㉯ 공기 중 수분율
㉰ 파이프 길이
㉱ 허용 가능한 압력강하

문제 012

압축공기의 중요한 특징이 아닌 것은?

㉮ 파이프라인을 이용하여 쉽게 이송할 수 있다.
㉯ 저장탱크에 저장할 수 있다.
㉰ 온도변동에 비교적 둔감하다.
㉱ 화재나 폭발의 위험이 있다.

문제 013

공기압축기의 설치장소로 적당하지 않는 곳은?

㉮ 이물질의 흡입이 용이한 곳
㉯ 방음장치가 된 곳
㉰ 환기장치가 설치된 곳
㉱ 먼지가 없는 곳

문제 014

습기가 있는 압축공기를 건조하는 공기 건조기의 형식이 아닌 것은?

㉮ 흡수식 ㉯ 원심식
㉰ 흡착식 ㉱ 냉동식

문제 015

공압에 사용되는 압축기 선정 시 주의할 점이 아닌 것은?

㉮ 압축기의 능력과 탱크의 용량을 충분히 할 것
㉯ 흡입필터는 항상 청결히 할 것
㉰ 설치장소에 충분한 주의를 할 것
㉱ 압축기는 동일한 능력이라면 소형 여러 대가 경제적이다.

[해설] 압축기는 동일한 능력이라면 1대를 선정하는 것이 경제적임.

문제 016

공기탱크의 기능으로 적합하지 않은 것은?

㉮ **급격한** 압력강하 방지
㉯ **공기압력의** 맥동을 평준화
㉰ 응축수 생성을 촉진
㉱ 비상시 일정시간 공기공급

[해설] ㉮, ㉯, ㉱항은 공기탱크 기능의 설명

문제 017

공기저장 탱크의 압력 조절하는 방법 중 무부하 조절 방식이 아닌 것은?

㉮ 배기 조절 ㉯ 차단 조절
㉰ 그립암 조절 ㉱ 흡입 교축 조절

[해설] ① 무부하 조절방식 : 배기조절, 차단조절, 그립암 조절
② 저속 조절 : 속도조절, 흡입교축조절
③ ON-OFF 조절

문제 018

공기 여과기의 여과방식에 의한 분류에 해당되지 않는 것은?

[답] 010. ㉯ 011. ㉯ 012. ㉰ 013. ㉮ 014. ㉯ 015. ㉱ 016. ㉰ 017. ㉱ 018. ㉯

㉮ 충돌판에 닿게하여 분리하는 방식
㉯ 가열성을 이용하여 분리하는 방식
㉰ 흡습제를 사용하여 분리하는 방식
㉱ 원심력을 사용하여 분리하는 방식

[해설] 여과방식 : 원심력, 충돌판, 흡습제, 냉각등

문제 019

공기압 장치 중 공기압 회로의 이물질을 제거하는 장치를 무엇이라고 하는가?

㉮ 윤활기   ㉯ 필터
㉰ 조절기   ㉱ 에어탱크

문제 020

공압기기의 통로나 관로에서 탱크나 매니폴드 등으로 들어오는 액체 또는 액체가 돌아오는 현상을 무엇이라 부르는가?

㉮ 드레인(Drain)
㉯ 케비테이션(Cavitaion)
㉰ 채터링(Chattering)
㉱ 디더(Dither)

[해설] 일반적으로 수분발생을 드레인이라 한다.

문제 021

공기압의 부속기기 중 벤튜리(Venturi)원리를 이용한 것을 무엇이라 하는가?

㉮ 필터   ㉯ 윤활기
㉰ 제습기 ㉱ 소음기

[해설] 루부르게이터(윤활기)는 벤튜리 원리를 이용하여 공압기기에 윤활유를 공급한다.

문제 022

공압 발생 장치에 해당되지 않는 것은?

㉮ 공기 압축기   ㉯ 공기 모터
㉰ 공기 탱크   ㉱ 공기 건조기

[해설] 공기 모터는 액추에이터이다.

문제 023

공기 압축기를 출력에 의하여 분류할 경우 중형의 출력범위는 몇 kW인가?

㉮ 0.2~14   ㉯ 15~75
㉰ 75~100   ㉱ 100 이상

[해설] 중형의 출력범위는 15~75kW이다.

문제 024

다음 중 베르누이 정리에서 전 수두는 어느 것인가?

㉮ 압력수두+속도수두+부피수두
㉯ 압력수두+위치수두+속도수두
㉰ 위치수두+용적수두+유량수두
㉱ 위치수두+양적수두+속도수두

[해설] 위치, 압력, 속도수두의 합이 전 수두이다.

문제 025

1표준기압은 몇 kgf/cm^{2}인가?

㉮ 10.33   ㉯ 1.033
㉰ 103.3   ㉱ 10.33

[해설] 1표준기압(atm)
- 760 mmHg
- 1033 kgf/m^2
- 1.033 kgf/cm^2
- 0.101325 MPa
- 101.325 kPa
- 101292.8 N/m^2

문제 026

일반적인 공압기기에 사용되는 윤활기의 형식은?

㉮ 고정 벤튜리식
㉯ 가변 벤튜리식
㉰ 윤활유입자 선별식
㉱ 유동 벤튜리식

[해설] 공압기기에는 공기유량이 변화하면 벤튜리부가 가변되어 항상 적정 공기유속이 유지되도록 한다.

[답] 019. ㉯ 020. ㉮ 021. ㉯ 022. ㉯ 023. ㉯ 024. ㉯ 025. ㉯ 026. ㉮

문제 027

한정된 각도 내에서 반복 회전 운동을 하는 기기는 무엇인가?

㉮ 모터
㉯ 요동 액추에이터
㉰ 실린더
㉱ 차동 액추에이터

문제 028

공기압 발생장치 중 0.1 N/cm² 미만의 압력을 발생시키는 장치는?

㉮ 공기 압축기(Air compresser)
㉯ 송풍기(Blower)
㉰ 팬(Fan)
㉱ 공기 필터(Air filter)

해설 0.1~1.01 N/cm² - 송풍기
1 N/cm² 이상 - 압축기

문제 029

다음 중 압력이 일정할 때 절대 온도와 체적의 관계는 나타낸 법칙은?

㉮ 보일의 법칙
㉯ 샬의 법칙
㉰ 파스칼의 법칙
㉱ 연속의 원리

해설
① 보일의 법칙 : 온도를 일정하게 유지하면 압력과 체적의 관계
② 파스칼의 법칙 : 연속의 정리 - 밀폐된 용기 속에 가해지는 압력은 모든 부분에 동일한 압력을 받는다.
③ 연속의 방정식 : 폐곡선의 관로 속 유체는 도중에 생성되거나 소멸되지 않는다.

문제 030

압축공기의 건조 작용에 쓰이는 흡수식 건조기에 대한 설명 중 잘못된 것은?

㉮ 흡수과정은 화학적 과정이다.
㉯ 사용되는 건조제는 염화리튬 등이 있다.
㉰ 외부에너지가 필요 없다.
㉱ 운전비용이 적게 들고, 효율이 높다.

해설 흡수식 건조기 : 흡착과정은 화학적 과정, 건조제는 염화리튬, 폴리에틸렌, 외부에너지가 필요 없다. 운전비용이 많이 들며 효율이 낮다.

문제 031

공기의 공급량이 일정할 때, 직경 6mm인 공압 호스를 직경 10mm로 바꾸었다면 공기의 속도는 처음 속도의 몇 배로 되는가?

㉮ 0.36배
㉯ 2.78배
㉰ 0.6배
㉱ 1.67배

해설 $Q = AV$ 에서

$$\frac{V_2}{V_1} = \frac{\frac{Q}{A_2}}{\frac{Q}{A_1}} = \frac{A_1}{A_2} = \frac{d_1^2}{d_2^2} = \frac{6^2}{10^2} = 0.36$$

$$\therefore V_2 = 0.36 V_1$$

문제 032

공압 요동 액추에이터의 사용에 적합하지 않은 것은?

㉮ 컨베이어 반전 장치
㉯ 인덱스 테이블의 구동
㉰ 교반기
㉱ 산업용 로봇의 구동

해설
① 요동 액추에이터 : 컨베이어 반전 장치, 인덱스 테이블의 구동, 산업용 로봇의 구동, 노의 반전 장치, 볼밸브의 개폐, 공기유동의 방향 변환
② 공압모터 : 밸브, 호이스트, 교반기, 펌프, 스폿용 접기, 지그 반전 장치

문제 033

기기, 장치, 유로 등의 종류를 기호로 표시할 때 사용하는 기본적인 선 또는 도형을 나타내는 용어는?

㉮ 기호요소
㉯ 기능요소
㉰ 일반기호
㉱ 간략기호

해설 ① 기능요소 : 기기, 장치의 특성, 작동 등을 기

호로 표시할 때 사용하는 기본적인 선 또는 도형을 나타낸 것
② 일반기호 : 기기, 장치의 상세한 기능, 형식 등을 명시할 필요가 없는 경우에 사용
③ 간략기호 : 기호의 일부를 생략하든가 또는 다른 간단한 기호로 대체시키는 경우

문제 034

공압에서 사용하는 신호제거방법 중에 불필요한 신호를 차단하는 방법이 아닌 것은?

㉮ 기계적인 신호 제거 방법
㉯ 방향성 리밋 스위치 사용
㉰ 공압 타이머에 의한 신호 제거
㉱ 차동압력기 사용

해설 ① 불필요한 신호를 차단하는 방법 : 기계적 신호제거 방법, 방향성 리밋 스위치 사용, 공압 타이머에 의한 신호제거
② 신호를 억제하는 방법 : 차동압력기 이용, 압력조절밸브 이용

문제 035

서비스 유니트(service unit)의 구성요소가 아닌 것은?

㉮ 공기 필터 ㉯ 윤활기
㉰ 냉각기   ㉱ 압력계

해설 서비스 유니트(service unit)는 공기필터, 윤활기, 압력계, 압축공기 조정기로 구성된다.

문제 036

배압의 원리에 의하여 작동되며 물체의 존재 유무를 감지할 수 있는 것은?

㉮ 반향 센서
㉯ 공기 배리어
㉰ 중간 단속 분사 감지기
㉱ 공압 근접 스위치

해설 반향 센서 : 배압의 원리에 의하여 작동되며 물체의 존재 유무를 감지할 수 있다.

문제 037

안지름이 100cm²이고 속도가 8 m/sec일 때 유량은 얼마인가?

㉮ 80 m³/sec   ㉯ 8 m³/sec
㉰ 0.8 m³/sec   ㉱ 0.08 m³/sec

해설 $Q = Av(\text{m}^3/\text{sec}) = \dfrac{100}{10000 \times 8} = 0.08 \text{m}^3/\text{sec}$

문제 038

공압 발생장치에 해당되지 않는 것은?

㉮ 공기 압축기 ㉯ 공기 탱크
㉰ 공기 청정기 ㉱ 공기 건조기

해설 공압 발생장치 : 공기 압축기, 공기 탱크, 냉각기, 공기 건조기

문제 039

공기압 발생장치에서 보내져오는 공기중에는 수분, 먼지 등이 포함되어 있다. 이러한 공기를 여과하는 방법이 아닌 것은?

㉮ 원심력을 이용하여 분리하는 방법
㉯ 충돌판에 닿게하여 분리하는 방법
㉰ 흡습제를 사용해서 분리하는 방법
㉱ 가열하여 분리하는 방법

해설 공기 여과 방법에는 원심력을 이용하여 분리하는 방법, 충돌 판에 닿게 하여 분리하는 방법, 흡습제를 사용해서 분리하는 방법, 냉각하여 분리하는 방법 등이 있다.

문제 040

공기압 회로에서 공급된 압축공기는 일을 마친 후 밸브를 통해 대기 중에 방출된다. 이 때 압축공기는 매우 빠른 속도이기 때문에 소음이 생긴다. 이러한 현상을 방지하기 위한 공압 부속기기는 무엇인가?

㉮ 완충기   ㉯ 소음기
㉰ 배압 감지기 ㉱ 진공 패드

답 034. ㉱ 035. ㉰ 036. ㉮ 037. ㉱ 038. ㉰ 039. ㉱ 040. ㉯

해설 공기압 회로에서 공급된 압축공기는 일을 마친 후 밸브를 통해 대기 중에 방출된다. 이 때 압축공기는 매우 빠른 속도이기 때문에 소음이 생긴다. 이러한 현상을 방지하기 위해 소음기가 사용된다. 소음기는 일반적으로 배기 속도를 줄이고 배기음을 작게 하기 위하여 사용되고 있다. 그러나 공압기기 출력은 공급압력과 배출압력과의 차이로 정해지므로 에너지 효율면에서는 좋지 않다. 소음기의 종류로는 소음방법의 원리에 의해 팽창형, 흡수형, 간섭형으로 나누어진다.

문제 041

일정한 압력 하에 체적이 5m³일 때, 온도가 10℃인 공기의 온도를 50℃로 높이면 체적 m³은 얼마인가?

㉮ 2.2   ㉯ 5.7
㉰ 9.2   ㉱ 12.7

해설 샬의 법칙에 의거하여

$$\frac{P_1 T_1}{T_1} = \frac{P_2 T_2}{T_2} V_2 = \frac{T_2}{T_1} \times V_1$$

$$= \frac{273-50}{273+10} \times 5 = 5.7$$

문제 042

회전식 압축기는 밀폐된 일정 공간을 계속되는 회전에 의하여 공기를 압축하여 배출한다. 다음 중 회전식 압축기가 아닌 것은?

㉮ 격판 압축기   ㉯ 스크루 압축기
㉰ 베인 압축기   ㉱ 루트 블로어

해설 대표적인 회전식 압축기로는 스크루식과 베인식, 루트 블로어 등 세 가지가 있으며 밀폐된 일정 공간을 계속되는 회전에 의하여 공기를 압축하여 배출한다.

문제 043

다음 공기압기기의 설명 중 맞는 것은?

㉮ 공기탱크 : 유압을 공기압으로 변환
㉯ 루부리케이터 : 방향제어
㉰ 에어드라이어 : 공기 중 수분제거
㉱ 증압기 : 압축공기 이용한 터빈

문제 044

다음 중에서 유량 압축기에 해당하는 것은?

㉮ 격판 압축기   ㉯ 축류 압축기
㉰ 피스톤 압축기   ㉱ 스크루 압축기

문제 045

공기온도 30℃, 상대습도 70%, 공기압축기가 흡입하는 공기유량이 5m³/min일 때 수증기량은 몇 g/min 인가? (단, 30℃에서 포화수증기량은 30.3 g/m³이다.)

㉮ 21.21   ㉯ 106.05
㉰ 42.42   ㉱ 212.1

해설 상대습도 $= \frac{\text{수증기량}}{\text{포화증기량}} \times 100(\%)$

$$\frac{70}{100} = \frac{X}{30.3} \quad \therefore X = 21.21 \text{g/m}^3$$

수증기량(X) = $21.21 \times 5 = 106.05$ g/min

문제 046

공기압에서 일반적으로 필터 엘리먼트는 메시의 크기에 따라 분류한다. 일반적으로 많이 이용되는 필터 엘리먼트의 크기는 몇 ηm 인가?

㉮ 0.01~1   ㉯ 0.1~1
㉰ 5~20   ㉱ 40~70

문제 047

유량 비례 제어 밸브의 일반적인 응용 예가 아닌 것은?

㉮ 공압 모터의 위치결정 제어
㉯ 공압 모터의 회전수, 속도 제어
㉰ 혼입가스량 제어
㉱ 리프트의 가감속 제어

답 041. ㉯ 042. ㉮ 043. ㉰ 044. ㉯ 045. ㉯ 046. ㉰ 047. ㉱

[해설] ① 유량 비례 제어 응용 예 : 공압 실린더, 공압 모터의 위치결정 제어, 공압 실린더, 공압 모터의 회전수, 속도 제어, 노즐의 풍량제어, 냉각수의 유량제어에 의한 온도제어, 봉입 또는 혼입가스량 제어
② 압력비례제어 응용 예 : 실린더의 가압력제어, 공압 모터의 속도제어, 파일럿 압력제어, 리프터의 가감속제어 등

문제 048

밸브의 복귀방법에서 내부의 파일럿 신호로서 복귀시키는 방식을 무엇이라 하는가?

㉮ 스프링 복귀방식
㉯ 공압 신호 복귀방식
㉰ 디텐드 방식
㉱ 푸쉬버튼 복귀방식

[해설] ① 스프링 복귀방식 : 스프링력으로 정상상태를 복귀시키는 방식
② 공압 신호 복귀방식 : 내부 파일럿 신호로 복귀하는 방식

문제 049

공압기기 중 유량제어 밸브의 사용상 주의점에 해당되지 않는 것은?

㉮ 크기의 선정
㉯ 공기의 압축성 고려
㉰ 밸브의 제작방법
㉱ 제어대상의 가까운 곳에 설치

[해설] 밸브의 제작방법은 공기압 기기의 사용자 보다는 제작자의 기술과 사항 결정에 기인한다.

문제 050

다음 중 공압 밸브들의 기능에 또 다른 분류 중 옳지 않은 것은?

㉮ 압력 제어 밸브
㉯ 유량 제어 밸브
㉰ 실린더 밸브
㉱ 방향 제어 밸브

[해설] 릴리프 밸브는 압력 제어 밸브의 일종이다.

문제 051

공기압 실린더의 속도를 증가시켜 급속히 작동시키고자 할 때 이용되는 밸브는?

㉮ 속도 제어 밸브
㉯ 급속 배기 밸브
㉰ 충격 밸브
㉱ 교축 밸브

[해설] 급속 배기 밸브 : 공압 실린더나 공기 탱크의 공기를 급속히 방출할 필요가 있을 때 사용한다.

문제 052

공기압 회로에 다수의 에어실린더나 액추에이터를 사용할 때 각 작동순서를 미리 정해 두고 그 순차제어를 할 때 사용하는 밸브는 무엇인가?

㉮ 시퀀스 밸브
㉯ 무부하 밸브
㉰ 프레셔 밸브
㉱ 드레인 밸브

[해설] 시퀀스 밸브는 일명 순차 밸브라고도 한다.

문제 053

다음 중 실린더의 피스톤 귀환속도를 증가시키고자 할 때 사용할 수 있는 밸브는?

㉮ 감압 밸브
㉯ 시퀀스 밸브
㉰ 급속 배기 밸브
㉱ 이압 밸브

[해설] 배출저항을 적게 하여 속도를 빠르게 하는 밸브는 급속 배기 밸브이다.

문제 054

공압장치에서 액추에이터의 속도 제어에 사용되는 것은?

㉮ 릴리프 밸브
㉯ 시퀀스 밸브
㉰ 스로틀 밸브
㉱ 포핏 밸브

[해설] 스로틀 밸브(교축밸브) : 유량제어 밸브

[답] 048. ㉯ 049. ㉰ 050. ㉰ 051. ㉯ 052. ㉮ 053. ㉰ 054. ㉰

문제 055

압력 제어 밸브에 해당하지 않는 것은?

㉮ 감압 밸브 ㉯ 안전밸브
㉰ 언로드 밸브 ㉱ 교축 밸브

[해설] 교축 밸브는 유량 제어 밸브로서 속도 조절에 사용

문제 056

방향 제어 밸브의 조작방법 중 공기압 방식에 해당하는 것은?

㉮ 레버 방식 ㉯ 플런저 방식
㉰ 파일럿 방식 ㉱ 디텐트 방식

[해설] 공기압 방식은 직접, 간접 파일럿 방식임.

문제 057

다음 중 공압 제어 밸브를 기능에 따라 분류할 때 속하지 않는 것은?

㉮ 압력 제어 밸브(pressure control valve)
㉯ 유량 제어 밸브(flow control valve)
㉰ 방향 제어 밸브(directional control valve)
㉱ 이송 제어 밸브(feed control valve)

[해설] 밸브는 기능에 따라 다음의 4개 그룹으로 구분된다.
① 압력 제어 밸브(pressure control valve)
② 유량 제어 밸브(flow control valve)
③ 방향 제어 밸브(directional control valve)
④ 그 밖의 밸브

문제 058

공기압 회로를 구성할 때 2개소 이상의 방향으로부터 흐름을 1개소로 합칠 필요가 있을 때 사용하는 밸브는?

㉮ 고압 우선형 셔틀 밸브
㉯ 체크 밸브
㉰ 급속배기 밸브
㉱ 파일럿 체크 밸브

문제 059

공기압 필터의 선정시 주의 사항이 아닌 것은?

㉮ 여과입도 ㉯ 필터 내 잔압
㉰ 필터의 가격 ㉱ 여과재의 종류

문제 060

공압회로의 속도 제어 방식 중 공압 실린더의 배출량을 조절하는 제어방식은?

㉮ 미터 인 회로 ㉯ 미터 아웃 회로
㉰ 미터 플로어 회로 ㉱ 미터 하우징 회로

문제 061

유압실린더를 부착시키는 방법 중 틀린 것은?

㉮ 푸트형 실린더
㉯ 플랜지형 실린더
㉰ 탠덤형 실린더
㉱ 클래비스형 실린더

문제 062

다음 중 직선운동 작업 요소가 아닌 것은?

㉮ 단동 실린더 ㉯ 복동 실린더
㉰ 탠덤 실린더 ㉱ 공압 모터

문제 063

공압 실린더 중 피스톤 로드가 없는 실린더를 무엇이라 하는가?

㉮ 로드리스 실린더(Rodless cylinder)
㉯ 케이블 실린더(Cable cylinder)
㉰ 충격 실린더(Impact cylinder)
㉱ 다단 위치 제어 실린더(Multi-position cylinder)

[해설] 공압 실린더에는 피스톤 로드가 없는 실린더를 로드리스(rodless) 실린더라 하며 일반 공압 실린더의 피스톤 로드에 의한 출력방식과는 달리, 요크나 마그넷 체인 등을 통하여 스트로크 범위 내에서 일을 하는 것이다. 따라서 로드리스 실

[답] 055.㉱ 056.㉰ 057.㉱ 058.㉮ 059.㉯ 060.㉯ 061.㉰ 062.㉱ 063.㉮

린더를 사용하면 설치 면적이 극소화되는 장점이 있으며 전진 시와 후진 시의 피스톤 단면적이 같아 중간 정지 특성이 양호한 이점도 있다.

문제 064

2개의 복동 실린더로 구성되어 있으며 실린더 출력은 복수의 실린더 합으로 되고 큰 힘을 얻을 수 있어, 단계적 출력 제어가 가능한 실린더는?

㉮ 충격 실린더　　㉯ 케이블 실린더
㉰ 탠덤 실린더　　㉱ 다위치형 실린더

해설 탠덤 실린더 : 관형(串形)으로 연결된 복수의 피스톤을 갖고, 실린더 출력은 복수의 실린더 합으로 되고 큰 힘을 얻을 수 있다.(단계적 출력제어가 가능하다.)

문제 065

다음의 공기압 실린더 중 제어위치가 제어 밸브의 입력신호가 되도록 추종기구를 갖는 것은?

㉮ 랩형 실린더
㉯ 트러니언형 실린더
㉰ 서보 실린더
㉱ 차동형 실린더

문제 066

공압 실린더와 유압 실린더를 직렬 또는 병렬로 조합시킨 것으로 정밀저속 작동이나 중간 정지의 정밀도가 요구되는 곳에 사용되는 특수 실린더는?

㉮ 하이드로 체커 실린더
㉯ 박형 실린더
㉰ 스케일 실린더
㉱ 프리마운트 실린더

해설 ① 박형 실린더 : 클램프나 압입 등의 짧은 스트로크 용도에 적합하도록 제작된 실린더
② 스케일 실린더 : 실린더 헤드에 스케일을 부착하여 스트로크를 0.1mm단위까지 검출할 수 있는 실린더
③ 프리마운트 실린더 : 실린더 헤드부에 마운트 기구가 장착된 실린더

문제 067

클램프나 압입 등의 짧은 스트로크 용도에 적합하며 표준 실린더에 비해 설치 면적이 작은 이점이 있는 실린더는?

㉮ 스케일 실린더
㉯ 콤팩트 실린더
㉰ 프리마운트 실린더
㉱ 하이드로 체커 실린더

해설 ① 하이드로 체커 실린더 : 공압 실린더와 유압 실린더를 직렬 또는 병렬로 조합시킨 것으로 정밀저속 작동이나 중간 정지의 정밀도가 요구되는 곳에 사용
② 스케일 실린더 : 실린더 헤드에 스케일을 부착하여 스트로크를 0.1mm 단위까지 검출할 수 있는 실린더
③ 프리마운트 실린더 : 실린더 헤드부에 마운트 기구가 장착된 실린더

문제 068

다음 중 공기압을 기계적 일로 바꾸는 부분은?

㉮ 공기압 소음기　　㉯ 공기압 필터
㉰ 공기압용 배관　　㉱ 공기압 실린더

문제 069

공기압 실린더의 주요 구성품이 아닌 것은?

㉮ 실린더 튜브　　㉯ 피스톤 로드
㉰ 피스톤　　㉱ 스풀

문제 070

다음 중 공기압 액추에이터와 관계없는 것은?

㉮ 공기압 실린더　　㉯ 공기압 펌프
㉰ 공기압 모터　　㉱ 공기압 복동 실린더

답 064.㉰　065.㉰　066.㉮　067.㉯　068.㉱　069.㉱　070.㉮

문제 071

다음 중 전기조작에 의한 작동 방식이 아닌 것은?

㉮ 단동 솔레노이드
㉯ 복동 솔레노이드
㉰ 단동 가변식 전자 액추에이터
㉱ 파일럿 작동

문제 072

다음 중 공압 모터의 장점은 무엇인가?

㉮ 에너지 변환 효율이 낮다.
㉯ 배기음이 크다.
㉰ 과부하 시에도 위험성이 없다.
㉱ 공기의 압축성에 의해 제어성은 좋지 않다.

[해설] 과부하 시에도 안전함

문제 073

유량 제어 밸브를 실린더의 입구측에 설치한 회로는 무엇이라 하는가?

㉮ 미터 인 회로
㉯ 미터 아웃 회로
㉰ 블리드 오프 회로
㉱ 카운터 밸런스 회로

[해설] 유량 제어 밸브를 실린더의 입구 측에 설치한 회로는 미터 인 회로이다.

문제 074

시퀀스 회로에 해당되지 않는 회로는?

㉮ 시퀀스 밸브에 의한 회로
㉯ 캠조작 시퀀스 회로
㉰ 카운터 시퀀스 회로
㉱ 전기제어 시퀀스 회로

[해설] 시퀀스 회로 : 시퀀스 밸브에 의한 회로, 캠조작 시퀀스 회로, 전기제어 시퀀스 회로가 있다.

[답] 071. ㉱ 072. ㉰ 073. ㉮ 074. ㉰

제3편 유공압 이론

유압·공기압 도면기호

3-1 조작방식

명 칭	기 호	비 고
인력 조작		• 조작 방법을 지시하지 않은 경우, 또는 조작 방향의 수를 특별히 지정하지 않은 경우의 일반기호
(1) 누름 버튼		• 1방향 조작
(2) 당김 버튼		• 1방향 조작
(3) 누름·당김 버튼		• 2방향 조작
(4) 레 버		• 2방향 조작(회전운동을 포함)
(5) 페 달		• 1방향 조작(회전운동을 포함)
(6) 2방향 페달		• 2방향 조작(회전운동을 포함)
기계 조작		
(1) 플런저		• 1방향 조작
(2) 가변 행정 제한 기구		• 2방향 조작
(3) 스프링		• 1방향 조작
(4) 롤러		• 2방향 조작
(5) 편측 작동 롤러		• 화살표는 유효 조작 방향을 나타낸다. 기입을 생략하여도 좋다. • 1방향 조작

명 칭	기 호	비 고
전기 조작		
(1) 직선형 전기 액추에이터		• 솔레노이드, 토크모터 등
① 단동 솔레노이드		• 1방향 조작 • 사선은 우측으로 비스듬히 그려도 좋다.
② 복동 솔레노이드		• 2방향 조작 • 사선은 위로 넓어져도 좋다
③ 단동 가변식 전자 액추에이터		• 1방향 조작 • 비례식 솔레노이드, 포스모터 등
④ 복동 가변식 전자 액추에이터		• 2방향 조작 • 토크모터
(2) 회전형 전기 액추에이터		• 2방향 조작 • 전 동 기
파일럿 조작		
(1) 직접 파일럿 조작		• 수압면적이 상이한 경우, 필요에 따라, 면적비를 나타내는 숫자를 직4각형 속에 기입한다.
① 내부 파일럿		• 조작유로는 기기의 내부에 있음
② 외부 파일럿		• 조작유료는 기기의 외부에 있음
(2) 간접 파일럿 조작		
① 압력을 가하여 조작하는 방식		
㉠ 공기압 파일럿		• 내부 파일럿 • 1차 조작 없음.
㉡ 유압 파일럿		• 외부 파일럿 • 1차 조작 없음.
㉢ 유압 2단 파일럿		• 내부 파일럿, 내부 드레인 • 1차 조작 없음.
㉣ 공기압·유압 파일럿		• 외부 공기압 파일럿, 내부 유압 파일럿, 외부 드레인 • 1차 조작 없음.

명 칭	기 호	비 고
⑩ 전자·공기압 파일럿		• 단동 솔레노이드에 의한 1차 조작 붙이 • 내부 파일럿
⑪ 전자·유압 파일럿		• 단동 솔레노이드에 의한 1차 조작 붙이 • 외부 파일럿, 내부 드레인
② 압력을 빼내어 조작하는 방식		
㉠ 유압 파일럿		• 내부 파일럿·내부 드레인 • 1차 조작 없음 • 내부 파일럿 • 원격조작용 벤트포트 붙이
㉡ 전자·유압 파일럿		• 단동 솔레노이드에 의한 1차 조작 붙이 • 외부 파일럿, 외부 드레인
㉢ 파일럿 작동형 압력 제어 밸브		• 압력조정용 스프링 붙이 • 외부 드레인 • 원격조작용 벤트포트 붙이
㉣ 파일럿 작동형 비례전자식 압력 제어 밸브		• 단동 비례식 액추에이터 • 내부 드레인
피드백		
(1) 전기식 피드백		• 일반 기호 • 전위차계, 차동변압기 등의 위치 검출기

3-2 펌프 및 모터

명 칭	기 호	비 고
펌프 및 모터	유압 펌프 / 공기압 모터	• 일반 기호
유압 펌프		• 1방향 유동 • 정용량형 • 1방향 회전형
유압 모터		• 1방향 유동 • 가변용량형 • 조작기구를 특별히 지정하지 않는 경우 • 외부 드레인 • 1방향 회전형 • 양 축 형
공기압 모터		• 2방향 유동 • 정용량형 • 2방향 회전형
정용량형 펌프·모터		• 1방향 유동 • 정용량형 • 1방향 회전형
가변용량형 펌프·모터 (인력 조작)		• 2방향 유동 • 가변용량형 • 외부 드레인 • 2방향 회전형
요동형 액추에이터		• 공 기 압 • 정 각 도 • 2방향 요동형 • 축의 회전방향과 유동방향과의 관계를 나타내는 화살표의 기입은 임의(부속서 참조)
유압 전도장치		• 1방향 회전형 • 가변용량형 펌프 • 일 체 형
가변용량형 펌프 (압력 보상 제어)		• 1방향 유동 • 압력조정 가능 • 외부 드레인(부속서 참조)
가변용량형 펌프·모터 (파일럿 조작)		• 2방향 유동 • 2방향 회전형 • 스프링 힘에 의하여 중앙위치(배제용적 0)로 되돌아오는 방식 • 파일럿 조작 • 외부 드레인 • 신호 m은 M방향으로 변위를 발생시킴(부속서 참조)

3-3 실린더

명 칭	기 호	비 고
단동 실린더	상세 기호　　간략 기호	• 공 기 압 • 압 출 형 • 편로드형 • 대기중의 배기 　(유압의 경우는 드레인)
단동 실린더(스프링 붙이)	(1) (2)	• 유 압 • 편로드형 • 드레인측은 유압유 탱크에 개방 　(1) 스프링 힘으로 로드 압출 　(2) 스프링 힘으로 로드 흡인
복동 실린더	(1) (2)	(1) • 편 로 드 　　• 공 기 압 (2) • 양 로 드 　　• 공 기 압
복동 실린더(쿠션 붙이)	2:1　　2:1	• 유 압 • 편로드형 • 양 쿠션, 조정형 • 피스톤 면적비 2 : 1
단동 텔레스코프형 실린더		• 공 기 압
복동 텔레스코프형 실린더		• 유 압

3-4 특수에너지-변환기기

명 칭	기 호	비 고
공기 유압 변환기	단독형 연속형	
증 압 기	단독형 연속형	• 압력비 1 : 2 • 2종 유체용

3-5 에너지-용기

명 칭	기 호	비 고
어큐뮬레이터		• 일반기호 • 항상 세로형으로 표시 • 부하의 종류를 지시하지 않는 경우
어큐뮬레이터	기계식 중량식 스프링식	• 부하의 종류를 지시하는 경우
보조 가스용기		• 항상 세로형으로 표시 • 어큐뮬레이터와 조합하여 사용하는 보급용 가스용기
공기 탱크		

3-6 동력원

명 칭	기 호	비 고
유압(동력)원		• 일반기호
공기압(동력)원		• 일반기호
전 동 기		
원 동 기		(전동기를 제외)

3-7 전환 밸브

명 칭	기 호	비 고
2포트 수동 전환 밸브		• 2위치 • 폐지밸브
3포트 전자 전환 밸브		• 2위치 • 1과도 위치 • 전자조작 스프링 리턴
5포트 파일럿 전환 밸브		• 2위치 • 2방향 파일럿 조작
4포트 전자파일럿 전환밸브	상세 기호 간략 기호	• 주 밸브 - 3위치 - 스프링센터 - 내부 파일럿 • 파일럿 밸브 - 4포트 - 3위치 - 스프링센터 - 전자조작(단동 솔레노이드) - 수동 오버라이드 조작 붙이 - 외부 드레인
4포트 전자파일럿 전환 밸브	상세 기호 간략 기호	• 주 밸브 - 3위치 - 프레셔센터(스프링센터 겸용) - 파일럿압을 제거할 때 작동위치로 전환된다. • 파일럿 밸브 - 4포트 - 3위치 - 스프링센터 - 전자조작(복동 솔레노이드) - 수동 오버라이드 조작 붙이 - 외부 파일럿 - 내부 드레인
4포트 교축 전환 밸브	중앙위치 언더랩 중앙위치 오버랩	• 3 위 치 • 스프링센터 • 무단계 중간위치
서보 밸브		• 대표 보기

3-8 체크 밸브, 셔틀 밸브, 배기 밸브

명 칭	기 호	비 고
체크 밸브	(1) 상세 기호 / 간략 기호 (2) 상세 기호 / 간략 기호	(1) 스프링 없음 (2) 스프링 붙이
파일럿 조작 체크 밸브	(1) 상세 기호 / 간략 기호 (2) 상세 기호 / 간략 기호	(1) • 파일럿 조작에 의하여 밸브 폐쇄 • 스프링 없음 (2) • 파일럿 조작에 의하여 밸브 열림 • 스프링 붙이
고압우선형 셔틀 밸브	상세 기호 / 간략 기호	• 고압쪽 측의 입구가 출구에 접속되고, 저압쪽 측의 입구가 폐쇄된다.
저압우선형 셔틀 밸브	상세 기호 / 간략 기호	• 저압쪽 측의 입구가 저압우선 출구에 접속되고, 고압쪽 측의 입구가 폐쇄된다.
급속 배기 밸브	상세 기호 / 간략 기호	

3-9 압력 제어 밸브

명 칭	기 호	비 고
릴리프 밸브		• 직동형 또는 일반 기호
파일럿 작동형 릴리프 밸브	상세 기호 / 간략 기호	• 원격조작용 벤트포트 붙이
전자밸브 장착(파일럿 작동형) 릴리프 밸브		• 전자밸브의 조작에 의하여 벤트 포트가 열려 무부하로 된다.
비례전자식 릴리프 밸브 (파일럿 작동형)		• 대표 보기
감압 밸브		• 직동형 또는 일반기호
파일럿 작동형 감압 밸브		• 외부 드레인
릴리프 붙이 감압 밸브		• 공기압용
비례전자식 릴리프 감압 밸브 (파일럿 작동형)		• 유 압 용 • 대표 보기
일정비율 감압밸브		• 감압비 : $\frac{1}{3}$
시퀀스 밸브		• 직동형 또는 일반기호 • 외부 파일럿 • 외부 드레인

명 칭	기 호	비 고
시퀀스 밸브(보조조작 장착)		• 직 동 형 • 내부파일럿 또는 외부파일럿 조작에 의하여 밸브가 작동됨. • 파일럿압의 수압 면적비가 1 : 8인 경우 • 외부 드레인
파일럿 작동형 시퀀스 밸브		• 내부 파일럿 • 외부 드레인
무부하 밸브		• 직동형 또는 일반기호 • 내부 드레인
카운터 밸런스 밸브		
무부하 릴리프 밸브		
양방향 릴리프 밸브		• 직 동 형 • 외부 드레인
브레이크 밸브		• 대표 보기

3-10 유량 제어 밸브

명 칭	기 호	비 고
교축 밸브		
(1) 가변교축 밸브	상세 기호 / 간략 기호	• 간략기호에서는 조작방법 및 밸브의 상태가 표시되어 있지 않음. • 통상, 완전히 닫혀진 상태는 없음.
(2) 스톱 밸브		
(3) 감압 밸브 (기계조작 기변 교축 밸브)		• 롤러에 의한 기계조작 • 스프링 부하
(4) 1방향 교축 밸브 속도 제어 밸브(공기압)		• 가변교축 장착 • 1방향으로 자유유동, 반대방향으로는 제어유동
유량 조정 밸브		
(1) 직렬형 유량 조정 밸브	상세 기호 / 간략 기호	• 간략기호에서 유로의 화살표는 압력의 보상을 나타낸다.
(2) 직렬형 유량 조정 밸브 (온도보상 붙이)	상세 기호 / 간략 기호	• 온도보상은 2-3.4에 표시한다. • 간략기호에서 유로의 화살표는 압력의 보상을 나타낸다.
(3) 바이패스형 유량 조정 밸브	상세 기호 / 간략 기호	• 간략기호에서 유로의 화살표는 압력의 보상을 나타낸다.
(4) 체크밸브 붙이 유량 조정 밸브(직렬형)	상세 기호 / 간략 기호	• 간략기호에서 유로의 화살표는 압력의 보상을 나타낸다.
(5) 분류 밸브		• 화살표는 압력보상을 나타낸다.
(6) 집류 밸브		• 화살표는 압력보상을 나타낸다.

3-11 기름 탱크

명 칭	기 호	비 고
기름 탱크(통기식)	(1) (2) (3) (4)	(1) 관 끝을 액체 속에 넣지 않는 경우 (2) • 관 끝을 액체 속에 넣는 경우 　　• 통기용 필터(17-1)가 있는 경우 (3) 관 끝을 밑바닥에 접속하는 경우 (4) 국소 표시기호
기름 탱크(밀폐식)		• 3관로의 경우 • 가압 또는 밀폐된 것 • 각관 끝을 액체 속에 집어넣는다. • 관로는 탱크의 긴 벽에 수직

3-12 유체 조정 기기

명 칭	기 호	비 고
필터	(1) (2) (3)	(1) 일반기호 (2) 자석붙이 (3) 눈막힘 표시기 붙이
드레인 배출기	(1) (2)	(1) 수동 배출 (2) 자동 배출
드레인 배출기 붙이 필터	(1) (2)	(1) 수동 배출 (2) 자동 배출
기름분무 분리기	(1) (2)	(1) 수동 배출 (2) 자동 배출

명 칭	기 호	비 고
에어드라이어		
루브리케이터		
공기압 조정 유닛	상세 기호 간략 기호	• 수직 화살표는 배출기를 나타낸다.
열교환기 (1) 냉 각 기	(1) (2)	(1) 냉각액용 관로를 표시하지 않는 경우 (2) 냉각액용 관로를 표시하는 경우
(2) 가 열 기		
(3) 온도 조절기		• 가열 및 냉각

3-13 보조 기기

명 칭	기 호	비 고
압력 계측기		
(1) 압력표시기		• 계측은 되지 않고 단지 지시만 하는 표시기
(2) 압 력 계		
(3) 차 압 계		
유 면 계		• 평행선은 수평으로 표시
온 도 계		
유량 계측기		
(1) 검류기		
(2) 유 량 계		
(3) 적산 유량계		
회전속도계		
토 크 계		

3-14 기타의 기기

명 칭	기 호	비 고
압력 스위치		오해의 염려가 없는 경우에는, 다음과 같이 표시하여도 좋다.
리밋 스위치		오해의 염려가 없는 경우에는, 다음과 같이 표시하여도 좋다.
아날로그 변환기		• 공 기 압
소 음 기		• 공 기 압
경 음 기		• 공기압용
마그넷 세퍼레이터		

3-15 부속서 표-기호보기

명 칭	기 호	비 고
정용량형 유압모터		(1) 1방향 회전형 (2) 입구 포트가 고정되어 있으므로, 유동방향과의 관계를 나타내는 회전방향 화살표는 필요 없음.
정용량형 유압 펌프 또는 유압 모터		
(1) 가역회전형 펌프		• 2방향 회전·양축형 • 입력축이 좌회전할 때 B포트가 송출구로 된다.
(2) 가역회전형 모터		• B포트가 유입구일 때 출력축은 좌회전이 된다.
가변용량형 유압 펌프		(1) 1방향 회전형 (2) 유동방향과의 관계를 나타내는 회전방향 화살표는 필요 없음. (3) 조작요소의 위치표시는 기능을 명시하기 위한 것으로서, 생략하여도 좋다.

명 칭	기 호	비 고
가변용량형 유압 모터		• 2방향 회전형 • B포트가 유입구일 때 출력축은 좌회전이 된다.
가변용량형 유압 오버센터 펌프		• 1방향 회전형 • 조작요소의 위치를 N의 방향으로 조작하였을 때, A포트가 송출구가 된다.
가변용량형 유압펌프 또는 유압 모터		
(1) 가역회전형 펌프		• 2방향 회전형 • 입력축이 우회전할 때, A포트가 송출구로 되고, 이때의 가변조작은, 조작요소의 위치 M의 방향으로 된다.
(2) 가역회전형 모터		• A포트가 유입구일 때, 출력축은 좌회전이 되고, 이때의 가변조작은 조작요소의 위치 N의 방향으로 된다.
정용량형 유압 펌프·모터		• 2방향 회전형 • 펌프로서의 기능을 하는 경우 입력축이 우회전할 때 A포트가 송출구로 된다.
가변용량형 유압 펌프·모터		• 2방향 회전형 • 펌프 기능을 하고 있는 경우, 입력축이 우회전할 때 B포트가 송출구로 된다.
가변용량형 유압 펌프·모터		• 1방향 회전형 • 펌프 기능을 하고 있는 경우, 입력축이 우회전할 때 A포트가 송출구가 되고, 이때의 가변조작은 조작요소의 위치 M의 방향이 된다.
가변용량형 가역회전형 펌프·모터		• 2방향 회전형 • 펌프 기능을 하고 있는 경우, 입력축이 우회전할 때 A포트가 송출구가 되고, 이때의 가변조작은 조작요소의 위치 N의 방향이 된다.
정용량 가변용량 변환식 가역회전형 펌프		• 2방향 회전형 • 입력축이 우회전일 때는 A포트를 송출구로 하는 가변용량 펌프가 되고, 좌회전인 경우에는, 최대 배제용적의 적용량 펌프가 된다.

제3장 유압·공기압 도면기호

예상문제

문제 001

다음 그림의 설명으로 맞는 것은?

㉮ 급속 배기 밸브
㉯ 셔틀 밸브
㉰ 체크 밸브
㉱ 서보 밸브

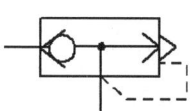

문제 002

다음 진리값에 해당되는 회로는?

㉮ NOT 회로
㉯ NOR 회로
㉰ AND 회로
㉱ OR 회로

입력신호		출력
A	B	C
0	0	0
0	1	0
1	0	0
1	1	1

[해설] AND 회로

문제 003

다음 기호의 사용 목적은 무엇인가?

㉮ 공기의 건조
㉯ 깨끗한 공기 방출
㉰ 압축공기 배기 교축
㉱ 공기 배기 소음 감소

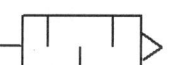

문제 004

기기, 장치의 상세한 기능, 형식 등을 명시할 필요가 없는 경우에 사용되는 용어는?

㉮ 기호요소 ㉯ 상세기호
㉰ 일반기호 ㉱ 간략기호

[해설] ① 기호요소 : 기기, 장치, 유로 등의 종류를 기호로 표시할 때 사용하는 기본적인 선 또는 도형을 나타낸다.
② 상세기호 : 기능을 상세히 명시하는 경우에 사용하는 기호
③ 간략기호 : 기호의 일부를 생략하든가 또는 다른 간단한 기호로 대체시키는 경우

문제 005

다음 그림에 대한 설명 중 바른 것은?

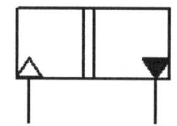

㉮ 공기 유압 변환기
㉯ 증압기
㉰ 단동 텔레스코프형 실린더
㉱ 복동 텔레스코프형 실린더

문제 006

다음 그림의 설명으로 맞는 것은?

㉮ 저압 우선 셔틀밸브
㉯ 고압 우선 셔틀밸브
㉰ 파이럿조작 체크 밸브
㉱ 스프링 붙이 체크 밸브

문제 007

다음 그림의 조작방식을 설명한 것 중 맞는 것은?

㉮ 누름버튼
㉯ 당김버튼
㉰ 레버
㉱ 페달

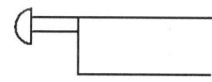

[답] 001. ㉮ 002. ㉰ 003. ㉱ 004. ㉰ 005. ㉮ 006. ㉱ 007. ㉮

문제 008

다음 그림의 설명으로 맞는 것은?

㉮ 공기압 모터
㉯ 유압 모터
㉰ 유압 펌프
㉱ 유압 전도장치

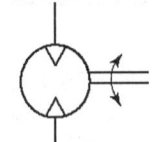

문제 009

다음 그림은 무엇을 나타내는 기호인가?

㉮ 에어드라이어
㉯ 루브리케이터
㉰ 냉각기
㉱ 가열기

문제 010

다음 그림은 무엇을 나타내는 기호인가?

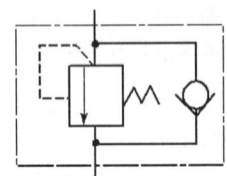

㉮ 시퀀스 밸브   ㉯ 카운터 밸런스 밸브
㉰ 무부하 밸브   ㉱ 체크 밸브

문제 011

다음 그림은 무엇을 나타내는 기호인가?

㉮ 릴리프 밸브
㉯ 감압 밸브
㉰ 무부하 밸브
㉱ 시퀀스 밸브

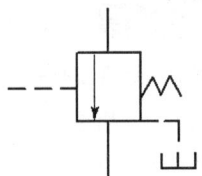

문제 012

다음 그림의 설명으로 맞는 것은?

㉮ 릴리프 밸브
㉯ 필터
㉰ 분류 밸브
㉱ 어큐뮬레이터

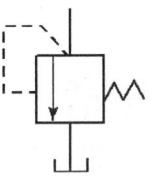

문제 013

KS 규격에서 공유압 기호의 설명으로 맞는 것은?

㉮ 유량 조절 밸브
㉯ 공기 탱크
㉰ 공기 모터
㉱ 공기펌프

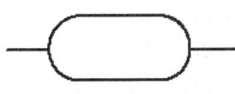

문제 014

다음 그림은 무엇을 나타내는 기호인가?

㉮ 외부 파일럿
㉯ 직접 파일럿 조작
㉰ 내부 파일럿
㉱ 간접 파일럿 조작

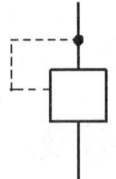

문제 015

다음 그림은 무엇을 나타내는 기호인가?

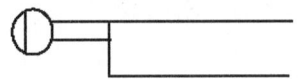

㉮ 누름-당김 버튼   ㉯ 당김 버튼
㉰ 누름 버튼   ㉱ 페달 버튼

답 008. ㉮ 009. ㉮ 010. ㉯ 011. ㉱ 012. ㉮ 013. ㉯ 014. ㉮ 015. ㉮

문제 016

다음 그림은 무엇을 나타내는 기호인가?

㉮ 원동기
㉯ 전동기
㉰ 공기압
㉱ 유압원

문제 017

다음 그림은 무엇을 나타내는 기호인가?

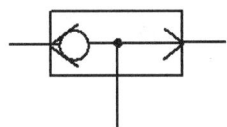

㉮ 고압 우선형 셔틀 밸브
㉯ 저압 우선형 셔틀 밸브
㉰ 급속 배기 밸브
㉱ 파일럿 조작 체크 밸브

문제 018

다음 그림은 무엇을 나타내는 기호인가?

㉮ 감압 밸브
㉯ 릴리프 밸브
㉰ 전자 밸브
㉱ 파일럿 밸브

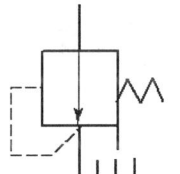

문제 019

2개의 입력단과 1개의 출력단을 가지며 2개의 입력단에 입력이 가해졌을 때만 출력단에 출력이 있는 회로는?

㉮ AND 회로   ㉯ OR 회로
㉰ NOT 회로   ㉱ NOR 회로

해설 AND회로는 두 개의 입구 X, Y가 있고, X, Y가 동시에 작용할 때만 출력이 발생된다.

문제 020

KS규격에서 다음과 같은 공유압기호(보조기기)의 설명으로 맞는 것은?

㉮ 압력계
㉯ 온도계
㉰ 유량계
㉱ 검류기

문제 021

다음의 그림은 공유압기호이다. 어떤 기호인가?

㉮ 어큐뮬레이터
㉯ 원동기
㉰ 공기 유압 변환기
㉱ 유압 전동장치

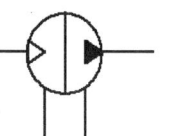

문제 022

KS규격에서 공유압기호의 설명으로 맞는 것은?

㉮ 체크 밸브
㉯ 저압 우선 셔틀 밸브
㉰ 증압기
㉱ 시퀀스 밸브

문제 023

다음 기호의 명칭으로 올바른 것은?

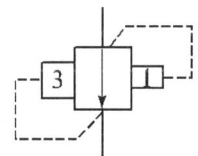

㉮ 파일럿 작동형 시퀀스 밸브
㉯ 무부하 릴리프 밸브
㉰ 일정비율 감압 밸브
㉱ 브레이크 밸브

답 016. ㉮ 017. ㉮ 018. ㉮ 019. ㉮ 020. ㉮ 021. ㉰ 022. ㉮ 023. ㉰

문제 024

다음의 그림은 공유압기호이다. 어떤 기호인가?

㉮ 배수기
㉯ 윤활기
㉰ 가열기
㉱ 냉각기

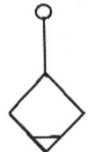

문제 025

다음의 그림은 공유압기호이다. 어떤 기호인가?

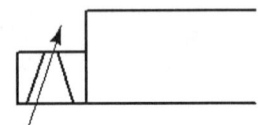

㉮ 복동 가변식 전자 액추에이터
㉯ 단동 가변식 전자 액추에이터
㉰ 단동 솔로노이드
㉱ 복동 솔로노이드

문제 026

다음 기호의 명칭은?

㉮ 유량계
㉯ 속도계
㉰ 온도계
㉱ 유면계

문제 027

다음 기호는 공유압의 기호이다. 무엇의 상세도인가?

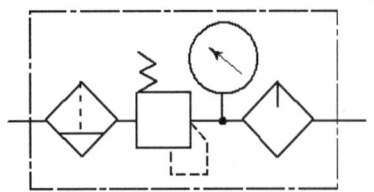

㉮ 에어드라이
㉯ 루브리케이터
㉰ 공기압 조정유닛
㉱ 유면계

[해설] 위 그림은 공기압 조정유닛이다.

문제 028

공유압의 부속기기의 기호 중 그림과 같은 기호는 무엇을 말하는가?

㉮ 드레인 배출기
㉯ 필터
㉰ 공기탱크
㉱ 기름분무 분리기

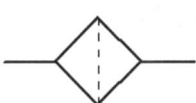

문제 029

다음 공유압의 열교환기의 기호는?

㉮ 냉각기
㉯ 온도조절기
㉰ 가열기
㉱ 냉각기

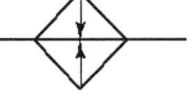

[해설] KS B 0119, KS B 0120에 규정되어 있다.

문제 030

다음은 어떤 밸브의 기호인가?

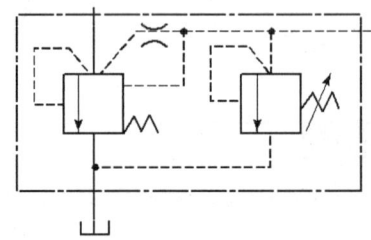

㉮ 파일럿 작동형 릴리프 밸브
㉯ 급속 배기 밸브
㉰ 셔틀 밸브
㉱ 릴리프 밸브

[답] 024. ㉮ 025. ㉮ 026. ㉰ 027. ㉰ 028. ㉯ 029. ㉰ 030. ㉮

문제 031

다음의 그림은 공유압 회로도이다. 무슨 회로인가?

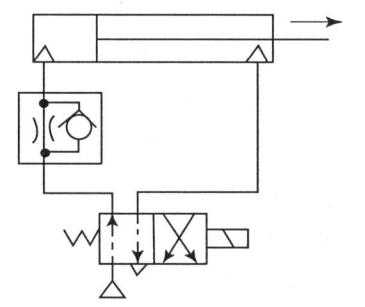

㉮ 미터 인 회로(Meter in circuit)
㉯ 미터 아웃 회로(Meter out circuit)
㉰ 블리드 오프 회로(bleed off circuit)
㉱ 오아 회로(OR circuit)

[해설] 위 그림은 미터 인 회로 그림이다.

문제 032

다음 그림은 공유압 회로도이다. 무슨 회로인가?

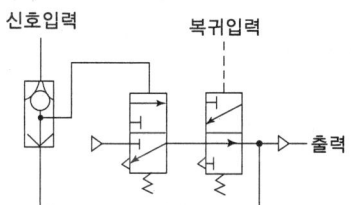

㉮ 노드 회로　　㉯ 노어 회로
㉰ 플립플롭　　 ㉱ 부스터 회로

문제 033

다음 그림은 무엇을 나타내는 기호인가?

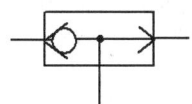

㉮ 고압 우선형 셔틀 밸브
㉯ 저압 우선형 셔틀 밸브
㉰ 체크 밸브
㉱ 급속 배기 밸브

[해설] 그림은 고압 우선형 셔틀 밸브임.(OR 밸브라고도 함)

문제 034

축압기 회로의 용도로 볼 수 없는 것은?

㉮ 안전장치 회로
㉯ 압력 유지 회로
㉰ 보조 동력원 회로
㉱ 사이클 시간 연장 회로

[해설] 축압기 회로용도 : 안전장치 회로, 압력 유지 회로, 보조 동력원 회로, 사이클 시간 단축 회로, 동력 절약 회로, 압력 완충 회로

문제 035

다음 회로의 명칭으로 적합한 것은?

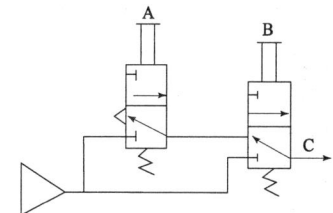

㉮ NOT 회로　　㉯ OR 회로
㉰ AND 회로　　㉱ NOR 회로

[해설] 2개의 입력 신호에서 한 가지 이상의 입력신호가 있을 때 출력이 되므로 OR 회로임.

문제 036

다음 밸브의 포트수와 전환 위치수가 맞는 것은 어느 것인가?

㉮ 2포트 1위치
㉯ 2포트 2위치
㉰ 2포트 3위치
㉱ 3포트 2위치

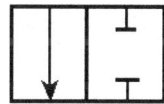

[해설] 2포트 2위치 밸브이다.

[답] 031. ㉮　032. ㉰　033. ㉮　034. ㉱　035. ㉯　036. ㉯

문제 037

공압기호에 대한 명칭 중 맞는 것은?

㉮ 시퀀스 밸브
㉯ 무부하 밸브
㉰ 감압 밸브
㉱ 릴리프 밸브

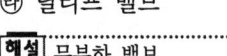

해설 무부하 밸브

문제 038

다음 그림의 기호는 어떤 밸브를 나타내는가?

㉮ 2포트 3위치
㉯ 3포트 2위치
㉰ 4포트 3위치
㉱ 5포트 3위치

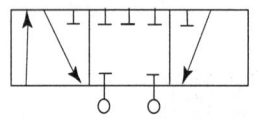

해설 5포트 3위치 밸브임

문제 039

다음의 기호가 나타내는 요소는?

㉮ 유압펌프
㉯ 유압모터
㉰ 유압탱크
㉱ 유압전도장치

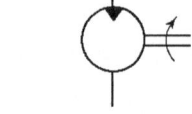

해설 유압모터의 기호이다.

문제 040

그림은 무엇을 나타내는 유압 기호인가?

㉮ 릴리프 밸브
㉯ 체크 밸브
㉰ 무부하 밸브
㉱ 감압 밸브

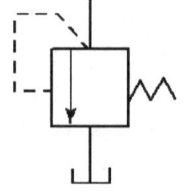

문제 041

다음에서 공유압기호의 명칭은?

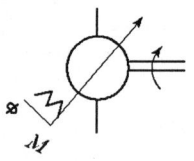

㉮ 가변용량형 유압펌프
㉯ 요동형 엑추에이터
㉰ 유압 전도 장치
㉱ 공기 유압 변환기

문제 042

그림처럼 하중에 따라 펌프압력이 변화하게 되어 있는 속도제어 회로는?

㉮ 미터 인 회로
㉯ 미터 아웃 회로
㉰ 블리드 오프 회로
㉱ 재생 회로

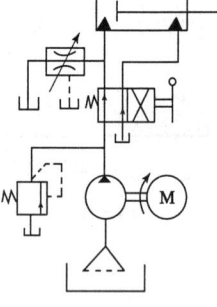

해설 블리드 오프 회로

문제 043

회로압력이 설정압력 이상이 되면 릴리프회로에 의해 탱크로 유압유를 드레인시키는 회로는?

㉮ 압력 설정 회로　㉯ 무부하 회로
㉰ 압력 제어 회로　㉱ 속도 제어 회로

해설 압력 설정 회로 : 회로압력이 설정압력 이상이 되면 릴리프회로에 의해 탱크로 유압유를 드레인시키는 회로이다.

문제 044

유압 작동체의 속도를 조절하고 제어하는 회로에 해당되지 않는 것은?

답 037. ㉯　038. ㉱　039. ㉯　040. ㉮　041. ㉮　042. ㉰　043. ㉮　044. ㉯

㉮ 미터 인 회로 ㉯ 증속 회로
㉰ 동기 회로 ㉱ 차동 실린더 회로

[해설] 속도 제어 회로 : 유량 제어 회로(미터 인 회로), 감속 회로, 동기 회로, 차동 실린더 회로

문제 045

다음 공유압기호의 명칭은?
㉮ 자동 배수 밸브
㉯ 기름 분무 분리기
㉰ 냉각기
㉱ 공기압 필터

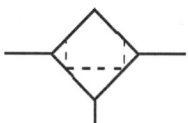

문제 046

다음 중에서 포트(Port)수를 가장 바르게 설명한 것은?
㉮ 관로와 접촉하는 교축 밸브의 접촉구의 수
㉯ 관로와 접촉하는 체크 밸브의 접촉구의 수
㉰ 관로와 접촉하는 유량 조절 밸브의 접촉구의 수
㉱ 관로와 접촉하는 변환 밸브의 접촉구의 수

[해설] 포트(Port)수 : 변환밸브에 있어서 밸브와 주관조와의 접촉구수를 포트수 또는 접촉수라 한다.

문제 047

다음의 밸브기호를 포트수와 위치수로 분류하면 무엇이 되는가?
㉮ 3포트 3위치
㉯ 3포트 2위치
㉰ 2포트 3위치
㉱ 2포트 2위치

[해설] 접속구의 수를 포트라고 하고 유체의 흐름변환수를 위치라 한다.

문제 048

다음에서 공유압기호의 명칭은?

㉮ 정용량형 유압 펌프
㉯ 요동형 엑추에이터
㉰ 유압 전도 장치
㉱ 공기 유압 변환기

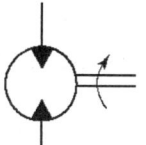

문제 049

다음 중 속도 제어 회로의 종류가 아닌 것은?
㉮ 블리드 온 회로 ㉯ 블리드 오프 회로
㉰ 미터 아웃 회로 ㉱ 미터 인 회로

[해설] 속도 제어 회로에는 미터 인, 미터 아웃, 블리드 오프 회로가 있다.

문제 050

동기회로에서 동기를 방해하는 요인이 아닌 것은?
㉮ 내부 누설
㉯ 마찰의 차이
㉰ 실린더 행정의 길이
㉱ 실린더 내의 안지름의 차이

[해설] 실린더 행정의 길이는 요인이 아님

문제 051

유압회로에서 파선이 사용되는 용도로 알맞은 것은?
㉮ 파일럿 조작관로 ㉯ 주관로
㉰ 전기신호선 ㉱ 포위선

[해설] ① 실선 : 주관로, 파일럿 밸브에의 공급관로, 전기신호선
② 파선 : 파일럿 조작관로, 드레인관, 필터, 밸브의 과도위치
③ 1점쇄선 : 포위선

문제 052

유압회로에서 축압기를 사용하는 목적에 해당되지 않는 것은?
㉮ 동력의 절약 ㉯ 회로의 안전

[답] 045. ㉱ 046. ㉱ 047. ㉯ 048. ㉮ 049. ㉮ 050. ㉰ 051. ㉮ 052. ㉱

㉑ 싸이클 시간 단축 ㉣ 증압 작용

[해설] 증압작용 : 증압기 사용

문제 053

다음 중 압력 제어 회로가 아닌 것은?
- ㉮ 조압 회로
- ㉯ 무부하 회로
- ㉰ 감압 회로
- ㉱ 자동 운전 회로

[해설] 자동 운전 회로는 압력 제어 회로가 아니다.

문제 054

유압회로에서 실린더가 낼 수 있는 힘, 압력과 단면적의 관계를 바르게 나타낸 것은?
- ㉮ 단면적이 일정하면 힘은 압력에 비례한다.
- ㉯ 힘은 단면적과 압력의 관계가 없다.
- ㉰ 단면적이 일정하면 압력이 적어지면 힘은 커진다.
- ㉱ 단면적이 일정하면 힘은 압력에 반비례한다.

[해설] $P = \dfrac{F}{A}$ 에서 $F = A \cdot P$ 로 단면적이 일정하여 압력이 커지면 힘도 커진다.(비례한다.)

문제 055

보통 대기압이 될 부분이 회로의 저항으로 인해 과도적으로 남는 압력이란?
- ㉮ 예압
- ㉯ 증압
- ㉰ 잔압
- ㉱ 전압

문제 056

다음 중 속도제어 회로가 아닌 것은?
- ㉮ 블리드 오프(bleed-off) 회로
- ㉯ 인터록 회로
- ㉰ 미터 인 회로
- ㉱ 미터 아웃 회로

[답] 053. ㉱ 054. ㉮ 055. ㉰ 056. ㉯

제 4 편

치공구

제 1 장 치공구 총론
제 2 장 공작물 관리
제 3 장 위치 결정
제 4 장 치공구 구성요소
제 5 장 게이지(GAUGE) 설계

제4편 치공구

치공구 총론

제1장

1-1 치공구의 의미

1. 치공구(治工具)의 개요

치공구는 지그(Jig)와 고정구(Fixture)로 분류되며 각종 공작물의 가공 및 검사, 조립 등의 작업을 가장 경제적이며 정밀도를 향상시키기 위하여 사용되는 보조 장치를 말하며, 자동화 지그에서는 자동화 설비 또는 자동화 기계로 말할 수 있다.

(1) 지그란?

지그와 고정구를 명확하게 정의하기는 어려우며 사용상 같은 것으로 간주하고 있다. 기계 가공에서는 공작물을 고정, 지지하거나 또는 공작물에 부착 사용하는 특수장치로서 공작물을 위치 결정하여 클램프 할 뿐만 아니라 공구를 공작물에 안내할 수 있는 안내(부시)하는 장치를 포함하면 지그라 한다. 지그는 일반적으로 고정구를 포함하여 이것들을 「지그」라 총칭한다. 또한 자동화 설비나 장치 등의 능력을 최대한으로 그리고 유효하게 인출, 발휘시켜 작업을 능률적으로 수행할 수 있도록 만들어진 보조구, 장치도 지그라고 말할 수 있다.

(2) 고정구란?

고정구(Fixture)는 공작물의 위치 결정 및 클램프(Clamp)하여 고정하는데 대해서는 근본적으로 지그(Jig)와 같으나 공구(Tool)을 공작물에 안내하는 부시 기능이 없으나 세팅(Setting) 블록과 필러(Feeler) 게이지에 의한 공구의 정확한 위치 장치를 포함하여 고정구라 한다. 그러나 지그와 고정구를 구분하는 것은 큰 의미가 없으므로 일반적으로 지그라 통칭한다.

(3) 치공구의 정의

치공구는 제품에 있어서 필요한 제조수단으로 공작물(또는 조립물)의 위치 결정과 움직이지 않도록 클램프 하여 공작물을 허용 공차 내에서 제조하는데 사용되는 생산용 공구로서, 제품의 균일성(품질), 경제성(가격), 생산성(납기)을 향상시키는 보조 장치 또는 보조 장비라고 정의할 수 있다.

(4) 치공구의 목적

제조의 정밀도가 향상시켜 제품, 부품의 품질을 높이며, 균일한 품질로 호환성을 확보하며, 생산의 다량화로 인하여 제조 원가 감소, 가공 공정 단축, 일부의 검사 작업을 생략, 미숙련자도 정밀 작업 가능, 작업자의 정신적·육체적 부담 등을 경감하여 작업자의 능률을 올리고, 안전을 확보하는데 그 목적이 있다.

2. 치공구의 3요소

똑같은 다수의 공작물을 가공(또는 조립)하기 위해서는 어느 공작물이나 동일한 위치에 위치 결정이 되어 장착이 되어야 하고 가공(또는 조립)중에 움직이지 않아야 한다. 여기서 공작물이 같은 위치에 위치 결정이 되어 장착된다는 것은 그 각각의 공작물이 같은 위치 결정면에서 기준이 결정된다는 것과 회전방지를 위한 위치 결정구이다. 그리고 공작물이 움직이지 않고 클램프 되어 외력의 힘에 견디어야 한다.
따라서 치공구의 3요소는 다음과 같다.

(1) 위치 결정면

일정위치에서 기준면 설정으로 일반적으로 밑면이 된다.

(2) 위치 결정구

공작물의 회전방지를 위한 위치 및 자세에 해당되며 일반적으로 측면 및 구멍이 해당된다.

(3) 클램프

고정은 공작물의 변형이 없이 자연 상태 그대로 체결되어야 하며 위치 결정면 반대쪽에 클램프가 되는 것이 원칙이다.

3. 치공구의 사용상 이점

치공구는 공작물의 위치 결정, 공구의 안내(드릴 지그에서만 적용됨), 공작물의 지지 및 고정 등의 기능을 갖추고 있어 공작물의 주어진 한계 내에서의 가공하게 되고 다량으로 생산되는 부품의 제조비용을 절감하는데 도움이 되며 그 중요성은 호환성과 정확성에 있다.

치공구는 생산성의 향상에 최대한 기여하는 것이다. 즉, 제품의 코스트를 저하하기 위한 목적으로 공정의 개선, 품질의 향상, 안정을 꾀하고 제품에 호환성을 주는 것이다. 다시 말하면, 품질(Q ; quality)과 비용(C ; cost), 납기(D ; delivery)로 된다.

(1) 가공에 있어서의 이점

① 기계설비의 최대한 활용(기계능력 배가)한다.
② 생산능력을 증대(생산성 향상)한다.
③ 특수기계, 특수공구가 불필요하다.

(2) 생산원가 절감

① 가공정밀도 향상 및 호환성으로 불량품을 방지한다.
② 제품의 균일화에 의하여 검사업무가 간소화된다.
③ 작업시간이 단축된다.

(3) 노무관리의 단순화

① 특수 작업의 감소와 특별한 주의사항 및 검사 등이 불필요하다.
② 작업의 숙련도 요구가 감소한다.
③ 작업에 의한 피로경감으로 안전한 작업이 이루어진다.
④ 재료비 절약이 가능하고 다른 작업과의 관련이 원활하다.
⑤ 불량품이 감소하고 부품의 호환성이 증대된다.
⑥ 바이트 등 공구의 파손 및 감소로 공구수명이 연장된다.

4. 치공구 설계의 기본원칙

① 공작물의 수량과 납기 등을 고려하여 공작물에 적합하고 단순하게 치공구를 결정할 것.
② 표준 범용 치공구의 이용 및 사용하지 않는 치공구를 개조하거나 수리를 고려할 것.
③ 치공구를 설계할 때는 중요 구성부품은 전문 업체에서 생산되는 표준규격품 사용할 것.
④ 손으로 조작하는 치공구는 충분한 강도를 가지면서 가볍게 설계할 것.
⑤ 클램핑 힘이 걸리는 거리를 되도록 짧게 하고 단순하게 설계할 것.
⑥ 치공구 본체에 가공을 위한 공구위치 및 측정을 위한 세트블록을 설치할 것.
⑦ 치공구 본체에 대해서는 칩과 절삭유가 배출할 수 있도록 설계할 것.

⑧ 가공압력은 클램핑 요소에서 받지 않고 위치 결정면에 하중이 작용하도록 할 것.
⑨ 단조품의 분할면, 주형의 분할면 탕구 및 삽탕구의 위치는 피할 것.
⑩ 클램핑 요소에서는 되도록 스페너, 핀, 쐐기, 망치와 같이 여러 가지 부품을 사용하지 않도록 설계할 것.
⑪ 치공구의 제작비와 손익 분기점을 고려 할 것.
⑫ 제품의 재질을 고려하여 이에 적합한 것으로 할 것.
⑬ 정밀도가 요구되지 않거나 조립이 되지 않는 불필요한 부분에 대해서는 기계가공 등의 작업을 하지 않을 것.
⑭ 정확한 작업을 요하는 부분에 대하여 지나치게 정밀한 공차를 주지 않도록 할 것.(치공구의 공차는 제품 공차에 대하여 20~50% 정도)
⑮ 치공구 도면에 주기 등을 표시하여 최대한 단순화 할 수 있도록 할 것.

5. 치공구의 경제성 검토

대량 생산의 경우는 지그를 감가상각이라든가 가격(cost)에 관해서 염려하는 경우는 없다고 하지만, 요즘 현대 사회에서는 다품종 소량 생산이 많으므로 경제성에 대하여 고려할 필요가 있다. 어느 정도 지그를 설계하면 경제적으로 바람직한 가에 관해서 참고로 나타내면 같은 식이 주로 사용되고 있다.

(1) $N = \dfrac{Y}{(H-HJ)y}$

여기서, N : 지그의 손익분기점
Y : 지그 제작비용
H : 지그를 사용하지 않을 때 1개당 가공시간
HJ : 지그를 사용할 때 1개당 가공시간
y : 1시간당 가공비용

(2) $n = \dfrac{C(1+\dfrac{i \times n}{2})}{S}$

∴ $n = \dfrac{C}{S - \dfrac{C}{20}}$

여기서, C : 투자자본액(설비투자액)
i : 연간 이자율 10%(0.1)로 한다.
S : 연간 이익액(연간 절감액)
n : 자본회수 연수

(3) $C_p = \dfrac{T_c + L}{L_s}$

여기서, C_p : 부품단가
T_c : 공구비용
L : 노임
L_s : 로트수량

> **예제**
>
> 지그제작비가 600,000원이고 지그를 사용하지 않았을 때 걸리는 제품 가공시간은 2분 지그를 사용하였을 때 제품 가공 시간은 0.5분이고 시간당 가공비는 2,000원일 때 손익 분기점은?
>
> **풀이** $N = \dfrac{600,000}{(2-0.5) \times 2,000} = 200$개
>
> 즉, 200개 이상이면 지그를 사용하였을 때가 이익이고 200개 이하이면 손실이 되는 것이다. 실제로 회사에서는 N이 실제 수량의 2배 이상이 되지 않으면 지그를 만들 필요가 없을 것이다.

> **예제**
>
> 드릴 지그 제작비가 60,000이고 지그를 사용하지 않을 경우 비용은 300원이고 지그를 사용할 경우 개당 생산비용은 50원이다. 이들을 비교할 때 지그에 의해 생산되는 손익 분기점 즉, 부품의 생산량은 얼마인가?
>
> **풀이** $N = \dfrac{Y}{C_{p1} - C_{p2}} = \dfrac{60,000}{300-50} = 240$개 즉, 손익 분기점은 240개가 된다.

> **예제**
>
> 치공구 비용이 350,000원이고, 임금이 2,500,000원 일 때 7,000개의 부품을 밀링 가공한다면 부품단가는 얼마인가?
>
> **풀이** $C_p = \dfrac{350,000 + 2,5000,000}{7,000} = 407$원

1-2 치공구의 설계 계획

1. 부품도(part drawing)분석

치공구 설계는 부품도를 분석할 때 치공구 설계 및 선정에 직접적인 영향을 주는 다음 사항 등을 고려한다.
① 부품의 전반적인 치수와 형상
② 부품제작에 사용될 재료의 재질과 상태
③ 적합한 기계 가공 작업의 종류
④ 요구되는 정밀도 및 형상 공차
⑤ 생산할 부품의 수량
⑥ 위치 결정면과 클램핑 할 수 있는 면의 선정
⑦ 각종 공작기계의 형식과 크기
⑧ 커터의 종류와 치수
⑨ 작업순서 등

2. 공정도에 포함되어야 할 사항

① 해당 작업에 필요한 공작물의 3도면(또는 2도면), 필요에 따라 공작물의 스케치도면, 단면도 등이 표시된다.
② 공정내용 및 공정번호
③ 척도(척도와 일치되지 않을 수도 있다)
④ 재료의 제거 또는 가공되는 표면
⑤ 공정에서 얻어지는 치수
⑥ 위치 결정구, 클램프, 지지구의 위치
⑦ 기계 또는 장비 명 및 번호
⑧ 생산 공장의 위치, 생산 부서(공장)명, 부서 번호 및 위치
⑨ 공정 설계 기사명 및 날짜
⑩ 제품명 및 부품 번호
⑪ 공구류 표시(게이지, 절삭공구, 특수공구 등 순서)

1-3 치공구의 종류 및 특징

지그와 고정구는 가공물의 형상이나 모양, 가공 조건, 방법, 작업내용 등에 따라 여러 가지가 만들어져 있기 때문에 그 분류 방법 및 종류 등이 다양하다.

1. 작업용도 및 내용에 따른 종류

최근의 자동화생산라인 및 공작 기계의 진보는 괄목할 만하며 NC화는 물론, 복합화 등 새로운 타입의 기계가 증가하고 있다. 따라서 작업용도 및 내용에 따른 분류가 혼란스러워지기 때문에 다음과 같이 분류해 보았다.

① 기계가공 치공구 : 드릴, 밀링, 선반, 연삭, MCT, CNC, 보링, 기어절삭, 브로치, 래핑, 평삭, 방전, 레이저 등
② 조립 치공구 : 나사체결, 리벳, 접착, 기능조정, 프레스압입, 조정검사, 센터구멍 등
③ 용접 치공구 : 위치 결정용, 자세유지, 구속용, 회전포지션, 안내, 비틀림 방지, 검사용 등
④ 검사 치공구 : 측정, 형상, 압력시험, 재료시험 등
⑤ 기타 : 자동차 생산라인의 엔진 조립 지그, 자동차 용접 지그, 자동차 도장 및 열처리 지그, 레이아웃 치공구 등 다양하게 나눌 수가 있다.

2. 모양상의 종류

형상이나 형식으로부터 플레이트형, 앵글플레이트형, 개방형, 박스형, 척형, 바이스형, 분할형, 연속형, 모방형, 교대형 등으로 나눌 수가 있다.

3. 기구상의 종류

고정구는 가공물의 위치를 결정한 후 이것을 고정시키기 위해 조이는데 조임 기구에 따라서 다음과 같이 분류된다.
(1) 나사(슬라이드 스트랩 클램프)에 의한 것
(2) 캠에 의한 것
(3) 편심 축에 의한 것
(4) 래치에 의한 것
(5) 웨지(쐐기)에 의한 것
(6) 유압에 의한 것
(7) 공압에 의한 것
(8) 마그네틱에 의한 것

이상 고정구의 분류에 관하여 살펴보았는데 가공 조건에 따라 여러 가지를 조합하여 사용하길 바란다.

1-4 지그(Jig)의 형태별 종류

1. 형판 지그(Template jig)

형판 지그는 공작물의 수량이 적거나 정밀도가 요구되지 않는 경우에 활용하며, 가장 경제적이고 간단하고 단순하게 생산 속도를 증가시키기 위하여 제작할 수 있는 지그로서 곡선 및 구멍위치에 대한 레이아웃(lay-out)안내로서 사용된다.

형판 지그는 클램프 없이 공작물에 밀착하여 공작물의 형태에 따라 핀이나 네스트에 의하여 고정한다. 간단한 형태 및 단기간 사용되는 소량 생산에 저렴한 가격으로 광범위하게 사용된다. 일반적으로 부시(bush)를 사용하지 않으며 지그 판 전체를 경화처리 하는 것이 보통이다.

2. 플레이트 지그(Plate jig)

형판 지그와 유사하나 간단한 위치 결정구와 밀착기구 및 클램핑 기구를 가지고 있으며, 제작될 공작물의 수량여부에 따라 부시를 사용하지 않고 간단히 제작하여 사용한다.

3. 테이블 또는 개방 지그(Table or Open jig)

이 지그는 플레이트 지그의 일종으로 리프 또는 뚜껑이 없이 나사, 쐐기, 캠 등으로 공작물을 견고히 클램핑 한 후 작업한다. 공작물의 형태가 불규칙하나 넓은 가공 면을 가지고 있는 비교적 대형 공작물에 적합하며, 공작물의 장·탈착은 지그를 뒤집은 상태에서 이루어지며, 가공할 때에는 다리에 의하여 수평이 유지되게 된다. 그러나 공작물에 따라 클램핑이 곤란하며 공작물의 한번장착으로 한 면밖에 가공할 수 없는 단점이 있다.

4. 샌드위치 지그(Sandwich jig)

공작물을 위·아래에서 보호한 상태에서 가공되는 형태로서, 공작물이 얇거나 연질의 재료인 경우 가공 중 발생할 수 있는 변형을 방지하기 위하여 활용된다. 또는 공작물을 고정할 때 상·하 플레이트에 위치 결정 핀을 설치하여 고정되는 구조일 경우에 사용되는 지그이다. 제작될 공작물의 수량여부에 따라 부시의 사용여부를 결정한다.

5. 링 지그(Ring jig)

이 지그는 원판 템 플레이트 지그를 수정 보안한 판형 지그의 일종으로 링 형의 공작물을 가공할 때 주로 사용되는 지그로서, 지그의 형상도 링(ring)으로 구성되어 있으며, 일반적인 경우 간단한 위치 결정구와 클램프기구가 사용되며 파이프 플랜지(pipe flange)와 유사한 형태의 공작물가공에 주로 사용된다. 테이블 지그, 샌드위치 지그, 링 지그, 바깥지름 지그 등은 전부 판형 지그의 일종이다.

6. 바깥지름 지그(Diameter jig)

판형 지그의 일종으로 축(shaft), 핀 모양의 원형모양의 공작물을 드릴작업 시 주로 사용되며 V블록에 의한 위치 결정과 토글 클램프에 의한 장착과 장·탈이 비교적 용이하다.

7. 바이스 지그(Vise jig)

기존 기계바이스를 개조한 형태로서, 공작물에 따라 죠(jaw)를 특수하게 제작하여 사용하며, 공작물의 형태가 바뀌어도 간단하게 죠를 개조할 수 있고, 신속한 클램핑(clamping)과 튼튼한 구조를 가지고 있는 장점과, 공작물의 위치 결정이 어렵고 제품의 형태에 제한을 받으며, 클램핑 시 기술을 요하는 단점이 있다.

8. 앵글플레이트 또는 니 지그(Angle plate or Knee jig)

공작물의 가공이 일정한 각도로 이루어지거나, 공작물의 측면을 가공할 경우 가공의 어려움을 해소하기 위하여 활용된다. 풀리(puller), 칼라(collar), 기어(gear) 등의 부품은 이 형식의 지그를 사용되다. 지그 본체는 보강대를 이용한 용접형으로 안전성을 주며, 90도 이외의 변형된 형태의 모디파이드 앵글플레이트 지그(modified angle plate jig)도 이다.

9. 분할형 지그(Indexing jig)

앵글 플레이트 지그의 형태로 공작물을 일정한 거리와 각도로 분할하여 정확한 간격으로 구멍을 뚫거나 기계가공에서 기어와 같이 분할이 어려운 공작물 가공에 사용되는 지그로서, 지그의 일부에 설치된 분할의 기본이 되는 기준 봉이나, 원판에 의하여 정확한 분할을 한 후 가공이 이루어지게 된다. 위치 결정 핀은 열처리하여 사용되고 스프링 플런저 형태의 조립식 위치 결정 핀도 여러 가지 모양으로 규격화되어 있다. 특수한 형태의 분할작업은 공작물의 조건에 따라서 분할 판을 만들어 사용하여야 하며 분할 판의 모양을 만들 때 마모여유와 끄덕임은 한쪽으로만 생기도록 설계하여야 한다.

10. 리프 지그(leaf jig)

리프 지그는 힌지 핀(hinge pin)으로 연결된 리프를 열고 공작물을 장·탈착하는 지그로서, 불규칙하고 복잡한 형태의 소형공작물에 적합하며, 장·탈착이 용이하고 한번장착으로 여러 면의 가공이 용이하다. 그러나 칩(chip)의 누적에 대한 대책이 요구되며 드릴 부시(drill bush)가 압입되어 있는 리프(leaf)가 힌지 핀의 작동에 의하여 움직이므로 이 때 발생하는 오차로 인해 정밀도에 영향을 미치는 점이다. 박스형 지그와 유사한 소형 상자 지그라고 말할 수 있으며 박스 지그와 주된 차이점은 지그의 크기와 공작물의 위치 결정이다.

11. 채널 지그(Channel jig)

채널 지그는 공작물의 두 면에 지그를 설치하여 제 3표면을 단순히 가공을 할 때 사용된다. 이것은 박스지그의 일종으로 정밀한 가공보다 생산속도를 증가시킬 목적으로 가장 단순하고도 기본적인 형태로 사용되며 지그본체는 고정식과 조립식으로 제작이 가능하다. 때로는 지그 다리를 사용하여 3개의 면을 가공할 수 있다. 여러 방면으로 드릴가공 할 수 있는 것 이외에도 얇은 부품의 공작물에 대해서도 지지 및 안정도가 보장되며 쉽게 설치 및 클램핑이 가능하다.

12. 박스 및 텀블 지그(Box or Tumble jig)

지그의 형태가 상자 형으로 구성되었으며, 공작물이 한 번 장착되면 지그를 회전시켜 가며 여러 면에서 가공할 수 있고, 공작물의 위치 결정이 정밀하고, 견고하게 클램핑할 수 있는 장점이 있다. 그러나 지그를 제작하는데 많은 시간과 제작비가 필요하며, 칩의 배출이 곤란하며 지그 제작비가 비교적 비싸므로 최초 제품생산비(initial cost)가 비교적 높다. 지그 다리를 사용하는 것이 원칙이나 지그 본체 중앙에 홈을 파내고 양쪽 끝단을 이용하여 지그 다리로 사용하기도 한다.

13. 트러이언 지그(Trunnion jig)

일종의 샌드위치 또는 상자의 지그를 트러이언에 올려서 공작물을 분할(각도)하여가며 가공하게 되는 지그로서, 주로 대형의 공작물이나 불규칙한 형상에 사용되며 로터리 지그라고도 말하다 공작물이 크고 무거울 경우에 적합하며 공작물의 크기에 비하여 쉽게 전면을 가공할 수 있다.

14. 멀티 스테이션 지그(Multistation jig)

일반적인 경우 한 개의 지그에서 한 종류의 작업이 이루어지나, 이 지그는 특수하게 설계된 드릴링머신의 회전테이블 위에 여러 종류의 작업을 할 수 있는 지그가 설치되어 연속적으로 가공이 이루어지도록 되어 있으므로 생산능률을 향상시킬 수 있게 된다. 이 지그의 특징은 공작물을 지그에 위치 결정시키는 방법으로 한 개의 공작물은 드릴링, 다른 공작물은 리밍, 또 다른 공작물은 카운터 보링 되며 최종적으로는 완성 가공된 공작물을 내리고 새로운 공작물을 장착할 수 있는 것이다.

이 지그는 단축 드릴머신에서도 사용되나, 특히 다축 드릴머신에서 사용하면 적합하고 부가적으로 이상의 지그들을 몇 개 복합시켜서 사용하기도 한다. 이러한 복합된 지그는 구조나 규격을 분류할 수 없다. 지그 선정과는 관계가 적은 사항이지만 지그는 공작물에 적합해야 하고 정밀하게 가공되어야 하며 작동이 간단하고 안전해야 한다.

16. 펌프 지그(Pump Jig)

이 지그는 사용자의 용도에 맞도록 상품화 되어 있다. 레버로 작동되는 지그판은 장착과 장·탈을 용이하게 한다. 이 지그는 기성품으로 사용자의 용도에 따라 약간의 변형만으로도 사용할 수 있으므로 많은 시간을 절약할 수 있다.

1-5 고정구의 형태별 종류

공작물의 형태에 따라 고정구(Fixture)의 형태가 결정되며 주로 플레이트형태와 앵글플레이트형태가 가장 많이 사용된다. 지그와 고정구는 위치 결정구와 클램핑 장치에 관한한 근본적으로 동일하다. 절삭력이 증가되기 때문에 같은 치공구 요소라 하더라도 지그보다는 더욱 견고하게 만들어져야 하며, 기준면에 의한 지지구도 고려하여야 한다.

1. 플레이트 고정구(Plate Fixture)

고정구 중에서 가장 많이 사용되어 적용되며 가장 단순한 형태이다. 기본적인 고정구는 플레이트 또는 V블록에 공작물을 기준설정과 위치 결정 시키고 클램프 시킬 수 있도록 만들어진 형태이다. 이 고정구는 단순하게 만들어지며 공작기계, 용접, 검사 등에 가장 많이 활용되는 형태이다. 본체는 강력한 절삭력에 견디어야 하므로 무엇보다 견고성이 필요하다. 고정구의 사용목적은 공작물의 위치 결정과 강력한 고정에 있다.

2. 앵글 플레이트 고정구(Angle-Plate Fixture)

플레이트 고정구에 수직 판을 직각으로 설치한 것으로 밀링고정구와 면판에 의한 선반고정구가 많이 사용되고 있다. 이 고정구는 공작물을 위치 결정구와 직각으로 기계 가공되는 것으로 강력한 절삭력에는 본체가 구조상 약하므로 보강 판을 설치하여야 한다.
이 고정구는 90°의 각도로 만들어지거나 다른 각도가 필요할 때가 있다. 이때는 수정된 앵글 플레이트 고정구 사용한다.

3. 바이스-죠 고정구(Vise-Jaw Fixture)

일반적으로 표준 바이스를 약간응용 한 것으로 작은 공작물을 기계 가공하기 위해서 사용된다. 이 형태의 고정구는 표준 바이스의 죠 부분을 공작물의 형태에 맞도록 개조한 것으로 제작비가 염가이나 정밀도가 떨어지고 바이스-죠의 이동량에 제한을 받게 되므로 소형 공작물을 가공하는데 적합하다.

4. 분할 고정구(Indexing Fixture)

분할 고정구는 플레이트 형태는 분할 판의 형태이고 앵글플레이트 형태는 인덱스 장치를 사용하며 분할 지그와 매우 유사하다. 이 고정구는 일정한 간격으로 기계 가공해야 할 공작물의 가공에 사용된다.

5. 멀티스테이션 고정구(Multistation Fixture)

이 고정구는 가공 사이클(machining cycle)이 계속되어야 할 경우에 생산 속도와 생산량의 향상을 위하여 사용된다. 이단 고정구(duplex fixture)는 단지 2개의 스테이션을 가진 가장 간단한 다단 고정구이다. 이 고정구는 절삭 작업이 계속되는 동안에 장착과 장탈을 할 수가 있다. 예를 들면 스테이션 1에서 공작물이 가공 완료되면 고정구는 회전되고 스테이션 2에서 가공 사이클은 반복된다. 동시에 공작물을 스테이션 1에서 제거하고 새로운 공작물을 장착한다.

6. 총형 고정구(Profiling Fixture)

이 고정구는 공작기계 자체로는 절삭할 수 없는 윤곽을 절삭할 수 있도록 절삭공구를 안내하는 데 사용된다. 이 윤곽은 내면과 외면 모두 가능하나 커터는 고정구와 계속적으로 접촉되고 있으므로 공작물은 고정구의 윤곽대로 절삭된다.

7. 모듈러 시스템(Modular Fixture)

생산과 기계 치공구 사이에 상호 관련되는 치공구 기술은 어려운 문제로 더 이상 발전이 어려운 것으로 판단되었다. 그러나 유연한 치공구 시스템은 각종 공장의 생산제품의 정밀도를 개선하여 생산성 향상에 상당히 효과적인 수단으로 이용되고 있다. 조절형 치공구는 공작물의 품종이 다양하고 소량생산에 적합하도록 고안된 치공구로서, 부품이 조립될 수 있도록 가공되어 있는 본체와 각종 치공구 부품, 볼트 등으로 구성되어 있다. 치공구는 부품의 조합에 의해서 완성되며 또한 쉽게 분해가 가능하므로 다양한 공작물의 형태에 간단히 대처할 수 있으며 고정밀도를 제공하고 규격화, 표준화되어 있으므로 생산의 자동화 추진이 가능하다. 또한 CAD/CAM System에 의하여 공작물에 적합한 치공구의 형태와 부품의 종류 및 위치 등을 설정할 수 있는 등의 장점이 있다. 조절용 고정구의 활용 범위는 자동화생산용, 밀링 고정구, 선반 고정구, 보링 고정구, 검사(3차원측정 등) 지그 등에 사용되며 복합용 머시닝센터에서 가장 많이 사용된다고 볼 수가 있다.

(1) 모듈러 치공구의 장점

관리하기에 상당한 장점을 가지고 있는 유연한 치공구 시스템은 한 부분의 공구실 기계요소나 2~3개소의 공구실 기계요소를 작동시키지 않더라도 생산성향상과 더불어 대량생산 시스템을 구성하게 된다. 기계공구 자체에 다양성과 유용성을 주므로 이 시스템은 기계의 이용성을 증가시켜주고 있다.

사실 유연한 치공구는 주문생산 메이커의 이용도를 줄여 경제성 및 융통성의 효과를 가져 올 수 있다. 그 이유는 보통 치공구는 그 유효수명을 작업이 완전히 끝나게 되면 치공구 수명이 끝나는 것으로 잡고 있으나 모듈러 치공구는 반복해서 이용할 수 있으며 실제로 효과는 입증되었다.

Wharton(최초개발자의 이름) Unitools Div.의 Rich 씨에 따르면 종전의 치공구가 특수 NC작동으로 생산하려면 약 100시간이 걸렸던 것에 비교하여 볼 때 모듈러 치공구를 이용하면 단 2시간 만에 끝나게 되었다고 하며, 치공구 비용도 80% 정도의 비용을 절감할 수 있다고 한다.

(2) 유연성 있는 치공구의 채택 특징

① 서로 다른 제품의 초기생산, 다품종 소량생산, 단속생산 등에 있어서 리드타임(lead-time)을 줄일 수 있어 납기, 개발일정 등을 단축시킬 수 있다.
② 치공구의 조립, 분해가 용이하고 재사용함으로써 제품에 대한 치공구의 상각비를 줄일 수 있어 원가를 절감할 수 있다.
③ 치공구의 조립과 분해가 용이하여 보관 장소를 줄일 수 있고 관리를 용이하게 할 수 있다.
④ Pallet change 시스템과 쉽게 결합할 수 있어 FMS에 적합하다.
⑤ Pallet change 시스템에서 Pallet별 치공구를 바르고 용이하게 조립할 수 있고, 기계의 정지 없이 계속적인 가동이 가능하여 장비 가동률을 높일 수 있다.

(3) 유연성 있는 치공구의 조립 방식

① Tooling plate 방식 : 주로 vertical type의 밀링, 머시닝 센터, CNC 드릴링 등에 주로 사용된다.
② Angle plate 방식 : 주로 Horizontal type의 밀링, 보링, CNC 밀링, 머시닝 센터 등에 사용된다.
③ Tooling block 방식 : tooling block 방식에는 공작물을 2면에 장착할 수 있는 것과 4면에 장착할 수 있는 것이 있으나 이들은 수평형의 장비에 사용되며 특히 기계의 테이블이 회전할 수 있는 머시닝 센터, 보링, 밀링 등에 사용된다. 이상의 3가지 방식으로 대별되며 이들의 치공구는 설계 및 조립 시간을 단축시키고 치공구의 관리를 효율화하기 위하여 표준화하여 제작된 제품이 업체에 공급되고 있으며 이들은 설계 및 제작에 따른 시간의 절감을 극대화하고 있다.

제1장 치공구 총론

예상문제

문제 001
치공구를 사용함으로서 얻는 이점이 아닌 것은?
- ㉮ 공차 내로 제품을 가공할 수 있다.
- ㉯ 미숙련공도 작업할 수 있다.
- ㉰ 가공중 제품의 변형을 억제할 수 있다.
- ㉱ 소량생산에서도 경제적이다.

문제 002
다음 설명 중에서 치공구 설계의 목적과 가장 관계가 먼 것은?
- ㉮ 능률적인 생산을 위해 범용 측정기를 설계하기 위해
- ㉯ 복잡한 부품을 경제적으로 생산하기 위해
- ㉰ 다량이며 특수한 공작물이 요구하는 정밀도를 얻기 위해
- ㉱ 공작기계의 특수한 공작을 가능하게 하는 부가적인 기능을 개발하기 위해

[해설] 능률적인 생산을 위해 특수공구를 설계하기 위해

문제 003
지그를 설계할 때 고려해야 할 사항 중 가장 적합하지 않는 사항은?
- ㉮ 지그 부품은 무겁게 설계되었는가?
- ㉯ 하중이 가장 많이 걸리는 곳은 어느 부분인가?
- ㉰ 가공하기 쉬운 모양인가?
- ㉱ 지그로서 어느 부분의 정밀도를 특히 중요시 할 것인가?

문제 004
다음 말 중 지그 설계할 때 고려해야 할 주의사항 중 해당되지 않는 사항은?
- ㉮ 지그 부품을 몇 개 사용할 것인가.
- ㉯ 지그로서 어느 부분의 정밀도를 특히 중요시 할 것인가.
- ㉰ 가공하기 쉬운 모양인가.
- ㉱ 하중이 가장 많이 걸리는 곳은 어느 부분인가.

문제 005
지그를 설계할 때 고려사항 중 틀린 것은?
- ㉮ 생산 개수와 납기에 대하여는 고려치 말고 설계할 것
- ㉯ 지그를 사용하는 공작기계 자체의 정밀도를 알 것
- ㉰ 가공품의 재질을 고려하여 적합한 것으로 할 것
- ㉱ 지그 및 고정구의 제작비를 검토할 것

문제 006
지그에 관한 설명 중 옳은 것은?
- ㉮ 지그는 호환성은 우수하지만 대량생산에 부적합하다.
- ㉯ 지그 사용시 드릴은 반드시 정밀하게 중심위치를 맞추지 않아도 된다.
- ㉰ 지그의 가공 정밀도는 공작물 정밀도의 10%이하이다.
- ㉱ 지그를 사용하여 가공한 구멍의 지름은 검사할 필요가 없다.

[답] 001. ㉱ 002. ㉮ 003. ㉮ 004. ㉰ 005. ㉮ 006. ㉯

문제 007

지그를 사용하는 목적에 적합하지 않는 것은?

㉮ 가공시간 단축
㉯ 가공품의 품질균일화
㉰ 생산설비의 감소
㉱ 작업의 단순화

문제 008

지그 및 고정구의 사용목적으로 틀린 것은?

㉮ 가공물의 가공시간을 단축시켜 저렴한 가격으로 제품을 얻을 수 있다.
㉯ 미숙련자에 의한 작업이 가능하다.
㉰ 가공중 제품의 변형을 최대한 방지할 수 있다.
㉱ 상대적으로 일정요구를 만족시키므로 호환성이 결여되는 제품을 얻는다.

[해설] 지그 고정구의 사용시 호환성과 정밀성을 유지할 수 있다.

문제 009

다음 지그 및 고정구에 대한 설명 중 틀린 것은?

㉮ 고정구란 가공품을 정확한 위치에 설치하기 위한 결정기구와 이것을 고정하기 위한 체결기루를 가진 것이다.
㉯ 일반적으로 지그와 고정구는 명확하게 구분되어 있다.
㉰ 정밀도가 높고 균일한 제품을 얻도록 하기 위한 기구를 지그라 한다.
㉱ 지그를 사용하여 만들어진 제품은 서로 호환성이 있어야 한다.

문제 010

치공구 관리의 목적과 기능을 열거하면 다음과 같다. 잘못 설명한 것은?

㉮ 생산계획에 따라서 필요한 조건에 맞는 치공구를 필요한 시기에 생산공정에 공급하여 제조공정을 원활히 한다.
㉯ 치공구의 분류와 보존 요령을 결정하고 관리하기 쉬운 체제로서 운영하여 불필요한 것을 배제한다.
㉰ 치공구의 이용확대를 위한 조직적인 활동을 좁히고, 생산성 감소의 우려가 있다.
㉱ 치공구는 정상적으로는 그 상태를 유지하고 그 사용법을 적절히 지도하는 등 효과를 높인다.

문제 011

다음의 치공구에 대한 설명 중에서 가장 틀리게 설명한 것은?

㉮ 지그는 공작물을 유지하고 지지하며 알맞은 공구를 안내하는 역할을 한다.
㉯ 고정구는 공작물을 위치 결정하고 유지시키며 지지해주는 생산용 공구이다.
㉰ 지그는 공작물의 여러 면에 가공이 끝날 때까지 테이블에 처음 고정된 상태를 항상 유지하여야 한다.
㉱ 고정구는 모든 공작가계와 특수장비로 가공할 경우 그 작업을 단순하게 하는 역할을 한다.

[해설] 여러 면 가공시는 지그가(드릴 지그, 밀링 지그 등) 테이블에 고정되어 가공이 불가하며, 각 면을 가공할 때 마다 고정 면이 변경되어야 한다.

문제 012

다음 설명으로 옳은 것은?

㉮ 특정할 때에 물품의 크기와 특정치의 차이를 검사오차라 한다.
㉯ 지그와 게이지는 똑같은 의미이다.
㉰ 정밀측정시 온도변화는 무시해도 좋다.
㉱ 용접 지그는 수축, 변형, 잔류응력 등을 고려해야 한다.

[해설] ① 검사오차 → 측정오차

[답] 007.㉰ 008.㉱ 009.㉯ 010.㉰ 011.㉰ 012.㉱

제1장 치공구 총론

② 똑같은 의미가 아니다.
③ 온도변화는 무시할 수 없다.

문제 013
생산 현장에서 치공구 사용상의 이점에 해당되지 않는 것은?
㉮ 생산성 향상에 기여
㉯ 제품 원가 절감과 공정개선
㉰ 치공구 사용에 따른 생산비용 증가
㉱ 품질향상과 제품 호환성 유지

[해설] 치공구를 사용하면 생산 비용이 감소된다.

문제 014
치공구의 3요소가 아닌 것은?
㉮ 위치 결정면   ㉯ 클램프
㉰ 위치 결정구   ㉱ 공작물

[해설] 위치 결정구 및 클램프 지지구의 위치가 필요하다.

문제 015
다음 지그에 대한 설명 중 틀린 것은?
㉮ 지그 설계자는 현장 작업에 능통해야 한다.
㉯ 지그본체의 모서리에는 반드시 모떼기, 둥글기를 붙여야 한다.
㉰ 지그 밑면과 테이블(Table)과의 접촉면적은 되도록 많게 한다.
㉱ 지그는 칩(chip)의 배출구가 고려되어야 한다.

[해설] 지그의 밑면과 Table과의 접촉면적은 되도록 적게 한다.

문제 016
다음은 치공구를 자동화 설계할 경우에 각 구성 요소에 대한 고려사항이다. 가장 적합하지 않은 설명은 어느 것인가?
㉮ 공작물의 위치 결정구는 단순하고 확실하게 위치 결정할 수 있어야 한다.
㉯ 수명의 연장을 위해 마멸이 예측되는 부위는 경화처리 한다.
㉰ 치공구의 각 부위는 둥글게 하여 칩이 부착되지 않도록 한다.
㉱ 원형단면을 갖는 공작물은 가능한 4조 방식

[해설] 원형단면을 갖는 공작물은 가능한 콜릿척(Collet chuck)을 사용하여 강력한 고정이 되도록 한다.

문제 017
공구설계 시 직접적인 영향을 주는 요소와 거리가 먼 것은?
㉮ 요구 정밀도
㉯ 생산 수량
㉰ 작업자의 숙련도
㉱ 공작물의 크기와 형태

문제 018
다음 중 공구설계의 조건과 관계없는 것은?
㉮ 균질의 고급품을 생산할 수 있을 것.
㉯ 작업자의 안전을 도모할 수 있을 것.
㉰ 기존 공작기계의 생산능률을 향상시킬 것.
㉱ 조작을 다소 복잡하게 하여 제품 생산비를 절감할 수 있을 것.

문제 019
치공구 설계의 기본 원칙에 해당되지 않는 것은?
㉮ 중요 구성 부품을 전문 업체에서 생산되는 표준 규격품을 사용할 것
㉯ 가공압력은 클램핑 요소에 힘을 받도록 설계하고 위치 결정면에는 힘을 받지 않도록 할 것
㉰ 치공구 도면에 주기 등을 표시하여 최대한 단순화 할 수 있도록 설계할 것
㉱ 치공구의 제작비와 손익 분기점을 고려하

[답] 013. ㉰ 014. ㉱ 015. ㉰ 016. ㉱ 017. ㉰ 018. ㉱ 019. ㉯

여 설계할 것

해설 가공압력은 클램핑 요소에 받지 않도록 하고 위치 결정면에는 가공 압력이 받도록 설계한다.

문제 020

제품 생산의 채산성을 따질 때 다음 중 가장 적합하지 않은 것은?

㉮ 개당 보관비용은 생산량이 많을수록 커진다.
㉯ 개당 고정 비용은 생산량이 많을수록 적어진다.
㉰ 개당 재료비는 생산량이 많을수록 적어진다.
㉱ 개당 전 생산비용은 생산량이 많을수록 낮아진다.

해설 개당재료는 연료비 적음

문제 021

밀링고정구의 제작비가 1,450,000원이 소요되는 부품의 1개당 생산비용은 밀링 고정구를 사용할 때는 1,620원/개이며 사용하지 않을 때는 3,750원/개이다. 이 둘을 비교하여 밀링 고정구를 사용할 때 손익 분기점을 계산한다면 최소 몇 개 이상의 부품을 생산하여야 하는가?

㉮ 681개 이상 ㉯ 562개 이상
㉰ 431개 이상 ㉱ 124개 이상

해설 손익분기점
$$Bp = \frac{Tc}{(Cp_1 - Cp_2)} = \frac{1450000}{(3750-1620)} = 680.751$$

문제 022

다음은 치공구의 경제성을 고려한 설계에 대한 설명이다. 가장 옳은 것은?

㉮ 치공구는 시간과 손실을 막도록 고려하여야 하므로 정교하고 복잡한 설계가 경제적이다.
㉯ 치공구의 공차는 가공부품 공차의 20~50%를 부여하는 것이 경제적이다.
㉰ 치공구는 가공부품에 적합하여야 하므로 표준화된 재료보다는 특수재료를 사용하는 것이 경제적이다
㉱ 치공구의 부품은 모두 열처리 후 연삭하는 것이 수명이 길어져 경제적이다.

해설 단순한 구조설계, 표준화된 재료, 필요부품만 열처리 후 연삭하여 사용한다.
공차는 가공부품 공차의 20~50%를 부여하는 것이 경제적이다.

문제 023

치공구 설계 시 부품도를 분석할 때 치공구 선정에 직접적인 영향을 주는 사항에 해당되지 않는 것은?

㉮ 부품의 전반적인 치수와 형상
㉯ 부품제작에 사용될 재료의 재질과 상태
㉰ 요구되는 정밀도 및 형상공차
㉱ 작업자의 숙련도와 작업방법

해설 작업자의 숙련도와 작업방법은 치공구 선정에 직접적인 영향을 주지 않는다.

문제 024

부품도를 분석할 때 치공구 설계에 영향을 주는 사항이 아닌 것은?

㉮ 치수와 형상   ㉯ 재료의 재질과 상태
㉰ 부품의 수량   ㉱ 검사 방법

문제 025

공정도에 포함될 사항이 아닌 것은?

㉮ 특수 공작기계 ㉯ 위치 결정구
㉰ 공정내용   ㉱ 클램프

문제 026

공정도에 포함되지 않는 것은?

㉮ 공정내용 및 공정번호
㉯ 제품명 및 부품번호

답 020. ㉮ 021. ㉮ 022. ㉯ 023. ㉱ 024. ㉱ 025. ㉮ 026. ㉱

㉰ 장비명 및 장비번호
㉱ 위치 결정구 및 클램프 수량

문제 027
다음 중 공구(Tooling)의 종류와 관계없는 것은?
- ㉮ 금형
- ㉯ 지그
- ㉰ 게이지
- ㉱ 공작기계

문제 028
치공구의 작업용도 및 내용에 따른 분류에 속하지 않는 것은?
- ㉮ 조립용
- ㉯ 용접용
- ㉰ 검사용
- ㉱ 생산용

문제 029
다음 중 템플리트(template) 지그를 사용하기에 가장 적합한 경우는?
- ㉮ 풀리 등 구멍에 직각으로 축을 고정하는 테이퍼핀 구멍을 뚫을 때
- ㉯ 대형기계 본체에 유닛을 설치하는 구멍을 뚫을 때
- ㉰ 원판에 정확한 간격의 구멍을 여러 개 뚫을 때
- ㉱ 어떤 부품의 직각을 이루는 두면 상에 구멍을 한 번의 고정 작업으로 뚫을 때

문제 030
제품의 정밀도보다도 생산속도를 증가시키기 위하여 사용되는 지그이며, 공작물의 윗면이나 내면에 설치하게 되며 일반적으로 고정시키지 않는 지그는?
- ㉮ 템플레이트 지그(Template Jig)
- ㉯ 플레이트 지그(Plate Jig)
- ㉰ 샌드위치 지그(Sandwich Jig)
- ㉱ 트라이언 지그(Trunnion Jig)

문제 031
형판 지그(Template jig)의 종류에 해당되지 않는 것은?
- ㉮ 레이아웃 템플레이트 지그
- ㉯ 평판 템플레이트 지그
- ㉰ 앵글 플레이트 지그
- ㉱ 원판 템플레이트 지그

[해설] 형판 지그(Template jig)의 종류 : 레이아웃 템플레이트 지그, 평판 템플레이트 지그, 원판 템플레이트 지그, 네스팅 템플레이트 지그

문제 032
템플릿 지그의 설명으로 가장 옳은 것은?
- ㉮ 작업자가 주의를 하지 않으면 많은 공작물이 부정확하게 기계가공 될 염려가 있는 구조이다.
- ㉯ 생산 작업에 사용되는 지그 중에서 가장 합리적인 구조이며 정밀한 공작물을 고속으로 생산하기 위한 지그이다.
- ㉰ 핀이나 네스트가 없이 클램프에 의하여 공작물을 밀착시킬 수 있는 구조이다.
- ㉱ 제작비가 많이 소요되지만 복잡한 형태의 공작물을 다량생산 할 때 적합하다.

[해설] 저속생산, 핀이나 네스트가 있으며, 제작비가 저렴. 풀 프루핑이 되지 않아 부정확한 가공우려가 있다.

문제 033
플레이트 지그에 대한 설명으로 틀린 것은?
- ㉮ 플레이트 지그는 공작물의 형상에 따라 평형, 테이블형, 샌드위치형, 리프형으로 구분할 수 있다.
- ㉯ 플레이트 지그 중에서 테이블형은 원형, 사각형, 6각형 등 대칭형의 공작물 위주로 사용한다.
- ㉰ 플레이트 지그는 부시, 위치 결정구, 지지

[답] 027. ㉱ 028. ㉱ 029. ㉰ 030. ㉮ 031. ㉰ 032. ㉮ 033. ㉯

구 및 클램프 등의 요소로 구성된다.
㉣ 평플레이트 지그는 플레이트 지그 중에서 가장 단순하고 기본적인 형태이다.

[해설] 테이블형 지그는 불규칙하고 비대칭적인 공작물을 가공하기 위한 것이 주목적이다.

문제 034

공작물의 형태가 불규칙하거나 넓은 가공면을 가지고 있는 비교적 대형 공작물 가공에 적합한 지그는?

㉮ 박스형 지그(Box jig)
㉯ 샌드위치형 지그(Sandwich jig)
㉰ 개방형 지그(Open jig)
㉱ 바깥지름형 지그(Diameter jig)

[해설] 개방형 지그(Open jig) : 공작물의 형태가 불규칙하거나 넓은 가공면을 가지고 있는 비교적 대형 공작물에 적합한 지그

문제 035

공작물이 얇거나 연질의 재료인 경우, 가공 중 발생할 수 있는 변형을 방지하기 위하여 활용되는 지그는?

㉮ 개방형 지그(open jig)
㉯ 샌드위치형 지그(sandwich jig)
㉰ 판형 지그(plate jig)
㉱ 니이형 지그(knee jig)

[해설] 샌드위치형 지그(sandwich jig) : 공작물이 얇거나 연질의 재료인 경우 가공 중 발생할 수 있는 변형을 방지하기 위하여 활용한다.

문제 036

파이프 플랜지와 유사한 형태의 공작물을 드릴링할 때 주로 사용되는 지그는?

㉮ 니이 지그
㉯ 링 지그
㉰ 채널 지그
㉱ 평판 지그

문제 037

판형지그의 일종으로 축, 핀과 같이 원형 모양의 공작물을 드릴작업 시 주로 사용되는 지그는?

㉮ 개방형 지그(Open jig)
㉯ 바깥지름형 지그(Diameter jig)
㉰ 박스형 지그(Box jig)
㉱ 니이형 지그(Knee jig)

[해설] 바깥지름 지그(Diameter jig) : 판형지그의 일종으로 축,핀과 같이 원형 모양의 공작물을 드릴 작업시 주로사용.

문제 038

Vise Jig의 설명으로 틀린 것은?

㉮ 기계 바이스를 응용한다.
㉯ 실린더 형상의 공작물 내경 작업에 적합하다.
㉰ 정확히 위치 결정 시킬수 있다.
㉱ 클램핑 시간이 다소 짧다.

문제 039

일감의 평면이나 원주면에 정확한 간격으로 구멍을 뚫거나 다른 기계가공 작업에 사용하기 위하여 필요한 지그는?

㉮ 리프 지그   ㉯ 분할 지그
㉰ 채널 지그   ㉱ 박스 지그

문제 040

공작물을 클램핑 할 때 힌지 핀(hinge pin)을 사용하여 공작물을 장, 탈착하며, 불규칙하고 복잡한 형태의 소형 공작물에 적합한 지그는?

㉮ 박스형 지그   ㉯ 바이스형 지그
㉰ 리프형 지그   ㉱ 분할형 지그

[해설] 리프 지그는 클램필 할 때 캠형 걸쇠를 가진 힌지리프를 사용한다.

[답] 034. ㉰ 035. ㉯ 036. ㉯ 037. ㉯ 038. ㉯ 039. ㉯ 040. ㉰

문제 041

채널 지그(Channel jig)의 용도를 바르게 설명한 것은?

㉮ 공작물의 두면에 지그를 설치하여 제 3표면을 단순히 가공을 할 때 사용하며, 정밀한 가공보다 생산 속도를 증가시킬 목적으로 사용된다.
㉯ 공작물이 얇거나 연질의 재료인 경우 가공중 발생할 수 있는 변형을 방지하기 위하여 활용한다.
㉰ 공작물의 형태가 불규칙하거나 넓은 가공면을 가지고 있는 비교적 대형공작물 가공에 사용된다.
㉱ 공작물의 가공이 일정한 각도로 이루어지거나 공작물의 측면을 가공할 경우 사용된다.

[해설] 채널 지그(Channel jig) : 공작물의 두면에 지그를 설치하여 제 3표면을 단순히 가공을 할 때 사용하며, 정밀한 가공보다 생산속도를 증가시킬 목적으로 사용된다.

문제 042

드릴 지그의 종류 중 텀블(tumble)지그는 다음 어떤 경우에 가장 많이 사용하는가?

㉮ 복잡한 원통공작물에 사용한다.
㉯ 직각으로 된 두개 이상의 구멍을 하나의 지그로 가공할 때 사용한다.
㉰ 대형 공작물을 낮은 정밀도로 가공할 때 사용한다.
㉱ 중심잡기를 하여 가공하여야 하는 특수형태의 지그이다.

문제 043

칩 배출이 가장 용이한 지그는?

㉮ 바깥지름 지그(Diameter Jig)
㉯ 개방 지그(Open Jig)
㉰ 리프 지그(Leaf Jig)
㉱ 상자형 지그(Box Jig)

문제 044

다음은 드릴 작업 시 지그를 사용할 경우의 장점을 설명한 것이다. 잘못 설명한 것은?

㉮ 제품의 정밀도가 향상된다.
㉯ 금긋기가 필요 없다.
㉰ 숙련공이 있어야 한다.
㉱ 호환성이 좋아진다.

[해설] 숙련공이 아니라도 작업가능

문제 045

직육면체의 직각인 두 면상의 구멍을 가공할 때 가장 적합한 지그는?

㉮ 템플릿 지그   ㉯ 박스 지그
㉰ 펌프 지그   ㉱ 채널 지그

문제 046

상자형 지그(box jig)를 설명한 것 중 옳지 못한 것은?

㉮ 지그를 회전시켜 여러 면에서 가공할 수 있다.
㉯ 견고하게 클램핑할 수 있다.
㉰ 칩 배출이 용이하다.
㉱ 지그제작비가 비교적 많이 든다.

문제 047

다음은 채널 지그 및 박스 지그에 대한 설명이다. 가장 옳은 것은?

㉮ 현재 사용되는 지그 중에서 가장 복잡한 형태이며 제작비도 가장 많이 소요되는 지그이다.
㉯ 모든 가공이 끝날 때까지 2-3회만 공작물을 재 장착하면 가공을 완성할 수 있다.
㉰ 채널 지그는 1회 장착한 후에 최소 5개의 면에 기계가공이 가능한 구조이다.
㉱ 채널 지그는 개방형 지그 중에서 가장 단순하고 응용된 형태이며 기본구조를 이루는 요소는 채널이다.

[답] 041. ㉮ 042. ㉯ 043. ㉯ 044. ㉰ 045. ㉯ 046. ㉰ 047. ㉮

[해설] 채널 지그는 밀폐형 지그 중에서 가장 복잡하고 응용된 형태이며, 1회 장착한 후에 재장착 없이 3개의 면에 기계가공이 가능한 구조이다. 박스 지그는 복잡한 가공물 가공시 사용되는 복잡한 구조의 지그이며 제작원가가 많이 소요되나 공작물의 재위치 결정 없이 여러 개의 면을 가공할 수 있는 장점이 있다.

문제 048

공작물이 주로 대형이거나 불규칙할 경우에 사용되며 공작물을 분할하여가며 가공하게 되는 지그로서, 로터리 지그라고도 하는 지그는?

㉮ 펌프 지그 ㉯ 트러니언 지그
㉰ 박스 지그 ㉱ 채널 지그

문제 049

1회 위치 결정으로 공작물을 드릴링, 리밍, 카운터 보링, 탭핑 등 순서적으로 이동 가공이 가능하며 주로 다축 공작기계에 사용하는 지그는?

㉮ 분할지그 ㉯ 트러니언 지그
㉰ 멀티스테이션 지그 ㉱ 펌프 지그

문제 050

앵글 플레이트 밀링고정구의 장점에 해당되지 않는 것은?

㉮ 같은 위치에서 각 공작물을 확실하게 위치되도록 설계할 수 있다.
㉯ 커터가 모든 공작물이 균일하게 가공되도록 설치될 수 있으며 게이징시간과 검사시간을 줄일 수 있다.
㉰ 빠른 위치 결정 클램핑을 할 수 있으며 간단한 형체는 설계상에서 통합될 수 있다.
㉱ 사용할 수 있는 높이에 한계가 없고 견고하지 않아도 좋은 효과를 얻을 수 있다.

문제 051

공작기계 자체로는 절삭할 수 없는 윤곽을 절삭할 수 있도록 절삭공구를 안내하는데 사용되는 고정구는 어느 것인가?

㉮ 플레이트 고정구(plate fixture)
㉯ 앵글 플레이트 고정구(angle plate fixture)
㉰ 총형 고정구(profiling fiture)
㉱ 분할 고정구(indexing fiture)

문제 052

가공 사이클이 계속되어야 할 경우 한쪽 스테이션에서 가공이 진행되는 동안 다른 스테이션에서는 새로운 공작물을 장착할 수 있어 생산성을 향상 시킬 수 있는 고정구로 가장 옳은 것은?

㉮ 다단 고정구 ㉯ 총형 고정구
㉰ 분한 고정구 ㉱ 트라니언 고정구

문제 053

다음 중 가장 저렴하게 소형 공작물 가공에 적합한 고정구는?

㉮ 총형 고정구
㉯ 다단 고정구
㉰ 바이스 죠 고정구
㉱ 앵글플레이트 고정구

문제 054

바이스 고정구에 대한 설명으로 가장 틀리게 설명한 것은?

㉮ 가장 간단한 고정구의 구조이다.
㉯ 크고 무거운 공작물 가공에 가장 유리하다.
㉰ 플레이트 고정구와 모양이나 형태가 유사하다.
㉱ 작고 가벼운 공작물의 경절삭에 유리하다.

[해설] 작고 가벼운 공작물의 유리하다.

답 048.㉯ 049.㉰ 050.㉱ 051.㉰ 052.㉮ 053.㉰ 054.㉯

문제 055

그림에서 고정구의 형태는?

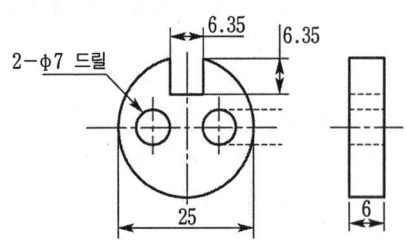

㉮ 박스 고정구 ㉯ 플레이트 고정구
㉰ 바이스 죠 고정구 ㉱ 템플릿 지그

문제 056

공작물의 품종이 다양하고, 소량생산에 적합하도록 고안한 고정구는?

㉮ 총형 고정구(Profiling Fixture)
㉯ 모듈러 고정구(Modular Fixture)
㉰ 멀티스테이션 고정구(Multistation Fixture)
㉱ 플레이트 고정구(Plate Fixture)

해설 모듈러 고정구(Modular Fixture) : 공작물의 품종이 다양하고 소량생산에 적합하도록 고안한 고정구

답 055. ㉯ 056. ㉯

제4편 치공구

공작물 관리

2-1 공작물 관리의 정의

1. 공작물 관리의 목적

공작물 관리란 공작물의 가공공정 중에 공작물의 변위량이 일정한 한계에서 관리되도록 공작물을 제어하는 것을 말한다. 즉 주어진 모든 변화 요인에도 불구하고 공작물이 치공구와의 관계에서 항상 일정한 위치관계가 유지되도록 하는 것이다. 공작물의 위치 결정면과 고정위치를 성립하기 위하여 필요하며, 공작물 관리의 목적은 다음과 같다.

(1) 모든 요인에 관계없이 공구와 공작물의 일정한 상대적 위치를 유지한다.
(2) 절삭력, 클램핑력 등의 모든 외부의 힘에 관계없이 공작물이 위치를 유지한다.
(3) 공구 및 고정력 또는 공작물의 취성에 의해서 과도한 휨이 일어나지 않도록 공작물의 변형을 방지한다.
(4) 공작물의 위치는 작업자의 숙련도에 관계없이 유지한다.

2. 공작물 변위 발생요소

공작물은 다음과 같은 요소에 의하여 변위를 하게 된다.
(1) 공작물의 고정력
(2) 공작물의 절삭력(공구력)
(3) 공작물의 위치편차
(4) 재질의 치수변화
(5) 먼지 또는 칩(chip)

(6) 공구의 마모
(7) 작업자의 숙련도
(8) 공작물의 중량
(9) 온도, 습도 등

위와 같은 공작물의 변위 발생 요소를 방지하기 위해서는 이들 공작물을 정확하며 확실하게 고정시키는 장치가 필요하고 이는 다음과 같이 분류된다.

우선 그 공작물을 잡아 주는 요소로는 척(2, 3, 4, 6), 콜릿, 바이스, 맨드럴, V블록, 센터 등이 있고, 공구를 잡아주는 요소로는 척(3), 콜릿척, 슬리이브, 드라이버, 바이트홀더, 어댑터, 아아버 등이 있으며, 치공구로서 지그(Jig)와 고정구, 게이지 등을 들 수 있다. 또한 지지구(support) 등도 공작물을 관리하는 공구 중의 하나로 분류할 수 있다. 이러한 장치를 공작물의 고정장치(workpiece holder)라 하며, 제품제조를 위한 치공구의 일부이다. 공정설계 기사는 위치 결정구, 지지구 및 클램프의 수량 및 위치를 선정하며, 치공구 설계 기사는 위치 결정구, 지지구, 클램프의 형태와 크기 및 실제적인 세부사항의 설계를 담당한다.

2-2 공작물 관리의 이론

1. 평형 이론

(1) 직선 평형

[그림 2-1]과 같이 자유 상태의 물체에 한 방향으로 힘이 가해지면 물체는 평형을 잃고 직선 방향으로 움직인다. 이 물체의 평형을 유지하기 위해서는 같은 크기의 힘을 반대 방향에서 가해 주면 되며 이 때 같은 방향의 힘을 반대 방향으로 작용하여 움직이지 못하게 하는 것이다. 따라서 직선 방향의 움직임이 없어지므로 직선 평형이 이루어진다.

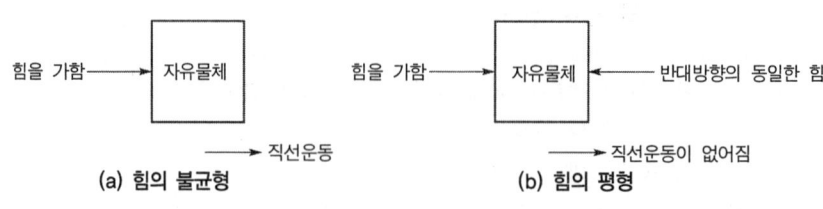

[그림 2-1] 직선 평형

(2) 회전 평형

자유 물체가 직선으로 균형을 이룬다고 해도 회전운동을 하는 수가 있다. 자유 물체가 직선 운동을 하기 위해서는 힘이 물체의 중심에 가해져야 한다. 그러나 작용하는 힘이 중심을 벗어나면 [그림 2-2]와 같이 회전하려는 경향이 생기며, 이 때 회전하려는 모멘트는 가해지는 힘과 회전축까지의 거리를 곱하면 구해진다. 평형을 유지하기 위해서는 같은 크기의 모멘트가 반대 방향으로 가해져야 한다. 크기가 같고 반대 방향인 모멘트가 서로 반작용하여 물체의 평형 상태를 유지하는 것을 회전 평형이라 한다. 직선 평형은 힘의 균형에서 이루어지고 회전 평형은 모멘트의 평형에서 이루어진다 .따라서 회전 평형 시에는 평형을 이루는 힘이 가해지는 힘과 크기가 같지 않아도 된다. 가해지는 힘이 작더라도 회전축의 길이가 길면 모멘트는 같을 수 있다.

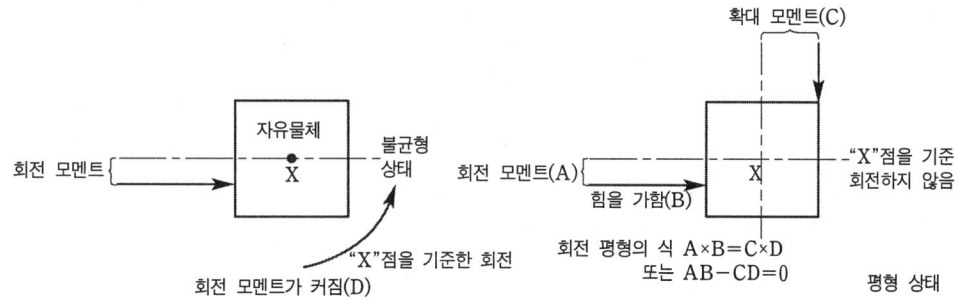

[그림 2-2] 회전평형

2. 위치 결정의 개념

(1) 3-2-1 위치 결정법

위치 결정을 위한 최소의 요구조건이다. 정육면체의 공작물을 위치 결정구를 배열하는 것을 위치 결정법이라 하며, 육면체의 가장 이상적인 위치 결정법은 3-2-1 위치 결정(3-2-1 location system)방법이다. 이는 가장 넓은 표면에 3개의 위치 결정구를 설치하고, 넓은 측면에 2개를 설치하고, 좁은 측면에 1개의 위치 결정구를 설치하는 것을 말한다([그림 3-3] 참조). 그러나 이 기본배열을 취할 경우 공작물 밑면에 배치되는 3개의 위치 결정구는 기계가공중에서는 안정도를 반드시 보증하지는 못한다. 또한 이 3개의 위치 결정구로 이루어진 3각형 면적 밖에서 절삭력이 작용할 경우 공작물이 변위가 발생할 수 있다. 강력한 절삭을 할 경우 버튼으로 이루어진 삼각형 면적에 절삭력이 작용하면 공작물은 기울거나 뒤집어 지려고 할 것이고 클램프에 의한 압력과 마찰력은 이러한 움직임에 대하여 반작용을 일으키게 된다. 그러므로 기계가공중에 진동과 충격 때문에 공작물은 클램프에서 미끄러지는 결과가 생긴다.

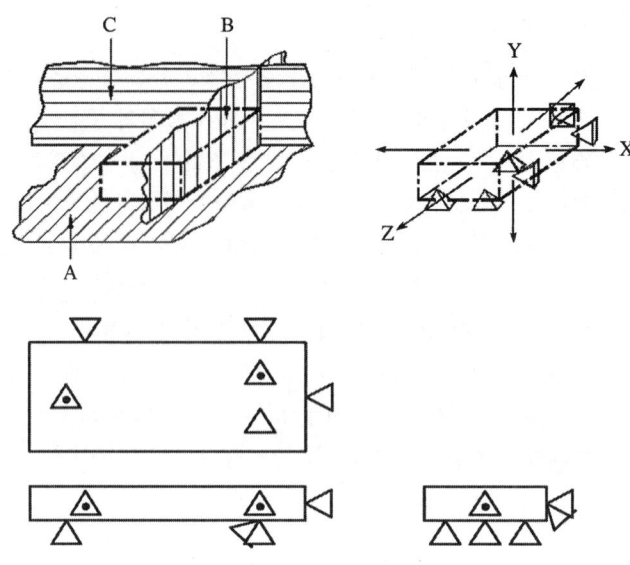

[그림 2-3] 3-2-1 위치 결정법

① 3점 위치 결정 장·단점

위치 결정면은 5가지의 자유도를 구속하는 조건을 가져야 한다. 3점 지지는 공작물을 고정하기 위한 안전한 방법이다. 장단점은 다음과 같다.

㉠ 공작물의 표면에 요철(凹凸)이 있어도 흔들리지 않는다.
㉡ 자리면을 수평으로 하면 칩의 처리가 쉽다.
㉢ 공작물의 기준면이 스텝 블록일 경우 매우 좋다.
㉣ 기계 가공할 때는 수평지지가 다소 어렵다.
㉤ 공작물을 바르게 클램프로 고정했지만 변형을 확인할 수 없다.(위치 결정구의 먼지나 칩이 붙어도 흔들림이 없기 때문이다)
㉥ 지지구에서 떨어진 곳을 가공할 경우 불안정 또는 전체가 강성 부족으로 3점 위치 결정의 주의 사항은 위치 결정 점은 될수록 띄우고 공작물의 표면에 요철이 있을 때는 지지구를 나사형태로 하여 높이를 조정할 수 있도록 하는 것이 좋다.

(2) 2-2-1 위치 결정법

원통형의 공작물을 위치 결정할 경우, 가장 이상적인 위치 결정법을 말하며, 이는 공작물의 원통부에 2개씩 2곳에 설치하고, 단면에 1개의 위치 결정구를 설치하여 안정감을 유지하게 된다.([그림 2-4] 참조)

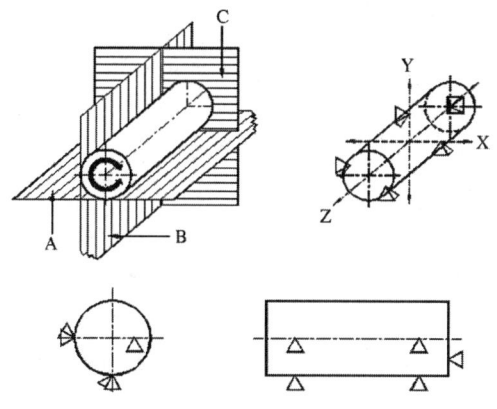

[그림 2-4] 2-2-1 위치 결정법

(3) 4-2-1 위치 결정구

밑면에 4번째의 위치 결정구를 추가함으로서 지지된 면적은 4각형이 되어 안정도를 얻게 된다. 이 원리를 4-2-1 위치 결정법이라 한다. 위치 결정면이 기계 가공되었다면 모든 위치 결정구는 고정식으로 하면 이것은 또 다른 장점을 가지고 있다. 즉, 부품이 4개의 위치 결정구 상에 적절하게 놓여질 때 안정하게 되며, 만약 칩이나 이물질이 끼었다거나 위치 결정면이 구부러졌다면 공작물은 안정되지 않고 흔들리게 된다. 이것은 작업자에게 주의를 환기시키며 올바르게 설치되어야 할 경우에 무언가 결함이 있음을 깨닫게 한다. 거친 주조품과 같은 공작물에는 4개의 밑면 위치 결정구 중 하나를 조절할 수 있게 한다. 또 다른 측면에서 보면 6개 이상의 위치 결정구를 공작물의 위치 결정면에 배치할 경우에는 불필요한 위치 결정구가 생기며, 이것은 위치 결정구의 과잉상태가 된다.

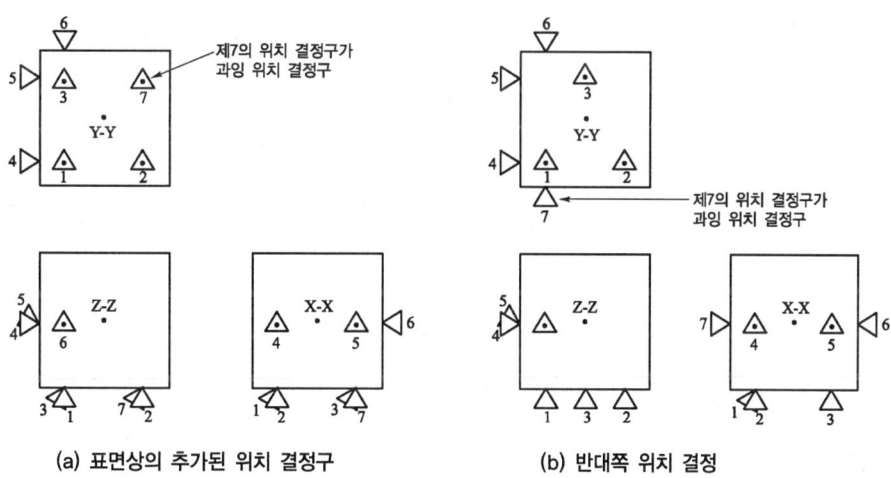

(a) 표면상의 추가된 위치 결정구   (b) 반대쪽 위치 결정

[그림 2-5] 과잉 위치 결정구(4-2-1 위치 결정법)

① 4점 위치 결정

먼지나 칩이 들어간 여부를 확인할 때는 4점 위치 결정으로 한다. 그러나 이것은 위치 결정 점의 높이가 전부 고르게 되어 있고, 공작물의 기준면도 바르게 가공되어 있어야 하므로, 특별한 경우 외에는 그다지 사용되지 않지만, 반대로 이 모양을 이용하여 공작물의 안정도를 검토 할 수 있기 때문에 이러한 방식이 좋을 때도 있으므로 드릴 지그에서 다리의 위치 결정은 4점을 사용하고 있다.

② 교체 위치 결정구(alternate locater)

3-2-1위치 결정 방법은 최대 6개의 위치 결정구를 사용하여야 한다는 점을 말한다. 6개의 위치 결정구는 공구에 대해 공작물을 완전히 위치시킨다. 초과된 위치 결정구는 앞서 설명한 바와 같이 공작물의 관리를 좋지 못하게 한다. 그러나 다수의 위치 결정구가 바람직한 경우도 있다. 초과된 위치 결정구를 교체 위치 결정구라 부른다. 교체 위치 결정구의 사용법과 배치는 신중히 검토할 필요가 있다. 만일 직육면체 공작물에 일곱 개의 위치 결정구를 사용한다면 위치 결정구는 교체 위치 결정구가 되어야 한다. 만일 7개의 위치 결정구가 원통 형상을 위치시키는데 사용되었다면 2개의 위치 결정구는 교체 위치 결정구가 되며 원통을 위치 결정하는데 5개의 위치 결정구 만이 필요하다.

3. 교체 위치 결정이론(alternate locater Theory)

3-2-1 위치 결정은 6개의 위치 결정구를 뜻하며 초과된 위치 결정구는 공작물 관리에 일반적으로 좋지 못하나, 다수의 위치 결정구가 바람직한 경우 초과되어 사용된 위치 결정구를 교체 위치 결정구라하며 아래와 같이 특별한 결과를 얻는데 사용된다.

① 중심선관리를 개선한다.
② 고정력을 적용할 수 없는 경우에는 기계적 관리를 위해 사용한다.
③ 공작물 장착시 작업자의 숙련을 크게 요구하지 않을 때 사용한다.
④ 교체 위치 결정구를 사용하여 치공구 설계가 보다 쉬워지고 고정장치 제작비용 감소한다.
  ㉠ 교체 위치 결정구는 외관상 다른 위치 결정구와 다른 점이 없다.
  ㉡ 전체 위치 결정구 방법의 분석을 통하여 교체 위치 결정구를 알 수 있다.

(1) 중심선 관리

① 둥근 표면상의 한 개의 위치 결정구는 중심선 위치 관리를 못한다.
② 둥근 표면상의 두 개의 위치 결정구는 위치 결정구에 얹혀 있는 중심선만 관리한다.
③ 세 개의 고정된 위치 결정구는 두 개의 위치 결정구 일 때와 같은 중심선을 관리한다.

④ 세 개의 이동 위치 결정구는 원형 공작물의 두 개 중심선을 관리한다. 이때 하나의 위치 결정구는 교체 위치 결정구가 되며 고정력도 함께 얻어진다.

(2) 교체 위치 결정구의 용도

① 공작물에 고정력 사용이 곤란한 경우 대체 위치 결정구를 사용하여 고정력을 보충하거나 작업자의 숙련도 및 수고를 감소시키는 역할을 한다.
② 교체 위치 결정구는 공작물관리를 개선하거나 감소시킬 수 있으므로 품질, 비용, 생산성 등에 많은 기여를 한다.

2-3 형상 관리(기하학적 관리 : Geometric control)

1. 위치 결정법

형상 관리는 형상이 다양한 공작물이 치공구 내에서 안전 상태를 유지시키기 위하여 관리하는 것을 말한다. 공작물이 위치 결정구 위에 놓여졌을 때 불안정하게 놓여 있을 경우 공작물은 하나 또는 그 이상의 위치 결정구로 부터 들리어 흔들릴 것이다. 고정력은 공작물이 모든 위치 결정구와 완전히 접촉되지 않은 상태 그대로 고정된다. 이 때 공작물 관리 또는 위치 결정의 정도는 좋지 않게 된다.

(1) 공작물의 불안정한 이유

① 위치 결정구가 너무 가깝게 배치되었을 경우
② 공작물의 윗부분이 무거울 경우
③ 고정력이 잘못 배치되었을 경우
④ 위치 결정구가 충분하지 못한 경우

(?) 양호한 형상 관리의 이점

① 작업자의 기술이나 노력에 관계없이 공작물은 자동적으로 위치 결정구에 올려 놓여지게 한다.
② 고정력에 의해 공작물이 위치 결정구로 부터 이탈되는 경향이 감소된다.
③ 위치 결정구가 넓은 간격으로 배치되었을 경우 표면 불규칙으로 인한 공작물의 치수 변화가 작아진다.
④ 공구력에 의해 공작물이 위치 결정구로 부터 이탈되는 경향이 감소된다.
⑤ 위치 결정구가 넓은 간격으로 배치되었을 경우 위치 결정구의 마모에 의한 공작물 위치 결정에 대한 영향이 작아진다.
⑥ 위치 결정구가 넓은 간격으로 배치되었을 때 이물질(먼지, 칩)에 의한 공작물

위치 결정에 있어서 영향이 작아진다.

위치 결정구 마모와 간격의 관계를 좀 더 알기 쉽게 위치 결정구 간격이 좁은 경우 조금만 마모되어도 공작물의 오차는 커진다. 그러나 넓은 간격으로 배치되었을 경우에는 각도의 오차는 작아지나 휨이 발생되기 쉽다.

2. 형상(기하학적)관리의 기본법칙

(1) 직육면체 형상

직육면체 형상에서는 지켜야 할 규칙 3가지는 다음과 같다.
① 공작물 위치 결정 평면을 결정하기 위해서 가장 넓은 표면에 3개의 위치 결정구를 배치한다.
② 두 개의 위치 결정구는 두 번째로 넓은 표면에 배치한다.(보통 옆면에 배치한다.)
③ 하나의 위치 결정구는 가장 좁은 표면에 배치한다. (보통 끝 면에 배치한다.)

직육면체 형상의 공작물에 가장 양호한 형상 관리를 얻기 위해서는 3개의 위치 결정구를 가장 큰 표면에 배치시켜야 한다. 이 3개의 위치 결정구는 공작물의 윗면이나 아랫 면에 넓은 간격으로 배치시킬 수 있다. 이 형상의 옆면과 끝면은 크기가 작으므로 3개의 위치 결정구가 넓게 배치될 수 없다. 2개의 위치 결정구를 옆면에 배치시킨다. 옆면은 두 번째로 큰 면이다. 마지막 1개의 위치 결정구를 끝 면에 배치시킨다. 이 형상은 이제 양호한 기하학적 관리상태 하에 있고 안정성을 얻었다. 무게 중심은 낮고 3개의 위치 결정구에 가깝게 있다. 이 위치 결정 방법에서 공작물은 안정이 되어 있다.

(2) 원기둥 형상

① 짧은 원통 : 높이가 지름보다 작은 경우는 위치 결정구를 5개 설치한다.
  ㉠ 평면을 결정하기 위해 3개의 위치 결정구를 밑면에 배치한다.
  ㉡ 2개의 위치 결정구를 원주에 배치한다.
  ㉢ 중심에 대한 회전을 방지할 필요가 있을 경우에는 마찰구를 사용한다.
원기둥형의 위치 결정은 새로운 형식이 요구되며, 지름과 높이가 우선 비교되어야 한다. 높이가 지름보다 아주 작은 경우는 [그림 2-6]과 같이 결정한다.
② 긴 원통 : 높이가 지름보다 큰 경우 5개의 위치 결정구가 필요하다.
  ㉠ 원주 표면의 양쪽 끝 부분에 직각이 되게 2개씩 가깝게 놓아 4개의 위치 결정구를 배치한다.
  ㉡ 한 쪽의 끝 면상에 하나의 위치 결정구를 놓는다.
  ㉢ 중심선에 대한 회전을 방지하기 위하여 필요하면 마찰구를 사용한다.

[그림 2-7] 길이가 지름보다 큰 경우의 양호한 공작물 관리를 나타내고, [그림 2-8]는 높이가 지름보다 큰 경우의 잘못된 공작물 관리를 나타낸다.

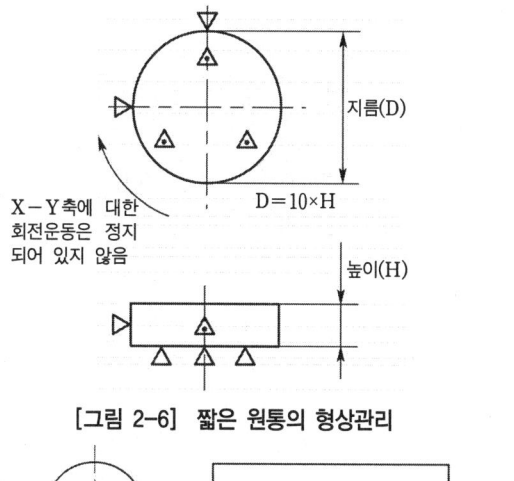
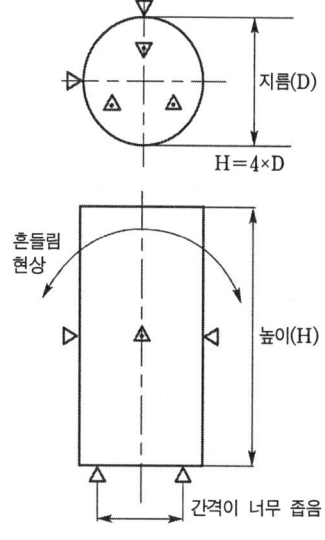

[그림 2-6] 짧은 원통의 형상관리

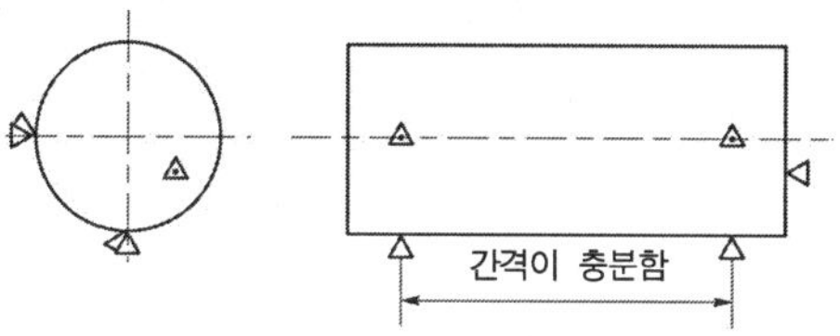

[그림 2-7] 긴 원주의 양호한 형상관리

[그림 2-8] 긴 원주의 잘못된 형산관리

(3) 원추 형상

① 짧은 원추는 5개의 위치 결정구가 필요하다.
  ㉠ 밑면에 3개의 위치 결정구 배치한다.
  ㉡ 원주면 아래에 2개의 위치 결정구 사용한다.
② 긴 원추는 5개의 위치 결정구가 필요하다.
  ㉠ 원추면에 2쌍의 위치 결정구 4개를 배치한다.
  ㉡ 밑면에 1개의 위치 결정구을 배치한다.

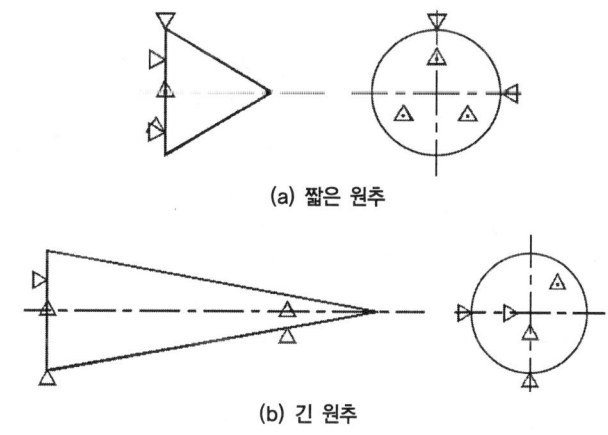

(a) 짧은 원추

(b) 긴 원추

[그림 2-9] 원추형상의 위치 결정

원추형도 원통형과 유사하게 관리된다. 짧은 원추형과 긴 원추형에 적용되는 관리법은 [그림 2-9]와 같다. 중심선에 관한 회전은 위치 결정구에 의해 정지될 수 없기 때문에 마찰구가 사용되며, 긴 원추형은 약간 원추 각의 변화가 있어도 중심선의 위치가 변화하므로 정확한 위치 결정을 하기가 곤란하다. 주의할 것은 2개의 위치 결정구를 표면 대신 밑면 모서리에 배치하는 것이다.

(4) 피라미드 형상

① 짧은 피라미드형은 6개의 위치 결정구가 필요하다.
  ㉠ 세 개의 위치 결정구를 밑면에 배치한다.
  ㉡ 두 개의 위치 결정구를 밑면의 가장 긴 모서리에 배치한다.
  ㉢ 하나의 위치 결정구를 밑면의 가장 짧은 모서리에 배치한다.
② 긴 피라미드형(정사각 추, 직사각 추)도 6개의 위치 결정구가 필요하다.
  ㉠ 가장 긴 경사면에 3개의 위치 결정구 배치한다.
  ㉡ 가장 작은 경사면에 2개의 위치 결정구 배치한다.
  ㉢ 밑면에 1개의 위치 결정구 배치한다.

피라미드형의 공작물은 직사각형과 유사하게 관리된다. 길고 짧은 피라미드형의 관리가 [그림 2-10]에 나타나 있다. 긴 피라미드형의 경우에는 세 개의 위치 결정구가 각진 면에 자리한다. 이것은 직각 피라미드처럼 전면이 같은 경우이고 만일 직사각형의 피라미드인 경우, 가장 큰 면에 세 개의 위치 결정구가 놓여진다. 두 개의 위치 결정구가 그 다음 큰 면에 놓이고 하나의 위치 결정구가 밑면에 놓인다.

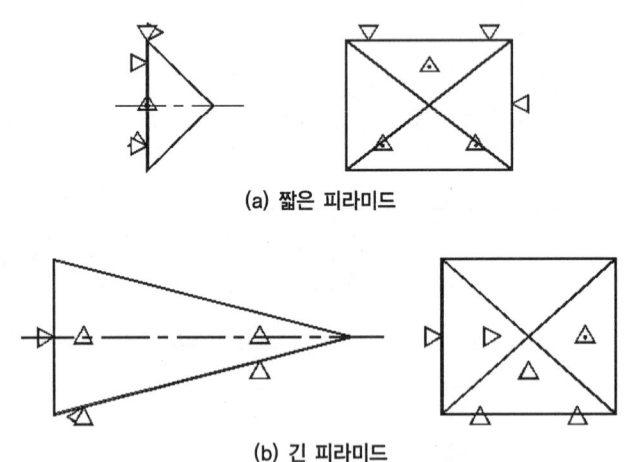

(a) 짧은 피라미드

(b) 긴 피라미드

[그림 2-10] 피라미드 형상의 위치 결정

(5) 파이프 형상

파이프 형상의 내면을 위치 결정 하는 데는 원통에 사용된 것과 같은 기본적인 방법을 사용할 수 있다. 공작물 안에 있는 구멍에 대해서도 원통과 같은 방법으로 위치 결정 한다. 이러한 원통 내면에 대한 특수 적용의 예를 [그림 2-11]에 나타내었다. 원통의 지름과 높이가 같을 경우 긴 원통에 대한 위치 결정방법이나 짧은 원통에 대한 위치 결정 방법 중 어떤 것을 사용하여도 좋다.

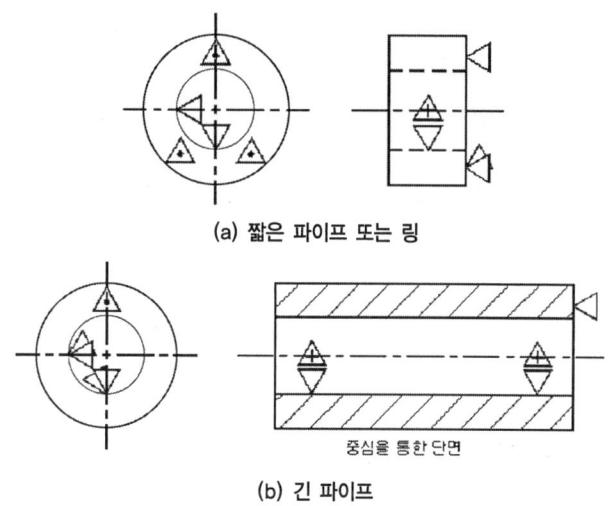

(a) 짧은 파이프 또는 링

(b) 긴 파이프

[그림 2-11] 파이프 형상의 위치 결정

2-4 치수 관리(Dimensional Control)

공작물의 치수관리란 제품도에 요구하는 치수가 정확히 가공될 수 있도록 위치 결정구의 위치를 선정하는 공작물의 관리를 말한다.

치수 관리와 형상 관리가 동일한 조건일 때는 치수 관리 가 형상 관리보다 우선적으로 고려되어야 하며 허용 공차 내에서 치수 관리 및 형상 관리가 불가능할 때는 제품도의 도면을 변경하여야 한다. 이러한 치수의 관리는 공차 누적이 발생하지 않으며, 공작물의 변위량이 치수 공차의 변위를 벗어나지 않고, 공작물의 불균일한 형상이 치수 공차의 범위를 벗어나지 않은 때에 우수한 치수 관리가 이루어졌다고 할 수 있다. 이러한 우수한 치수 관리는 정확한 면에 위치 결정구가 잘 접촉되게 하여야 하며, 선택된 면에 위치 결정구가 정확히 유지되어야 한다.

1. 우수한 치수 관리

(1) 공정상에 공차 누적이 생기지 않을 때
(2) 공작물의 치수변화가 공차 안에 들어가는 치수를 얻는데 지장을 주지 않을 때
(3) 공작물의 불규칙으로 공차 안에 들어가는 치수를 얻는데 지장을 주지 않을 때
(4) 위치 결정구 배치에 알맞은 표면을 선택하였을 때
(5) 선택된 표면상에 위치 결정구를 정확하게 배치하였을 때
(6) 치수관리는 제품도에 나타나 있는 두 표면 중의 하나에 위치 결정구가 배치되었을 때 가장 양호함.
(7) 치수관리는 제품도에 주어진 치수에 대한 중심선 양쪽에 위치 결정구를 배치 할 때 가장 좋다.
(8) 수평 및 수직 중심선 치수관리는 원주 상에 배치한 두 개의 위치 결정구로 관리할 수는 없다.
(9) 평행도, 직각도, 동심도에 엄격한 공차가 요구될 때는 공차가 적용되는 면 중의 한 면에 한 개 이상의 위치 결정구를 배치해야한다.

만일, 치수관리를 하지 않으면 가공 공차가 더욱 작아지므로 이는 비경제적이다.

2. 위치 결정구의 간격

둥근 표면상에 위치 결정구를 배치하는 간격에 의해 치수변화가 발생된다. 위치 결정구가 중심선 양쪽으로 배치되었다 할지라도 불안한 위치 결정이 될 수 있다. 위치 결정구 사이의 간격에 대한 영향이 [그림 2-12], [그림 2-13], [그림 2-14]에 나타나 있다.

(1) 60°(120° Vee Block)

① 수평 중심 : 최소 변화로 치수관리가 양호하다.
② 수직 중심 : 불안정하다. 기하학적 관리 불량하다.
③ 클램핑력 : 크다

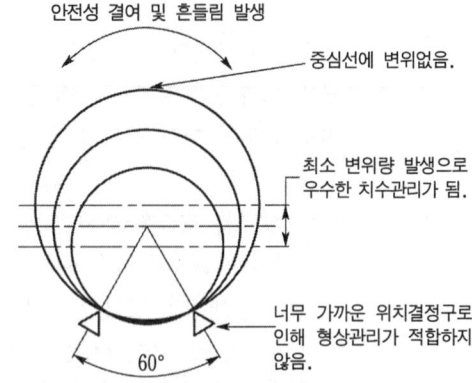

[그림 2-12] 60°(120° Vee Block) 위치 결정구 간격의 영향

(2) 90°(90° Vee Block)

① 수평 및 수직중심 : 평균이다
② 클램핑력 : 평균이다
③ 일반적으로 많이 사용한다.

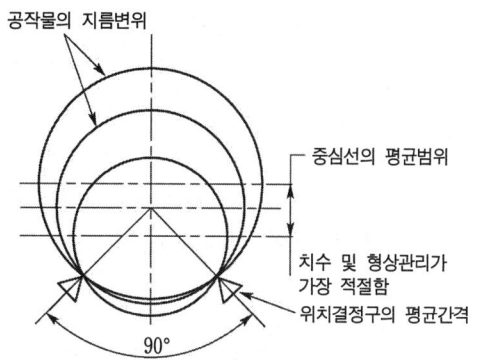

[그림 2-13] 90°(90° Vee Block)
위치 결정구 간격의 영향

(3) 120°(60° Vee Block)

① 수평 중심 : 최대로 변화 하므로 치수관리가 불량하다.
② 수직 중심 : 안정된다. 기하학적 관리 양호하다.
③ 클램핑력 : 적다.

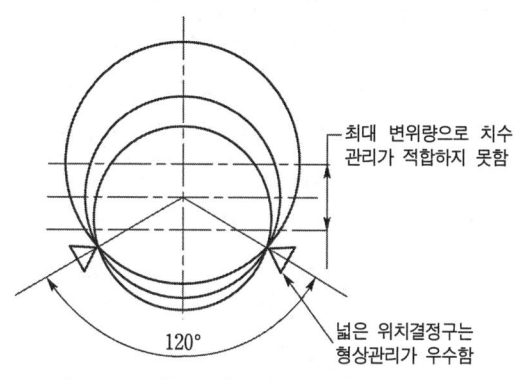

[그림 2-14] 120°(60° Vee Block)
위치 결정구 간격의 영향

2-5 기계적 관리

3-2-1 위치 결정법은 형상 관리와 치수 관리를 동시에 실시하고자 할 때 적용한다. 공작물은 고정력, 절삭력, 자중 등에 의하여 휨이나 변형이 발생할 수 있다. 기계적 관리는 공작물을 가공할 때 발생되는 외력에 의하여, 공작물의 변형 및 치수 변화가 없도록 관리하는 것을 말하다. 기계적 관리를 위하여 위치 결정구의 배치는 치수관리 및 기하학적 관리를 우선으로 하며 두 관리 조건을 만족한 후 기계적 관리를 고려한다.

1. 기계적 관리를 위해 기본 조건

(1) 절삭력으로 인해서 휨이 발생하지 않을 것.
(2) 고정력으로 인한 공작물의 휨이 발생하지 않을 것.

(3) 자중으로 인한 공작물의 휨이 발생하지 않을 것.
(4) 고정력이 가해질 때 공작물이 모든 위치 결정구에 닿도록 할 것.
(5) 고정력으로 인해 공작물의 영구 변형이나 휨이 발생되지 않도록 할 것.
(6) 절삭력으로 인해 공작물이 위치 결정구로부터 이탈되지 않게 할 것.

2. 양호한 기계적 관리

① 고정력은 정확한 위치에 클램프 한다.
② 지지구를 정확한 위치에 설치한다.
③ 위치 결정구를 정확한 위치에 배치한다.

(1) 공작물의 휨과 비틀림

공구의 절삭깊이, 이송, 절삭속도가 너무 크면 절삭시 공구가 공작물에 휨과 비틀림을 발생하게 하여 절삭력 제거 시 노치(notch)부는 스프링 백(spring back) 현상에 의해 공작물을 원래상태로 되돌아가나 홈 부의 가공치수가 제품 공차를 초과하게 된다([그림 2-15] 참조). 따라서 교정 작업이나 스크래핑(scraping) 작업을 추가해야 한다.

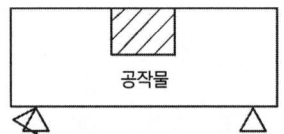

(a) 밀링작업을 위한 공작물의 위치

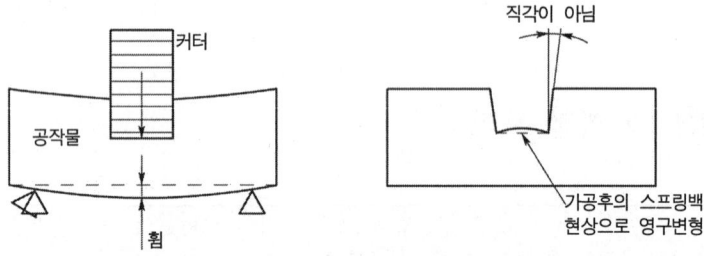

(b) 밀링작업 시 절삭력에 의한 변형   (c) 가공 후 스프링백에 의한 노치현상에 의한 변형

[그림 2-15] 공작물의 휨과 비틀림

(2) 절삭력(공구력)

공구에 의해 공작물에 바람직하지 못한 형상 변화가 생기면 기계적 관리가 불량하게 된다. 따라서 기계적 관리는 절삭력에 의해 잘못된 형상으로 가공되는 것을 방지하는 것이다.
① 과도한 절삭력은 공구의 무딤, 공구 형상, 절삭 속도, 이송 및 절삭 깊이 등 여러 요인에 의해 발생된다.

② 과도한 절삭력은 공작물의 휨, 뒤틀림이 발생한다.
③ 기계적 관리에 가장 중요한 문제이다.

(3) 지지구(Support)

공작물의 휨, 뒤틀림을 제한하거나 정지시키는 장치로 기계적 관리를 좋게 하는 수단으로 사용된다. 위치 결정구보다 다소 낮게 설치하거나 같게 설치한다. 지지구에는 3가지 형태가 있으며, 고정식(fixed) 지지구, 조정식(adjustable) 지지구, 동시형(equalizing)이다. 공작물의 형상 관리를 보완하고 공작물의 위치를 정적으로 안정시키는 요소로서 일반적으로 수동으로 작동되는 나사와 플런저, 스프링과 쐐기 및 공, 유압 작동 플런저 등 기계적 관리를 위해 사용되고 있다.

① 고정식 지지구(fixed type support)
  ㉠ 지지구를 고정시킨 것으로 위치 결정구보다 약간 아래에 위치시킨다.
  ㉡ 절삭력에 의한 공작물의 휨을 제한한다.
  ㉢ 제작비가 싸고 작업이 용이하나 공차가 커진다.
  ㉣ 품질보다 경제성을 우선할 경우 사용한다.
  ㉤ 기계가공 면에 한하여 사용한다.

② 조정식 지지구(adjustable type support)
  ㉠ 움직일 수가 있고 조정이 가능하다.
  ㉡ 고정식 지지구보다 훨씬 낮게 위치시킨다.
  ㉢ 고정식 보다 우수한 기계적 관리가 가능하다.
  ㉣ 가격이 비교적 비싸고 조정 시간이 많이 소모되지만 공차가 작아진다.
  ㉤ 경제성보다 품질 우선할 경우 사용한다.
  ㉥ 불규칙한 주조, 단조 면에(기계가공하지 않은 면) 주로 사용한다.

(4) 공구의 회전방향

공작물의 휨에 대한 두 번째 대책은 절삭력의 방향을 커터회전을 역회전시켜 바꿀 수 있다.

① 상향절삭(up cut milling)
  공구의 회전방향과 공작물의 이송이 반대임.
  ㉠ 절삭력이 위로 향하여 공작물의 휨이 생기지 않으며 지지구가 필요하지 않다.
  ㉡ 절삭력은 위치 결정구로부터 공작물을 들어올리는 경향이 있어 바람직하지 못하다.
  ㉢ 클램핑 고정력이 커야한다.

② 하향절삭(down cut milling)
  공구의 회전방향과 공작물의 이송이 같은 방향임
  ㉠ 절삭력이 아래로 향하여 절삭력은 위치 결정구상에 공작물을 고정시키는데

도움을 주므로 고정력은 작아도 된다.
ⓒ 위치 결정구상에 공작물을 고정시키는 휨이 작용되며 지지구를 받쳐주면 기계적 관리는 충분히 이루어진다. 결론으로 기계적 관리는 공작물 휨을 감소시키기 위한 커터 회전방향을 관리하는 것만으로는 얻어질 수 없다.

(5) 절삭력에 대한 기계적 관리 기준

공정설계자 및 치공구 설계자는 절삭력에 대하여 기계적 관리규칙은 다음과 같다.
① 우선적으로 공작물의 휨을 관리하기 위하여 절삭력의 반대쪽에 위치 결정구를 배치한다. 그러나 이것은 기하학적 관리와 치수관리가 함께 얻어질 때 만 가능하다.
② 절삭력에 의한 휨이 발생할 경우 고정식 지지구를 사용하여 제한한다.
③ 경제성보다 품질 우선시 조정식 지지구를 사용한다.
④ 절삭력은 고정력과 동일한 방향으로 하여 공구력이 고정력을 보조하도록 적용한다.

(6) 고정력(Clamping force)

기계적 관리의 두 번째 사항은 클램프의 고정력 사용이다. 고정력은 형상 관리와 치수 관리가 되지 않은 상태에서 이루어져서는 안 되며, 단지 공작물의 기계적 관리를 위해 필요할 뿐이다. 따라서 공정설계자와 치공구설계자는 절삭력의 크기와 위치 결정구 배치 결정과 클램핑 장치 및 위치 결정구를 설계하여야 한다.

① 고정력의 사용목적
ⓐ 공작물에 균일한 힘을 가하기 위해 작업자의 기술에 상관없이 모든 위치 결정구가 공작물에 동시에 접촉 되도록 한다.
ⓑ 절삭력에 상관없이 공작물이 모든 위치 결정구에 접촉되어야 한다.
ⓒ 공작물의 치수변화에 상관없이 모든 위치 결정구가 공작물과 접촉되어야 한다.

② 고정력 사용시 제한사항
ⓐ 공작물에 휨 또는 비틀림이 발생하지 않도록 할 것
ⓑ 공작물이 지지구를 향해 휨이 직접 가해지지 않도록 할 것
ⓒ 절삭력 반대편에 고정력을 배치하지 말 것

(7) 기계적 관리의 원칙

다음은 기계적 관리를 위한 고정력의 몇 가지 적절한 관리 방법은 다음과 같다.
① 고정력은 위치 결정구 바로 반대편에 배치하여야 한다.
   그러나 이것은 형상 및 치수관리를 얻을 수 있을 때에 한한다.
② 고정력에 의한 휨이 발생할 경우 지지구를 사용하여야 한다.
③ 고정력은 마찰구를 사용하여 6번째의 위치 결정구로 보완한다.
④ 비강성 공작물에는 하나의 큰 힘보다 여러 개의 작은 힘을 작용시키는 것이 필

요하다.
⑤ 공작물에 생기는 자국은 중요하지 않은 표면에 고정력을 가하여 제한할 수 있다.
⑥ 합력에 의한 고정력은 인적인 요소의 영향을 감소시킬 수 있다.

환봉을 가공할 때 공구력은 공작물의 회전을 정지시키게 된다. 이 회전을 그대로 유지하는 여섯 번째 위치 결정구를 적용시킬 마땅한 표면이 없으므로 마찰력을 사용하여야 한다. 마찰력은 기계적 관리의 관점에서 이상적인 것은 되지 못해도 공작물의 형상에 따라서 마찰력을 사용하여야 한다.

2-6 공차 분석

1. 공작물의 치수변화 원인

공작물 편차는 여러 가지 복합적인 요인에 의해서 공작물의 치수변화에 의해서 발생한다.

(1) **공작기계 고유의 부정확도(기계자체의 오차)** : 주축의 흔들림, 베어링의 틈새, 강성(변형)등이 원인이다.
(2) 공구마모, 치핑(chipping), 파손, 재 연삭 등으로 치수변화의 원인이다.
(3) **재료변화(재료성분의 차이)** : 주물의 경우 하드 스폿(hard spot)은 표면가공 중 공구의 파손 및 마모의 원인이다.
(4) **인적 요소(human element)** : 작업자의 불완전한 세팅 등 작업자의 개성 및 숙련되지 않은 것도 관계가 있다.
(5) **우연에 의한 오차(온도 습도 환경의 영향)** : 열팽창 등 원인파악 곤란한 경우이다.

2. 공작물 치수결정의 사용용어

(1) **호칭치수(normal dimension)** : 공차 개념이 없는 치수를 말하며 어떤 표준치수에 아주 가까운 근사 치수를 나타낸다.
(2) **기준 치수(basic dimension)** : 정확한 이론치수를 나타낸다. 기준 치수는 제품의 제조할 때 허용치수와 공차가 있을 때 얻어질 수 있다.
(3) **허용치수(allowance)** : 결합부품의 최대 재료 한계 사이의 의도적인 치수차이다. 허용치수는 양수(+)이거나 음수(-)일 수도 있다.
 ① 위 치수허용차 = 최대 허용 한계치수 - 기준 치수
 ② 아래 치수허용차 = 최소 허용 한계치수 - 기준 치수
(4) **공차(tolerance)** : 제품의 표시된 기준 치수로부터의 허용치수의 변화량이다.
 (최대 허용 한계치수 - 최소 허용 한계치수), (위 치수허용차 - 아래 치수허용차)

(5) 한계치수(limit of dimension) : 제품에 허용할 수 있는 최대 또는 최소치수이다. (최대 허용 한계치수), (최소 허용 한계치수)

3. 공차의 표시법

모든 부품의 치수는 공차와 함께 표시되고 그 중에 공차는 기준 치수에 대하여 양측 공차(bilateral tolerance)로 표시되거나, 편측 공차(unilateral tolerance)로 표시하여 나타낸다.

(1) 편측 공차(unilateral tolerance)

한쪽 방향으로만 허용하는 치수이다, 기준 치수에서 + 혹은 - 방향으로 된 것을 말하고 양쪽으로 된 것은 아니다. 기능적인 결합표면에 적용한다.

예 ▼ $10^{0}_{-0.10}$, $10^{+0.10}_{0}$, $10^{+0.20}_{+0.10}$, $10^{-0.10}_{-0.20}$

(2) 양측 공차(bilateral tolerance)

양쪽 방향으로만 허용하는 치수, 기능적인 결합표면이 아닌 경우에 적용한다.

4. 선택조립의 문제

요구되는 끼워 맞춤이 지나치게 엄격한 공차를 갖는 끼워 맞춤으로 공차가 작아서 호환성제품의 생산이 아주 어려운 경우 선택 조립을 하는데, 이런 경우에 선택 조립만이 이 문제에 대한 경제적인 해결책이 될 수 있다. 선택 조립이 필요한 것은 결합부품 간 여러 가지 끼워 맞춤 정도가 생기므로 치수에 따라 검사하여 등급을 설정할 필요가 있다. 그러므로 제품의 기능 유지가 가능하고 공차 누적 방지로 저렴한 비용이 든다.

(1) 헐거운 끼워 맞춤(Clearance fit)

조립하였을 때 항상 틈새가 생기는 끼워 맞춤. 즉, 도시된 경우에 구멍의 공차 역이 완전히 축의 공차 역이 위쪽에 있는 끼워 맞춤이다.

(2) 억지 끼워 맞춤(Transition fit)

조립하였을 때 항상 죔새가 생기는 끼워 맞춤. 즉, 도시된 경우에 구멍의 공차 역이 완전히 축의 공차 역이 아래쪽에 있는 끼워 맞춤이다.

(3) 중간 끼워 맞춤(Interference fit)

조립하였을 때 구멍·축의 실 치수에 따라 틈새 또는 죔새의 어느 것이나 되는 끼워 맞춤. 즉, 도시된 경우에 구멍·축의 공차 역이 완전히 또는 부분적으로 겹치는 끼워 맞춤이다.

5. 공차 누적(tolerance stack)

공차 누적은 상호관계에 있는 각 부품의 치수에 대한 허용 공차가 제품 치수 관계에서 허용될 수 없는 허용치수가 얻어 질 때 나타난다. 최대 한계 치수 공차가 결합될 때 그 상태를 한계 누적(limit Stack)이라 한다. 즉, 개개의 치수는 합격이나 전체 치수 관계에서는 불합격을 만드는 경우, 치수 가감시 공차가 누적되어 치수 모순이 생기는 현상을 말한다.

① 한계 누적(limit stack) : 극한의 공차 결합 시 발생하는 잘못된 공차이다.
② 공차 누적(tolerance Stack) : 한계누적 이외의 잘못된 공차를 말하며 기준선 치수방식을 말하다.

[그림 2-16]과 같이 공작물이 10±0.05로 가공하여 조립하였을 때 치수가 20±0.05로 되어야 한다면 (a)는 한계누적을 나타내며, 그 치수는 20.10이다. 이것은 규제된 치수 20±0.05를 초과했기 때문에 합격될 수 없다. (b)도 규제된 것보다 커진 상태를 보여주는 것으로 극한적인 치수로 조합된 것은 아니지만 공차 누적이라 부른다. 그림 (c), (d)는 규제된 범위내의 조립된 치수이다.

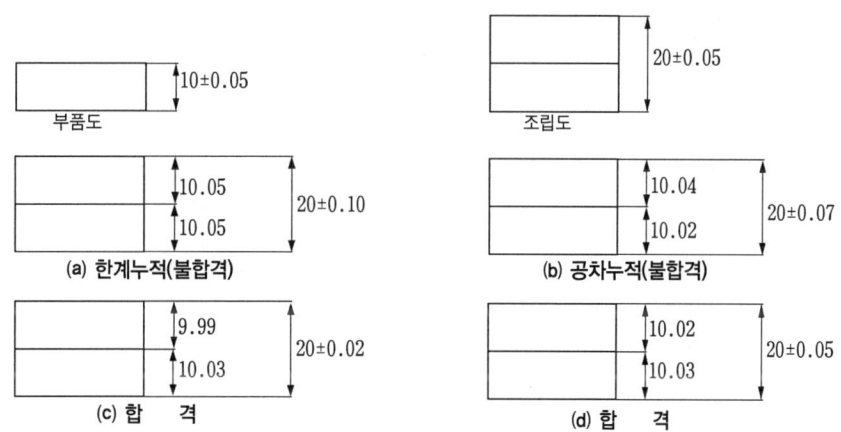

[그림 2-16] 한계 및 공차 누적의 예

(1) 공차 누적 발생원인

제품설계 시 공차 간 분배의 문제, 공정전개의 문제, 게이지 방법상의 문제이다.

(2) 공차 누적 발생대책

공차를 축소해야 한다. 그러나 비용은 증가(불량률 증대 및 공정추가)한다. 공정전개의 합리화 및 적절한 게이지 방법을 연구해야 한다.

(3) 공차 누적의 종류

① 설계상 공차 누적(design tolerance Stack)

제품 설계시 공차 안배 과오로 발생하며 총 공차 누적을 계산하여 사전 예방 가능하며 예방책으로는 기준선 치수 방식 사용(직렬식 표기법 사용금지)과 공차 축소를 하는 방법이 있지만 공차 축소는 비경제적이다.

[그림 2-17(a)]는 부품의 한계치수 누적을 설명하고 있다. 조건 X치수는 20±0.10 이내이며 실제치수는 20±0.20(±0.10 초과)이다. 만족을 위해 각 부위는 ±0.025 이내로 공차를 축소하여야 한다. [그림 2-17(b)]는 기준선치수방식(공차 누적 방지)이며 실제 Y 치수는 20±0.10이다. 따라서 공차 누적을 줄이기 위하여 기준 치수 방식의 치수 기입법을 선택하는 것이 공차 누적으로 인한 불합리한 요소를 사전에 방지 할 수 있다.

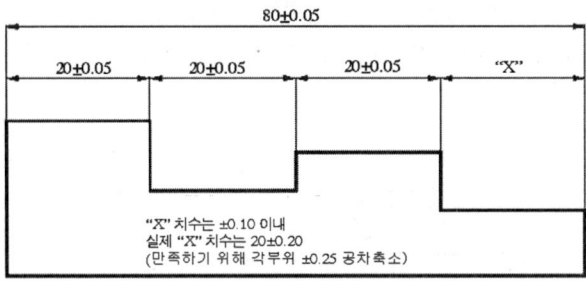

(a) 공차누적

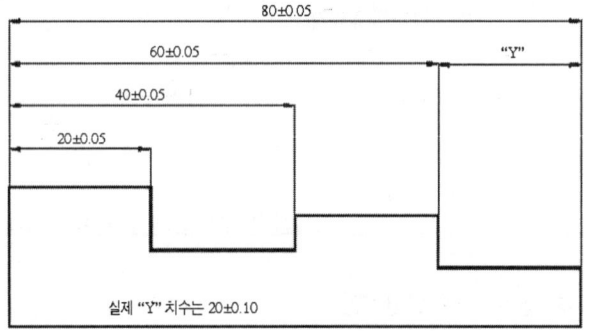

(b) 기준선 치수 방식(공차누적 방지)

[그림 2-17] 부품의 한계누적과 기준 치수방식

② 공정 공차 누적

공정계획이 제대로 지켜지지 않거나 부적절한 공정전개의 결과에 의해 공차 누적이 발생한다. 따라서 조립 과정에서와 같이 여러 가지 부품에 의한 누적 공차가 아닌 공정 공차 누적이 존재한다고 판단될 경우, 그 원인과 크기를 규명하고 누적 공차를 제거하기 위한 공정의 변화를 고려해야 한다.

6. 치수가감의 법칙

제조공정 상에 공차 누적은 여러 가지 원인으로 나타나며 그것을 추적하는 것은 매우 어려운 일이다. 기계부품을 가공하거나 조립할 때 그 공차들은 어떤 원칙에 의해서 누적되어 지는데 이것은 치수를 가감했을 때는 공차의 누적을 반드시 고려해야 한다. 기본 원칙은 치수를 가감할 경우 공차는 반드시 더해져야 한다. 그것은 [그림 2-18(a)]의 면 A와 C사이의 치수를 구하기 위해서는 AB면 치수와 BC면 치수를 더해야 한다. 공차도 같이 더한다. 양쪽 방향의 한계치수를 고려하면 표면 A와 C 사이의 치수 공차는 0.08이 되는 것이다.

AB 치수 10±0.05
BC 치수 15±0.03
AC 치수 25±0.08

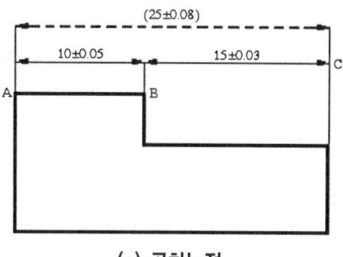

(a) 공차누적

만일 [그림 2-18(b)]와 같이 치수 공차로 표기 되면
AB 치수는 10±0.11로 나타난다.
　AC 치수 25±0.08
　BC 치수 15±0.03
　AB 치수 10±0.11

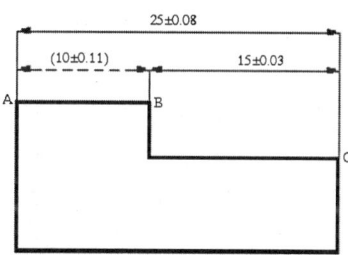

(b) 기준선 치수 방식(공차누적 방지)

그림 2-18 치수가감의 법칙

7. 공차 환산

기계설계 및 치공구 설계하는 과정에서 부품의 상호 조립관계를 고려하여 주어진 공차는 일반적으로 구멍에 대해서는 동등 양측 공차를 편측공차로 거리의 누적공차를 방지하기 위해서는 편측공차를 동등 양측 공차로 바꾸어 나타내어야 능률적인 공차 환산이 되므로 실제적으로 효율적인 설계가 된다.

(1) 동등 양측 공차를 편측 공차로 변환

예를 들어 동등 양측 공차 35.01±0.04의 치수를 편측 공차로 변환하면 다음과 같다.

① a. 기준 치수에서 플러스(+)방향일 경우 아래 치수를 빼주고
   35.01-0.04 = 34.97
   b. 기준 치수에서 마이너스(-)방향일 경우 위 치수를 더해주고
   35.01+0.04 = 35.05
② 전체 공차량을 구한다.
   0.04 + 0.04 = 0.08
③ a. 플러스(+)방향일 경우 (1)a의 치수에서 (2)의 치수를 위치수 공차로 한다.
   $34.97^{+0.08}_{0}$
   b. 마이너스(-)방향일 경우 (1)b의 치수에서 (2)의 치수를 아래치수 공차로 한다.
   $35.05^{0}_{-0.08}$
④ 도면으로 나타낼 때는 기준치수 35에서 계산하면
   a. 마이너스(-)방향일 경우 : 35 - 35.05 = +0.05
   b. 플러스(+)방향일 경우 : 35 - 34.97 = -0.03
그러므로 a를 위 치수로 b를 아래치수로 하면 $35^{+0.05}_{-0.03}$로 된다.

(2) 편측 공차를 동등 양측 공차로 변환

예를 들어 편측 공차 $35^{+0.05}_{-0.03}$의 치수를 동등 양측 공차로 변환하면 다음과 같다.
① 전체 공차량을 구한다.   0.05+0.03=0.08
② 구하여진 공차량을 2로 나눈다.   0.08÷2=0.04
③ a. 상한 값에서 2로 나눈 공차를 뺀다.   35.05-0.04=35.01
   b. 하한 값에서 2로 나눈 공차를 더한다.   34.97+0.04=35.01
④ ③에서 구한 값을 기준값으로 하고,
   ②의 값을 동등 양측 공차로 적용시킨다.   35.01±0.04

2-7 공차 관리도

공차 도표란 전체 제조 공정에서 공작물의 가공이나 조립에서 치수 및 공차를 설정, 검토, 조정하여 어떻게 변하는가를 나타내는 방법이다. 이것은 부품의 최종치수를 규제하기 위해서 공정상의 각 치수 공차를 검사 또는 분배하는 근거자료가 되는 것이다. 공차 도표는 제품의 치수 문제를 검토하는데 사용되어 왔으며 조립 공정에도 유용하게 이용된다. 제품의 제조과정에 있어 각 제조공정의 치수 및 공차를 합리적으로 부여하는 관리기법를 공차관리도라 한다.

1. 공차 도표의 목적 및 응용

부품의 제조과정에서 공정치수 및 공차를 합리적으로 설정, 검토, 조정하는 데에 공차관리도(공차 도표, 공차표)를 활용하는 것이 합리적이다. 공차 도표는 공정의 진행과정에서 공작물의 치수나 공차가 설계자의 요구 되로 만족할 수 있는지 확인하는 중간관리 시스템으로 부품의 치수와 공차를 설정, 검토, 조정하여 조립공정에서 발생 가능한 불합리한 요소를 사전에 제거하여 제조원가를 절감하여 최소비용으로 최대 양질의 제품생산 및 기능에 부합되는 제품설계에 주목적이 있다. 공차 도표의 이점은 다음과 같다.

(1) 공정설계기사가 가공에 앞서 부품의 도면(제품도)과 같이 만들어 질 수 있는가를 결정하는 참고자료가 되며 불량품을 사전에 방지하는데 유용하다.
(2) 효율적이고 합리적인 제조공정을 전개하는데 도움이 되다
(3) 작업순서에 따른 각 공정에 적절한 가공 공차를 결정하는 방법을 제공해 준다.
(4) 매 공정마다 적절한 절삭량을 부여하고, 절삭량에 따라 적당한 공구를 결정하는 툴링(tooling)의 자료로 활용할 수 있다.
(5) 사용기계의 고유의 정밀도를 파악하였을 때, 부품의 원자재 규격을 결정 만족시킬 수 있는지 여부를 나타내 준다.
(6) 제품도에서 제조규격이 비효율적으로 주어진 공차를 제품 설계 측과 협의하는 자료가 된다.
(7) 공정 전개의 목적을 위하여 제품에 치수를 부여하는 방법에 대한 확인을 편리하게 해 나갈 수 있다.
(8) 공정 설계기사에게 제품이 최종작업까지 원하는 치수와 공차가 얻어질 수 있는가를 결정하는데 도움이 된다.
(9) 복합공정의 실용성을 결정하는데 도움이 된다.(총형 공구에 의한 가공이나 검사 게이지의 조합)
(10) 복잡한 형상의 제품을 제조하는 과정에서 발생될 수 있는 공정 간의 치수오차를 감소시키는 방법을 강구할 수 있다.
(11) 적당한 크기의 소재를 결정하고 주조품 및 단조품의 가공여유를 결정하는데 도움이 된다.
(12) 공차 도표는 공정도와 함께 완전하고 정확한 공정 총괄을 작성하는데 큰 도움을 준다.
(13) 공통언어 및 의사전달이 확실하며 공정변경, 조합, 추가 검토가 용이하고 조립상태에서 검토가 쉽다.

2. 공차 도표에 사용하는 기호와 용어

공차 도표를 작성하는 경우에도 서로의 의사를 명확하게 전달하기 위하여 기호나 용어를 약속한 것이 있다.

(1) **가공치수**(Working Dimension) : 측정기준면과 가공면 사이의 치수, 작업자가 가공하고자 하는 치수로 등가 양측 공차를 사용한다.
(2) **절삭량**(Stock Removal) : 가공 전 치수에서 이번 공정 가공치수와의 차, 제거되는 량, 가공 전체 치수와 가공 후 치수의 차이를 말한다.
(3) **균형치수**(Balance Dimension) : 절삭량을 계산하거나, 치수가 완성치수로 가공되지 않았을 때 그 부분의 공차와 가공치수를 결정하는데 활용되며, 누적 공차의 분석이 용이하다.
(4) **결과치수**(Resultant Dimension) : 공정의 가공에 의해 얻어지는 치수, 최종 공작물 상의 결과적인 치수를 말한다.
(5) **총 공차**(Total Tolerance) : 공정과정에서 발생된 전체 절삭량의 변화량

[표 2-1] 공차 도표에 사용되는 기호 예

제2장 공작물 관리

예상문제

문제 001
정육면체의 공작물 관리에서 X, Y, Z축 방향의 직선운동과 회전운동을 종합하면 몇 방향으로 움직이는가?

㉮ 6개 방향   ㉯ 9개 방향
㉰ 12개 방향   ㉱ 16개 방향

해설 정육면체의 공작물 관리시 X, Y, Z축 방향의 직선운동과 회전운동을 종합하면 12방향으로 움직인다.

문제 002
치공구 설계 시 공작물 관리의 목적에 해당되지 않는 것은?

㉮ 공구와 공작물의 일정한 상대적 위치를 유지한다.
㉯ 공작물의 위치는 작업자의 숙련도에 따라 유지된다.
㉰ 절삭력, 클램핑력 등의 모든 외부의 힘에 관계없이 공작물이 위치를 유지한다.
㉱ 공구 및 고정력이 공작물에 변형을 받지 않도록 한다.

해설 공작물의 위치는 작업자의 숙련도에 관계없이 유지된다

문제 003
공작물의 변위발생 요소에 해당되지 않는 것은?

㉮ 공작물의 고정력   ㉯ 공작물의 절삭력
㉰ 공작물의 형상공차   ㉱ 공작물의 중량

해설 공작물의 변위 발생요소
① 공작물의 고정력
② 공작물의 절삭력(공구력)
③ 공작물의 위치편차
④ 재질의 치수변화
⑤ 먼지 또는 칩(chip)
⑥ 공구의 마모
⑦ 작업자의 숙련도
⑧ 공작물의 중량
⑨ 온도, 습도 등

문제 004
선형평형의 유지 방법은?

㉮ 반대방향에 같은 힘을 가한다.
㉯ 같은 방향으로 힘을 가한다.
㉰ 회전방향에 같은 힘을 가한다.
㉱ 반대방향에 적은 힘을 가한다.

문제 005
크기가 같고, 반대방향인 모멘트가 서로 반작용하여 물체의 평형상태를 유지하는 것을 무슨 평형이라고 하는가?

㉮ 선형평형   ㉯ 직선회전평형
㉰ 회전평형   ㉱ 수평평형

문제 006
공작물 관리방법 중 3점 위치 결정 장점에 해당되지 않는 것은?

㉮ 가공면을 수평으로 하여도 칩 처리가 쉽다.
㉯ 공작물의 표면에 요철이 있어도 흔들리지 않는다.
㉰ 공작물의 표면이 스텝 블록일 경우 매우 좋다.
㉱ 기계 가공할 때는 수평 지지에 비해서 다소 어렵다.

답 001.㉰ 002.㉯ 003.㉰ 004.㉮ 005.㉰ 006.㉱

해설 단점 : 기계가공 할 때는 수평지지에 비해서 다소 어렵다

문제 007

공작물 관리방법 중 원통형의 가장 이상적인 위치 결정법은?

㉮ 3-2-1 ㉯ 2-2-1
㉰ 2-4-1 ㉱ 2-3-1

해설 원통형의 가장 이상적인 위치 결정법 : 2-2-1

문제 008

형상관리와 치수관리를 동시에 실시 하고자할 때 사용하는 위치 결정법은?

㉮ 3-2-1 ㉯ 2-2-1
㉰ 2-4-1 ㉱ 2-3-1

해설 형상관리와 치수관리를 동시에 실시 하고자할 때는 3-2-1 위치 결정법 사용.

문제 009

공작물의 형상관리에 대한 설명으로 잘못된 것은?

㉮ 형상관리에 있어 지지점의 위치를 충분히 넓게 한다.
㉯ 공작물의 무게중심은 아래쪽에 오게 한다.
㉰ 공작물의 지지점의 수를 최소한으로 줄이는 것이 좋다.
㉱ 형상관리를 옳게 하므로 공작물을 쉽게 위치 결정할 수 있다.

문제 010

공작물 관리방법 중 정육면체의 가장 이상적인 위치 결정법은?

㉮ 2-3-1 ㉯ 4-2-1
㉰ 2-2-1 ㉱ 3-2-1

해설 정육면체의 가장 이상적인 위치 결정법 : 3-2-1

문제 011

다음 공작물 기계적 관리에 관한 사항 중 옳은 것은?

㉮ 조정식 지지구는 절삭시간이 장탈, 장착시간보다 길다.
㉯ 조정식 지지구는 고정식에 비해 정밀도가 낮다.
㉰ 고정식 지지구는 위치 결정구와 함께 정확한 수평위치를 유지 시킨다.
㉱ 고정식 지지구는 휨은 방지 가능하지만 비틀림은 방지할 수 없다.

문제 012

공작물을 가공할 때 공작물 관리를 위한 우선순위로서 가장 올바른 것은?

㉮ 기하학적 관리를 가장 중요시 한다.
㉯ 치수관리를 가장 중요시 한다.
㉰ 기계적 관리를 가장 중요시 한다.
㉱ 경우에 따라 달라진다.

문제 013

직육면체인 공작물의 형상관리로서 가장 적절한 위치 결정 방법은?

㉮ 가장 큰 밑면에 3개, 다음 큰 측면에 2개, 가장 작은 측면에 1개
㉯ 가장 큰 밑면에 3개, 다음 큰 측면에 1개, 가장 작은 측면에 2개
㉰ 가장 큰 밑면에 2개, 다음 큰 측면에 3개, 가장 작은 측면에 1개
㉱ 가장 큰 밑면에 2개, 다음 큰 측면에 1개, 가장 작은 측면에 3개

해설 3.2.1 위치 결정법에서 직육면체인 공작물의 위치 결정법은 가장 큰 밑면에 3개, 다음 큰 측면에 2개, 가장 작은 측면에 1개를 놓고 반대편에 고정력을 가한다.

답 007. ㉯ 008. ㉮ 009. ㉰ 010. ㉱ 011. ㉮ 012. ㉯ 013. ㉮

문제 014

공작물의 치수관리 요령으로서 가장 부적합한 것은?

㉮ 공차 누적 방지
㉯ 공작물의 변위량에 따른 치수공차 초과 방지
㉰ 공작물의 휨 방지
㉱ 공작물의 불균일한 형상이 치수공차 초과 방지

[해설] 휨 방지는 기계적 관리임.

문제 015

교체 위치 결정구 사용목적에 해당되지 않는 것은?

㉮ 중심선 관리를 개선한다.
㉯ 고정력을 적용 할 수 없는 경우 기계적 관리를 위해 사용 한다.
㉰ 공작물 장착시 작업자의 숙련을 크게 요구하지 않을 때 사용한다.
㉱ 교체 위치 결정구를 사용하면 치공구 설계가 어려워지고 제작비용이 증가한다.

[해설] 교체 위치 결정구를 사용하면 치공구 설계가 쉬워지고 제작비용이 감소한다.

문제 016

주, 단조품 등의 위치 결정 시 사용되는 위치 결정법으로 가장 좋은 것은?

㉮ 고정 위치 결정법
㉯ 압입 위치 결정법
㉰ 조질 위치 결정법
㉱ 핀에 의한 위치 결정법

[해설] 결정면이 기계가공면이 아닌 주, 단조품에 있어서의 위치 결정구는 조절 위치 결정법이다.

문제 017

작은 원통형의 짧은 제품 위치 결정시 위치 결정구의 수는 몇 개인가?

㉮ 2개
㉯ 3개
㉰ 4개
㉱ 5개

문제 018

형상관리에서 원기둥형상의 위치 결정구는 몇 개인가?

㉮ 4개
㉯ 5개
㉰ 6개
㉱ 7개

[해설] 원기둥형상 5개, 원추형상 5개, 피라미드형 6개이다.

문제 019

봉재와 같은 원형부품의 위치 결정시 수직(상하방향)중심의 정도가 가장 중요할 때 사용되는 V블록의 각도로 가장적합 한 것은?

㉮ 60°
㉯ 90°
㉰ 110°
㉱ 120°

[해설] 60°(120° Vee Block)일 때
① 수평중심이 최소로 변화고, 치수관리가 우수하다.
② 수직중심이 불안정하고, 형상 관리가 불량하다.
③ 클램핑력이 크다
120°(60° Vee Block)일 때
① 수평중심이 최대로 변화고, 치수관리가 나쁘다.
② 수직중심이 안정하고 형상관리가 양호하다.
③ 클램핑력이 적다

문제 020

절삭력에 대한 양호한 기계적 관리가 못되는 것은?

㉮ 형상, 치수관리가 가능할 때는 위치 결정구를 절삭력의 반대편에 설치한다.
㉯ 필요한 경우의 휨의 한계를 규제하기 위해 지지구를 사용한다.
㉰ 가능하다면 절삭력은 공작물이 위치 결정구에 고정되기 쉬운 방향으로 조정한다.
㉱ 품질이 경제성보다 우선인 경우 고정식 지지구를 사용함이 좋다.

[답] 014. ㉰ 015. ㉱ 016. ㉰ 017. ㉮ 018. ㉯ 019. ㉮ 020. ㉱

제 2 장 공작물 관리

해설 품질이 우선인 경우에는 조정식 지지구를 절삭력 반대편에 사용한다.

문제 021

공작물을 고정하는 힘을 가하는 원칙으로서 가장 적합하지 않은 것은?

㉮ 상대위치 결정구에 직접 가할 것
㉯ 견고하지 않은 공작물에 여러 개의 작은 힘으로 나누어 가할 것
㉰ 절삭력의 맞은편에 가할 것
㉱ 휨이 발생될 경우, 별도의 지지구 사용을 고려할 것

문제 022

다음 공작물의 위치 결정방법으로 잘못된 것은?

㉮ 기계가공 된 평면 - 4점 지지
㉯ 거치 평면 - 3점 지지
㉰ 길이가 긴 실체원통의 외주 - 4점 지지
㉱ 짧은 실체 원통의 단면 -4점 지지

해설 짧은 원통의 단면은 평면이므로 3점 지지가 적합함.

문제 023

다음 지지구(support)를 설명한 것이다. 잘못된 것은?

㉮ 절삭력에 의한 공작물의 휨을 방지하기 위하여 사용
㉯ 클램핑력이나 절삭력에 견딜 수 있어야 한다.
㉰ 지지구는 위치 결정구 보다 약간 낮게 설치되어야 한다.
㉱ 조절식 지지구는 평면도가 좋은 면을 지지하는데 유리하다.

문제 024

공구력에 의한 공작물의 휨 방지를 위해 사용하는 치공구 요소는?

㉮ 지지구 ㉯ 클램프
㉰ 위치 결정구 ㉱ 풀 프루핑

문제 025

90° V-Block에서 외경이 $\phi 20 \pm 0.1$인 공작물 위치 결정시 수평중심의 최대변화량은 약 몇 mm인가?

㉮ 0.05 ㉯ 0.07
㉰ 0.10 ㉱ 0.14

해설 공차 $0.2 \times 0.707 = 0.14$

문제 026

90°의 V블록에 $\phi 35 \pm 0.005$의 봉을 놓고 가공할 때 치수 공차로 인한 재료중심의 변위량은?

㉮ 0.0014 ㉯ 0.014
㉰ 0.007 ㉱ 0.0007

해설 $0.005 \times \sqrt{2} \fallingdotseq 0.007 \pm 0.005 = 0.01 \times \dfrac{\sqrt{2}}{2} = 0.007$

문제 027

조립치수를 부여하기 위해 부품의 구멍 중심간 거리가 $40^{+0.2}_{-0.1}$을 동등 양측공차로 환산하면?

㉮ 39.9 ㉯ 39.9 ± 0.15
㉰ 40.2 ㉱ 40.05 ± 0.15

해설
① $0.2 + 0.1 = 0.3$(공차를 더한다.)
② $0.3 \div 2 = 0.15$(더한 공차를 2로 나눈다.)
③ $39.9 + 0.15$(하한값에서 2로 나눈 공차를 더한다.)
④ 40.05 ± 0.15(③에서 구한 기준값에서 ②의 값을 동등 양측공차로 적용한다.)

문제 028

다음의 편측공차 $5.250^{+0.010}_{-0.000}$에 대하여 양측 공차 방식을 가진 치수로 변환하면?

답 021. ㉮ 022. ㉱ 023. ㉱ 024. ㉮ 025. ㉱ 026. ㉰ 027. ㉱ 028. ㉮

㉮ 5.255±0.005   ㉯ 5.255±0.010
㉰ 5.260±0.005   ㉱ 5.260±0.010

[해설] ① 0.01+0=0.01
② 0.01÷2=0.005
③ 5.250+0.005=5.255±0.005

문제 029

치공구에서 사용되는 공차와 제품공차와의 관계가 가장 적합한 것은?

㉮ 치공구 제작공차는 제품공차의 20%
㉯ 치공구 제작공차는 제품공차의 10%
㉰ 치공구 제작공차는 제품공차와 같음
㉱ 치공구 제작치수는 제품치수의 하한치수

문제 030

지그(Jig)나 고정구(fixture)의 공차는 일반적으로 부품공차의 몇 %를 부여하는 것이 가장 적당한가?

㉮ 0~10%   ㉯ 10~20%
㉰ 20~50%   ㉱ 50~80%

문제 031

지그 및 고정구의 가공공차와 제품공차와의 일반적인 관계로 가장 올바른 것은?

㉮ 지그 및 고정구 공차는 제품공차의 10% 정도
㉯ 지그 및 고정구 공차는 제품공차의 20% 정도
㉰ 지그공차는 제품공차의 10%정도 고정구 공차는 20% 정도
㉱ 지그공차는 제품공차의 20% 정도 및 고정구 공차는 10%정도

문제 032

그림과 같은 공작물에 구멍을 가공하고자 한다. 위치 결정구로부터 부시 중심선까지의 위치공차는 얼마로 하는 것이 가장 적당한가?

㉮ ±0.005
㉯ ±0.01
㉰ ±0.02
㉱ ±0.05

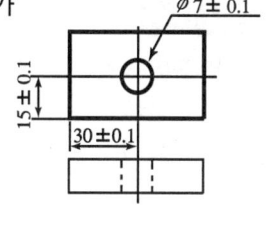

[해설] ±0.1×20%=±0.02

문제 033

부품의 제조과정에서 공차도표를 활용하는 것이 효율적이다. 다음 중에서 공차도표에 기재되는 사항과 가장 관계가 먼 것은?

㉮ 가공치수   ㉯ 사용기계
㉰ 공구치수   ㉱ 절삭량

[해설] 공정번호, 사용기계, 가공치수, 균형치수, 절삭량 등이 기재된다.

문제 034

다음은 공차도표의 필요성에 대한 설명이다. 가장 잘못 설명한 것은?

㉮ 복잡한 형상의 제품을 제조하는 과정에서 발생할 수 있는 공정 간의 치수오차를 감소시키는 방법을 강구할 수 있다.
㉯ 사용기계의 고유정밀도를 파악하지 못하였을 때에도 부품사양의 만족여부를 알 수 있다.
㉰ 효율적인 공정을 전개하는데 도움이 되고 공정간 적정한 가공공차를 결정할 수 있게 한다.
㉱ 매 공정마다 적절한 절삭량을 부여하고 절삭량에 따라 정당한 공구를 결정하는 툴링(Tooling)의 자료로 활용할 수 있다.

[해설] 사용기계의 고유정밀도를 파악하지 못하였을 때에는 부품사양의 만족여부를 알 수 없다.

[답] 029. ㉮ 030. ㉰ 031. ㉯ 032. ㉰ 033. ㉰ 034. ㉯

문제 035

공차도표에 사용하는 "S.R"(Stock Removal)이란?
- ㉮ 총 공차
- ㉯ 절삭량
- ㉰ 가공치수
- ㉱ 균형치수

문제 036

20±0.05의 제품을 19.75±0.03으로 가공하였을 때 절삭량과 누적공차는 얼마인가?
- ㉮ 0.25±0.16
- ㉯ 0.25±0.08
- ㉰ 0.25±0.05
- ㉱ 0.25±0.02

해설 절삭량은 20−19.75=0.25이고
누적공차는 0.05+0.03=0.08이다.

답 035. ㉯ 036. ㉯

제4편 치공구

제 3 장 위치 결정

3-1 위치 결정의 원리

지그와 고정구를 설계할 때 공작물에 대한 위치 결정방법을 충분히 고려해야 한다. 공작물의 위치 결정(기준면 결정)은 기하학적인 것으로 중량이나 클램프의 압력, 절삭력 등의 크기에 관계없이 힘이 작용하는 방향을 고려하여 공작물의 위치를 안정하게 하는 것이다. 즉, 공작물의 움직임을 제한하여 평형상태로 만드는 것이며 하나의 물체는 힘의 방향에 따라 어느 방향으로나 움직일 수 있으나 3가지 방향의 조합으로 나타낼 수 있다. 힘의 방향에 관계없이 공작물은 어떤 축을 중심으로 회전하는 움직임이 있다. 위와 같이 공간에서 물체의 움직임은 6가지의 움직임으로 나타낼 수 있다. 이것을 자유도(自由度)라고 하고, 6가지의 움직임을 제한하는 것을 구속도(拘束度)라고 한다. 즉, 위치 결정이라는 것은 위치의 변화를 제한하는 것으로 공작물 관리 기법을 기본이론으로 하고 있다.

1. 위치 결정구의 설계

(1) 위치 결정구의 일반적인 요구사항

① 위치 결정구는 마모에 잘 견디어야 한다.
② 위치 결정구는 교환이 가능해야 한다.
③ 위치 결정구는 공작물과의 접촉 부위가 보일 수 있게 설계되어야 한다.
④ 위치 결정구의 청소가 용이해야 하며, 칩에 대한 보호를 고려해야 한다.

(2) 위치 결정구에 대한 주의사항

① 위치 결정구의 윗면은 칩이나 먼지에 대한 영향이 없도록 하기 위하여 공작물

로 덮도록 한다.
② 주물 등의 흑피면을 위치 결정하는 경우에는 조절이 가능한 위치 결정구를 택하는 것이 좋다.
③ 위치 결정구의 설치는 가능한 멀리 설치하고, 절삭력이나 클램핑력은 위치 결정구의 위에 작용하도록 한다.
④ 위치 결정구는 마모가 있을 수 있으므로 교환이 가능한 구조를 선택한다.
⑤ 위치 결정구의 설치는 공작물의 변형(끝 휨, 부딪친 홈)에 대한 여유를 고려하여 설치한다.
⑥ 서로 교차하는 두 면으로 위치 결정을 할 경우에는 교선 부분에 칩 홈을 만든다.
⑦ 위치 결정구의 윗면에 칩이나 먼지 등이 누적될 수 있는 경우(볼트 구멍, 맞춤핀 구멍)에는 위치 결정구의 윗면에 빠짐 홈을 만들어 배출을 유도한다.

3-2 위치 결정구

1. 고정위치 결정면

고정 위치 결정구는 확고하게 고정이 되어 있는 위치 결정구를 말하며, 내마모성이 요구되므로 열처리하여 연삭 또는 래핑(Lapping) 등에 의하여 높은 정밀도가 유지되어야 공작물의 정밀도를 높일 수 있으며, 일반적인 요구사항은 다음과 같다.
(1) 안정감이 있는 넓은 평면, 밑면과 가공정도가 높은 측면을 기준면으로 정한다.
(2) 공작물의 구멍 또는 가공된 구멍, 홈 등을 이용하여 기준면으로 정한다.
(3) 적당한 기준면을 찾기 어렵거나 명확하지 않을 때 임시 가공용 버팀 보수(Machining Boss)를 용접으로 만들어 그 면을 기준면으로 사용한다.

2. 조절 위치 결정구(Adjustable Locator)

위치 결정구는 공작물을 클램핑하고 기계 가공할 때 작용하는 모든 힘에 대하여 견고한 기계적 지지를 충분히 할 수도 있고 또한 충분하지 못한 경우도 있는데 이때 충분한 기계적 안정을 얻기 위해서 추가되는 요소가 지지구(support)이다.
조절 위치 결정구는 다음과 같은 목적으로 사용된다.
(1) 기준공차 또는 이미 규정된 공차를 초과한 소재를 위치 결정할 때 사용된다.
(2) 마모나 부주의에 의한 고정구의 치수변화를 위해 조절할 경우 사용된다.
(3) 하나의 고정구로써 하나의 크기가 아닌 여러 크기의 공작물을 위치 결정 할 경우에 사용된다.

3. 지지구(Support)

지지구는 공작물의 형상관리를 보안하고 공작물의 위치를 정적으로 안정시키는 요소로서 일반적으로 수동으로 작동되는 나사와 플런저, 스프링과 쐐기, 공유압 작동 플런저 등 기계적 관리를 위해 사용되고 있다. 지지구가 정적으로 확실한 위치에 있지 않아 공작물과 정확히 접촉하지 않으면 다음과 같은 문제가 발생한다.

(1) 공작물과 접촉이 되지 않아 지지구가 불필요하게 된다.
(2) 위치 결정구 상에서 공작물이 들뜨게 되어 오히려 지지구가 위치 결정구 역할을 하게 된다.
(3) 공작물에 큰 힘이 작용할 경우 공작물에 변위가 발생되어 위치 결정구가 큰 힘을 받게 된다.

4. 평형(Equalizer) 위치 결정 지지구 및 고정구

평형 지지구 및 고정구(equalizer)는 일반적으로 하나의 작용력(하중)을 2 혹은 2 이상의 작용점에 분배시키는 목적에 사용된다. 이것은 작용력을 균등하게 분배시킨다는 의미를 내포하고 있으나, 하나의 작용력을 2(또는 2 이상)개의 지지 점에 대하여 일정비율로 힘이 분배되어 작용시키도록 설계된 기구로, 역시 평형지지(혹은 고정)구 라고 볼 수 있다.

(1) 평형고정구의 용도

기본적으로 평형 고정구는 다음과 같은 용도(목적)에 사용된다.
① 과도하게 집중하는 클램핑(고정) 압력을 가공부품의 표면에 균일하게 작용하도록 한다.
② 위치 결정구에 클램핑 압력을 수직으로 작용시킨다.
③ 거친 표면을 가진 공작물을 클램핑한다.
④ 높이가 다른 한 공작물의 표면을 고정하기 위하여 이용한다.
⑤ 수직, 수평 표면을 동시에 클램핑할 때 이용한다.
⑥ 변형되기 쉬운 얇은 판, 탄성 공작물의 변형방지를 위하여 체결력을 표면 전체에 확산시킬 목적으로 이용한다.
⑦ 가공부품의 중심을 잡아 고정시키기 위해서다.
⑧ 여러 공작물을 동시에 클램핑할 목적으로 이용된다.

5. 네스팅(Nesting)

한 공작물이 일직선상에서 적어도 2개의 방대방향 운동이 억제되는 경우, 들 또는 그 이상의 표면사이에서 억제되며 위치 결정되는 방법 즉, 어떤 홈을 파 놓고 그 안에 공작물을 집어넣는 것을 말한다. 네스트와 공작물간의 최소틈새는 공작물의 공차에 의해 결정되나 네스팅에 의한 위치 결정은 항상 어느 정도의 변위가 따르게 된다. 그러므로 불규칙한 형상의 공작물은 윤곽이 정확하게 가공되어 있을 때 사용한다. 특히 주물이나 단조품은 네스팅이 불리하며 금형에 의해 일정하게 만들어지거나 기계가공된 공작물에 적합하다.

6. 원형 위치 결정구(Circular locator)

공작물의 구멍과 원통 부분을 위치 결정하기 위해 핀, 심봉(mandrel), 플러그(pulg), 중공원통, 링, 홈 등의 형태로 위치 결정하는 네스팅 원리이며 위치 결정의 정밀도와 재밍(jamming)이 생긴다. 여기서 재밍이란 공작물 구멍에 원형 축을 끼울 때 턱에 걸려 들어가지 않는 현상을 말하는데 재밍은 항상 짧은 거리의 위치에서 발생하며(즉 L이 작을 때) 어느 정도 길게 끼워지면 재밍 현상은 발생하지 않는다. 재밍의 주요 원인은 마찰에 의해 발생되며 틈새, 끼워지는 맞물림 길이, 작업자의 손 흔들림도 원인이 된다. 원형 위치 결정기구는 공작물을 위치 결정하는, 즉 공작물의 네스트(nest)를 위한 요소이다. 이러한 원형 위치 결정구는 재밍(jamming)현상과 정확한 위치 결정을 위한 틈새(clearance)의 정도가 가장 중요한 문제점이 된다.

7. 다이아몬드 핀

다이아몬드 핀 (diamond pin)은 단면이 마름모꼴이며 구멍에 헐거움 끼워 맞춤(clear-ance fit)으로 설치되기 때문에 가공물의 착탈(loading and unloading)이 쉬운 장점이 있어 실제적으로 위치 결정기구의 요소로 많이 쓰인다.

[그림 3-1]은 직경이 D인 구멍에 길이 A인 다이아몬드 핀이 틈새가 C로 끼워진 것이며 $D = A + C$가 된다. 만약 다이아몬드 핀의 위 끝과 아래 끝이 예리하게 되어 있다면, 원호에 대한 공식에서 현의 높이에서 $C/2$이고, 원호의 폭이 T일 때

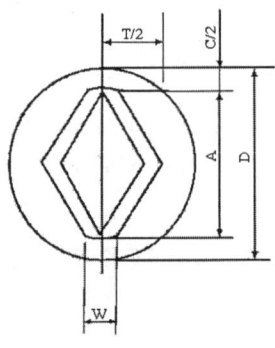

[그림 3-1] 다이아몬드 핀

$$\left(\frac{T}{2}\right)^2 = \frac{C}{2}(D - \frac{C}{2} = \frac{CD}{2} - \frac{C^2}{4} = \frac{CD}{2}$$

$$\therefore T = \sqrt{2CD} \text{ 가 된다.}$$

그러나 실제로 핀의 위쪽과 아래쪽의 끝은 뾰족하게 되어 있지 않고 마모를 고려한 폭 W를 가진다. 그러므로 공차 없이 끼워질 수 있는 직경은 A가 되며 W를 고려하면 $W + T = \sqrt{2CD}$ 이다.

8. 두 개의 원통에 의한 위치 결정

평면상에 있는 두 개의 원통형 위치 결정구(locator)를 구멍에 맞추어 위치 결정(locating)하면 공작물의 6개의 자유도를 모두 제거시킬 수 있으며 아주 좋은 기계적 안정성을 얻게 된다. 이러한 경우에 정밀도는 원통 핀이 끼워질 틈새와 두 개의 구멍 중심 거리 공차에 의해 정해진다. 가령 두 개의 구멍 중심거리가 아주 정확하다고 하면 위치 결정 정밀도는 구멍 틈새와 정도에 따라 정해진다.

[그림 3-2]은 정밀도에 대한 예를 든 것으로 공작물에 직경이 D인 두 개의 구멍이 있으며 이 구멍의 중심거리는 $L \pm T$이다. 문제를 간단히 설명하기 위하여 치공구에 있는 위치 결정구의 거리 L과 구멍직경 D에는 공차가 0라고 가정하면 그림에서와 같이 오른쪽이 구멍에 끼워질 위치 결정구(원통형 핀으로 되어 있음)의 직경 D는 $D-2T$로 축소시켜 만들어져 있다. 왜냐하면 공작물 구멍간의 거리는 $L-T$에서 $L+T$로 분산되어 있기 때문에 모든 공작물에 적용시키기 위해서 오른쪽 위치 결정구 직경이 $D-2T$로 되어야 한다. 때문에 거리 공차가 최대치인 가공 부품($L-T$ 또는 $L+T$)이 끼워지면 틈새는 $2T$가 된다. 이로 인하여 각도상의 오차 $\theta = \dfrac{2T}{L}$ (rad)만큼 발생한다.

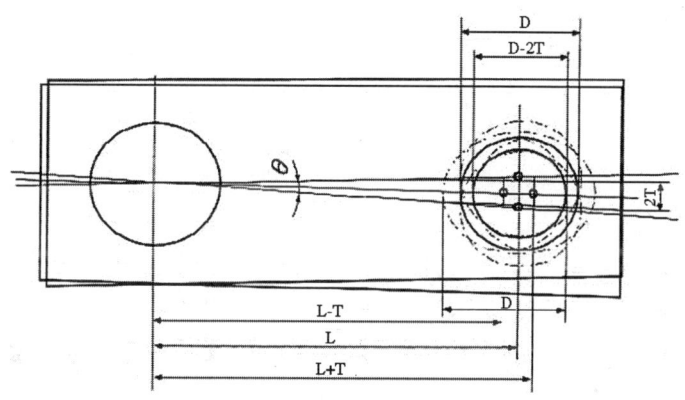

[그림 3-2] 이중 원통 위치 결정 구멍의 응용

3-3 중심 위치 결정구(centralizer)

1. 중심 결정구의 정의

중심 위치 결정법은 일반 위치 결정법(locating)을 한 걸음 앞선 방법이다. 위치 결정법은 치공구에 접촉되는 장소(부분)마다 한 부분에 1면이 필요한데 대하여, 중심결정법은 한 장소에서 2면이 필요하며, 가공하려는 부품 내의 1평면(거의 언제나 2 접촉면 사이의 중앙평면이 됨)을 위치 결정하는 방법이다.

(1) **단일 중심 위치 결정**(Single Centering) : 한 개의 중심 평면을 위치 결정
(2) **이중 중심 위치 결정**(Double Centering) : 두 개의 평면(서로수직)을 위치 결정
(3) **완전 중심 위치 결정**(Full Centering) : 세 개의 중심평면을 동시에 위치 결정

2. 중심 결정구(Centralizers)와 위치 결정구(locators)

중심 결정구는 단일 혹은 복합 부품으로서 위치 결정구의 역할이나 클램프기구의 역할, 또는 두 가지의 역할을 다하기도 한다. 고정된 단일부품의 중심 결정구는 바로 위치 결정구가 되며, 여러 부품이 복합된 중심 결정구는 적어도 한 개의 가동부분을 가지고 있다. 이 부품들은 하나의 고정부품(위치 결정구)과 하나 이상의 가동부품(클램프기구)을 내포하고 있다. 이들 구성부품들이 모두 움직일 수 있으면, 클램프로서나 위치 결정구로서 양면으로 취급할 수 있다. 따라서 위치 결정구와 클램프기구 사이에는 확실한 구별이 없는 것이다.

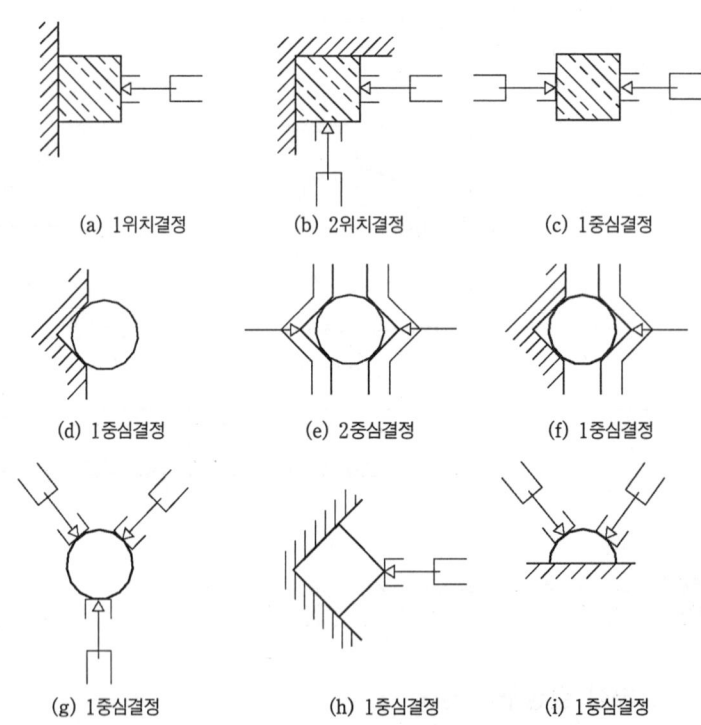

[그림 3-3] 대표적인 중심 결정구와 위치 결정구의 원리

[그림 3-3]은 대표적인 위치 결정구와 중심 결정구를 그림으로 나타낸 것이다. 2중심 결정는 어떤 중심 결정구를 사용하거나, 축선만 위치 결정되기만 하면 이루어지는 것이며, 이러한 의미에서, 일반적으로 사용하는 3죠 척, 자동조심형 척(self-centering chuck), 콜릿 척은 모두 2중심 결정기구가 된다([그림 3-3(g)]참고). [그림 3-3(e)]와 같은 소형 터릿 선반에 자주 사용되는 2죠 척이나 드릴 척도 역시 똑같이 2중심 결정기구의 하나라고 할 수 있다. 2개의 V홈을 가진 공작기계의 바이스는 1중심 결정기구가 된다([그림 3-3(f)] 참고). 중심 결정구는 오목한 형상을 가지면 안되며(네스팅 요소가 아님), 틈새가 없이 접촉되어 체결하는 공작물이어야 한다. 따라서, 중심 결정구를 사용하면, 특히, 면이 거칠 공작물을 오목한 형상(네스팅 방법)으로 위치 결정하는 것보다, 더욱 더 확실하고 정확하게 공작물을 위치 결정할 수 있다

3. 중심 결정구의 분류

중심 결정구는 다음의 3가지로 분류할 수 있다.
① 각형(角形) 블럭
② 링크 구속형 복합 중심 결정구
③ 시판용 자동조심형 척

각형 블록은 볼록하거나 오목한 위치 결정면을 가진 일반 형상의 블록형 위치 결정구를 말한다. 이것은 V블록, 원추형 위치 결정구, 구면형 위치 결정구, 3가지 형태로 사용되는데, V블록이 가장 널리 사용된다.

원추형 위치 결정구는 오목하거나 볼록한 원추면을 이루고 있으며, 원추면이 이루는 각은 위치 결정기능에 대단히 중요한 역할을 한다. 구면형 위치 결정의 표면은 구면 상의 캡이나 링 모양으로, 오목하거나 볼록하게 되어 있다.

링크 구속형 복합 중심 결정구는 가동부분이 서로 링크기구로 되어 있어, 중앙 평면이나 축, 중심에서 일정한 거리를 유지하도록 되어 있다. 일례로서 가위나 가위와 같은 링크기구(linkages)라는 뜻은 캠이나 쐐기, 신축(겹치는) 봉, 대칭 형 스프링 등과 같이 작동하는 메카니즘(기구)을 모두 포함하는 넓은 의미를 내포하고 있다. 기계적인 용어로 이런 것들을 모두 "운동연쇄(kinematic chain)"이라고 부른다.

4. V블록을 이용한 중심 결정 방법

시판용 고정구로서 V블록은 원통형의 공작물을 위치 결정할 때 사용되며 사이 각이 거의 90도로 만들어지고, V블록 자체는, 사이 각이 90±10° 이하이고 진직도가 0.005 mm/m(±0.002인치)의 오차범위 내에 있어야 한다.

90도 V블록은 원통부품의 위쪽에서 고정하는 힘을 가할 때 힘의 방향이 수직선을 기준으로 ±22.5를 벗어나면 부품이 불안정하게 고정되어 흔들릴 염려가 있다. 힘의 작

용방향은 좌우 45도까지는 변경할 수 있으나, 그전에 안정성은 없어진다.
V블록이 가지는 여러 가지의 이점은 단순, 강력, 견고하기 때문에 지지면이 양호하며, 큰 부품만큼 길 다란 부품에도 적합하고, 고정구에 대하여 부가적인(2차 적인) 안정성과 강도를 부여 할 수 있으며, 이용하기 쉽고, 값이 싸다는 이점을 가지고 있다.
대표적인 V블록 사이 각의 특징은 다음과 같다.

(1) 60° V블록

① 공작물의 수직 중심선이 쉽게 위치 결정 된다.
② 공작물의 수평 중심선의 위치가 가장 크게 변한다.
③ 위치 결정점 간격이 넓어 기하학적 관리가 가장 양호하다.
④ 위치 결정구에 대해 공작물을 고정시키는데 필요한 고정력(clamping force) 이 적게 든다.

(2) 90° V블록

① 공작물의 수직 중심선이 위치 결정 된다.
② 공작물의 수평 중심선의 위치가 평균적으로 변한다.
③ 평균적인 공작물의 기하학적 관리
④ 평균적인 고정력(clamping force)이 요구된다.

(3) 120° V블록

① 공작물의 수직 중심선을 위치 결정하기가 약간 곤란하다.
② 공작물의 수평 중심선의 위치가 최소로 변한다.
④ 위치 결정점의 위치가 가까워 기하학적 관리가 좋지 못하다.
⑤ 가까운 위치 결정구상에 공작물을 고정시키기 위해서 더 큰 고정력(clamping force)이 요구된다.

5. V블록의 한계성

[그림 3-4]에서 (a)일 경우, V블록이 중심 결정구로써 사용될 때, 직경 차를 Δ라고 하면, 부품의 중심은 이등분면상에서 위치오차 e가 생기는데, $e = 1/2\Delta = 0.707\Delta$ 가 된다.
[그림 3-4(b)]에서 기준 위치 결정구나 측면 위치 결정구로 사용할 경우는 더욱 안정되게 사용할 수 있다. 이 경우, 중심의 오차 e는 수직, 수평방향에 대하여 분명히 $e = 1/2\Delta$ 밖에 되지 않아, 모두 직경 차 Δ보다 작게 되는 것이다.

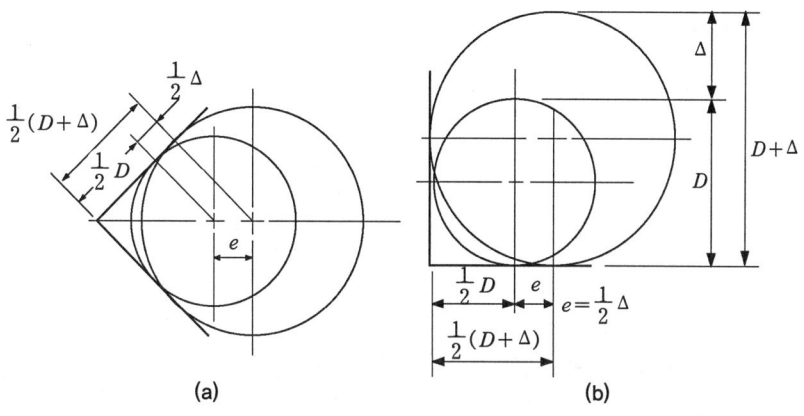

[그림 3-4] 위치오차(e)에 대한 지름 공차($\triangle$)의 영향

3-4 장착(loading)과 장탈(unloading)

1. 방오법(Fool proofing)

공작물의 형태가 주로 비대칭형인 경우, 치공구에 공작물을 장착할 때 착오로 인하여 잘못 장착할 경우가 있다. 공작물의 장착 위치를 틀리지 않도록 하기 위하여 사용되는 것이 방오법으로서, 공작물의 형태가 대칭인 경우에도 발생할 수 있으며, 이 경우 가공 부위가 바꾸게 된다. 방오법을 적용하기 위한 방법으로는 공작물의 가공 홈, 구멍, 돌출부 등을 이용하여 치공구를 설계, 제작하여야 한다. 방오법은 최소한 1개 이상의 비 대칭면을 가진 공작물을 쉽게 장착하기 위해 치공구에 부착된 보조장치이다. 공작물이 완전한 대칭구조일 때는 문제가 되지 않으나 비대칭 형상일 때는 위치가 바뀌지 않도록 장착시켜야 하며 이때마다 위치를 확인하는 것은 작업능률을 저하시키게 되므로 공작물이 올바른 위치일 때만이 치공구에 장착 되도록 설계함으로써 작업시간의 단축과 위치의 잘못을 방지할 수 있다. [그림 3-5]는 간단한 방오법 구조를 나타낸 것으로 공작물의 돌출부(비대칭부분)를 이용하였다.

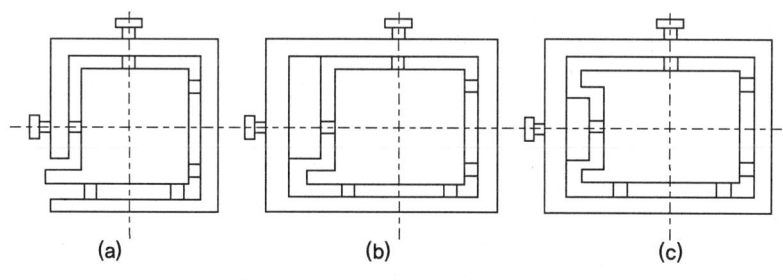

[그림 3-5] 간단한 방오법의 구조

2. 분할법(indexing)

(1) 분할부분에 마찰에 의하여 마모가 발생하면 보정이나 교환이 가능한 구조이어야 한다.
(2) 끄덕임은 한쪽으로만 있게 하고 흔들림은 항상 한 방향에서 없애도록 한다.
(3) 분할부는 칩이나 먼지 등에 의한 분할 오차가 발생되지 않도록 설계 보호되어야 한다.

3. 공작물 장탈을 위한 이젝터(Ejector)

치공구의 사용 목적은 경제적으로 생산하는데 있다고 할 수 있으며, 가장 경제적인 생산을 위해서는 공작물의 장착과 장탈이 짧은 시간에 이루어지는 것이 중요하다. 장착의 경우는 정해진 절차에 의하여 하나, 장탈의 경우는 절차보다는 짧은 시간에 쉽게 제거하는 것이 중요하다. 공작물 제거에 도움을 주기 위하여 활용되는 기구가 이젝터로서, 구성요소는 주로 핀(pin), 스프링(spring), 레버(lever), 유공압 등이 이용된다. 이젝터(ejector)를 사용할 경우 작업능률의 향상과 원가절감, 생산시간 단축, 치공구의 중량 감소, 안전사고 예방 등의 이점이 있다

제3장 위치 결정

예상문제

문제 001

다음 중 가공품의 기준면으로 가장 적합한 곳은?
- ㉮ 가공품의 밑면
- ㉯ 가공품의 금긋기 선
- ㉰ 가공품의 상면
- ㉱ 가공품의 둥근면

문제 002

제품을 가공하기 위한 치공구에서 가장 우선적으로 고려해야 할 사항은?
- ㉮ 공작물의 고정
- ㉯ 위치 결정
- ㉰ 변형방지를 위한 지지
- ㉱ 작업의 신속성

[해설] 위치 결정에 의해 치수공차 내에 합격 및 불합격이 결정됨

문제 003

다음 중 위치 결정구의 요구조건과 관계없는 것은?
- ㉮ 청소가 용이 할 것
- ㉯ 고온 경도가 우수할 것
- ㉰ 가시성이 우수할 것
- ㉱ 교환 가능한 구조일 것

문제 004

금긋기 선이나 중심표시를 위한 대책을 마련한다는 점에서 고정구(fixture)의 기능을 배가시켜 실제 부품의 중심평면과 축심 및 중심은 고정구내에서 정확하게 위치가 결정 되므로 적용되는 위치 결정구는?
- ㉮ 편심 위치 결정구
- ㉯ 중심 위치 결정구
- ㉰ 평면 위치 결정구
- ㉱ 조절 위치 결정구

문제 005

작은 위치 결정구의 열처리 경도값은 얼마가 적당한가?
- ㉮ HRC 20~25
- ㉯ HRC 30~35
- ㉰ HRC 40~40
- ㉱ HRC 58~62

문제 006

위치 결정구의 설계 시에 요구사항에 관한 설명이다. 가장 옳은 것은?
- ㉮ 위치 결정구는 공작물과의 접촉부위가 쉽게 보일 수 있도록 설계되어야 한다.
- ㉯ 위치 결정구는 가능한 연한 재질로 선정하여 공작물에 상처를 주지 않도록 설계되어야 한다.
- ㉰ 위치 결정구는 가능한 고정식이어야 한다.
- ㉱ 위치 결정구는 청소의 용이 여부와 무관하게 설계하여도 된다.

문제 007

공작물의 위치 결정기구를 설계할 경우에 대한 설명으로 가장 올바르지 않은 것은?
- ㉮ 부품의 정밀도가 높게 요구되지 않는 윤곽형상 공작물의 경우에는 네스팅(Nesting)을 적용한다.
- ㉯ 원형위치 결정기구는 재밍(Jaming)현상과 정확한 위치 결정을 위한 틈새의 정도가 가장 중요한 문제점이 된다.
- ㉰ 수직과 수평의 2개의 면으로 위치를 결정하는 경우에는 두면의 만나는 위치에 칩 홈을 설치하여야 한다.

[답] 001. ㉮ 002. ㉯ 003. ㉯ 004. ㉯ 005. ㉰ 006. ㉮ 007. ㉱

㉣ 조절형 위치 결정구에는 가능한 면을 사용하도록 설계하여 헐거움이 발생하지 않도록 한다.

해설 조절형 위치 결정구에 면을 사용하면 가공 중에 헐거움이 발생하는 경향이 높아진다.

문제 008
원통체 공작물의 위치 결정 방법 중 수직 중심을 항상 동일 위치에 설치되도록 지지하는 방법은?
- ㉮ 척 지지구
- ㉯ 평면 지지구
- ㉰ C-Block 지지구
- ㉱ V-Block 지지구

문제 009
치공구에서 재밍(Jamming) 현상의 원인이 아닌 것은?
- ㉮ 공차가 너무 작을 때
- ㉯ 마찰계수가 클 때
- ㉰ 작업자의 부주의
- ㉱ 공작물이 클 때

문제 010
치공구에서 공작물의 장탈을 위하여 이젝터(ejector)를 사용함으로서 얻을 수 있는 이점이 아닌 것은?
- ㉮ 가공된 부품제거가 용이하다.
- ㉯ 치공구의 중량을 줄일 수 있다.
- ㉰ 정체가공 시간을 줄일 수 있다.
- ㉱ 치공구 제작비를 감소시킬 수 있다.

문제 011
범용기계를 자동화시키기 위하여 기본적으로 필요한 장치가 아닌 것은?
- ㉮ 소재의 검사를 위한 고정구
- ㉯ 자동이송 장치
- ㉰ 장착과 장탈
- ㉱ 범용기의 전 부속장치

문제 012
비대칭 부품을 고정구에 장착할 때 부품의 돌출부 등을 이용하여 항상 올바른 위치에 공작물이 장착되게 하는 장치는?
- ㉮ 이젝팅(Ejecting)장치
- ㉯ 풀 프루핑(Fool Proofing)장치
- ㉰ 네스팅(Nesting)장치
- ㉱ 평형(Equalizing)장치

문제 013
평형장치(Equalizer)의 사용목적이 아닌 것은?
- ㉮ 수직면과 수평면을 동시에 고정한다.
- ㉯ 다수의 면을 동시에 고정한다.
- ㉰ 거친 주조 표면에 사용을 가급적 금한다.
- ㉱ 부품 표면에 균일한 힘을 분배한다.

해설 거친 표면을 가진 공작물을 클램핑한다.

문제 014
한 공작물이 일직선상에서 적어도 두 개의 반대 방향 운동이 억제되는 경우, 둘 또는 그 이상의 표면사이에서 억제되며 위치 결정 되는 방법은 무엇이라 하는가?
- ㉮ 이젝터
- ㉯ 재밍
- ㉰ 방오법
- ㉱ 네스팅

문제 015
네스팅 방법에 의해 위치 결정할 때 적합한 재료는?
- ㉮ 엄격한 공차로 관리된 공작물
- ㉯ 주물품
- ㉰ 기계가공품
- ㉱ 단조품

답 008. ㉱ 009. ㉱ 010. ㉱ 011. ㉱ 012. ㉯ 013. ㉰ 014. ㉱ 015. ㉮

문제 016

이중 중심위치 결정구는 어느 것인가?

㉮ 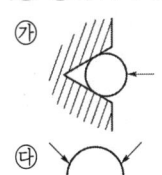 ㉯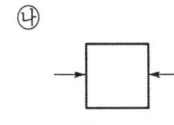

㉰ 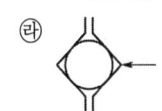 ㉱

문제 017

중공(中空)제품의 축선을 센터링(centering)시키는 데 가장 적합한 것은?

㉮ V블록　　㉯ 콜릿(collet)
㉰ 원추 로케이터　㉱ 단동 척

답 016. ㉱　017. ㉰

치공구 구성요소

4-1 클램핑(Clamping)의 개요

1. 클램핑 정의

클램핑은 치공구의 중요한 요소 중의 하나로서, 공작물을 주어진 위치에서 고정(clamping), 처킹(chucking), 홀딩(holding), 구속(gripping) 등을 하는 것을 말하며, 공작물은 치공구의 위치 결정면에 장착된 후에 절삭 가공 및 기타 작업 이루어지게 된다. 그러나 공작물은 주어진 위치에 고정이 이루어지지 않게 되면 절삭력이나 진동 등의 외력에 의하여 이탈되어 절삭이 불가능할 것이다. 그러므로 공작물은 절삭이 완료될 때까지 위치 변화가 발생되어서는 안 되며, 공작물의 주어진 위치를 계속 유지시키기 위하여 클램핑이 필요하게 된다.

2. 각종 클램핑 방법 및 기본원리

각종 치공구에서 공작물을 클램핑(clamping)하는 방법에는 여러 가지가 이용되며
(1) 공작물의 클램핑 과정에서 공작물의 위치 및 변형이 발생되지 말아야 한다.
(2) 공작물의 가공 중 변위가 발생되지 않도록 확실한 클램핑이 이루어져야 한다.
(3) 클램핑 기구는 조작이 간편하고 신속한 동작이 이루어져야 하는 일반적인 사항을 만족하여야 한다.

[그림 4-1]는 공작물의 위치 결정면과 고정력이 작용하는 위치와의 관계를 설명하고 있으며, 공작물에 대한 고정력의 작용은 그림에서처럼 위치 결정면 위에 작용하여야 공작물의 변형을 방지할 수 있게 된다. 클램핑할 때의 일반적인 주의 사항은 다음과 같다.

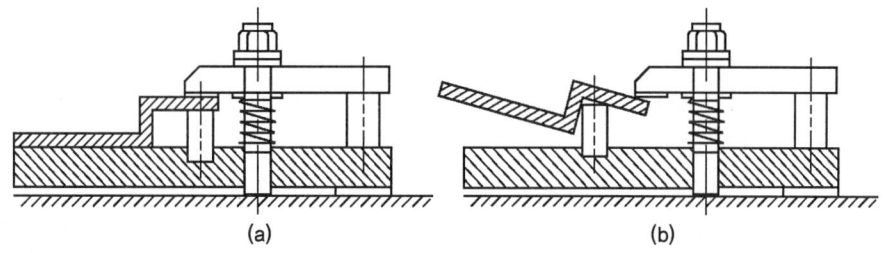

[그림 4-1] 위치 결정면과 고정력이 작용하는 위치와의 관계

(1) 절삭력은 클램프가 위치한 방향으로 작용하지 않도록 한다.([그림 4-2] 참조) 절삭력의 반대편에 고정력을 배치하지 않도록 한다.
(2) 절삭면은 가능한 테이블(table)에 가깝게 설치되도록 하여야 절삭시 진동을 방지할 수 있다.([그림 4-3] 참조)

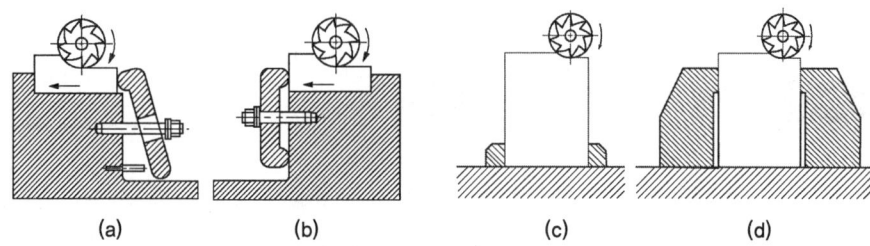

[그림 4-2] 클램프와 절삭력의 방향   [그림 4-3] 클램핑과 절삭면

(3) 클램핑 위치는 가공시 절삭압력을 고려하여 가장 좋은 위치를 택한다.
(4) 클램핑력(clamping)은 공작물에 변형을 주지 않아야 하며, 공작물이 휨 또는 영구 변형이 생기지 않도록 한다. 가능한 절삭력보다 너무 크지 않도록 최소화하는 것이 좋다.
(5) 공작물의 손상이 우려 시 클램프에 다음과 같이 처리하여 사용한다.
  ① 알루미늄, 구리 등을 연질 재료의 보호대를 부착한다.
  ② **받침대를** 부착하여 사용한다.
  ③ 베클라이트 또는 단단한 플라스틱의 보호대를 사용한다.
(6) 비강성의 공작물에 대한 손상, 변형, 뒤틀림을 방지하기 위하여 여러 개의 작은 힘으로 분산하여 클램핑하며 하며, 클램핑력이 균일하게 작용하도록 한다.
(7) 클램핑 기구는 조작이 간단하고 급속 클램핑 형식을 택한다.
(8) 공작물의 형상에 적합한 클램핑 기구를 택한다.
(9) Clamp로 인한 휨이나 비틀림이 발생하지 않도록 공작물의 견고한 부위를 가압 한다.
(10) Clamp는 상대 위치 결정구 또는 지지구에 직접 가하고 공작물을 견고히 고정하여 Tooling 력에 충분히 견딜 수 있도록 하며, 공작물이 지지구에 대해 힘이 가해지지 않도록 한다.

(11) Clamp는 진동, 떨림 또는 중압 등 공작물에 발생되는 힘에 충분히 견딜 수 있도록 한다.
(12) Clamp는 공작물을 장·탈착 시 이로 인한 간섭이 없도록 한다.
(13) Clamp는 치공구 본체에 설치 및 제거가 용이해야 한다.
(14) 중요하지 않는 곳을 Clamping함으로써 공작물이 손상되지 않게 한다.
(15) 가능한 한 복잡한 구조의 clamp보다는 간단한 구조의 Clamp를 사용한다.
(16) 가능한 한 Clamp는 앞쪽으로부터, 바깥쪽에서 안쪽으로, 위에서 아래로 작동 되도록 설계하며 나사 clamp에서는 왼손 조작일 경우는 왼 나사를 사용하도록 한다.
(17) Clamp의 심한 마모가 우려될 경우 열처리 된 보호대를 부착시켜 사용한다.
(18) 기계 가공면의 고정시 가공 표면이 손상되지 않도록 주의하고 가공 중 또는 그 전후에 있어 작업자, 공작물, 치공구에 대한 위험이 없도록 Clamp를 설치한다.
(19) 절삭력은 치공구에서 흡수토록 한다.

4-2 클램프의 종류 및 고정력

치공구에서 일반적으로 사용되고 있는 클램핑 방법은 다양하다. 치공구 설계자는 공작물의 크기와 모양과 수량, 치공구의 형태 및 수행될 작업 등에 의하여 클램프를 가장 단순하고 사용이 편리하도록 효율적으로 클램프를 선택하여 설계해야 한다. 또한 인력에 의한 방법보다는 공유압, 전자력 등의 동력에 의하여 클램핑이 되도록 하는 것이 작업자는 간편하고 편리할 것이다. 기타 특수한 형상의 경우에는 접착제를 이용하든지 공작물 자체의 중량이나 절삭력을 이용하는 방법, 스프링의 힘을 이용한 클램핑 방법 등 여러 가지가 있다.

1. 스트랩 클램프(Strap Clamp)

가장 간단하면서 단순한 클램프로 기본 형식은 지렛대(lever)의 원리를 이용한 것으로서 클램프 바(bar)는 치공구의 밑면과 항상 평행하도록 지점을 위치시키는데 공작물 두께에 의한 약간의 차이 때문에 평행이 되지 않는다. 이와 같은 차이를 해소하기 위해서 구면 와셔와 너트를 사용하는데 그 기능은 클램핑 요소의 올바른 기준면을 부여하고 나사의 불필요한 응력을 감소시켜준다.

레버 및 나사를 이용한 클램핑에서, 클램핑이 이루어지는 방식은 다음과 같이 3가지로 나눌 수 있다. [그림 4-4]의 (a)는 제1레버 방식으로서 작용점과 공작물 사이에 지점이 위치하고 있으며, (b)의 공작물 2레버 작용방식으로서 지점과 작용점 사이에 공작물이 위치 한다. (c)는 제3레버 방식으로서 공작물과 지점 사이에 작용점이 위치한다. 스트랩 클램프의 고정력은 클램프를 잠그는 나사의 크기에 의해 결정된다.

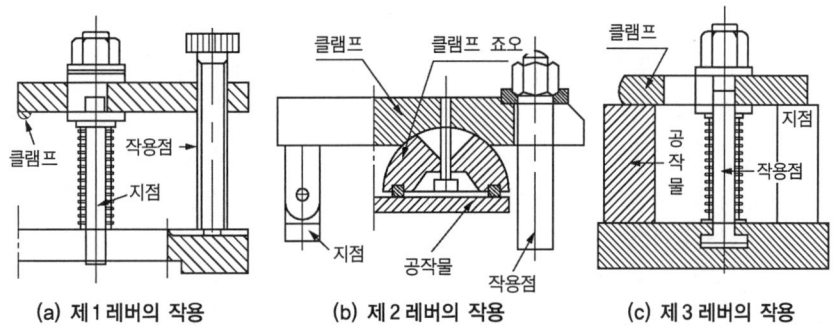

[그림 4-4] 스트랩 클램프에 의한 클램핑 방식

(1) 스트랩 클램프의 클램핑력

스트랩은 일종의 보(Beam)로서 굽힘 하중(모멘트)를 받는다.

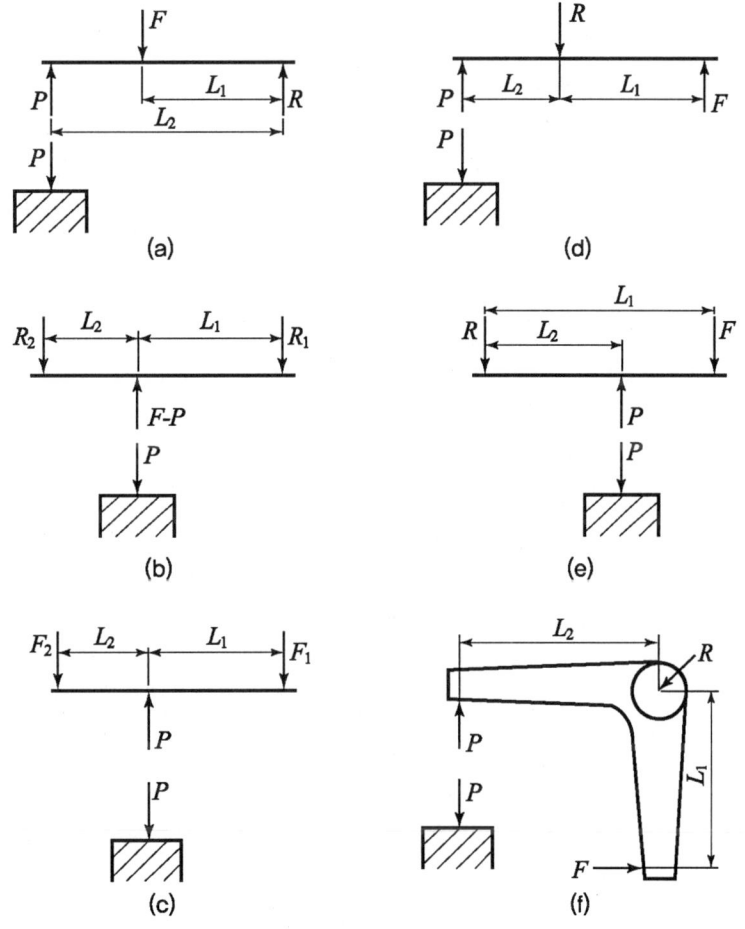

[그림 4-5] 보형 스트랩과 앵글 클램프기구의 역학관계

하중의 작용력 F_1와 지지점에서의 클램프력 P와 지지점의 반발력 R이라고 할 때, [그림 4-5]는 치공구 클램프 요소로 사용되고 있는 (a)에서 (e)까지의 직선형 스트랩 클램프와 (f)의 앵글 스트랩 클램프를 나타낸 것이다. 스트랩 클램프에서 설계와 응력 해석은 클램력 P를 알면 작용력 F와 최대 굽힘 모멘트 M을 계산할 수 있다. 최대 굽힘 모멘트는 항상 스트랩 중간 부분의 하중점에서 발생하며 F와 M의 계산식은 다음과 같다.

여기서 F, F_1, F_2 = 작용력, P = 클램프 압력, R, R_1, R_2 = 지지점의 반력이다.

(a)의 경우 $\dfrac{P}{F} = \dfrac{L_1}{L_2}$ $\quad\therefore P = \dfrac{L_1}{L_2} \cdot F$

$$M = R \cdot L_1 = P \cdot (L_2 - L_1) = F \cdot \dfrac{L_1 \cdot (L_2 - L_1)}{L_2}$$

(b)의 경우, $\dfrac{P}{F} = 1$ $\qquad M = F \cdot \dfrac{L_1 \cdot L_2}{L_1 + L_2}$

(c)의 경우, $\dfrac{P}{F_1 + F_2} = 1$ $\qquad M = P \cdot \dfrac{L_1 \cdot L_2}{L_1 + L_2} = F_1 \cdot L_1 = P_2 \cdot L_2$

(d)의 경우, $\dfrac{P}{F} = \dfrac{L_1}{L_2}$ $\qquad M = F \cdot L_1 = P \cdot L_2$

(e)의 경우, $\dfrac{P}{F} = \dfrac{L_1}{L_2}$ $\qquad M = F(L_1 - L_2) = P\dfrac{(L_1 - L_2)L_2}{L_1}$

(d)의 경우, $\dfrac{P}{F} = \dfrac{L_1}{L_2}$ $\qquad M = F \cdot L_1 = P \cdot L_2$

이와 같이 작용력에 의한 고정력과 토크가 결정되면 다음은 스트랩의 폭과 두께를 결정해야 할 것이다. 일반적으로 스트랩의 폭은 볼트에 사용되는 와셔의 지름과 거의 같은 크기의 스트랩 폭을 사용하며, 볼트가 들어가는 홈은 볼트의 지름보다 약 1.5mm

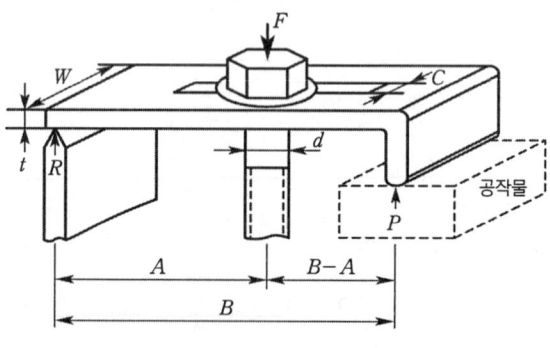

[그림 4-6] 스트랩 클램프

더 넓게 만들어진다. 그러므로 [그림 4-6]과 같은 스트랩을 사용할 경우 스트랩의 폭 W는 $W = 2.3d + 1.5$mm로 계산할 수 있다. 볼트의 지름 d에 의하여 스트랩 클램프의 두께 $t = \sqrt{0.85dA\left(1 - \dfrac{A}{B}\right)}$ 로 표시된다.

단, A : 지지점과 볼트 사이의 거리, B : 지지점과 공작물 사이의 거리이다.

> **예제**
>
> [그림 4-6]과 같은 스트랩 클램프에서 140mm의 길이인 렌치로 볼트를 조일 때 렌치의 끝에는 5kgf의 힘이 걸렸다. 다음을 계산하시오.(단, 볼트의 지름 $d=12$, $A=150$, $B=250$이다.)
>
> **풀이** 렌치의 길이 $L=140$, 렌치 끝의 하중 $f=5$kgf, 볼트의 지름 $d=12$, $A=150$, $B=250$이므로 스트랩의 홈의 크기 $C=12+1.5=13.5$mm이다.
>
> (1) 스트랩 클램프의 폭? $W=2.3\times12+1.5=29.1$(mm)
>
> (2) 스트랩 클램프의 두께?
> $$t = \sqrt{0.85dA\left(1-\frac{A}{b}\right)} = \sqrt{0.85\times12\times150\times\left(1-\frac{150}{250}\right)} = \sqrt{612} = 24.7 \fallingdotseq 25 (\text{mm})$$
>
> (3) 볼트에 걸리는 하중은 볼의 토크와 볼트의 지름과의 함수이므로, $T=d\cdot F/5$
> 단, T : 토크(kgf·mm), F : 볼트에 걸리는 하중(kgf), d : 볼트의 지름(mm)으로 표시된다. 그러므로 $F=5T/d$, 여기서 $T=5$kgf$\times140$mm
> $F=5\times5\times140/12=291.7$(kgf)
>
> (4) 스트랩 모멘트?
> 힘의 평형 조건에서 $F=P+R \rightarrow R=F-P$
> R점에서 모멘트 $AF-BP=0$ ∴ $P=A/B$
> F점에서 모멘트 $M=RA=(F-P)A=\left(\frac{F-A}{B}F\right)A=\frac{FA(B-A)}{B}$
> ∴ $M=\frac{291.7\times150\times(250-150)}{250}=17,502$(kgf·mm)
>
> (5) 클램프의 허용응력은?
> $\sigma_{\max} = \frac{M}{Z}$ 단면 계수 $Z=\frac{(W-C)t^2}{6}$
> 단, C는 스트랩 홈의 크기로서 보통 볼트의 지름보다 1.5mm 더 크게 한다.
> ∴ $Z=\frac{(30-13.5)\times25^2}{6}=1718.8$(mm^3)
> ∴ $\sigma_{\max}=\frac{17,502}{1,718.8}=10.2$(kgf/mm^2)
>
> (6) 이 재료의 최대응력(ultimate stress)이 45kgf/mm^{2}일 때 안전 계수는?
> $FS=\frac{45}{10.2}=4.4$
>
> (7) 이 볼트에 작용될 수 있는 최대 수직하중?
> $d=1.35\times\sqrt{\frac{F_{\max}}{\sigma_{\max}}}$ 에서 $F_{\max}=\frac{d^2\cdot\sigma_{\max}}{1.35^2}=\frac{12^2\times10.2}{1.35^2}=805.9$(kgf)

2. 나사 클램프(Screw Clamp)

이 클램프는 치공구에서 광범위하게 사용되고 있으며 설계가 간단하고 제작비가 싼 이점이 있으나 작업 속도가 느리다는 단점이 있다. 나사에 의한 클램핑 방법에는 나사가 직접 공작물에 압력을 가하는 방식과, 스트랩을 이용한 간접적으로 압력을 전달하는 방식이 있다.

또한 클램핑 기구로서 가장 널리 사용되고 있으며 설계 시 주의사항은 다음과 같다.

(1) 절삭력에 의하여 풀림이 잘 되지 않도록 한다.
(2) 나사가 클램핑 했을 때 그 체결 길이는 나사 지름의 80%의 정도가 좋지만 치공구용 너트의 높이는 1.5배(작은 지름의 것)~3배(큰 지름의 것)로 한다.
(3) 일반적으로 클램핑 볼트의 산형은 작은 지름(15mm 정도까지)은 삼각나사, 그 이상은 사각나사 또는 사다리꼴 나사를 사용한다.
(4) 나사의 선단을 직접 공작물에 접촉하면, 그 면에 상처를 내는 수가 있으므로, 보호대를 붙이는 것이 보통이다.
(5) 나사에 의한 클램핑은 작은 나사 등을 넣어서 공작물에 간섭으로 부드럽게 움직이면서 클램핑하는 방법이 좋다.
(6) 급속 클램핑의 나사는 리이드각이 큰 나사를 사용하면 급속 클램핑이 되지만 풀리기가 쉽다. 부드럽게 움직이는 나사는 보통 나사로 끼워 맞추면 풀리기 전에 클램핑이 되는 수가 있다.

> **예제**
> 고정력이 50kgf이고 M12 볼트를 사용할 때 볼트를 돌리기 위한 토크는 얼마인가? (단, 마찰계수는 $\mu=0.15$이다.)
> **풀이** $T = 0.2D \times P = 0.2 \times 12 \times 50 = 120 \text{kgf/mm} = 1177.2 \text{N/mm}$

> **예제**
> 수직밀링에서 강으로 제작된 윤활 면의 치공구 상에 주물제품을 4개의 클램프로 고정하여 가공 시 주축 동력은 4HP, 주축전동효율은 60%, 절삭 속도는 30mm/min이라 할 때, 클램프 1개당 고정력은 얼마인가? (단, 마찰계수는 $\mu=0.21$, 안전율은 2.0 kgf으로 한다.)
> **풀이** 절삭력 $= \dfrac{4.0 \times 0.6 \times 60 \times 75}{30} = 360 \text{ kgf}$, 고정력 $= \dfrac{360}{0.21} = 1714 \text{ kgf}$
> 안전율 감안 $1714 \times 2.0 = \dfrac{3,429}{4} = 857 \text{ kgf} = 8407.2 \text{N}$

3. 캠 클램프(Cam Clamp)

캠에 의한 클램핑 방법은 형태가 간단하고, 급속으로 강력한 클램핑이 이루어지는 장점과, 클램핑 범위가 좁고 진동에 의하여 풀릴 수 있는 단점이 있다. 캠에 의한 클램핑 방법에는, 공작물과 캠에 직접 접하는 직접 고정식 캠 클램핑과 간접으로 클램핑되는 간접 고정식 캠 클램핑이 있으며, 주로 사용되는 캠(cam)의 종류에는 편심 캠, 나사 캠, 원통 캠 등이 있다 클램핑하는 곳이 많은 다량 생산용 치공구에 많이 사용되며 절삭 조건이 좋거나 자동 클램핑 등의 조건을 가진 것이면 편리하다. 캠의 형상은 제작이 곤란하지만 공작물을 고정하는데 있어서 신속하고 효율적이며 단순한 방법을 제공한다. 직접 가하는 캠 클램프는 5분 이상 절삭이 유지되거나 진동이 큰 경우에는 사용하지 못하며 그 원인은 클램프가 풀려져 위험한 상태가 되기 때문이다. 간접 클램핑은 캠 작동의 모든 이점을 가지고 있으며 클램핑시 공작물을 헐겁게 하거나 이동할 가능성을 감소시킨다.

4. 쐐기형 클램프(Wedge Clamp)

쐐기에 의한 클램핑 방법은, 간단한 클램핑 요소로 경사(구배)를 가지고 있는 클램프(clamp)를 이용하여 공작물을 클램핑(clamping)하는 것으로서, 경사의 정도에 따라서 강력한 클램핑력(clamping force)이 발생될 수 있으며, 쐐기의 한 면은 공작물과 접촉하고, 한 면은 치공구에 접촉하여, 마찰에 의하여 정지상태가 유지되는 간단한 클램핑 방법중의 하나이다.

쐐기 설계시 주의 사항은 다음과 같다.
(1) 쐐기 각도는 5° 또는 1/10의 경사가 좋다.(7°가 가장 좋다.)
(2) 재질은 공구강(STC)으로서, 내마모성과 취성을 주기 위하여 경화처리 한다.
(3) 빼내는 방향에는 작용 응력을 주지 않는다.
(4) 박아 넣을 때는 공작물의 미끄럼 멈춤이 필요하다.

> **예제**
> 고정할 때의 마찰 계수 μ=0.15 클램프를 풀 때의 마찰계수 μ=0.18인 주철재 공작물을 쐐기 클램프에 의해 고정하고자 한다. 쐐기 각이 7°일 때 작용력과의 관계를 구하라.
>
> **풀이** $F_1 = 2P(\sin\frac{\alpha}{2} + \mu\cos\frac{\alpha}{2}) = 2P(\sin 3.5 + 0.15\cos 3.5) = 0.422P$
>
> $\therefore P = \dfrac{F_1}{0.422} = 2\dfrac{1}{3}F_1$
>
> 그러므로, 공작물에 작용되는 고정력은 작용력의 약 $2\dfrac{1}{3}$배 정도이다.
>
> $F_2 = 2P(-\sin\frac{\alpha}{2} + \mu\cos\frac{\alpha}{2}) = 2P(1\sin 3.5 + 0.18\cos 3.5) = 0.237P$
>
> 여기서, 공작물을 풀려고 하는 힘은 클램프를 작용하는 힘의 약 $\dfrac{1}{3}$배이다.
> (마찰계수 μ = tan 3.5 $\therefore$ μ ≒ 0.06일 때 자립 조건이 된다.)

> **예제**
> 쐐기 클램프(wedge clamp)의 자립 조건을 설명하라.
>
> **풀이** 마찰계수 μ = tan 3.5
> $\therefore$ μ ≒ 0.06일 때 자립 조건이 된다.

5. 토글 클램프(Toggle Clamp)

주로 용접 지그나 조립 지그 등에 많이 사용되며 공유압을 이용한 자동화 지그의 기본이 된다. 경 작업은 주로 스프링에 의한 링크에 의해 작동되며 편심 clamp와 같은 원리에 기반을 두고 있으며 4가지 기본적인 clamping작용으로 되어있다. 즉, 하향 잠김형(hold Down), 압착형(squeeze), 당기기형(Pull)과 직선 이동형(straight line)이다. 토글 클램프의 장점은 고정력이 작용력에 비해 매우 크다는 것이다. 작동은 레버(Lever)와 세 개의 피봇(pivot)에 의해 움직인다.

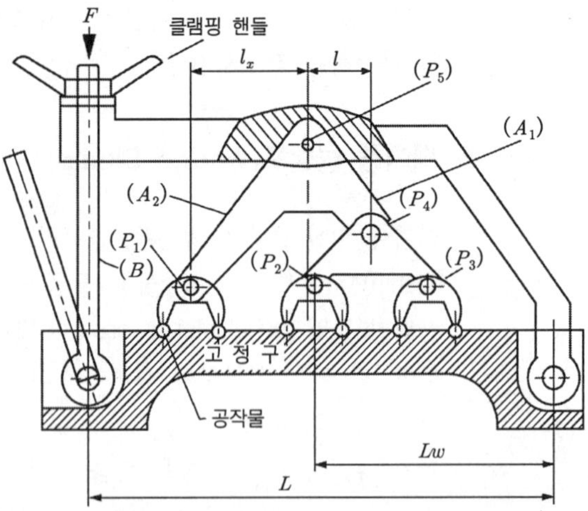

(1) 클램핑 하중의 분포

[그림 4-7]은 동시에 여러 개의 공작물을 클램핑하는 평

[그림 4-7] 동시에 여러 개의 공작물을 클램핑하는 구조(2)

형클램프 구조로서, 공작물은 V홈에 의하여 위치 결정이 이루어져 있으며, [그림 4-7]은 각 공작물에는 균일한 클램핑력(f)가 작용하여야 한다. 핀(pin) P_1, P_2, P_3에는 $2f$의 클램핑력이 작용하고, 핀 P_4에는 $4f$의 클램핑이 작용하며, 핀 P_5에 대한 좌우 모우멘트(moment)는 다음과 같다.

$$lx \times 2f = l \times 4f \qquad lx = 2l$$

로 된다. 즉 l_x의 길이는 l의 길이의 2배로 하면 되며, P_5에는 $6f$의 클램핑력이 작용하며, 클램핑 핸들로 F의 힘으로 클램핑을 한다면, 반력의 모우멘트(moment)와 클램핑 모우멘트가 같으므로,

$$Lw \times 6f = L \times F \qquad F = \frac{Lw \times 6f}{L}$$

의 힘으로 클램핑력(clamping force)을 가하면 된다.

4-3 치공구 본체

1. 치공구 본체 설계시 고려사항

(1) 본체는 locator, support, clamping 및 기타 요소들이 설치될 수 있는 충분한 크기로 한다.
(2) 공작기계, 공구와 같은 외부요인에 의한 간섭을 피할 수 있는 충분한 여유를 주어야 한다.
(3) chip의 배출 및 제거가 용이한 구조로 한다.

(4) 공작물의 최종 정도, 치공구의 변형, 가공 오차 등을 고려하여 공작물의 중량, 절삭력, 원심력 또는 열 팽창 등에 견딜 수 있는 충분한 강성을 유지할 수 있도록 한다.
(5) 공작물의 위치 결정 및 지지부분이 가능한 한 외부에서 보이도록 설계한다.
(6) 마모 발생 부위는 이에 견딜 수 있는 내마모성의 정지 PAD 등을 설치한다.
(7) 치공구가 안정되고 취급이 용이하도록 치공구의 특성에 따라 지그다리, 레벨링(leveling) 또는 button 등을 설치한다.
(8) 취급이 용이하도록 손잡이나 중량물의 경우 Eye bolt, Hoist ring 등을 설치한다.
(9) 작업자의 안전을 고려하여 날카로운 모서리는 제거하고 돌출부는 가급적 없어야 한다.
(10) 절삭유가 바닥이나 기계에 흘러넘치지 않도록 하며 chip이 쌓이는 홈은 제거한다.
(11) 복잡하고 대형인 치공구를 특히 주의하고, 작업자의 피로를 감안하여 치공구의 높이, 각인사항, 색상 등에 관해서도 충분히 고려한다.
(12) 공작물을 설치하는 강재 지지 판과 핀은 고정용 보조부를 붙인다.
(13) 공작물과 본체 사이에는 적당한 간격을 두어 공작물의 출입을 자유롭게 한다.
(14) 치공구를 공작기계에 설치 고정시키기 위한 운반 요소가 있어야 한다.
(15) 칩의 제거가 쉬운 구조이어야 한다.

2. 주조형 치공구 본체

(1) 주조형 본체의 특징

주조형은 요구되는 크기와 모양으로 주조될 수 있으며, 견고성과 강도를 저하시키지 않고서도 본체의 속을 비게 함으로서 무게를 가볍게 할 수 있으며, 기계가공 여유시간을 최소로 줄일 수 있고, 가공성이 양호하며, 진동을 흡수할 수 있고, 견고하고 (강성)변형이 작다. 주로 소형과 중형의 공작물에 적합한 장점이 있으며, 단점으로는 목형에서부터 제작이 이루어지므로 제작에 많은 시간이 소요되며, 충격에 약하고, 용접성이 불량한 것을 들 수 있다. 또한, 목형비가 추가되고 리드타임이 오래 걸린다. 주조용으로 사용되는 재료는 주철, 알루미늄, 주물수지 등이 있으며, 주조형의 본체를 설계할 경우에는 벽두께의 하 한치를 잘 결정하여야 용융금속이 형틀 내에서 완전한 주형이 형성 될 수 있다.

(2) 기계가공이 주물에 미치는 영향

치공구 본체를 주조형으로서 제작할 때는 기계적 가공에 소요되는 경비와 주물의 표면부분이 가지는 특수한 강도를 고려하여 기계적 가공공정의 횟수를 줄여야 한다. 일련의 시험 에 의하여 주물강은 표면부분이 강도가 가장 강하고 중심부로 갈수록 강도가 약해짐을 알 수 있다. 불안전한 상태에 있는 주물에 기계적 가공을 하였을 때 외부하중과 균형을 이루고 있던 금속의 일부분이 제거됨에 따라 그 주물은 변형을 일으키기 쉽다. 변형은 잔류 응력의 새로운 균형이 이루어질 때까지 계속되는데 거기에 적용하는 응력은 주물자체에 원래 존재하던 응력에 절삭공구의 작동으로 새로 첨가되는 응력을 더한 것이다. 따라서 공작물을 정확하게 고정시킬 수 있는 치공구를 제작하게 위해서는 주물의 조직 표준화, 풀림(annealing) 및 응력제거 작업의 공정이 필요하다.

3. 용접형 치공구 본체

용접형은 일반적으로 강철, 알루미늄, 마그네슘 등으로 제작되며, 몸체의 형태 변경이 용이하며, 고강도이고, 제작시간의 단축으로 인한 비용 절감, 무게를 가볍게 할 수 있는 등의 다양성이 있는 이점이 있으며 중형이나 대형에 적합하다. 또한 가장 많이 사용되는 형태이다. 단점으로는 용접에 의하여 발생되는 열변형을 제거하기 위하여, 풀림(annealing), 불림(normalizing), 샌드 블라스(sand blasting)등의 내부 응력를 제거하는 제 2차 작업이 필요하게 된다.

4. 조립형 치공구 본체

조립형 본체는 일반적으로 용접형과 같이 활용도가 높으며, 기계가공이 편리하므로 용이하게 사용되며 강판, 주조품, 알루미늄, 목재 등의 재료를 맞춤핀과 나사에 의하여 조립 제작된다. 조립형의 이점은 설계 및 제작이 용이한 편이며, 수리가 용이하고, 리드타임이 짧으며, 외관이 깨끗하고, 표준화 부품의 재사용이 가능하다.
단점으로는 전체 부품을 가공 및 끼워 맞춤에 의하여 조립이 되므로 제작시간이 길며, 여러 부품이 조립된 관계로 주조형이나 용접형에 비하여 강도(강성)가 약하고, 장시간 사용으로 인하여 변형의 가능성이 있다. 비교적 작거나 중형에 적합하다.

5. 플라스틱 치공구

전자부품관련 분야에서 많이 사용되는 것으로 원칙적으로 주물이나 박판 가공으로 제작하는 플라스틱 치공구는 그 강도가 주철과 대등하거나 약간 적은데, 그러한 강도면에 있어서의 제한 때문에 과대 하중이 걸리지 않는 곳에 사용한다. 그러한 플라스틱 치공구는 재료의 특성 때문에 중량이 가볍고 가공 및 가공 후 조작이 쉬우며 또한 파손되었을 때 적은 경비로 쉽게 수리할 수 있으며 근본적인 설계의 변경도 용이하다는 장점을 가지고 있다. 치공구설계자는 그러한 사항들을 항상 숙지하여 설계 및 작업공정에 결함이 없도록 해야 할 것이다.

6. 맞춤 핀(Dowel, Knock Pin)과 그 위치선정

지그와 고정구의 부품들을 정확한 위치에 결합시키기 위해서는 두 개의 맞춤 핀(일명 다웰 핀, 노크 핀이라고도 함)이 위치 결정 보조장치 및 치공구 부품의 복원조립, 트러스트를 받을 때 이동방지를 위하여 사용된다. 맞춤 핀의 용도는 매우 광범위하나 그 기능의 특수성 때문에 정밀한 설계가 필수적이다.

(1) 맞춤 핀의 규격 및 재질

맞춤 핀은 테이퍼 핀과 평행 핀을 구별하며, 맞춤 핀의 치수는 회사에 따라 이미 규격화되어 표준품으로 사용되고 있다. 직경 D에 의해 P×L×R이 결정된다.

맞춤 핀은 공구(tooling)의 전 분야에 걸쳐 광범위하게 사용되며, 이 작은 요소의 설계와 적용은 매우 중요한 사항이다. 표준 맞춤 핀은 쉽게 구매할 수 있다. 취급시 용이하고 안전하게 삽입시키기 위해 안내부 끝에 약 5~10° 정도의 테이퍼를 부여하고 있으며, 맞춤 핀의 길이는 맞춤 핀 직경의 1.5~2배 정도가 적당하며 원통형과 테이퍼(taper)형이 있다. 표준형 테이퍼는 1/48(약 1/50)로 하며 테이퍼 형 맞춤 핀은 작은 압력에도 쉽게 풀리므로 자주 분해할 곳에 이용된다. 맞춤 핀의 재질은 STC5, SM45C가 사용되며 연강이나 드릴 로드(drill rod)가 사용되는 경우도 있다.

(2) 맞춤 핀의 공차 및 경도

표준으로 판매되는 시중 품은 맞춤 핀의 표면 강도는 HRC 60~64, 중심부의 경도는 HRC50~54 정도이며, 전단 강도는 100~150 N/mm^2(1035~1450 N/mm^2) 정도이고, 직경 공차는 +0.003mm이고 표면 거칠기 0.1~0.15μm이다. 그러나 한국산업규격 KS B 1320에서는 재질은 SM45C로 담금질, 뜨임으로서 HRC 23~33으로 결정하고 있다. 통상 맞춤 핀은 견고하게 압입 되도록 억지 끼워 맞춤이 되어야 하므로 치수보다 0.005mm(0.0002″) 더 크게 제작하지만, 구멍이 마멸되었거나 잘못되었을 때 보수 작업이 가능하도록 0.025mm(0.001″) 정도 크게 하여 사용된다. 평행 핀의 끼워 맞춤 공차는 p6, m6, 또는 h7이며 테이퍼 핀은 작은 쪽의 지름 공차로 하여 억지 및 중간 끼워 맞춤이 되어야 한다.

(3) 맞춤 핀의 사용 방법

맞춤 핀으로 위치가 결정된 치공구를 확실하게 결합시키기 위해서 클램핑 나사가 사용되는데 통상 맞춤 핀의 직경이 클램핑 나사의 직경보다 작다. 그러나 프레스 작업을 목적으로 하는 금형(Die)에서는 다이에 가해지는 충격이나 진동을 고려하여 맞춤 핀과 클램핑 나사의 직경을 같게 한다. 핀에 과중하중이 걸리지 않고 단지 정확한 위치 결정만을 위해 사용될 때는 핀을 연강으로 만들 수도 있으나 전단 하중을 받을 때는 하중을 받는 부분을 열처리하여야 한다. 치공구 도면에서 다웰 핀의 위치는 구멍중심선으로 표시하며 그 위치는 치공구 제작자가 임의로 약간 변경 할 수도 있다. 위치선정의 정밀도를 높이기 위해서 두 개의 핀을 서로 멀리 대각선으로 배치하여야 한다. 구멍위치는 치공구의 몸체 끝 면으로부터 핀 직경의 1.5~2배만큼 맞물려 삽입되어야 하며, 조립품의 두께가 핀 직경의 4배 이상 일 때는 구멍입구를 크게 가공한다. 또 한쪽에서만 끼울 경우 구멍의 깊이는 적용된 맞춤 핀의 길이보다 3mm 이상 깊게 가공되어야 한다. 맞춤 핀의 구멍은 치공구의 부분품을 일단 나사로 체결, 조립한 후 가공되어야 한다. 설계구조상 막힌 구멍에 억지 끼워 맞춤을 할 때는 구멍의 깊이는 핀의 삽입깊이보다 깊게 파져야 하는데, 먼저 깊은 구멍을 파고서 핀이 들어갈 자리만큼 리밍 작업을 하여야 한다. 막힌 구멍을 더 깊게 파는 또 다른 이유 중에 하나는 핀이 삽입되어 들어갈 때 구멍내부의 공기압력이 증가하는 현상 때문이다. 이때 형성된 압력의 크기는 보일(Boyle)의 법칙에 따르나 이를 계산할 필요는 없다. 핀 구멍 가공시 리밍이나 래핑(Lapping)작업을 하게 되면 추가경비가 소모되기 때문에 기계가공 작업량을 줄이기 위해서 위치공차가 0.005mm보다 작을 경우는 홈 핀(Grooved Pin)이나 스프링 핀을 사용할 수도 있다.

4-4 드릴 지그

1. 드릴지그의 3요소

드릴지그 구성의 3대 요소는 위치 결정장치, 클램프장치, 공구안내장치이며 이들의 구성 요소에 대하여 설계, 제작시 고려해야 할 각각의 요점을 기술하면 다음과 같다.

(1) 위치 결정장치

공작물의 위치 결정은 절삭력이나, 고정력에 의해 위치의 변위가 없어야 하며 정확하고 안정되게 공작물을 유지시켜야 한다. 위치 결정 상의 주의할 점은 다음과 같다.
① 공작물의 기준면은 치수나 가공의 기준이 되므로 위치 결정면으로 한다.
② 공작물의 밑면 즉 안정된 면을 위치 결정면으로 한다.
③ 절삭력이나 고정력에 의해 공작물의 변위가 생기지 않도록 위치 결정한다.
④ 위치 결정은 3점 지지를 이용하여 3-2-1 지지법을 기본으로 한다.
⑤ 주조, 단조품 등의 위치 결정은 조절될 수 있도록 한다.
⑥ 넓은 면이나, 면의 접촉부는 칩의 배출이 용이하도록 칩 홈을 설치한다.
⑦ 표준부품과 규격품을 사용하여 제작, 조립, 수리 등이 쉽도록 한다.
⑧ 기준면은 오차의 누적을 피하기 위해 일괄 사용하나 부득이한 경우에는 제2, 제3의 기준면을 선정한다.

(2) 클램프(체결) 장치

고정력이 공작물에 따로 작용하여 변위가 발생하거나, 칩이나 먼지 등에 의해서 클램핑 상태가 나쁘면 공작물의 정도 및 작업능률에 큰 영향이 있으므로 다음사항에 유의하여야 한다.

① 클램프장치는 구조를 간단하고 조작이 쉽도록 한다.
② 절삭력에 의해 변위 발생이 없도록 클램핑력이 충분하도록 한다.
③ 절삭방향에 따라 위치 결정면과 클램프방법을 선택하도록 한다.
④ 다수 공작물을 클램프 하는 경우 클램핑력이 일정하게 작용하도록 한다.
⑤ 가능하면 표준부품을 사용한다.

(3) 공구의 안내

드릴지그의 공구를 안내하는 요소로는 부시가 있다. 부시는 드릴을 정확한 위치로 안내하고 정해진 구멍을 뚫을 때 필요하다. 부시는 본체와 억지 끼워 맞춤이 되어야하고 마모가 심하므로 열처리 강화하여 사용한다. 지그를 사용하여 구멍을 뚫을 때 오차의 발생원인은 다음과 같다.

① 지그 자체 구멍의 오차와 중심거리의 오차
② 부시의 편심에 의한 오차와 구멍의 기울기에 의한 오차
③ 고정부시와 삽입부시의 틈새 오차와 안쪽, 바깥쪽 지름의 편심 오차
④ 공작물 가공 면과 부시와의 거리에 의한 오차
⑤ 공작물 체결과 절삭력 등에 의한 변형으로 생기는 오차
⑥ 공작물의 내부결함과 칩, 먼지 등의 외부요인에 의한 오차

2. 드릴 지그 부시

드릴 지그로 공작물을 가공할 때 지그 본체에 부시를 사용하지 않고 공구를 안내하면 공구와 칩의 마찰로 인해 본체의 수명이 단축된다. 이러한 현상을 막기 위하여 내마모성이 강한 재료를 열처리 강화하여 부시로 사용하고 부시를 사용하므로 정확한 공구의 안내와 특수한 작업을 쉽게 할 수 있다. 부시의 종류로는 고정부시, 삽입부시, 특수부시, 안내부시로 나눌 수 있다.

(1) 부시의 종류와 사용법

부시(bush)는 드릴(drill), 리이머(reamer), 카운터 보어(counter bore) 등의 절삭공구의 정확한 위치 결정 및 안내를 하기 위하여 사용되는 것으로, 복잡한 작업을 쉽고 정밀하게 수행할 수 있으며, 드릴 지그에서는 중요한 역할을 수행하게 된다.

① 고정 부시(pressfit bushing)

드릴 지그에서 일반적으로 많이 사용되는 부시(bush)는 고정 부시로서, 플랜지가 부착된 것과 없는 것이 있으며, 부시의 고정은 억지 끼워 맞춤으로 압입하여 사용한다.

② 삽입 부시(renewable bushing)

삽입 부시는 압입된 고정 부시 위에 삽입되는 부시를 말하며, 동일한 가공 위치에 여러 종류의 상이한 작업이 수행될 경우나, 부시의 마모시 교환이 용이하도록 하기 위하여 사용이 된다.

③ 회전형 삽입 부시(slip renewable bushing)

회전형 삽입 부시는 하나의 가공 위치에 여러 가지의 작업이 이루어질 경우, 내경의 크기가 서로 다른 부시를 교대로 삽입하여 작업을 하게된다. 예를 들면 드릴링(drilling)이 이루어진 후 리밍(reaming), 태핑(tapping), 카운트 보링(counter boring) 등의 연속작업이 요구되는 경우에 적합하며, 부시의 머리부는 제거가 용이하도록 너어링(knurling)이 되어 있고 고정을 위한 홈을 가지고 있다.

④ 고정형 삽입 부시(fixed renewable bushing)

고정형 삽입 부시는 사용 목적 상 고정 부시와 같이 직경이 동일한 한 종류의 가공이 장시간 이루어지거나, 또는 장시간 사용으로 인하여 부시의 교환이 요구될 경우 교환이 용이하도록 되어있으며, 부시를 교환하면 다른 작업도 가능하게 된다. 부시의 머리부에는 고정을 위한 홈을 가지고 있으며, 홈에 조립이 되는 잠금 클램프에 의하여 고정이 이루어지게 된다.

⑤ 라이너 부시(liner bushing)

라이너 부시는 삽입 또는 고정 부시를 설치하기 위하여 지그 몸체에 압입되어 고정되는 부시를 말하며, 삽입 부시로 인한 지그 몸체의 마모와 변위를 방지하기 위하여 지그 몸체보다 강도가 높은 라이너 부시를 조립하여 사용하게 된다.

(2) 부시의 재질 및 경도

부시(bush)는 경도가 높은 절삭공구와 마찰이 일어나므로 공구의 경도에 못지않은 경도가 요구된다. 그러므로 부시는 내마모성이 있어야 하므로 열처리하여 연삭 및 래핑(lapping)등에 의하여 정밀하게 가공이 되어야 한다.

부시의 재질은 KS B 1030에 의하면 탄소 공구강 5종(STC 5)으로, 경도는 HV 679(HRC 60), 원통면의 거칠기는 3S로 규정하고 있다. 기타 부시용 재질로는 부시의 고품질화를 위해서는 고크롬, 고탄소강을 사용하며 이것은 보통의 부시보다 5~6배나 내구성이 크다. 부시는 초경합금(WC, 부시의 교환 없이 장시간 사용할 경우) 사용하는 경우도 있으며, 이것은 6% Co와 94% WC인 코발트 급으로서 HrC 90의 경도를 나타내고 있다. 이 경우 부시 본체의 길이는 카바이드로 만들고 머리부는 강으로 만들어서 부시 윗부분에서 구리로 납땜하여 사용한다. 이 부시의 수명은 보통 부시보다 50배정도 더 높다. 때때로 절삭 공구를 안내하기 위한 부시를 주철로 제작하여 내부만 열처리하여 사용하고 있으며, 이때에는 반드시 절삭 공구의 날이 부시와 접촉되지 않는 경우이다.

(3) 드릴 부시의 설치 방법

드릴 부시는 본체와 수직으로 정확하게 설치가 되어야 정밀도를 높일 수 있다. 드릴 부시는 일반적인 경우 압입되며, 압입되는 과정에서 내경의 변화가 발생할 수 있으므로 정밀도가 떨어지고, 그로 인하여 공구가 파손되는 경우도 있다.

부시의 올바른 설치 방법은 부시의 외경과 본체의 내경 치수가 기준치수로 가공이 되어야 하며, 조립 시에는 수직이 유지되도록 프레스(press) 등에 의하여 정확한 압입이 이루어져야 한다.

(4) 지그 판(JIG PLATE)

지그 판은 드릴 부시를 고정하고 위치를 결정해 주는 드릴 지그의 요소이다. 지그 판의 두께는 앞서 설명한 바와 같이 부시의 길이와 동일하고 절삭공구를 안내하는 데 충분한 길이로 하면 된다. 보통 드릴 지그의 판은 드릴 지름의 1~2배 사이의 두께이면 부정확성을 방지하는데 충분하다.([그림 4-8] 참조) 부시의 지그 판 두께

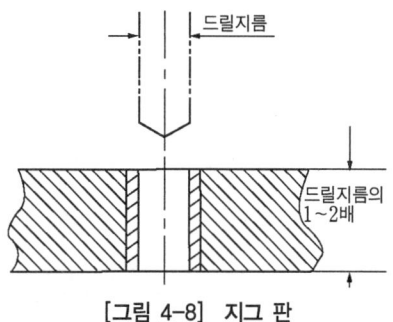

[그림 4-8] 지그 판

는 모든 절삭력을 쉽게 견딜 수 있어야 하며 공구의 정밀도를 유지해야 한다. 부시의 길이는 일반적으로 $1\frac{1}{4} \sim 2\frac{1}{2}$로 하는 것이 좋다.

(5) 공작물과 부시와의 간격

단단한 공작물의 칩은 [그림 4-9]의 (a)와 같이 드릴의 홈을 따라 배출시키면 부시의 내면이 쉽게 마모되어 정밀도가 빨리 떨어지므로, (b)와 같이 H 정도의 간격을 주어 옆으로 배출시키는 것이 바람직하다. 높은 정밀도를 요구하는 구멍 가공에는 [그림 4-9]의 (a)와 같이 밀착시키는 경우도 있지만, 보통 드릴에서는 칩 제거 및 냉각제의 급유 관계 등의 어려운 점이 많이 있다.

보통 공작물과 부시의 간격 h는 주물의 칩과 같이 연속되지 않고 부서지기 쉬운 것은 드릴 지름의 1/2정도, 즉 부시 안지름의 1/2정도로 한다. 그러나 구멍 깊이가 깊은 것은 칩이 많이 발생하므로, 간격 h는 조금 넓혀 줄 필요가 있다. 그러나 일반강의 유동형 칩이 연속적으로 나오는 경우는 최소 간격을 보통 드릴 지름 과 동일하게, 즉 부시 안지름의 1배 정도로 한다. 정밀도가 요구될 때나 다음 공정에서

의 정밀도가 필요할 때, 또는 경사진 표면이나 곡면에 구멍을 가공할 때 등은 예외이다. 이러한 경우에는 요구되는 정밀도를 얻기 위해서 부시를 가능한 한 공작물과 접근시킨다.([그림 4-10(c)] 참조) 적절한 부시의 간격은 전체의 지그 기능면에서 중요한 사항이다. 만약 부시가 불필요하게 공작물에 접근되어 있다면 칩 때문에 부시가 쉽게 마모될 것이다. 또한 너무 멀리 떨어지면 정밀도가 저하된다.

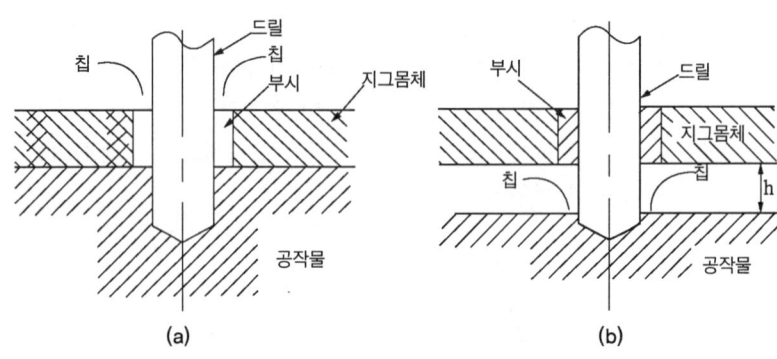

[그림 4-9] 공작물과 부시와의 간격

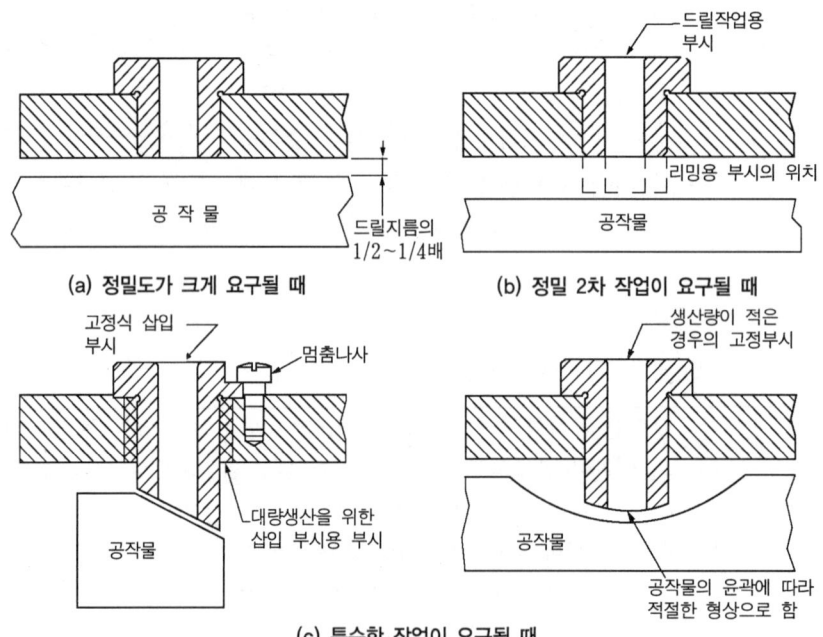

[그림 4-10] 특수한 경우의 공작물과 부시 간격

(6) 드릴 부시의 설계 방법

드릴 부시 설계시 제일 먼저 고려할 사항은 위치 결정과 드릴의 직경을 선정하여 치수를 결정하여야 한다. 설계순서는 다음과 같은 순서에 의한다.
① 드릴 직경을 결정
② 부시의 내경과 외경 결정
③ 부시의 길이와 부시 고정판 두께 결정
④ 부시의 위치 결정

드릴 지름의 결정은 공작물의 구멍 치수에 의해 결정하되, 일반적으로 드릴 작업에서는 드릴의 크기보다 구멍이 크게 가공될 우려가 많으므로 드릴 지름을 잘 결정해야 한다. 두 번째는 드릴 부시의 안지름과 바깥지름은 결정된 드릴 지름을 호칭 지름으로 하여 고정 부시만으로 할 것인가, 고정 부시와 함께 삽입 부시를 사용할 것인가를 제작될 공작물의 수량과 가공 공정에 따라 결정한다. 부시의 종류가 결정된 후에는 KSB 1030에 의한 부시의 안·바깥지름 치수를 선택한다.

(7) 드릴 부시의 표시 방법

KS B 1030에서는 부시의 표시 방법을 다음과 같이 규정하고 있다. 즉 적당한 곳에 종류별로 표시하는 기호(드릴용은 D, 리머용은 R), $D \times L$(또는 $D \times d \times L$) 및 제조자 명 또는 이에 대신하는 것을 표시한다고 되어 있다. 또한 부시의 호칭 방법으로서는 명칭, 종류, 용도, $D \times L$(또는 $D \times d \times L$)로 되어 있다. 예를 들면 지그용 부시, 우회전 너치형 삽입 부시, 드릴용 $15 \times 22 \times 20$ 이다. 드릴 부시 표시방법은 [표 4-1]와 같다.

[표 4-1] ISO 규격의 드릴 부시 표시 방법

부시의 종류	항목별 표시방법		
	내 경	외 경	길 이
S : 회전 삽입 부시 F : 고정 삽입 부시 L : 플랜지 없는 라이너 부시 HL : 플랜지 붙이 라이너 부시 P : 플랜지 없는 고정 부시 H : 플랜지 붙이 고정 부시	호칭직경의 표시 문자나 소수, 분수	1/64의 배수	1/16의 배수
표시방법 : 내경 - 부시의 종류 - 외경 - 길이			
예 : 0.250-P-48-16(내경 0.250″, 외경 3/4″, 길이 1″인 플랜지 없는 고정 부시			

(8) 드릴 부시의 끼워 맞춤 공차 및 흔들림 공차

ISO 및 ANSI 규격에서 보면 드릴부시는 지그 플레이트와의 끼워 맞춤에서 항상 억지 끼워 맞춤으로 압입되며, 안내부시와 회전삽입부시는 중간 끼워 맞춤으로 압입되어야 한다.
① 지그와 안내 부시 : H7 - n6 또는 H7 - p6
② 안내 부시과 회전삽입 부시 : F7 - m6
③ 안내 부시과 고정삽입 부시 : F7 - h6

드릴 부시의 흔들림 공차는 KS B 1030에 의하면 부시 안지름을 기준으로 하여 바깥지름의 각 부분의 흔들림(동심도)을 측정하되 그 허용차는 다음 [표 5-2]를 따른다.

[표 4-2] 부시의 흔들림(동심도) 공차(KS B 1030) (단위 : 0.001mm)

부시의 안지름 구분(mm)	18 이하	18 초과 50 이하	50 초과 100 이하
흔들림	12	20	25

4-5 밀링 고정구

1. 밀링 고정구의 개요

밀링머신을 공구를 회전시켜 테이블 위에 고정된 공작물을 이송시켜 가면서 커터에 의해 절삭되는 공작기계이다. 밀링 고정구를 설계할 때 주의할 사항은 밀링 작업은 다른 공작 기계를 이용해서 행하는 작업에 비하여 가공 중 떨림을 일으키기 쉽고, 고정구의 가공이 어렵게 되므로 공작물의 정확한 위치 결정과 확실한 클램핑이 요구된다. 따라서 공작물의 클램핑 기구는 밀링 고정구로서 중요한 기구이다.

일반적인 공작물의 클램핑에는 바이스를 많이 사용하나, 이 밀링 바이스는 조작이 간단하고 응용능력이 넓어 제일 적당하지만, 형상이 복잡하고 대형일 경우에는 클램핑 기구를 설계하지 않으면 안 된다. 바이스의 가압 방식에는 수동 가압식, 공기압식, 기계유압식, 공기유압식 등이 있다. 밀링 작업에서는 공작물에 적합한 고정구를 사용함으로서 동시에 여러 개의 공작물을 가공할 수 있어 경제적인 생산이 가능하며, 고정구의 설계에 있어서는 사용하는 밀링 머신의 내용에 대하여 충분한 지식(작업 면적, 테이블의 크기, T홈의 치수, 밀링 머신의 종류, 가공 능력 등)을 갖도록 하여야 하며, 공작물의 요구 정밀도, 가공 방법 등을 고려하고, 장·탈착은 가능한 짧은 시간에 이루어질 수 있는 구조를 택하여야 한다.

2. 밀링 고정구의 설계

밀링 고정구의 설계에 있어서는 사용하는 밀링 머신의 내용에 대하여 충분한 지식을 갖도록 해야 하며, 작업 면적, 테이블의 치수, T홈의 치수, 기계의 이동량, 전동기의 출력, 이송 속도의 범위, 밀링머신의 종류 등을 잘 알아야 한다. 또한 밀링 작업을 계획하는 시점에서 다음 항목들을 검토하는 것이 중요하다.
① 공작물의 크기, 중량, 강성 및 가공기준
② 연삭 여유 및 공작물 재질의 피절삭성
③ 요구되는 표면 거칠기, 평면도, 직각도, 등의 정밀도
④ 공작물 1개 가공시 소요 시간 및 허용 생산 원가
⑤ 가공 방법(엔드밀 가공, 조합 커터, 공정 분해 가공, 평면 밀링 가공 등)
⑥ 사용하는 밀링머신의 크기 및 능력
⑦ 재질의 변화에 따른 공구의 기준

3. 밀링 고정구의 설계 절차

밀링 고정구의 설계 및 스케치의 전개 시에는 다음의 요소들을 순차적으로 고려해야 한다.

■ 고정구 설계의 전개

고정구의 설계 전개 과정은 지그설계 과정과 유사하나 다음과 같다.
① 작업자의 작업 범위를 결정하기 위해서 부품도와 생산계획을 분석하고 생산량을 고려한다.
② 공작물은 기계 가공시 적당한 위치에서 눈에 잘 보이게 스케치한다.
③ 위치 결정구와 지지구를 적절한 위치에 스케치한다.
④ 클램프 및 기타 체결장치를 스케치한다.
⑤ 절삭공구의 세팅블록과 같은 특수장치를 스케치한다.
⑥ 고정구 부품을 수용할 본체를 스케치한다.
⑦ 고정구의 여러 부품의 크기를 대략 판단한다.
⑧ 절삭공구와 아버(arbor) 등에 고정구가 간섭이 생기는가를 점검한다.
⑨ 예비스케치가 끝나면 충분히 검토한 후 도면을 완성하고 재질을 명시한다.

밀링 고정구의 설계 전개에서 먼저 부품도와 생산 계획의 분석으로 밀링 가공 공정의 범위가 결정되면 공작물을 3면도에 스케치한다. 이 스케치는 밀링 가공에 알맞은 위치에 공작물이 보이도록 해야 한다.

4-6 선반 고정구

1. 선반 고정구의 의미

선반 고정구는 선반작업에 사용되는 치공구를 말하며, 선반은 일반 공작기계 중에서 가장 많이 사용되는 공작기계로서, 내·외경 절삭, 테이퍼 절삭, 정면 절삭, 드릴링,

보링, 나사가공 등을 할 수 있으며, 여러 가지 고정구를 사용함으로서, 광범위하고 효율적인 작업을 할 수 있다. 선반 고정구는 선반 작업이 단순하듯이 대체적으로 단순하고, 간단한 형태로서, 주로 활용되는 고정구의 종류는 척(chuck), 센터(center), 심봉(mandrel), 콜릿 척(collet chuck),에 의한 척 선반 고정구와 면판(face plate) 및 앵글플레이트을 활용하는 면판 선반 고정구가 주로 사용된다.

2. 선반 고정구의 설계, 제작시 주의사항

선반 치공구의 설계, 제작시 주의하여야 할 점들은 다음과 같다.
① 회전 또는 절삭력에 의하여 공작물의 위치가 변하지 않도록 확실한 위치 결정 및 클램핑(clamping)을 하고, 주물품의 경우 탕구, 압탕, 주물귀 위치는 위치 결정구 정당하지 않으며, 분할선도 피하는 것이 좋다.
② 공작물의 장착과 장탈이 용이하도록 정확히 위치 결정을 한다.
③ 고정구는 공작물과 함께 회전해야 되므로, 작업 중에 떨림이나 비틀림이 발생하지 않도록 클램핑이 확실해야 한다.
④ 공작물이 클램핑력이나 절삭력에 의해서 변형되지 않도록 해야 한다.
⑤ 고정구는 강성이 있고 가벼우며 신속한 작동이 이루어져야 한다.
⑥ 고속도 회전의 경우는 편심이 일어나지 않도록 평행도를 주는 것을 고려한다.
⑦ 작업 중 칩의 제거가 용이하고 작업의 안전성을 확보해야 한다.
⑧ 중복 위치 결정은 피하고 1회의 장착으로 가공을 끝내도록 구조를 설계한다.
⑨ 새로운 곳을 동시에 클램핑하는 경우, 클램프 압력의 균일성을 고려한다.
⑩ 마모 부품은 교환이 가능한 구조로 하며, 동시에 고정구 호환성을 고려한다.
⑪ 표준 부품을 사용하여 제작과 정비가 신속히 되도록 한다.
⑫ 공작물의 종류 형상에 따라서는 바이트 조정용의 기준면을 설치한다.
⑬ 클램핑 기구는 급속 체결 방식을 택할 것.

4-7 보링 고정구

보링 작업은 절삭공구에 의하여 1차 가공이 되었거나, 주물 제품과 같이 소재 자체에 가지고 있는 구멍의 치수와 거리를 정밀하게 가공하는 작업으로서, 절삭 방식은 공작물 고정식과 공구 고정식이 있다. 보링 작업시 보링 바(bar)에는 한 개 또는 그 이상의 공구가 부착되어 동시에 가공이 이루어지기도 하며, 전용 보링 머신은 주로 대형의 공작물에 적합하다. 보링 고정구는 일반적으로 드릴 지그와 밀링 고정구에서도 응용이 되며 공작물과 공구의 고정, 중심내기, 공구 안내 및 지지, 측정 등을 용이하고 능률적으로 행하기 위하여 사용되며, 보링 머시닝에서 가장 많이 사용되는 지그는 보링용 고정구와 밀링용 고정구이다.

1. 보링 고정구 설계 제작시 주의사항

보링 고정구는 공작물과 가공 공구와의 상대위치를 결정하기 위한 장치로서 공작물을 파악하는 부분과 공구의 위치를 결정하는 부분으로 구성되어 있다.

① 보링 (boring) 고정구는 충분한 강성을 지녀야 하며, 보링 공구(boring tool)는 확실하게 고정되어야 한다.
② 고정구에 공작물을 확실하게 장착하기 위해서는 공작물의 변형의 경향, 또는 절삭력이 작용하는 상태를 충분히 고려하여 공작물의 위치 결정면을 설계초기에 미리 정한다.
③ 보링 공구가 공작물을 관통할 경우에는 고정구와 테이블(table)에 여유 구멍을 만들어 주어야 한다.
④ 보링 바(boring bar)가 고정구에 지지될 경우에는 진동을 줄일 수 있도록 부시(bush)나 베어링(bearing)를 설치하여야 한다.
⑤ 보링 바는 충분한 강성을 지녀야 한다.
⑥ 고정구에 기준면의 선정에 신중을 기하여 공작물의 변형이 일어나지 않도록 해야 한다.
⑦ 칩(chip)의 배출 방법을 고려하여야 한다.
⑧ 취급과 보수, 그리고 공작물의 장·탈착이 용이하여야 한다.
⑨ 보링 바의 이동이나 보링 공구(boring tool)의 조절을 위하여 고정구와 보링 공구사이는 여유를 두어야 한다.

4-8 연삭 고정구

연삭 작업은 많은 입자로 구성되어 있는 숫돌을 고속으로 회전하여 공작물을 가공하는 절삭방법으로서, 일반적으로 선반, 밀링 등에 의하여 1차 가공된 공작물의 최종 가공방법으로 활용되며, 가공부의 치수가 정밀하고 표면 조도가 좋은 장점이 있다.
연삭 고정구의 활용 범위는 선반, 밀링 고정구 등과 거의 동일하며, 연삭 고정구의 종류는 평면 연삭용, 내·외경 연삭용, 각도 연삭용, 총형 연삭용, 분할 연삭용, 공구 연삭용 등이 있으며, 연삭 작업은 숫돌이 고속으로 회전하는 관계로 치공구의 설계 및 제작시에는 특히 안전성을 고려하여야 하며, 일반적인 주의사항은 다음과 같다.
① 위치 결정 부위나 스토퍼(stopper)에는 충분한 내마모성이 있어야 한다.

② 숫돌의 분말과 칩(chip)에 의하여 가공면의 정도가 떨어지지 않아야 하며, 분말과 칩의 배출이 잘 되도록 하여야 한다.
③ 클램핑력이나 절삭열에 의해 변형이 발생하지 않도록 하여야 한다.
④ 클램핑은 확실히 하여야 하며, 가공 중 공작물의 위치가 변하지 말아야 한다.
⑤ 측정은 공작물이 고정된 상태에서 이루어질 수 있도록 한다.
⑥ 장착과 장탈은 용이하여야 한다.
⑦ 절삭유의 공급과 배출이 잘 되도록 하여야 한다.

4-9 용접 고정구

1. 용접 고정구의 설계, 제작의 고려사항

용접용 고정구는 용접을 간단하고 정확히 경제적으로 행하고, 용접시 발생되는 공작물의 수축과 변형, 치수 및 강도의 변화를 줄이기 위하여 사용되는 고정구이다. 용접 고정구의 종류는 공작물의 용접부의 형상에 따라 여러 종류로 분류할 수 있으며, 용접 고정구의 설계 제작시에는 다음 사항을 고려하여야 한다.
① 고정구의 구조와 클램핑 방법은 공작물의 장착과 탈착이 용이하여야 한다.
② 제작비용을 고려하여 가장 경제적으로 설계 제작한다.
③ 용접 후의 수축 및 변형을 미리 고려하여 설계, 제작한다.
④ 공작물의 위치 결정 및 클램핑 위치 설정은공작물의 잔류 응력과 균열을 고려하여 결정한다.
⑤ 공작물의 구조나 형상에 따라 가용접 고정구와 본용접 고정구로 분류하여 설계, 제작하는 것이 바람직하다.

가용접용 고정구는 주로 위치 결정과 치수 정도의 정확을 기하기 위한 목적으로 만들고, 본 용접용 고정구는 용접 작업자가 안전하고 편리하며 능률적인 용접을 할 수 있도록 회전 고정구나 포지셔너 등으로 하향 용접할 수 있도록 설계 제작한다.

용접 고정구의 설계상 요점을 몇 가지 소개하였으나 매우 많은 다른 부품의 용접에 대하여 완전한 만족을 줄 수 있는 만능 고정구를 제작할 수는 없으며, 각 공작물의 모양과 성격에 따라 고정구 설계를 고려할 필요가 있다.

2. 용접 고정구의 구성요소

위치 결정 고정구, 지지구 부착 고정구, 구속 고정구, 회전 고정구, 포지셔너, 안내, 기타 위치 결정 고정구는 용접 구조용의 각 요소를 규정의 치수, 위치형상에 고정해 놓기 위해 필요하고, 이 위치 결정 고정구의 설계에 대하여는

① 용접시의 팽창과 용접후의 수축 때문에 치수 변화와 변형을 고려하지 않으면 안 된다.
② 위치 결정면은 강도와 강성이 큰 것으로 하고 용접 비틀림 등으로 인한 고정구 오차가 없도록 한다.
③ 용접 변형이 나타나는 곳에는 거기에 알맞는 구속력을 갖는 면을 설정한다.
④ 용접 고정구에서 제품을 장탈하기 쉽도록 하기 위한 위치 결정면의 구조를 고려하고, 수축된 방향은 면이 닿지 않도록 고려할 필요가 있다.
⑤ 기타 기준을 취하는 방향, 용접 작업의 용이한 구조, 원가 등의 고려를 필요로 한다.

구속 고정구는 용접시에 나타나는 비틀림 변형을 가능한 한 나타나지 않도록 구속해서 그대로 상온 상태와 같이 되도록 적절한 강도로 만들어진 고정구로써, 이것에 따라 정도가 좋은 용접 구조물을 얻을 수 있는 경우가 있다. 그러므로, 구속 고정구는 널리 사용되고 있다. 구속력은 가능한 한 면의 근처를 스토퍼(stopper)나 체결 볼트, 기타 장치로 확실하게 구속할 필요가 있다.

회전 고정구는 작업자가 용접 구조물을 용접하기 쉬운 자세가 되도록 회전대, 포지셔너, 기타를 사용해서 작업할 수 있도록 만든 것으로써, 작업 능률면에서도 확실한 작업을 할 수 있기 때문에 널리 이용되고 있다. 안내는 용접 고정구로 자동 용접을 사용할 때 용접선에 대하여 항상 와이어의 위치가 일정하게 되도록 중심을 맞추는 장치나 상하 이동 등에 대한 평행 기구 등을 말하며, 고정구의 능률을 올리기 위한 하나의 중요한 부분이다. 그 밖에 용접 고정구로서는 치수 결정이나 치수 점검 게이지류, 형상 점검 게이지류 등이 있다.

3. 용접 고정구의 계획할 경우 고려사항

용접 고정구를 계획할 경우 고려해야 할 사항은 다음과 같다.
① 대형 구조물에는 블록방식을 채택하므로 각 고정구의 배열, 재료의 운반 경로 등의 전반적인 생산 공정에 대하여 잘 검토하고, 적절한 고정구 설계를 하여야 한다.
② 공장 설비, 가공 방법 등의 기준을 제품의 모양, 용접 위치 등에 따라서 어떤 고정구를 사용하며, 어디에서 나뉘어 블록 조립을 해야 하는가를 검토한다. 대형구조물을 공장 밖으로 운반할 때에 운반이 가능한 치수로부터 블록 조립의 크기를 검토하여야 한다.
③ 조립에 있어서는 용접 방법에 따라 고정구 방식이 크게 변하나 가능한한 고능률의 기계용접을 사용한다.
④ 고정구 제작에 있어서는 비용이 많이 들기 때문에 제품의 생산량에 따라, 고정구의 설계 사양을 고려하여야 한다. 따라서, 생산량이 적을 경우에는 고정구를 간단히, 많은 경우에는 정밀도가 높고 능률적인 고정구를 설계, 제작하여야 한다.
⑤ 고정구의 기준면을 생각하고 블록 조립을 할 때에는 어느 고정구이든 동일 기준면

이 되도록 한다.
⑥ 제관 제품의 조립에서는 어느 정도 조립 치수의 오차를 인정하여야 하므로, 고정구 설계에서는 여유를 둘 위치와 그 허용치수 범위를 먼저 결정하여야 한다.
⑦ 부품을 바른 위치에 쉽게 부착할 수 있고, 또한 부품의 부착 및 분리가 용이하여야 한다.
⑧ 위치 결정용 받침쇠는 쉽게 변형되지 않는 것이어야 한다.
⑨ 고정구에 고정되는 부품의 크기는 되도록 손으로 잡을 수 있는 것이 바람직하다.
⑩ 고정구는 가능한 제품의 제조원가를 고려하여 경제적으로 만들어야 한다.
⑪ 제품의 수가 적을 때에는 일반용 고정구를 사용하는 것이 바람직하다.
⑫ 먼지, 스패터 등이 모이지 않는 구조로 한다.
⑬ 받침쇠는 외부에서 식별할 수 있도록 색을 칠하는 것이 좋다.
⑭ 고정구의 높이는 작업하기 쉬운 높이로 하는 것이 바람직하다.
⑮ 고정구 주위의 부품의 배치를 생각한다.

물론, 이들의 조건을 전부 만족하는 것은 어려우나, 가능한 한 좋은 고정구를 만들기 위하여는 능률의 향상, 공수의 감소, 변형의 감소, 제품의 정밀도 향상 등을 도모하여야 한다.

4-10 조립 지그

조립용 지그는 하나의 공작물 또는 제품에 부품을 조립하기 위하여 사용되는 지그로서, 정확하고 경제적으로 조립하기 위하여 사용되는 지그이다. 조립용 지그의 종류는 공작물의 조립부의 형상에 따라 여러 가지로 분류할 수 있다. 조립용 지그에서 공작물의 위치 결정 및 클램핑을 위한 설계 특성은 조립 부품의 모양에 따라 결정되며, 조립용 지그에서는 부품을 안내할 수 있는 기구와 부품을 조립할 수 있는 프레스 기구를 필요로 하게 된다. 그리고 부품의 조립시에는 조립부의 버로 인한 조립상의 문제가 발생할 수 있으므로 버의 제거가 필요하다.

1. 조립 지그 설계상의 고려사항

조립 지그를 설계하고자 할 때는 다음사항을 고려해야 한다.
① 조립 정밀도
② 위치 결정의 적정 여부
③ 공작물의 장착과 장탈
④ 작업 자세

⑤ 조작 장치(각종 핸들, 밸브, 스위치 등)의 위치
⑥ 조작력
⑦ 작업력(인간공학적)
⑧ 양손 동시 사용의 가능성 여부
⑨ 발 사용의 가능성 여부
⑩ 안정성
⑪ 잘못된 조직에 대한 고려
⑫ 충격, 소음, 전기 충격 등의 고려
⑬ 조립 수량
⑭ 가격과 이윤
⑮ 기타

제4장 치공구 구성요소

예상문제

문제 001
클램프를 설계할 때 고려해야 할 사항이 아닌 것은?
- ㉮ 절삭력에 충분히 견딜 수 있어야 한다.
- ㉯ 공작물을 장착, 장탈하는 데 지장이 없어야 한다.
- ㉰ 마모가 심한 부분은 열처리 등을 한다.
- ㉱ 절삭력의 방향과 반대방향으로 힘이 가해져야 한다.

문제 002
다음 가공물의 체결기구에 있어서 틀린 것은?
- ㉮ 반드시 클램프가 있는 방향에 절삭력이 작용하지 않도록 설계한다.
- ㉯ 절삭면은 되도록 테이블에 멀도록 한다.
- ㉰ 정밀 다듬질한 면은 연질의 재료로 체결한다.
- ㉱ 체결력이 가공면에 변형을 주는 일이 없도록 한다.

[해설] 절삭면은 되도록 테이블에 가깝도록 한다.

문제 003
클램프의 기본 원리를 설명한 것 중 옳은 것은?
- ㉮ 간단한 것 보다 복잡한 형태의 클램프가 더 좋다.
- ㉯ 고정된 지지점의 바로 위에서 공작물을 견고하게 고정력을 전달하게 한다.
- ㉰ 가능한 한 클램프는 고정구의 뒷면에서 작동되도록 설계해야 한다.
- ㉱ 공작물을 장착, 장탈시 간섭이 있어야 한다.

문제 004
좁은 장소에서 사용되며 스윙 클램프와 유사한 클램프는?
- ㉮ 후크 클램프
- ㉯ 토글 클램프
- ㉰ 캠 클램프
- ㉱ 나사 클램프

문제 005
다음 중 평형 클램프 장치의 사용과 거리가 가장 먼 부품은?
- ㉮ 평형한 표면을 가진 부품
- ㉯ 큰 클램핑력이 한 점에 작용해야 할 부품
- ㉰ 동시에 클램핑 되어야 할 다수의 부품
- ㉱ 변형이 생기기 쉬운 부품

문제 006
클램프의 종류에 해당 되는 것은?
- ㉮ 기어 클램프(gear clamp)
- ㉯ 나사 클램프(screw clamp)
- ㉰ 베어링 클램프(bearing clamp)
- ㉱ 체인 클램프(chain clamp)

문제 007
가공물을 지그에 체결하는 장치의 기구와 구조에 대해 고려해야 할 사항은?
- ㉮ 가공물의 기준면 또는 기준점을 어느 곳으로 할 것인가.
- ㉯ 절삭력이나 절삭 중에 생기는 진동 등에 의해 헐거워지지 않도록
- ㉰ 가공물이 안정된 위치 결정을 할 수 있는 곳
- ㉱ 위치 결정장소가 조절될 수 있도록

답 001. ㉱ 002. ㉯ 003. ㉯ 004. ㉮ 005. ㉯ 006. ㉯ 007. ㉯

문제 008

작동이 빠르고 일감을 넣고 빼는 데 편리하며 공작물을 완전히 자유롭게 이동시킬 수 있고, 작용하는 힘에 비하여 체결압력이 크다는 이점이 있는 클램프는?

㉮ 캠 클램프 ㉯ 나사 클램프
㉰ 토글 클램프 ㉱ 쐐기형 클램프

문제 009

가공물이 클 때나, 전용기계에 의한 대량 생산의 경우 기계력에 의해 체결되는 주요 방법 중 가장 적합하지 않는 것은?

㉮ 유압을 이용하는 방법
㉯ 공기압을 이용하는 방법
㉰ 나사를 이용하는 방법
㉱ 전기자기력을 이용하는 방법

문제 010

4개의 링크로 된 연쇄에서 그 순간 중심의 총 수는?

㉮ 4개 ㉯ 2개
㉰ 6개 ㉱ 8개

[해설] 공식 $\dfrac{n(n-1)}{2}$에서 $n:4$이므로

$$\dfrac{4(4-1)}{2}=\dfrac{4\times 3}{2}=\dfrac{12}{2}=6$$

문제 011

그림과 같이 공작물을 체결할 때 체결력 Q의 크기로 가장 이상적인 것은?
(단, P=30 kgf, L_1=30cm, L_2=30 cm로 한다.)

㉮ 10 kgf
㉯ 15 kgf
㉰ 30 kgf
㉱ 60 kgf

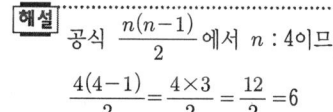

[해설] $Q = \dfrac{P_1 L_2}{l_2} = \dfrac{30\times 30}{30} = 30\text{kgf} = 294.3\text{N}$

문제 012

나사로 가공물을 체결하는 방법에서 가장 큰 장점은?

㉮ 빨리 체결할 수 있다.
㉯ 확실히 체결할 수 있다.
㉰ 설치를 용이하게 할 수 있다.
㉱ 영구적인 체결방법이다.

문제 013

수동식 체결기구중 가압력을 일정하게 하기 위하여 사용되는 와셔는?

㉮ 평면 와셔 ㉯ 구면 와셔
㉰ 스타 와셔 ㉱ 스프링 와셔

문제 014

일감을 지그에 고정할 때에는 일감에 변형이 나타나거나 절삭력에 의하여 일감의 위치가 변하지 않아야 하며, 일감을 고정하거나 풀기가 쉬워야 한다. 지그의 클램핑(체결)에 있어서 일감의 고정방식이라고 할 수 없는 것은?

㉮ 고정나사에 의한 방법
㉯ 캠에 의한 방법
㉰ 유압, 공기압에 의한 방법
㉱ 리벳에 의한 방법

[해설] 일감의 고정방식에는 나사, 링크, 캠, 스프링, 유압, 공기압 등을 이용하는 방법이 있으나, 일반적으로 나사를 가장 많이 사용한다.(리벳, 핀은 분리할 수 없다.)

문제 015

다음 그림의 스트랩 클램프 두께 t는 얼마인가?

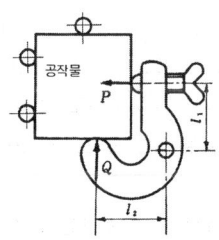

[답] 008.㉰ 009.㉱ 010.㉰ 011.㉰ 012.㉯ 013.㉱ 014.㉱ 015.㉮

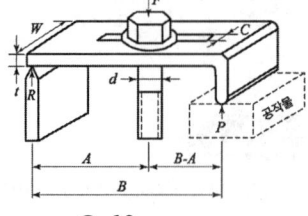

```
A : 50mm
B : 100mm
C : 10mm
d : 10mm
```

㉮ 6.5mm ㉯ 12mm
㉰ 15mm   ㉱ 20mm

$$t = \sqrt{0.85dA\left(1-\frac{A}{B}\right)}$$
$$= \sqrt{0.85 \times 10 \times 10 \times \left(1-\frac{50}{100}\right)} = 6.5\text{mm}$$
참고로 스트랩 클램프 폭을 구하는 공식은 $2.3d + 1.5$이다.

문제 016

그림에서 클램핑장치의 힘 P를 구하면?
(단, $l_1 = 25\text{mm}$, $l_2 = 70\text{mm}$, $Q = 40\text{kgf}$)

㉮ 105kgf
㉯ 155kgf
㉰ 112kgf
㉱ 200kgf

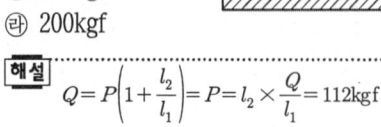

해설 $Q = P\left(1+\dfrac{l_2}{l_1}\right) = P = l_2 \times \dfrac{Q}{l_1} = 112\text{kgf}$
$= 1098.7\text{N}$

문제 017

고정력이 50kgf이고 M12 볼트를 사용할 때 볼트를 돌리기 위한 토크는 얼마인가? (단, 마찰계수 $\mu = 0.15$이다.)

㉮ 120 kgf/mm   ㉯ 160 kgf/mm
㉰ 220 kgf/mm   ㉱ 260 kgf/mm

해설 $T = 0.2D \times P = 0.2 \times 12 \times 50 = 120\text{kgf/mm}$
$= 1177.2\text{ N/mm}$

문제 018

토글 클램프의 가장 큰 강점이라 할 수 있는 것은?

㉮ 강성   ㉯ 굴요성
㉰ 타성   ㉱ 가시성(Visiblility)

문제 019

제작(制作)의 용이성, 설계의 용이, 수리의 용이성과 리드타임 짧은 고정구의 본체는?

㉮ 주조형   ㉯ 용접형
㉰ 조립형   ㉱ 플라스틱형

문제 020

가장 많이 사용되며 고강도(高强度, 高剛度)와 다양성 및 설계 변경의 용이성 등의 장점이 있는 치공구의 본체는?

㉮ 주조형 본체   ㉯ 용접형 본체
㉰ 조립형 본체   ㉱ 플라스틱형 본체

문제 021

공구 본체 중에서 안정성, 기계운전시간의 절약, 재질의 분포가 양호하고 강성이 크나 리드타임(lead time)이 길어 제조단가가 높은 것은?

㉮ 주조형   ㉯ 조립형
㉰ 용접형   ㉱ 복합형

문제 022

주물 구조물의 가장 큰 장점은?

㉮ 표준부품의 재사용이 가능하다.
㉯ 안전성이 좋다.
㉰ 수리가 용이하며 리드타임이 짧다.
㉱ 형태 변경이 용이하다.

답 016. ㉰ 017. ㉮ 018. ㉯ 019. ㉰ 020. ㉯ 021. ㉮ 022. ㉯

문제 023

다음은 치공구 조립시에 사용되는 맞춤 핀에 대한 설명으로 잘못된 것은?

㉮ 맞춤 핀은 두 부품의 조립시의 위치유지로 사용된다.
㉯ 맞춤 핀은 테이퍼 핀과 분할형 핀이 있다
㉰ 테이퍼 핀은 분해조립이 필요한 곳에 사용된다.
㉱ 맞춤 핀의 박힘 길이는 핀 지름에 1.5-2배가 적당하다.

[해설] 맞춤 핀은 테이퍼핀과 평행 핀으로 구분한다.

문제 024

다음 중 드릴 지그를 구성하는 3대 요소에 해당되지 않는 것은?

㉮ 위치 결정   ㉯ 체결
㉰ 공구의 안내 ㉱ 공작물 받침대

[해설] Drill Jig 3대 요소
위치 결정, 체결 및 공구의 안내

문제 025

지그(Jig)를 구성하는 요소가 아닌 것은?

㉮ 공작물의 위치 결정구
㉯ 각종 공구 및 게이지
㉰ 공작물의 클램핑 기구
㉱ 공구의 안내 및 위치 결정구

문제 026

드릴 지그를 사용하여 구멍을 뚫을 때 공작물의 구멍 중심거리에 오차가 생기는 원인에 해당되지 않는 것은?

㉮ 지그자체 구멍의 중심거리의 오차
㉯ 절삭압력이 지나치게 적을 때
㉰ 부시구멍에 기울기가 있을 때
㉱ 부시의 말단과 공작물사이의 틈새가 많을 때

[해설] 절삭압력이 지나치게 클 때 변형이 생기며 오차 발생

문제 027

지그를 이용하여 구멍가공 할 때 지그판과 가공물 사이에 간극을 밀착시켰을 때와 떼었을 때를 비교한 것 중 맞는 것은?

㉮ 구멍위치의 정밀도는 떼는 편이 좋다.
㉯ 밀착시키는 쪽이 부시 내면의 마모가 적다.
㉰ 일반적으로는 부시 하단과 가공물을 밀착시키는 편이 좋다.
㉱ 밀착하면 구멍위치에 오차가 생기기 쉽다.

문제 028

드릴지그를 사용하여 구멍을 뚫을 때, 가공물 구멍의 중심거리에 오차가 생기는 원인 중 틀린 것은?

㉮ 부시의 재질
㉯ 부시와 공구사이의 틈새
㉰ 부시 구멍의 기울기
㉱ 온도변화에 의하여 생기는 오차

문제 029

다음 중 드릴 지그 설계 순서를 기술한 것이다. 이중 가장 우선적으로 고려하여야 할 사항은?

㉮ 지그의 높이와 두께 결정
㉯ 부시의 외경 결정
㉰ 본체크기 결정
㉱ 드릴 지름의 결정

문제 030

부시 설계 시 중요한 사항이 아닌 것은?

㉮ 부시의 내, 외경 치수
㉯ 부시의 길이
㉰ 부시의 종류
㉱ 피절삭 재질

[답] 023. ㉯ 024. ㉱ 025. ㉯ 026. ㉯ 027. ㉰ 028. ㉮ 029. ㉱ 030. ㉱

문제 031
부시(bush) 설계 시 중요한 사항이 아닌 것은?
- ㉮ 부시의 안지름과 바깥지름과의 관계
- ㉯ 피절삭 재질과 부시재질과의 관계
- ㉰ 부시의 지름과 길이와의 관계
- ㉱ 부시의 공차

문제 032
다음 중 드릴 부시(drill bush)의 종류가 아닌 것은?
- ㉮ 삽입 부시
- ㉯ 고정부시
- ㉰ 라이너 부시
- ㉱ 데프콘 부시

문제 033
절삭공구 안내가 아니라 교환부시를 안내하는 부시는?
- ㉮ 고정 부시
- ㉯ 삽입 부시
- ㉰ 라이너 부시
- ㉱ 너얼링 부시

문제 034
드릴부시는 형상 및 구조에 따라 몇 가지로 분류할 수 있다. 다음 중에서 얇은 지그 판에 적용하는 특수형 드릴부시는 어느 것인가?
- ㉮ 고정 부시
- ㉯ 삽입 부시
- ㉰ 템플릿 부시
- ㉱ 라이너 부시

[해설] 얇은 지그 판에 적용하는 특수형 드릴부시는 템플릿 부시

문제 035
드릴의 휨 방지를 위해 드릴 부시의 위치와 피 가공물과의 관계이다. 어느 것이 가장 이상적인가?
- ㉮ 드릴부시와 피 가공물이 접촉되어 있는 것이 좋다.
- ㉯ 드릴 경에 관계없이 멀리 떨어져 있는 것이 좋다.
- ㉰ 드릴경의 1~2배 정도 떨어져 있는 것이 좋다.
- ㉱ 1mm 정도 떨어져 있는 것이 좋다.

문제 036
드릴 부시의 필요사항 중 가장 틀린 것은?
- ㉮ 드릴의 휨 방지를 위해서이다.
- ㉯ 드릴위치를 정확히 정하기 위해서이다.
- ㉰ 스크랩 제거를 용이하게 하기 위해서이다.
- ㉱ 양산작업에는 별 관계가 없다.

문제 037
드릴 부시와 공작물 사이의 간격으로서 적합하지 않게 연결되어 있는 것은?
- ㉮ 긴 칩 - $1 \sim 1\frac{1}{2}D$
- ㉯ 짧은 칩 - $\frac{1}{2}D$
- ㉰ 경사면 드릴링 - 거의 간격 없음
- ㉱ 보통 칩 - 3D

문제 038
지그 판(Jig plate)의 두께는 드릴 지름의 몇 배 정도가 가장 적당한가?
- ㉮ 1/2~1
- ㉯ 1~2
- ㉰ 2~3
- ㉱ 3~5

문제 039
드릴 지그에서 지그판(板과 가공물 사이의 간격은 주철과 같이 칩(chip)이 가는 가루로 될 때에는 어느 정도 하는 것이 가장 좋은가?
- ㉮ 간격이 필요 없다.
- ㉯ 드릴 지름의 1/2
- ㉰ 드릴 지름의 1/10
- ㉱ 5mm 정도

[답] 031.㉯ 032.㉱ 033.㉰ 034.㉰ 035.㉱ 036.㉱ 037.㉱ 038.㉯ 039.㉯

문제 040

부시의 안지름이 φ20인 경우 흔들림 공차값은 몇 mm 인가?

㉮ 0.003 ㉯ 0.005
㉰ 0.008 ㉱ 0.01

문제 041

ISO 규격 중 지그판과 라이너 부시와의 끼워 맞춤 관계는?

㉮ H7-n6 ㉯ H7-g6
㉰ F7-m6 ㉱ F7-h6

문제 042

일반적으로 지그의 다리는 보통 몇 개를 붙이는 것이 가장 좋은가?

㉮ 4개 ㉯ 3개
㉰ 2개 ㉱ 5개

해설 지그를 전도시킬 때 칩 또는 이물이 지그가 기울고 있는 것을 알리는데 이것을 막기 위해서 지그의 다리를 세 개로 하지 않고 네 개로 한다.

문제 043

다음 설명 중 틀린 것은?

㉮ 지그에는 보통 3개의 다리를 붙인다.
㉯ 한 방향에서 구멍을 뚫을 수 있는 지그를 평 지그라 한다.
㉰ 보링 바의 지름에 대하여 안전하게 보링할 수 있는 깊이는 1 : 4이다.
㉱ 지그는 경제적인 측면에서 검토되어야 한다.

해설 지그에는 보통 4개의 다리는 붙이는 것이 보통이다.

문제 044

다음 중 고정 부시와 지그 몸체와의 끼워 맞춤으로 가장 적당한 것은?

㉮ H7p6 ㉯ H7h6
㉰ H7g6 ㉱ H7js6

문제 045

다음 중 드릴 부시 설치방법이 아닌 것은?

㉮ 인발 볼트법 ㉯ 트리밍 가압법
㉰ 가압 아이버법 ㉱ 해머와 펀치 이용법

해설 트리밍(trimming)은 금형에서 파팅 라인이나 거스러미(flash)를 제거하는 작업이다.

문제 046

φ6리머 작업 시 필요한 부시의 개수는?

㉮ 1개 ㉯ 2개
㉰ 3개 ㉱ 4개

해설 리머 작업 : 라이너 부시, 드릴 교환 부시, 리머 교환부시

문제 047

지그 부시로 사용되는 재질로서 가장 적당한 재료는?

㉮ STC5 ㉯ SM40C
㉰ SUS303 ㉱ SCM2

문제 048

기계 테이블위에 고정하여 사용하는 지그는 가공 구멍이 몇 mm 이상인가?

㉮ 3 ㉯ 6
㉰ 10 ㉱ 20

문제 049

지그나 고정구에는 장점이 많은 비철재료를 선택하여 사용하고 있다. 그 중에서 무게 대 강도의 비가 높고, 가공성이 좋으며, 용접과 기계적 접합이

답 040. ㉰ 041. ㉮ 042. ㉮ 043. ㉮ 044. ㉮ 045. ㉯ 046. ㉰ 047. ㉮ 048. ㉯ 049. ㉱

용이한 재료이지만 특성상 가공 중에 화재의 위험성이 있는 재료도 있다. 다음 중에 어느 것인가?

㉮ 비스무스 합금 ㉯ 알루미늄
㉰ 우레탄 ㉱ 마그네슘

해설 마그네슘은 무게 대 강도의 비가 높고, 가공성이 좋으며, 용접과 기계적 접합이 용이한 재료이지만 특성상 가공중에 화재의 위험성이 있는 재료이다.

문제 050

치공구 부품 중에서 아이볼트용으로 적합한 재료는 어느 것인가?

㉮ SS410 ㉯ SK3
㉰ SM20C ㉱ STB1

문제 051

다음 중 틀린 항은?

㉮ 치공구의 재료는 주로 강재, 회주철 등 금속재료 중에서 선택 사용한다.
㉯ 강재의 치수변화를 감소시키기 위해 서브제로 처리를 한다.
㉰ 치공구의 재료는 반드시 경강을 사용한다.
㉱ 퍼얼라이트 조직은 723℃ 이상에서는 탄소를 고용한 오오스테나이트의 균일상이다.

문제 052

다음 재료의 기호 중 탄소강 단강품을 표시하는 것은?

㉮ SB ㉯ SF
㉰ SM ㉱ SK

문제 053

터릿 선반의 경질 조에 해서 설명한 것 중 맞는 것은?

㉮ 사용 재질은 SCM21로서 침탄 열처리 하는 것이 좋다.
㉯ 마스터 조의 안내부의 길이와 조의 축방향의 길이의 비는 1 : 2가 좋다.
㉰ 사용재질은 SM20C로서 침탄열처리 하는 것이 좋다.
㉱ 경질조의 수는 보통선반의 단동척과 같이 4개의 조로만 구성되어 있다.

문제 054

선반용 치공구 설계시 주의할 점과 거리가 가장 먼 항목은?

㉮ 가공물의 소요 정밀도
㉯ 가공물의 착탈의 용이
㉰ 공작물의 분리
㉱ 체결력, 절삭력에 의한 변형 방지

문제 055

선반에서 불규칙한 모양의 공작물을 고정하려고 할 때 가장 적합한 척은?

㉮ 단동 척 ㉯ 연동 척
㉰ 콜릿 척 ㉱ 로터 척

문제 056

선반용 고정구 설계에서 주의해야 할 점들 중 틀린 것은?

㉮ 지그의 자동화
㉯ 가공물 착탈의 용이
㉰ 체결의 확실화
㉱ 체결력, 절삭력에 대한 변형 방지

문제 057

다음은 용접 지그에 대해서 말한 것이다. 틀린 것은?

㉮ 아크 용접은 지그에 가고정, 볼트와 너트 부착 후판부품에서 점용접과 병행한다.
㉯ 가스용접은 변형방지를 위하여 강력히 고

답 050. ㉮ 051. ㉰ 052. ㉯ 053. ㉮ 054. ㉰ 055. ㉮ 056. ㉮ 057. ㉱

정하고 열이 확산되지 않도록 한다.
㉰ 표면 모양이 요구되는 경우에는 단면 템플레이트로 고정한다.
㉱ 자동아크 용접은 부품 모양에 알맞은 쪽의 전극을 소요장소에 설치한다.

[해설] 자동아크 용접 → 점용접

문제 058

다음은 아세틸렌가스 용접 고정구의 설계 시에 고려사항이다. 가장 옳은 것은?

㉮ 위치 결정장치는 화염과 마주보도록 하여 변형을 최소로 한다.
㉯ 용접이 미립자가 부차고디면 안 되는 위치 결정구는 알미늄 합금재료를 선택한다.
㉰ 모든 용접 고정구는 변형을 최소화하기 위해 고정식으로 설계하여야 한다.
㉱ 열에 의한 변형을 최소로 하기 위해 수냉식 냉각방법이나 열발산 방법을 고려한다.

[해설] 화염과 마주보는 위치를 피하며, 용접미립자의 부착이 용이한 알미늄 합금재료는 사용하지 않고, 작은 공작물은 이동식으로 한다.

[답] 058. ㉱

제4편 치공구

게이지(GAUGE) 설계

제 5 장

5-1 게이지(GAUGE)의 정의

게이지에 대한 최초의 사고방식은 모범적인 것을 만들어 놓고 그것과 똑같은 것을 만들어 낸다고 하는 데에서 출발하고 있다. 따라서 처음에는 같은 모양의 축에 대해서는 그것과 같은 지름의 원통을 사용하여 퍼스에 의해 옮기거나 양자를 손톱 끝으로 비교하거나 하는 방법이 채택되었다.

부품의 가공은 도면에 주어진 치수로 정확하게 가공 및 제작하기란 불가능하다. 그것은 제조방법의 피할 수 없는 부정확도 때문이라고 말할 수 있다. 그러나 사용목적에 알맞게 하기 위하여 2개의 허용 한계치수를 주어서 그 허용한계 치수 내에 있으면 사용에 만족하도록 하고 있다. 이러한 허용 한계치수의 차를 공차라 하고, 그 공차 범위를 검사하는 기구를 게이지라 한다.

1. 게이지(Gauge)의 필요성

기계를 제작한다는 것은 두 개 이상의 부품을 만들어 그것을 조립하는 것이다. 기계를 다량 생산할 때에는 가장 능률적인 방법으로 생산할 필요가 있다. 그러기 위해서는 조합될 부품을 일일이 현물에 맞추어서 가공하지 않고 조합 부품을 별도로 해도 조립 후에 예정된 기능을 충분히 얻을 수 있어야 한다. 이와 같이 다량 생산된 부품이 생산된 장소나 시간에 관계없이 곧 조립되고 또한 예정된 기능을 갖추는 것을 호환성이 있다고 한다.

GAUGE는 치수 공차를 관리하고 바로 이러한 호환성을 얻을 목적으로 사용되는 것이다. 다량생산 방식이 되고 분업화됨에 따라서 제품을 간단한 방법으로 또한 충분한 호환성을 얻을 수 있는 방법으로 검사할 필요가 있다. 즉 구멍 가공에는 원통형의

GAUGE를 축 가공에는 구멍형의 GAUGE를 사용하여 각각 끼워 맞추었을 때 무리 없이 통과하게 되면 합격이라고 판정하는 방법이다. 그러나 이 방법으로서는 GAUGE에 대해 제품을 꼭 맞춰서 만드는데 한계가 있고 정도가 높이 요구됨에 따라서 끼워 맞춤에 지장을 초래하게 되었다. 그래서 더욱 검사방법이 진보하여 현재 사용되고 있는 한계 GAUGE 방식이 확립되었던 것이다.

2. 게이지(Gauge)의 이점

(1) 검사는 간단하고 능률적인 것이다
(2) 게이지는 간단한 구조로 만들어져 있어 다른 검사기기 보다 가격이 싸다.
(3) 게이지를 이용한 측정은 숙련을 요하지 않고 간단하게 사용할 수가 있다.
(4) 작업 중에 조기불량 발견이 용이하다. 따라서 기술 습득이 빨라지며 작업에 속도감이 붙는다.
(5) 미숙련공이 게이지를 사용하여 만든 부품이 숙련공이 게이지 없이 만든 것과 같은 품질이거나 오히려 더 나을 수도 있는 경우도 있다.
(6) 완성품 중에 불량품의 혼입을 미연에 방지할 수 있음으로 다음 공정에서 불량 개소를 모르고 가공하는 사례를 미리 예방할 수도 있다.
(7) 기능상 별 지장이 없는 범위에서 허용하는 최대 공차를 인정 합격시킴으로써 필요이상의 정밀도를 요구하지 않기 때문에 결과적으로 코스트 다운을 가능하게 한다.

3. 게이지의 종류

게이지라고 하는 말은 실제로 상당히 넓은 의미로 사용되고 있어서 측정기를 포함하고 있는 경우가 많다. 조정가능의 게이지도 있지만 우리가 흔히 게이지라고 부르고 있는 것은 고정치수 게이지를 말한다.

(1) 형상에 따른 분류

① 지시식 게이지(Indicating Gage)
다이얼 게이지, 전기 마이크로미터, 공기 마이크로미터 등이 있으나, 주로 인디게이터를 사용하여 한계 치수내의 합격, 불합격판정은 물론, 실제치수를 측정하여 정밀 끼워 맞춤을 가능하게 할 수 있으며, 지시된 수치는 반드시 실제의 치수에 대해서 1:1이 안 되는 경우도 있다.

② 고정식 게이지(Fixture Gage)
블록 게이지, 테이퍼 게이지, 나사 게이지 등과 같이 미리 정하여진 치수, 각도 형상을 검사하는 것과 치수가 조절 가능한 것이 있으며, 대부분의 한계 게이지가 이 분류에 속한다.

③ 복합(조립) 게이지(Multiple Gage)
1회의 검사로서 제품 또는 공작물의 1개 이상의 치수를 검사하고 측정하기 위한 특수 게이지이다. 주로 제품의 치수관계 등을 검사하기 위하여 조립되어 만들어진 게이지로서, 동시에 여러 가지의 요소를 검사할 수 있도록 되어 있는 것을 포함한다. 따라서 이것은 1개 이상의 고정치수 게이지 또는 지시식 게이지가 조립된 조립 게이지이다. 이와 같은 것을 검사 고정구라고 할 때도 있다.

④ 링 게이지(Ring Gage)
원형의 내측 면을 갖는 게이지로서 원통상과 원추상(테이퍼 게이지)이 있다.

⑤ 플러그 게이지(Plug Gage)
여러 가지 단면형상의 외측 면을 갖는 게이지로서 테이퍼가 붙어 있는 것도 포함된다.

⑥ 스냅 게이지(Snap Gage)
바깥지름, 길이, 두께 등을 검사하기 위한 평행, 평면의 내측 면을 갖는 게이지이다.

⑦ 캘리퍼 게이지(Caliper Gage)
스냅 게이지와 같은 형상이나 플러그 게이지와 같은 외측을 함께 갖는 게이지로서, 오늘날 그 사용이 잘 안 되고 있다. 스냅 게이지를 캘리퍼 게이지라고 부르는 경우도 있다.

⑧ 리시빙 게이지(Receiving Gage)
원형 이외의 여러 가지 단면형의 내측 면을 갖는 게이지를 총칭한 것으로서, 구면 게이지라든가 스플라인, 링 게이지 라든가 하는 경우와 같이 대상이 되는 명칭을 붙여 부르는 경우가 많다.

⑨ 플러시 핀 게이지(Flush pin Gage)
주로 깊이 검사 등에 사용되는 것으로서 슬리브와 핀으로서 구성되고 그 양단면의 차를 손끝 또는 손톱 끝으로 판정하는 게이지이며, 독일에서는 타스테라고도 부른다. 그 이용 범위는 매우 넓다.

⑩ 판형 게이지(Profile gage, Template Gage)
제품의 형상에 대응하여 여러 가지 측정 면을 가진 게이지이며, 간단하기 때문에 이용범위가 넓다.

⑪ 에어 게이지(Air Gage)
공기를 이용하여 검사하는 방법으로 그 사용범위가 광범위하며 극히 미세한 초정밀 검사에 응용할 수 있다. 검사시 에어 게이지는 헤드와 디스플레이를 함께 사용하여야 하며, 헤드만 교체하여 사용가능 하므로 비용도 적게 든다.

⑫ 전자식 게이지(LVDT System)
차동트랜스(LVDT)를 응용한 검사 System으로 검사 자동화 부분에 많이 응용하

는 추세이다. 그 응용분야가 매우 광범위하고 초정밀 측정이 가능하여 많은 발전을 거듭 하는 추세이다.

(2) 사용목적에 따른 분류

① 표준(기준) 게이지(Master Gage)
제품에 대해서는 직접 사용하지 않는 것을 원칙으로 하고, 게이지의 점검관리상의 치수기준이 되는 것이다.

② 점검 게이지(Reference Gage)
제품에 대하여 사용하지 않고 게이지의 치수검사 또는 마모 등을 검사할 때 사용한다.

③ 검사용 게이지(Inspection Gage)
샘플링 검사, 또는 수입검사에 주로 사용한다. 공작용 게이지가 일정량 마모되면 전용하여 사용한다. 공작용에 합격한 제품이 반드시 검사용 게이지에서도 합격할 수 있도록 치수가 정해져 있는 것이 보통이다.

④ 공작용 게이지(Working Gage)
제품의 가공 중 또는 공장 내에서의 검사에 사용된다.

4. 게이지(Gauge)사용상 주의사항

(1) 게이지 선정

게이지는 제품의 호환성을 유지하면서 경제적으로 제품을 제작하는 것을 목적으로 하고 있다. 따라서 제품의 생산량, 가공조건, 게이지의 가격 등을 고려하여 얼마만큼의 정밀도와 어떠한 종류의 게이지를 사용하는 것이 좋은지를 결정해야 한다.

(2) 취급시 주의사항

게이지는 정밀도가 높고 가격이 비싸므로 신중하게 다루지 않으면 손상을 입게 되고, 수명을 단축시키게 된다.
게이지의 일반적인 주의사항은 다음과 같다.
① 기계 운전중에는 사용을 금한다.
② 필요이상의 힘을 가해서 사용하지 않는다.
③ 떨어뜨리거나 부딪치지 않게 주의한다.
④ Chip이나 먼지 등이 묻은 상태에서 사용하지 않는다.
⑤ 녹이 슬지 않게 잘 보관해야 한다.
⑥ 정기적이 정도 검사를 해야 한다.

5-2 한계 게이지(Limit Gauge)

1. 한계 게이지

기계나 각종 치공구의 부품의 가공에 있어 치수에 주어지는 허용범위내의 공차를 조사하여 부품을 가공한 후 실제치수가 그 공차 범위 내에 있도록만 하면 상호관계가 만족되고 또한 조립작업도 용이하고 대량생산에 따른 부품의 호환성도 있기 때문에 경제적으로 유리하게 된다. 이와 같이 생산량이 많은 부품 또는 제품의 합부를 검사하기 위한 기구를 한계 게이지라 하며, 허용치수범위에서 최대값 및 최소값이 주어진 통과측과 정지측의 두 개의 게이지를 조합한 형식을 취하고 있다.

(1) 한계 게이지의 장점

① 검사하기가 편하고 합리적이다.
② 합·부 판정이 쉽다.
③ 취급의 단순화 및 미숙련공도 사용 가능.
④ 측정시간 단축 및 작업의 단순화

(2) 한계 게이지의 단점

① 합격 범위가 좁다.
② 특정 제품에 한하여 제작되므로 공용사용이 어렵다.

2. 한계 게이지의 사용재료

(1) 한계 게이지 재료에 요구되는 성질

① 열팽창 계수가 적을 것
② 변형이 적을 것
③ 양호란 경화성 : HRC 58 이상
④ 고도의 내마모성
⑤ 가공성이 좋으며 정밀 다듬질이 가능할 것

(2) 한계 게이지의 재료

① 표면 경화강 및 합금공구강(STC3)
② 탄소공구강 STC4

(3) 한계 게이지 등급

① XX급 : 최고급의 정도를 갖고 실용되는 최소 공차로 정밀한 래핑(lapping) 가

공을 한 마스터 게이지로, 극히 제품 공차가 작거나 또는 참고용 게이지에만 사용되는 데, 플러그에만 적용된다.
② X급 : 제품 공차 비교적 작을 때에 사용되는 래핑 가공이 된 게이지로, 제품 공차 0.002인치 이하인 것이다.
③ Y급 : X급보다 제품 공차가 큰 경우(0.0021~0.004인치)로 가장 많이 쓰이는 래핑 가공을 한 게이지 이다.
④ Z급 : Y급보다 제품 공차가 큰 경우로 0.004인치 이상일 때로 보통 래핑 가공을 원칙으로 하나 연삭 가공으로 완성해도 좋다고 되어 있다.
⑤ 공차 부호의 방향 : 통과측 플러그 게이지는 +로 하고, 정지측 게이지는 -로 한다.

3. 한계 게이지의 종류

(1) 구멍용 한계 게이지

구멍용 한계 게이지는 여러 가지 형상의 것이 있으며, 호칭 치수에 크기에 따라 다른 종류의 것이 사용된다. 즉, 호칭 치수가 비교적 작은 것은 플러그 게이지(plug gauge)가 사용되고, 그보다 큰 것은 평 플러그 게이지(flat plug gauge), 그 이상은 봉 게이지(bar gauge)가 사용되며 한계 게이지의 종류와 치수의 적용 범위는 [표 5-1]에 나타난다.

[표 5-1] 구멍용 한계 게이지의 종류와 치수의 범위

구멍용 한계 게이지의 종류		호칭 치수의 범위(mm)
원통형 플러그 게이지	테이퍼 로크형	1~50
	트리 로크형	50~120
평형 플러그 게이지		80~250
판 플러그 게이지		80~250
봉 게이지		80~500

① 플러그 게이지(plug gauge)

보통 사용되는 플러그 게이지는 구조는 통과측(go end)과 정지측(not go end)이 있고, 통과측은 원통부의 길이가 정지측보다 길게 되어 있다. 구멍과 통과측 지름에 차가 극히 작을 때는 게이지를 구멍에 넣기 어려우므로, 구멍의 축선과 게이지의 축선이 일치 되도록 하여야 한다. 만약 플러그 게이지가 기울면 움직이지 않게 되어 게이지의 표면에 흠이 생길 수도 있다. 이런 경우에는 게이지 선단부에 적당한 안내면을 만들어 구멍에 밀어 넣기 좋게 하는 방법도 있다.

② 평 플러그 게이지(flat plug gauge)

용도는 호칭지름이 큰 구멍의 측정에 플러그 게이지(plug gauge)를 사용하면 중량이 많아 취급이 곤란할 경우에 평 플러그 게이지를 사용한다. 구조는 플러그 게이지를 얇게 절단한 것과 같은 모양으로 원통의 일부를 측정 면으로 한다.

③ 봉 게이지(bar gauge)

용도는 부품의 호칭 치수가 더욱 커지면 평 플러그 게이지로도 무겁고 취급하기 어려워지므로 봉 게이지를 사용한다. 단면이 원통 면과 구면인 것의 두 가지가 있다.

④ 터보 게이지(ter-bo gauge)

통과측(go end)은 최소 허용과 동일한 지름을 갖는 구의 일부로 되어 있고, 정지측(not go end)은 같은 구면상에 공차만큼 지름이 커진 구형의 돌기모양의 볼(Ball) 붙어 있다. 따라서 이것을 넣고 돌릴 때 돌기를 넣어서 돌지 않으면 허용 한계 치수 내에 있다는 것을 알 수 있다.

터보 게이지는 테일러의 원리에 맞지 않으므로 이 게이지는 구멍의 길이가 짧고 구멍의 진직도가 제작 방법에 의하여 보증되어 있으며 그다지 중요하지 않은 긴 구멍에 주로 쓰인다. 그러나 회전 및 전후로 이동함으로서 진직도, 타원형 등 형상오차를 알 수 있는 장점이 있으나 연한재질은 깎아먹을 우려가 있어 검사에 주의를 요한다.

(2) 축용 한계 게이지

이 한계 게이지의 종류 및 치수의 범위를 [표 5-2]에 나타냈다. ISO규격에 호칭치수 315mm 이하에서는 스냅 게이지를 사용하고 315mm를 초과하는 것에는 마이크로 인디게이터 부착 게이지 사용을 권장하고 있다. 단, 작은 지름에 대하여 통과측에는 링 게이지를 또 얇은 두께의 공작물에 대하여는 통과측, 정지측 모두 링 게이지를 사용하고 있다.

[표 5-2] 축용 한계 게이지의 종류와 치수 범위

축용 한계 게이지의 종류	호칭 치수의 범위(mm)
링 게이지	1~100
양구판 스냅 게이지	1~50
편구판 스냅 게이지	3~50
C형판 스냅 게이지	50~180

① 링 게이지(ring gauge)

지름이 작은 것이나 두께나 얇은 공작물의 측정에 사용된다. 링 게이지는 스냅 게이지에 비하여 가격이 비싸지만 테일러의 원리에 따라 통과측에는 링 게이지를 사용하는 것이 바람직하다.

② 스냅 게이지(snap gauge)

스냅 게이지를 사용한 방법은 일반적으로 측정 압력이 작용하므로 취급에 주의하여야 한다. 조립식(multiple gauge라 고도하며, 0.8~12mm의 것이 있음.)은 고정식 게이지로 만들면 비경제적이므로 적은 수의 부품을 검사할 때 유리하다. 이것은 마모되면 측정 면을 수정할 수 있고, 또 중간에 끼우는 블록(block)은 블록 게이지와 흡사한 정밀도를 가지므로 정밀도가 높다.(±0.5~1μm) 스냅 게이지의 검사에는 원통형의 검사 게이지를 사용할 수 있으며, 지름이 100mm까지는 원판 게이지 그 이상의 것은 원통 게이지를 사용한다.

스냅 게이지는 테일러의 원리에 따라 정지측에만 사용하는 것이 좋으나, 게이지 원가가 싸고, 사용상 편리성, 축의 형상오차가 작다는 것 등을 고려하여 통과측, 정지측 모두 사용하고 있다.

스냅 게이지는 고유치수와 작동치수로 구별되는데, 고유치수는 힘을 받지 않을 때 가지는 치수이고, 작동치수는 연직으로 한 스냅 게이지를 주의 깊게 가만히 정지시켰다 놓았을 때 사용하중에 의하여 통과하는 점검 게이지의 지름이다. 작동치수와 고유치수의 차이는 스냅 게이지의 형상, 탄성, 마찰계수 및 사용하중과 관계가 있다. 조절식 한계 게이지는 게이지 버튼 또는 슈우(Shoe)를 조정하여 치수를 맞출 수 있도록 설계된다. 조절식 게이지의 치수 조절은 검사의 대상이 되는 공작물의 수량이 많아 게이지의 치수를 결정하는 부분이 마멸되어 치수 조절이 가능하다. 유사치수의 공작물을 검사할 때에도 치수를 조절함으로서 사용이 편리하다. 그러므로 통과측에 부여하는 마모여유를 부여하지 않는다. 이 조정식 스냅 게이지를 사용하면 다품종 소량생산의 공작물 검사에 유리하다.

(3) 기타의 한계 게이지

이상의 구멍과 축 이외에 폭, 길이, 단의 깊이와 높이, 원호 등을 측정할 수 있는 게이지가 있고, 이것들은 주로 판 게이지(profile gage, template gage)되어 있다.

4. KS방식에 의한 한계 게이지 설계

(1) KS에 의한 한계 게이지 방식

한계 게이지의 치수차·공차를 정할 경우에 고려사항은 다음과 같다.
① 제품의 한계 치수를 확실하게 지킬 수 있도록 되어 있는가?
② 통과측 게이지의 마모여유를 필요로 하며, 그 양은 적당한가?
③ 정지측은 마모되더라도 제품에 지장을 미칠 수 있을 정도로 제품공차에 게이지 공차가 먹어 들어가거나 밖으로 지나치게 벗어나 있지 않은가?

④ 위치도, 동심도의 양자에 의해 게이지공차의 점유되는 양이 지나치게 많아 제품 공차를 부당하게 축소시키고 있지 않은가?
⑤ 검사용·공작용의 2종류의 게이지로 적용시켰을 때 공작용 게이지에 합격한 것이 반드시 검사용 게이지에 합격하도록 되어 있는가?

(2) 한계 게이지 설계

① 구멍용 플러그 한계 게이지(PLUG GAGE) (ISO, KS, JIS방식)

㉠ 통과측 : (구멍의 최소치수+마모여유)±$\dfrac{게이지공차}{2}$

편측공차환산=(구멍의 최소치수+마모여유−$\dfrac{게이지공차}{2}$)+게이지공차

㉡ 정지측 : (구멍의 최대치수)±$\dfrac{게이지공차}{2}$

편측공차환산=(구멍의 최대치수+$\dfrac{게이지공차}{2}$)−게이지공차

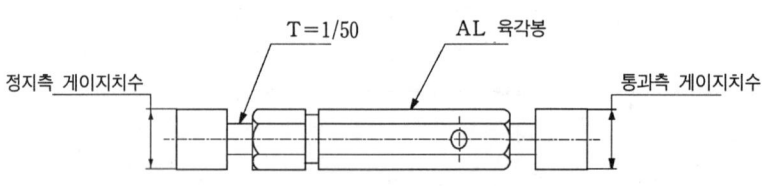

[그림 5-1] 구멍용 플러그 한계 게이지

설계보기 호칭치수 35K6($35^{+0.003}_{-0.013}$)인 구멍을 검사하기 의한 PLUG GAGE의 설계
(호칭치수 35, 제품공차 0.016, 마모여유 0.004, 게이지공차 0.0025)

㉠ 통과측 : $(34.987+0.004) \pm \dfrac{0.0025}{2}$

$\left(34.987+0.004-\dfrac{0.0025}{2}\right)+0.0025 = 34.98975^{+0.0025}_{0}$

㉡ 정지측 : $35.003 \pm \dfrac{0.0025}{2}$

$(35.003+0.00125) = 35.00425^{0}_{-0.0025}$

② 구멍용 플러그 한계 게이지(PLUG GAGE) (MI L-STD방식)

㉠ 통과측 : (구멍의 최소치수+마모여유(w))+게이지공차(G)
㉡ 정지측 : (구멍의 최대치수)−게이지공차(G)

설계보기 호칭치수 $35^{+0.003}_{-0.013}$인 구멍을 검사하기 의한 PLUG GAGE의 설계
(호칭치 수35, 제품공차0.1, 마모여유0.001, 게이지공차0.0015)

㉠ 통과 : $(34.987+0.001) = 34.988^{+0.0015}_{0}$

㉡ 정지 : $35.003^{0}_{-0.0015}$

③ 축용 링 및 스냅 한계 게이지(RING AND SNAP GAGE) (ISO, KS, JIS방식)

㉠ 통과측 : (축의 최대치수-마모여유(w))$\pm \dfrac{게이지공차(G)}{2}$

편측공차환산=(축의 최대치수 - 마모여유 + $\dfrac{게이지공차}{2}$) - 게이지공차

㉡ 정지측 : (축의 최소치수)$\pm \dfrac{게이지공차(G)}{2}$

편측공차환산=(축의 최소치수 - $\dfrac{게이지공차}{2}$) + 게이지공차

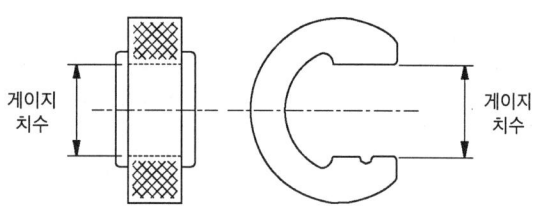

[그림 5-2] 스냅 한계 게이지

설계보기 호칭치수 88m5($88^{+0.028}_{+0.013}$)인 축을 검사하기 위한 RING AND SNAP GAGE의 설계

(호칭치수 88, 제품공차 0.015, 마모여유 0.005, 게이지공차 0.004)

통과측 : $\left(88.028 - 0.005 + \dfrac{0.004}{2}\right) = 88.025^{\ -0.004}_{\ 0}$

정지측 : $\left(88.013 - \dfrac{0.004}{2}\right) = 88.011^{\ 0}_{-0.004}$

(4) 축용 링 및 스냅 한계 게이지(RING AND SNAP GAGE) (MIL-STD방식)

통과측 : (축의 최대치수 - 마모여유(w)) - 게이지공차(G)
정지측 : (축의 최소치수) + 게이지공차(G)

설계보기 호칭치수 $88^{+0.028}_{+0.013}$인 축을 검사하기 위한

① RING GAGE의 설계

(호칭치수88, 제품공차 0.015, 마모여유 0.005, 게이지공차 0.002)

㉠ 통과 : $(88.028 - 0.005) - 0.005 = 88.023^{\ 0}_{-0.002}$

㉡ 정지 : $(88 - 0.013) = 87.987^{+0.002}_{\ 0}$

② SNAP GAGE의 설계

설계방법은 구멍용 한계 게이지와 동일

(3) 위치도 검사 게이지 설계(ISO, KS, JIS방식)

① 검사할 제품이 구멍일 경우

보기 1   MMC 방식

게이지 핀의 치수 : (구멍의 최소치수 - 위치도)$\pm \dfrac{게이지공차(G)}{2}$

※ 위치도는 10% 마모여유는 주지 않는다.

보기 2   좌표공차방식

게이지 핀의 치수 : (구멍의 최소치수 - 구멍간 거리(Total 공차의 $\dfrac{1}{2}$))

$\pm \dfrac{게이지공차(G)}{2}$

게이지 핀간 거리 공차 : 구멍간 거리 Total 공차의 ±5%적용 0.0025~0.0127
※ 마모여유는 주지 않는다.

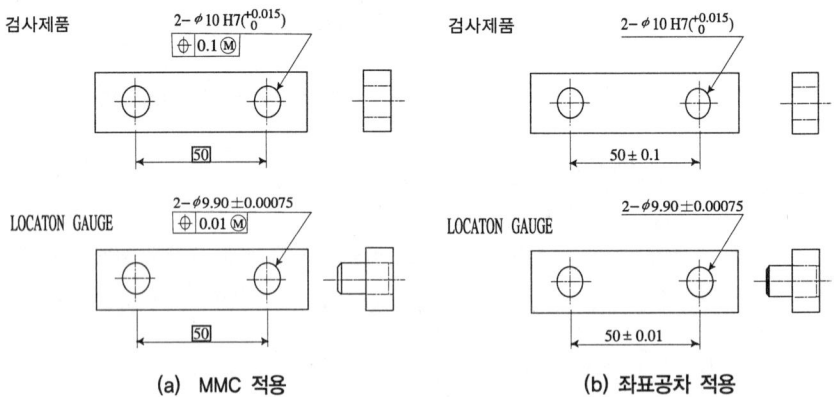

[그림 5-3] 구멍용 위치도 검사 게이지

(4) 동심도 검사 게이지(MMC 적용) 설계 (ISO, KS, JIS방식)

① 검사할 제품이 구멍일 경우

기준부위 치수 : (구멍의 최소치수)$\pm \dfrac{게이지공차(G)}{2}$

동심부위 치수 : (구멍의 최소치수 - 동심도)$\pm \dfrac{게이지공차(G)}{2}$

※ 동심도는 10% 마모여유는 주지 않는다.

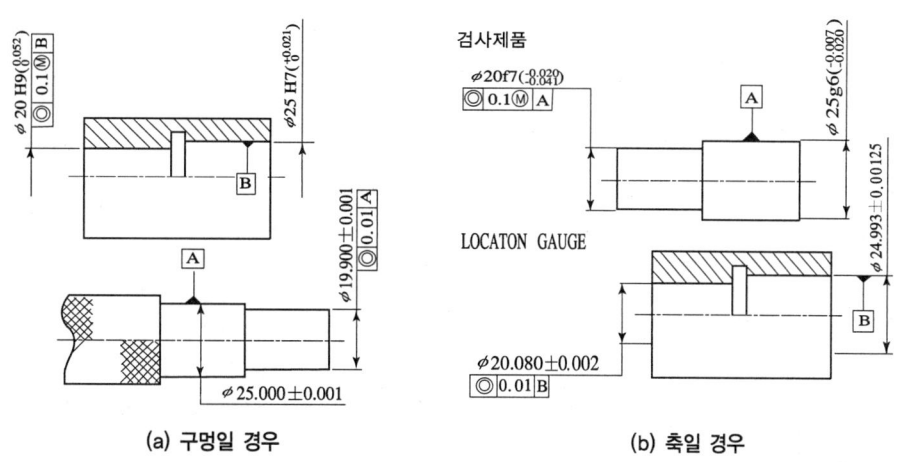

(a) 구멍일 경우　　　　　　　　(b) 축일 경우

[그림 5-4] 동심도 검사 게이지(MMC 적용)

② 검사할 제품이 축일 경우

　　기준 부위 치수 : (축의 최대치수) $\pm \dfrac{게이지공차(G)}{2}$

　　동심 부위 치수 : (축의 최대치수+동심도)$\pm \dfrac{게이지공차(G)}{2}$

　※ 동심도는 10% 마모여유는 주지 않는다.

(5) 위치도 검사 게이지 설계(MI L-STD방식)

① 검사할 제품이 구멍일 경우

　보기 1　MMC적용
　　게이지 핀의 치수 : (구멍의 최소치수-위치도)+게이지공차(G)
　　※위치도 10% 마모여유는 주지 않는다.

　보기 2　좌표공차 적용
　　게이지핀의 치수 : (구멍의 최소치수-구멍간 거리(Total 공차의 1/2))+
　　　　　　　　　　게이지공차
　　게이지핀간 거리공차 : 구멍간 거리 Total 공차의 ±5%적용 0.0025~
　　　　　　　　　　　　0.0127
　　※ 마모여유는 주지 않는다.

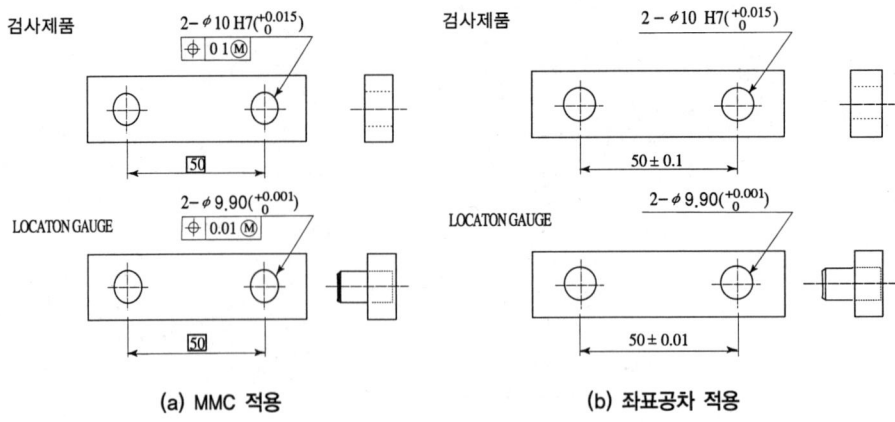

[그림 5-5] 위치도 검사 게이지 설계

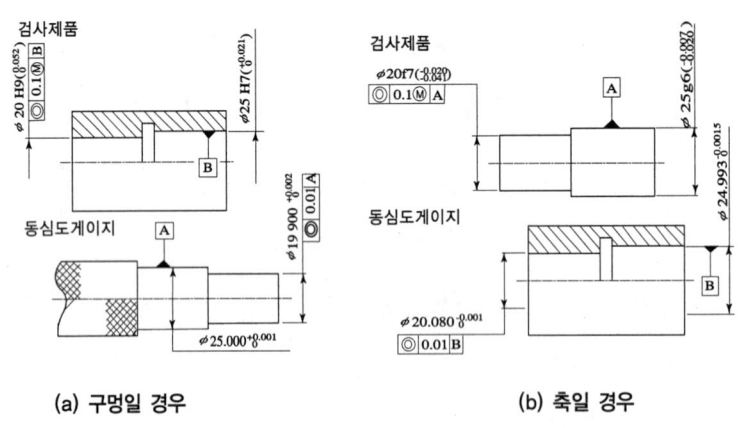

[그림 5-6] 동심도 검사 게이지(MMC 적용) 설계(MIL-STD방식)

제5장 게이지(GAUGE) 설계

예상문제

문제 001
게이지 사용목적에 해당되지 않는 것은?
- ㉮ 검사가 간단하고 능률적이다.
- ㉯ 작업 중에 조기불량 발견이 용이하다.
- ㉰ 완성품 중에 불량품의 혼입을 미연에 방지 할 수 없다.
- ㉱ 필요이상의 정밀도를 요구하지 않기 때문에 원가절감이 가능하다.

[해설] 완성품 중에 불량품의 혼입을 미연에 방지 할 수 있다.

문제 002
한계 게이지에서 가장 정도가 좋은 것은?
- ㉮ XX급
- ㉯ X급
- ㉰ Y급
- ㉱ Z급

[해설] 한계 게이지는 XX급, X급, Y급, Z급, 4등급으로 분류

문제 003
게이지에 적용되는 IT 공차는?
- ㉮ IT02급
- ㉯ IT5급
- ㉰ IT10급
- ㉱ IT11급

문제 004
한계 게이지의 장점이 아닌 것은?
- ㉮ 검사하기가 편리하다.
- ㉯ 합격범위가 넓다.
- ㉰ 합·부 판정이 쉽다.
- ㉱ 취급이 단순하다.

문제 005
한계 게이지(Limit Gauge)에 있어서 "통과측에는 모든 치수 또는 결정량이 동시에 검사 되고 정지측에는 각 치수를 개개로 검사하지 않으면 안 된다"라고 하는 원리가 있다. 누구의 원리인가?
- ㉮ 아베
- ㉯ 테일러
- ㉰ 리발란크
- ㉱ 파마

문제 006
일반적으로 구멍의 깊이를 측정하는 한계 게이지는?
- ㉮ 터보 게이지(Terbo Gage)
- ㉯ 플러시 핀 게이지(Flush Pin Gage)
- ㉰ 플러그 게이지(Plug Gage)
- ㉱ 스냅 게이지(Snap Gage)

문제 007
구멍용 한계 게이지의 종류가 아닌 것은?
- ㉮ 플러그 게이지(plug gauge)
- ㉯ 스냅 게이지(snap gauge)
- ㉰ 터보 게이지(terbo gauge)
- ㉱ 봉 게이지(bar gauge)

[해설] 스냅 게이지(snap gauge) ; 축용 한계 게이지

문제 008
다음 중 가장 큰 축 검사에 적합한 축용 한계 게이지는?
- ㉮ 링 게이지
- ㉯ 편구 스냅 게이지
- ㉰ 양구 스냅 게이지
- ㉱ C형 스냅 게이지

[답] 001. ㉰ 002. ㉮ 003. ㉮ 004. ㉯ 005. ㉯ 006. ㉯ 007. ㉯ 008. ㉱

문제 009
게이지의 제작공차는 제품공차의 몇 %가 가장 적당한 것은?
- ㉮ 3
- ㉯ 5
- ㉰ 10
- ㉱ 20

문제 010
깊이 게이지로 널리 사용되고 있는 것으로 막힌 구멍의 깊이측정에 사용되는 가장 적합한 한계게이지는?
- ㉮ 플러그 게이지
- ㉯ 스냅 게이지
- ㉰ 링 게이지
- ㉱ 플러시판 게이지

문제 011
기능 게이지는 부품도(제품도)공차 값에 몇 % 적용 하는가?
- ㉮ 10% 이하
- ㉯ 10~20%
- ㉰ 20~30%
- ㉱ 30% 이상

문제 012
한계 게이지의 재료로 적당하지 않는 것은?
- ㉮ 주철
- ㉯ 표면경화강
- ㉰ 합금공구강
- ㉱ 탄소공구강

문제 013
한계 게이지의 열처리 경도 값은?
- ㉮ HRC30
- ㉯ HRC40
- ㉰ HRC50
- ㉱ HRC60

문제 014
한계 게이지 설계 시 공차 부호의 방향을 바르게 설명한 것은?
- ㉮ 통과측 게이지는 +로 하고 정지측 게이지는 -로 한다.
- ㉯ 통과측 게이지는 -로 하고 정지측 게이지는 +로 한다.
- ㉰ 정지측 게이지는 -로 하고 통과측 게이지는 -로 한다.
- ㉱ 정지측 게이지는 +로 하고 통과측 게이지는 +로 한다.

[해설] 통과측 게이지는 +로 하고 정지측 게이지는 -로 한다.

문제 015
밀링 고정구에서 커터 셋팅 시 사용하는 게이지는?
- ㉮ 링 게이지(Ring gage)
- ㉯ 스냅 게이지(Snap gage)
- ㉰ 필러 게이지(Feeler gage)
- ㉱ 플러그 게이지(Plug gage)

문제 016
구멍이 $\phi 14^{+0.014}_{0}$인 공작물 검사를 위한 플러그 게이지의 통과측 치수는? (단, 마모여유는 0.003mm, 게이지 제작 공차는 0.005이다.)
- ㉮ 13.997±0.0025
- ㉯ 14.000±0.0025
- ㉰ 14.003±0.0025
- ㉱ 14.014±0.0025

[해설] 통과측
= (구멍의 최소치수 + 마모여유) ± 게이지 제작 공차/2
= (14 + 0.003) ± 0.005/2 = 14.003±0.0025

문제 017
호칭치수 25mm의 K6급 구멍용 한계 게이지의 통과측 치수허용차를 구한 것 중에서 가장 옳은 것은?(단, K6급 공차는 위치수 허용차 +2μm, 아래치수 허용차 -11μm이며, 게이지 제작공차는 2.5μm, 마모여유는 2.0μm으로 한다.)
- ㉮ 25.002±0.00125mm
- ㉯ 25.0025±0.001mm

[답] 009. ㉰ 010. ㉱ 011. ㉯ 012. ㉮ 013. ㉱ 014. ㉮ 015. ㉰ 016. ㉰ 017. ㉯

㉰ 24.991±0.00125mm
㉱ 24.9915±0.001mm

[해설] 통과측 치수 허용차
= 구멍의 최소치수 + 마모여유 ± 제작공차/2
= 24.989 + 0.002 ± 0.0025/2
= 24.991 ± 0.00125mm

문제 018

구멍용 플러그 한계 게이지의 통과측을 구하는 공식은?

㉮ (구멍의 최소지름 + 마모여유 − $\dfrac{\text{게이지공차}}{2}$) + 게이지공차

㉯ (구멍의 최대지름 + 마모여유 − $\dfrac{\text{게이지공차}}{2}$) + 게이지공차

㉰ (구멍의 최소지름 − 마모여유 + $\dfrac{\text{게이지공차}}{2}$) + 게이지공차

㉱ (구멍의 최대지름 − 마모여유 + $\dfrac{\text{게이지공차}}{2}$) + 게이지공차

[해설] 구멍용 플러그 한계 게이지 설계

통과측 = (구멍의 MMC 치수 + 마모여유) ± $\dfrac{\text{게이지공차}}{2}$

정지측 = (구멍의 LMC 치수) ± $\dfrac{\text{게이지공차}}{2}$

문제 019

구멍용 플러그 게이지의 호칭치수가 $\phi100$인 한계 게이지 설계시 게이지 자루(Gage shank)은 어떤 형태로 설계하여야 가장 적합한가?

㉮ 콜릿형(COLLECT TYPE)
㉯ 테이퍼록형(TAPER LOCK TYPE)
㉰ 트리록형(TRI-LOCK TYPE)
㉱ 용접형(WELDING TYPE)

문제 020

검사용 지그를 제작할 때 지그의 제작공차를 어느 정도로 하는 것이 가장 좋은가?

㉮ ±0.05mm 정도
㉯ ±0.01mm
㉰ 피검사물의 정밀도(공차)의 1/5~1/10
㉱ 피검사물의 정밀도(공차)의 1/2 정도

문제 021

다음 테이퍼 게이지 중 테이퍼 각도가 가장 큰 것은?

㉮ 내셔널 테이퍼 ㉯ 자아노 테이퍼
㉰ 모오스 테이퍼 ㉱ 브라운-샤프 테이퍼

[해설]
MT = $\dfrac{1}{19.2} \sim \dfrac{1}{20}$

Brown-샤아프 Taper = $\dfrac{1}{24}$

Jaruotaper = $\dfrac{1}{20}$

National Taper = 16°

문제 022

호칭치수 88m5($^{+0.028}_{+0.013}$)인 축을 검사하기 위한 플러그 및 스냅 게이지 통과측 치수는 얼마인가? (단, 마모여유는 5μm, 게이지공차는 4μm 이다.)

㉮ $88.023^{-0.002}_{0}$ ㉯ $88.023^{-0.004}_{0}$
㉰ $88.025^{-0.002}_{0}$ ㉱ $88.025^{-0.004}_{0}$

[해설] 통과측 편측공차
= (축의 최대치수 − 마모여유 + 게이지공차/2) − 게이지공차
= $\left(\dfrac{88.028 - 0.005 + 0.004}{2} - 0.004\right)$
= $88.025^{-0.004}_{0}$

문제 023

ϕ34H8 구멍을 검사하는 플러그게이지를 설계하기 위하여 다음과 같은 값을 얻었다. 게이지의 정

[답] 018. ㉮ 019. ㉰ 020. ㉰ 021. ㉮ 022. ㉱ 023. ㉯

제 5 장 게이지(GAUGE) 설계

지측과 통과측값은? (단 KS공차 방식에 의한 게이지 설계)

치수 구분	구멍 공차	공차내 마모여유	공차밖 마모여유	게이지 공차
30~50mm	$t=39$	$Z=7$	$Y=3$	$H=4$

㉮ 정지측 : 34.007 ± 0.02,
    통과측 : 34.003 ± 0.002
㉯ 정지측 : $34.041^{0}_{-0.004}$,
    통과측 : $34.005^{+0.004}_{0}$
㉰ 정지측 : 34.003 ± 0.002,
    통과측 : 34.039 ± 0.002
㉱ 정지측 : $34.046^{0.004}_{0}$,
    통과측 : $34.005^{0}_{-0.004}$

해설 통과측
$$(\text{구멍의 최소치수}+\text{마모여유}-\frac{\text{게이지공차}}{2})$$
$$+\text{게이지공차}(0.004)$$
$$=(34.0+0.007-0.002)=34.005^{+0.004}_{0}$$
정지측
$$(\text{구멍의 최대치수}+\frac{\text{게이지공차}}{2})$$
$$-\text{게이지공차}(0.004)$$
$$=(34.039+0.002)=34.041^{0}_{-0.004}$$

문제 024

구멍치수 $\phi 35$ $K6(^{+0.003}_{-0.013})$일 때, 게이지의 통과측 치수는? (단, 마모여유 0.004, 게이지공차 ±0.03)

㉮ $34.975^{+0.015}_{0}$ ㉯ $34.976^{+0.03}_{0}$
㉰ $34.98^{+0.03}_{0}$ ㉱ $34.98^{+0.015}_{0}$

해설 통과측
$$(\text{구멍최소치수}+\text{마모여유}-\frac{\text{게이지공차}}{2})$$
$$+\text{게이지공차}$$
$$=(34.987+0.004-\frac{0.03}{2})^{+0.03}_{0}=34.976^{+0.03}_{0}$$

문제 025

제품치수 $\phi 30H8$을 검사하는 공작용 한계 게이지의 치수는 얼마인가? (단, 제품공차는 $33\mu m$이고 게이지공차는 $4\mu m$, 마모여유는 $6\mu m$)

㉮ 정지측 : $30.035^{0}_{-0.004}$,
    통과측 : $30.004^{+0.004}_{0}$
㉯ 정지측 : $30.04^{0}_{-0.004}$,
    통과측 : $30.004^{+0.004}_{0}$
㉰ 정지측 : $30.035^{+0.004}_{0}$,
    통과측 : $30.004^{+0.004}_{0}$
㉱ 정지측 : $30.04^{+0.004}_{-0}$,
    통과측 : $30.004^{+0.004}_{0}$

해설 정지측
$$(\text{제품최대치수}+\frac{\text{게이지공차}}{2})-\text{게이지공차}$$
$$(30.033+\frac{0.004}{2})-0.004=30.035^{0}_{-0.004}$$
통과측
$$(\text{제품최소치수}+\text{마모여유}-\frac{\text{게이지공차}}{2})$$
$$+\text{게이지공차}$$
$$(30.0+0.006-0.002)=30.004^{+0.004}_{0}$$

문제 026

구멍중심과 기준면 사이에 제품공차가 0.4mm일 때 공구공차는 얼마인가? (단, 공구공차는 공작물공차의 20%)

㉮ ±0.04mm ㉯ ±0.06
㉰ ±0.08   ㉱ ±0.02

해설
$$\text{공구공차}=\frac{\text{제품공차}(\%)}{2}=\frac{0.4\times 0.2}{2}=\pm 0.04\text{mm}$$

답 024. ㉯ 025. ㉮ 026. ㉮

제 5 편

CAD/CAM

제 1 장 CAD/CAM 작업

제 2 장 CAM 가공

CAD/CAM 작업

1-1 CAD 시스템의 입출력장치

1. 입력장치

(1) 논리적 입력장치

① 실렉터(selector) : 스크린상의 특정 물체를 지시하는데 사용
  예 라이트 펜, 터치패널
② 로케이터(locator) : 좌표를 지정하는 역할을 하는 장치
  예 태블릿, 디지타이저, 조이스틱, 트랙볼, 스타일러스 펜, 마우스 등
③ 밸류에이터(valuator) : 스크린 상에서 물체를 평행이동 또는 회전시킬 경우, 그 양을 조절하는 등, 특정의 파라미터 값을 변화시키는데 사용
  예 potentiometer
④ 버튼(button) : 키보드와 조합된 형태로 각 버튼마다 프로그램 된 기능에 의해 작동
  예 programed function keyboard

(2) 물리적 입력장치

① 키보드(key board) : 입력장치의 가장 대표적인 장치로 ASCⅡ106키 키보드가 많이 사용
② 디지타이저(digitizer)과 태블릿(tablet) : 일반적으로 디지타이저는 태블릿 기능을 겸하며 스타일러스 펜(stylus pen)과 퍽(puck)이 함께 사용하며, 주로 좌표입력, 메뉴의 선택, 커서의 제어 등에 사용됨
③ 마우스(mouse) : 커서 제어기구로 볼 방식과 광학적 방식 2가지

④ 스캐너(scanner)
⑤ 3차원 측정기 : 실물에서 일정한 간격으로 격자를 구성한 지점의 점의 좌표를 얻는데 사용되며, 자동차, 항공기, 선박 등 자유 곡면을 많이 사용하는 산업분야에 주로 사용하고 측정하는 부위의 도구를 프로브(probe)와 비접촉식 타입이 있다.
⑥ 라이트 펜(light pen) : 커서 제어기구로 그래픽 스크린(CRT)상에 접촉한 빛을 인식하는 장치로 CRT나 태블릿 등의 디스플레이에 부속된 장치
⑦ 썸휠(thumb wheel) : 커서 제어기구로 x, y축 방향으로 각기 2개의 회전형 가변 저항기를 설치하여 이것을 회전시킴으로서 각 축 방향으로 커서를 이동시키는 장치
⑧ 조이 스틱(joy stick)
⑨ 트랙 볼(track ball)
⑩ 컨트롤 다이얼(control dial)

2. 출력 장치

(1) CRT(Cathode-ray Tube) 디스플레이

브라운관은 전기신호를 전자빔의 작용에 의해 영상이나 동형, 문자 등의 광학적인 상태로 변환하여 표시하는 특수 진공관으로 음극선관(CRT)라고 말한다.
① 스토리지형(direct view storage tube type)
DVST방식이라고도 하며 형상을 한번만 화면에 생성시킨 후, 계속해서 형상이 남아 있게 하는 기법으로 형상을 한번 나타내면 2~3시간 정도 유지할 수 있고, 도형 형상을 CRT 화면상에 저장할 수 있다.
㉠ 화면에 깜박임이 없다.
㉡ 표시할 수 있는 도형의 양에 제한이 없다.
㉢ 연필로 그림을 그리듯이 영상을 만든다.
㉣ 가격이 저렴하다.
㉤ 플리커가 발생하지 않는다.
㉥ 고정밀도이다.(해상도 우수)
㉦ 구성된 자료를 인식할 수 없어 부분수정이 불가능하다.
㉧ 컬러가 불가능하다.
㉨ 영상을 재구성하는데 시간이 많이 걸린다.
㉩ 원형의 동적취급이 불가능하다.
㉪ 화면의 밝기와 선명도가 낮다.
㉫ 애니메이션이 불가능하다.
② 랜덤 스캔형(random scan type)
순서에 따라 영상이 그려지는 기법으로 전자 빔이 인을 때림으로 빛을 내어 영

상을 구성하는 것으로 벡터 스캔(vector scan)형이라고도 한다.
- ㉠ 화질(해상도)이 우수하다
- ㉡ 부분소거가 가능하여 편집할 수 있다.
- ㉢ 원형의 동적취급이 가능하다.
- ㉣ 화면에 깜박임의 현상이 있다.
- ㉤ 도형의 표시량에 한계가 있다.
- ㉥ 컬러표시에 제한이 있다.
- ㉦ 가격이 고가이다.
- ㉧ 움직이는(애니메이션) 영상을 처리할 수 있다.

③ 래스터 스캔형(raster scan type)

전자 빔의 주사방법은 텔레비전과 같으며, 도형의 유무에 관계없이 항상 수평방향으로 주사시켜 상을 형성하는 방식으로 현재 가장 널리 사용되며 디지털 TV라고도 한다.
- ㉠ 컬러표시가 가능하다.
- ㉡ 표시할 수 있는 데이터의 양에 제한이 없다.
- ㉢ 부분소거가 가능하다.
- ㉣ 가격이 저렴하다.
- ㉤ 깜박임(flicker)이 없다.
- ㉥ 품질(해상도)이 떨어진다.
- ㉦ 동적취급(처리속도)이 랜덤 스캔형 보다 느리다.

④ 컬러 디스플레이(color display)

새도 마스크(shadow mask)방식, 그리드 편향 방식, 페니트레이션 방식 3가지가 있다. 표현 할 수 있는 색은 전자총 3개에 의해 빨강(적), 파랑(청), 초록(녹)색의 혼합비에 따라서 정해진다.

(2) 평판 디스플레이

① 플라즈마 가스 방출형(PDP : plasma-gas discharge)

평면유리가 덮여있는 매트리스형 셀(cell)로 구성되어 각 셀은 네온과 아르곤이 혼합된 가스로 채워져 있다. 이 가스로 구성되어 잇는 디스플레이를 플라즈마 디스플레이라고 하며, LCD보다 해상도가 좋다.
- ㉠ 박판형 이면서 대화면 표시가 가능하다.
- ㉡ 화면이 완전 평면이고 일그러짐이 없다.
- ㉢ 자기발광으로 밝고, 시야각이 좋다.
- ㉣ 수명이 수만 시간으로 길다.
- ㉤ 구동전압이 높다.
- ㉥ 구동 IC단가가 높다.

　　　　ⓐ 고가의 형광체로 제작비가 높다.
　　② 전자 발광판형(EL : Electro-luminescent)
　　　　AC나 DC전장이 나타날 때 발광재료에서 빛이 발광하도록 되어 있고 발광재료는 망간이 첨가된 아연화 황화물이기 때문에 전자 발광식 디스플레이는 보통 노란색을 많이 띠고 있다.
　　③ 액정 디스플레이(LCD : Liquid crystal)
　　　　투과된 빛을 반사시키거나 이동시키는 개념의 디스플레이로 빛을 편광시키는 특성을 가진 유기화합물을 이용하여 투과된 빛의 특성을 수정하는 방식을 사용한다. 일종의 광 스위치 현상을 이용한 소자로서 구동방법에 따라 TN, STN, TFT 등이 있다.
　　　　㉠ 작고 가볍다.
　　　　㉡ 완전한 평면이다.
　　　　㉢ 전자파 발생량이 매우 적다.
　　　　㉣ 깜박임이 없다.
　　　　㉤ 전력이 적게 소비된다.
　　　　㉥ 가격이 비싸다.
　　　　㉦ 해상도가 크기에 따라 고정되어 있다.
　　　　㉧ 응답속도가 비교적 느리다.
　　　　㉨ 잔상이 남는 경우가 있다.
　　④ 발광 다이오드(LED ; Lighting-Emitting Diodes)
　　　　빛을 발하는 반도체소자를 말하며 각종 전자 제품류와 자동차계기판 등의 전자표시판에 활용되고 있다.
　　⑤ 진공 방전광 디스플레이(Vaccum fluorescent display)

(3) 플로터(Plotter)
　　① 플랫 베드형(flat bed type) : 펜 플로터
　　　　㉠ 고밀도, 고정도의 작화가 가능하다.
　　　　㉡ 용지를 선정이 자유롭게 할 수 있다.
　　　　㉢ 설치 면적이 크고, 기구가 복잡하다.
　　　　㉣ 가격이 비싸고 정비 보수가 까다롭다.
　　　　㉤ 테이블과 용지의 밀착성이 좋아야 한다.
　　　　㉥ 그림을 그리는 동안 전체를 볼 수 있다.(모니터가 용이)
　　② 드럼형(drum type)
　　　　㉠ 기구가 비교적 간단하고, 설치면적이 좁다.
　　　　㉡ 고속작도가 가능하나 고정밀도가 아니다.
　　　　㉢ 용지의 길이에 제한이 없고, 무인운전이 가능하다.

ⓔ 작화중 모니터가 어렵다.
　③ 벨트형(belt type)
　　플랫 베드형과 드럼형의 복합적인 형태로 구조적으로는 설치면적이 작고 연속용지나 규격용지도 사용할 수 있다.
　④ 리니어 모터용(linear motor type)
　　　㉠ 가동 부분이 경량이다.
　　　㉡ 고정밀도이다.
　　　㉢ 작화속도가 빠르고 신뢰성이 높다.
　　　㉣ 설치면적이 넓다.
　　　㉤ 작화중 모니터가 어렵다.
　　　㉥ 오버셧(over shut)의 가능성이 높다.
　⑤ 잉크젯식(ink-jet type)
　　일반적으로 하드 카피라 부르며 그래픽 디스플레이에 나타난 화상을 그대로 받아 도면으로 표현하는 기기로 애매한 색상을 배합하기가 편리 하고 기본색 : cyan, magenta, yellow, black이다.
　⑥ 정전식(electrostatic type)
　　래스터형의 대표적인 것으로 종이에 음전하를 발생시키고 양전하를 띤 검정색의 토너를 흘려서 그림을 그린다.
　　　㉠ 작화속도가 빠르고, 저소음이다.
　　　㉡ 고화질이고 자동 레이아웃기능과 자동 절단기구가 있다.
　　　㉢ 벡터 데이터를 래스터 데이터로 변환해 주어야 하고 펜 플로터용 작화 데이터를 그대로 사용할 수 있다.
　⑦ 열전사식
　　필름에 도포한 잉크를 발열 저항체로 배열한 서멀헤드로 녹여 기록지에 전사하는 방식으로 빠른 프린트 속도와 사진과 같은 인쇄효과를 얻을 수 있다.
　⑧ 광전식
　　프린터 기판용 패턴필름(pattern film)을 작성할 때 사용
　⑨ 레이저 빔식(래스터 스캔 방식)
　　레이저 빔 방식 플로터는 복사기와 같은 원리임.
　　　㉠ 고품질의 도면을 얻을 수 있고 작화속도가 빠르다.
　　　㉡ 보통의 종이를 사용할 수 있고 가격이 싸다.
　　　㉢ A2 이상의 사이즈를 사용할 수 없고 광학계의 기구가 복잡하다.

(4) 프린터(Printer)
　① 시리얼 프린터(serial printer)
　　　㉠ 충격식 : 잉크가 묻은 용지에 겹쳐놓고 타자방식으로 데이지 휠 또는 도트

메트릭스 프린터 방식을 사용
ⓒ 비충격식 : 열과 정전기 잉크분사 방법을 이용하며 출력의 질이 좋고 소음이 적으나 다량의 복사는 불가능하고 값이 고가이다.
② 라인 프린터(line printer)
드럼 방식과 벨트방식이 있으며, 어느 방식이던 한 글자씩 찍지 않고 한 줄을 한꺼번에 인쇄하는 방식
③ 페이지 프린터(page printer)
전기, 열, 광선 등을 이용하는 방식, 속도가 비교적 빠르다.
④ 하드 카피 장치(hard copy unit)
CRT에 나타난 영상을 그대로 복사 출력하는 장치로서 CAD 설계작업시 중간결과를 확인하기에 편리하다. 플로터에 비해 해상도가 좋지 않아 최종 도면의 출력용으로는 부적합
⑤ COM(Computer Output Microfilm)
도면이나 문자를 마이크로필름으로 출력하는 장치로서 출력량이 많거나 또는 도면의 크기가 작은 경우 매우 효과적이다. 수정할 수 없고 해상도도 떨어지지만 쉽고 비교적 처리속도가 빠르다. 16 m/m 필름(문자용) 및 35 m/m 필름(도면용)이 사용

3. CAD/CAM 시스템의 구성

(1) 컴퓨터의 3대 장치

① 입·출력장치(Input/Out Put Unit)
② 중앙처리장치(CPU : Central Processing Unit)
③ 기억장치(Memory Unit)

(2) 컴퓨터의 5대 장치

① 입력장치(Input Put Unit) : 처리할 데이터나 처리방법 또는 절차 지시 프로그램을 외부로부터 읽어 들여 기억장치로 전달해 주는 기능
② 기억장치(Memory Unit) : 읽어 들인 데이터나 처리된 결과 또는 프로그램 등을 기억하는 기능
③ 제어장치(Control Unit) : 기억된 프로그램의 명령을 하나씩 읽고 해독하여 컴퓨터의 각 기능이 유기적으로 동작하도록 각 장치들을 제어하고 처리하도록 지시하는 기능
④ 연산장치(ALU : Arithmetic & Logical Unit) : 기억된 프로그램에 의하여 데이터를 산술연산이나 논리연산을 하여 새로운 결과를 만들어내는 기능
⑤ 출력장치(Out Put Unit) : 컴퓨터 내부에서 처리된 결과나 기억된 내용을 문자, 도형, 음성 등의 형태로 외부로 나타내 주는 기능

(3) 컴퓨터의 구성

① 하드웨어(Hardware) : 컴퓨터를 구성하고 있는 물리적인 기계장치를 말하며 하드웨어의 구성은 입력장치(Input), 제어장치(Control), 기억장치(Memory), 연산장치(Arithmetic), 출력장치(Output)이다
② 소프트웨어(Software) : 소프트웨어는 시스템소프트웨어와 응용소프트웨어로 구성되며 컴퓨터와 관련 장치들을 작동시키는 데 필요한 프로그램들을 말한다.
③ 펌웨어(Firmware) : 시스템의 효율을 높이기 위해 롬에 들어 있는 기본적인 프로그램으로 소프트웨어를 하드웨어 화 시킨 것으로서 소프트웨어와 하드웨어의 중간에 해당

(4) 데이트의 구성단위

① 비트(Bit) : 자료표현의 최소단위로서 컴퓨터의 표현 수인 0 또는 1을 나타내는 단위
② 니블(Nibble) : 4개의 비트를 모은 단위로 4자리 자료를 1자리로 표현하기에 적합하다.
③ 바이트(Byte) : 8bit가 모여서 하나의 문자를 표기할 수 있으며 컴퓨터에서 번지를 나타낼 수 있는 최소단위
④ 워드(Word) : 연산처리를 하는 기본자료를 나타내기 위해 일정한 bit 수를 가진 단위
　㉠ 하프워드(Half Word) : 2byte로 구성
　㉡ 풀워드(Full Word) : 4byte로 구성
　㉢ 더블워드(Double Word) : 8byte로 구성
⑤ Field : 하나 이상의 byte가 특정한 의미를 갖는 단위
⑥ Record : 정보처리의 기본 단위로서 field들의 집합체. 일반적으로 데이터 1매를 의미(물리 레코드, 논리 레코드)
⑦ Block : 성격이 같은 record들의 집합체. 입출력장치에서 자료를 읽어 들이거나 출력하는 단위
⑧ File : 성격이 다른 record들의 전체 집합
⑨ Volume : 성격이 다른 file들의 집합체

(5) CAD시스템의 활용방식

① 중앙 통제형
대형 컴퓨터 본체에 작업용 그래픽 터미널, 키보드, 프린터, 플로터 등을 여러 개씩 연결하여 이들을 하나의 중앙통제형 컴퓨터에서 총괄하여 제어하도록 구성 한 방법

② 분산처리형
각 컴퓨터 시스템별로 장착되어 있는 프로세서를 사용하여 자체적으로 자료를 구성하여 작성한 후 서로 통신망을 통하여 교환하는 것뿐만 아니라, 먼 곳에 떨어져 있는 사용자들이 서로 다른 시스템을 사용하더라도 자료를 서로 공유하는데 어려움이 없도록 하는 방법

③ 독립형(스탠드 얼론형)
퍼스널 컴퓨터시스템에 의한 방법으로 일반적으로 널리 보급되어 있으며, 가격이 저렴하며, 여기에는 워크스테이션과 퍼스널 컴퓨터가 사용됨

1-2 CAD 시스템의 소프트웨어

1. CAD 시스템의 모듈

(1) 그래픽스 모듈 - 입출력의 모든 기능을 제공

① 그래픽 요소를 구성하는 명령어
주로 화면에 형상을 나타내기 위해서 사용하는 명령어로 기하학적 형상용 명령어 모임은 point, line, circle, arc 등이 있다.

② 화면 제어용 명령어
화면의 그림의 크기를 전체적으로 확대, 축소하는데 사용하는 명령어로 magnify, zoom, zoom-scale 등이다.

③ 데이터 변환용 명령어
형상을 이동, 회전, 대칭, 복사 등 기능으로 translation, rotation, copy, symmetry, mirror 등이 있다.

④ 데이터 수정용 명령어
기존의 데이터를 새로운 item으로 수정하는 명령어로 trim, break, split, limits 등이 있다.

(2) 서류화 모듈

도면 및 서류를 작성하는 문자 편집기능으로 euclid 소프트웨어에서 사용되는 심벌 테이블 내용의 일부이다.

(3) 서피스 모듈

NC 모듈을 사용하기 위해서 사용하는 기능들을 모아놓은 것

(4) NC 모듈

서피스를 이용해서 NC 파트프로그램에 사용하는 CL 데이터와 가공공구의 특성을 찾아 NC 파트 프로그램을 얻는 것.

(5) 해석 모듈

해석 패키지로 설계내용의 오류제거로 유한요소법의 기본인 mesh를 자동적으로 형성시켜주는 mesh generator가 있어야 한다.

2. 소프트웨어의 구성

(1) Foley와 Van-Dam이 구성한 3가지 모델

① 그래픽 시스템 : 형상정의 기능
② 응용 프로그램 : 그래픽 정의용 명령어들을 이용한 프로그래밍 기능
③ 응용 데이터베이스 : 사용자가 CAD 소프트웨어에서 내에서 자유로이 파일을 관리하는 기능

(2) 소프트웨어의 기능

① 그래픽요소의 형상생성기능
   ㉠ 컴퓨터 그래픽에서 그래픽요소는 점, 선, 원과 같은 형상의 기본단위와 알파벳 문자, 특수 기호 등으로 구성한다.
   ㉡ 기본요소의 조합으로 구(sphere), 관(tube), 원통(cylinder) 등 기본 모델을 형성하고 이것을 소프트웨어에 따라 프리미티브(primitive), 오브젝트, 엘리멘트, 엔티티 등으로 설명한다.
   ㉢ 3차원 모델링 방법은 와이어 프레임 모델링(wire frame modeling)과 서피스 모델링(surface modeling), 솔리드 모델링(solid modeling)이 있다.

② 데이터 변환기능
   ㉠ 스케일링(scaling) : 형상의 확대, 축소
   ㉡ 이동(translation) : 위치 변환
   ㉢ 회전(rotation) : 회전 변환

③ 디스플레이 제어와 윈도우기능
   ㉠ 디스플레이 제어 : 은선 제거(hidden-line removel)와 같은 기능
   ㉡ 윈도우 기능 : 사용자가 형상을 임의의 각도나 크기로 표현할 수 있는 기능

④ 세그먼트기능(부분 수정하는 기능)
   ㉠ 형상의 일부분을 수정, 삭제할 수 이도록 하는 기능
   ㉡ 세그먼트란 하나의 요소 혹은 몇 개의 요소들의 모임으로 수정, 삭제의 기

본단위를 말한다.
⑤ 사용자 입력기능
  ㉠ 시스템에 명령이나 데이터를 입력 장치를 이용하여 입력하는 기능
  ㉡ 입력이 간단하고 쉽게 이루어지도록 단순화해야 한다.

3. CAD 시스템의 소프트웨어의 기본기능

① 요소 작성 기능 : 점·선·원·원호·곡선 등 요소의 생성 기능
② 요소 변환 기능 : 요소의 이동·회전·복사·대칭·변형 등
③ 요소 편집 기능 : 선의 정렬·부분 삭제·선의 등분·라운딩·모따기
④ 도면화 기능 : 치수 기입·주서·마무리 기호·용접 기호 등 도면화할 수 있는 기능
⑤ 디스플레이 제어 기능 : 화면에서 도형을 확대·축소·이동·그리드·은선 처리·롤러 등 화면 표시 제어 기능
⑥ 데이터 관리 기능 : 작성한 모델의 등록·삭제·복사·검색·파일 이름 변경 등의 데이터 관리
⑦ 특성 해석 기능 : 면적·길이·도심·체적·모멘트 등
⑧ 플로팅 기능 : 도면화 데이터를 플로터에 출력하는 기능

1-3 형상 모델링

1. 와이어 프레임 모델링(Wire-frame Modeling)

① data의 구성이 단순하다.
② Model 작성을 쉽게 할 수 있다.
③ 처리 속도가 빠르다.
④ 3면 투시도의 작성이 용이하다.
⑤ 은선 제거(Hidden Line Removal)가 불가능하다.
⑥ 단면도(Section Drawing) 작성이 불가능하다.
⑦ 물리적 성질의 계산이 불가능하다.

2. 서피스 모델링(Surface Modeling)

(1) 서피스 모델링의 속성

① 은선 제거가 가능하다.
② Section Drawing(단면)할 수 있다.
③ 2개의 면의 교선을 구할 수 있다.
④ 복잡한 형상을 표현할 수 있다.
⑤ NC data 생성할 수가 있다
⑥ 물리적 성질(Weight, Center of Gravity, Moment)을 구하기 어렵다.
⑦ 유한요소법(FEM : finite element method)의 적용을 위한 요소분할이 어렵다.
⑧ surface 표현시 와이어 프레임 엔티티를 요구할 수가 있다.
⑨ Wire-frame보다 데이터 처리 때문에 컴퓨터의 용량이 커야 한다.
⑩ 솔리드와 같이 명암(shade)알고리즘을 제공할 수가 있다.

(2) 서피스 모델링의 용도

① NC공구 경로 생성
② 솔리드 프리미티브 생성
③ 음영처리와 같은 렌더링을 이용한 곡면의 품질평가
④ 도면 생성

3. 솔리드 모델링(Soild Modeling)

(1) 솔리드 모델링의 속성

① 은선 제거가 가능하다.
② 간섭체크가 가능하다.
③ 형상을 절단하여 단면도를 작성하기가 쉽다.
④ 불리언(Boolean)연산(합, 차, 적)에 의하여 복잡한 형상도 표현할 수 있다.
⑤ 물리적 성질(Weight, Center of Gravity Moment)의 계산이 가능하다.
⑥ 명암(shade)컬러기능 및 회전, 이동을 이용하여 사용자가 좀 더 명확하게 물체를 파악할 수 있다.
⑦ CAD/CAM 이외에 잡지, 축판물, 영화 필름, 애니메이션 시뮬레이터에 이용할 수 있다.
⑧ 복잡한 data로 컴퓨터 사용용량이 증가하여 data처리 시간이 많이 걸린다.

(2) 솔리드 모델링의 용도

① 표면적, 부피, 관성 모멘트 계산

② 유한요소해석
③ 솔리드 모델들 간의 간섭현상 검사
④ NC공구 경로 생성
⑤ 도면 생성

(3) Constructive Solid Geometry(CSG 또는 C-rep building block) 방식

① 장점
　㉠ 불리언 연산자로 더하기(합), 빼고(차), 교차(적)시키는 방법을 통해 명확한 모델생성이 쉽다.
　㉡ 데이터를 아주 간결한 파일로 저장할 수 있어, 메모리가 적다.
　㉢ 형상 수정이 용이하고 중량을 계산할 수 있다.

② 단점
　㉠ 모델을 화면에 나타내기 위한 디스플레이에서 체적 및 면적의 계산 등에 많은 계산시간이 필요하다
　㉡ 3면도, 투시도, 전개도, 표면적 계산이 곤란하다.

(4) Boundary Representation(B-rep) 방식

사용자가 형상을 구성하고 있는 정점(vertex), 면(face), 모서리(edge)가 어떠한 관계를 가지는지에 따라 표현하는 방법이며 그 관계식은 정점+면-모서리=2이다. 즉, "v-e+f-h=2(s-p)" 오일러-포앙카레 공식이 만족해야 한다.

① 장점
　㉠ CSG방법으로 만들기 어려운 물체를 모델화시킬 때 편리하다.(비행기 동체, 자동차 외형 모델)
　㉡ 화면의 재생시간이 적게 소요되며, 3면도, 투시도, 전개도, 표면적 계산이 용이하다.
　㉢ 데이터 상호교환이 쉬워 많이 사용되고 있다

② 단점
　㉠ 모델의 외곽을 저장하므로 많은 메모리가 필요하다.
　㉡ 적분법을 사용하기 때문에 중량 계산이 곤란하다.

(5) NURBS(Non Uniformed Ration B-spline)

B-spline의 일종으로 ARC, CONIC을 B-spline에서는 완벽한 표현이 불가능하였으나, NURBS로는 표현이 가능하다.

1-4 곡선과 곡면(curve and surface)

1. 원추 곡선(Conic section curve)

① 원(circle) : 원추를 일정한 높이 z 에서 절단하여 생기는 곡선
$$x^2 + r^2 - r^2 = 0$$
② 타원(ellipse) : 원추를 비스듬하게 절단하여 생기는 곡선
$$\frac{x^2}{a^2} + \frac{r^2}{b^2} = 0$$
③ 포물선(parabola) : 원추를 원추의 경사와 평행하게 절단시 생기는 곡선
$$r^2 - 4ax = 0$$
④ 쌍곡선(hyperbola) : 원추를 z 축 방향으로 절단시 생기는 곡선
$$\frac{x^2}{a^2} - \frac{y^2}{b^2} - 1 = 0$$

2. 퍼거슨(Ferguson)곡선과 곡면(1960)

① 평면상에 곡선뿐만 아니라 3차원 공간에 있는 형상도 간단히 표현할 수 있다.
② 곡선이나 곡면의 일부를 표현하려고 할 때는 매개변수의 범위를 가지므로 간단히 표현할 수 있다.
③ 곡선이나 곡면의 좌표 변환이 필요할 경우 단순히 주어진 벡터만을 좌표변환하여 원하는 결과를 얻을 수 있다.
④ 일반 대수식에 비해 곡선 생성이 쉽긴 하지만, 벡터의 변화에 대해 벡터 중간부의 곡선 형태를 예측하여 원하는 특정 형상을 표현하는 데에 어려움이 있다.
⑤ 이런 특징으로 자동차 외관과 같이 곡률 변화율이 중요한 경우에는 곡면의 품질을 저하시킨다.

3. 쿤스(Coons) 곡면(1964)

4개의 모서리 점과 그 점에서 양방향의 접선 벡터를 주고 3차식을 사용하면 이것은 퍼거슨의 곡면과 동일한 것이다, 즉 퍼거슨 곡면은 쿤스곡면의 특별한 경우가 되는 것으로 곡면 내부의 볼록한 정도를 직접 조절하기가 어려우므로, 정밀한 곡면 표현에는 적합하지 않다.

4. 스플라인(Spline)곡선

스플라인 곡선은 이웃하는 단위 곡선/곡면과의 연결성에 문제가 잇는 퍼거슨 곡선/곡면이나 쿤스 곡면과 달리, 지정된 모든 점을 통과하면서도 부드럽게 연결된 곡선이다.

5. 베지어(Bezier) 곡선과 곡면(1971)

① 곡선은 양단의 끝점을 반드시 통과한다.
② 곡선은 장점을 통과시킬 수 있는 다각형의 내측에 존재한다.(곡면은 다면체)
③ 다각형의 양끝의 선분은 시작점과 끝점의 접선벡터와 같은 방향이다.
④ 1개의 정점변화가 곡선전체에 영향을 미친다.
⑤ n개의 정점에 의해서 생성된 곡선은 $(n-1)$차 곡선이다.
⑥ 다각형의 꼭지 점의 순서를 거꾸로 하여 곡선을 생성하여도 같은 곡선이어야 한다.(대칭성)

6. B-spline 곡선과 곡면(1972)

곡선의 연결성(continuity)과 조작성에 그 특징이 있고 꼭지점의 위치를 이동하여 곡선의 형태를 수정하여도 연결성이 보장되는 것이 특징이다. 또한 베지어 복합곡선은 1개의 조정점에 의해 곡선이 전역적으로 변경되므로 수정 후 형상파악이 어렵고, 복잡한 형상의 표현에서는 계산량이 많아지나 B-spline은 그럴 필요가 없다
B-spline 곡선의 성질로는 연속성, 다각형에 따른 형상 직관 제공, 지역 유일성, 역변환의 용이성 등이 있다.

7. NURBS(Non-Uniform Rational B-Spline)곡선과 곡면

① NURBS의 곡선으로 B-spline, Bezier, 원추곡선도 표현할 수 있다.
② 4개의 좌표의 조종점 사용으로 곡선의 변형이 자유롭다.
③ NURBS 곡선은 곡선의 양끝점을 반드시 통과해야 한다.

8. 용도에 따른 곡면

(1) 심미적곡면

① 단면의 기준곡선(base curve)를 따라 이동하는 형태(sweep 형)
② 2차 곡면들의 조합으로 구성된 형태
③ 기준면으로부터 완만하게 부풀어 있는 형태(proportional형 곡면)

④ 각진 부위를 rounding한 곡면(fillet/round 형 곡면)

(2) 유체역학적 곡면

유체의 흐름을 고려한 곡면으로 곡면이 전체적인 방향성을 가진 곡면(Duct형 곡면, sweep형 곡면)

(3) 공학적인 곡면

심미적 곡면과 유체역학적 곡면의 제외한 곡면으로 기능을 수행하는 곡면(광학적 곡면, 기구학적인 곡면)

9. 곡면 모델링 방법

① 회전 (Revolve)곡면 : 하나의 곡선을 임의의 축이나 요소를 중심으로 회전시켜 모델링 한 곡면
② sweep 곡면 : 두 개 이상의 곡선에서 안내 곡선을 따라 이동곡선이 이동규칙에 따라 이동하면서 생성되는 곡면
③ 로프트(Loft) 곡면 : 여러 개의 단면곡선이 연결규칙에 따라 연결된 곡면
④ Patch : 경계곡선의 내부를 형성하는 곡면
⑤ Blending 곡면 : 두 곡면이 만나는 부분을 부드럽게 만들 때 생성하는 곡면
⑥ Grid 곡면 : 삼차원 측정기 등에서 얻은 점을 근사적으로 연결하는 곡면
⑦ 메시(mesh) : 그물처럼 널려 있는 곡선을 가까이 지나는 곡면
⑧ 필릿(Fillet) : 두 곡면이 만나는 날카로운 부위를 공이 굴러가는 곡면으로 대치하여 부드럽게 만드는 곡면
⑨ 리메싱(remeshing) : 종방향의 배열이 맞지 않는 데이터를 오와 열의 배열이 가지런한 형태의 곡면 입력점을 새로이 구해내는 절차
⑩ 스무딩(smoothing) : 표현된 심한 굴곡면을 평활한 곡면으로 재계산하는 것
⑪ 필리팅(filleting) : 연결부위를 일정한 반지름을 갖도록 하는 것

1-5 CAD/CAM 시스템 좌표계

1. 좌표계의 종류

CAD/CAM 시스템을 이용하여 형상을 정의하기 위해서는 형상을 정의 하는데 가장 기본적인 공간상의 점을 정의하는 방법이 필요하다.
① 직교 좌표계(cartesian coordinate system) : 공간상 교차하는 지점인

$P(x_1, y_1, z_1)$

② 극 좌표계(polar coordinate system) : 평면상의 한 점 P(거리, 각도)
③ 원통 좌표계(cylindrical coordinate system) : 점 $P(r, \theta, z_1)$를 직교 좌표
④ 구면 좌표계(spherical coordinate system) : 공간상에 점 $P(\rho, \phi, \theta)$

(1) 구면 좌표계를 원통 좌표계로 변환

$r = \rho \cdot \sin\phi,\ \theta = \theta,\ z = \rho \cdot \cos\phi$

(2) 원통 좌표계를 직교 좌표계로 변환

$x = r \cdot \cos\theta,\ y = r \cdot \sin\theta,\ z = z$

(3) 구면 좌표계를 직교 좌표계로 변환

$x = \rho \cdot \sin\phi \cdot \cos\theta,\ y = \rho \cdot \sin\phi \cdot \sin\theta,\ z = \rho \cdot \cos\phi$

1-6 도형정의

1. 2차원 기본 도형 정의

2차원 형상은 도형의 기본요소인 점(Point), 선(Line), 원(Circle), 원호(Arc)로 구성

구분	기준점	입력방법	해설
절대좌표	X, Y, Z축이 만나는 곳 (원점=0, 0)	X, Y	원점에서 해당 축 방향으로 이동한 거리
상대극좌표	먼저 지정된 좌표	@거리<방향	먼저 지정된 점과 지정된 점까지의 직선 거리 방향은 각도계와 일치
상대좌표	먼저 지정된 좌표	@X, Y	먼저 지정된 점으로부터 해당 축 방향으로 이동한 거리
최종좌표	마지막으로 지정된 좌표	@	지정될 점 이전의 마지막으로 지정된 점

2. 3차원 도형의 정의

(1) 비매개변수식의 장·단점

특별한 경우 직관적 해석이 편리한 장점이 있으며, 단점으로는
① 하나의 형상식이 좌표계의 의하여 변환되거나 표현할 수 없는 경우가 생긴다.
② 좌표계가 달라지면 형상 표현에 현실적인 어려움이 있다.
③ 곡선 또는 곡면이 평면에 있지 않거나 경계가 주어진 경우에는 그 표현이 어렵

거나 불가능하다.

(2) 매개변수식의 장점

① 순차적으로 표현하기 쉽다.
② 2D/3D 곡선, 곡면의 표현 형태가 비슷하다.
③ 자유곡선/곡면의 표현이 용이하다.
④ 이동, 회전, Scaling과 같은 변환이 쉽다.
⑤ 형상을 벡터와 행렬에 의하여 쉽게 표현할 수 있다.

이와 같은 장·단점으로 인하여 대부분의 모델링 시스템에서는 매개변수식을 사용하고 있다.

1-7 CAD/CAM 인터페이스

1. 소프트웨어 인터페이스

(1) GKS

GKS(Graphical kernal system)은 2차원 그래픽 시스템을 위한 표준 규격
① GKS-3D : 3차원 기능을 부여한 것으로 3D 요소의 입력과 디스플레이 등을 추가
② PHIGS : 3차원의 움직이는 물체를 실제와 같이(realtime) 화면에 나타나게 하며 주로 이용

(2) IGES

서로 다른 CAD/CAM 시스템사이에서 도형정보를 옮기거나 공동사용 할 수 있도록 하기 위한 데이터베이스의 표준 표시방식이다.(미국에서 시작하여 ISO의 표준규격으로 제정)

① preprocessor : 자체 데이터를 IGES로 바꾸는 프로그램
② postprocessor : preprocessor에 반대
③ IGES 파일의 구조
  ㉠ 개시 섹션(start section) : IGES 파일에 대한 임의의 주석을 기록하는 부분이다.
  ㉡ 글로벌 섹션(grobal section) : IGES 파일을 만든 시스템 환경에 대한 정보를 기록하는 부분이다.
  ㉢ 디렉토리 섹션(directory section) : 파일에 기록되어 있는 모든 형상/비형상 개체(Entity)에 대한 속성정보를 기록하는 부분이다.
  ㉣ 파라미터 섹션(parameter section) : 디렉토리 섹션에서 정의된 개체들에 대

한 실제 데이터를 기록하는 부분이다.

　　　　ⓓ 종결 섹션(terminate section) : 5개 구성섹션에 사용된 줄 수를 기록한다.

(3) DXF(Data Exchange File)

DXF 파일은 Auto CAD 데이터와의 호환성을 위해 제정한 자료 공유 파일은 아스키(ASCII) 텍스트 파일로 구성

① DXF파일의 구성

　㉠ 헤더 섹션(header section) : 도면에 대한 일반적인 자료와 자 변수명(Variable Name)과 사용된 값을 수록

　㉡ 테이블 섹션(table section) : L Type, Layer, Style, View, HCS, Vport, Dimstyle, Appid(응용부분 테이블)이 수록

　㉢ 블록(block) 섹션 : 도면에서 사용된 블록에 대한 자료를 수록한 블록정의 부분을 수록

　㉣ 엔티티(entitiy) 섹션 : 도면을 구성하는 도형요소 및 블록의 참고사항 등을 수록

　㉤ END OF FILE : 파일의 끝을 표시

(4) STEP(STandard for the Exchange of Product model data)

개별적인 생산 및 설계 시스템 간에 데이터 공유를 통한 유기적 연결을 위해 국제표준기구에서 정한 "생산 정보 모델에 대한 자료의 교환을 위한 표준"이다.

(5) STL(Stereo Lithography)

이 규격은 쾌속조형의 표준입력파일 포맷으로 많이 사용되고 있으며, STL 파일은 내부처리 구조가 다른 CAD/CAM 시스템에서 쉽게 정보를 교환할 수 있는 장점을 가지고 있으나. 모델링 된 곡면을 정확히 삼각형 다면체로 옮길 수 없는 점과 이를 정확히 변환시키려면 용량이 많이 차지하는 단점도 있다.

(6) CGI(Computer Graphic Interface)

그래픽 기능과 Hardware driver 간에 공유되어 각종 하드웨어를 Control 할 수 있도록 하는 표준 규격

(7) CGM(Computer Graphic Metafile)

다른 시스템에서 바로 이 파일을 이용하여 수정·편집이 가능하도록 한 표준

(8) NAPLPS(North American Presentation Level Protocol Syntax)

미국의 AT & T가 채택한 하드웨어기준의 표준규격으로 문자와 도형으로 나타난 영상자료를 전송할 때 필요한 코드 체계를 제정한 것

2. 하드웨어 인터페이스

CAD/CAM 시스템에서 두 개의 주변기기 사이의 data 전달방식은 여러 가지가 있으나, 여기에서는 RS232C를 이용한 DATA 통신에 대하여 살펴보겠다.

(1) 데이터 전송 방법

① 병렬전송(Parallel Transfer)
복수의 Bit를 보아서 한 번에 전송하는 방식으로 주로 8Bit 또는 16Bit 등의 단위로 통신한다.

② 복수의 Bit를 한 Bit씩 나열하여 전송하는 방식으로, 장거리전송에 주로 사용되며, 전송로의 비용을 저렴하게 구성할 수 있다.

(2) 통신의 종류(Communication type)

통신의 종류에는 단방향 통신, 반이중 통신, 전이중 통신 방식이 있고, 데이터의 전송로는 2선식, 4선식 등이 있다.
4선식 회선이 사용되나 필요하면 주파수 분할로 2선식 회선도 사용가능하다.

(3) 통신의 방법

① 동기 방식
Time slot의 구분을 수신측에 알려주기 위하여 Data 신호선 외에 동기 체크용 신호선을 별도로 설치하는 방법이 있으나 현재는 많이 사용하지 않는다. 한 번에 긴 Data를 송수신할 수 있으며, 비동기 방식에 비하여 전송 효율이 높아 문자 전송에 사용했다.

② 비동기 방식
일정한 길이의 데이터(7 또는 9Bit) 앞뒤에 Start(0), Stop(1), Bit를 붙여서 전송하는 방법으로 NC data를 전송하는 경우에 많이 사용한다.

(4) RS-232C

직렬전송장치의 일종인 RS-232C는 ELA(Electronic Industries Association : 미국 전자공업 협회)가 RS232B의 개정판으로 1969년에 발표, 1981년에 개정 승인한 규격이다. RS-232C는 15m 이내의 거리나 9.6Kbps보다 낮은 비트율의 거리일 때 사용하며 RS-422은 1Mbps 상태에서 100m 이상의 거리에 사용한다.

① 규격 정의
직렬로 이어진 2진 데이터를 교환하는 데이터 터미널 장비(DTE)와 데이터 통신 장비(DCE)사이의 인터페이스에 대한 제반사항을 규정한 것이다.
㉠ DTE(Data circuit Termination Equipment) : 터미널, 컴퓨터

ⓛ DCE(Data Terminal Equipment) : 모뎀
　　ⓒ Modem(MOdulation/DEModulation : 변조/복조 장치
　　ⓔ RS-232C 표준
　　ⓜ RS : Recommended
　　ⓗ 232 : 표준 식별 번호
　　ⓢ C : 최근에 발표된 버전 번호
② RS-232c와 전송 방식
　RS-232C를 사용하는 경우는 반이중 방식과 비동기식 방법이 있고, 다음과 같은 사항을 알아두어야 한다.
　　㉠ Parity Check Bit : 데이터를 전송할 때 데이터가 정확하게 보내졌는지 검사하는 방법이다. 한 개의 문자 데이터 최상위에 1Bit Check용으로 부가하여 수신측에서 확인하도록 하고 있으나, 데이터가 8Bit일 때는 Parity Check Bit를 부가할 수 없다.
　　㉡ Even Parity : D0~D6까지의 데이터 중 1의 개수가 짝수일 때는 D7=0, 홀수 일 때는 D7=1로 하여 짝수를 만들어 보낸다.
　　㉢ Odd Parity : D0~D6까지의 데이터 중 1의 개수가 짝수일 때는 D7=0, 짝수 일 때는 D7=1로 하여 홀수를 만들어 보낸다.
　　㉣ 전송 속도(BPS : Bits Per Second) 또는 보레이트(Baud-rate) : BPS란 데이터 전송시 1초에 몇 비트를 전송하는지를 나타내는 전송률 단위를 말한다.
　　㉤ BCC(Block Cheek Character) : 시리얼 전송은 전송선에 원치 않는 노이즈 등이 영향을 주면 왜곡된 신호가 전송될 가능성이 있기 때문에 정상 신호인지 왜곡된 신호인지를 수신측에서 판단할 수 있고, 송신측에 부가하는 데이터이다.
　　㉥ 프로토콜(Protocol) : 둘 이상의 컴퓨터와 단말기 사이에 효율적이고 신뢰성 있는 일반적으로 호출 확립, 연결, 메시지 교환 형식의 구조, 오류, 메시지에 대한 재전송, 회전 반전 절차, 단말기 사이의 문자동기 등에 대해 규정한다.
　　㉦ 9핀과 25핀의 기능 및 연결 : RS-232C를 이용하여 데이터를 전송하는 경우에는 9핀, 25핀의 커넥터를 많이 한다.

제1장 CAD/CAM 작업

문제 001

커서를 이동시키는 기구로 정확한 위치 선택이 용이하며, 주로 키보드와 같이 부착되어 있는 입력장치는?

㉮ 섬휠(thumb wheel)
㉯ 라이트 펜(light pen)
㉰ 디지타이져(digitizer)
㉱ 푸시 버튼(push button)

해설 물리적 입력장치
① key board : 데이터·명령어 입력, ASCII코드
② mouse : 도형 인식, 메뉴 선택, 그래픽적인 좌표입력
③ tablet or digitizer : 기존의 도면이나 도형을 직접 따라 가면서 좌표값으로 변환시켜 입력. stylus pen이나 puck에 의해 생기는 전기신호로 위치 식별
④ light pen : 스크린상의 직접 접촉하여 커서를 제어하는 입력장치로 리프레시형에만 사용
⑤ control dial : 도형을 확대·축소하거나 이동·회전하는 경우에 사용(x, y, z축 및 방향)
⑥ 썸휠(thumb wheel) : 회전형 가변저항기를 X축과 Y축 방향으로 회전시켜 커서를 이동시키는 기구로 정확한 위치 선택이 용이하며, 주로 키보드와 같이 부착하여 사용된다.

문제 002

입력장치의 3대 기능이 아닌 것은?

㉮ 화면제어   ㉯ 커서의 제어
㉰ 기능의 선택 ㉱ 데이터 입력

해설 입력장치의 3대 기능
① 데이터(data)의 입력
② 커서(cursor)의 제어
③ 기능(function)의 선택

문제 003

다음 중 논리적 입력장치가 아닌 것은?

㉮ Selector   ㉯ Locator
㉰ Valuator   ㉱ Potentor

해설 논리적 입력장치
① 실렉터(selector) : 스크린상의 특정물체를 지정시 사용(예 : light pen)
② 로케이터(locater) : 커서제어의 역할을 하는 장치(예 : digitizer, tablet, joy stick, track ball, mouse)
③ 밸류에이터(valuator) : 숫자 입력키 스크린 상에서 물체를 평행이동 및 회전이동 등 특정의 변위량을 조절하는 장치(예 : potentiometer), zoom, pan 기능 수행
④ 버튼(button) : programed function keyboard

문제 004

논리적인 입력장치로 셀렉터(selector)에 속하는 것은?

㉮ 조이스틱(joy stick) ㉯ 라이트 펜(light pen)
㉰ 타블렛(tablet)   ㉱ 마우스(mouse)

문제 005

기존에 작성한 도면의 좌표값을 입력시키기에 편리한 입력장치는 어느 것인가?

㉮ 마우스(mouse)   ㉯ 조이스틱(joystick)
㉰ 키보드(keyboard)   ㉱ 디지타이저(digitizer)

해설 디지타이저
① 디지타이저는 기존 도면이나 도형의 좌표값을 입력하는데 사용한다.
② 메뉴선택, 커서의 제어
③ 성능 : 해상도로 표시

답 001. ㉮ 002. ㉮ 003. ㉱ 004. ㉯ 005. ㉱

문제 006

CAD/CAM 시스템용 입력장치가 아닌 것은?
- ㉮ 라이트 펜(light pen)
- ㉯ 섬휠(thumb wheel)
- ㉰ 퍽(puck)
- ㉱ 데이터 글로브(data glove)

문제 007

다음 입력장치 중 평판 위에서 철필이나 퍽(puck)을 움직여 좌표의 위치를 입력하는 장치는?
- ㉮ 광전 펜(light pen)
- ㉯ 마우스(mouse)
- ㉰ 조이스틱(joy stick)
- ㉱ 테블릿(tablet)

문제 008

입력장치와 저장장치로부터 자료들을 받아들이고, 이 자료들로 연산을 수행한 후 그 결과를 출력하거나 저장장치에 저장하는 역할을 하는 장치는?
- ㉮ 입력장치
- ㉯ 보조기억장치
- ㉰ 출력장치
- ㉱ 중앙처리장치

[해설] 중앙처리장치는 컴퓨터시스템에서 가장 핵심부분이라고 할 수 있다. 입력 장치와 저장 장치로부터 자료들을 받아들이고, 이 자료들로 연산을 수행한 후 그 결과를 출력하거나 저장장치에 저장하는 역할을 하게 한다. 기억장치, 연산논리장치, 제어장치 등으로 구성되어 있다.

문제 009

다음 중 도형을 입력시키는 장치가 아닌 것은?
- ㉮ digitizer
- ㉯ light pen
- ㉰ mark reader
- ㉱ tablet

문제 010

다음 입력장치 중 화면에 직접 접촉하여 cursor를 조정할 수 있는 것은?
- ㉮ thumb wheel
- ㉯ light pen
- ㉰ track ball
- ㉱ joystick

문제 011

다음 입력장치 중 화면에서 명령어를 선택하는 기능 외에 작업대 평판에서 명령어를 선정하도록 하는 기능을 갖는 장비는 어느 것인가?
- ㉮ mouse
- ㉯ tablet-stylus pen
- ㉰ light-pen
- ㉱ track-ball

문제 012

커서 제어장치로서 CRT상의 특정 위치에서 방사되는 빛을 검출하여 위치나 점을 지시하는데 사용하며, 화면에서 직접 작업할 수 있는 입력장치는?
- ㉮ 마우스(mouse)
- ㉯ 섬휠(thumb wheel)
- ㉰ 타블렛(tablet)
- ㉱ 라이트 펜(light pen)

[해설] 라이트 펜은 그래픽 스크린 상에서 특정의 위치나 물체를 지정하거나 자유로운 스케치(free hand sketching), 그래픽 스크린상의 메뉴를 통한 명령어(command)나 데이터(data)를 입력하는데 사용된다. 라이트 펜은 라이트 펜이 그래픽 스크린상에 접촉한 자리의 빛을 인식하는 장치로 광다이오드나 광 트랜지스터 또는 기타 광선감지기(light sensor)를 사용한다.

문제 013

컴퓨터 시스템의 구성요소의 일부분을 나열한 것 중에서 컴퓨터 외부에서 입출력장치를 장착할 수 있는 부분의 명칭이 아닌 것은?
- ㉮ Parallel port
- ㉯ Pen holder
- ㉰ Serial port
- ㉱ Video signal port

문제 014

입·출력장치로부터 입·출력되기 위한 자료들을 임시로 저장하기 위한 장소를 무엇이라 하는가?
- ㉮ cache
- ㉯ file

[답] 006. ㉱ 007. ㉱ 008. ㉱ 009. ㉰ 010. ㉯ 011. ㉯ 012. ㉱ 013. ㉯ 014. ㉮

㉰ buffer ㉱ block

문제 015
CAD/CAM 주변기기의 입출력장치 중 입력장치가 아닌 것은?
  ㉮ mouse ㉯ joy stick
  ㉰ digitizer ㉱ plotter

문제 016
평면상 임의의 점을 해독하여 그 좌표를 입력시키는 것으로 대형이며 분해도가 우수한 입력장치는?
  ㉮ 디지타이저 ㉯ 마우스
  ㉰ 태블릿 ㉱ 하드 카피

문제 017
CAD/CAM System의 입출력장치 중 출력장치에 속하는 것은?
  ㉮ 커서 콘트롤 장치
  ㉯ 3-D 디지타이저
  ㉰ 테이프 페이퍼 펀치
  ㉱ 스캐너

문제 018
CAD/CAM system의 논리적 입력장치에 속하는 것은?
  ㉮ 루케이터(locator) ㉯ 라이트펜(light pen)
  ㉰ 트랙볼(track ball) ㉱ 조이스틱(joy stick)

문제 019
회전형 가변저항기를 X축과 Y축 방향으로 회전시켜 한정된 범위 내에서 수치가 입력되도록 만들어진 장비로서 스칼라량을 다이얼방식에 의해 회전 변위를 수치로 표현하여 입력되는 장치는?
  ㉮ LOCATOR(위치 선택기)
  ㉯ VALUATOR(밸류에이터)
  ㉰ BUTTON(버튼)
  ㉱ KEYBOARD(키보드)

문제 020
다음은 CAD/CAM 시스템에서 사용되고 있는 출력장치들이다. 이 중 레스터 스캔 방식을 이용한 장치가 아닌 것은?
  ㉮ 펜 플로터 ㉯ 정전식 플로터
  ㉰ 레이저 프린터 ㉱ 잉크 제트 프린터

문제 021
CAD/CAM의 출력장치는?
  ㉮ 래피드 프로토타이핑
  ㉯ 라이트 펜
  ㉰ 스캐너
  ㉱ 태블릿

문제 022
다음 장치에서 잘못 짝지어진 것은?
  ㉮ 입력장치 : mouse, dizitizer, keyboard
  ㉯ 외부 기억장치 : 자기 디스크, 플로피 디스크, 자기 테이프, 버퍼
  ㉰ 출력 장치 : print, plotter
  ㉱ CAD 시스템 하드웨어 : 키보드, 외부기억장치, 모니터

문제 023
다음 중 일시적 출력장치는?
  ㉮ COM 장치 ㉯ 플로터
  ㉰ 그래픽 디스플레이 ㉱ 프린터

문제 024
출력장치의 특성 인자가 아닌 것은?

답 015. ㉱ 016. ㉮ 017. ㉰ 018. ㉮ 019. ㉯ 020. ㉮ 021. ㉮ 022. ㉯ 023. ㉰ 024. ㉮

㉮ 사용재료 ㉯ 속도
㉰ 정확도 ㉱ 해상도

문제 025

다음 출력장치 중 래스터 스캔(raster scan) 방식이 아닌 것은?

㉮ 잉크제트 프린트(inkjet print)
㉯ 레이저 프린터(laser printer)
㉰ 펜 플로터(X-Y plotter)
㉱ 정전식 플로터(electrostatic plotter)

[해설] 래스터 스캔 방식의 출력장치
정전식 플로터, 레이저 프린터, 잉크제트 프린터가 있으며 정전식 플로터가 대표적이다.

문제 026

CAD/CAM 시스템의 하드웨어 중에서 마이크로필름에 출력할 수 있는 장치는?

㉮ X-Y plotter ㉯ COM plotter
㉰ 레이저 프린터 ㉱ scanner

[해설] 출력장치
① COM장치(computer output microfilm unit) : 도면이나 문자 등을 마이크로필름으로 출력하는 장치
② raser printer : 문서 출력 및 그래픽 출력장치로 래스터 스캔 방식이다.
③ hard copy unit : CRT상에 나타난 영상을 그대로 복사 출력하는 장치로 CAD설계 작업시 중간 결과 확인용으로 사용

문제 027

CAD 시스템 출력장치 중 각 화소에 부여된 어드레스에 의하여 출력하는 hard copy unit에 해당하지 않는 것은?

㉮ dot matrix printer ㉯ pen plotter
㉰ electrostatic plotter ㉱ laser printer

[해설] 출력장치 중 hard copy unit에는
① dot matrix printer
② ink-jet printer
③ electrostatic plotter
④ laser printer

문제 028

다음 중 컴퓨터 그래픽 하드웨어 출력장치의 일종인 감열식 플로터를 구성하는 부품에 해당되지 않는 것은?

㉮ 액체 잉크토너 ㉯ 프린터 헤드
㉰ 평면종이 ㉱ 왁스형 리본

문제 029

스크린 상에서 물체를 평행이동 또는 회전시킬 경우 그 양을 조절하는 등 parameter 값을 변화시키는데 사용되는 장치는?

㉮ Valuator ㉯ Scanner
㉰ Tablet ㉱ Trackable

문제 030

디지타이저의 설명으로 적합한 것은?

㉮ CAD 프로그램에 의한 작업결과를 출력하기 위한 장치이다.
㉯ 도형 등을 X-Y 좌표방식으로 하여 입력시키는 장치이다.
㉰ 도면이나 그림 등을 처리하는 입출력 공용의 장치이다.
㉱ X-Y 플로터의 일종이다.

[해설] 태블릿/디지타이저
① 전자유도식이 가장 많이 사용된다.
② 좌표 입력이나 커서의 제어 등에 사용된다.
③ 태블릿의 해상도는 단위 길이 당 점의 개수로 표시한다.
④ 코드가 없는 형은 전자 수수식이며 태블릿의 성능은 액티브 영역과 해상도로 표시한다.

[답] 025. ㉰ 026. ㉯ 027. ㉯ 028. ㉮ 029. ㉮ 030. ㉯

문제 031

화면 속의 커서(cursor)를 제어하는 장치가 아닌 것은?

㉮ Joy stick ㉯ Light pen
㉰ Thru wheel ㉱ Valuator

문제 032

태블릿(tablet) 종류 중 가장 많이 사용되는 것은?

㉮ 유도전압식 ㉯ 전자유도식
㉰ 자계위상식 ㉱ 초음파식

[해설] 태블릿의 종류에는 자외식, 메가롤식, 자계위상식, 전자유도식, 유도전압식, 전자수수식, 초음파식 등이 있는데 현재 전자유도식이 널리 사용된다.

문제 033

다음 중 digitizer의 기능을 설명한 것으로 맞지 않는 것은?

㉮ tablet과 함께 사용한다.
㉯ monitor상의 점의 좌표를 읽을 수 있다.
㉰ 연속적인 양을 수치화한다.
㉱ monitor의 cross-hair cursor와 관련된다.

문제 034

CAD/CAM의 입출력장치 중에서 지도(mapping), 바코드(bar code), 전자 프린터 기판(P.C.B)의 아트워크(art work) 등의 제작에 사용되는 장치는?

㉮ 하드카피 유닛(hard copy unit)
㉯ 포토 플로터(photo plotter)
㉰ 디지타이저(digitizer)
㉱ 스캐너(scanner)

[해설] 기존의 그려진 모형을 CAD 시스템에 이용하여 CAD의 data base에 입력하는 장치, 스캐너는 픽셀의 데이터를 래스터 스캔방식으로 얻기 때문에 래스터 스캐너라 한다.

문제 035

코맨드의 입력방법 중 맞지 않는 것은 어느 것인가?

㉮ 키보드 입력 ㉯ 스크린 메뉴선택
㉰ 파일 메뉴선택 ㉱ 타블렛 메뉴선택

문제 036

다음 중 병렬포트에 주로 연결하는 것은 어느 것인가?

㉮ 플로터 ㉯ 프린터
㉰ 키보드 ㉱ 마우스

문제 037

다음 중 커서(cursor)의 제어장치는 어느 것인가?

㉮ plotter ㉯ hard copy unit
㉰ COM unit ㉱ stylus pen

문제 038

마우스 드라이버의 구성부분이 아닌 것은?

㉮ O/S 인터페이스
㉯ 하드웨어 인터페이스
㉰ 소프트웨어 인터페이스
㉱ AS 인터페이스

문제 039

그래픽 터미널의 해상도와 직접적인 관계가 있는 것은?

㉮ pen plotter ㉯ hard copy unit
㉰ electrostatic ㉱ digitizer

[해설] 디지타이저(digitizer)
사용 가능한 액티브 역(active area)과 해상도(resolution)로 그 성능을 표시한다.

[답] 031. ㉱ 032. ㉯ 033. ㉮ 034. ㉱ 035. ㉰ 036. ㉯ 037. ㉱ 038. ㉱ 039. ㉱

문제 040

다음은 CRT에 관한 설명이다. 틀린 것은 어느 것인가?

㉮ 밝고 풍부한 컬러 표시를 할 수 있으며 인텔리전트 기능이 뛰어난 것은 래스터 스캔형이다.
㉯ 스토리지형은 화면이 어둡고 컬러 표시를 할 수 없는 단점이 있다.
㉰ 랜덤 스캔형은 리프레시를 할 수 있는 고화질과 높은 응답성을 가진다.
㉱ 래스터 스캔형은 잔광 기간이 길 때 플리커라 불리우는 어지러운 현상이 나타난다.

문제 041

다음은 그래픽 터미널에 대한 설명이다. 틀린 것은?

㉮ 래스트 스캔형은 화상을 부분 소거할 수 있다.
㉯ 스토리지형은 컬러 표시가 곤란하다.
㉰ 랜덤 스캔형은 고정도이나 가격이 비싸다.
㉱ 스토리 지형은 동화 표시(animation)가 가능하다.

[해설] 스토리지형의 animation이 불가능하다.

문제 042

다음 CRT(Catched Ray Tube)에 대한 설명 중 틀린 것은?

㉮ 랜덤 스캔형은 라이트 펜을 사용할 수 있다.
㉯ 래스터 스캔형과 랜덤 스캔형은 깜박임을 방지하기 위하여 리프레시를 해준다.
㉰ 스토리지형은 화면상에 도형을 직접 저장할 수는 없으나 가격이 저렴하고 질이 우수하다.
㉱ 래스터 스캔형은 TV 화면과 같이 전체를 빔으로 주사하면서 도형의 유무에 따라 각 화점의 밝기를 변화시킨다.

[해설] 스토리지형은 화면상에 도형을 직접 저장할 수 있다.

문제 043

Raster scan 형식의 CRT 스크린의 디스플레이 방식에 대하여 바르게 설명한 것은?

㉮ 전자 beam이 화면을 지그재그 형태로 주사하는 방식으로 디지털 신호로써 형상을 만든다.
㉯ 스크린 상에 형상을 만들기 위해 전자 beam이 형상을 따라 움직여서 형상을 만든다.
㉰ 작성된 그림을 스크린의 형광 막에 영구적으로 디스플레이 시킨다.
㉱ 전자 beam이 화면을 지그재그 형태로 주사하는 방식으로 아날로그 신호를 사용하여 형상을 만든다.

문제 044

다음은 스토리지형(storage) CRT의 특성을 설명한 것 중에서 관계없는 설명은?

㉮ flicker 현상이 없다.
㉯ 라이트 펜(light pen)을 사용할 수 있다.
㉰ 영상의 질이 우수하다.
㉱ 부분수정이 어렵다.

문제 045

다음은 CAD 시스템에 사용되는 CRT(cathode ray tube)에 관한 설명이다. 다음 설명 중 틀린 것은 어느 것인가?

㉮ 래스터 스캔(raster scan)형은 밝고 풍부한 컬러 표시를 할 수 있다.
㉯ 스토리지(storage)형은 컬러표시는 어려우나 정지된 화면과 높은 해상도 등은 우수하다.
㉰ 랜덤 스캔(random scan)형은 높은 응답성, 고화질, 적은 메모리 등은 뛰어나나 고가라

[답] 040. ㉱ 041. ㉱ 042. ㉰ 043. ㉮ 044. ㉯ 045. ㉱

㉣ 플리커(flicker)란 CRT에서 잔광시간이 지나치게 짧아 어지러운 현상이 생기는 것이다.

문제 046

다음 디스플레이 장치에 대한 설명 중 틀린 것은?
㉮ DVST-컬러 사용이 불가능하다.
㉯ 래스터 스캔형-컬러 사용이 가능하다.
㉰ 랜덤 스캔형-플리커가 발생하지 않는다.
㉱ DVST-도형의 부분 수정작업이 곤란하다.

문제 047

512×512 픽셀로 구성된 래스터 스캔 디스플레이인 경우 픽셀 당 1비트가 할당된다면 하나의 화면을 구성하는데 필요한 비트수는 얼마인가?
㉮ 5120
㉯ 102,400
㉰ 131,072
㉱ 262,144

해설 비트수=512×512=262,144

문제 048

다음 중에서 디스플레이 장치의 소재로 사용되는 내용이 아닌 것은?
㉮ DED(Digital Equipment Display)
㉯ Plasma Display
㉰ TFT-LCD(Thin Film Transistor-Liquid Crystal Display)
㉱ CRT(Cathode Ray Tube) display

해설 디스플레이 장치의 종류
① CRT디스플레이 장치
② 기억형 표시
③ 플라스마 표시
④ 액정(液晶 ; LCD)
⑤ EL(electroluminescence)
⑥ 발광(發光) 다이오드
⑦ ECD(electro chromic display) 등이 있다.

문제 049

현재 CAD system의 화면표시 장치(display unit)로 많이 사용되고 있는 래스터 스캔(raster scan)형 CRT의 특징을 설명한 것으로 잘못된 것은 무엇인가?
㉮ 표시할 수 있는 도형의 양에 제한이 없고, 가격이 타 화면표시 장치에 비해 상대적으로 저렴하다.
㉯ 색상(color)의 표현이 거의 무제한이다.
㉰ 해상도가 좋으므로 표시되는 선의 질이 우수하다.
㉱ 부분적인 소거가 가능하여 편집 작업이 용이하다.

해설 해상도가 떨어진다.

문제 050

컬러 프린터를 이용하여 출력하고자 한다. 여기에서 사용되는 기본색이 아닌 것은?
㉮ BLACK
㉯ CYAN
㉰ MAGENTA
㉱ BLUE

해설 컬러 프린터에 들어가는 기본색
Black, Cyan, Magenta, Yellow 등

문제 051

음영기법(shading) 방법에는 여러 가지가 있는데 다음 중 가장 현실감이 뛰어난 음영기법은?
㉮ 퐁(Phong) 음영기법
㉯ 구로드(Gouraud) 음영기법
㉰ 평활(smooth) 음영기법
㉱ 단면별(faceted) 음영기법

해설 퐁(phong) 음영기법
가장 현실감이 뛰어난 음영기법

문제 052

컬러 래스터 스캔 화면 생성방식에서 3 bit plane의 사용 가능한 색깔의 수는 모두 몇 개인가?

답 046. ㉰ 047. ㉱ 048. ㉮ 049. ㉰ 050. ㉱ 051. ㉮ 052. ㉮

㉮ 8 　　　　㉯ 32
㉰ 256 　　　㉱ 1024

[해설] 3bit 이므로 색깔 수는 $2^3 = 8$개

문제 053

다음은 화면 표시장치의 특성을 나타낸 것이다. 랜덤스캔 방식의 특징은?

㉮ Flicker가 발생한다.
㉯ 속도가 느리다.
㉰ 가격이 싸다.
㉱ 해상도가 나쁘다.

문제 054

그래픽 터미널에서 컬러 표시능력이 가장 우수한 것은 어느 것인가?

㉮ directed beam refresh 방식
㉯ DVST 방식
㉰ raster scan 방식
㉱ dummy terminal 방식

[해설] TV 주사방식과 같은 raster scan형이 컬러표시 능력이 가장 우수하다.

문제 055

그래픽 디스플레이 중 래스터 스캔형의 특징이 아닌 것은?

㉮ 플리커가 생긴다.
㉯ 컬러 표시가 가능하다.
㉰ 도형의 표시량에 제한이 없다.
㉱ 표시속도가 약간 느리다.

문제 056

래스터 스캔형의 장점은 어느 것인가?

㉮ 고정밀도를 내기가 어렵다.
㉯ 표시속도가 늦다.
㉰ 다양한 색깔을 쉽게 얻을 수 있다.
㉱ 가격이 고가이다.

문제 057

디지털 신호를 사용하므로 디지털 TV라고도 하며 픽셀(pixel)이라는 요소에 의해서 영상이 형성되는 디스플레이 방식은?

㉮ Plasma type 디스플레이
㉯ Random scan 디스플레이
㉰ Raster scan 디스플레이
㉱ DVST 디스플레이

문제 058

비교적 낮은 해상도에서도 색상능력이나 애니메이션(animation) 기능이 우수한 CRT 방식은?

㉮ directed-view storage tube 방식
㉯ directed-beam storage tube 방식
㉰ stroke-writing refresh 방식
㉱ raster-scan 방식

문제 059

그래픽 디스플레이 종류 중에서 랜덤 스캔형의 특징이 아닌 것은?

㉮ 애니메이션이 가능하다.
㉯ 가격이 싸다.
㉰ 도형의 표시량에 한계가 있다.
㉱ 라이트 펜을 사용할 수 있다.

문제 060

그래픽 터미널에서 스토리지형의 장점이 아닌 것은?

㉮ 고정도이다.
㉯ 화면에 플리커가 생기지 않는다.
㉰ 표시할 수 있는 벡터 수는 무제한이다.
㉱ 라이트 펜을 사용할 수 있다.

답 053. ㉮ 054. ㉰ 055. ㉮ 056. ㉰ 057. ㉰ 058. ㉰ 059. ㉯ 060. ㉱

문제 061
다음 H/W중 도형을 화면상에 표현하는데 이용되는 장치는?
㉮ CRT ㉯ Plotter
㉰ Input device ㉱ CPU

문제 062
디스플레이 중 DVST 형식의 특성이 아닌 것은 어느 것인가?
㉮ animation이 불가능하다.
㉯ 도형의 부분 삭제가 가능하다.
㉰ 영상의 깜박임이 없다.
㉱ 라이트 펜의 사용이 불가능하다.

문제 063
랜덤 스캔(random scan)형 특징 중 장점과 관계가 적은 것은?
㉮ 라이트 펜을 사용할 수 있다.
㉯ 고정밀도(高精密度)의 화면을 표시할 수 있다.
㉰ 움직이는 그림을 표시할 수 있다.
㉱ 플리커(flicker)를 발생하는 경우가 있다.

문제 064
CAD에 쓰이는 그래픽 터미널 중 전자빔의 주사방법은 텔레비전과 같으며 도형의 유무에 관계없이 항상 수평방향으로 주사시켜 상을 형성하는 방식은?
㉮ Raster-Scan
㉯ Direct-View Storage Tube
㉰ Refresh-Scan
㉱ Random Scan

[해설] 래스터 스캔
전자 빔의 주사방법은 텔레비전과 같으며 도형의 유무에 관계없이 항상 수평 방향으로 주사시켜 상을 형성하는 방식

문제 065
래스터 스캔(rester scan) 방식의 graphic display 장치의 특성이 아닌 것은?
㉮ 색상이나 명암 표현에 유리하다.
㉯ 적은 용량의 memory로도 선명한 화질을 얻을 수 있다.
㉰ 깜박임(flicker) 현상이 거의 없다.
㉱ 표시화면의 변경이 용이하다.

문제 066
CRT 상에 영상을 발생시키는 랜덤스캔(random scan) 방식이 아닌 것은?
㉮ 라인 드로잉형(line drawing)
㉯ 스트로크 라이팅(stroke writing)
㉰ 래스터 스캔(rester scan)
㉱ 다이렉트 빔(direct beam)

문제 067
CRT 터미널에서 화면에 디스플레이 되는 원리는 전자빔이 인으로 코팅된 스크린과 부딪히면서 빛을 내게 된다. 이때 충돌에 사용되는 전자 빔이 방출되는 곳을 무엇이라 하는가?
㉮ grid ㉯ deflector
㉰ cathode ㉱ generator

문제 068
스토리지형(direct view storage tube type)에 사용할 수 없는 입력장치는?
㉮ 라이트 펜 ㉯ 조이스틱
㉰ 마우스 ㉱ 태블릿

문제 069
컬러 표시용 CRT의 한 방식이 아닌 것은 어느 것인가?

[답] 061.㉮ 062.㉯ 063.㉱ 064.㉮ 065.㉯ 066.㉰ 067.㉰ 068.㉮ 069.㉱

㉮ 새도 마스크(shadow mask) 방식
㉯ 그리드 편향 방식
㉰ 페니트레이션(penetration) 방식
㉱ 블링킹(blinking) 방식

[해설] 컬러 표시용 CRT에는 새도 마스크 방식, 페니트레이션 방식, 그리드 편향 방식이 있다.

문제 070

다음 도형을 monitor에 나타내려 할 때 가장 많은 video data용 memory를 소모하는 도형은?

㉮ 반지름 30인 원
㉯ 길이 70인 수평선분
㉰ 각변길이 25인 정삼각형
㉱ 길이 50인 자유곡선

[해설] CAD 작업시 가장 memory를 많이 소모하는 명령어는 자유곡면을 들 수 있다.

문제 071

리프레시(refresh)를 함에 따른 방지효과는?

㉮ focusing   ㉯ deflection
㉰ flicker   ㉱ acceleration

문제 072

사람의 눈은 잔상효과 때문에 깜박임(flickering)을 느끼지 않도록 래스터 스캔(raster scan) 또는 랜덤 스캔(random scan)형에서는 리프레시(refresh)를 하여야 하는데 약 몇 회 정도이어야 하는가?

㉮ 1분에 30~60회   ㉯ 1초에 60~90회
㉰ 1초에 30~60회   ㉱ 1초에 100~130회

문제 073

플리커(flicker)란?

㉮ 리프레시(refresh)의 횟수가 매초 30회보다 적어지면 깜박거림이 생기는 것
㉯ 리프레시의 횟수가 매초 60회보다 적어지면 잔상의 효과가 나빠진 것
㉰ 리프레시의 횟수가 매분 30회보다 적어지면 깜박거림이 생기는 것
㉱ 리프레시의 횟수와는 관계없이 전기 출력이 부족하여 잔상의 효과가 나빠진 것

문제 074

RGB 모니터에서 파랑색이 전혀 나타나지 않는다면 다음 중 표시할 수 있는 색은?

㉮ 자홍색(magenta)   ㉯ 하늘색(cyan)
㉰ 노란색(yellow)   ㉱ 흰색(white)

[해설] 컬러모니터의 전자총은 3개가 있으며 RGB라고 한다.

문제 075

리프레시(refresh)에 의해 약간 화면이 흐려지고 밝아지는 현상이 일어나는 데 이 과정에서 화면이 흔들리는 현상은 무엇이라고 하는가?

㉮ Cathode   ㉯ Animation
㉰ Flicker   ㉱ Deflection

[해설] 플리커(Flicker)현상은 리플레시에 의해 약간 화면이 흐려지고 밝아지는 현상이 일어나는데 이 과정에서 화면이 흔들리는 현상이다.
깜박거림을 방지하기 위하여 매초 30~60회의 리플레시가 필요하다.

문제 076

칼라 디스플레이를 표현하는 IRGB 값 중 I=0, R=0, G=1, B=1로 세팅하면 어떤 색이 나타나는가?

㉮ Green   ㉯ Blue
㉰ Brown   ㉱ Cyan

문제 077

다음 red, green, blue 전자총이 서로 합성되어 모니터에 나타나는 색으로 맞지 않는 것은?

[답] 070. ㉱ 071. ㉰ 072. ㉰ 073. ㉮ 074. ㉯ 075. ㉰ 076. ㉱ 077. ㉱

㉮ red+green=brown
㉯ green+blue=cyan
㉰ red+green+blue=white
㉱ red+blue=yellow

문제 078

다음은 그래픽모드를 나열한 것이다. 가장 해상도가 높은 것은?

㉮ MDA   ㉯ CGA
㉰ EGA   ㉱ VGA

문제 079

CAD용 그래픽 터미널 스크린의 해상도(resolution)를 결정하는 요소인 것은?

㉮ 사용 전압   ㉯ 스크린의 종류
㉰ pixel의 수   ㉱ color의 가능 수

[해설] 그래픽 스크린의 해상도를 결정하는 요소는 pixel의 수이다.

문제 080

다음은 해상도를 설명한 내용이다. 맞지 않는 것은?

㉮ 화면에 나타날 수 있는 물체를 세밀하게 표시할 수 있는 정밀도
㉯ 출력의 정밀도와 스크린의 정밀도는 동일하다.
㉰ 인치당의 점의 수를 해상도의 단위로 쓴다.
㉱ 해상도가 높을수록 표시되는 선은 매끈하다.

[해설] 출력의 정밀도는 스크린의 정밀도보다 해상도가 떨어진다.

문제 081

Logical(virtual) input device의 분류이다. 잘못 연결된 것은?

㉮ selector : light pen
㉯ locator : joystick
㉰ valuator : slide potentiometer
㉱ button : digitizer

[해설] 논리적 입력장치
button : programed function key board

문제 082

플로터(Plotter)가 그림을 그릴 때의 속도 단위는 다음 중 어느 것인가?

㉮ LPM   ㉯ DPS
㉰ CPS   ㉱ IPS

[해설] ① CPS : 프린터의 인자속도(출력속도)
② BPS : 데이터의 전송속도(통신속도)
③ IPS : 플로터가 그림을 그릴 때의 속도
④ DPI : 자료의 출력밀도(해상도)
⑤ MIPS : 계산기의 속도(연산속도)
⑥ BPI : 자기테이프의 기록밀도

문제 083

컴퓨터의 처리속도를 표시하는 방법으로서 가장 널리 쓰이는 단위는 어느 것인가?

㉮ MIPS   ㉯ MIS
㉰ BPS   ㉱ TPS

[해설] 컴퓨터의 처리속도 표시
MIPS(million instruction per second) : 수 백만 비트/sec

문제 084

다음 플로터의 COM PORT를 set할 때 "COM : 2400"이라고 했다면 데이터의 전송속도는?

㉮ 2400CPS   ㉯ 2400BPI
㉰ 2400BPS   ㉱ 2400MIPS

문제 085

용지를 횡 방향으로 이동하고 펜은 종축을 따라 이동하며 용지를 연속 수납하는 플로터 타입은?

㉮ 프릭션 롤러   ㉯ 플렛 베드

[답] 078. ㉱ 079. ㉰ 080. ㉯ 081. ㉱ 082. ㉱ 083. ㉮ 084. ㉰ 085. ㉮

㉰ 드럼 ㉱ 액체분사

문제 086

컴퓨터 하드웨어 기기 중 내부의 숫자 및 문자 데이터를 종이에 기록하기 위해 사용하는 장치는 어느 것인가?
㉮ 프린터 ㉯ Light pen
㉰ Mouse ㉱ 커넥터

문제 087

자동제도기의 종류 중에서 plotting head는 일정한 Cross-bar 상에서 좌우 운동만 하고 종이가 상하 운동을 하는 방식은 다음 중 어느 것인가?
㉮ Drum plotter ㉯ Flat-bed plotter
㉰ Printer-plotter ㉱ Light-pen plotter

문제 088

Plotter 특성에 있어서 속도와 해상도가 우수한 반면 raster 형태의 CRT에만 사용되는 Plotter는?
㉮ digitizer flotte ㉯ drum plotter
㉰ flat-bed plotter ㉱ electrostatic plotter

문제 089

정전기식 플로터(electrostatic plotter)에 대한 설명 중 틀린 것은?
㉮ 랜덤 스캔(random scan) 방식으로 그림을 형성시킨다.
㉯ X-Y 플로터보다 출력속도가 빠르다.
㉰ 정전기와 토너를 이용한 것으로 일반 복사기와 기본개념은 같다.
㉱ 고화질이고 저소음이다.

문제 090

다음의 그래픽 출력장치 중 CRT화면에 나타난 형상 그대로 복사하는 기기로 중간결과 검토용으로 쓰이는 출력을 내는 것은?
㉮ Hard-copy unit ㉯ Plotter
㉰ Printer-plotter ㉱ COM unit

문제 091

일종의 하드 카피(hard copy) 장비로서 종이에 형상을 출력하는 대신에 마이크로 사진 찍듯이 뽑아내는 출력장치는?
㉮ 잉크제트 플로터 ㉯ 정전기식 플로터
㉰ X-Y 플로터 ㉱ COM 플로터

해설 Computer-output-to-microfilm(COM 장치)
도면을 종이에 그리는 대신 마이크로필름으로 출력하는 장치

문제 092

미디엄 모드(medium mode)로 바꾸고 나면 IBM AT의 컬러 모니터는 바탕색을 IRGB가 결정한다. 몇 가지의 색깔이 표현 가능한가?
㉮ 16 ㉯ 15
㉰ 8 ㉱ 7

해설 IRGB는 Intensity를 각 색상별로 1개씩의 비트가 더 할당된 것이다.
∴ 2^4 = 16color(0~15 컬러색상)

문제 093

플랫 베드(flat bed)형 플로터의 설명 중 틀린 것은 어느 것인가?
㉮ 고 정밀도의 작화가 곤란하다.
㉯ 작화중의 모니터가 쉽다.
㉰ 설치 면적이 넓어야 한다.
㉱ 용지 선정이 비교적 자유롭다.

해설 고밀도, 고정도의 작화가 가능

답 086.㉮ 087.㉮ 088.㉱ 089.㉮ 090.㉮ 091.㉱ 092.㉮ 093.㉮

문제 094
드럼형 플로터의 설명 중 틀린 것은 어느 것인가?
- ㉮ 고정밀도이다.
- ㉯ 콤팩트(compact)하게 설치할 수 있다.
- ㉰ 기구가 비교적 간단하다.
- ㉱ 작화 중의 모니터가 곤란하다.

문제 095
리니어 모터형(linear motor type) 플로터의 설명 중 바르게 표현한 것은?
- ㉮ 가동부분이 중량이다.
- ㉯ 고정밀도(高精密度)이다.
- ㉰ 설치하는 면적이 작다.
- ㉱ 작화중의 모니터가 쉽다.

문제 096
다음의 장비 중에서 Raster scan 방식으로 그림을 형성시키는 장비가 아닌 것은?
- ㉮ X-Y 플로터
- ㉯ 정전기식 플로터
- ㉰ 잉크-제트 플로터
- ㉱ 디지털 TV

문제 097
메뉴의 선택이나 위치 또는 좌표 값의 입력 등 그래픽 작업을 신속하고 손쉽게 할 수 있도록 하는 장치를 나타낸 것이다. 입력장치가 아닌 것은?
- ㉮ 라이트펜(light pen)
- ㉯ 조이스틱(joystick)
- ㉰ 하드카피(hard copy)
- ㉱ 마우스(mouse)

문제 098
정전식 플로터와 작동원리가 다른 것은?
- ㉮ PC용 monitor
- ㉯ raster scan방식의 CRT
- ㉰ 도면 입력용 scanner
- ㉱ vector 방식의 plotter

[해설] 정전식 플로터는 도형정보를 래스터 데이터로 변환해야 한다.

문제 099
다음의 plotter 중에서 pen plotter인 것은?
- ㉮ Thermal wax plotter
- ㉯ Laser plotter
- ㉰ Flat bed plotter
- ㉱ Electrostatic plotter

[해설] pen plotter에는
① flat bed Plotter
② drum type plotter
③ beet bed type plotter
④ linear motor type plotter

문제 100
화면에서 크로스 헤어(좌표축)를 이동시키는 주변기기가 아닌 것은?
- ㉮ 터치 펜
- ㉯ 스타일러스 펜
- ㉰ 라이트 펜
- ㉱ 플로트 펜

문제 101
다음 중 정전 plotter(electro-static-plotter)의 특징으로 맞는 것은?
- ㉮ pen-plotter보다 정교하고 속도가 빠르다.
- ㉯ hard-copy unit보다 해상도가 높고 pen-plotter보다 속도가 빠르다.
- ㉰ hard-copy unit보다 해상도가 높고 pen-plotter보다 속도가 느리다.
- ㉱ hard-copy unit보다 해상도는 낮으나 pen-plotter보다 속도가 빠르다.

[해설] 정전식 플로터의 특징
① 작화속도가 빠르다.
② 고화질을 표현할 수 있고 저소음이다.

[답] 094.㉮ 095.㉯ 096.㉮ 097.㉰ 098.㉱ 099.㉰ 100.㉱ 101.㉮

③ 벡터 데이터를 래스터 데이터로 변환해 주어야 한다.
④ 펜 플로터용 작화 데이터를 그대로 사용할 수 있다.

문제 102

플로터 종류 중 다색 사용이 가능하고 속도가 빠르며 보존성과 신뢰성이 양호한 것은?
- ㉮ 기계식
- ㉯ 열전사식
- ㉰ 감열식
- ㉱ 도트식

문제 103

출력장치로서 버블 잉크제트(bubble ink jet) 방식 설명 중 틀린 것은?
- ㉮ 컬러화가 용이하다.
- ㉯ 노즐의 막힘이 적다.
- ㉰ 인자속도가 빠르다.
- ㉱ 정보신호에 따라 발열 저항소자에 전류를 보냄으로서 노즐 내에 고열을 발생

[해설] 잉크제트 프린터(inject printer)
래스터스캔방식, 저렴한 유지비, 흑백·칼라로 결과 출력
[방식] continuous flow
       drop-on-demand

문제 104

다음 프린터 종류 중 non-impact 프린터는 어느 것인가?
- ㉮ 활자 프린터
- ㉯ 도트 프린터
- ㉰ 펜 스트로크 프린터
- ㉱ 레이저 빔 프린터

[해설] 프린터의 종류
① 임팩트 방식(힘의 이용) : 활자·도트·펜 스트로크 프린터
② 넌 임팩트 방식 : 레이저 프린터, 잉크제트 프린터, 열전사식 프린터

문제 105

다음 설명 중 틀린 것은?
- ㉮ 색상 선정 레지스터 RGB 모니터를 통해서 만들어지는 색상을 제어하는데 사용된다.
- ㉯ 화면에 나타나는 색상은 기본색인 빨강, 파랑, 노랑이 서로 혼합되어 만들어진다.
- ㉰ IBM-PC 시스템에서는 8비트를 사용하므로 256가지 문자를 분리할 수 있다.
- ㉱ ASCII 코드는 128가지 문자를 분리할 수 있다.

[해설] 기본색상
① red ② green ③ blue

문제 106

그래픽처리 디스플레이 장치에 의해서 화면을 구성하고자 할 경우 화면을 구성하는 가장 최소의 단위는?
- ㉮ 픽셀(pixel)
- ㉯ 스캔(scan)
- ㉰ 레벨(level)
- ㉱ 음극관(cathode)

문제 107

다음 그래픽 출력장치 중 CRT 화면에 나타난 형상 그대로 복사하는 기기로 중간결과 검토용으로 쓰이는 출력기는?
- ㉮ 하드카피
- ㉯ 플로터
- ㉰ 프린터
- ㉱ COM 장치

[해설] ① 하드카피 : CRT 화면에 나타난 형상 그대로 복사하는 기기로 중간결과 검토용
② COM 장치 : 도면이나 문자 등을 마이크로필름으로 출력하는 장치

문제 108

다음 중 CPU에 대한 설명으로 옳지 않은 것은?
- ㉮ 컴퓨터를 사용하기 위해서는 CPU가 없어도 된다.

[답] 102.㉯ 103.㉱ 104.㉱ 105.㉯ 106.㉮ 107.㉮ 108.㉮

㉯ CPU는 중앙처리장치라고도 한다.
㉰ CPU는 입력된 자료를 연산하는 기능을 갖고 있다.
㉱ CPU는 연산된 자료를 특정장소에 보내는 기능을 갖고 있다.

문제 109
CPU의 3가지 구성요소가 아닌 것은 어느 것인가?
㉮ memory unit ㉯ control unit
㉰ ALU   ㉱ I/O device

[해설] CPU의 구성요소
① 제어 장치(control unit)
② 연산장치(ALU)
③ 기억장치(memory unit)

문제 110
다음은 컴퓨터의 기본구성을 나타낸 것이다. 빈 블록에 안에 들어갈 것으로 옳은 것은?

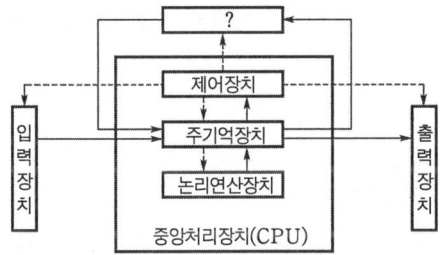

㉮ 인터페이스   ㉯ 보조기억장치
㉰ 부호기   ㉱ 마이크로프로세서

[해설] 컴퓨터의 기본 구성
① 입력장치
② 중앙처리장치(cpu) : 제어장치, 주기억장치, 논리·연산장치
③ 출력장치
④ 보조기억장치 등이 있다.

문제 111
컴퓨터에서 CPU 속도와 메모리의 속도 차이를 줄이기 위한 메모리는?

㉮ cache memory
㉯ associative memory
㉰ destructive memory
㉱ nonvolatile memory

[해설] 캐시메모리는 주기억장치와 중앙처리장치 사이에서 정보교환을 담당하며 메모리 액세스 시간을 감소하기 위하여 사용한다.

문제 112
Cache memory를 설명한 내용 중 틀린 것은?
㉮ CPU와 주기억장치간의 속도차를 극복하기 위한 기억장치
㉯ CPU내에 존재하기 때문에 CPU내의 Register론 엑세스하는 것과 유사하다.
㉰ 주기억장치의 용량과 같다.
㉱ CPU와 주기억장치 사이에 고속의 buffer memory이다.

문제 113
CAD/CAM system의 형태 중에서 대기업 중심의 대형 시스템에 사용되는 것은?
㉮ 중앙통제형 CAD 시스템
㉯ 분산 처리형 CAD 시스템
㉰ 독립형 CAD 시스템
㉱ 개인용 CAD 시스템

문제 114
다음 중 분산처리형 시스템이 갖추어야 할 기본 성능이 아닌 것은?
㉮ 여러 시스템 중에서 일부 시스템이 고장이 발생하더라도 나머지는 정상작동 되어야 한다.
㉯ 자료처리 및 계산 작업은 주(main) 시스템에서 이루어져야 한다.
㉰ 구성된 시스템별 자료는 다른 컴퓨터 시스템에 자료의 내용에 변화가 없어야 한다.

[답] 109. ㉱ 110. ㉯ 111. ㉮ 112. ㉰ 113. ㉮ 114. ㉯

㉣ 사용자가 구성한 자료나 프로그램을 다른 사용자가 사용하고자 할 때는 정보 통신망을 통해서 언제라도 해당 자료를 사용하거나 보내줄 수 있어야 한다.

해설 중앙통제형 CAD 시스템(host-based type) 자료 처리 및 계산 작업은 main system에서 이루어진다. 대기업 중심의 대형 시스템(대형 컴퓨터)

문제 115

캐드(CAD)의 생산성 향상을 위한 전형적인 설계 과정의 중요 인자에 대한 것이다. 관계가 먼 것은?

㉮ 반복 작업의 정도
㉯ 도면의 난이도와 선의 종류와 굵기
㉰ 부품의 대칭성
㉱ 공통으로 자주 사용되는 라이브러리의 수량

문제 116

CAD/CAM 소프트웨어의 가장 기본이 되는 그래픽 소프트웨어의 구성 원칙에 맞지 않는 것은?

㉮ 그래픽 패키지(Graphic Package)
㉯ 응용프로그램(Application Program)
㉰ 턴키 시스템(Turnkey system)
㉱ 데이터베이스(Data Base)

문제 117

CAD/CAM 그래픽 소프트웨어를 구성하는 5대 중요 모듈이 아닌 것은?

㉮ 그래픽 모듈(graphic module)
㉯ 서류화 모듈(documentation module)
㉰ 서피스 모듈(surface module)
㉱ 입·출력 모듈(input & output module)

문제 118

다음은 CAD 소프트웨어가 갖추어야 할 기능 등에 대해서 나열한 것이다. 이 중에서 CAD 소프트웨어로서 필요치 않은 것은?

㉮ 그래픽 형상을 만드는 기능
㉯ 입력 전압을 체크하는 기능
㉰ 디스플레이 상태를 제어하는 기능
㉱ 서로 다른 CAD 소프트웨어 간에 자료를 공유

문제 119

다음은 CAD 소프트웨어가 갖추어야 할 기능들이다. 가장 관계가 먼 것은?

㉮ 응용 프로그램 기능
㉯ 데이터 변환 기능
㉰ 세그먼트 기능
㉱ 그래픽 요소 생성 기능

문제 120

CAD/CAM에서 사용 소프트웨어의 종류가 아닌 것은?

㉮ 기본 소프트웨어(operating system과 형상 모델러)
㉯ 어플리케이션 소프트웨어(application S/W)
㉰ 사용자 소프트웨어(user S/W)
㉱ 부품표 등 제표제작용 소프트웨어

문제 121

CAD/CAM System에서 CPU의 역할과 관계없는 것은?

㉮ 워크스테이션관리(입력, 수정 등)
㉯ 도면 출력시 플로터의 동작을 지시
㉰ 다른 컴퓨터와 데이터 교환
㉱ 입력장치로 데이터를 입력한다.

문제 122

CAD/CAM용 소프트웨어의 구분에서 도형정보관리는 어디에 속하는가?

㉮ 데이터베이스 시스템
㉯ 그래픽 소프트웨어

답 115. ㉯ 116. ㉰ 117. ㉱ 118. ㉯ 119. ㉮ 120. ㉱ 121. ㉱ 122. ㉯

㉰ 응용 소프트웨어
㉱ NC언어

[해설] CAD/CAM용 소프트웨어의 구분
① 운영체계
② 데이터베이스 시스템 : 도형, 비도형 각종 정보관리
③ 그래픽 소프트웨어 : 도형정보관리
④ 응용 소프트웨어 : 적용 업무분야별 프로그램
⑤ NC언어 : 가공에 필요한 가공형상, 공구동작, 작업순서 등

문제 123

Color monitor에 사용하는 빛의 3원색에 포함되지 않는 것은?

㉮ 빨강   ㉯ 노랑
㉰ 파랑   ㉱ 초록

문제 124

스크린 상에서 물체를 평행이동 또는 회전시킬 경우 그 양을 조절하는 등 parameter 값을 변화시키는데 사용되는 장치는?

㉮ Valuator   ㉯ Scanner
㉰ Tablet   ㉱ Trackable

문제 125

다음 그래픽스 작업 중 프린터의 해상도(resolution)를 나타내는 단위는?

㉮ CPS   ㉯ BPI
㉰ DPI   ㉱ LCD

문제 126

다음 중 중앙처리장치(CPU)와 메인 메모리(RAM) 사이에서 처리될 자료를 효율적으로 이송할 수 있도록 하는 기능을 수행하는 것은?

㉮ 코프로세서(coprocessor)
㉯ 캐시 메모리(cache memory)
㉰ BIOS(basic inout output system)
㉱ CISC(complex instruction set computing)

문제 127

CAD 시스템에서 화면에 나타낼 수 있는 view의 종류이다. 다음 중 3차원 형상의 물체를 나타내기 어려운 view는 어느 것인가?

㉮ back view   ㉯ oblique view
㉰ isometric view   ㉱ axonometric view

문제 128

직선이나 곡선 등은 화소(pixel)들을 이용하여 컴퓨터 화면에 그려진다. 직선이나 곡선들을 화소들의 집합으로 나타내는 계산을 무엇이라고 부르는가?

㉮ Scan-conversion
㉯ Clipping
㉰ Window-to-viewport transformation
㉱ Hidden line removal

문제 129

평판 디스플레이 장치 중에서 전기장의 원리가 빛을 발생하는 데에 이용되지 않고 단지 투과되는 빛의 양만을 조절하는 데에 이용되는 것은?

㉮ Electroluminescent display
㉯ Liquid crystal display
㉰ Plasma panel
㉱ Image scanner

[해설] LCD(liquid crystal display) : 평판 디스플레이 장치로 전기장의 원리가 빛을 발생하는 데에 이용되지 않고 단지 투과되는 빛의 양만을 조절하는데 이용

문제 130

일반적인 컴퓨터 그래픽 하드웨어의 대표적인 구성요소로 보기 어려운 것은?

[답] 123. ㉯ 124. ㉮ 125. ㉰ 126. ㉯ 127. ㉮ 128. ㉮ 129. ㉯ 130. ㉯

㉮ 입력 ㉯ 탐색
㉰ 저장 ㉱ 출력

해설 하드웨어의 구성 요소
① 중앙처리장치 : 제어장치, 주기억장치, 연산장치
② 주변장치 : 보조기억장치, 입·출력장치

문제 131

래스터 스캔 디스플레이 장치를 운영하기 위해서는 음극선을 브라운관 후면에 주사하여야 한다. 이러한 현상을 refresh한다고 하는데, 이 refresh 현상으로 발생하는 또 다른 현상은?

㉮ Flicker 현상   ㉯ Shadow mask 현상
㉰ Frame 현상   ㉱ Cache 현상

해설 프릭커(flicker)현상 : 리플레시(refresh)의 횟수가 매초 30회보다 적어지면 깜박거림이 생기는 현상을 말한다.

문제 132

다음 설명 중 틀린 것은?

㉮ 프로그램 카운터(program counter) : 컴퓨터에 의하여 다음에 실행될 명령어의 주소가 저장되어 있는 기억 장소
㉯ 명령어 레지스터(instruction register) : CPU에 의하여 다음에 실행될 명령어가 저장되어 있는 레지스터
㉰ 상태 레지스터(status register) : CPU에서 수행되는 연산에 관련된 여러 가지 상태 정보를 기억하기 위하여 사용되는 레지스터
㉱ 누산기(accumulator) : 특별한 용도의 레지스터로 산술논리연산장치(ALU)에 의해서 얻어진 결과를 영구히 보관하는 곳

해설 각종 레지스터
① 프로그램 카운터(program counter) : 컴퓨터에 의하여 다음에 실행될 명령어의 주소가 저장되어 있는 기억 장소
② 명령어 레지스터(instruction register) : CPU에 의하여 다음에 실행될 명령어가 저장되어 있는 레지스터
③ 상태 레지스터(status register) : CPU에서 수행되는 연산에 관련된 여러 가지 상태 정보를 기억하기 위하여 사용되는 레지스터
④ 누산기(accumulator) : 레지스터의 일종으로 산술여산 또는 논리연산의 결과를 일시적으로 기억하는 장치

문제 133

컴퓨터의 운영체제(OS) 기능 중 분산처리 시스템에 대한 특징을 설명한 것으로 잘못된 것은?

㉮ 자료 처리 속도가 빠르다.
㉯ 시스템의 신뢰성이 낮다.
㉰ 새로운 기능을 부여하기가 용이하다.
㉱ 부하의 자동 분산이 용이하다.

문제 134

21인치 1600×1200 픽셀 해상도 래스터모니터를 지원하는 그래픽보드가 트루칼라(24비트)를 지원하기 위해 필요한 최소 메모리는 얼마인가?

㉮ 1MB   ㉯ 4MB
㉰ 8MB   ㉱ 32MB

문제 135

다음 중 CPU에 대한 설명으로 옳지 않은 것은?

㉮ 컴퓨터를 사용하기 위해서는 cpu가 없어도 된다.
㉯ CPU는 중앙처리장치라고도 한다.
㉰ CPU는 입력된 자료를 특정장소에 보내는 기능을 갖고 있다.
㉱ CPU는 연산된 자료를 특정장소에 보내는 기능을 갖고 있다.

문제 136

다음 중 색채 디스플레이를 구성하는 3가지 전자빔의 구현에 해당하지 않는 것은?

답 131. ㉮ 132. ㉱ 133. ㉯ 134. ㉰ 135. ㉮ 136. ㉰

㉮ blue ㉯ red
㉰ yellow ㉱ green

문제 137

컴퓨터의 주기억장치와 CPU의 처리속도 때문에 개발된 것은 어느 것인가?

㉮ blocking ㉯ cache memory
㉰ channel ㉱ interrupt

문제 138

다음 랜더링 기법 중 광선투과법(ray tracking)에 관한 내용으로 틀린 설명은?

㉮ 광선이 광원으로부터 나와 물체에 반사되어 뷰잉평면에 투사될 때까지 궤적을 거꾸로 추적한다.
㉯ 뷰잉화면상의 화소의 개수에 따라 제한을 받지 않고 빛의 강도와 색깔을 구별할 수 있다.
㉰ 뷰잉 화면상에서 거꾸로 추적한 광선이 광원까지 도달하였다면 광원과 화소사이에는 반사체가 존재한다고 해석 한다.
㉱ 뷰잉 화면상에서 거꾸로 추적한 관성이 광원까지 도달하지 않는다면 그 반사면에서 색깔을 화소에 부여한다.

문제 139

다음 중 변환과 제어장치가 아닌 것은?

㉮ break ㉯ Move
㉰ Rotate ㉱ Mirror

문제 140

CAD그래픽 소프트웨어를 구성하는 5대 중요 모듈이 아닌 것은?

㉮ 그래픽 모듈(graphic module)
㉯ 서류화 모듈(documentation module)
㉰ 서피스 모듈(surface module)
㉱ 입·출력 모듈(input & output module)

문제 141

다음은 CAD 소프트웨어가 갖추어야 할 기능들이다. 가장 관계가 먼 것은?

㉮ 응용 프로그램 기능
㉯ 데이터 변환 기능
㉰ 세그먼트 기능
㉱ 그래픽 요소 생성 기능

문제 142

CAD 시스템 좌표계에 대한 설명 중 틀린 것은?

㉮ 직교 좌표계 : 하나의 점을 표시할 때 각 축에 대한 X, Y, Z에 대응하는 좌표값으로 표기하는 방법
㉯ 극 좌표계 : 한 쌍의 직교축과 단위길이를 사용하여 평면상의 한 점의 위치를 표시하는 방법
㉰ 원통 좌표계 : 공간상에 있는 하나의 점을 나타내기 위해 사용한 극 좌표계에 공간의 개념을 적용하여 공간상의 한 점을 표기하기 위한 좌표계
㉱ 구면 좌표계 : 공간상에 구성되어 있는 하나의 점을 표현하는 방법 중 한 가지로 해당 점에 좌표를 중심으로 구를 그리듯이 표현하는 방법

문제 143

CAD/CAM 시스템에서 사용하는 좌표계가 아닌 것은?

㉮ 직교 좌표계 ㉯ 원통 좌표계
㉰ 원추 좌표계 ㉱ 구면 좌표계

해설 CAD system 좌표계
① 직교 좌표계 : X, Y, Z 방향의 축을 기준으로 공간상의 하나의 점 표시로 교차점은

답 137. ㉯ 138. ㉱ 139. ㉮ 140. ㉱ 141. ㉮ 142. ㉯ 143. ㉰

$P(x_1, y_1, z_1)$
② 극 좌표계 : 한 쌍의 직교축과 단위길이를 사용하여 평면상의 한 점 P의 위치 표시로 한점은 P(거리, 각도)
③ 원통 좌표계 : 평면상에 있는 하나의 점을 나타내기 위해 사용한 극좌표계에 공간의 개념을 적용하여 공간상의 한 점을 표시로 원통 좌표계의 점은 $P(r, \theta, z_1)$
④ 구면 좌표계 : 공간상에 구성되어 있는 하나의 점을 표현하며 구면 좌표계의 점은 $P(\rho, \Phi, \theta)$

문제 144

일반적인 CAD 시스템에서 직선의 작성방법이 아닌 것은?

㉮ 증분좌표값 지정에 의한 방법
㉯ 곡면의 교차에 의한 방법
㉰ 수평면의 교차선으로 작성하는 방법
㉱ 극좌표값 지정에 의한 방법

문제 145

XY평면상에 하나의 곡선을 표현하는 방법에는 일반적으로 3가지가 있는데 이에 속하지 않는 것은?

㉮ 음함수 형태   ㉯ 양함수 형태
㉰ 단어번지 형태 ㉱ 매개변수 형태

[해설] XY평면상에 1개의 곡선을 표현하는 방법에는 음함수, 양함수, 매개변수 형태가 일반적이다.

문제 146

다음 타원의 도형 정의가 아닌 것은?

㉮ 축과 편심에 의한 타원
㉯ 중심과 두 축에 의한 타원
㉰ 아이소매트릭 상태에서 그리는 방법
㉱ 세 개의 접할 도형요소

[해설] 타원의 도형 정의
① 축(axis)과 편심(eccentricity)에 의한 타원
② 중심(center)과 두 축(two axis)에 의한 타원
③ 아이소메트릭 상태에서 그리는 방법

문제 147

컴퓨터 그래픽의 기본요소(PRIMITIVE) 중 3차원 프리미티브에 해당되지 않는 것은 어느 것인가?

㉮ 구(sphere)   ㉯ 관(tube)
㉰ 원통(cylinder) ㉱ 선(line)

[해설] 프리미티브(primitive) 형상
① 기본형상 구성기능(primitive) : 육면체(box), 원기둥(cylinder), 구(sphere), 원추(cone), 회전체(revolution), 프리즘(prism), 스윕(sweep) 등
② 기본형상 조합기능 : 두 물체 더하기, 빼내기, 공통부분 찾기 등

문제 148

3차원 솔리드 모델에서 사용되는 프리미티브(primitive)라고 할 수 없는 것은?

㉮ cone   ㉯ box
㉰ sphere ㉱ point

문제 149

3차원 솔리드 모델을 구성하는 요소 중 프리미티브(primitive)이라고 할 수 없는 것은?

㉮ 구(Sphere)   ㉯ 원주(Cylinder)
㉰ 에지(Edge)   ㉱ 원뿔(Cone)

문제 150

형상은 같으나 치수가 다른 도형 등을 작성할 때 가변되는 기본도형을 작성하여 놓고 필요에 따라 치수를 입력하여 비례되는 도형을 작성하는 기능을 무엇이라 하는가?

㉮ 매크로화 기능
㉯ 디스플레이 변형 기능
㉰ 도면화 기능
㉱ 파라메트릭 도형 기능

[답] 144. ㉯ 145. ㉰ 146. ㉱ 147. ㉱ 148. ㉱ 149. ㉰ 150. ㉱

문제 151

다음 기능 중 변환 매트릭스를 사용했을 때의 편리함과 무관한 기능은?

㉮ translation ㉯ Break
㉰ Mirror   ㉱ Scaling

[해설] CAD의 변환 매트릭스
Rotation(회전), Mirror(대칭), translation(이동), scaling(축척), projection(투영) 등

문제 152

CAD 시스템에서 낮은 차수의 곡선을 선호하는 이유는?

㉮ 차수가 낮을수록 곡선의 불필요한 진동이 덜하다.
㉯ 차수가 낮을수록 곡선을 그리는데 계산시간이 많이 든다.
㉰ 차수가 낮을수록 곡선의 미(美)적인 효과가 크다.
㉱ 차수가 낮을수록 공간 곡선을 정의하기 용이하다.

[해설] CAD 시스템에서 낮은 차수의 곡선을 선호하는 이유는 차수가 낮을수록 곡선의 불필요한 진동이 덜하기 때문이다.

문제 153

CAD시스템에서 이용되는 2차 곡선방정식에 대한 설명으로 올바르지 못한 것은?

㉮ 곡선식에 대한 계산시간이 3차, 4차식보다 적게 걸린다.
㉯ 여러 개의 곡선을 하나의 곡선으로 연결하는 것이 가능하다.
㉰ 연결된 여러 개의 곡선사이의 곡률의 연속이 보장된다.
㉱ 매개변수식으로 표현하는 것이 가능하기도 하다.

[해설] 2차 곡선방정식
① 곡선식에 대한 계산시간이 3차, 4차식보다 적게 걸린다.
② 여러 개의 곡선을 하나의 곡선으로 연결하는 것이 가능하다.
③ 매개변수식으로 표현하는 것이 가능하기도 하다.

문제 154

바닥면이 없는 원추형 단면(conic section)에 의해 얻어질 수 없는 도형은?

㉮ 타원(lipse)   ㉯ 쌍곡선(Hyperbola)
㉰ 원호(Arc)   ㉱ 포물선(Parabola)

[해설] 바닥면이 없는 원추형 단면(conic section)에 의해 얻어질 수 있는 도형에는 원(Circle), 타원(lipse), 쌍곡선(Hyperbola), 포물선(Parabola) 등이 있다.

문제 155

CAD로 작성된 도면에서 선의 종류는 가공자에게는 중요한 의미가 된다. 다음 선의 종류를 선택하는 방법 중 잘못된 방법은?

㉮ 보이지 않는 부분의 모양은 숨은선으로 한다.
㉯ 치수선은 가는 실선으로 한다.
㉰ 절단면을 나타내는 절단선은 연속선으로 한다.
㉱ 치수 보조선은 가는 실선으로 한다.

[해설] 절단면을 나타내는 절단선은 해칭선(가는실선)을 사용하고, 절단 위치를 표시할 경우에는 절단선(가는 1점쇄선)으로 한다.

문제 156

곡선을 정확하게 도면에 표시하는 방법이 아닌 것은?

㉮ 직선과 원호의 연속으로 표시
㉯ 일련의 점 좌표값들을 지정하여 표시
㉰ 한 점에서 어떤 곡선에 대한 접선 또는 수직선으로 표시

[답] 151. ㉯ 152. ㉮ 153. ㉰ 154. ㉰ 155. ㉰ 156. ㉰

㉭ 두 곡면의 교선으로 표시

[해설] 곡선을 정확하게 도면에 표시하는 방법
① 직선과 원호의 연속으로 표시
② 일련의 점 좌표값들을 지정하여 표시
③ 두 곡면의 교선으로 표시

문제 157

다음 중 곡선의 2차 미분값을 필요로 하는 것은?

㉮ 곡선의 기울기
㉯ 곡선의 곡률
㉰ 곡선 위의 특정점에서 접선
㉱ 곡선의 길이

[해설] 곡선의 곡률은 2차 미분값을 필요로 한다.

문제 158

컨트롤 다이얼(control dial)은 주로 다음과 같은 작업에 편리하게 사용되는데 적당하지 않은 것은?

㉮ 모델의 회전(rotation)
㉯ 모델의 패닝(panning)
㉰ 모델의 주밍(zooming)
㉱ 모델의 트리밍(trimming)

문제 159

다음 중 원 및 원호에 대한 정의에서 잘못된 것은?

㉮ 중심과 원주상의 한 점으로 표시
㉯ 원주상의 3개의 점으로 표시
㉰ 두 곡선에 의한 접선으로 표시
㉱ 3개의 직선에 접하는 접선으로 표시

문제 160

필렛(fillet)을 형성하기 위하여는 필렛의 반지름과 필렛이 일어나는 두 가지 기하학적 요소가 필요하다. 다음 중 일반적으로 PC용 CAD 시스템에서 필렛을 형성하기 어려운 기하학적 요소의 쌍은?

㉮ 직선(line)과 원호(arc)
㉯ 원호와 원호
㉰ 스플라인(spline)과 원호
㉱ 직선과 직선

문제 161

CAD용 소프트웨어의 옵션기능 중에서 작성할 때 가변되는 기본도형을 작성하여 필요에 따라 치수 입력하여 도형을 작성하는 기능은?

㉮ 비도형 정보처리 기능
㉯ 파라메트릭 도형 기능
㉰ 도형처리 언어
㉱ 메뉴 관리 기능

문제 162

다음 설명 중 틀린 것은?

㉮ 중심과 원주상의 한 점을 주어 원을 정의할 수 있다.
㉯ 세 점을 지나는 호(arc)는 방향을 지정해 주어야 한다.
㉰ 서로 다른 3개의 직선에 접하는 원은 하나이다.
㉱ 두 점과 반지름에 의해 만들 수 있는 호는 2개이다.

문제 163

Transformation matrix가 필요 없는 작업은?

㉮ Copy   ㉯ Trim
㉰ Rotate   ㉱ Scale

문제 164

원호(arc)를 정의하는 방법 중 틀린 것은?

㉮ 원주상의 세 점을 알 때
㉯ 원호의 중심점과 반지름을 알 때
㉰ 두 점이 이루는 각과 반지름을 알 때
㉱ 두 점의 좌표와 두 점이 이루는 각을 알 때

답 157.㉯ 158.㉱ 159.㉰ 160.㉰ 161.㉯ 162.㉯ 163.㉯ 164.㉱

문제 165

데이터베이스로서 표시된 도형을 화면상에 특정한 부분을 확대해서 볼 수 있는 작업 명령은?

㉮ 세이빙(saving)　㉯ 주밍(zooming)
㉰ 로딩(loding)　㉱ 부팅(booting)

문제 166

컴퓨터그래픽에서 도형을 나타내는 그래픽 기본 요소가 아닌 것은?

㉮ 점(dot)　㉯ 선(line)
㉰ 원(circle)　㉱ 구(sphere)

[해설] CAD에서 도형을 나타내는 그래픽 기본 요소 점, 선, 원, 원호, 곡선 등의 요소를 생성한다.

문제 167

그래픽 기본요소 중 하나의 선을 정의하는 방법으로 적당하지 않은 것은?

㉮ 2개의 점으로 표시
㉯ 한 점과 수평선과의 각도를 지정하여 표시
㉰ 한 점에서 다른 점에 대한 평행선으로 표시
㉱ 원주상의 3점을 지정하여 표시

[해설] 하나의 선을 정의하는 방법
① 2개의 점으로 표시
② 한점과 수평선과의 각도를 지정하여 표시
③ 한점에서 다른 점에 대한 평행선으로 표시
④ 한점을 지나는 수직선과 수평선으로 표시
⑤ 모따기한 선으로 표시

문제 168

형상은 같으나 치수가 다른 도형 등을 작성할 때 가변되는 기본도형을 작성하여 놓고 필요에 따라 치수를 입력하여 비례되는 도형을 작성하는 기능을 무엇이라 하는가?

㉮ 매크로화 기능
㉯ 디스플레이 변형 기능
㉰ 도면화 기능
㉱ 파라메트릭 도형 기능

[해설] CAD 소프트웨어의 옵션 기능
① 파라메트릭 도형 기능 : 형상은 같으나 치수가 다른 도형 등을 작성할 때 가변되는 기본 도형을 작성하여 놓고 필요에 따라 치수를 입력하여 비례되는 도형을 작성하는 기능
② 그밖에 비도형 정보처리 기능, 도형 처리 언어, 메뉴 관리 기능, 데이터 호환 기능, NC 정보 기능 등이 있다.

문제 169

CAD작업에서 도형을 인식(identify, select)하는 목적과 직접적인 관련이 없는 사항은?

㉮ 선이나 원 등 도형 요소를 삭제하고자 할 때
㉯ 스크린 상에 그리드를 작성하고자 할 때
㉰ 하나의 오브젝트를 변환시키고자 할 때
㉱ 하나의 오브젝트에 치수 기입을 하고자 할 때

[해설] CAD작업에서 스크린상의 그리드는 도형을 인식(identify, select)하는 것이 아니고, 도면 그릴 때 편의를 제공한다.

문제 170

CAD 명령어에서 이동(Move)기능과 복사(Copy)기능의 차이는?

㉮ 오브젝트의 변위　㉯ 오브젝트의 위치
㉰ 오브젝트의 수　㉱ 오브젝트의 변환

[해설] CAD 명령어에서 이동(Move) 기능과 복사(Copy) 기능의 차이는 오브젝트의 수이다.

문제 171

다음 중 도형을 작성(Draw)하는데 사용되는 명령어는 어느 것인가?

㉮ Circle　㉯ Zoom
㉰ Trim　㉱ Erase

[답] 165.㉯　166.㉱　167.㉱　168.㉱　169.㉯　170.㉰　171.㉮

해설 점의 작성, 직선의 작성, 원의 작성, 원호의 작성, 스트링 작성, 원추곡선의 작성, 자유곡면의 작성 등.

문제 172

도형을 구성하는 데이터를 몇 개간의 층으로 구별하여 저장하거나 출력하는 기능을 가지고 있는 레이어(Layer)를 설정할 때 해당되지 않는 것은?

㉮ 각도 ㉯ 칼라
㉰ 선의 종류 ㉱ 레이어 이름

해설 레이어 작성시 사용하는 기능으로는 레이어 이름, 칼라, 선의 종류, 선의 굵기 등을 할 수 있다.

문제 173

평면상의 하나의 원(Circle)을 기하학적으로 정의하는 방법으로 맞지 않는 것은?

㉮ 중심점과 반지름
㉯ 중심점과 원주상의 한점
㉰ 원주상의 3점
㉱ 원주상의 한점과 원에 접하는 직선하나

문제 174

다음 중 CAD 명령어 중에서 2차원 형상에서는 선대칭을 3차원 형상에서는 면대칭을 나타내는 것은?

㉮ Scaling ㉯ Rotation
㉰ Mirror ㉱ Translation

문제 175

하나의 원을 지정하는 방법으로 적합하지 않은 것은?

㉮ 3개의 점의 위치
㉯ 중심점의 위치와 반지름의 크기
㉰ 지름이 되는 선분의 양끝점
㉱ 한 점과 하나의 직선

문제 176

다음 중 일반적으로 3차원 CAD/CAM 시스템에서 사용되는 자료구성요소가 아닌 것은?

㉮ 점(point) ㉯ 선(line)
㉰ 요소(element) ㉱ 링크(link)

문제 177

다음은 공간상에서 한 평면을 기술하기 위하여 필요한 요소를 나타낸 것이다. 틀린 것은?

㉮ 한 점과 그 점에서 평면에 수직인 벡터 1개
㉯ 교차하는 두선
㉰ 공간상에 놓인 3점
㉱ 하나의 평면에 평행하고 평면상의 한 점

문제 178

CAD system에서 점의 위치지정 방법 중 정확한 방법이 아닌 것은?

㉮ Cursor를 이용한다.
㉯ 끝점(end point)을 이용한다.
㉰ 교점(intersection point)을 이용한다.
㉱ 숫자를 입력(key-in)한다.

문제 179

널리 사용되는 원추단면곡선에는 원, 타원, 포물선 및 쌍곡선 등이 있다. 포물선을 음함수 형태로 표시한 식은?

㉮ $x^2 + y^2 - r^2 = 0$ ㉯ $y^2 - 4ax = 0$
㉰ $\dfrac{x^2}{a^2} - \dfrac{y^2}{b^2} - 1 = 0$ ㉱ $\dfrac{x^2}{a^2} + \dfrac{y^2}{b^2} - 1 = 0$

해설
① 원(circle) : $x^2 + y^2 - r^2 = 0$
② 타원(ellipse) : $\dfrac{x^2}{a^2} + \dfrac{y^2}{b^2} = 0$
③ 포물선(parabola) : $y^2 - 4ax = 0$
④ 쌍곡선(hyperbola) : $\dfrac{x^2}{a^2} - \dfrac{y^2}{b^2} - 1 = 0$

답 172. ㉮ 173. ㉱ 174. ㉰ 175. ㉱ 176. ㉱ 177. ㉯ 178. ㉮ 179. ㉯

문제 180

2차원 상에서 구성되는 원뿔곡선을 다음과 같은 일반식으로 표현할 때 $b = 0$, $a = c$ 인 경우는 다음 원뿔곡선 중 어느 것을 나타내는가?

$$f(x, y) = ax^2 + bxy + cy^2 + dx + ey + 0 = 0$$

㉮ 원 ㉯ 타원
㉰ 포물선 ㉱ 쌍곡선

문제 181

다음 중 원뿔에 의한 원추곡선이 아닌 것은?

㉮ 일차 스플라인 곡선
㉯ 쌍곡선
㉰ 포물선
㉱ 타원

해설 원뿔에 의한 원추곡선
원, 타원, 쌍곡선, 포물선 등

문제 182

원추형 단면(Conic Section)에 의해 얻어질 수 없는 도형은 어느 것인가?

㉮ 타원(Ellipse) ㉯ 쌍곡선(Hyperbola)
㉰ 원호(Arc) ㉱ 포물선(Parabola)

해설 원추형 단면(Conic Section)에 의해 얻을 수 있는 도형에는 원(Circle), 타원(Ellipse), 쌍곡선(Hyperbola), 포물선(Parabola) 등이 있다.

문제 183

Boundary representation 기법에 의해서 물체 형상을 표현하고자 할 때 구성요소라고 할 수 없는 것은?

㉮ 정점(vertice) ㉯ 면(face)
㉰ 모서리(edge) ㉱ 벡터(vector)

해설 B-rep기법에 의한 물체 표현시 구성 요소
vertice(정점), edge(모서리), face(면) 등.

문제 184

물체가 구성될 때 정점(vertex), 면(face) 그리고 모서리(edge) 등이 서로 상관관계를 나타내는 것은?

㉮ 토폴로지(topology)
㉯ 프리미티브(primitive)
㉰ 다층구조(layer)
㉱ 유한요소법(fem)

문제 185

원뿔곡선(conic curve)과 관계없는 것은?

㉮ 원(circle) ㉯ 타원(ellipse)
㉰ 원호(arc) ㉱ 포물선(parabola)

해설 원뿔 곡선으로 원, 타원, 포물선, 쌍곡선 등을 표현할 수 있다.

문제 186

주어진 모든 점을 지나는 곡선을 그리고자 한다. 보기 중에서 알맞은 메뉴를 선택하면?

㉮ Spline ㉯ B-Spline
㉰ Bezier ㉱ Arc

해설 ① 스플라인 곡선(spline curve) : 주어진 모든 점을 반드시 통과하는 곡선이다.
② B-spline 곡선 : 기초 스플라인을 이용한 곡선이며, 스플라인이 갖는 접속성과 곡면이 갖는 제어성이 가장 우수한 곡면이다.
③ 베지에 곡선(Bezier curve) : 주어진 다각형의 각을 평활화하여 얻어지는 곡선 구간의 정의에 있어서 양 끝점의 위치 벡터와 내부 조정점을 이용하는 곡선이다.

문제 187

B-spline곡선에 대한 설명 중 옳지 않은 것은?

㉮ 곡선 전체의 연속성이 좋다.
㉯ 일부 control point의 이동에 의하여 곡선 전체의 모양을 변경할 수 있다.
㉰ 곡선함수의 치수가 1개의 정점(control point)

답 180. ㉮ 181. ㉮ 182. ㉰ 183. ㉱ 184. ㉮ 185. ㉰ 186. ㉮ 187. ㉯

이 영향을 줄 수 있는 곡선 세그먼트의 개수를 결정한다.
㉣ B-spline 곡선 세그먼트는 그 근방의 정점의 위치 벡터에 의하여 형상이 결정된다.

[해설] B-spline 곡선
① 기초 스플라인을 이용한 곡선 및 곡면을 그리고, 곡선 전체의 연속성이 좋다.
② 정점의 이동에 의한 형상의 변화는 곡선 전체에는 영향을 주지 않으므로 형상의 조작성이 쉽다.
③ 스플라인이 갖는 접속성과 곡면이 갖는 제어성이 가장 우수한 곡면이다.
④ 곡선함수의 차수가 1개의 정점(control point)이 영향을 줄 수 있는 곡선 세그먼트의 개수를 결정한다.

문제 188
자유 곡면을 가공관점에서 분류하였을 때 틀린 것은?
㉮ 접합 곡면
㉯ 커브 데이터 곡면
㉰ 포인트 데이터 곡면
㉱ 심미적 곡면

[해설] 가공관점에서 분류한 자유 곡면
접합곡면, 커브 데이터 곡면, 포인트 데이터 곡면 여기서 심미적 곡면은 용도에 따른 곡면의 종류이다.

문제 189
Spline이 갖는 접속성과 곡면이 갖는 제어성의 특징에 있어서 가장 우수한 작업은?
㉮ Coons 곡면
㉯ Bezier 곡면
㉰ B-Spline 곡면
㉱ Ferguson 곡면

[해설] B-spline 곡선
기초 스플라인을 이용한 곡선이며, 스플라인이 갖는 접속성과 곡면이 갖는 제어성이 가장 우수한 곡면이다.

문제 190
다음 중 곡선에 관한 설명으로 잘못된 것은?
㉮ Bezier 곡선은 반드시 양단의 정점을 통과한다.
㉯ B-spline은 곡선 전체의 연속성이 기초 스플라인(spline)을 이용하므로 좋다.
㉰ Bezier 곡선은 정점을 통과시킬 수 있는 다각형의 내측에 존재한다.
㉱ B-spline은 1개의 정점변화에 의해 곡선 전체에 영향을 미친다.

문제 191
임의의 4개의 점이 공간상에 구성되어 있다. 4개의 점으로 베지에(Bezier) 곡선을 구성한다면 베지에 곡선을 구성하기 위한 기본 계산식의 차수는 몇 차식인가?
㉮ 일차식
㉯ 이차식
㉰ 삼차식
㉱ 사차식

[해설] 3차식 : 4개의 조정점 P_1, P_2, P_3, P_4는 베지에 곡면 내부의 볼록한 정도를 나타내며 3차 곡면 패치의 4개의 꼬임 막대와 같은 역할을 한다.

문제 192
XY 평면상에 하나의 곡선을 표현하는 방법에는 일반적으로 3가지가 있는데 이에 속하지 않는 것은?
㉮ 음함수 형태
㉯ 양함수 형태
㉰ 단어번지 형태
㉱ 매개변수 형태

[해설] XY평면상에 1개의 곡선을 표현하는 방법에는 음함수, 양함수, 매개변수 형태가 일반적이다.

문제 193
곡면식으로 정의되는 해석곡면에 속하지 않는 것은?
㉮ 회전곡면
㉯ 구면
㉰ 원뿔면
㉱ 원통면

[답] 188. ㉱ 189. ㉰ 190. ㉱ 191. ㉰ 192. ㉰ 193. ㉱

해설 곡면식으로 정의되는 해석곡면에는 회전곡면, 구면, 원뿔면 등이 있다.

문제 194

다음 중 2차 Bezier 곡선은?

㉮ 직선   ㉯ 원
㉰ 타원   ㉱ 포물선

문제 195

아래에서 Bezier 곡선의 성질에 해당되지 않는 것은?

㉮ 곡선의 차수는(조정점의 개수-1)이다.
㉯ 곡선은 볼록포(convex hull) 안에 위치한다.
㉰ 한 개의 조정점을 움직이면 곡선 일부의 모양만이 변한다.
㉱ 곡선 시작점에서 접선은 처음 두 개의 조정점을 직선으로 연결한 것과 방향이 같다.

해설 베지에 곡선(Bezier curve)
주어진 다각형의 각을 평활화하여 얻어지는 곡선 구간의 정의에 있어서 양 끝점의 위치 벡터와 내부 조정점을 이용하는 방법
① 곡선의 양단의 정점을 통과
② 정점을 통과시킬 수 있는 다각형의 내측에 존재
③ 곡선의 단에 있어서 접선벡터는 단의 2점을 연결하는 변의 방향과 일치
④ 1개의 점점 변화는 곡선 전체에 영향
⑤ n개의 정점에 의해서 정의되는 곡선은 $(n-1)$차 곡선
⑥ 곡면의 코너와 코너 조정점이 일치한다.
⑦ 곡면이 조정점들의 블록포(convex hull) 내부에 포함된다.
⑧ 곡면이 일반적인 조정점의 형상에 따른다.

문제 196

NURBS곡선에 대한 설명으로 틀린 것은?

㉮ 원, 타원, 포물선, 쌍곡선 등 원추 곡선을 정확하게 나타낼 수 있다.
㉯ 일반적인 B-Spline곡선을 포함한다.
㉰ 3차 NURBS곡선은 특정 노트구간에서 4개의 조정점 외에 4개의 가중값(Weights Value)과 노트(Knot) 벡터의 정보가 이용된다.
㉱ 모든 조정점을 지나는 부드러운 곡선이다.

해설 Nurbs(Non Uniform Rational B-Spline) 곡선 자유 곡선이나 자유곡면을 표현하는 기하학식(관수)의 한 부분으로, 부드럽고 자유도(自由度)높은 형상을 표현할 수 있다.
① 원, 타원, 포물선, 쌍곡선 등 원추 곡선을 정확하게 나타낼 수 있다.
② 일반적인 B-Spline곡선을 포함하며 B-Spline 곡선과 곡면을 다양하게 변형할 수 있는 Non-Uniform한 곡선이다.
③ 3차 NURBS곡선은 특정 노트구간에서 4개의 조정점 외에 4개의 가중값(Weights Value)과 노트(Knot) 벡터의 정보가 이용된다.

문제 197

B-spline 곡선을 보다 다양하게 표현하고 있는 곡선은?

㉮ Bezier 곡선   ㉯ Spline 곡선
㉰ NURBS 곡선   ㉱ Ferguson 곡선

문제 198

3차 Bezier 곡선을 직선방향으로 거리 L 만큼 Sweep 시켜 곡면을 생성하였다. 이때 생성된 곡면의 차수는?

㉮ $3 \times L$차   ㉯ 3×1차
㉰ $3 \times (L-1)$차   ㉱ 3×2차

해설 3차 Bezier곡선을 직선방향으로 거리 L만큼 Sweep시켜 곡면 생성시 곡면의 차수는 $3 \times (L-1)$ 차이다.

문제 199

B-spline 곡선을 정의하기 위해 필요하지 않은 입력 요소는?

㉮ 오더(Order)

답 194. ㉱ 195. ㉰ 196. ㉱ 197. ㉰ 198. ㉰ 199. ㉯

㉯ 끝점에서의 접선(Tangent) 벡터
㉰ 조정점
㉱ 절점(Knot) 벡터

[해설] B-Spline 곡선을 정의하기 위해 필요한 입력 요소는 오더(Order), 조정점, 절점(Knot)벡터 등이 있다.

문제 200

다음 중 원을 정의할 수 있는 곡선은?
㉮ Bezier
㉯ Spline
㉰ B-spline
㉱ NURBS(Non-Uniform Rational B-Spline)

[해설] NURBS(Non-Uniform Rational B-Spline) : 원을 정의할 수 있다.

문제 201

급커브 길은 운전대를 신속히 많이 꺾어야 하는 길이라고 가정하자. 만일 고속도로를 곡선으로 보았을 때 급커브 길을 수학적으로 가장 잘 설명하고 있는 것은?
㉮ 곡률이 큰 길
㉯ 곡률 반지름이 큰 길
㉰ 노면의 경사가 심한 길
㉱ 노면의 요철이 심한 길

[해설] 고속도로를 곡선으로 보았을 때 급커브 길을 수학적으로 보면 곡률이 큰 길이라고 표현할 수 있다.

문제 202

주어진 점들이 곡면 상에 놓이도록 점 데이터로 곡면을 형성하는 것은?
㉮ 보간(interpolation) ㉯ 근사(approximation)
㉰ 스무딩(smoothing) ㉱ 리메싱(remeshing)

[해설] 보간(interpolation) : 주어진 점들이 곡면상에 놓이도록 점 데이터로 곡면을 형성하는 것.

문제 203

다음 중 곡선에 관한 설명으로 잘못된 것은?
㉮ Bezier 곡선은 반드시 곡선의 시작과 끝 양단의 정점을 통과한다.
㉯ B-spline은 곡선 전체의 연속성이 기초 스플라인(spline)을 이용한다.
㉰ Bezier 곡선은 정점으로 구성되는 볼록 다각형의 내측에 존재한다.
㉱ B-spline은 1개의 정점 변화에 의해 곡선 전체에 영향을 미친다.

[해설] B-spline은 1개의 정점 변화에 의해 곡선 전체에 영향을 미치지 않는다.

문제 204

떨어져서 구성된 두 곡면의 접선, 법선벡터를 일치시켜 곡면을 구성시키는 방법은?
㉮ Smoothing   ㉯ Blending
㉰ Filleting   ㉱ Stretching

[해설]
① 회전(Revolve)곡면 : 하나의 곡선을 임의의 축이나 요소를 중심으로 회전시켜 모델링 한 곡면
② Sweep 곡면 : 두 개 이상의 곡선에서 안내곡선을 따라 이동곡선이 이동규칙에 따라 이동하면서 생성되는 곡면
③ 연결(Patch) 곡면 : 여러 개의 단면곡선이 연결규칙에 따라 연결된 곡면
④ Patch : 경계곡선의 내부를 형성하는 곡면
⑤ Blending 곡면 : 두 곡면이 만나는 부분을 부드럽게 만들 때 생성하는 곡면
⑥ 리메싱(remeshing) : 종 방향의 배열이 맞지 않는 데이터를 오와 열의 배열이 가지런한 형태의 곡면 입력점을 새로이 구해내는 절차
⑦ 스무딩(smoothing) : 표현된 심한 굴곡면을 평활한 곡면으로 재계산하는 것
⑧ 필렛팅(filleting) : 연결부위를 일정한 반지름을 갖도록 하는 것

문제 205

점 데이터로 곡면을 형성할 때 측정오차 등으로

[답] 200. ㉱ 201. ㉮ 202. ㉮ 203. ㉱ 204. ㉯ 205. ㉰

인한 굴곡이 있는 경우 이를 명확하게 하는 것은?
- ㉮ 블렌딩(blending) ㉯ 필렛팅(filleting)
- ㉰ 페어링(fairing)   ㉱ 피팅(fitting)

해설 페어링
점 데이터로 곡면을 형성할 때 측정오차 등으로 인한 굴곡이 있는 경우 이를 명확하게 하는 것

문제 206
곡면의 입력 데이터 자체가 오차를 갖고 있는 경우에 만들어진 곡면은 심한 굴곡을 갖게 되는데 이때 곡면의 곡률을 조정하여 원활한 곡면을 얻도록 하는 기능은?
- ㉮ Blending   ㉯ Smoothing
- ㉰ Filleting   ㉱ Meshing

문제 207
3차원 공간 곡선으로써 알맞지 않은 것은?
- ㉮ Bezier곡선   ㉯ Archimedes곡선
- ㉰ NURBS곡선   ㉱ B-spline곡선

해설 3차원 공간 곡선으로는 Bezier곡선, NURBS곡선, B-spline곡선 등이 있다.

문제 208
유리식(rational)으로 표현하는 곡면식은?
- ㉮ Bezier 곡면   ㉯ Ferguson 곡면
- ㉰ B-spline 곡면 ㉱ NURBS 곡면

해설 Bezier 곡면은 유리식(rational)으로 표현한다.

문제 209
B-spline 곡선과 곡면을 다양하게 변형할 수 있는 Non-Uniform한 곡선을 무엇이라고 하는가?
- ㉮ Bezier   ㉯ Spline
- ㉰ NURBS   ㉱ Coons

해설 NURBS 곡선: B-spline 곡선과 곡면을 다양하게 변형할 수 있는 Non-Uniform한 곡선이다.

문제 210
다음 곡선(Curve)에 대한 설명 중 틀린 것은?
- ㉮ 베지에(Bezier)곡선은 1점을 이동하였을 경우는 전체 곡선에 영향이 적다.
- ㉯ 베지에(Bezier)곡선은 반드시 시작점과 끝점을 통과한다.
- ㉰ B-스플라인곡선은 1점을 이동하였을 경우는 전체곡선에 영향이 적다.
- ㉱ B-스플라인곡선은 스플라인의 성격을 받아 이루어지기 때문에 전체의 연속성도 좋다.

문제 211
베지어 곡선에서 조정점이 5개인 경우 곡선식의 차수는 몇 차인가?
- ㉮ 3   ㉯ 4
- ㉰ 5   ㉱ 6

해설 베지어 곡선(Bezier curve)은 n개의 정점에 의해서 정의되는 곡선은 $(n-1)$차 곡선이다.
∴ 곡선식의 차수 $= 5 - 1 = 4$

문제 212
B-Spline 곡선이 Bezier 곡선에 비해서 갖는 장점을 설명한 것으로 옳은 것은?
- ㉮ 곡선을 국소적으로 변형할 수 있다.
- ㉯ 한 조정점을 이동하면 모든 곡선의 형상에 영향을 준다.
- ㉰ 자유 곡선을 표현할 수 있다.
- ㉱ 복잡한 곡선을 표현하려면 많은 조정점을 사용한다.

해설 B-Spline 곡선이 Bezier 곡선에 비해서 갖는 장점
① 곡선을 국소적으로 변형할 수 있다.
② 스플라인이 갖는 접속성과 곡면이 갖는 제어성이 가장 우수한 곡면이다.
③ 곡선함수의 차수가 1개의 정점(control point)이 영향을 줄 수 있는 곡선 세그먼트의 개수를 결정한다.

답 206. ㉯ 207. ㉯ 208. ㉮ 209. ㉰ 210. ㉮ 211. ㉯ 212. ㉮

문제 213

스위프(sweep)형 곡면형태 정의방식에 알맞은 곡면모델링 방법은?

㉮ 단면곡선과 plofile에 의한 정의
㉯ point data에 의한 정의
㉰ 상부곡면과 외곽곡면에 의한 정의
㉱ 방정식에 의한 정의

해설 스위프(sweep)형 곡면모델링은 단면곡선과 plofile에 의한 정의 방식이다.

문제 214

조정점(control point)의 갯수에 따라 곡선의 차수(order)가 고정되지 않으므로 차수의 변화로 다양한 형상의 곡선을 얻을 수 있는 곡선 표현방식은?

㉮ 3차 spline 곡선   ㉯ 베지에르 곡선
㉰ B-spline 곡선   ㉱ Lagrange 곡선

해설 B-spline 곡선
조정점(control point)의 갯수에 따라 곡선의 차수(order)가 고정되지 않으므로 차수의 변화로 다양한 형상의 곡선을 얻을 수 있는 곡선 표현방식

문제 215

임의의 4개의 점이 공간상에 구성되어 있다. 4개의 점으로 한 개의 베지어(Bezier)곡선을 구성한다면 베지어 곡선을 구성하기 위한 기본 계산식의 차수는 몇 차식인가?

㉮ 1차식   ㉯ 2차식
㉰ 3차식   ㉱ 4차식

해설 3×(L-1)차=3×(4-1)=3×3차

문제 216

용도에 따라 곡면을 분류하면 크게 심미적, 유체역학적, 공학적으로 분류할 수 있는데 심미적 곡면 중 2차원 단면이 기준곡선(base curve)을 따라 이동하여 형성하는 형태의 곡면을 무엇이라고 하는가?

㉮ sweep형 곡면
㉯ 2차 곡면
㉰ proportional형 곡면
㉱ round/fillet형 곡면

해설
- 용도에 따른 곡면을 분류 : 심미적 곡면, 유체역학적 곡면, 공학적 곡면 등
- Sweep형 곡면 : 심미적 곡면 중 2차원 단면이 기준곡선(base curve)을 따라 이동하여 형성하는 형태의 곡면

문제 217

각 꼭지점의 위치에서 벡터의 크기만으로 곡선제어를 쉽게 할 수 있는 대화적인 곡면 설계에 적합한 것은 어느 것인가?

㉮ Bézier 곡면   ㉯ Coons 곡면
㉰ 퍼구 곡면   ㉱ Elastic 곡면

문제 218

자유곡면을 정의할 때 분할된 단위곡면 구간을 무엇이라 하는가?

㉮ 패치(patch)
㉯ 요소(element)
㉰ 세그먼트(segment)
㉱ 프리미티브(primitive)

해설
① 패치(patch) : 자유곡면을 정의할 때 분할된 단위곡면 구간
② 요소(element) : 점, 선, 원, 원호, 자유곡면, 문자 등
③ 세그먼트(segment) : 형상의 일부분이란 뜻으로 수정이나 삭제되는 기본단위를 뜻한다.
④ 프리미티브(primitive) : 요소 하나하나를 의미한다.

문제 219

형상의 정확한 치수보다 미적 표현을 중요시한 곡면으로 일반 가전제품의 외형이나 용기류 등의 플라스틱 제품에서 널리 쓰이는 곡면은?

답 213. ㉮ 214. ㉰ 215. ㉰ 216. ㉮ 217. ㉮ 218. ㉮ 219. ㉯

㉠ 공학적 곡면   ㉡ 심미적 곡면
㉢ 유체역학적 곡면 ㉣ 물리적 곡면

[해설] 곡면을 용도에 따른 곡면형태는 미적 곡면, 유체역학적 곡면, 공학적인 곡면 등으로 분류된다.
① 심미적 곡면 : 형상의 정확한 치수보다 미적 표현을 중요시한 곡면으로 일반 가전제품의 외형이나 용기류 등의 플라스틱 제품에서 널리 쓰이는 곡면이다.
② 유체역학적 곡면 : 방향성을 가진 곡면으로 곡면에서 유체의 유동성을 고려한 곡면
③ 공학적인 곡면 : 심미적이나 유체역학적 곡면을 제한한 곡면의 형태가 기능이 있는 곡면으로 변화되어서는 안 된다.

문제 220

다음 그림과 같은 면의 작성기법은?

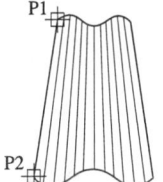 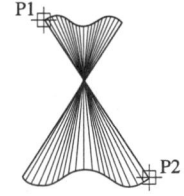

㉠ 방향벡타 표면(Tabsurf)
㉡ 선형보간 표면(Rulesurf)
㉢ 회전 표면(Revsurf)
㉣ 모서리 표면(Edgesurf)

문제 221

어떤 선, 곡선, 원 등의 요소에 진행 방향을 지정한 후 길이와 각도로서 곡면을 만들거나 또는 진행방향에 그대로 제한평면(limit plane)이나 제한곡면(limit surface)을 지정하여 작성하는 곡면은?

㉠ 테이퍼 곡면   ㉡ 회전 곡면
㉢ 룰드 곡면   ㉣ 경계 곡면

[해설] 곡면(surface)의 작성방법
① 룰드 곡면(ruled surface) : 2개의 곡선지정
② 회전 곡면(surface of revolution) : 곡선경로와 회전축 지정
③ 경계 곡선(surface of boundries) : 3개의 곡선 지정
④ 테이퍼 곡면(tapered surface) : 어떤선, 곡선, 원의 요소에 진행방향과 길이, 각도 지정
⑤ 변형 스위프 곡면 : 원, 다각형 지정

문제 222

Cup(컵)이나 유리병과 같이 형상을 가진 대상을 작성하기 위해 사용하는 명령어 중 가장 적절한 것은?

㉠ 단순 평면(plane surface)
㉡ 복합 곡면(ruld surface)
㉢ 회전 곡면(revolution surface)
㉣ Bezier 촉면

문제 223

다음은 모델링에 대한 설명이다. 틀린 것은?

㉠ 와이어 프레임 모델링은 면과 면이 만나는 모서리(edge)를 표현하는 것이다.
㉡ 솔리드 모델링은 데이터를 처리하는데 소요되는 시간이 적다.
㉢ 서피스 모델링은 모서리(edge) 대신에 면을 사용하므로 은선이 제거될 수 있다.
㉣ 모델링 중에서 가장 고급의 모델링 기법은 솔리드 모델링이다.

[해설] 3차원 모델링의 종류
① 와이어 프레임 모델링 : 선 정보에 의한 모델
• 데이터의 구조가 간단하며 처리속도가 빠르다.
• 모델작성 쉽고 3면 투시도 작성이 용이하다.
• 은선 제거 및 단면도 작성 불가능하다.
• 실루엣이 표현이 안되며 해석용으로 사용 못한다.
• x, y, z 좌표값을 입력할 수 있다.
• 구성된 모델의 표면적을 물리적으로 계산할 수 없다.
• 모델의 모서리(EDGE) 정보를 갖고 점과 선의 정보로 구성된다.
② 서피스 모델링 : 면정보에 의한 모델
• 은선 제거 및 면의 구분 가능하다.
• NC data에 의한 NC가공작업 수월하다.

[답] 220. ㉣ 221. ㉠ 222. ㉢ 223. ㉡

- 복잡한 형상처리 가능하다.
- 단면도 및 전개도 작성 가능하다.
- 해석용 모델 및 유한 요소법(FEM)해석 어렵다.
- 물리적 성질을 계산하기가 곤란하다.
③ 솔리드 모델링 : 체적 정보에 의한 모델
  - 간섭 체크 및 은선 제거 가능하다.
  - 물리적 성질 계산 가능(부피, 무게중심, 관성M)하다.
  - Boolean연산(합·적·차)을 통하여 복잡형상 표현도 가능하다.
  - 유한요소법(FEM) 적용이 가능하다.
  - 형상을 절단한 단면도 작성이 용이하다.
  - 이동, 회전을 통하여 정확한 형상파악 가능하다.
  - 컴퓨터의 메모리양 증가, 데이터 처리시간 증가한다.

문제 224

다음 모델링에 관한 설명 중 틀린 것은?

㉮ 솔리드 모델은 논리연산(boolean operation)에 의해 복잡한 형상 표현이 가능하다.
㉯ 와이어 프레임 모델은 데이터 구성이 단순하여 모델을 쉽게 작성하고 처리속도도 빠르다.
㉰ 서피스 모델(surface model)은 둘러싸인 면을 정의해 주고 면과 면의 집합체에 의해 설계대상을 표현하므로 NC 가공 정보를 얻을 수 있다.
㉱ CGS 방식은 서피스 모델보다 데이터의 양이 적으므로 화면에 모델을 표현하는 시간이 적게 걸린다.

문제 225

형상모델링에 대한 설명 중 적합하지 않은 것은?

㉮ 와이어 프레임 모델 : 3차원적인 형상을 공간상의 선으로서 나타내는 것이다.
㉯ 서피스 모델 : 와이어 프레임 모델에서 와이어 사이에 면을 정의한 것이다.
㉰ 솔리드 모델 : 점, 면, 입체로 구성된다.
㉱ 솔리드 모델은 부피를 가진 기본 프리미티브를 조합하여 소정의 형상을 구성할 수 있다.

[해설] 솔리드 모델링은 체적 정보에 의한 모델로 입체로 구성되어 있다.

문제 226

형상 모델링 기법의 하나인 와이어 프레임 모델링에 관한 설명으로 올바르게 기술한 것은?

㉮ Mass property 계산에 이용될 수 있다.
㉯ NC 공구경로의 계산에 이용될 수 있다.
㉰ 유한요소의 자동생성에 이용될 수 있다.
㉱ 3차원 형상의 표현에 이용될 수 있다.

문제 227

모델링 기법에서 서피스 모델(surface model)을 형성시키는 방법이 아닌 것은?

㉮ 아크(arc)를 커브(curve)로 바꾸어서 만들고자 하는 면(surface)의 경계선을 만들고 모델을 완성한다.
㉯ 솔리드 모델링(solid modeling)에 의해 만들어진 모델을 면(surface) 모델로 바꾸어 모델을 완성한다.
㉰ 커브(curve)나 면의 법선 벡터(normal vector)나 접선 벡터(tangent vector)에 의하여 면 모델을 완성한다.
㉱ 두 몸체 모델의 교정을 연결하여 커브(curve)를 만들고 커브를 이용하여 면(surface) 모델을 만든다.

[해설] 서피스 모델링을 형성시키는 방법
① arc를 curve로 바꾸어서 만들고자하는 surface의 경계선을 만들고 모델을 완성한다.
② 커브나 면의 법선 벡터나 접선 벡터에 의하여 면 모델을 완성한다.
③ 두 몸체 모델의 교정을 연결하여 커브를 만들고 커브를 이용하여 면 모델을 만든다.

[답] 224. ㉱ 225. ㉰ 226. ㉱ 227. ㉯

문제 228

솔리드 모델링(solid modelling)방법의 특징으로 적당한 것은?

㉮ 물리적 성질의 계산이 불가능하다.
㉯ CSG(Constructive Solid Geometry)에서는 모델 → 면 → 모서리선 → 꼭지점식으로 데이터 구조를 계층구조로 표현한다.
㉰ 경계 표현 방법(Boundary Representation)에서는 기본적인 프리미티브의 합, 차, 곱 등의 연산으로 솔리드 모델을 구성한다.
㉱ 복잡한 계산이 필요하여 연산 처리에 시간이 걸린다.

문제 229

일반적으로 와이어 프레임(wire frame) 모델을 이용하여 수행할 수 있는 계산은?

㉮ 물체의 부피 계산
㉯ NC 공구 경로 계산
㉰ 총 모서리의 길이
㉱ 유한 요소의 자동 생성

[해설] 와이어 프레임(wire frame) 모델을 이용하여 수행할 수 있는 계산은 총 모서리의 길이이다.
① 서피스 모델링 : NC 공구 경로 계산
② 솔리드 모델링 : 물체의 부피 계산, 유한 요소의 자동 생성

문제 230

서피스 모델링(surface modeling) 방식으로 정의된 곡면의 일부를 절단하면 어느 형태의 도형이 되는가?

㉮ 점   ㉯ 평면
㉰ 원   ㉱ 곡선

[해설] 서피스 모델링으로 정의된 곡면의 일부를 절단하면 곡선이 되고, 평면의 일부를 절단하면 직선이 된다.

문제 231

형상 모델링하는데 데이터 구조로서 작성이 이루어지는 순서가 올바른 방법은?

㉮ (B-REPS) - CSG - 투시도 - 형상기술
㉯ 형상기술 - CSG - (B-REPS) - 투시도
㉰ 투시도 - CSG - 형상기술 - (B-REPS)
㉱ CSG - (B-REPS) - 형상기술 - 투시도

[해설] 형상 모델링하는 데이터 구조 작성 순서
CSG → B-Reps → 형상기술 → 투시도

문제 232

솔리드 모델의 CSG 저장방식과 가장 관계가 먼 설명은?

㉮ 기본 입체의 조합으로 몸체를 표현한다.
㉯ Boolean 연산을 이용한다.
㉰ 전개도 작성이 쉽다.
㉱ 중량계산이 쉽다.

문제 233

3차원 형상의 솔리드 모델링에서 B-rep과 비교한 CSG(constructive solid geometry)의 상대적인 특징으로 틀린 것은?

㉮ 데이터의 구조가 간단하다.
㉯ 데이터의 수정이 용이하다.
㉰ 전개도의 작성이 용이하다.
㉱ 메모리의 용량이 소용량이다.

[해설] B-rep과 CSG의 상대적인 특징
① CSG(constructive solid geometry) : 복잡한 물체를 단순(primitive)의 조합으로 표현하며 부울 연산자(합, 적, 차)를 사용

장점	• 기본도형을 직접입력(box, cylinder, cone, …) • 간결한 파일로 저장 • 메모리가 적다. • 데이터 수정이 용이 • 중량계산 가능
단점	• 디스플레이시 시간이 오래 걸린다. • 3면도, 투시도, 전개도 작성이 곤란 • 표면적 계산 곤란

[답] 228. ㉱ 229. ㉰ 230. ㉱ 231. ㉱ 232. ㉰ 233. ㉰

② B-rep(boundary representation)

장점	• 화면 재생시간이 적게 소요 • 3면도, 투시도, 전개도 작성 용이 • 데이터의 상호 교환이 쉬워 많이 사용 • 비행기의 동체나 날개부분, 자동차의 외형 구성 및 어려운 물체 모델화에 편리 • 표면적 계산 용이
단점	• 모델의 외곽저장으로 메모리 필요 • 중량 계산 곤란 • 입체내부까지 유한요소법 적용

문제 234

다음 중 CSG와 비교한 B-rep의 특성이 아닌 것은?

㉮ 입체의 표면적 계산이 용이하다.
㉯ 데이터의 구조가 복잡하다.
㉰ 많은 저장 메모리가 요구된다.
㉱ 3면도, 투시도 작성이 곤란하다.

문제 235

CAD 소프트웨어에서 모델링 방식 가운데 기본입체에 대한 boolean operation에 의해서 형상을 정의하는 방식은?

㉮ Wire frame 방식
㉯ Constructive solid geometry 방식
㉰ Boundary representation 방식
㉱ Dashed line 방식

해설 모델링 방식 가운데 기본입체에 의한 boolean operation에 의한 모델 형상 정의 방법은 CSG 방식이다.(CSG ; Constructive solid geometry)

문제 236

모델링할 경우에 부울 연산법에 의해서 가장 원활하게 모델을 구성할 수 있는 방식을 무엇이라고 하는가?

㉮ 와이어 프레임(Wire frame) 모델
㉯ 서피스(Surface) 모델
㉰ 시스템(System) 모델
㉱ 솔리드(Solid) 모델

해설 솔리드(Solid) 모델은 부울 연산법에 의해서 가장 원활하게 모델을 구성할 수 있는 방식이다.

문제 237

솔리드 모델링 방법 중 CSG(constructive solid geometry)방식과 비교할 때 B-rep(boundary representation)방식의 특징에 해당하는 것은?

㉮ 메모리 용량이 적다.
㉯ NC 데이터 생성이 어렵다.
㉰ 3면도, 투시도, 전개도의 작성이 용이하다.
㉱ 데이터 구조가 단순하고, 기억용량이 적다.

문제 238

솔리드 모델링의 B-rep 방식과 CSG 방식에 관한 설명 중 틀린 것은?

㉮ 데이터 구조는 CSG 방식이 단순하다.
㉯ 전개도 작성은 CSG 방식이 용이하다.
㉰ 표면적 계산은 B-rep 방식이 용이하다.
㉱ 데이터 작성은 B-rep 방식이 더 곤란하다.

해설 전개도 작성방식은 B-Rep방식이 용이하고 CSG 방식은 곤란하다.

문제 239

솔리드 모델링 표현 중 CSG와 비교한 B-rep 방식의 특성이 아닌 것은?

㉮ 전개도 작성이 용이
㉯ 데이터 구조가 복잡
㉰ 표면적 계산이 용이
㉱ 중량계산이 용이

문제 240

다음 B-rep(Boundary representation)에 대한 설명으로 틀린 것은?

㉮ 물체의 형상(geometry)과 토폴로지(topology)는 별개라는 개념에서 출발했다.

답 234.㉱ 235.㉯ 236.㉱ 237.㉰ 238.㉯ 239.㉱ 240.㉱

㉰ 솔리드 모델링 방법의 일종이다.
㉱ CSG에 비해 데이터 구조가 복잡하다.
㉲ CSG에 비해 3면도, 투시도, 전개도 작성이 어렵다.

문제 241

솔리드 모델링에 있어서 사각블록, 정육면체, 구, 원통, 피라밋 등과 같은 기본 입체를 사용하여 불리언 오퍼레이션으로 데이터를 저장하는 방식을 무엇이라고 하는가?

㉮ CSG 방식   ㉯ B-rep 방식
㉰ NURBS 방식   ㉱ Assembly 방식

해설 CSG방식
솔리드 모델링에 있어서 사각블록, 정육면체, 구, 원통, 피라미드 등과 같은 기본 입체를 사용하여 불리언 오퍼레이션으로 데이터를 저장하는 방식

문제 242

솔리드 모델링 기법의 일종인 특징형상모델링기법의 성격에 대한 설명으로 맞지 않는 것은?

㉮ 모델링 입력을 설계자 또는 제작자에게 익숙한 형상 단위로 하자는 것이다.
㉯ 각각의 형상단위는 주요 치수를 파라메터로 입력하도록 되어 있다.
㉰ 모델링된 입체를 제작하는 단계의 공정계획에서 매우 유용하게 사용될 수 있다.
㉱ 사용되는 사용분야와 사용자에 관계없이 특징형상의 종류가 항상 일정하다는 것이 장점이다.

해설 솔리드 모델링 기법의 일종인 특징형상모델링 기법
① 모델링 입력을 설계자 또는 제작자에게 익숙한 형상 단위로 하자는 것이다.
② 각각의 형상단위는 주요 치수를 파라메터로 입력하도록 되어있다.
③ 모델링된 입체를 제작하는 단계의 공정계획에서 매우 유용하게 사용될 수 있다.

문제 243

와이어 프레임(wire frame)에 면(面), 체(體)의 정보를 추가하여 3차원 형상을 그 경계면으로 표현하는 방법인 경계 표현방법(Boundary Representation)에 설명으로 틀린 것은?

㉮ CSG에 비하여 데이터 구조가 복잡하다.
㉯ CSG(Constructive Solid Geometry)에 의한 방법에 비하여 삼면도, 투시도의 작성이 용이하다.
㉰ 점, 선, 면 등을 별개로 정의, 수정 및 소거할 경우 과오를 일으키기 쉽다.
㉱ 내부 구조에 모순이 생겨도 발견하기 쉽다.

해설 경계 표현방법(Boundary Representation) : 와이어 프레임(wire frame)에 면(面), 체(體)의 정보를 추가하여 3차원 형상을 그 경계면으로 표현하는 방법이다. 특징으로
① CSG에 비하여 데이터 구조가 복잡하다.
② CSG(Constructive Solid Geometry)에 의한 방법에 비하여 삼면도, 투시도의 작성이 용이하다.
③ 점, 선, 면 등을 별개로 정의, 수정 및 소거할 경우 과오를 일으키기 쉽다.
④ 내부 구조에 모순이 생기면 발견하기 어렵다.

문제 244

다음 모델링 기법 중 빌딩블럭(building block)개념을 이용하여 모델링하는 방식은?

㉮ 와이어 프레임(Wire frame) 모델
㉯ CSG(Constructive Solid Geometry) 모델
㉰ B-Rep.(Boundary Representation) 모델
㉱ 서피스(Surface) 모델

해설 빌딩 블럭(building block)개념을 이용하여 모델링하는 방식은 CSG(Constructive Solid Geometry)모델이다.

문제 245

컴퓨터 내부 모델링 방법 중 3차원적인 물체의 표

답 241. ㉮ 242. ㉱ 243. ㉱ 244. ㉯ 245. ㉮

현 방법이 아닌 것은?
- ㉮ 회전 분할에 의한 표현방법
- ㉯ 공간격자에 의한 표현방법
- ㉰ 메시(mash) 분할에 의한 표현방법
- ㉱ 시브(sheave)에 의한 표현방법

[해설] 3차원적인 물체의 형상 표현 방법
① 공간격자에 의한 방법
② 프리미티브에 의한 방법
③ 메시분할에 의한 방법
④ 반공간에 의한 방법
⑤ 시브에 의한방법
⑥ 경계 표현에 의한 방법

문제 246

다음 중 3차원적인 물체형상의 표현방법이 아닌 것은?
- ㉮ 곡선에 의한 방법
- ㉯ 반공간에 의한 방법
- ㉰ 공간격자에 의한 방법
- ㉱ 메시 분할에 의한 방법

문제 247

다음 중 3차원적인 물체의 형상표현방법이 아닌 것은?
- ㉮ 스위프(sweep)에 의한 방법
- ㉯ 공간격자에 의한 방법
- ㉰ 메시 분할에 의한 방법
- ㉱ 경계 표현에 의한 방법

문제 248

일반적으로 3차원적인 물체의 표현방법이 아닌 것은?
- ㉮ 평면격자에 의한 표현방법
- ㉯ 경계표현에 의한 표현방법
- ㉰ 메시 분할에 의한 표현방법
- ㉱ 프리미티브(primitive)에 의한 표현방법

문제 249

솔리드 모델링에서 프리미티브(primitive)에 의해 작성될 수 없는 것은?
- ㉮ 육면체
- ㉯ 원기둥
- ㉰ 원추
- ㉱ 직선

[해설] 프리미티브(primitive) 형상
① 기본형상 구성기능(primitive) : 육면체, 원기둥, 구, 원추, 회전체, 프리즘, 스윕 등
② 기본형상 조합기능 : 두 물체 더하기, 빼내기, 공통부분 찾기 등.

문제 250

컴퓨터 내부의 3차원 형상 표현방식 중 CGS(Constructive Solid Geometry)라고 불려지는 것은?
- ㉮ 프리미티브(primitive)와 불리언 연산자에 의한 표현
- ㉯ 곡면에 의한 표현
- ㉰ 스위프(sweep)에 의한 표현
- ㉱ 경계 표현

[해설] 프리미티브와 불리언 연산자에 의한 표현방식을 CGS(Constructive Solid Geometry)라고도 한다.

문제 251

미리 정해진 연속된 단면을 덮는 표면 곡면을 생성시켜 닫혀진 부피영역 혹은 솔리드 모델을 만드는 모델링 방법은?
- ㉮ 트위킹(tweaking)
- ㉯ 리프팅(lifting)
- ㉰ 스위핑(sweeping)
- ㉱ 스키닝(skinning)

[해설] 스키닝(skinning)
미리 정해진 연속된 단면을 덮는 표면 곡면을 생성시켜 닫혀진 부피영역 혹은 솔리드 모델을 만드는 모델링 방법

문제 252

3차원 형상모델을 분해모델로 저장하는 방법 중

[답] 246. ㉮ 247. ㉮ 248. ㉮ 249. ㉱ 250. ㉮ 251. ㉱ 252. ㉱

틀린 것은?

㉮ 복셀(Voxel) 모델
㉯ 옥트리(Octree) 표현
㉰ 세포분해(Cell Decomposition) 모델
㉱ Facet 모델

[해설] 3차원 형상모델을 분해모델로 저장하는 방법
① 복셀(Voxel) 모델
② 옥트리(Octree) 모델
③ 세포분해(Cell Decomposition) 모델

문제 253

CAD 모델을 여러 개의 단층으로 나누어 층 하나 하나를 마치 피라미드를 쌓아올리는 방식으로 시제품을 만드는 가공방식을 무엇이라고 부르는가?

㉮ 역공학 ㉯ Rapid prototyping
㉰ NC 가공 ㉱ Digital Mock-Up

[해설] Rapid prototyping
CAD 모델을 여러 개의 단층으로 나누어 층 하나 하나를 마치 피라미드를 쌓아올리는 방식으로 시제품을 만드는 가공방식

문제 254

CAD/CAM 시스템에서 모델을 표현하는 방식 중 2.5차원에 대한 설명으로 틀린 것은?

㉮ 초기 NC기계가 동시 3축이 안되고 3축기계이지만 동시에 2축밖에 움직이지 않아서 생긴 말이다.
㉯ 도면을 그리는 아이디어와 흡사하게 곡면을 형성할 수 있기 때문에 곡면의 이해가 쉽다.
㉰ 모든 형상정보를 x-y, y-z, z-x 평면에 관한 자료만 가지고 있는 경우로 도면제작에 많이 사용된다.
㉱ 가공된 곡면은 면이 좋고 원호보간을 사용하므로 가공데이터(NC Code)가 짧다.

[해설] CAD/CAM 시스템에서 2.5차원 모델
① 초기 NC 기계가 동시 3축이 안되고 3축기계이지만 동시에 2축밖에 움직이지 않아서 생긴 말이다.
② 도면을 그리는 아이디어와 흡사하게 곡면을 형성할 수 있기 때문에 곡면의 이해가 쉽다.
③ 가공된 곡면은 면이 좋고 원호보간을 사용하므로 가공데이터(NC Code)가 짧다.

문제 255

공간 분할 표현법(spatial enumeration)이 다른 솔리드 모델링 방법에 비하여 우수한 점은?

㉮ 공간 유일성(spatial uniqueness)을 보장
㉯ 저장 공간(storage space)의 절약
㉰ 생성에 필요한 계산량 감소
㉱ 모델의 정확성

[해설] 공간 분할 표현법(spatial enumeration)이 다른 솔리드 모델링 방법에 비하여 우수한 점은 공간 유일성(spatial uniqueness)을 보장하기 때문이다.

문제 256

CAD/CAM 시스템에서 B-rep(boundary representation)방식에 의해서 형상을 구성할 때 물체에 구멍이 없는 다면체인 경우에는 오일러의 관계식이 성립한다. 다음 중 오일러의 관계식을 바르게 나타낸 것은?

㉮ 정점의 숫자+면의 숫자−모서리 숫자=2
㉯ 정점의 숫자−면의 숫자−모서리 숫자=2
㉰ 모서리 숫자+정점의 숫자−면의 숫자=2
㉱ 모서리 숫자+면의 숫자−정점의 숫자=2

[해설] B-rep방식에 의해서 형상을 구성할 때 물체에 구멍이 없는 다면체인 경우의 오일러의 관계식
정점의 숫자+면의 숫자−모서리 숫자=2

문제 257

그림과 같은 삼각뿔을 B-Rep방식으로 솔리드 모델링할 때 성립하는 오일러(Euler)의 관계식으로 옳은 것은? (여기서 V=꼭지점의 수, F=면의

[답] 253. ㉯ 254. ㉰ 255. ㉮ 256. ㉮ 257. ㉯

수, E = 모서리의 수이다.)

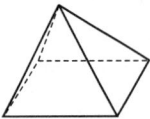

㉮ $V+F+E=2$ ㉯ $V+F-E=2$
㉰ $V-F+E=2$ ㉱ $V-F-E=2$

해설 오일러(Euler)식
n = 꼭지점의 수 + 면의 수 − 모서리의 수
$= 5+5-8 = 2$

문제 258

아래에서 디지털 목업(digital mock-up)에 관한 설명으로 거리가 먼 것은?

㉮ 실물 mock-up의 사용빈도를 줄일 수 있는 대안이다.
㉯ 간섭검사, 기구학적 검사 그리고 조립체 속을 걸어다니는 듯한 효과 등을 낼 수 있다.
㉰ 적어도 surface나 solid model로 각각의 단품이 모델링되어야 한다.
㉱ 조립체 모델링에는 아직 적용되지 않는다.

해설 디지털 목업(digital mock-up) : 실물 크기의 모형
① 실물 mock-up의 사용빈도를 줄일 수 있는 대안이다.
② 간섭검사, 기구학적 검사 그리고 조립체 속을 걸어 다니는듯한 효과 등을 낼 수 있다.
③ 적어도 surface나 solid model로 각각의 단품이 모델링되어야 한다.
④ 조립체 모델링에 CAD에서 적용된다.

문제 259

CAD/CAM에서 사용되는 모델 구성방식에 대한 내용 중 잘못 설명한 것은?

㉮ wire frame model-실루엣(silhouette)이 잘 나타난다.
㉯ surface model-NC data를 생성할 수 있다.
㉰ solid model-정의된 형상의 무게를 구할 수 있다.
㉱ surface model-tool path를 구할 수 있다.

해설 실루엣(silhouette)은 서피스 모델링과 솔리드 모델링에서 잘 나타낼 수 있다.

문제 260

4면체를 와이어 프레임 모델(wire frame model)로 표현하였을 때 모서리(edges) 수는 몇 개인가?

㉮ 6   ㉯ 5
㉰ 4   ㉱ 3

해설 4면체를 와이어 프레임 모델로 표현하면
① 정점(vertice) : 4개
② 모서리(edges) : 6개
③ 면(face) : 4개

문제 261

다음 그림은 어느 모델에 해당되는가?

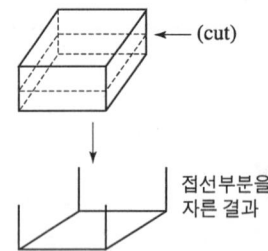

㉮ 와이어 프레임 모델(wire frame model)
㉯ 서피스 모델(surface model)
㉰ 솔리드 모델(solid model)
㉱ 입력 모델(input model)

문제 262

다음 도형에서 와이어 프레임의 윤곽선 수는?

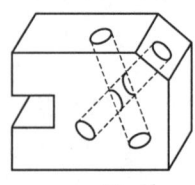

㉮ 31   ㉯ 41
㉰ 51   ㉱ 61

답 258. ㉱ 259. ㉮ 260. ㉮ 261. ㉮ 262. ㉯

[해설] 도형에서 모서리수 : 27개
구멍에서 원 : 4개
반원 : 2개
모서리수 : 8개

문제 263

Boundary Representation 솔리드 데이터는 Geometry 데이터와 Topology 데이터로 구분해서 생각할 수 있다. 다음 용어 중 Topology 용어가 아닌 것은?

㉮ Face ㉯ Edge
㉰ Loop ㉱ Bridge

[해설] 토폴로지(Topology ; 위상기하학)용어
Vertex, Face, Edge, Loop 등

문제 264

볼트와 같이 동일한 형상에 변수(parameter)를 적용하여 치수에 맞는 크기와 길이로 만들 수 있는 모델링은?

㉮ 와이어 프레임 모델링
㉯ 서피스 모델링
㉰ 피쳐기반 모델링
㉱ 파라메트릭 모델링

문제 265

프로파일은 경로 곡선을 따라 피쳐가 생성되는 부품 피쳐는?

㉮ 돌출(Extrude) ㉯ 회전(Revolve)
㉰ 스윕(Sweep)   ㉱ 로프트(Loft)

[해설] ① 돌출(Extrude) : 스케치를 3차원으로 돌출하여 볼록한 형상으로 만든다.
② 회전(Revolve) : 스케치한 도형을 회전시켜 3차원으로 만든다.
③ 구멍(Hole) : 동심, 점을 선택하여 원형 구멍을 만든다.
④ 로프트(Loft) : 두 개 이상의 프로파일 사이에서 로프트를 만든다.
⑤ 스윕(Sweep) : 프로파일은 경로 곡선을 따라 피쳐가 생성된다.

문제 266

형상 모델링에서는 기본적으로 곡면을 많은 사각형 또는 삼각형으로 분할하여 분할된 단위 곡면 요소들을 이어서 곡면을 표현하는데 이 사각형 또는 삼각형의 곡면 요소를 무엇이라고 하는가?

㉮ 프리미티브(primitive)
㉯ 요소(element)
㉰ 패치(patch)
㉱ 놋(knot)

문제 267

3차원 형상모델을 분해모델로 저장하는 방법 중 틀린 것은?

㉮ 복셀(Voxel) 모델
㉯ 옥트리(Octree)표현
㉰ 세포분해(Cell Decomposition) 모델
㉱ Facet 모델

문제 268

미국의 표준코드로 컴퓨터와 주변장치간의 데이타 입출력에 주로 사용하는 데이터 표현방식은?

㉮ DECIMAL ㉯ BCD
㉰ EBCDIC   ㉱ ASCII

[해설] ASCII Code
미국의 표준코드로 데이터 비트 7개(존비트 3개, 디짓비트 4개)와 패리티 비트 1개로 이루어져 있는 데이터 표현 방식이다.

문제 269

IGES 파일의 구조가 아닌 것은?

㉮ Start Section   ㉯ Local Section
㉰ Directory Section ㉱ Parameter Section

[답] 263.㉱ 264.㉱ 265.㉰ 266.㉰ 267.㉱ 268.㉱ 269.㉯

문제 270
서로 다른 CAD/CAM 시스템에 의해서 만들어진 자료를 서로 공유하여 설계와 가공 정보로서 활용하기 위한 표준 데이터 구성방식을 규정한 것은?
- ㉮ Preprocessor
- ㉯ ISO
- ㉰ FEM
- ㉱ IGES

문제 271
CAD/CAM 시스템 간에 데이터베이스가 서로 호환성을 가질 수 있도록 모델의 입출력데이터를 표준형식으로 작성하는 기능은?
- ㉮ ISO
- ㉯ IGES
- ㉰ LISP
- ㉱ ANSI

[해설] IGES는 CAD/CAM system에서 사용된 설계와 가공 정보를 교환하기 위하여 미국의 NBS가 제안한 표준 데이터형식으로 서로 다른 CAD/CAM시스템 사이의 정보교환은 IGES이다.

문제 272
DXF파일의 섹션의 종류가 아닌 것은?
- ㉮ 헤더 섹션
- ㉯ 블록 섹션
- ㉰ 엔티티 섹션
- ㉱ 디렉토리 섹션

[해설] DXF(Data Exchange File)는 서로 다른 CAD자료를 공동으로 사용하기 위한 데이터 교환방식으로 DXF File의 섹션 종류는 header section, table section, block section, entity section, End of file 등이 있다.

문제 273
IGES 데이터 형식과 관계없는 것은?
- ㉮ start section
- ㉯ global section
- ㉰ local section
- ㉱ terminate section

문제 274
DXF(Date Exchange File) 파일의 섹션구성에 해당되지 않는 것은?
- ㉮ header section
- ㉯ library section
- ㉰ table section
- ㉱ entity section

문제 275
다음 보기 중 서로 관련성이 없는 것은?
- ㉮ DTE
- ㉯ DCE
- ㉰ DSR
- ㉱ DXF

문제 276
제품의 모델(model)과 그에 관련된 데이터 교환에 관한 표준 데이터 형식이 아닌 것은?
- ㉮ STEP
- ㉯ IGES
- ㉰ DXF
- ㉱ SAT

[해설] 소프트웨어 인터페이스 : GKS, IGES, DXF, STEP 등이 있다.

문제 277
여러 종류의 CAD/CAM 소프트웨어 간의 정보교환을 위하여 미국의 NBS(National Bureau of Standards)가 제안, ANSI규격으로 승인한 표준 데이터 형식은?
- ㉮ GKS
- ㉯ DXF
- ㉰ IGES
- ㉱ STEP

[해설] 소프트웨어 인터페이스에는 GKS, IGES, DXF, STEP, STL 등이 있다.
IGES는 CAD/CAM system에서 사용된 설계와 가공정보를 교환하기 위하여 미국의 NBS가 제안한 표준 데이터형식. 즉, IGES 가 서로 다른 CAD/CAM시스템 사이의 정보교환

문제 278
1987년 미국의 3D system사가 Albert Consulting Group에 의뢰하여 만들어진 것으로 3차원 데이터의 서피스 모델을 삼각형 다면체로 근사시킨 것

[답] 270.㉱ 271.㉯ 272.㉱ 273.㉰ 274.㉯ 275.㉱ 276.㉱ 277.㉰ 278.㉱

으로 쾌속조형의 표준입력파일 포맷으로 사용하고 있는 규격은?

㉮ DXF   ㉯ IGES
㉰ STL   ㉱ GKS

해설 STL(Stereo Lithography)
이 규격은 쾌속조형의 표준입력파일 포맷으로 많이 사용되고 있다. 1987년 미국의 3D system사가 Albert Consulting Group에 의뢰하여 만들어진 것으로 3차원 데이터의 서피스 모델을 삼각형 다면체로 근사시킨 것으로, CAD/CAM S/W 개발자들이 STL 파일을 표준출력의 옵션으로 선정하였다.

문제 279

다음 중 CAD와 CAM소프트웨어 인터페이스 방식에 대해 나열한 것은?

㉮ RS232C, DTE, DCE, DSR
㉯ RS232C, RS232C표준, DTE, DCE
㉰ GKS, IGES, DXF, STEP
㉱ RS232C, GKS, IGES, DXF

해설
① 소프트웨어 인터페이스 : GKS, IGES, DXF, STEP
② 하드웨어 인터페이스 : RS232C, RS232C표준, DTE, DCE

문제 280

PC-CAD에서 서로 데이터 교환이 가능하도록 하는 파일은?

㉮ LISP 파일   ㉯ DXF 파일
㉰ GKS 파일   ㉱ DGS 파일

해설
• DXF 파일 형식 : 2차원 CAD 시스템에서 주로 이용되고 있는 DXF 파일은 "XXX. DXF"의 파일유형과 특별히 FORMAT된 텍스트를 갖는 ASCII TEXT FILE이다.
① HEADER부 ② TABLES부
③ BLOCK부 ④ ENTITIES
⑤ END OF FILE
• GKS 파일 : 2차원 그래픽 시스템을 위한 표준규격

• IGES 파일 : 여러 종류와 CAD/CAM 시스템에서 사용된 설계와 가공의 정보를 교환하기 위한 표준 데이터 형식

문제 281

DXF 데이터 형식의 구조와 관계없는 것은?

㉮ Header   ㉯ Tables
㉰ Directory   ㉱ Blocks

해설 DXF File의 구성
header section, table section, block section, entity section, end of file 등

문제 282

DXF 데이터 교환 파일의 섹션 구성이 아닌 것은?

㉮ block   ㉯ open
㉰ tables   ㉱ header

해설 DXF 파일의 섹션 구성
① HEADER부 ② TABLES부
③ BLOCK부 ④ ENTITIES부
⑤ END OF FILE부

문제 283

다음에서 "COM2 : 9600, N, 8, 2 CS, DS" AS#1일 때 전송속도는?

㉮ 1200   ㉯ 2400
㉰ 4800   ㉱ 9600

문제 284

RS-232-C에 의해 2, 3, 7 그리고 8번만을 사용하는 더미터미널에서 접지선은 몇 번을 사용하는가?

㉮ 2   ㉯ 3
㉰ 7   ㉱ 8

해설 RS-232-C
2번 : 송신선, 3번 : 수신선, 7번 : 접지선

답 279. ㉰ 280. ㉯ 281. ㉰ 282. ㉯ 283. ㉱ 284. ㉰

문제 285
CNC공작기계에서 data 호환 시 필요 없는 것은?
- ㉮ RS232C
- ㉯ DNC S/W
- ㉰ 포스트 프로세서
- ㉱ 시리얼 포트

문제 286
다음 중 DNC 시스템에서 필요로 하지 않는 것은?
- ㉮ 중앙컴퓨터
- ㉯ 천공테이프
- ㉰ 통신선
- ㉱ CNC공작기계

[해설] DNC system에는 중앙 컴퓨터, 통신케이블 CNC 공작기계가 필요하다.

문제 287
NC 데이터를 기계로 전송하기 위하여 사용되는 인터페이스(inter face) 중 RS-232C의 특징으로 부적절한 것은?
- ㉮ 데이터의 흐름은 직렬 전송 방식의 일종이다.
- ㉯ 접속이 용이하나, 신호 잡음 성능이 떨어진다.
- ㉰ 컴퓨터와 기계를 제한 없이 인터페이스가 가능하다.
- ㉱ 전송 거리는 15m 이내에서 안정적이다.

[해설] 인터페이스(interface) RS-232C의 특징
① 데이터의 흐름은 직렬 전송 방식의 일종이다.
② 접속이 용이하나, 신호 잡음 성능이 떨어진다.
③ 전송 거리는 15m 이내에서 안정적이다.

문제 288
DNC 운전시 데이터의 전송속도를 나타내는 것은?
- ㉮ RTS
- ㉯ DSR
- ㉰ BPS
- ㉱ CTS

[해설] 컴퓨터에 사용되는 단위
① BPS : 전송속도(통신속도)
② BPI : 자기테이프의 기록 밀도
③ CPS : 프린터의 출력속도
④ MIPS : CPU의 처리속도
⑤ DPI : 출력 밀도(해상도)
⑥ IPS : 플로터가 그림을 그릴 때의 속도

문제 289
다음 중 DNC(Direct Numerical Control)의 설명에 가장 적합한 것은?
- ㉮ 코드화된 수치 데이터에 의하여 자동 공장기계를 제어하고 작동하는 기술
- ㉯ 컴퓨터(마이크로프로세서)를 내장한 NC 공작기계
- ㉰ 컴퓨터의 핵심기능을 수행하는 중앙 연산 처리장치
- ㉱ 여러 대의 NC기계를 한 대의 컴퓨터에 연결시켜 공작기계를 제어

문제 290
다음 중 DNC에 관한 설명으로 틀린 것은?
- ㉮ NC 테이프를 사용하지 않고 CNC가공을 행할 수 있다.
- ㉯ 하드 와이어드(hard wired) CNC라고도 한다.
- ㉰ 여러 대의 CNC 공작기계를 한 대의 컴퓨터로 제어할 수 있다.
- ㉱ 복잡한 항공기 부품의 가공 등에 사용된다.

[해설] DNC에 관한 설명
① NC 테이프를 사용하지 않고 CNC 가공을 행할 수 있다.
② 여러 대의 CNC 공작기계를 한 대의 컴퓨터로 제어할 수 있다.
③ 복잡한 항공기 부품의 가공 등에 사용된다.

문제 291
CNC의 외부 기억장치를 통하여 프로그램을 내부 기억장치와 입출력 할 때 1분에 전송 가능한 최대 비트(Bit)수를 무엇이라 하는가?
- ㉮ 전송속도
- ㉯ 인터페이스

[답] 285. ㉱ 286. ㉯ 287. ㉰ 288. ㉰ 289. ㉱ 290. ㉯ 291. ㉮

㉰ 데이터 비트 ㉱ 파라메타

문제 292
다음은 CNC의 네트워크를 구성하는 예들이다. 이 중에서 나무형 트리구조(tree structure)는 어디에 해당하는가?
㉮ 변형 네트워크 ㉯ 계층적 네트워크
㉰ 버스 네트워크 ㉱ 분산 네트워크

문제 293
다음에 열거한 네트워크 구성방식 중에서 전송매체로서 동축 케이블을 사용하는 방식으로만 나열된 것은?
㉮ 링형, 스타형, 루프형
㉯ 버스형, 링형, 스타형
㉰ 버스형, 링형, 루프형
㉱ 스타형, 루프형, 버스형

[해설] 네트워크 구성방식
① 동축케이블 방식 : 버스형, 링형, 루프형
② 토큰 방식 : 버스형, 링형, 루프형

문제 294
FMS(Flexible Manufacturing System)의 정보 네트워크 시스템은 일반적으로 3가지 형태로 구분 되어진다. 다음 중 그 3가지 형태에 속하지 않는 것은?
㉮ 나사(screw)형 ㉯ 스타(star)형
㉰ 링(Ring)형 ㉱ 버스(Bus)형

[해설] FMS(Flexible Manufacturing System)의 정보 네트워크 시스템은 스타(star)형, 링(Ring)형 버스(Bus)형 등 3가지 형태로 구분된다.

문제 295
컴퓨터 간의 정보교환을 보다 향상시키기 위해 사용하는 네트워크 기술에서의 통신규약을 무엇이라 하는가?

㉮ PROTOCOL ㉯ PARITY
㉰ PROGRAM ㉱ PROCESS

문제 296
LAN을 구성할 때 전송매체에 따라 구분할 수도 있다. 이때 디지털 신호형식으로 전송하는 베이스밴드(base band)와 400MHz 정도의 주파수를 갖는 브로드밴드(broad band)방식으로 전송하는 전송매체는?
㉮ 광(optical) 케이블
㉯ 트위스트 페어(twisted pair) 케이블
㉰ 동축(coaxial) 케이블
㉱ 와이어(wire) 케이블

[해설] LAN의 전송매체에는 동축 케이블, 페어선, 광섬유 케이블 등이 있다. 동축 케이블은 디지털 신호형식으로 전송하는 베이스밴드(base band)와 400MHz정도의 주파수를 갖는 브로드밴드(broad band)방식으로 전송한다.

문제 297
그물망형 네트워크의 설명으로 맞는 것은?
㉮ 중앙에 컴퓨터가 있고 이를 중심으로 터미널들이 연결되는 형태이다.
㉯ 통신선로는 각 지역적으로 가까운 터미널까지 하나의 통신선로가 구성되고 이웃의 터미널들은 이 터미널로부터 다시 연장된다.
㉰ 보통 공중 데이터 통시 네트워크가 이러한 형태를 가지며, 통신회선의 총 경로는 다른 네트워크 형태와 비교해 가장 길며, 두 지점간에 항상 두 개 이상의 경로를 갖게 되어 하나의 경로 장애시에 다른 경로를 택할 수 있는 장점이 있다.
㉱ 양쪽 방향으로 접근이 가능하여 통신회선 장애에 대해 융통성이 있다. 근거리 네트워크에 많이 채택되는 방식이다.

[해설] 그물망(mesh)형 네트워크
보통 공중 데이터 통시 네트워크가 이러한 형태를

[답] 292.㉯ 293.㉰ 294.㉮ 295.㉮ 296.㉰ 297.㉰

가지며, 통신회선의 총 경로는 다른 네트워크 형태와 비교해 가장 길며, 두 지점 간에 항상 두 개 이상의 경로를 갖게 되어 하나의 경로 장애 시에 다른 경로를 택할 수 있는 장점이 있다.

문제 298

Serial data 전송시 전송되는 data의 구성내용이 아닌 것은?

- ㉮ start bit
- ㉯ parity bit
- ㉰ stop bit
- ㉱ check bit

문제 299

제한된 일정 지역 내에 분산 설치된 각종 정보 장비들 사이의 통신을 수행하기 위하여 최적화하고 신뢰성 있는 고속의 통신 채널을 제공하는 것은?

- ㉮ 부가가치 통신망(VAN)
- ㉯ 협대역 종합 정보 통신망(ISDN)
- ㉰ 근거리 통신망(LAN)
- ㉱ 광대역 종합 정보 통신망(ATM)

[해설] 근거리 통신망(LAN)
제한된 일정 지역 내에 분산 설치된 각종 정보 장비들 사이의 통신을 수행하기 위하여 최적화하고 신뢰성 있는 고속의 통신 채널을 제공하는 것이다. 또는 한 건물 내에 있는 공장, 대학 캠퍼스 등과 같이 전송거리가 약 1km 이내이며, 전송속도 0.1~20 Mbps이면서 에러 발생률이 극히 적은 정보 통신망이다.

문제 300

기억장치에서 데이터를 꺼내는데 소요되는 시간으로 대기시간과 전송시간을 합친 시간을 무엇이라 하는가?

- ㉮ 리드 타임(lead time)
- ㉯ 엑세스 타임(access time)
- ㉰ 오프 타임(off time)
- ㉱ 온 타임(on time)

답 298. ㉱ 299. ㉰ 300. ㉯

제5편 CAD/CAM

CAM 가공

2-1 CAM 용어의 정의

1. CAM S/W에서 NC DATA생성과정

① 기존의 모델링 소프트웨어에서 작성된 도형 정보파일(GIF : Geometric Information File)을 보유하고 있는 CAM S/W에서 수정 보완하여 NC DATA를 생성하는 방법
② CAM S/W 작업자가 직접 도면을 보고 모델링부터 NC DATA생성까지 진행하는 방법
③ 3D 형상을 측정하여 얻어낸 DATA나 3D 카메라 및 3D 스캐너에서 얻은 DATA를 보유하고 있는 CAM S/W에서 수정·보완하여 NC DATA를 생성하는 방법

2. 3D 모델링 및 NC DATA 생성과정

(1) 도면 파악
(2) 단면 좌표계 설정
(3) 기본도형 정의

(4) 곡선정의

곡선을 정의할 때는, 2D 형상에서는 그 제품을 가공하기 위하여 접근경로와 퇴각 경로 및 상·하향절삭을 고려하여 정의하고, 3D형상에서는 곡면 형성시 기초가 되는 각 곡선의 상관관계의 특성을 파악하여 정의

(5) 곡면정의

CC 포인트(Cutter Contact Point)는 곡면 상의 공구 접촉점을 의미한다.
① 곡면의 기본적인 수학식을 이용하여 곡면을 정의하는 방법

② 기 정의된 곡선들 중의 하나를 기준곡선으로 하고, 나머지 곡선들은 이동곡선으로 정한 후, 이 이동곡선들이 기준곡선에 대해 어떤 방식으로 이동, 연결되는지에 따라 곡면으로 정의하는 방법
③ 기 정의된 곡면을 편집(이동, 대칭, 회전, 복사, 블랜딩 등)하여 새로운 곡면을 정의하는 방법

(6) 파트 프로그램(part program)

NC 가공을 위하여 도면을 검토하고 가공 형상을 정의하게 된다. 가공 형상의 정의에서 가공할 부품(part)을 프로그래밍하게 되는데 이를 파트 프로그램이라 하며, 실제로 가공에 필요한 각종 기능을 작업자가 알기 쉬운 언어로 기술한 것이다.

(7) 메인 프로세서(main processor)

가공 순서를 인간의 언어와 가까운 NC 언어를 이용하여 기술한 파트 프로그램을 읽고, 그 내용에 따라 공구 중심의 좌표값이나 공구 축의 벡터를 계산한다. 모든 CNC 공작 기계에 공통인 표준 구성으로 편집한 공구의 위치 정보가 중요한 중간 결과로서 외부 출력 파일을 생성한다. 이러한 공통 처리 부분을 메인 프로세서라 하며, 공구의 위치 정보로부터의 공구 가공 정보를 CL(cutting location) 데이터라고 한다.

- CNC 공작 기계의 데이터 흐름
  제품 도면 → 프로그래밍 입력 → 정보 처리 회로 → 서보 기구 → CNC 기계 → 가공물

(8) 포스트 프로세서

가공 데이터를 읽어 특정의 CNC 공작기계의 제어기(controller)에 맞게 구성하여 NC 데이터로 출력한다. 최근의 CAM 시스템은 사양이 각각 다른 CNC 공작기계가 가지고 있는 기능을 최대로 발휘하여 최적의 NC데이터를 생성할 수 있도록 다양한 포스트 프로세서를 갖추고 있다.

(9) 포스트 프로세싱(post-processing)

CL 데이터를 CNC 공작기계가 이해할 수 있는 NC 코드로 변환하는 작업을 말한다. 이는 도형 정보나 운동 정의문에 기초하여 실제로 공작 기계가 알 수 있는 NC 코드를 생성하는 부분과 생성된 NC 코드를 공작 기계에 전송하는 부분으로 구성되어 있다. 이와 같이 NC 언어로 정보처리하는 회로를 컨트롤러라 하며, 이것을 포스트 프로세싱이라고 한다.

(10) 가공 조건문 정의

가공조건문정의란 CNC 공작기계의 절삭조건을 정의하는 것으로 절삭공구, 정삭

여유량(전극가공시 방전 Gap), 절삭속도, 이송속도, 경로간격, 절입 깊이, 절입 방법, 간섭체크, 수축률 등이 고려된다. 3D에서는 공구경로가 곡면의 법선방향으로만 위치하지만 2D에서는 가공할 곡선의 진행방향에 따라, 곡선위, 곡선좌측, 곡선우측에 따라 CL DATA가 생성이 되므로 주의하여야 한다.

(11) 2D 윤곽가공에서 CL 데이터 생성

① TLON으로 설정시는 도형정보파일(GIF)의 좌표치와 공구경로 좌표치가 같게 생성된다.
② TLLFT로 설정시는 도형정보파일(GIF)에서 좌표치가 곡선의 진행방향에서 왼쪽으로 지정한 공구 반경만큼 이동되어 공구경로점이 생성된다.
③ TLRGT 설정시는 도형정보파일(GIF)에서 좌표치가 곡선의 진행방향에서 오른쪽으로 지정한 공구 반경만큼 이동되어 공구경로점이 생성된다.

(12) 3D 윤곽가공에서 CL 데이터생성

엔드 밀 종류에 따른 공구의 접촉면과 CL데이터 생성은 다음과 같다.
① 평 엔드밀
$$rL = rC + R\frac{(n-au)}{\sqrt{1-a^2}}$$
② 볼 엔드밀
$$rL = rC + R(n-u)$$
③ 라운드 엔드밀
$$rL = rC + a(n-u) + (R-a)\frac{(n-au)}{\sqrt{1-a^2}}$$

여기서, n : 단위법선벡터
u : 공구끝점에서 주축을 향하는 단위벡터
rC : CL데이터
R : 공구 반지름
a : 라운드 $a = n \cdot u$

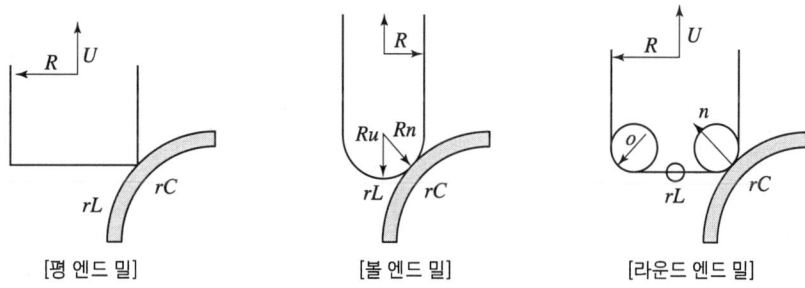

[그림 2-1] 3D CL-DATA 생성

(13) 공구 경로 검증

공구 경로 검증에서는 NC-DATA를 생성하기 전에 생성된 CL-DATA를 이용하여 공구의 위치, 과절삭, 미절삭 등을 확인하는 과정이다.

(14) 후처리

후처리는 CL-DATA를 이용하여 CNC 공작기계의 제어부에 맞게 NC-DATA를 생성하는 과정이다. S/W에 따라 지원하는 제어부가 있으므로 이를 주의하여야 하고, 제어부가 맞더라도 자기 회사에 맞게 후처리 파일을 수정하는 것이 좋다.

(15) NC · DATA 전송

생성된 NC-DATA를 CNC공작기계에 입력하는 방법에는 RS-232C를 이용하는 방법과 플로피 디스크를 이용하는 방법이 있으며, 아주 많은 양의 데이터는 DNC 운전 및 데이터 서버를 이용하여 입력하게 된다.

(16) CNC 기계가공 및 측정

가공이 된 제품을 측정하여 오차를 수정하는 것이다. 이 과정을 통하여 위에서 언급한 경로에서 도형정보, 가공 조건문, 좌표계 설정, 공구보정 등을 수정하여 완벽하게 제품을 생산하여야 한다. 가공조건문부터 후처리까지 Data Base화하여 한 번에 처리하는 S/W도 있다.

2-2 3차원 곡면에서 가공방법의 종류

곡면가공방법은 S/W에 따라 다르게 정의하고 있으나 일반적인 가공방법으로는 2D윤곽, 포켓, 황삭, 정삭, 잔삭, 펜슬, 4축, 5축 가공방법이 있다. 이 공구경로 생성방법에는 나선형 방향, 직선 방향(X, Y각도), 등고선 안내곡선 경로연결, 3D 피치가공 등이 있다.

1. 2D 윤곽가공

2D 윤각가공은 와이어 컷 방전 및 머시닝센터에서 정의된 2D곡선의 정보를 가지고 직선인 경우는 G01, CW원호의 경우는 G02, CCW의 원호는 G03으로 가공하는 것이다. 접근경로 및 퇴각경로, 간섭체크, 또 깊은 윤곽경로가공에서는 스텝을 주어 Z축으로 반복가공을 한다.

2. 포켓가공 및 면삭가공

포켓가공에서는 정의된 곡선이 반드시 폐곡선이어야 하고, 깊이 절삭시 드릴가공을 하는 것을 일반적이었지만, 스파이럴방식, 지그재그방식으로 깊이를 절삭하면서 경로를 생성하는 CAM S/W도 있다.

3. 황삭가공

일반적으로 공작물의 직육면체로 황삭가공이 필수적이며, 제거량이 많은 경우에 시간을 절약하기 위하여 작업자가 도면을 보고 적당히 2차원으로 제거하고 또는 체크로 프로그램을 작성하여 가공을 하는 것이 좋다.
CAM S/W에서 경로를 생성할 때에는 평 엔드밀로 한다. 경로연결은 주로 방향연결(X, Y, 각도) 및 등고선연결을 많이 사용하고 있다.

4. 정삭가공

정삭가공 시에는 제품형상에 따라 공구경로 연결방법이 중요하다. 일반적으로 등고선, 나산형, 방사선, 방향(X, Y, 각도), 가이드 곡선연결방법을 사용하고 있으며, S/W에 따라 연결방법을 다양하게 개발하여 사용자에 쉽게 접근하도록 하고 있다.
제품형상에 따라 직경이 큰 엔드밀을 사용하는 것이 좋으나 불가피한 경우에는 잔삭가공으로 완성하는 것이 유리하다.

5. 펜슬가공

모소리가 있는 제품인 경우에 모서리까지 가공을 하기 위하여 작은 직경의 엔드밀로 가공을 하면서 시간이 많이 소비되어 비경제적인 절삭이 된다. 펜슬가공이란 큰 직경의 엔드밀로 먼저 가공을 한 후 모서리 부분만을 가공하는 방법이다.

6. 잔삭가공

가공의 효율성을 좋게 하기 위하여 큰 직경의 엔드밀로 정삭가공 후 작은 직경의 엔드밀로 정삭 후 남은 영역을 자동으로 찾아 가공하는 방법이다.

7. 4·5축 가공

복잡한 형상의 제품은 부가축이 있는 5축 머시닝센터에서 가공하는데 이를 지원하는 CAM S/W에서 공구간섭 등을 체크하는 것이 중요하다.

8. 나선형 연결방법

나선형의 연결방법은 원형 형상의 제품을 가공시 바깥쪽에서 안으로, 안쪽에서 바깥쪽으로 공구경로를 생성하는 방법으로, 절삭저항을 일정하게 유지하는 방법이다.

9. 방향(X, Y 각도) 연결방법

경로생성방향이 X, Y 각도등인 가공형태로, 한 방향, 또는 지그재그연결방법이 있는데 확상식 많이 사용한다.

10. 등고선 연결방법

곡면을 따라 Z축이 같게 등고선 형태로 연결하는 방법으로 측면이 있는 제품형상각 공에 좋다. Z레벨 연결이라고도 한다.

11. 가이드곡선 연결방법

제품의 형상할 때 특별히 중요한 곡선이 있다면 그 곡선을 따라 공구경로를 생성하는 방법이다.
이밖에도 방사선 연결, 곡면에 문자 가공시에는 경로를 곡면에 투영시켜 가공하는 방법도 있다.

12. 3D 피치 가공

보통 정삭 작업은 2D 피치로 작업되어 일정한 표면 거칠기를 유지할 수 없다. 3D 피치가공은 형상을 다라 일정한 절삭 간격(피치)를 유지하여 균일한 표면 거칠기를 만들 수 있는 방법이다.
이와 비슷한 Scallop 가공은 공구경로와 경로 사이에 공구에서 의해 발생되는 산 높이로 피치를 제어하는 방법이다.

2-3 NC 가공

1. 2축 가공

2축 가공은 윤곽 가공과 포켓팅을 주로 생각할 수 있다. 선반이나 밀링, Wire-EDM 등

2. 2.5축 가공

2.5축 가공은 3차원의 곡면 가공을 편하게 하려고 등고선 등으로 나누어 가공하는 것이며, 밀링에서 가전제품의 금형을 가공할 때 많이 사용한다. 처음에는 NC 기계가 동시 3축이 되지 않아서 이와 같은 가공법을 사용하였는데 현재는 동시 3축이 됨에도 불구하고 가공의 편의에 의하여 많이 사용한다.

2.5축 가공 특징으로는 다음과 같다.
① 윤곽 가공을 반복하는 것을 이용하여 3차원 형상을 쉽게 가공할 수 있다.
② 곡면에 대한 이해가 쉽다.
③ 곡면 가공면이 깨끗하고 원호 보간을 사용하기 때문에 NC 데이터가 짧다.
④ 가공할 수 있는 곡면에 제한을 받는다.

2.5차원 가공의 종류는 구멍가공, 단면과 윤곽곡선에 의한 곡면 형상 가공이 있다.

3. 3축 가공

3축 가공은 일반적으로 곡면을 가공할 때 사용되며 자동차 부품이나 금형, 가전제품 등 우리가 흔히 접할 수 있는 밀링 가공에 의한 제품이 얻어진다.

4. 4축 가공

4축 가공은 4축 Wire-EDM을 대표적인 예로 들 수 있다. 상하 2 축씩을 가지고 있어서 임의의 테이퍼 형상을 가공한다.

5. 5축 가공

5축 가공은 터빈 브레이드(turbine blade)나 선박의 스크류(screw), 타이어 금형 등을 가공할 때 사용하는 방법이다.

6. Z-map을 이용한 모의가공

Z-map은 XY평면에 사각형 격자를 규칙적으로 형성하고 모든 해당격자에서 Z값을 저장하여 형상을 표현하는 방법이다.

Z-map의 표현된 모델은
① 전형적인 2차원 배열 형태의 매우 간단한 데이터 구조를 가진다.
② 데이터의 사용과 조작이 편리하고 계산 속도가 빠르다.
③ 형상의 기울기가 큰 부분은 형상 표현의 정확도에 문제가 있다.
④ 가공 시뮬레이션에서 널리 사용된다.

이 방법은 컴퓨터를 이용하여 실제 가공하는 것과 비슷하게 시뮬레이션 하는 방법이 있고 가공된 완성 제품을 만져 볼 수는 없지만 컴퓨터 그래픽을 이용하여 가공된 형상을 랜더링(rendering)이나 쉐이딩(shading)하여 볼 수 있다. 또한 오류가 발생할 만한 위치를 보다 쉽게 발견할 수 있다.

2-4 CNC 공작법

1. CNC 공작기계의 특징

① 제품의 균일성을 유지할 수 있다.
② 생산성을 향상시킬 수 있다.
③ 제조원가 및 인건비를 절감할 수 있다.
④ 특수 공구제작의 불필요로 공구관리비를 절감할 수 있다.
⑤ 작업자의 피로를 줄일 수 있다.
⑥ 제품의 난이성에 비례해서 가공성을 증대시킬 수 있다.

2. CNC 구성요소

(1) CNC 공작기계의 주요 구성요소

① **컨트롤러(Controller)** : 천공테이프에 기록된 언어, 즉 정보를 받아서 펄스(pulse)화시킨다. 이 펄스화된 정보는 서보기구에 전달되어 여러 가지 제어 역할을 한다.
② **서보모터(Servo Motor)** : 펄스에 의한 각각 지령에 의하여 대응하는 회전 운동을 한다.
③ **서보기구(Servo Unit)** : 펄스화된 정보는 서보기구에 전달되어 정밀도와 아주 관계가 깊은 X, Y, Z 등 각 축을 제어한다.
④ **볼 스크류(Ball Screw)** : 서보 모터에 연결되어 있어 서보 모터의 회전 운동을 직선운동으로 바꾸어 주는 장치
⑤ **리졸버(Resolver)** : 기계의 움직임을 전기적인 신호로 표시하는 장치
⑥ **엔코더(Encoder)** : 서보 모터 회전운동의 위치검출 및 이송속도를 검출하는 장치이고 서보 모터 뒤쪽에 부착되어 있다.

(2) 공정의 흐름도

부품도면에서 가공까지 공정의 흐름도는 다음과 같다.

① 부품도면
　↓
② 가공계획　• CNC가공범위와 사용기계 선정
　　　　　　• 가공물 척킹 방법 및 치공구 선정
　　　　　　• 가공순서 결정
　　　　　　• 가공할 공구 선정
　↓
③ 파트프로그래밍
　↓
④ 천공테이프
　↓
⑤ CNC장치
　↓
⑥ 공작기계
　↓
⑦ 가공물

(3) 군관리(DNC) 시스템

CNC 공작기계의 작업성 및 생산성을 향상시키는 동시에 이것을 CNC 공작기계 군으로 시스템 하여 그 운용을 제어 및 관리하는 시스템이다. DNC 시스템의 4가지 기본요소는 다음과 같다.

① 중앙 컴퓨터
② NC프로그램을 저장하는 기억장치
③ 통신선
④ 공작기계

(4) 유연한 생산(FMS : Flexible Manufacturing System)시스템

FMS의 장점은 다음과 같다.

① 생산성 향상
② 생산 준비시간 단축
③ 재고품 감소
④ 임금절약
⑤ 생산품 품질향상
⑥ 작업 안전도 향상

(5) 컴퓨터 통합 가공(CIMS : computer integrated manufacturing system) 시스템

CIMS를 채용하면 다음과 같은 이점을 얻을 수 있다.
① 더욱 짧은 제품 수명주기와 시장의 수요에 즉시 대응할 수 있다.
② 더 좋은 공정제어를 통하여 품질의 균일성을 향상시킨다.
③ 재료, 기계, 인원을 잘 활용할 수 있고 재고를 줄임으로서 생산성을 향상시킨다.
④ 전체생산과 경영관리를 더욱 잘 할 수 있으므로 제품의 비용을 낮출 수 있다.

(6) 서보기구 종류

① 개방회로 제어방식(Open Loop System)

구동모터로는 스태핑 모터(Stepping Motor)가 사용되며, 검출기나 피드백 회로를 가지지 않기 때문에 정밀도가 낮아 오늘날 NC 기계에는 거의 사용하지 않는다.

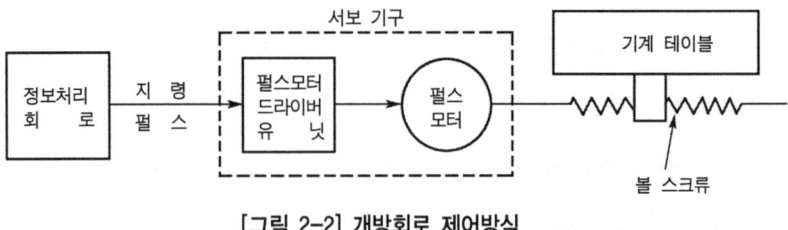

[그림 2-2] 개방회로 제어방식

② 반폐쇄 회로방식(Semi-Closed Loop System)

서보 모터의 축 또는 볼 스크류의 회전 각도를 통하여 위치를 검출하는 방식으로 직선 운동을 회전 운동으로 바꾸어 검출한다. CNC 공작기계에 이 방식을 많이 사용한다.

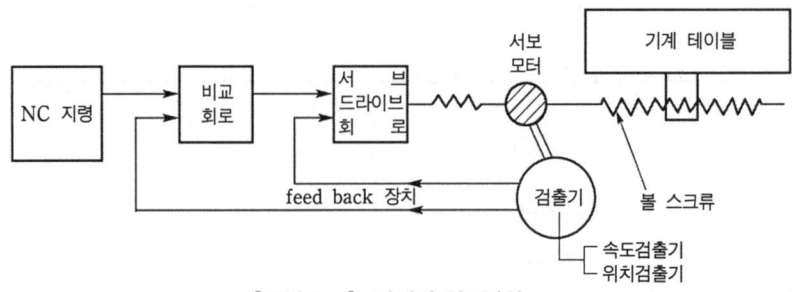

[그림 2-3] 반폐쇄 회로방식

③ 폐쇄 회로방식(Closed Loop System)

기계의 테이블에 직접적으로 스케일(Scale)을 부착하여 위치편차를 피드백 시키는 방식으로 반 폐쇄회로 제어방식과 제어방식은 같지만 정밀도가 높아 고정밀도의 공작기계나 대형 공작기계 등에 많이 사용

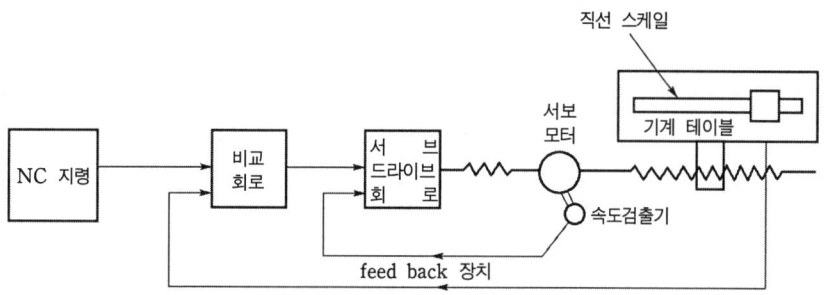

[그림 2-4] 폐쇄 회로방식

④ 복합회로 제어방식(Hybrid Loop System)

반 폐쇄회로 제어방식과 폐쇄회로 제어방식을 결합한 제어 방식으로 반 폐쇄회로의 높은 게인(Gain : 증폭기 등의 입력에 대한 출력의 비율)을 이용하여 제어하며 기계의 오차는 직선형(Linear) 스케일에 의한 폐쇄회로로써 보정하여 정밀도를 향상시킨다. 대형 공작기계와 같이 강성을 충분히 높일 수 없는 기계에 적합한 방식이다.

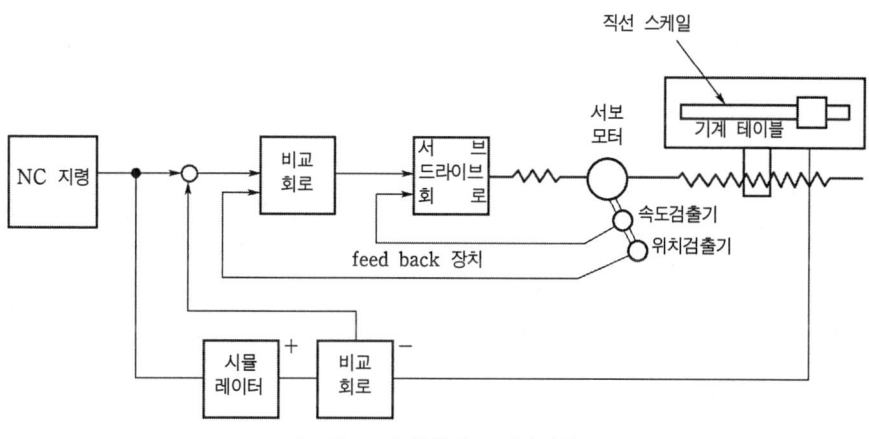

[그림 2-5] 복합회로 제어방식

(6) NC 제어방식

① 위치 결정 제어 : 공구의 최후 위치만 제어하는 것. 예 드릴링, 스폿 용접기 등
② 직선 절삭 제어 : 기계 이동 중에 절삭을 행할 수 있는 제어. 예 선반, 밀링, 보링머신 등
③ 윤곽 제어 : 곡선 등의 복잡한 형상을 연속 제어하는 것. 예 2차원, 3차원 이상의 제어에 사용

(7) NC의 펄스 분배방식

윤곽제어를 할 때 펄스를 분배하는 방식에는 MIT방식, DDA방식, 대수연산방식의 3가지가 있다. 초기에는 대수연산방식이 사용하였으나, 현재는 DDA방식이 주류를 이루고 있다.

① MIT방식 : X축, Y축의 이동을 균등하게 하기 위하여 양쪽으로 적당한 시간 간격으로 펄스를 발생시켜 실선으로 움직이도록 근사시키는 방법으로 2차원 2.5차원의 보간은 가능하지만 3차원의 보간은 불가능하다.
② DDA방식 : 직선보간의 경우에 우수한 성능을 가지고 있어 현재 주류를 이루고 있다.
③ 대수연산방식 : X축과 Y축의 방향을 한정하고 계단식으로 이동하여 접근하는 방식으로 원호보간에 유리하다.

2-5 CNC 선반

1. CNC 선반의 구성

(1) 주축대(head stock)

주축대는 스핀들 서보모터(spindle servo motor)의 회전을 벨트 및 변환 기어를 통해 스핀들(spindle) 선단에 있는 척(chuck)을 회전시키고, 척에 물린 공작물을 회전시킬 수 있는 시스템이다. 일반적으로 주축의 회전은 무단변속으로 회전수를 프로그램에 의해 지령하고, 변속장치가 없는 소형기계와 변속장치가 있는 중형 이상의 기계가 있다. 그리고 벨트 전동으로 슬립이 발생되는 문제를 해결하는 포지션 코더(position coder)가 설치되어 실제 공작물의 회전수를 검출한다.

(2) 공구대(tool post)

공구대는 공구를 장착하는 장치로서 회전 공구대(turret)와 갱(gang)타입 공구대가 있다. 회전 공구대는 일반적으로 회전 드럼의 4~12개 station에 각종 공구를 장착하여 프로그램에 의해 선택하여 사용한다. 매회 공구선택의 위치 정밀도는 회전 공구대 내부의 커플링(coupling)에 의해 정밀한 위치를 결정을 하게 구성되어 있고, 회전 드럼의 회전력은 유압 또는 전기모터로 회전시킨다.

(3) 척(chuck)

공작물을 고정하는 척(chuck)은 유압으로 작동하는 유압척과 공기압력으로 작동하는 공압척 및 특수척이 사용된다.

척 죠(chuck jaw)를 작동시키는 실린더는 로터리 실린더를 사용하여 공작물 회전 중에도 공작물 물림압력이 저하되지 않으며, 공작물의 형상이나 재질에 따라 척의 압력을 조절하여 공작물이 변형되지 않고 이탈하는 것을 방지할 수 있어야 한다.

(4) 심압대(tail stock)

심압대(tail stock)은 가늘고 긴 공작물을 가공할 때 휨 현상이나 떨림을 방지하기 위하여 공작물 중심을 지지하는 장치이다.

심압대의 스핀들에는 회전센터(live center)를 끼워 공작물을 지지하는데 이용하고 유압이나 공기압을 사용하여 공작물을 지지하기 때문에 센터 드릴이나 드릴은 심압대에 끼워 사용할 수 없다.

(5) 조작판

조작판은 CNC 선반을 조작할 수 있는 스위치가 집결되어 있으며, 같은 콘트롤러(controller)를 사용해도 공작기계 메이커에 따라 스위치(switch) 모양과 종류에 따라 조작방법차이가 있다

(6) 서보모터(servo motor)

서보모터(servo motor)는 정보처리회로(CPU)의 명령에 따라 공작기계 테이블(table) 등을 움직이게 하는 모터(motor)이다. 일반 3상 모터와는 달리 저속에서도 큰 토오크(torque)와 가속성, 응답성이 우수한 모터로서 속도와 위치를 동시에 제어한다. 속도제어와 위치검출은 엔코더(encoder)에 의하며, 일반적으로 모터 뒤쪽에 붙어있다.

2. 인서트(insert), 툴 홀더 표기법(ISO)

(1) 형상 및 크기

① 형상은 가능한 강도가 크고 경제적인 큰 코너각의 인서트를 선정한다.
② 인서트 크기는 최소 크기를 선정하며 최대 절삭깊이는 인선길이의 1/2 정도가 적당하다.

(2) 인서트 형번 표기법

간단히 요약 설명하였으며 자세한 사항은 ISO 규격표를 참고한다.
① ISO 선삭용 인서트 규격(예시)

T	N	M	G	16	04	08	B25
①	②	③	④	⑤	⑥	⑦	⑧

② ISO 선삭용 인서트 규격 요약 설명

번호	구 분	형상분류	요 약 설 명
①	인서트 형상	C, D, E, K, L, R, S, T, V, W	• 코너각이 클수록 강도가 증가하고 작을수록 모방절삭이 가능 • 강도가 크고 경제적인 큰 코너각을 선정
②	주절인 여유각	B, C, D, E, F, N, O, P, T	• 여유각이 클수록 강도는 저하되고 절삭 저항은 감소 • "O"번 Special
③	공 차	A, C, H, E, G, J, K, L, M, U	• 인서트 형상 제작시 공차를 의미하며 정밀작업의 공구보정에 고려한다.
④	단면형상	A, B, C, F, G, H, J, M, N, Q, R, T, U, W, X	• 공구수명을 고려하여 단면형상 선택 • "X"번 Special
⑤	인서트 길이 내접원 직경	R, S, T, C, D, V, W의 길이 치수로 약칭 구분	• 인서트 형상에 따라 인선의 길이, 내접원 직경을 의미한다.
⑥	인선높이	인선높이의 치수로 약칭 구분	• 인선높이를 의미한다.
⑦	노즈 반지름	노즈 반지름 치수를 기호화 구분	• 노즈 반지름을 너무 크게 하면 절삭저항이 증가하고 공작물에 떨림이 발생할 수 있다.
⑧	칩브레이크의 형상	B, C, D, E, F, N, P, T	• ISO, 인서트의 규격을 참고한다.

3. 좌 표 계

(1) 기계 좌표계

기계원점 즉 원점복귀가 되는 위치를 기준으로 기계 좌표계가 설정되며, 사용자가 임의로 변경할 수 없도록 되어 있다. 기계원점은 기계가 항상 동일한 위치로 되돌아가는 기준점으로 공작물원점인 프로그램 원점과 기계원점을 알려줄 때 기준이 되는 점이며, 각종 파라미터의 값이나 설정치의 기준이 되며, 모든 연산의 기준이 되는 점이다. 이 기계원점을 잘 이해하여 프로그램에 적용할 경우 기계의 워밍업 후 바로 작업을 시작할 수 있어 편리하다.

(2) 절대 좌표계

CNC 기계는 수치제어에 의해서 움직이며 수치 즉 좌표값은 대부분 절대 좌표계에 의해서 움직이며 절대 좌표계의 원점은 도면을 보고 기준을 쉽게 잡을 수 있는 곳의 한 점을 원점으로 정하는데 이 점을 프로그램 원점이라고 하며. 이 점을 원점으로 한 좌표계를 절대 좌표계 또는 공작물 좌표계라고도 한다.

(3) 상대 좌표계

상대 좌표는 현재의 위치에서 이동하고자 하는 거리만큼 쉽게 이동하고자 하거나,

좌표계 설정 또는 공구 보정을 할 때 주로 사용되며, 현 위치가 좌표계의 기준이 되고, 필요에 따라 현 위치를 0점(기준점)으로 지정(setting)할 수 있다.

(4) 잔여 좌표계

프로그램을 실행(AUTO)할 때 실행되고 있는 현재의 프로그램 위치가 얼마 남았나를 나타내는 좌표계로, 이 잔여 좌표값을 확인함으로써 기계의 충돌을 예상하여 미리 안전조치를 취할 수 있다.

4. 프로그램 원점

CNC 공작기계는 절대좌표(absolute)에 의하여 주로 제어가 이루어지고 이 절대좌표의 기준을 원점으로 잡아서 모든 위치의 값을 그 점을 기준으로 프로그램을 작성하는 방식으로 그 점을 프로그램원점 이라고 하며 그 점을 기준으로 부호를 갖는 수치로 좌표값을 표시하여 프로그램을 입력한다. 프로그램원점은 바꿀 수 없는 기계좌표와는 달리 프로그램에 의해서 바꿀 수가 있는데 이를 좌표계설정이라고 하며 CNC 선반은 G50에 의해서 CNC 머시닝센터는 G92에 의해서 바꿀 수 있다.

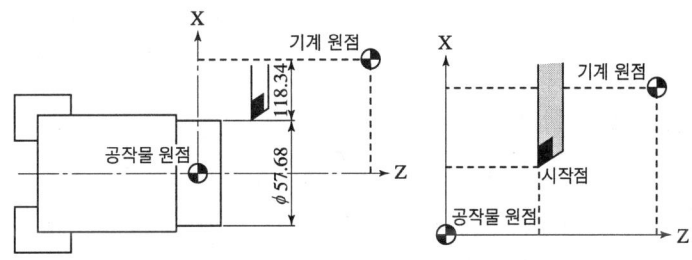

[그림 2-6] 프로그램 원점 설정방법

5. 좌표치와 최소 입력단위

좌표값 단위의 입력방법에는 인치 입력(G20)과 미터법 입력(G21)방식이 있으며, 파라미터에서 선택할 수 있으나 대부분 미터단위로 설정되어 있다.

어드레스	기 능	비 고
D	복합반복사이클(G71, G76)에서 1회 절삭값	0T는 G71에서 U, G76은 Q를 사용
I J K	고정사이클(G90)에서 구배값 자동 면취에서 면취량 원호가공에서 원호중심에서 끝점까지의 증분값	
K	나사가공사이클(G76)에서 나사산의 높이	0T는 P
R	원호가공에서 반지름 값	

6. 좌표치의 지령방법

축을 좌표축에 대하여 움직이는 방식에는 절대지령방식과 증분지령방식이 있다. 절대(absolute)지령방식은 프로그램 원점을 기준으로 좌표축과 방향(-, +)을 입력하는 방식이고, 증분(incremental)지령방식은 현재의 위치를 기준으로 좌표축과 방향(-, +)을 입력하는 방식이다. 장비에 따라서 한 블록에 두 가지를 혼합하여 지령할 수도 있다.

(1) 절대지령방식

공작물원점을 기준으로 직교 좌표계의 좌표값을 입력하는 방식

> 예
> ▷ CNC선반의 경우 : G00 X60.0 Z80.0 ;
> ▷ 머시닝센터의 경우 : G00 G90 X100.0 Y100.0 Z50.0 ;
>   G01 G90 X50.0 Y30.0 Z50.0 F200 ;

(2) 증분지령방식

현재 공구위치를 기준으로 다음위치까지의 거리를 입력하는 방식

> 예
> ▷ CNC선반의 경우 : G00 U35.0 W42.0 ;
> ▷ 머시닝센터의 경우 : G00 G91 X23.0 Y43.0 Z17.0 ;

(3) 혼합지령방식

한 블록(줄)에 [절대지령방식 & 증분지령방식]을 사용하여 지령하는 방식으로 주로 CNC선반에서 많이 사용

> 예
> ▷ CNC선반의 경우 : G00 X27.0 W23.0 ;

CNC 공작기계는 작동이 대부분 자동적이고 그 작동 지령은 NC 프로그램에 의하여 주어진다. 따라서 NC 프로그램 없이는 NC 기계를 원활하게 사용할 수 없다. 그러므로 NC 공작기계를 사용하기 위해서는 부품 도면으로부터 NC 프로그램을 작성하는 새로운 작업이 필요하게 된다. 이 작업을 프로그래밍(Programming)이라 한다.

7. CNC 선반 프로그래밍

(1) 프로그램의 용어

① 어드레스(Address) : 영문 대문자(A~Z) 중 1개로 표시한다.
② 워드(Word) : 블록을 구성하는 가장 작은 단위가 워드이며 워드는 어드레스와 데이터의 조합으로 구성된다.

예 G 50 X 150.0 Z 200.0 ;
                   └── 데이터
               └────── 어드레스

③ 블록(Block) : 한 개의 지령단위를 블록이라 하며 각각의 블록은 기계가 한번의 동작을 한다.

N	G	X	Y	Z	F	S	T	M	;
전개번호	준비기능	좌표치			이송기능	주축기능	공구기능	보조기능	EOB

(2) 어드레스의 기능

기 능	어 드 레 스			의 미
프로그램번호	O			프로그램 번호
전개번호	N			전개번호
준비기능	G			이동형태(직선, 원호보간 등)
좌 표 값	X	Y	Z	각 축의 이동위치(절대방식)
	U	V	W	각 축의 이동거리와 방향(증분방식)
	I	J	K	원호 중심의 각 축 성분, 모떼기량 등
	R			원호반지름, 코너 R
이송기능	F, E			이송속도, 나사 리드
보조기능	M			기계 작동부위 지령
주축기능	S			주축속도
공구기능	T			공구번호 및 공구보정번호
휴지	P, U, X			휴지시간(dwell)
프로그램번호지정	P			보조프로그램 호출번호
전개번호지정	P, Q			복합반복주기에서 호출, 종료번호
반복횟수	L			보조프로그램 반복횟수
매개변수	D, I, K			주기에서의 파라미터

8. 프로그래밍 구성

(1) 주축기능(S)

CNC선반에서 절삭속도가 공작물의 가공에 미치는 영향은 매우 크다. 절삭속도란 공구와 공작물 사이의 상대속도이므로 일정한 절삭속도는 주축의 회전수를 조절함으로써 가능하다.

$$N = \frac{1,000\,V}{\pi D} [\text{rpm}]$$

여기서, N : 주축회전수(rpm)
V : 절삭속도(m/min)

$$V = \frac{\pi DN}{1,000} [\text{m/min}]$$
여기서, D : 지름(mm)

① 절삭속도 일정제어(G96)

단면이나 테이퍼(taper) 절삭에서는 지름이 절삭과정에 따라 변화하여 절삭속도도 이에 따라 달라지므로 가공면의 표면 거칠기도 나빠진다. 이러한 문제를 해결하기 위하여 지름 값의 차이에 따라 달라지는 절삭속도를 일정하게 유지시켜 주는 기능이 절삭속도 일정제어이며 단이 많은 계단축 가공 및 단면가공에 주로 사용한다.

> **예** G96 S180 M03 ;

절삭속도가 180m/min가 되도록 공작물의 지름에 따라 주축회전수가 변한다. 그리고 G96에서 단면절삭과 같이 공작물의 지름이 작아질 경우 주축의 회전수가 무리하게 높아지는 것을 방지하기 위하여 G50에서 최고회전수를 지령하게 된다.

② 절삭속도 일정제어 취소(G97)

절삭속도 일정제어 취소 기능은 회전수만을 일정하게 제어하는 기능으로 드릴작업, 나사작업, 공작물 지름의 변화가 심하지 않는 공작물을 가공할 때 사용한다.

> **예** G97 S500 M03 ;

주축은 500rpm으로 회전한다.

③ 주축 최고 회전수 설정(G50)

G50에서 S로 지정한 수치는 최고 회전수를 나타내며 좌표계 설정에서 최고 회전수를 지정하게 되면 전체 프로그램을 통하여 주축의 회전수는 최고 회전수를 넘지 않게 된다. 또한 G96에서 최고 회전수보다 높은 회전수를 요구하더라도 주축에서는 최고 회전수로 대체하게 된다.

> **예** G50 S1800 ;

주축의 최고 회전수는 1800 rpm이다.

(2) 공구기능(T)

공구의 선택과 공구보정을 하는 기능으로 어드레스 T로 나타내며 T기능이라고도 한다. 공구기능은 T에 연속되는 4자리 숫자로 지령하는데 그 의미는 다음과 같다.

① CNC선반

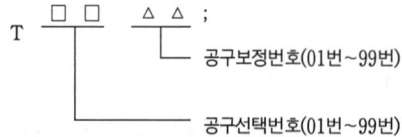

② 머시닝센터

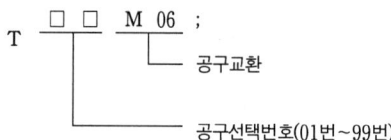

(3) 이송기능 (F)

① 공작물에 대하여 공구를 이송시켜주는 기능을 말하며 G98 코드의 분당 이송(mm/min)과 G99 코드의 회전당 이송(mm/rev)으로 지령할 수 있는데 CNC 선반에서는 G99코드를 사용한 회전당 이송으로 프로그램 한다.
② NC 공작 기계에서 가공물과 공구와의 상대속도를 지정하는 것
③ NC 선반에서는 mm/rev 단위로 쓰며 공구를 주축 1회전당 얼마만큼 이동하는가 하는 것으로 F를 사용한다.

[표 2-1] 준비기능의 구분

CNC 선반		머시닝센터	
지령 방법	의 미	지령 방법	의 미
G98 F ;	분당 이송(mm/min)	G94 F ;	분당 이송(mm/min)
G99 F ;	회전당 이송(mm/rev)	G95 F ;	회전당 이송(mm/rev)

예 G01 X50. F0.1 ;
◎ 주축 1회전당 0.1mm씩 이동하다.
◎ 지령 범위 : F0.001~F500.

(4) 보조기능(M 기능)

보조 기능은 어드레스(M : miscellaneous function)는 로마자 M 다음에 2자리 숫자(M00~M99)를 붙여 지령하며, CNC 공작기계가 여러 가지 동작을 행할 수 있도록 하기 위하여 서보모터를 비롯한 여러 가지 보조 장치를 제어하는 ON/OFF의 기능을 수행하며 M기능이라고 한다.
보조기능에 대하여는 KS로 규정되어 있다.

[표 2-2] M기능일람표

M — CODE	기 능	비 고
M00	Program Stop	프로그램
M01	Optional Program Stop	
M02	Program End	
M03	주축 정회전(CW)	주축회전
M04	주축 역회전(CCW)	
M05	주축 정지	
M08	절삭유 토출	절삭유
M09	절삭유 정지	
M12	Chuck Clamp	척킹 상태
M13	Chuck Unclamp	
M98	보조 프로그램 호출	보조프로그램
M99	보조 프로그램 종료	

① 프로그램 정지(M00) : program stop

프로그램 정지 기능은 자동적으로 기계의 사이클을 정지시킨다. 따라서 가공물을 측정하고 칩을 제거하는 등의 작업을 할 때 사용한다.

② 선택적 프로그램 정지(M01) : optional program stop

프로그램 수행 중 M01에서 정지하는 것은 M00과 동일하지만 M01은 기계조작반의 M01기능을 유효(ON)로 할 것인지 무효(OFF)로 할 것인지는 스위치에 의해서 결정할 수 있다. 즉, 조작반의 스위치를 ON해야만 M00과 동일한 기능을 가진다. 선택적 프로그램 정지 기능은 공구를 점검하고자 할 때, 또는 절삭량이 많아서 칩을 제거해야 할 때, 공작물을 측정하고자 할 때 사용하지만 보통 공정과 공정 사이에 넣어서 제품의 상태를 점검하기 위하여 많이 사용한다.

③ 프로그램 끝(M02) : end of program

프로그램의 끝을 나타내는 기능으로서 요즈음 생산되는 CNC선반에서는 M02가 프로그램의 끝을 나타냄과 동시에 프로그램의 첫머리로 커서(cursor)를 되돌리는 기능도 있다.

(5) 준비기능(G 기능)

준비기능(G : preparation function)은 로마자 G 다음에 2자리 숫자(G00~G99)를 붙여 지령하며, 제어장치의 기능을 동작하기 위한 준비를 하기 때문에 준비기능(G코드)이라 하며 다음의 2가지로 구분한다.

구 분	의 미	구 별
1회 유효 G코드 (one shot G-code)	지령된 블록에 한해서 유효한 기능	"00" 그룹
연속 유효 G코드 (modal G-code)	동일 그룹의 다른 G-code가 나올 때까지 유효한 기능	"00" 이외의 그룹

[표 2-3] G기능 일람표

G – CODE	기 능	비 고
G00	급속 위치결정(급속이송)	위치 결정
G01	직선보간(직선절삭)	절삭기능
G02	원호보간 CW(시계방향)	
G03	원호보간 CCW(반시계 방향)	
G04	휴지·드웰(DWELL)	잠시정지
G28	자동원점 복귀(제 1원점)	원점복귀
G30	제 2원점 복귀	
G40	인선 R보정 취소	인선보정
G41	인선 R보정 좌측	
G42	인선 R보정 우측	
G50	좌표계 설정, 주축최고 회전수 설정	좌표계설정
G70	정삭가공 싸이클	복합형 고정싸이클
G71	내·외경 황삭가공 싸이클	
G72	단면가공 싸이클	
G73	유형 반복가공 싸이클	
G74	단면 홈가공 사이클(드릴가공 싸이클)	
G75	내·외경 홈가공 싸이클	
G76	자동 나사가공 싸이클	
G90	내·외경 절삭 싸이클	단일형 고정싸이클
G92	나사 절삭 싸이클	
G94	단면 절삭 싸이클	
G96	주속 일정제어 ON(m/min)	주축속도
G97	주속 일정제어 OFF(rpm)	
G98	분당 이송(mm/min)	이송속도
G99	회전당이송(mm/rev)	

[One Shot G코드 & Modal G코드 사용법의 예]

G01 X50. F0.1 ;   N01
Z50. ; N02
X100. Z100. ;   N03
G00 X150. ;   N04

※ N01~N03 ⇒ 이 블록은 G01 유효
  N04 ⇒ G00만 유효

(6) G00(급속이송)) G01(직선절삭)을 이용한 계단가공

① G00(급속이송)

공작물에 지령된 수치만큼 공구위치만 결정되는 지령(절대, 증분, 혼용 지령가능)이다.

[사용되는 예]
- 공구가 공작물을 가공하기 위해 공작물에 접근시
- 일차가공 후 다음 점으로 이동할 때
- 가공이 끝나고 공구를 교환하기 위해 시작점으로 되돌아 갈 때
- 가공이 완료되었을 때

```
G00 X (U)    Z (W) ;
```

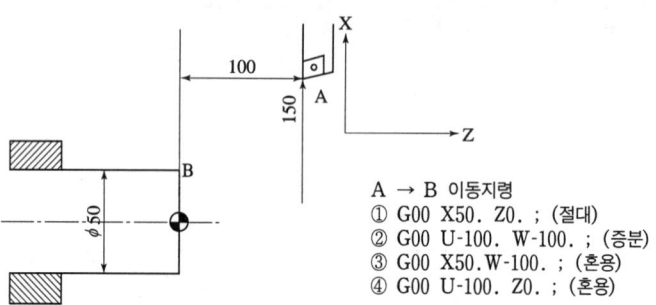

A → B 이동지령
① G00 X50. Z0. ; (절대)
② G00 U-100. W-100. ; (증분)
③ G00 X50.W-100. ; (혼용)
④ G00 U-100. Z0. ; (혼용)

[그림 2-7] 급속 이송

㉠ 절대지령 : 공작물 원점에서 이동하고자 하는 위치
㉡ 증분지령 : 현재 위치에서 이동하고자 하는 지령까지의 X축 방향 Z축 방향의 거리

② G01(직선 보간)

공구를 지령한 이송속도로 현재의 위치에서 지령한 위치로 직선 이동시키는 것으로 실제 가공을 하는 기능이다.

```
G01 X (U)    Z (W)    F ;
```

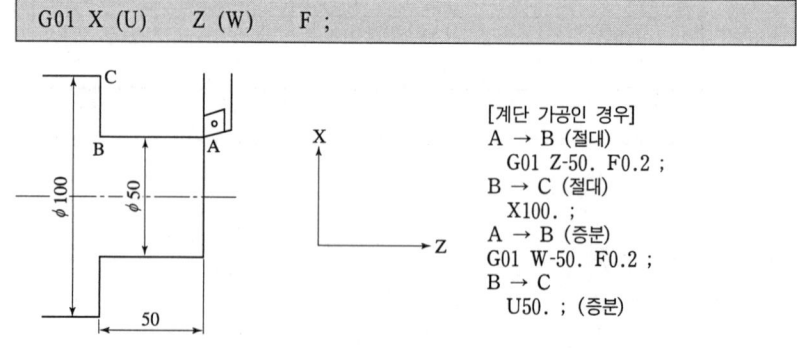

[계단 가공인 경우]
A → B (절대)
  G01 Z-50. F0.2 ;
B → C (절대)
  X100. ;
A → B (증분)
G01 W-50. F0.2 ;
B → C
  U50. ; (증분)

[그림 2-8] 직선 보간

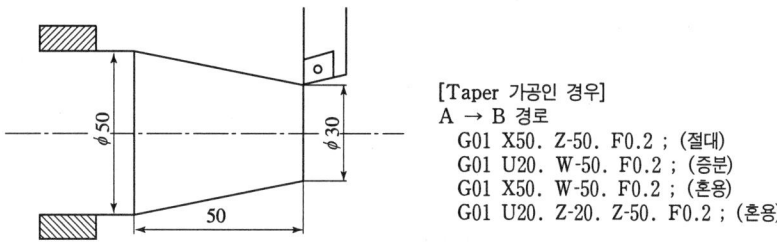

[그림 2-9] 테이퍼 가공

③ 원호 보간(circular interpolation : G02 G03)

다음의 지령에 의해 공구가 원호가공을 할 수 있다.

```
G02 X(U)___Z(W)___I___K___F___ ;
G02 X(U)___Z(W)___R___F___ ;
```

```
G03 X(U)___Z(W)___I___K___F___ ;
G03 X(U)___Z(W)___R___F___ ;
```

[표 2-4] 원호 보간 좌표어 일람표

조건		지령	의미	
			오른손 좌표계	왼손 좌표계
1	회 전 방 향	G02	시계방향(CW)	반시계방향(CCW)
		G03	반시계방향(CCW)	시계방향(CW)
2	끝점의 위치	X, Z	좌표계에서 끝점의 위치 X, Z	
	끝점까지의 거리	U, W	시작점에서 끝점까지의 거리	
3	시작점에서 중심까지의 거리	I, K	시작점에서 중심까지의 거리(I는 항상 반경지정)	
	원호반경(선택기능)	R	원호의 반경 (180° 이하의 원호)	

CW : Clock wise   CCW : Counter clock wise
(시계방향)   (반시계방향)

④ G04기능(휴지 : Dwell)

```
G04  X (U, P) ;
```

㉠ 프로그램에 지정된 시간동안 공구의 이송을 잠시 중지시키는 기능(적용 : 드릴가공, 홈가공, 모서리 다듬질 가공시 양호한 가공면을 얻기 위해 사용)

㉡ 단위는 X, U, P,를 사용하는데 X, U는 소수점을 P는 0.001 단위를 사용

예)   G04 X1.5   G04 U1.5   G04 P1500)

$$정지시간(SEC) = 스핀들(주축)\frac{60}{주축회전수(rpm)} \times 일시정지\ 회전수$$

(7) 사이클 가공

CNC 선반가공에서 거친절삭(황삭가공) 또는 나사절삭 등은 1회의 절삭으로 불가능하므로 여러 번 반복동작을 해야 한다. 사이클 가공은 이러한 반복되는 동작의 프로그램을 한 블록 또는 두 블록으로 프로그램을 간단히 할 수 있도록 만든 G-코드를 말한다. 사이클에는 변경된 수치만 반복하여 지령하는 단일형 고정 사이클(canne dcycle)과 한개의 블록으로 지령하는 복합형 반복 사이클(multiple repeative cycle)이 있다.

① 안, 바깥지름 절삭 사이클 (G90) : 단일 고정 사이클

```
G90 X(U)____ Z(W)____ F____ ; (직선 절삭)
G90 X(U)____ Z(W)____ I(R)____ F____ ; (테이퍼 절삭)
```

여기서, X(U)___ Z(W)___ : 절삭의 끝점 좌표
 I(R)___ : 테이퍼의 경우 절삭의 끝점과 절삭의 시작점의 상대 좌표값, 반지름지령(I=11T에 적용, R=0T에 적용)
 F : 이송속도

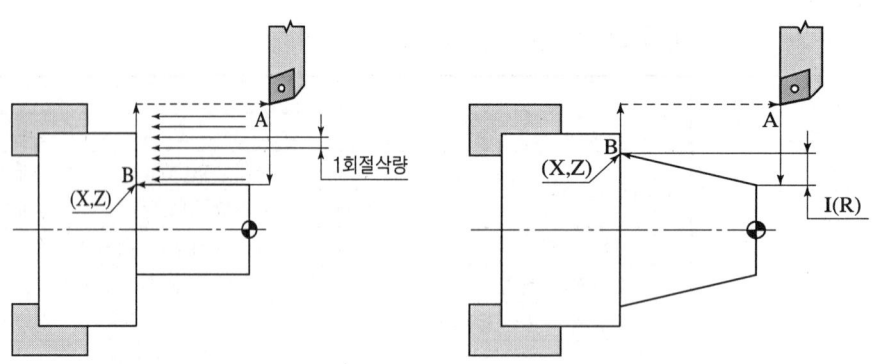

[그림 2-10] 직선 절삭 사이클 　　　 [그림 2-11] 테이퍼 절삭 사이클

② 단면 절삭 사이클(G94) : 단일 고정 사이클

주로 직경이 길고 길이가 짧은 공작물 가공에 적합한 가공방법임.

```
G94 X(U)____ Z(W)____ : (평행 절삭)
G94 X(U)____ Z(W)____ : (테이터 절삭)
```

여기서, X(U)___ Z(W)___ : 절삭의 끝점 좌표
 K(R)___ : 테이퍼의 경우 절삭의 끝점과 절삭의 시작점의 상대 좌표값(K=11T에 적용, R=0T에 적용)

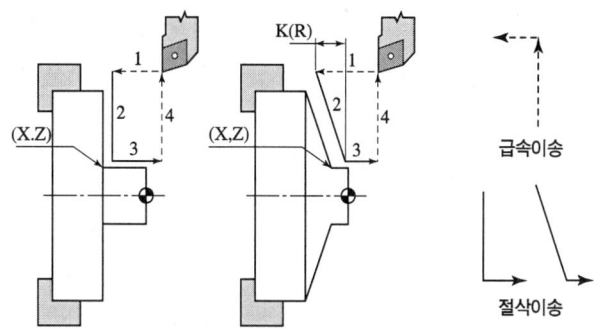

[그림 2-12] 단면 절삭 사이클

③ 안, 바깥지름 거친 절삭 사이클(G71) : 복합 반복 사이클
   ㉠ 적용기계 : FANUC 0T

   ```
   G71 U(Δd') R(e) ;
   G71 P(ns) Q(nf) U(Δu) W(Δw) F(f) S(s) T(t) ;
   ```

   여기서, U(Δd') : 1회 가공깊이(절삭깊이)-(반지름 지령, 소수점 지령 가능)
   R(e) : 도피량(절삭 후 간섭없이 공구가 빠지기 위한 양)
   P(ns) : 다듬 절삭 가공 지령절의 첫 번째 전개번호
   Q(nf') : 다듬 절삭 가공 지령절의 마지막 전개번호
   U(ΔU) : X축 방향 다듬 절삭 여유(지름지령)
   W(ΔW) : Z축 방향 다듬 절삭 여유
   F, S, T : 거친 절삭 가공시 이송속도, 주축속도, 공구선택. 즉, P와 Q 사이의 데이터는 무시되고 G71블록에서 지령된 데이터가 유효

   ㉡ 적용기계 : FANUC 11T

   ```
   G71 P(ns) Q(nf) U(Δu) W(Δw) D(Δd) F(f) S(s) T(t) ;
   ```

   여기서, P(ns) : 다듬 절삭 가공 지령절의 첫 번째 전개번호
   Q(nf) : 다듬 절삭 가공 지령적의 마지막 전개번호
   U(Δu) : X축 방향 다듬 절삭 여유-(지름지령)
   W(Δw) : Z축 방향 다듬 절삭 여유
   D(Δd) : 1회 가공깊이(절삭깊이)-(반지름 지령, 소수점 지령 불가)
   F, S, T : 거친 절삭 가공시 이송속도, 주축속도, 공구선택 즉, P와 Q사이의 데이터는 무시되고 G71블록에서 지령된 데이터가 유효

안, 바깥지름 거친절삭 사이클(G71) 가공은 아래의 그림과 같은 형식의 제품가공에 적합하며 G71이전에 미리 G00(급속이송)으로 그림의 A위치에 갖다놓은 후 G71 사이클을 사용하고 이때 전개번호의 첫 번째 번호 P와 전개번호 마지막 번호 Q를 사용하는데 이때 P는 G71사이클을 이용한 절삭가공 시작위치이고, Q는 G71사이클을 이용한 절삭가공 마지막위치가 된다.

이는 "[G00 A]→[G71 사이클]→[시작위치 P]→[끝위치 Q]"의 형식으로 프로그램에 적용하면 되는데 그림에서 빗금친 부분과 같은 형식을 띠고 있어야 한다.(거친 절삭=황삭작업이라고도 하며 마무리작업(정삭작업)이 필요하다)

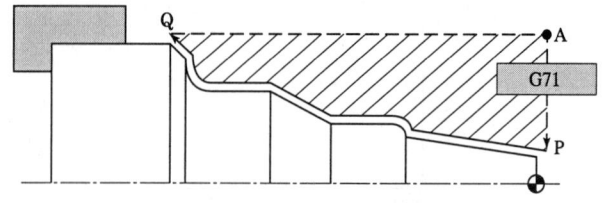

[그림 2-13] 내, 외경 황삭 사이클

```
G00 A ; ·················································· G71사이클 시작위치
G71 U4.0 R0.5 ;
G71 P10 Q100 U0.4 W0.2 F0.2 ; ················· N10에서 N100까지를 사이클 가공함.
N10 G00 P ; ············································ P는 G71사이클을 이용한 절삭가공 시작위치
    :         ············································ (이때 Z값이 있으면 알람이 발생함.)
    :
    :
N100 Q ; ················································ Q는 G71사이클을 이용한 절삭가공 마지막 위치
```

④ 다듬절삭 사이클(G70) : 복합 반복 사이클

```
G70 P(ns) Q(nf) ;
```

여기서, P(ns) : 다듬 절삭 가공 지령절의 첫번째 전개번호
        Q(nf) : 다듬 절삭 가공 지령절의 마지막 전개번호

G71, G72, G73 사이클로 황삭 작업 후 정삭작업을 하기 위해서 정삭여유를 주는데 이때 G70사이클로 다듬 절삭(정삭작업)을 한다.

G70에서의 F, S, T는 G71, G72, G73에서 지령된 것은 무시되고 전개번호 ns와 Nf 사이에서 지령된 값이 유효하다. G70의 사이클이 완료되면 공구는 급속이동으로 시작점으로 오고 G70의 다음 블록을 받아들인다. 이러한 G70, G71, G73의 복합 반복 사이클에서는 ns와 nf 사이에 보조프로그램의 호출이 불가능하며, 거친절삭에 의해 기억된 어드레스는 G70을 실행한 후 소멸된다.

⑤ 단면 거친절삭 사이클(G72) : 복합 반복 사이클

```
G72 P(ns) Q(nf) U(Δu) W(Δw) D(Δd) F(f) S(s) T(t) ;
```

여기서, P(ns) : 다듬 절삭 가공 지령절의 첫번째 전개번호
        Q(nf) : 다듬 절삭 가공 지령적의 마지막 전개번호
        U(Δu) : X축 방향 다듬절삭 여유-(지름지령)
        W(Δw) : Z축 방향 다듬절삭 여유
        D(Δd) : 1회 가공깊이(절삭깊이)(반지름 지령, 소숫점 지령 불가)

(8) 나사가공

① 나사절삭 코드(G32)

```
G32  X(U)____  Z(W)____  (Q____)  F____ ;
```

여기서, X(U)____ Z(W)____ : 나사 절삭의 끝지점 좌표
Q : 다줄 나사 가공시 절입각도(1줄 나사의 경우 Q0이므로 생략)
F : 나사의 리드(lead)
(F 대신 E를 사용할 때 인치계 나사의 경우, 인치로 되어 있는 피치를 밀리미터(mm)로 바꾸어 입력해야 한다.)

G32지령으로 가공할 수 있는 나사는 평행나사, 테이퍼나사, 다줄나사, 정면(Scroll)나사 등이다.

나사의 피치 불량을 방지하기 위하여 주축위치 검출기(Position coder)에서 1회전 신호를 검출하여 나사절삭이 진행되므로 공구가 반복되어도 동일한 점에서 시작된다.

나사가공을 할 때에는 주축의 회전수가 변하면 올바른 나사를 가공할 수 없으므로 주축 회전수 일정제어(G97)로 지령하고, 이송속도 조절 오버라이드는 100%로 고정(변경하지 않는다)하여야 한다. 또한 나사가공 중에는 나사의 불량 방지를 위하여 이송정지 기능이 무효화된다. 그러므로 나사가공 중에 이송정지 버튼을 누르면 그블록의 나사가공이 완료된 후에 정지한다.

② 단일고정형 나사절삭 사이클(G92)

㉠ 평행나사

```
G92  X(U)____  Z(W)____  F
```

㉡ 테이퍼나사

```
G92  X(U)____  Z(W)____  I____  F____ : (FANUC 11T의 경우)
G92  X(U)____  Z(W)____  R____  F____ ; (FANUC 0T의 경우)
```

여기서, X(U) : 절삭시 나사 끝지점 X좌표 (지름 지령)
Z(W) : 절삭시 나사 끝지점의 Z좌표
F : 나사의 리드(lead)
I or R : 테이퍼나사 절삭시 나사 끝지점(X 좌표)과 나사 시작(X 좌표)의 거리(반지름 지령)와 방향.(I-__ , R-__ 는 외경나사, I__ , R__ 는 내경나사)

③ 복합고정형 나사절삭 사이클(G76)

㉠ 적용기계 : FANUC 0T

```
G76  P(m)____  (r)____  (a)____  Q(Δd min)____  R(d)____ :
G76  X(U)____  Z(W)____  P(k)____  Q(Δd)____  R(i)____  F____ ;
```

여기서, p(m) : 다듬질 횟수(01~99까지 입력가능)
(r) : 면취량(0o~99까지 입력가능)
(a) : 나사의 각도
- C(Δdmm) : 최소 절입 깊이
- R(d) : 다듬절차 여유
- X(U), Z(W) : 나사 끝지점 좌표
- P(k) : 나사산 높이(반지름 지령)
- Q(Δd) : 첫 번째 절입 깊이(반지름 지령) - 소수점 사용 불가
- R(i) : 테이퍼 나사에서 나사 끝지점 X값과 나사 시작점 X값의 거리(반지름 지령)-I=0이면 평행나사이며, 생략할 수 있다.
- F : 나사의 리드

ⓒ 적용기계 : FANUC 11T

G76 X(U)___ Z(W)___ I__ K__ D__ (R__)F___ A___ P___ ;

여기서, X(U) Z(W) : 나사 끝지점 좌표
- I : 나사 절삭시 나사 끝지점 X값과 나사 시작점 X값의 거리(반지름 지령)- I=0이면 평행나사이며 생략할 수 있다.
- K : 나사산 높이 (반지름 지령)
- D : 첫번째 절입 깊이 (반지름 지령) ---소수점 사용 불가
- F : 나사의 리드
- A : 나사의 각도
- P : 절삭방법(생략하면 절삭량 일정, 한쪽날 가공을 수행)
- R : 면취량

④ 유형 반복 사이클(G73) : 복합 반복 사이클
㉠ 적용기계 : FANUC 0T

G73 U(Δd') W(Δw') R(e) ;
G73 P(ns) Q(nf) U(Δu) W(Δw) F(f) S(s) T(t) ;

여기서, U(Δd') : X축 거친 절삭 가공량 (도피량)
- W(Δw') : Z축 거친 절삭 가공량 (도피량)
- R(e) : 분할 횟수(거친 절삭 횟수)
- P(ns) : 다듬 절삭 가공 지령절의 첫번째 전개번호
- Q(nf) : 다듬 절삭 가공 지령절의 마지막 전개번호
- U(Δu) : X축 방향 다듬 절삭 여유(지름지령)
- W(ΔW) : Z축 방향 다듬 절삭 여유
- F, S, T : 거친 절삭 가공시 이송속도, 주축속도, 공구선택

ⓒ 적용기계 : FANUC 11T

G73 P(ns) Q(nf) I(i) K(k) U(Δu) W(Δw) D(Δd) F(f) S(s) T(t) ;

여기서, P(ns) : 다듬 절삭 가공 지령절의 첫번째 전개번호
Q(nf) : 다듬 절삭 가공 지령절의 마지막 전개번호
I(i) : X축 거친 절삭 가공량 (도피량) : 반지름 지령
K(k) : Z축 거친 절삭 가공량(도피량)
U(Δu) : X축 방향 다듬 절삭 여유-(지름지령)
W(Δw) : Z축 방향 다듬 절삭 여유
D(Δd) : 분할 횟수(거친 절삭 횟수)
F, S, T : 거친 절삭 가공시 이송속도, 주축속도, 공구선택

G73은 단조나 주조 제품처럼 가공여유가 포함되어 있으며 일정한 형태를 가지고 있는 부품의 가공에 효과적이다. G73에서 I, K는 단조나 주조에서 가공여유로 남겨 놓은 치수에서 절삭가공의 다듬절삭 여유를 제외한 치수를 의미한다. 참고로 환봉 형태의 소재가공에는 불필요한 시간이 많이 소요되므로 적당하지 못함.

(9) 가상 인선

가공작업은 프로그램작성 후 프로그램내용에 맞게 공구를 선정하여 작업을 하게 되는데 이때 그림A와 같이 X축은 외경에, Z축은 단면에 공구를 셋팅하게 되는데 이때 모든 공구는 공구의 끝이 날카롭지 않고 그림에서와 같이 로우즈반경 주어져 있다. 그러므로 그림B의 확대도와 같이 끝이 없는데도 마치 끝이 있는 경우처럼 가정되어서 가공이 이루어진다.

그런데 이때 Z축에 수평이거나 X축에 수평인 제품의 가공에서는 문제점은 없으나 테이퍼나, 원호가공에서는 프로그램의 요구와는 다른 치수와 형상의 제품이 완성되게 된다.

이를 해결하기 위한 방법은 가상인선을 정해 놓고 이 점을 기준점으로 가상인선 보정을 하면되는데 이를 "인선 반지름 보정"이라고 한다.

원리는 인선중심이 가공면에 대하여 항상 수직방향으로 반지름 벡터(vector)만큼 떨어져 운동하도록 CNC장치에서 제어하여 자동으로 보정한다.

(10) 공구 인선 반지름 보정

■ 인선 반지름 보정 명령 방법

```
G41 (G00, G01) X(U) Z(W) ; 좌보정
G42 (G00, G01) X(U) Z(W) ; 우보정
G40 (G00, G01) X(U) Z(W) I K ; 취소
```

프로그램을 작성 할 때 공구인선이 프로그램경로의 어느쪽에 접하여 이동하는가를 지정하여 주어야 하는데, 준비기능 G41, G42(그림참조)로 지령하며 티이퍼 절삭이나 원호 절삭시 반드시 지령하여야 한다.

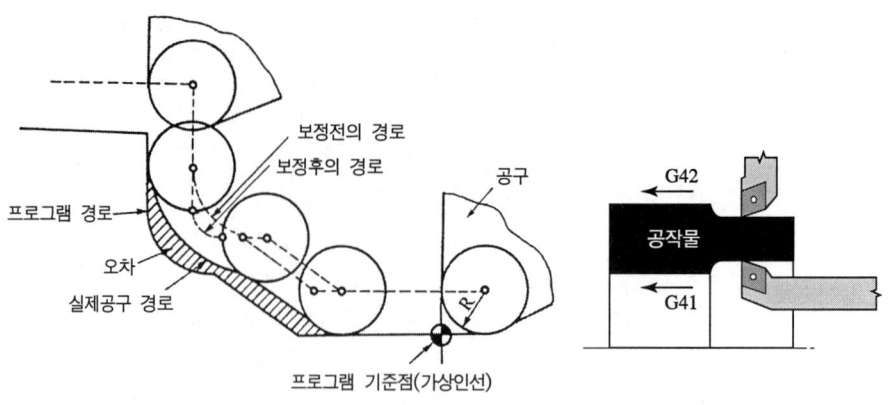

[그림 2-14] 공구 인선 반지름 보정

2-6 머시닝센터

1. 머시닝센터의 특징

① 소형부품은 테이블에 여러 개 고정하여 연속작업을 할 수 있음.
② 면 가공, 드릴링, 태핑, 보링 작업 등을 수동으로 공구교환 없이 자동 공구교환을 한다. 공구를 자동교환함으로써 공구교환 시간이 단축되어 가공시간을 줄일 수 있음.
③ 원호가공 등의 기능으로 엔드밀을 사용하여도 치수별 보링 작업을 할 수 있어 특수 치공구의 제작이 불필요함.
④ 주축회전수의 제어범위가 크고 무단변속을 할 수 있어서 요구하는 회전수를 빠른 시간 내 정확히 얻을 수 있음.
⑤ 컴퓨터를 내장한 NC로서 메모리 작업을 할 수 있으므로 한사람이 여러 대의 기계를 가동할 수 있기 때문에 인건비를 절약할 수 있음.
⑥ 프로그램 오류 시 직접 키보드를 사용하여 수정 작업을 할 수 있음.

2. CNC 머시닝센터의 주요 부품

(1) 자동공구 교환장치(ATC)

자동공구 교환 장치는 공구 매거진(tool magazine), 공구 교환기(change arm), 서브 체인저(sub changer)로 구성되며 모든 기능은 전기모터와 공압 실린더에 의해 작동된다. 공구 매거진(TOOL MAGAZINE) 종류는 드럼(drum)형, 체인(chain)형, 공구 선택방식이 있다.

① 순차(sequential)방식

매거진 내의 배열순으로 공구를 주축에 장착

② 랜덤 방식

⊙ 배열순과는 관계없이 매거진 포트 번호 또는 공구번호를 지령하는 것에 의해 임의로 공구를 주축에 장착.

⊙ 순차방식에 비해 구조가 복잡하고 공구의 배치에 주의를 기울여야 함.

⊙ 사용 빈도가 높은 공구를 항상 같은 번호로 매거진에 넣어두고 쓰거나 한 개의 공구를 한 작업에서 여러 번 선택하여 사용할 경우에는 공구를 순서대로 배열할 필요가 없기 때문에 프로그램이 간단해지고 사용이 편리하다.

③ 공구 교환기(CHANGE ARM)

스핀들에 꽂혀있는 공구와 새로 사용될 공구를 교환해주는 장치로 대기 포트에 꽂혀있는 공구와 스핀들에 꽂혀있는 공구를 동시에 뽑아 180° 회전하여 장착시킨다.

④ 서브 체인저(SUB-CHANGER)

T지령에 의하여 공구 매거진에 꽂혀있는 공구를 대기 포트에 M06지령에 의하여 대기 포트에 꽂혀있는 공구를 공구 매거진에 장착한다. 수동으로 교환시킬 수도 있다.

(2) 자동 팔레트 교환장치(APC)

공작물의 장착 및 탈착 시간을 단축하기 위하여 2개 이상의 팔레트를 이용하여 1개가 기계측에서 작업하는 도중에 다른 팔레트는 공작물을 장착 및 탈착한다. 2개의 팔레트는 모양이 동일하며 작동은 수동 조작 및 자동 프로그램에 의한 교환이 가능하다. 테이블을 대용할 수 있는 APC의 교환장치는 팔레트 유닛, 팔레트 베드, 공압장치로 구성된다.

3. 머시닝센터 좌표어와 제어축

(1) 좌표어

① 공구의 이동을 지령

② 이동축을 표시하는 어드레스와 이동방향과 이동량을 지령하는 수치로 구성

③ 기본축(X, Y, Z) : 서로 직교하는 3축에 대응하는 어드레스로 좌표의 위치나 거리를 지정

④ 부가축(A, B, C, U, V, W) : 부가축의 어드레스로 회전축의 각도와 축의 길이 및 위치를 지정

⑤ 원호보간(I, J, K) : X, Y, Z를 따라가는 원호의 시작점부터 원호중심까지의 거리

를 지정
⑥ 원호 보간(R) : 원호 반지름을 지정

(2) 제어축

머시닝센터에서 제어축은 좌표어의 X, Y, Z를 사용하여 제어축을 지령하며, 각 축에 대한 회전축에 A, B, C를 사용하기도 하며 이를 부가축이라 한다.

(3) 좌표축

① 좌표계 : 프로그램을 작성할 때 혼란을 방지하기 위해서 오른손 좌표계를 사용한다.
② 기준 : 가공시 테이블과 주축이 움직이지만 공작물은 고정되어 있고 공구가 이동하면서 가공하는 것처럼 프로그램 한다.

4. 좌표계의 종류

(1) 공작물 좌표계

도면을 보고 가공에 편리한 프로그램을 작성하기 위하여 도면상의 임의의 점을 프로그램 원점으로 지정하며 이 좌표계를 공작물 좌표계라 한다.

(2) 좌표계 지령방법

① G92 : 머시닝 센터 좌표계 설정
② G54-G59 : 공작물 좌표계 설정(공구의 시작점 지정)
　[형식]　G92 X150. Y100. Z150. ;
　　　　　G54 X100. Y100. Z150. ; 1번 공작물 좌표계
　　　　　G55 X150. Y100. Z150. ; 2번 공작물 좌표계

5. 기타 기능

(1) 주축 기능

주축의 회전 속도(rpm)를 지정하는 기능으로 "S" 다음에 4자리 숫자 이내로 지정한다. 예 S1000 - 1000rpm
① 방법 : RPM 일정 제어 - 머시닝센터에서 사용
　[형식]　G97 S1500 M03 ; (1500RPM으로 정회전)
② 방법 : 주속 일정제어 - 선반에서 사용
　[형식]　G96 S150 M03 ; (절삭속도가 150m/min로 정회전)

(2) 공구 기능

공구의 선택기능으로 "T" 다음에 2자리 숫자로 지령하여 일반적으로 공구 매거진에 공구 포트 수만큼 지령할 수 있다.
[형식] T12 M06 ; (12번 공구 교환)

(3) 보조 기능

기계의 ON/OFF 제어에 사용하는 보조 기능은 "M" 다음에 2자리 숫자로 지령한다.
① P/G에 관련된 M-코드 : M00, M01, M02, M30, M98, M99
② 기계적인 M-코드 : 나머지 M-code
③ M-코드는 한 블록에서 1개의 코드만 유효하며 2개 이상 지령 시 뒤에 지령한 M-코드만 유효
④ 조작판상의 기능이 프로그램상의 지령된 M-코드보다 우선한다.
[형식] M02

6. 프로그램 작성

(1) 보간 기능

① 급속 이송 위치 기능(G00)

공구를 현재의 위치에서 지령된 위치(종점)까지 급속 이송속도로 이동시킨다. 급송 이송속도는 파라메터에 설정되어 있으며 센트롤 시스템에서는 RT0, RT1, RT2 3개 중에서 하나를 선택.(파라미터1500~1502)

$$G00 \begin{cases} G90 \\ G91 \end{cases} X \_ Y \_ Z \_ ;$$

② 직선 가공(G01)

지령된 종점으로 F의 이송속도에 따라 직선으로 가공한다.

$$G01 \begin{cases} G90 \\ G91 \end{cases} X \_ Y \_ Z \_ F\_ ;$$

여기서, X, Y, Z : X, Y, Z 축 가공 종점의 좌표
F : 이송속도 (mm/min)

(2) 절대, 증분지령

① 절대 지령(G90)

절대 지령 방식은 미리 설정된 좌표계 내에서 종점의 좌표 위치를 지령한다. 사용하는 워드(Word)는 G90이며, 종점의 좌표 위치가 좌표계 원점을 기준으로

해서 양(+)의 방향이면 '+'를, 음(-)의 방향이면 '-'를 붙여 지령한다.

② 증분 지령(G91)

증분 지령 방식은 이동 시작점(공구의 현위치)에서 종점(지령 위치)까지의 이동량과 이동 방향을 지령한다. 지령 워드는 G91이고, 공구의 이동 방향이 X축 상에서 오른쪽으로 이동하였을 경우는 X값은 '+', Y축 상에서 위로 이동하였을 경우 Y값은 '+'가 되고, 반대로 이동하였을 경우는 X, Y값 모두 '-'가 된다.

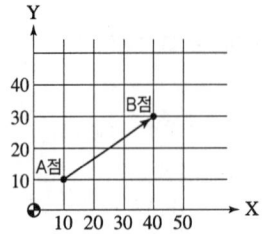

[절대 지령과 증분 지령의 사용 예]
* 그림의 A점에서 B점으로 이동할 때
절대 지령
　G00 G90 X40.0 Y30.0 ;
증분 지령
　G00 G91 X30.0 Y20.0 ;

(3) G01을 이용한 면취 가공 및 코너 R 가공

교차하는 두 직선 사이에 면취(Chamfering)나 코너(Corner) R 가공을 한 블록으로 간단히 지령할 수 있는 기능이다.

직선 가공 지령 형식의 끝에 C___를 지령하면 면취 가공 명령이 되고, R___를 지령하면 코너 R 가공 명령이 된다.

지령형식 :	G90 G01 G91	C____ X____ Y____ F___ ; R____

① 지령 워드의 의미

㉠ X, Y : 면취나 코너 R 가공이 X, Y, Z의 3축에 걸리는 경우는 차원 높은 어려운 가공에 속한다. 따라서 평면 선택 기능에 따른 기본 2축을 선택하며, 보통의 경우는 G17 평면에서 X, Y 좌표이다. 여기서 좌표값(수치)은 면취나 라운드 가공이 없을 때 두 직선의 가상 교점의 좌표이다.

㉡ C, R : 면취 C 다음에 이어지는 숫자는 가상 교점에서 면취 개시점 및 종료점까지의 거리이고, 라운드 R 다음의 숫자는 반경값을 지령한다.

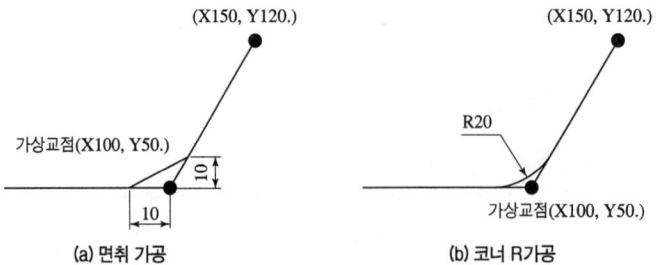

(a) 면취 가공　　　　　　　　(b) 코너 R가공

[지령 예]

| G01 G90 X100. Y50. C10. F100 ;
X150. Y120. ; | G01 G90 X100. Y50. R20. F100 ;
X150. Y120. ; |

(4) 원호 가공하기

지령된 시점에서 종점까지 반경 R크기로 시계방향(G02), 반시계방향(G03)으로 원호가공([그림 3-3] 참조)

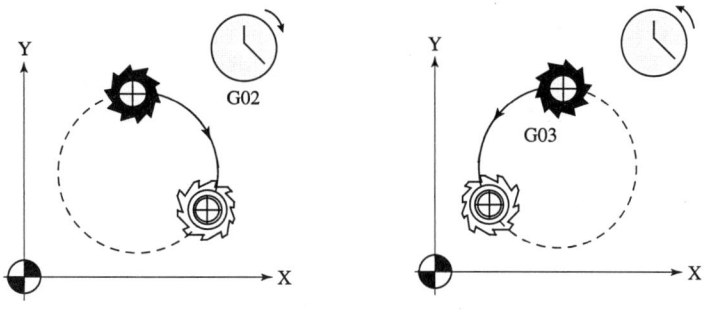

[그림 2-15] 원호 가공

① 지령 방법

```
G17    G02    G90    X__ Y__ I__ J__
G18    G03    G91    Z__ X__ I__ K__ F__ ;
G19                  Y__ Z__ J__ K__
```

② 원호 보간

원호 보간에서 I, J, K의 어드레스는 X축 방향의 값을 I로, Y축 방향을 J로, Z축 방향을 K로 지령한다. 또한 I, J, K의 부호는 시점에서 원호의 중심이 (+)방향인가 (-)방향인가에 따라 결정하며, 값은 원호 시점에서 원호 중심까지의 거리값이다.

■ A점에서 B점으로 가공하는 프로그램 예

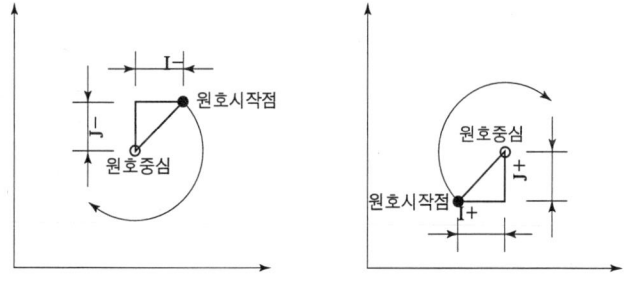

[그림 2-16] 원호 보간 지령

(5) 원점복귀

① 기계원점(Reference Point)복귀

기계원점이란 기계상에 고정된 임의의 지점이고, 간단한 조작으로 쉽게 이 지점에 복귀시킬 수 있으며 기계제작시 기계 제조회사에서 위치를 설정한다. 프로그램 및 기계조작시 기준이 되는 위치이므로 제조회사의 A/S Man, 이외는 위치를 변경하지 않는 것이 좋다. 전원을 투입하고 최초 한번은 기계원점복귀를 해야만 기계좌표가 성립된다. 최근에 생산되는 기계는 전원을 차단해도 기계 좌표와 절대좌표를 기억하는 기계도 있다.

② 수동 원점 복귀

모드 스위치를 "원점복귀"에 위치시키고 JOG 버튼을 이용하여 각축을 기계원점으로 복귀시킬 수 있다. 보통 전원 투입 후 제일 먼저 실시하며 비상정지 스위치(Emergency Stop Switch)를 눌렀을 때도(ON, OFF) 후에도 마찬가지로 기계원점 복귀를 해야 한다.

③ 자동 원점복귀(G28)

모드 스위치를 "자동" 혹은 "반자동"에 위치시키고 G28을 이용하여 각축을 기계원점까지 복귀시킬 수 있다 급속 이송으로 중간점을 경유 기계원점까지 자동 복귀한다. 단, Machine Lock 스위치 ON 상태에서는 기계원점 복귀할 수 없다.

㉠ 지령방법

$$G28 \begin{cases} G90 \\ G91 \end{cases} X\_\ Y\_\ Z\_\ ;$$

㉡ 지령 워드의 의미

X, Y, Z : 기계 원점복귀를 하고자 하는 축을 지령하며, 어드레스 뒤에 지령된 Data는 중간점의 좌표가 된다. G91지령(증분지령)은 현재 위치에서 이동거리이고 G90지령(절대지령)은 공작물 좌표계 원점으로부터의 위치이므로 절대지령의 방식은 주의를 해야 한다.(G28 G90 X0. Y0. Z0. ; 를 지정하면 공작물 좌표계의 X0. Y0. Z0. 까지 이동하고 기계원점으로 복귀한다.)

④ 원점 복귀 Check(G27)

기계원점에 복귀하도록 작성된 프로그램이 정확하게 기계 원점에 복귀했는지를 Check하는 기능이다. 지령된 위치가 원점이 되면 원점복귀 Lamp가 점등하고 지령된 위치가 원점 위치에 있지 않으면 알람이 발생된다.

㉠ 지령방법

$$G27 \begin{cases} G90 \\ G91 \end{cases} X\_\ Y\_\ Z\_\ ;$$

㉡ 지령 워드의 의미

X, Y, Z : 원점복귀를 하고자 하는 축을 지령하면 어드레스 뒤에 지령된

Data는 중간점의 좌표가 된다. G91지령(증분지령)은 현재 위치에서 이동거리이고 G90지령(절대지령)은 공작물 좌표계 원점에서의 위치이므로 절대지령의 방식은 주의를 해야 한다.

⑤ 원점으로부터 자동복귀(G29)

일반적으로 G28 또는 G30 다음에 사용한다.

㉠ 지령방법

```
G29 { G90
      G91  X_ Y_ Z_ ;
```

㉡ 지령 워드의 의미

· X, Y, Z : G28 또는 G30에서 지령했던 중간점을 기억했다가 그 중간점을 경유한 후 지령된 X, Y, Z좌표 점으로 이송

⑥ 제2, 제3, 제4 원점 복귀(G30)

중간점을 경유하여 파라메타에 설정된 제2원점의 위치로 급속 속도로 복귀한다.

㉠ 지령방법

```
G30 { G90
      G91  X_ Y_ Z_ ;
```

㉡ 지령 워드의 의미

- P2, P3, P4 : 제2, 3, 4원점을 선택하고 P를 생략하면 제2원점이 선택된다.
- X, Y, Z : 원점복귀를 하고자 하는 축을 지령하며, 어드레스 뒤에 지령된 Data는 중간점의 좌표가 된다. G91지령(증분지령)은 현재 위치에서 이동거리이고 G90지령(절대지령)은 공작물 좌표계 원점에서의 위치이므로 절대지령의 방식은 주의해야 한다.

(6) 좌표계 설정

① 공작물 좌표계 설정(G92)

프로그램 작성시 도면이나 제품의 기준점을 설정하여 그 기준점으로부터 가공위치를 지령함으로써 간단하게 프로그램을 작성할 뿐 아니라 실수를 줄일 수 있다. 그러나 공작물의 기준점이 어느 위치에 있는지 NC기계는 모르고 있으므로 이 기준점을 NC기계에 알려주는 기능이 G92이며 이 작업을 공작물 좌표계 설정이라 한다.

㉠ 지령방법

```
G92 G90 X_ Y_ Z_ ;
```

㉡ 지령 워드의 의미

X, Y, Z : 설정하고자 하는 절대좌표계 (공작물 좌표계)의 현재위치

② 공작물 좌표계 선택(G54~G59)

이미 설정된 공작물 좌표계(워크보정 화면에 입력한다.)를 선택할 수 있다. 워크 보정 화면에 입력하는 값은 기계원점에서 공작물 좌표계 원점까지의 거리를 입력한다.

㉠ 지령방법

```
G54
 |   } G90 X_ Y_ Z_ ;
G59
```

㉡ 지령 워드의 의미

X, Y, Z : 절대좌표계(공작물 좌표계)의 위치

㉢ 공작물 좌표계 설정 기능과 공작물 좌표계 선택 기능의 프로그램 비교, 생산성을 향상하기 위하여 테이블 위에 같은 공작물(다른 종류의 공작물도 가능)을 여러 개 동시에 고정하여 가공할 경우 아래 셋업 값으로 G92 기능과 G54~G59 기능을 이용한 프로그램을 비교한다.

㉣ 수평형 머시닝센터의 공작물 좌표계 선택 : 수평형 머시닝센터(Horizontal Machining Center)에서 회전테이블 위에 설치된 공작물을 회전시키면서 공작물을 가공한다. 이때 공구 전면의 공작물 가공면을 G54~G59 기능을 사용하여 프로그램을 작성하고, 각각의 가공면에 대하여 공작물 좌표계를 설정한다.

③ 로컬(Local) 좌표계 설정(G52)

프로그램을 쉽게 작성하기 위하여 이미 설정된 공작물 좌표계에서 임의의 지점에 로컬 좌표계를 설정할 수 있다. 임의의 지점에 원점을 설정하여 원래의 원점에서 좌표값을 계산하는 번거로움 없이 쉽게 프로그램을 작성할 수 있다.

㉠ 지령방법

```
G52 G90 X_ Y_ Z_ ;
G52 X0. Y0. Z0. ; - 로컬 좌표계 무시
```

㉡ 지령 워드의 의미

X, Y, Z : 현재의 공작물 좌표계에서 설정하고자 하는 로컬(구역좌표) 좌표계의 원점위치

㉢ 프로그램

```
       ↓;
G52 G90 X105.657 Y80.657 ;  ················· 로컬 좌표계 원점 지정
G00 X30.27 Y18. ;  ······························ ⓐ점으로 급속 위치 결정
       ↓
    G52 X0. Y0.  ·············································· 로컬 좌표계 무시
```

④ 기계 좌표계 선택(G53)

공작물 좌표계와 관계없이 기계원점에서 임의 지점으로 급속이동(G00 기능 포함) 시킨다. 자동공구 측정 장치가 설치된 위치까지 이동시킬 때나 기계원점에서 항상 일정한 지점까지 위치 결정하는 방법으로 많이 사용한다.

㉠ 지령 방법

```
G53 G90 X_ Y_ Z_ ;
```

㉡ 지령 워드의 의미

X, Y, Z : 기계원점에서 이동지점까지의 기계좌표를 지령한다. 절대지령(G90)에서만 실행되고 증분지령(G91)에서는 무시된다.

(기계 좌표계 선택 지령의 예제 1)

㉢ 프로그램

```
ⓐ점에 공구 중심을 이동시킨다.(X, Y축)
G53 G90 X-180.123 Y-155.236 ;
(G92 G90 X0. Y0. ;) ; ………… 기계원점에서 공작물 좌표계 원점까지 이동시키고
                              공작물 좌표계 설정을 하는 방법이다.
ⓑ점에 공구 중심을 이동시킨다.(X, Y축)
G53 G90 X-225.837 Y-100,653 ;
```

(7) 보정 기능

프로그램을 작성할 때 공구의 길이와 형상을 고려하지 않고 프로그램을 작성하게 된다. 그러나 실제 가공할 때는 각각의 공구가 길이와 직경의 크기에 차이가 있으므로 이 차이의 량을 보정 화면에 등록하고 공작물을 가공할 때 호출하여 자동으로 위치 보상을 받을 수 있게 하는 기능을 보정 기능이라 한다. 이 각각의 공구길이의 차이와 직경의 크기 등을 측정하여 미리 보정화면에 등록하여 둔다. 이 량을 측정하는 것을 공구셋팅(Tool Setting)이라 한다.

① 공구경 보정(G40, G41, G42)

공구의 측면 날을 이용하여 가공하는 경우 공구의 직경 때문에 공구중심(주축중심)이 프로그램과 일치하지 않는다. 이와 같이 공구반경 만큼 발생하는 (엔드밀, 페이스 커터)에 많이 사용된다.

㉠ 지령방법

```
G17 G40 ……………………………………… 공구경 보정 취소
G18(G00, G01)   G41 α_ β_ D_ ; ……………………… 공구경 좌측 보정
G19 G42 α_ β_ D_ ; ……………………………………… 공구경 우측 보정
```

㉡ 지령 워드의 의미

• α, β : 평면선택 기능에 따라 X, Y, Z 중 기준 두 축이 좌표를 지령한다.

(G17 평면 선택인 경우 X, Y축 방향에 공구경 보정이 적용되고, G18 평면에서는 Z, X축, G19 평면선택은 Y, Z축 방향에 공구경 보정이 적용된다.)
• D : 공구경 보정 번호(보정 번호)

ⓒ Start Up 블록

공구경 보정 무시(G40) 상태에서 공구경 보정(G41, G42)을 지령한 블록을 Start Up 블록이라 한다.

```
N01 G41 G01 X0. D01 F100 ; ············································· Start Up Block
N02 Y50. ;
N03 X55. ;
```

② 공구길이 보정

공작물을 도면대로 가공하기 위해서는 여러 개의 공구를 교환하면서 가공하게 된다. 이때 공구의 길이가 각각 다르므로 공구의 기준길이에 대하여 각각의 공구가 얼마만큼 길이의 차이가 있는지를 오프셋 량으로 CNC 장치에 설정하여 놓고 그 길이만큼 보정하여 주면 공구길이 보정을 할 수 있다.

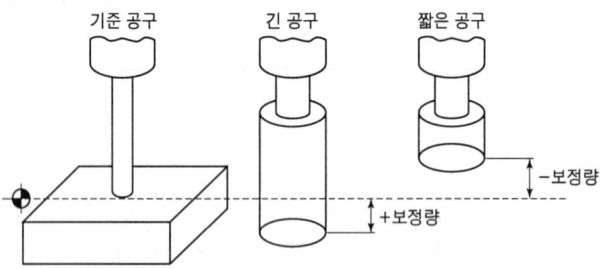

[그림 2-17] 머시닝센터 공구 길이 보정

```
G43 : +방향 공구길이 보정(+방향으로 이동)
G44 : -방향 공구길이 보정(-방향으로 이동)
```

공구길이 보정은 G43, G44 지령으로 Z축 이동지령의 종점위치를 보정 메모리에 설정한 값만큼 +, -로 보정할 수 있다. 또한 공구길이 보정은 Z축에 한하여 가능하며 공구길이 보정을 취소할 때는 G49로 지령하여 G49를 생략하고 단지 보정 번호를 00 즉, H00으로 지정할 수 있다.

㉠ 지령 방법

```
지령 형식 : G00 G43 Z__ H__ ;
```

```
취소 형식 : G00 G49 Z__ ;
```

여기서,　H : 해당 공구의 보정량을 입력한 공구 번호

(8) 고정 사이클

프로그램을 간단하게 하는 기능으로 구멍 가공하는 몇 개의 블록을 하나의 블록으로 프로그램을 작성할 수 있다. 고정 사이클에는 드릴, 탭, 보링 기능 등이 있고, 응용하여 다른 기능으로도 사용할 수 있다.
예를 들면 보링 사이클로 드릴작업도 가능하다.
고정 사이클의 종류는 G73~G89까지 12종류가 있고 G80 기능으로 고정사이클을 말소시킨다.
고정 사이클 기능을 쉽게 이해하기 위해서는 각 고정 사이클의 공구 경로를 관찰하여 이해하면 된다.
다음의 예에서 일반 프로그램과 고정 사이클 프로그램의 차이를 알 수 있다.

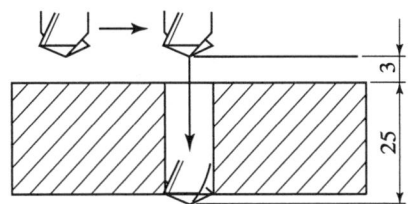

[표 2-5] 고정 사이클 및 일반 프로그램의 예

고정 사이클 프로그램(1블록)	일반 프로그램(4블록)
↓ G81 G90 G99 X20. Y30. Z-25. R3. F50. : ↓	↓ G00 G90 X20. Y30. ; Z3. ; G01 Z-25. F50. ; G00 Z3. ; ↓

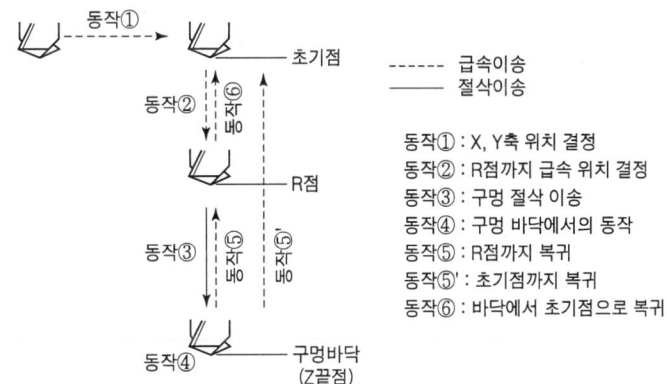

[그림 2-18] 고정 사이클의 기본 동작 구성

① 고정 사이클 기본 지령 형식

고정 사이클의 종류에 따라 다소 차이는 있으나, 기본적인 지령 형식은 다음과 같다. 각 어드레스에 대한 설명은 [표 2-6] 참조

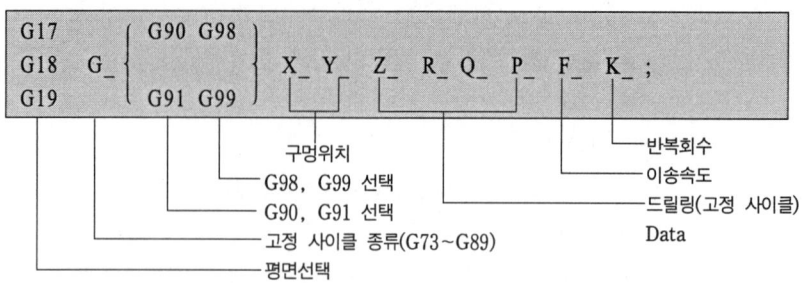

[표 2-6] 고정 사이클의 어드레스 설명

지령내용	어드레스	어드레스 내용설명
G17, G18, G19	G	평면선택 기능(G17, G18, G19) 중 하나를 선택
고정 사이클 종류	G	고정 사이클 일람표 참고
G90, G91 선택	G	절대, 상대지령을 선택한다. 이미 지령된 경우는 생략할 수 있다.
G98, G99 선택	G	초기점 복귀와 R점 복귀를 선택한다.
구멍위치	X, Y	구멍가공 위치를 절대, 증분지령으로 지령한다. 공구이동은 급속이송(G00)으로 이동한다.
드릴링 Data	Z	구멍가공 최종 깊이를 지령한다. R점에서 Z위치까지 절삭이송(G01)한다. 절대지령은 공작물 좌표계 Z축 원점에서 절삭 깊이가 되고, 증분지령인 경우 R점에서 절삭 깊이를 지령한다.
	R	구멍가공 후 R점(구멍가공 시작점)을 지령한다. 최종 구멍가공을 종료하고 공구를 R점까지 복귀한다. 또 초기점에서 R점(가공시작점)까지 급속이송(G00)으로 이동하는 지령이다. 절대지령은 공작물 좌표계 Z축 원점에서의 위치가 되고 증분지령인 경우 초기점에서 이동거리를 지령한다.
	Q	G73, G83기능에서 매회 절입량 또는 G76,G87기능에서 Shift량을 지령한다.(항상 증분지령으로 한다.)
	P	구멍바닥에서 드웰(정지)시간을 지령한다.
	F	구멍가공 이송속도를 지령한다.
반복회수 (0Serise 이외의 시스템은 L어드레스로 반복회수를 지령한다.)	K	K지령을 생략하면 K1로 지령한 것으로 간주하고, K0을 지령하면 현재 블록에서 고정 사이클 Data 만 기억하고, 구멍작업은 다음에 구멍위치 지령이 되면 사이클 기능을 실행한다.

[표 2-7] 고정 사이클 일람표

G코드	용도	동작3번 (절삭방향 절입동작)	동작4번 (구멍밑에서 동작)	동작5번 (도피동작)
G73	고속 심공드릴 사이클	간헐 절삭이송		급속이송
G74	역탭핑사이클(왼나사)	절삭이송	주축 정회전	절삭이송
G76	정밀보링 사이클	절삭이송	주출 정위치 정지	급속이송
G81	드릴 사이클	절삭이송		급속이송
G82	카운트보링 사이클	절삭이송	드웰(Dwell)	급속이송
G83	심공드릴 사이클	간헐 절삭이송		급속이송
G84	탭핑 사이클	절삭이송	주축 역회전	절삭이송
G85	보링 사이클(리이머)	절삭이송		절삭이송
G86	보링 사이클	절삭이송	주축 정지	급속이송
G87	백보링 사이클	절삭이송	주축 정위치 정지	급속이송
G88	보링 사이클	절삭이송	① 드웰(Dwell) ② 주축정지	급속 이송, 절삭 이송
G89	보링 사이클	절삭이송	드웰(Dwell)	절삭이송

(9) 보조 프로그램

보조 프로그램은 주프로그램 또는 다른 보조프로그램에서 호출하여 실행하다.

```
M 98 P 1004   L2 ;
```

여기서,
- M 98 : 주프로그램에서 보조 프로그램의 호출
- P : 보조프로그램 번호
- L : 반복 호출 횟수(1004를 2회 호출하라는 지령)

2-7 CNC 방전가공 및 와이어 컷

1. CNC 방전가공

방전가공이란 스파크 가공(spark machining)이라고도 하는데, 그 이름에서 보는 것처럼 전기의 양극과 음극이 부딪칠 때 일어나는 스파크로 가공하는 방법이다. 스파크로 일어난 열에너지는 가공하고자 하는 재료를 녹이거나 기화시켜 제거함으로써 원하는 모양으로 만들어 준다. 방전가공은 금형, 전자, 원자력 공업 등에서 정밀가공의 방법으로 사용된다.

2. 방전가공의 원리

전극에 (-), 공작물에 (+)를 연결한 방식(정극성) 이와 반대의 연결은 역극성으로 연결하고 그 주의에 절연체(증류수, 등유)를 채우고 난 후 칩(Chip) 배출을 용이하기 위하여 분류, 및 흡입을 이용하여 그 사이에 간헐전압을 발생하면 (−)극에서 (+)극으로 전자가 뛰쳐나가다가 전극과 공작물의 간극이 일정량에 도달하면 절연파괴 현상이 일어나 불꽃 방전이 시작된다.

3. 방전가공의 특성

(1) 장 점

① 전기 방전에 의한 높은 열에너지로 아주 단단한 재료도 쉽게 가공
② 기계적인 응력을 가하지 않고 가공
③ 복잡한 모양 가공 가능
④ 정밀 가공 가능
⑤ 컴퓨터 수치제어기(CNC)와 연결하여 공정의 프로그램화, 자동화 가능

(2) 단 점

① 가공시 형상에 따라 별도의 전극봉이 필요
② 방전 후 변질층의 생성

4. 방전가공 기술

방전가공 조건은 다음의 네 가지에 의해 많은 영향을 받는다.
① 일정 시간 내에 얼마만큼의 질량을 제거할 수 있느냐에 대한 가공속도 (g/min)
② 가공된 표면의 거칠기 및 매끈한 정도(μR_y)
③ 전극 형상의 이송방향에 대한 방전갭(gap)의 형상 및 정도(μm)
④ 전극의 종류 및 전극 소모비(%)

(1) 가공속도

1분당 가공속도(W)는 1발당 가공중량(m)과 유효방전주파수(f) 값으로 나타낸다.

$$m = A \cdot I_p^B \cdot \tau_p \qquad W = m \times f$$

여기서, I_p : 방전전류 최대값(A)
τ_p : 방전전류 펄스 폭(μs)

• 구리 전극(+)대 강(−)의 제거량(Wst−)일 때, $A = 1.5 \times 102, B = 1.5$
• 그래파이트 전극(+)대 강(−)의 제거량(Wst−)일 때, $A = 1.17 \times 102, B = 1.5$

① 방전전류(I_p)와 펄스 폭(방전되는 시간 : τ_{ON})

방전전류와 방전시간이 방전에너지에 영향을 미치는데 이 값이 크면은 에너지가 커서 가공속도는 빠르나 거칠기는 나빠진다. 그래서 표면거칠기가 같게 나

오는 조건에서 방전전류와 펄스폭의 관계는 다음과 같다.
　㉠ I_p 대 τ_{ON} 소일 때 : 가공 속도는 빠르다. 전극소모는 많다.
　㉡ I_p 소 τ_{ON} 대일 때 : 가공 속도는 빠르다. 전극소모는 적다.
　㉢ I_p 중 τ_{ON} 중일 때 : 가공 속도는 보통이다. 전극소모는 보통이다.
② 방전휴지시간(τ_{OFF})
방전휴지시간은 방전을 일으키지 않는 시간으로 이를 적게 설정하면 방전이 자주 일어나 방전속도가 빠르나 거칠기가 나빠지고 chip 배출이 어려워서 chip에 의해 방전이 일어나는 경우가 있으므로 chip 배출이 어려운 부위 방전시는 이를 크게 설정한다.

(2) 표면 거칠기와 가공속도

방전조건설정(방전전류, 방전 펄스폭, 방전휴지시간)에 많은 영향을 받으나 가공 속도가 증가되면 표면거칠기는 나빠지고 가공변질층도 커진다. 방전가공속도(V_t) = 단발제거량 × 유효 방전 주파수

$$W = KS^{2\sim3}$$　　여기서, K : 상수
　　　　　　　　　　　　　　W : 가공속도
　　　　　　　　　　　　　　S : 가공면 조도

(3) 방전갭

방전에서는 2차 방전과 방전 중 전극소모로 방전입구 치수가 최후 치수보다 크게 나오고 가공최후 치수는 전극 치수보다 보통 크게 가공되며 방전갭은 가공속도가 빠르면(방전전류와 방전시간이 크게 설정되고 휴지시간이 작게 설정되었을 때 커진다.)

$$\text{방전갭} = \frac{\text{출구측 치수}(D_{out}) - \text{전극치수}(D_{in})}{2}$$

$$\text{오버컷} = \frac{\text{축구측 치수} - \text{전극치수}}{2}$$

(4) 방전에너지에 따른 영향

방전에너지가 클 때(방전시간이 크다, 방전개시 전류가 큼.)
① 가공속도가 빨라진다.
② 가공량이 많아진다.
③ 표면거칠기가 거칠다.
④ 방전갭이 커진다.

5. 공작물의 예비 가공 및 고정

(1) 공작물의 예비가공

방전가공전 다른 공작기계를 이용하여 기계가공을 하는 것을 예비가공이라 한다.
① 방전가공여유가 작아짐에 따라 방전가공시간은 대폭 단축된다.
② 가공 칩의 배제가 용이하기 때문에 가공정도가 향상되고 휴지시간도 적게 설정할 수 있으므로 방전가공시간도 단축된다.
③ 극간을 흐르는 가공 칩의 양이 감소하므로 2차 방전에 의한 가공정 도에의 악영향이 완화된다.
④ 예비가공에 의해서 직접 방전가공에 관계하는 가공깊이가 감소하기 때문에 전극소모 길이는 감소한다.

6. 전극 재료의 선정

CNC 방전가공기의 전극재료로서 가장 많이 사용되는 것은 전기동(Cu), 동-텅스텐(CuW), 은-텅스텐(AgW) 및 흑연(graphite : Gr) 등이다. 이러한 전극재질의 공통점은 각종의 강재 등 Fe계의 가공물을 가공하는 경우 전극 무소모조건(no ware)이라는 특수회로로 거의 전극을 소모시키지 않고 가공해 나갈 수 있다.

[표 2-8] 전극 재질에 따른 장단점

재 질	장 점	단 점	용 도
전기동 (Cu)	• 정밀도 높은 방전가공 가능 • 전극 저소모 가공 가능 • 저렴한 가격	• 절삭 및 연삭 곤란 • 큰 전극 중량(비중이 큼)	• 가장 일반적으로 사용 • 밑바닥 형상가공
흑연 (Gr)	• 절삭, 연삭가공 용이 • 전극 저소모 가공 가능 • 높은 속도 가공가능 • 가벼운 중량 • 저렴한 가격(전기동과 비슷)	• 절삭 및 연삭 곤란 • 큰 전극 중량(비중이 큼)	• 일반용 • 고정밀도 필요하지 않는 곳
동-텅스텐 (Cu-W) 은-텅스텐 (Ag-W)	• 높은 연삭성 • 유소모 조건에서 소모가 적다.	• 높은 가격 (Cu-W : 동의 40배) (Ag-W : 동의 100배) • 구입이 어렵다 • 한정된 소재의 형상	• 정밀금형 • 초경합금 • Punch와 전극동시 연삭
황동	• 절삭이 용이	• 소모가 심하다	• 관통 구멍

(2) 전극 소모비

방전가공에서는 전극의 소모량이 가공오차를 일으키는 큰 원인이 되기 때문에 이 소모량을 측정하는 방법으로서 피가공체의 제거량과 전극의 소모량과의 비를 백분율로 표시한다.

$$중량소모비 = \frac{전극\ 소모량}{피가공체의\ 제거량} \times 100\%$$

$$체적소모비 = \frac{전극의\ 소모체적}{피가공체의\ 가공체적} \times 100\%$$

(3) 전극의 제작

전극의 재료로는 융점이 높고 전기적 저항치가 낮은 재료가 좋으며 방전가공에서 전극 선정은 가공조건과 함께 가공품의 조도, 공차 및 가공속도에 가장 큰 영향을 미친다. 전극용 재료는 크게 3종류로 분류된다.

① 전기동
  ㉠ 스템핑 또는 코이닝에 의한 전극의 제작
  ㉡ 공작기계에 의한 전극의 제작
  ㉢ 압출 또는 인발에 의한 전극의 제작
  ㉣ 금속 스프레이 방식에 의한 전극의 제작
  ㉤ 전기 도금법에 의한 전극의 제작

② 연동, 텔륨, 크롬
  범용공작기계에 의해 가공
  ㉠ 전기동에 미량의 텔륨(tellurium : Te)와 크롬(chromium : Cr)을 첨가한 재질이다.
  ㉡ 전기동의 가공성을 개량하였다.
  ㉢ 방전소모가 크다.
  ㉣ 방전갭이 동일하다.(소모율이 일정하다)

③ 동-텅스텐(Cu-W), 은-텅스텐(Ag-W)
  기계가공이 용이하고 기계적으로 안정되어 있어 정밀도를 필요로 하는 전극의 제작에 널리 사용
  ㉠ 동과 텅스텐을 결합하여 만든 재질이다.
  ㉡ 가공성이 우수하다.
  ㉢ 강성이 있어 가공변형이 적다.
  ㉣ 연삭이 가능하여 좋은 면으로 제작이 가능하다.
  ㉤ 재료가 고가이고 주조, 단조가 불가능하다.
  ㉥ 초경재 방전에 좋다.
  ㉦ 깊은 구멍가공에 용이하다.
  ㉧ 미세하고 복잡한 형상에 유리하다.
  ㉨ 예리한 모서리 방전에 좋다.
  ㉩ 미세한 부분의 다수가공에 유리하다.

④ 흑연(graphite)
　절삭성이 좋고 전극가공이 쉬우며, 가공방법은 전기동과 유사.
　㉠ 전기전도도가 좋다.
　㉡ 가공성이 우수하다.
　㉢ 다른 재료에 비해 가볍다.(동에 1/5)
　㉣ 소재가 가벼우므로 큰 전극제작에 유리하다.
　㉤ 방전열에 의한 변형이 적다.(동에 1/4)
　㉥ 거친방전에 유리하다.
　㉦ 전극제작이 chip이 비산되는 결점을 지니고 있다.
　㉧ 전극제작이 chip이 비산되는 결점이 있으므로 이를 제거하면서 가공되는 CNC공작기계가 나오고 있다.

7. 와이어 컷 방전가공기의 특징

① 작은 지름의 와이어를 전극으로 사용하므로 미세홈 가공이 가능하다.
② 와이어의 자동공급으로 공구교환 및 와이어 마모에 영향을 안 받는다.
③ 자동 프로그램 장치(APT ; Automatic programming Tool)즉 CAM S/W 도입으로 형상이 아주 복잡한 형상의 작업도 가능해 졌다.
④ 4축제어로 테이퍼 형상 및 상하 이형형상의 제품가공이 용이해졌다.

8. 와이어 컷 가공액

(1) 가공액의 작용

① 극간의 절연 회복시킨다.
② 방전가공부위를 냉각시킨다.
③ 방전폭압을 발생시킨다.
④ 가공 chip을 배출시킨다.
⑤ 가공액을 이온교환수지를 이용하여 수중의 이온을 제거한다.

(2) 가공액의 물을 사용했을 때 장점

① 취급이 용이하고 화재의 위험이 없다.
② 공작물과 와이어 전극을 빨리 냉각시킨다.
③ 전극에 강제 진동이 발생하더라도 극간 접촉이 일어나지 않게 도와준다.
④ 가공시 발생되는 불순물의 배제가 양호하다.

(3) 가공액의 비저항 값

① 가공액의 비저항값이 가공성능에 큰 영향을 미친다.
② 비저항값이 너무 낮으면 방전에 사용되는 전류가 감소하여 반대로 빠지는 전류가 증가하여 가공속도를 감소시킨다.
③ 비저항값이 너무 높으면 방전간격이 좁아지고 방전효율이 저하된다.

9. CNC 와이어 컷 방전가공기의 가공특성

와이어 컷 방전가공의 일반적인 특성에는 가공속도, 가공정도, 가공면 거칠기 및 변질층의 생성 두께 등이 매우 중요한 영역을 차지하고 있다.

(1) 가공속도

와이어 컷 방전가공은 방전현상을 이용하는 가공법이므로 일반 방전가공에 비해서 대단히 작은 방전면적을 갖는 가공법이다. 피가공물의 두께나 와이어 지름의 증감은 면적효과나 방전 발생횟수의 증감에도 현저한 영향을 미치며 전류의 증감은 가공속도의 증감이라는 관계도 성립됨을 알 수 있다. 다음은 가공속도에 영향을 주는 인자들을 비교한 것이다.

① 피가공물들의 재료에 따른 차이는 일반 강을 100으로 보았을 때 동은 125, 동과 텅스텐 합금은 80, 초경합금 즉, WC-Co는 50이다.
② 강을 가공할 경우 와이어 전극 재질에 의한 가공속도의 차이는 동 와이어를 100d로 했을 때 황동 와이어는 120~130이다.
③ 가공액 비저항값이 피가공물의 재질이나 가공목적에 따라 각각 최적값이 있는데, 강재를 높은 속도로 가공할 때는 비저항값을 낮게 하고 초경이나 알루미늄을 가공할 때는 비저항값을 높게, 즉 절연성을 높게 해 준다.
④ 와이어가 전극에 걸리는 장력은 일반적으로 높게 설정하는 것이 가공속도를 향상시키지만 어느 정도 한계점에 다다르면 다시 낮아진다.
⑤ 상기에 열거한 사항들 외에도 전원장치의 특성이나 가공액 냉각장지와 그 순환방식에 따라 가공속도는 큰 영향을 받으며, 가공기의 가공성능의 우열은 주로 이에 따라 결정된다.

(2) 가공정도

가공정도는 주로 가공 확대대의 치수 정도에서 기인하는 형상정도와 일단 가공을 실행한 다음에 나타나는 각 구멍간이나 형상간의 피치(pitch)정도 또는 위치결정 치수 등의 정적인 정도에 관계된다.

(3) 가공면 거칠기 및 변질층

와이어 컷 방전가공은 수중방전가공인 관계로 일반 방전가공처럼 침탄에 의한 변질층은 생기지 않지만, 방전현상 외에 누설되는 전류에 의한 전기분해가 일어나 양극(+)측에 피가공물의 양극 산화라는 전해 용출이 일어날 가능성이 있다. 그리고 강재를 동이나 황동 와이어로 가공할 경우 함유하고 있는 동의 침입을 수반하는데, 이것은 강중에 동이 고용되어 잔류 오스테나이트를 생성시키므로 연한 표면층을 만드는 원인이 된다.

- **와이어 전극의 굵기와 속도**

  와이어 전극으로 사용되는 재질은 주로 동과 황동이 있으며 특수한 경우에는 텅스텐, 몰리브덴, 강철 등이 사용되기도 한다. 동 와이어와 황동 와이어는 구하기 쉽고 경제적이면서도 재질에 비해 가공속도가 빠른 특징이 있는 반면, 원래 항장력이 약하기 때문에 $\phi 0.1mm$ 미만인 와이어에는 강도가 낮아서 사용하기 부적당하고 일반적으로 황동 와이어는 $\phi 0.1 \sim 0.25mm$, 동 와이어는 $\phi 0.15 \sim 0.25mm$의 범위에서 사용된다. 반대로 텅스텐 와이어는 항장력이 높아 직경이 작아도 사용 가능하며 보통 $\phi 0.05 \sim 0.1mm$인 와이어의 재질로 사용된다.

(4) 가공속도와 가공면 거칠기와 관계

① 가공속도는 면거칠기가 거칠은 조건으로 가공하면 속도가 빨라진다. 가공면은 매번 발생되는 방전에 의해 형성되는 방전흔의 영향을 받게 되고 면거칠기는 그 개개의 방전흔의 크기에 의해 결정된다. 그리고 방전흔의 크기는 개개의 방전 에너지가 커지면 크게 된다.

② 와이어 컷 방전가공과 같이 콘덴서 방전을 이용하는 경우에는 콘덴서 용량 및 극간의 전압을 크게 하면 방전흔도 크게 되어 면은 거칠어진다. 가공속도를 빠르게 하려면 면 거칠기를 희생시켜야 하고 면 거칠기를 좋게 하려면 가공속도를 느리게 해야 된다.

③ 이 점을 보완하기 위해 방법으로 세컨드 컷(second cut)이라 불리는 다듬질 가공법이 있다. 특히 구명 형상을 가공하는 경우, 사전에 다듬질 여유를 남기고 고속으로 1차 가공을 한 다음 남아 있는 다듬질 여유분을 전기적인 조건을 다듬질 조건으로 바꾸고 동일 테이프를 사용하여 오프셋량을 서서히 줄여가면서 1차 가공속도의 10배의 이송속도로 2회 이상 표면부를 가공 제거해 가는 방법이 있다. 이 세컨드 컷의 기법에 의해 동일면 거칠기를 얻는 것이 1차 가공만으로 완성시키는 것보다 시간이 많이 걸리긴 하지만, 가공재의 잔류응력의 해방으로 인한 변형부분과 코너 에러는 수정할 수 있어 치수정도는 향상된다.

(5) 가공속도와 가공부의 단면형상

일반적으로 피가공물의 가공부 단면형상은 큰 북형상을 이루고 있다. 이것은 와이어 컷 방전가공의 특유의 현상으로 피가공물의 가공면 중앙부가 움푹 패인 것을 말하며, 이는 곧 제품의 진직 치수 정도를 나쁘게 하는 원인이 된다.

큰 북형상의 발생 원인으로는 첫째 와이어의 진동 형태에 따라 생각해 볼 수 있고, 둘째로는 보통 피가공물의 상하에서 가공액을 분사하기 때문에 극간의 중간부분에 있어서는 상면과 하면부분 보다는 비저항값이 낮은 가공액이 되어 진해작용 및 방전 빈도의 증가를 가져올 뿐만 아니라 2차 방전을 일으키기 때문이다. 큰 북형상가공 확대대의 크기와 가공속도와의 관계는 가공속도를 크게 함에 따라서 큰 북형상 및 가공 확대대도 작아짐을 알 수 있으며, 이는 곧 가공속도를 빠르게 하는 것이 가공현상 측면에서 볼 때 가공정도를 본질적으로 높일 수 있음을 보이고 있다. 가공액 비저항값을 낮게 하는 것은 가공속도를 높이는 효과와 진직 치수정도를 양호하게 하는 효과를 갖는다.

10. 세컨드 컷 가공

(1) 세컨드 컷 가공

세컨드 컷 가공은 1차 가공을 한 다음 남아있는 다듬질 여유분(0.02~0.03mm)에 대해 전기적인 가공조건을 다듬질 조건으로 맞추어 오프셋량을 단계적으로 낮추어 가면서 2~8회 나누어 가공하는 것을 말한다.

(2) 세컨드 컷 가공의 효과

① 다이 형상에서의 돌기부분 제거
② 거친 가공면과 가공면의 연화층의 제거
③ 가공물의 내부 응력 개방후 형상수정
④ 코너부 형상 에러 및 가공면의 진직정도 수정

2-8 CNC 작업안전

1. CNC 작업안전 사항

① 작동 중에 아무 스위치나 누르지 않는다.
② 공구 마멸에 의한 교환을 할 경우에는 운전을 정지한 후에 한다.
③ 청소할 때 제어부에 습기가 들어가면 오작동을 일으키기 쉬우므로 주의해야 한다.

④ 제어부의 파라미터는 전문가가 취급하도록 한다.
⑤ 강전반 및 CNC 장치는 어떠한 충격도 가하지 말아야 한다.
⑥ 이상한 공구경로나 위험한 상황이 발생하면 자동정지(Feed Hold) 버튼을 누른다.
⑦ 기계 주위는 항상 밝게하여 작업하고 건조하게 유지한다.
⑧ 작업 중에는 보안경과 안전화를 착용한다.
⑨ 작업시 불편하여도 Door를 닫고 작업한다.
⑩ 작업 중에 자리를 비울 때에는 프로그램을 수정하지 못하도록 옵션을 걸어준다.
⑪ 칩(chip)제거시에는 운전을 정지하고, 손의 보호를 위하여 장갑을 착용하고 한다.

2. CNC 장비 보수 및 유지

(1) 일상 점검

구분	점검내용	점검세부내용
매일 점검	1. 외관 점검	• 장비 외관 점검 • 베드면에 습동유가 나오는지 손으로 확인한다.
	2. 유량 점검	• 습동면 및 볼스트류 급유탱크 유량 확인 • Air Lubricator Oil 확인(Air에 Oil을 혼합하여 실린더를 보호하는 장치) • 절삭유의 유량은 충분한가? • 유압탱크의 유량은 충분한가?
	3. 압력 점검	• 각부의 압력이 명판에 지시된 압력을 가르키는가?
	4. 각부의 작동 검사	• 각축은 원활하게 급속이동 되는가? • ATC 장치는 원활하게 작동되는가? • 주축의 회전은 정상적인가?
매월 점검	1. 각부의 Filter 점검	• NC 장치 Filter 점검(교환 및 먼지를 제거한다.) • 전기 제어판 Filter 점검(교환 및 먼지를 제거한다.)
	2. 각부의 Fan 모터 점검	• 각부의 Fan 모터 회전 점검 • Fan 모터 부의 먼지 및 이물질 제거
	3. Grease Oil 주입	• 지정된 Gear 및 작동부에 Grease를 주입한다.
	4. 백래쉬 보정	• 각축 백래쉬 점검 및 보정
매년 점검	1. 레벨(수평) 점검	• 기계본체 레벨 점검 및 조정
	2. 기계정도 검사	• 기계 제작회사에서 작성된 각부 기능 검사 List 확인 및 조정
	3. 절연 상태 점검	• 각부 전선의 절연상태를 점검 및 보수한다.

(2) CNC에서 일반적으로 발생하는 알람

순	알람내용	원인	해제방법
1	EMERGENCY STOP SWITCH ON	비상정지 스위치 ON	비상정지 스위치를 화살표 방향으로 돌린다.
2	LUBR TANK LEVEL LOW ALARM	습동유 부족	습동유를 보충한다.(기계 제작회사에서 지정하는 규격품을 사용하십시오)
3	THERMAL OVERLOAD TRIP ALARM	과부하로 인한 Over Load Trip	원인 조치 후 마그네트와 연결된 Overload를 누른다.(2번 이상 계속 발생시 A/S 연락)
4	P/S ___ ALARM	프로그램 알람	알람 일람표를 보고 원인을 찾는다.
5	OT ALARM	금지영역 침범	이송축을 안전한 위치로 이동한다.
6	EMERGENCY L/S ON	비상정지 리미트 스위치 작동	행정오버해제 스위치를 누른 상태에서 이송축을 안전한 위치로 이동시킨다.
7	SPINDLE ALARM	• 주축모터의 과열 • 주축모터의 과부하 • 과전류	다음 순서대로 실행한다. ① 해체버튼을 누른다. ② 전원을 차단하고 다시 투입한다. ③ A/S 연락
8	TORQUE LIMIT ALARM	충돌로 인한 안전핀 파손	A/S 연락
9	AIR PRESSURE ALARM	공기압 부족	공기압을 높인다(5kg/cm2)
10	축 이동이 안됨	① 머신록스위치 ON ② Intlock 상태	① 머신록스위치를 OFF 시킨다. ② A/S 문의

* 기계에 따라 알람 내용이 다를 수도 있음.

제2장 CAM 가공

문제 001

그림에서 r_0의 곡면을 반지름 R인 필렛 엔드밀(fillet endmill)로 가공하려고 한다. 이 엔드밀의 CL(Cutter Location) 데이터 r_L을 구하는 공식은? (단, $a = n \cdot u$이고, fillet 반지름은 α이다.)

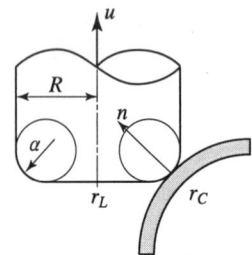

㉮ $r_L = r_c + \alpha(n-u) + (R-\alpha)\dfrac{(n-au)}{\sqrt{1-a^2}}$

㉯ $r_L = r_c + \alpha(n-u) + (R+\alpha)\dfrac{(n+au)}{\sqrt{1-a^2}}$

㉰ $r_L = r_c - \alpha(n-u) + (R-\alpha)\dfrac{(n+au)}{\sqrt{1-a^2}}$

㉱ $r_L = r_c - \alpha(n-u) + (R+\alpha)\dfrac{(n-au)}{\sqrt{1-a^2}}$

[해설] ① 필렛 엔드밀
$$r_L = r_c + \alpha(n-u) + (R-\alpha)\dfrac{(n-au)}{\sqrt{1-a^2}}$$
② 볼 엔드밀
$$r_L = r_c + R(n-u)$$
③ 평 엔드밀
$$r_L = r_c + R(n-au)/\sqrt{1-a^2}$$

문제 002

CNC 가공에서 곡면 상의 공구 접촉점을 나타내는 용어로 옳은 것은?

㉮ CL 포인트　　㉯ CC 포인트
㉰ CNC 포인트　　㉱ CM 포인트

[해설] CC 포인트(Cutter Contact Point)는 곡면 상의 공구 접촉점을 의미한다.

문제 003

NC 데이터를 생성하기 전에 생성된 CL 데이터를 이용하여, 공구의 위치, 과절삭, 미절삭 등을 확인하는 과정은?

㉮ 전처리　　㉯ 후처리
㉰ CL 데이터 검사　　㉱ 공구경로검증

[해설] ① 공구경로검증 : NC 데이터를 생성하기 전에 생성된 CL 데이터를 이용하여, 공구의 위치, 과절삭, 미절삭 등을 확인하는 과정이다.
② 후처리 : CL 데이터를 이용하여 CAM S/W에서 사용할 CNC 공작기계의 제어부를 선정하여 NC 데이터를 생성하는 과정이다.

문제 004

자유 곡면의 NC가공을 계획하는 과정에서 가공 영역을 지정하는 방식 중 지정된 폐곡선 영역의 외부를 일정 옵셋(offset)량을 주어 지정하는 것은?

㉮ area 지정　　㉯ trimming 지정
㉰ island 지정　　㉱ blending 지정

[해설] 자유 곡면의 NC가공을 계획하는 과정에서 가공 영역을 지정하는 방식
① area 지정 : area로 정의된 폐곡선 내부를 일정 offset을 주어 가공
② island 지정 : 지정된 폐곡선 영역의 외부를 일정 옵셋(offset)량을 주어 가공
③ trimming 지정 : 매개변수형 곡면의 매개변수 범위를 제한

답 001. ㉮　002. ㉯　003. ㉱　004. ㉰

문제 005

금형제품의 성형부 가공에서 곡면의 일부분을 NC가공하고자 가공영역을 지정하는데 다음 중 가공영역 지정방식이 아닌 것은?

㉮ area ㉯ trimming
㉰ island ㉱ field

[해설] NC 가공영역 지정 방식 : area, trimming, island 등

문제 006

곡면을 가공할 때 볼 엔드밀이 지나가고 남은 흔적을 말하며 골간의 간격에 따라서 높이가 달라지는 것은?

㉮ path ㉯ length
㉰ pitch ㉱ cusp

[해설] cusp : 곡면을 가공할 때 볼 엔드밀이 지나가고 남은 흔적을 말하며 골간의 간격에 따라서 높이가 달라진다.

문제 007

공구가 한번 가공 후 옆으로 이동하는 량을 무엇이라 하는가?

㉮ 경로 간 간격 ㉯ 공구 간 간격
㉰ 피치 간 간격 ㉱ 옵셋량 간격

[해설] 공구경로 간격(Side step)은 공구가 한번 가공 후 옆으로 이동하는 양으로 사이드 스텝(Side step)이다.

문제 008

공구 간섭 중 곡면의 경계에 라운딩 없이 각진 부분이 있을 때 과 절삭이 생기는 간섭은?

㉮ 곡면 간섭 ㉯ 오목 간섭
㉰ 볼록 간섭 ㉱ 경로 간섭

[해설] 공구 간섭
① 오목 간섭 : 오목한 곡면 부위에 곡률반경이 공구반경보다 작을 경우 과절삭이 생기는 것을 말한다.
② 볼록 간섭 : 곡면의 경계에 라운딩 없이 각진 부분이 있을 때 과절삭이 생기는 것을 말한다.

문제 009

CNC 가공에서 공구경로 이동 연결시 공구 충돌을 방지하기 위하여 일정한 높이를 지정한다. 이 높이는?

㉮ 안전 높이 ㉯ 공구 높이
㉰ 공작물 높이 ㉱ 원점 높이

문제 010

주어진 점들이 곡면 상에 놓이도록 점 데이터로 곡면을 형성하는 것은?

㉮ 보간(interpolation) ㉯ 근사(approximation)
㉰ 스무딩(smoothing) ㉱ 리메싱(remeshing)

[해설] 보간(interpolation) : 주어진 점들이 곡면 상에 놓이도록 점 데이터로 곡면을 형성하는 것.

문제 011

CNC 보간 방법 중 공구를 3차원적으로 제어하는 방법은 어느 것인가?

㉮ 위치 제어 ㉯ 곡면 제어
㉰ 곡선 제어 ㉱ 직선 제어

문제 012

자유곡면의 CNC 가공을 위하여 고려하여야 할 것이 아닌 것은?

㉮ 공구간섭 방지
㉯ 황삭계획 및 허용공차 지정
㉰ 가공경로 계획
㉱ 자재 수급 계획

[해설] 자유곡면의 CNC가공시 고려 사항
① 공구간섭 방지
② 황삭계획 및 허용공차 지정
③ 가공경로 계획

[답] 005. ㉱ 006. ㉱ 007. ㉮ 008. ㉰ 009. ㉮ 010. ㉮ 011. ㉯ 012. ㉱

문제 013

자유곡면을 가공관점에서 분류하였을 때 틀린 것은?

㉮ 접합 곡면
㉯ 커브 데이터 곡면
㉰ 포인트 데이터 곡면
㉱ 심미적 곡면

문제 014

다음 중 CAM에서 정의한 공구경로(CL DATA)에서 NC 콘트롤러에 맞는 NC 코드를 생성하는 것은 무엇이라 하는가?

㉮ 데이터 판독기(tape reader)
㉯ 패리티 체크(parity cheak)
㉰ 포스트 프로세서(post processor)
㉱ 산술 계산기(arihmatic calculation)

문제 015

폐곡선 내부를 사이드 스탭 및 다운 스탭을 주어 반복하여 가공하는 것은?

㉮ 윤곽 가공   ㉯ 포켓 가공
㉰ 펜슬 가공   ㉱ 잔삭 가공

[해설] ① 포켓 가공 : 폐곡선 내부를 사이드 스탭 및 다운 스탭을 주어 반복하여 가공하는 방법이다.
② 펜슬 가공 : 모서리가 있는 제품인 경우에 모서리에 맞는 작은 직경의 엔드밀로 가공을 하면 비경제적이라 직경이 큰 엔드밀로 가공 후 모서리만을 가공하는 방법이다.
③ 잔삭 가공 : 가공의 효율성을 좋게 하기 위하여 큰 직경의 엔드밀로 정삭가공 후 작은 직경의 엔드밀로 정삭 후 남은 영역을 자동으로 찾아가서 가공을 하는 방법이다.

문제 016

가공의 효율성을 좋게 하기 위하여 큰 직경의 엔드밀로 정삭가공 후 작은 직경의 엔드밀로 정삭 후 남은 영역을 자동으로 찾아가서 가공을 하는 방법은?

㉮ 황삭 가공   ㉯ 포켓 가공
㉰ 펜슬 가공   ㉱ 잔삭 가공

문제 017

XY평면에 사각형 격자를 규칙적으로 형성하고 모든 격자에서 Z값을 저장하여 형상을 표현하는 방법은?

㉮ A-map   ㉯ X-map
㉰ Y-map   ㉱ Z-map

문제 018

Z-map의 특징이 아닌 것은?

㉮ 계산 속도가 느리다.
㉯ 데이터의 사용과 조작이 편리하다.
㉰ 2D 배열 형태의 매우 간단한 데이터 구조를 가진다.
㉱ 가공 시뮬레이션에서 널리 사용된다.

문제 019

파트(Part) 프로그램이 같더라도 여러 종류의 CNC 공작기계에 알맞은 NC 데이터를 생성하도록 역할을 하는 것은?

㉮ Main processor   ㉯ Multi processor
㉰ Micro processor   ㉱ Post processor

[해설] Post processor : 파트(Part)프로그램이 같더라도 여러 종류의 CNC 공작기계에 알맞은 NC 데이터를 생성하는 역할을 한다.

문제 020

포스트 프로세서의 작업 내용은?

㉮ 도면 작성 시 도형 정의 프로그램
㉯ 3차원 프로그램
㉰ 작업의 표준화에 필요한 프로그램
㉱ CNC 공작기계에 맞추어 NC 데이터를 생성하는 작업

[답] 013. ㉱ 014. ㉰ 015. ㉯ 016. ㉱ 017. ㉱ 018. ㉮ 019. ㉱ 020. ㉱

해설 포스트 프로세서: CNC 공작기계에 맞추어 NC 데이터를 생성하는 작업이다.

문제 021

다음 중 포스트 프로세서(post processor)에 대한 설명에 해당되는 것은?

㉮ 여러 대의 컴퓨터와 터미널을 상호 연결하기 위해 접속하는 데이터 통신 같은 프로그램
㉯ CAM 시스템으로 만들어진 부품 형상을 바탕으로 CNC 공작기계의 가공정보를 산출하는 프로그램
㉰ 설계해석 등의 각종 정보를 추출하거나 필요한 형식으로 재구성하는 프로그램
㉱ 주변장치의 제어를 위해 전기적, 논리적으로 중앙처리장치와 연결하는 프로그램

해설 포스트 프로세서(post processor)
CAM system으로 만들어진 부품 형상을 바탕으로 CNC 공작기계의 가공정보를 산출하는 프로그램

문제 022

CNC 프로그램을 작성하기 위하여 가공계획이 필요하다. 가공계획과 가장 관련이 적은 것은?

㉮ 가공순서 ㉯ 파트 프로그램
㉰ 공작물 고정 방법 ㉱ 가공범위와 기계선정

문제 023

가공 조건을 설정에서 NC 프로그램을 작성할 때 필요한 조건이 아닌 것은?

㉮ 절삭 조건을 결정한다.
㉯ 가공 공정 순서를 정한다.
㉰ 소재의 고정 방법 및 필요한 지그(JIG)를 선정한다.
㉱ NC 기계로 가공하는 범위와 사용하는 공작기계의 선정은 필요 없다.

해설 가공 조건 설정: 가공할 부품의 도면을 분석할 때 가공 계획을 작성하는 것이 먼저 해야 할 일이고, NC 프로그램을 작성할 때 필요한 조건을 미리 다음과 같이 결정한다.
① NC 기계로 가공하는 범위와 사용하는 공작기계의 선정
② 소재의 고정 방법 및 필요한 지그(JIG)의 선정
③ 가공 공정 순서를 정한다.(공구출발점, 황삭 및 정삭의 절입량과 공구 경로 등)
④ 절삭 공구, Tool holder의 선정 및 클리핑 방법의 결정
⑤ 절삭 조건을 결정한다.(주축 회전속도, 이송속도, 절삭유 사용 유무 등)
⑥ NC 프로그램을 작성한다.

문제 024

2축제어 NC 공작기계에서 가공할 수 없는 보간은?

㉮ 직선보간 ㉯ 원호보간
㉰ 위치결정 ㉱ 헬리칼 보간

해설 2축제어 NC공작기계에서는 직선보간(G01), 원호보간(G02, G03), 위치결정(G00) 보간방식이 있다.

문제 025

머시닝센터에서 자유곡면을 가공하기 위해서는 최소한의 몇 개의 축 제어가 가능해야 하는가?

㉮ 1축 ㉯ 2축
㉰ $2\frac{1}{2}$축 ㉱ 3축

해설 $2\frac{1}{2}$축 : 헬리컬 보간, 3축 : 곡면

문제 026

CAD/CAM 시스템에서 모델을 표현하는 방식 중 2.5차원에 대한 설명으로 틀린 것은?

㉮ 초기 NC기계가 동시 3축이 안되고 3축기계이지만 동시에 2축밖에 움직이지 않아서 생긴 말이다.

답 021.㉯ 022.㉯ 023.㉱ 024.㉱ 025.㉱ 026.㉯

㉯ 도면을 그리는 아이디어와 흡사하게 곡면을 형성할 수 있기 때문에 곡면의 이해가 쉽다.

㉰ 모든 형상정보를 x-y, y-z, z-x 평면에 관한 자료만 가지고 있는 경우로 도면제작에 많이 사용된다.

㉱ 가공된 곡면은 면이 좋고 원호 보간을 사용하므로 가공데이터(NC Code)가 짧다.

[해설] CAD/CAM 시스템에서 2.5차원 모델
① 초기 NC 기계가 동시 3축이 안되고 3축기계이지만 동시에 2축밖에 움직이지 않아서 생긴 말이다.
② 도면을 그리는 아이디어와 흡사하게 곡면을 형성할 수 있기 때문에 곡면의 이해가 쉽다.
③ 가공된 곡면은 면이 좋고 원호 보간을 사용하므로 가공데이터(NC Code)가 짧다.

문제 027

2.5축 가공의 장점에 대한 설명이다. 옳지 않은 것은?

㉮ 곡면에 대한 이해가 쉽다.
㉯ 가공할 수 있는 곡면에 제한을 받지 않는다.
㉰ 윤곽 가공을 반복하는 것을 이용하여 3차원 형상을 쉽게 가공할 수 있다.
㉱ 곡면 가공면이 깨끗하고 원호 보간을 사용하기 때문에 NC 데이터가 짧다.

문제 028

다음 중 5축 가공의 이점이 아닌 것은?

㉮ 단 한번의 공구경로로 가공이 완료될 수 있다.
㉯ 효율적인 공구자세를 제어한다.
㉰ 3축으로 불가능한 곡면을 가공한다.
㉱ 모든 형상을 다 가공할 수 있다.

[해설] 5축 가공의 이점
① 단 한번의 공구경로로 가공이 완료될 수 있다.
② 효율적인 공구자세를 제어한다.
③ 3축으로 불가능한 곡면을 가공한다.

문제 029

5축 가공을 하지 않아도 되는 부품은?

㉮ 터빈 브레이드   ㉯ 선박의 스크류
㉰ 타이어 모델   ㉱ 자동차 부품

[해설] 5축 가공 : 5축 가공은 기구학적 자유도가 5인 기계에 적용되며 공구의 위치를 결정하는데 3개가 사용되고 2개는 공구의 방향 벡터를 결정하는데 사용된다. 주로 터빈 브레이드(turbine blade)나 선박의 스크류(screw), 타이어 모델 등을 가공할 때 사용하는 방법이다.

문제 030

5축 가공과 관련이 없는 것은?

㉮ 항공기 부품, 자동차 외판, 프레스 금형 등의 자유 곡면 가공에 적합하다.
㉯ 한 개의 접촉점에 대해 공구가 정확히 한 개의 자세를 취할 수 있다.
㉰ 3축 가공으로 불가능한 곡면가공도 할 수 있다.
㉱ 엔드밀 사용시 절삭성이 좋은 공구 자세를 취할 수 있다.

[해설] 5축 가공
① 항공기 부품, 자동차 외판, 프레스 금형 등의 자유 곡면 가공에 적합하다.
② 3축 가공으로 불가능한 곡면가공도 할 수 있다.
③ 엔드밀 사용시 절삭성이 좋은 공구 자세를 취할 수 있다.

문제 031

머시닝센터의 부가 축으로 사용되는 로터리 테이블의 설명 중 맞는 것은?

㉮ 주축 각도를 분할하는 보조 장치이다.
㉯ 자동 파렛트 교환장치의 회전테이블이다.
㉰ 각도를 분할할 수 있는 보조테이블이다.
㉱ 회전각도에 이송속도를 지령하여 테이블이 회전하면서 가공할 수 있는 보조장치이다.

답 027. ㉯ 028. ㉱ 029. ㉱ 030. ㉯ 031. ㉱

[해설] 로터리 테이블
① 주축 각도 분할장치는 C축이다.
② 자동 파렛트 교환 장치는 APC장치이다.
③ 각도 분할장치는 인덱스테이블이다.

문제 032
일반적인 CNC 공작기계에서 제품가공 흐름도로 가장 적합한 것은?

㉮ 프로그램 작성 → 도면 → 가공계획 → 기계가공 → 제품
㉯ 도면 → 가공계획 → 프로그램 작성 → 기계가공 → 제품
㉰ 제품 → 도면 → 기계가공 → 가공계획 → 프로그램 작성
㉱ 도면 → 프로그램 작성 → 가공계획 → 기계가공 → 제품

[해설] CNC공작기계에서 제품가공 흐름도
도면 → 가공계획 → 프로그램 작성 → 기계가공 → 제품

문제 033
다음 중 FMS에 의한 생산체계는 어느 것이 적당한가?

㉮ 소품종 소량생산 ㉯ 소품종 대량생산
㉰ 다품종 소량생산 ㉱ 다품종 대량생산

[해설] FMS(Flexible manufacturing system) : 유연생산시스템으로 다품종 소량생산체계이다.

문제 034
수 개에서 수십 개의 CNC 공작기계를 1대의 컴퓨터에 연결하여 기계공장 전체를 자동화 하고 능률을 향상시키기 위하여 통합 제어하는 것과 가장 밀접한 용어는?

㉮ UNC   ㉯ QNC
㉰ CNC   ㉱ DNC

문제 035
자동공구 및 팔렛 교환장치, 로봇, 자동 창고 등을 갖춘 기계공장 전체의 무인화 시스템을 무엇이라고 하는가?

㉮ APC   ㉯ DNC
㉰ FMS   ㉱ FMC

[해설] FMS(Flexible Manufacturing System) : 여러 종류의 다른 공작기계를 제어함과 동시에 창고, 조립 및 생산관리도 컴퓨터로 하여 자동화한 시스템 단계

문제 036
다품종 소량생산에 맞추어 다른 모델의 가공공정으로 변환 할 수 있도록 장치된 시스템을 무엇이라 하는가?

㉮ CAM   ㉯ FMS
㉰ CAE   ㉱ CIM

문제 037
FMS(Flexible Manufacturing System)의 정보 네트워크 시스템은 일반적으로 3가지 형태로 구분 되어진다. 다음 중 그 3가지 형태에 속하지 않는 것은?

㉮ 나사(screw)형   ㉯ 스타(star)형
㉰ 링(Ring)형   ㉱ 버스(Bus)형

[해설] FMS(Flexible Manufacturing System)의 정보 네트워크 시스템은 스타(star)형, 링(Ring)형 버스(Bus)형 등 3가지 형태로 구분된다.

문제 038
CNC 공작기계의 작동에서 기계 제어부분과 computer가 직접 RS232C 인터페이스로 연결되어 기계를 제어하는 방법은?

㉮ FMS   ㉯ CIM
㉰ DNC   ㉱ CAPP

[답] 032. ㉯ 033. ㉰ 034. ㉱ 035. ㉰ 036. ㉯ 037. ㉮ 038. ㉰

제 2 장 CAM 가공

문제 039
여러 대의 공작기계가 컴퓨터와 직접 연결되어 작업을 수행하는 생산시스템은 다음 중 어느 것과 관련이 있는가?
㉮ CNC(컴퓨터 수치제어)
㉯ DNC(직접 수치제어)
㉰ AC(적응 제어)
㉱ NC(수치 제어)

문제 040
NC가 생산 업무에 잘 이용되면 경제적 효과를 거둘 수 있다. 수작업 생산방법과 비교하여 NC의 장점이 아닌 것은?
㉮ 기계의 정지시간 감소
㉯ 가공 준비시간과 작업단축
㉰ 품질관리 효과 감소
㉱ 생산시간 단축

문제 041
다음 중 잘못 짝지어진 것은?
㉮ MRP - 자재 수급계획
㉯ GT - 그룹계획
㉰ FA - 유연성 생산시스템
㉱ CAPP - 공정계획

문제 042
NC 가공에 필요한 정보, 생산 및 검사를 위한 계획 등의 리스트를 작성하는 것을 무엇이라 하는가?
㉮ CAM   ㉯ CAE
㉰ CAT   ㉱ CAP

문제 043
다음 중 CNC 공작기계의 장점이 아닌 것은?
㉮ 경영관리의 유연성   ㉯ 리드 타임의 연장
㉰ 준비 시간의 절약   ㉱ 사용 기계수의 절약

문제 044
NC 공작기계에서 일이 수행되기 위해서는 공구와 가공물이 서로 움직여야 하는데 NC 시스템에서는 다음 3가지 기본운동이 있다. 관계가 없는 것은?
㉮ 점과 점 운동   ㉯ 직선절삭 운동
㉰ 윤곽 운동   ㉱ 왕복 운동

문제 045
현대 산업사회에서 CAD/CAM이 유리한 점이 아닌 것은?
㉮ 성력화   ㉯ 합리화
㉰ 표준화   ㉱ 소형화

문제 046
생산 계획 가공기술 등과 같은 생산에 관련된 작업들을 컴퓨터를 통해 직, 간접적 제어하는 시스템을 무엇이라 하는가?
㉮ CSD   ㉯ CAM
㉰ CAP   ㉱ CAT

문제 047
생산공정과 컴퓨터간의 교환되는 데이터는 다음과 같은 세 가지 요소로 크게 분류 할 수 있다. 요소와 관계가 없는 것은?
㉮ 연속적 아날로그 신호
㉯ 분리된 2진 데이터
㉰ 펄스 데이터
㉱ X-Y 플로터

문제 048
FMS(Flexible Manufacturing System)에서 자동 저장 시스템이 주는 장점이 아닌 것은?
㉮ 재고 관리 및 제어가 용이하다.
㉯ 인건비를 절감할 수 있다.

답 039. ㉯ 040. ㉰ 041. ㉰ 042. ㉱ 043. ㉯ 044. ㉱ 045. ㉱ 046. ㉯ 047. ㉱ 048. ㉱

㉰ 부품의 도난방지에 용이하다.
㉱ 단품종 대량생산에 적합하다.

> [해설] FMS(Flexible Manufacturing System)에서 자동 저장 시스템이 주는 장점
> ① 재고 관리 및 제어가 용이하다.
> ② 인건비를 절감할 수 있다.
> ③ 부품의 도난방지에 용이하다.
> ④ 다품종 대량생산에 적합하다.

문제 049

CNC 공작기계의 경제성 평가방법 중 가장 많이 사용하고 있는 방법은 어느 것인가?

㉮ 페이백 방법   ㉯ 에소드 방법
㉰ MAPI 방법   ㉱ CAPI 방법

> [해설] CNC 공작기계의 경제성 평가방법
> ① 페이백 방법 : NC공작기계의 도입에 따른 연간 절약 비용의 예측값을 투자액에 비교하여 투자액을 보상하는데 필요한 연수를 구하는 방법
> ② MAPI 방법 : 구입을 계획하고 있는 NC공작기계에 의한 최초년도의 부품생산비용을 현재 가지고 있는 NC공작기계에 의한 비용과 비교하여 평가하는 방법으로 가장 많이 사용하고 있는 방법이다.

문제 050

CNC 공작기계에서 사용되는 보간법 중 직선절삭에 유리한 것은?

㉮ MIT 펄스분배방식
㉯ DDA 펄스분배방식
㉰ 대수연산 펄스분배방식
㉱ 유한요소방식

> [해설] 직선에는 DDA방식이고 가장 많이 사용하고, 원호 보간에는 대수 연산방식을 사용하고 있다.

문제 051

다음은 CNC 기계의 펄스분배방식을 나타낸 것이다. 이 중 적당하지 않은 것은?

㉮ MIT 방식   ㉯ DDA 방식
㉰ 대수 연산방식   ㉱ 산술 연산방식

> [해설] CNC기계의 펄스 분배방식, MIT방식, DDA방식, 대수 연산방식

문제 052

NC 절삭제어 방식 중 G02와 관계가 있는 것은 어느 것인가?

㉮ 위치 결정 제어   ㉯ 윤곽 제어
㉰ 직선 절삭 제어   ㉱ 디지털 제어

문제 053

X축 Y축 방향으로 동시에 펄스를 발생하면 공구는 45° 방향으로 이동하는 펄스분배방식을 무엇이라고 하는가?

㉮ DDA 방식   ㉯ MIT 방식
㉰ 대수 연산방식   ㉱ 유한 요소방식

> [해설] 보간법(윤곽제어방식)
> ① MIT방식 : X축과 Y축의 이동을 균일하게 하기 위하여 양축에 적당한 시간 간격으로 펄스를 발생시켜 근접하는 방법(45°)
> ② DDA방식(계수형 미분 방정식) : 직선 보간에 사용
> ③ 대수 연산방식 : X축과 Y축의 방향을 한정하고 계단식으로 이동하여 접근하는 방법. 원호 보간에 유리하다.

문제 054

CNC 프로그래밍의 펄스분배 방식 가운데 원호 보간의 경우 우수한 보간법은?

㉮ MIT 펄스 분배법
㉯ DDA 펄스 분배법
㉰ 대수 연산방식 펄스 분배법
㉱ 유한 요소방식 펄스 분배법

답 049. ㉰ 050. ㉯ 051. ㉱ 052. ㉯ 053. ㉯ 054. ㉰

문제 055

CNC 공작기계 윤곽제어의 펄스 분배 방식이 아닌 것은?

㉮ 대수 연산방식 ㉯ 유한 요소방식
㉰ DDA방식 ㉱ MIT방식

문제 056

CNC 보간 방법 중 공구를 3차원적으로 제어하는 방법은 어느 것인가?

㉮ 위치 제어 ㉯ 곡면 제어
㉰ 곡선 제어 ㉱ 직선 제어

[해설] NC공작기계의 3가지 기본동작(보간 방법)
① 위치결정제어(PTP) : 드릴링 및 점(spot)용접에 사용
② 윤곽제어 : 직선제어(G01) 및 윤곽제어(G02, G03)
③ 곡면제어 : 공구를 3차원으로 제어(CNC 머시닝 센터)

문제 057

CNC 공작기계의 장점이 아닌 것은?

㉮ 균일한 정도 유지
㉯ 준비시간의 절감
㉰ 기계 가동률과 생산성의 향상
㉱ 다품종 다량 생산에 적합

문제 058

다음 중 CNC 공작기계를 도입함에 따른 장점이 아닌 것은?

㉮ 품질의 균일성 ㉯ 공구수명의 연장
㉰ 준비시간의 절감 ㉱ 리드 타임의 연장

[해설] CNC 공작기계를 도입함에 따른 장점 : 품질의 균일성, 공구수명의 연장, 준비시간의 절감, 리드 타임의 단축

문제 059

NC 공작기계의 특징이 아닌 것은?

㉮ 제품의 균일화가 가능하다.
㉯ 작업시간 단축으로 생산성이 향상된다.
㉰ 특수공구의 제작으로 공구관리비가 많이 소요된다.
㉱ 범용 공작기계에 비하여 가격이 비싸다.

문제 060

CNC 공작기계 제어 방법 중 서보모터의 축 또는 볼 스크류의 축 등 최종제어 대상인 테이블 앞에 검출기(sensor)를 붙여서 피드백(Feed back)을 하는 회로방식은?

㉮ 개방 회로방식(Open loop system)
㉯ 반폐쇄 회로방식(Semi-closed loop system)
㉰ 폐쇄 회로방식(Closed loop system)
㉱ 하이브리드 회로방식(Hybrid servo system)

[해설] 서보 기구의 종류
① 개방 회로(open loop system) : 피드백 장치가 없고 정밀도가 낮아 NC에서 거의 사용하지 않는 방식
② 폐쇄 회로(closed loop system) : 기계의 테이블로부터 위치검출을 행하여 피드백을 행하는 방식
③ 반폐쇄 회로(semi closed loop system) : 위치검출하여 지령한 펄스와 비교하여 그 편차량을 보정해주는 시스템으로 CNC 공작기계에서 가장 널리 사용된다. 단점은 볼 스크류의 피치 오차나 백래시가 있으면 정확히 제어되지 않는다.
④ 하이브리드 서보 방식(hybrid servo system) : 폐쇄회로와 반폐쇄회로의 장점을 살린 시스템으로 고강성 정밀도가 높은 NC 공작기계에 사용된다.

문제 061

대형기계 등에서 중량이 증가하는 것에 비례적으로 기계 강성을 높이는 것이 설계상 곤란하나 lost motion을 작게 하기 어려울 때 사용하는 정보처리 회로는?

답 055. ㉯ 056. ㉯ 057. ㉱ 058. ㉱ 059. ㉰ 060. ㉯ 061. ㉱

㉮ open loop 방식
㉯ closed loop 방식
㉰ semi-closed loop 방식
㉱ hybrid-servo 방식

문제 062

NC의 제어방법 중 위치 검출을 서보 모터의 축 또는 볼 스크류의 회전 각도로 하기 때문에 볼 스크류의 피치 오차나 백래시가 있으면 정확히 제어되지 않는 단점이 있는 방식은?

㉮ 개방 회로방식(open loop)
㉯ 반폐쇄 회로방식(semi closed loop)
㉰ 폐쇄 회로방식(closed loop)
㉱ 하이브리드 방식(hybrid loop)

문제 063

위치 검출을 서보모터 축에서 하기도 하고 볼 스크류의 회전 각도로 검출하기도 하는 방법을 채택한 서보기구는 무엇인가?

㉮ 반폐쇄 회로
㉯ 폐쇄 회로
㉰ 하이브리드 서보방식
㉱ 개방 회로

문제 064

서보 시스템 중 서보모터와 테이블 뒤에 위치 검출장치를 동시에 부착하여 정밀한 위치제어를 하는 제어방식은?

㉮ 개방 회로 제어방식
㉯ 폐쇄 회로 제어방식
㉰ 반폐쇄 회로 제어방식
㉱ 하이브리드 제어방식

문제 065

CNC장치의 서보기구 중 현재 가장 널리 사용되는 제어 방식은?

㉮ 개방회로 방식(open loop system)
㉯ 반폐쇄회로 방식(semi closed loop system)
㉰ 폐쇄회로 방식(closed loop system)
㉱ 복합 서보 방식(hybrid servo system)

[해설] 위치 검출하여 지령한 펄스와 비교하여 그 편차량을 보정해주는 시스템으로 CNC공작기계에서 가장 널리 사용된다.

문제 066

비교회로 시스템에서 위치 정밀도가 가장 높은 것은?

㉮ 개방회로   ㉯ 폐쇄회로
㉰ 반폐쇄회로 ㉱ 혼합회로

[해설] 가장 정밀도가 낮은 것은 개방형이며 이는 잘 사용하지 않고 정밀도가 가장 높은 것은 혼합형이고 이는 하이브리드방식이라고도 한다.

문제 067

아래 그림은 CNC 공작기계의 서보기구를 간략히 도시한 것이다. 어떤 종류의 서보기구인가?

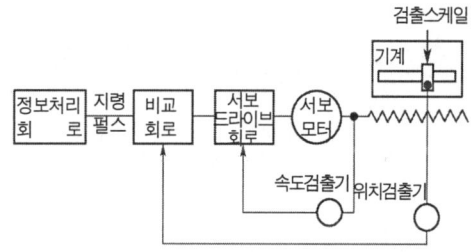

㉮ Open loop 방식
㉯ Semi-closed loop 방식
㉰ Closed loop 방식
㉱ Hybrid 서보 방식

문제 068

다음 NC 서보기구의 특성 중 closed loop 제어방식을 가장 올바르게 설명한 것은?

㉮ 모터축으로부터 위치검출을 행하여 볼나

[답] 062.㉯ 063.㉮ 064.㉱ 065.㉯ 066.㉱ 067.㉰ 068.㉯

사의 회전각도를 검출하는 방식
㈏ 기계의 테이블로부터 위치검출을 행하여 피드백을 행하는 방식
㈐ 모터축으로부터 위치검출을 리졸버에 의하여 제어하는 방식
㈑ 모터축으로부터 위치검출을 직선 scale에 의하여 제어하는 방식

문제 069

반폐쇄 회로에서 가장 많이 사용되고 있는 위치 검출기는?

㈎ 엔코더　　　　㈏ 타코제네레이터
㈐ 회전자　　　　㈑ 센서

해설 ㈎ 엔코더는 위치검출기이다.
　　 ㈏ 타코제네레이터는 속도검출기이다.

문제 070

CNC 공작기계에서 이송 정밀도를 높이기 위하여 사용하는 나사는?

㈎ 삼각나사　　　㈏ 사각 나사
㈐ 애크미 나사　 ㈑ 볼나사

해설 볼나사는 서보모터로부터 전달된 회전운동을 직선운동으로 바꿀 때 사용하며, CNC 공작기계의 이송정밀도를 높이기 위하여 사용한다. 특히, 백래시 오차를 줄이기 위해 사용한다.

문제 071

서보기구에서 볼 스크류의 피치를 6mm, 기어 A의 잇수를 50, 기어 B의 잇수를 25로하고 지령 펄스에 의해 0.02mm만큼 움직인다면 볼 스크류에 필요한 회전각도는?

㈎ 0.2°　　　　㈏ 0.6°
㈐ 0.9°　　　　㈑ 1.2°

해설 $\theta = 360° \times \dfrac{이동량}{볼 스크류 피치} = 360° \times \dfrac{0.02}{6} = 1.2°$

문제 072

공작기계의 제어모터를 이용한 수치제어의 기본 방식을 설명한 것 중 틀린 것은?

㈎ 스태핑 모터는 전기펄스를 받아서 회전각도에 따라 테이블이 이송한다.
㈏ 서보모터가 회전하면 테이블의 이송과 함께 엔코더에 의하여 전기펄스가 발생된다.
㈐ 타코제너레이터는 입력되는 전기펄스를 저장하여 전압을 발생시킨다.
㈑ DA 컨버터에서 출력되는 전압은 서보모터를 회전시킨다.

해설 타코 제너레이터는 속도 검출기이다.

문제 073

서보모터에서 토크가 발생할 때, 20mm피치의 리드 스크류(lead screw)가 1도의 비틀림(wind up)이 발생되었다면 운동 손실의 크기는 얼마인가?

㈎ 0.0055mm　　㈏ 0.055mm
㈐ 0.0275mm　　㈑ 0.00275mm

해설 $\theta = 1° = \dfrac{\pi}{180}[\text{rad}]$

$\therefore$ 운동손실$(\lambda) \dfrac{\theta p}{2\pi} = \dfrac{\dfrac{\pi}{180} \times 20}{2\pi} = 0.055\text{mm}$

문제 074

커플링으로 연결된 CNC 공작기계의 볼 스크류 피치가 12mm이고, 서보모터의 회전각도가 240°일 때 테이블의 이동량은?

㈎ 2mm　　　　 ㈏ 4mm
㈐ 8mm　　　　 ㈑ 12mm

해설 비례식을 적용하면
볼 스크류 피치 : 테이블 이동량=360° : 240°
　(12mm : x =360° : 240°)
$\therefore x = \dfrac{12\text{mm} \times 240°}{360°} = 8\text{mm}$

답　069. ㈎　070. ㈑　071. ㈑　072. ㈐　073. ㈏　074. ㈐

문제 075

회전운동을 직선운동으로 바꿀 때 사용되는 볼 스크류의 장점이 아닌 것은?

㉮ 백래시를 줄일 수 있다.
㉯ 마찰계수가 적다.
㉰ 높은 정밀도를 유지한다.
㉱ 면접촉으로 동력전달이 효과적이다.

해설 볼스크류의 장점
① 백래시를 줄이고 회전운동을 직선운동으로 바꾼다.
② 마찰계수가 적다.
③ 높은 정밀도를 유지한다.
④ CNC 공작기계의 이송 정밀도를 높이기 위해 사용

문제 076

CNC 공작기계에서 백래시(Backlash)를 거의 0에 가깝도록 하기 위하여 사용되는 기구는 무엇인가?

㉮ 볼 스크류   ㉯ 리졸버
㉰ 펄스 모터   ㉱ 컨트롤러

문제 077

CNC 공작기계에서 제어부가 서보부에 보내는 신호의 체계는?

㉮ 저항   ㉯ 전압
㉰ 주파수 ㉱ 펄스

해설 CNC 서보기구에 지령은 정보처리회로에서 전기펄스신호를 발생시켜 지령한다. 이를 지령 펄스라 한다.

문제 078

CNC 기계에서 절삭력이 과대해지면 어떤 모터에 고열현상이 일어나는가?

㉮ 이송 모터   ㉯ 절삭유 모터
㉰ 유압 모터   ㉱ 컨베이어 모터

문제 079

피치에러(pitch error) 보정이란?

㉮ 볼 스크류 피치의 정밀도를 검사하는 기능
㉯ 축의 이동이 한 방향에서 반대 방향으로 이동할 때 발생하는 편차값을 보정하는 기능
㉰ 나사가공의 피치를 정밀하게 보정하는 기능
㉱ 볼 스크류의 부분적인 마모 현상으로 발생된 피치 간의 편차값을 보정하는 기능

문제 080

스태핑 모터의 특징과 상관이 없는 것은?

㉮ 구동회로에 주어지는 입력펄스 1개에 대해 소정의 각도만큼 회전시키고 그 이상 입력이 없는 경우는 정지위치 유지한다.
㉯ 회전각도는 입력펄스의 수에 반비례한다.
㉰ 회전속도는 입력펄스의 주파수에 비례한다.
㉱ 펄스를 부여하는 방식에 따라 급속하고 빈번하게 기동, 정지가 가능하다.

문제 081

일반적으로 NC용 DC모터의 특성이 아닌 것은?

㉮ 넓은 속도 범위에서 안정한 속도제어가 이루어 져야 한다.
㉯ 진동이 적고 대형이며 견고하여야 한다.
㉰ 연속 운전 이외에 빈번한 가감속을 할 수 있어야 한다.
㉱ 가감속 특성 및 응답성이 우수하여야 한다.

문제 082

servo 기구에 대한 설명 중 맞지 않는 것은?

㉮ servo 종류에는 폐쇄회로방식과 하이브리드 서보방식 등이 있다.
㉯ 검출기를 기계 테이블에 직접 부착하여 feed back을 행하는 고정밀도 방식이 폐쇄회로방식이다.

답 075.㉱ 076.㉮ 077.㉱ 078.㉮ 079.㉮ 080.㉯ 081.㉯ 082.㉱

㉰ 조건이 좋지 않은 기계에서 고정밀도를 필요로 할 경우 하이브리드 서보방식이 사용된다.
㉱ NC장치에서 위치검출을 하기 때문에 정밀도가 폐쇄회로보다 높게 되는 방식이 반폐쇄 회로방식이다.

문제 083

CNC 공작기계에서 오차의 요소가 부착 중심거리의 공작오차와 기어의 이두께 오차라고 했을 때 이러한 백래시(backlash)의 성분은?

㉮ 규칙적 변동 성분 ㉯ 불규칙 변동 성분
㉰ 고정 성분 ㉱ 이동 성분

해설 백래시의 성분과 오차 구성요소

백래시 성분	오차구성요인	대책
고정성분	• 부착중심거리의 공작오차 • 기어의 이두께 오차	
규칙적 변동성분	• 두 잇면의 맞물림 오차 • 기어와 축과의 부착관계 • 축, 볼베어링의 내륜의 편심	
불규칙적 변동성분	• 축과 베어링과의 거리 • 기어 구멍과 축과의 거리	끼워 맞춤 공차 개선

문제 084

수치제어 공작기계에서 공구대의 속도가 0 또는 최대값의 어느 값을 가짐으로써 단속운동을 반복하는 서보 기구의 추종운동 방식은?

㉮ On-Off 방식 ㉯ 비례제어
㉰ System 제어 ㉱ 모방제어

문제 085

CNC 공작기계에서 Ball screw를 사용하지 않아도 되는 곳은?

㉮ CNC 선반에서 Tool post의 x방향 이송
㉯ CNC 머시닝센터의 Table x축 이송
㉰ CNC 선반에서 Tool post 공구교환
㉱ CNC 머시닝센터의 Table y축 이송

문제 086

백래시(backlash) 보정 설명으로 가장 알맞은 것은?

㉮ 축의 이동이 한 방향에서 반대 방향으로 이동할 때 발생하는 편차값을 보정하는 기능
㉯ 볼 스크류의 부분적인 마모 현상으로 발생된 피치간의 편차값을 보정하는 기능
㉰ 백 보링 기능의 편차량을 보정하는 기능
㉱ 한 방향 위치결정 기능의 편차량을 보정하는 기능

해설 백래시(backlash) 보정 : 축의 이동이 한 방향에서 반대 방향으로 이동할 때 발생하는 편차값을 보정하는 기능이다.

문제 087

다음 CNC 서보기구 제어시스템 특성 중 Closed loop 제어방식을 가장 올바르게 설명한 것은?

㉮ 모터축으로 부터 위치검출을 행하여 볼나사의 회전 각도를 검출하는 방식
㉯ 기계의 테이블에 부착된 직선 scale이 위치 검출을 행하여 피드백하는 방식
㉰ 모터축으로 부터 위치검출을 리졸버에 의하여 제어하는 방식
㉱ 모터축으로 부터 위치검출을 직선 scale에 의하여 제어하는 방식

해설 폐쇄회로(closed loop system) : 기계의 테이블(직선스케일)로부터 위치검출을 행하여 피드백을 행하는 방식

문제 088

CNC 공작기계에서 사람의 손과 발에 해당하는 부분은?

㉮ 콘트롤러 ㉯ 볼 스크류(ball-screw)
㉰ 리졸버 ㉱ 서보기구

해설 ① 서보기구 : 사람의 손과 발
② 정보처리회로 : 사람의 두뇌
③ 리졸버 : CNC공작기계의 움직임을 전기적 신호로 표시하는 일종의 피드백 장치

답 083. ㉰ 084. ㉮ 085. ㉰ 086. ㉮ 087. ㉯ 088. ㉱

문제 089

NC 공작기계에서 로스트 모션(lost motion)이란?

㉮ NC장치의 연산부가 잘못 동작해서 테이프 지령과 틀린 동작을 말한다.
㉯ 이송핸들의 휨량을 말한다.
㉰ (+)방향과 (−)방향의 위치결정에서 생긴 양 정지위치의 차이를 말한다.
㉱ NC 공작기계의 볼 스크류(ball scew)와 너트(nut)의 간격을 말한다.

해설 로스트 모션(lost motion) : 정(+)방향과 부(−)방향의 위치결정에서 생긴 양 정지위치의 차이

문제 090

CNC 공작기계에서 사람의 두뇌와 같은 일은 무엇이 하는가?

㉮ 서보모타   ㉯ 작동부
㉰ 제어부   ㉱ 서보기구

해설 CNC 공작기계가 하는 일
① 사람의 두뇌 : 정보처리회로
② 사람의 손, 발 : 서보기구

문제 091

자동프로그램의 생성 과정이 바르게 나열된 것은?

㉮ 도형정보 화일(GIF)→공구위치 파일(CLF)→포스트 프로세서→NC 프로그램
㉯ 도형정보 화일(GIF)→포스트 프로세서→공구위치 파일(CLF)→NC 프로그램
㉰ 공구위치 파일(CLF)→도형정보 화일(GIF)→포스트 프로세서→NC 프로그램
㉱ 공구위치 파일(CLF)→포스트 프로세서→NC 프로그램→도형정보화일(GIF)

해설 자동프로그램의 생성 과정
도형정보 화일(GIF)→공구위치 파일(CLF)→포스트 프로세서→NC 프로그램

문제 092

포스트 프로세서의 작업 내용은?

㉮ 도면 작성시 도형 정의 프로그램
㉯ 3차원 프로그램
㉰ 작업의 표준화에 필요한 프로그램
㉱ CNC 공작기계에 맞추어 NC 데이터를 생성하는 작업

해설 포스트 프로세서 : CNC 공작기계에 맞추어 NC 데이터를 생성하는 작업이다.

문제 093

파트 프로그램 작성시 나타나지 않는 것은?

㉮ 공구 선택   ㉯ 작업 순서
㉰ 도면의 형상 기술   ㉱ 도면선정

해설 파트프로그래밍 : NC 공작기계를 운전하려면 부품도면을 NC 공작기계가 알 수 있도록 정보를 제공해야 하는데 이 역할에는 NC 테이프, 플로피 디스크 등을 사용하여 정보를 제공한다.

문제 094

파트프로그램의 장점이 아닌 것은?

㉮ 작업이 용이하다.
㉯ 신뢰성 높은 NC테이프를 작성할 수 있다.
㉰ 자동프로그램에 소요되는 시간이 길다.
㉱ 복잡한 형상 및 계산에 효율적이다.

문제 095

서보모터가 200N·m의 토크를 이송나사에 전달하고 있다. 이송나사의 길이는 0.5m, 피치는 10mm 그리고 지름은 25mm라고 한다면 운동손실(λ)은 얼마인가?(단, 종탄성계수는 $G=7.6\times10^{10}$Pa이다.)

㉮ 5.46×10^{-5}m   ㉯ 5.46×10^{-4}m
㉰ 5.46×10^{-3}m   ㉱ 5.46×10^{-2}m

해설 뒤틀림 : $\theta = \dfrac{T\ell}{GI_P}$

답 089. ㉰ 090. ㉰ 091. ㉮ 092. ㉱ 093. ㉱ 094. ㉰ 095. ㉮

$$\therefore \lambda = \frac{\theta \times 피치}{2\pi} = 5.46 \times 10^{-5} \text{ m}$$

이송지령 $= 100\text{mm} \times \dfrac{1}{0.001} = 100000$ 이다.

문제 096

CNC 서보 기구에서 0.001mm를 기본설정 단위(BLU : Basic Length Unit)로 하고 지령펄스가 1000 pulse/sec로 전달되고 있다면 테이블의 이송속도는 몇 mm/min인가?

㉮ 90 ㉯ 60
㉰ 30 ㉱ 15

해설 최소입력단위(BLU)는 1펄스당 기계를 움직일 수 있는 최소 지령이므로 최소 입력단위 0.001인 CNC 공작기계에서 지령펄스 1000 pulse/sec이면

테이블 이송속도 $= 1000 \times \dfrac{1}{0.001}$
$= 1\text{mm/sec} \times 60$
$= 60 \text{ mm/min}$

문제 097

직경지령으로 설정된 최소지령 단위가 0.001mm인 CNC 선반에서 U30.으로 지령한 경우 공구의 실제 이동량은?

㉮ 10mm ㉯ 15mm
㉰ 20mm ㉱ 30mm

해설 지름 가공시 공구 이동량은 값이 되므로

공구의 실제 이동량 : $30 \times \dfrac{1}{2} = 15\text{mm}$

문제 098

최소입력단위(BLU)가 0.001인 CNC 공작기계에서 100.0을 정수로 지령하려면 얼마인가?

㉮ 100 ㉯ 1000
㉰ 10000 ㉱ 100000

해설 BLU는 1펄스당 기계를 움직일 수 있는 최소의 지령이므로 최소입력단위 0.001인 CNC 공작기계에서 100mm를 이동하려면이다.

문제 099

기본 이송단위(BLU)가 0.01mm인 CNC 시스템에서 MCU(기계제어장치)는 X, Y 두 축의 움직임을 제어한다. 만약 MCU내의 펄스 발생기가 10초 동안에 X축으로 12000펄스를 Y축으로 16000펄스를 동시에 발생하여 보낸다면 실제 경로를 따라서 움직인 이송속도(mm/sec)는?

㉮ 200 ㉯ 20
㉰ 120 ㉱ 12

해설 기본 이송단위(BLU)가 0.01mm이고, MCU내의 펄스 발생기가 10초 동안에 X축으로 12000펄스를 Y축으로 16000펄스를 동시에 발생하여 보내면 1초에는 X축으로 12mm, Y축으로 16mm 움직인다.
∴ 실제 경로를 따라서 움직인 이송속도 :
v(mm/sec)
XY방향 : $v = \sqrt{12^2 + 16^2} = 20\text{mm/sec}$

문제 100

NC 공작기계 시스템에서 소프트웨어라고 넓은 의미에서 말할 수 없는 것은?

㉮ 지령 테이프 작성에 관한 일
㉯ 가공물 고정방법
㉰ 가공법
㉱ 테이프 리더

문제 101

CNC 시스템의 하드웨어 부분으로 잘못 분류된 것은?

㉮ 서보기구 ㉯ 파트 프로그램
㉰ 검출 기구 ㉱ 인터페이스 회로

해설 하드웨어 부분 : NC공작기계 본체와 제어장치, 주변장치 등을 말함.(본체, 서보기구, 검출기구, 제어용 컴퓨터, 인터페이스 회로)

답 096. ㉯ 097. ㉯ 098. ㉱ 099. ㉯ 100. ㉱ 101. ㉯

문제 102

다음 중 SOFTWARE는 어느 것인가?

㉮ 인터페이스 회로 ㉯ 파트 프로그램
㉰ CNC공작기계 ㉱ 테이프 리더

해설 소프트웨어 : NC 공작기계를 운전하기 위해서 필요로 하는 NC 테이프의 작성에 관한 모든 사항 포함하며, 프로그래밍 기술과 자동 프로그래밍용 컴퓨터 시스템을 지칭하기도 함.

문제 103

CNC 공작기계의 장점이 아닌 것은?

㉮ 제품의 호환성이 좋다.
㉯ 특수 공구비가 많이 들어간다.
㉰ 작업자의 피로가 적다.
㉱ 제품형상의 변화에 적응성이 좋다.

해설 2축, 3축 제어가 가능하므로 특수 공구비가 적게 든다.

문제 104

CNC 가공프로그램 작성시 수동 프로그램 방식과 자동프로그램 방식이 설명 중 틀린 것은?

㉮ 형상이 복잡한 경우에는 자동 프로그램방식이 유리하다.
㉯ 형상이 간단한 경우에는 수동 프로그램방식이 유리하다.
㉰ 형상에서 변곡점을 찾을 때 사람이 할 것이냐 컴퓨터가 할 것이냐에 따라 수동·자동이 구분된다.
㉱ 형상이 간단한 경우에도 자동프로그램방식을 사용하면 경쟁력이 높아진다.

해설 ① 수동 프로그램 : 제품형상이 간단하여 작업자가 변곡점을 찾기 쉬운 제품
② 자동 프로그램 : 제품형상이 복잡하여 작업자가 변곡점을 찾기 어려운 제품

문제 105

CNC 공작기계의 검출장치 중에서 광원, 감광판, 유리판 등을 사용하고 있는 것은?

㉮ 인덕토신(inductosyn)
㉯ 엔코더(encoder)
㉰ 리졸버(resolver)
㉱ 타코미터(tachometer)

해설
- 엔코더(encoder) : CNC 공작기계의 검출장치 중에서 광원, 감광판, 유리판 등을 사용
- 리졸버(resolver) : CNC 공작기계의 움직임을 전기적 신호로 표시하는 일종의 피드백(feed back) 장치이다.

문제 106

NC 공작기계에서 머신 로크(machine lock)를 사용하는 이유는?

㉮ 실험절삭 시 프로그램 오차에 의한 충돌 방지
㉯ 다른 사용자들이 쓰지 못하도록 함
㉰ 기계의 알람이 걸리면 기계가 정지하는 기능
㉱ 프로그램의 스케일을 조절할 수 있는 기능

해설 CNC 공작기계에서 실험절삭 시 program 오차에 의한 충돌을 방지하기 위하여 machine lock을 사용한다.

문제 107

CNC 공작기계에서 공작물 가공 시 정밀도에 미치는 영향이 가장 적은 것은?

㉮ 볼 스크류 ㉯ 공구대 미끄럼
㉰ 유압 척 죠 ㉱ ATC의 교환속도

문제 108

NC 프로그램을 하기 위해서는 가공계획이 필요하다. 가공계획과 가장 관련이 적은 것은 어느 것인가?

답 102. ㉯ 103. ㉯ 104. ㉱ 105. ㉯ 106. ㉮ 107. ㉱ 108. ㉱

㉮ 가공물 고정방법 및 치공구 선정
㉯ 가공순서 및 공구선정
㉰ NC 기계로 수행할 가공범위와 사용할 NC 기계 선정
㉱ 파트 프로그램

문제 109
다음 중 CAM에서 정의한 공구경로(CL data)에서 NC 콘트롤러에 맞는 NC코드를 생성하는 것을 무엇이라 하는가?

㉮ 테이프 판독기(tape reader)
㉯ 패리티 체크(parity check)
㉰ 포스트 프로세서(post processer)
㉱ 산술 계산기(arithmetic calculation)

문제 110
곡면을 가공할 때 볼 엔드밀이 지나가고 남은 흔적을 말하며 골간의 간격에 따라서 높이가 달라지는 것은?

㉮ path   ㉯ length
㉰ pitch ㉱ cusp

문제 111
CAD/CAM 작업에서 NC 시스템 구성이 옳은 것은?

㉮ 파트프로그램-포스트 프로세서-CL 데이터-NC 테이프
㉯ 파트프로그램-CL 데이터-포스트 프로세서-NC 테이프
㉰ 파트프로그램-NC 테이프-포스트 프로세서-CL 데이터
㉱ 파트프로그램-포스트 프로세서-NC 테이프-CL 데이터

문제 112
NC 파트 프로그램에서 CAD/CAM을 사용할 때 이에 해당하지 않은 것은?

㉮ 설계과정에서 부품의 도형이 만들어지므로 도형의 정의 시간이 절약된다.
㉯ 공구경로를 즉시 눈으로 확인할 수 있으므로 오류의 발견 및 수정이 용이하다.
㉰ 파트 프로그래밍 시간을 대폭 줄일 수 있으므로 NC의 생산 업무 적용이 경제적이다.
㉱ 사용된 공구와 절삭경로를 자동적으로 설정해 줌으로서 과정 데이터가 불필요하다.

문제 113
NC기계의 변환기 중 특수한 무늬를 판독하는 것은?

㉮ 직선 변환기   ㉯ 회전 변환기
㉰ 레졸버   ㉱ 엔코더

문제 114
NC 기계 작동 중 오버 트래블(Over Travel)로 인한 경고등이 켜졌을 때의 응급처치 요령은 어느 것인가?

㉮ 해제버튼을 누른다.
㉯ 전원을 차단 후 다시 투입한다.
㉰ 비상정지 버튼을 누른 후 다시 리세트시켜서 원상태로 복귀한다.
㉱ 릴리즈(release)버튼을 누른 상태에서 수동모드로 반대방향으로 축을 이동시킨다.

문제 115
다음 중 CNC 공작기계의 특징으로 맞지 않은 것은?

㉮ 항공기 부품과 같이 복잡한 형상의 부품 가공에 유리하다.
㉯ 대량생산에 유리하다.
㉰ 다품종 소량생산에 유리하다.
㉱ 제조비와 인건비가 절약된다.

문제 116
NC시스템은 3가지 요소로 구성되어 있다. 다음 요소 중 관계가 없는 것은?

답 109. ㉰ 110. ㉱ 111. ㉯ 112. ㉱ 113. ㉱ 114. ㉱ 115. ㉯ 116. ㉰

㉮ 명령문 프로그램 ㉯ 제어장치
㉰ 범용 공작기계 ㉱ NC 파트프로그래밍

문제 117

NC작업 과정 중 부품도면을 가공순서에 맞게 분석하여 그 과정을 순서대로 수행하도록 하는 작업과정은 무엇인가?

㉮ 부품도면 ㉯ 공정계획
㉰ NC 파트 프로그래밍 ㉱ 생산

문제 118

DNC 시스템에서 필요로 하지 않는 것은?

㉮ 중앙 컴퓨터 ㉯ 천공 테이프
㉰ 통신선 ㉱ 공작기계

해설 천공 테이프는 테이프 리더기가 부착되어 있는 NC 공작기계에서 사용한다.

문제 119

다음 중 포스트 프로세서(post processor)에 대한 설명에 해당되는 것은?

㉮ 여러 대의 컴퓨터와 터미널을 상호 연결하기 위해 접속하는 데이터 통신같은 프로그램
㉯ CAM 시스템으로 만들어진 부품 형상을 바탕으로 CNC 공작기계의 가공정보를 산출하는 프로그램
㉰ 설계해석 등의 각종 정보를 추출하거나 필요한 형식으로 재구성하는 프로그램
㉱ 주변장치의 제어를 위해 전기적, 논리적으로 중앙처리장치와 연결하는 프로그램

해설 포스트 프로세서(post processor) : CAM system으로 만들어진 부품 형상을 바탕으로 CNC 공작기계의 가공정보를 산출하는 프로그램

문제 120

일반적으로 CNC 시스템에서 속도검출장치로 사용되는 것은?

㉮ 리졸버(resolver)
㉯ 타코 제네레이터(tacho generator)
㉰ 인덕토신(inductosyn)
㉱ 자기 스케일(magnetic scale)

해설 속도검출기 : tacho generator(타코 제네레이터)

문제 121

자유곡면의 CNC 가공을 위하여 고려하여야 할 것이 아닌 것은?

㉮ 공구간섭 방지
㉯ 황삭계획 및 허용공차 지정
㉰ 가공경로 계획
㉱ 자재 수급 계획

해설 자유곡면의 CNC 가공 시 고려 사항
① 공구간섭 방지
② 황삭계획 및 허용공차 지정
③ 가공경로 계획

문제 122

다음 파라메타에 관한 설명 중 틀린 것은?

㉮ 백래쉬 보정량은 파라메타에 입력한다.
㉯ 파라메타의 형태는 실수형과 비트형(2진수) 두 가지 형태가 있다.
㉰ 파라메타에 입력된 수치는 기계종류에 따라 다르다
㉱ 파라메타 수치는 ROM에 저장된다.

문제 123

CNC기계의 시험 절삭 시 오차 수정방법이 아닌 것은?

㉮ 공작물 좌표계 사용
㉯ 기계원점 좌표계 사용
㉰ 오프셋(offset)량 수정
㉱ 좌표계 설정 수정

답 117.㉯ 118.㉯ 119.㉯ 120.㉯ 121.㉱ 122.㉱ 123.㉯

문제 124

자동실행 중 기계의 이동을 일시적으로 정지시킬 수 있는 기능은?

㉮ 싱글 블록 스위치 ㉯ 자동 정지(Feed Hold)
㉰ 옵셔널 블록 스킵 ㉱ 주축 정지

문제 125

NC에서 최소 설정단위의 부호는 어느 것인가?

㉮ BLT ㉯ BLU
㉰ BPL ㉱ BPT

[해설] 최소 설정단위 : NC 기계에 대한 이동지령이 최소로 얼마까지 가능한지를 표시해주는 단위

문제 126

2축 제어 NC 공작기계에서 가공할 수 없는 보간은?

㉮ 직선 보간 ㉯ 원호 보간
㉰ 위치결정 ㉱ 헬리컬 보간

[해설] 2축제어 NC공작기계에서는 직선 보간(G01), 원호 보간(G02, G03), 위치결정(G00) 보간방식이 있다.

문제 127

NC에서 수동으로 데이터를 입력하여 가공하는 방법은?

㉮ Tage ㉯ MDI
㉰ EDIT ㉱ READ

문제 128

CNC 공작기계 작동중에 기계에 결정적 오류가 생겼을 때 작업자가 제일 먼저 누르는 스위치는?

㉮ FEED/HOLDER 스위치 ON
㉯ 옵셔널 스위치 ON
㉰ 드라이 런 스위치 ON
㉱ 전원 스위치 ON

문제 129

프로그램 언어로 쓰여진 파트 프로그램의 정보를 처리하여 특정의 NC 장치나 NC 공작기계에 맞는 NC 데이터를 만들기 위한 프로그램은?

㉮ 파트 프로그램 ㉯ 포스트 프로세서
㉰ 자동 프로그램 ㉱ DNC 프로그램

문제 130

EOB는 무엇을 뜻하는가?

㉮ 블록의 종료
㉯ 공구의 선택기능
㉰ 보조적인 CNC 공작기계의 기능을 지정하여 동작
㉱ CNC 공작기계의 운동에서 각축의 변위량을 지정

문제 131

다음 CNC 선반 프로그램에서 증분좌표로 좌표값을 나타낼 때 사용하는 어드레스(address)는 어느 것인가?

㉮ X, Z ㉯ P, Q
㉰ U, W ㉱ I, K

문제 132

다음과 같은 형태의 반지름 R인 원의 함수식을 올바르게 설명한 것은?

$$y = \pm \sqrt{R^2 - x^2}$$

㉮ 매개변수 음함수형태(implicit parametric)
㉯ 매개변수 양함수형태(explict parametric)
㉰ 비매개변수 음함수형태(implicit nonparametric)
㉱ 비매개변수 양함수형태(explicit nonparametric)

[해설] 반지름 R인 원의 함수식 $y = \pm\sqrt{R^2 - x^2}$는 비매개변수 양함수형태(explicit nonparametric)이다.

답 124. ㉯ 125. ㉯ 126. ㉱ 127. ㉯ 128. ㉮ 129. ㉯ 130. ㉮ 131. ㉰ 132. ㉱

문제 133

다음 중 소수점을 사용할 수 없는 어드레스는?

㉮ X   ㉯ O
㉰ Z   ㉱ R

문제 134

공구선택과 공구위치 보정을 행하는 기능을 나타내는 어드레스는?

㉮ F   ㉯ T
㉰ M   ㉱ G

문제 135

CNC 공작기계의 여러 가지 동작을 하기 위한 각종 모터를 제어하는 주로 ON/OFF기능을 수행하는 기능은?

㉮ 주축기능   ㉯ 준비기능
㉰ 보조기능   ㉱ 공구기능

문제 136

다음 NC 공작기계 기능이 잘못 설명된 것은?

㉮ G기능 : 준비 기능
㉯ P기능 : 프로그램 번호 지정
㉰ S기능 : 이송 기능
㉱ T기능 : 공구 기능

[해설] S기능 : 주축 최고 회전수 설정(G96으로 지령할 경우 지름이 작아질수록 절삭속도가 빨라져 이론상으로 회전수가 무한대까지 올라가므로 S기능으로 회전수를 제한하는 것이다.)

문제 137

다음 중 원호보간(G02, G03)에서 원호를 지령하는 어드레스가 아닌 것은?

㉮ D   ㉯ I
㉰ J   ㉱ R

[해설] 원호보간(G02,G03)에서 원호를 지령하는 어드레스는 I, J, R 등이 있다.

문제 138

다음 중 소수점 사용이 옳은 것은?

㉮ S1800.   ㉯ M05.
㉰ G81.   ㉱ I4.

[해설] NC에서 어드레스 사용
① 소수점 사용 : X, Z, U, W, I, K, R, E, F
② 소수점 사용 못함 : P, G, S, T, M, D

문제 139

다음 준비기능 중 지령된 블록에서만 기능이 유효한 것은?

㉮ G00   ㉯ G01
㉰ G03   ㉱ G04

문제 140

NC언어는 블록을 구성하는데 사용하는데 표현방법이 잘못된 것은?

㉮ N : 순차 번호로서 블록에 번호를 부여하는 데 사용한다.
㉯ G : 준비기능으로 명령문을 제어하는 데 사용한다.
㉰ F : 기계 이송속도로 사용한다.
㉱ T : 보조기능으로서 일반적으로 블록의 마지막에 쓰인다.

문제 141

다음 중 G-코드의 설명으로 잘못된 것은?

㉮ 사용할 수 없는 G-코드를 지령하면 알람이 발생한다.
㉯ 그룹이 서로 다르면 몇 개라도 동일블록에 지령할 수 있다.
㉰ 동일그룹의 G-코드를 같은 블록에 두개 이상 지령하면 알람이 발생한다.

[답] 133.㉯ 134.㉯ 135.㉰ 136.㉰ 137.㉮ 138.㉱ 139.㉱ 140.㉱ 141.㉰

㈑ 모달 G-코드는 동일그룹의 다른 G-코드가 나올 때까지 유효하다.

[해설] 동일그룹의 G-코드를 같은 블록에 두개 이상 지령하면 알람이 발생되지 않는다.
U G01 G90 X10. Z10. F0.2 ;

문제 142
CNC 공작기계에서 전원 투입 후 기계운전의 안전을 위하여 첫 번째로 해야 하는 조작은?
- ㉮ 기계원점 복귀
- ㉯ 공구 보정값과 파라미터의 설정
- ㉰ 작업 및 공구의 교환
- ㉱ 공작물 좌표계의 설정

문제 143
전개 번호(sequence No)는 주소 N(address No) 다음에 4단 이내의 수치로 번호를 붙이는데 몇 번까지 가능한가?
- ㉮ 1-1000
- ㉯ 1-1111
- ㉰ 1-5555
- ㉱ 1-9999

문제 144
다음 CNC 공작기계의 모드에 대한 설명으로 틀린 것은?
- ㉮ 편집(EDIT) 모드는 프로그램을 수정, 삽입 및 삭제를 할 수 있다.
- ㉯ 반자동(MDI) 모드는 수동 데이터 입력으로 기능을 실행시킬 수 있다.
- ㉰ 자동(AUTO) 모드는 메모리에 등록된 프로그램을 실행한다.
- ㉱ 핸들(MPG) 모드는 각축을 급속으로 이동시킬 수 있다.

문제 145
NC 기능 중 가공에 어떤 영향도 끼치지 않는 것은?
- ㉮ 전개번호
- ㉯ 준비기능
- ㉰ 이송기능
- ㉱ 주축기능

문제 146
다음 NC 공작기계에서 주소(address)의 기능이 잘못 설명된 것은?
- ㉮ G : 준비기능
- ㉯ M : 보조기능
- ㉰ S : 이송기능
- ㉱ T : 공구기능

문제 147
CNC 선반에서 조작 KEY 기능이다. 설명이 잘못된 것은?
- ㉮ ALTER는 메모리 내에 있는 내용을 다른 내용으로 변경할 때 사용
- ㉯ INSERT는 메모리 내에 있는 내용을 삽입할 때 사용
- ㉰ DELETE는 메모리 내에 있는 내용을 추가할 때 사용
- ㉱ RESET는 편집모드에서 프로그램을 첫 머리에 돌려놓을 때 사용

문제 148
준비기능(G)에 속하지 않는 것은?
- ㉮ 급속이송
- ㉯ 주축 회전하기 위한 기어 변속
- ㉰ 절삭이송
- ㉱ 드웰

[해설] 기어변속 코드는 M40, M41, M42이다.

문제 149
NC 선반의 절삭 사이클 중 복합 자동 사이클에 해당하는 것은?
- ㉮ 직선 절삭 사이클
- ㉯ 테이퍼 절삭 사이클
- ㉰ 닫힘 로트 절삭 사이클
- ㉱ 원호 절삭 사이클

[답] 142. ㉮ 143. ㉱ 144. ㉱ 145. ㉮ 146. ㉰ 147. ㉰ 148. ㉯ 149. ㉱

문제 150

마음대로 바꿀 수 있는 프로그램의 원점 좌표계는?

㉮ 공작물 좌표계
㉯ 기계 좌표계
㉰ 기계 원점 좌표계
㉱ 변환 좌표계

[해설] ① 공작물 좌표계 : 작업자가 자기 임의로 지정하는 좌표계
② 기계 원점 좌표계 : 기계고유의 변동될 수 없는 좌표계
③ 제2원점 좌표계 : 공구교환 위치 지정 좌표 설정

문제 151

CNC 가공 프로그램구성 요소 중 최소의 단위는?

㉮ 어드레스
㉯ 수치
㉰ 워드
㉱ 블록

[해설] 프로그램 구성 중 WORD는 어드레스+수치이다.(G50)

문제 152

CNC 선반의 NC 프로그램에서 절대지령과 증분지령에 관한 설명이다. 틀린 것은?

㉮ 절대지령은 공작물 좌표계 원점에서 이동하고자 하는 위치를 지령한다.
㉯ 증분지령으로 하고자 하는 지령 절 맨 앞에 G91을 입력하고 이동 하고자 하는 위치를 X, Z로 지령한다.
㉰ 절대지령의 좌표 값을 X, Z를 사용한다.
㉱ 증분지령의 좌표 값은 U, W를 사용한다.

문제 153

다음 설명 중 틀린 것은?

㉮ M08 기능을 실행시킨 상태에서 조작판의 절삭유 스위치를 OFF시키면 절삭유가 나오지 않는다.
㉯ G-코드는 그룹이 다르면 몇 개라도 동일 블록에 지령할 수 있다.
㉰ 공작물 좌표계는 편리한 가공 프로그램을 작성하기 위하여 임의 점을 원점으로 정한 좌표계이다.
㉱ 편집모드에서 프로그램을 실행시킬 수 있다.

[해설] 편집모드에서 프로그램을 실행시킬 수 없다.

문제 154

가장 높은 온도에서 사용되는 절삭공구는?

㉮ 초경합금
㉯ 서멧
㉰ 고속도강
㉱ 탄소공구강

문제 155

| T | N | M | M |은 인서트 팁의 ISO규격이다. N의 의미는 무엇인가?

㉮ 인서트 형상
㉯ 여유각
㉰ 공차
㉱ 인서트 단면형상

문제 156

ISO를 홀더의 규격 표시에 대한 다음의 예를 바르게 나타낸 것은 어느 것인가?

C	S	K	P	R	25	25	M	12
①	②	③	④	⑤	⑥	⑦	⑧	⑨

㉮ ① 클램프, ⑤ 생크 높이
㉯ ② 인서트 형상, ⑥ 승수
㉰ ③ 홀더 유형, ⑦ 생크 폭
㉱ ④ 절삭날 길이, ⑨ 몸 길이

[해설] ISO를 홀더의 규격 표시
① C : 클램프
② S : 인서트 형상
③ K : 홀더 유형
④ P : 인서트 여유각
⑤ R : 공구 방향
⑥ 25 : 생크 높이
⑦ 25 : 생크 폭
⑧ M : 공구 길이
⑨ 12 : 절삭날 길이

[답] 150. ㉮ 151. ㉰ 152. ㉯ 153. ㉱ 154. ㉯ 155. ㉯ 156. ㉰

제 2 장 CAM 가공

문제 157

선반에서 도면에 표면 거칠기 $R_{max}=100S$로 표기되었다. 선반공구의 노즈 반지름이 0.8mm일 때 지령 중 맞은 것은?

㉮ G98 F100. ㉯ G99 F100.
㉰ G98 F0.8. ㉱ G99 F0.8

[해설] 이송속도 $F=\sqrt{8RH}$
여기서 R: 노즈 반지름, H: 표면 거칠기이며 선반지령은 G99 F0.8 이다.

문제 158

CNC 선반에서 절삭동력이 3.2kW이고 주축의 회전수가 1300rpm일 때 ϕ60mm의 환봉을 절삭하는 주분력은?

㉮ 577N ㉯ 784N
㉰ 5770N ㉱ 7840N

[해설] $H'=\dfrac{P\cdot v}{1000\times 60}$ [kW]에서

$\therefore P=\dfrac{1000\times 60\times 3.2}{v}=\dfrac{1000\times 60\times 3.2}{245}$
$=783.67$N

여기서, $v=\dfrac{\pi dn}{1000}=\dfrac{\pi\times 60\times 1300}{1000}=245$m/min

[주의] 1kw=1000N·m/sec=102kgf·m/sec

문제 159

절삭 동력(H)가 약 3PS인 CNC 선반으로 직경 50mm의 연강 환봉을 절삭할 때 절삭 주분력이 100N으로 나타났다면 이때의 주축 회전수는?

㉮ 637 rpm ㉯ 860 rpm
㉰ 1170 rpm ㉱ 1910 rpm

[해설] $HP=\dfrac{P_1 V}{75}$,

$V=\dfrac{75\cdot HP}{P_1}=\dfrac{75\times 3}{100}=2.25$m/min

$n=\dfrac{1000\times 2.25\times 60}{\pi\times 50}=859.4$rpm

문제 160

선반에서 G96 S157로 주축을 회전시켜 공작물을 ϕ50으로 가공 할 때 주축의 회전수는 몇 rpm인가? (단, $\pi=3.14$)

㉮ 1570 rpm ㉯ 3140 rpm
㉰ 1000 rpm ㉱ 2000 rpm

[해설] $n=\dfrac{1000\times 157}{\pi\times 50}=1000$rpm

문제 161

NC 선반에서 가공물 길이 400mm, 절삭 깊이 2mm, 이송 0.1 mm/rev, 절삭속도 100 m/min절삭조건으로 1회 선삭가공 하였을 때 걸리는 시간은? (단. 가공물 재료의 직경 54mm이고 feed override와 공구 접근시간은 무시)

㉮ 3.2min ㉯ 4.8min
㉰ 6.3min ㉱ 6.8min

[해설] $T=\dfrac{L}{nf}i=\dfrac{400}{\dfrac{1000\times 100}{\pi\times 54}\times 0.1}=6.78$min

문제 162

다음 프로그램에서 N03블록의 가공시간은?

```
N01 G00 X0. Z0. ;
N02 G97 S1200 M03 ;
N03 G01 X40. Z-40. F0.2 ;
```

㉮ 10.5초 ㉯ 11.2초
㉰ 12.4초 ㉱ 13.3초

[해설] N01 G00 X0. Z0.; 위치결정
N02 G97 S1200 M03; 주축 회전수
$n=1200$rpm
N03 G01 X40. Z-45. F0.2; 이송량
$s=0.2$mm/rev, 길이(l) 45mm

$T=\dfrac{l}{ns}=\dfrac{45}{1200\times 0.2}=0.166$min×60
$=11.2$sec

[답] 157. ㉱ 158. ㉯ 159. ㉯ 160. ㉰ 161. ㉱ 162. ㉯

문제 163

다음 프로그램에서 지름이 10 mm일 때 주축의 회전수는 몇 rpm인가?

㉮ 3820
㉯ 2000
㉰ 955
㉱ 120

```
G50 S2000 ;
G96 S120 M03 ;
```

해설 G50 S2000; 주축 최고회전수 : 2000 rpm
G96 S120 M03; 주속일정제어 $v=120$ m/min
$$n = \frac{1000v}{\pi d} = \frac{1000 \times 120}{\pi \times 10} = 3820\,\text{rpm}$$
∴ 주축 최고회전수를 넘을 수 없으므로 주축은 2000 rpm으로 회전한다.

문제 164

다음은 CNC 선반 프로그램의 일부분이다. N3 블록에서 주축 회전수는 얼마인가?

```
N1 G50 X200. Z100. S3000 T0100 ;
N2 G96 S200 M03 ;
N3 G00 X12. Z2. T0101 M08 ;
N4 G01 Z-25. F0.25 :
N5 M09 ;
```

㉮ 200rpm   ㉯ 3000rpm
㉰ 5307rpm ㉱ 6000rpm

해설 N1 G50 S3000; 주축 최고회전수 : 3000 rpm
N2 G96 S200 M03; 주속일정제어 $v=200$ m/min, 정회전
N3 G00 X12. Z2. T0101 M08; 위치결정 지름 12mm
$$n = \frac{1000v}{\pi d} = \frac{1000 \times 200}{\pi \times 12} = 5305\,\text{rpm}$$
∴ 주축 최고 회전수를 넘을 수 없으므로 주축은 3000 rpm으로 회전한다.

문제 165

CNC 선반에서 공구이송 속도를 0.3 mm/rev로 하려 할 때 맞는 것은?

㉮ G96 F0.3   ㉯ G98 F0.3
㉰ G99 F0.3   ㉱ G97 F0.3

해설 G98 : 분당이송, G99 : 회전당 이동

문제 166

다음과 같은 CNC선반 프로그램이 있다. 전개번호 N30에서의 주축 회전수는 몇 rpm인가?(단, 직경지령 사용)

```
N10 G50 X300.0 Z200.0 S300 T0100 M42 ;
N20 G96 S80 M03 ;
N30 G00 X40.0 Z5.0 T0101 M08 ;
```

㉮ 300   ㉯ 80
㉰ 637   ㉱ 96

해설 $n = \dfrac{1000v}{\pi d} = \dfrac{1000 \times 80}{\pi \times 40} = 637\,\text{rpm}$
CNC선반 프로그램에서 주축 최고 회전수는 300rpm이므로 정답은 300rpm이다.

문제 167

CNC 선반 가공 프로그램에서 G96 S120으로 지정된 경우 의미를 맞게 설명한 것은?

㉮ 절삭속도가 120 m/min가 되도록 공작물의 직경에 따라 주축의 회전수가 변화한다.
㉯ 주축이 120 rpm으로 회전하도록 한다.
㉰ 주축의 최고 회전수가 120 rpm이다.
㉱ 주축속도가 120 rpm이 되면 주축을 정지시키는 것을 의미한다.

해설 G96 S120 : 절삭속도가 120 m/min가 되도록 공작물의 직경에 따라 주축의 회전수가 변화한다.

문제 168

CNC선반 프로그램에서 G96 S120 M03;으로 명령되었을 때 "S120"이 의미하는 것은?

㉮ 주축회전수 120 rpm/min
㉯ 주축회전수 120 rpm/rev
㉰ 절삭속도 120 m/min
㉱ 절삭속도 120 m/rev

답 163. ㉯ 164. ㉯ 165. ㉰ 166. ㉮ 167. ㉮ 168. ㉰

[해설] G96 S120 M03;
① 주속일정제어(절삭속도) $v=120\,m/min$
② M03 : 주축 정회전

문제 169

CNC 선반에서 가공물의 지름에 관계없이 회전수가 동일하게 표시된 프로그램은?

㉮ G96 S400 ㉯ G97 S400
㉰ G30 S400 ㉱ G50 S400

[해설] G96 : 주축속도 일정제어
 (절삭속도 : $v=m/min$)
G97 : 주축속도 일정제어 취소
 (주축회전수 : $n=rpm$)

문제 170

다음 CNC선반 프로그램에 대한 설명으로 옳은 것은?

```
G50 X150.0 Z100.0 S1500 T0300;
G96 S200 M03;
```

㉮ 최고회전수 1500 rpm으로 지정, 절삭속도 200 m/min로 주축 정회전
㉯ 최고회전수 200 rpm으로 지정, 절삭속도 1500 m/min로 주축 역회전
㉰ 최고회전수 1500 rpm으로 지정, 절삭속도 200 m/min로 주축 역회전
㉱ 최고회전수 200 rpm으로 지정, 절삭속도 1500 m/min로 주축 정회전

[해설] G50 S1500;
 ⇒ 주축 최고회전수 1500rpm
G96 S200 M03;
 ⇒ 주축속도 일정제어 200m/min, 정회전

문제 171

CNC 선반에서 지령치 X=75mm로서 소재를 가공한 후 측정한 결과 φ74.92이었다. 기존의 X축 보정치를 0.005라 하면 수정해야 할 공구보정치는 총 얼마인가? (단, 직경 지령 −사용)

㉮ 0.085 ㉯ 0.045
㉰ 0.85   ㉱ 0.45

[해설] 가공시 X축 보정값=75−74.92=0.08mm
기존 X축 보정값 : 0.005mm
∴ 공구 보정값=0.08+0.005=0.085mm

문제 172

CNC 선반에서 지령값 X=40mm로 소재를 가공한 후 측정한 결과가 φ40.02이었다. 기존의 X축 보정값을 0.044라 하면, 수정해야 할 공구 보정값은 얼마인가?

㉮ 0.012 mm ㉯ 0.024 mm
㉰ 0.044 mm ㉱ 0.064 mm

[해설] 가공시 X축 보정값=40−40.02=−0.02mm
기존 X축 보정값 : 0.044mm
∴ 공구보정값=0.044−0.02=0.024mm

문제 173

CNC선반에서 지령값 X=45 mm로 외측가공 후 측정한 결과 44.96 mm이었다. 기존의 X축 보정값을 0.005 mm라 하면 수정해야 할 공구 보정값은 총 몇 mm인가?(단, 지름지령)

㉮ X0.04   ㉯ X0.035
㉰ X0.045 ㉱ X0.004

[해설] 가공시 X축 보정값=45−44.96=0.04mm
기존 X축 보정값 : 0.005mm
∴ 공구보정값=0.04+0.005=0.045mm

문제 174

CNC선반 가공 중 내경 완성치수 φ25.0부위를 측정하였더니 공구 마멸의 원인으로 φ24.4로 나타났다. 해당공구의 공구 보정값은? (단, 현재의 공구 보정값은 X=4.2, Z=6.0이고, 직경지정임)

㉮ X=4.5 Z=6.0 ㉯ X=4.8 Z=6.6
㉰ X=3.6 Z=6.0 ㉱ X=3.6 Z=6.6

[답] 169. ㉯ 170. ㉮ 171. ㉮ 172. ㉯ 173. ㉰ 174. ㉮

[해설] 내경 완성치수는 φ25이고 가공된 치수는 φ24.4이다. 25−24.4=0.6 그러나 X축은 직경지령이므로 반으로 나누어서 0.3을 그전 보정값에 더하여 X=4.5 Z축은 변동이 없으므로 그대로 Z=6.0으로 한다.

문제 175

CNC선반에서 명령값 X=70mm로 부품을 가공한 후에 측정한 결과 φ69.93이었다. 기존의 X축 보정값이 0.004일 경우 수정해야 할 공구 보정값은 전부 얼마인가?

㉮ 0.74 ㉯ 0.074
㉰ 0.69 ㉱ 0.069

[해설] 가공시 X축 보정값=70−69.93=0.07mm
기존 X축 보정값 : 0.004mm
∴ 공구 보정값=0.07+0.004=0.074mm

문제 176

공구의 보정값은 사용공구에서 바라본 기준공구까지의 상대거리이다. CNC선반에서 L-2 M20 X1.5 나사가공 시 이송기능 F에는 얼마로 하여야 하는가?

㉮ G98 F1.5 ㉯ G99 F1.5
㉰ G98 F3.0 ㉱ G99 F3.0

[해설] 위의 나사는 왼나사-두줄나사-미터나사-호칭경(20)-피치(1.5)이므로 선반에서 나사가공 시는 리드값으로 해야 하므로 리드=줄수×피치=2×1.5=3이므로 G99 F3.0으로 지령해야 한다.

문제 177

지령치 X=80mm로써 소재를 가공한 후 측정한 결과 지름이 78.82이었다. 기존의 X축 보정치를 0.005라 하면 수정해야 할 공구 보정치는 총 얼마인가?

㉮ 0.0175mm ㉯ 0.182mm
㉰ 1.185mm ㉱ 1.190mm

문제 178

CNC선반에서 지령값 X=80mm로서 소재를 가공한 후 측정한 결과 φ79.86mm이었다. 기존의 X축 보정값이 0.004라면 수정하여야 할 공구 보정값은 총 얼마인가?

㉮ 0.14 ㉯ 0.104
㉰ 0.144 ㉱ 0.244

[해설] 가공시 X축 보정값=80−79.86=0.14mm
기존 X축 보정값=0.004mm
∴ 공구 보정값=0.14+0.004=0.144mm

문제 179

다음 중 1.5초 동안 일시 정지하는 프로그램 지령이 잘못된 것은?

㉮ G04 X1.5; ㉯ G04 U1.5;
㉰ G04 P1.5; ㉱ G04 P1500;

[해설] CNC선반에서 1.5초 휴지(dwell)하는 프로그래밍 G04 X1.5, G04 U1.5, G04 P1500

문제 180

300 rpm으로 회전하는 스핀들에서 6회전 드웰을 프로그래밍 하려면 몇 초 지령을 해야 하는가?

㉮ 0.8 ㉯ 2.0
㉰ 1.2 ㉱ 1.5

[해설] 정지시간(sec) = $\frac{60}{\text{드릴회전수(rpm)}}$×드웰회전수
= $\frac{60}{300}$×6 = 1.2(sec)

문제 181

G97 S600 M03; 으로 회전하는 스핀들에서 2회전 휴지(dwell)를 할 경우 올바른 프로그램은?

㉮ G04 X0.2; ㉯ G04 U2.0;
㉰ G04 P1200; ㉱ G04 U1.2;

[해설] 60초 : 정지시간(초) : 600rpm : 2회전
정지시간 : $x = \frac{60 \times 2}{600} = 0.2\text{sec}$
CNC선반에서 0.2초 휴지(dwell)하는 프로그래밍 : G04 X0.2, G04 U0.2, G04 P200

[답] 175. ㉯ 176. ㉱ 177. ㉰ 178. ㉰ 179. ㉰ 180. ㉰ 181. ㉮

문제 182

다음은 G97S500M03 ; G01X50. F0.1 ; G04( ) ; 에서 공구의 이송을 주축의 10회전 동안 멈추게 하려면 괄호에 수치는 얼마로 하여야 하는가?

㉮ P1.2 ㉯ P1200
㉰ X1200 ㉱ U1200

[해설] 공구정지시간

$sec(초) = \dfrac{60}{주축회전수} \times 정지하고자 하는 회전수$ 이다. 여기서 60은 회전수에 분을 초로 환산하기 위함이다. 따라서 $\dfrac{60}{500} \times 10 = 1.2(sec)$이다.

휴지기능인 G04 P1200, G04 X1.2로 지령된다. 이 기능은 진원가공, 가공방향에 수직되게 하는 것이 주목적이며 chip 절단의 차 후 목적이라 할 수 있다. P는 소수점을 지령못하고, U, X는 소수점으로 지령할 수가 있으나 선반에서는 U 지령을 하지 못한다.

문제 183

NC 프로그램에서 보조프로그램을 호출하는 보조기능은?

㉮ M00 ㉯ M09
㉰ M98 ㉱ M99

[해설] M00(프로그램 정지), M09(절삭유 off), M98(보조프로그램 호출), M99(보조프로그램 종료 주프로그램 호출)

문제 184

다음 보조기능 중 M02와 M30의 기능 설명으로 옳은 것은?

㉮ M02 : 보조프로그램 종료
　　M03 : 보조프로그램 종료, rewind
㉯ M02 : 프로그램 종료
　　M03 : 보조프로그램 종료, rewind
㉰ M02 : 프로그램 종료
　　M03 : 프로그램 종료, rewind
㉱ M02 : 보조프로그램 종료
　　M03 : 프로그램 종료, rewind

[해설] M02 : 프로그램 종료
M03 : 프로그램 종료, rewind

문제 185

T□□△△에서 △△의 의미는?

㉮ 공구 보정 번호
㉯ 공구 선택 번호
㉰ 공구 보정 번호 취소
㉱ 공구 호출 번호

문제 186

CNC 선반 프로그램 중 공구기능(T code)에서 T0202를 가장 잘 설명한 것은?

㉮ 2번 공구의 공구 보정번호 2번 수행
㉯ 공구보정 없이 2번 공구 선택
㉰ 2번 공구의 2번 공구보정 취소
㉱ 2번 공구의 2번 반복 수행

[해설] T0202
① T : 공구 기능
② 02 : 공구 번호
③ 02 : 공구 보정번호

문제 187

CNC 선반의 준비기능 중 의미가 다른 것은?

㉮ G32 ㉯ G76
㉰ G90 ㉱ G92

[해설] 여기서,
G32, G76, G92 : 나사 사이클
G90 : 고정안, 바깥지름 황삭사이클

문제 188

다음 보조기능 중 절삭유 정지를 나타내는 것은?

㉮ M01 ㉯ M05
㉰ M09 ㉱ M19

[답] 182. ㉯ 183. ㉰ 184. ㉰ 185. ㉮ 186. ㉮ 187. ㉰ 188. ㉰

해설 보조기능
① M08 : 절삭유 급유(on)
② M09 : 절삭유 정지(off)

문제 189
다음 중 1회 지령 G코드인 것은?
㉮ G01   ㉯ G04
㉰ G02   ㉱ G41

문제 190
CNC 프로그램을 위한 준비기능(G 기능) 가운데 연속지령코드(modal G code) 만으로 짝지어진 것은?
㉮ G00, G01, G02, G03
㉯ G00, G02, G04, G06
㉰ G01, G03, G04, G39
㉱ G03, G04, G39, G41

해설 맨끝 G code만 유효한 지령(연속지령 코드)
① G00 : 위치결정(급속이송)
② G01 : 직선보간
③ G02 : 원호보간(CW : 시계 방향)
④ G03 : 원호보간(CCW : 반시계 방향)

문제 191
CNC 공작기계의 전원 공급시 유효 초기상태의 모달지령이 아닌 것은?
㉮ G00   ㉯ G22
㉰ G27   ㉱ G40

해설 G00(위치결정 급속이송), G22(내장행정 체크기능 ON), G27(원점복귀 체크), G40(공구인선 반경보정 취소)
전원 공급 시 유효 초기상태의 모달지령 : G00, G22, G25, G40, G69, G97, G99

문제 192
다음 중 공구의 이동 형태를 지정하지 않은 준비기능은?

㉮ G00   ㉯ G02
㉰ G32   ㉱ G97

해설 G97 : 주속일정제어 off

문제 193
다음 NC 선반 준비기능 중 주축기능은 어느 것인가?
㉮ M00   ㉯ T0100
㉰ G01   ㉱ S1300

문제 194
다음 중 KS에 지정된 NC코드의 G기능(준비기능)이 잘못 연결된 것은?
㉮ G00 - 급속이송, 위치결정
㉯ G01 - 직선절삭
㉰ G02 - 원호가공(시계방향)
㉱ G03 - 드웰(DWELL), 휴지

문제 195
NC 선반의 M기능 중에서 M68 기능은 무엇을 의미하는가?
㉮ 유압척 열림
㉯ 유압척 닫힘
㉰ 심압축 전진
㉱ 심압축 후진

문제 196
CNC 공작기계의 가공용 프로그램에서 주축 정회전을 지령하는 보조기능은?
㉮ M02   ㉯ M03
㉰ M04   ㉱ M05

문제 197
원호보간 중 시계방향의 G코드는?

답 189.㉯ 190.㉮ 191.㉰ 192.㉱ 193.㉱ 194.㉱ 195.㉯ 196.㉯ 197.㉯

㉮ G01　　　㉯ G02
㉰ G03　　　㉱ G04

해설 시계방향 : G02, 반시계방향 : G03

문제 198

원호보간 지령에서 오른손 좌우 시계방향으로 가공할 때에 올바른 지령은?

㉮ G01　　　㉯ G02
㉰ G03　　　㉱ G04

문제 199

선반에 사용되는 준비기능 중 2가지 기능을 하는 준비기능은?

㉮ G00　　　㉯ G32
㉰ G50　　　㉱ G97

문제 200

다음 중 CNC 선반의 이송단위는?

㉮ mm/hr　　　㉯ mm/min
㉰ mm/sec　　　㉱ mm/rev

문제 201

다음 보조기능 중에서 기계부의 ON/OFF 기능이 아닌 것은?

㉮ M02　　　㉯ M03
㉰ M05　　　㉱ M09

해설 보조기능 중에서 기계부의 ON/OFF 기능
M03, M04, M05, M08, M09

문제 202

나사가공을 할 때 지령하는 준비 기능은?

㉮ G10　　　㉯ G20
㉰ G22　　　㉱ G32

문제 203

NC 가공에서 G92로 나사가공 시 피치를 나타내는 기호는?

㉮ M　　　㉯ S
㉰ T　　　㉱ F

문제 204

공구를 교환할 때 사용하는 보조기능은 무엇인가?

㉮ M66　　　㉯ M06
㉰ M42　　　㉱ M16

문제 205

보조프로그램에서 주프로그램으로 변환, 보조프로그램의 종료를 나타내는 보조기능은?

㉮ M48　　　㉯ M49
㉰ M98　　　㉱ M99

문제 206

다음의 준비기능 중 공작물을 직접 진행하는 동안 사용하는 기능 중 옳지 않은 것은?

㉮ G00　　　㉯ G01
㉰ G02　　　㉱ G03

문제 207

X축과 평행하게 동작하는 단면 황삭 사이클은?

㉮ G71　　　㉯ G72
㉰ G73　　　㉱ G74

해설 G71(내외경 황삭 사이클)
G72(단면 황삭 사이클)
G73(유형 반복 사이클)
G74(Z방방 점프 드릴 사이클)

답 198. ㉰ 199. ㉰ 200. ㉱ 201. ㉮ 202. ㉱ 203. ㉱ 204. ㉯ 205. ㉱ 206. ㉮ 207. ㉯

문제 208

CNC 선반의 프로그램에 있어서 복합반복주기를 이용한 드릴작업을 할 수 있는 G기능은?

㉮ G74 ㉯ G73
㉰ G72 ㉱ G76

> 해설 G74(Z방향 점프 드릴 사이클)
> G73(유형 반복 사이클)
> G72(단면 황삭 사이클)
> G76(자동 나사 절삭 사이클)

문제 209

G99의 의미는 무엇인가?

㉮ 회전당 공구의 이송량
㉯ 분당 회전수
㉰ 분당공구의 이송량
㉱ 회전당 회전수

문제 210

CNC 선반의 준비기능을 설명한 것 중 틀린 것은?

㉮ 나사절삭의 G코드는 G76이다.
㉯ 자동원점 복귀의 G코드는 G32이다.
㉰ 좌표계 설정의 G코드는 G50이다.
㉱ 원호보간의 G코드는 G02, G03이다.

문제 211

다음 중 CNC 공작기계에서 스핀들을 제어하는 보조기능이 아닌 것은?

㉮ M03 ㉯ M04
㉰ M05 ㉱ M06

> 해설 스핀들을 제어하는 보조기능
> ① M03 : 주축 정회전
> ② M04 : 주축 역회전
> ③ M05 : 주축 정지

문제 212

G76 X33.8 Z-37.0 K0.6 D0.25 F1.0 A60 ; 인 CNC 선반의 프로그램 중 "D"기능은?

㉮ 나사산의 높이
㉯ 나사의 끝점
㉰ 첫 번째 절삭 깊이
㉱ 나사의 시작점과 끝점까지의 거리

> 해설 G76(자동 나사 절삭)
> X38.8, Z-37.0(가공 마무리지점 좌표)
> K0.6(총절입 깊이)
> D0.25(최초 절입 깊이)
> F1.0(피드=피치)
> A60(각도)

문제 213

G90 G30 X__Y__Z__;는 무엇을 의미하는가?

㉮ 시작점의 절대 좌표값
㉯ 기계원점의 절대 좌표값
㉰ 기계 제2원점의 절대 좌표값
㉱ 중간점의 절대 좌표값

문제 214

G03 X100.0 Z-10.0 R10.0 F0.1 ; 지령절 중 R10.0은 무엇을 뜻하는가?

㉮ 좌표계 내의 끝점
㉯ 원호 중심의 반경
㉰ 시계 반대방향의 원호 보간
㉱ Z축 방향의 이송량

문제 215

N10 G50 X150.0 Z50.0 S1300 T0100 M42; 지령에서 M42의 의미는 무엇인가?

㉮ 좌표계 설정   ㉯ 최고 주축속도
㉰ 1번 공구 선택 ㉱ 주축기어 2단

답 208. ㉮ 209. ㉮ 210. ㉯ 211. ㉱ 212. ㉰ 213. ㉰ 214. ㉯ 215. ㉱

문제 216

CNC 선반에서 G50 X200. Z190.으로 프로그램 했을 때 G50이 의미하는 것은?

㉮ 주축을 정지한다.　㉯ 심압대를 이동한다.
㉰ 공구를 교환한다.　㉱ 좌표계를 설정한다.

문제 217

"G70 P10 Q100"에서 Q100의 의미는?

㉮ 정삭가공 지령절의 첫 번째 전개번호
㉯ 정삭가공 지령절의 마지막 전개번호
㉰ 황삭가공 지령절의 첫 번째 전개번호
㉱ 황삭가공 지령절의 마지막 전개번호

문제 218

CNC 선반의 프로그램이 N10 G01 X5000 F20; 으로 되어 있을 경우 G01의 의미는?

㉮ 보조기능　　　㉯ 직선 보간
㉰ 원호 보간　　　㉱ 위치 결정 제어

문제 219

다음 중 자동 프로그래밍 시스템의 이점으로 볼 수 없는 것은?

㉮ NC 테이프의 작성에 필요한 시간과 노력이 많이 필요하다.
㉯ 신뢰성 높은 NC 데이터의 작성이 가능하다.
㉰ 복잡한 계산을 요하는 형상에 대한 프로그래밍이 가능하다.
㉱ NC 테이프 작성과 관련된 여러 가지 계산을 동시에 할 수 있다.

문제 220

다음은 원호 보간에 대한 설명이다. 틀린 것은?

㉮ G02 X, Y, R ; 에서 R값이 180° 이상에서도 가능하다.
㉯ R값을 -부호로도 쓸 수 있다.
㉰ 현재의 위치에서 증분 좌표를 X=10mm만큼 떨어져 원을 그릴 때 G02 X, Y, I, J에서 I만 지령하여 쓸 수 있다.
㉱ 원호의 중심을 X, Y, Z, 축에 대하여 각각 I, J, P,로 지령그릴 때 G02 X, Y, L, J, ; 에서 I만 지령하여 쓸 수 있다.

문제 221

수치제어 공작기계인 NC 선반용 준비 기능 중 G71 기능에 사용되는 어드레스를 설명한 것 중 옳지 않은 것은?

㉮ P : 형상프로그램의 첫 전개번호
㉯ Q : 형상프로그램의 마지막 전개번호
㉰ W : Z축 방향의 사상여유
㉱ D : 절입분할 횟수

해설 G71(내외경 황삭 사이클)
P__(프로그램 시작위치)
Q__(프로그램 종료위치)
U__(X축 정삭 가공여유)
W__(Z축 정삭 가공여유)
F__(Feed)
D__(1회 절입량)

문제 222

다음의 CNC 선반 프로그램 중 (1)항의 드웰 기능을 설명한 것 중 옳은 것은?

```
G50 X200.0 Z200.0 S1500 T0100 M41;
G97 S200 M0.;
G00 X0. Z10. T0101;
G01 Z-85. F30 M03
G04 X2.;(1)
G00 Z10.;
G00 X200. Z200 TO100 M09;
M01;
```

㉮ 드릴 구멍을 뚫은 후 정밀하게 마지막 2/100mm 다시 정삭 가공하라는 것이다.

답 216. ㉱ 217. ㉯ 218. ㉯ 219. ㉮ 220. ㉱ 221. ㉱ 222. ㉯

㉯ 드릴로 구멍을 완성시킨 후 2초 머무르도록 한 것이다.
㉰ 드릴로 구멍을 완성 후 2/100mm의 서행으로 후퇴하라는 것이다.
㉱ 드릴로 구멍을 완성 시킨 후 2mm서행으로 후퇴하라는 것이다.

[해설] G04 드웰은 일시정지 기능이다.(홈 밑면 다듬질)

문제 223

CNC선반에서 $\frac{8}{5}-11$ UNC 한줄 나사를 가공하려 한다. 적당한 것은?

㉮ F2.309090　　㉯ F0.625
㉰ E2.309　　㉱ E0.625

[해설] 나사가공에서 Feed는 Pitch와 동일

1인치당 11개의 나사산과 $\frac{8}{5}$inch의 호칭지름을 가진 나사가공시 피치 구하는 법
25.4÷11=2.309090mm

문제 224

CNC 선반 프로그램에 G50 S1500; G96 S180 M03; 의 명령이 주어졌다면 이 명령을 올바르게 설명된 것은?

㉮ 주축 속도를 180~1500 m/min으로 제어한다.
㉯ 주축 속도를 180 m/min으로 일정 제어하며, 최대 회전수는 1500 rpm으로 고정한다.
㉰ 최소 회전수는 180 rpm이고, 최대 회전수는 1500 rpm으로 고정한다.
㉱ 주축 속도를 180 m/min으로 일정 제어하며, 최소 회전수를 1500 rpm으로 고정한다.

문제 225

CNC 선반에서 좌표계 설정 기능인 G50 블록에 최고회전수를 지정하는 이유로 맞는 것은?

㉮ 주축을 회전시키기 위함이다.

㉯ 주축의 회전수를 일정하게 유지하기 위함이다.
㉰ 절삭속도를 일정하게 유지하기 위함이다.
㉱ 공작물의 물림상태에 따라 최고회전수 지령을 넘지 못하게 하여 안전하게 가공하기 위함이다.

문제 226

다음 CNC 선반 프로그램 중 ( )안에 들어갈 준비기능은 어느 것인가?

```
(  ) X160.0  Z160.0  S1500  T0100  M42;
(  ) S150  M03;
```

㉮ G03, G97　　㉯ G50, G96
㉰ G50, G97　　㉱ G30, G96

문제 227

조작판의 옵셔널 블록스킵(/) 스위치가 ON 된 상태에서 다음 프로그램 중 실행되지 않는 기능은?

```
N01 G00 G90 X200. Y100. /Z100. M08 ;
```

㉮ G00　　㉯ G90
㉰ X200.　　㉱ M08

문제 228

CNC 프로그램에서 블록을 구분을 의미하지 않는 것은?

㉮ EOB　　㉯ NL
㉰ LF　　㉱ STOP

[해설] 블록의 구분은 EOB(;), CR, NL, LF로 한다.

문제 229

CNC 선반에 사용되는 어드레스 중 반경지령 어드레스가 아닌 것은?

㉮ X　　㉯ I
㉰ D　　㉱ R

[답] 223. ㉮　224. ㉯　225. ㉱　226. ㉯　227. ㉱　228. ㉱　229. ㉮

문제 230

CNC 선반에 사용되는 어드레스 중 소수점 지령을 하지 못하는 것은?

㉮ X ㉯ I
㉰ D ㉱ K

[해설] 이외에 P, G, S, T, M 등이 소수점 지령을 쓰지 못한다.
소수점을 쓸 수 있는 어드레스는 X, Z, U, W, I, K, R, E, F 등이 있다.

문제 231

공구 노즈 반경 보정과 관계없는 것은?

㉮ G40 ㉯ G01
㉰ G41 ㉱ G42

[해설] G01은 직선절삭 기능이다.

문제 232

CNC 선반에서 기준공구의 위치이다. 공구위치 보정값이 다음과 같을 때 사용공구의 위치를 표시하여라.($X=10$, $Z=-10$.)

㉮ ①
㉯ ②
㉰ ③
㉱ ④

문제 233

CNC 선반에는 주축센터와 심압대 센터를 연결하는 축을 오른손 좌표계로 지령표시는?

㉮ X축 ㉯ Y축
㉰ Z축 ㉱ A축

[해설] 선반에서 주축센터에서 원주방향으로 나가는 축은 X(U)로 지령되고 주축센터와 심압대 센터를 연결하는 축은 Z(W)로 지령한다.

문제 234

다음 CNC 선반에 관한 설명 중 틀린 것은?

㉮ CNC 선반의 이송은 공작물 회전당 공구의 이송량을 주로 사용한다.
㉯ 제2원점은 고정되어 있으므로 임의로 작업자가 설정할 수 없다.
㉰ 절대 명령은 X와 Z로, 증분 명령은 U와 W로 명령한다.
㉱ 동일 지령절에 절대 명령과 증분 명령을 동시에 혼용하여 사용할 수 있다.

[해설] 제2원점은 작업의 편의를 위해 임의로 작업자가 설정할 수 있다.

문제 235

CNC 선반의 준비기능을 설명한 것 중 틀린 것은?

㉮ 나사절삭의 G코드는 G76이다.
㉯ 자동원점 복귀의 G코드는 G32이다.
㉰ 좌표계 설정의 G코드는 G50이다.
㉱ 원호 보간의 G코드는 G02, G03이다.

[해설] ① G32 : 나사절삭
② G28 : 자동원점 복귀

문제 236

다음은 G96, G97에 대한 설명이다. 틀린 것은?

㉮ G96은 절삭속도 일정제어이다.
㉯ G96DMS 나사가공시 사용할 수 있다.
㉰ G96 S100에서 S의 단위는 m/min이다.
㉱ G97 S100에서 S의 단위는 m/min이다.

[해설] ① G96 : 주축속도 일정제어(절삭속도 : v=m/min)
② G97 : 주축속도 일정제어 취소(주축회전수 : n n=rpm)

문제 237

CNC 공작기계의 토글(toggle) 스위치 중 머신록(machine lock) 스위치가 커져 있는 상태에서 프로그램을 실행할 때 기능이 수행되지 않는 것은?

[답] 230. ㉰ 231. ㉯ 232. ㉱ 233. ㉰ 234. ㉯ 235. ㉯ 236. ㉱ 237. ㉯

㉮ M03 ; ㉯ G01 X100. ;
㉰ S1000 M03 ; ㉱ M09 ;

[해설] CNC 공작기계의 토글(Toggle) 스위치 중 머신
록(machine lock)스위치가 켜져 있는 상태에서
프로그램을 실행할 때 G01, G02, G03은 기능이
수행되지 않는다.
M03, M04, M05, M08, M09는 기능이 수행된다.

문제 238

조작판 상의 옵셔널 블록 스킵(/) 스위치가 ON된 상태에서 다음 프로그램 중 실행되지 않는 기능은?

```
N01 G00 G90 X200. Y150. /Z100. M08 ;
```

㉮ N01 ㉯ G90
㉰ X200. ㉱ M08

문제 239

CNC 선반 프로그램에서 주속일정제어인 G96을 사용하고 있는 주된 이유로 타당하지 않은 것은?

㉮ 절삭조건 중 가장 중요한 절삭속도를 같게 하기 위해서이다.
㉯ 주축의 회전수를 일정하게 제어하므로 기계를 보호하기 위함이다.
㉰ CNC 선반에서는 직경이 작을수록 주축의 회전수를 크게 하여 절삭조건을 향상시키기 위함이다.
㉱ 주축의 회전수는 공작물의 직경에 따라 변화한다.

[해설] G97(주축 회전수 일정제어) : 주축의 회전수를 일정하게 제어하므로 기계를 보호하기 위함이다.

문제 240

CNC 선반에서 M50×2.0에 두 줄 나사를 가공하려고 할 때 이송기능 F값은 얼마로 하여야 하는가?

㉮ F1.0 ㉯ F2.0
㉰ F3.0 ㉱ F4.0

[해설] M50×2.0 두줄나사 가공 시
이송기능 F값은 나사의 리드값과 같다.
리드=나사의 줄수×피치=2×2=4
∴ 이송기능 F4.0이 된다.

문제 241

다음의 가공 프로그램으로 도면과 같이 φ45 부분의 홈을 가공하고 있다. 현재의 회전수는?

㉮ 150 rpm
㉯ 200 rpm
㉰ 1415 rpm
㉱ 1500 rpm

```
G50 S1500 ;
    ⋮
G97 S200 ;
G01 X45.0 F0.1 ;
```

[해설] G97 S___ ; S는 주축 회전수(rpm)

문제 242

다음 프로그램에서 바이트가 P_1점, P_2점에 있을 때 주축의 회전수는 얼마인가?

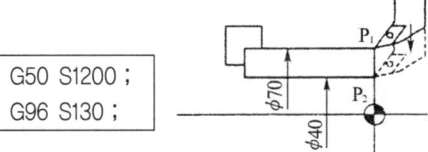

```
G50 S1200 ;
G96 S130 ;
```

㉮ $P_1 = 451$ rpm, $P_2 = 1,035$ rpm
㉯ $P_1 = 591$ rpm, $P_2 = 1,095$ rpm
㉰ $P_1 = 451$ rpm, $P_2 = 1,095$ rpm
㉱ $P_1 = 591$ rpm, $P_2 = 1,035$ rpm

[해설] $P_1 : N = \dfrac{1000v}{\pi d_1} = \dfrac{1000 \times 130}{(\pi \times 70)} = 591 \text{rpm}$

$P_2 : N = \dfrac{1000v}{\pi d_2} = \dfrac{1000 \times 130}{(\pi \times 40)} = 1035 \text{rpm}$

문제 243

다음 그림은 CNC선반의 R가공 프로그램이다. NO25의 [ ]에 맞는 프로그램은?

[답] 238.㉱ 239.㉯ 240.㉱ 241.㉯ 242.㉱ 243.㉯

```
N021 G01 Z40.;
N022 X10.;
N023 G02 X20. Z35. I5.;
N024 G03 X40. Z25. K-10.;
N025 [    ]
```

㉮ G03 X40. Z25. I18. J-18.;
㉯ G03 Z10. I-15. J16.363;
㉰ G02 X40. Z25. I16.363 K-18.;
㉱ G02 Z10. I16.363 K-7.5;

[해설]

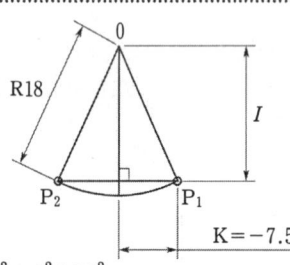

$18^2 = I^2 + 7.5^2$
$I = \sqrt{18^2 - 7.5^2} = 16.363$
원호 보간 : 시계방향 G02
∴ G02 Z10. I16.363 K-7.5;

문제 244

그림에서 점 P_1으로부터 점 P_2에 이르는 경로를 NC 프로그램하였다. 절대좌표방식 지령으로 올바르게 나타낸 것은?

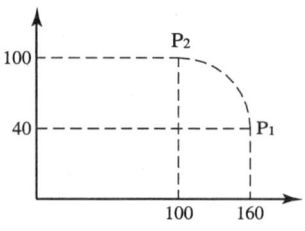

㉮ G90 G03 X100. Y100. R60.;
㉯ G01 G03 X100. Y100. R60.;
㉰ G90 G02 X100. Y40. R60.;
㉱ G91 G03 X160. Y40. R60.;

문제 245

다음 그림에서 NC 선반 인선보정 시 우측보정 G42을 해야 되는 것끼리 짝지어진 것은?

㉮ 1,3
㉯ 2,4
㉰ 1,4
㉱ 2,3

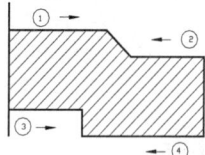

[해설]
• G42 : 진행방향의 뒤에서 보아서 공작물 기준으로 오른쪽에 공구위치
• G43 : 진행방향의 뒤에서 보아서 공작물 기준으로 왼쪽에 공구위치
• G40 : 공구 인선 반경 보정 취소

문제 246

그림의 NC 선반 좌표계에서 좌표계의 설정에 의한 공구 현재 위치가 X=50, Z=100일 때 올바른 것은?

㉮ G50 X100.0 Z50.0;
㉯ G50 X100.0 Z100.0
㉰ G92 X50.0 Z50.0
㉱ G92 X100.0 Z100.0

[해설] G92는 MCT 좌표계 설정 준비 기능이다.

문제 247

CNC 선반에서 그림과 같은 원호절삭을 하려고 한다. A에서 B로 작업하는 다음 프로그램 중 맞는 것은?

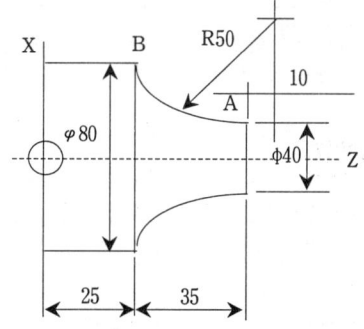

[답] 244. ㉮ 245. ㉱ 246. ㉯ 247. ㉯

㉮ G02 X80.0 Z25.0 I10.0 K50.0 F0.2;
㉯ G02 U40.0 W-35.0 I48.99 K10.0 F0.2;
㉰ G02 X80.0 W35.0 I48.99 K10.0 F0.2;
㉱ G02 X40.0 Z-35.0 I10.0 K50.0 F0.2;

문제 248

다음 도면의 모따기 프로그램이 맞는 것은?

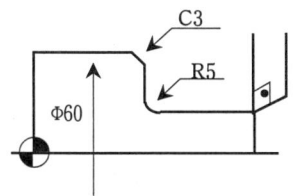

㉮ G01　X60.0　K3.0　F0.1;
㉯ G01　X60.0　K-3.0　F0.1;
㉰ G01　X60.0　I3.0　F0.1;
㉱ G01　X60.0　I-3.0　F0.1;

문제 249

다음 도면의 라운드 프로그램이 맞는 것은?

㉮ G01 X60.0 K3.0 F0.1 ;
㉯ G01 X60.0 K-3.0 F0.1 ;
㉰ G01 X60.0 I3.0 F0.1 ;
㉱ G01 X60.0 I-3.0 F0.1 ;

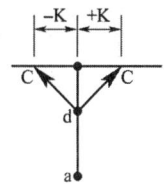

문제 250

그림과 같이 공작물 원점이 설정 시 좌표계 설정으로 맞는 것은?(단, 지름지령)

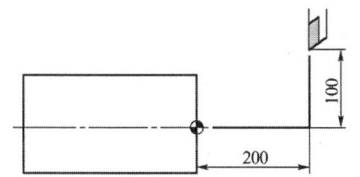

㉮ G50 X200. Z200. ;　㉯ G50 X100. Z100. ;
㉰ G50 X100. Z200. ;　㉱ G50 X200. Z100. ;

문제 251

다음 그림 중 모따기 프로그램이 맞는 것은?

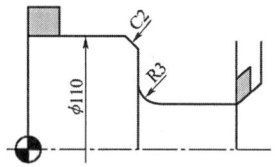

㉮ G01 X110.0 K-2.0 ;　㉯ G01 X110.0 K2.0 ;
㉰ G01 X110.0 I-2.0 ;　㉱ G01 X110.0 I2.0 ;

[해설] G01 X110.0 K-2.0 ;
X축에서 근축 방향을 (a→d→c 방향)

문제 252

CNC선반에서 다음 도면의 구석 R6의 가공 프로그램으로 N002에 가장 적당한 것은?

```
N001 G01 X40. Z80. F0.2 ;
N002 (      ) ;
N003 X100. K-3. ;
N004 W-30. ;
```

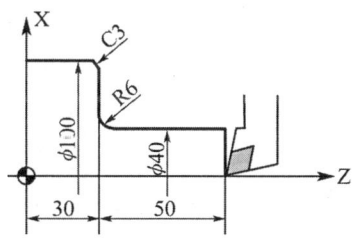

㉮ G01 X40. F0.2;
㉯ G01 Z30. R6. F0.18;
㉰ G01 X100. C-3. F0.2;
㉱ G01 Z0. R6. F0.18;

[해설] G01 Z30. R6. F0.18;

[답] 248. ㉯　249. ㉮　250. ㉮　251. ㉮　252. ㉯

문제 253

CNC 선반에서 그림과 같은 원호절삭을 하려고 한다. A에서 B로 작업하는 다음 프로그램 중 맞는 것은?

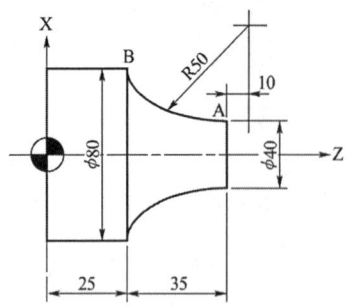

㉮ G02 X80.0 Z25.0 I10.0 K50.0 F0.2 ;
㉯ G02 U40.0 W-35.0 I48.99 K10.0 F0.2 ;
㉰ G02 X80.0 W35.0 I48.99 K10.0 F0.2 ;
㉱ G02 X40.0 Z-35.0 I10.0 K50.0 F0.2 ;

[해설]

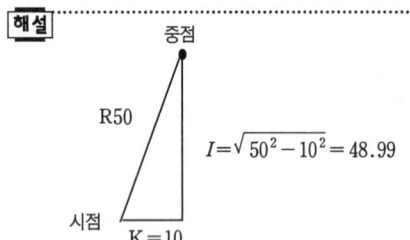

$$I = \sqrt{50^2 - 10^2} = 48.99$$

∴ G02 U40.0 W-35.0 I48.99 K10.0 F0.2;

문제 254

다음은 주어진 도면을 가공하기 위한 프로그램이다. ( )안에 알맞은 지령은?

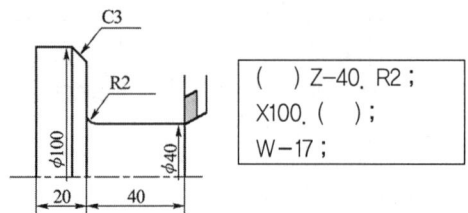

( ) Z-40. R2 ;
X100. ( ) ;
W-17 ;

㉮ G01, K-3 ㉯ G02, K-3
㉰ G03, K3. ㉱ G01, I-3.

[해설] 위 문제에서는 자동면취, 코너 라운딩에 대하여 묻은 것이다.

문제 255

CNC 선반에서 그림과 같은 원호절삭을 하려고 한다. l 의 길이로 옳은 것은?

㉮ 10 mm
㉯ 14.72 mm
㉰ 15.72 mm
㉱ 19 mm

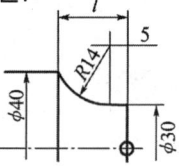

[해설]

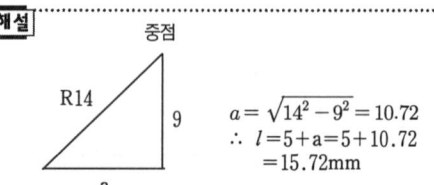

$a = \sqrt{14^2 - 9^2} = 10.72$
∴ $l = 5 + a = 5 + 10.72 = 15.72$ mm

문제 256

아래의 도면을 CNC 선반에서 가공하려고 프로그램을 작성하였다. [ ]안에 알맞은 것은?

G[ ] Z-23. R3. ;
X50. [ ]2. ;
Z-43. ;

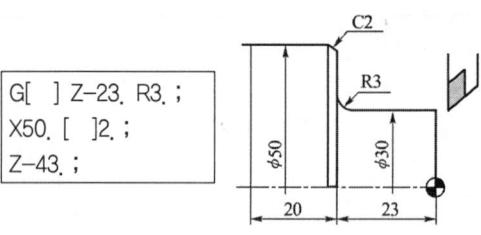

㉮ 02, K-   ㉯ 01, I-
㉰ 01, K-   ㉱ 02, I

[해설] G01 Z-23. R3. ;
X50. K-2. ;
자동원호 및 면취가공기능

문제 257

그림은 P_1에서 P_2까지의 CNC 선반 프로그램이다. 빈칸에 알맞은 것은?

G00 X( ) Z2.0 ;
G01 X60. Z-2.0 F0.1 ;
G01 Z-10.0 ;

[답] 253. ㉯ 254. ㉮ 255. ㉰ 256. ㉰ 257. ㉮

㉮ 52.0
㉯ 56.0
㉰ 58.0
㉱ 59.0

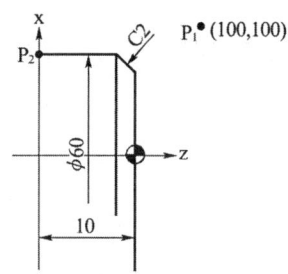

[해설] P₁에서 P₂까지의 CNC선반 프로그램
G00 X52.0 Z2.0 ;
G01 X60. Z-2.0 F0.1 ;
G01 Z-10.0 ;
여기서, Z0.일 때는 G00 X56.0 Z0.0 ; 이 된다.

문제 258

그림에서 CNC 선반 프로그램의 좌표계설정 프로그램으로 옳은 것은? (단, 직경지령 사용)

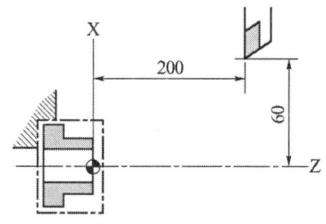

㉮ G50 X60.0 Z200.0 ;
㉯ G50 X120.0 Z200.0 ;
㉰ G00 X60.0 Z200.0 ;
㉱ G00 X120.0 Z200.0 ;

[해설] G50 X120.0 Z200.0 ;

문제 259

CNC 공작기계에서 이상발생 시 응급처치 요령 중 틀린 것은?

㉮ 비상스위치를 작동시켜 작업을 정지한다.
㉯ 작업을 멈추고 원인을 제거한다.
㉰ 강전반의 회로도를 점검한다.
㉱ 경고 등이 점등되었는지 확인한다.

[해설] 강전반의 회로도를 전문가가 행한다.

문제 260

CNC 선반 작업시 주의사항이 아닌 것은?

㉮ 공작물 고정 시 손을 조심해야 한다.
㉯ 기계조작반의 스위치는 순서에 의한다.
㉰ 작업도중에 chip를 제거한다.
㉱ 작업 중에 작업을 확인하기 위하여 문을 열고 작업한다.

문제 261

CNC 선반에서 작업안전사항이 아닌 것은?

㉮ Door 열린 상태에서 작업을 하면 Alarm를 발생시키도록 한다.
㉯ 척이 풀림 상태에서는 주축의 회전을 못하게 한다.
㉰ 작업 중 부재시는 프로그램을 수정하지 못하도록 옵션을 건다.
㉱ CNC선반의 전문가가 작업시는 장갑을 착용하고 한다.

문제 262

CNC 공작기계의 작업안전에 관한 사항으로 틀린 것은?

㉮ 편집모드에서 프로그램을 확인하고 자동운전을 실행한다.
㉯ 감전반 및 CNC 장치는 어떠한 충격도 가하지 말아야 한다.
㉰ 자동운전을 실행하기 전에 커서를 프로그램 선두로 복귀시킨다.
㉱ 이상한 공구경로나 위험한 상황이 발생하면 자동정지(Feed Hold) 버튼을 누른다.

문제 263

CNC 공작기계를 사용하는 작업자의 일반 안전예방 사항 중 잘못된 것은?

[답] 258. ㉯ 259. ㉰ 260. ㉱ 261. ㉱ 262. ㉮ 263. ㉱

㉮ 기계의 움직이는 부분위에는 공구나 기타 물건을 얹어 두지 않는다.
㉯ 작업 중 보안경 및 안전화를 착용한다.
㉰ 기계주위는 항상 밝게 하여 작업하고 건조하게 유지한다.
㉱ 강전반, 조작반 등의 먼지나 칩은 압축공기를 사용하여 제거한다.

[해설] 강전반, 조작반 등의 먼지나 칩은 압축공기를 사용하여 제거해서는 안된다. 부드러운 천이나 붓을 이용하여 제거한다.

문제 264

NC 기계에서 발생하는 경보 중 torque limit alarm의 원인은?

㉮ 주축 모터의 과부하
㉯ 충돌로 인한 안전핀 파손
㉰ 과부하로 인한 over load trip
㉱ 금지영역 침범

[해설] torque limit alarm의 원인은 충돌에 의한 안전핀 파손이다.

문제 265

CNC 공작기계 운전 중 작업자가 주의할 사항 중 옳지 못한 것은?

㉮ 작동 중에는 모든 문이나 커버가 닫혀 있어야 한다.
㉯ 비상정지 버튼의 위치를 기억하여 순간적으로 누를 수 있도록 한다.
㉰ 공구나 테이블 등에 감기거나 놓인 칩은 손으로 당기지 않는다.
㉱ 절삭유 노즐의 조정시에는 기계를 작동시킨 상태에서 위치를 조정한다.

[해설] 절삭유 노즐의 조정시에는 기계를 정지시킨 상태에서 위치를 조정한다.

문제 266

CNC 기계를 운전하는 중에 충돌 등 위급한 상태가 우려될 때 가장 우선적으로 취해야 할 조치법은?

㉮ Main switch 의 off 버튼을 누른다.
㉯ CNC 전원(power) 스위치를 off한다.
㉰ 배전반의 회로도를 점검한다.
㉱ 조작반의 비상정지(emergency stop) 버튼을 누른다.

[해설] CNC 기계를 운전하는 중에 충돌 등 위급한 상태가 우려될 때 가장 먼저 조작반의 비상정지(emergency stop) 버튼을 누른다.

문제 267

CNC 선반 조작시 주의사항에 해당되지 않는 것은?

㉮ 기계조작은 조작순서에 의하여 행한다.
㉯ 급속이송 시 공구와 공작물의 충돌에 주의한다.
㉰ 프로그램을 작성할 때는 다른 프로그램을 삭제한다.
㉱ 공구교환 시 공구와 공작물의 충돌에 주의한다.

[해설] CNC 선반 조작시 주의사항
① 기계조작은 조작순서에 의하여 행한다.
② 급속이송 시 공구와 공작물의 충돌에 주의한다.
③ 공구교환 시 공구와 공작물의 충돌에 주의한다.

문제 268

다음 CNC 선반의 안전에 관한 사항 중 틀린 것은?

㉮ 강전반 및 CNC 유닛문은 어떠한 충격도 주지 말아야 한다.
㉯ 먼지나 칩을 제거하기 위해 강전반 및 CNC 유닛은 압축공기로 청소하여야 한다.
㉰ 항상 비상 버튼을 누를 수 있도록 염두에 두어야 한다.
㉱ 기계청소 후 측정기와 공구를 정리하고 전원을 차단한다.

[답] 264. ㉯ 265. ㉱ 266. ㉱ 267. ㉰ 268. ㉯

해설 CNC 공작기계의 안전
① 수동으로 데이터를 입력할 경우 프로그램을 반드시 확인하여야 한다.
② 강전반 및 CNC 장치에 끼어 있는 먼지나 칩을 제거할 때에는 브러쉬나 헝겊으로 청소하여야 한다.
③ 강전반 및 CNC 장치는 어떠한 충격도 가하지 말아야 한다.
④ 항상 비상정지 버튼을 누를 수 있도록 염두에 두어야 한다.
⑤ 기계청소 후 측정기와 공구를 정리하고 전원을 차단한다.

문제 269
CNC 공작기계의 위치결정 시 가장 주의하여야 할 사항은?
㉮ 충돌   ㉯ 공구보정
㉰ 공작물 세팅   ㉱ 오버컷

문제 270
자동 공구 교환장치에서 지정한 공구 번호에 의해 임의로 공구를 주축에 장착하는 방식은?
㉮ 랜덤방식   ㉯ 터릿방식
㉰ 시퀀스방식   ㉱ 캠방식

해설
• 랜덤방식 : 공구매거진에 의한 방법(NC 밀링)
• 터릿방식 : 순차적 교환방식(MCT)

문제 271
머시닝센터의 설명으로 틀린 것은?
㉮ 제품의 정밀도가 우수하고 생산능률이 높다.
㉯ 공작기계의 대수가 증가한다.
㉰ 1회의 준비시간으로 전 가공을 할 수 있다.
㉱ 치공구를 간략하게 할 수도 있다.

문제 272
다음 중 머시닝센터의 특징이 아닌 것은?

㉮ 밀링, 드릴링, 탭핑, 보링 작업 등을 연속 공정으로 가공할 수 있다.
㉯ 형상이 복잡하고 공정전개가 어려운 부품의 가공정도를 높일 수 있다.
㉰ ATC(Automatic Tool Changer)를 비롯하여 APC장치 등을 갖추어 FMS 시스템 실현을 가능하게 한다.
㉱ CNC선반엣 비해 원통 형상의 공작물을 능률적으로 정밀하게 가공할 수 있다.

문제 273
일반적으로 머시닝센터에서 사용하지 않는 공구는?
㉮ 절단바이트   ㉯ 볼엔드밀
㉰ 센터드릴   ㉱ 탭

해설 머시닝센터에서 사용되는 공구 : 평면 커터, 평엔드밀, 볼엔드밀, 탭, 센터드릴, 총형 커터, 리이머, 드릴, 보링바, 메탈소오, 측면 커터, 앵글커터 등
※ 절단바이트는 선반가공 시 사용한다.

문제 274
다음 머시닝센터에서 가공할 때 작업이 불가능한 것은?
㉮ 엔드밀 작업   ㉯ 선삭작업
㉰ 태핑작업   ㉱ 보링작업

문제 275
머시닝센터에 관한 일반적인 설명 중 옳지 않은 것은?
㉮ 형상이 복잡하고 많은 공정이 압축된 제품일수록 가공 효과가 크다.
㉯ 컴퓨터를 내장한 NC로서 메모리 작업을 할 수 있다.
㉰ 주축 회전수의 제어 범위가 크고 무단 변속이 가능하다.
㉱ 동시 3축 제어 가공이 가능하다.

답 269. ㉮ 270. ㉮ 271. ㉯ 272. ㉱ 273. ㉮ 274. ㉯ 275. ㉱

제 2 장 CAM 가공

문제 276

CAD/CAM 시스템에서 모델을 표현하는 방식 중 2.5차원에 대한 설명으로 틀린 것은?

㉮ 초기 NC기계가 동시 3축이 안되고 3축기계이지만 동시에 2축밖에 움직이지 않아서 생긴 말이다.
㉯ 도면을 그리는 아이디어와 흡사하게 곡면을 형성할 수 있기 때문에 곡면의 이해가 쉽다.
㉰ 모든 형상정보를 x-y, y-z, z-x 평면에 관한 자료만 가지고 있는 경우로 도면제작에 많이 사용된다.
㉱ 가공된 곡면은 면이 좋고 원호 보간을 사용하므로 가공데이터(NC Code)가 짧다.

해설 CAD/CAM 시스템에서 2.5차원 모델
① 초기 NC기계가 동시 3축이 안되고 3축기계이지만 동시에 2축밖에 움직이지 않아서 생긴 말이다.
② 도면을 그리는 아이디어와 흡사하게 곡면을 형성할 수 있기 때문에 곡면의 이해가 쉽다.
③ 가공된 곡면은 면이 좋고 원호 보간을 사용하므로 가공데이터(NC Code)가 짧다.

문제 277

직교 3축에 있어서 헬리컬 절삭 방법으로 가능한 것은?

㉮ 1축 원호 보간 2축 직선보간
㉯ 2축 원호 보간 1축 직선보간
㉰ 3축 동시 원호보간
㉱ 3축 동시 직선보간

문제 278

NC 밀링머신의 활용에서 장점을 열거하였다. 타당성이 없는 것은?

㉮ 작업자의 신체상 또는 기능상 의존도가 적으므로 생산량의 안정을 기할 수 있다.
㉯ 기계의 운전에는 고도의 숙련자를 요하지 않으니 한사람이 몇 대를 조작할 수 있다.
㉰ 실제 가동률을 상승시켜 능률을 향상시킨다.
㉱ 적은 공구로 광범위한 절삭을 할 수 있고 공구수명이 대폭 연장되어 공구비를 절감한다.

문제 279

NC 밀링의 가공법이 아닌 것은?

㉮ CRT   ㉯ ART
㉰ ORT   ㉱ CVT

문제 280

CNC 머시닝센터에서 공구길이 보정코드와 함께 사용되는 코드는?

㉮ P코드   ㉯ D코드
㉰ H코드   ㉱ O코드

해설 D코드(직경보정), H코드(길이보정)

문제 281

NC 밀링에서 최소 이송단위로 나타낸 것 중 틀린 것은?

㉮ mm   ㉯ inch
㉰ deg   ㉱ vol

문제 282

CNC 공작기계에서 그림과 같이 공구가 A지점에서 B지점으로 이동하고자 할 때 몇 개의 축이 동시 제어 되어야하는가?

㉮ 1축 동시제어
㉯ 2축 동시제어
㉰ $2\frac{1}{2}$ 동시제어
㉱ 3축 동시제어

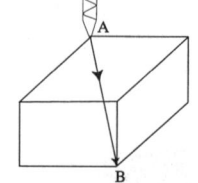

답 276. ㉱　277. ㉯　278. ㉱　279. ㉱　280. ㉰　281. ㉱　282. ㉱

문제 283

다음 머시닝센터(MCT)의 준비기능 중 가공시 공구 경보정 기능과 무관한 기능은?

㉮ G40　　㉯ G41
㉰ G42　　㉱ G43

문제 284

다음 머시닝센터에 사용하는 프로그램 어드레스 중 서로 직교하는 3축에 대응하는 어드레스로 좌표의 위치나 거리를 지정하는 것들로만 구성된 것은?

㉮ X, Y, Z　　㉯ I, J, K
㉰ A, B, C　　㉱ P, Q, R

해설 기본축 : X Y Z(절대좌표)
부가축 : A B C
인수 : I J K
증분좌표 : U V W

문제 285

머시닝센터에서 4날-$\phi 30$ 엔드밀을 사용하여 SM45C를 가공하고자 한다. 가공 프로그램에 얼마의 이송량으로 지령해야 적당한가? (단, SM45C의 절삭속도는 80m/min, 공구의 날당 이송량은 0.05m/teeth이다.)

㉮ 120 mm/min　　㉯ 150 mm/min
㉰ 170 mm/min　　㉱ 190 mm/min

해설 $f = fz \times z \times n = 0.05 \times 4 \times \dfrac{1000 \times 80}{\pi \times 30}$
$= 109.7 \text{mm/min}$

문제 286

CNC 밀링에서 테이블 이송량 10 mm/min, 절삭 깊이 5mm, 절삭 폭 100mm가 되도록 프로그램 하였다. 이 때 절삭시 발생하는 칩의 배출량은 몇 cm³/min인가?

㉮ 2　　㉯ 3
㉰ 4　　㉱ 5

해설 $Q = \dfrac{b \cdot t \cdot f}{1000} = \dfrac{10 \times 5 \times 100}{1000} = 5 \text{cm}^3/\text{min}$

문제 287

CNC 밀링머신에서 이송속도 120 mm/min으로 공작물을 가공할 경우 가공길이가 680이면 가공시간은?

㉮ 5분 40초
㉯ 5분 10초
㉰ 6분 10초
㉱ 6분 20초

해설 $\dfrac{L}{F} = \dfrac{120}{680} = 5$분 40초

문제 288

머시닝센터 고정사이클 중 G84기능에서 M25×2.0의 탭가공을 회전수 600 rpm으로 가공할 때 이송속도는 몇 mm/min인가?

㉮ 600　　㉯ 1000
㉰ 1200　　㉱ 1400

해설 이송속도
$S = n \cdot p = 600 \times 2 = 1200 \text{mm/min}$

문제 289

다음은 머시닝 센터 프로그램이다. N60블럭에서 절삭속도, 주축회전수, 절삭시간을 구하여라.(엔드밀 지름$\phi 20$)

```
N10 G92 G90 X0. Y0. Z100. ;
N20 S1000 M03 ;
N30 G00 Z5. ;
N40 G01 Z-5 F50 ; ø100
N50 G42 X50. D01 ;
N60 G02 I-50. ;
```

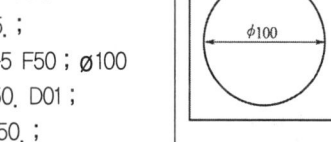

㉮ 1.5분　　㉯ 2.5분
㉰ 3.5분　　㉱ 4.5분

[해설] (1) 절삭속도 : 머시닝센터에서는 G97이 초기값으로 지령되므로 주축회전수가 일정하므로 N20에서 주축은 1000rpm이므로 $V = \pi DN = \pi \times 20 \times 1000/1000 = 62.8\text{m/min}$이다. 여기서 분모의 1000은 단위환산이고 지름 D는 공작물의 지름이 아니라 엔드밀의 지름을 말한다.

(2) 주축회전수 : N20에서 G97이 초기값으로 지령되었으므로 주축회전수는 1000rpm이다.

(3) 절삭시간 : 모든 공작기계에서 절삭시간을 구하는데 $T = \dfrac{L}{f}$인데 여기서 L은 공작물길이가 아니라 그 공작물을 가공하기 위하여 공구가 이동한 거리이므로 주의를 요하고 이송속도 f는 단위시간당 간 거리($LT-1$)로 환산하여야 한다.

주요 공작기계 이송속도 선반=mm/rev, 밀링=mm/tooth, mm/min형, 평삭기(세이퍼, 슬로터, 플레이너)=mm/str이고 CNC 선반 G98=mm/min, G99=mm/rev(초기값), 머시닝센타 G94=mm/min(초기값), G95=mm/rev이다.

이 문제에서는 $T = \dfrac{3.14 \times 40}{50} = 2.512\text{min}$
$= 2\text{min} = 30.72\text{sec}$

문제 290

머시닝센터에서 4날-ϕ10 엔드밀로 사용하여 G94 F100으로 프로그램으로 가공할 때 날 하나당 이송속도는? (단, 주축의 회전수는 500rpm이다.)

㉮ 0.05mm/tooth ㉯ 0.1mm/tooth
㉰ 0.2mm/tooth ㉱ 0.25mm/tooth

[해설] 머시닝센터에서 지령된 이송속도는 전체이송속도로 $F = f_z \cdot Z \cdot N$이다.
여기서 f_z : 날 하나당 이송속도
Z : 날 수
N : 회전수
$\therefore f_z = \dfrac{F}{Z \cdot n} = \dfrac{100}{4 \times 500} = 0.05\text{mm/날}$

문제 291

다음 머시닝센터 프로그램에서 N03 블록의 가공시간은?

```
N01 G00 G90 X50. Y50. ;
N02 G01 X100. F150 ;
N03 X130. Y80. ;
```

㉮ 14초 ㉯ 17초
㉰ 21초 ㉱ 25초

[해설] N03 블록의 가공시간 : T
X100. → X130. : X방향 30mm이동
Y50. → Y80. : Y방향 30mm이동
F150 : 1분간 테이블 이동량 $f = 150\text{mm/min}$
XY방향 이동량 : $l = \sqrt{30^2 + 30^2} = 42.426\text{mm}$
$\therefore T = \dfrac{l}{f} = \dfrac{42.426}{150} = 0.2824\text{min} \times 60$
$= 17\text{sec}$

문제 292

머시닝 센터에서 구멍이 ϕ150이 되게 구멍의 중심에서 다음과 같이 프로그램 하였다. N50 블록에서 절삭시간은 얼마인가?(사용공구 지름 : 10 mm)

```
N10 G92 X0. Y0. Z150 ;
N20 G97 S800 M03 ;
N30 G00 Z-5. ;
N40 G01 G42 X75. D01 F50 ;
N50 G02 I-75 ;
```

㉮ 8.16min ㉯ 8.79min
㉰ 9.11min ㉱ 9.42min

[해설] 머시닝센터에서 구멍 가공시 사용 공구 직경(d) 10mm이고 구멍(D)150mm를 가공하므로 실제 가공길이(l)는 공구중심을 기준으로 프로그램을 작성하면 $l = \pi(D-d)$가 되고, F50은 1분간 테이블 이송량 $f = 50\text{mm/min}$이다.
$\therefore$ N50블럭에서 절삭시간 : T
$T = \dfrac{l}{f} = \dfrac{\pi(D-d)}{f} = \dfrac{\pi(150-10)}{50} = 8.79\text{min}$

문제 293

머시닝센터에서 2날 엔드밀를 사용하여 이송속도 G94 F100으로 가공할 때 엔드밀의 날 하나당 이송속도는 몇 mm/tooth인가?(단, 주축의 회전수는 500rpm이다.)

[답] 290. ㉮ 291. ㉯ 292. ㉯ 293. ㉮

㉮ 0.05　　㉯ 0.1
㉰ 0.2　　㉱ 0.25

[해설] $Z=2$날, G94 F100 : $f=100$mm/min, $n=500$rpm에서
엔드밀의 날 하나당 이송 속도 : f_z(mm/tooth)
$f = f_z \cdot Z \cdot n$에서
$f_z = \dfrac{f}{Z \cdot n} = \dfrac{100}{2 \times 500} = 0.1$mm/날

문제 294

머신닝센터에서 이송속도 100mm/min, 절삭 깊이 10mm, 절삭 폭 20mm일 때 chip 배출량은 얼마인가?

㉮ 10 cm³/min　　㉯ 20 cm³/min
㉰ 30 cm³/min　　㉱ 40 cm³/min

[해설] $Q = f \cdot t \cdot b = 10 \times 1 \times 2 = 20 \text{ cm}^3/\text{min}$

문제 295

머신닝센터에서 피치 2mm를 가공하려 할 때 주축의 회전수가 200 rpm이면 이송속도는 얼마로 지령해야 하나?

㉮ F2　　㉯ F100
㉰ F200　　㉱ F400

[해설] 주축회전수 $N = \dfrac{\text{이송속도}}{\text{나사의 리이드}}$
이송속도 $= 200 \times 2 = 400$

문제 296

NC 밀링에서 지름이 12mm, 피치1.5mm미터나사로 탭핑하기 위해 드릴구멍의 지름은?

㉮ 9mm　　㉯ 10.5mm
㉰ 11.5mm　　㉱ 12.5mm

[해설] 지름 - 피치 $= 12 - 1.5 = 10.5$

문제 297

CNC 밀링에서 태핑가공을 하려고 할 때 기초원 드릴구멍은 얼마로 해야 하는가?

㉮ D=M-P　　㉯ D=M+P
㉰ D=M-2P　　㉱ D=M+2P

문제 298

유사한 M기능이 아닌 것은?

㉮ M01　　㉯ M02
㉰ M03　　㉱ M30

[해설] M01(임의의 정지)
M02(프로그램종료)
M03(주축회전 시계방향)
M30(프로그램 종료 & REWIND)

문제 299

다음 머시닝 센터 보조기능 중 블록 내의 축이동이 완료된 후에 M기능이 동작하는 것은?

㉮ M03　　㉯ M04
㉰ M05　　㉱ M06

[해설] M03(주축회전 시계방향)
M04(주축회전 반시계방향)
M05(주축회전 정지)
M06(공구 교환)

문제 300

보조기능 중 자동공구 교환을 위한 주축 정지기능은?

㉮ M00　　㉯ M02
㉰ M06　　㉱ M19

[해설] M00(프로그램 정지) M02(프로그램 종료)
M06(공구교환) M19(공구 정위치 정지)

문제 301

NC밀링에서 XY평면을 지정하는 G코드는?

㉮ G17　　㉯ G18
㉰ G19　　㉱ G20

[해설] G17(XY평면)　G18(ZX평면)
G19(YZ평면)　G20(인치입력)

[답] 294. ㉯　295. ㉱　296. ㉯　297. ㉮　298. ㉰　299. ㉱　300. ㉱　301. ㉮

문제 302

제한구역 해제 기능은?

㉮ G22　　㉯ G23
㉰ G32　　㉱ G33

> [해설] G22(내장행정한계 유효)
> G23(내장행정한계 무효)
> G33(나사절삭)

문제 303

머시닝센터에서 나사절삭 준비기능은?

㉮ G10　　㉯ G33
㉰ G76　　㉱ G92

> [해설] G10(자동 offset량 설정)
> G33(나사절삭)
> G76(정밀 보링 사이클)
> G92(좌표계 설정)

문제 304

머시닝센터에서 공구경 보정 우측을 지령하는 준비기능은?

㉮ G40　　㉯ G41
㉰ G42　　㉱ G43

> [해설] G40 : 공구경 보정 취소
> G41 : 공구경 보정 좌측
> G42 : 공구경 보정 우측

문제 305

고정 사이클 취소상태에서 고정 사이클 상태로 될 때 Z축 절대지령 위치를 무엇이라 하는가?

㉮ 초기점　　㉯ R점
㉰ Z점　　㉱ 교점

문제 306

머시닝 센터의 G44코드에서 다음 그림의 공구길이 보정량은 얼마인가?

㉮ −26
㉯ 26
㉰ −36
㉱ 36

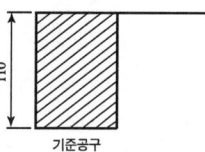

> [해설] 기준 공구보다 길이가 긴 경우 +방향(G43)으로 한다.
> 기준 공구보다 길이가 짧은 경우 −방향(G44)으로 한다.(± 부호가 필요 없음)

문제 307

자동공구 교환장치(ATC)에서 공구교환 명령은?

㉮ M06　　㉯ M30
㉰ M50　　㉱ M40

> [해설] M06 : 자동공구 교환장치(ATC)

문제 308

CNC 밀링의 준비기능(preparatory function)중 G44가 나타내는 것은?

㉮ 공구길이 보정 +방향
㉯ 공구길이 보정 −방향
㉰ 공구위치 오프셋 2배 신장
㉱ 공구위치 오프셋 2배 축소

문제 309

머시닝 센터에서 공구길이 보정 취소 준비기능은?

㉮ G43　　㉯ G44
㉰ G48　　㉱ G49

> [해설] G43 : 공구길이 보정 +방향
> G44 : 공구길이 보정 −방향
> G49 : 공구길이 보정 취소

문제 310

머시닝센터에서 공작물 좌표계가 아닌 것은?

㉮ G53　　㉯ G54
㉰ G57　　㉱ G59

> [답] 302.㉯　303.㉯　304.㉰　305.㉮　306.㉰　307.㉮　308.㉯　309.㉱　310.㉮

[해설] 공작물 좌표계 : G54~G59까지

문제 311

머시닝센터에서 고정 사이클 준비기능은?

㉮ G80   ㉯ G81
㉰ G82   ㉱ G83

[해설] G80(고정 사이클 취소)
G81(드릴링 사이클)
G82(카운터보링 사이클)
G83(깊은 구멍 드릴 사이클)

문제 312

NC밀링의 고정 사이클 G89 X_Y_Z_R_P_E_L로 보링지령을 하려고 한다. P_가 의미한 것은 무엇인가?

㉮ 반복회수   ㉯ 절입량
㉰ DWELL   ㉱ 구멍위치

문제 313

NC밀링에서 증분값 지령방식은?

㉮ G90 X _ Z _ ;   ㉯ G91 U _ W _ ;
㉰ G90 X _ Y _ ;   ㉱ G91 X _ Z _ ;

문제 314

머시닝센터에서 사용하는 좌표계 설정은?

㉮ G28   ㉯ G30
㉰ G50   ㉱ G92

문제 315

NC 밀링에서 R점 복귀 G코드는?

㉮ G98   ㉯ G99
㉰ G88   ㉱ G89

[해설] G98(초기점 복귀), G99(R점 복귀)
G88(보링 사이클), G89(리밍 사이클)

문제 316

다음 그림은 R15의 반원이다. A점에서 B점으로의 증분지령방식으로 올바른 것은?

㉮ G91 G03 X-30. I-15 ;
㉯ G91 G03 X10. Y5. I-15 ;
㉰ G91 G03 X-30. I7.5 ;
㉱ G91 G03 X10. Y5. J-7.5 ;

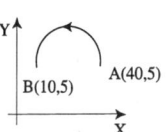

문제 317

NC밀링에서 □100인 제품을 외곽가공 후 측정하였더니 □100.02로 측정되었다. 공구반경 보정값의 수정은 얼마로 하여야 하는가? (단, 현 공구반경 보정값은 10이다.)

㉮ 10.02   ㉯ 10.01
㉰ 9.99   ㉱ 9.98

문제 318

CNC 머시닝센터에서 G33으로 나사를 가공하려 한다. 다음 중 피치를 나타내는 데 필요한 것은?

㉮ M   ㉯ C
㉰ T   ㉱ F

문제 319

다음 주프로그램에서 부프로그램(sub program) O0100을 몇 번 반복하는가?

㉮ 1회   ㉯ 2회
㉰ 3회   ㉱ 4회

[해설]

주프로그램	부프로그램
N10 ─── ;	O.0100 ;
N20 ─── ;	N10 ─── ;
N30 M98 P30100 ;	N20 ─── ;
N40 ─── ;	N30 ─── ;
N50 M98 P0100 ;	N40 ─── ;
N60 ─── ;	N50 M98 ;

[답] 311. ㉮ 312. ㉰ 313. ㉱ 314. ㉰ 315. ㉯ 316. ㉮ 317. ㉰ 318. ㉱ 319. ㉮

문제 320

머시닝센터에서 고정 사이클 취소를 나타내는 기능은?

㉮ G73 ㉯ G80
㉰ G82 ㉱ G83

문제 321

CNC 밀링에서 정밀 보링 사이클 기능은?

㉮ G80 ㉯ G41
㉰ G76 ㉱ G91

문제 322

CNC 밀링에서 역태핑 사이클은?

㉮ G80 ㉯ G84
㉰ G94 ㉱ G74

문제 323

CNC MCT에서 절대좌표를 지령하는 준비기능은?

㉮ G90 ㉯ G91
㉰ G92 ㉱ G89

문제 324

G기능 중에서 공구경 보정과 관련된 기능만을 옳게 묶어 놓은 것은?

㉮ G41, G42, G43 ㉯ G40, G41, G42
㉰ G43, G44, G45 ㉱ G40, G43, G44

문제 325

다음 중 머시닝센터 프로그램의 설명 중 틀린 것은?

㉮ 절대지령은 G90으로 결정한다.
㉯ 증분지령은 G91로 결정한다.
㉰ 프로그램 작성은 절대지령과 증분지령을 혼용해서 사용할 수 있다.
㉱ 절대지령, 증분지령을 한 블록에 지령할 수 있다.

[해설] 머시닝센터 프로그램
① G90 : 절대지령, G91 : 증분지령
② 프로그램 작성은 절대지령과 증분지령을 혼용해서 사용할 수 있으며, 절대지령과 증분지령을 한 블록에 지령할 수 없다.

문제 326

다음 머시닝센터 프로그램에서 G98이 의미하는 것은?

G90 G 9 8 G83 Z-30. Q7. R3. F80. M08 ;

㉮ 펙 드릴링 주기
㉯ 고정 사이클 초기점 복귀
㉰ 이송 속도
㉱ 1회 절삭량

[해설] G98 : 고정 사이클 초기점 복귀

문제 327

작업평면이 Z-X 일 때 지령되어야 할 코드는?

㉮ G17 ㉯ G18
㉰ G19 ㉱ G20

[해설]
① G17 : XY 작업평면(수직 머시닝센터, 와이어컷팅, 수직 CNC 방전)
② G18 : ZX 작업평면(CNC 선반, 수평 머시닝센터)
③ G19 : XZ 작업평면(수평 머시닝센터)
④ G20 : 인치식 입력지령
⑤ G21 : 미터식 입력지령

문제 328

CNC 밀링에서 공구길이 보정과 관계없는 것은?

㉮ G42 ㉯ G43
㉰ G44 ㉱ G49

[해설]
① G40 : 공구 반지름 보정 취소
② G41 : 공구 왼쪽 보정

[답] 320.㉯ 321.㉰ 322.㉱ 323.㉮ 324.㉯ 325.㉱ 326.㉯ 327.㉯ 328.㉮

③ G42 : 공구 반지름 오른쪽 보정
④ G43 : 공구길이 +보정
⑤ G44 : 공구길이 −보정
⑥ G45 : 공구 보정량 신장
⑦ G46 : 공구 보정량 축소
⑧ G47 : 공구 보정량 2배 신장
⑨ G48 : 공구 보정량 2배 축소
⑩ G49 : 공구길이 보정 취소

문제 329

머시닝센터에서 휴지기능(G04) 설명이다. 틀린 것은?

㉮ 절삭시간을 줄여서 생산효과를 높이려고 한다.
㉯ G04P1500 ; G04 X1.5 ; G04 U1.5로 지령한다.
㉰ 코너부를 날카롭게 가공하기 위하여
㉱ 보오링시 가공방향과 수직하게 가공하기 위하여

문제 330

머시닝센터에서 항상 하향절삭을 하려고 할 때 반드시 공구반지름 기능은 무엇인가?

㉮ G40 ㉯ G41
㉰ G42 ㉱ G44

해설 하향절삭하려면 공구는 공작물의 왼쪽보정(G41)이 되어야 한다.

문제 331

다음 중 원호보간(G02, G03)에서 원호를 지령하는 어드레스가 아닌 것은?

㉮ D ㉯ I
㉰ J ㉱ R

해설 원호보간에서 원호지령 어드레스는 R, I, J, K를 사용한다.

문제 332

머시닝센터에서 좌표계 설정기능이 아닌 것은?

㉮ G51 ㉯ G54
㉰ G55 ㉱ G58

해설 머시닝센터에서 좌표계 설정기능은 G92 공작물 좌표계, G54-G59 지역 좌표계에 적용된다.

문제 333

머시닝센터에서 원호 보간 프로그램 중 맞는 것은?

㉮ G17 G02 ;
㉯ G18 G02 ;
㉰ G17 G03 ;
㉱ G18 G03 ;

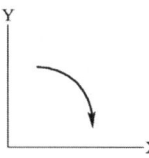

해설
① G17 : XY평면
② G18 : ZX평면
③ G19 : YZ평면
④ G02 : 원호보간(CW)
⑤ G03 : 원호보간(CCW)

문제 334

머시닝센터 준비기능 중 의미가 다른 것은?

㉮ G40 ㉯ G49
㉰ G80 ㉱ G90

해설
㉮ G40 : 공구 반지름 취소
㉯ G49 : 공구 길이 보정 취소
㉰ G80 : 고정 사이클 취소
㉱ G90 : 절대지령

문제 335

지령된 축을 자동적으로 제2원점 복귀시켜주고 제1원점으로부터 떨어진 양을 파라미터로 설정하는 코드는?

㉮ G30 ㉯ G29
㉰ G28 ㉱ G27

해설
① G27 : 원점 복귀 점검
② G28 : 자동 원점 복귀
③ G29 : 원점으로부터 자동복귀
④ G30 : 제2의 원점복귀

답 329. ㉮ 330. ㉯ 331. ㉮ 332. ㉮ 333. ㉮ 334. ㉱ 335. ㉮

문제 336

다음 머시닝센터 프로그램에서 N10블록의 G49의 의미는?

```
N10 G40 G49 G80 ;
N20 G90 G92 X0.0 Y0.0 Z200 ;
N30 G43 G00 Z10.0 H01 S1000 M03 ;
N40 G01 ~
```

㉮ 공구경 보정　　㉯ 공구길이 보정
㉰ 공구길이 보정 해제　㉱ 공구경 보정 해제

해설　G49 : 공구길이 보정 해제
　　　G43 : 공구길이 보정(+)
　　　G44 : 공구길이 보정(-)
　　　G40 : 공구경 보정 해제
　　　G41 : 공구경 좌측보정
　　　G42 : 공구경 우측보정

문제 337

머시닝센터 가공 프로그램에 사용되는 준비기능 가운데 카운터 보링 기능에 해당하는 G 코드는?

㉮ G81　　　　　㉯ G82
㉰ G83　　　　　㉱ G84

문제 338

기계를 장시간 사용하면 백래시가 발생된다. 이런 백래시를 무시하고 정밀하게 위치를 결정하기 위해 드릴가공이나 보링가공을 할 때 사용하는 한 방향 위치결정 워드는 무엇인가?

㉮ G50　　　　　㉯ G60
㉰ G70　　　　　㉱ G80

해설　정확한 위치결정1(정밀) : G60
　기계를 장시간 사용하면 백래시가 발생된다. 이런 백래시를 무시하고 정밀하게 위치를 결정하기 위해 드릴가공이나 보링가공을 할 때 사용하는 한방향 위치결정 워드이다.
　G61 : 정확한 위치결정2(보통)
　G62 : 신속 위치결정(거칠음)

문제 339

머시닝센터에서 전원 투입시 자동의 설정되는 G 코드는?

㉮ G04　　　　　㉯ G41
㉰ G80　　　　　㉱ G92

문제 340

CNC밀링에서 정밀 보링 사이클 기능은?

㉮ G80　　　　　㉯ G41
㉰ G76　　　　　㉱ G91

문제 341

절삭면과 공구의 진행방향이 그림과 같을 때 상향절삭으로 절삭면 부위를 가공하기 위한 공구경 보정과 회전 방향이 맞는 것은?

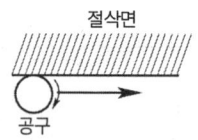

㉮ M03, G42　　㉯ M03, G41
㉰ M04, G41　　㉱ M04, G42

해설　M03, G42 : 정회전, 공구경 우측보정

문제 342

머시닝센터 및 선반에서 원호 보간 시 사용되는 I, J, K의 의미 중 맞는 것은?

㉮ 원호의 시점에서 바라본 중심선까지의 증분거리이다.
㉯ I는 Y축 보간에 사용한다.
㉰ J는 X축 보간에 사용한다.
㉱ K는 Y축 보간에 사용한다.

해설　① I : X축 보간
　　　② J : Y축 보간
　　　③ K : Z축 보간

답　336. ㉰　337. ㉯　338. ㉯　339. ㉰　340. ㉰　341. ㉮　342. ㉮

문제 343

머시닝센터에서 보조프로그램번호의 어드레스는 무엇인가?

㉮ N ㉯ P
㉰ O ㉱ B

해설 보조프로그램에서 호출번호가 P이지 보조프로그램번호는 O이고 반복횟수는 L로 지령한다.
[예] M98P0003L2 ; ➡ 메인프로그램의 현 위치에서 보조프로그램 0003를 호출하여 2번 가공하라는 지령이다.)

문제 344

다음 그림에서 엔드밀이 기준공구일 때 드릴의 공구길이 보정을 G43으로 했을 때 보정값은?

㉮ 40
㉯ −40
㉰ 80
㉱ −80

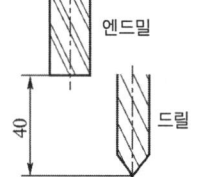

해설 G43은 40으로 지령하고, G44는 −40으로 지령한다.

문제 345

머시닝센터에서 M8 X1.25 나사가공 시 필요한 드릴의 지름은 얼마인가?

㉮ 6.75 ㉯ 7
㉰ 8   ㉱ 9.25

해설 탭가공시 드릴의 초기구멍은 나사의 호칭지름에서 피치값을 뺀 값이다.
∴ $d = D - p = 8 - 1.25 = 6.75$

문제 346

머시닝센터의 드릴가공 프로그램이다. 여기서 R-50의 의미는 무엇인가?

G73 G91 G99 X0. Y0. Z−10. R−50. F50 ;

㉮ 드릴가공 후 R점까지 복귀
㉯ 드릴가공 후 R점까지 후퇴
㉰ 드릴가공 후 R점까지 전진
㉱ 드릴가공 후 R점까지 가공

해설 드릴가공 후 R점까지 복귀하라는 명령이며, 이는 G99이고, 초기점까지의 명령은 G98, R-50은 최점으로 부터의 상대거리 값을 나타낸다.

문제 347

머시닝센터에서 φ20 엔드밀로 원의 중심에서 φ60인 안지름을 가공한 후 측정을 하였더니 φ59.9로 가공되었다. 공구 반지름 보정의 수정은 얼마로 하나?(단 현 공구반지름 보정값=10)

㉮ 9.9   ㉯ 9.95
㉰ 10.05 ㉱ 10.1

해설 반지름 보정값만큼 지령위치를 기준에서 10mm 시프트되어 가공한 것으로 안지름이 작게 가공되었으므로 보정값 9.95로 적게 해야 한다.

문제 348

머시닝센터에서 자유곡면을 가공하기 위해서는 최소한의 몇 개의 축 제어가 가능해야 하는가?

㉮ 1축   ㉯ 2축
㉰ $2\frac{1}{2}$축 ㉱ 3축

해설 $2\frac{1}{2}$축 : 헬리컬 보간
3축 : 곡면

문제 349

머시닝센터 및 선반에서 원호보간시 원호의 내각이 180° 이상이 되면 지령할 수 없는 기능은?

㉮ R ㉯ −R
㉰ I ㉱ J

해설 원호의 내각이 180° 이상이면 원호 보간 시 R 지령은 −부호를 사용하여 지령한다.

답 343. ㉰ 344. ㉮ 345. ㉮ 346. ㉮ 347. ㉯ 348. ㉱ 349. ㉮

문제 350

머시닝센터에서 리머 가공시 바르지 못한 것은?

㉮ 기계 리머를 사용한다.
㉯ 리머를 뺄 때 정회전 상태에서 절입시와 같은 이송 속도로 한다.
㉰ 좋은 가공면을 얻기 위하여 높은 절삭속도로 이송을 빠르게 한다.
㉱ 리머 가공시 충분한 절삭유를 주입하여 칩(chip) 배출을 원활하게 한다.

[해설] 머시닝센터에서 리머 가공
① 기계 리머를 사용한다.
② 리머를 뺄 때 정회전 상태에서 절입시와 같은 이송 속도로 한다.
③ 리머 가공시 충분한 절삭유를 주입하여 칩(chip) 배출을 원활하게 한다.

문제 351

다음 프로그램에서 공구의 실제 이동량을 구하여라. (단, H03의 보정량 = 50)

```
G91 G43 G00 Z-200 H03;
```

㉮ -100   ㉯ -150
㉰ -200   ㉱ -250

문제 352

일반적으로 고정 사이클은 6개의 동작으로 구성된다. 동작 ②의 R점에 관한 설명으로 옳은 것은?

㉮ 초기점으로 급속이동
㉯ R점까지 급속이동
㉰ R점까지 절삭이동
㉱ R점까지 후퇴이동

[해설] 구멍가공용 고정 사이클의 6개 동작
① 초기점으로 급속이송
② R점까지 급속이송
③ R점에서 밑바닥까지 절삭이송
④ 가공이 끝나는 지점
⑤ R점까지 후퇴이송
⑥ 초기점으로 후퇴이송

문제 353

점 P_1에서 P_2 증분지령시 옳은 것은?

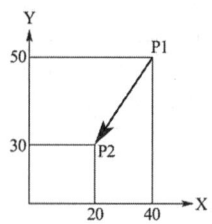

㉮ G91 X-20, Y-20. ;
㉯ G90 X20, Y30. ;
㉰ G90 X-20, Y-20. ;
㉱ G91 X20, Y30. ;

문제 354

그림에서 현재의 공구위치가 점 P_1이며 P_2를 거쳐 P_3까지 원호가공을 하려고 한다. 가장 적당한 NC 프로그램은?

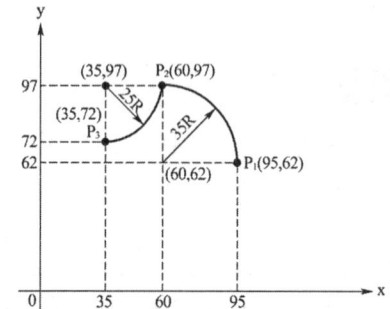

㉮ N100 G90 G17 G02 X60. Y97. I-35. J0 F300 ;
    N101 G03 X35. Y97. I-25. J0 ;
㉯ N100 G90 G17 G03 X35. Y37.5 I-35. J0 F300 ;
    N101 G02 X35. Y97. I-25. J0 ;
㉰ N100 G90 G17 G02 X60. Y97. I-35. J0 F300 ;
    N101 G03 X35. Y72. I-25. J0 ;
㉱ N100 G90 G17 G03 X60. Y97. I-35. J0 F300 ;
    N101 G02 X35. Y72. I-25. J0 ;

[답] 350. ㉰   351. ㉯   352. ㉯   353. ㉮   354. ㉱

[해설] P1→P2 : G90 G17 G03 X60. Y97. I-35. J0 F300 ;
P2→P3 : G02 X35. Y72. I-25. J0 ;

문제 355

엔드밀로 그림과 같은 위치에서 360도 원을 가공할 때 맞는 프로그램은?

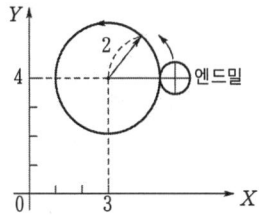

㉮ G17 G03 I-2. F100 ;
㉯ G17 G03 J-2. F100 ;
㉰ G18 G02 J2. F100 ;
㉱ G18 G03 I2. F100 ;

[해설] G17 G03 I-2. F100 ;

문제 356

그림과 같이 P₁→P₂로 절삭하고자 할 때 옳은 것은?

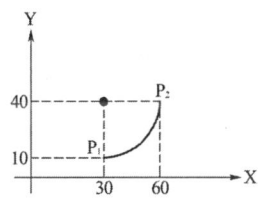

㉮ G90 G02 X60. Y40. I10. J40 ;
㉯ G90 G02 X30. Y40. I10. J40 ;
㉰ G90 G03 X60. Y40. I10. J40 ;
㉱ G90 G03 X60. Y40. I0. J30 ;

[해설] 원호 보간 시 I, J, K는 시점에서 원점까지의 X, Y, Z방향의 거리이며, I는 X축 보간, J는 Y축 보간 K는 Z축 보간이다.
G90 G30 X60. Y40. I0. J30.;

문제 357

머시닝센터에서 절대지령으로 그림과 같이 C₁→C₂까지 시계방향으로 윤곽가공할 때 옳은 것은?

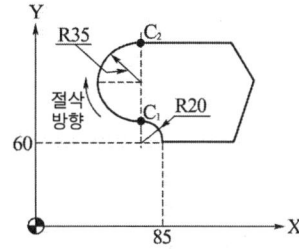

㉮ G91 G02 X-20. Y90. R35. ;
㉯ G91 G03 X65. Y150. R35. ;
㉰ G90 G02 X65. Y150. R35. ;
㉱ G90 G03 X0. Y70. R35. ;

[해설] G90 G02 X65. Y150. R35. ;

문제 358

머시닝센터에서 그림과 같은 윤곽가공을 하기위해 보정을 하면서 접근하고자 한다. ①→②점에 대한 명령으로 알맞은 것은?(단, 커터의 보정량은 D02에 기억되어 있다.)

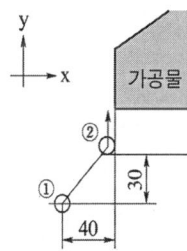

㉮ G91 G00 G41 X40.0 Y30.0 D02;
㉯ G91 G00 G42 X40.0 Y30.0 D02;
㉰ G91 G01 G40 X40.0 Y30.0 F30 D02;
㉱ G91 G01 G42 X40.0 Y30.0 F30 D02;

문제 359

머시닝센터의 원호 보간의 프로그램으로 옳은 것은?

[답] 355. ㉮ 356. ㉱ 357. ㉰ 358. ㉮ 359. ㉰

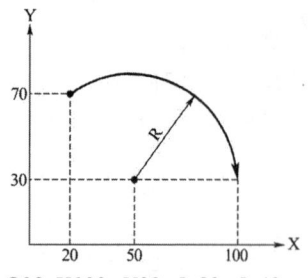

㉮ G90 G02 X100. Y30. I-30. J-40. ;
㉯ G90 G02 X100. Y30. I30. J40 ;
㉰ G91 G02 X80. Y-40. I30. J-40. ;
㉱ G91 G02 X80. Y-40. I-30. J40 ;

[해설] G90 : 절대지령   G91 : 상대지령
G90 G02 X100. Y30. I30. J-40.;
G91 G02 X80. Y-40. I30. J-40.;
원호가공시 I, J, K의 양·음의 값은 가공시점에서 원호중심까지의 거리를 +, −로 판단하여 결정한다.

문제 360

다음 그림에서 P_1에서 P_2로 절대지령으로 이동시 올바른 지령은?

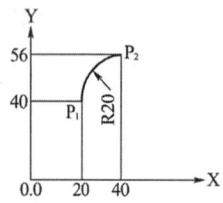

㉮ G90 G02 X40.0 Y56.0 R20.0 ;
㉯ G90 G02 X20.0 Y16.0 R20.0 ;
㉰ G91 G03 X20.0 Y16.0 R20.0 ;
㉱ G91 G03 X40.0 Y56.0 R20.0 ;

[해설] $P_1 \rightarrow P_2$로 이동시 절대지령
G90 G02 X40.0 Y56.0 R20.0 ;

문제 361

아래 그림과 같이 머시닝센터의 제어 기준점을 A점에서 B점으로 원호 운동시키기 위한 프로그램으로 맞는 것은?

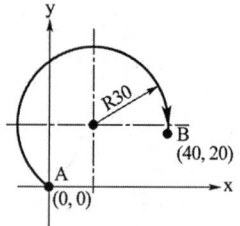

㉮ G17 G90 G02 X40.0 Y20.0 R-30.0 ;
㉯ G17 G90 G02 X40.0 Y20.0 R30.0 ;
㉰ G17 G91 G03 X40.0 Y20.0 R30.0 ;
㉱ G17 G91 G03 X40.0 Y20.0 R-30.0 ;

[해설] G17 G90 G02 X40.0 Y20.0 R-30.0;

문제 362

곡면모형을 절삭한 후 가공면을 살펴보니 엔드밀이 지나간 흔적(CUSP)이 그림과 같이 나타났다. 이의 제거를 위한 방안으로 적합한 것은 어느 것인가?

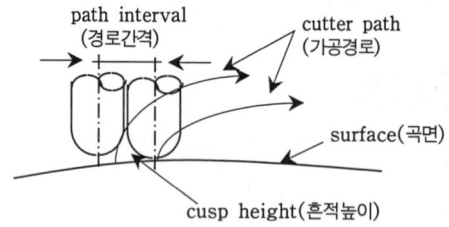

㉮ Tool path의 간격을 절반으로 줄이면 흔적의 높이는 약 1/4로 줄어든다.
㉯ Tool path의 간격을 절반으로 줄이면 흔적의 높이는 약 1/2로 줄어든다.
㉰ 같은 간격에 대하여 직경이 작은 엔드밀을 사용하면 흔적은 줄어든다.
㉱ 같은 간격에 대하여 직경 및 볼엔드밀의 크기를 1/2로 줄인다.

문제 363

머시닝센터의 일상적인 점검사항이 아닌 것은?

㉮ 기계부의 정상적인 작동 점검
㉯ 유압의 기준치인지 여부 점검

[답] 360. ㉮ 361. ㉮ 362. ㉮ 363. ㉱

㉰ 조작판상의 키 작동 정상여부
㉱ 이송축의 백래시 등의 정도 검사

문제 364
머시닝센터 작업시 주의사항이 아닌 것은?
㉮ 공작물 고정시 손을 조심해야 한다.
㉯ ATC 작동 시 아버의 풀림에 조심해야 한다.
㉰ 작업 시 불편하여도 Door를 닫고 작업을 한다.
㉱ chip 제거 시 손의 보호를 위하여 장갑을 착용하고 한다.

문제 365
머시닝센터 작업시 주의해야 할 사항 중 맞는 것은?
㉮ 작업 중에 솔로 chip를 제거한다.
㉯ 주축의 회전수는 가능한 빨리 놓는다.
㉰ chip 제거는 기계를 정지하고 한다.
㉱ 작업사항을 보기 위하여 작업문을 열고 한다.

문제 366
머시닝센터의 일상점검사항이 아닌 것은?
㉮ 작동점검   ㉯ 유량점검
㉰ 압력점검   ㉱ 기계의 정도검사

문제 367
방전 유지시간을 적게 하면 가공속도가 빨라지는 이유는?
㉮ 방전횟수가 증가하므로
㉯ 방전횟수가 감소하므로
㉰ 가공전류가 증가하므로
㉱ 가공전류가 감소하므로

문제 368
다음 중 방전갭에 관한 설명으로 틀리는 것은?

㉮ 가공액의 비저항치가 클수록 방전갭은 작아진다.
㉯ 무부하 전압이 클수록 방전갭은 커진다.
㉰ 가공이송 속도가 클수록 방전갭은 작아진다.
㉱ 유지시간이 클수록 방전갭은 작아진다.

문제 369
다음 중 방전가공의 설명으로 틀린 것은?
㉮ 휴지시간(off time)이 길면 가공속도가 빨라진다.
㉯ on time이 높으면 가공속도가 빨라진다.
㉰ 단발 방전 에너지가 많으면 가공속도가 빨라진다.
㉱ 단발 방전 에너지가 많으면 가공면이 거칠다.

문제 370
다음은 방전가공기의 특성에 관한 것이다. 이중 틀리게 기술한 것은?
㉮ 단발 방전에너지가 많으면 방전 가공량도 증가한다.
㉯ 휴지시간(방전 OFF time)을 작게 설정하면 가공속도가 빨라진다.
㉰ 정삭가공에서는 가공전류와 방전시간(ON time)을 크게 한다.
㉱ 와이어 지름이 크면 장력도 크게 한다.

[해설] ON time을 적게 설정해야 표면 거칠기가 좋아진다.

문제 371
CNC방전가공기가 일반방전보다 장점이 아닌 것은?
㉮ ATC 부착으로 공구교환을 단축시킬 수 있다.
㉯ 윤곽방전이 가능해졌다.
㉰ 3축제어로 전극을 단순화 할 수 있다.
㉱ 역극성방전을 할 수 있다.

[해설] 전극의 재질은 전기전도성이 있어야 한다.

[답] 364. ㉱ 365. ㉰ 366. ㉱ 367. ㉮ 368. ㉱ 369. ㉮ 370. ㉰ 371. ㉱

문제 372

방전 가공기에서 예비가공의 장점이 아닌 것은?

㉮ 방전면적이 작아지므로 작업시간을 줄일 수 있다.
㉯ 예비가공된 부위로 chip이 배출되므로 2차 방전을 방지할 수 있다.
㉰ 전극 소모를 줄일 수 있다.
㉱ 예비가공에 시간이 걸리므로 전체적인 제품생산시간이 늘어난다.

[해설] 예비가공을 하면 방전면적이 작아지므로 방전시간을 단축시킬 수 있다.

문제 373

방전가공시간을 짧게 하려고 한다. 틀린 것은?

㉮ 방전시간(ON time)을 크게 한다.
㉯ 방전휴지시간(OFF time)을 작게 한다.
㉰ 방전에너지를 크게 한다.
㉱ 방전전류를 작게 한다.

[해설] 방전전류를 크게 하면 가공속도가 빨라지고 표면 거칠기는 나빠지고 전극소모는 증가한다.

문제 374

방전 가공액의 역할 중 틀린 것은?

㉮ 극간의 절연을 회복시킨다.
㉯ 방전부위를 냉각시킨다.
㉰ 가공 chip를 배출시킨다.
㉱ 가공액은 이온교환수지를 통과시켜 이온을 증가시킨다.

문제 375

방전가공에서 가공액의 작용이 아닌 것은?

㉮ 전극에 대한 냉각작용을 한다.
㉯ 가공 칩에 대한 융착작용을 한다.
㉰ 전극에 대한 소모방지 작용을 한다.
㉱ 가공칩의 운송, 배출작용을 한다.

[해설] 방전 가공액의 작용
① 전극에 대한 냉각작용을 한다.
② 전극에 대한 소모방지 작용을 한다.
③ 가공 칩의 운송, 배출작용을 한다.

문제 376

방전가공시 전극 중량소모비를 나타낸 것은?

㉮ 중량소모비 = $\dfrac{\text{전극소모량}}{\text{피가공체의 가공길이}} \times 100$

㉯ 중량소모비 = $\dfrac{\text{전극소모량}}{\text{피가공체의 가공체적}} \times 100$

㉰ 중량소모비 = $\dfrac{\text{피가공물의 두께}}{\text{피가공체의 가공길이}} \times 100$

㉱ 중량소모비 = $\dfrac{\text{전극소모량}}{\text{피가공체의 제거량}} \times 100$

[해설] 방전가공에서
① 중량소모비 = $\dfrac{\text{전극소모량}}{\text{피가공체의 제거량}} \times 100\%$
② 체적소모비 = $\dfrac{\text{전극의 소모체적}}{\text{피가공물체의 가공체적}} \times 100\%$

문제 377

다음 중 방전가공 시 공작물을 예비 가공하는 이유는?

㉮ 휴지시간을 많이 설정할 수 있다.
㉯ 방전가공을 하고자 하는 부분이 작아져서 방전가공시간이 단축된다.
㉰ 전극의 소모를 증대함으로써 방전을 안정시킨다.
㉱ 극간을 흐르는 가공칩의 양이 많아져 가공시간이 단축된다.

[해설] 방전 가공시 공작물을 예비 가공하는 이유는 방전가공을 하고자 하는 부분이 작아져서 방전가공시간이 단축된다.

문제 378

NC 방전 가공기에서 가공물의 구멍 내측에 그림과 같이 전극으로 X축 및 Y축 방향으로 전극을 이동하여 A, B, C, D와 같이 접속한 지점의 좌표를 읽었다.

[답] 372. ㉱ 373. ㉱ 374. ㉱ 375. ㉯ 376. ㉱ 377. ㉯ 378. ㉯

확인할 수 있는 사항은?(단, 가공물의 구멍은 연마되어 있음)

㉮ 가공물 구멍의 깊이
㉯ 가공물 구멍의 중심 좌표
㉰ 전극의 진원도
㉱ 가공전류의 크기

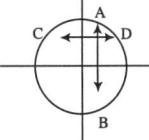

문제 379

다음 중 CNC 방전가공 조건 설정에 관한 것들로 옳지 않은 것은?

㉮ 단발 방전에너지가 많으면 가공면이 거칠다.
㉯ 방전전류의 최대치(IP)와 방전전류의 시간폭(τ_P)값이 많으면 가공속도는 증가한다.
㉰ 휴지시간(τ_P)이 길면 가공속도는 느려진다.
㉱ 단발 방전에너지가 적을 때 방전갭도 좁아진다.

[해설] 휴지시간이 길면 가공속도는 빠르다.

문제 380

와이어 단선시 프로그램을 역행하여 가공하기 위해 자동으로 단선을 잇는 방식은?

㉮ 도형 회전제어
㉯ 전진제어
㉰ 후퇴제어
㉱ 자기제어

문제 381

프레스 금형의 펀치와 다이(PUNCH & DIE)를 생산하는데 사용되는 기계는?

㉮ NC선반
㉯ NC JIG BORING
㉰ Wire Cut E.D.M
㉱ NC 모방 밀링

[해설] E.D.M : 방전가공기

문제 382

CNC WIRE-CUT 방전 가공기에서 WIRE의 직경이 0.2mm이고 방전갭이 10μm이며 이론상 정치수 보정량은?

㉮ 0.21mm
㉯ 0.22mm
㉰ 0.11mm
㉱ 0.12mm

[해설] $\dfrac{D}{2}$ + 방전갭 = $\dfrac{0.2}{2}$ + 0.01 = 0.11mm

문제 383

와이어 컷 EDM에서 절연액(가공액)으로 물을 사용할 때 장점이 아닌 것은?

㉮ 취급이 용이하고 화재의 위험이 없다.
㉯ 공작물과 와이어 전극이 빨리 냉각시킨다.
㉰ 가공물의 표면상에 양호하고 광택이 난다.
㉱ 가공 시 발생하는 불순물 제거가 양호하다.

문제 384

와이어 컷 방전가공에서 오프셋(offset)번호 지정 코드의 어드레스(address)는 어느 것인가?

㉮ O   ㉯ P
㉰ D   ㉱ T

문제 385

CNC 와이어 컷 방전 가공기에서 비저항치가 규정치보다 높을 때 일어나는 현상은?

㉮ 전류가 감소한다.
㉯ 방전간격이 넓어진다.
㉰ 방전간격이 좁아져서 방전효율이 저하된다.
㉱ 방전간격이 넓어져서 방전효율이 증가한다.

[답] 379. ㉰ 380. ㉰ 381. ㉰ 382. ㉰ 383. ㉰ 384. ㉰ 385. ㉱

문제 386
휴지시간과 가공속도와의 관계에서 휴지시간이 적으면 가공속도는 어떻게 되는가?
㉮ 빠르다.
㉯ 늦다.
㉰ 관계없다.
㉱ 방전캡에 따라 차이가 난다.

문제 387
금형제품의 성형부 가공에서 곡면의 일부분을 NC 가공하고자 가공영역을 지정하는데 다음 중 가공영역 지정방식이 아닌 것은?
㉮ area   ㉯ trimming
㉰ island   ㉱ field

해설: NC 가공영역 지정방식 : area, trimming, island 등

문제 388
방전조건에 영향을 받는 요소가 아닌 것은?
㉮ 가공속도
㉯ 방전갭 형상 및 정도
㉰ 정전압
㉱ 표면의 거칠기

문제 389
와이어 컷 방전 가공기에서 테이퍼형상 및 상하 이형형상 가공 시 무엇에 의하여 가능해지는가?
㉮ 컬럼   ㉯ 가이드
㉰ 테이블   ㉱ 공작물

해설: 와이어 컷 방전 가공에서 테이퍼형상 및 상하 이형형상 가공 시 가이드를 이용하여 가공한다.

문제 390
다음은 와이어 컷 방전조건과 방전갭과의 관계를 나타낸 것이다. 틀린 것은?

㉮ 가공액의 비저항치가 높아지면 방전갭이 넓어진다.
㉯ 평균가공전압이 높으면 방전갭이 넓어진다.
㉰ 가공속도가 빨라지면 방전갭이 좁아진다.
㉱ 무부하 전압이 낮으면 방전갭이 넓어진다.

문제 391
와이어 컷 EDM의 와이어에 대한 설명으로 옳지 않은 것은?
㉮ 와이어의 굵기와 가공속도는 비례한다.
㉯ 황동 와이어는 경제적이면서도 재질에 비해 가공속도가 빠르다.
㉰ 와이어의 장력이 크면 가공속도는 느려진다.
㉱ 비저항값이 낮으면 방전갭이 넓어지고 가공이 안정된다.

문제 392
CNC 와이어컷 가공 중 2차가공(second cut)의 목적이 아닌 것은?
㉮ 다이 형상에서 돌기부분을 제거하기 위해
㉯ 정삭여유를 남기고 가공하기 위해
㉰ 피가공물의 내부응력 개방후의 형상을 수정하기 위해
㉱ 코너부위의 형상에러를 수정하기 위해

해설: CNC 와이어컷의 2차가공(second cut)목적
① 다이 형상에서 돌기부분을 제거
② 면거칠기의 형상과 가공면 이상 연화층의 제거
③ 피가공물의 내부응력 개방후의 형상을 수정
④ 코너부위의 형상에러 및 가공면의 진직정도의 수정

문제 393
와이어 컷 방전 가공기에서 반경 보정값의 지령값은?
㉮ 와이어반지름에 방전갭을 더한 값이다.
㉯ 와이어지름에 방전갭을 더한 값이다.

답 386.㉮ 387.㉱ 388.㉱ 389.㉯ 390.㉱ 391.㉱ 392.㉯ 393.㉮

㉰ 와이어반지름과 방전갭을 더한 값에 곱하기 2한 값이다.
㉱ 와이어반지름에 방전갭의 2배를 더한 값이다.

해설 와이어에서 방전갭이란

방전갭 $= \dfrac{D-d}{2}$

d : 와이어 지름,
D : 방전폭

문제 394

일반적으로 와이어컷 방전가공에서 가공액으로 가장 많이 사용하는 것은?

㉮ 경유   ㉯ 등유
㉰ 염수   ㉱ 물

문제 395

와이어 컷 방전가공기에 그림과 같은 사각다이를 가공시 반지름보정은 어느 것인가?

㉮ G40
㉯ G41
㉰ G42
㉱ G45

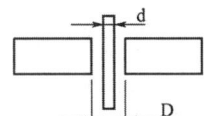

해설 금형에서 다이는 바깥쪽이 제품으로 형상의 안쪽으로 가공되어야 하므로 G41로 지령해야 한다.

문제 396

와이어 컷 방전 가공기에 의한 다이의 치수가 □20일 때 가공 후 측정을 하였더니 20.04로 가공되었다. 수정 보정량은?(단, 현 보정량은 0.225)

㉮ 0.185   ㉯ 0.205
㉰ 0.245   ㉱ 0.265

해설 양쪽으로 가공되므로 0.02만 안쪽으로 더 시프트 되어 가공되면 된다.

문제 397

와이어 지름이 0.25이고 방전갭이 0.01일 때 보정량은?

㉮ 0.125   ㉯ 0.135
㉰ 0.25   ㉱ 0.26

해설 방전갭 $= \dfrac{D-d}{2}$

$\therefore D = 0.01 \times 2 + 0.25 = 0.27$

$\therefore$ 보정량 $= \dfrac{D}{2} = 0.135$

문제 398

CNC 와이어 컷 방전가공에서 오프셋(offset)량은? (단, 가공여유=0.05mm, 와이어 직경=0.2mm, 방전갭=30μm이다.)

㉮ 0.13mm   ㉯ 0.155mm
㉰ 0.18mm   ㉱ 0.28mm

해설 오프셋 량 = 와이어 반경 + 방전 갭 + 가공여유
= 0.1 + 0.03 + 0.05 = 0.18mm

문제 399

와이어 컷 방전 가공기에서 가공정밀도에 가장 적게 영향을 미치는 인자는?

㉮ 방전시간   ㉯ 와이어 재질
㉰ 와이어 장력   ㉱ 방전캡

문제 400

가공중에 어떤 원인으로 와이어와 가공물이 단락된 경우 와이어를 지금까지 가공한 통로를 따라서 역행시켜 단락을 자동적으로 해제 시키는 기능은?

㉮ 스케일링 기능
㉯ 와이어 지름 보정기능
㉰ 후퇴제어 기능
㉱ 도형의 회전기능

답 394. ㉱   395. ㉯   396. ㉯   397. ㉯   398. ㉰   399. ㉯   400. ㉰

문제 401

다음 중 와이어 컷 방전 가공기의 작업 전 점검 사항으로 틀린 것은?

㉮ 상하 노즐(nozzle) 선단의 팁(tip)에 상처나 깨짐이 없는가 점검한다.
㉯ 가공 탱크내의 와이어 칩(wire chip) 및 가공 칩을 제거한다.
㉰ 가공액 공급 장치의 액면 레벨(level)을 점검하여 적을 때는 보충한다.
㉱ 조작반 후부의 에어 필터(air filter)를 매일 교환하여 준다.

문제 402

CNC 방전 가공 시 주의해야 할 사항은?

㉮ 감전에 유의한다.
㉯ 가공액의 분출시 유의한다.
㉰ 아무조작반의 스위치를 누르지 않는다.
㉱ 작업을 빠르게 하기 위하여 가공액을 충분히 채우지 않고 작업을 한다.

문제 403

레이저의 특징은 아닌 것은?

㉮ 직진선   ㉯ 산란성
㉰ 집속성   ㉱ 지향성

답 401. ㉱ 402. ㉱ 403. ㉯

제 6 편 자동화 시스템

제 1 장 　자동화 시스템의 개요
제 2 장 　센서(sensor)
제 3 장 　자동화 시스템 보수유지

제6편 자동화 시스템

자동화 시스템의 개요

제 1 장

1-1 자동화 시스템

1. 5대 요소

자동화의 펜타곤이라 칭하는 5대 요소는 다음과 같이 표현될 수 있다.
(1) 센서(sensor)
(2) 프로세서(processor)
(3) 액추에이터(actuator)
(4) 소프트웨어(software)
(5) 네트워크(network) 등이다.

2. 전개단계(4단계)

(1) 1단계 : 기계의 도움 없이 인력에 인하여 작업이 이루어지는 것으로 작업에 필요한 에너지도 인간이 공급하여야만 하고, 작업순서도 역시 스스로 주의하여 지켜야 한다.
(2) 2단계 : 작업이 기계에 의하여 진행되는 기계화 단계이다. 예 범용선반
(3) 3단계 : 부분 자동화 단계이다. 예 자동나사 가공기계
(4) 4단계 : 완전 자동화 의미한다. 예 NC, CNC

3. 종류와 특성

(1) 자동화 시스템은 자동화가 적용되는 분야나 산업별 구조에 따라 여러 가지로 구분될 수 있다.
① FA(Factory Automation)　　　② OA(Office Automation)

③ HA(Home Automation)　　④ LA(Laboratory Automation)
⑤ BA(Building Automation)　　⑥ SA(Sales Automation)
⑦ 정보 자동화

(2) 자동화의 목적

① 생산성을 향상시키고
② 원가를 절감
③ 노동력 감소로 인건비 절감으로 이익을 극대화하고
④ 생산 설비의 수면 연장 및 노동 조건 향상
⑤ 제품의 품질을 균일화하여 불량품 감소에 있다.

(3) 자동화의 단점

① 최초 시설투자비 및 운영비로 자동화 비용이 많이 필요하다.
② 자동화하기 전보다 설계, 설치, 운영 및 보수유지 등에 높은 기술수준을 요구한다.
③ 자동화란 한 기계가 범용성을 잃고 전문성을 갖게 되는 것이므로 생산 탄력성이 결여된다.
④ 최초 설비비가 많이 든다.

4. 자동화 방법

자동화를 하되 가능하면 상기에서 나타난 단점을 피해야 하는데 그 방법에는 LCA(Low Cost Automation)와 FMS(Flexible Manufacturing System)이라는 것이 있다.

(1) 저투자성 자동화(LCA : Low Cost Automation)

시설 투자비가 적게 들고 운영 및 보수유지가 간단하고 적당한 정도의 노력이 필요한 자동화

- 특 징
  ① 원리가 간단하고 확실하여 스스로 자동화장치를 설계 및 시설할 수 있어야 한다.
  ② 기존의 장비를 이용하여 자동화에 장치를 설계 및 시설할 수 있어야 한다.
  ③ 단계별 자동화를 구축한다.
  ④ 자신이 직접 자동화를 한다.

(2) 유연 생산 시스템(FMS : Flexible Manufacturing System)

제품의 수명(life cycle)이 짧아지고 고객의 요구가 다양해짐에 따라 종래의 자동화된 생산라인에서 단품이나 유사한 제품을 대량으로 생산하는 매스플로(mass flow)

방식의 생산 형태로는 오늘날의 다양한 요구에 대처할 수 없으므로 최근 생산분야의 자동화는 새로운 형태로 변화되었는데 이것이 FMS이다.

플렉시블 생산 셀(FMC : Flexible Manufacturing Cell), 전형적 FMS, 플렉시블 트랜스퍼 라인(FTL : Flexible Transfer Line)의 세 가지가 대표적이며 각각의 구성은 다음과 같다.

① FMC(Flexible Manufacturing Cell)

1대의 NC(수치제어) 공작기계를 핵심으로 하여 자동공구교환장치(ATC), 자동 팰릿 교환장치(APC), 그리고 팰릿 매거진을 배치한 것이다.

② 전형적 FMS

복수의 NC 공작기계가 가변 루트인 자동반송시스템으로 연결되어 유기적으로 제어한다.

③ FTL(Flexible Transfer Line)

다축 헤드 교환방식 등의 유연한 기능을 가진 공작기계군을 고정 루트인 자동반송장치로 연결한 것이다.

1-2 제어와 자동제어

1. 제어의 정의

(1) 작은 에너지로 큰 에너지를 조절하기 위한 시스템을 말한다.
(2) 기계나 설비의 작동을 자동으로 변화시키는 구성 성분의 전체를 의미한다.
(3) 기계의 재료나 에너지의 유동을 중계하는 것으로써 수동이 아닌 것이다.
(4) 사람이 직접 개입하지 않고 어떤 작업을 수행시키는 것 등을 뜻한다.

2. 제어의 종류

(1) 제어(control)

어떤 목적에 적합하도록 되어있는 대상에 필요한 조작을 가하는 것

(2) 제어량(controlled variable)

제어하려는 물리량으로 전압, 전류, 주파수, 시간, 속도, 온도, 유량, 유압, 위치, 방향 등을 말한다.

(3) 제어 명령

① 정성적 제어 : 제어회로를 ON/OFF 또는 유무상태의 두 동작 중 한 동작에 의

하여 제어명령이 내려지는 제어
② **정량적 제어** : 제어량을 가리키는 지시계와 목표값을 가리키는 지시계를 달아놓고, 양자의 지시량을 비교하여 제어량이 목표값에 일치되도록 하는 제어

3. 제어계

제어계란 자동화 시스템을 구성하기 위해 도입된 제어 시스템을 의미하는 것으로 제어계 내에서의 각 부분들의 관계를 정확히 하게 위해서는 제어 시스템의 구조를 체계적으로 표현하는 것이 필요하다.

(1) **개회로 제어계**(open roop control system)

제어 동작이 출력과 전혀 관계가 없는 간단한 제어계이기 때문에 많이 사용하지만, 오차가 많이 생길 수 있고, 이 오차를 수정할 수 없는 단점이 있다.

(2) **폐회로 제어계**(closed loop control system)

제어계의 출력이 목표값과 일치하는가를 비교하여 일치하지 않을 경우에는 그 차이에 비례하는 동작신호를 제어계에 다시 보내 오차를 수정하도록 하는 정확하고 신뢰성 있는 제어이다.

(3) **제어 시스템의 최종 작업목표**

① 공정 상태의 확인
② 공정 상태에 따른 자료의 분석 처리
③ 처리된 결과에 기초한 공정에의 작업

(4) **제어계를 구성하고 있는 요소에 의한 공정의 진행**

① 센서는 처리 상태를 확인하고 측정한 제어신호를 발생시킨다.
② 측정된 제어신호는 프로세서에 공급된다.
③ 프로세서는 측정된 제어신호를 분석처리하여 액추에이터에 필요한 제어신호를 발생시킨다. 이는 공정에 직접적인 영향을 끼치게 된다.
④ 프로그램은 프로세서가 분석처리할 작업지침을 포함하고 있다.
⑤ 해당되는 프로그램이 프로세서에서 처리된다.
⑥ 프로세서에 의하여 발생된 제어신호는 액추에이터로 전달된다. 즉, 작업이 수행된다.
⑦ 복잡한 제어 시스템에서는 여러 개의 프로세서들이 네트워크로 연결될 수 있다.

4. 제어 시스템의 분류

(1) 제어 정부 표시 형태에 의한 분류

① 아날로그 제어계

이 제어 시스템은 연속적인 물리량으로 표시되는 아날로그 신호로 처리되는 시스템을 말하는데 일반적으로 자연계에 속하는 모든 물리양은 연속적인 정보를 갖고 있다. 예를 들면 온도, 속도, 길이, 조도, 질량 등이다.

② 디지털 제어계

이 제어 시스템은 처리하기 어려운 아날로그제어를 시간과 정보의 크기 면에서 모두 불연속적으로 표현한 제어 시스템으로 보다 경제적이며 최근에 전자공학의 발달에 힘입어 많은 부분에서 디지털제어를 채택하고 있다.

③ 2진 제어계

하나의 제어변수에 2가지의 가능한 값, 신호의 유/무, ON/OFF, YES/NO, 1/0 등과 같은 2진신호를 이용하여 제어하는 시스템을 의미하며 실린더의 전진과 후진, 모터의 정회전과 역회전 또는 기동과 정지 등에 의해 작업을 수행하는 자동화 시스템에서 가장 많이 이용되는 시스템이다.

(2) 신호처리 방식에 의한 분류

제어 시스템은 신호를 처리하는데 따라 다음처럼 구분할 수 있다.

① 동기 제어계(Synchronous Control System)

이 제어시스템은 실제의 시간과 관계된 신호에 의하여 제어가 이루어지는 것을 의미한다.

② 비동기 제어계(Asynchronous Control System)

이 제어 시스템은 시간과는 관계없이 입력신호의 변화에 의해서만 제어가 행해지는 것이다.

③ 논리 제어계(Logic Control System)

이 제어 시스템은 요구되는 입력조건이 만족되면 그에 상응하는 신호가 출력되는 시스템이다. 이러한 논리제어 시스템은 메모리 기능이 없으며 여러 개의 입, 출력이 사용될 경우 이의 해결을 위해 불대수(Boolean algebra)가 이용된다.

④ 시퀀스 제어계(Seqence Control System)

이 제어 시스템은 제어프로그램에 의해 미리 결정된 순서대로 제어신호가 출력되어 순차적인 제어를 행하는 것을 의미한다. 한편 이것은 시간종속과 위치종속 시퀀스 제어계로 구분된다.

㉠ 시간종속 시퀀스 제어계(Time Seqence Control System) : 이 제어 시스템은 순차적인 제어가 시간의 변화에 따라서 행해지는 제어 시스템을 의미한다.

ⓒ 위치종속 시퀀스 제어계(Process-Dependent Seqence Control System) : 이 제어 시스템은 순차적인 작업이 전 단계의 작업완료 여부를 확인하여 수행하는 제어시스템이다.

　(3) 제어 과정에 따른 분류

　　① 파일럿 제어(Pilot Control)

　　　입력과 출력이 1 : 1 대응 관계에 있는 시스템을 말하는데 일명 논리제어라고도 하며 메모리기능은 없고 이의 해결에 불(Boolean)논리 방정식이 이용된다.

　　② 메모리 제어(Memory Control)

　　　어떤 신호가 입력되어 출력신호가 발생한 후에는 입력신호가 없어져도 그때의 출력 상태를 유지하는 제어 방법을 의미한다. 즉, 이 제어계에서는 출력에 영향을 미칠 반대되는 입력신호가 들어올 때까지 한번 출력된 신호는 기억된다.

　　③ 시간에 따른 제어(Time Schedule Control)

　　　이 제어방법에서는 제어가 시간의 변화에 따라서 이루어지게 된다. 기계적으로는 캠축이나 프로그램 벨트 등이 모터에 의해 회전하며 일정한 시간 경과 후 그에 따른 제어신호가 출력되도록 하는 장치가 있으며, 전기나 전자적인 방법에는 옥외광고와 같은 것이 대표적이다. 이 제어 시스템에서 전 단계와 다음 단계의 작업사이에는 아무런 관계가 없다.

　　④ 조합 제어(Coodinated Motion Control)

　　　이 제어방법은 목표치(command variable)가 캠축이나 프로그램 또는 프로그래머에 의하여 주어지나 그에 상응하는 출력변수는 제어계의 작동요소에 의하여 영향을 받는다. 즉, 제어 명령은 시간에 따른 제어와 같은 방법으로 주어지나 이의 수행은 시퀀스 제어에서와 마찬가지 방법으로 감시된다.

　　⑤ 시퀀스 제어(Sequence Control)

　　　이 제어 시스템은 전단계의 작업완료 여부를 리밋 스위치나 센서를 이용하여 확인한 후 다음 단계의 작업을 수행하는 것으로써 공장자동화에 가장 많이 이용되는 제어 방법이다.

4. 자동제어

　(1) 시퀀스 제어(sequence control)

　　미리 정해진 순서에 따라 제어의 각 단계를 순차적으로 행하는 제어로 개루프 제어(open roop control)라 한다.

　(2) 되먹임 제어(feedback control)

　　출력의 결과를 목표치와 비교하여 앞 단계로 되돌려 수정하는 제어 기능으로 정량적 제어에 속하며 닫힌 제어회로(closed loop control)라고도 한다.
① 되먹임 제어의 장점
　㉠ 외부 조건의 변화에 대한 영향을 줄일 수 있다.
　㉡ 제어기의 성능에 큰 영향을 받지 않는다.
　㉢ 제어계의 특성을 향상시킬 수 있다.
　㉣ 목표값에 정확히 도달할 수 있다.
② 되먹임 제어의 단점
　㉠ 제어계가 복잡해진다.
　㉡ 제어기의 값이 비싸진다.
　㉢ 전체 제어계가 불안정해질 수 있다.
③ 시퀀스 제어와 되먹임 제어의 비교

자동 제어	제 어 량	제어 신호	회 로	특 성
시퀀스 제어	정성적 제어	디지털 신호	개루프 회로	연속성
되먹임 제어	정량적 제어	아날로그 신호	폐루프 회로	목표값

(2) **자동제어**(Automatic Control)

출력이 제어 자체에 영향을 미치는 시스템이다.

자동제어는 '제어하고자 하는 하나의 변수가 계속 측정되어서 다른 변수 즉, 지령치와 비교되며 그 결과가 첫 번째의 변수를 지령치에 맞추도록 수정을 가하는 것'이라고 정의되고 있으며 폐회로 제어 시스템(close loop control system)의 특징을 갖는다. 다음의 그림은 일반적인 폐회로 제어 시스템을 나타내며 출력신호의 일부가 시스템에 보내어져 오차(error)를 수정하는 피드백(feedback)통로가 마련되므로 피드백 제어 시스템(feedback control system)또는 서보 시스템(servo system)이라고도 불리우며 인간은 가장 완벽한 자동제어 시스템이다.

① 제어 시스템을 선택할 경우
　㉠ 외란 변수에 의한 영향이 무시할 수 있을 정도로 작을 때
　㉡ 특징과 영향을 확실히 알고 있는 하나의 외란 변수만 존재할 때
　㉢ 외란 변수의 변화가 아주 작을 때
② 자동제어 시스템을 선택할 경우
　㉠ 여러 개의 외란 변수가 존재할 때
　㉡ 외란 변수들의 특징과 값이 변화할 때

제6편 자동화 시스템

제1장 자동화 시스템의 개요

예상문제

문제 001

되먹임 제어계의 기능 중 "기준입력과 제어량의 차이"를 출력하는 요소는?

㉮ 제어대상 ㉯ 동작신호
㉰ 조작량 ㉱ 주피드백의 량

문제 002

다품종 소량생산이 가능하도록 하기 위하여 다른 모델로 가공공정 변환이 용이하도록 한 자동화 시스템을 무엇이라고 하는가?

㉮ CAE ㉯ CIM
㉰ MRP ㉱ FMS

[해설] ① MRP(Material Requirement Planing) : 자재 소요량 계획
② CIM(Competer Integrated Manufacturing) : 컴퓨터 통합생산체계-단순한 생산의 자동화 또는 FA의 연장이 아니라 제조업의 3가지 기본적인 기능인 기술, 생산, 판매 이들을 전부 통합하고, 이 업무를 효율화하여 전략적인 경영을 가능하게 하는 시스템

문제 003

다음 중 시간종속 순차제어 시스템에 해당되지 않는 것은?

㉮ 엘리베이터 ㉯ 천공카드
㉰ 캠 ㉱ 프로그램 벨트

문제 004

다음 중 공장자동화 생산시스템에 필요한 기술 중 맞지 않는 것은?

㉮ Computer Aided Design(CAD)
㉯ Computer Aided Manufacturing(CAM)
㉰ Flexible Manufacturing System(FMS)
㉱ Quality Innovation(QI)

문제 005

다음 중 LAN의 통신 프로토콜과 가장 거리가 먼 것은?

㉮ 토큰패스 ㉯ 토큰 링
㉰ CSMA/CD ㉱ IEEE-488

문제 006

산업용 로봇(robot)의 일반적 분류 중 미리 설정된 순서와 조건 및 위치에 따라 동작의 각 단계를 순서적으로 진행하는 로봇은?

㉮ 시퀀스 로봇(sequence robot)
㉯ 플레이백 로봇(playback robot)
㉰ 지능 로봇(intelligent robot)
㉱ 감각제어 로봇(sensory controlled robot)

문제 007

자동화 시스템의 구성요소 중 인간과 비유할 때 두뇌에 해당하는 것은?

㉮ 액추에이터 ㉯ 센 서
㉰ 프로세서 ㉱ 기계구조물

문제 008

자동화의 목표와 거리가 먼 것은?

㉮ 생산성 향상 ㉯ 작업의 안전화
㉰ 원가 절감 ㉱ 품질의 균일화

답 001.㉱ 002.㉯ 003.㉮ 004.㉱ 005.㉱ 006.㉮ 007.㉰ 008.㉯

문제 009

시퀀스 제어회로 설계에서 시퀀스 접속도의 적절한 설명이 아닌 것은?

㉮ 기구, 전원 등의 배치가 생략되어 있다.
㉯ 기구의 형상, 구조가 생략되어 있다.
㉰ 제어하는 에너지 전기, 유압, 공기압 등이 공급되어 있다.
㉱ 조작하는 힘이 가해져 있지 않은 상태를 나타낸다.

문제 010

오차입력 신호의 적산 치에 비례하여 조작변수를 변화시키는 제어방식은?

㉮ on-off 제어   ㉯ 비례 제어
㉰ 미분 제어   ㉱ 적분 제어

문제 011

고주파 발진형 근접스위치가 검출할 수 있는 것은?

㉮ 알루미늄   ㉯ 플라스틱
㉰ 종이   ㉱ 나무

문제 012

AC Servo 제어기기의 주회로 전원과 제어전원의 투입 및 차단시 투입 순서로서 옳은 것은?

㉮ 주회로 전원을 먼저 투입하고, 제어전원을 투입한다.
㉯ 제어전원을 먼저 차단하고, 주회로 전원을 차단한다.
㉰ 어느 회로가 먼저 투입, 차단이 되든 관계가 없다.
㉱ 제어전원을 먼저 투입한 후 주회로 전원을 투입한다.

문제 013

다음은 구동에너지에 의해 액추에이터를 분류한 것이다. 구동에너지가 다른 액추에이터는?

㉮ 공압 실린더   ㉯ 공압 모터
㉰ 요동 액추에이터 ㉱ 솔레노이드

문제 014

다축 헤드 교환방식 등의 유연한 기능을 가진 공작 기계 군을 고정 루트인 자동반송 장치로 연결되어 사용하는 자동화 시스템은?

㉮ 전형적 FMS   ㉯ FMC
㉰ LCA   ㉱ FTL

[해설] 시스템 형태의 분류는 기본 설계의 흐름에서 결정된다.

문제 015

다음 중 정보 자동화의 특징 중 틀린 것은?

㉮ 제어기술   ㉯ CAD
㉰ Group technology ㉱ 제조계획 및 관리

문제 016

다음은 물류시스템을 구성하는 서보시스템이다. 해당 사항이 아닌 것은?

㉮ 보관시스템   ㉯ 수송시스템
㉰ 가공시스템   ㉱ 하역시스템

문제 017

기기에 의하여 제어되는 시스템의 일반적인 특징이 아닌 것은?

㉮ 생산설비 수명향상
㉯ 고용촉진
㉰ 노동조건의 향상
㉱ 불량품 감소

[해설] 노동력이 줄어 인건비가 감소하며 불량품이 감소하고 생산설비의 수명이 길어진다. 반면 생산설비가 커지고 고도의 기술이 필요하다.

[답] 009. ㉱ 010. ㉱ 011. ㉮ 012. ㉱ 013. ㉱ 014. ㉱ 015. ㉮ 016. ㉰ 017. ㉯

제1장 자동화 시스템의 개요

문제 018

다음 중 메모리 기능이 없고 여러 입출력 요소가 있을 때는 논리적인 해결을 위해 불 대수가 이용되므로 논리제어라고도 하는 것은?

㉮ 메모리 제어
㉯ 시간종속 시퀀스 제어
㉰ 파일럿 제어
㉱ 위치종속 시퀀스 제어

문제 019

입력과 출력이 1 : 1 대등 관계에 있는 시스템으로 일명 논리제어라고 하는 제어방식은?

㉮ 조합 제어   ㉯ 시퀀스 제어
㉰ 파일럿 제어   ㉱ 시간에 따른 제어

문제 020

자동화 시스템을 구성하고 있는 주된 3부분이 아닌 것은?

㉮ 센서   ㉯ 신호변환기
㉰ 액추에이터   ㉱ 프로세서

[해설] 자동화의 3요소
① 센서 : 입력부
② 프로세서 : 제어부
③ 액추에이터 : 출력부

문제 021

자동화의 목표를 설명한 것 중 거리가 먼 것은?

㉮ 생산성을 향상시킨다.
㉯ 원가를 절감한다.
㉰ 제품을 균일하게 한다.
㉱ 인건비를 줄이는데 있다.

문제 022

자동화 구성요소로서 Network을 이용하는 통신망 중 근거리 통신망(LAN)을 옳게 설명한 것은?

㉮ 사무실이나 공장 등 제한된 지역 내에 분산 배치된 컴퓨터를 비롯한 각종 정보 통신망
㉯ 음성 또는 데이터 정보를 제공해 주는 광범위하고도 복잡한 통신 서비스
㉰ 종합적인 전기통신 서비스를 제공하는 통신망
㉱ 팩스나 PC통신을 말한다.

[해설] LAN(Local Area Networking) : 근거리 통신망

문제 023

제어량을 원하는 상태로 하기 위한 입력 신호를 무엇이라 하는가?

㉮ 작업명령   ㉯ 명령처리
㉰ 제어 명령   ㉱ 동작명령

문제 024

자동화 시스템에서 핸들링이 하는 작업요소가 아닌 것은?

㉮ 부품의 위치 이동   ㉯ 가공절삭
㉰ 분리   ㉱ 클램핑

문제 025

원유를 증류장치에 의하여 휘발유, 등유, 경유 등으로 분리시키는 장치는 어떤 제어인가?

㉮ 시퀀스 제어   ㉯ 프로세서 제어
㉰ 개회로 제어   ㉱ 추종 제어

[해설] 원유 경제 등은 공정제어인 프로세서 제어이다.

문제 026

다음 중 공장자동화의 특징과 거리가 먼 것은?

㉮ CAM   ㉯ CAD
㉰ 로봇   ㉱ 자동운반

[해설] 공장자동화의 특징
① 적용분야 : CIM, 로봇, 자동운반
② 요소기술 : 제어기술, 시스템 제어기술

[답] 018. ㉯ 019. ㉮ 020. ㉯ 021. ㉱ 022. ㉮ 023. ㉰ 024. ㉯ 025. ㉯ 026. ㉯

문제 027

서로 비슷한 가공물들을 군(group)으로 분류하고 그 부품군의 가공을 위해 기계를 역시 기계 군으로 그룹 화하여 다양한 형태의 가공물들을 생산하기 위한 자동화한 생산시스템은?

㉮ Job shop　　㉯ FMS
㉰ Flow shop　　㉱ DNC

문제 028

자동화 도입상의 문제점에 해당되지 않는 것은?

㉮ 명확하지 못한 목표 설정
㉯ 관리를 위한 데이터 부족
㉰ 자동화 전문 요원 부족
㉱ 자재비 인건비 과다

문제 029

자동화의 5대 요소와 관계가 먼 것은?

㉮ 신호처리　　㉯ 제어신호처리요소
㉰ 액추에이터　　㉱ 센서

해설 자동화의 5대 요소
① 센서
② 프로세서
③ 액추에이터
④ 소프트웨어
⑤ 네트워크

문제 030

자동화를 추진하는 목적과 관계가 먼 것은?

㉮ 제품의 균일화　　㉯ 생산성의 향상
㉰ 이익의 극대화　　㉱ 품질의 고급화

해설 자동화의 목적
① 생산성 향상
② 원가절감, 이익의 극대화
③ 품질의 균일화

문제 031

다양한 제품을 동시에 처리하고 높은 생산성 요구에 대응하며 생산관리 시스템은?

㉮ FA　　㉯ OA
㉰ FMS　　㉱ LCA

해설
① FMS(Flexible Manufacturing System) : 기능면에서 볼 때 다양한 제품을 동시에 처리하고 수요의 변화에 유연하게 대처할 수가 있고 높은 생산성의 요구에 대응하는 생산시스템
② LCA(Low Cost Automation) : 비용이 적게 드는 자동화를 의미하는데 이는 시설투자비가 적게 들고 운영 및 보수유지가 간단하고 적당한 정도의 노력이 필요한 자동화를 의미한다.
③ FA(Factory Automation) : 공장자동화
④ OA(Office Automation) : 사무자동화

문제 032

제어 시퀀스를 구성할 때 오작동을 예방하는 방법이 아닌 것은?

㉮ 신호의 지연을 방지하기 위해 배관을 가능한 길게 한다.
㉯ 가속력이 큰 경우에는 완충장치를 달아 작동력을 흡수한다.
㉰ 먼지와 이물질이 많은 경우에는 자체 정화 커버를 사용한다.
㉱ 큰 부하나 횡방향의 부하를 받는 경우 적절한 마운팅 형태를 선택한다.

해설 신호의 지연을 방지하기 위해 배관은 가능한 짧게 한다.

문제 033

입력과 출력이 1 : 1 대응관계에 있는 시스템으로 일명 논리제어라고 하는 제어방식은?

㉮ 조합 제어　　㉯ 파일럿 제어
㉰ 프로그램 제어　　㉱ 기간에 따른 제어

답 027. ㉱　028. ㉱　029. ㉮　030. ㉱　031. ㉰　032. ㉮　033. ㉯

[해설] 파일럿 제어 : 제어방식에서는 요구되는 입력조건이 만족되면 그에 상응하는 출력신호가 발생되는 형태를 요구한다.

문제 034

자동화에 있어서 차질이 일어나지 않도록 또 차질이 일어날 경우 절대로 다음 과정을 들어가지 않도록 전기적인 회로로서 방지하는 방법은?

- ㉮ 인터-록(확인 회로)
- ㉯ 우선회로
- ㉰ 자기유지회로
- ㉱ 기억회로

[해설] 인터 록 회로(inter lock circuit) : 전기 기기의 보호와 운전자의 안전을 위하여 관련된 전기 기기의 동작 상태를 나타내는 접점을 사용하여 관련된 전기 기기의 동작을 금지하는 회로

문제 035

되먹임 제어에서 꼭 있어야 할 장치는?

- ㉮ 응답속도를 조절하는 장치
- ㉯ 제어속도를 조절하는 장치
- ㉰ 입력과 출력을 비교하는 장치
- ㉱ 안정도를 좋게 하는 장치

[해설] 되먹임 제어는 되먹임에 의하여 입출력이 비교하여 목표값에 따라 자동적으로 제어

문제 036

승객이 운전사에게 [서울역까지 가자]라 할 때 다음 중 작업 명령은?

- ㉮ 서울역까지 가자
- ㉯ 기어변속
- ㉰ 신호대기
- ㉱ 정지

[해설] ㉯~㉱는 제어명령

문제 037

다음의 선도 중 액추에이터의 동작을 알 수 없는 선도는?

- ㉮ 변위-단계선도
- ㉯ 기능차트
- ㉰ PFC
- ㉱ 제어선도

문제 038

목표값 200°C의 전기로에서 열전온도계의 지시에 따라 전압 조정기로 전압을 조절하여 온도를 일정하게 유지시킨다면 전압조정기는 다음 어느 것에 해당되는가?

- ㉮ 제어량
- ㉯ 조작부
- ㉰ 조작량
- ㉱ 검출부

[해설]
- ㉮ 온도
- ㉯ 전압조정기
- ㉰ 전압
- ㉱ 열전 온도계

문제 039

다음 중 시퀀스 제어에 속하는 것은?

- ㉮ 프로세서 제어
- ㉯ 자동 제어
- ㉰ 정량적 제어
- ㉱ 정성적 제어

문제 040

다음 중 되먹임 제어에 속하는 것은?

- ㉮ 전기로
- ㉯ 전기세탁기
- ㉰ 토스터
- ㉱ 교통 신호등

[해설] 전기로는 일정한 온도를 유지해야 하므로 되먹임 제어에 속한다.

문제 041

시중의 음료수 자동판매기는 동전을 투입하면 원하는 음료수가 나온다. 어떤 제어에 속하는가?

- ㉮ 시퀀스 제어
- ㉯ 되먹임 제어
- ㉰ 프로세서 제어
- ㉱ 닫힌 루르 제어

[해설] 미리 정해 놓은 순서에 따라 제어되므로 시퀀스제어

[답] 034. ㉮ 035. ㉰ 036. ㉮ 037. ㉰ 038. ㉯ 039. ㉱ 040. ㉮ 041. ㉮

문제 042

되먹임 제어계에서 제어대상의 출력신호를 무엇이라 하는가?

㉮ 조작량 ㉯ 동작신호
㉰ 제어량 ㉱ 목표값

[해설] 제어량은 제어대상에 속하는 양으로 제어계의 출력 신호가 된다. 조작량은 제어장치의 출력신호이다.

문제 043

콘덴서(condenser)의 용량을 변화시켜서 발진기의 주파수를 일정하게 유지시키고자 한다. 다음 중 제어량은?

㉮ 정전용량 ㉯ 발진기
㉰ 주파수 ㉱ 일정 주파수

[해설] ㉮ 조작량 ㉯ 제어대상
㉰ 제어량 ㉱ 목표값

문제 044

로터리 인덱싱 핸들링장치를 사용할 때 적합한 것은?

㉮ 큰 지름의 로드 형상 재질이 가공될 때
㉯ 가공물이 여러 가공공정을 거쳐야 할 때
㉰ 공구를 주기적으로 교체해야 할 때
㉱ 스트립 형태의 재질이 길이 방향으로 작업될 때

[해설] ① 리니어 인덱싱 핸들링(Linea Indexing Handing)
: 직선적으로 부품이 이송되며 작업을 수행
② 로터리 인덱싱 핸들링(Rotary Indexing Handing)
: 부품의 이송이 회전을 통하여 작업 수행

문제 045

직류 전동기의 회전수를 일정하게 유지시키기 위하여 전압을 변화시킨다. 전압은 다음 어느 것에 해당되는가?

㉮ 제어 대상 ㉯ 제어량
㉰ 조작량 ㉱ 목표값

[해설] ㉮ 전동기 ㉯ 회전수
㉰ 전압 ㉱ 설정회전수

문제 046

동작 신호를 증폭하여 제어부에서 제어 대사에 들어가는 신호는?

㉮ 제어량 ㉯ 조작량
㉰ 외란 ㉱ 제어편차

문제 047

보일러의 온도를 60℃로 일정하게 유지시키기 위하여 기름의 공급을 변화시킬 때 제어대상은?

㉮ 60℃ ㉯ 온도
㉰ 기름공급량 ㉱ 보일러

[해설] ㉮ 목표값 ㉯ 제어량
㉰ 조작량 ㉱ 제어대상

문제 048

다음 중 2진 신호가 아닌 연속 신호는?

㉮ 아날로그 신호 ㉯ 디지털 신호
㉰ ON-OFF 신호 ㉱ 접점의 개폐

문제 049

다음 중 닫힌 루프 제어는?

㉮ 완구의 기관차가 전동기의 힘으로 레일 위를 돌고 있다.
㉯ 항온조의 온도가 일정하게 유지되어 있다.
㉰ 자동 섬유 직기가 무늬천을 짜고 있다.
㉱ 세탁기가 빨래를 프로그램에 따라 세탁하고 있다.

[답] 042. ㉰ 043. ㉰ 044. ㉯ 045. ㉰ 046. ㉯ 047. ㉱ 048. ㉮ 049. ㉯

문제 050

1차 제어시스템의 단위계단 응답과 단위 임펄스 응답에서 각각 응답의 최종값은?

㉮ 모두 같다.
㉯ 단위계단 응답은 1이고, 단위임펄스 응답은 0이다.
㉰ 단위계단 응답은 0이고, 단위임펄스 응답은 1이다.
㉱ 각각의 응답은 불안정하므로 최종값은 알 수 없다.

문제 051

종래의 릴레이 및 타이머를 이용한 시퀀스회로에 비하여 최근에는 PLC를 활용하는 경우가 많다. 다음 중 PLC의 장점으로 적합하지 않은 것은?

㉮ 배선이 간결하여 유지보수가 비교적 용이하다.
㉯ 내부회로의 수정이 용이하여 증설, 개선에 편리하다.
㉰ 동일 접점이 제한 없이 사용되어 회로구성이 편리하다.
㉱ CPU가 Down되어도 공정에 영향이 없다.

문제 052

다음 중에서 제어용 서보모터의 특징과 가장 거리가 먼 것은?

㉮ 모터 자체의 관성모멘트가 크다.
㉯ 넓은 속도제어 범위를 갖는다.
㉰ 소형, 경량이다.
㉱ 큰 가감속 토크를 얻을 수 있다.

문제 053

비례제어 밸브의 제어신호에 디서(dither)신호를 중첩시켜서 제어 특성을 개선시키면 어떤 면에서 가장 큰 효과가 있는가?

㉮ 불감대를 줄인다.
㉯ 응답속도가 빨라진다.
㉰ 감도가 좋아진다.
㉱ 내구성이 향상된다.

문제 054

제어방식 중에서 가장 기초적인 방법으로 제어기의 출력이 오차입력에 산술적으로 비례하는 제어방식은?

㉮ ON-OFF 제어   ㉯ 비례제어
㉰ 미분제어   ㉱ 적분제어

문제 055

다음은 자동화 시스템에 사용되는 제어기이다. 제어기(Controller)가 아닌 것은?

㉮ PC
㉯ PLC
㉰ 서보모터(servo motor)
㉱ 마이크로프로세서

문제 056

기계적 스위치가 ON-OFF할 때 순간적인 상태에서 스위치의 접점이 단시간 이내에 단속한 후 최후 ON 또는 OFF로 낙착되는 현상을 채터라고 한다. 채터에 대한 설명 중 틀린 것은?

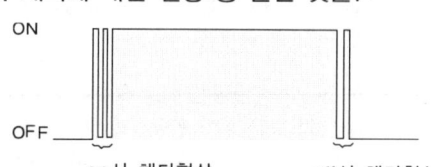

㉮ 리드스위치, 토글스위치, 로터리스위치 등의 접점스위치는 모두 채터가 나타난다.
㉯ 강전회로에서의 채터는 응답이 빠르지 않아 무시해도 된다.
㉰ 전자 회로에서는 오동작의 원인이 된다.
㉱ 트랜지스터나 IC회로에서도 채터가 발생된다.

답 050. ㉯ 051. ㉱ 052. ㉮ 053. ㉮ 054. ㉯ 055. ㉰ 056. ㉱

문제 057

다음 전동기 중에서 물체의 위치와 속도, 가속도 등 방향 및 자세등의 기계적인 변위를 제어량으로 하고, 시간에 따라 변화하는 제어량이 목표값에 정확히 추종하도록 하려고 할 때, 가장 적합한 전동기는?

㉮ 서보 전동기　　㉯ 유도 전동기
㉰ 정·역회전 전동기　㉱ 브러시리스 전동기

문제 058

정해진 작업순서에 의하여 공정이 진행되는 제어로 맞는 것은?

㉮ 시퀀스 제어　　㉯ 논리 제어
㉰ 디지털 제어　　㉱ 아날로그 제어

문제 059

미리정해 놓은 시간적 순서에 따라 작업을 순차 제어하는 방식을 시퀀스 제어라 하는데, 이 시퀀스제어에 속하지 않는 것은?

㉮ 엘리베이터　　㉯ 자동판매기
㉰ 교통신호기　　㉱ 인공지능 로봇

문제 060

유접점 시퀀스제어가 무접점 자동제어보다 장점에 속하는 것은?

㉮ 동작속도가 빠르다.
㉯ 고빈도 사용에도 수명이 길다.
㉰ 열악한 환경에 잘 견딘다.
㉱ 전기적 잡음에 대해 안정하다.

문제 061

정상운전에 앞서 자동화 시스템의 세부조정이나 모터의 회전방향을 확인하기 위한 회로는?

㉮ 구동회로　　㉯ 한시운전회로
㉰ 인칭회로　　㉱ 기동회로

답　057. ㉮　058. ㉮　059. ㉱　060. ㉱　061. ㉰

제6편 자동화 시스템

센서(sensor)
제 2 장

2-1 센서의 개요

자동화 시스템에서 공정처리가 자동적으로 제어된다면 프로세서는 제어를 위해 공정처리에 관한 정보를 받아야 하는데 예를 들면 온도, 압력, 힘, 길이, 회전각, 물체의 유무 등과 같은 물리적인 값들이 필요한 정보가 된다.

센서들은 이와 같은 물리적인 값에 반응하고 그 값을 적절한 신호로 변환하여 전달한다. 이러한 센서는, 생산 공정에 응용된 자동화 시스템이 제어 과정에서 물리적인 계량을 요구하며 이를 제어 계통에 연결시켜 자동화를 이루는 데에 있어 중요한 역할을 담당하고 있다.

센서의 응용시 그 분야에 따라 선정시 고려해야 할 사항은 다음과 같다.
① 정확성
② 감지거리
③ 신뢰성과 내구성
④ 단위시간당 스위치 사이클
⑤ 반응속도
⑥ 선명도

1. 센서의 정의

(1) 센 서

물리량의 절대값 또는 변화를 감지하여 이를 사용가능한 전기신호로 변환하는 장치

(2) 트랜스듀서(transducer)

측정량에 대응하여 처리하기 쉬운 유용한 출력신호를 주는 변환기(converter)

(3) 감각기관과 센서의 비교

센서의 계층	정 의	센서의 예
독립시스템	완전히 독립된 센싱 시스템 또는 장치	레이더, 온도그래프장치
부분시스템	시스템 또는 장치의 감지 보조장치	로봇, 시각센서
유닛	각종 시스템, 장치에 적용할 수 있는 독립센서	TV카메라, 광전스위치
컴포넌트	특정장치에 부착되는 전용센서 어셈블리	광 디스크 헤드, 반도체 입력센서, 카메라용 자동측량센서, 오토 포커스용 거리센서
파트	조립 트랜스듀서, 기본 트랜스듀서	포토 인터럽터, 포토 다이오드

① 정보의 수집

수치정보, 지식정보의 취득이나 수집을 목적으로 한다.

㉠ 계량계측 : 과학 연구에 있어서 계측관측이나, 제조 또는 상거래에 필요한 계량의 측정에 의한 정확한 수치정보를 제공한다.

㉡ 탐지·탐사 : 특정의 목적을 위해서 측정대상물의 유무 상태를 탐지하여 정보화하는데, 대부분의 경우 원격계측방법이다.

㉢ 감시·경보·보호 : 시스템이나 장치에 대한 상태를 감시하여 이상의 검출, 위험의 예고, 이상이나 위험시의 경보신호 및 보호장치를 가동시키기 위한 신호를 발생하게 함으로서 안전관리를 가능하게 한다.

㉣ 검사·진단 : 생산된 제품에 대한 특성의 적격성 여부, 인체의 이상 정도 등의 판정에 필요한 계측을 실시하도록 한다.

② 정보의 변환

㉠ 문자·기호·코드 등의 형식으로 종이나 필름 등에 기록된 정보를 컴퓨터, 팩시밀리 등에 이용할 수 있는 신호로 변환한다.

㉡ 각종의 정보매체에 기록된 정보를 해독할 수 있도록 변환한다. 이와 같은 장치로써의 예를 들면 자기디스크, 광디스크 등이 있다.

2. 센서의 종류

(1) 측정 또는 검출하고자 하는 양이 물리량인가, 역학적인 양인가, 화학량인가에 따라

① 화학센서 : 효소센서, 미생물센서, 면역센서, 가스센서, 습도센서, 매연센서, 이온센서
② 물리센서 : 온도센서, 방사선센서, 광센서, 칼라(색)센서, 전기센서, 자기센서
③ 역학센서 : 길이센서, 변위센서, 압력센서, 진공센서, 속도·가속도센서, 진공센서, 하중센서

(2) 대상물로부터 정보를 획득하는 방법에 따라

① 능동형 센서 : 레이저 센서, 광센서
② 수동형 센서 : 초전센서, 적외선 센서

(3) 센서의 분류

분류방법	센서 구분
구　　성	기본센서, 조립센서, 응용센서
기　　구	기구형(또는 구조형), 물성형, 기구물성혼합형
검출신호	아날로그센서, 디지털센서, 주파수형 센서, 2진신호형센서
검지기능	공간량, 역학량, 열역학량, 전자기학량, 공학량, 화학량, 시각, 촉각 등
변환방법	역학적, 열역학적, 전기적, 자기적, 전자기적, 광학적, 전기화학적, 촉매화학적, 효소화학적, 미생물학적
재　　료	반도체센서, 세라믹센서, 금속센서, 고분자센서, 효소센서, 미생물센서 등
용　　도	계측용, 감시용, 검사용, 제어용 등
구성·기능의 특징	다차원센서, 다기능센서
용도분야	산업용, 민생용, 의료용, 이화학용, 우주·군사용 등

(4) 센서의 정보

분류	대 상 량
기　계	길이, 두께, 변위, 액면, 속도, 가속도, 회전각, 회전수, 질량, 중량, 힘, 압력, 진공도, 모멘트, 회전력, 풍속, 유속, 유량, 진동
전　기	전류, 전압, 전위, 전력, 전하, 임피던스, 저항, 용량, 인덕턴스
온　도	온도, 열량, 비열
음　향	음압, 소음
주파수	주파수, 시간
광	조도, 광도, 색, 자외선, 적외선, 광변위
방사선	조사선량, 선량률
습　도	수분, 습도
화　학	성분, 순도, 농도, PH, 점도, 입도, 밀도, 비중, 기체·액체·고체분석
생　체	심음, 협압, 혈액, 맥파, 혈액 충력, 혈액 산소 포화도, 혈액 가스 분압, 기류량 속도, 체온, 심전도, 뇌파, 근전도, 망막 전도, 심자도
정　보	아날로그, 디지털량, 연산, 전송, 상관

(5) 센서의 특성

특성	1. 검출 범위, 다이나믹 레인지 2. 감도 검출 한계 3. 응답속도 또는 선택성 4. 정밀도 확실성 5. 구조의 간략화 6. 복잡화, 기능화 7. 과부하내량 8. 기타	신뢰성	9. 내환경성 10. 수명 11. 경시변화 12. 기타
		보수성	13. 호환성 14. 보존성 15. 보수 및 기타
		생산성	16. 제조 산출률 17. 제조 원가 18. 원가

3. 센서 재료

(1) 반도체 재료의 특징

① 소형화, 경량화가 가능하다.　② 경제적이다.
③ 집적화가 용이하다.　④ 응답속도가 빠르다.
⑤ 분해능을 높일 수 있다.(고감도 실현)　⑥ 지능화가 가능하다.

(2) 반도체 재료의 종류

① 광 도전재료 : Ag_2S 등의 유화물, ZnO 등의 산화물이나 ZnSe 등의 셀렌화물이 광전재료 또는 전자 감광 재료로 사용된다.
② 금속 반도체 재료 : Ge, Si, Se 등이 광센서, 자기센서, 온도센서, 압력센서로 이용된다.
③ 아몰포스 반도체 재료(비정질) : Ag_2S, Si 등으로 광센서나 솔라 셀에 이용되고 있다.
④ 광 도전 효과용 재료 : 가시광에서는 Sb_2O_3 증착막, PbO 증착막 등이 있고 비디컨에 응용되고 있다. 기타 광 기전력 효과형 재료, 자기센서형 반도체, 압전 반도체 재료 등이 있다.

(3) 세라믹 재료

세라믹 재료를 센서의 기능재료로 이용하는 경우 결정 자체의 성질을 이용하거나 입자간 경계 및 입자의 성질을 이용하거나 또는 표면의 성질을 이용하게 되는데 대체로 세라믹 본래의 특성인 내열, 내식, 내마모성이 이들 센서의 우수한 기능을 살려주고 있으며 검출 가능한 정보는 열, 빛, 가스, 습도, 이온 등 다양하다.

센서의 재료가 센서에 응용된 재료들을 보면 안정화 지르코니아, 티탄산 바륨 반도체, 산화 주석, CoO-MgO계 고용체 등이 있다.

분류			대표적인 반도체 재료
광센서	광도전 효과형 재료	촬상관용	
		자외광용	Se계, As_2Se_3계(X선...PbO)
		가시광용	Sb_2S_3, PbO, CdSe, As-Te계, ZnS, CdTe계
		적외광용	PbO, PbO-Sb_2S_3, Pb-PbS
		광도전 셀	
		가시광용	CdS, CdSe, ZnO, Se(X선, γ선...CdS)
		적외광용	PbS, InSb, CdHgTe, Ge
	광기전력 효과형 재료	포토다이오드 포토트랜지스터 CCD	
		자외광용	Au-ZnS, Ag-ZnS, Si
		가시광용	Si, Ge
		적외광용	Ge, SiInP, GaAs, InSb, InAs
자기 센서	홀 효과형 소자 재료 자기 저항형 소자 재료		InSb, InAs, Si, Ge, GaAs, InSb, InAsBi
압력 센서	압전 반도체 재료		Si
	피에조 저항 효과형 재료		Si, Ge, GaAs, GaSb

(3) 금속재료

센서에 응용되는 금속 재료는 그 용도에 따라 판재, 선재, 다공질재, 세선, 분체, 도금재, 편금속 등 여러 가지 형태로서 사용되고 이것은 재료 기능과 같은 관계가 있다. 아몰포스 합금의 내식성과 자성, 은(Ag)과 같은 초미입자 성분의 촉매성 등이 주목되고 있는 분야이며 형상 기억 합금 및 금속 수소 화합물 등의 신기능 응용이 진행되고 있으며 센서의 그 특성상 중요한 역할을 하는 금속 재료로는 전기 저항 재료, 도체 재료, 접점 재료, 자외 재료, 감온자성재료, 열전대 재료, 초전도 재료, 형상기억 재료, 내열내식 재료, 촉매합금 재료, 탄성 재료 등이 있다.

(4) 복합재료

복합 재료란 서로 다른 재료를 조합하여 만든 것으로 합체계와 생성계로 크게 구분할 수 있는데 합체계란 복합의 전후에 있어서 구성 소재의 재질, 형태가 거의 변하지 않는 것이며, 생성계는 복합 전후에 구성 소재의 재질, 형태 및 분율이 상당량 변화하는 것을 말한다.

4. 신호처리

센서는 측정 대상물로부터 물리량의 절대값이나 그 변화량을 검출하여 이들을 제어 시스템에 정보로 제공하기 위해 필요한 신호로 그 측정량에 대응한 값들로 바꾸어야 하는데 이를 위해 적절한 신호처리가 이루어져야 한다.

(1) 측정대상

센서의 어원이 감각(능력)의 의미를 지닌 센스(sense)로부터 유래된 것에서 알 수 있듯이 센서의 측정대상은 감지하고자 하는 어떤 것이든 해당된다고 하겠다. 예를 들면 온도, 광, 힘, 길이, 길이, 압력, 자기, 속도 등의 절대값이나 변위 등이 이에 해당하는데 일반적으로 온도, 광, 자기센서가 대표적이다.

(2) 신호 형태

신호란 정보를 담고 있는 물리량을 의미하는데 표시할 시간과 정보량에 따라 다음과 같이 4가지로 구분할 수 있다.

① 아날로그신호(analog signal) : 연속시간 신호라고도 불리우는데 정보의 정의역(domain)이 어느 구간에서 모든 점으로 표시되는 신호이다. 즉 시간과 정보가 모두 연속적인 신호이다.

② 연속신호(continuous signal) : 시간은 연속이나 그 정보량은 불연속적인 신호이다. 정보의 정의역은 기준 단위의 정수배로 표현된다.

③ 이산시간신호(discrete-time signal) : 이 신호는 아날로그신호를 일정한 간격의 표본화(sampling)를 통하여 얻을 수 있는데 시간은 불연속이고 정보는 연속적인 신호이다. 이 신호는 최근 DSP(Digtal Signal Processing) 기술의 발달로 음향기기, 통신, 제어 계측 등 많은 분야에서 응용된다.

④ 디지털신호(digtal signal) : 시간과 정보 모두 불연속적인 신호이다. 이것은 아날로그 신호를 일정한 샘플링 주기로 표본화하고 기준 단위의 정수배로서 그 정보량을 표시한 것으로 이 유한한 정보를 표현하기 위해 몇 개의 2진 신호(binary)가 이용된다.

(3) 신호 변환

어떤 제어 시스템에서 하나의 2진신호만을 사용하여 0~10V의 아날로그 입력신호를 처리한다면 다음처럼 2개의 균등한 간격으로 나누어진다.

전압범위	신 호
0~4.9V	0
5.0~10V	1

그러나 이것은 불인정한 전압 범위를 나타내므로 2개의 2진 신호를 사용하여 다음과 같이 4개의 전압 범위로 나타낼 수도 있다.

전압범위	신호1	신호2	전압범위	신호1	신호2
0~2.4V	0	0	5.0~7.4V	1	0
2.5~4.9V	0	1	7.5~10V	1	1

이것은 2개의 전압 범위를 더 추가하여 세분화한 것으로 전압 범의 등 처리할 정보가 세분화될 경우의 수는 2진신호의 수, 즉 신호 bit(binary unit)수에 의하여 결정된다.

$$조합의\ 개수 = 2^n\ (n은\ 2진신호의\ 개수)$$

즉, 2개의 2진 신호를 사용하면, 아날로그신호는 22=4개의 간격으로 나뉘어 지며 8개의 2진신호로 입력되는 아날로그신호를 표현하면 28=256개의 간격으로 나눌 수 있으므로 0~10V이다.

(4) 신호 증폭

센서는 구동기기를 구동시킬 수 없는 작은 신호를 출력하므로 대부분 신호를 증폭시키는 것이 필요하다. 대체로 증폭은 트랜지스터(transistar)나 연산 증폭기(operational amplifier) 등을 이용하여 수행되는데 온도에 따른 변화가 적은 연산 증폭기를 이용하는 방법이 보다 정확한 측정을 위해 좋은 방법이 된다. 한편 일반적인 연산 증폭기는 전압 차동형인데 이것은 노이즈에 영향을 받을 우려가 있어 센서의 경우는 전류 차동형 증폭기인 노튼 앰프를 증폭기로 사용하기도 한다.

(5) 신호의 선형화

일반적으로 센서는 비선형 신호를 출력하며 같은 센서라 할지라도 그 측정값의 변화량에 따라 변형되는 출력의 크기가 범위에 따라 다르므로 이것을 그대로 정보로 활용하기는 매우 어렵다. 따라서 이러한 신호를 시스템에 적용하기 위해서는 선형화하여 전달하는 것이 필요하고 이를 위해 선형화를 위한 회로가 필요하다.
① 저항형
② 기전력형
③ 스위치형

5. 물체 감지 및 검출 센서

(1) 유도형 센서(Inductive sensor)

유도형 센서는 물체가 접근하면 진폭이 감소하는 고주파 LC발전기에 의해 센서 표면에 전자계를 형성하고 감지거리 이내의 물체에 의한 변화에 따라 출력을 내보낸다. 일반적으로 유도형 센서는 금속체에만 반응하는 것으로써 대체로 100~1000 kHz의 고주파 전자계를 센서 표면에서 방출하여 검출헤드(발진 코일)가까이에 금속체가 없으면 변화가 없고, 도체인 금속성 물체가 감지거리 이내에 들어오면 발진코일로부터의 전자계의 영향을 받아 유도에 의한 와전류(eddy current)가 금속체 내부에 발생하여 에너지를 빼앗아 발진 진폭의 감쇄를 가져온다.
① 유도형 센서의 장점
　㉠ 신호의 변환이 매우 빠르게 이루어진다.
　㉡ 수명이 길다.(비접촉식)
　㉢ 먼지나 진동 등 외부의 영향에 대해서도 민감하지 않다.

② 유도형 센서의 단점
　㉠ 진동이 있는 장치에는 컨베이어 벨트에만 예민하게 반응한다.
　㉡ 코일의 다용으로 소형화가 곤란하다.

(2) 용량형 센서

정전 용량형 센서(capacitive sensor)라 불리기도 하며 유도형 센서의 제작원리와 거의 동일한 회로구성을 하고 있다. 다른 점은 유도형 센서가 코일에서 발생시키는 전자계를 이용하는 것과는 달리 이것은 전극판에서 고주파 전계를 발생시켜 물체의 접근에 따라 물체표면과 검출 전극판 표면에서 분극현상이 일어나 정전용량이 증가되어 발진조건이 향상되면 이로 인하여 발진진폭이 증가되어 출력이 나오도록 되어 있다는 것이다.

또한 유도형 센서는 와전류 형성을 위한 금속물체만을 검출할 수 있는데 비해 용량형 센서는 분극현상을 이용하므로 비금속 물질도 검출이 가능하다.

(3) 광센서

광센서란 빛 자체를 정량적으로 검출하기보다는 빛을 이용하여 물체의 유무를 검출하거나, 속도나 위치의 결정에 응용되기도 하며, 레벨, 검출, 특정 표시의 식별 등을 하는 곳에 많이 이용되고 있으며 포토 센서(photo sensor)또는 광학적 센서(optical senser)라고도 불리운다.

일반적으로 광센서는 자외광에서 적외광까지 넓은 영역에 걸쳐 광에너지를 검출할 수 있으며 광에너지를 전기적으로 변환하는 것에 의해 광기전력 효과형, 광도전형 효과형, 광전자형 방출형으로 나누기도 한다.

① 광도전 효과형 센서는 카메라 조도계에 오래 전부터 이용되어 오던 황화카드뮴센서(CdS)가 대표적
② 광기전력 효과형 센서는 P-N 접합부에 발생하는 효과를 이용
　예 포토 다이오드, 포토 트랜지스터 등
③ 광전자 방출형 센서는 광전자 증배란(PMT), 고전관 등이 있다.
④ 투광부(sender or emitter)와 수광부(receiver)의 구성에 따라 3가지로 구분된다.
　㉠ 분리형(투과형 : through beam) : 투광부와 수광부가 다른 몸체
　㉡ 직접 반사형(확산형 : diffusion) : 투광부에서 나온 빛이 대상물체 표면에 반사되어 수광부에 전달함으로써 물체의 유무를 검출해 내는 방식의 센서
　㉢ 거울 반사형(retro reflection) : 투광부로부터 반사되는 빛을 수광부로 되돌리기 위한 거울과 일정한 거리 내에 위치한 센서 사이에 대상물체의 존재 여부에 따라 출력을 내보내는 센서
⑤ 초전 센서
　물체를 검출하는데 투광부 즉, 광원없이 수광부만으로 동작하는 수동형 센서

⑥ 포토 커플러(photo coupler)

물체 유무의 검출이나 회전체의 속도검출 및 위치 판단용으로 복합한 광센서

㉠ 포토 인터럽터(photo interrupter) : 투과형 센서처럼 발광부와 수광부가 서로 마주보고 배치되어 있어 이 사이에 물체가 들어가면 빛이 차단되어 수광부의 광전류가 차단되도록 하여 출력을 내보내는 센서이다.

㉡ 포토 아이솔레이터(photo isolator) : 발광 소자로는 Si 도핑의 GaAs 적외 발광 다이오드가 많이 사용되며, 수광 소자로는 Si 포토트랜지스터가 가장 많이 사용되고 있다. 포토 아이솔레이터를 이용할 경우 장치사이의 정보 전달에 이용되는 회로 내에 입출력 단자의 접지가 불필요하므로 전자회로 구성이 매우 간단해질 수 있는 장점이 있다. 또한 수명이 길고 다른 반도체 소자와 동일한 구동 전원을 사용할 수 있는 것도 장점이다.

(4) 리드 스위치

물체에 직접 접촉하지 않고 그 위치를 검출하여 전기적인 신호를 발생시키는 것으로 센서에 속한 다고 말하며 근접 스위치라고도 한다. 물론 근접 스위치에는 리드 스위치와 같은 자기식 이외의 무접촉 스위치도 포함된다. 원래 리드 스위치는 '가는 접점'이라는 의미를 가진 것으로 전화 교환기용의 고신뢰도 스위치로 개발되었으나 최근에는 자석과 조합한 자기센서로 광범위하게 응용되고 있다.

• a접점 형태 : 정상상태에서 접점의 탄성에 의해 열려 있다.
• b접점 형태 : 바이어스용 영구자석을 부가해서 정상상태에서 접점이 닫혀 있다.
• c접점 형태 : 고정접점을 2개 설치해 서로 상이한 동작을 일으킬 수 있다.

① 리드 스위치는 문과 문틀에 자석과 스위치를 조합하여 방범용 제어계에 응용되거나 자동화 시스템의 실린더 위치감지에 응용될 뿐 아니라 자동차, 가정용 전기 기기, 계측 기기 등에 널리 사용되고 있다.

② 리드 스위치의 특성

㉠ 접점부가 완전히 차단되어 있어 가스나 액체 중, 고온 고습 환경에서 안정된 동작을 한다.

㉡ ON/OFF 동작시간이 비교적 빠르고($1\mu s$ 이내), 반복 정밀도가 우수하여 ($\pm 0.2mm$) 접점의 신뢰성이 높고 동작수명이 길다.

㉢ 반복 정밀도가 높다.($\pm 0.2mm$)

㉣ 사용 온도 범위가 넓다.($-270 \sim 150$℃)

㉤ 내전압 특성이 우수하다.(10kV 이상)

㉥ 동작 수명이 길다.

㉦ 소형, 경량, 저가격이다.

㉧ 가격이 비교적 저렴하고, 회로 구성이 간단하다.

2-2 기타 물리량 센서

1. 온도 센서

(1) 특 성

① 열저항이 적고 검출단(프로브)과 소자의 열접촉성이 좋을 것
② 검출단에서 열방사가 없을 것
③ 열용량이 적고 소자에 열을 빨리 전달할 것
④ 피부정체에 외란으로 작용하지 않을 것

(2) 열전쌍(thermocouple)

① 열전쌍의 특징은 구조적으로 간단하고 기계적으로도 강하며 측정온도 범위가 넓은데 있다.
② 열전쌍은 그 사용온도 범위에 따라 기호로 나타내기도 하는데 그 기호의 구분은 다음과 같다.
  ㉠ 저온용(-200~350℃) : T
  ㉡ 중온용(-200~800℃) : E, J
  ㉢ 고온용(-200~1200℃) : K
  ㉣ 초고온용(0~1600℃) : B, R, S

2. 서미스터(Thermistor)

서미스터란 온도에 민감한 저항체(thermally sensitive resistor)라는 의미를 가지고 있으며 온도변화에 따라 소자의 전기저항이 크게 변화하는 대표적인 반도체 감온소자로서 비교적 오래 전부터 실용화되었으며 아직도 많이 사용되고 있다.

■ 측온저항계

측온저항체는 접촉식 온도센서로서 열전쌍이나 서미스터와 함께 널리 사용되고 있는데 측온저항체로 이용되기 위한 요구 조건은 다음과 같다.
① 저항 온도계수가 클 것
② 온도-저항 특성이 직선적일 것
③ 사용온도 범위가 넓고 제작이 용이하며 저렴할 것
④ 열적·화학적·기계적으로 안정되고 경시변화가 적을 것

측온저항체로는 백금, 구리, 니켈, 등의 순금속을 사용하는데 표준온도계나 공업계측에 널리 이용되는 것은 온도 범위가 넓고, 높은 정확도를 가지며 안정하게 동작하는 백금인데 이것은 99.999% 이상의 고순도를 만들 수 있으므로 특성이 더욱 좋다.

⑤ 한편 다음과 같은 단점도 지니고 있다.
　㉠ 최고 사용온도가 600℃ 정도로 고온 측정은 할 수 없다.
　㉡ 저항체의 가격이 대체로 비싸다.
　㉢ 기계적인 변형이나 충격, 진동에 약하다.
　㉣ 구조가 복잡하여 형상이 크며 응답속도가 느리다.(좁은 장소 측정에는 부적합)

3. 적외선 센서

(1) 적외선 센서

이들 물체가 방사하고 있는 각종 적외선을 검출하여 이들로부터 온도를 구하는 비접촉식 센서로 최근에는 TV나 VTR 등 가전제품의 리모콘, 자동문의 스위치, 방범용, 방사 온도체 등으로 사용하고 있다.

(2) 열 형

흑체 방사에 기초를 두고 적외선 방사 에너지의 흡수에 의한 온도변화를 이용한 것이다.

(3) 양자형

PbS, HgCdTe 등의 반도체를 사용한 것으로 입사광의 호톤 에너지에 의하여 여자되는 전자에 의해서 생기는 도전율의 변화나 기전력을 검출하는 것이다.

4. 압력센서

압력은 물질이 인접하는 각 부분에 서로 미치는 힘의 크기를 나타내는 양이며 '단위 면적당 작용하는 (면과 법선 방향의) 힘'이라 정의되는데 압력의 측정으로부터 힘이나 무게 등을 구할 수 있어 산업계의 많은 분야에서 압력센서가 사용되고 있다.

(1) 스트레인 게이지

스트레인 게이지는, "금속체를 잡아당기면 길이는 늘어나고 지름이 가늘어져 전기저항이 증가하며, 반대로 압축하면 저항이 감소한다."는 당연한 원리를 적용한 것이다. 스트레인 게이지는 기본적으로 저항체이며 이것을 구조물 또는 전용 변형 발생체에 고정함으로써 피고정물이 받고 있는 응력, 압력, 힘, 변위 등의 피측정량을 게이지의 전기저항 변화로 변환하는 것을 목적으로 하는 소자이다.

(2) 로드셀

로드셀이란 그 이름대로 중량 센서란 말이다. 방식에서 여러 가지가 있지만 최근에는 변형게이지의 것이 대부분이다.

① 로드셀의 특징
- ㉠ 수 g~수 백 ton까지 측정할 수 있다.
- ㉡ 구조가 간단하다.
- ㉢ 중량을 전기신호로 변환해서 높은 정밀도(1/1,000~1/5,000)의 측정이 가능하며, 동적으로 측정할 수 있다.
- ㉣ 가동부가 없어 수명이 반영구적이다.
- ㉤ 검출 방식이 전기식으로 임의의 장소에 하중을 신호로 전송할 수 있으며 아날로그 표시, 디지털 표시, 제어 등을 자유로이 할 수 있다.

② 로드셀의 성능을 좌우하는 요인으로써
- ㉠ 외기 온도에 변화에 의한 브리지 평형점의 이동
- ㉡ 외기 온도에 변화에 의한 로드셀 감도의 변동
- ㉢ 기왜체의 비직선성
- ㉣ 기왜체의 히스테리시스
- ㉤ 변형 게이지의 클립
- ㉥ 변형 게이지의 릴랙제이션(relaxation)

5. 변위 센서

공작기계를 포함한 여러 가지 자동화 시스템의 제어에는 위치, 길이, 각도, 변형 등에 관한 정보가 수집되고 전달되어야 하는데 센서도 포함하나 여기서는 다른 종류의 변위 센서(아날로그적인 출력)에 대해 살펴보자.

(1) 증가형

(2) 절대형
- ① 기준점 등에 대한 정기적인 교정 필요
- ② 환경중 온도 변화에 따른 변화
- ③ 힘에 의한 변위량 고려(힘에 의한 변위가 있는 경우)
- ④ 동특성 주의(보완책 강구)

(3) 짧은 거리의 변위 센서

(4) 긴 거리의 변위 센서

(5) 컨테이너내의 레벨 측정
- ① 플로트를 사용한 레벨 측정 : 높이를 측정

② 공압을 이용한 측정 : 오염된 정제나 특히 유독성 물질의 레벨 측정에 이용
③ 정지된 액체의 수위 측정
④ 정전 용량을 이용한 레벨 측정

6. 자기 센서

(1) 홀 소자

자기 센서는 자계에 관련한 물리현상이 이용된 것으로 홀소자, 홀IC, 자기저항 소자(반도체, 강자성체) 등의 전기적인 양으로 변화되는 것 외에는 자계를 빛이나 압력의 변화로 바꾸어 이로부터 자계를 측정하는 것, 또 자계에 의해 기계적 변화를 일으켜 전기회로를 구성할 수 있는 리드 스위치 등이 포함된다.
- 홀 소자는 자속계, 회전계, 속도계, 및 전력계
- 홀 소자용의 반도체 재료로는 GaAs, InSb 등

(2) 자기저항 소자

언급한 홀 효과(전압 발생)이외의 또 다른 효과인 가해진 자계에 의하여 전류단자 간의 전기저항이 변하는 자기저항 효과를 이용한 것이다.
- 자기저항 소자의 특성
  ① 2단자 소자이다.(홀 센서는 4단자)
  ② 저임피던스이다.(수백 Ω 정도)
  ③ 저항 변화율이 크다.
  ④ 10kg 이상에서도 측정 가능(포화점 높음)하다.

7. 초음파 센서

각 분야에서 이용되는 초음파의 주파수는 낮게 25kHz 이상까지도 포함되며 그 파가 어떤 매질(공기, 물, 고체 등에 존재하느냐에 따라 성질이 크게 달라지는데 물체의 유무 검출이나 특정한 물체까지의 거리 등을 측정하는데 이용되는 초음파 센서는 대략 23~25 kHz 또는 40~45 kHz, 수백 kHz 정도의 주파수를 사용하고 있다.(대략 30~300 kHz) 일반적으로 초음파의 발생이나 검출은 크게 전자유도현상, 자외현상, 압전현상 중 하나를 이용 초음파 센서는 다양한 물체를 검출할 수 있다는 장점 외에도 배경의 영향을 없앤다든지 옥외에 설치할 수 있다는 것과 정확한 동작 위치를 선택할 수 있으며, 초음파 센서의 특징은 다음과 같다.
① 초음파의 발생과 검출을 겸용하는 가역 형식이 많다.
② 음파압의 절대값보다는 초음파의 존재의 유무, 또는 초음파 펄스 파면의 상대적 크기를 이용하는 경우가 많다.

③ 전기음향 변환 효율을 높이기 위하여 보통 공진 상태이므로 센서로 사용할 경우 감도가 주파수에 의존한다.
④ 비교적 검출거리가 길고, 검출거리의 조절이 가능하다.
⑤ 검출체의 형상, 재질, 색깔과 무관하며 투명체도 검출할 수 있다.
⑥ 먼지, 분진, 연기에 둔감하다.
⑦ 옥외에 설치가 가능하고 검출체의 배경에 무관하다.
⑧ 감지물체 표면에 경사가 있으며 곤란하다.
⑨ 스위칭 주파수가 낮다.(대략 125 kHz 이내)
⑩ 광센서에 비해 고가이다.(대략 2배)

제6편 자동학 시스템

제2장 센서(sensor)

예상문제

문제 001

센서의 재료 중 반도체 재료의 특징이 아닌 것은?
- ㉮ 분해능을 낮출 수 있다.
- ㉯ 경제적이다.
- ㉰ 소형화가 가능하다.
- ㉱ 응답속도가 빠르다.

해설 반도체 재료의 특징
① 소형, 경량화가 가능하다.
② 집적화가 가능하다.
③ 응답속도가 빠르다.
④ 분해능을 높일 수 있다.(고감도 실현)
⑤ 지능화가 가능하다.

문제 002

다음의 센서들은 물체의 유무를 감지하는 센서들이다. 이 들 중에서 감지방법이 접촉식인 것은?
- ㉮ 리밋스위치   ㉯ 광전스위치
- ㉰ 전파(Sonar)스위치   ㉱ 자기식 근접스위치

문제 003

다음 센서와 측정 가능한 물리량을 연결한 것이다. 이 중 잘못 연결된 것은?
- ㉮ 전동기의 회전속도 - 엔코더
- ㉯ 물체의 변위 - 차동 변압기
- ㉰ 회전각 - 리졸버
- ㉱ 물체의 가속도 - 포토인터럽터

문제 004

다음 중 광센서의 특징이 아닌 것은?
- ㉮ 비접촉식센서   ㉯ 고속응답
- ㉰ 색상판별   ㉱ 단거리검출

문제 005

자기센서로 맞는 것은?
- ㉮ 광전스위치   ㉯ 서미스터
- ㉰ 열전쌍   ㉱ 홀센서

문제 006

다음 중 홀센서에 대하여 가장 올바르게 설명한 것은?
- ㉮ 자장을 가하면 자장에 비례한 전압이 발생한다.
- ㉯ 자장을 가하면 자장에 비례한 저항이 변한다.
- ㉰ 전류가 흐르면 전류에 비례하여 저항이 변한다.
- ㉱ 전류가 흐르면 전류에 비례하여 자장이 발생한다.

문제 007

센서의 출력신호를 마이크로프로세서에서 이용하기 위해서는 이산신호의 형태로 변환해야 한다. 이 때 샘플링의 과정이 필요한데 입력되는 신호의 최대주파수가 10kHz이다. 샘플링 주파수로 가장 적당한 것은 몇 kHz인가?
- ㉮ 5   ㉯ 10
- ㉰ 15   ㉱ 20

문제 008

세라믹 재료 중 CoO-MgO계 고용체의 특징 중 맞는 것은?
- ㉮ 고용체의 형성에 의하여 물성의 제어가 가능하다.

답 001.㉮ 002.㉮ 003.㉱ 004.㉱ 005.㉱ 006.㉮ 007.㉱ 008.㉮

㉯ 화학량의 변화에 대한 열분해가 안 된다.
㉰ 공기중에 방치하면 산소와 흡착한다.
㉱ 산소 이온 전도성이 아주 좋다.

문제 009

다음은 어느 센서에 대한 설명인가?

> 측정하는 센서의 대상은 기체, 액체, 고체, 플라즈마, 생체 등 다양하고 접촉식과 비접촉식으로 구분된다. 열전대, 바이메탈, 서미스터, 볼로미터, 감온 페라이트 등이 있다.

㉮ 온도 센서   ㉯ 광센서
㉰ 자기 센서   ㉱ 압력 센서

문제 010

다음 중 센서의 재료 중 세라믹 재료에 속하지 않는 것은?

㉮ 안정화 지르코니아
㉯ 규소
㉰ 산화주석
㉱ 티탄산 바륨 반도체

[해설] 세라믹 재료를 센서의 기능재료로 이용되는 경우 결정 자체의 성질을 이용하거나 입자간 경계 및 입자의 성질을 이용하거나 표면의 성질을 이용하게 되는데 내열, 내식, 내마모성 등이 이들 센서의 우수한 기능을 살려준다.

문제 011

물리량의 변화가 센서의 저항값으로 나타나는 것이 아닌 것은?

㉮ 감열 페라이트   ㉯ 서미스터
㉰ 측온 저항계   ㉱ CdS

[해설] 측정체가 가진 물리량이나 그 변화를 전기적으로 변화하는 센서는 그 측정하고자 하는 양에는 관계없이 저항형, 기전력형, 스위치형으로 구분된다.

문제 012

디지털 신호변환에서 전압 범위 등 처리할 정보가 세분화 될 경우의 수는 무엇에 따라 결정되는가?

㉮ 코일의 감김수
㉯ 신호 bit(binary unit) 수
㉰ 이산시간 신호
㉱ 연속 신호

문제 013

버튼이 눌려있을 때만 스위칭 요소가 두 접점부를 연결하여 전기신호를 발생시키는 접점은?

㉮ a 접점   ㉯ 상시개방접점
㉰ b 접점   ㉱ 상시폐쇄접점

[해설] ① 상시개방접점 : 버튼이 눌려있을 때만 접점 연결하여 전기신호발생
② 상시폐쇄접점 : 버튼이 눌려있을 때만 접점 연결하여 전기신호차단
③ 전환 접점 : 위 두 가지 접점용도 모두 적용

문제 014

물체의 유무를 검출하거나 회전체의 속도검출 및 위치판단용으로 사용되며 발광 다이오드를 발광부에 사용하고 수광부에는 포토다이오드를 사용한 복합형 광센서는?

㉮ 포토커플러   ㉯ 리드 스위치
㉰ CCD 이미지 센서 ㉱ MOS 이미지 센서

[해설] 전기적으로 절연되어 있지만 광학적으로는 결합되어 있는 발광부가 수광부를 갖추고 있는 광센서를 포토커플러라고 한다.

문제 015

물체의 접근에 따라 물체표면과 검출 전극판 표면에서의 분극현상을 이용하는 센서는?

㉮ 유도형 센서   ㉯ 용량형 센서
㉰ 광센서   ㉱ 트랜지스터

[답] 009. ㉮ 010. ㉯ 011. ㉮ 012. ㉯ 013. ㉯ 014. ㉮ 015. ㉯

문제 016

센서의 선정시 유의사항이 아닌 것은?

㉮ 정확성 ㉯ 감지거리
㉰ 반응속도 ㉱ 가격

해설 센서의 응용시 그 분야에 따라 선정시 고려사항 : 정확성, 감지거리, 신뢰성과 내구성, 단위시간당 스위칭 사이클, 반응속도, 선명도 등이 있다.

문제 017

센서의 사용목적과 거리가 먼 것은?

㉮ 정보의 수집 ㉯ 정보의 변환
㉰ 제어정보의 취급 ㉱ 정보의 부재

해설 센서의 사용목적은 정보의 수집, 정보의 변환, 제어정보의 취급 등이 있다.

문제 018

일반적으로 센서의 분류에 있어서 분류방법이 다른 것은?

㉮ 화학 센서 ㉯ 능동형 센서
㉰ 물리 센서 ㉱ 역학 센서

해설 측정 또는 검출하고자 하는 양이 물리량인가, 역학적인 양인가 아니면 화학량인가에 따라 구분된다.

문제 019

열팽창계수가 큰 금속과 작은 금속의 두 판을 접합시키면 온도변화에 따라 변형 및 내부 응력이 발생하여 온도 센서로 사용되는 것은?

㉮ 압전성 재료
㉯ 도전성 고분자 복합재료
㉰ 매트릭스
㉱ 바이메탈

문제 020

광센서의 원리로 분류방법 중 다른 것은?

㉮ 광기전력 효과형 ㉯ 광도전 효과형
㉰ 스트레인 게이지 ㉱ 광전자 방출형

해설 광센서의 광 변환 원리에 기초를 두고 광기전력 효과형, 광도전 효과형, 광전자 방출형으로 분류된다.

문제 021

센서의 세라믹 재료 중 결정 자체의 성질을 이용한 것이 아닌 것은?

㉮ NTC 서미스터 ㉯ 고온 서미스터
㉰ 산소 가스 센서 ㉱ PTC 서미스터

해설 PTC 서미스터는 입계 및 입자간 석출상의 성질을 이용한 것이다.

문제 022

포토다이오드의 특징으로 틀린 것은?

㉮ 이력현상이 없다. ㉯ S/N 특성이 좋다.
㉰ 암전류가 많다. ㉱ 수명이 길다.

해설 포토다이오드의 특징
① 아날로그 동작시키는데 적당
② 응답속도가 빠르다.
③ 신뢰성이 높다.
④ 암전류가 적다.
⑤ 수명이 길다.
⑥ 이력현상이 없다.
⑦ S/N 특성이 좋다.

문제 023

광센서의 원리에 따라 분류된 것 중 다른 것은?

㉮ 광도전 효과형 ㉯ 광기전력 효과형
㉰ 광전 증배관 ㉱ 광전자 방출형

답 016.㉱ 017.㉱ 018.㉯ 019.㉱ 020.㉰ 021.㉱ 022.㉰ 023.㉰

문제 024
유도형 센서의 경우 AC전원을 사용할 경우 이때의 사용 전압은 대략 얼마인가?
- ㉮ 1~10V
- ㉯ 5~10V
- ㉰ 10~20V
- ㉱ 20~250V

문제 025
P-N 접합부에 발생하는 광기전력 효과를 이용한 광센서가 아닌 것은?
- ㉮ 포토트랜지스터
- ㉯ 유화카드뮴 센서
- ㉰ 광 사이리스터
- ㉱ 포토다이오드

해설) 유화카드뮴 센서는 광도전효과를 이용

문제 026
온도 센서에서 열전쌍(thermocouple)의 사용온도의 범위에 따라 기호가 맞는 것은?
- ㉮ 저온용-E
- ㉯ 중온용-J
- ㉰ 고온용-B
- ㉱ 초고온용-T

해설) 열전쌍의 사용온도의 범위
① 저온용(-200~350℃) : T
② 중온용(-200~800℃) : E, J
③ 고온용(-200~1200℃) : K
④ 초고온용(0~1600℃) : B, R, S

문제 027
주성분이 티탄산사륨에 미량의 희토류 원소를 첨가하여 전도성을 갖게 한 N형 티탄산 바륨계 산화물 반도체의 일종으로 전류제한 소자용도 및 전압 변동 특성을 이용하여 다리미나 전자모기퇴치기 등에 이용되는 서머스터는?
- ㉮ ATC
- ㉯ NTC
- ㉰ PTC
- ㉱ CTR

문제 028
리드스위치 사용에 있어 고려사항이 아닌 것은?
- ㉮ 사용온도에 따라 자석을 선택한다.
- ㉯ 강한 외부의 충격을 피해야 한다.
- ㉰ 유도성 부하의 경우 불꽃 방지회로를 구성한다.
- ㉱ 리드 스위치는 자극의 배치에는 감지 특성은 일정하나 주위의 여건의 영향을 받는다.

문제 029
포토아이솔레이터의 주된 특징이 맞는 것은?
- ㉮ 신호의 전달은 양방향이다.
- ㉯ 수명은 길지 않으나 고 신뢰성이다.
- ㉰ 구조가 복잡하여 대량생산에 부적합하다.
- ㉱ 다른 반도체 소자와 구동 전원을 함께 할 수 있다.

문제 030
자계에 관련된 물리현상이 이용된 것으로 자기 센서의 종류가 아닌 것은?
- ㉮ 홀 IC
- ㉯ 자기 트랜지스터
- ㉰ 위간드 효과 소자
- ㉱ 열전쌍

문제 031
특수 처리한 와이어의 외장과 중심의 보자력을 이용하고 중심핵의 자화 방향을 외곽의 자화 방향과 같게 하거나 반내로 할 수가 있는 효과를 이용한 자기 센서는?
- ㉮ 스트레인 게이지
- ㉯ 홀 소자
- ㉰ 위간드 효과 소자
- ㉱ SQUID

문제 032
측온 저항체로 사용되는 순금속이 아닌 것은?
- ㉮ 백금
- ㉯ 은

답) 024. ㉱ 025. ㉯ 026. ㉰ 027. ㉰ 028. ㉱ 029. ㉱ 030. ㉱ 031. ㉰ 032. ㉯

㉰ 구리　　　㉱ 니켈

문제 033
물리량의 절대값 또는 변화를 감지하여 이를 사용 가능한 전기신호로 변환하는 장치를 통틀어 무엇이라 정의하는가?
㉮ 선택 밸브　　㉯ 콘덴서
㉰ 센서　　㉱ 요동 모터

문제 034
다음 센서의 종류 중 화학 센서에 속하지 않는 것은?
㉮ 효소 센서　　㉯ 면역 센서
㉰ 이온 센서　　㉱ 온도 센서

[해설] 물리센서-온도 센서에 속한다.

문제 035
센서 기술의 체계화라는 측면에서 본다면 5계층으로 구분할 수 있다. 각 계층 간의 예가 틀린 것은?
㉮ 파트-포토다이오드
㉯ 독립시스템-레이더 온도그래프장치
㉰ 컴포넌트-광전 스위치
㉱ 유닛-TV카메라

문제 036
자기 센서의 자기저항 소자의 특성이 아닌 것은?
㉮ 3단 소자
㉯ 저임피던스
㉰ 저항 변화율이 크다.
㉱ 저잡음

문제 037
A/D 변환기의 특성으로 틀린 것은?
㉮ 변환속도　　㉯ 비트의 수
㉰ 신호의 신뢰성　　㉱ 센서의 종류

[해설] A/D변환기의 특성으로는 변환속도(빠른 변환의 경우 마이크론 초이다). 출력축에서 발생될 디지털 정보의 크기(8bit, 16bit), 신호의 신뢰성

문제 038
센서의 신호 형태 중 시간과 정보가 모두 불연속적인 신호는?
㉮ 아날로그 신호　　㉯ 연속신호
㉰ 이산시간 신호　　㉱ 디지털 신호

문제 039
검출제가 작동영역에 진입하는 순간과 센서 출력이 상태변화를 가져오는 순간까지의 시간 지연을 무엇이라 하는가?
㉮ 주기　　㉯ 초기 지연
㉰ 복귀시간　　㉱ 응답시간

문제 040
유도형 센서의 장점이 아닌 것은?
㉮ 신호의 변환이 빠르다.
㉯ 수명이 길다.
㉰ 외부의 영향을 받지 않는다.
㉱ 자석 효과가 있다.

[해설] 유도형 센서의 장점
① 신호의 변환이 매우 빠르다.
② 수명이 길다.
③ 먼지나 진동 등 외부의 영향을 받지 않는다.

문제 041
유도형 센서를 사용했을 때 감지거리가 다음 중 가장 긴 것은?
㉮ Steel　　㉯ Cr Ni
㉰ Ms　　㉱ Al

[해설] 유도형 센서의 감지거리
Steel > Cr > Ni > Al > Cu

[답] 033. ㉰　034. ㉱　035. ㉰　036. ㉮　037. ㉱　038. ㉱　039. ㉱　040. ㉱　041. ㉮

문제 042
자기 센서의 자기 저항형 소자재료가 맞는 것은?
- ㉮ GsAe
- ㉯ Si
- ㉰ InSb
- ㉱ GaSb

해설 자기 저항형 소자재료, 홀효과형 소자재료

문제 043
마이크로폰, 진동 센서, 픽업 등에 사용되는 센서 재료의 어느 기능에 응용한 것인가?
- ㉮ 경질 자성체
- ㉯ 열전대
- ㉰ 촉매제
- ㉱ 초전도재

문제 044
대상물로부터 정보를 획득하는 방법에 따라 구분되는 센서는?
- ㉮ 역학 센서
- ㉯ 수동형 센서
- ㉰ 온도 센서
- ㉱ 이온 센서

해설 정보의 획득하는 방법에 따라 수동형센서, 능동형센서로 구분된다.

문제 045
센서의 금속재료 중 압력계, 수압막, 수압 벨로우즈 부르동관 등의 제작에 사용되는 재료는?
- ㉮ 규소강
- ㉯ 모넬
- ㉰ Cu-Be
- ㉱ Ni

문제 046
연속시간 신호라고도 불리는데 정보의 정의역(do-main)이 어느 구간에서 모든 점들을 표시되는 신호는?
- ㉮ 아날로그 신호
- ㉯ 연속 신호
- ㉰ 이산시간 신호
- ㉱ 디지털 신호

해설 아날로그 신호는 시간과 정보가 모두 연속적인 신호

문제 047
센서의 세라믹 재료 중 내화물의 열적 안정성을 향상시키기 위해 ZrO_2에 안정제로서 CaO를 고용시킨 재료는?
- ㉮ 안정화 지루코니아
- ㉯ 티탄산 바륨 반도체
- ㉰ 산화 주석
- ㉱ CoO-MgO계 고용체

해설 안정화 지루코니아는 내열성, 내식성이 우수하지만 CaO를 고용했기 때문에 산소 이온 진동성이 있고 산소 센서로서 이용

문제 048
센서의 종류 중 인간의 오감에 비교할 때 촉각에 해당하는 센서가 아닌 것은?
- ㉮ 광센서
- ㉯ 압력 센서
- ㉰ 자기 센서
- ㉱ 온도 센서

문제 049
광센서의 분류시 수광부와 투광부의 구성여부에 따라 분류된 것들과 다른 것은?
- ㉮ 투과형
- ㉯ 간접 반사형
- ㉰ 직접 반사형
- ㉱ 거울 반사형

해설 수광부와 투광부의 구성여부에 따라 분리형, 직접 반사형, 거울 반사형으로 분류

문제 050
다음 설명 중 틀린 것은?
- ㉮ 유도형 센서는 와전류 형성을 위해 금속 물체만 검출할 수 있다.
- ㉯ 용량형 센서는 분극현상을 이용한다.
- ㉰ 용량형 센서는 금속 물체 및 비금속 물체도 검출이 가능하다.
- ㉱ 용량형 센서는 옥외설치 시 외부의 영향을 받지 않는다.

답 042.㉰ 043.㉮ 044.㉯ 045.㉰ 046.㉮ 047.㉮ 048.㉮ 049.㉯ 050.㉱

문제 051

포토다이오드의 설명 중 틀린 것은?

㉮ 광기전력 효과를 이용한 소자다.
㉯ 입사광을 유효하게 사용하기 위하여 표면에 반사 방지층이 설치 되어있다.
㉰ 재료, 형상, PN접합의 위치에 상관없이 수광파장 영역이 같다.
㉱ 구조적으로는 메사형, 플레이너형, PIN형 등이 있다.

해설 포토다이오드는 재료, 형상, PN접합의 위치 등에 의해서 수광파장 영역이 다르다.

문제 052

포토다이오드의 사용의 예가 아닌 것은?

㉮ 광 스위치(포토커플러)
㉯ 마크 독취기(포토아이솔레이터)
㉰ 단거리 광통신기
㉱ 카메라 노출계

문제 053

유도형 센서는 대체로 산업체에서는 ON-OFF형 센서를 많이 취급한다. 출력신호의 증폭을 위해 사용되는 트랜지스터(transistor)의 설명으로 틀린 것은?

㉮ p-n-p형과 n-p-n형으로 구분된다.
㉯ 유럽에서는 주로 p-n-p형의 출력상태를 이용하고 있다.
㉰ 사용전압은 직류 1~10V이다.
㉱ 일본에서는 주로 n-p-n형의 출력상태를 이용하고 있다.

문제 054

서미스터의 온도와 저항변화의 기본특성으로 분류된 것이 아닌 것은?

㉮ ATC ㉯ NTC
㉰ PTC ㉱ CTR

해설 온도와 저항변화의 특성에 따라
① NTC 서미스터
② PTC 서미스터
③ CTR 서미스터

문제 055

온도 센서에서 열전쌍(thermocouple)의 사용온도 중 초고온용(0~1600℃) 기호표시를 나타내는 것이 아닌 것은?

㉮ B   ㉯ R
㉰ Z   ㉱ S

문제 056

포토 인터럽터를 이용하여 만든 제품이 아닌 것은?

㉮ VTR   ㉯ 복사기
㉰ 자동차의 타코메타 ㉱ 음주 측정기

해설 포토 인터럽터는 회전속도의 제어, 위치제어, 계수 등 그 응용분야를 점차 넓히고 있다.

문제 057

리드 스위치의 특성 중 틀린 것은?

㉮ 고온, 고습 환경에서도 안정된 동작을 한다.
㉯ 스위칭 시간이 길다.
㉰ 반복 정밀도가 높다.
㉱ 내전압특성이 우수하다.

해설 리드 스위치의 특성
① 고온, 고습 환경에서도 안정된 동작을 한다.
② 내전압 특성이 우수하다.(10kV)
③ 스위칭 시간이 짧다.(1ms 이내)
④ 동작 수명이 길다.
⑤ 소형, 경량, 저가격이다.
⑥ 회로구성이 간단하다.

문제 058

로드 셀의 성능을 좌우하는 요인으로 볼 수 없는 것은?

답 051. ㉰ 052. ㉯ 053. ㉰ 054. ㉮ 055. ㉰ 056. ㉱ 057. ㉯ 058. ㉰

㉮ 기왜채의 비직선성
㉯ 변형 게이지의 클립
㉰ 외기 온도
㉱ 기왜채의 히스테리시스

문제 059

약한 결합을 가진 초전도 링에 자속 트랜스의 입력을 인가하면 이것을 없애도록 전류가 흐른다. 이 전류에 의해 자속 양자가 약한 결합을 통해서 출입하도록 공진회로를 사용하여 자속변화를 측정하는 센서는?

㉮ 스트레인 게이지　㉯ 홀 소자
㉰ 위간드 효과 소자　㉱ SQUID

해설 초전도 상태의 금속을 매우 얇은 절연물로 삽입해 접합시키면 외계의 자기 변동을 양자 단위로 측정할 수 있는 초감도 자기 센서가 얻어진다.

문제 060

구조물 또는 전용 변형 발생체에 고정함으로써 피고정물이 받고 있는 응력, 압력, 힘, 변위 등의 피측정량을 게이지의 전기저항 변화로 변환하는 것을 목적으로 하는 소자는?

㉮ 스트레인 게이지　㉯ 적외선 센서
㉰ 측온 저항계　　　㉱ 열전쌍

문제 061

접촉식 온도 센서로서 널리 사용되는 것이 아닌 것은?

㉮ 측온 저항체　㉯ 열전쌍
㉰ 서머스터　　㉱ 적외선 센서

해설 적외선 센서는 비접촉식 온도 센서

문제 062

초음파 센서가 이용하고 있는 초음파의 발생이나 검출 때 일어나는 현상 중에 들지 않는 것은?

㉮ 전자유도 현상　㉯ 자왜현상
㉰ 압전현상　　　㉱ SQUID

문제 063

디지털 신호변환장치 중에 입력측에 공급되는 아날로그 신호를 등가의 비트 조합값으로 변환하여 출력측에 전달하는 기능을 가진 장치는 무엇인가?

㉮ A/D 변환기　㉯ 서머스터
㉰ 측온 저항체　㉱ 로드셀

해설 온도센서의 경우 온도가 측정되면 이 아날로그 변화값을 A/D 변환회로를 거쳐 빈번히 등가의 디지털값으로 변환하여 해당 출력신호 보냄

문제 064

센서는 신호를 증폭시키는 기기로서 적당하지 않는 것은?

㉮ 트랜지스터　㉯ 연산 증폭기
㉰ 노튼 앰프　　㉱ 다이오드

문제 065

시간은 불연속이고 정보는 연속적인 신호로 아날로그 신호를 일정한 간격의 표본화를 통하여 얻을 수 있는 신호는?

㉮ 아날로그 신호　㉯ 연속 신호
㉰ 디지털 신호　　㉱ 이산시간 신호

해설 이산시간 신호는 최근 DSP 기술의 발달로 음향기기, 통신, 제어 계측 등 많은 분야에 응용

문제 066

물체가 접근하면 고주파 L, C 발진기에 의해 센서 표면에 전자계를 형성하고 감지거리 이내의 물체에 의한 변화에 따라 출력을 내보내는 센서는?

㉮ 유동형 센서　　㉯ 용량성 센서
㉰ 정전 용량형 센서　㉱ 다 맞다

답 059.㉱　060.㉮　061.㉱　062.㉱　063.㉮　064.㉱　065.㉱　066.㉮

문제 067
요동 액추에이터의 종류에 해당되지 않는 것은?
- ㉮ 래크 피니언형
- ㉯ 베인형
- ㉰ 스크루형
- ㉱ 포핏형

문제 068
다음 중에서 부르동관에 대한 설명 중 가장 옳은 것은?
- ㉮ 압력을 검출하는데 사용된다.
- ㉯ 유량을 검출하는데 사용된다.
- ㉰ 온도를 검출하는데 사용된다.
- ㉱ 유속을 검출하는데 사용된다.

문제 069
도전성 고무가 많고 대부분이 실리콘 고무와 카본블랙 입자계이며 전파 차폐재료, 고압 송전 케이블용 피복재료, 도전성, 유지 강화 플라스틱 응용되는 센서의 금속재료는?
- ㉮ 반도체 재료
- ㉯ 도전성 고분자 복합재료
- ㉰ 바이메탈
- ㉱ 세라믹 재료

문제 070
센서의 종류 중 일반적으로 온도 센서, 방사선 센서, 자기 센서 등은 어느 종류의 센서에 속하는가?
- ㉮ 화학 센서
- ㉯ 물리 센서
- ㉰ 역학 센서
- ㉱ 다 맞다

문제 071
아날로그 센서, 디지털 센서, 주파수형 센서 등의 센서 등의 분류방법은 무엇을 기준으로 하는가?
- ㉮ 센서의 구성
- ㉯ 센서의 검지기능
- ㉰ 센서의 검출신호
- ㉱ 센서의 용도

문제 072
스트레인 게이지는 어느 센서에 속하는가?
- ㉮ 속도 센서
- ㉯ 화학 센서
- ㉰ 압력 센서
- ㉱ 광센서

문제 073
센서에 이용되는 금속재료는 분류 종류 중 다른 것은?
- ㉮ 기능성 재료
- ㉯ 구성 보조재료
- ㉰ 기구, 보존 양용재료
- ㉱ 접점재료

문제 074
자기감응효과에 나타나지 않는 것은?
- ㉮ 광도전효과
- ㉯ 제만효과
- ㉰ 홀효과
- ㉱ 죠센슨 효과

해설 자기감응효과로는 제만효과, 홀효과, 죠센슨 효과 등이 있다.

문제 075
반도체에 빛이 닿으면 반도체의 저항 변화가 일어나는 현상을 이용한 광센서는?
- ㉮ 포토 다이오드
- ㉯ 포토 트랜지스터
- ㉰ 유화카드뮴 센서
- ㉱ 광전관

해설 광도전 효과형 광센서

문제 076
다음 중 발광 다이오드(LED)에 대한 설명 중에서 틀린 것은?
- ㉮ 반도체 소자이다.
- ㉯ 교류, 직류겸용이다.
- ㉰ 발광 속도가 매우 빠르다.

답 067. ㉱ 068. ㉮ 069. ㉯ 070. ㉯ 071. ㉰ 072. ㉰ 073. ㉱ 074. ㉮ 075. ㉰ 076. ㉯

㉔ 구동전압이 약 2V 정도이다.

문제 077

NiO, MnO, CoO, Fe₂O₃ 등을 주성분으로 하고 트랜지스터회로의 온도보상, 통신기의 자동이득조절 등 온도측정이나 제어에 많이 이용되는 서머스터는?
㉮ ATC   ㉯ NTC
㉰ PTC   ㉱ CTR

문제 078

열전쌍을 부착하는 방법과 측정하는 방법에 따라 오차가 생길 수 있다. 이에 맞지 않는 것은?
㉮ 측온체의 방사열에 의한 오차
㉯ 실드케이블의 유도성 전류에 의한 오차
㉰ 고속 유체의 압축성이나 내부 마찰에 의한 오차
㉱ 보호관 주변 외란에 의한 오차

문제 079

온도 센서 특성에 요구되는 조건이 아닌 것은?
㉮ 검출단과 소자의 열 접촉성이 좋을 것
㉯ 열용량이 많을 것
㉰ 피 측정체에 외란으로 작용하지 않을 것
㉱ 검출 단에서 열방사가 없을 것

문제 080

일반적으로 변위 센서의 사용상 고려사항이 아닌 것은?
㉮ 기준점 등에 대한 정기적인 교정필요
㉯ 환경중 온도 변화에 따른 변화
㉰ 동특성 주의
㉱ 사용자의 숙련정도

문제 081

측온 저항체로 이용되기 위한 요구 조건에 해당되지 않는 것은?
㉮ 저항 온도계수가 작을 것
㉯ 온도-저항특성이 직선적일 것
㉰ 소선의 가공이 용이할 것
㉱ 사용온도 범위가 넓고 제작이 용이할 것

문제 082

스트레인 게이지를 응용한 것으로 외부로부터 로드 버튼에 하중이 가해지면 기왜체에 무게가 전해지고 스트레인 게이지에 변형을 일으키게 하는 중량 센서는?
㉮ 스트레인 게이지   ㉯ 적외선 센서
㉰ 로드 셀   ㉱ 열전쌍

답 077. ㉯ 078. ㉯ 079. ㉯ 080. ㉱ 081. ㉮ 082. ㉰

자동화 시스템 보수유지

3-1 보수 관리의 개요

1. 보수 관리란

자동화 시스템에서 발생되는 대부분의 고장은 보수 관리의 미비에서 기인하기 때문에 고장이 발생한 후 당황하는 것은 전혀 의미가 없으므로, 시스템을 사전에 좋은 상태가 되도록 유지하며 고장 후에도 빠르게 정상상태가 될 수 있도록 하는 것

(1) 보수 관리의 목적

① 자동화 시스템을 항상 최상의 상태로 유지한다.
② 고장의 배제와 수리를 신속하고. 확실하게 한다.

(2) 보수 관리의 가치

① 경제적이다
② 생산계획의 확실성이 보장된다.

2. 설비의 신뢰성

(1) 신뢰성을 나타내는 척도

① 신뢰도
② 평균 고장 간격 시간(Mean Time Between Failure)
③ 평균 고장 수리 시간(Mean Time To Repair)
④ 고장률

(2) 신뢰성으로 설비를 설명하면 다음과 같은 편리한 점들이 있다.

① 사용시간과 고장 발생과의 관계를 알 수 있다.
② 운전 조업중인 설비의 장래 가동 상황을 예측하고 수정할 수 있다.
③ 설비의 수명이 판명된다.
④ 설비의 운전 조업 계획에 참고가 된다.
⑤ 설비의 운전 조업을 시간적으로 예측할 수 있으므로 정비수리나 생산계획 수립에 도움이 크다.

A. 신뢰도

$$= \frac{\text{설비 또는 한 계통 설비의 총수} - \text{운전하고자 하는 시간까지의 고장수} \times 100\%}{\text{설비 또는 한 계통 설비의 총수} \times 100\%}$$

B. MTBF(평균 고장 간격 시간)

$$\text{MTBF} = \frac{x_1 + x_2 + x_3 + \cdots + \xi + \cdots + x_n}{r}$$

x_i : 각 고장까지의 시간
r : 고장 발생수

C. MTTR(평균 고장 수리 시간)

$$\text{MTTR} = \frac{x_1 + x_2 + x_3 + \cdots + x_t + \cdots + x_n}{r}$$

x_t : 각 고장 수리 시간
r : 고장 발생수

D. 고장률은 MTBF(평균 고장 간격 시간)의 역비이다.

3-2 자동화 시스템의 보수유지 방법

1. 공압 시스템의 보수유지

(1) 오동작 및 고장

① 오동작 및 고장은 공압부품과 배관이 자연마모되었거나 손상된 상태 하에서 일어날 가능성이 크다.
② 자연마모 및 손상은 외부 환경의 영향과 압축공기의 상태에 가속화된다.
  ㉠ 부품의 마모는 기능장애, 공압의 누설, 부품의 파손을 야기시킬 수 있다.
  ㉡ 오염된 공기는 공압부품 내부의 마모를 증가시키고, 막힘 등에 의한 기능장애를 일으킬 수 있다.
  ㉢ 배관은 내·외부 환경요인에 의해 막히거나, 갈라지거나 구부러질 수 있다.
  ㉣ 이물질들이 누적되면 배관이나 공압부품이 저항을 받아 압력강하와, 그로

인한 부정확한 스위칭이 발생할 수 있다.
　　⑩ 부정확한 스위칭은 누설에 의한 압력강하와 공급압력의 맥동현상으로도 일어날 수 있다.
　　⑪ 실린더의 부정확한 설치나 과부하에 의해서도 초기 마모가 발생할 수 있다.
　　⊗ 센서의 부착이 정확하지 않거나 신호배관이 너무 긴 경우에도 오동작이 발생할 수 있다.
③ 처음 제어 시퀀스를 구성할 때 충분한 검토가 있어야 한다. 이러한 오동작을 예방하기 위한 방법
　　㉠ 주변환경 조건과 제어 시퀀스에 잘 조화되는 올바른 부품을 사용한다.
　　㉡ 큰 부하나 횡방향의 부하를 받는 경우 적절한 마운팅 형태를 선택하고 견고한 실린더를 사용한다.
　　㉢ 가속력이 큰 경우에는 완충장치를 달아 작동력을 흡수하도록 한다.
　　㉣ 먼지와 이물질이 많은 경우에는 자체 정화커버를 사용한다.
　　㉤ 실린더와 신호입력요소의 마운팅 조절나사는 확실하게 고정한다.
　　㉥ 신호의 지연을 방지하기 위해 배관을 가능한 한 짧게 한다.
　　⊗ 제어 및 파워 밸브의 배기는 보장되도록 한다.

(2) 공압 시스템에서의 고장

① 공급유량 부족으로 인한 고장
　공급유량이 부족한 상황에서의 공압 시스템의 단면이 갑자기 커지면 오동작이 야기된다.

② 수분으로 인한 고장
　윤활유와 섞여서 에멀션(emulsion) 상태가 되거나 수지(resination) 상태가 되어 밸브의 동작을 가로막기 때문에 주의하여야 한다.

③ 이물질로 인한 고장
　㉠ 슬라이드 밸브의 고착
　㉡ 포펫 밸브의 시트부에 융착되어 누설 야기
　㉢ 유량제어 밸브에 융착되어 속도 제어를 방해

④ 공압 기기의 고장
　㉠ 공압 타이머의 고장 : 제어신호가 존재함에도 불구하고 출력신호가 발생되지 않는다.
　　　[원인] 공기의 누설, 공기의 새는 소리가 들리지 않으면 밸브가 고착 상태일 가능성이 크다.
　㉡ 솔레노이드 밸브에서의 고장
　　　• 전압이 걸려 있는데도 아마추어가 작동하지 않는다.
　　　　[원인] 아마추어가 고착된 경우, 전압이 높을 때, 또는 주변 온도가 너무 높아 솔

레노이드 코일이 소손된 경우, 전압이 너무 낮은 경우일 수도 있다.
- 솔레노이드의 소음
  [원인] AC솔레노이드인 경우, 솔레노이드 아마추어가 완전히 끌리지 않게 되면 소리가 난다.

ⓒ 공압 밸브에서의 고장
- 밸브의 제어 위치가 전환되지 않는다.
  [원인] 포펫 밸브의 경우
  ㉮ 과도한 마찰이나 스프링의 손상으로 기계적인 스위칭 동작에 이상이 발생
  ㉯ 실링 시트가 손상을 입은 경우
  ㉰ 실링 플레이트에 구멍이 발생된 경우 또는 너무 유연하여 충분한 힘을 가해 줄 수 없는 경우
  ㉱ 슬라이드 밸브에서의 고장
- 과도한 마찰이나 스프링의 손상으로 기계적인 스위칭 동작에 이상이 발생
- 배기공의 막힘으로 인한 배압 발생
- 실링의 손상으로 인한 누설이 발생
- 평판 슬라이드 밸브에서 압력 스프링의 손상으로 누설이 발생되는 경우

ⓓ 실린더에서의 고장
- 보수유지 및 실링 교체시 실린더 내부를 깨끗이 청소하여 기름과 이물질을 제거 후 새 그리스를 주입한다.
- 반지름 방향의 하중이 작용하지 않도록 사용한다. 만약 이러한 하중이 작용하면 피스톤 로드 베어링이 빨리 마모되어 내구 수명이 짧아진다.
- 윤활된 공기를 사용하고 윤활량은 적절히 조정함으로써 과도한 윤활을 가급적 피해야 한다.

2. 유압 시스템의 보수유지

(1) 유압 시스템의 구성

① 액추에이터 유닛 : 실린더
② 컨트롤 유닛 : 압력제어, 유량제어, 방향제어 밸브
③ 파워 유닛 : 오일탱크, 릴리프밸브, 펌프

(2) 유압 시스템의 고장

결 함	원 인
(1) 토출 유량의 감소	① 탱크 내의 유면이 낮다. ② 펌프의 흡입 불량 ③ 펌프의 회전수가 너무 낮다. 또는 공운전을 한다. ④ 펌프의 회전 방향이 잘못되어 있다. ⑤ 작동유의 점성이 너무 높다.(흡입이 곤란하다.) ⑥ 작동유의 점성이 너무 낮다.(내부 누설이 증대된다.) ⑦ 펌프의 파손 또는 고장, 성능저하 ⑧ 공기의 침입 ⑨ 릴리프 밸브의 조정 불량 ⑩ 실린더, 밸브의 가공정도 불량, 시일의 파손으로 인한 내부 누설의 증대
(2) 압력의 저하 (실린더의 추력 감소)	① 릴리프 밸브의 작동 불량 또는 조정 불량 ② 각종 밸브의 작동, 조정불량　③ 내부 누설의 증가 ④ 외부 누설의 증가　　　　　　⑤ 펌프의 흡입 불량 ⑥ 펌프의 고장 또는 성능 저하　⑦ 구동 동력의 부족
(3) 실린더의 불규칙적인 작동	① 밸브의 누설량 변화에 의한 압력 변화　② 공기의 함입 ③ 펌프의 성능 불량　　　　　　④ 밸브의 작동 불량 ⑤ 배관 내의 공기 낌　　　　　⑥ 마찰 저항의 증대 ⑦ 과부하 작동　　　　　　　　⑧ 어큐뮬레이터의 압력 변화 ⑨ 작동유의 점성 증대　　　　　⑩ 파손 변형 ⑪ 내부 누설의 증대　　　　　　⑫ 외부 누설의 증대
(4) 펌프에서의 소음	① 펌프의 흡입 불량　　　　　　② 공기의 침입 ③ 에어필터의 막힘　　　　　　④ 펌프 부품의 손상, 마모 ⑤ 이물질의 침입　　　　　　　⑥ 구동방식의 불량 ⑦ 펌프 회전이 너무 빠른 경우　⑧ 외부 진동의 대책 ⑨ 작동유의 점성이 높다
(5) 펌프의 마모 및 파손	① 작동유의 부적절한 선택　　　② 저급 작동유의 사용 ③ 작동유의 오염　　　　　　　④ 작동유의 낮은 점성 ⑤ 공기의 침입　　　　　　　　⑥ 구동방식의 불량 ⑦ 펌프의 능력이상의 고압 사용　⑧ 작동유 부족에 의한 공운전 ⑨ 이물질의 침입　　　　　　　⑩ 펌프 케이싱의 지나친 조임 ⑪ 이상 고압의 발생　　　　　　⑫ 펌프의 흡입 불량
(6) 전동기의 과열 및 소음, 파손	① 구동방식의 불량　　　　　　② 전동기의 동력이 작은 경우 ③ 전동기와 펌프와의 중심이 어긋남　④ 전동기의 고장 ⑤ 장치 볼트의 이완, 커플리의 진동
(7) 작동유의 과열	① 작동 압력이 높음　　　　　　② 작동유의 점성이 높음 ③ 작동유의 점성이 낮음　　　　④ 펌프내의 마찰 증대 ⑤ 오일 쿨러의 고장　　　　　　⑥ 유량이 적음 ⑦ 장시간 고압에서의 운전　　　⑧ 회로가 국부적으로 교축
(8) 밸브의 작동 불량	① 밸브의 습동 불량　　　　　　② 밸브 스프링의 작동 불량 ③ 파일럿의 작동이 너무 늦든가 빠르다. ④ 내부 누설이 크다. ⑤ 솔레노이드의 과열, 소손　　⑥ 장치 자체의 불량 ⑦ 작동유의 온도가 높다.

(9) 배관 불량	① 기름 누설 　• 배관 접속법의 불량 　• 배관 재질의 불량 　• 실 불량 　• 기계적 파손 ② 공기의 침입 　• 배관 접속법의 불량 　• 실 불량 ③ 배관의 진동 　• 펌프, 밸브의 진동이 전달되어 발생된 공진 　• 이상 공압에 의한 충격 ④ 배관의 파손 　• 배관 접속법의 불량 　• 강도 부족, 재질의 불량
(10) 작동유의 불량	① 작동 온도의 불량　　② 작동유의 품질 불량 ③ 이물질, 물, 공기의 침입　④ 제어 회로 설계의 불량 ⑤ 재질과의 적합성 불량　⑥ 물리적, 화학적 성질의 변화

3. 전기 시스템의 보수유지

(1) 전원관계

① 전압 변동

10% 이상의 전압 상승, 15% 이상의 전압 강하, 빈번한 순시정전 내지 두드러진 파형왜곡이 있는 전원의 경우 정전압 회로를 설치하면 개선된다.

② 전원 소음

다른 전력기나 자동화 시스템 : 구동하는 부하에서의 소음이 많을 경우 실드트랜스나 필터를 넣으면 효과적이다. 또한 트랜스 또는 필터에서 나온 소음이 들어있지 않는 전원선은 최단거리에서 다른 선과 합쳐지든가 근접하지 않고 꼬아서 접속한다.

③ 접지

전원부는 상용전원측에 라인 필터가 삽입되어 있는 경우가 많으며 그 Filter에 의해 누설전류가 발생되므로 안전상 꼭 접지하여야 한다. 상용전원측의 누전차단기가 타 기기와 공통으로 사용되어 타 계통의 접지사고에 의해 작동 하는 경우는 전원계통을 분리하던가 절연변압기로 대책을 강구할 필요가 있다. 또 접지는 소음 대책상 중요하며, 최단거리에서 다른 강전기기의 접지선과 별도로 접지시키는 것이 바람직하다.

(2) 단상, 3상 전동기의 고장

결 함	원 인	
(1) 기동 불능일 때의 고장	① 퓨즈의 단락 ③ 과부하 ⑤ 코일 또는 군의 단락 ⑦ 내부 건설의 오류 ⑨ 컨트롤의 불량	② 축받이의 불량 ④ 상 결선의 단선 ⑥ 회전자 동봉의 움직임 ⑧ 축받이의 고착 ⑩ 권선의 접지
(2) 회전이 원활하지 못할 때의 고장	① 퓨즈의 단락 ③ 축받이의 불량 ⑤ 병렬 결선에서의 단선 ⑦ 회전자 동봉의 움직임	② 코일의 단락 ④ 상 결선의 단선 오류 ⑥ 권선의 접지 ⑧ 전압 또는 주파수의 부적당
(3) 전동기가 저속으로 회전시	① 코일의 단락 또는 군의 단락 ③ 축받이의 불량 ⑤ 결선의 착오	② 코일 또는 군 결선의 반대 ④ 과부하 ⑥ 회전자 동봉의 움직임
(4) 전동기의 과열	① 과부하 ③ 코일의 단락 또는 군의 단락 ⑤ 회전자 동봉의 움직임	② 축받이의 불량 또는 축조임 과다 ④ 단상 운전(3상의 경우)

4. 기타 보수

(1) 문서의 관리

일단 가동상태로 들어간 자동화 시스템과 관련된 모든 문서를 정리, 보관하여 언제나 찾아볼 수 있도록 하는 것이 좋다. 예를 들면 운전 중 프로그램을 변경시킬 경우가 있을 때, 자동화 시스템 본체의 프로그램을 변경시킴과 동시에 프로그램 작성에 기본이 되는 플로우 차트, 래더 도표, 코딩 시트, 입출력 해당표 등도 꼭 변경시켜 놓는다. 메뉴얼을 근거로 하여 보수점검 순서를 정해 놓으면 편리하다.

(2) 모니터 기기의 준비

PLC에는 각 입출력 표시와 CPU등의 모듈 이상표시(자기진단기능)가 보통 갖춰져 있으므로 단번에 이상 상태 여부를 알 수 있다. 이 외에도 상세한 고장진단을 위한 프로그램 내용이라든가, 입출력 데이터 메모리 내용을 점검할 수 있는 기능을 갖춘 기기(프로그래머가 이를 대신하는 경우가 많다)를 준비해 두는 것이 좋다.

(3) 예비품

PLC는 기종에 따라서 거의 호환성이 없는 경우가 많으므로 최소한의 예비품을 준비해 두는 것이 좋다.

제 3 장 자동화 시스템 보수유지

예상문제

문제 001
자동화 보수 관리의 목적을 가장 잘 설명한 것은?
- ㉮ 자동화 시스템을 항상 최상의 상태로 유지한다.
- ㉯ 고장수리를 신속하게 한다.
- ㉰ 생산성을 향상시킨다.
- ㉱ 기계의 사용 연수가 늘어난다.

문제 002
다음 중 유압 시스템에서 공기의 침입에 의한 고장으로 보기 어려운 것은?
- ㉮ 작동유의 과열
- ㉯ 펌프에서의 소음
- ㉰ 토출 유량의 감소
- ㉱ 실린더의 불규칙적이 작동

문제 003
자동화 설비의 신뢰성을 나타내는 척도가 아닌 것은?
- ㉮ 신뢰도
- ㉯ 평균고장 간격시간
- ㉰ 평균 가동시간
- ㉱ 고장률

문제 004
공압 시스템에서 고장의 원인이 아닌 것은?
- ㉮ 공급 공기유량 부족으로 인한 고장
- ㉯ 수분으로 인한 고장
- ㉰ 이물질로 인한 고장
- ㉱ 외부온도에 의한 고장

문제 005
보수 관리의 목적으로 맞는 것은?
- ㉮ 자동화 시스템을 항상 최상의 상태로 유지한다.
- ㉯ 예기치 않은 기계의 고장, 파손이 발생되는 것을 방지한다.
- ㉰ 생산 계획의 확실성이 보장된다.
- ㉱ 시간과 노력이 많이 소요된다.

[해설] 보수 관리의 목적
① 자동화 시스템을 항상 최상의 상태로 유지한다.
② 고장의 배제와 수리를 신속하고 확실하게 한다.

문제 006
공압 시스템에서 이물질로 인한 고장이 아닌 것은?
- ㉮ 슬라이드 밸브의 고착
- ㉯ 포펫 밸브의 시부에 융착되어 누설야기
- ㉰ 유량제어 밸브에 융착되어 속도 제어를 방해
- ㉱ 내부 누설의 증가

문제 007
유압 파워, 유닛의 펌프에서 이상 소음 발생의 원인이 아닌 것은?
- ㉮ 펌프의 회전이 너무 빠름
- ㉯ 공기의 구멍이 막힘
- ㉰ 유압유에 공기 혼입
- ㉱ 작동유의 점성이 낮음

답 001. ㉮ 002. ㉮ 003. ㉰ 004. ㉱ 005. ㉮ 006. ㉱ 007. ㉱

문제 008

공기 압축성으로 인한 스틱-슬립(stick-slip)현상을 방지하기 위해 사용하는 기기는?

㉮ 증압기
㉯ 증폭기
㉰ 하이드로 체크 유닛
㉱ 니들 밸브

문제 009

양쪽의 수압면적이 동일하고 공압을 피스톤의 양쪽에 공급할 수 있는 실린더는?

㉮ 양쪽 로드형 복동 실린더
㉯ 램형 실린더
㉰ 다이어프램 실린더
㉱ 한쪽 로드형 복동 실린더

문제 010

속도 에너지를 이용하여 실린더의 속도가 가장 빠른 실린더는?

㉮ 탠덤 실린더   ㉯ 충격 실린더
㉰ 회전 실린더   ㉱ 다위치 실린더

[해설] 충격 실린더
① 큰 운동에너지를 얻기 위해 설계된 실린더
② 속도를 7.5~10 m/sec까지 얻을 수 있다.
③ 프레싱, 플랜징, 리베팅, 펀칭 등의 작업에 이용된다.

문제 011

탠덤형 실린더에 대한 설명 중 가장 옳은 것은?

㉮ 2개의 복동 실린더를 1개의 실린더 형태로 조립해 놓은 실린더
㉯ 긴 행정을 만들기 위해 다단 튜브형 로드를 가진 실린더
㉰ 복수의 실린더를 직렬하여 몇 군데의 위치를 선정할 수 있는 실린더
㉱ 임의의 입력신호에 대해 일정한 함수가 되도록 위치 결정할 수 있는 실린더

문제 012

공압 실린더의 크기에 의한 분류방법이 아닌 것은?

㉮ 로드의 길이
㉯ 실린더의 행정길이
㉰ 실린더 튜브의 안지름
㉱ 로드의 나사호칭

[해설] 실린더의 크기 분류
① 실린더의 안지름
② 실린더의 행정의 길이
③ 로드지금
④ 로드나사의 호칭

문제 013

신뢰성을 나타내는 척도에 속하지 않는 것은?

㉮ 신뢰도
㉯ 고장률
㉰ 평균고장 간격시간
㉱ 평균고장 계획시간

[해설] 신뢰성을 나타내는 척도는 신뢰도, MTBF, MTTR, 고장률 등이 있다.

문제 014

보수 관리의 가치로서 틀린 것은?

㉮ 경제적이다.
㉯ 생산계획의 확실성이 보장된다.
㉰ 수리기간이 정기적이고 단축이 가능하다.
㉱ 기계의 내용 년 수가 짧아진다.

문제 015

시설 투자비가 적게 들며, 보수유지가 간단한 저투자성 자동화(low cost automation)의 특징과 거리가 먼 것은?

[답] 008. ㉰ 009. ㉮ 010. ㉯ 011. ㉮ 012. ㉮ 013. ㉱ 014. ㉱ 015. ㉱

㉮ 최소한의 시간으로 자동화한다.
㉯ 사용자가 직접 자동화를 한다.
㉰ 생산기술상의 노하우를 보호한다.
㉱ 초기에 완전 자동화를 구축한다.

문제 016

이물질로 인한 고장으로 야기 시키는 현상이 아닌 것은?

㉮ 슬라이드 밸브의 고착
㉯ 포펫밸브의 시트부에 융착되어 누설 야기
㉰ 유량제어 밸브에 융착되어 속도제어 방해
㉱ 실린더의 파괴

문제 017

신뢰성으로 설비를 설명하면 다음과 같은 편리한 점들이 있다. 틀린 것은?

㉮ 사용 시간과 고장 발생과의 관계를 알 수 있다.
㉯ 운전 조업 중인 설비의 장래 가동 상황을 예측하고 수중 할 수 있다.
㉰ 설비의 수명을 판명하기 곤란하다.
㉱ 설비의 운전조업 계획에 참고가 된다.

문제 018

CNC 머신의 백래시 보정의 단계에 속하지 않는 것은?

㉮ 수시로 점검한다.
㉯ 백래시 정도 측정
㉰ 백래시에 영향을 미치는 요인을 검출
㉱ 백래시 보정을 위한 데이터의 재입력

문제 019

자동화 보수 관리의 목적을 가장 잘 표현한 것은?

㉮ 자동화 시스템을 항상 최상의 상태로 유지한다.
㉯ 시간과 노력이 절약되고, 요점을 놓치는 일이 없다.
㉰ 수리기간이 정기적이고, 단축할 수가 있다.
㉱ 기계의 내용연수가 길어진다.

문제 020

공압 시스템의 보수유지 중 부품의 마모와 거리가 먼 것은?

㉮ 신호의 지연   ㉯ 기능장애
㉰ 공압의 누설   ㉱ 부품의 파손

문제 021

배관불량의 원인으로 맞지 않는 것은?

㉮ 내부누설이 많다.   ㉯ 기름의 누설
㉰ 공기의 침입   ㉱ 배관의 파손

문제 022

공압기기 중 유압 조절 밸브의 조절 나사가 닫혔을 때 밸브가 샌다. 이것의 원인이 아닌 것은?

㉮ 압축 스프링이 잘못 조립되어 있거나 눌러 붙어 있다.
㉯ 조절나사가 손상되어 있다.
㉰ 디스크 링이 손상되어 있다.
㉱ 솔레노이드 헤드에 손상이 되어 있다.

문제 023

오동작을 예방하기 위한 방법과 거리가 먼 것은?

㉮ 먼지와 이물질이 많은 경우에는 자체 정화커버를 사용한다.
㉯ 신호의 지연을 방지하기 위해 배관을 가능한 길게 한다.
㉰ 제어 및 파워 밸브의 배기는 보장되도록 한다.
㉱ 실린더와 신호 입력 요소의 마운팅 조절 나사는 확실하게 고정한다.

답 016.㉱ 017.㉰ 018.㉮ 019.㉮ 020.㉮ 021.㉮ 022.㉱ 023.㉯

문제 024
유압 시스템의 구성에 속하지 않는 것은?
- ㉮ 액추에이터 유닛
- ㉯ 컨트롤 유닛
- ㉰ 파워 유닛
- ㉱ 밸브 유닛

[해설] 유압 시스템은 액추에이터 유닛, 컨트롤 유닛, 파워 유닛으로 크게 나눈다.

문제 025
밸브의 장력 조정은 설치 후 몇 개월 이내에 실시하는가?
- ㉮ 2개월
- ㉯ 3개월
- ㉰ 4개월
- ㉱ 5개월

문제 026
보수 관리의 목적으로 가장 옳은 것은?
- ㉮ 자동화 시스템을 항상 최상의 상태로 유지한다.
- ㉯ 이익을 극대화한다.
- ㉰ 인건비를 절감한다.
- ㉱ 복지향상을 한다.

문제 027
윤활유와 섞여서 에멀션 상태가 되거나 수지상태가 되어 밸브의 동작을 가로막는 고장은?
- ㉮ 공급유량부족 고장
- ㉯ 수분으로 인한 고장
- ㉰ 이물질로 인한 고장
- ㉱ 마모에 의한 고장

문제 028
공압기기의 고장 중 슬라이드 밸브에서의 고장 원인과 거리가 먼 것은?
- ㉮ 실링 그레이트에 구멍이 발생된 경우
- ㉯ 배기공의 막힘으로 인한 배압 발생
- ㉰ 과도한 마찰이나 스프링의 손상
- ㉱ 실링의 손상으로 인한 누설이 발생

문제 029
유압 시스템에서 실린더가 불규칙적으로 작동되고 있다. 고장 원인이 아닌 것은?
- ㉮ 밸브의 작동 불량
- ㉯ 과부하 작동
- ㉰ 작동유 과다
- ㉱ 펌프의 성능 불량

문제 030
작동유의 정도가 너무 좋은 경우 어떤 현상이 발생되는가?
- ㉮ 내부 마찰의 증대와 온도 상승
- ㉯ 내부누전 및 외부누전
- ㉰ 동력손실의 감소
- ㉱ 펌프 효율 저하에 따르는 온도 상승

문제 031
유압 펌프에서의 소음이 나는 원인은?
- ㉮ 이종유 사용
- ㉯ 작동 압력이 높음
- ㉰ 에어 필터의 막힘
- ㉱ 유량이 적음

문제 032
다음 실린더 기호의 명칭을 설명한 것 중 옳은 것은?

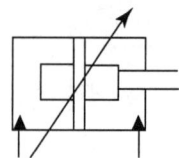

- ㉮ 램형실린더
- ㉯ 단동 텔레스코프형 실린더
- ㉰ 스프링붙이 복동 실린더
- ㉱ 쿠션붙이 복동 실린더

[답] 024. ㉮ 025. ㉯ 026. ㉮ 027. ㉯ 028. ㉮ 029. ㉰ 030. ㉮ 031. ㉰ 032. ㉱

문제 033

전동기의 과열 원인과 거리가 먼 것은?
- ㉮ 과부하
- ㉯ 축받이의 불량
- ㉰ 단상운전
- ㉱ 권선의 접지

문제 034

펌프에서 소음이 나는 원인이 아닌 것은?
- ㉮ 펌프의 흡입불량
- ㉯ 공기의 침입
- ㉰ 이종유의 사용
- ㉱ 이물질의 침입

해설 이종유의 사용의 결함은 펌프의 마모 및 파손이다.

문제 035

설비의 신뢰성을 나타내는 척도로 볼 수 없는 것은?
- ㉮ 평균 고장 간격시간
- ㉯ 신뢰성
- ㉰ 평균 고장 수리시간
- ㉱ 수리율

답 033. ㉱ 034. ㉰ 035. ㉱

제 7 편

정밀측정

제 1 장 측정의 기초

제 2 장 길이의 측정

제 3 장 각도측정기

제 4 장 표면 거칠기 측정

제 5 장 나사측정 및 기어측정

제7편 정밀측정

측정의 기초

제1장

1-1 정밀측정의 개념

1. 정밀측정의 개요

(1) 산업의 발달과 더불어 다량을 필요로 하는 기계부품 및 공작물의 치수는 일정한 한계 내에서 가공이 이루어져야 함
(2) 호환성 유지 및 표준화 대두
(3) 길이, 각도, 형상 등의 일정한 크기의 양을 피측정물과 비교하여 양으로 표시
(4) 측정방법 : 단위 수 × 단위(unit)

2. 정밀측정의 목적

(1) 각종 부품의 호환성(Interchangeability) 유지와 생산부품의 표준화에 있음.
(2) 이를 위해서는 우수한 공작기계, 각종 생산 공구, 치공구, 적합한 측정기 및 방법, 통일된 단위가 필요함.

3. 측정과 검사

(1) 측정(Measurement)

일정한 크기의 양을 가진 피측정물과 같은 종류의 양과 비교하여 결과 치를 나타내는 것이다.
정밀 측정이란 ① 정해진 단위에 의해서 기계나 장치를 이용하여 그 단위와 같은 것이 얼마나 포함되어 있는지를 수치로 나타내는 것, ② 정확한 가공과 제품 상호 간의 호환성을 주기 위함이다.

(2) 검사(Inspection)

주어진 크기의 범위를 만족하는지를 결정하는 것, 결과를 숫자로 표시하거나 성질의 존재여부만 결정하는 경우도 있음, 따라서 한계 게이지에 의하여 합격 불합격 여부만 결정하는 경우가 많음.

4. 측정기의 종류

(1) **도기(standard)** : 일정한 길이, 각도를 눈금 또는 면으로 구체화 한 것을 말한다.
① 선도기 : 표준자, 금속자
② 단도기 : 블록 게이지, 각도 게이지, 직각자, 표준 게이지, 한계 게이지 등
(2) **지시측정기** : 버니어캘리퍼스, 마이크로미터, 지침측미기 등
(3) **시준기** : 현미경, 망원경, 투영기 등 광학적으로 단순히 확대관찰을 한다.
(4) **인디게이터** : 마이크로미터 또는 측장기 등의 경우에 측정 압을 일정하게 할 목적으로 사용된다. 일정량의 조정 또는 지시에 사용하는 것.
(5) **게이지** : 드릴 게이지, 반지름 게이지, 피치 게이지, 와이어 게이지 등 측정할 때 움직이는 부분을 갖지 않을 것.

5. 측정기의 선택시 고려사항

측정기는 그 측정목적에 적합한 것을 사용해야 한다. 선정이 적절하지 않으면, 요구되는 측정값을 얻을 수 없다.
(1) **측정대상** : 측정량의 종류, 상태
(2) **측정환경** : 장소, 조건
(3) **측정수량** : 소량인가, 다량인가
(4) **측정방법** : 원격, 자동, 지시, 기록 등
(5) **측정기에 요구되는 성능** : 측정범위, 정밀도, 감도, 다루기의 편리성, 내구성, 고장시의 처리 등
(6) **경제적 상황** : 가격, 유지비, 측정에 소요되는 비용

(7) 측정기 선택시 주의사항

① 측정 or 검사를 결정하고 측정기를 선정한다.
② 피 측정물의 치수와 공차에 가장 적합한 측정기를 선택한다.
③ 측정수량에 따른 측정 소요시간을 감안하여 선정한다.

1-2 측정방법

1. 직접측정(Direct Measurement)

일정한 길이나 각도로 표시되어있는 측정기를 사용하여 피 측정물에 직접 접촉하여 눈금을 읽는 방식(절대측정)

(1) 장 점

① 측정범위가 다른 측정방법보다 넓다.
② 피 측정물의 실제치수를 직접 읽을 수 있다.
③ 양이 적고 종류가 많은 제품을 측정하기에 적합하다.(다품종 소량생산)

(2) 단 점

① 눈금을 잘못 읽기 쉽고, 측정시 시간이 많이 걸린다.
② 측정기가 정밀할 때는 측정시 많은 숙련과 경험이 필요하다.

2. 비교측정(Relative Measurement)

기준이 되는 일정한 치수와 피측정물을 비교하여 그 측정치의 차이를 읽는 방법으로 비교측정은 다이얼 게이지, 미니미터, 공기 마이크로미터(공기의 흐름을 확대 기구를 이용하여 길이를 측정하는 방식), 전기 마이크로미터 등이 있다.

(1) 장 점

① 높은 정밀도의 측정을 비교적 쉽게 할 수 있다.
② 치수가 고르지 못한 것을 계산하지 않고 알 수 있다.
③ 길이, 각종모양, 공작기계의 정밀도검사 등 사용범위가 넓다.
④ 먼 곳에서 측정이 가능하고, 자동화에 도움을 줄 수 있다.
⑤ 히스테리시스(백래시) 오차가 적다.
⑥ 범위를 전기량으로 바꾸어서 측정이 가능하다.
⑦ 나이프 에지를 이용 1000배 정도 확대측정이 가능하다.

(2) 단 점

① 측정범위가 좁고, 직접 제품의 치수를 읽을 수 없다.
② 기준치수인 표준 게이지가 필요하다.

3. 간접측정(Indirect Measurement)

피 측정물의 모양이 기하학적으로 간단하지 않는 경우 측정부의 치수를 수학적이나 기하학적인 관계에서 얻을 수 있는 경우에 이용되며, 간접측정은 사인 바에 의한 각도측정, 롤러와 블록 게이지에 의한 테이퍼 측정, 삼침법에 의한 나사의 유효지름 측정 등이 있다.

4. 절대측정(Absolute Measurement)

정의에 따라서 결정된 양을 실현시키고, 그것을 사용하여 실시하는 측정이다. U자관 압력계-수은주 높이, 밀도, 중력가속도를 측정해서 종합적으로 압력의 측정값을 결정하는 것을 말한다.

1-3 측정기의 특성

1. 최소 눈금

눈금선 위에서 1눈금만큼의 지침 또는 기선의 이동에 해당하는 측정 량의 변화를 말한다. 일반적으로 정도에 따라 최소눈금이 결정된다.

2. 눈금선 간격

이웃한 두 눈금선 사이의 간격. 1/10을 어림하여 읽기 위해서는 0.6~2.5mm가 가장 적당하다.

3. 감도

(1) 지침의 흔들림의 크기를 말하며 그 확대율을 감도라 하고 측정기의 감도(Sensitivity)는 배율이라고도 말하며, 측정기의 감도(E) 및 배열(V)은 지시량의 변화(A)와 측정량의 변화 (M)에 관한 비율을 말한다.

$$E(감도) = \frac{\delta A(지시의 \ 변화)}{\delta M(측정량의 \ 변화)}$$

(2) 측정기에 새겨진 최소눈금으로 나타낸다. 측정기의 감도가 높을수록 작은 값을 읽을 수 있으며 감도가 크면 흔들림이 크고 측정에 기술을 요한다.

4. 지시범위와 측정 범위

(1) **지시범위** : 눈금 위에서 읽을 수 있는 범위라서, 반드시 0에서 시작될 필요가 없다. 마이크로미터는 25mm이며 다이얼 게이지는 5mm, 10mm이다.
(2) **측정범위** : 실제 측정이 가능한 범위, 즉 측정기에서 읽을 수 있는 측정값의 범위를 말한다.

5. 후퇴 오차(되돌림 오차)

주위 환경이 변화되지 않는 상태에서 읽음 값에 대해서 지침의 측정량이 증가하는 상태에서의 읽음 값과 감소상태에서의 읽음 값의 차이다.(측정 시 다른 방향으로 접근할 경우 지시의 평균값의 차)

(1) **원인** : 마찰력, 백래시(히스테리시스), 흔들림 부속품의 공차
(2) **대책** : 동일한 방향으로 측정한다.

6. 측정력(측정 압)

계측기의 측정면과 측정물의 접촉면 사이에 작용하는 힘이며 보통 30~200g, 큰 것은 1N정도가 좋다. 영향은 측정력이 크면 측정값이 불량하고 측정기의 무리하여 변형 등의 문제가 발생되며 측정력이 적으면 접촉이 불확실하고 측정값이 산포된다.(피 측정믈과 측정기의 측정압)
예로서 마이크로미터는 손가락으로 3~4회 돌리면 래치스톱은 1회전 반~2회전이 적당하다.

1-4 단위 길이 및 각도의 단위

1. 단위의 정의

측정시 사용되는 일정한 크기의 양, 즉 비교측정에 있어서 기초가 되는 일정한 양

(1) **단위의 필요(충족)조건**

① 확실한 기준이 되는 크기를 가지고 있어야 함.
② 어떠한 여건 하에서도 크기의 변화가 있어서는 안됨.
③ 누구나 사용하기 편리하고 기억이 쉬워야함.
④ 국제적으로 통용이 되어야 함.

(2) 일반적으로 사용되고 있는 단위계(SI 기본단위)

① 미터법 : 1m는 10dm(데시미터), 102cm, 103mm, 106㎛, 109mμ
② 인치법 : 1inch는 25.4mm
③ 야드파운드법 : 1야드(국제)=0.9144m

2. 단위의 크기

1m의 정의 : 1983년 제 17차 세계도량형총회(CGPM)
1m=빛이 진공 중에서 299,792,458분의 1초 동안 진행된 경로의 길이이다.

3. 길이의 단위(SI 단위)

배수	접두어	기호	약수	접두어	기호
10^{18}	엑사(exa)	E	10^{-1}	데시(deci)	d
10^{15}	페타(peta)	P	10^{-2}	센티(centi)	c
10^{12}	테라(tera)	T	10^{-3}	밀리(milli)	m
10^{9}	기가(giga)	G	10^{-6}	마이크로(micro)	μ
10^{6}	메가(mega)	M	10^{-9}	나노(nano)	n
10^{3}	킬로(kilo)	K	10^{-12}	피코(pico)	p
10^{2}	헥토(hecto)	h	10^{-15}	펨토(femto)	f
10^{1}	데카(deca)	da	10^{-18}	아토(atto)	a

4. 각도

(1) 1도(degree) : 원주를 360등분한 호의 중심에 대한 평면의 각도를 말함
(2) 라디안(radian) : 원의 반지름과 같은 길이와 같은 호의 중심에 대한 각도

$$1\text{rad} = (\frac{r}{2\pi r}) \times 360 = \frac{180}{\pi} = 57.29577951°$$

보조 단위로는 1mm rad=1/1,000red, 1μred=1/1,000,000red이다.

1-5 측정에 미치는 영향

표준 측정 온도는 항상 20℃로 유지하며, 절삭 중 또는 절삭직후는 열팽창 계수를 고려하여 측정하거나 실온에서 일정시간 경과 후에 측정하고, 측정 물과 측정기를 동일 조건이 되도록 한다. 측정시 3요소는 온도(20℃), 기압(760 mmHg), 습도(58%)이다.

1. 온도에 의한 영향(≒선 팽창 문제)

모든 물체는 온도의 변화에 따라 팽창 또는 수축하게 되는데, 국제적으로 표준 도는 20°로 정하고 있으나, 측정하는 환경이 표준온도를 유지하지 못한 상태에서 측정된 측정치는 다음 식에 의하여 표준온도시의 측정치로 보정할 수 있다.

일반적으로 선팽창 계수 α인 물체의 길이 l은 온도가 δ_t만큼 변화하면 $\delta_l = l \cdot \alpha \cdot \delta_t$ 만큼 변화한다.

$$l = l_s\{1 + \alpha(t-20)\} \quad l_s = l\{1 + \alpha(20-t)\}$$
$$l_s = l\{1 + \alpha_s(ts-20) - \alpha(t-20)\}$$

여기서, l_s : 표준 온도시 피측정물의 길이
l : 측정시 피측정물의 길이
t_s : 측정기 온도
t : 피측정물의 온도
α_s : 측정기의 선팽창계수
α : 피측정물의 선팽창

2. 변 형

(1) 압축에 의한 변형

측정을 할 경우에 비접촉 측정을 제외한 접촉 측정 시에는 일반적으로 피측정물과 측정기 사이에 측정력이 작용하며, 이로 인하여 압축변형이 발생하게 되며, 후크(Hooke)의 법칙과 헤르츠(Hertz)의 법칙에 의하여 다음과 같이 식으로 주어진다.

■ 측정 접촉면이 평행인 경우- Hooke의 법칙

$$\sigma_L = \frac{PL}{AE}$$

여기서, σ_L : 길이의 변화량(mm)
P : 측정력(N)
L : 단면간의 거리(mm)
A : 단면적(mm^2)
E : 영, 탄성계수(N/mm^2)

(2) 지지방법에 의한 변형

눈금자 및 단도기와 같이 가늘고 긴 봉상의 시료는 대치인 2점에 지지할 경우 자중에 의하여 처짐이 발생하게 되며, 지지 점의 위치에 따라 다음과 같이 굽힘의 강도가 변하게 된다.

(3) 굽힘에 의한 변형

눈금자 및 단도기와 같이 가늘고 긴 것을 대칭인 2점에 지지할 경우 자중에 의하여 처짐이 발생하게 되며, 지지점의 위치에 따라 다음과 같이 굽힘의 정도가 변하게 된다.

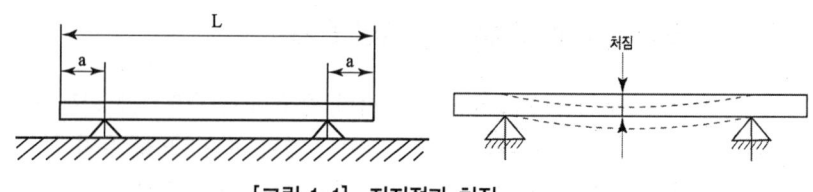

[그림 1-1] 지지점과 처짐

① (a = 0.2113L) 에어리 점(Airy Point)

눈금이 중립면에 없는 경우 및 블록 게이지와 단도기를 수평으로 지지할 때 사용되는 방법으로서, 처음 평행한 2개의 단면이 지지에 의하여 굽힘이 발생한 후에도 양단 면이 평행을 유지할 수 있는 지지 방법으로서 길이의 오차도 최소화 할 수 있다.

② (a = 0.2203L) 베셀점(Bessel Point)

중립면에 눈금을 만든 표준자를 지지할 때 사용되는 방법이며, 눈금 면의 직선 거리와의 차이를 최소화하는데 사용되는 방법으로 중립축 또는 중립면의 변위를 최소화 할 수 있다.

③ a = 0.2232L

전장에 걸쳐 변형이 가장 작으며, 양단과 중앙의 처짐이 동일하게 된다.

④ a = 0.2386L

지지점 사이 즉 중앙부의 처짐을 최소화(0점) 할 수 있으므로 중앙부의 직선의 유지가 필요한 경우에 사용된다.

3. 기하학적인 문제

■ 아베의 원리

아베의 원리는 측정하려는 길이를 표준자로 사용되는 눈금의 연장선상에 놓는다.라는 것인데 이는 피측정물과 표준자와는 측정방향에 있어서 동일 직선상에 배치하여야 한다(독일의 아베). 길이측정의 경우 치환법을 응용하면 기하학적 위치에 의한 측정오차를 가장 확실하게 피할 수 있다.(컴퍼레이터의 원리 : 비교측정기)

① 만족 : 외측 마이크로, 측장기
② 불만족 : 버니어캘리퍼스

4. 시차(광학적 문제)

측정기에 새겨진 눈금을 읽는 과정에서 시각에 의하여 발생하는 오차로서, 즉 측정기의 눈금 선과 표시 선이 동일 평면상에 있지 않으므로 오차가 발생하게 되며, θ의 각도로 측정치를 읽을 경우 다음 식에 의하여 측정오차를 구할 수 있다.

$$F = a\tan\theta \quad \tan\theta = \frac{F}{a} \quad F = a\theta$$

(1) 눈의 위치를 눈금판에 수직으로 읽는다.
(2) 지침의 갖는 측정기는 눈금판 아래에 거울을 두어 지침의 상과 지침이 일직선이 되도록 낀 다음 읽는다.
(3) 측정값은 직접 숫자로 표시한다.

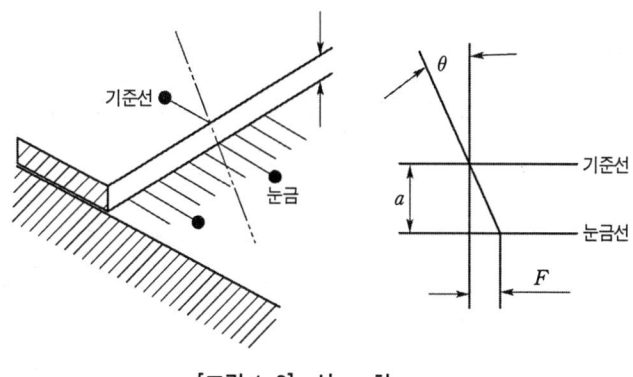

[그림 1-2] 시　차

1-6 측정 오차

1. 오차

모든 측정결과는 피측정물, 측정기, 측정방법, 측정환경, 측정하는 사람들의 요인에 의하여 정확하지 못하게 되며, 그 원인을 들어보면 환경에 의한 요인으로 온도, 대기압, 진동, 충격 등이 있으며, 개인적인 영향으로는 숙련도, 시차, 심리상태 등을 들 수 있다.

피측정물은 어느 결정된 값을 가지고 있으며, 그 값은 도면상에 기록된 치수로 보면 될 것이다. 그러나 피측정물의 치수는 항상 도면상의 치수와 일치한다고 볼 수는 없으며, 도면상의 치수를 참값으로 보면, 오차(Error)는 참값과 측정치의 차를 말한다.

(1) 오차＝측정치－참값(측정하여 결정한 값)
(2) 오차율＝$\dfrac{오차}{참값}$
(3) 오차 백분율＝오차율 × 100(%)

2. 오차가 생기는 원인

(1) 측정기 자체에 의한 것(기기오차) : 후퇴오차(되돌림 오차, 흔들림 오차, 지시오차)
(2) 측정하는 사람에 의한 것(개인오차) : 버릇, 심리적인 오차, 눈금 읽음 및 기록의 잘못
(3) 외부적인 영향에 의한 경우 : 환경, 온도, 습도, 진동 등 원인을 알 수 없는 것

3. 측정오차의 종류

크게 원인이 파악되는 계통오차와 원인이 불분명한 우연오차로 나눈다.

(1) 계통적 오차

계통적 오차는 일반적으로 오차의 원인을 규명할 수 있는 오차를 말하며, 동일한 측정조건에서 측정결과가 같은 부호와 같은 크기를 같은 오차가 발생한다.

① 환경에 의한 오차

측정조건에서 발생되는 오차로서, 원인으로는 측정실 온도, 조명의 변화, 측정압, 소음, 진동 등을 들 수 있으며, 대책으로는 표준 습도 유지 및 조명의 유지하는 등의 원인을 제거하고, 온도의 변화에 따른 열팽창 계수에 의한 측정치를 가감함으로서 오차를 줄일 수 있다.

② 개인에 의한 오차

개인에 의한 오차는 측정자의 심리상태 및 습관(시각, 자세, 신체조건)에서 발생되는 오차로서, 개인의 심리안정 및 악영향을 미치는 습관의 제거와 반복연습에 의한 측정력의 숙달로서 오차를 줄일 수 있다.

③ 측정기 자체에 의한 오차(기기 오차)

측정기의 구조상의 오차가 발생되거나, 측정기 0점 조정 및 교정의 잘못으로 인하여 발생되는 오차로서, 정확하게 교정하여 사용함으로서 오차를 줄일 수 있다.
㉠ 소중히 취급하며 가장 좋은 상태유지.
㉡ 정도 파악 및 치수정도에 적합한 측정기 선택.
㉢ 반복 측정시 산포 값은 최대와 최소의 평균값을 오차로 한 보정을 하여 준다.

④ 접촉 오차

측정자의 형상이 측정 면에 부적합 할 때 또는 측정 면이 마찰되었거나 양측이 평행이 아닐 때. 대책은 다음과 같다.
㉠ 피 측정물의 외형이 곡면 시는 평면으로 구멍지름에는 구면이나 곡면 사용
㉡ 측정면 사이의 흠집 및 평행도 검사
㉢ 무접촉 상태에서 측정할 수 있는 계측기 사용

⑤ 기타 영향
  ㉠ 소음 진동 등 주위환경에서 오는 오차
  ㉡ 자연 현상의 급변으로 오는 오차 등 파악하지 못하는 것도 있음
⑥ 측정기 구조에 따른 오차
  가장 이상적인 측정기는 치환법에 의한 비교측정.
※ 측정 시 주의사항
  ① 측정전 과격한 운동금지(심신안정 분위기 조성)
  ② 측정전 측정항목에 대한 도면검토, 측정원리, 측정방법, 순서, 주의사항 등을 이해
  ③ 범용측정기 사용 시 "아베의 원리"에 적합토록 사용
  ④ 온도, 습도 기록하여 측정치 보정
  ⑤ 측정 시 장갑 사용(체온 측정오차 감소)
  ⑥ 피측정물에 적합한 측정기 선택
  ⑦ 전기적 측정기는 30분전 가동, 기계적 측정기는 사용 전 작동여부 확인하고 예비 작동
  ⑧ 휘발성 세척제 사용(화기근절)
  ⑨ 반복 측정하여 평균치와 편차를 구한다.
  ⑩ 측정기 이상 발생 시 즉시 보고
  ⑪ 측정 후 측정기, 측정대 정리정돈, 측정기 방청과 보관 철저

제1장 측정의 기초

예상문제

문제 001

측정기를 선택하는 기준이 아닌 것은?
- ㉮ 공차의 크기
- ㉯ 측정한계
- ㉰ 측정할 물체의 수량
- ㉱ 측정물의 경도

문제 002

KS에서 측정시 측정 환경(온도, 습도, 기압)이 바른 것은?
- ㉮ 18℃, 58%, 760mmHg
- ㉯ 18℃, 68%, 1013mb
- ㉰ 20℃, 58%, 760mmHg
- ㉱ 20℃, 68%, 1013mb

[해설] 20℃, 58%, 760mmHg

문제 003

다음 측정기 중 선도기에 해당되는 것은?
- ㉮ 표준 게이지
- ㉯ 표준자
- ㉰ 한계 게이지
- ㉱ 블록 게이지

[해설] ㉮, ㉰, ㉱는 단도기이다.

문제 004

다음은 직접 측정의 장점은?
- ㉮ 측정시간이 많이 소요되지 않는다.
- ㉯ 측정 범위가 다른 측정방법보다 넓다.
- ㉰ 소품종 다량 제품의 측정에 적합하다.
- ㉱ 눈금은 정확히 읽을 수 있어 오류가 없다.

[해설] 장점으로는 측정범위가 다른 측정 방법보다 넓고, 다품종 소량생산에 적합하고, 피측정물의 실제치수를 직접 읽을 수 있다.

문제 005

비교측정의 특징이 아닌 것은?
- ㉮ 제품의 치수가 고르지 못한 것을 계산하지 않고 알 수 있다.
- ㉯ 자동화가 가능하다.
- ㉰ 많은 양을 높은 정도로 비교적 용이하게 측정할 수 있다.
- ㉱ 측정 범위가 넓다.

문제 006

다음 중 비교측정기에 해당되는 것은?
- ㉮ 다이얼 게이지
- ㉯ 하이트 게이지
- ㉰ 스크레이퍼
- ㉱ 테일러 게이지

문제 007

다음 길이측정 단위 중 가장 작은 값을 나타내는 단위는?
- ㉮ pm
- ㉯ nm
- ㉰ mm
- ㉱ ηm

문제 008

어떤 일감의 공차가 0.01mm이라면 측정할 측정기는 다음 중 어느 최소 측정 범위의 측정기가 적당한가?
- ㉮ 0.005mm
- ㉯ 0.01mm
- ㉰ 0.1mm
- ㉱ 1.05mm

[답] 001. ㉱ 002. ㉰ 003. ㉯ 004. ㉯ 005. ㉱ 006. ㉮ 007. ㉮ 008. ㉯

문제 009

다음 단위에 쓰이는 접두어 중 틀린 것은?

㉮ 밀리(m) : 10^{-3}
㉯ 기가(G) : 10^9
㉰ 나노(n) : 10^{-12}
㉱ 메가(M) : 10^6

해설 나노(n) : 10^{-9}

문제 010

직접측정과 비교측정에서 직접측정의 장점이 아닌 것은?

㉮ 측정기의 측정범위가 다른 측정법에 비하여 크다.
㉯ 측정물의 실제치수를 직접 읽을 수 있다.
㉰ 치수의 산포를 알고자 할 때에 계산을 생략할 수 있다.
㉱ 양이 적고 많은 종류의 측정에 유리하다.

문제 011

절대측정의 특징이 아닌 것은?

㉮ 측정자의 숙련과 경험이 필요 없다.
㉯ 측정범위가 넓다.
㉰ 측정물의 실제치수를 직접 읽을 수 있다.
㉱ 적은 양 많은 측정에 유리하다.

해설 절대측정(직접측정)의 단점은 측정자의 숙련과 경험이 필요하다.

문제 012

눈금선 간격이 0.85mm이고, 최소 눈금이 0.01mm인 다이얼 게이지의 감도는 얼마인가?

㉮ 0.85   ㉯ 8.5
㉰ 85   ㉱ 850

해설 $E(감도) = \dfrac{\delta A(지시의 변화)}{\delta M(측정량의 변화)} = \dfrac{0.85}{0.01} = 85$

문제 013

강은 선팽창 계수가 11.5×10^{-6}/deg이지만 이것은 온도가 1도 올라가면 1m일 때 얼마가 늘어나는가?

㉮ $11.5\mu m$ ㉯ $12.5\mu m$
㉰ $13.5\mu m$ ㉱ $14.5\mu m$

해설 $\delta l = l \cdot \alpha \cdot \delta t$
$= 1000 \times 11.5 \times 10^{-6} \times 1 = 0.0115 mm$
$= 11.5 \mu m$

문제 014

길이 1m인 강이 20℃에서 25℃로 온도가 변화했을 때 온도 변화에 따라 늘어난 길이는 얼마인가?(단, 강의 열팽창 계수는 11.5×10^{-6}/℃이다.)

㉮ $575 \eta m$ ㉯ $57.5 \eta m$
㉰ $5.75 \eta m$ ㉱ $0.575 \eta m$

해설 늘어난 길이 $= 11.5(10^{-6}) \times 5° = 57.5(10^{-6})$

문제 015

유리제 표준자로서 강철제 블록을 측정한 결과 222.150mm였다. 이 때 유리제 표준자의 온도가 24℃, 강철제 블록의 온도가 28℃였다면, 표준온도에서의 강철제 블록의 길이는 얼마인가? (단, 유리제 표준자의 열팽창 계수는 8.1×10^{-6}/℃이며, 강철의 열팽창 계수는 11.5×10^{-6}/℃이다.)

㉮ 222.137mm   ㉯ 222.148mm
㉰ 222.250mm   ㉱ 222.287mm

해설 $l_3 = \{1 + 8.1 \times 10^{-6}(24-20) - 11.5 \times 10^{-6}(28-20)\}$
$\times 222.15 \approx 222.137 mm$

문제 016

20℃의 실내에서 실내온도와 같은 환봉을 선반으로 절삭할 때 절삭 열에 의해 환봉의 온도가 50℃가 되었다면 이 환봉의 직경 팽창량은 얼마인가? (단, 환봉의 직경은 ϕ200mm이고, 열팽창 계수는 11.15×10^{-6}/℃이다.)

답 009. ㉰ 010. ㉱ 011. ㉮ 012. ㉰ 013. ㉮ 014. ㉯ 015. ㉮ 016. ㉯

㉮ 약 0.045mm ㉯ 약 0.067mm
㉰ 약 0.023mm ㉱ 약 0.033mm

해설 $\Delta l = l \times a \times \Delta t$

문제 017

일반적으로 제품 치수를 측정할 측정기는 어떤 것으로 하는 것이 적당한가?

㉮ 버니어 캘리퍼스(Vernier Calipers)로 한다.
㉯ 1/1000까지 측정할 수 있는 마이크로미터 (Micrometer)로 한다.
㉰ 다이얼 게이지(Dial gauge)로 한다.
㉱ 제품공차의 1/10정도를 측정할 수 있는 것으로 한다.

문제 018

18°C의 실내에서 환봉을 선반으로 절삭할 때, 절삭열에 의해 환봉의 온도가 80°C가 되었다면, 이 환봉의 직경 팽창량은 얼마인가? (단, 환봉의 직경은 ϕ 200mm이고, 열팽창 계수는 11.15×10^{-6}/°C이다.)

㉮ 약 0.138mm ㉯ 약 0.067mm
㉰ 약 0.023mm ㉱ 약 0.083mm

해설 $\Delta l = l \times a \times \Delta t$
$= 200 \times 11.15 \times 10^{-6} \times (80-18)$
$= 200 \times (80-18) \times 11.15 \times 10^{-6}$
$= 0.13826 mm$

문제 019

길이가 긴 블록 게이지의 양 단면이 항상 평행하게 하기 위한 지점은? (L : Block gauge의 길이)

㉮ a=0.2113L ㉯ a=0.2203L
㉰ a=0.2232L ㉱ a=0.2333L

해설 양 단면이 항상 평행하기 위한 지점은 에어리 점으로 0.2113L이다.

문제 020

중립축(bessel point)의 길이 변화가 가장 적게 유지되도록 지지하는 점은?

㉮ a=0.2113L ㉯ a=0.2203L
㉰ a=0.2232L ㉱ a=0.2386L

해설 중립축 또는 중립면의 변위를 최소화 할 수 있는 것은 베셀점으로 0.2203L이다.
양단과 중앙의 처짐이 동일은 0.2232L이고, 중앙부의 처짐을 최소화는 0.2386L이다.

문제 021

호칭치수 300mm의 게이지 블록을 사용하여 측정할 경우 a의 값(에어리 점)은?

㉮ 6.34mm ㉯ 60.01mm
㉰ 63.39mm ㉱ 66.09mm

해설 $0.2113 \times 300 = 63.39 mm$

문제 022

측정을 하면 측정값이 흐트러지는데 되돌림 오차, 흔들림 오차, 되풀이 오차 등이 발생하는 주된 원인은?

㉮ 측정기에 의한 것
㉯ 측정하는 사람에 의한 것
㉰ 복잡한 요인의 중복에 의한 것
㉱ 측정 장소의 환경에 의한 것

문제 023

에어리 점과 베셀점은?

㉮ $A=0.2113l$, $\beta=0.2203l$
㉯ $A=0.2203l$, $\beta=0.2113l$
㉰ $A=0.2213l$, $\beta=0.2243l$
㉱ $A=0.2243l$, $\beta=0.2113l$

답 017. ㉱ 018. ㉮ 019. ㉮ 020. ㉯ 021. ㉰ 022. ㉮ 023. ㉮

문제 024

다음 측정기들 중 아베의 원리(Abbe's Principle)에 맞는 구조를 갖고 있는 측정기는?

㉮ 버니어캘리퍼스
㉯ 외측 마이크로미터
㉰ 하이트 게이지
㉱ 지렛대식 다이얼 게이지

문제 025

다음 중 측정오차를 줄일 수 있는 방법은?

㉮ 측정값에 산포가 있을 때 평균치를 취한다.
㉯ 측정기 또는 공구는 아베의 원리에 벗어나게 제작
㉰ 측정 면과 공작물의 접촉을 확실하게 하기 위해 될수록 측정 역을 크게 하다.
㉱ 될 수 있는 한 여러 번 측정하여 최대한 편차를 취한다.

문제 026

다음 설명 중 잘못된 것은?

㉮ 개인오차 - 측정하는 사람에 따라 생기는 오차
㉯ 계기오차 - 측정기 자체에 생긴 오차
㉰ 우연오차 - 주위 환경에 따라 생긴 오차
㉱ 시차 - 시간이 경과함에 따른 오차

[해설] 시차는 눈금을 읽는 과정에서 시간에 의해서 발생하는 오차를 말한다. 환경에 의해 생기는 오차는 환경오차라 한다.

문제 027

측정기의 정도의 뜻과 거리가 먼 것은?

㉮ 신뢰도
㉯ 신속도
㉰ 정확도
㉱ 정밀도

[해설] 정도란 정확도와 정밀도를 포함한 것 또는 그 어느 쪽을 말한다고 정의되어 있다.

문제 028

마이크로미터 자체의 오차를 무엇이라 하는가?

㉮ 기차
㉯ 우연오차
㉰ 개인오차
㉱ 자체오차

[해설]
① 우연오차 : 측정하는 과정에서 우발적으로 발생하는 오차
② 개인오차 : 측정하는 사람에 따라 생기는 오차
③ 기차 : 마이크로미터 자체의 오차

[답] 024. ㉯ 025. ㉮ 026. ㉰ 027. ㉯ 028. ㉮

제 2 장 길이의 측정

2-1 버니어 캘리퍼스 및 마이크로미터

1. 버니어 캘리퍼스

외경, 내경, 깊이, 단차 및 길이를 측정하는 것으로 미터 식에서는 1/20mm, 1/50mm까지 읽을 수 있다. 종류로는 미동장치가 없는 M1형(0.05mm) 및 미동장치가 있는 M2형(1/20mm까지 측정)과 CB형 및 CM형(1/20mm까지 측정) 4가지가 있다.

(1) 버니어 눈금 기입방법

$$(n-1)S = nV$$
$$V = (\frac{n-1}{n})S \quad \cdots\cdots\cdots ①$$
$$C = S - V \quad \cdots\cdots\cdots ②$$

S : 어미자의 최소눈금 간격
V : 아들자의 최소눈금 간격
C : 어미자와 아달자의 눈금차
n : 아틀사의 눈금수라고 하면

①을 ②에 대입하면 $C = S - (\frac{n-1}{n}) = \frac{S}{n} = \frac{S}{n}$ 가 된다.

(2) 보통 버어니어의 눈금 읽는 법

[표 2-1] 버니어캘리퍼스의 눈금

어미자의 최소눈금(mm)	아들자의 눈금 기입 방법	최소 측정값(mm)
0.5	12mm를 25등분	0.02
	24.5mm를 25등분	
1	49mm를 50등분	0.05
	19mm를 20등분	
	39mm를 20등분	

(3) 버니어캘리퍼스의 종합정도

종합정도는 최소 눈금 값 이상이 되어 측정값의 신뢰도가 비교적 낮지만 측정이 쉽다.

2. 마이크로미터

(1) 마이크로미터의 원리

길이의 변화를 나사의 회전각과 직경에 의해 확대하여 그 확대된 길이에 눈금을 붙여 미소의 길이변화를 읽도록 한 측정기이다. 표준마이크로미터는 나사의 피치 0.5mm, 딤블의 원주눈금이 50 등분되어 있기 때문에 딤블의 1회전에 의한 스핀들의 이동량(M)은 0.01mm의 측정이 가능하다.

$$M = 0.5 \times \frac{1}{50} = \frac{1}{100} = 0.01\mathrm{mm}$$

(2) 눈금 읽는 방법

눈금을 읽는 방법은 먼저 슬리이브의 눈금을 읽고, 딤블의 눈금과 기선과 만나는 딤블의 눈금을 읽어 슬리이브 읽음값에 더하면 된다. 예를 들어 측정물을 끼웠을 때의 눈금의 상태가 [그림 2-1]과 같다면, 다음 계산과 같이 된다.

슬리이브의 1mm 눈금　　4
슬리이브의 0.5mm눈금　 0.5
딤블의　　 0.01mm 눈금 0.27(+
　　　　　　　　　　　4.77mm

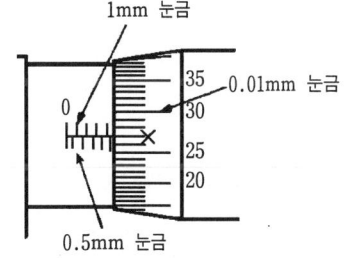

[그림 2-1] 마이크로미터의 눈금

3. 다이얼 게이지

다이얼 게이지는 길이의 비교측정에 사용되며 평면이나 원통형의 평활도, 원통의 진원도, 축의 흔들림 정도 등의 검사나 측정에 쓰이고 시계형, 부채꼴형 등이 있다. 기타 게이지로 공차범위 내 정밀하게 측정할 수 있는 하이케이터(hicator), 두께를 측정할 수 있는 다이얼 두께 게이지, 깊이를 측정할 수 있는 다이얼 깊이게이지, 내경을 측정할 수 있는 실린더 게이지 등이 있다.

(1) 다이얼 게이지의 원리

모두가 스핀들의 적은 움직임을 지렛대나 기어장치로 확대하여 눈금과 지침으로 그 움직임을 읽는다. 눈금은 원둘레를 100등분하여 1눈금이 1/100mm를 나타내는 것이 보통이지만 특수한 것은 1/1000mm를 나타내는 것도 있다.

(2) 다이얼 게이지의 사용 범위

평행도, 직각도, 진원도, 두께, 깊이, 축의 굽힘검사, 공작기계의 정밀도 검사, 회전축의 흔들림 검사, 기계가공에 있어서 흔들림 검사.

(3) 다이얼 게이지의 특징

① 측정범위가 넓다.
② 연속된 변위량의 측정이 가능하다.
③ 소형, 경량으로 취급이 용이하다.
④ 어태치먼트의 사용방법에 따라 측정이 광범위하다.
⑤ 다이얼 눈금과 지침에 의해서 읽기 때문에 읽기오차가 적다.
⑥ 다원측정(동시에 많은 개소의 측정이 가능)의 검출기로서 이용할 수 있다.

(4) 다이얼 게이지의 응용

① 다이얼 두께 게이지
② 다이얼 깊이 게이지
③ 진원도 측정 : 지름법, 반지름법, 3점법
④ 내경 측정
⑤ 큰 구면의 지름
⑥ 직각도, 흔들림 측정

4. 하이트 게이지

대형 부품, 복잡한 모양의 부품 등을 정반 위에 올려놓고, 정반 면을 기준으로 하여 높이를 측정하거나 스크라이버(scriber) 끝으로 금긋기 작업을 하는데 사용한다.

(1) 아들자의 눈금 기입 방법

일반적으로 어미자 49mm를 50등분 한 아들자로서, 최소 측정값이 1/50mm로 되어 있고, 어미자 양쪽에 눈금을 새긴 것에는 1/20mm의 최소 측정값을 함께 사용하고 있다.

(2) 하이트 게이지 종류

하이트 게이지는 HT형, HM형, HB형의 세 종류가 있으며, HT형과 HM형의 복합형이 가장 많이 사용하고 있다. 호칭치수는 300mm, 600mm, 1,000mm가 있다.

5. 측정면의 평면도 측정

옵티컬플랫은 평면도의 측정에 사용되고 백색광에 의한 적색 간섭무늬의 수에 의해서 측정한다. 사용방법은 마이크로미터의 앤빌 또는 스핀들의 측정면에 옵티칼 플랫을 밀착시켜 적색간섭 무늬를 읽어 적색간섭 무늬 1개를 $0.32\mu m$(적생광의 반파장)로 계산한다.

[표 2-1] 측정면의 평면도

최대측정길이(mm)	간섭무늬의 수
250 미만	2개
250 이상	4개

6. 평행 광선정반

(1) **측정 면의 평면도** : 광선정반, 평생 관선 정반을 사용하며, 평면도 측정(옵티컬 플렛)은 일반적으로 45mm~60mm가 쓰인다.

평면도$(F) = \dfrac{B}{A} \times \dfrac{\lambda}{2}$

$n \times \dfrac{\lambda}{2}$(마이크로미터의 평면도)

λ = 빛의 파장(백광색의 적색 간섭 무늬의 파장 : $0.64\mu m$)

A : 간섭무늬의 피치
B : 간섭무늬의 휨
n : 간섭무늬 수

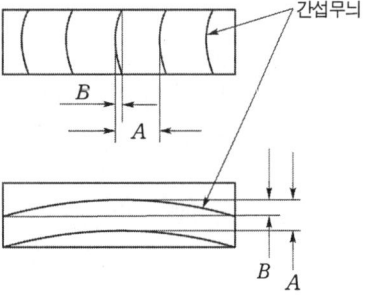

[그림 2-2] 블록 게이지와 간섭무늬

(2) **측정 면의 평면도(옵티컬 플렛, 패러렐 : 평행도 Z)**

4개가 1세트며 4개의 데이터 중 최대값을 마이크로미터의 평행도로 함.

(3) 정반의 조건

　① 평면도 유지
　② 충분한 강성유지
　③ 내마모성
　④ 3점 지지를 원칙
　⑤ 변형이 적다

(4) 정반의 종류

　① 주철 정반
　　㉠ 온도 변화에 따른 녹이 생기고, 평면도가 나빠질 수 있다.
　　㉡ 보관시 목재 커버필요
　　㉢ 스크래핑(내부 응력제거, 높은 정밀도)
　　㉣ 경도 : Hs 32~40
　② 석 정반
　　㉠ 랩핑으로 가공
　　㉡ 마모가 적고 변형이 없으며 가공비가 싸다.
　　㉢ 바자성체이며 부식이 없고, 경도는 : Hs 75~90
　　㉣ 자성체는 측정이 가능하나 재가공이 어렵다.

(5) 측정면의 평행도 측정

　① 옵티컬패러렐을 양 측정면에 밀착시켜 백색광에 의한 적색 간섭무늬를 읽는다.
　② 측정면의 평행도

7. 블록 게이지

각 면의 치수가 다른 육면체로 아주 정밀하게 다듬질 되어 있다. 이들 각 면을 몇 개 조합하여 밀착(wringing)시켜 필요한 치수로 만들어 길이의 기준으로 한다. 보통 103, 76, 32, 8개가 한 세트로 조합되어 있다.

(1) 블록 게이지(Block gage)

길이 측정의 기본이며 가장 정밀도가 높고 표준이 되는 것으로 그 길이의 크기를 실용화 한 것으로 비교측정기 또는 각종 측정기의 교정용으로 많이 사용한다.

(2) 블록 게이지의 종류

고탄소 크롬강, 초경합금, 세라믹 공구 등을 사용되며 초정밀 래핑 가공되어 밀착하는 특성이 있으므로 필요한 치수는 여러 개를 조합하여 얻을 수 있다.

내마모성을 높이기 위하여 HRC65(Hv 800 이상)정도로 열처리 한 후 시효경화처리가 되어 있다. 수량에 따라 분류하면 103조, 76조, 47조, 32조, 8조 등으로 나눈다.

(3) 블록 게이지의 특징

① 광 파장으로부터 직접길이를 측정한다.
② 길이의 정도가 아주 높다.($0.01\mu m$)
③ 측정면이 서로 밀착하는 특징으로 몇 개의 수로 많은 치수의 기준을 얻어진다.
④ 사용이 편리하다.

(4) 블록 게이지의 용도

① 검사용(2급) : 공구절삭, 공구의 설치, 게이지 제작, 측정기의 조정.
　　　　　　　공작용으로 검사는 6개월, 정밀도(평행도 허용치)는 $\pm 0.4\mu$
② 검사용(1급) : 기계부품 공구 등의 검사, 게이지 정도 검사
　　　　　　　검사는 1년, 정밀도(평행도 허용치)는 $\pm 0.2\mu$
③ 표준형(0급) : 일람용, 검사용, B/G의 정도 검사, 측정기류의 정도 검사.
　　　　　　　검사는 2년, 정밀도(평행도 허용치)는 $\pm 0.1\mu$
④ 참조형(00급) : 표준용 B/G의 정도 검사, 학술용
　　　　　　　　검사는 3년, 정밀도(평행도 허용치)는 $\pm 0.05\mu$

(5) 블록 게이지의 취급법

① 먼지 적고 건조한 실내 사용
② 목재, 천 가죽위에서 취급
③ 천이나 가죽으로 세척
④ 상자 보관을 원칙으로 한다.
⑤ 사용 후 방청유로 세척 보관

(6) 블록 게이지의 밀착법(링깅법)

① 세척 후 돌기 유무확인
② 광선 정반으로 간섭무늬 조사
③ 밀착법
　㉠ 두꺼운 것끼리 : 십자로 겹치면서
　㉡ 두꺼운 것, 얇은 것 : 두꺼운 것 정반 위에 놓고, 얇은 것을 위에 놓고 앞으로 밀면서
　㉢ 얇은 것끼리 : 두꺼운 것 하나를 정반 위에 놓고, 얇은 것 하나씩 앞으로 밀면서 봉에서 나중에 2개의 얇은 것 만 떼어 사용한다.

2-2 기타 게이지

1. 표준 게이지

호환성 생산방식을 중요시 여김에 따라 호환성 있는 측정방식을 표준 게이지를 만들어 이용하였으며, 표준 게이지로는 단계적으로 크기 순서대로 만들어 드릴의 지름을 측정하는 드릴 게이지(dill gauge)와 선재의 지름이나 판재의 두께를 측정하는 와이어 게이지(wire gauge)가 있다. 또한, 두께가 다른 얇은 강판을 조합하여 미소한 틈새를 측정하는 두께(thickness) 게이지, 나사의 피치나 산수를 측정하는 피치(pitch) 게이지, 나사바이트의 각도를 측정하는 센터(center) 게이지, 곡면의 둥글기를 측정하는 반지름(radius) 게이지 등이 있고, 그 외에도 각도 게이지, 기어 측정 게이지, 애크미 게이지 등이 있다.

2. 한계 게이지(limit gauge)

기계 부품의 정해진 실제 치수가 크고 작은 두개의 한계 사이에 들도록 하는 것이 합리적이다. 이 두개의 한계를 나타내는 치수를 허용 한계치수라 하고, 큰 쪽을 최대 허용치수, 작은 쪽을 최소 허용치수라 하고, 두 한계치수의 차를 공차라 한다. 이 부품의 실제 가공된 치수가 두 한계 허용치수 내에 있는지는 한계 게이지를 이용하여 검사한다.

(1) 테일러(Taylor's)의 원리

테일러의 원리란 통과측에는 모든 치수 또는 결정량이 동시에 검사되고 정지측에는 각 치수가 개개로 검사되어야 한다. 라는 것으로 끼워 맞춤에 적용되는 것으로 테일러의 원리가 반드시 적용하는 것은 아니며, 게이지의 사용상 불편한 점도 있기 때문에 어느 정도 벗어난 것도 허용된다.

(2) 한계 게이지의 장점

① 검사하기가 편하고 합리적이다.
② 합·부 판정이 쉽다.
③ 취급의 단순화 및 미숙련공도 사용 가능
④ 측정시간 단축 및 작업의 단순화

(3) 한계 게이지의 단점

① 합격 범위가 좁다.
② 특정 제품에 한하여 제작되므로 공용사용이 어렵다.

(4) 한계 게이지 재료에 요구되는 성질

① 열팽창 계수가 적을 것
② 변형이 적을 것
③ 양호란 경화성 : HRC 58 이상
④ 고도의 내마모성
⑤ 가공성이 좋으며 정밀 다듬질이 가능할 것

(5) 한계 게이지의 재료

① 표면 경화강 및 합금공구강(STC3)
② 탄소공구강 STC4

(6) 한계 게이지 등급

① XX급 : 최고급의 정도를 갖고 실용되는 최소 공차로 정밀한 래핑(lapping) 가공을 한 마스터 게이지로, 극히 제품 공차가 작거나 또는 참고용 게이지에만 사용되는 데, 플러그에만 적용된다.
② X급 : 제품 공차 비교적 작을 때에 사용되는 래핑 가공이 된 게이지로, 제품 공차 0.002인치 이하인 것이다.
③ Y급 : X급보다 제품 공차가 큰 경우(0.0021~0.004인치)로 가장 많이 쓰이는 래핑 가공을 한 게이지이다.
④ Z급 : Y급보다 제품 공차가 큰 경우로 0.004인치 이상일 때로 보통 래핑 가공을 원칙으로 하나 연삭 가공으로 완성해도 좋다고 되어 있다.
⑤ 공차 부호의 방향 : 통과측 플러그 게이지는 +로 하고, 정지측 게이지는 -로 한다.

(7) 구멍용 한계 게이지

구멍의 최소 허용치수를 기준으로 한 측정 단면이 있는 부분을 통과(go)측이라 하고, 구멍의 최대 허용치수를 기준으로 한 측정 단면이 있는 부분을 정지(no go)이라 한다.
① 플러그 게이지(plug gauge)
② 평 게이지(flat gauge)
③ 판 게이지(plate gauge)
④ 테보 게이지(tebo gauge)
⑤ 봉 게이지(bar gauge)

(8) 축용 한계 게이지

축의 최대 허용치수를 기준으로 한 측정 단면이 있는 부분을 통과측이라 하고, 축의 최소 허용치수를 기준으로 한 측정 단면이 있는 부분을 정지측이라 한다.
① 링게이지(ring gauge)
② 스냅 게이지(snap gauge)

(9) 사용목적에 따른 분류

공작용 및 검사용은 원칙적으로 동일한 것을 사용하며, 신품의 것은 공작용으로 사용하고, 어느 한계까지 마모된 다음에는 검사용 게이지로 사용하는 것이 보통이다.
① 공작용 게이지 : 제품 공작에 사용
② 검사용 게이지 : 제품의 검사에 사용
③ 점검용 게이지 : 공작용 및 검사용 게이지의 검사와 조정에 사용

3. 공기 마이크로미터

(1) 공기 마이크로미터의 원리

공기 마이크로미터는 길이의 미소 변위를 공기의 압력 또는 공기량의 변화를 확대기구로 하여 지시부의 부자(float)에 의해 길이를 측정하는 것으로 유체 역학의 원리를 응용한 것으로 압축된 공기의 노즐로부터 측정하고자 하는 물체와의 사이의 작은 틈으로 공기가 빠져나오는데, 결국 물체의 두께가 다른 것은 틈의 거리가 달라지면 이것이 공기 유량 변화의 이유가 된다. 이 유량을 유량계로 측정하여 치수의 값으로 읽도록 만든 것이 공기 마이크로미터(유량식)이다. 측정 가능 범위가 아주 좁기 때문에 물건의 길이를 블록 게이지와 비교해서 그 차의 치수만큼을 지시하는 방법을 취하고 있다. 이와 같은 사용 방법의 것을 비교측장기(compotator)라고 한다. 지시측미기, 공기 마이크로미터, 전기 마이크로미터가 모두 비교측장기들이다.

(2) 공기 마이크로미터의 종류

① 배압식 : 배압식은 공기의 압력을 이용한 구조로서 변화압을 수치로 확대 변환하여 치수를 읽게 된다.
② 유량식 : 단위시간에 노즐 내를 흐르는 공기량의 변화를 이용한 구조로 플로트가 정지한 위치한 눈금을 읽어 측정치를 구한다. 노즐의 지름은 2mm이며 블록 게이지가 필요하다.
③ 유속식 : 공기의 속도에 따라 발생하는 압력의 차를 이용한 방법으로 수치로 변환하여 측정치를 이용한다.
④ 진공식

(3) 공기 마이크로미터의 장·단점

공기 마이크로미터의 장점	공기 마이크로미터의 단점
① 배율이 높다.(1,000~40,000배) ② 정도가 좋다.(예 : ±0.5μm) ③ 접촉 측정자를 사용치 않을 때는 측정력은 거의 0에 가깝다. ④ 내경 측정이 용이하다. ⑤ 많은 치수의 동시 측정, 자동 선별, 제어가 가능하다. ⑥ 확대 기구에 기계적 요소가 없어서(특히 유량식) 높은 정도를 유지할 수 있다. ⑦ 통과측, 정지측(go side, no go side) 게이지와 달리 치수가 지시되기 때문에 한번의 측정 동작이면 된다. ⑧ 타원, 테이퍼 진원도, 편심, 평행도, 직각도, 중심거리 등 상당히 숙련을 필요로 하고, 시간이 많이 걸리던 측정을 간단히 할 수 있다.	① 응답 시간이 늦다. ② 디지털 지시가 불가능하다. ③ 비교 측장기이기 때문에 큰 범위와 작은 범위의 두 개의 마스터가 필요하다. ④ 피측정물의 표면이 거칠면 측정값에 신빙성이 없다. ⑤ 대부분의 경우 전용 측정자를 만들어야 하므로 다량 생산이 아니면 비용이 많이 든다. ⑥ 지시 범위가 적어 공차가 큰 것은 측정할 수 없다. ⑦ 압축공기원(에어 콤프레서 등)이 필요하다.

4. 전기 마이크로미터(electrical micrometer)

(1) 전기 마이크로미터의 기본 원리

측정자의 기계적 변위를 전기량으로 변환하여 지시계에 나타내는 정밀측정기로서, $0.01\mu m$ 정도의 미소 변위까지 측정하는 것도 있다.

(2) 전기 마이크로미터의 장·단점

전기 마이크로미터의 장점	전기 마이크로미터의 단점
① 높은 배율이 얻어진다.(지시 범위 ±0.5μm, 최소눈금 0.01μm의 것이 있다.) ② 공기 마이크로미터와 달리 긴 변위의 측정도 가능하다. ③ 기계적 확대 기구를 사용하지 않기 때문에 오차가 아주 적다. ④ 릴레이 신호발생이 쉽고 자동측정으로도 결점이 없다. ⑤ 공기 마이크로미터에 비해서 응답속도가 빠르다. ⑥ 연산 측정이 간단하다. ⑦ 디지털 표시가 용이하다. ⑧ 원격 측정이 가능하다.	① 가격이 비싸고, 고장시 수리가 곤란하다. ② 전원의 변동(전압, 주파수)에 의한 지시에 오차가 생길 염려가 있다. ③ 일반적으로 접촉식이기 때문에 소프트(soft)한 것의 측정에는 별로 좋지 않다. ④ 내경 정밀측정이 곤란하다.

2-3 공차와 끼워 맞춤

1. 치수공차 및 끼워 맞춤

제품 또는 부품은 주어진 치수로 정확히 만들 수 없기 때문에 목적에 따라 허용할 수 있는 한계를 정하고 그 차를 공차라 한다. 편의상 기준치수를 정하고 2개의 한계치수는 그 기준치수로부터의 편차에 의해 정의된다. 편차의 크기 및 부호는 한계치수에서 기준치수를 뺌으로서 얻을 수 있다. 다시 말하면 기준 치수에 대한 산포의 범위가 공차로서 설계상 무시할 수 없는 값이다. 공차를 운용하는 기본원칙은 다음과 같다.
(1) 기능상 필요로 하는 공차 등급의 설정(품질 면)
(2) 요구되는 공차를 가장 경제적으로 실행(원가, 시간적인 면)으로 요약된다. 전자는 공차 설정의 단계로서 설계부문에서 담당하고 후자는 공차 실현의 단계로 제조부문의 역할이 된다.

2. 끼워 맞춤의 개념

끼워 맞춤이란 두 개의 기계부품이 서로 끼워 맞추기 전의 치수 차에 의하여 틈새 및 죔새를 갖고 서로 접합하는 관계를 말한다.

3. 관계용어 설명

   (1) **틈새**(clearance) : 구멍의 치수가 축의 치수보다 클 때의 치수 차
   (2) **죔새**(intereference) : 구멍의 치수가 축의 치수보다 작을 때의 치수 차
   (3) **끼워 맞춤의 변동량**(variation of fit) : 끼워 맞춤이 변동하는 범위로 두 종류의 기계부품이 서로 끼워 맞춰지는 구멍과 축과의 치수공차의 합
   (4) **헐거운 끼워 맞춤**(clearance fit) : 항상 틈새가 생기는 끼워 맞춤, 축의 허용구역은 완전히 구멍의 허용구역보다 아래에 있다.
   (5) **억지 끼워 맞춤** (intereference) : 항상 죔새가 생기는 끼워 맞춤, 축의 허용구역은 완전히 구멍의 허용구역보다 위에 있다.
   (6) **중간 끼워 맞춤**(transition fit) : 경우에 따라 틈새가 생기는 것도 있는 끼워 맞춤으로 축의 허용구역은 구멍의 허용구역에 겹친다.
   (7) **최소 틈새**(minimum clearance) : 헐거운 끼워 맞춤에서 구멍의 최소 허용치수에서 축의 최대 허용치수를 뺀 값
   (8) **최대 틈새**(maximum clearance) : 헐거운 끼워 맞춤 또는 중간 끼워 맞춤에서 구멍의 최대 허용치수에서 축의 허용치수를 뺀 값
   (9) **최소 죔새**(minimum interference) : 억지 끼워 맞춤에서 축의 최소 허용치수에서

구멍의 최대 허용치수를 뺀 값
(10) **최대 죔새**(maximum interference) : 억지 또는 중간 끼워 맞춤에서 조립하기 전의 축의 최대 허용치수에서 구멍의 최소 허용치수를 뺀 값
(11) **구멍기준 끼워 맞춤**(basic hole fit) : 여러 가지의 축을 한가지의 구멍에 끼워 맞춤으로서 틈새나 죔새가 다른 여러 가지의 끼워 맞춤을 얻는 방식으로 주로 구멍기준 끼워 맞춤을 많이 사용한다.
(12) **축 기준 끼워 맞춤**(basic shaft fit) : 여러 가지의 구멍을 한가지의 축에 끼워 맞춤으로서 틈새나 죔새가 다른 여러 가지의 끼워 맞춤을 얻는 방식
(13) **기준 구멍**(basic hole) : 구멍기준 끼워 맞춤의 기준이 되는 구멍을 말하여 아래 치수 허용차가 0으로 되는 구멍을 사용한다.
(14) **기준 축**(basic shaft) : 축 기준 끼워 맞춤의 기준이 되는 축을 말하며 위 치수 허용차가 0인 축을 사용한다.

최대 허용치수	A=50.025 a=49.975	최대틈새=A-b=0.050	헐거운 끼워 맞춤
최소 허용치수	B=50.020 b=49.950	최소틈새=B-a=0.025	
최대 허용치수	A=50.025 a=50.050	최대죔새=a-B=0.050	억지 끼워 맞춤
최소 허용치수	B=50.020 b=50.034	최소죔새=b-A=0.009	
최대 허용치수	A=50.025 a=50.011	최대죔새=A-B=0.011	중간 끼워 맞춤
최소 허용치수	B=50.020 b=49.095	최소틈새=a-B=0.030	

① 헐거움 끼워 맞춤
   구멍의 최소 치수가 축의 최대 치수보다 큰 경우의 끼워 맞춤으로 미끄럼운동이나 회전운동이 필요한 기계부품 조립에 적용한다.

   예 40H7은 $40^{+0.025}_{0}$ 또는 $\frac{40.025}{40.000}$

   40g6은 $40^{-0.009}_{-0.025}$ 또는 $\frac{39.991}{39.975}$

   ∴ 최소 틈새 = 구멍의 최소 허용치수 − 축의 최대 허용치수
      $= 40.000 - 39.991 = 0.009$
      최대 틈새 = 구멍의 최대 허용치수 − 축의 최소 허용치수
      $= 40.025 - 39.975 = 0.050$

② 중간 끼워 맞춤(정밀 끼워 맞춤)
   구멍과 축의 실제 치수에 따라 죔새와 틈새가 생기는 끼워 맞춤으로 베어링 조립에 주로 쓰인다.

   예 40H7은 $40^{+0.025}_{0}$ 또는 $\frac{40.025}{40.000}$

40n6은 $40^{+0.033}_{+0.017}$ 또는 $\frac{40.033}{40.017}$

∴ 최소 죔새 = 축의 최대 허용치수 - 구멍의 최소 허용치수
= 40.033 - 40.000 = 0.033

최대 틈새 = 구멍의 최대 허용치수 - 축의 최소 허용치수
= 40.025 - 40.017 = 0.008

③ 억지 끼워 맞춤

구멍의 최대 치수가 축의 최소 치수보다 작은 경우이며 항상 죔새가 생기는 끼워 맞춤으로 동력전달장치의 분해조립의 반영구적인 곳에 적용된다.

(15) 끼워 맞춤 방식

① 구멍 기준식 끼워 맞춤 : H6~H10(아래치수 허용차가 0인 H기호 구멍)
② 축 기준식 끼워 맞춤 : h5~h9(위치수 허용차가 0인 h기호 축)

4. IT 기본공차의 등급

ISO 공차 방식에 따른 기본 공차로서 IT 기본 공차 또는 그냥 IT 라고도 부르며 01급, 1급 …16급의 18등급으로 되어 있고 IT 01, IT0…IT 16 등으로 표시된다.

> IT 01 ~ IT 4 : 주로 게이지류
> IT 5 ~ IT 10 : 주로 끼워 맞춤을 하는 부분
> IT 11 ~ IT 16 : 끼워 맞춤이 필요 없는 부분

(1) IT 01 : 고급 표준 게이지류
(2) IT 0 : 고급 표준 게이지류, 고급 단도기
(3) IT 1 : 표준 게이지, 단도기
(4) IT 2 : 고급 게이지, 플러그 게이지
(5) IT 3 : 양질의 게이지, 스냅 게이지
(6) IT 4 : 게이지, 일반 래핑 또는 슈퍼피니싱에 의한 고급 가공
(7) IT 5 : 볼 베어링, 기계래핑, 정밀 보링, 정밀 연삭, 호닝
(8) IT 6 : 연삭. 보링, 핸드 리밍
(9) IT 7 : 정밀선삭, 브로우칭, 호닝 및 연삭의 일반작업
(10) IT 8 : 센터 작업에 의한 선삭, 보링, 보통의 기계 리밍 터렛 및 자동선반 제품
(11) IT 9 : 터렛 및 자동선반에 의한 일반제품 보통의 보링 작업·수직선반 고급밀링 작업
(12) IT 10 : 보통 밀링작업 쉐이핑 슬로팅 플래이너 작업, 드릴링, 압연, 압출제품
(13) IT 11 : 횡 선삭·횡 보링 기타 황삭의 기계가공 인발·파이프·펀칭·구멍 프레스

작업
(14) IT 12 : 일반 파이프 및 봉 프레스 제품
(15) IT 13 : 프레스 제품·압연 제품
(16) IT 14 : 금형 주조품·다이캐스팅·고무형 프레스·쉘몰딩 주조품
(17) IT 15 : 형단조·쉘몰딩주조·시멘트 주조
(18) IT 16 : 일반주물·불꽃 절단

제2장 길이의 측정

문제 001

1/20mm 버니어 캘리퍼스의 주척(어미자)과 부척(아들자)의 관계를 설명한 것 중 옳은 것은?

㉮ 주척이 1눈금이 1mm, 부척의 눈금이 12mm를 25등분 한 것
㉯ 주척이 1눈금이 1mm, 부척의 눈금이 19mm를 20등분 한 것
㉰ 주척이 1눈금이 0.5mm, 부척의 눈금이 19mm를 25등분 한 것
㉱ 주척이 1눈금이 0.5mm, 부척의 눈금이 24mm를 25등분 한 것

문제 002

버니어캘리퍼스의 측정 단위는 다음 중 어느 것인가?

㉮ μm ㉯ cm
㉰ mm   ㉱ m

[해설] 버니어 캘리퍼스 측정단위는 mm임

문제 003

그림은 버니어 캘리퍼스의 측정값을 나타낸 것이다. 최소측정치가 0.05mm일 때 × 표시부가 일치하였으면 측정치는 얼마인가?

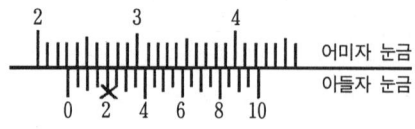

㉮ 2.62mm   ㉯ 2.32mm
㉰ 23.2mm   ㉱ 27.2mm

[해설] 아들자의 네 번째 눈금선이 어미자 눈금과 일치하므로 어미자 23mm 눈금선에서 아들자 0선까지의 치수 0.05×4=0.2mm가 되며, 최종 길이 읽음값은 23+0.2=23.2mm가 된다.

문제 004

M형 버니어 캘리퍼스 구조 명칭이 아닌 것은 어느 것인가?

㉮ 어미자 눈금   ㉯ 아들자 눈금
㉰ 슬라이더   ㉱ 라쳇스톱

문제 005

버니어 캘리퍼스는 마이크로미터 보다 다음과 같은 이점이 있다. 다음 중 알맞은 것은?

㉮ 보다 정밀하다.
㉯ 보다 사용하기 편리하고 빠르게 측정할 수 있다.
㉰ 내측과 외측 중 한 측면만 측정이 가능하다.
㉱ 모든 범위의 치수를 측정할 수 있다.

[해설] 정밀도 떨어짐, 내, 외측 측정 가능함, 모든 범위치수는 측정 불가함.

문제 006

버니어캘리퍼스가 마이크로미터 보다 더 좋은 점은?

㉮ 보다 정밀하다.
㉯ 나사를 이용하여 깊이 측정에 편리하다.
㉰ 내경과 외경을 하나의 캘리퍼스로 측정할 수 있다.
㉱ 한정된 측정범위 즉, 25mm 단위만을 측정할 수 있다.

[답] 001. ㉯ 002. ㉰ 003. ㉰ 004. ㉱ 005. ㉯ 006. ㉰

문제 007

본척의 눈금이 1mm일 때 최소 측정값이 0.05mm인 부척의 등분은?

- ㉮ 본척의 19mm를 20등분
- ㉯ 본척의 39mm를 25등분
- ㉰ 본척의 49mm를 50등분
- ㉱ 본척의 12mm를 25등분

[해설] 어미자와 아들자의 눈금차는 어미자의 1눈금을 어미자의 n-1개의 눈금을 n등분한 것으로 나누면 된다.

문제 008

마이크로미터 측정시 사용상으로부터 발생하는 오차가 아닌 것은?

- ㉮ 자세에 의한 오차
- ㉯ 휨(bending)에 의한 오차
- ㉰ 온도에 의한 오차
- ㉱ 아베의 원리에 의한 오차

[해설] 아베의 원리에 의한 오차는 구조상으로부터 발생하는 오차이다.

문제 009

마이크로미터로 300mm 미만의 길이를 측정할 때 측정력으로 가장 옳은 것은?

- ㉮ 120-250g
- ㉯ 250-500g
- ㉰ 510-1020g
- ㉱ 1050-1520g

[해설] 마이크로미터로 300mm미만의 길이를 측정할 때 측정력은 KS B 5202에서 510-1020g으로 규정하고 있다.

문제 010

내, 외의 깊은 홈 사이 거리 측정에 가장 적합한 측정기는?

- ㉮ 그루브 마이크로미터(groove micrometer)
- ㉯ 지시 마이크로미터(indicating micrometer)
- ㉰ 내측 마이크로미터(inside micrometer)
- ㉱ 포인트 마이크로미터(point micrometer)

[해설] 그루브 마이크로미터(groove micrometer)는 내, 외의 깊은 홈 사이 등 다른 측정기로는 측정하기 힘든 깊은 곳의 홈 사이 거리 등의 측정에 편리한 구조로 되어 있다.

문제 011

구멍의 크기나 홈의 폭을 측정하기에 적합한 것은?

- ㉮ 다이얼 게이지
- ㉯ 오토콜리메이터
- ㉰ 내측 마이크로미터
- ㉱ 옵티컬 플랫

[해설] 내측 마이크로미터 : 구멍의 크기나 홈의 너비를 측정하기에 적합.

문제 012

최대 측정 길이가 175mm의 마이크로미터를 사용할 때 기준봉의 허용치수는 ±3μm이고 마이크로미터의 종합 오차는 ±4μm이다. 기준봉을 사용하여 영점을 조정할 때 일어날 수 있는 최대 오차는?

- ㉮ ±7μm
- ㉯ ±12μm
- ㉰ ±11μm
- ㉱ ±5μm

[해설] $\sqrt{3^2+4^2}=5$

문제 013

표준 마이크로미터 나사피치가 0.5mm, 딤블의 원주눈금이 50등분일 때 읽을 수 있는 최소 눈금은?

- ㉮ 0.01mm
- ㉯ 0.05mm
- ㉰ 0.001mm
- ㉱ 0.005mm

[해설] M/0.5×1/50mm=0.01mm임

문제 014

표준 마이크로미터는 나사의 피치가 0.5mm, 딤블의 원주 눈금이 50등분 되어 있다면 최소 측정값은?

[답] 007. ㉮ 008. ㉱ 009. ㉰ 010. ㉮ 011. ㉰ 012. ㉱ 013. ㉮ 014. ㉯

㉮ 0.1mm ㉯ 0.01mm
㉰ 0.001mm ㉱ 0.0001mm

[해설] 이동량 = $0.5 \times \frac{1}{50} = 0.01$mm로 최소 측정값은 0.01mm이다.

문제 015

외측 마이크로미터의 자체 오차가 $-5\mu m$ 일 때 측정값이 10.38mm라면 실제의 치수는 얼마인가?

㉮ 10.385mm ㉯ 10.38mm
㉰ 10.375mm ㉱ 10.37mm

[해설] 실제치수 = 측정값 + 오차
$10.38 + (-0.005) = 10.375$mm

문제 016

측정 면에 대해서 수직 방향에 미동(微動)할 수 있는 앤빌을 구비하고, 앤빌의 이동량을 읽을 수 있도록 인디케이터를 내장한 마이크로미터는?

㉮ 지시 마이크로미터
㉯ 하이트 마이크로미터
㉰ V홈 마이크로미터
㉱ 포인트 마이크로미터

문제 017

마이크로미터의 스핀들을 광선정반(optical flat)으로 적색간섭 무늬수가 3개로 측정되었을 때 평면도는 얼마인가?

㉮ $0.96\mu m$ ㉯ $1.92\mu m$
㉰ $2.56\mu m$ ㉱ $3.78\mu m$

[해설] 평면도 = $n \times \lambda = 3 \times 0.32 = 0.96\mu m$

문제 018

다이얼 게이지의 후퇴 오차를 없애기 위해 사용되는 부속품은?

㉮ 코일 스프링 ㉯ 가이드 핀
㉰ 피니언 ㉱ 헤어코일

문제 019

다이얼 게이지 바늘이 0점의 한쪽에서 다른 쪽으로 회전 할 때 두 지시 눈금 값을 더하면 무엇을 알 수 있는가?

㉮ 총 길이 ㉯ 총 표면 거칠기
㉰ 총 높이 ㉱ 총 진원도

[해설] 원진의 총 진원도를 알 수 있다.

문제 020

지렛대식 다이얼 테스트 인디케이터는 무엇에 의해 측정치를 읽도록 한 것인가?

㉮ 허브와 딤블
㉯ 철자
㉰ 다이얼 눈금과 지침
㉱ 지렛대

[해설] 다이얼 눈금과 지침

문제 021

테스트 인디케이터와 비교할 때 다이얼 게이지의 특징이 아닌 것은?

㉮ 측정범위가 넓다.
㉯ 타원 측정이 용이하다.
㉰ 직접 측정이 편리하다.
㉱ 동적 측정이 가능하다.

문제 022

다이얼 게이지로 공작물의 진원도 측정시 가장 필요한 것은?

㉮ 서피스 게이지 ㉯ 센터 게이지
㉰ V블록 ㉱ 사인 바

문제 023

측정기에서 미소 이동량의 확대 지시 장치의 설명이다. 맞는 말은 어느 것인가?

답 015.㉰ 016.㉮ 017.㉮ 018.㉱ 019.㉱ 020.㉰ 021.㉯ 022.㉰ 023.㉮

㉮ 다이얼 게이지는 기어를 이용한 것
㉯ 미니미터는 나사를 이용한 것
㉰ 마이크로미터는 레버를 이용한 것
㉱ 옵터미터는 전기용량을 이용한 것

문제 024
다음 측정기의 특징에 대한 설명으로 가장 적합한 측정기는?

> (1) 소형이고 가벼워서 취급이 쉽다.
> (2) 측정범위가 넓다.
> (3) 연속된 변위량의 측정을 할 수 있다.
> (4) 어태치먼트의 사용방법에 따라 측정이 광범위하다.
> (5) 다이얼 눈금과 지침에 의해 측정한다.

㉮ 리니어 하이트(linear geight)
㉯ 블록 게이지(block gage)
㉰ 다이얼 게이지(dial gage)
㉱ 미크로케이터(mikrokator)

해설 다이얼 게이지(dial gage)의 특징은 다음과 같다.
① 소형이고 가벼워서 취급이 쉽다.
② 측정범위가 넓다.
③ 연속된 변위량의 측정을 할 수 있다.
④ 어태치먼트의 사용방법에 따라 측정이 광범위하다.
⑤ 다이얼 눈금과 지침에 의해 측정한다.

문제 025
엔진 실린더의 마모를 재는 가장 빠른 방법은 무엇인가?

㉮ 틈새 게이지   ㉯ 실린더 보어 게이지
㉰ 캘리퍼스   ㉱ 철자

문제 026
다음 중 내경 측정에만 주로 사용되는 측정기는?

㉮ 측장기   ㉯ 한계 게이지
㉰ 버니어 캘리퍼스 ㉱ 실린더 게이지

문제 027
다음 중 실린더 블록의 내경, 베어링 내경 등의 대량 자동측정에 이용되는 가장 적합한 비교 측정기는?

㉮ 투영기   ㉯ 지침측미기
㉰ 공기식 콤퍼레이터 ㉱ 전기식 콤퍼레이터

문제 028
다이얼 게이지에 의한 측정은 어느 계측법인가?

㉮ 편위법   ㉯ 영위법
㉰ 편차법   ㉱ 상환법

해설 편위법 : 다이얼 게이지에 의한 측정

문제 029
다이얼 게이지를 사용하여 측정할 수 없는 것은?

㉮ 흔들림   ㉯ 평면도
㉰ 표면 거칠기   ㉱ 직각도

해설 ㉮, ㉯, ㉱는 측정 가능.

문제 030
다이얼 게이지를 이용한 진원도 측정 방법이 아닌 것은?

㉮ 지름법   ㉯ 삼점법
㉰ 반지름법   ㉱ 유효 반경법

해설 진원도의 측정 방법에는 지름법, 삼점법, 반지름법이 있다.

문제 031
다이얼 게이지의 응용이다. 관계없는 것은 어느 것인가?

㉮ 외경, 높이, 두께의 측정
㉯ 표면 거칠기 측정
㉰ 진원도의 측정
㉱ 원통의 진직도 측정

답 024. ㉰ 025. ㉯ 026. ㉱ 027. ㉰ 028. ㉮ 029. ㉰ 030. ㉱ 031. ㉯

해설 표면 거칠기 측정은 다이얼 게이지 응용과 관계없음.

문제 032

+2μm 의 오차가 있는 블록 게이지(기준길이 20mm)로 다이얼 게이지(최소눈금 0.001mm)의 0눈금에 세팅하여 공작물을 측정하였더니 지침이 5눈금 적게 돌아갔다면 실제 치수는 얼마인가?

㉮ 19.993mm ㉯ 19.997mm
㉰ 20.003mm ㉱ 20.007mm

해설 20+0.002=20.002
실제치수=측정값+오차
20.002+(−0.005)=19.997

문제 033

−50μm 의 오차가 있는 표준편으로 세팅한 하이트 게이지로서 31.25mm의 측정값을 얻었다면 실제 치수는?

㉮ 31.20mm ㉯ 31.25mm
㉰ 31.30mm ㉱ 30.95mm

해설 실제치수=측정값+오차
31.25+(−0.05)=31.20

문제 034

다음 높이 측정과 금 긋기를 할 수 있는 측정기는?

㉮ 하이트 게이지 ㉯ 스냅 게이지
㉰ 한계 게이지   ㉱ 블록 게이지

해설 하이트 게이지 : 높이 측정과 금 긋기를 할 수 있는 측정기

문제 035

하이트 게이지의 사용방법 중 틀린 것은?

㉮ 하이트 게이지는 아베의 원리에 위배되는 구조다.
㉯ 하이트 게이지의 스크라이버로 줄긋기 작업을 할 수 있다.
㉰ 시차를 방지하기 위해 눈금을 읽는 위치는 눈금선과 위방향일 것.
㉱ HM형 하이트 게이지는 견고하고 줄긋기 작업에 적당하다.

문제 036

광파 간섭 측정기에서 파장을 λ라 하고 간섭무늬의 폭을 a, 간섭무늬의 휨량을 b라 하면 평면도(F)값은?

㉮ $F = a \times b \times \lambda$ ㉯ $F = (a \times b) - \lambda$
㉰ $F = \dfrac{b}{a} \times \lambda$ ㉱ $F = \dfrac{b}{a} \times \dfrac{\lambda}{2}$

해설 $F = \dfrac{b}{a} \times \dfrac{\lambda}{2}$

문제 037

평행광선 정반으로 마이크로미터 측정 면을 검사하였더니 스핀들 축에 2개, 앤빌 축에 3개의 무늬가 나타났다. 평행도는?(단, 간섭무늬 1개는 0.32mm에 해당된다.)

㉮ 0.32μm ㉯ 1.92μm
㉰ 1.6μm   ㉱ 0.8μm

해설 5×0.32=1.6μm

문제 038

광선정반을 이용하여 게이지 블록의 평면도를 측정하고자 간섭무늬를 측정한 결과 간섭무늬의 휨과 무늬의 피치가 1 : 5의 비율이었다면 빛의 파장이 0.64μm일 때 평면도는 약 μm인가?

㉮ 0.064 ㉯ 0.128
㉰ 1.2   ㉱ 2.4

해설 평면도 $F = \dfrac{\lambda}{2} \times \dfrac{b}{a} = \dfrac{0.64}{2} \times \dfrac{1}{5} = 0.064$

답 032. ㉯ 033. ㉮ 034. ㉮ 035. ㉮ 036. ㉱ 037. ㉰ 038. ㉮

문제 039

높이 측정에 사용되는 정밀정반에 요구되는 사항이 아닌 것은?

㉮ 사용 목적에 맞는 강성이 있어야 한다.
㉯ 사용면은 제품 밀착이 잘 되어야 한다.
㉰ 안정되고 고장이 작은 지지를 위하여 3점 지지를 원칙으로 한다.
㉱ 내마모성이 높은 재료를 사용한다.

[해설] 높이 측정에 사용되는 정밀정반에 요구되는 사항은 사용목적에 맞는 강성이 있어야 하며, 용면은 제품 밀착이 잘지 않도록 다듬질하여야 하며, 안정되고 고장이 작은 지지를 위하여 3점 지지를 원칙으로 하며, 내마모성이 높은 재료를 사용한다.

문제 040

블록 게이지의 부속품으로 나사산을 검사하고 원을 그릴 때 사용되는 것은?

㉮ 센터 포인트   ㉯ 스크라이버 포인트
㉰ 둥근형 조오   ㉱ 베이스 블록

문제 041

다음 중 블록 게이지의 종류가 아닌 것은?

㉮ 캐리형   ㉯ 호크형
㉰ 아베형   ㉱ 요한슨형

[해설] 블록 게이지 종류에는 요한슨형, 호크형, 케리형 등이 있다.

문제 042

기계 부품이나 공구 검사에 사용되는 게이지 블록의 등급은?

㉮ 00   ㉯ 0
㉰ 1   ㉱ 2

[해설] 00 : 참조용, 0 : 표준용, 1 : 검사용 2 : 공작용

문제 043

게이지 블록의 밀착 방법(Wringing)으로 바른 것은?

㉮ 측정면이 가장자리에서 서로 직교하도록 한다.
㉯ 강하게 누르면서 한쪽 방향으로 밀착한다.
㉰ 두꺼운 것과 얇은 것과의 밀착은 두꺼운 것을 얇은 것의 한 쪽에 대고 가볍게 누르면서 밀어 넣어 밀착한다.
㉱ 얇은 것끼리의 밀착은 먼저 임의의 두꺼운 것 위에 얇은 것을 길이방향으로 순차적으로 밀착시킨다.

[해설] 밀착하기 전에 깨끗한 천으로 방청유와 먼지를 닦아내고 중앙에서 서로 직교하도록 댄다. 가볍게 누르면서 돌려 붙이면 된다. 방향을 맞춘다. 두꺼운 것과 얇은 것은 얇은 것을 두꺼운 것의 조합이며 얇은 것과 얇은 것은 같은 방법으로 밀착시킨다.

문제 044

표준 게이지 또는 한계 게이지 종류와 관계가 없는 것은?

㉮ 드릴 게이지   ㉯ 와이어 게이지
㉰ 하이트 게이지   ㉱ 한계 게이지

[해설] 하이트 게이지는 표준 게이지나 한계 게이지와 관련이 없음.

문제 045

구멍용 한계 게이지가 아닌 것은?

㉮ 원통형 플러그 게이지
㉯ 판 플러그 게이지
㉰ 봉 게이지
㉱ 스냅 게이지

문제 046

제품의 치수가 허용치수 이내에 있는가를 검사하기에 가장 적합한 게이지는?

[답] 039. ㉯ 040. ㉮ 041. ㉰ 042. ㉰ 043. ㉱ 044. ㉰ 045. ㉱ 046. ㉯

제2장 길이의 측정

7-37

㉮ 다이얼 게이지
㉯ 한계 게이지
㉰ 버니어 캘리퍼스
㉱ 마이크로미터

문제 047

다음 중 나머지 3가지와 전혀 모양이 다른 측정기는?
㉮ 버니어 캘리퍼스(Vernier Valipers)
㉯ 필러 게이지(Feeler gage)
㉰ 뎁스 게이지(Depth gage)
㉱ 하이트 게이지(Height gage)

문제 048

한계 게이지(limit gauge)를 사용하는 목적은?
㉮ 최대치수와 최소치수의 범위측정
㉯ 각도를 측정
㉰ 나사의 피치를 측정
㉱ 구멍의 크기를 측정

[해설] 일정한 편차를 허용하여도 사용목적에 어긋나지 않도록 하기 위하여 사용

문제 049

다음 중 끼워 맞춤 호환성을 판단하기 위해 사용되는 게이지는?
㉮ 플러그 게이지
㉯ 조정식 스냅 게이지
㉰ 플러시 핀(flush pin) 게이지
㉱ 기능 게이지(functional gage)

문제 050

스냅 게이지로 측정할 수 있는 항목은?
㉮ 외경   ㉯ 내경
㉰ 피치   ㉱ 각도

[해설] 스냅 게이지 : 축용 한계 게이지

문제 051

가공된 축이 일정한 치수의 공차 범위에 있는지 검사하는데 적합한 게이지는?
㉮ 센터 게이지   ㉯ 스냅 게이지
㉰ 반지름 게이지   ㉱ 플러그 게이지

문제 052

다음 중 나사가공 시 바이트의 각도 측정에 사용되는 것은?
㉮ 플러그 게이지   ㉯ 센터 게이지
㉰ 옵티컬 플랫   ㉱ 하이트 게이지

[해설] ㉮, ㉰, ㉱는 가공면 측정에 사용되는 것임.

문제 053

한계 게이지라고 할 수 없는 것은?
㉮ 스냅 게이지   ㉯ 두께 게이지
㉰ 플러그 게이지   ㉱ 플러시 핀 게이지

문제 054

한계 게이지의 마멸 여유는 일반적으로 어느 쪽에 주는가?
㉮ 정지측에 준다.
㉯ 통과측에 준다.
㉰ 양쪽에 다 준다.
㉱ 양쪽에 모두 주지 않는다.

문제 055

표준용 게이지 블록의 정도 검사용에 사용되는 것은?
㉮ 표준용   ㉯ 검사용
㉰ 공작용   ㉱ 참조용

[해설] 참조용 : 표준용 게이지 블록의 정도 검사용

[답] 047. ㉯ 048. ㉮ 049. ㉱ 050. ㉮ 051. ㉯ 052. ㉯ 053. ㉯ 054. ㉯ 055. ㉱

문제 056

공구나 절삭 공구의 설치, 게이지의 제작, 측정기류의 조정에 사용되는 블록 게이지의 용도와 등급이 바른 것은?

㉮ 공작용 - 2급 ㉯ 검사용 - 1급
㉰ 참조용 - 0급 ㉱ 표준용 - 00급

해설

	사용목적	등급
공작용	공구, 절삭 공구의 설치 게이지 제작, 측정기류의 조정	2급
검사용	기계부품, 공구 등의 검사 게이지의 정도 점검, 측정기류의 정도 검사	1급
표준용	공작용 블록 게이지의 정도 검사 검사용 블록 게이지의 정도 검사	0급
참조용	표준용 블록 게이지의 정도 점검 학술적 연구	00급

문제 057

다음 중 공기마이크로미터로 측정할 수 없는 것은?

㉮ 내경 측정 ㉯ 테이퍼 측정
㉰ 박판 두께 측정 ㉱ 치형 측정

해설 공기마이크로미터로 내경, 테이퍼, 진직도, 박판 두께 측정을 할 수 있다.

문제 058

공기마이크로미터의 특징으로 적합하지 않은 것은?

㉮ 많은 치수의 동시 측정이 불가능하다.
㉯ 무접촉식 측정이 가능하다.
㉰ 비교적 간단히 고배율을 얻을 수 있다.
㉱ 구멍내경의 측정이 가능하다.

문제 059

공기 마이크로미터(Micrometer)의 장점 설명으로 틀린 것은?

㉮ 내경 측정용으로 사용하면 효과적이다.
㉯ 타원 측정이 가능하다.
㉰ 배율이 높다.
㉱ 콤프레서 등이 불필요하다.

문제 060

다음 중 공기 마이크로미터의 형식이 아닌 것은?

㉮ 유면식 ㉯ 유량식
㉰ 유속식 ㉱ 배압식

해설 ㉯, ㉰, ㉱는 공기 마이크로미터의 형식임.

문제 061

다음 중 전기 마이크로미터의 종류가 아닌 것은?

㉮ 포텐쇼미터식 ㉯ 인덕턴스식
㉰ 스트레인 게이지식 ㉱ 가우스 게이지식

해설 ㉮, ㉯, ㉰는 전기 마이크로미터의 종류

문제 062

다음 중 치수공차에 대한 설명은?

㉮ 기준치수와 최대 허용치수의 차
㉯ 최소 허용치수와 기준치수의 차
㉰ 최대 허용치수와 최소 허용치수의 차
㉱ 기준치수와 실제 치수와의 차

해설 치수공차 : 최대 허용치수와 최소 허용치수의 차

문제 063

죔새와 틈새가 생길 수 있는 끼워 맞춤은?

㉮ 억지 끼워 맞춤 ㉯ 중간 끼워 맞춤
㉰ 헐거운 끼워 맞춤 ㉱ 틈새 끼워 맞춤

해설 중간 끼워 맞춤 : 죔새와 틈새가 생길 수 있는 끼워 맞춤

문제 064

다음 중 중간 끼워 맞춤으로 바른 것은?

답 056. ㉮ 057. ㉱ 058. ㉮ 059. ㉱ 060. ㉮ 061. ㉱ 062. ㉰ 063. ㉯ 064. ㉮

㉮ $50\dfrac{H7}{js7}$　　㉯ $50\dfrac{H7}{r6}$

㉰ $50\dfrac{H7}{e7}$　　㉱ $50\dfrac{H7}{x7}$

[해설] ① 헐거운 끼워 맞춤 : f6, g6, e6, f7
② 중간 끼워 맞춤 : h6, js6 …, n6, h7, js7
③ 억지 끼워 맞춤 : p6, r6 …, x6 이다

문제 065

구멍의 치수가 축의 치수보다 작을 때의 조립 전의 구멍과 축과의 치수의 차를 무엇이라 하는가?

㉮ 틈새　　㉯ 죔새
㉰ 차쇄　　㉱ 측쇄

[해설] 죔새 : 구멍의 치수가 축의 치수보다 작을 때의 조립 전의 구멍과 축과의 치수의 차

문제 066

헐거운 끼워 맞춤에서 구멍의 최소 허용 치수와 축의 최대 허용 치수와의 차를 무엇이라 하는가?

㉮ 최대 틈새　　㉯ 최소 틈새
㉰ 중간 틈새　　㉱ 최소 죔새

[해설] 최소 틈새 : 헐거운 끼워 맞춤에서 구멍의 최소 허용 치수와 축의 최대 허용 치수와의 차

문제 067

다음 중 구멍기준식 억지 끼워 맞춤인 것은?

㉮ H8f7　　㉯ H7p6
㉰ h7F8　　㉱ h6G7

문제 068

다음 IT기본 공차 등급 중에서 주로 끼워 맞춤으로 조립되는 부품의 가공 공차에 적용되는 등급은?

㉮ IT 11-16　　㉯ IT 5-10
㉰ IT 10-18　　㉱ IT 01-5

문제 069

IT기본 공차 중 주로 게이지에 사용되는 등급 범위는?

㉮ 01-4급　　㉯ 5-10급
㉰ 11-16급　　㉱ 01-16급

문제 070

$70^{+0.05}_{-0.02}$의 치수공차 표시에서 최대허용 치수는?

㉮ 70.03　　㉯ 70.05
㉰ 69.98　　㉱ 69.05

[해설] 최대허용치수 = 기준치수 + 위치수허용차
(70 + 0.05) = 70.05

[답] 065. ㉯　066. ㉯　067. ㉯　068. ㉯　069. ㉮　070. ㉯

제7편 정밀측정

각도측정기

3-1 각도 게이지

1. 요한슨식 각도 게이지

판 게이지를 85개 또는 49개를 한 조로 하고 있다.

2. NPL식 각도 게이지

100×15mm의 강철제 블록으로 되어있고, 12개의 게이지를 한조로 하며, 두개 이상 조합해서 0°에서 81°까지 6″ 간격으로 임의의 각도를 만들 수 있고 조립후의 정도는 ±2~3″이다.

3. 눈금원판

눈금원판은 원주를 일정한 각도로 분할한 것으로 가도측정이 기준이 되며 각도 측정시는 눈금원판의 편심에 의한 오차에 주의해야 한다.

3-2 각도측정기

1. 만능각도기

공작물 두 면간의 각도를 측정하는 가장 간단한 측정기로 눈금원판은 1눈금이 1′이고, 최소 읽기 값은 눈금원판의 23°를 12등분한 부척이 붙은 것이 5′, 19°를 20등분한 부척이 붙은 것이 3′이다.

[그림 3-1] 눈금 읽기 방법

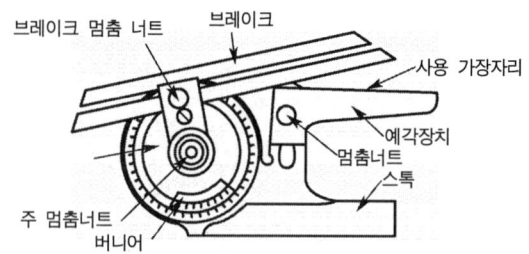

[그림 3-2] 만능 각도 측정기

3-3 수준기

수준기는 수평 또는 수직을 정하는데 쓰이며, 그 외에 수평·수직으로부터 약간 경사진 부분을 측정한다. 경사각은 눈금을 읽어 각도로 환산하며 경사각을 라디안으로 나타내면 $\theta = \dfrac{L}{R}(\theta : \mathrm{radian})$ 수준기의 감도는 KS에서 기포관의 1눈금(2mm)이 편위되는데 필요한 경사각을 밑면 1m에 대한 높이 또는 각도로 표시된다.

따라서 $\rho = 206265 \times \dfrac{a}{R}$ 가 된다.

3-4 오토콜리메이터(시준기)

1. 오토콜리메이터의 원리

반사경과 망원경의 위치 관계가 기울기로 변했을 때 망원경 내의 상의 위치가 이동하는 것을 이용하여 미소각도를 측정한다.

2. 오토콜리메이터의 주요부속품

오토콜리메이터는 각도측정, 진직도 측정, 평면도 측정, 등에 사용되며, 주요부속품에는 다음과 같다.
(1) 평면경 : 정밀하게 다듬질 가공된 밑면 및 측면
(2) 펜타프리즘 : 5각형이며, 각도 검사하는 부속품으로 광도를 90도로 변환시킨다.

(3) 폴리곤 프라즘 : 원주를 12면(30도), 10면 및 8면(45도), 6면(60도)으로 등분한 각도 기준이며, 원주눈금검사, 각도분할 정도검사, 분할판 등에 사용된다.
(4) 반사경대(평면도 1μm 이내)
(5) 지지대
(6) 조정기
(7) 변압기

3. 오토콜리메이터에 의한 측정방법

(1) 기준기에 대한 각도 차의 측정 : 기준편과 피측정물의 각도차를 NPL식 각도 게이지와의 비교측정으로 구한다.
(2) 운동의 진직도 측정 : 평면경을 측정부위에 놓고 각각의 위치에서 평면경의 경사량을 읽어서 구한다.
(3) 직육면체의 직각도 측정
(4) 탄성체의 휨에 의한 경사각 측정
(5) 안내면의 직각도 측정

3-5 삼각법에 의한 측정

1. 사인 바

삼각함수의 사인을 이용하여 임의의 각도를 설정 및 측정하는 측정기로서, 크기는 롤러 중심 간의 거리로 표시하며 일반적으로 100mm, 200mm를 많이 사용한다.

$$\sin\alpha = H/L, \quad H = L \times \sin\alpha$$
$$\alpha = \sin^{-1}\frac{H}{L}$$

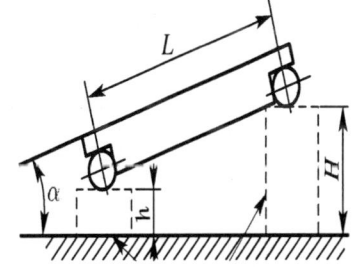

[그림 3-3] 사인 바에 의한 각도 측정

사인 바를 이용하여 각도 측정시 α>45도로 되면 오차가 커지므로 기준면에 대하여 45도 이하로 설정한다.

2. 탄젠트 바

중간의 블록 게이지에 의해 간격이 결정되고 미리 알고 있는 롤러지름 d 및 D, 2개의 롤러에 의해 측정되며 더브테일 등의 측정에 응용된다.

$$\tan\alpha = \frac{H-h}{C+l} = \frac{\tan\alpha}{2} = \frac{D-d}{D+d+2L}$$

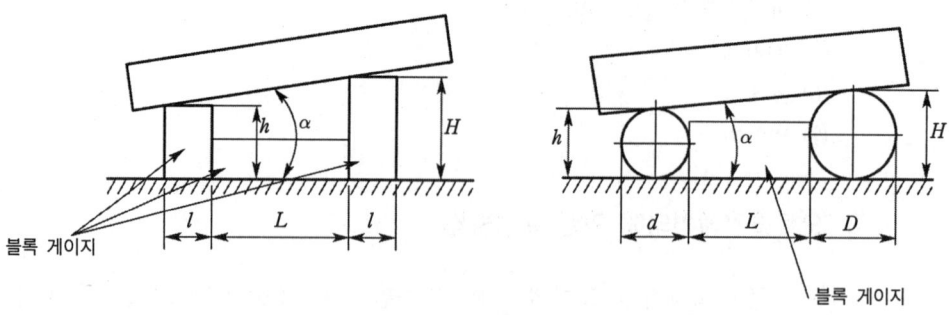

[그림 3-4] 탄젠트 바에 의한 각도측정

3. 원통 롤러에 의한 각도측정

(1) 구배각 측정

$$각도\ \alpha = \sin^{-1}\frac{H}{D+L}$$

(2) V홈 각도 측정

$$각도\ \alpha = \sin^{-1}\frac{D-d}{2(H_2-H_1)-(D-d)}$$

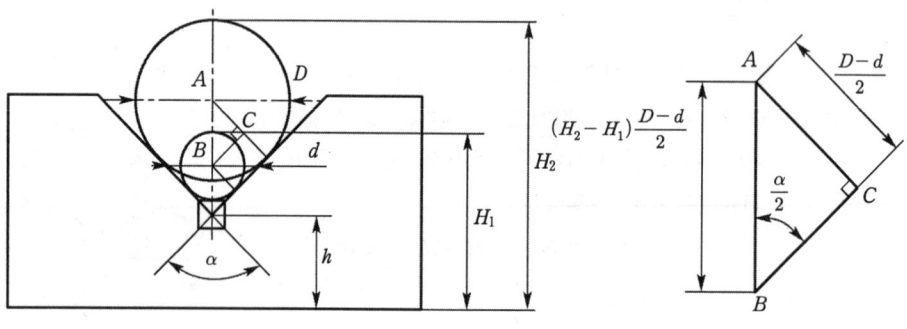

[그림 3-5] V블록에 의한 측정

4. 테이퍼의 측정

(1) 테이퍼 각의 정의

원뿔의 직경 D와 그 길이 L과의 비 D/L에서 분자(직경) D를 1로 환산한 값을 테이퍼 량이라 하고, 각도 α를 테이퍼 각이라 한다.

$$\frac{1}{x} = \frac{(D-d)}{L} = 2\tan\frac{\alpha}{2}$$

선반의 테이퍼는 모스테이퍼, 밀링 등에서는 내셔널테이퍼를 사용하고 있다.

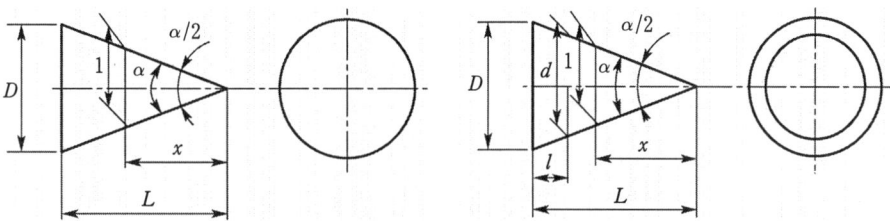

[그림 3-6] 원추의 테이퍼

(2) 볼 또는 롤러에 의한 테이퍼 측정

(그림3-7)의 경우 $\quad\dfrac{1}{x} = \dfrac{M_2 - M_1}{H} \quad \tan\dfrac{a}{2} = \dfrac{M_2 - M_1}{2H}$

(그림3-8)의 경우 $\quad\dfrac{1}{x} = \dfrac{M_1 - M_2}{H} \quad \tan\dfrac{a}{2} = \dfrac{M_1 - M_2}{2H}$

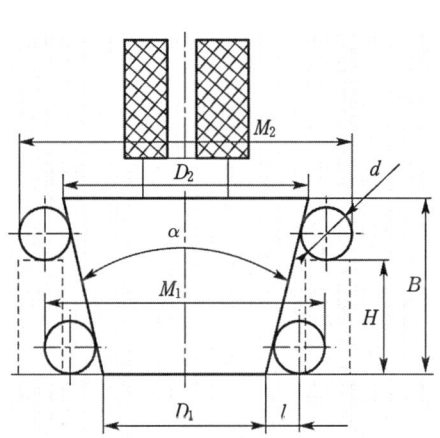
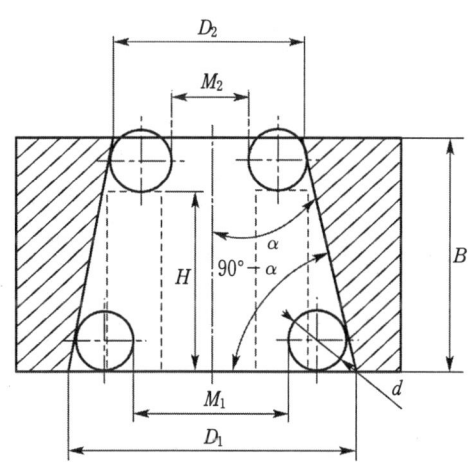

[그림 3-7] 롤러에 의한 테이퍼 측정   [그림 3-8] 볼에 의한 테이퍼 측정

5. 공구현미경

가장 많이 사용되고 있는 측정기의 하나로 현미경에 의해 확대 관측하여 제품의 길이, 각도, 형상, 윤곽을 측정하는 측정기이다.

용도는 각종 정밀부품의 측정, 공작용 치공구류의 측정, 각종 게이지의 측정, 특히 나사 게이지, 나사요소의 측정 등 다방면에 사용되고 있다.

(1) 공구현미경의 부속품

① 대물렌즈 : 대물렌즈의 비율은 ×10배 고정되어 있으며, 초점 맞춤의 다소오차가 있어도 배율오차를 줄이기 위하여 텔렉센트릭(telecentric) 광학계로 구성되어 있다.
② 경사 센터 지지대(중심지지대) : 나사, 기어, 호브 등 원통부품의 형상치수 측정에 사용된다.
③ V형 지지대 : 센터대에 지지할 수 없는 제품의 지지에 사용된다.
④ 분할 중심지지대 : 기어, 호브, 캠 분할판, 나사의 비틀림각 측정에 사용
⑤ 반사조명장치 : 제품의 수직상방에서 조명하여 반사상을 이용하여 측정
⑥ 접안렌즈 : 접안렌즈는 대물렌즈에 의해 생성된 중간실상을 확대하는 것으로 구조상 형판접안렌즈, 각도접안렌즈, 이중상접안렌즈로 나눈다. 이중상 접안경은 다각프리즘과 직각프리즘을 조합한 것으로 2개의 상을 합치함으로써 구멍의 중심간 거리측정에 알맞다.
⑦ 촉침식(feller) 현미경
⑧ 형판 접안랜즈
⑨ 센터링테이블
⑩ 나이프에지
⑪ 심출 테이블

6. 투영기

(1) 투영기의 구조

투영기는 광원, 접광렌즈, 투영렌즈, 스크린의 4요소로 구성되어 있으며, 윤곽(관통) 및 표면측정(미 관통)을 위하여 광원과 접광렌즈가 있다.
① 스크린 : 평면도 및 평행도가 아주 좋은 젖빛 유리판으로 유리면에 십자선을 조각해서 사용
② 투영렌즈 : 10x, 20x, 50x, 100x가 보통이고, 5x, 200x등은 특수한 경우에 쓰임. 투영상이 찌그러지는 것을 왜곡이라 하고, 선명하게 보이는 정도를 해상력이라 한다
③ 조명광학계 : 조명광이 광축에 평행한 되는 조명법을 텔레센트릭 조명이라 하며, 원통이나 구를 관찰하는데 편리함.
④ 재물대
⑤ 본체

(2) **투영기의 종류**

① **상향식(광축 수직형 : V형)** : 일반적으로 가장 많이 사용하고 있는 형, 대형물체의 검사, 측정에 적합하고 프레스부품, 프린트 기판과 같은 판 모양의 측정에 가장 적합하다.

② **하향식(데스크형 : D형)** : 측정물체가 작고 가벼운 시계공업, 전자공업에 많이 사용된다.

③ **수평식(광축 수평형 : H형)** : 대형이고 견고하기 때문에 블록형, 대 중량물체의 검사에 적합하고, 나사, 호브의 측정에 편리하고, 기계공업에 알맞은 구조이다.

제3장 각도측정기

예상문제

문제 001

각도를 측정하는데 사용하는 게이지로 관계가 없는 것은?

㉮ 요한슨식 각도 게이지
㉯ 사인바
㉰ 와이어 게이지
㉱ 테이퍼 게이지

[해설] 와이어 게이지는 와이어 직경을 측정하는 게이지임

문제 002

게이지 블록과 같이 밀착에 의해 각도를 조합하여 사용하며, 조합 후의 정밀도가 2~3″인 각도 게이지는?

㉮ 요한슨식 각도 게이지
㉯ N.P.L식 각도 게이지
㉰ 사인 바
㉱ 테이퍼 게이지

문제 003

다음 각도 게이지 중 정도가 가장 좋은 것은?

㉮ 요한슨식 각도 게이지
㉯ N.P.L식 각도 게이지
㉰ 기계식 각도 정규
㉱ 광학식 각도 정규

[해설] 요한슨식 각도 게이지의 정도는 조합시 ±24″정도이며, N.P.L식 각도 게이지의 조합 후 정도는 2-3″이다. 그리고 기계식 각도 정규는 5′이며, 광학적 각도 정규는 1도를 12등분한 것이 있다.

문제 004

N.P.L식 각도 게이지의 설명 중 틀린 것은?

㉮ 광학적인 각도 측정기와 병행해서, 게이지 면을 반사면으로 사용하면 각도의 측정이 가능하다.
㉯ 게이지블록과 같이 밀착하여 사용할 수 있다.
㉰ 게이지 면이 크고 개수도 적게 한 것이다.
㉱ 각도게이지를 조합할 때 홀더가 필요하다.

문제 005

다음 각도 기준기 중 각도 정밀도가 가장 낮은 것은?

㉮ 폴리곤(Polygon)
㉯ 펜타프리즘(Penta prism)
㉰ N.P.L식 각도 게이지
㉱ 요한슨식(Johanson type) 각도 게이지

[해설] Johanson type angle gauge : 1-12sec, others 1,2~3sec

문제 006

곧은자의 좌측에 스퀘어헤드가 있고, 우측에는 센터 헤드가 있으며, 2면이 이루는 각도 측정 및 부품의 중심을 내는 금긋기에 사용하는 각도 게이지는 어느 것인가?

㉮ 콤비네이션 세트   ㉯ 베벨 각도기
㉰ 광학식 클리노미터   ㉱ 광학식 각도기

[해설] 콤비네이션 세트는 곧은 자의 좌측에 스퀘어헤드가 있고, 우측에는 센터헤드가 있으며, 높이 측정에 사용하거나 중심을 내는데 사용한 각도 게이지이다.

[답] 001. ㉰ 002. ㉯ 003. ㉯ 004. ㉱ 005. ㉱ 006. ㉮

문제 007

기포실이 있는 정밀 측정용 수준기의 기포가 기준길이보다 길 때 조정하는 방법 중 맞는 것은?

㉮ 기포실을 위로 하여 수직으로 세우고 2-3회 흔든다.
㉯ 기포실을 아래로 하고 수직으로 세워 2-3회 흔든다.
㉰ 기포실 조정나사로 조정한다.
㉱ 분해하여 기포실을 열고 액체를 더 장입한다.

문제 008

곡률반경 R의 기포관에서 기포가 중앙에 있다가 이것을 θ만큼 기울어져 기포가 L만큼 이동하였다면 L의 식은 다음 중 어느 것인가?

㉮ $L = R(\theta : \text{radian})$
㉯ $L = \theta(\theta : \text{radian})$
㉰ $L = R \times \theta(\theta : \text{radian})$
㉱ $L = \theta/R(\theta : \text{radian})$

해설 수준기 L의 식은 ㉰ $L = R \times \theta(\theta : \text{radian})$임

문제 009

수준기는 1종에서 3종까지 있다. 1종은 감도가 얼마인가?

㉮ 0.02 mm/1m(4초)
㉯ 0.05 mm/1m(10초)
㉰ 0.1 mm/1m(20초)
㉱ 0.02 mm/1m(10초)

해설 1종은 감도가 0.02 mm/1m(4초)임

문제 010

수준기의 곡률 반경이 40m이고, 기포관의 눈금간격이 2mm일 때 한 눈금의 각도는?

㉮ 약 5초 ㉯ 약 10초
㉰ 약 20초 ㉱ 약 1분 20초

해설 $\rho = 206265 \times \dfrac{a}{R} = 206265 \times \dfrac{2}{40000}$
$= 10.313(\text{초})$이다.

문제 011

다음 각도 측정기 중 오토콜리미터와 함께 원주눈금원판(Circular table)의 검 교정에 주로 사용되는 측정기는?

㉮ 폴리곤(Polygon)
㉯ 펜타프리즘(Penta prism)
㉰ 각도 측정기
㉱ 요한슨식(Johanson type) 각도 게이지

문제 012

오토콜리미터와 함께 원주눈금, 기어의 각도분할의 검정에 이용되는 부속품은?

㉮ 평면경 ㉯ 폴리곤 프리즘
㉰ 펜타프리즘 ㉱ 조정기

해설 폴리곤 프리즘은 오토콜리미터와 함께 원주눈금, 기어의 각도 분할의 검정에 이용되는 부속품이다.

문제 013

오토콜리미터로 측정할 수 없는 것은?

㉮ 안내면의 직각도
㉯ 직육면체의 직각도
㉰ 운동의 진원도 측정
㉱ 기준기에 대한 각도 차의 측정

해설 ㉮, ㉯, ㉱ 오토콜리미터로 측정 할 수 있음.

문제 014

오토콜리미터로 측정할 수 없는 것은?

㉮ 정밀정반의 평면도
㉯ 단면의 흔들림

답 007.㉮ 008.㉰ 009.㉮ 010.㉯ 011.㉮ 012.㉯ 013.㉰ 014.㉯

㉰ 공작기계 안내면의 직진도
㉱ 마이크로미터 측정면의 평면도

문제 015

다음 측정기 중 시준기에 해당되지 않는 것은?
- ㉮ 투영기
- ㉯ 현미경
- ㉰ 망원경
- ㉱ 인디케이터

해설 시준기 : 투영기, 현미경, 망원경

문제 016

시준기와 망원경을 조합한 것으로 미소 각도, 정밀 정반의 평행도, 마이크로미터의 측정면의 직각도, 평행도, 공작기계 안내면의 진직도, 직각도, 안내면의 평행도를 측정하는 광학적 측정기는?
- ㉮ 광학식 클리노미터
- ㉯ 광학식 각도기
- ㉰ 오토콜리미터
- ㉱ 옵티컬 플랫

해설 시준기와 망원경을 조합한 것으로 미소 각도, 정밀 정반의 평행도, 마이크로미터의 측정면의 직각도, 평행도, 공작기계 안내면의 진직도, 직각도, 안내면의 평행도를 측정하는 광학적 측정기는 오토콜리미터다.

문제 017

정반(750mm×1000mm)의 평면도를 ±1μm의 정밀도로 측정하고자 할 때 다음 중 가장 이상적인 측정 방법은?
- ㉮ 다이얼 인디케이터를 사용하여 측정
- ㉯ 오토콜리미터에 의한 측정
- ㉰ 광선정반(optical flat)에 의한 측정
- ㉱ 강선(鋼線)과 측정현미경에 의한 측정

해설 광선정반 : 비교적 작고 고정밀도 측정

문제 018

사인 바(sine bar)에 의한 각도 측정시 45° 이상의 각도 측정에서 큰 오차가 발생되는 이유로 가장 타당한 것은?
- ㉮ 오차하수가 탄젠트 함수로 되므로 45° 이상에서는 심한 오차가 발생하기 때문이다.
- ㉯ 측정시 사인 바를 설치할 때 자세에 의한 오차가 발생하기 때문이다.
- ㉰ 사인 바의 롤러 중심거리가 짧으므로 45° 이상에서 균형이 맞지 않기 때문이다.
- ㉱ 사인 바의 측정면의 정밀도가 45° 이상에서 저하되기 때문이다.

해설 $\triangle a = 20600$
$(\frac{\triangle E}{E} + \frac{\triangle L}{L}) + cma$
여기서 $\frac{\triangle E}{E}, \frac{\triangle L}{L} = c.mst$

문제 019

사인 바를 사용하여 각도 측정 시 낮은 블록의 높이가 20mm이고, 높은 블록의 높이가 70mm일 때 각도는 얼마인가? (단, 롤러의 중심거리가 100mm이다.)
- ㉮ 12°
- ㉯ 24°
- ㉰ 30°
- ㉱ 45°

해설 $\sin\phi = \frac{(H-h)}{L} = \frac{(70-20)}{100} = 0.5$ 이므로 30°이다.

문제 020

200mm의 사인 바를 사용하여 30°를 만드는 경우 블록 게이지가 다음과 같이 있을 때, 필요 없는 것은?
- ㉮ 5mm
- ㉯ 40mm
- ㉰ 45mm
- ㉱ 50mm

해설 $\sin 30° \times 200 = 100(5 + 45 + 50)$

문제 021

200mm의 사인 바에 의해 10°를 만드는데 필요한 블록 게이지의 높이를 계산하면 얼마인가?
- ㉮ 27.36mm
- ㉯ 17.36mm
- ㉰ 34.73mm
- ㉱ 24.72mm

답 015. ㉱ 016. ㉰ 017. ㉯ 018. ㉮ 019. ㉰ 020. ㉯ 021. ㉯

해설 공식 $\sin a = \frac{H-h}{L}$ 에서 $\sin 10° = \frac{H-0}{200}$

∴ 34.729mm

문제 022

사인 바를 사용하여 측정할 때 오차 발생이 급격히 커지는 것을 방지하기 위한 설치 각은 몇도 이하가 가장 적당한가?

㉮ 45°   ㉯ 60°
㉰ 75°   ㉱ 90°

해설 사인 바를 사용할 때 각도가 45° 이상이 되면 오차가 커지므로 45° 이하의 각도를 설정할 때 사용한다.

문제 023

사인바 각도계산식이다. 다음 중 어느 것인가?

㉮ $\sin\phi = (H-h)/L$
㉯ $\sin\phi = L/(H-h)$
㉰ $\tan\phi = (H-h)/L$
㉱ $\tan\phi = L/(H-h)$

해설 사인 바 각도 계산식은 $\sin\phi = (H-h)/L$

문제 024

다음 도면은 롤러에 의한 테이퍼 측정방법이다. D_1을 구하는 식은 다음 중 어느 것인가?

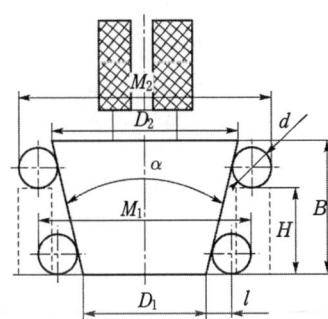

㉮ $D_1 = M_1 - d[1+\cot\frac{1}{2}(90°-a)]$

㉯ $D_1 = M_1 - d[1+\cot\frac{1}{2}(60°-a)]$

㉰ $D_1 = M_1 - [1+\cot\frac{1}{2}(90°-a)]$

㉱ $D_1 = M_1 - [1+\cot\frac{1}{2}(60°-a)]$

해설 롤러에 의한 테이퍼 측정공식
$$D_1 = M_1 - d[1+\cot\frac{1}{2}(90°-a)]$$
$$\frac{1}{x} = \frac{M_2-M_1}{H} \qquad \tan\frac{a}{2} = \frac{M_2-M_1}{2H}$$

문제 025

도면에서 더브테일의 각도 나비 D_1을 측정하고자 한다. 식은?

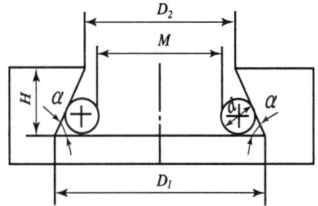

㉮ $D_1 = M + d(1+\sin\frac{a}{2})$

㉯ $D_1 = M + d(1+\cot\frac{a}{2})$

㉰ $D_1 = M + d(1+\cos\frac{a}{2})$

㉱ $D_1 = M + d(1+\tan\frac{a}{2})$

해설 더브테일의 각도 나비 측정 식은
$D_1 = M + d(1+\cot\frac{a}{2})$ 임

문제 026

다음 중 테이퍼 게이지 측정방법이 아닌 것은?

㉮ 테이퍼 게이지에 의한 측정
㉯ 수준기에 의한 방법
㉰ 3차원 측정기에 의한 방법
㉱ 볼 또는 롤러에 의한 테이퍼 측정

답 022. ㉮ 023. ㉮ 024. ㉮ 025. ㉯ 026. ㉯

제 3 장 각도측정기

문제 027

각도 측정기에 속하지 않는 것은?
㉮ 수준기　　　　㉯ 스크라이버 포인트
㉰ 오토콜리미터　㉱ 콤비네이션 세트

해설 스크라이버 포인트(scriber point) : 블록 게이지의 부속품으로 정밀한 금긋기에서 블록 게이지 및 베이스 게이지와 1조가 되어 사용되며 하이트 게이지로도 사용된다.

문제 028

원 둘레를 360등분한 한 호(弧)에 대한 중심각은?
㉮ 1°　　　㉯ 1rad
㉰ 1θ　　　㉱ 1′

해설 각도의 단위를 나타내는 데에는 도(degree) 및 라디안(radian)이 있다.

문제 029

다음 측정기 중 각도측정기가 아닌 것은?
㉮ 사인 바　　　㉯ 옵티컬 플랫
㉰ 센터 게이지　㉱ 컴비네이션 세트

해설 옵티컬 플랫 : 평면도 측정

문제 030

나사산의 각도 측정에 사용하는 측정기는?
㉮ 나사 피치 게이지
㉯ 틈새 게이지
㉰ 투영기
㉱ 와이어 게이지

해설 투영기 : 나사바이트 등의 각도 측정에 사용

문제 031

공구 현미경의 측정 범위가 아닌 것은?
㉮ 나사 게이지 측정　㉯ 형상 측정
㉰ 윤곽 측정　　　　　㉱ 편광 측정

해설 편광 측정은 투영기의 측정 범위 중에 하나다.

문제 032

공구현미경으로 측정할 수 없는 것은 다음중 어느 것인가?
㉮ 길이　㉯ 각도
㉰ 내경　㉱ 윤곽

해설 공구현미경은 길이, 각도, 윤곽, 내경 등을 측정할 수 있음.

문제 033

투영기의 측정 방법이 바르게 짝지어진 것은?
㉮ 템플렛 이용법, 스크린 이용법, 재물대 이용법
㉯ 직접법, 판독법, 비교법
㉰ 지름법, 반경법, 삼침법
㉱ 반사경법, 추종 각도법, 중심거리 측정법

해설 템플렛법, 스크린법, 재물대 이용법이 있다.

문제 034

다음 측정기중 가장 정도가 좋은 것은?
㉮ 울트라 옵티미터(ultra-optimeter)
㉯ 옵토 리미트(optop-limit electronic indicator)
㉰ 측미현미경(micromemter microscope)
㉱ 광전 현미경(photo-electric microscope)

해설 울트라 옵티미터(ultra-optimeter)의 정도는 ±0.06 μm, 옵톱 리미트(optop-limit electronic indicator)의 정도는 0.1μm, 측미현미경(micromemter microscope)의 정도는 1μm, 광전 현미경(photo-electric microscope)의 정도는 0.01μm 이다.

문제 035

측정물을 광학적으로 확대하여 그 상을 스크린 상에 투영하고 윤곽의 형상이나 치수 등을 측정

답 027. ㉯　028. ㉮　029. ㉯　030. ㉰　031. ㉱　032. ㉰　033. ㉮　034. ㉱　035. ㉰

하는 것은?
㉮ 미니미터(minimeter)
㉯ 컴퍼레이터(comparator)
㉰ 투영기(profile projector)
㉱ 미크로케이터(mikorkator)

[해설] 투영기(profile projector)는 측정물을 광학적으로 확대하여 그 상을 스크린 상에 투영하고 윤곽의 형상이나 치수 등을 측정하기 위한 측정기이다.

문제 036

다음 중 공구현미경의 부속품이 아닌 것은?
㉮ 나이프 에지(knife edge)
㉯ 중심지지대
㉰ 광선정반
㉱ 심출 테이블

[해설] 공구현미경의 부속품에는 나이프에지(knife edge), 중심지지대, 심출 테이블 등이 있다.

문제 037

윤곽 곡선을 측정하는데 가장 적합한 게이지는?
㉮ 옵티미터(optimeter) ㉯ 단면측정기
㉰ 투영기 ㉱ 오토콜리미터

[해설] ① Optimeter : 평면 측정 게이지
② 단면측정기 : 블록 게이지, 한계 게이지, 틈새 게이지 등
③ 오토콜리미터 : 정반이나 공작기계 베드의 정도 검사용.

문제 038

투영기의 장점 중 틀린 것은?
㉮ 편안한 자세로 측정검사 가능하다
㉯ 2-3인이 동시에 관찰 가능하다
㉰ 피측정물의 취급이 편리하고 원통의 물체도 지지할 필요가 없다.
㉱ 눈금선이 투영 상에 밀착함으로 읽음 오차가 생기지 않는다.

[답] 036. ㉰ 037. ㉰ 038. ㉱

제3장 각도측정기

표면 거칠기 측정

4-1 표면 거칠기의 의의

표면 거칠기는 작은 간격으로 나타나는 표면의 요철로서, "거칠다" "매끄럽다"하는 감각의 근본이 되는 것이고, 파상도는 거칠기에 비하여 보다 큰 간격으로 나타나는 기복이며, 전체 길이에 비하면 작은 간격으로 나타나는 요철로써 그 필요성은 정밀기계 공업에 크게 대두되고 있다.

4-2 표면 거칠기의 측정법

1. 비교용 표준 편과의 비교측정

사람의 손가락 감각으로 표준편과 가공된 제품과의 표면 거칠기를 비교측정

2. 광절단식 표면 거칠기 측정법

β쪽의 좁은 틈새로 나온 빛을 투사하여 광선으로 표면을 절단하여 γ방향에서 현미경이나 투영기에 의해서 확대하여 관측 또는 사진을 찍어서 요철 상태를 알 수 있다.

3. 광파 간섭식 표면 거칠기 측정법

빛의 간섭을 이용하여 가공면의 거칠기를 측정하는 방법으로 래핑면과 같이 초점 밑면에 적합하며 $1\mu m$ 이하의 비교적 미세한 표면의 측정에 사용되며, 최대 높이 거칠

기는 $R_{\max} = \dfrac{b}{a} \times \dfrac{\lambda}{2}$ 식으로 구한다.

(1) **장 점** : 분해 능력이 크고, 매우 부드러운 물체의 측정이 가능하며, 직접측정이 어려운, 기어, 나사면, 구멍 등을 측정할 수 있다.

(2) **단 점** : 반사면이 좋은 표면에만 사용할 수 있고, 진동에 민감하므로 연구실용으로 적당하다.

4. 촉침식 표면 거칠기 측정법

표면 거칠기 측정법의 대표적인 방법으로 측정원리는 피측정면에 수직으로 움직이는 촉침으로 피측정면의 표면을 긁어서 상하의 움직임 량을 전기적인 신호로 변환하고, 증폭시켜 그래프에 그리거나 meter에 값을 지시한다. 구성요소는 촉침, 감응기, 증폭기, 기록계(지시계)등으로 구성된다.

4-3 표면 거칠기의 표현

1. 표면 거칠기

공작물의 표면에 생긴 작은 구간에서의 요철을 표면 거칠기(surface roughness)라 한다. 또한, 표면 거칠기보다 큰 간격으로 반복되는 기복의 상태를 파상도라 하며, 이는 공작기계나 바이트의 변형, 진동 등에 의하여 발생한다.
KS에서는 표면 거칠기의 측정 방법으로 최대 높이(R_y), 10점 평균 거칠기(R_z : ten point height), 산술 평균 거칠기(R_a)의 3가지 방법을 규정하고 있다.

(1) **최대높이**

[그림 4-1]과 같이 단면 곡선에서 기준 길이 l을 채취하여 그 부분의 가장 높은 산과 가장 깊은 골과의 차를 단면 곡선의 종배율의 방향으로 측정하여 그 값을 마이크로미터(μm)로 나타낸 것을 최대높이(R_y)라 한다.

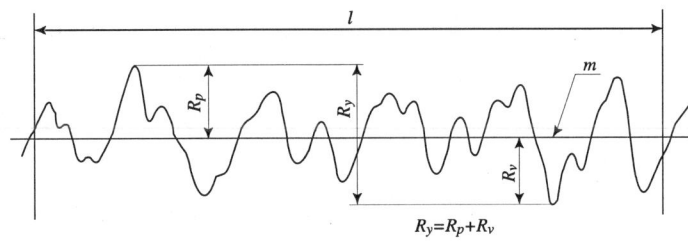

[그림 4-1] 최대높이(R_y)

(2) 10점 평균 거칠기(R_z)

10점 평균 거칠기는 단면 곡선에서 기준 길이만큼 채취한 부분에 있어서 평균선에 평행, 또한 단면 곡선을 가로지르지 않는 직선에서 세로 배율의 방향으로 측정한 가장 높은 곳으로부터 5번째의 봉우리의 표고 평균값과 가장 깊은 곳으로부터 5번째까지 골밑의 표고 평균값과의 차이를 [μm]로 나타낸 것을 말한다.([그림 4-2] 참조)

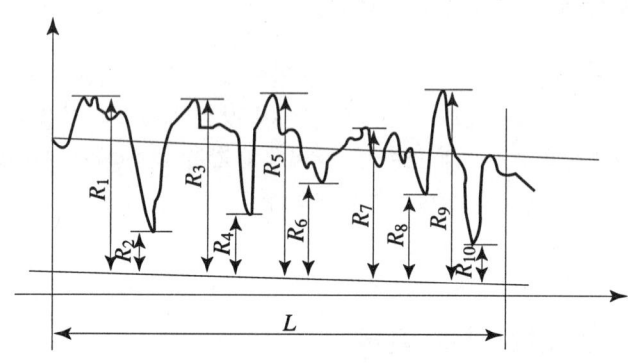

[그림 4-2] 10점 평균 거칠기(R_z)

L : 기준길이

R_1, R_3, R_5, R_7, R_9 : 기준 길이 L에 대응하는 채취부분의 가장 높은 곳으로부터 5번째 가지의 봉우리 표고

$R_2, R_4, R_6, R_8, R_{10}$: 기준 길이 L에 대응하는 채취 부분의 가장 깊은 곳으로부터 5번째까지의 골밑 표고.

$$R_z = \frac{(R_1 + R_3 + R_5 + R_7 + R_9) - (R_2 + R_4 + R_6 + R_8 + R_{10})}{5}$$

(3) 산술 평균 거칠기(Ra)

단면 곡선으로부터 표면 파상도나 매우 작은 요철을 전기적으로 제거하여 기록한 곡선을 거칠기 곡선이라 한다([그림 4-3] 참조). 이 곡선에서 일정한 측정 길이 l의 부분을 채취하여 이 부분의 산을 깎아 골을 메웠을 때 생기는 직선을 평균선이라 한다. 평균 선으로부터 아래쪽에 있는 부분을 위쪽으로 접어서 얻은 빗금친 부분의 면적을 측정 길이 L로 나누어 얻은 수치(R_a)를 미크론 단위로 나타낸 것을 산술 평균 거칠기라 한다.

산술 평균 거칠기는 전기적인 직독식 표면 거칠기 측정기를 사용하여 직접 구한다. 이 측정기로 표면 파상도의 성분을 제거하는 한계의 파장을 컷오프(cut off)라 한다. 측정 길이는 원칙적으로 컷오프 값의 3배 또는 그보다 큰 값을 취한다.

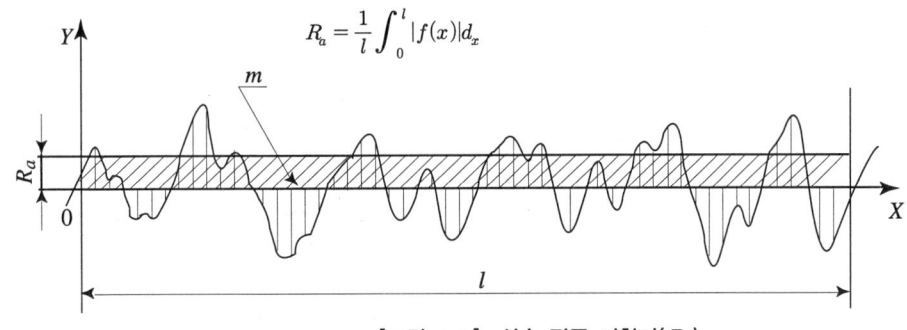

[그림 4-3] 산술 평균 거칠기(R_a)

2. 표면 거칠기에 쓰이는 용어

(1) 거칠기 곡선과 cut-off값

촉침식 표면 거칠기 측정법에서 단면곡선을 구할 때 전기회로는 요철을 충분히 증폭하여 이 요철에 비례하는 전기신호로 바꿀 때 일정 길이보다 긴 파장의 성분 (저주파 성분)을 제거하는데 파장이 짧은 성분만을 취하는 고역필터를 통과한 곡선을 거칠기 곡선이라 하고, 이 일정한 길이를 cut-off값이라 한다. cut-off값을 초과하는 긴 파장에 대해서 고역필터는 한 옥타브당 75% 감소하는 특성을 가지고 있다.

(2) 표면 거칠기의 도면기입 방법

가공표면의 상태를 도면에 기입할 때는 다듬질 기호와 함께 표면 거칠기의 구분값, 기준길이, cut-off값을 함께 표시한다.

(3) 파상도

표면 거칠기에 있어서 기준길이 또는 cut-off값 보다 작은 간격의 요철을 거칠기라 표시했는데, 파상도라 함은 이 거칠기 성분을 제거한 일정한 파장보다 긴 성분만을 통과시킨 저역필터를 쓰는 방식이다.

3. 표면 거칠기의 표시

(1) 대상 면을 지시하는 기호

① 절삭 등 제거가공의 필요 여부를 문제 삼지 않는 경우에는 면에 지시 기호를 붙여서 사용[그림 4-4(a)]
② 제거가공을 필요로 한다는 것을 지시할 때에는 면의 지시 기호의 짧은 쪽의 다리 끝에 가로선을 부가[그림 4-4(b)]

③ 제거가공해서는 안 된다는 것을 지시할 때에는 면의 지시 기호에 내접하는 원을 그린다. [그림 4-4(c)]

[그림 4-4] 대상 면을 지시하는 기호

(2) 표면 거칠기 값의 지시

① 표면 거칠기의 최대값만을 지시하는 경우[그림 4-5(a)], 구간으로 지시하는 경우[그림 4-5(b)]

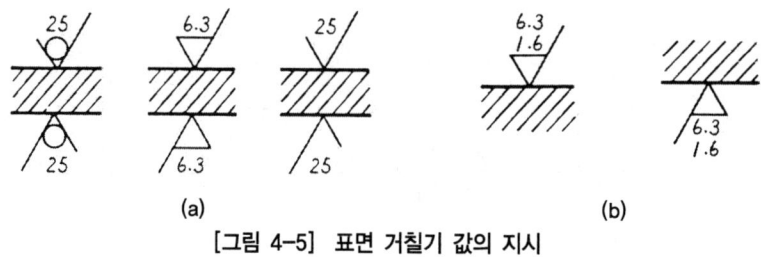

[그림 4-5] 표면 거칠기 값의 지시

② 컷오프값을 지시하는 경우[그림 4-5(c)], 최대높이를 지시하는 경우[그림 4-5(d)]

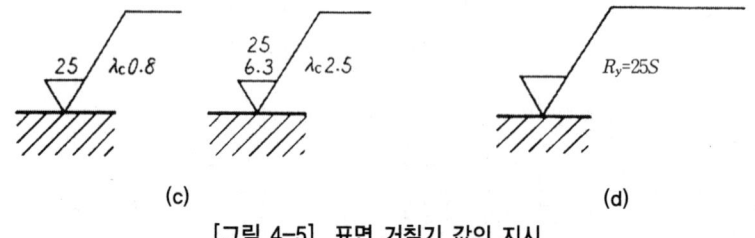

[그림 4-5] 표면 거칠기 값의 지시

③ 면의 지시 기호에 대한 각 지시 사항의 기입 위치

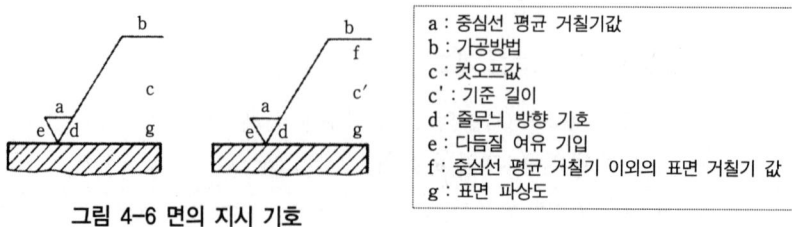

그림 4-6 면의 지시 기호

a : 중심선 평균 거칠기값
b : 가공방법
c : 컷오프값
c' : 기준 길이
d : 줄무늬 방향 기호
e : 다듬질 여유 기입
f : 중심선 평균 거칠기 이외의 표면 거칠기 값
g : 표면 파상도

4. 형상(기하) 공차

기하공차는 기계 부품의 치수 공차에 형상 및 위치 공차를 주어 제품을 정밀하고 효율적으로 생산하여 경제성을 추구하는데 있다.

(1) 기하 공차의 종류와 기호

적용하는 형체	구분	기호	공차의 종류	
단독 형체	모양공차	━	진직도 공차	
		▱	평면도 공차	
		○	진원도 공차	
		⌭	원통도 공차	
단독 형체 또는 관련 형체		⌒	선의 윤곽도 공차	
		⌓	면의 윤곽도 공차	
관련 형체	자세공차	∥	평행도 공차	최대실체공차 적용 (MMC)
		⊥	직각도 공차	
		∠	경사도 공차	
	위치공차	⊕	위치도 공차	
		◎	동축도 공차 또는 동심도 공차	
		═	대칭도 공차	
	흔들림공차	↗	원주 흔들림 공차	
		↗↗	온 흔들림 공차	

[표 4-1] 기하 공차 부가기호

표시하는 내용		기 호
공차붙이 형체	직접 표시하는 경우	
	문자기호에 의하여 표시하는 경우	
데이텀	직접 표시하는 경우	
	문자기호에 의하여 표시하는 경우	
데이텀 표적(target) 기입틀		⌀2 / A1
이론적으로 정확한 치수	직각 테두리로 표시	50
돌출 공차역	돌출된 부분까지 포함하는 공차표시	Ⓟ
최대 실체 공차 방식	최대질량의 실체를 갖는 조건	Ⓜ
형체 치수 무관계	규제기호로 표시되지 않음	Ⓢ

제4장 표면 거칠기 측정

예상문제

문제 001

평면도(平面度)란 평면부분의 이상평면에 대하여 어긋남의 크기를 말한다. 여기서 이상평면이란?

㉮ 실제 제품 중 가장 평면도가 좋은 면을 말한다.
㉯ 평면부분 중 3점을 포함한 기하학적 평면을 말한다.
㉰ 측정할 때 사용한 정반 면을 말한다.
㉱ 평면부분 중 4점을 포함하여 만들어진 면을 말한다.

문제 002

아래 표면 거칠기를 나타내는 도면에서 2.5가 나타내는 의미는?

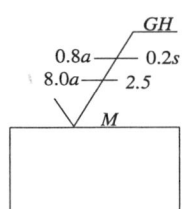

㉮ 산술평균 거칠기 $2.5\mu m$
㉯ 최대높이 표면 거칠기 $2.5\mu m$
㉰ 기준길이 2.5mm
㉱ 컷 오프(cut off)치 2.5mm

[해설]

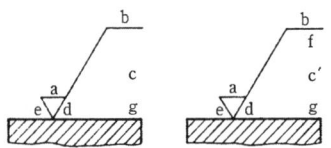

a : 산술 평균 거칠기 값
b : 가공방법
c : 컷오프 값
c' : 기준 길이
d : 줄무늬 방향 기호
e : 다듬질 여유 기입
f : 중심선 평균 거칠기 이외의 표면 거칠기 값
g : 표면 파상도

문제 003

공구 현미경의 용도가 아닌 것은?

㉮ 나사 게이지 측정 ㉯ 표면 거칠기 측정
㉰ 형상 측정 ㉱ 각도 측정

문제 004

광파간섭 현상을 이용한 측정기는?

㉮ 공구현미경
㉯ 오토콜리미터
㉰ 옵티컬플랫
㉱ NF식 표면 거칠기 측정기

문제 005

표면 거칠기 표시에서 R_a는 무엇인가?

㉮ 거칠기 곡선 ㉯ 최대 높이
㉰ 산술 평균 거칠기 ㉱ 10점 평균 거칠기

[해설] R_a : 산술 평균 거칠기

문제 006

도면과 같은 표면 거칠기 도시기호에서 각각에 대한 설명으로 잘못된 것은?

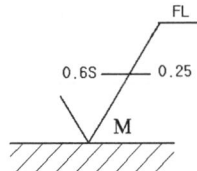

[답] 001. ㉯ 002. ㉱ 003. ㉯ 004. ㉰ 005. ㉰ 006. ㉱

㉮ FL : 래핑 가공
㉯ 0.6S : 표면 거칠기의 상한치
㉰ 0.25 : 0.6S에 대한 기준 길이
㉱ M : 밀링 가공

[해설] M은 가공모양으로 교차 또는 무방향

문제 007

다음 중 광파 간섭현성을 이용한 측정기는?
㉮ 공구 현미경   ㉯ 오토콜리미터
㉰ 옵티컬 플랫   ㉱ 투영기

문제 008

표면 거칠기에 대한 다듬질 기호 중 R_z에 해당되는 표면 거칠기 범위는?
㉮ $0.8\mu m$ 이하   ㉯ $1.5\mu m \sim 6\mu m$
㉰ $12\mu m \sim 25\mu m$ ㉱ $25\mu m$ 이상

문제 009

가공 모양의 기호가 "X" 이었다면 그 의미가 바르게 설명이 된 것은?
㉮ 가공으로 생긴 앞줄의 방향이 기호를 기입한 그림의 투상 면에 평행
㉯ 가공으로 생긴 앞줄의 방향이 기호를 기입한 그림의 투상 면에 직각
㉰ 가공으로 생긴 선이 2방향으로 교차
㉱ 가공으로 생긴 선이 다방면으로 교차 또는 무 방향

[해설] 가공으로 생긴 선이 다방면으로 교차

문제 010

표면 거칠기의 측정 방식이 아닌 것은?
㉮ 삼선식   ㉯ 촉침식
㉰ 현미 간섭식   ㉱ 광 절단식

문제 011

표면구조라 함은 실측 표면의 공칭 표면으로부터의 변위를 말한다. 표면구조와 관련이 없는 것은?
㉮ 거칠기   ㉯ 결
㉰ 흠   ㉱ 기울기

[해설] 표면 구조는 거칠기, 결, 파상도, 흠으로 구성되어 있음.

문제 012

표면 거칠기에서 베어링률(bearing ratio)에 대한 설명으로 틀린 것은?
㉮ 표면의 대한 면적이다.
㉯ 형상에 의한 차이는 무시하나다.
㉰ 하중이 주어지면 탄성변형을 일으킨다.
㉱ 각각의 표면양상이 마모에 역할을 한다.

[해설] 베어링률(bearing ratio)은 형상에 의한 차이는 무시하며, 하중이 주어지면 탄성변형을 일으키며, 각각의 표면 양상이 마모에 역할을 하며, 길이의 단면이다.

문제 013

가공물의 표면에 파상도(waveness)가 발생하는 원인이 아닌 것은?
㉮ 연삭숫돌 차의 불 평형
㉯ 이송나사의 불 균일
㉰ 진동
㉱ 소음

[해설] 가공물의 표면에 파상도(waveness)가 발생하는 원인은 연삭숫돌 차의 불 평형, 이송나사의 불 균일, 진동, 재료의 열처리 불 균일 등이 있다.

문제 014

가공 방식에 따라 다르게 나타나는 표면의 전체 무늬를 무엇이라 하는가?
㉮ 결(lay)

[답] 007. ㉰ 008. ㉯ 009. ㉱ 010. ㉮ 011. ㉱ 012. ㉮ 013. ㉱ 014. ㉮

㉯ 흠(flaw)
㉰ 파상도(waveness)
㉱ 표면 거칠기(surface roughness)

[해설] 결(lay)은 가공방식에 따라 다르게 나타나는 표면의 전체 무늬를 말한다.

문제 015

$\frac{1}{l}\int_0^l |f(x)| d_x$ 의 공식으로 구해지는 표면 거칠기는?

㉮ 산술 평균 거칠기　㉯ 최대 높이 거칠기
㉰ 10점 평균 거칠기　㉱ 제곱 평균 거칠기

[해설] 거칠기 곡선에서 중심선 위쪽에 있는 산부분의 면적의 합을 S_1, 중심선 아래쪽에 있는 골부분의 면적의 합을 S_2라 할 때 $S_1=S_2$가 되도록 그은 선을 중심선이라 한다. 또 중심선 이하의 부분을 중심선 위로 뒤집어 올려 전체 면적 S를 측정 길이 L로 나눈 값이 산술 평균 거칠기(R_a)이다.

문제 016

표면 거칠기 측정용어이다. 관련이 없는 것은?

㉮ 단면곡선　　㉯ 파상도 곡선
㉰ 단차곡선　　㉱ 거칠기 곡선

문제 017

$\overset{25}{\triangledown}$ 의 다듬질 기호가 주어졌을 때 표면 거칠기 값이 바르게 짝지어진 것은?

㉮ 0.1S, 0.4Z, 0.10a　㉯ 0.8S, 0.8Z, 0.05a
㉰ 100S, 100Z, 25a　㉱ 200S, 200Z, 50a

[해설] 100S, 100Z, 25a의 값을 가진 표면 거칠기의 다듬질 기호이다.

문제 018

표면 거칠기의 파장이 긴 경우 이를 제거하는 것을 무엇이라 하는가?

㉮ 측정 길이　　㉯ 컷 오프값
㉰ 파상도　　　㉱ 레이(lay)

[해설] 컷 오프값(cut off)

문제 019

10점 평균 거칠기 값을 구하는 공식은?

㉮ $\frac{(R_1+R_3+R_5+R_7+R_9)-(R_2+R_4+R_6+R_8+R_{10})}{5}$

㉯ $\frac{1}{n}\sum_{l=1}^{n} Smi$

㉰ $R_{\max 1}+R_{\max 2}+R_{\max 3}$

㉱ $\frac{1}{l}\int_0^1 f(\chi)d\chi$

[해설] 단면곡선에서 기준길이 만큼 채취한 부분에 있어서 평균 선에 평행, 또는 단면선을 가로지르지 않는 곡선에서 세로 비율의 방향으로 측정한 가장 높은 곳으로부터 5번째까지 봉우리의 표고 평균값과 가장 깊은 곳으로부터 5번째까지 골밑의 표고 평균값의 차이를 마이크로미터로 나타낸 것을 말한다.

문제 020

최대 높이 거칠기 값의 단위가 바르게 표시 된 것은?

㉮ μF　　㉯ μA
㉰ μW　　㉱ μm

[해설] 거칠기 단위는 μm로 나타낸다.

답 015. ㉮　016. ㉰　017. ㉰　018. ㉯　019. ㉮　020. ㉱

제 4 장　표면 거칠기 측정

제 5 장 나사측정 및 기어측정

5-1 수나사 측정법

1. 유효지름의 측정

(1) 삼침법

나사 게이지 등과 같이 정밀도가 높은 나사의 유효지름 측정에 3침법(3선법)이 쓰이며, 지름이 같은 3개의 핀 게이지를 나사산의 골에 끼운 상태에서 바깥지름을 마이크로미터 등으로 측정하여 계산하며, 유효지름을 측정하는 가장 정밀한 방법이다.

(2) 나사 마이크로미터에 의한 방법

엔빌 측에 V홈 측정자를 스핀들 측에 원뿔형 측정자를 사용하여 유효지름 값을 직접 읽을 수 있다.

(3) 광학적인 방법

투영기, 공구현미경 등의 광학적 측정기에서 나사축 선과 직각으로 움직이는 전후이동 마이크로미터 헤드의 읽음 값으로 구할 수 있다.

2. 피치의 측정

보통 피치의 측정은 유효지름 부근의 플랭크를 측정대상으로 하고, 공구현미경, 투영기 등과 같이 X, Y방향으로 테이블의 이동을 읽을 수 있는 측정기에서 나사축 선과 측정기의 x방향 움직임을 평행하게 세팅한 후 측정하고 나사 피치 비교측정기에서도 간단하게 할 수 있다.

3. 나사산의 반각 측정

(1) **공구현미경** : 나사의 형상이 새겨져 있는 형판접안렌즈로 비교측정 할 수 있다.
(2) **투여기** : 나사형판이 그려져 있는 차트 등으로 간단하게 측정할 수 있지만, 정확한 측정은 축선과 직각방향에서 나사산의 반각 α/2를 측정하고 선명한 상을 얻기 위해서는 나사산의 각도를 리드각 만큼 기울여서 측정

5-2 암나사의 측정

1. 유효지름의 측정

3침 대신에 강구를 사용하여 비교측정기 또는 만능측장기로 측정

2. 피치 측정

만능피치측정기를 사용하나 일반적으로 암나사 부위에 왁스나 석고, 황+흑연 혼합물 등을 주형으로 만들어 굳은 다음 수나사 측정방법으로 공구현미경이나 투영기를 사용하여 측정

5-3 나사 게이지에 의한 검사

나사 및 나사제품을 대량으로 검사할 때는 나사 게이지로 검사하며, 나사 한계 게이지는 구멍, 축용 한계게이지와 같이 테일러의 원리가 나사산의 형상에 적용되어야 한다.

1. 나사용 한계 게이지의 종류

구멍용, 축용 한계 게이지와 같이 검사용, 공작용, 점검용 게이지로 구분한다.

2. 나사 게이지 사용법

통과측 게이지는 무리 없이 통과하고 정지측 게이지는 2회전 이상 들어가지 않는 것을 게이지에 의한 치수검사에 합격한 것으로 한다.

5-4 기어측정

주로 동력전달의 효율성, 이의 강도와 내구성 등에 관하여 고려되었지만 최근에는 맞물림시 허용되는 각도오차, 기어의 튀틈(백래시), 운전중 소음이나 진동 등 여러 가지를 요구하기에 이르러 기어의 정밀가공과 더불어 정밀 측정이 요구하게 되었다.
기어의 측정요소는 피치오차, 치형오차, 잇줄방향, 이홈의 흔들림, 이두께, 물림시험 등이다.

1. 피치오차의 측정

(1) 기어의 피치오차

기어의 피치오차로서 단일피치오차, 최대피치오차, 인접피치오차, 누적피치오차, 법선피치오차가 있으며 KS에서는 최대피치오차는 적용하지 않는다.

2. 원주피치오차의 측정

(1) 직선거리의 측정법
(2) 각도의 측정법
(3) 인접피치오차의 측정법

3. 법선피치의 측정

법선피치는 측정자 및 고정 접촉자를 기초원의 접선과 이에 대응하는 인접한 치면과의 교점에 접촉시켜 그 두 교점사이의 직선거리에 대하여 그 이론값과의 차를 측정하고, 헬리컬기어에서는 정면 법선피치를 측정한다.
측정값에서 단일피치오차, 누적피치오차, 누적피치오차, 법선피치오차의 최대값을 구한다.
① 단일피치오차 : 인접한 이의 피치원상에서의 실제 피치와 이론적인 피치와의 차
② 인접피치오차 : 피치원상의 인접한 두 피치의 차
③ 누적피치오차 : 피치원상에서 임의의 두 이 사이의 실제피치의 합과 이론적인 값의 차
④ 법선피치오차 : 정면 법선피치의 실제치수와 이론값의 차

4. 이두께 측정

(1) 활줄 이두께 측정

피치원상의 활줄 이 두께를 측정하기 위해서는 우선, 이 높이의 이론값에 이두께 버니어 캘리퍼스를 설정한 다음 이 두께를 측정한다.

(2) 걸치기 이두께 측정

이 두께 마이크로미터를 사용하여 걸치기 이 두께를 측정하는 방법이다.
$$S_m = S_g + (Z_m - 1) \times t_e$$

(3) 오버 핀에 의한 이두께 측정

이 측정방법은 스퍼 기어에서 2개의 핀을 지름 위에서 짝수 이의 경우 또는 π/Z만큼 기울어진 홀수 이의 경우에 넣어 외부 기어에서는 2개의 핀이 바깥쪽 치수를 측정하고, 내부기어에서는 2개의 핀 안쪽치수를 측정하여 이 두께를 구한다. 또 헬리컬 외부기어에서는 핀의 바깥쪽치수를 측정하고 헬리컬 내부에서는 핀의 안쪽 치수를 측정한다.([그림 5-1] 참조)

① 짝수 이의 경우
$$d_m = d_p + Z_m \times \frac{\cos\alpha}{\cos\phi}$$

② 홀수 이의 경우
$$d_m = Z_m \times \frac{\cos\alpha}{\cos\phi} \times \frac{\cos 90°}{Z + d_p}$$

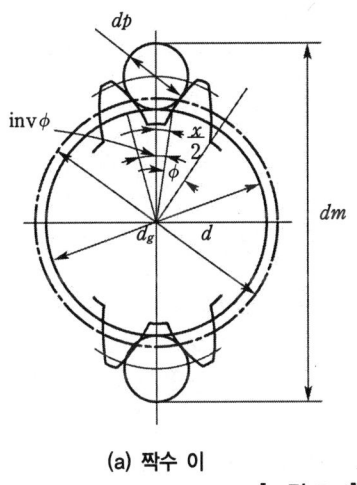 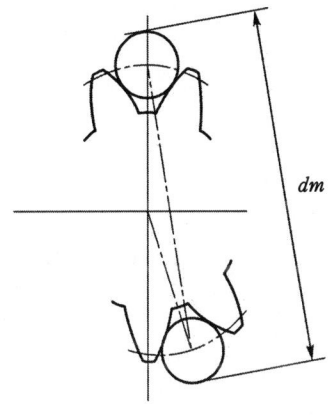

(a) 짝수 이　　　　　　　　　　　　(b) 홀수 이

[그림 5-1] 오버 핀에 의한 이두께 측정

제 5 장 나사측정 및 기어측정

문제 001
레이저 간섭 측정기로서 측정할 수 없는 항목은?
- ㉮ 공작기계의 X축 진직도 측정
- ㉯ 정반의 평면도 측정
- ㉰ 3차원 측정기의 검 교정
- ㉱ 나사의 유효경 측정

문제 002
투영기에 의한 나사산의 각도 측정시 반드시 선행 되어야 하는 작업은?
- ㉮ 경사센터대의 수평을 맞춘다.
- ㉯ 투영기의 조리개가 최적 조리개 직경이 되도록 계산하여 조정한다.
- ㉰ 투영기의 배율오차를 확인한다.
- ㉱ 경사센터 대를 나사의 리드 각 만큼 기울여 준다.

문제 003
다음 측정기 중 나사측정과 가장 관계가 없는 것은?
- ㉮ 공구현미경
- ㉯ 투영기
- ㉰ 오토콜리미터
- ㉱ 측장기

[해설] 오토콜리미터는 면의 직진도 측정에 사용된다.

문제 004
수나사의 측정법 중 3침법은 다음의 어느 것을 측정하는 방법인가?
- ㉮ 리드각
- ㉯ 유효경
- ㉰ 피치
- ㉱ 나사산의 각도

문제 005
테이퍼 나사의 측정 방법이 아닌 것은?
- ㉮ 콤퍼레이터
- ㉯ 공구 현미경
- ㉰ 나사 게이지
- ㉱ 만능측정 현미경

[해설] 테이퍼 나사 측정은 테이퍼나사 게이지에 의한 방법, 공구현미경, 만능측정현미경, 나이프에지에 의한 방법이 있다.

문제 006
삼침법(삼선법)에 의한 미터나사의 유효지름 측정시 최적선경(d)을 구하는 공식은? (단, 호칭 치수를 d, 나사의 피치를 P로 한다.)
- ㉮ $d = 0.86P$
- ㉯ $d = 1.46P$
- ㉰ $d = 0.57P$
- ㉱ $d = 0.77P$

[해설] 미터나사와 유니파이 나사에서는 3점의 지름이 유효지름 오차에 가장 영향이 적게 하기 위한 호칭치수는 $d = 0.57735P$ 이다.

문제 007
미터나사에 대해 와이어의 지름 $d = 2.866$mm의 3침을 사용하여 마이크로미터의 측정값 $M = 49.085$mm를 얻었다. 이 나사의 유효지름은 몇 mm인가? (단, 피치 P는 2mm이다.)
- ㉮ 34.755
- ㉯ 36.219
- ㉰ 38.755
- ㉱ 42.219

[해설] $d_2 = M - 3d + 0.86603P$
$= 49.085 - (3 \times 2.866) + (0.86603 \times 2)$
$= 38.755$

문제 008
수나사의 유효지름을 측정 할 공식이다. 알맞은

답 001.㉱ 002.㉱ 003.㉰ 004.㉯ 005.㉮ 006.㉰ 007.㉰ 008.㉯

것은? (단, d_2 : 유효지름, d : 3침 지름, P : 피치, M : 3침 포함한 바깥지름)

㉮ $d_2 = M - 2d + 0.866025p$
㉯ $d_2 = M - 3d + 0.866025p$
㉰ $d_2 = M - 4d + 0.866025p$
㉱ $d_2 = M - 5d + 0.866025p$

[해설] 유효지름 측정 공식
$d_2 = M - 3d + 0.866025p$

문제 009

수나사 골지름 d_1을 측정하려고 한다. 계산공식은 다음 중 어느 것인가? (단, M : 바깥지름, H : 나사산의 높이임)

㉮ $d_1 = M - 2H$ ㉯ $d_1 = M - 3H$
㉰ $d_1 = M - 4H$ ㉱ $d_1 = M - 5H$

[해설] 수나사 골지름은 $d_1 = M - 2H$ 공식이 적용 됨

문제 010

유효지름 측정방법 중 관계가 없는 것은?

㉮ 나사 마이크로미터에 의한 방법
㉯ 삼침법에 의한 방법
㉰ 광학적인 방법
㉱ 앵글덱커에 의한 방법

[해설] 앵글덱커는 각도 측정

문제 011

다음 중 나사산의 각도, 바깥지름, 골 지름, 피치를 모두 측정할 수 있는 것은?

㉮ 투영기   ㉯ 나사 게이지
㉰ 피치 게이지 ㉱ 나사 마이크로미터

[해설] 투영기 : 나사산의 각도, 유효 지름, 바깥지름, 골 지름, 피치를 모두 측정할 수 있음

문제 012

암나사의 유효지름의 측정에 사용하는 것이 아닌 것은?

㉮ 옵티미터   ㉯ 삼침법
㉰ 광학적 비교측정기 ㉱ 정밀측장기

[해설] 암나사의 유효지름의 측정에 사용하는 것은 옵티미터(optimeter), 광학적 비교측정기 정밀측장기로 측정한다.

문제 013

수나사의 유효지름의 측정법 중 가장 정도가 높은 것은?

㉮ 나사 마이크로미터 ㉯ 공구 현미경
㉰ 삼침법   ㉱ 투영기

[해설] 삼침법에 의한 방법은 보통 연삭 가공한 정밀한 나사의 측정에 이용되며, 나사의 유효경 측정방법 중 그 정도가 가장 높다.

문제 014

나사산의 산마루와 골밑을 연결하는 면은?

㉮ 골지름   ㉯ 유효지름
㉰ 나사각   ㉱ 플랭크

[해설] 나사산의 산마루와 골밑을 연결하는 면을 플랭크라 한다.

문제 015

수나사의 정도를 검사하기 위해서는 다음과 같은 부분을 측정한다. 아닌 것은?

㉮ 기울기   ㉯ 바깥지름
㉰ 골지름   ㉱ 유효지름

[해설] 울기는 나사의 정도 검사 부분이 아님.

문제 016

암나사 측정 방법으로 설명이 잘못된 것은 다음 중 어느 것인가?

[답] 009. ㉮ 010. ㉱ 011. ㉮ 012. ㉯ 013. ㉰ 014. ㉱ 015. ㉮ 016. ㉰

㉮ 측장기를 이용하여 측정한다.
㉯ 기준 게이지를 사용하여 유효지름을 검사한다.
㉰ 소성물질을 이용하여 암나사 피치를 측정한다.
㉱ 투영기로 측정한다.

문제 017

N.P.L식 기계적 피치 측정기 중 나사 플러그 게이지 측정 범위는 얼마인가?

㉮ 지름 150mm ㉯ 지름 250mm
㉰ 지름 350mm ㉱ 지름 450mm

해설 나사 플러그 게이지는 150mm까지 측정이 가능하다.

문제 018

수나사의 유효경 검사용 통과측 나사 게이지를 나타내는 기호는?

㉮ GR ㉯ NR
㉰ PR ㉱ PC

문제 019

주형재료를 주입하여 암나사 측정시 주의사항과 관계없는 것은?

㉮ 나사의 방청 ㉯ 소성물질의 팽창
㉰ 소성물질의 변형 ㉱ 고온측정

해설 암나사 측정과 관련이 없음

문제 020

수나사의 유효 지름 측정에 적당한 방법은?

㉮ 이분법 ㉯ 삼침법
㉰ 투심법 ㉱ 에지법

해설 나사의 유효지름 측정방법에는 삼침법이 가장 정도 높은 측정법이다.

문제 021

나사 마이크로미터를 사용하여 측정하는 곳은?

㉮ 나사산 각도 ㉯ 나사산의 너비
㉰ 나사 유효지름 ㉱ 나사의 외경

해설 나사 마이크로미터 : 나사 유효 지름 측정

문제 022

3차원 측정기의 장점에 해당되지 않는 것은?

㉮ 측정 능률의 향상
㉯ 복잡한 형상물의 측정이 용이
㉰ 데이터 처리의 자동화로 측정에 필요한 동작행위가 증가
㉱ 수치제어 3차원 측정기의 능률과 정밀도 향상

해설 데이터 처리의 자동화로 측정에 필요한 동작행위가 감소된다.

문제 023

기어 측정의 요소가 아닌 것은?

㉮ 피치오차 ㉯ 유효지름
㉰ 치형오차 ㉱ 잇줄방향

해설 기어의 측정요소는 피치오차, 치형오차, 잇줄방향, 이 홈의 흔들림, 이 두께, 물림시험 등이 있음. 유효지름은 나사측정 관련임.

문제 024

기어의 측정에서 볼 또는 핀 등의 측정자를 전체 원둘레에 따라 이 홈의 양측 치면에 접하도록 삽입하여 피치원 부근에서 접촉시켰을 때 반지름 방향 위치변동의 최대차를 측미기로 읽었을 때 그 값을 무엇이라 하는가?

㉮ 치형오차 ㉯ 피치오차
㉰ 이 홈의 흔들림 ㉱ 뒷틈오차

답 017.㉮ 018.㉮ 019.㉱ 020.㉯ 021.㉰ 022.㉰ 023.㉯ 024.㉰

문제 025

기어 측정에서 기어 시험기로 측정할 수 있는 사항이 아닌 것은?

㉮ 이 홈의 흔들림 ㉯ 압력각
㉰ 피치 ㉱ 모듈

문제 026

기준 피치원 직경 250mm, 모듈 4인 기어를 대량 생산하고 있다. 이를 현장 공정에서 종합오차를 검사하기 위한 가장 적합한 측정방법은 어느 것인가?

㉮ 투영기에 의한 차트 일치법
㉯ 기초 원판식 치형 시험기에 의한 검
㉰ 이두께 마이크로미터에 의한 측정법
㉱ 기어 맞물림 시험기에 의한 검사

문제 027

원주피치오차 측정법으로 바르게 짝지어진 것은?

㉮ 인접피치오차의 측정법, 헬리컬 오버핀법
㉯ 법선피치의 측정법, 기초원판식 측정법
㉰ 직선거리의 측정법, 각도의 측정법
㉱ 물림오차 측정법, 만능측정 현미경법

[해설] 인접피치오차의 측정법, 법선피치의 측정법, 직선거리의 측정법, 각도의 측정법이 있다.

문제 028

KS B 1406에 의한 기어 측정 요소가 아닌 것은?

㉮ 피치 오차 ㉯ 잇줄 방향
㉰ 이 홈 흔들림 ㉱ 전위 기어

[해설] 피치오차, 치형오차, 잇줄방향, 이 홈 흔들림, 이두께, 물림시험 등이다.

문제 029

기준 피치원 지름이 50mm이고, 기어의 잇수가 25개 일 때 원주 피치는 얼마인가?

㉮ 2.0mm ㉯ 3.76mm
㉰ 6.28mm ㉱ 9.86mm

[해설] 원주피치
$$t_0 = \frac{\pi \cdot d_0}{Z} = \frac{\pi \times 50}{25} = 6.28mm \text{이다.}$$

문제 030

다음은 형상정도 표시 기호이다. 잘못된 것은?

㉮ 면의 윤곽도 ㉯ 경사도
㉰ 대칭도 ㉱ 진원도

[해설] 면의 윤곽도 → 선의 윤곽도

문제 031

치형 오차 측정법의 종류가 아닌 것은?

㉮ 기초원판식 ㉯ 기초원 조절 방식
㉰ 직선기준방식 ㉱ 유효지름방식

[해설] 치형 오차 측정법의 종류에는 기초원판식, 기초원 조절 방식, 직선기준방식, 원호기준방식 등이 있다.

문제 032

진원도 측정방법이 아닌 것은?

㉮ 원추법 ㉯ 직경법
㉰ 반경법 ㉱ 3점법

[해설] 진원도 측정법에는 직경법, 반경법, 3점법 3종류가 있다.

문제 033

기어의 원주피치(t_0)를 구하는 식은? (단 d_0 : 기어의 지름, Z : 잇수, m : 모듈, a_0 : 압력각이다.)

㉮ $t_0 = \frac{\pi \cdot d_0}{z}$ ㉯ $t_0 = \pi \cdot m \cdot \cos a_0$
㉰ $t_0 = m \cdot Z$ ㉱ $t_0 = \pi \cdot m \cdot Z$

[답] 025. ㉱ 026. ㉱ 027. ㉰ 028. ㉱ 029. ㉰ 030. ㉮ 031. ㉱ 032. ㉮ 033. ㉮

제 5 장 나사측정 및 기어측정

[해설] 기어의 원주피치(t_0)를 구하는 식은 $t_0 = \dfrac{\pi \cdot d_0}{z}$ 이다.

문제 034

다음 측정기 중에서 선반베드 진직도 측정시 고정밀도로 측정 가능한 것은?
㉮ 정밀수준기 ㉯ 오토콜리미터
㉰ 테스트 인디케이터 ㉱ 레이저 간섭계

문제 035

기초원 지름 242mm, 잇수 50인 스퍼기어의 법선피치를 구하면 약 몇 mm인가?
㉮ 9.997 ㉯ 15.205
㉰ 29.976 ㉱ 33.209

[해설] $t_n = \dfrac{\pi Dg}{Z} = 3.14 \times \dfrac{242}{50} = 15.2053$

답 034. ㉱ 035. ㉯

제 8 편

공업경영

제 1 장 품질관리
제 2 장 생산관리
제 3 장 작업관리

제8편 공업경영

제 1 장 품질관리

1-1 품질관리의 개요

1. 품질(Quality)의 개념

품질관리이란 근대적인 품질관리는 통계적인 측면에서 주로 전개되어 왔으나, 현대의 품질관리는 통계적 측면만이 아닌 제품품질에 영향을 주는 모든 체계 즉 사람, 부문, 기계 등을 종합 조정, 품질유지 향상에 유기적인 노력을 기울이고 있다. 이러한 품질관리를 S.Q.C. 또는 T.Q.C.라고 정의하고 있다.

2. 품질관리의 목적

소비자의 요구에 합치하는 제품을 가장 경제적으로 달성하는데 있으며 품질관리의 목적을 달성하기 위한 기본적 이념은 표준화, 통계적 방법, feed back 기능이다.
(1) 작업의 원활화
(2) 불량감소(불량방지)
(3) 신뢰성 높은 제품 생산
(4) 품질보증 될 수 있는 제품의 생산
(5) 공해 없는 제품의 생산
(6) 제품책임(P.L)을 이행할 수 있는 제품의 생산 등

1-2 통계적 방법의 기초

1. 모집단과 시료

모집단을 구성하는 단위체의 수를 모집단의 크기라고 하고 N으로 표시한다. 그리고 시료의 크기는 n으로 표시한다.

2. 계수치에 관한 분포

(1) 이항분포

이항 분포의 특징은 다음과 같다.
① $p=0.5$일 때는 평균치에 대하여 좌우대칭이다.
② $p \leq 0.5$이고 $np \geq 5$일 때는 정규 분포에 근사한다.
③ $p \leq 0.1$이고 $np = 0.1 \sim 10$일 때는 포아슨분포에 근사한다.

[표 1-1] 모수와 통계량

모수	통계량
모평균 μ 모분산 σ^2 모표준편차 σ	시료평균 $\bar{x}$ 시료분산 s^2 시료표준편차 s (시료)범위 R

> **예제**
> 불량률이 10%인 공정에서 5개의 시료를 랜덤샘플링 했을 때 불량품의 수 x가 0일 확률을 구하라.
> **풀이** $p=0.1$, $(1-p)=0.9$, $x=0$이므로

(2) 포아슨 분포

이항분포에서 np를 일정하게 놓고 $n \to \infty$, $p \to 0$으로 하면 포아슨분포(Poisson distribution)가 된다.

$$P(x) = \frac{e^{-np}(np)^x}{x!} \text{ 또는 } \frac{e^{-\mu}\mu^x}{x!}$$

계수치중 결점 수는 포아슨 분포에 따르며, 이 분포의 특징은 분포가 이산적이며 $np \geq 5$일 때는 정규분포에 근사하다.

> **예제**
> 결점률 p가 1%인 모집단에서 5개의 시료를 랜덤샘플링 할 때 결점 수 x가 1개일 확률을 구하라.
>
> **풀이** $p=0.01$, $np=5 \cdot 0.01=0.05$, $x=1$이므로
> $$\frac{e^{-np}(np)^x}{x!} = \frac{e^{-0.05}0.05^1}{1!} = 0.048$$

(3) 초기하 분포

다음 식으로 정의되는 확률분포를 초기하분포라 한다.

$$P(x) = \frac{\binom{Np}{x}\binom{N-Np}{n-x}}{\binom{N}{n}}$$

이 분포의 특징은 $N \to \infty$로 되면 이항분포에 근사한다.

> **예제**
> $N=50$, $p=6\%$인 로트에서 $n=5$를 랜덤샘플링 할 때 시료중의 불량 개수 x가 0일 확률을 구하라.
>
> **풀이** $N_p = 50 \times 0.006 = 3$, $n=5$, $x=0$이므로
> $$\frac{\binom{Np}{x}\binom{N-Np}{n-x}}{\binom{N}{n}} = \frac{\binom{3}{0}\binom{50-3}{5-0}}{\binom{50}{5}} = \frac{\frac{47!}{5!42!}}{\frac{50!}{5!45!}} = 0.724$$

(4) 정규분포

일명 가우스의 오차분포라고도 하며 평균치에 대하여 좌우대칭의 종모양을 하고 있는 분포로서 계량치는 원칙적으로 이 분포에 따른다. 이 분포의 성질은 분포의 평균 μ와 표준편차 σ로 결정되므로 $N(\mu, \sigma^2)$으로 표시된다.

※ 전사적 품질 관리 : 수요자에게 제품의 품질에 대한 충분한 만족을 주기 위하여 가장 경제적인 수준에서 생산과 서비스를 할 수 있도록 기업 조직 내의 여러 부서가 협조하여 품질 개발, 품질 유지, 품질 개선의 노력을 종합하기 위한 효과적인 시스템. 따라서 품질 관리는 종래의 생산 현장에서만 하는 것으로 이해되어 왔으나, 전사적 품질 관리에서는 설계, 생산 기술, 제조, 검사, 유통 기구, 마케팅 등 회사의전 분야에 걸쳐 품질 의식을 높여 전사적이고 종합적인 품질 보증 체계를 마련해가는 것을 목적으로 한다. 근래의 품질 관리는 회사의 모든 부문이 참가하는 전사적 품질 관리가 바람직하다. 그러므로 품질 관리의 궁극적인 목표는 회사의 모든 경영진과 종업원이 협력하여 과학적 기법을 사용함으로써 품질의 향상을 꾀하는 데 있다.

※ **통계적 품질 관리 사고방식** : 통계적 품질 관리란, 품질 관리를 실제로 실시하기 위한 방법. 확률 및 통계의 수학적 기법을 바탕으로 하여 데이터를 해석하고, 그 해석의 결과를 가지고 실제적인 문제를 해결하기 위한과학적인 방법이다. 통계적 품질 관리 방법에는 비용과 시간을 절약하기 위하여 발췌 검사 샘플링방법이 많이 사용되고 있다. 대량으로 생산되는 공업 제품의 품질에 관한 우열의 차를 알기 위하여, 적당한 샘플을 채취하여 검사하는 발췌검사의 결과를 가지고 제품 전체를 판단하게 되는데, 이것이 통계적 품질 관리 사고방식이다. 제품 전부를 검사는 전수 검사는 특수한 경우를 제외하고는 시행하지 않는다. 이 때, 채취한 샘플은 모체인 전제품(모집단)의 성질에 가급적 가까워야 한다. 따라서 샘플을 채취하는 데 있어서, 고의로 좋은 것이나 나쁜 품질의 것을 골라서는 안 되며, 무작위(random)로 취하는 것이 중요하다. 이와 같은 것을 랜덤 샘플링(random sampling)이라 하며, 여기서 얻어진 샘플을 랜덤 샘플(random sample)이라 한다. 공업 제품은 계속적으로 생산되므로, 관리의 편의상 공장에서 하루에 생산된 전 제품 또는 1회이 준비 작업 후 생산하여 얻어진 전제품 등과 같이 구분된 어떤 로트로 부터 채취한 샘플에 대한 측정값으로부터 그 로트의 전체 품질을 추정하거나 합격 여부를 판정하게 된다. 여기서 중요한 것은, 샘플 자체가 우열의 검토대상이 아니라, 항상 모집단의 우열에 대한 검토가 그 대상이 된다는 점이다.

1-3 샘플링

로트로부터 시료를 추출하여 검사하고 그 결과를 미리 정해 둔 판정기준과 비교하여 로트의 합격 또는 불합격을 판정하는 절차

1. 샘플링 검사의 장점

(1) 많은 검사 인력이 필요치 않고 검사비용이 줄어든다.
(2) 전수검사의 경우 피로와 권태가 검사의 오류 유발이 가능하다.
(3) 불합격은 제조업자에게 품질향상에 대한 동기부여가 된다.

2. 샘플링 검사의 단점

(1) 나쁜 품질의 로트 합격 위험(소비자 위험, 제2종 과오)이 있다.
(2) 좋은 품질의 로트 불합격 위험(생산자 위험, 제1종 과오)이 있다.
(3) 효율적인 샘플링 검사를 계획하는 데 많은 시간과 노력이 든다.

3. 샘플링의 조건

(1) 신뢰할 수 있는 샘플링에 의해서 얻어진 것

(2) 정밀도가 충분한 것
(3) 모집단에 대하여 신속히 조처를 취할 수 있을 것
(4) 경제적으로 얻어진 것
(5) 치우침(bias)이 없을 것

4. 샘플링 목적의 명확화

(1) 모집단의 명확화
(2) 필요한 정보량의 명확화
(3) 판정기준의 명확화
(4) 행동기준의 명확화

5. 샘플링의 단위

샘플링을 할 때 실제로 시료의 하나로서 무엇을 취할 것인가가 문제로 된다. 샘플링의 대상물이 볼트, 너트, 전구 등과 같이 낱개로 세어 볼 수 있는 경우와 액체, 기체, 광석 등과 같이 그 일부를 샘플링하는 경우처럼 낱개로서 세어 볼 수 없을 경우가 있다. 전자와 같은 경우를 단위체(單位體, discrete materials)라 하고, 후자와 같은 경우를 집합체(集合體, bulk materials)라고 한다.

■ 샘플링 단위크기의 조건

① 샘플링의 목적
② 비용
③ 기술정보 또는 공정이나 제품의 산포
④ 시험방법

6. 샘플링의 오차

(1) 오차

오차는 모집단의 참값과 측정데이터와의 차이다.

(2) 신뢰성

신뢰성(reliability)은 데이터를 신뢰할 수 있는가 없는가의 문제. 즉 잘못이 있지 않았나 또는 오류라는 이상한 원인이 있지 않았나 하는 등의 문제이다. 이것은 정밀도의 신뢰성과 정확성의 신뢰성으로 나누어 생각해야 한다. 아무튼 신뢰성을 얻기 위해서는 샘플링이나 측정 작업을 잘 관리해야 한다.

(3) 정밀도

정밀도(precision)는 어떤 측정법으로 동일 시료를 무한횟수 측정하였을 때 얻어진 데이터는 반드시 흩어지는데, 그 데이터 분포의 폭의 크기를 뜻한다. 즉 동일샘플링 방법으로 동일모집단으로부터 샘플링 하였을 때 혹은 동일 시료를 반복하여 동일측정법으로 측정하였을 때 데이터의 산포도를 말한다. 그러므로 산포의 크기를 나타내는 s, $V\sqrt{V}$, R 등은 모두 정밀도를 표시하는 측도이다.

(4) 정확성

정확성(accuracy) 혹은 치우침(bias)이란 어떤 측정방법으로 동일 시료를 무한횟수 측정하였을 때 데이터 분포의 평균치와 참값과의 차를 의미한다.

7. 랜덤 샘플링

램덤 샘플링에는 단순랜덤 샘플링, 계통 샘플링, 지그재그 샘플링의 세 가지 방법이 있다. 그리고 램덤 샘플링의 근본원칙은 다음과 같다.
① 그 제품의 생산에 직접 종사하는 자에게 샘플링을 맡겨서는 안 된다.
② 샘플링은 책임자의 입회하에 실시되어야 한다.
③ 샘플링 하는 자에게 샘플링의 목적과 중요성을 인식시켜야 한다.
④ 가급적 샘플링의 그 대상물의 이동 중에 하여야 하며, 정지 중에는 피하는 것이 좋다.

(1) 단순 랜덤 샘플링

난수표, 주사위, 숫자를 써 넣은 룰레트, 제비뽑기식 칩 등을 써서 크기 N의 모집단으로부터 크기 n의 시료를 랜덤하게 뽑는 방법으로서 다음 순서에 의한다.

(2) 계통 샘플링

모집단으로부터 시간적 또는 공간적으로 일정간격을 두고 샘플링하는 방법으로, 모집단에 주기적인 변동이 있는 것이 예상될 경우에는 사용하지 않는 것이 좋다.

(3) 지그재그(zigzag) 샘플링

제조공정의 품질특성이 시간이나 수량에 따라서 어느 정도 주기적으로 변화하는 경우에 계통 샘플링을 하면 추출되는 샘플이 주기적으로 거의 같은 습성의 것만이 나올 염려가 있다, 이 때 공정의 품질의 변화하는 주기와는 다른 간격으로 시료를 뽑으면 그와 같은 폐단을 방지할 수 있을 것이다.
지그재그 샘플링은 계통 샘플링에서는 처음의 구획에서는 계통샘플링과 같이 랜덤으로 시작하지만 다음 구획부터는 하나를 걸러서 일정간격으로 한다.

8. 2단계 샘플링

2단계 샘플링(two stage sampling)은 모집단을 몇 개의 서브로트(1차 샘플링단위)로 나누고, 먼저 제 1단계로 그중에서 몇 개의 부분을 시료(1차 시료)로 뽑고, 다음에 2단계로 그 부분 중에서 몇 개의 단위체 또는 단위량(2차 시료)를 뽑는 방법이다.

9. 층별 샘플링

층별은 모집단을 층으로 나누는 일이다. 즉 모집단을 공통의 요인에 영향을 받고 있다고 생각되는 것, 공통의 성질, 공통의 버릇을 가지고 있는 것으로 나누는 일로서, 예를 들면 시간별, 작업자별, 기계장치별, 작업방법별, 원재료별, 측정검사별 등으로 층별 할 수 있다. 층별할 때에는 층 내가 될 수 있는 대로 균일하게 되도록 하고 층간의 차는 크게 되도록 하는 것이 유리하다. 이와 같이 모집단을 몇 개의 층으로 나누고 각 층으로부터 각각 랜덤하게 시료를 뽑는 방법을 층별 샘플링이라 한다.

10. 집락 샘플링

집락(集落) 샘플링은 모집단을 여러 개의 집락으로 나누고 그 중에서 몇 개의 집락을 랜덤하게 샘플링하고 뽑힌 집락의 제품을 모두 시료로 취하는 방법으로서 취락(聚落) 샘플링이라고도 부른다. 예를 들면 각 100개씩의 볼트가 들어 있는 100상자의 로트가 입하하였을 때 5상자를 뽑고 그 상자의 볼트를 전부 시료로 취하는 샘플링방법이다.

(1) 2단계 샘플링과의 비교

일반적으로 2단계 샘플링 쪽이 추정의 정밀도가 나쁘다. 그러나 샘플링작업이 쉽고 비용이 적게 드는 경우가 많다.

(2) 층별 샘플링과의 비교

일반적으로 층별 샘플링은 추정의 정밀도가 좋고 또 샘플링의 조작도 쉬우므로 권장할 만한 샘플링방법이다.

1-5 관리도

1. 관리도의 정의

(1) 생산 공정에서 불량품이 제조되는 것을 사전에 예방하기 위한 공정관리활동으로 많이 이용되는 통계적 수단
(2) 통계적 품질관리 기법 중에서 가장 기본적이며, 최초로 개발된 기법으로, 실제 자료를 가지고 공정의 상태를 측정하는 단순한 도표로서, 조직적인 변동이 시스템 내에 존재하는 지를 파악하는 기법

2. 관리도의 목적

(1) 관찰한 변동이 목표값에 적합한지의 여부
(2) 향후 품질이 정상적으로 유지될 것인지 결정
(3) 공정의 정상적인 상태 여부를 판단

3. 관리도의 의미

관리도에는 한 개의 중심선(CL : central line)과 그 선의 상하에 두 개의 관리한계선(UCL : upper control limit, LCL : lower control limit)을 그어 놓고 공정의 상태를 나타내는 특정치를 기입할 때 그 점이 관리한계선 안쪽에 있고 점의 배열에 아무런 습관성이 없으면 그 공정은 관리 상태에 있음을 나타낸다.

4. 품질과 산포

공장에서 만들어지는 제품은 어떠한 제조 방법을 선택한다 하더라도 엄밀하게 측정하면 반드시 측정값의 차이를 나타낸다. 이와 같은 차이를 특성값의 산포라 하는데, 이 산포가 허용 공차 내에 있으면 합격으로 하나, 허용 공차밖에 있으면 규격 외로 한다. 산포를 발생시키는 원인은 여러 가지로 생각할 수 있으나 중요한 것 몇 가지를 추려보면 다음과 같다.
① 원재료, 설비 등에 관해서 표준을 정해 놓았지만 표준에서 정한 허용범위 안에서 변동이 생기기 때문에.
② 작업표준을 지켰지만 그 허용범위 안에서 조건이 변하기 때문에.
③ 작업표준대로 작업을 실시하지 않았기 때문에.
④ 작업표준 등의 표준화가 불비하여 품질변동의 원인을 억제할 수 없었기 때문에.
⑤ 측정, 시험 등의 오차 때문에.

※ 산포가 생기는 원인
  ㉠ 재료의 품질 변동
  ㉡ 작업 방법의 변동
  ㉢ 작업자의 변동
  ㉣ 기계의 변동
  ㉤ 그 밖의 작업 조건의 변동

(1) 공정에서 언제나 일어나고 있는 정도의 어쩔 수 없는 산포

우연한 원인으로 인하여 수시로 일어나는 산포로 이산포가 생기는 원인을 우연원인(chance cause), 불가피 원인, 억제할 수 없는 원인으로 재료의 규격, 작업 방법, 작업자의 기분이나 기계 상태의 변동에 관계없이 우연하고도 필연적으로 발생하기 때문에 피할 수 없다.

(2) 보통 때와 다른 의미가 있는 산포

여러 가지 과실 또는 작업 조건이 원인이 되어 발생하는 산포로 이 산포 생기는 원인을 보아 넘기기 어려운 원인(assignable), 가피원인, 이상 원인이라고 한다. 규격 밖의 재료의 사용, 작업 표준대로 작업을 하지 않는 경우, 작업자의 교체, 또는 기계의 상태가 변화하여 일어나는 산포이기 때문에 수정 조치를 하면 피할 수 있다. 이상의 두 가지 원인에 의하여 공정에서 생산되는 제품에는 산포가 생기지만, 보아 넘기기 어려운 원인을 제거하고 우연원인에 의한 산포만을 가지는 상태를 관리상태 또는 안정 상태라고 한다. 이상 원인이 존재하는 경우에 그 공정은 관리되지 않는 상태에 있다고 말한다.

5. 관리도의 사용절차

관리도를 사용하여 공정관리를 하는 순서
(1) 공정의 결정, 즉 관리대상의 범위를 결정
(2) 그 공정에 대한 관리항목의 결정
(3) 관리항목에 대한 결정방법, 측정방법, 데이터를 얻는 방법, 데이터의 층별 방법 등을 결정
(4) 관리항목에 대한 관리도의 결정
(5) 시료군의 구분방법, 군의 크기, 층별 방법 등의 결정
(6) 관리도의 작성
(7) 공정상태의 판단, 이상의 발견, 공정변화의 발견
(8) 관리도에 의한 조처, 제품에 대한 조처, 공정에 대한 조처, 공정관리의 적정성검토
(9) 관리선의 개정, 관리항복의 개정, 관리도나 데이터에 대한 개정

6. 관리도의 종류

관리도의 종류		
종 류		특 징
계량형	x bar-R 관리도	• 가장 많이 사용됨. • 관리도 : 평균값의 변화를 파악 • R 관리도 : 산포의 변화를 파악 • 다른 관리도에 비해 많은 정보를 제공하며 ※ bar관리도는 x관리도에 비해 공정의 변화를 쉽게 탐지
계량형	x 관리도	• 공정안정상태 판정 및 조치가 빠르다. • 자료를 얻는 시간적 간격이 크거나 • 정해진 공정으로부터 한 개의 측정값밖에 얻을 수 없을 때 • 군 구분의 실익이 없는 경우에 사용한다.
계량형	x tilde-R 관리도	• 평균값의 계산시간과 노력을 줄이기 위한 것이 목적이다. • $-R$ 관리도보다 취급이 간단하다.
계수형	p_n 관리도	• 자료군의 크기(n)가 반드시 일정할 것. • 측정이 불가능하여 계수값으로 밖에 나타낼 수 없을 때 • 합격여부 판정만이 목적인 경우에 사용된다.
계수형	p 관리도	• 계수형 관리도 중에 가장 널리 사용된다. • 양품률, 출근률 등과 같이 비율을 계산해서 공정을 관리할 경우(수확률, 순도 등은 계량값이므로 계량형 관리도를 사용한다.)
계수형	c 관리도	• 일정단위 중에 나타나는 결점수에 의거 공정을 관리할 경우(납땜 불량의 수, 직물의 일정면적중의 흠의 수)
계수형	u 관리도	• 단위가 일정하지 않은 제품의 경우 일정한 단위당 결점수로 환산하여 사용할 경우

	데이터의 종류	특 징	
계량형	길이, 무게, 강도, 화학성분, 온도, 압력, 수율, 원단위, 생산량	$X \times R$ 관리도 (평균치와 범위의 관리도)	품질을 계량치로 관리하는 경우에 사용, 다량의 정보를 얻을 수 있음.
계량형		$X \times \sigma$ 관리도 (평균치와 표준차의 관리도)	$X \times R$ 관리도와 같으나 품질의 산포를 보다 자세히 나타낼 수 있음. 그러나 σ의 계산이 번거로움.
계량형		$X \times R$ 관리도 (중앙치와 범위의 관리도)	$X \times R$ 관리도와 같으며 중앙치 x의 계산이 간단함.
계수형	불량률	P 관리도 (불량률 관리도)	군의 크기가 다를 때, 품질의 불량률로 관리하는 경우에 사용
계수형	불량개수	P_n 관리도 (불량개수 관리도)	군의 크기가 일정할 때 품질을 불량개수로 관리하는 경우에 사용
계수형	결점수	C 관리도 (결점수 관리도)	군의 단위수가 일정할 때 품질을 결점수로 관리하는 경우에 사용
계수형	단위당 결점수	U 관리도 (단위당 결점수 관리도)	군의 단위수가 다를 때 품질을 결점수로 관리하는 경우에 사용

7. 계량치 관리도

① 무게, 온도, 길이, 압력 등과 같이 연속적 자료에 대한 관리도이다.
② 양적자료에 대한 측정을 해야 하므로 측정하는데 필요한 인력과 시간이 많이 요구되는 단점이 있다.
③ 측정을 위한 기기를 구입해야 하는 경우에는 구입비에 대한 부담이 발생한다.
④ 특정 제품의 품질 특성을 나타낼 수 있는 양적 자료가 다수개인 경우 여러 종류의 양적 자료에 대한 측정을 해야 한다.
⑤ 품질특성에 관한 많은 정보를 얻을 수 있다는 장점이 있다.

(1) $\bar{x} - R$ 관리도

이 관리도는 관리항목이 축의 완성된 지름, 청사의 인장강도, 아스피린의 순도, 바이트의 소입온도, 전구의 소비전력 등과 같이 공정에서 채취한 시료의 길이, 무게, 시간, 강도, 성분, 수확률 등 계량치의 데이터에 대해서 $\bar{x}$와 R을 사용하여 공정을 관리하는 관리도로서 가장 대표적인 관리도이다.

[표 1-2] $\bar{x}$와 R 관리도의 관리선

관리선	$\bar{x}$ 관리도	R 관리도	선
CL	$\bar{\bar{x}} = \dfrac{\Sigma \bar{x}}{k}$	$\bar{R} = \dfrac{\Sigma R}{k}$	————
UCL	$\bar{\bar{x}} + A_2 \bar{R}$	$D_4 \bar{R}$	········· (계산한 한계를 기입할 경우)
LCL	$\bar{\bar{x}} - A_2 \bar{R}$	$D_3 \bar{R}$	------- (과거의 한계선을 연장할 경우)

(2) x 관리도

x 관리도는 합리적인 군으로 나눌 수 있는 경우와 나눌 수 없는 경우(이동범위를 사용하는 경우)로 구분할 수 있다.

① 합리적인 군으로 나눌 수 있는 경우

이 경우는 $\bar{x}$-R관리도를 사용해도 되지만, 이상 원인을 신속히 발견하여 제거하려고 할 경우에는 이 관리도를 사용하여 공정을 관리한다.

㉠ 데이터의 채취방법 : n=4~5의 시료를 k=20~26를 채취하여 측정하고 데이터를 관리도 자료표에 기입한다.
㉡ 각 군에 대하여 x와 R을 계산한다.
㉢ 관리도 용지에 x값과 R값을 점으로 기입하고 점끼리 실선으로 연결한다.
㉣ 관리선을 계산하여 기입한다.

x 관리도의 관리선 : CL=$\bar{x}$ UCL & LCL=$\bar{x} \pm E_2 \bar{R}$

② 합리적인 군으로 나눌 수 없는 경우(이동범위를 사용하는 경우)

이 관리도는 예컨데 시간이 많이 소요되는 화학 분석치, 알코올의 농도, 배치(batch)반응공정의 수확률, 1일 전력소비량 등과 같이 1로트로부터 1개의 측정치 박에 얻을 수 없을 때라든가, 측정치를 얻는데 시간이나 경비가 많이 들어 정해진 공정의 내부가 균일하여 많은 측정치를 얻어도 의미가 없을 때에 사용한다.

㉠ 약 $k=20\sim25$군으로부터 각각 1개씩의 시료를 채취하여 측정하고 자료표에 데이터 x를 기입한다.

㉡ 이동범위 R_S를 계산한다.

$R_{si} = |(i번째의 측정치)-(i+1번째의 측정치)| = |x_i - x_{i+1}|$

㉢ 관리도 용지에 x와 R_s를 각각 점으로 찍고, 점끼리 실선으로 연결한다.

㉣ 관리선을 계산하여 기입한다.

8. 계수치 관리도

작성되는 자료가 불량품수나 결점수와 같이 이산적 자료인 경우의 관리도이다. 측정되는 자료가 양, 불량 혹은 합격, 불합격으로만 분류될 뿐 정확한 정도까지는 나타낼 필요가 없으므로 측정에 시간과 비용이 적게 드는 장점이 있다.

(1) P_n 관리도

P_n 관리도는 전구꼭지쇠의 불량개수, 나사의 길이 불량, 전화기의 겉보기 불량 등 불량 개수 P_n에 의거 공정을 관리할 경우에 사용한다. 이 경우에 시료의 크기는 일정하지 않으면 안된다.

관리선 기입방법 : UCL & LCL = $\overline{P_n} \pm 3\sqrt{\overline{P_n}(1-\overline{p})}$

(2) P 관리도

P 관리도는 공정을 불량률 P에 의거 관리할 경우에 사용한다. 작성방법은 P_n 관리도와 거의 같으나, 다만 관리한계의 계산식이 약간 다르며, 시료의 크기 n이 다를 때에는 n에 따라 한계의 폭이 변한다.

(3) C 관리도

C 관리도는 관리항목이 에나멜동선의 일정한 길이중의 핀 홀수, 라디오 한 대중의 납땜 불량 수 등과 같이 미리 정해진 일정단위 중에 포함된 결점수 C에 의거 공정을 관리할 때 사용한다.

(4) U 관리도(단위당 결점수 관리도)

U 관리도는 관리항목으로서 직물의 얼룩, 에나멜동선의 핀 홀 등과 같은 결점수를 취급할 때, 검사하는 시료의 길이나 면적 등이 일정하지 않은 경우에 사용한다.

9. 관리도를 보는 방법

(1) 점이 관리한계를 벗어나지 않는다의 기준

① 연속 25점 모두가 관리한계 안에 있다.
② 연속 35점 중 관리한계를 벗어나는 점이 1점 이내이다.
③ 연속 100점 중 관리한계를 벗어나는 점이 2점 이내이다.

(2) 층점의 배열에 습관성이 없다의 기준

① 런(run)이 출현한다.
  중심선 한쪽에 연속해서 나타난 점을 런이라고 하고, 그 점의 수를 런의 길이라고 한다.
② 경향(trend) 이 있다.
  점이 점점 올라가거나 내려가는 상태를 말한다.
③ 주기(cycle)가 있다.
  점이 주기적으로 상하로 변동하여 파형(波形)을 나타내는 경우를 말한다.
④ 중심선 한쪽에 점이 잇따라 여러 개 나타난다.
  다음의 경우에는 공정이 관리 상태에 있지 않다고 판단한다.
  ㉠ 중심선 한쪽으로 7점 이상이 계속될 때
  ㉡ 연속된 11점 중 10점 이상
  ㉢ 연속된 14점 중 12점 이상
  ㉣ 연속된 17점 중 14점 이상
  ㉤ 연속된 20점 중 16점 이상
⑤ 점이 관리한계에 접근($2\sigma \sim 3\sigma$)해서 나타난다.
  ㉠ 연속된 3점 중 2점 이상
  ㉡ 연속된 7점 중 3점 이상
  ㉢ 연속된 10점 중 4점 이상

1-6 샘플링 검사

1. 검사의 종류

(1) 검사가 행해지는 공정에 의한 분류

① 수입검사 또는 구입검사
재료, 반제품 또는 제품을 받아들이는 경우에 행하는 검사를 수입검사라고 하며 외부에서 구입하는 경우의 검사를 구입검사라고 한다.

② 공정검사 또는 중간검사
앞의 제조공정이 끝나서 다음의 제조공정으로 이동하는 사이에 행해지는 검사이다.

③ 최종검사
제품을 출하하는 경우에 하는 검사이다.

④ 기타의 검사
입고검사, 출고검사, 인수인계검사 등이 있다.

(2) 검사가 행해지는 장소에 의한 분류

① 정위치 검사
1개소에서 검사를 하는 편이 좋은 경우나 시험에 특수한 장치가 필요한 경우와 같이 특별한 장소에 물품을 운반해서 검사하는 방법을 말한다.

② 순회검사
검사원이 적시에 현장을 순회하면서 물품을 검사하는 방법이다. 특히 작업준비의 적부를 체크하는 의미로서 순회검사가 필요하다.

③ 출장검사
검사원이 발주처의 외주공장에 출장하여 수입검사를 하는 방법이다. 이 검사는 보통 외주공장의 책임자 입회하에서 검사하기 때문에 입회검사라고도 한다.

(3) 검사의 성질에 의한 분류

① 파괴검사
물품을 파괴하지 않고서는 검사의 목적을 달성할 수 없는 것, 또는 시험을 하면 상품 가치가 없어지는 검사이다. 예를 들면 전구의 수명시험, 재료의 인장시험, 비닐관의 수압시험 등 이러한 검사에는 전수검사를 할 수가 없으므로 반드시 샘플링검사를 적용한다.

② 비파괴검사
물품을 검사하더라도 그것의 상품가치가 변하지 않는 것을 말한다. 예를 들면

전구의 점등시험, 도금판의 핀홀 검사 등

③ 관능(官能)검사

인간의 감각, 즉 시각, 청각, 촉각, 후각, 미각을 이용하여 품질을 평가, 판정하는 검사를 말한다.

(4) 검사항목에 의한 분류

① 수량검사

규정한 수량이 있는가, 없는가를 체크하는 검사이다.

② 외관검사

색, 흠, 균열 등과 같은 외관이 한도견본 등의 기준에 합치하는가를 확인하는 검사이다.

③ 중량검사

제품의 중량이 규정된 중량에 합치하는가를 확인하는 검사이다.

④ 치수검사

치수, 각도, 평행도 등과 같은 품질특성의 검사를 의미한다.

⑤ 성능검사

기계적인 것, 전기적인 것, 물리적인 것, 광학적인 것 등 그 제품의 사용목적을 만족시키는 성능을 조사하는 것으로서 기능검사하고도 한다.

2. 전수검사와 샘플링 검사

(1) 전수검사가 필요한 경유

① 전수검사를 쉽게 할 수 있을 때

㉠ 자동검사기 또는 간단한 게이지로 검사할 수 있는 경우와 같이 검사에 수고와 시간이 별로 들지 않고, 검사비용에 비해서 얻어지는 효과가 크다고 생각할 때

　보기　전구의 점등시험

㉡ 로트의 크기가 작고 파괴검사가 아니므로 전수검사를 쉽게 할 수 있을 때

② 불량품의 혼입(混入)이 허용되지 않을 때

㉠ 치명결점과 같이 불량품이 혼입되면 안전면에 중대한 영향을 끼칠 때

　보기　브레이크의 작동시험, 고압용기의 내압시험

㉡ 불량품이 혼입되면 경제적으로 더 큰 영향을 미칠 때

　보기　보석류 등 특히 값비싼 물품

㉢ 불량품을 넘겼을 경우에 다음 공정에서 커다란 손실을 주게 될 때

(2) 샘플링검사가 필요한 경우

　① 파괴검사의 경우
　　이 경우는 검사목적 달성을 위해서 물품을 파괴하는 것이므로 품질을 보증하기위해서 전수검사를 할 수는 없다.
　　보기 재료의 인장강도시험, 전구나 진공관의 수명시험

　② 연속체나 대량품
　　이 경우에 모든 부분을 검사한다는 것은 곤란하다.
　　보기 전선, 가솔린, 면사, 약품, 석탄

(3) 샘플링검사가 유리한 경우

　① 다수, 다량의 것으로 어느 정도 불량품 혼입이 허용될 경우
　② 검사항목이 많은 경우
　③ 불완전한 전수검사에 비해서 신뢰성이 높은 결과가 얻어지는 경우
　④ 검사비용을 적게 하는 편이 이익이 되는 경우
　⑤ 생산자에게 품질향상의 자극을 주고 싶을 경우

2-1 생산계획의 의의

생산계획이란 생산 활동을 시작함에 있어서 그 목적 달성을 위하여 조직적이고 합리적인 계획을 수립하기 위한 사고활동으로서 생산되는 제품의 종류, 수량, 가격 및 생산방법, 장소, 생산 일정에 관하여 가장 경제적이고 합리적으로 계획을 편성하는 것이다.

2-2 생산계획의 단계

(1) 기본계획

준비계획, 선행 생산계획, 종합계획, 대일정 계획 또는 경영계획이라고도 하며, 최고 경영층의 사고활동에 의해서 행해지는 것으로 판매, 조달, 재무 및 기술 전반에 대한 계획과 함께 생산제품의 종류, 수량, 시기 등을 계획한다.

(2) 실행계획(제조계획, 생산계획)

상부 관리층에서 결정된 기본 계획을 구체화한 것이며, 부문 관리자인 생산부에서 수립하는 것으로 생산제 요소인 재료, 인원, 기계 설비를 결정하고 확보하는 것이다.

(3) 실시 계획(작업 계획)

생산 담당 부서로부터의 제조 명령에 의해서 실제 제조 작업의 진척을 계획 관리하는 기능으로 실행 계획에 의거해서 각 작업자, 기계별 작업의 내용, 수량, 그 시기 등을 결정하는 것이다.

2-3 제조 로트의 결정 방법

(1) 로트의 의의

로트는 단위생산수량이라고도 하는데, 생산이 이루어지는 단위 수량으로서 여러 개 혹은 그 이상의 상당한 수량을 한 묶음(한 무더기) 내지 한 단위로 하여 생산이 이루어지는 경우 이를 로트(lot)라고 한다.

로트 생산방식은 개념적으로는 1회 준비로 동일품목을 어떤 수량만큼 모아서 연속적으로 생산하고 다른 품목으로 교체함에 따라 동일 작업공정에서 다수의 품목을 순차적으로 생사하여 가는 방식으로 정의할 수 있다. 여기서 로트는 개념상으로 로트 수(lot number)와 로트의 크기(lot size)로 나누어 생각할 수 있다. 이때 로트 수란 일정한 제조 횟수를 표시하는 개념이다. 즉 예정생산 목표량이 결정되면 이를 몇 회로 분할하여 생산할 것인가 하는 제조 횟수를 말한다.

로트의 크기란 예정생산 목표량을 로트 수로 나눈 것을 말한다.

$$로트의\ 크기 = \frac{예정생산목표량}{로트수}$$

> **예** 연간 예정 생산 목표량이 1,000개일 때 1회에 100개씩 생산하는 것이 가장 경제적이라면 경제적 로트 수는 1,000÷100=10회가 된다.
> 또한 로트의 크기 = $\frac{1,000개}{10회}$ = 100개, 즉 1회 경제적 로트의 크기는 100개이다.

(2) 로트의 종류

① 제조명령 로트

제조명령에 있어서 경정되는 수량의 단위이며, 장기적으로 계속되는 중량생산(中量生産)에 있어서는 월 산수량 또는 이에 관련되는 수치를 취하는 경우가 많지만 다량생산(연속생산)에 있어서는 월별 생산수와 투입수와는 일치하지 않는 경우가 있기 때문에 반년이나 1년이라는 기간의 총 생산수량을 지시하는 경우가 많다.

② 가공 로트

동시에 가공하는 단위, 즉 이 로트에 대해서 표준작업은 1회에 걸쳐 행해진다. 동일한 가공품이라 하더라도 전공정을 통하여 반드시 동일한 로트로 가공되는 것은 아니다. 이것은 작업의 성질이나 관리상의 편의를 고려해서 결정해야 하는 것으로 때로는 공정에 의하여 로트가 변경되는 경우가 있다.

③ 이동로트

공정 간이나 부서 간을 현품이 이동하는 단위로서 이것은 주로 가공 로트에 의하여 결정되는 것이지만, 다량생산의 경우에는 현품관리나 품질관리 등의 편의성을 고려하여 결정된다.

(3) 경제적 로트의 산출방식

① 해리스(F. W. Harris)식

$$\therefore Q = \sqrt{\frac{2RP}{CI}}$$

Q : 로트의 크기(경제적 발주량)
R : 소비예측(연간 소요량)
P : 준비비(1회 발주 비용)
C : 단위비(구입 단가)
I : 단위당 연강 재고 유지(이자, 보관, 손모, 부식, 손실 등)비율

예제

연간 소요량이 25,000개인 어떤 부품의 발주 비용은 매회 10,000원, 부품 단가가 5,000원, 연간 재고 유지 비율 10%일 때 경제적 발주량, 경제적 발주 횟수, 적정 연간 총 관계 비용을 계산하라.

풀이 경제적 발주량 $Q = \sqrt{\frac{2PR}{CI}} = \sqrt{\frac{2 \times 25,000 \times 10,000}{5,000 \times 0.1}} = 1,000$개

② 레호츠키(P.N Lehoczky)식

$$X = \sqrt{\frac{M}{L}\left(\frac{S+J-SJ}{2}\right)}$$

여기서, X = 1년간의 생산 로트 수
L = 준비비
M = 1년간 1회 구입한다고 가정했을 경우의 재료비에 대한 이자

$$S = \frac{제품단가}{재료비}, \quad J = \frac{제조수량}{제조능력}$$

예제

어느 회사에서는 매월 A제품을 10,000개씩 생산하고 있는데 제품 1개에 대한 재료비는 100원이고 가공하여 완제품으로 팔면 1개 200원씩 받는다. 이 회사의 월 생산능력은 20,000개이고 연 이율 10%라고 할 때 연간 관계 총 비용을 최소로 하는 제조 횟수를 구하라. 단, 1회 생산을 위한 준비 비용을 1,000원이다.

풀이 $M = 10,000 \times 12 \times 100 \times 0.1 = 1,200,000$

$L = 1,000, \quad J = 10,000 \div 20,000 = 0.5, \quad S = 200 \div 100 = 2$

$$X = \sqrt{\frac{1,200,000}{1,000}\left(\frac{2+0.5-2\times0.5}{2}\right)} = 30$$

2-4 생산수량의 기법

(1) 도시법(graphic and charting methoa)

이 기법은 주로 생산할 품목의 수가 적거나 제조공정이 별로 복잡하지 않은 생산형태에 이용하며 이 방법은 수요를 예측하여 수요예측량을 토대로 누적 소요생산량을 추정하고 생산량(율) 및 재고수준을 감안하여 수요에 적응해 나갈 생산계획을 모색하는 기법이다.

(2) 리니어 디시즌 룰(Liner Decision Rule : LDR)

선형결정법이라고도 불리는 이 생산계획기법의 목표는 생산계획기간에 걸쳐 최적 생산율 및 작업자의 수를 결정하기 위하여 사용될 수 있는 결정법 또는 성현등식을 추출해 내고자 하는 것이다.

이 기법을 개발한 홀트 등은 미국의 모 페인트 공장에 이 기법을 적용하여 1년에 걸쳐 월별생산계획을 작성하였다.

- 이 기법의 비용
    ① 정규임금코스트
    ② 고용 및 해고비용
    ③ 잔업에 관한 비용
    ④ 재고, 미납주문(back order) 및 기계준비비에 관한 비용으로 구성된 2차 비용함수를 근거로 하여 개발되었다.

(3) 휴리스틱기법(heuristic approach)

① 경영계수이론(management coefficient theory)

바우먼(E.H. Bowman)에 의해서 제시된 것으로 경영자가 경영환경에 민감하다는 가정 하에서 경영자가 실시한 과거의 결정을 통계적 회귀분석을 이용하여 생산율 및 작업자의 고용수준을 결정하는 모형의 계수들을 추정하는 기법에 의한 총괄적 생산계획(생산수량계획)을 말한다. 바우먼은 결정원칙으로서 홀트(C.C. Holt) 등이 개발한 선형결정기법을 이용하되 생산계획기간을 4개월로 단축해서 적절히 변형하여 이용하였다.

② 매개변수에 의한 생산계획(Parametric Production Planning : PPP)

존스(Curtis A. Jones)는 작업자의 수 및 생산율의 두 가지 선형결정법에 의존하는 총괄생산계획에 대해 휴리스틱 접근방법을 이용, 매개변수에 의한 생산계획이라는 기법을 개발하였다.

각각의 결정법은 두 개의 매개변수를 가지고 있는데 이 매개변수의 값이 변화하게 됨에 따라서 선형결정법의 값이 변화하게 되므로 결국 생산비용이 서로 달라지기 때문에 존스의 방법은 기업의 실제 비용구조를 이용하여 여러 세트(set)의 매개변수를 평가함으로써 적어도 생산계획기간 동안에 최소의 생산비용을 가져오는 매개변수의 세트를 선택하고자 하는 것이다.

(3) **탐색결정기법**(Search Dicision Rule : SDR)

이 방법은 상황이 너무 복잡하여 수학적인 기법을 사용할 수 없을 때 실현가능한 결정을 내리는데 이용된다. 일반적으로 수학적인 모형은 전반적인 상황을 포함시키지 못하기 때문에 사용될 수 있는 결정변수만 선택하여야 한다. 따라서 비용관계나 결정변수는 줄어들게 마련이다. 이렇게 하여 결정된 모형의 결과는 수학적인 최적해이기는 하지만 실제 적용상에는 문제점이 있다.

2-5 세부 생산계획

(1) **절차계획의 의의**

① 작업공정의 순서와 작업내용
② 조립작업의 순서와 방법
③ 각 공정에 필요로 하는 인원수(기능별)
④ 각 공정에 필요로 하는 기계 설비(능력별) 및 치공구
⑤ 각 공정의 작업시가(준비작업 시간 포함)
⑥ 사용자재(재질, 규격)
⑦ 기타의 조건(표준 가공로트, 담당부서, 공정분류, 조립분류, 완급순위 등)

(2) **절차계획의 목적**

① 최적의 작업방법을 결정한다.
생산상의 여러 조건을 고려해서 생각할 수 있는 여러 가지 작업방법 중에서 최적의 것을 선정한다.
② 작업방법의 표준화를 도모한다.
전항에 의해 결정된 작업방법을 표준적인 서식으로 기술(記述)하고 현장의 관리를 비롯해서 각종 계획업무의 자료로서 이용한다.

2-6 절차계획의 합리적인 추진방법

1. 입안방침(立案方針)의 결정

(1) 생산형태의 문제

다량생산과 소량생산은 생산방식이 다르다. 소량생산의 경우에는 되도록 있는 대료의 도구, 기계나 보통의 자재를 사용한다. 다량생산의 경우에는 준비에 상당한 시간과 비용을 투입해서 특수(전용)한 도구(치공구, 형, 게이지 등)나 특수한 자재(주·단조품이나 특수 치수의 소재)를 이용해서 능률의 향상을 도모해야 된다. 그것에 따라서 가공방법이나 생산방식도 변한다.

(2) 계획상의 중점파악

작업상의 중점에 따라서 작업방법이나 조건이 달라질 수 있기 때문에 이러한 점에 대해서도 명백하게 해 둘 필요가 있다.
① 품질(또는 난이도) : 높은 정도(精度)가 요구되는가? 특수한 기계나 숙련공이 필요한가?
② 원가 : 품질보다도 원가의 인하가 중요한가?
③ 납기 : 준비기간에 충분한 여유가 있는가? 은급처치가 필요한가?
④ 기타 : 장기적인 계속성이 있는가? 다른 제품(부품)과의 공정상의 공통성이 있는가? 이용해야 될 설비나 자재에 의한 제약이 있는가?

(3) 생산 설계적 고려

가치분석(value analysis)을 통하여 생산의 합리화(특히 원가절감)을 철저하게 추진하기 위해서는 설계도를 재검토함으로써 설계시방을 변경하는 일이 유효하다. 소량생산의 경우에는 그러한 여유가 없지만 중량 내지 대량생산의 경우에는 절차계획의 단계에 있어서 적극적으로 추진되어야 한다. 이 때 VA의 방식이 도입되게 되는데 이 경우에는 가공방법의 변경을 도모해야 한다.

2. 가공방법의 합리화

① 현 보유 생산능력의 합리적 이용 : 될 수 있는 대로 현재 보유하고 있는 기계설비의 성능, 정도(精度) 그리고 작업자의 기능정도에 적합한 작업방법을 채택해야 한다.
② 가공방법의 기계화 : 작업능률을 향상시키고 품질, 정도(精度)를 높이기 위하여 치공구, 전용기계 등의 활용을 높인다.

3. 자재의 선택

자재의 종류에 따라 가공방법이 변하고, 또 자재의 형상이나 치수에 따라서 원료에 대한 제품비율이 변하므로 자재의 선택은 계획상 중요한 의미를 갖는다.

(1) 신자재의 선택

자재 메이커 측에서 신제품의 개발을 하고 있으므로 종래의 것보다도 품질이나 코스트 면에서 유리한 것이 출현되고 있다.

(2) 가공자재의 선택

소재(素材)로부터 일괄해서 가공하기보다도 가공된 자재를 사용하면 가공공정이 절감된다. 그러나 가공자재는 고가이므로 품질이나 코스트 측면에서 비교 검토해야만 된다.

(3) 자재철취(資材切取) 방법의 합리화

자재에 대한 제품비율을 향상(로스 감소) 시키기 위해, 적당한 자재(형상, 치수)를 지경하고 필요하면 자재 절취의 방법도 지시한다.

4. 작업분할과 공정 편성의 합리화

(1) 공정의 세분화(분업화)

손작업에 대해서는 될 수 있는 대로 공정을 세분화하여 많은 공정으로 나누므로써 하나의 작업공정 범위가 좁아지는 것으로 작업자의 숙련이 용이하게 되며 능률이 향상되고 또 공정이 세분화됨으로써 제품 전체의 생산기간이 단축된다. 이 경우에는 부서의 조직이나 레이아웃의 적합성을 고려해야 한다.

(2) 공정계열의 평행화(병렬화)

대형물의 조립작업에 대해서는 직렬형(直列型)의 공정을 평행적(平行的)으로 작업이 수행될 수 있도록 한다. 따라서 공정계열의 병렬화(並列化)함으로써 몇 개의 부품조립이 평행적으로 이루어지며 최후로 총 조립을 하는 분할 조립방식(分割 組立方式)을 채용하거나 애로공정(隘路工程)의 일부를 준비 작업으로 옮기는 것이 유효하다. 이렇게 함으로써 작업이 간편하게 되며, 분업화가 촉진됨과 동시에 생산기간도 단축되는 효과가 있다.

(3) 전문적 공정의 편성

생산량이 많아진 경우에는 다종 소량생산적인 그룹에서 분리하여 전문적인 공정의 부서별로 합친다. 이렇게 함으로써 유동작업 또는 이에 가까운 형태로 흐름을 유지할 수 있기 때문에 능률이 향상되고 공정 관리가 용이하게 된다. 소량 내지 중량생산의 경우에 있어서는 유사 공정의 품종을 정리함으로써 이와 같은 전문부서를 편성할 수 있다.

5. 절차계획의 자료정비

(1) 주요한 계획자료

① 작업표준(지도표)
이것은 생산관리 전반의 합리화를 위하여 필요하지만 절차계획(공정계획)을 위해서는 응급적(應急的)이라도 공정의 표준화를 추진하지 않으면 안된다.

② 표준시간 자료
이것은 작업표준의 정비와 평행해서 추진된다. 다종 소량생산의 경우에는 개산적(槪算的)인 공수견적의 자료를 마스터 테이블(master table)이나 그래프로 정리하는 것이 좋다.

③ 자재견적자료
재료절취가 복잡한 경우에는 부품의 형상이나 작업방법에 따라서 재료의 종류별(재질이나 규격별)로 재료절취의 방법이나 기준치수를 규정한다.

④ 분류기호의 설정
위에서 제 자료의 정리나 사무처리(기록, 분류)의 편의를 도모하기 위해서는 분류기호를 제정하는 것이 좋다. 이것은 사후의 제 계획이나 사무 관리의 합리화에도 도움이 되기 때문에 중요한 의미를 가지고 있다. 기호에는 숫자 외에도 알파벳이나 가, 나, 다 …… 등의 문자를 결합하여 사용할 수 있지만 사무 기계화가 고도화되면 숫자기호에만 한정시킬 수 있다.
기호화의 대상으로 되는 항목으로서는 다음과 같은 것이 있다.
㉠ 제조번호 또는 품종
㉡ 공정명(작업명)
㉢ 부문명(부서명)
㉣ 기계, 설비
㉤ 자재(재질, 규격)
㉥ 치공구, 계측기 등

6. 제조명령

(1) 의의와 목적

이것은 특히 주문생산(개별생산)에 있어서 중유하며, 그 목적은 다음과 같다.

① 고객과 계약한 납기 및 제품 규격에 대한 정보를 전달하고
② 원가자료의 수집, 개별적 내지 전체적인 공정에 대한 작업기준의 제시
③ 통제체제에 대한 출발점의 기능을 수행하기 위해서 영업부(관리부문)에서 제조부문에 제조활동을 인가하는데 있다.

2-7 공수계획

공수계획(工數計劃)이란 생산계획표(대일정 계획)에 의하여 결정된 제품별의 납기와 생산량(무엇을, 언제, 몇 개 만들 것인가)에 대하여 작업량(인원이나 기계 설비의 소요량)을 구체적으로 결정하고 이것을 현유인원(現有人員)이나 기계의 능력과 대조하여 양자의 조정을 도모하는 기능이다. 다시 말하면 공수계획(loading)이란 부하(負荷)와 능력의 조정을 도모하는 것이다.

1. 합리적인 공수계획 수립

(1) 부하와 능력의 균형화
(2) 가동률의 향상
(3) 일정별 부하의 변동 방지
(4) 적성배치와 전문화의 촉징
(5) 여유성

2. 공수계획의 내용

① 人日(1일 단위) : Man Day - 개략적
② 人時(시간 단위) : Man Hour - 보편적
③ 人分(분 단위) : Man Minute - 세부석

(1) 인원능력의 계산

인원능력 = 환산인원 × 취업시간(실동) × 가동률
 = 월간실동시간 × 출근률 × 인원수

* 가동률 : 실동시간 중에서 정미작업이 수행되는 시간의 비율
 가동률 = 출근률 × (1 - 간접작업률)

(2) 기계능력의 계산

기계능력 = 유효 가동시간 × 대수 = 월간 실동시간 × 가동률 × 대수

(2) 분배계획

① 부하가 능력보다 큰 경우의 대책
   ㉠ 잔업, 휴일근무 등에 의하여 기준능력
   ㉡ 다른 부서로부터 지원 인원을 요구하든가, 또는 다른 부서에 작업의 일부를 이전시킨다.
   ㉢ 작업의 일부를 외주에 의존시킨다.
   ㉣ 임시공을 이용한다.
   ㉤ 일정계획을 조정한다.
   ㉥ 신규로 인원, 기계의 보강을 도모한다.
   기계의 증설이 곤란한 경우에는 인원만을 증가시켜 교대제를 채용하는 경우가 있다.

② 부하가 능력보다 적을 경우의 대책
   가동률의 저하를 방지하기 위하여 생산계획 그 자체를 수정하여 적당한 작업(간접작업 등)을 맡겨야 한다.

③ 인원 및 기계의 보충, 정비계획
   인원이나 기계의 보충을 결정했을 경우에는 이에 따라 인원계획이나 기계계획이 추진된다. 인원의 경우에는 보충의 방법(타부서로부터의 전용, 신규채용), 기계의 경우에는 정비방법, 배치계획 등이 문제로 된다.

(3) 공수의 체감 현상

공수 체감률의 일반적 성질은 다음과 같다.

① 작업의 종류에 따라 대체로 일정하다.
② 체감률은 수작업(手作業)이 점하는 비율이나 작업의 복잡성에 따라 변화하는 것으로 보통 다음 순서대로 크게 되는 경향이 있다.
   기계가공 → 수작업(부품가공) → 소형물 조립 → 대형물 조립
   또, 단위작업(개인작업) 보다도 조작업(組作業)쪽이 체감률이 크며, 보통 수작업은 90% 정도, 조립작업은 80% 정도로 된다.
③ 작업이 어느 정도 계속된 후 작업방법을 변경한 경우(수작업의 기계화나 유동작업에로의 변경) 에는 체감곡선은 급격히 저하한다. 공수체감곡선은 학습곡선, 습숙곡선, 능률개선곡선이라고도 부르며, 이론 전개방법은
   ㉠ 대수선형 공수체감곡선 : $Y = AX^B$
   ㉡ 대수비선형 공수체감곡선 : $Y = A(X+\beta)^B$
   ㉢ 치수함수형 공수체감곡선 : $Y = A \cdot e^{BX}$

2-8 일정계획

1. 일정의 구성

(1) 가공

가공시간(총 작업시간) = 준비 작업시간 + 로트 수 × 정미작업시간(1 + 여유율)

(2) 운반

① 운반시간이 짧은 경우(다수) : 바로 앞 가공공정에 포함
② 가공후의 공정대기 후 운반 : 공정대기와 같이 바로 다음 가공시간에 포함
③ 공장 간의 운반(장기간 요하는 것) : 독립된 운반일정 표시

(3) 검사

① 바로 앞의 가공공정 중에 포함
② 긴 시간 필요시 : 독립된 검사일정 표시

(4) 정체

전후 공정의 수요의 다소에 따라 발생한다. 이 공정대기는 현장조사를 할 때 가장 파악하기 힘든 일이며 또한 일정에 대하여 가장 큰 영향을 미친다.

(5) 로트대기

생산기간을 생각할 때 로트대기는 가공, 운반 및 검사기간 중에 숨겨지기 쉬운 성질을 가지고 있다. 따라서 일정을 생각할 때는 로트 대기가 없는 작업방식이 될 수 없는가를 검토하고 그 기간에 대해서는 생각할 필요가 없다.

2. 기준일정

(1) 기준일정의 필요성

① 최종 완성일(납기)과 비교하여 각 공정은 언제 가공하면 좋은가를 미리 알 수 없다.
② 사전에 가공할 일자를 모르면, 각 공정의 1일 부하량을 예측할 수 없으므로, 일정별 부하와 능력과의 평형을 사전에 조정할 수 없게 된다.

(2) 기준일정을 결정할 경우의 기본방침

① 집중작업방식을 적극 채용한다.
② 공정대기를 최소한도로 줄인다.

③ 로트대기를 줄이기 위하여 연속작업방식을 적극적으로 채용하는 등의 점을 검토하여 적어도 수주기간 > 생산기간이라는 조건을 기준일정의 단계에서 만족할 수 있도록 하여야 한다.

3. 일정계획의 방침

(1) 납기의 확실화
(2) 생산 활동의 동기화
(3) 작업량의 안정화와 가동률의 향상
(4) 생산기간의 단축

2-9 생산통제

1. 통제의 필요성

(1) 계획 자체의 부정확

부정확의 원인은 그 회사의 기술수준의 고저에 문제도 있지만, 그 가운데는 일의 성질상 아무리 노력해도 그것만큼 정확한 것이 안 되는 경우도 있다. 예를 들면 다품종 소량생산의 경우에는 같은 일의 반복이 아닌, 불안정한 준비 작업에 많은 시간이 소요되므로 시간이 다르게 되어 아무래도 정확성이 없게 된다.

(2) 사고의 발생

결근, 기계의 고장, 불량품 생산, 정전 등 기타 사고의 정도가 심하여 사전에 예상한 여유만으로는 처리할 수 없는 경우가 있다.

(3) 계획(납기)의 변경이나 설계의 변경

수주선(受注先)으로부터의 요구에 따라서 계획이나 일이 변경되는 것이며, 때로는 수배가 끝나서 일이 상당히 진행된 다음 변경되는 경우가 있고, 또 설계상의 오류나 개조에 따라 설계변경을 하는 경우도 있다.

(4) 추가(追加)

사전의 계획에 없었던 것이 뒤에서 추가되는 경우가 있다. 이와 같이 수주가 불안정한 경우나 수배기간이 긴 경우에는 어느 정도의 추가는 피할 수 없다.

(5) 전 단계에서의 지연의 파급

공장에서 하는 일은 공정의 순서에 의하는 것으로 제1공정, 제2공정과 같이 진행된다. 가령 제4공장에서 일하는 사람의 입장을 생각해 보면 아무리 자기가 담당하는 일을 충실하게 한다 해도, 제3공정까지의 전 단계에서 일이 지연된다면, 그 영향이 파급되어 결국은 출발의 시기부터 지연된다고 하는 상태가 되어 버리고 만다. 그러므로 설계나 구매, 외주가 지연되므로 말미암아 현장에서의 작업이 늦게 시작되는 경우가 적지 않다. 그런 의미에서 볼 때, 조립공정에는 최대의 영향의 파급이 있으므로 항상 문제가 계속되는 상황을 볼 수 있다.

절차(순서)계획 ·················절차관리(작업지도)
공수계획 ·····················여력관리(공수관리)
일정계획 ·····················진도관리(일정관리)

2-10 작업분배

1. 작업분배의 업무내용(기능)

(1) 작업에 필요한 자재를 작업착수 전에 작업현장에 조달되도록 한다.(이 경우 소요 자재를 출고해 주도록 자재 청구(출고)전표가 창고 앞으로 발행된다)
(2) 작업에 필요한 치공구를 작업 착수 시기까지 현장 작업자에게 인도되도록 한다.(이 경우 현장에서 필요한 치공구가 불출되도록 공구(청구)전표가 공구실 앞으로 발행된다)
(3) 작업 대상물(공정품 또는 반제품)을 다음 공정으로 운반되도록 한다.(이 경우 작업 대상물을 다음 공정으로 옮기도록 이동(운반)전표가 운반그룹이나 해당 현장 앞으로 발행된다)
(4) 작업현장(각 작업자 및 기계)에 작업착수를 지시한다. 이는 작업배정기능 가운데 가장 중요한 기능이기도 하다.(이 경우 [표 10-1]과 같은 작업 전표가 각 작업현장의 직장 앞으로 발행되는데, 이는 6의 작업성과 측정자료로도 이용된다)
(5) 각 작업 중에 생기는 불량품과 불량 원인을 밝히기 위해서 필요한 경우에는 검사를 지시한다.(이 경우 검사전표가 검사계 앞으로 발행된다)
(6) 작업의 착수와 완료시각을 기록하고 작업시간을 계산한다.(이 경우 4의 작업 전표에서 작업자 별로 작업시간을 계산하여 이를 작업시간 기록표에 기입해서 작업 성과판정이나 임금 계산의 기초자료로 제공된다.)

2. 작업분배의 방법

[표 10-1] 분산식과 집중식 작업 분배방법의 비교

분산식 작업분배	집중식 작업분배
① 현장에서의 비능률을 어느 정도 방지할 수 있다. ② 보고나 통지의 중복을 피할 수 있고 통제가 용이하므로 여러 가지 경우에 경제적이다. ③ 작업 진행계원이 많이 걸게 된다.	① 통제를 강화할 수 있다. ② 일정계획 등의 변경을 행할 수 있으므로 탄력성이 있다. ③ 진행 상황을 총괄적으로 파악할 수 있다.

3. 진도조사방법(정보수집 방법)

(1) 전표 이용법(傳票利用法)

작업전표나 작업일보 등을 사용하여 조사하는 방법이며, 일반적으로 많이 사용된다.

(2) 구두 연락법(口頭連絡法)

전화 연락이나 회의 등에 의한 조사 방법으로 간단한 처리일 경우 때는 긴급한 경우에 사용된다.

(3) 직시법(直視法)

현장의 상황을 직접 관찰하는 것으로 소규모 공장에서는 편리하나, 대규모 공장에서는 거리상 문제가 있기 때문에 공업용 TV를 사용하기도 한다.

(4) 기계적 방법(機械的 方法)

전기적 측정기나 통신기계를 사용하여 기계의 가동상황이나 생산수량의 변화를 각각 조사하거나 기록하는 방법이다. 그러나 최근에는 각 형장과 직결한 정보교환 전달방식(on line system)을 사용함으로써 조사에 신속화를 기하고 있다.

4. 간트 차트(Gantt chart)에 의한 진도 통제

(1) 간트 차트의 일반적 원리

간트 차트는 작성할 때 일반적으로 다음과 같은 원리에 따른다.
① 직선작도(直線作圖)로서 좌→우로 그리되 시간 길이와 일의 양을 나타낸다.
② 수학적 비교가 없어도 양부(良否), 진척도를 알 수 있다.
③ 교차선이 없고 시간의 경과를 볼 수 있어 유휴 시간을 확인할 수 있게 되어 있다.
④ 계획량과 실적량이 모두 직선으로 표시된다.

⑤ 같은 직선 하나로 시간의 동일성, 작업 계획량의 변화, 작업 실적량의 변화 등을 나타낼 수 있다.
⑥ 일별로 나타낸 구간을 언제나 100%로 쓰이며, 계획량과 실적량을 나타내는 직선의 거리는 이에 비례하여 길이를 그린다.

(2) 간트 차트의 장점

① 작업을 시간적, 수량적으로 일목요연하게 나타낼 수 있어 작업의 계획과 실적을 쉽게 계속적으로 파악할 수 있다.
② 작업의 지체 요인을 규명하여 다음에 연결된 작업의 일정을 쉽게 조정할 수 있다.
③ 작업자별, 부서별 업무 성과를 상호 비교할 수 있고 객관적 평가가 가능하다.
④ 생산기록, 재고관리, 원가통제 등 관련된 자료를 넓게 유지할 수 있다.

(3) 간트 차트의 단점

① 작업내용이 복잡하고 방대해지면 기록할 정보량이 폭증하여 변동이 생길 때마다 도표를 계속해서 새롭게 유지하는데 막대한 인력과 노력이 필요하다.
② 계획변동이나 여건의 변동을 처리해 나가는데 신축성이 결여되어 있다.
③ 납기 내 완성 가능성과 같은 일정계획의 확률적 분석이 불가능하다.
④ 단일 작업 내에서 작업 상호간의 관련성이나 또는 타 작업 상호간의 관계를 효율적으로 나타낼 수 없다.

제 3 장 작업관리

3-1 작업관리의 개론

작업관리는 작업방법을 조사, 연구하여 합리적 작업방법을 설계하고 결정된 작업표준에 의해 작업 활동을 계획하고 조직하며 통제하는 관리활동으로 이점은 작업상 낭비제거, 작업능률 향상, 이익 증가 등이 있다.

작업관리는 F.W. Taylor 1881년 미드베일제강소 시간연구 시작하여 현장에서의 여러 작업 방법이나 작업 조건 등을 조사 연구하여 무리와 낭비가 없이 작업을 원활히 할 수 있도록 최선의 방법을 추구하고, 작업에 나쁜 영향을 미치는 조건들을 개선해서 최선의 작업 조건들을 이루도록 하는 활동으로 내용은 작업설계(방법연구), 작업측정, 작업통제이다.

(1) 작업설계

동작연구를 중심으로 작업의 진행 방법이나 작업상의 여러 조건들을 조사, 연구, 개선하여 최선의 방법을 찾아 이를 작업표준으로 정하는 것

(2) 작업측정

시간연구를 중심으로 작업방법의 연구결과와 개선된 작업 내용을 토대로 해서 무효시간의 조사와 제거를 주목적으로 한다.

※ IE : Industrial Engineering 제품이나 서비스의 생산 능률을 높이기 위해 생산 방법과 시스템을 개선하는 과학인 동시에 기술을 활용하여 생산성을 향상시키는 공학

(3) 테일러시스템과 포드시스템의 작업관리 비교

Taylor system	Ford system
① 작업자 각 개인의 능률향상을 중요시	① 전체 작업 능률을 중시
② 과업관리 중심	② 동시관리(同時管理)
③ '고임금 저노무비'라는 경영 개념을 실천하고자 함.	③ '고임금 저가격'이라는 경영이념을 실천하고자 함.
④ 노동자와 기업주 쌍방이 번영할 수 있는 길이 과학적 관리라고 생각	④ 노동자와 기업가에게 봉사하는 것이 기업이라고 함.
⑤ Stop watch를 이용하여 과업관리	⑤ Belt conveyor에 의해 이동조립법을 적용함으로써 작업관리 수행
⑥ 작업자 중심	⑥ 기계설비 중심

3-2 표준시간

1. 표준시간의 의의

표준시간이란 그 작업에 적성이 있고 숙련된 작업자가 양호한 작업환경과 소정의 작업조건으로 필요한 여유 및 적절한 감독자 아래서 정상속도로 소정의 작업을 미리 정해진 방법에 따라 수행하기 위해 필요로 하는 시간이다.

2. 표준시간 설정방법

표준시간은 관측시간, 레이팅에 의한 수정부분 및 여유시간으로 구성되어 있다. 표준시간의 설정은 대상작업의 성질이나 사용목적에 따라 가장 적절한 방법으로 이용할 필요가 있다.([표 3-1] 참고)

(1) 대상작업의 성질

① 작업의 사이클 타임
② 작업을 구성하는 단위작업의 종류 및 반복성
③ 작업 표준화의 정도
④ 기타 관측에 제약을 받는 요인

(2) 표준시간 설정방법

① 용도
② 소요 정도
③ 설정비용의 한도

(3) 대상작업의 양적특성 등에 의해

[표 3-1]의 어느 것인지를 선택(조합하다) 하게 된다. 스톱 워치법으로 표준시간을 산출하는 예를 보면 현재의 관측시간이 20DM이고 레이팅계수가 120, 여유율은 정미시간의 15%라면,

관측시간×(1+0.5) = 정미시간 = 표준시간 120×1.15 = 27.6DM

[표 3-1] 표준시간 설정에 이용되는 방법

방 법	적용 작업의 성질	레이팅의 중요성	여유시간의 부가	정확도
스톱 위치법	작업요소가 반복하여 나타나는 작업, 특히 사이클 작업에 적용	있음	필요	약간 낮다
워크·샘플링법, 연속가동 분석법	작업주기가 긴 작업, 비 사이클 작업, 그룹 작업, 간접부분의 작업 등(즉 여유율의 견적에는 이수법이 주로 이용된다.)	있음	필요	약간 낮다
PTS법	짧은 사이클 작업에 최적(객관성이 높다)	없음	필요	높다
표준 자료법	부분적으로 같은 작업요소의 발생이 많은 경우와 취급품의 크기, 중량, 재료 등 주로 물리적 성질에 따라 시간치가 결정되는 작업에 적합	없음	필요	약간 낮다
경험 견적법	작업주기가 길고 작업내용이 확실치 낳고, 유사작업의 경험치가 전부인 경우에 이용	없음	불필요	낮다
필름분석 VTR분석 등	짧은 사이클로 빈도가 높은 작업	있음	필요	높다

(4) 샘플링법의 가동분석에 의한 현상분석을 하여 필요한 요소나 개선을 하더라도 제거 및 피할 수 없는 지연을 견적하여 작업여유 또는 직장여유(관리여유)를 설정하는 것이다.
① 정미시간 = 관측평균시간×(1+레이팅 계수)
② 표준시간 = 정미시간×(1+여유율) ················ 내경법

또는 정미시간 × $\dfrac{1}{1-여유율}$ ············· 외경법

③ 내경법 : 여유율 산정을 정미시간에 대한 비율로 사용
④ 외경법 : 여유율 산정을 실동시간에 대한 비율로 사용

3. 표준시간의 사용 목적

(1) 1인 1일의 작업량이나 담당 기계대수의 결정
(2) 표준 인원의 산정
(3) 공정의 균형이나 작업량의 균형 결정

(4) 일정계획의 입안이나 납기의 견적
(5) 생산계획의 산정자료나 실적평가
(6) 설비의 경제적인 설치대수의 산정기초
(7) 작업의 낭비시간이나 여분의 요소 발견
(8) 감독지도, 목표설정, 교육훈련을 위한 자료
(9) 직무평가 및 능률급 설정의 기초자료
(10) 원가관리, 원가견적과 판매가격설정의 기초자료
(11) 다품종 생산(다종류의 작업)을 하고 있는 경우에 품종(작업)간에 생산성 비교의 평가기준

3-3 표준시간의 구성

1. 준비시간

가공품 준비, 기계공구의 부착이나 제거, 작업장소의 정비 등 1가공로트에 대해서 1회만 발생하는 준비처리시간이다. 준비시간은 보통 가공하려는 수량에는 관계가 없지만 작업량이 많고 그에 따라 많은 재료를 작업자가 운반하는 경우는 예외이다.

2. 주 작업시간

작업 대상물 1로트량에 대해 본래의 가공을 실시하는데 필요한 시간이다.

3. 단위당 시간

작업량의 다소에 관계없이 본래의 작업 1단위의 가공을 수행하는데 필요한 시간이다. 이상의 각 요소의 관계는 다음과 같다.
1회 작업 로트량을 N이라 하면

주 작업시간 = 단위당시간 × 1회 작업 로트량
∴ 표준시간 = 준비시간 + (단위당시간 × 1회 작업 로트량)

4. 정미시간과 여유시간

준비시간 및 단위당 시간은 각각 정미시간과 여유시간으로 분류된다.

준비시간 = 준비정미시간 + 준비여유시간
단위당 시간 = 정미시간 + 여유시간

정미시간은 대상 업무의 기본내용으로 규칙적이고, 주기적으로 반복되는 부분의 시간이다. 이것에 대해 여유시간은 필요한 작업내용이지만 불규칙적이고 우발적으로 발생함으로 발생률, 평균시간 등을 정미시간과는 별도로 조사하여 정미시간에 할증하는 모양으로 부가되는 작업부분의 시간이다.

준비시간에서는 정미와 여유를 구분하는데 변동요소가 복잡하고 분할하기가 곤란하므로 편의상 구별치 않는 경우가 많다.

(1) 가공시간과 중간시간

1단위의 가공시간과 연속적으로 직행되는 다음 단위의 가공시간과 연결방법에서 본 정미시간의 구성이다.

가공시간은 작업 대상 개개의 단위, 시간과 가공 착수에서부터 완료될 때까지의 전체시간을 말한다.

(2) 가공시간의 연결방법에는 다음 3가지가 있다.

① 가공시간의 각 단위가 정확하고 빈틈없이 연결되어 있다.
② 가공시간의 각 단위 간에 빈틈이 있다.
③ 가공시간의 각 단위의 시작과 끝에 상호 중복시간이 있다.

5. 여유율 산출방법

(1) 외경법(外經法)

$$여유율 = \frac{여유시간}{정미시간} \times 100$$

$$표준시간 = 정미시간 + 여유시간$$
$$= 정미시간(1 + 여유율/100)$$

표준시간을 산출하는 경우에 정미시간에 여유율을 곱하여 구하는 경우에 이용된다.

(2) 내경법(內經法)

$$여유율 = \frac{여유시간}{정미시간 + 여유시간} \times 100$$

$$표준시간 = 정미시간 \times \frac{100}{100 - 여유율}$$

가동분석의 결과에서 여유율을 산출하는 경우에 이용된다.

> **예제**
> TV케이스를 조립하는 네 사람의 작업시간이 다음과 같다.
>
> | 작업자 | A | B | C | D |
> |---|---|---|---|---|
> | 조립시간 | 2.5시간 | 2.2시간 | 2.3시간 | 1.8시간 |
>
> 이 공장에서는 하루 8시간을 근무하는데 작업지연여유를 10분, 생리여유 20분, 피로여유 20분을 허용하고 있다. 표준시간은?
>
> **풀이** 작업자의 평균 작업시간=(2.5+2.2+2.3+1.8)/4=2.2
> 표준시간=2.2/(1-여유율)=2.2×{1-(10+20+20)/480}=2.2×{1-50/480}
> =2.2/0.9=약 2.4분

3-4 스톱워치법

1. 작업측정의 목적

① 작업시스템의 설계는 작업의 2개 이상의 방법이 있을 때 그 작업의 우열 판단 기준을 나타내는 것과 작업의 설계에 이용하기 위한 시간자료를 작성하는 것이다.
② 작업시스템의 개선은 어떤 작업의 전체 eh는 각 구성 요소의 소요시간 크기 및 산포를 해석하여 개선의 단서를 얻는 것이다.
③ 과업 관리는 정상적인 작업수행을 방해하는 요인을 측정 평가하여 효율화하는 것과 작업수행에 필요한 표준시간을 설정하여 과업관리에 이바지하는 것이다.

2. 스톱워치 관측방법

① 작업측정의 대상은 반복성이 큰 사이클 작업을 선택한다. 특히 제조원가에 차지하는 지율이 크다든가 아니면 문제있는 작업부터 먼저 착수한다.
② 개선이 목적인 경우에는 성실한 숙련공을 선택하는 것이 바람직하다.(고도의 개선이 용이하므로)
③ 미숙련자와 숙련자의 비교분석도 좋은 방법이다.
④ 표준설정이 목적인 경우는 중간 또는 그 이상 수준의 작업자가 좋다. 그 이유는 레이팅이 용이할 뿐만 아니라 설정된 표준시간에 대한 불신감이 해소되기 때문이다.
⑤ 새로운 작업의 표준시간을 설정할 경우는 작업자가 그 방법에 익숙할 때까지 대기한다. 미숙련자를 관측할 경우는 발생하는 표준작업 방법의 차이를 주의하면서 측정한다.

3. 스톱워치 관측방법

(1) 계속법
관측자는 최초요소의 시작점에서 스톱워치를 작동시키되 관측 중에는 시계를 중지시키지 않는다. 각 요소의 분기점에서 시간을 읽고 기록하는 동안에는 시계가 계속 진행되고 있기 때문에 각각의 요소 시간은 관측이 끝난 후 감산하여 구한다.

(2) 반복법
각 요소가 끝나는 분기점에서 용두를 누르고, 바늘을 0의 위치에 되돌아가게 하는 방법이다. 최초 요소작업의 끝지점에서 시간을 읽고, 바늘을 0으로 되돌리고 읽는 것을 기록한다. 이 방법은 감산이 필요 없으므로 직접 시간치를 구할 수 있다.([그림 3-3] 참고)

(3) 누적법
레버형 시계로는 2개를 사용하고 용두형 시계는 3개를 사용하여 연속적으로 읽는 곤란성을 없앤 것이다. 결점으로는 시계가 많이 필요한 것과 관측판의 앞이 시계 때문에 무거워지는 등이다.

(4) 순환법
목적의 요소작업이 너무 짧아 개별적으로는 측정할 수 없을 때 몇 개의 다른 요소작업과 조합한 시간치를 산출하는 방법이다. 짧은 시간치의 작업을 측정하는 데에는 촬영법에 의하여 보다 정확하게 측정된다.

3-5 공정분석

작업 대상물이 순차적으로 가공되어서 제품이 완성되기까지의 작업 경로 전체를 처리되는 순서에 따라 가공, 운반, 검사, 정체, 저장 등의 분석단위로 분류하고, 각 공정의 조건과 함께 분석하는 현상 분석 기법.

1. 공정분석의 목적
(1) 개개의 작업을 전체와의 관련에 의해 파악하고 개선
(2) 작업 도는 공정 상호간의 관계를 개선
(3) 재료 또는 개개의 공정이 다음 제품에 미치는 영향을 밝힌다.
(4) 생산관리의 기초를 작성

(5) 생산계획 및 레이아웃 등의 기초자료를 확보

2. 공정분석도와 기호

(1) ○ 작업(가공, 조작)(operation)

어떤 대상물의 물리적 또는 화학적 성질이 의도적으로 변화될 때, 조립되거나 분해될 때, 다른 작업이나 운반, 검사, 저장을 위해 정리나 준비할 때 발생한다. 또한 정보의 접수나 계획 및 계산하는 경우도 동일하다.

(2) ⇨ 운반(transportation)

어떤 대상물이 한 장소에서 다른 장소로 이동될 때 발생한다. 단, 이동이 작업의 일부로써 그 작업역 가운데서 작업이나 검사하는 동안에 이루어지는 경우는 포함되지 않는다.

(3) □ 검사(inspection)

어떤 대상을 기준과의 차이를 조사할 때 또는 대상이 갖고 있는 여러 특성의 어떤 질이나 양을 확인할 때 발생한다.(작업의 특별한 경우)

(4) D 지연(정체)(delay)

대상물이 다음 예정되고 있는 단계로 즉시 이동되지 않는 상황에 머무르고 있을 때 발생한다. 그러나 그 대상물이 물리적 또는 화학적 성질의 변화를 의도하고 있는 경우는 포함되지 않는다.

(5) ▽ 저장(보관)(storage)

어떤 대상물이 정식 허가없이 움직일 수 없게 보관될 때 발생한다.

(6) ◯ 결합기호(combined activity)

작업과 검사가 동시에 이루어지든가 또는 동일작업자에 의해 동일 작업역에서 행해지는 경우에 이용된다. 이상의 기본기호 이외에 다음의 응용기호와 보조기호가 있다.
① △ 원재료의 저장
② ▽ 반제품 또는 제품의 정체 또는 저장
③ □ 양의 검사
④ ◇ 질의 검사
⑤ ◨ 양과 질의 검사
⑥ ▽ 공정 간의 대기

⑦ ✡ 작업 중의 일시대기

[표 3-2] 공정분석기호

공정명	기본기호	기본기호 설명	응용기호	응용기호 설명
가공	○	• 작업장소에서 가공작업을 행하고 있다.	P1	부품가공작업 제1공장
			A2	조립작업의 제2공정
			B5	B부품의 제5공정
			3	제3공정
검사	□	• 작업장소에서 검사작업을 행하고 있다.	□	양의 검사
			◇	질의 검사
			◈	복합검사
운반 (이동)	○ ⇨ ⇨	• 작업장소를 1보 이상, 물건을 들지 않고 이동을 행하고 있든지 또는 물건을 들고 이동을 행하고 있다.	○	물건을 들지 않고 이동
			⊖	물건을 들고 이동
정체 (보유)	△	• 물건을 들고 관계없는 작업을 행하고 있다. • 일정위치에 물건을 위치하고 있다.	▽	휴식
			▽	물건을 위치

3. 작업분석의 목적

작업자의 동작에서 파악되는 문제점을 세밀히 분석하고 개선하는 수법

4. 작업분석의 순서

(1) 문제점의 명확화
(2) 작업방법을 해석하여 사실을 포착
(3) 개선을 하기 위한 원칙을 적용하여 재선안 도출
(4) 개선안의 선정과 실시
(5) Follow-up

제8편 공업경영

예상문제

문제 001

도수분포표에서 도수가 최대인 곳의 대표치를 말하는 것은?

㉮ 중위수   ㉯ 비대칭도
㉰ 모우드(mode)   ㉱ 첨도

문제 002

일정통제를 할 때 1일당 그 작업을 단축하는데 소요되는 비용의 증가를 의미하는 것은?

㉮ 비용구배(Cost slope)
㉯ 정상 소요시간(Normal duration)
㉰ 비용견적(Cost estimation)
㉱ 총비용(Total cost)

문제 003

서블릭(therbling)기호는 어떤 분석에 주로 이용되는가?

㉮ 연합작업분석   ㉯ 공정분석
㉰ 동작분석   ㉱ 작업분석

문제 004

관리도에서 점이 관리한계 내에 있고 중심선 한쪽에 연속해서 나타나는 점을 무엇이라 하는가?

㉮ 경향   ㉯ 주기
㉰ 런   ㉱ 산포

문제 005

모집단의 참값과 측정 데이터의 차를 무엇이라 하는가?

㉮ 오차   ㉯ 신뢰성
㉰ 정밀도   ㉱ 정확도

문제 006

준비 작업시간이 5분, 정미작업시간이 20분, lot수 5, 주작업에 대한 여유율이 0.2라면 가공시간은?

㉮ 150분   ㉯ 145분
㉰ 125분   ㉱ 105분

문제 007

그림의 OC곡선을 보고 가장 올바른 내용을 나타낸 것은?

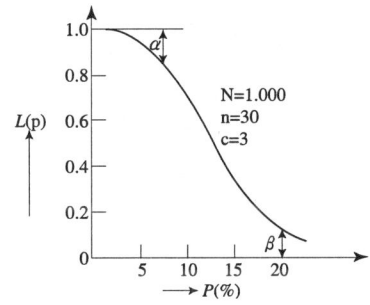

㉮ α : 소비자 위험
㉯ $L(p)$: 로트의 합격확률
㉰ β : 생산자 위험
㉱ 불량률 : 0.03

문제 008

품질관리 활동의 초기단계에서 가장 큰 비율로 들어가는 코스트는?

㉮ 평가코스트   ㉯ 실패코스트
㉰ 예방코스트   ㉱ 검사코스트

답 001. ㉰ 002. ㉮ 003. ㉰ 004. ㉰ 005. ㉮ 006. ㉰ 007. ㉯ 008. ㉯

문제 009

PERT/CPM에서 Network 작도시 破은 무엇을 나타내는가?

- ㉮ 단계(event)
- ㉯ 명목상의 활동(dummy activity)
- ㉰ 병행활동(paralleled activity)
- ㉱ 최초단계(initial event)

문제 010

신제품에 가장 적합한 수요예측 방법은?

- ㉮ 시계열분석
- ㉯ 의견분석
- ㉰ 최소자승법
- ㉱ 지수평활법

문제 011

관리도에 대한 설명 내용으로 가장 관계가 먼 것은?

- ㉮ 관리도는 공정의 관리만이 아니라 공정의 해석에도 이용된다.
- ㉯ 관리도는 과거의 데이터의 해석에도 이용된다.
- ㉰ 관리도는 표준화가 불가능한 공정에는 사용할 수 없다.
- ㉱ 계량치인 경우에는 $\overline{X}-R$ 관리도가 일반적으로 이용된다.

문제 012

다음은 워크 샘플링에 대한 설명이다. 틀린 것은?

- ㉮ 관측대상의 작업을 모집단으로 하고 임의의 시점에서 작업내용을 샘플로 한다.
- ㉯ 업무나 활동의 비율을 알 수 있다.
- ㉰ 기초이론은 확률이다.
- ㉱ 한 사람의 관측자가 1인 또는 1대의 기계만을 측정한다.

문제 013

어떤 측정법으로 동일 시료를 무한 횟수 측정하였을 때 데이터의 분포의 평균치와 참값과의 차를 무엇이라 하는가?

- ㉮ 신뢰성
- ㉯ 정확성
- ㉰ 정밀도
- ㉱ 오차

문제 014

예방보전의 기능에 해당하지 않는 것은?

- ㉮ 취급되어야 할 대상설비의 결정
- ㉯ 정비작업에서 점검시기의 결정
- ㉰ 대상설비 점검개소의 결정
- ㉱ 대상설비의 외주이용도 결정

문제 015

관리한계선을 구하는데 이항분포를 이용하여 관리선을 구하는 관리도는?

- ㉮ P_n 관리도
- ㉯ U 관리도
- ㉰ $\overline{X}-R$ 관리도
- ㉱ X 관리도

문제 016

로트(Lot)수를 가장 올바르게 정의한 것은?

- ㉮ 1회 생산수량을 의미한다.
- ㉯ 일정한 제조회수를 표시하는 개념이다.
- ㉰ 생산목표량을 기계대수로 나눈 것이다.
- ㉱ 생산목표량을 공정수로 나눈 것이다.

문제 017

다음의 데이터를 보고 편차 제곱합(S)을 구하면? (단, 소숫점 3자리까지 구하시오.)

[Data] : 18.8, 19.1, 18.8, 18.2, 18.4, 18.3, 19.0, 18.6, 19.2

- ㉮ 0.338
- ㉯ 1.029

답 009. ㉯ 010. ㉯ 011. ㉰ 012. ㉱ 013. ㉯ 014. ㉱ 015. ㉮ 016. ㉯ 017. ㉯

㉰ 0.114 ㉯ 1.014

㉮ ①-③-②-④ ㉯ ①-②-③-④
㉰ ①-②-④ ㉱ ①-④

문제 018

공정 도시기호 중 공정계열의 일부를 생략할 경우에 사용되는 보조 도시기호는?

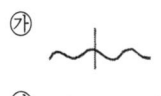

문제 019

샘플링 검사의 목적으로서 틀린 것은?

㉮ 검사비용 절감
㉯ 생산 공정상의 문제점 해결
㉰ 품질향상의 자극
㉱ 나쁜 품질인 로트의 불합격

문제 020

월 100대의 제품을 생산하는데 세이퍼 1대의 제품 1대당 소요공수가 14.4H라 한다. 1일 8H, 월 25일, 가동한다고 할 때 이 제품 전부를 만드는데 필요한 세이퍼의 필요대수를 계산하면? (단, 작업자 가동률 80%, 세이퍼 가동률 90%이다.)

㉮ 8대 ㉯ 9대
㉰ 10대 ㉱ 11대

문제 021

다음의 PERT/CPM에서 주공정(Critical path)은? (단, 화살표 밑의 숫자는 활동시간을 나타낸다.)

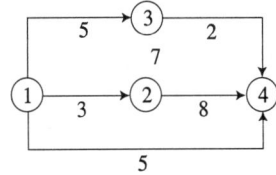

문제 022

제품공정분석표에 사용되는 기호 중 공정 간의 정체를 나타내는 기호는?

㉮ ○ ㉯ ▽
㉰ ✡ ㉱ △

문제 023

TQC(Total Quality Control)란?

㉮ 시스템적 사고방법을 사용하지 않는 품질관리 기법이다.
㉯ 애프터서비스를 통한 품질을 보증하는 방법이다.
㉰ 전사적인 품질정보의 교환으로 품질향상을 기도하는 방법이다.
㉱ QC부의 정보 분석 결과를 생산부에 피드백 하는 것이다.

문제 024

계수값 관리도는 어느 것인가?

㉮ R 관리도 ㉯ $\overline{X}$ 관리도
㉰ P 관리도 ㉱ $\overline{X}-P$ 관리도

문제 025

미리 정해진 일정 단위 중에 포함된 부적합(결점) 수에 의거 공정을 관리할 때 사용하는 관리도는?

㉮ P 관리도 ㉯ nP 관리도
㉰ C 관리도 ㉱ U 관리도

답 018. ㉯ 019. ㉱ 020. ㉰ 021. ㉮ 022. ㉯ 023. ㉰ 024. ㉰ 025. ㉰

문제 026
도수분포표에서 도수가 최대인 곳의 대표치를 말하는 것은?
- ㉮ 중위수
- ㉯ 비대칭도
- ㉰ 모드(mode)
- ㉱ 첨도

문제 027
로트수가 10이고 준비 작업시간이 20분이면 로트별 정미작업시간이 60분이라면 1로트 당 작업시간은?
- ㉮ 90분
- ㉯ 62분
- ㉰ 26분
- ㉱ 13분

문제 028
더미활동(dummy activity)에 대한 설명 중 가장 적합한 것은?
- ㉮ 가장 긴 작업시간이 예상되는 공정을 말한다.
- ㉯ 공정의 시작에서 그 단계에 이르는 공정별 소요시간들 중 가장 큰 값이다.
- ㉰ 실제 활동은 아니며, 활동의 선행조건을 네트워크에 명확히 표현하기 위한 활동이다.
- ㉱ 각 활동별 소요시간이 베타분포를 따른다고 가정할 때의 활동이다.

문제 029
단순지수평활법을 이용하여 금월의 수요를 예측하려고 한다면 이 때 필요한 자료는 무엇인가?
- ㉮ 일정기간의 평균값, 가중값, 지수평활계수
- ㉯ 추세선, 최소자승법, 매개변수
- ㉰ 전월의 예측치와 실제치, 지수평활계수
- ㉱ 추세변동, 순환변동, 우연변동

문제 030
다음 중 검사항목에 의한 분류가 아닌 것은?
- ㉮ 자주검사
- ㉯ 수량검사
- ㉰ 중량검사
- ㉱ 성능검사

문제 031
수요예측 방법의 하나인 시계열분석에서 시계열적 변동에 해당되지 않는 것은?
- ㉮ 추세변동
- ㉯ 순환변동
- ㉰ 계절변동
- ㉱ 판매변동

문제 032
다음 내용은 설비보전조직에 대한 설명이다. 어떤 조직의 형태인가?

> 보전작업자는 조직상 각 제조부문의 감독자 밑에 둔다.
> 단점 : 생산우선에 의한 보전작업 경시, 보전기술 향상의 곤란성
> 장점 : 운전과의 일체감 및 현장감독의 용이성

- ㉮ 집중보전
- ㉯ 지역보전
- ㉰ 부문보전
- ㉱ 절충보전

문제 033
다음 중 검사를 판정이 대상에 의한 분류가 아닌 것은?
- ㉮ 관리 샘플링검사
- ㉯ 로트별 샘플링검사
- ㉰ 전수검사
- ㉱ 출하검사

문제 034
파레토그림에 대한 설명으로 가장 거리가 먼 내용은?
- ㉮ 부적합품(불량), 클레임 등의 손실금액이나 퍼센트를 그 원인별, 상황별로 취해 그림의 왼쪽으로부터 오른쪽으로 비중이 작은 항목부터 큰 항목 순서로 나열한 그림이다.
- ㉯ 현재의 중요 문제점을 객관적으로 발견할

답 026. ㉰ 027. ㉯ 028. ㉰ 029. ㉰ 030. ㉮ 031. ㉱ 032. ㉰ 033. ㉱ 034. ㉮

수 있으므로 관리방침을 수립할 수 있다.
㉰ 도수분포의 응용수법으로 중요한 문제점을 찾아내는 것으로서 현장에서 널리 사용된다.
㉱ 파레토그림에서 나타난 1~2개 부적합품(불량) 항목만 없애면 부적합품(불량)률은 크게 감소된다.

문제 035

원재료가 제품화 되어가는 과정 즉 가공, 검사, 운반, 지연, 저장에 관한 정보를 수집하여 분석하고 검토를 행하는 것은?

㉮ 사무공정 분석표   ㉯ 작업자공정 분석표
㉰ 제품공정 분석표   ㉱ 연합작업 분석표

문제 036

nP 관리도에서 시료군마다 $n=100$이고, 시료군의 수가 $k=20$이며, $\Sigma nP=77$이다. 이 때 nP관리도의 관리상한선 UCL을 구하면 얼마인가?

㉮ UCL = 8.94   ㉯ UCL = 3.85
㉰ UCL = 5.77   ㉱ UCL = 9.62

문제 037

여력을 나타내는 식으로 가장 올바른 것은?

㉮ 여력=1일 실동시간×1개월 실동시간×가동대수

㉯ 여력=(능력 부하) (f) $\dfrac{1}{100}$

㉰ 여력=$\dfrac{능력-부하}{능력}$ (f) 100

㉱ 여력=$\dfrac{능력-부하}{부하}$ (f) 100

문제 038

다음 중 계량치 관리도는 어느 것인가?

㉮ R 관리도   ㉯ nP 관리도
㉰ C 관리도   ㉱ U 관리도

문제 039

다음 중 로트별 검사에 대한 AQL 지표형 샘플링 검사 방식은 어느 것인가?

㉮ KS A ISO 2859-0   ㉯ KS A ISO 2859-1
㉰ KS A ISO 2859-2   ㉱ KS A ISO 2859-3

문제 040

다음 데이터로부터 통계량을 계산한 것 중 틀린 것은?

[데이터] : 21.5, 23.7, 24.3, 27.2, 29.1

㉮ 중앙값(Me)=24.3   ㉯ 제곱합(s)=7.59
㉰ 시료분산(s^2)=8.988   ㉱ 범위(R)=7.6

문제 041

다음 중에서 작업자에 대한 심리적 영향을 가장 많이 주는 작업측정의 기법은?

㉮ PTS법   ㉯ 워크 샘플링법
㉰ WF법   ㉱ 스톱 워치법

문제 042

생산보전(PM : Productive Maintenance)의 내용에 속하지 않는 것은?

㉮ 사후보전   ㉯ 안전보전
㉰ 예방보전   ㉱ 개량보전

문제 043

PERT에서 Network에 관한 설명 중 틀린 것은?

㉮ 가장 긴 작업시간이 예상되는 공정을 주공정이라 한다.
㉯ 명목상의 활동(Dummy)은 점선 화살표(→)

답 035. ㉰ 036. ㉱ 037. ㉱ 038. ㉮ 039. ㉯ 040. ㉯ 041. ㉯ 042. ㉯ 043. ㉰

로 표시한다.
㉰ 활동(Activity)은 하나의 생산 작업요소로서 원(O)으로 표시된다.
㉱ Network는 일반적으로 활동과 단계의 상호관계로 구성된다.

문제 044

공정분석 기호 중 □는 무엇을 의미하는가?
㉮ 검사 ㉯ 가공
㉰ 정체 ㉱ 저장

문제 045

TPM 활동의 기본을 이루는 3정 5S 활동에서 3정에 해당되는 것은?
㉮ 정시간 ㉯ 정돈
㉰ 정리   ㉱ 정량

문제 046

축의 완성지름, 철사의 인장강도, 아스피린 순도와 같은 데이터를 관리하는 가장 대표적인 관리도는?
㉮ $\overline{X}-R$ 관리도 ㉯ nP 관리도
㉰ C 관리도   ㉱ U 관리도

문제 047

생산계획량을 완성하는데 필요한 인원이나 기계의 부하를 결정하여 이를 현재인원 및 기계의 능력과 비교하여 조정하는 것은?
㉮ 일정계획 ㉯ 절차계획
㉰ 공수계획 ㉱ 진도관리

문제 048

다음 표를 이용하여 비용 구배(cost slope)를 구하면 얼마인가?

정상		특급	
소요시간	소요비용	소요시간	소요비용
5일	40,000원	3일	50,000원

㉮ 3,000원/일 ㉯ 4,000원/일
㉰ 5,000원/일 ㉱ 6,000원/일

해설 비용구배 = $\dfrac{(특급비용-정상비용)}{(정상공기-특급공기)}$

문제 049

제품 공정분석표용 공정 도시기호 중 정체 공정(Delay)기호는 어느 것인가?
㉮ O ㉱ →
㉰ D ㉱ □

문제 050

계수값 규준형 1회 샘플링 검사에 대한 설명 중 가장 거리가 먼 내용은?
㉮ 검사에 제출된 로트에 관한 사전의 정보는 샘플링 검사를 적용하는데 직접적으로 필요로 하지 않는다.
㉯ 생산자측과 구매자측이 요구하는 품질보호를 동시에 만족시키도록 샘플링 검사방식을 선정한다.
㉰ 파괴검사의 경우와 같이 전수검사가 불가능한 때에는 사용할 수 없다.
㉱ 1회만의 거래시에도 사용할 수 있다.

문제 051

표준시간을 내경법으로 구하는 수식은?
㉮ 표준시간=정미시간+여유시간
㉯ 표준시간=정미시간×(1+여유율)
㉰ 표준시간=정미시간×(1/1-여유율)
㉱ 표준시간=정미시간×(1/1+여유율)

답 044. ㉮ 045. ㉰ 046. ㉮ 047. ㉰ 048. ㉯ 049. ㉰ 050. ㉰ 051. ㉰

문제 052
어떤 측정법으로 동일 시료를 무한 횟수 측정하였을 때 데이터의 분포의 평균치와 참값과의 차를 무엇이라 하는가?
- ㉮ 신뢰성
- ㉯ 정확성
- ㉰ 정밀도
- ㉱ 오차

문제 053
PERT에서 Network에 관한 설명 중 틀린 것은?
- ㉮ 가장 긴 작업시간이 예상되는 공정을 주공정이라 한다.
- ㉯ 명목상의 활동(Dummy)은 점선 화살표(→)로 표시한다.
- ㉰ 활동(Activity)은 하나의 생산 작업요소로서 원(O)으로 표시된다.
- ㉱ Network는 일반적으로 활동과 단계의 상호관계로 구성된다.

문제 054
공정분석 기호 중 ▯는 무엇을 의미하는가?
- ㉮ 검사
- ㉯ 가공
- ㉰ 정체
- ㉱ 저장

문제 055
TPM 활동의 기본을 이루는 3정 5S 활동에서 3정에 해당되는 것은?
- ㉮ 정시간
- ㉯ 정돈
- ㉰ 정리
- ㉱ 정량

문제 056
축의 완성지름, 철사의 인장강도, 아스피린 순도와 같은 데이터를 관리하는 가장 대표적인 관리도는?
- ㉮ $\overline{X}-R$ 관리도
- ㉯ nP 관리도
- ㉰ C 관리도
- ㉱ U 관리도

문제 057
생산계획량을 완성하는데 필요한 인원이나 기계의 부하를 결정하여 이를 현재인원 및 기계의 능력과 비교하여 조정하는 것은?
- ㉮ 일정계획
- ㉯ 절차계획
- ㉰ 공수계획
- ㉱ 진도관리

문제 058
그림과 같은 계획공정도에서 주공정으로 옳은 것은? (단, 화살표 밑의 숫자는 활동시간(단위 : 주)를 나타낸다.)

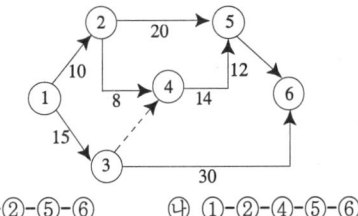

- ㉮ ①-②-⑤-⑥
- ㉯ ①-②-④-⑤-⑥
- ㉰ ①-③-④-⑤-⑥
- ㉱ ①-③-⑥

문제 059
모집단을 몇 개의 층으로 나누고 각 층으로부터 각각 균일하게 시료를 뽑는 샘플링 방법은?
- ㉮ 층별 샘플링
- ㉯ 2단계 샘플링
- ㉰ 계통 샘플링
- ㉱ 단순 샘플링

문제 060
작업자가 장소를 이동하면서 작업을 수행하는 경우에 그 과정을 가공, 검사, 운반, 저장 등의 기호를 사용하여 분석하는 것을 무엇이라 하는가?
- ㉮ 작업자 연합작업분석
- ㉯ 작업자 동작분석
- ㉰ 작업자 미세분석
- ㉱ 작업자 공정분석

답 052. ㉯ 053. ㉰ 054. ㉮ 055. ㉱ 056. ㉮ 057. ㉰ 058. ㉱ 059. ㉮ 060. ㉱

문제 061

다음 중 관리의 사이클을 가장 올바르게 표시한 것은? (단, A : 조치, C : 경로, D : 실행, P : 계획)

㉮ P → C → A → D
㉯ P → A → C → D
㉰ A → D → C → P
㉱ P → D → C → A

문제 062

다음 중 절차계획에서 다루어지는 주요한 내용으로 가장 관계가 먼 것은?

㉮ 각 작업의 소요시간
㉯ 각 작업의 실시 순서
㉰ 각 작업에 필요한 기계와 공구
㉱ 각 작업의 부하와 능력의 조정

문제 063

U 관리도의 관리상한선과 관리하한선을 구하는 식으로 옳은 것은?

㉮ $\bar{u} \pm 3\sqrt{\bar{u}}$
㉯ $\bar{u} \pm \sqrt{\bar{u}}$
㉰ $\bar{u} \pm 3\sqrt{\dfrac{\bar{u}}{n}}$
㉱ $\bar{u} \pm \sqrt{n \cdot \bar{u}}$

문제 064

연간 소요량 4000개인 어떤 부품의 발주비용은 매회 200원이며, 부품단가는 100원, 연간 재고유지비율이 10%일 때 F. W. Harris식에 의한 경제적 주문량은 얼마인가?

㉮ 40개/회   ㉯ 400개/회
㉰ 1000개/회 ㉱ 1300개/회

문제 065

제품공정 분석표(Product Process chart) 작성시 가공 시간 기입법으로 가장 올바른 것은?

㉮ $\dfrac{1개당 가공시간 \times 1로트의 수량}{1로트의 총가공시간}$

㉯ $\dfrac{1로트의 가공시간}{1로트의 총가공시간 \times 1로트의 수량}$

㉰ $\dfrac{1개당 가공시간 \times 1로트의 총가공시간}{1로트의 수량}$

㉱ $\dfrac{1로트의 총가공시간}{1개당 가공시간 \times 1로트의 수량}$

문제 066

다음 중 검사를 판정의 대상에 의한 분류가 아닌 것은?

㉮ 관리 샘플링검사   ㉯ 로트별 샘플링검사
㉰ 전수검사   ㉱ 출하검사

문제 067

M 타입의 자동차 또는 LCD TV를 조립, 완성한 후 부적합수(결정수)를 점검한 데이터에는 어떤 관리도를 사용하는가?

㉮ P 관리도   ㉯ nP 관리도
㉰ C 관리도   ㉱ $\bar{x} - R$ 관리도

문제 068

"무결점 운동"이라고 불리는 것으로 품질개선을 위한 동기부여 프로그램은 어느 것인가?

㉮ TQC   ㉯ ZO
㉰ MIL-STD   ㉱ ISO

문제 069

이항분포(Binomial distribution)의 특징으로 가장 옳은 것은?

㉮ $P = 0$일 때는 평균치에 대하여 좌·우 대칭이다.
㉯ $P \leq 0.1$이고, $nP = 0.1 \sim 10$일 때는 포아송 분포에 근사한다.
㉰ 부적합품의 출현 개수에 대한 표준편차는

답 061. ㉱ 062. ㉱ 063. ㉰ 064. ㉯ 065. ㉮ 066. ㉱ 067. ㉰ 068. ㉯ 069. ㉯

$D(x) = nP$이다.
㈐ $P \leq 0.5$이고, $nP \geq 5$일 때는 포아송 분포에 근사한다.

문제 070
모든 작업을 기본동작으로 분해하고, 각 기본 동작에 대하여 성질과 조건에 따라 미리 정해 놓은 시간치를 적용하여 정미 시간을 산정하는 방법은?
㉮ PTS법
㉯ WS법
㉰ 스톱워치법
㉱ 실적자료법

문제 071
로트로부터 시료를 샘플링해서 조사하고, 그 결과를 로트의 판정기준과 대조하여 그 로트의 합격, 불합격을 판정하는 검사를 무엇이라 하는가?
㉮ 샘플링검사
㉯ 전수검사
㉰ 공정검사
㉱ 품질검사

문제 072
일정 통제를 할 때 1일당 그 작업을 단축하는데 소요되는 비용의 증가를 의미하는 것은?
㉮ 비용구매(Cost slope)
㉯ 정상소요시간(Normal duration time)
㉰ 비용견적(Cost estimation)
㉱ 총비용(Total Cost)

문제 073
C 관리도에서 $k=20$인 군의 총부적합(결점)수 합계는 58이었다. 이 관리도의 UCL, LCL을 구하면 약 얼마인가?
㉮ UCL=6.92, UCL=0
㉯ UCL=4.90, LCL=고려하지 않음
㉰ UCL=6.92, LCL=고려하지 않음
㉱ UCL=8.01, UCL=고려하지 않음

문제 074
다음 중 데이터를 그 내용이나 원인 등 분류 항목별로 나누어 크기의 순서대로 나열하여 나타낸 그림을 무엇이라 하는가?
㉮ 히스토그램(histogram)
㉯ 파레토도(pareto diagram)
㉰ 특성요인도(causes and effects diagram)
㉱ 체크시트(check sheet)

문제 075
일반적으로 품질코스트 가운데 가장 큰 비율을 차지하는 코스트는?
㉮ 평가코스트
㉯ 실패코스트
㉰ 예방코스트
㉱ 검사코스트

문제 076
계수 규준형 1회 샘플링 검사(KS A 3102)에 관한 설명 중 가장 거리가 먼 내용은?
㉮ 검사에 제출된 로트의 제조공정에 관한 사정 정보가 없어도 샘플링 검사를 적용할 수 있다.
㉯ 생산자측과 구매자측이 요구하는 품질보호를 동시에 만족시키도록 샘플링 검사방식을 선정한다.
㉰ 파괴검사의 경우와 같이 전수검사가 불가능한 때에는 사용할 수 없다.
㉱ 1회만의 거래시에도 사용할 수 있다.

문제 077
어떤 공장에서 작업을 하는데 있어서 소요되는 기간과 비용이 다음 표와 같을 때 비용구배는 얼마인가? (단, 활동시간의 단위는 일(日)로 계산한다.)

정상 작업		특급 작업	
기간	비용	기간	비용
15일	150만원	10일	200만원

답 070.㉮ 071.㉮ 072.㉮ 073.㉰ 074.㉯ 075.㉯ 076.㉰ 077.㉯

㉮ 50,000원 ㉯ 100,000원
㉰ 200,000원 ㉱ 300,000원

문제 078

다음 중 품질관리시스템에 있어서 4M에 해당하지 않는 것은?

㉮ Man ㉯ Machine
㉰ Material ㉱ Money

문제 079

방법시간측정법(MTM : Method Time Measurement)에서 사용되는 1TMU(Time Measurement Unit)는 몇 시간인가?

㉮ $\frac{1}{100000}$ 시간 ㉯ $\frac{1}{10000}$ 시간
㉰ $\frac{6}{10000}$ 시간 ㉱ $\frac{36}{1000}$ 시간

문제 080

공정에서 만성적으로 존재하는 것이 아니고 산발적으로 발생하며, 품질의 변동에 크게 영향을 끼치는 요주의 원인으로 우발적 원인인 것을 무엇이라 하는가?

㉮ 우연원인 ㉯ 이상원인
㉰ 불가피 원인 ㉱ 억제할 수 없는 원인

문제 081

품질특성을 나타내는 데이터 중 계수치 데이터에 속하는 것은?

㉮ 무게 ㉯ 길이
㉰ 인장강도 ㉱ 부적합품의 수

문제 082

다음 [표]는 A자동차 영업소의 월별 판매실적을 나타낸 것이다. 5개월 단순이동평균법으로 6월의 수요를 예측하면 몇 대인가?

(단위: 대)

월	1	2	3	4	5
판매량	100	110	120	130	140

㉮ 120 ㉯ 130
㉰ 140 ㉱ 150

문제 083

부적합품률이 1%인 모집단에서 5개의 시료를 랜덤하게 샘플링 할 때, 부적합품수가 1개일 확률은 약 얼마인가? (단, 이항분포를 이용하여 계산한다.)

㉮ 0.048 ㉯ 0.058
㉰ 0.48 ㉱ 0.58

문제 084

다음 중 계수치 관리도가 아닌 것은?

㉮ C 관리도 ㉯ P 관리도
㉰ U 관리도 ㉱ X 관리도

문제 085

다음 검사의 종류 중 검사공정에 의한 분류에 해당되지 않는 것은?

㉮ 수입검사 ㉯ 출하검사
㉰ 출장검사 ㉱ 공정검사

문제 086

품질관리 기능의 사이클을 표현한 것으로 옳은 것은?

㉮ 품질개선 - 품질설계 - 품질보증 - 공정관리
㉯ 품질설계 - 공정관리 - 품질보증 - 품질개선
㉰ 품질개선 - 품질보증 - 품질설계 - 공정관리
㉱ 품질설계 - 품질개선 - 공정관리 - 품질보증

답 078. ㉰ 079. ㉮ 080. ㉯ 081. ㉱ 082. ㉮ 083. ㉮ 084. ㉱ 085. ㉰ 086. ㉯

문제 087

다음 중 반즈(Ralph M. Barnes)가 제시한 동작경제의 원칙에 해당되지 않는 것은?

㉮ 표준작업의 원칙
㉯ 신체의 사용에 관한 원칙
㉰ 작업장의 배치에 관한 원칙
㉱ 공구 및 설비의 디자인에 관한 원칙

문제 088

$\bar{X}$ 관리도에서 관리상한이 22.15, 관리하한이 6.85, $\bar{R}$ =7.5일 때 시료군의 크기(n)는 얼마인가? (단, n =2일 때 A_2 =1.88, n =3일 때 A_2 =1.02, n =4일 때 A_2 =0.73, n =5일 때 A_2 =0.58이다.)

㉮ 2
㉯ 3
㉰ 4
㉱ 5

문제 089

200개 들이 상자가 15개 있다. 각 상자로부터 제품을 랜덤하게 10개씩 샘플링 할 경우, 이러한 샘플링 방법을 무엇이라 하는가?

㉮ 계통 샘플링
㉯ 취락 샘플링
㉰ 층별 샘플링
㉱ 2단계 샘플링

문제 090

어떤 측정법으로 동일 시료를 무한횟수 측정하였을 때 데이터 분포의 평균치와 모집단 참값과의 차를 무엇이라 하는가?

㉮ 편차
㉯ 신뢰성
㉰ 정확성
㉱ 정밀도

문제 091

다음 중 신제품에 대한 수요예측방법으로 가장 적절한 것은?

㉮ 시장조사법
㉯ 이동평균법
㉰ 지수평활법
㉱ 최소자승법

문제 092

ASME(American Society of Mechanical Engineers)에서 정의하고 있는 제품공정 분석표에 사용되는 기호 중 "저장(Storage)"을 표현한 것은?

㉮ O
㉯ D
㉰ □
㉱ ▽

문제 093

다음 중 사내표준을 작성할 때 갖추어야 할 요건으로 옳지 않은 것은?

㉮ 내용이 구체적이고 주관적일 것
㉯ 장기적 방침 및 체계 하에서 추진할 것
㉰ 작업표준에는 수단 및 행동을 직접 제시할 것
㉱ 당사자에게 의견을 말하는 기회를 부여하는 절차로 정할 것

답 087. ㉮ 088. ㉯ 089. ㉰ 090. ㉰ 091. ㉮ 092. ㉱ 093. ㉮

제 9 편

최근 기출문제

2006년 4월 2일 시행	2013년 4월 14일 시행
2006년 7월 31일 시행	2013년 7월 21일 시행
2007년 4월 1일 시행	2014년 4월 6일 시행
2007년 7월 15일 시행	2014년 7월 20일 시행
2008년 3월 30일 시행	2015년 4월 4일 시행
2008년 7월 13일 시행	2015년 7월 19일 시행
2009년 3월 29일 시행	2016년 4월 2일 시행
2009년 7월 12일 시행	2016년 7월 10일 시행
2010년 3월 28일 시행	2017년 3월 5일 시행
2010년 7월 11일 시행	2017년 7월 8일 시행
2011년 4월 17일 시행	2018년 기출복원문제
2011년 7월 31일 시행	2019년 기출복원문제
2012년 4월 8일 시행	
2012년 7월 22일 시행	

2006년 4월 2일 시행

문제 001
유압 작동유의 구비조건으로 옳지 않은 것은?
① 장시간 사용하여도 화학적으로 안정되어야 한다.
② 열은 외부로 방출되어서는 안 된다.
③ 녹이나 부식이 없어야 한다.
④ 적정한 점도가 유지되어야 한다.

해설 열을 외부로 전달시킬 수 있어야 한다.

문제 002
공기건조기에서 압축공기의 건조방식이 아닌 것은?
① 냉동식　　② 가열식
③ 흡착식　　④ 흡수식

문제 003
공압(空壓) 장치에서 그 특징을 설명한 것 중 틀린 것은?
① 에너지 축적(蓄積)이 용이하다.
② 인화의 위험이 없다.
③ 제어방법 및 취급이 간단하다.
④ 비(非) 압축성이다.

해설 공압 장치의 장점
㉠ 사용 에너지를 쉽게 구할 수 있다.
㉡ 동력 전달이 간단하며 먼 거리의 이송도 매우 쉽다.
㉢ 에너지로서 저장성이 있다.
㉣ 힘의 증폭이 용이하고, 속도 조절이 간단히 이루어진다.
㉤ 제어가 간단하고 취급이 간편하다.
㉥ 과부하 상태에서 안정성이 보장된다.
㉦ 압축성이 있다.

문제 004
다음 그림은 무엇을 나타낸 기호인가?

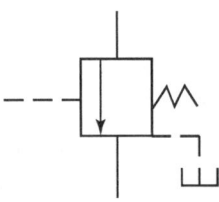

① 릴리프 밸브　　② 감압 밸브
③ 무부하 밸브　　④ 시퀀스 밸브

문제 005
유압펌프에 속하지 않는 것은?
① 기어 펌프　　② 피스톤 펌프
③ 베인 펌프　　④ 체인 펌프

문제 006
공작물을 클램핑 할 때 힌지 핀(hinge pin)을 사용하여 공작물을 장, 탈착하며, 불규칙하고 복잡한 형태의 소형 공작물에 적합한 지그는?
① 박스형 지그　　② 바이스형 지그
③ 리프형 지그　　④ 분할형 지그

문제 007
클램프의 종류에 해당 되는 것은?
① 기어 클램프(gear clamp)
② 나사 클램프(screw clamp)
③ 베어링 클램프(bearing clamp)
④ 체인 클램프(chain clamp)

답 001.② 002.② 003.④ 004.④ 005.④ 006.③ 007.②

문제 008

원통체 공작물의 위치 결정 방법 중 수직 중심을 항상 동일 위치에 설치되도록 지지하는 방법은?

① 척 지지구
② 평면 지지구
③ C-Block 지지구
④ V-Block 지지구

문제 009

지그를 설계할 때 고려해야 할 사항 중 가장 적합하지 않는 사항은?

① 지그 부품은 무겁게 설계되었는가?
② 하중이 가장 많이 걸리는 곳은 어느 부분인가?
③ 가공하기 쉬운 모양인가?
④ 지그로서 어느 부분의 정밀도를 특히 중요시 할 것 인가?

해설 지그 부품은 가볍게 설계한다.

문제 010

주로 스프링에 의한 링크기구를 이용한 클램프(clamp)는?

① 스트랩(strap) 클램프
② 토글(toggle) 클램프
③ 쐐기(wedge)형 클램프
④ 캠(cam) 클램프

문제 011

측정 면에 대해서 수직방향에 미동(微動)할 수 있는 앤빌을 구비하고, 앤빌의 이동량을 읽을 수 있도록 인디케이터를 내장한 마이크로미터는?

① 지시 마이크로미터
② 하이트 마이크로미터
③ V홈 마이크로미터
④ 포인트 마이크로미터

문제 012

지렛대식 다이얼 테스트 인디케이터는 무엇에 의해 측정치를 읽도록 한 것인가?

① 허브와 딤블
② 철자
③ 다이얼 눈금과 지침
④ 지렛대

문제 013

N.P.L식 각도게이지의 설명 중 틀린 것은?

① 광학적인 각도 측정기와 병행해서, 게이지 면을 반사 면으로 사용하면 각도의 측정이 가능하다.
② 게이지 블록과 같이 밀착하여 사용할 수 있다.
③ 게이지 면이 크고 개수도 적게 한 것이다.
④ 각도 게이지를 조합할 때 홀더가 필요하다.

문제 014

표면거칠기의 측정 방식이 아닌 것은?

① 삼선식
② 촉침식
③ 현미 간섭식
④ 광 절단식

문제 015

보통 연삭 가공한 정밀한 나사의 측정에 이용되며 나사의 유효 경 측정법 중 정도가 가장 높은 방법은?

① 나사 마이크로미터에 의한 측정법
② 검사용 나사게이지에 의한 측정법
③ 측정 현미경에 의한 측정법
④ 삼침법에 의한 방법

답 008.④ 009.① 010.② 011.① 012.③ 013.① 014.① 015.④

문제 016

다음 프로그램에서 보조 프로그램이 실행되는 횟수는?

```
O2000 ; N100 ——————— ;
(중간생략)
N200 M98 P2001 L2 ;
N210 ——————— ;
N220 M98 P2001 ;
(중간생략)
N300 ——————— ;
N310 M02 ;
```

① 2회 ② 3회
③ 4회 ④ 5회

문제 017

CNC 선반프로그래밍에서 절삭이송 속도를 회전당 공구의 이송량으로 지정할 때 사용하는 G코드는?

① G96 ② G97
③ G98 ④ G99

문제 018

다음 ( )안에 알맞은 것은?

여러 개의 도형요소를 그룹핑(grouping)하는 것으로 이 그룹을 ( )라 한다. ( )는(은) 모델에서 언제든지 부를 수 있는 요소모델의 기본단위이다.

① 셀(cell) ② 오브젝트(object)
③ 엘리먼트(element) ④ 점(point)

문제 019

와이어 컷 방전가공의 가공액으로 물(Water)을 사용하였을 때 장점이 아닌 것은?

① 취급이 용이하고 화재의 위험이 없다.
② 공작물과 와이어 전극을 빠르게 냉각시킨다.
③ 전극에 강제 진동을 발생시켜 극간 접촉을 원활하게 도와준다.
④ 가공 시 발생되는 불순물의 배제가 용이하다.

[해설] 가공액의 물을 사용했을 때 장점
전극에 강제 진동이 발생하더라도 극간 접촉이 일어나지 않게 도와준다.

문제 020

머시닝센터에서 4날−φ30 엔드밀을 사용하여 SM45C를 가공하고자 한다. 가공 프로그램에 얼마의 이송량으로 지령해야 적당한가? (단, SM45C의 절삭속도는 80m/min, 공구의 날당 이송량은 0.5mm이다.)

① 1200 mm/min ② 1500 mm/min
③ 1700 mm/min ④ 1900 mm/min

[해설] $f = fz \times z \times n = 0.5 \times 4 \times \dfrac{1000 \times 80}{\pi \times 30}$
$= 1700 mm/min$

문제 021

수조에 설치된 상한, 하한 액면 스위치에 의해 전동기와 펌프가 자동으로 제어되는 양수 장치 제어계에서 제어량은?

① 수조의 수위
② 상한, 하한 액면스위치
③ 펌프의 토출량
④ 액면스위치의 개폐 상태

문제 022

다음 중 자동화 시스템에서 신호의 성격이 연속 신호에 해당하는 것은?

① 아날로그신호 ② 디지털신호
③ ON-OFF신호 ④ 2위치신호

[답] 016. ② 017. ④ 018. ① 019. ③ 020. ③ 021. ① 022. ①

2006년 4월 2일 시행

문제 023

자동화 시스템을 구성할 때 필요한 5대 요소를 나열한 것으로 가장 올바른 것은?

① 프로세서, 액추에이터, 소프트웨어, 로봇, 네트워크
② 프로세서, 네트워크, 액추에이터, PLC, 센서
③ 프로세서, 액추에이터, 센서, 네트워크, 소프트웨어
④ 액추에이터, 센서, 네트워크, PLC, 로봇

문제 024

다음 PLC의 구성 중 출력부가 아닌 것은?

① 표시등   ② 실린더
③ 전동기   ④ 광센서

문제 025

다음 중 금속체에서만 반응하는 센서는?

① 유도형 센서   ② 용량형 센서
③ 투과형 광센서 ④ 확산형 광센서

문제 026

연삭 작업에서 연삭력 $P=147.2N$, 절삭속도 $V=35m/sec$일 때 연삭동력(PS)은 얼마인가? (단, 기계 효율은 100%로 가정한다.)

① 1   ② 3
③ 5   ④ 7

해설
$$N_c = \frac{P \times V}{75 \times 60 \times \eta \times 9.81} = PS,$$
$$N_c = \frac{147.2 \times 35}{75 \times 60 \times 1 \times 9.81} = 7PS$$

문제 027

선박작업에서 소재 직경이 80mm, 회전수가 1500rpm일 때 절삭 속도(m/min)는?

① 약 276   ② 약 326
③ 약 377   ④ 약 432

해설
$$V = \frac{\pi dn}{1000} m/min$$
$$V = \frac{80 \times 3.14 \times 1500}{1000} = 376.99[m/min] ≒ 377$$

문제 028

공작기계의 유압기기에서 밸브는 압력, 방향, 유량 등을 조정하는 역할을 한다. 다음 중 압력조절 밸브가 아닌 것은?

① 릴리프 밸브(Relief Valve)
② 체크 밸브(Check Valve)
③ 언로우딩 밸브(Unloading Valve)
④ 밸런스드 피스톤형 밸브(Balanced Piston type Valve)

문제 029

초음파가공에 대한 설명으로 틀린 것은?

① 유리나 다이아몬드를 가공 할 수 있다.
② 가공재료의 제한이 매우 작다.
③ 복잡한 형상은 쉽게 가공 할 수 없다.
④ 구멍 뚫기, 문자, 절단 등의 가공에 효율적이다.

해설 복잡한 형상은 쉽게 가공 할 수 있다.

문제 030

선반작업에서 외경 60mm, 길이 100mm의 연강 환봉을 초경 바이트로 1회 절삭할 때 걸리는 가공시간을 구하면? (단, 절삭속도 60 m/min, 이송량은 0.2 mm/rev이다.)

① 약 0.5분   ② 약 1.6분
③ 약 3.2분   ④ 약 5.5분

해설
$$n = \frac{1000V}{\pi \cdot D} = \frac{1000 \times 60}{\pi \times 60} = 318$$
$$T = \frac{L}{nf}i = \frac{100}{318 \times 0.2} = 1.57$$

답 023.③ 024.④ 025.① 026.④ 027.③ 028.② 029.③ 030.②

문제 031

선반의 크기를 잘못 표현한 것은?

① 베드위의 스윙
② 왕복대위의 스윙
③ 심압대위의 스윙
④ 양 센터 사이의 최대 거리

문제 032

절삭공구 재요의 구비 조건에 대한 설명 중 틀린 것은?

① 피절삭재 보다는 경도가 높을 것
② 내마멸성이 높을 것
③ 절삭온도가 높아져도 경도가 저하되지 않을 것
④ 취성이 클 것

문제 033

공구의 지름 50mm, 주축의 회전수 120rpm, 절삭 날의 개수 12개의 플레인 밀링커터로 절삭할 때 날 1개당의 이송이 0.1mm이면 이송 속도는 몇 mm/min가 되는가?

① 720   ② 600
③ 188   ④ 144

해설 $F = f_z \times z \times N = 0.1 \times 12 \times 120 = 144 \, mm/min$

문제 034

보링 머신은 주축이 수평형과 수직형이 있다. 이 중 수평형 보링머신 종류가 아닌 것은?

① 테이블형   ② 플로어형
③ 크로스 레일형   ④ 플레이너형

문제 035

공작물을 가공할 때 절삭온도를 측정하는 방법이 아닌 것은?

① 칩의 색깔에 의해 측정하는 방법
② 칼로리메터에 의한 방법
③ 복사 고온계에 의한 방법
④ 마노메타에 의한 방법

문제 036

절삭속도(m/min), T : 공구의 수명(min), n : 공구, 공작물에 의해 변하는 지수, C : 공구, 공작물, 절삭 조건에 따라 변하는 값이라고 할 때, 다음 중 옳은 관계식은?

① $(VT/n) = C$ ② $VTn = C$
③ $CTn = C$ ④ $TVn = C$

문제 037

공작기계 주철 베드의 표면을 경화시키는 데 다음 중 가장 효과적인 방법은?

① 염욕법
② 청화법
③ 고주파 경화 처리법
④ 머플로법

문제 038

기어 절삭 시 창성법을 이용하여 가공하는 기계는?

① 선반   ② 밀링머신
③ 호빙머신   ④ 기어 전조기

문제 039

테이블(table)이 수평면 내에서 회전하는 것으로서, 공구의 길이방향 이송이 수직방향으로 되어 있으며, 대형이고 중량물의 일감을 깎는데 쓰이는 선반(lathe)은?

① 차륜(wheel)선반   ② 공구(tool room)선반
③ 정면(face)선반   ④ 수직(vertical)선반

답 031. ③ 032. ④ 033. ④ 034. ③ 035. ④ 036. ② 037. ③ 038. ③ 039. ④

문제 040

금속의 절삭가공에서 유동형 칩(Flow type chip)을 얻기 위한 조건으로 틀린 것은?

① 윤활성이 좋은 절삭유제를 사용한다.
② 절삭 깊이를 작게 하여야 한다.
③ 공구 윗면 경사각을 작게 하여야 한다.
④ 절삭속도를 크게 하여야 한다.

문제 041

밀링머신을 이용하여 ψ20mm인 커터로 가공하려고 한다. 주축의 속도가 58 m/min일 때 회전수(rpm)는 얼마인가?

① 708 ② 825
③ 923 ④ 1010

[해설] $N = \dfrac{1000V}{\pi D} = \dfrac{1000 \times 58}{\pi \times 20} = 923 \text{rpm}$

문제 042

여러 가지 절삭 공구를 공정 순서대로 고정하여, 작업하는 선반은?

① 수직선반(Vertical Lathe)
② 공구선반(Tool Lathe)
③ 탁상선반(Bench Lathe)
④ 터릿선반(Turret Lathe)

문제 043

선반작업 시 안전사항에 가장 위배되는 것은?

① 작업 중에도 공구는 항상 잘 정리해 둔다.
② 장갑을 끼지 않는다.
③ 베드나 공구대 위에 공구를 놓지 않는다.
④ 회전 기계 너머에 있는 공구로 작업한다.

문제 044

드릴링 머신에서 절삭속도 20m/min, 드릴의 지름 25mm, 이송속도 0.1mm/rev, 드릴 끝 원추높이를 5.8mm라 하면 98mm 깊이의 구멍을 뚫을 때 소요되는 절삭 시간은?

① 약 8분 3초   ② 약 6분 6초
③ 약 4분 4초   ④ 약 2분 2초

[해설] $T = \dfrac{t+h}{ns} = \dfrac{\pi D(t+h)}{1000v \cdot s} = \dfrac{\pi \times 25 \times (98+5.8)}{1000 \times 20 \times 0.1}$
$= 4.104 = 4\text{분}4\text{초}$

문제 045

선삭 가공 중 이송(f)과 공구의 인선반경(r) 관계에서 이론적인 표면 조도(R_t)를 올바르게 나타낸 식은?

① $R_t = (\dfrac{f}{8r})$ ② $R_t = (\dfrac{8f}{r^2})$
③ $R_t = (\dfrac{f^2}{8r})$ ④ $R_t = Rrf^2$

문제 046

선반에서 중, 소형 공작물의 가공에 사용되는 센터는 일반적으로 몇 도를 사용하는가?

① 30도   ② 45도
③ 60도   ④ 90도

문제 047

연삭숫돌 표면의 기공에 칩이 메워지게 되므로 연삭이 잘 안 되는 현상은?

① 드레싱(dressing)
② 프레싱(pressing)
③ 트루잉(truing)
④ 로우딩(loading)

[답] 040. ③ 041. ③ 042. ④ 043. ④ 044. ③ 045. ③ 046. ③ 047. ④

문제 048

기계나 구조물에서는 반복 하중을 받는 횟수가 아주 많을 때에는 극한 강도보다 훨씬 작은 값으로 파괴 되는 수가 있는데 이것은 재료에 무슨 현상이 생기기 때문인가?

① 반복 ② 크리프
③ 피로 ④ 극한파괴

문제 049

Co, W, Cr, C 등을 성분으로 하며, 주조 합금의 대표적인 것은?

① 고속도강 ② 스텔라이트
③ Co-Cr강 ④ W-Cr강

문제 050

기계구조용 탄소강의 SM45C에서 기호표시 중 "45"는 무엇을 뜻하는가?

① 탄소함유량 ② 항복점
③ 경도 ④ 인장강도

문제 051

일정한 지름의 강구 압입체로 시험 면에 구형(球形)의 오목부를 만들었을 때 시험 하중을, 오목부의 지름에서 구한 오목부의 표면적으로 나눈 값으로 나타내는 경도시험은?

① 브리넬 경도시험 ② 로크웰 경도시험
③ 비커스 경도시험 ④ 쇼어 경도시험

문제 052

큰 하중에 견디는 동시에 바닥은 인성이 있어서 축과 잘 어울리고 충격과 진동에도 잘 견디며, 열전도가 커서 고속도, 큰 하중의 기계용으로 가장 적합한 베어링 합금은?

① Sn+Sb+Cu
② Pb+Sb+Sn
③ Zn+Cu+Sn+Pb
④ Al+Sn+Cu+Ni

문제 053

세라믹 공구의 주성분은?

① Co-Cr-W-C ② Al_2O_3
③ W-Cr-V-Fe-C ④ Fe_2O_3

문제 054

표점 거리 50mm, 직경 ϕ14mm인 인장시편을 시험한 후 시편을 측정한 결과 길이는 늘어나고 직경은 ϕ12mm였다. 이 재료의 단면 수축률은 몇 %인가?

① 13.5 ② 20.5
③ 26.5 ④ 36.1

해설 $\varphi = \dfrac{A_0 - A}{A_0} \times 100 = \dfrac{14^2 - 12^2}{14^2} \times 100 = 26.5\%$

문제 055

다음 표를 이용하여 비용 구배(cost slope)를 구하면 얼마인가?

정상		특급	
소요시간	소요비용	소요시간	소요비용
5일	40,000원	3일	50,000원

① 3,000원/일 ② 4,000원/일
③ 5,000원/일 ④ 6,000원/일

해설 시간이 절약됨에 따른 비용 증가
$\dfrac{(50만 - 40만)}{5-3} = 5,000원/일$

답 048. ③ 049. ② 050. ① 051. ① 052. ① 053. ② 054. ③ 055. ③

문제 056

계수값 규준형 1회 샘플링 검사에 대한 설명 중 가장 거리가 먼 내용은?

① 검사에 제출된 로트에 관한 사전 정보는 샘플링 검사를 적용하는데 직접적으로 필요로 하지 않는다.
② 생산자 측과 구매자 측이 요구하는 품질 보호를 동시에 만족시키도록 샘플링 검사 방식을 선정한다.
③ 파괴검사의 경우와 같이 전수검사가 불가능한 때에는 사용할 수 없다.
④ 1회만의 거래 시에도 사용할 수 있다.

문제 057

제품 공정분석표용 공정 도시기호 중 정체 공정 (Delay) 기호는 어느 것인가?

① O   ② →
③ D   ④ ▢

문제 058

문제가 되는 결과와 이에 대응하는 원인과의 관계를 알기 쉽게 도표로 나타낸 것은?

① 산포도
② 파레토도
③ 히스토그램
④ 특성요인도

문제 059

표준시간을 내경법으로 구하는 수식은?

① 표준시간＝정미시간＋여유시간
② 표준시간＝정미시간 × (1＋여유율)
③ 표준시간＝정미시간 × $\left(\frac{1}{1-여유율}\right)$
④ 표준시간＝정미시간 × $\left(\frac{1}{1+여유율}\right)$

해설
- 내경법 : 표준시간＝정미시간 × $\left(\frac{1}{1-여유율}\right)$
- 외경법 : 표준시간＝정미시간 × (1＋여유율)

문제 060

어떤 측정법으로 동일 시료를 무한 횟수 측정하였을 때 데이터의 분포의 평균치와 참값과의 차를 무엇이라 하는가?

① 신뢰성   ② 정확성
③ 정밀도   ④ 오차

답 056. ③ 057. ③ 058. ④ 059. ③ 060. ②

최근 기출문제 — 2006년 7월 31일 시행

문제 001
공기압 회로에 다수의 공압 실린더나 엑추에이터를 사용할 때 작동순서를 미리 정해 두고 그 순서에 따라 움직이도록 하는 밸브는?
① 시퀀스 밸브   ② 무부하 밸브
③ 릴리프 밸브   ④ 감압 밸브

문제 002
유량제어 밸브를 실린더의 출구 측에 설치하고 실린더에서 유출되는 유량을 제어하여 피스톤 속도를 제어하는 회로는?
① 미터 인 회로
② 미터 아웃 회로
③ 블리드 오프 회로
④ 카운터 밸런스 회로

문제 003
릴리프 밸브 등에서 밸브 시트를 두들겨서 비교적 높은 음을 발생시키는 일종의 자려 진동 현상을 의미하는 용어는?
① 서지압력   ② 캐비테이션현상
③ 맥동현상   ④ 채터링현상

문제 004
일반적으로 공압청정기에 많이 사용되는 윤활기로 가장 적합한 것은?
① 가변 벤투리식   ② 고정 벤투리식
③ 베르누이식   ④ 파스칼식

문제 005
2개의 복동 실린더가 1개의 실린더 형태로 조립되어 있고 길이 방향으로 연결된 복수 실린더를 갖고 있으므로 실린더의 직경이 한정되는 반면에 출력이 거의 2배의 큰 힘을 얻은데 가장 적합한 공압 실린더는?
① 충격실린더
② 케이블실린더
③ 탠덤실린더
④ 다위치형 실린더

문제 006
밀링 고정구에서 커터 세팅 시 사용하는 게이지로 가장 적합한 것은?
① 링 게이지(ring gage)
② 스냅 게이지(snap gage)
③ 필러 게이지(feeler gage)
④ 플러그 게이지(plug gage)

문제 007
체결 이완 동작이 빨라 일감을 완전히 자유롭게 이동시킬 수 있고, 일감을 매우 신속하게 교환하여 클램핑할 수 있으며 자용하는 힘에 비하여 체결 압력이 큰 이점이 있는 클램프는?
① 캠 클램프
② 나사 클램프
③ 토글 클램프
④ 쐐기형 클램프

답 001.① 002.② 003.④ 004.① 005.③ 006.③ 007.③

문제 008

위치 결정구를 설계할 때 중요 고려 사항 설명으로 가장 적합한 것은?

① 위치 결정구는 공작물과의 접촉부위가 쉽게 보일 수 있도록 설계되어야 한다.
② 위치 결정구는 마모가 잘 되는 재질로 선정하여 공작물에 상처를 주지 않도록 설계되어야 한다.
③ 위치 결정구는 교환할 필요가 없다.
④ 위치 결정구는 청소의 용이 여부와 무관하게 설계하여도 된다.

문제 009

일반적으로 드릴 지그를 구성하는 3대 요소가 아닌 것은?

① 위치 결정　　② 기준면
③ 체결　　　　④ 공구의 안내

문제 010

드릴 지그 부시에서 일반적인 삽입 부시의 종류가 아닌 것은?

① 회전형 부시　　② 고정형 부시
③ 라이너 부시　　④ 코터형 부시

문제 011

공기마이크로미터에서 특징에 관한 설명으로 틀린 것은?

① 구멍속의 내경 측정부를 측정할 수 없다.
② 한계(go, no go)게이지와 달리 치수가 지시되기 때문에 한 번의 측정동작이면 된다.
③ 압축 공기원(에어 콤브레서 등)이 필요하다.
④ 대부분의 경우 전용 측정부를 만들어야 하므로 다량 생산이 아니면 비용이 많이 든다.

문제 012

나사 측정과 가장 관계가 적은 것은?

① 공구현미경
② 투영기
③ 오토콜리메이터
④ 삼침법

문제 013

구멍용 한계 게이지가 아닌 것은?

① 원통형 플러그게이지
② 판형 플러그게이지
③ 봉 게이지
④ 스냅 게이지

문제 014

비교 측정기의 특징 설명으로 틀린 것은?

① 기준 치수인 표준 게이지가 필요하다.
② 치수의 편차를 기계와 관련시켜 먼 곳에서 조작 할 수 있고 자동화에 도움을 줄 수 있다.
③ 길이 뿐 아니라 면의 각종 형상 측정이나 공작 기계 정밀도 검사등 사용 범위가 넓다.
④ 측정 범위가 다른 측정 방법보다 넓다.

문제 015

다이얼 게이지에서 백래시를 제거하여 되돌림 오차를 줄이는 것은?

① 스핀들
② 가이드 핀이 달린 기어
③ 섹터기어
④ 헤어 스프링이 달린 기어

답　008. ①　009. ②　010. ④　011. ①　012. ③　013. ④　014. ④　015. ④

문제 016

머시닝센터에서 φ30인 원호를 경보정 없이 360° 원호를 가공하고자 할 때 NC 프로그램으로 옳은 것은? (단, 공구의 위치는 A지점에 있고 가공 방향은 시계 방향으로 한다.)

① G91 G02 J-15.;
② G91 G03 J-15.;
③ G91 G02 I-15.;
④ G91 G03 I-15.;

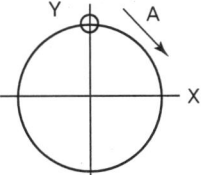

해설 G91 G02 J-15.;

문제 017

CNC 선반에서 100rpm으로 회전하는 스핀들에서 3회전 휴지를 주는 프로그램을 하려고 한다. 틀린 것은?

① G04 X1.8;   ② G04 U1.8;
③ G04 P1800; ④ G04 P1.8;

해설

$$정지시간(\text{sec}) = \frac{60}{\text{드릴회전수(rpm)}} \times 드웰회전수$$

정지시간 : $x = \dfrac{60 \times 3}{100} = 1.8\text{sec}$

- CNC 선반에서 1.8초 휴지(dwell)하는 프로그래밍 : G04 X1.8;, G04 U1.8;, G04 P1800;

문제 018

최근 고속가공기에서 회전하는 공구를 고정하기 위해 사용되는 방식은?

① BT 방식   ② NT 방식
③ AFC 방식   ④ HSK 방식

문제 019

다른 형상 모델링 중 공학적인 해석을 할 수 있는 가장 적합한 것은?

① 2차원 모델
② 솔리드 모델
③ 와이어 프레임 모델
④ 서피스 모델

문제 020

다음 절삭 조건들 중 공구 마모에 가장 큰 영향을 미치는 것은?

① 절삭속도   ② 절삭두께
③ 절삭 폭   ④ 절삭 길이

문제 021

정량적 제어에 대한 설명이 틀린 것은?

① 물리적인 양을 제어한다.
② 제어 명령이 무한개의 정보를 가지고 있다.
③ 아날로그 정보와 이산정보가 있다.
④ 온도의 크기 및 변화를 나타내는 제어이다.

문제 022

공압 실린더에서 기능 이상을 예방하기 위한 방법이 아닌 것은?

① 실린더 내부를 깨끗이 청소하여 기름과 이물질을 제거한다.
② 반지름 방향의 하중이 작용하지 않도록 사용한다.
③ 과도한 윤활은 가급적 피한다.
④ 윤활된 공기를 사용해서는 안 된다.

문제 023

다음 중 일반적인 자동화의 장점과 거리가 먼 것은?

① 생산성의 향상
② 제품품질의 개선
③ 불량자재의 증가
④ 생산원가 절감

 016.① 017.④ 018.④ 019.② 020.① 021.③ 022.④ 023.③

문제 024

다음은 유압 실린더의 속도제어 방식이다. 유압 속도 제어 방식에 해당 되지 않는 것은?

① 미터 인(Meter-in) 방식
② 미터 아웃(Meter-out) 방식
③ 블리드 오프(Bleed-off) 방식
④ 컷 오프(Cut-off) 방식

문제 025

핸들링의 종류 중 부품이 회전을 통하여 이송되며 작업이 이루어지는 핸들링은?

① 리니어 인덱싱 핸들링
② 로터리 인덱싱 핸들링
③ 선반의 이송장치
④ 래칫 구동 핸들링

문제 026

표준 드릴의 날끝 여유각으로 가장 적당한 것은?

① 12~15°
② 15~17°
③ 17~20°
④ 20~23°

문제 027

니형 밀링머신(milling machine)의 크기에 관한 사항으로 틀린 것은?

① 일반적으로 호칭 번호로 표시한다.
② 호칭번호가 높으면 테이블 좌우 이송거리가 길다.
③ 호칭번호가 낮으면 테이블 상하 이송거리가 짧다.
④ 호칭번호가 낮으면 테이블 면적이 크다.

문제 028

절삭공구 재료 중 세라믹(ceramic) 공구의 주성분은?

① 산화알루미늄
② 니켈
③ 크롬
④ 텅스텐

문제 029

칩(chip)이 경사면 위를 연속적으로 원활하게 흘러나가는 모양으로 연속 칩이라고도 하는 것은?

① 유동형 칩
② 전단형 칩
③ 균열형 칩
④ 열단형 칩

문제 030

구성인선(built-up edge)이 생기는 것을 방지하기 위한 대책으로 틀린 것은?

① 바이트의 윗면 경사각을 크게 한다.
② 절삭속도를 크게 한다.
③ 윤활성이 좋은 절삭유를 준다.
④ 절삭 깊이를 크게 한다.

문제 031

3차원 가공이 가능하고 자동공구 교환장치(ATC)가 부착되어 여러 가지 공구를 자동으로 교환하면서 여러 작업을 진행시키는 공작기계는?

① CNC 선반(CNC Lathe)
② 터릿선반(turret Lathe)
③ 머시닝센터(Machining Center)
④ 지그 보링머신(Jig Boring Machine)

문제 032

센터리스 연삭기의 장점으로 틀린 것은?

① 연속작업을 할 수 있다.
② 긴축 재료의 연삭이 가능하다.
③ 연삭 여유가 작아도 된다.
④ 긴 홈이 있는 일감을 연삭할 수 있다.

답 024. ④ 025. ② 026. ① 027. ④ 028. ① 029. ① 030. ④ 031. ③ 032. ④

문제 033

선반작업에서 가공물의 형상과 같은 모형이나 형판에 의해 자동으로 절삭하는 장치는?
① 정면 절삭장치   ② 테이퍼 절삭장치
③ 모방 절삭장치   ④ 외경 절삭장치

문제 034

전해 연마에 관한 설명 중 틀린 것은?
① 공작물을 양극으로 하여 통전한다.
② 복잡한 형상의 제품도 연마가 가능하다.
③ 가공면에는 방향성이 없다.
④ 내마멸성, 내부식성이 저하된다.

문제 035

선반에서 베드 위의 스윙에 관한 설명 중 옳은 것은?
① 양 센터 사이의 거리
② 베드 면에서부터 주축 중심까지의 거리
③ 깎을 수 있는 공작물의 최대 길이
④ 깎을 수 있는 공작물의 최대 지름

문제 036

절삭저항은 일반적으로 3분력으로 나눌 수 있다. 이에 속하지 않는 것은?
① 주분력   ② 종분력
③ 이송분력   ④ 배분력

문제 037

선반에서 길이가 직경에 비해 약 20배 이상 길고, 직경이 작은 봉재(환봉)를 깎을 때, 가장 필요한 부속장치는?
① 면판(face pate)   ② 심봉(mandrel)
③ 방진구(center rest)   ④ 에이프런(apron)

문제 038

밀링머신에서 회전수 780rpm으로 절삭할 때 1분간의 이송량은? (단, 밀링커터 날의 수 12개, 커터의 날 1개마다의 이송이 0.15mm이다.)
① 780 mm/min   ② 1404 mm/min
③ 1550 mm/min   ④ 1604 mm/min

[해설] $f = f_z \times Z \times N = 0.15 \times 12 \times 780 = 1404\,\text{mm/min}$

문제 039

선반작업에서 절삭속도 V[m/min], 가공물의 직경 D[mm], 주축의 회전수 N[rpm]일 때 직경 $D \fallingdotseq 32$[mm]이면 V와 N의 옳은 관계식은?
① $V \fallingdotseq 0.1N$ ② $V \fallingdotseq N$
③ $V \fallingdotseq 10N$ ④ $V \fallingdotseq 32N$

문제 040

연삭숫돌의 표시에 WA46-H8V라고 되어 있다. H는 무엇을 나타내고 있는가?
① 점결재   ② 결합도
③ 입도   ④ 조직

문제 041

밀링 가공에서 폭이 적은 홈 또는 박판 절단에 가장 적합한 커터는?
① 앵글 커터   ② 메탈소오
③ 플레인 커터   ④ 엔드 밀

문제 042

기기에 의하여 제어되는 시스템의 일반적인 특징이 아닌 것은?
① 생산설비 수명향상
② 고용촉진
③ 노동조건의 향상
④ 불량품 감소

답 033. ③ 034. ④ 035. ④ 036. ② 037. ③ 038. ② 039. ① 040. ② 041. ② 042. ②

2006년 7월 31일 시행

[해설] 노동력이 줄어 인건비가 감소하며 불량품이 감소하고 생산설비의 수명이 길어진다. 반면 생산설비가 커지고 고도의 기술이 필요하다.

문제 043

다음 중 메모리 기능이 없고 여러 입출력 요소가 있을 때는 논리적인 해결을 위해 불 대수가 이용되므로 논리제어라고도 하는 것은?

① 메모리 제어
② 시간종속 시퀀스 제어
③ 파일럿 제어
④ 위치종속 시퀀스 제어

문제 044

입력과 출력이 1 : 1 대등 관계에 있는 시스템으로 일명 논리제어라고 하는 제어방식은?

① 조합제어 ② 시퀀스 제어
③ 파일럿 제어 ④ 시간에 따른 제어

문제 045

자동화 보수 관리의 목적을 가장 잘 설명한 것은?

① 자동화시스템을 항상 최상의 상태로 유지한다.
② 고장수리를 신속하게 한다.
③ 생산성을 향상시킨다.
④ 기계의 사용 연수가 늘어난다.

문제 046

센서는 신호를 증폭시키는 기기로서 적당하지 않는 것은?

① 트랜지스터 ② 연산 증폭기
③ 노튼 앰프 ④ 다이오드

문제 047

시간은 불연속이고 정보는 연속적인 신호로 아날로그 신호를 일정한 간격의 표본화를 통하여 얻을 수 있는 신호는?

① 아날로그 신호 ② 연속 신호
② 디지털 신호 ④ 이산시간 신호

[해설] 이산시간 신호는 최근 DSP 기술의 발달로 음향기기, 통신, 제어계측 등 많은 분야에 응용

문제 048

게이지의 제작 공차는 제품 공차의 몇 %가 가장 적당한 것은?

① 3 ② 5
③ 10 ④ 20

[해설] • 게이지의 제작 공차는 제품 공차의 10%
• 치공구의 제작 공차는 제품 공차의 20%~50%

문제 049

내식성이 있으며 비교적 값이 싸므로 상수도, 배수, 가스 등의 매물 관과 지상배관으로 사용되며, 미분탄재 등을 포함 하는 유체, 해수용관 등으로 사용되는 관은?

① 강관 ② 구리판
③ 주철관 ④ 연관

문제 050

주조할 때 주물표면에 금속 형을 대어 백선화시켜 경도, 내마모성, 내압성을 크게 한 주철은?

① 고급주철 ② 구상흑연주철
③ 가단주철 ④ 칠드주철

문제 051

재료의 경도시험법 중 반발저항을 이용하는 방법은?

① 브리넬 경도시험 ② 로크웰 경도시험
③ 비커스 경도시험 ④ 쇼어 경도시험

[답] 043. ③ 044. ③ 045. ① 046. ④ 047. ④ 048. ③ 049. ③ 050. ④ 051. ④

해설 브리넬 경도, 로크웰 경도, 비커스 경도시험은 압입저항을 이용한 방법이다.

문제 052

Al합금의 조직을 현미경으로 검사하기 위하여 부식시키는 부식재로 적합한 것은?

① 피크린산 알콜 용액
② 질산 초산 용액
③ 수산화나트륨액
④ 염화 제2철 용액

문제 053

20~40%의 Pb과 Cu의 합금으로 마찰계수가 적고, 열전도율이 우수하여 발전기, 모터, 자동차 등의 베어링에 주로 사용되는 합금은?

① 켈밋
② 포금
③ 톰백
④ 배빗메탈

문제 054

담금질한 재료에 인성을 부여할 목적으로 변태점 이하로 가열하여 서냉하는 열처리 방법은?

① 뜨임
② 고온풀림
③ 저온풀림
④ 불림

문제 055

어떤 측정법으로 동일 시료를 무한 횟수로 측정하였을 때 데이터 분포의 평균치와 참값과의 차이를 무엇이라고 하는가?

① 신뢰성
② 정확성
③ 정밀도
④ 오차

문제 056

PERT에서 Network에 관한 설명 중 틀린 것은?

① 가장 긴 작업시간이 예상되는 공정을 주공정이라 한다.
② 명목상의 활동(Dummy)은 점선 화살표(→)로 표시한다.
③ 활동(Activity)은 하나의 생산 작업요소로서 원(O)으로 표시된다.
④ Network는 일반적으로 활동과 단계의 상호관계로 구성된다.

문제 057

공정분석 기호 중 ▭는 무엇을 의미하는가?

① 검사
② 가공
③ 정체
④ 저장

문제 058

TPM 활동의 기본을 이루는 3정 5S 활동에서 3정에 해당되는 것은?

① 정시간
② 정돈
③ 정리
④ 정량

문제 059

축의 완성지름, 철사의 인장강도, 아스피린 순도와 같은 데이터를 관리하는 가장 대표적인 관리도는?

① $\overline{X}-R$ 관리도
② nP 관리도
③ C 관리도
④ U 관리도

문제 060

생산계획량을 완성하는데 필요한 인원이나 기계의 부하를 결정하여 이를 현재인원 및 기계의 능력과 비교하여 조정하는 것은?

① 일정계획
② 절차계획
③ 공수계획
④ 진도관리

답 052. ③ 053. ① 054. ① 055. ② 056. ③ 057. ① 058. ④ 059. ① 060. ③

2007년 4월 1일 시행

문제 001
베르누이 정리에서 에너지 손실이 없는 경우 전(全)수두는 다음 중 어떻게 표시 되는가?
① 압력수두+속도수두+부피수두
② 압력수두+위치수두+속도수두
③ 압력수두+유량수두
④ 압력수두+부피수두

문제 002
유압기술의 장점 및 단점의 설명으로 옳은 것은?
① 단점 : 입력에 대한 출력의 응답이 느리다.
② 단점 : 무단 변속이 불가능하다.
③ 장점 : 소형 장치로 큰 출력을 얻을 수 있다.
④ 장점 : 먼지나 이물질에 의한 고장의 우려가 없다.

문제 003
공기 중의 먼지나 수분을 제거하여 압축 공기를 양질화하는 장치는?
① 윤활기
② 공기필터
③ 압력 조절기
④ 공기탱크

문제 004
오일의 점성을 이용하여 진동을 흡수하거나 충격을 완화하는 것은?
① 쇼크 업소버
② 토크 컨버터
③ 유압프레스
④ 커플링

문제 005
다음 그림과 같은 공유압 기호의 명칭은?

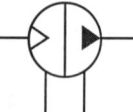

① 어큐뮬레이터(연속형)
② 원동기(단동형)
③ 공기유압 변환기(연속형)
④ 유압 전동장치(단동형)

문제 006
다음 중 구멍용 한계게이지가 아닌 것은?
① 판형 플러그게이지
② 스냅게이지
③ 원통형 플러그게이지
④ 봉게이지

문제 007
앵글 플레이트 지그의 형태로 공작물을 일정한 거리와 각도로 분할하여 정확한 간격으로 구멍을 뚫는 데 가장 적합한 지그는?
① 리프형 지그
② 분할형 지그
③ 채널 지그
④ 박스 지그

문제 008
일반적으로 치공구의 3요소에 해당되지 않는 것은?
① 위치 결정면
② 클램프
③ 위치 결정구
④ 게이지

답 001.② 002.③ 003.② 004.① 005.③ 006.② 007.② 008.④

문제 009

일감을 지그에 고정할 때에는 일감에 변형이 나타나거나 절삭력에 의하여 일감의 위치가 변하지 않아야 하며, 일감을 고정하거나 풀기가 쉬워야 한다. 지그의 클램핑(체결) 방식이라고 할 수 없는 것은?

① 나사 클램핑
② 캠 클램핑
③ 유압, 공기압을 이용한 클램핑
④ 리벳을 이용한 클램핑

문제 010

공작기계 자체로는 절삭할 수 없는 윤곽을 절삭할 수 있도록 절삭공구를 안내하는 데 사용되며 커터는 고정구와 계속적으로 접촉되고 있으므로 고정구의 윤곽대로 절삭되는 것은?

① 멀티스테이션 고정구(multistation fixture)
② 앵글 플레이트 고정구(angle plate fixture)
③ 윤곽 고정구(profiling fixture)
④ 분할 고정구(indexing fixture)

문제 011

게이지 블록과 같이 밀착이 가능하므로 홀더가 필요 없으며, 각도의 가산, 감산에 의해서 필요한 각도를 조합할 수 있고 조합 후 경도는 2~3″인 것은?

① 오토콜리메이터
② N.P.L식 각도게이지
③ 기계식 각도 정규
④ 수준기

문제 012

정밀정반의 평면도, 마이크로미터의 직각도, 평행도, 공작기계 베드면의 진직도, 직각도, 기타 미소각도의 차 등의 측정에 이용되는 광학적 측정기는?

① 공기 마이크로미터
② 오토콜리메이터
③ 전기 마이크로미터
④ 텔리스코핑 게이지

문제 013

수나사의 측정법 중 삼침법은 다음의 어느 것을 측정하는데 가장 적합한가?

① 리드각   ② 유효경
③ 피치   ④ 나사산의 각도

문제 014

다이얼 게이지를 이용한 진원도 측정법이 아닌 것은?

① 직경법   ② 3점법
③ 반경법   ④ 2점법

문제 015

한국산업규격 촉침식 표면거칠기 측정기에서 촉침과 변환기를 가지고 대상물에 직접 닿아 궤적을 그리는 요소를 포함한 기구는?

① 트레이싱 요소
② 노즐
③ 측정 루프
④ 프로브

문제 016

CAD 시스템에서 선, 원, 문자 등 도형 형상을 구성하는 최소단위를 무엇이라 하는가?

① 요소(element)
② 모델(model)
③ 데이터(date)
④ 픽셀(pixel)

답 009. ④ 010. ③ 011. ② 012. ② 013. ② 014. ④ 015. ④ 016. ①

문제 017

아래와 같은 머시닝센터 프로그램에서 현재 공구가 프로그램 원점에 위치해 있을 때 공구가 지점, 온 위치까지 도달하는 시간은? (단, 스핀들의 회전수는 120rpm이다.)

```
G94 G90 G01 X150. Y0. F50;
```

① 3초 ② 3분
③ 1.5초 ④ 1.5분

해설 $T = \dfrac{l}{f} = \dfrac{150}{50} = 3분$

문제 018

3D 모델링 방법에서 가장 고급적인 기법으로 셀 혹은 기본곡면이라고 불리는 직육면체, 구, 원추, 실린더 등의 입체요소들을 조합하여 모델을 구성하는 방식은?

① 서페이스 모델링
② 와이어 프레임 모델링
③ 솔리드 모델링
④ 직선 모델링

문제 019

최근 CAD/CAM 시스템에서 지원되고 있는 곡선으로 4개의 조정 점 외에 4개의 가중치 값과 눗트 벡터라는 추가적인 정보가 이용되는 곡선은?

① 퍼거슨 곡선 ② 원추 곡선
③ 스플라인 곡선 ④ NURSS 곡선

문제 020

CAM 소프트웨어를 이용한 곡면가공에서 CL 데이터를 이용하여 공구의 위치, 과절삭, 미절삭 등을 확인하는 과정을 무엇이라 하는가?

① 곡면 정의 ② 전 처리
③ 도형 정의 ④ 공구 경로 검증

문제 021

전동기가 기동이 되지 않을 때 점검항목에 속하지 않는 것은?

① 전원 주파수 변동 유무
② 과부하 유무
③ 퓨즈의 단선
④ 상·결선의 단락

문제 022

자동화시스템의 도입으로 얻을 수 있는 장점이 아닌 것은?

① 생산성 향상
② 원가절감
③ 생산제품의 품질 균일
④ 시설투자비와 운영비 절감

문제 023

물체의 위치와 속도, 가속도 등 방향 및 자세 등의 기계적인 변위를 제어량으로 하고 시간에 따라 변화하는 제어량이 목표 값에 정확히 추종하도록 설계한 제어계로서 공작기계의 제어 등에 이용되는 제어는?

① 수치제어 ② 서브제어
③ 자동조정 ④ 공정제어

문제 024

금속체나 자성체에서 발생되는 전계나 자계의 변화를 감지하여 접점을 개폐하여 물체와 직접 접촉하지 않고 검출하는 스위치는?

① 리미트 스위치
② 풋 스위치
③ 근접 스위치
④ 압력 스위치

답 017. ② 018. ③ 019. ④ 020. ④ 021. ① 022. ④ 023. ② 024. ③

문제 025

다음 그림과 같은 기호 중에서 검출 스위치에 속하지 않는 것은?

① 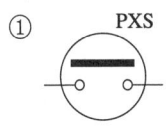 PXS ② 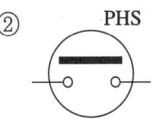 PHS

③  ④  LS

문제 026

빌트업 에지의 방지 대책에 해당하지 않는 것은?

① 바이트의 뒷면 경사각을 크게 한다.
② 윤활성이 좋은 절삭유를 사용한다.
③ 저속절삭을 한다.
④ 마찰계수가 작은 절삭공구를 사용한다.

문제 027

대형이거나 무거운 제품에 드릴링 작업을 하려고 할 때 가공품은 고정 시키고 드릴이 가공위치로 이동할 수 있도록 제작된 드릴링 머신은?

① 탁상 드릴링 머신
② 레이디얼 드릴링 머신
③ 직립 드릴링 머신
④ 다속 드릴링 머신

문제 028

전기도금의 반대현상으로 가공물을 양극, 전기저항이 적은 구리, 아연을 음극으로 연결하여 전기에 의한 화학적인 작용으로 가공물의 표면이 용출되어 필요한 형상으로 가공하는 방법은?

① 화학밀링
② 전해연마
③ 방전가공
④ 초음파연마

문제 029

그릿 또는 모래 대신에 경화된 스틸 볼을 압축공기나 원심력을 이용하여 공작물의 표면에 분사시켜 그 표면을 평형하게 하는 동시에 피로 강도나 기계적 성질을 향상시키는 것은?

① 래핑   ② 방전 가공
③ 숏 피닝   ④ 초음파 가공

문제 030

액체 호닝의 장점 설명 중 잘못된 것은?

① 다듬질면의 진원도, 진직도가 좋다.
② 가공시간이 짧다.
③ 가공물 표면에 산화막이나 거스러미(burr)를 제거하기 쉽다.
④ 복잡한 형상의 부품도 쉽게 가공할 수 있다.

문제 031

합금성분이 W18%-Cr4%-V1%인 절삭 공구는?

① 표준 초경합금 공구강
② 표준 고속도 공구강
③ 표준 주조합금 공구강
④ 표준 세라믹 공구강

문제 032

다음 중 수직 밀링머신의 주요 구조가 아닌 것은?

① 주축   ② 컬럼
③ 테이블   ④ 오버 암

문제 033

센터리스 연삭기에서 조정 숫돌차의 바깥지름이 400mm, 회전수가 30rpm, 경사각이 4°일 때 1분간의 이송 속도는 약 몇 m/min인가?

① 2.63   ② 4.85
③ 6.58   ④ 8.85

해설 $V = \pi dn \sin a = 3.14 \times 400 \times 30 \times \sin 4$
$\fallingdotseq 2628.4 (\text{mm/min}) \div 1000 = 2.63 \text{m/min}$

문제 034

절삭공구의 수명을 판단하는 방법으로 잘못된 것은?

① 가공표면에 광택이 있는 색조 또는 반점이 생길 때
② 공구의 인선 마모가 일정량에 달했을 때
③ 완성 가공된 치수의 변화가 일정량에 달했을 때
④ 배분력과 이송분력이 같아질 때

문제 035

다음 중 바깥 부분의 원형이나 윤곽가공 및 간단한 등분을 할 때 사용하는 밀링머신의 부속장치는?

① 직접 밀링장치
② 맨드릴
③ 슬로팅장치
④ 회전 테이블

문제 036

연삭숫돌의 표시 WA60K5V에서 알 수 없는 것은?

① 숫돌의 치수
② 결합도
③ 숫돌입자의 종류
④ 결합제

문제 037

한국 산업 규격에서 공작기계에 대한 정적 정밀도 시험 방법의 항목에 해당 되지 않는 것은?

① 회전축의 흔들림 측정
② 원통도의 측정
③ 회전중 속 방향의 움직임
④ 분할 정밀도 측정

문제 038

슈퍼 피니싱에 대한 설명으로 틀린 것은?

① 표면은 매끄럽지 못하며 방향성도 있다.
② 가공물에 이송을 주고 동시에 연삭숫돌을 진동시켜 작업한다.
③ 연한 연삭숫돌을 작은 압력으로 가공물의 표면에 가열하여 가공한다.
④ 가공에 의한 표면의 변질층이 극히 미세하다.

문제 039

래핑(lapping)에 대한 장, 단점의 설명으로 틀린 것은?

① 장점 : 정밀도가 높은 제품을 가공할 수 있다.
② 장점 : 가공이 간단하고 대량생산이 가능하다.
③ 단점 : 가공면은 윤활성 및 내마모성이 나쁘다.
④ 단점 : 가공면에 랩제가 잔류하기 쉽고 이것이 제품의 마모를 촉진시킨다.

문제 040

초음파 가공에 대한 설명 중 잘못된 것은?

① 수정, 유리, 인조보석 등의 가공은 불가능하다.
② 복잡한 모양의 형상도 쉽게 가공할 수 있다.
③ 가공재료의 제한이 매우 적다.
④ 구멍을 가공하기 쉽다.

문제 041

두께 40mm의 주철에 고속도강 드릴로 ϕ32mm의 구멍을 뚫을 때 절삭하는 시간은? (단, 회전수 π =216rpm, 이송 f =0.254 mm/rev, 드릴의 원추높이는 16mm이다.)

답 034. ④ 035. ④ 036. ① 037. ② 038. ① 039. ③ 040. ① 041. ①

① 1.021분 ② 3.022분
③ 5.021분 ④ 7.022분

해설 가공시간 $T = \dfrac{h+t}{nf} = \dfrac{16+40}{216 \times 0.254} = 1.021(분)$

문제 042

다음 중 주철과 같이 메진 재료를 저속으로 절삭할 때 발생되는 칩의 형태는?

① 유동형 ② 저속형
③ 인선형 ④ 균열형

문제 043

절삭유의 사용목적이 아닌 것은?

① 냉각 작용
② 마찰 작용
③ 윤활 작용
④ 세척 작용

문제 044

다음 그림과 같은 도면의 작은 축 지름(ϕd)은 얼마인가?

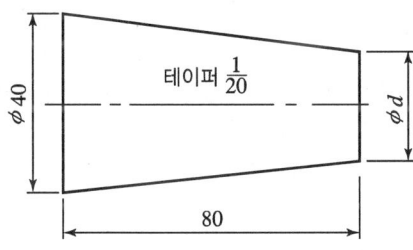

① 28 ② 32
③ 36 ④ 38

해설
$\dfrac{D-d}{l} = \dfrac{40-d}{80} = \dfrac{1}{20}$
$40 - d \times 20 = 80$
$40 - d = \dfrac{80}{20} = 40 - d = 4 = 40 - 4 = 36$

문제 045

선삭에서 주분력이 9800N, 절삭속도가 100 m/min, 선반의 기계효율 80%일 때 소비 동력은 약 몇 PS인가? (단, 이송분력과 배분력은 극소하여 무시한다.)

① 1 ② 2.8
③ 25 ④ 27.7

해설 소요동력
$H(Ps) = \dfrac{PV}{75 \times 60 \times \eta}$
$= \dfrac{9800 \times 100}{75 \times 60 \times 0.8 \times 9.81} = 27.7$

문제 046

선반가공에서 길이가 공작물 지름의 20배가 넘을 때 왕복대에 설치하여 공작물의 떨림을 방지하는 부속장치는?

① 이동식 방진구 ② 조립식 맨드릴
③ 모방절삭 장치 ④ 마그네틱 척

문제 047

기계작업 중 정전이 되었을 때 가장 먼저 해야 할 일은?

① 기계에서 멀리 피한다.
② 스위치를 끈다.
③ 정전된 원인을 찾는다.
④ 전기가 들어 올 때까지 기다린다.

문제 048

다음 중 WC, TiC, TaC의 분말과 Co결합제로 소결시켜 만든 공구 재료는?

① 고속도강 ② 세라믹
③ 초경합금 ④ 다이아몬드

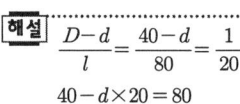 042. ④ 043. ② 044. ③ 045. ④ 046. ① 047. ② 048. ③

문제 049
알루미늄합금 중 알루미늄, Cu, Mg, Mn이 함유된 합금은?
① 실루민 ② 톰백
③ 두랄루민 ④ 델타메탈

문제 050
표점 거리 50mm인 인장시험편을 인장 시험한 결과 표점 거리가 52.5mm가 되었다. 이 시험편의 연신율(%)은 얼마인가?
① 2.5 ② 5
③ 7.5 ④ 25

해설
$$\varepsilon = \frac{\text{파단 후 표점 거리} - \text{원 표점 거리}}{\text{원 표점 거리}}$$
$$= \frac{52.5 - 50}{50} \times 100 = 5$$

문제 051
양백(Nickel Silver)의 주성분으로 맞는 것은?
① Cu, Zn, Ni ② Cu, Sn, Ni
③ Al, Zn, Pb ④ Al, Sn, Pb

문제 052
주조할 때 주형에 냉금을 삽입하여 주물 표면을 급랭시킴으로서 백선화하고 경도를 증가시키는 내마모성 주철은?
① 고급주철 ② 구상흑연주철
③ 가단주철 ④ 칠드주철

문제 053
금속 침투법의 명칭과 침투 물질이 잘못된 것은?
① 세라다이징 - Zn 침투
② 크로마이징 - Cr 침투
③ 칼로라이징 - Ca 침투
④ 실리코나이징 - Si 침투

문제 054
탄소강이 200~300℃에서 가장 취약하게 되는 성질을 무엇이라고 하는가?
① 탄소메짐 ② 청열메짐
③ 피로메짐 ④ 적열메짐

문제 055
그림과 같은 계획공정도에서 주공정으로 옳은 것은? (단, 화살표 밑의 숫자는 활동시간(단위 : 주)를 나타낸다.)

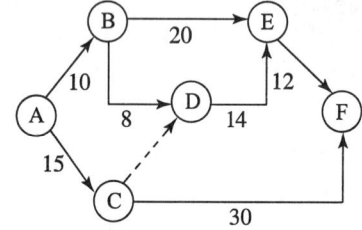

① Ⓐ-Ⓑ-Ⓔ-Ⓕ
② Ⓐ-Ⓑ-Ⓓ-Ⓔ-Ⓕ
③ Ⓐ-Ⓒ-Ⓓ-Ⓔ-Ⓕ
④ Ⓐ-Ⓒ-Ⓕ

문제 056
모집단을 몇 개의 층으로 나누고 각 층으로부터 각각 균일하게 시료를 뽑는 샘플링 방법은?
① 층별 샘플링
② 2단계 샘플링
③ 계통 샘플링
④ 단순 샘플링

문제 057
작업자가 장소를 이동하면서 작업을 수행하는 경우에 그 과정을 가공, 검사, 운반, 저장 등의 기호를 사용하여 분석하는 것을 무엇이라 하는가?
① 작업자 연합작업분석

답 049. ③ 050. ② 051. ① 052. ④ 053. ③ 054. ② 055. ④ 056. ① 057. ④

② 작업자 동작분석
③ 작업자 미세분석
④ 작업자 공정분석

문제 058

다음 중 관리의 사이클을 가장 올바르게 표시한 것은? (단, A : 조치, C : 경로, D : 실행, P : 계획)

① P → C → A → D
② P → A → C → D
③ A → D → C → P
④ P → D → C → A

문제 059

다음 중 절차계획에서 다루어지는 주요한 내용으로 가장 관계가 먼 것은?

① 각 작업의 소요시간
② 각 작업의 실시 순서
③ 각 작업에 필요한 기계와 공구
④ 각 작업의 부하와 능력의 조정

문제 060

U 관리도의 관리상한선과 관리하한선을 구하는 식으로 옳은 것은?

① $\bar{u} \pm 3\sqrt{\bar{u}}$
② $\bar{u} \pm \sqrt{\bar{u}}$
③ $\bar{u} \pm 3\sqrt{\dfrac{\bar{u}}{n}}$
④ $\bar{u} \pm \sqrt{n \cdot \bar{u}}$

답 058. ④ 059. ④ 060. ③

최근 기출문제

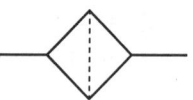

문제 001
다음 중에서 공동현상(cavitation)이 나타나는 원인이 아닌 것은?
① 기어 이(tooth) 사이에 충분한 오일의 유입
② 이의 들림이 끝나는 부분의 진공의 영향
③ 기어가 편심되어 이 끌원 위의 압력 분포가 일정치 않음
④ 흡입관로 및 스트레이너의 저항 등에 의한 압력손실

문제 002
공압기기에서 공기탱크의 기능으로 적합하지 않은 것은?
① 급격한 압력강하 방지
② 공기압력의 맥동을 평준화
③ 응축수 생성을 촉진
④ 비상시 일정시간 공기공급

문제 003
다음 기호가 나타내는 것은?

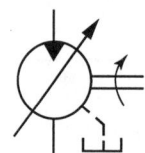

① 유압펌프   ② 유압모터
③ 유압탱크   ④ 유압전도장치

문제 004
다음 유체 조정기기에서 그림에 해당되는 일반 기호의 명칭은?
① 에어드라이어
② 필터
③ 드레인 배출기
④ 열 교환기

문제 005
공기압과 비교한 유압(oil pressure)의 단점이 아닌 것은?
① 인화의 위험이 있다.
② 무단변속이 가능하다.
③ 공기압보다 작동속도가 떨어진다.
④ 고압에서 누유의 위험이 있다.

문제 006
치공구의 3요소에 해당되지 않는 것은?
① 위치결정구   ② 위치결정면
③ 클램프   ④ 테이블

문제 007
형상관리와 치수관리를 동시에 실시하고자 할 때 사용하는 위치 결정법은?
① 3-2-1 위치결정법   ② 2-2-1 위치결정법
③ 2-4-1 위치결정법   ④ 2-3-1 위치결정법

문제 008
조립 치수를 부여하기 위해 부품의 구멍중심 간 거리가 $40^{+0.2}_{-0.1}$를 등가 양축 공차로 환산한 값은?
① 39.9   ② 39.9±0.15
③ 40.2   ④ 40.05±0.15

답 001.① 002.③ 003.② 004.② 005.② 006.④ 007.① 008.④

해설 ㉠ 0.2 + 0.1 = 0.3
      ㉡ 0.3 ÷ 2 = 0.15
      ㉢ 39.9 + 0.15 = 40.05 ± 0.15

문제 009

구멍용 한계게이지가 아닌 것은?

① 원통형 플러그게이지
② 판형 플러그게이지
③ 터보게이지
④ 스냅게이지

문제 010

뒷판(Back palte)을 가진 플레이트 지그의 일종이며, 이 형식의 지그는 다른 형태의 지그에서 쉽게 휘거나 비틀리기 쉬운 얇거나 연한 공작물의 가공에 가장 이상적인 지그는?

① 샌드위치 지그(Sandwich Jig)
② 템플레이트 지그(Template Jig)
③ 박스 지그(Box Jig)
④ 테이블 지그(Table Jig)

문제 011

다이얼게이지로 공작물의 진원도 측정 시 필요한 것은?

① 한계 게이지   ② 센터 게이지
③ V블록   ④ 사인 바

문제 012

200mm의 사인 바를 사용하여 30°를 측정할 게이지 블록이 다음과 같이 있을 때 필요 없는 것은?

① 5mm   ② 40mm
③ 45mm   ④ 50mm

해설 sin30° × 200
      게이지 블록의 종류에서 100mm가 되도록 50, 45, 5 치수를 선택하여 조합한다.

문제 013

다음 중 구멍 기준식 억지 끼워 맞춤인 것은?

① H8f7   ② H7p6
③ h7F8   ④ h8G7

문제 014

투영기의 교정과 관리에서 배율교정을 위한 배율오차를 구하는 식으로 옳은 것은? (단, ΔM : 배율오차, M : 실측한 배율, M_o : 호칭배율)

① $\Delta M = \dfrac{M - M_o}{M_o} \times 100(\%)$

② $\Delta M = \dfrac{M - M_o}{M} \times 100(\%)$

③ $\Delta M = \dfrac{M_o}{M_o - M} \times 100(\%)$

④ $\Delta M = \dfrac{M}{M - M_o} \times 100(\%)$

문제 015

한계 게이지(limit gauge)를 사용하는 목적은?

① 최대치수와 치소치수의 범위측정
② 표면거칠기 측정
③ 나사의 피치를 측정
④ 윤곽 측정

문제 016

볼(Ball) 앤드밀로 곡면을 가공하면 가공경로 사이에 그림에서 보는 바와 같이 h부분에 공구의 흔적이 남는데 이것을 무엇이라 하는가?

① boolean
② cusp
③ champer
④ parameter

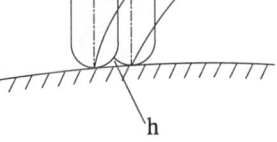

답 009.④ 010.① 011.③ 012.② 013.② 014.① 015.① 016.②

문제 017

200rpm으로 회전하는 스핀들을 5회전 휴지명령 프로그래밍을 하고자 할 때 바르게 표현한 것은?

① G04 X1.5; ② G04 X0.7;
③ G40 X1.5; ④ G40 X0.7;

해설

정지시간(sec) = $\dfrac{60}{\text{드릴회전수(rpm)}} \times \text{드웰회전수}$

정지시간 : $x = \dfrac{60 \times 5}{200} = 1.5 \text{sec}$

- CNC 선반에서 1.5초 휴지(dwell)하는 프로그래밍 : G04 X1.5;, G04 U1.5;, G04 P1500;

문제 018

Surface Modeling의 특징과 거리가 먼 것은?

① 2개의 면의 교선을 구할 수 있다.
② NC data를 생성할 수 있다.
③ 은선 제거가 어렵다.
④ 복잡한 형상을 표현할 수가 있다.

문제 019

주프로그램에서 보조 프로그램을 호출하여 실행할 수 있다. 보조 프로그램이 끝나고 주프로그램으로 복귀할 때 사용하는 M코드는?

① M08 ② M09
③ M98 ④ M99

문제 020

CNC 와이어 컷 방전가공에서 좋은 파형을 만들기 위한 방법이 아닌 것은?

① 충전회로는 트랜지스터식 스위칭 회로를 사용하는 것이 적당하다.
② 방전회로는 콘덴서 식이 좋다.
③ 극성은 정극성이어야 한다.
④ 진동 폭이 좁고, 전류 파고 값이 낮아야 한다.

문제 021

접촉식 온도센서를 널리 사용되는 것이 아닌 것은?

① 측온 저항체 ② 열전쌍
③ 서미스터 ④ 적외선 센서

문제 022

전동기의 저속 운전 시 고장원인으로 적합하지 않은 것은?

① 코일의 단락
② 과부하
③ 회전자 동봉의 움직임
④ 퓨즈의 단선

문제 023

ON 조작을 하면 닫히고, OFF 조작을 하면 열리는 접점으로 메이크 접점이라고도 하는 접점은?

① a접점 ② b접점
③ c접점 ④ 브레이크 접점

문제 024

공장자동화와 정보자동화를 통합하는 컴퓨터 통합 생산 시스템을 의미하는 것은?

① MRP ② FMS
③ DNC ④ CIM

문제 025

가정용 세탁기는 세탁시간을 정해 놓으면 미리 정해진 순서에 따라 자동적으로 세탁이 된다. 어떤 제어인가?

① 시퀀스 제어
② PLC 제어
③ 되먹임 제어
④ 프로세스 제어

답 017. ① 018. ③ 019. ④ 020. ④ 021. ④ 022. ④ 023. ① 024. ④ 025. ①

문제 026
선반에서 탄소강 환봉을 가공할 때 가장 큰 절삭 저항은?
① 배분력
② 횡분력
③ 주분력
④ 마찰력

문제 027
가는 금속선(wire)을 전극으로 하여 2차원 형상으로 공작물을 잘라내는 가공기는?
① 플라즈마 가공기
② 와이어 컷 방전 가공기
③ 초음파 방전 가공기
④ 전해 가공기

문제 028
연삭숫돌의 구성 3요소로 나열된 것은?
① 입자, 결합제, 기공
② 입자, 조직, 결합도
③ 조직, 결합제, 결합도
④ 입자, 기공, 결합도

문제 029
래핑에 대한 설명 중 틀린 것은
① 랩제 중 Sic는 일반적으로 거친 래핑에 사용한다.
② 앨런덤(Alundum) 및 산화물계 랩제는 완성가공에 석낭하다.
③ 랩의 재질은 가공물의 재질보다 연한 것을 사용한다.
④ 건식 래핑 후 면을 매끈하게 하기 위하여 습식 래핑을 한다.

문제 030
슈퍼 피니싱에서 숫돌의 길이는 일반적으로 어느 정도가 적당한가?
① 가공물 길이의 1/2 정도로 한다.
② 가공물 길이와 같게 한다.
③ 가공물 지름과 같게 한다.
④ 가공물 지름의 1/2 정도로 한다.

문제 031
초음파 가공에 대한 설명으로 옳은 것은?
① 취성이 큰 재질은 가공할 수 없다.
② 부도체의 재질은 가공할 수 없다.
③ 초음파 가공에는 다이아몬드공구를 주로 사용한다.
④ 주 운동은 공구가 입자에 충격을 가하면서 입자는 가공물에 연속적인 해머작용으로 가공한다.

문제 032
연삭숫돌이 심하게 변형되거나 눈메움, 무딤 현상이 생길 경우 숫돌을 수정하는 작업은?
① 드래싱(dressing)
② 트루잉(truing)
③ 몰딩(moulding)
④ 디닝(thinning)

문제 033
표준드릴의 날 골각은 다음 중 몇 도인가?
① 112도
② 118도
③ 125도
④ 130도

문제 034
8mm 드릴로 깊이 33mm의 구멍을 뚫으려고 한다. 드릴이 1회전하는 동안의 이송이 0.02mm/rev이고, 드릴이 600rpm으로 회전한다면 이 구멍을 뚫는데 소요하는 시간은? (단, 드릴 끝 원추부 높이는 3mm이다.)
① 7분
② 1분
③ 3분
④ 5분

답 026. ③ 027. ② 028. ① 029. ④ 030. ② 031. ④ 032. ① 033. ② 034. ③

2007년 7월 15일 시행

해설 $T = \dfrac{t+h}{ns} = \dfrac{33+3}{600 \times 0.02} = 3$

문제 035

고운 입도의 숫돌을 사용해야 하는 작업으로 적당하지 않은 것은?

① 다듬 연삭, 공구의 다듬 연삭
② 절삭 깊이와 이송이 큰 연삭
③ 숫돌과 일감의 접촉 면적이 작은 연삭
④ 경도가 높고 메진 재료의 연삭

문제 036

일반적으로 공구선반에서 릴리빙 장치를 이용하여 가공하지 않는 것은?

① 밀링 커터   ② 탭
③ 호브   ④ 바이트

문제 037

방전가공과 전해연마를 응용한 가공방법으로 방전가공에 비해 정밀도는 떨어지나, 가공속도가 크고 한 개의 공구 전극으로 여러 개의 제품을 생산할 수 있어, 정밀도가 높지 않은 금형이나 부품가공에 적합한 가공법은?

① 초음파가공   ② 전해가공
③ 전자 빔 가공 ④ 용삭가공

문제 038

호닝(honing) 가공에서 공작물에 대한 혼(hone)이 하는 가장 적합한 절삭운동은?

① 회전운동
② 측 방향 왕복운동
③ 회전운동과 축 방향 왕복운동
④ 진동적인 상대운동과 이송운동

문제 039

지름 D=100mm, 날수 Z=8인 평면커터(plain cutter)로 절삭속도 V=30m/min, 절삭 깊이 4mm, 이송속도 240mm/min에서 절삭할 때 칩의 평균두께를 구하면 약 몇 mm인가?

① 0.96   ② 0.063
③ 0.63   ④ 0.96

해설 $\dfrac{1000V}{\pi \times D} = \dfrac{1000 \times 30}{\pi \times 100} = 95.4929 \text{rpm}$

$\therefore tm = \dfrac{f}{nZ}\sqrt{\dfrac{t}{D}} = \dfrac{240}{95.5 \times 8} \times \sqrt{\dfrac{4}{100}}$

$= 0.0628 \text{mm}$

문제 040

나사 연삭기에서 나사를 연삭하기 위하여 나사모양으로 숫돌을 만드는 작업을 무엇이라 하는가?

① 트루잉(truing)   ② 프레싱(preesing)
③ 로딩(loading)   ④ 글레이징(glazing)

문제 041

주분력이 1000N이고 절삭속도가 200m/min인 공작기계의 절삭동력은 몇 PS인가?

① 453   ② 4.53
③ 333   ④ 3.33

해설 절삭동력 $N = \dfrac{P \times V}{75 \times 60 \times 9.81}$ [hp]

여기서 P=절삭저항(kg),
V=절삭속도(m/min)이므로
$N = \dfrac{1000 \times 200}{75 \times 60 \times 9.81} = 4.53$

문제 042

선반의 가로 이송대에 8mm의 리드로서 원주를 100등분 하여 만든 칼라 눈금의 핸들이 달려 있을 때 지름 34mm의 둥근 막대를 지름 30mm로 절삭하려면 핸들의 눈금을 몇 눈금 돌리면 되는가?

답 035. ② 036. ④ 037. ② 038. ③ 039. ② 040. ① 041. ② 042. ①

① 25　　② 30
③ 50　　④ 60

해설 $\frac{(34-30)/2}{(8/100)} = 25$

문제 043

범용 밀링머신(milling machine)에 사용되는 공구 및 부속장치가 아닌 것은?

① 분할대(index head)
② 랙 밀링장치(rack milling attachment)
③ 슬로팅장치(slotting attachment)
④ 사인드레서(sine dresser)

문제 044

다음 중 바이트에 칩 브레이커(chip breaker)를 설치하는 가장 큰 목적은?

① 윤활유의 윤활성을 향상시키기 위해서
② 유동형 칩(chip)을 짧게 끊어 배출하기 위하여
③ 공구의 생산단가를 낮추기 위하여
④ 가공물의 정밀도 향상을 위하여

문제 045

연삭 작업 시 떨림(chattering)이 발생하는 원인으로 틀린 것은?

① 연삭기 자체의 진동이 있을 때
② 숫돌의 결합도가 작을 때
③ 숫돌의 평행상태가 불량할 때
④ 숫돌축이 편심되어 있을 때

문제 046

연감의 절삭가공에서 회전수가 일정 하다고 가정할 때 가공물의 지름과 절삭속도의 관계로 옳은 것은?

① 가공물의 지름이 크면 절삭속도는 빨라진다.
② 가공물의 지름이 크면 절삭속도는 느려진다.
③ 가공물의 지름이 작으면 절삭속도는 빨라진다.
④ 가공물의 지름과 관계없이 절삭속도는 일정하다.

문제 047

수평식 보링머신의 종류가 아닌 것은?

① 테이블(table)형
② 플로어(floor)형
③ 플레이너(planer)형
④ 컨테이너(contalner)형

문제 048

피복하고자하는 부품을 가열해서 그 금속 표면에 다른 종류의 피복금속을 부착시키는 동시에 확산에 의해 합금 피복층을 형성시키는 표면 경화법은?

① 침탄법　　② 질화법
③ 화염 경화법　　④ 금속 침투법

문제 049

다음 중 내식성 Al합금이 아닌 것은?

① 하이드로날륨(hydronallum)
② 알클래드(alclad)
③ 알드레이(aldray)
④ 인코넬(Inconell)

문제 050

주조 시 주형에 냉금을 삽입하여 주물 표현을 급랭시켜 백선화하고 경도를 증가시킨 내마모성 주철은?

① 칠드주철　　② 가단주철
③ 합금주철　　④ 고급주철

답 043.④　044.②　045.②　046.①　047.④　048.④　049.④　050.①

문제 051

다음 중 발전기 및 전동기의 철심이나, 회전자에 주로 사용되는 특수강은?

① 규소(Si)강
② 퍼멀로이(Permalloy)
③ 인바(Invar)
④ 스텔라이트(stellite)

문제 052

시호경화성이 있고 내식성, 내열성, 내피로성 등이 우수하여 베어링 메탈이나 고급 스프링 등에 사용되며, Cu합금 중 최고 강도의 청동은?

① 베릴륨 청동(Be-bronze)
② 콜슨 합금(Colson alloy)
③ 아망즈 청동(Arms bronze)
④ 인청동(Phosphor bronze)

문제 053

탄소(C) 함유량이 0.05~0.6%이며 건축, 교량, 선박, 철도차량 등의 구조물에 널리 사용하는 강은?

① 판용강
② 선재강
③ 탄소 공구강
④ 구조용 탄소강

문제 054

20℃에서 길이 100mm인 형강이 30℃에서는 길이 102mm가 되었다면 열팽창계수(1/℃)는 얼마인가?

① 2×10^{-2}
② 2×10^{-3}
③ 2×10^{-4}
④ 2×10^{-5}

[해설] 열팽창계수 $= \dfrac{(\text{신장된 길이})}{(\text{처음 온도} \times \text{변화 온도})}$
$= \dfrac{2}{(100 \times 10)} = 2 \times 10^{-3}$

문제 055

연간 소요량 4000개인 어떤 부품의 발주비용은 매회 200원이며, 부품단가는 100원, 연간 재고유지비율이 10%일 때 F, W, Harris식에 의한 경제적 주문량은 얼마인가?

① 40개/회
② 400개/회
③ 1000개/회
④ 1300개/회

[해설] 재고비용 = 주문비용이므로
$\dfrac{Q}{2} \times H = \dfrac{D}{Q} \times S$
$\dfrac{Q}{2} \times 100 \times 0.1 = \dfrac{4000}{Q} \times 200$
$Q = \sqrt{((2 \times 4000 \times 200)/(100 \times 0.1))} = 400$

문제 056

제품공정 분석표(Product Process chart) 작성 시 가공시간 기입법으로 가장 올바른 것은?

① $\dfrac{1개당 가공시간 \times 1로트의 수량}{1로트의 총가공시간}$
② $\dfrac{1로트의 가공시간}{1로트의 총가공시간 \times 1로트의 수량}$
③ $\dfrac{1개당 가공시간 \times 1로트의 총가공시간}{1로트의 수량}$
④ $\dfrac{1로트의 총가공시간}{1개당 가공시간 \times 1로트의 수량}$

문제 057

다음 중 검사를 판정의 대상에 의한 분류가 아닌 것은?

① 관리 샘플링검사
② 로트별 샘플링검사
③ 전수검사
④ 출하검사

문제 058

M 타입의 자동차 또는 LCD TV를 조립, 완성한 후 부적합수(결점수)를 점검한 데이터에는 어떤 관리도를 사용하는가?

[답] 051.① 052.① 053.④ 054.② 055.② 056.① 057.④ 058.③

① P 관리도　　② nP 관리도
③ c 관리도　　④ $\bar{x}-R$ 관리도

문제 059

"무결점 운동"이라고 불리는 것으로 품질개선을 위한 동기부여 프로그램은 어느 것인가?

① TQC　　② ZO
③ MIL-STD　　④ ISO

문제 060

이항분포(Binomial distribution)의 특징으로 가장 옳은 것은?

① $P=0$일 때는 평균치에 대하여 좌·우 대칭이다.
② $P \leq 0.1$이고, $nP = 0.1 \sim 10$일 때는 포아송분포에 근사한다.
③ 부적합품의 출현 개수에 대한 표준편차는 $D(x) = nP$이다.
④ $P \leq 0.5$이고, $nP \geq 5$일 때는 포아송분포에 근사한다.

[해설]
- $P=0.5$일 때는 평균치에 대하여 좌·우 대칭이다.
- 부적합품의 출현 개수에 대한 기댓값 nP, 분산은 $nP(1-P)$이다.

답 059. ② 060. ②

2008년 3월 30일 시행

문제 001
다음 공유압 회로에 대한 용어로 옳은 것은?
① 미터 인 회로
② 미터 아웃 회로
③ 블리드 오프 회로
④ 오어 회로

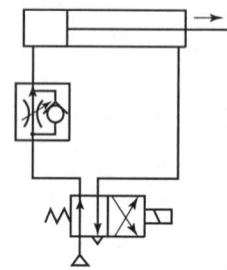

문제 002
다음 중 기능에 따른 유압제어 밸브의 종류가 아닌 것은?
① 방향제어 밸브
② 회로지시 밸브
③ 압력제어 밸브
④ 유량제어 밸브

문제 003
다음은 유압장치의 각 기구에 대한 설명이다. 틀린 것은?
① 오일 필터는 회로에 공급되는 유압유 내에 함유되어 있는 불순물을 여과한다.
② 릴리프 밸브는 회로의 최고압력을 제한하는 밸브로서 회로의 압력을 일정하게 유지시킨다.
③ 어큐뮬레이터는 밸브의 개폐 등에 의한 충격압력을 흡수하며 맥동압을 제거한다.
④ 무부하 밸브는 어큐뮬레이터의 브리지를 조정한다.

문제 004
공기의 공급량(체적 유량)이 일정할 때, 지름 6mm인 공압 호스를 지름 10mm로 바꾸었다면 공기의 속도는 처음 속도의 몇 배로 되는가? (단, 공기는 비압축성이고 흐름은 정상류이다.)
① 0.36배
② 2.78배
③ 0.65배
④ 1.67배

해설 $Q = AV$ 에서
$$\frac{V_2}{V_1} = \frac{\frac{Q}{A_2}}{\frac{Q}{A_1}} = \frac{A_1}{A_2} = \frac{d_1^2}{d_2^2} = \frac{6^2}{10^2} = 0.36$$
$$\therefore V_2 = 0.36 V_1$$

문제 005
유압 실린더의 호칭에 표시하지 않아도 되는 것은?
① 호칭 압력
② 스트로크 길이
③ 튜브 안지름
④ 실린더 외경

문제 006
치공구의 사용에 따른 장·단점으로 틀린 것은?
① 작업의 숙련도 요구가 감소한다.
② 가공 정밀도 향상으로 불량품을 방지한다.
③ 가공시간을 단축하게 하여 제조비용을 절감할 수 있다.
④ 호환성이 낮아지기 때문에 일체형 단일 제품 제작에만 사용한다.

문제 007
지그의 손익분기점(N)의 계산식으로 옳은 것은?
(단, Y : 지그 제작비용, y : 1시간당 가공비용, H : 지그를 사용하지 않을 때 1개당 가공비용, H_j : 지그를 사용할 때 1개당 가공 시간)

답 001.① 002.② 003.④ 004.① 005.④ 006.④ 007.③

① $N=\dfrac{Y}{H\cdot(H_j-y)}$ ② $N=\dfrac{H_j\cdot y}{H\cdot Y}$

③ $N=\dfrac{Y}{(H-H_j)\cdot y}$ ④ $N=\dfrac{(H-H_j)\cdot Y}{y}$

문제 008

형판 지그(template jig)의 종류에 해당하지 않는 것은?

① 레이아웃 템플레이트 지그
② 평판 템플레이트 지그
③ 앵거스 템플레이트 지그
④ 원판 템플레이트 지그

문제 009

한계게이지 재료에 요구되는 성질로 틀린 것은?

① 열팽창 계수가 클 것
② 내마무성이 좋을 것
③ 변형이 적을 것
④ 정밀 다듬질이 가능할 것

문제 010

편측 공차 $5.255^{+0.010}_{0.0000}$을 동등 양측 공차로 옳게 변환한 것은?

① 5.255 ± 0.005 ② 5.255 ± 0.010
③ 5.260 ± 0.005 ④ 5.260 ± 0.010

해설 ㉠ 0.01 + 0 = 0.01
㉡ 0.01 ÷ 2 = 0.005
㉢ 5.250 + 0.005 = 5.255 ± 0.005

문제 011

사인 바에 의한 각도 측정 시 45° 이상의 각도 측정에서 큰 오차가 발생하는 가장 타당한 이유는?

① 각도설정 오차함수가 탄젠트 함수로 45° 이상에서는 심한 오차가 발생하기 때문이다.
② 측정 시 사인 바를 설치할 때 자세에 의한 오차가 발생하기 때문이다.
③ 사인 바의 롤러 중심거리가 짧으므로 45° 이상에서 균형이 맞지 않기 때문이다.
④ 사인 바의 측정면의 정밀도가 45° 이상에서 저하되기 때문이다.

문제 012

$70^{+0.05}_{-0.02}$의 치수 공차 표시에서 최대허용치수는?

① 70.03 ② 70.05
③ 69.98 ④ 69.05

해설 최대허용치수 = 70 + 0.05 = 70.05

문제 013

다음 중 KS규격에 따른 스퍼기어 및 헬리컬 기어의 측정 요소에 해당하지 않는 것은?

① 피치 ② 잇줄
③ 이형 ④ 유효지름

문제 014

수나사 골지름을 측정하려고 한다. 다음 중 계산식으로 옳은 것은? (단, M: 나사의 바깥지름, H: 나사산의 높이임)

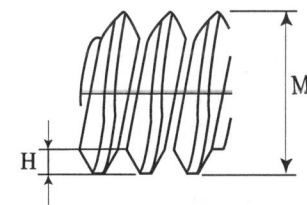

① 수나사 골지름 = M − 2H
② 수나사 골지름 = M − 4H
③ 수나사 골지름 = M + 2H
④ 수나사 골지름 = M + 4H

답 008. ③ 009. ① 010. ① 011. ① 012. ② 013. ④ 014. ①

문제 015

다음 중 표면거칠기 측정기가 옳게 나열된 것은?

① 삼선식, 촉침식
② 촉침식, 광파간섭식
③ 광파간섭식, 스키드식
④ 정적검출식, 촉침식

문제 016

머시닝센터에서 가공물의 고정시간을 줄여 생산성을 높이기 위하여 자동적으로 공작물을 교환하는 장치는?

① APT ② ATP
③ ATC ④ APC

문제 017

1500rpm으로 회전하는 스핀들에서 2회전 드웰(dwell)을 주려고 할 때 정지시간은?

① 0.05초 ② 0.08초
③ 1.2초   ④ 1.5초

해설

$$정지시간(sec) = \frac{60}{드릴회전수(rpm)} \times 드웰회전수$$

$$정지시간 : x = \frac{60 \times 2}{1500} = 0.08 sec$$

문제 018

다음 중 편판 디스플레이어의 종류가 아닌 것은?

① 플라즈마 가스 방출형
② 래스터 스캔형
③ 액정형
④ 전자 발광판형

문제 019

CNC 공작기계에서 제어의 3가지 방식이 아닌 것은?

① 위치결정제어   ② 서버기구제어
③ 윤관절삭제어   ④ 직선절삭제어

문제 020

다음 중 솔리드 모델링의 특징이 아닌 것은?

① 은선 제거가 가능하다.
② 불(Boolean) 연산(합, 차, 적)에 의하여 복잡한 형상 표현이 어렵다.
③ 형상을 절단하여 단면도 작성이 용이하다.
④ 물리적 성질의 계산이 가능하다.

문제 021

다음 중 공압 시스템에서 수분에 의한 고장으로 보기 어려운 것은?

① 밸브의 고착
② 갑작스런 압력 강하
③ 부식작용에 의한 손상
④ 에멀션화에 의한 밸브 오동작

문제 022

다음 주 자동화 시스템에서 컴퓨터 통합 시스템을 지칭하는 것은?

① CAD ② CIM
③ MRP ④ FMC

문제 023

다음 중 물리양의 변화를 기본 전기회로의 전원과 같이 스스로 전위차를 줄 수 있는 기전력의 값으로 표현되는 센서는?

① 서미스터 ② Cds
③ 열전쌍   ④ 바이메탈

문제 024

다음 중 릴레이 제어와 비교한 PLC 제어의 특징에 해당되는 것은?

답 015. ② 016. ④ 017. ② 018. ② 019. ② 020. ② 021. ② 022. ② 023. ③ 024. ①

① 제어의 변경을 프로그램 변경만으로 가능하다.
② 접점 마모/융착 등의 접촉 불량으로 신뢰성이 낮다.
③ 제어반의 크기가 크다.
④ 정기 점검 및 보수를 필요로 하며 고장부위 발견이 어렵다.

문제 025

다음 그림과 같은 기호로 표현되며, 조작 후에 손을 떼면 접점은 그대로 유지되지만 조작부분은 본래의 상태로 복귀되는 스위치는?

① 복귀형 스위치
② 근접 스위치
③ 잔류형 스위치
④ 리미트 스위치

문제 026

다음의 가공이 모두 가능한 공작기계는?

- 리밍, 탭가공, 보링
- 카운터보링, 카운터싱킹, 스폿페이싱

① 드릴링머신 ② 플레이너
③ 호빙머신   ④ 연삭기

문제 027

KS규격에 따른 절삭공구의 재료가 올바르게 짝지어진 것은?

① STC3 - 합금 공구강
② SM45C - 탄소 공구강
③ SKH10 - 고속도 공구강
④ SS330 - 스프링 공구강

문제 028

다음 중 밀링머신의 부속품 및 부속장치가 아닌 것은?

① 아버   ② 밀링바이스
③ 회전테이블 ④ 심압대

문제 029

다음 중 주철을 가공하기 위한 드릴의 선단 각도로 가장 적당한 것은?

① 20°   ② 90°
③ 140° ④ 165°

문제 030

다음 중 래핑(lapping)의 특징과 거리가 먼 것은?

① 정밀도가 높은 제품을 가공할 수 있다.
② 가공면의 내마모성이 증대된다.
③ 가공이 복잡하여 소량생산에만 적용 가능하다.
④ 가공면은 윤활성이 좋다.

문제 031

다음 중 절삭 가공에서 절삭률을 나타내는 것은?

① 절삭속도×절삭면적
② 절삭깊이×이송
③ 절삭속도×절삭길이×칩단면적
④ 이송× 매분회전수

문제 032

전해연마의 일반적인 작업 특성으로 틀린 것은?

① 전기 화학적 작용으로 공작물의 미소 돌기를 용출시켜 광택면을 얻는 가공법이다.
② 열로 인한 가공변질층이 발생하지 않는다.
③ 전해액으로 황상, 인산 등 점성이 있는 것이 사용되며 점성을 낮추기 위해 글리세린, 젤라틴 등의 유기물을 첨가하기도 한다.
④ 복잡한 형상의 제품도 가공이 가능하다.

답 025. ③ 026. ① 027. ③ 028. ④ 029. ② 030. ③ 031. ① 032. ③

문제 033

연삭하려는 부품의 형상으로 연삭숫돌의 모양을 만드는 것을 무엇이라고 하는가?
① 로딩　　　　② 글레이징
③ 트루잉　　　④ 채터링

문제 034

절삭 공구에 작용하는 절삭 저항의 3분력 중 주분력을 가장 올바르게 설명한 것은?
① 절삭 공구의 축 방향으로 평행한 분력을 말한다.
② 주절삭력이라고도 하며, 절삭 저항의 3분력 중에서 가장 크다.
③ 절삭 작업에 있어 배분력에서 횡분력을 뺀 절삭값을 말한다.
④ 공구의 이송 방향과 반대로 작용하는 것을 말하며, 절삭 저항의 3분력 중에서 가장 작다.

문제 035

절삭속도가 100m/min, 날 수가 10개, 지름이 100mm인 커터로 1날당 이송을 0.4mm로 하여 공작물을 가공할 경우 테이블의 이송속도는 약 몇 mm/min인가?
① 1020　　　② 1273
③ 1421　　　④ 1635

해설
$$n = \frac{1000v}{\pi D} = \frac{1000 \times 100}{3.14 \times 100} \fallingdotseq 318 \text{rpm}$$
$$f = \frac{Fz \times Z \times N}{1000} = \frac{0.4 \times 10 \times 318.47}{1000}$$
$$= 1.273 \text{m/min} \times 1000 = 1273 \text{mm/min}$$

문제 036

전기적 에너지를 기계적 진동 에너지로 변환시켜 가공하는 방법으로, 취성이 큰 유리, 세라믹, 다이아몬드, 수정, 천연보석, 인조보석, 반도체 등에 눈금, 무늬, 문자, 구멍, 절단 등의 가공작업을 가장 효율적으로 할 수 있는 것은?
① 버니싱 가공　　② 워터 젯 가공
③ 초음파 가공　　④ 화학연마

문제 037

다음 중 슈퍼 피니싱에 사용되는 일반적인 가공액으로 가장 적합한 것은?
① 비눗물　　　② 피자마 기름
③ 순수한 물　　④ 석유

문제 038

액체 호닝(liquid honing)의 일반적인 특징으로 틀린 것은?
① 피닝(peening) 효과가 있다.
② 형상이 복잡한 것도 쉽게 가공할 수 있다.
③ 다듬질면의 진직도가 매우 우수하다.
④ 공작물 표면의 산화막을 제거하기 쉽다.

문제 039

심압대를 편위시켜 그림과 같은 테이퍼를 가공할 때 심압대의 편위량은 몇 mm인가?

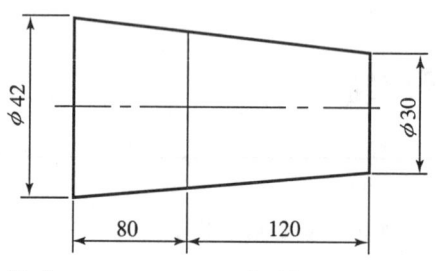

① 6　　　　② 10
③ 12　　　④ 20

해설
$$x = \frac{(D-d)L}{2 \cdot l} = \frac{(42-30) \times 200}{2 \times 200} = 6 \text{mm}$$

답　033. ③　034. ②　035. ②　036. ③　037. ④　038. ③　039. ①

문제 040

주철과 같이 메진 재료를 저속으로 절삭할 때 일반적으로 발생하는 칩의 형태는?

① 열단형　　② 경작형
③ 균열형　　④ 유동형

문제 041

다음 중 공작기계의 절삭속도를 표시하는 식으로 맞지 않는 것은?

① $V = \dfrac{\pi dn}{1000}$ [m/min]

여기서 d=선반바이트 지름[mm], n=주축 회전속도[rpm]

② $V = \dfrac{\pi dn}{1000}$ [m/min]

여기서 d=엔드밀의 지름[mm], n=엔드밀 회전속도[rpm]

③ $V = \dfrac{\pi dn}{1000}$ [m/min]

여기서 d=드릴의 지름[mm], n=주축 회전속도[rpm]

④ $V = \dfrac{\pi dn}{1000}$ [m/min]

여기서 d=밀링커터 지름[mm], n=커터 회전속도[rpm]

문제 042

다음 중 절삭유제의 요구 성질로 옳지 않은 것은?

① 냉각작용이 클 것
② 칩의 세척작용이 좋을 것
③ 인화점이 낮을 것
④ 기계표면을 녹슬지 않게 할 것

문제 043

선반에서 맨드릴을 사용하는 가장 큰 목적은?

① 돌기가 있고 센터 작업이 곤란하기 때문에
② 가늘고 긴 가공물의 작업을 위하여
③ 내, 외경이 동심이 되도록 가공하기 위하여
④ 척킹이 곤란하기 때문에

문제 044

다음 정밀 가공법 중 연삭 입자를 사용하는 것은?

① 초음파 가공　　② 전해연마
③ 숏피닝　　　　④ 방전가공

문제 045

KS규격에 따라 니형 수직 밀링머신의 정적 정밀도를 검사할 때, 주축 끝 외면의 흔들림에 대한 허용값은?

① 0.01mm　　② 0.03mm
③ 0.05mm　　④ 0.07mm

문제 046

센터리스 연삭기를 사용하여 다음과 같은 조건으로 연삭할 때 공작물의 이송 속도는 약 몇 m/min인가?

- 조정 숫돌의 지름 200mm
- 조정 숫돌의 회전수 100rpm
- 연삭숫돌에 대한 조정 숫돌의 경사가 5°

① 2.78　　② 3.56
③ 4.19　　④ 5.47

해설 $V_a = \pi Dn \sin a = \pi \times 200 \times 100 \times \sin 5°$
$= 5476 \text{mm/min} = 5.47 \text{m/min}$

문제 047

다음 중 절삭 공구의 사용에 있어서 공구 인선의 마모 또는 파손현상이 아닌 것은?

① 플랭크(flank) 마모
② 버(burr)
③ 치핑(chipping)
④ 크레이터(creater) 마모

답 040.③　041.①　042.③　043.③　044.①　045.①　046.④　047.②

문제 048

강의 표면에 친화력이 강한 금속(Zn, Cr, Si 등)을 부착시키는 동시에 확산시켜 내식성이나 경도를 증가시키는 방법으로 다음과 같은 종류를 포함하는 것은?

> 세라다이징, 크로마이징, 칼로라이징, 브로나이징

① 숏피닝 ② 질화법
③ 침탄법 ④ 금속침투법

문제 049

문쯔메탈(muntzmetal)이라고 하며 고온가공이 용이하고 열간 단조품, 볼트, 너트, 대포의 탄피 등에 사용되는 구리 합금은?

① 6 : 4 황동 ② 7 : 3 황동
③ 인청동 ④ 연청동

문제 050

풀림(annealing)의 목적에 해당하지 않는 것은?

① 절삭 및 소성가공에서 생긴 내부 응력의 제거
② 열처리로 인하여 연화된 재료의 경화
③ 단조, 주조에서 경화된 재료의 연화
④ 기계적 성질 개선을 위해 탄화물을 구상화

문제 051

다음 중 재료의 인장시험으로 알 수 없는 것은?

① 탄성계수 ② 항복강도
③ 비례한도 ④ 피로한도

문제 052

스테인리스강은 산업 전반에 걸쳐 수요가 계속 증가하고 있다. 다음 중 KS 규격에 따른 냉간 압연·스테인리스강판의 종류가 아닌 것은?

① 페라이트계 ② 소르바이트계
③ 오스테나이트계 ④ 석출경화계

문제 053

0.86%C 이하의 아공석강에서 탄소함유량이 많아지면, 일반적으로 그 성질이 감소하는 성질은?

① 경도 ② 인장강도
③ 연신율 ④ 항복점

문제 054

알루미늄의 비중과 용융점이 맞는 것은?

① 비중 : 3.4, 용융점 : 760도
② 비중 : 2.7, 용융점 : 660도
③ 비중 : 2.1, 용융점 : 560도
④ 비중 : 1.5, 용융점 : 360도

문제 055

모든 작업을 기본동작으로 분해하고, 각 기본 동작에 대하여 성질과 조건에 따라 미리 정해 놓은 시간치를 적용하여 정미 시간을 산정하는 방법은?

① PTS법 ② WS법
③ 스톱워치법 ④ 실적자료법

문제 056

로트로부터 시료를 샘플링해서 조사하고, 그 결과를 로트의 판정기준과 대조하여 그 로트의 합격, 불합격을 판정하는 검사를 무엇이라 하는가?

① 샘플링검사 ② 전수검사
③ 공정검사 ④ 품질검사

문제 057

일정 통제를 할 때 1일당 그 작업을 단축하는 데 소요되는 비용의 증가를 의미하는 것은?

답 048. ④ 049. ① 050. ② 051. ④ 052. ② 053. ③ 054. ② 055. ① 056. ① 057. ①

① 비용구매(Cost slope)
② 정상소요시간(Normal duration time)
③ 비용견적(Cost estimation)
④ 총비용(Total Cost)

문제 058

C 관리도에서 $k=20$인 군의 총부적합(결점) 수 합계는 58이었다. 이 관리도의 UCL, LCL을 구하면 약 얼마인가?

① UCL=6.92, UCL=0
② UCL=4.90, LCL=고려하지 않음
③ UCL=6.92, LCL=고려하지 않음
④ UCL=8.01, UCL=고려하지 않음

[해설] C 관리도의 관리 상한선과 관리 하한선

$$\bar{c} = \frac{58}{20} = 2.9$$

$$2.9 \pm 3\sqrt{2.9} = 8.01$$

음(-)은 고려하지 않음.

문제 059

다음 중 데이터를 그 내용이나 원인 등 분류 항목별로 나누어 크기의 순서대로 나열하여 나타낸 그림을 무엇이라 하는가?

① 히스토그램(histogram)
② 파레토도(pareto diagram)
③ 특성요인도(causes and effects diagram)
④ 체크시트(check sheet)

문제 060

일반적으로 품질코스트 가운데 가장 큰 비율을 차지하는 코스트는?

① 평가코스트   ② 실패코스트
③ 예방코스트   ④ 검사코스트

[답] 058. ④ 059. ② 060. ②

2008년 7월 13일 시행

최근 기출문제

문제 001
어큐뮬레이터의 용도와 관계가 먼 것은?
① 맥동 제거 ② 충격 흡수
③ 에너지 저장 ④ 오염물질의 여과

문제 002
공기압축기 사용상 주의 사항에 대한 설명 중 틀린 것은?
① 공기탱크 내의 드레인을 제거한다.
② 소음과 진동에 대한 대책을 세워야 한다.
③ 공기 흡입구에 반드시 흡입필터를 설치한다.
④ 공기 흡입구의 온도와 습도를 높게 한다.

문제 003
피스톤의 왕복운동을 활용하여 작동유에 압력을 주며 고압에 적당하고 누설이 적어 효율을 높일 수 있고 사축식과 사판식의 두 가지 종류를 가지고 있는 펌프를 무엇이라 하는가?
① 피스톤펌프(Piston punp)
② 복합펌프(Combination pump)
③ 가변용량형 펌프(Variable delivery vane pump)
④ 기어펌프(Gear pump)

문제 004
다음 그림은 무엇을 나타내는 기호인가?

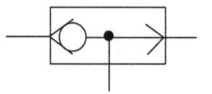

문제
① 고압 우선형 셔틀 밸브
② 저압 우선형 셔틀 밸브
③ 급속배기 밸브
④ 파일럿 조작 체크 밸브

문제 005
유압 회로에서 파선이 사용되는 용도로 맞는 것은?
① 파일럿 조작관로 ② 주관로
③ 전기신호선 ④ 포위선

문제 006
지그나 고정구에 사용되는 비철재료 중에서 비중에 대한 강도의 비가 높고, 가공성이 좋으며, 용접과 기계적 접합이 용이한 재료이지만 특성상 가공 중에 화재의 위험성이 있는 재료는?
① 비스무스 합금 ② 알루미늄
③ 우레탄 ④ 마그네슘

문제 007
치공구의 3요소로 거리가 먼 것은?
① 위치결정면 ② 클램프
③ 위치결정구 ④ 공작물

문제 008
일반적으로 대량생산된 공작물의 막힌 구멍 깊이를 측정하는 데 적합한 한계 게이지는?
① 터보 게이지 ② 플러시 판 게이지
③ 플러스 게이지 ④ 스냅 게이지

답 001.④ 002.④ 003.① 004.① 005.① 006.④ 007.④ 008.②

문제 009

봉재와 같은 원형부품의 위치결정 시 수직(상하 방향)중심의 정도가 가장 중요할 때 사용되는 V 블록의 각도로 가장 적합한 것은?

① 60°   ② 90°
③ 110° ④ 120°

문제 010

소형 박스 지그로 장착과 탈착이 용이하도록 힌지를 사용하는 지그는?

① 채널 지그   ② 리프 지그
③ 트라이언 지그 ④ 샌드위치 지그

문제 011

다량의 제품의 치수가 허용치수 이내에 있는가를 검사하기에 가장 적합한 게이지는?

① 다이얼 게이지 ② 한계 게이지
③ 버니어 캘리퍼스 ④ 마이크로미터

문제 012

삼침법에 의한 미터나사의 유효지름 측정 시 최적선경(d)을 구하는 공식은? (단, 나사의 피치를 P로 한다.)

① $d = 0.86264P$ ② $d = 1.46347P$
③ $d = 0.57735P$ ④ $d = 0.77837P$

[해설] 미터나사와 유니파이나사에서는 3점의 지름이 유효지름 오차에 가장 영향이 적게 하기 위한 호칭치수는 $d = 0.57735P$이다.

문제 013

다음 각도 측정기 중 오토 콜리메이터와 함께 원주눈금의 검 교정에 주로 사용되는 기기는?

① 폴리곤프리즘(Polygon prism)
② 펜타프리즘(Penta prism)
③ 각도 측정기
④ 요한슨식(Johanson type) 각도게이지

문제 014

기어의 측정에서 볼 또는 핀 등의 측정자를 전체 원둘레에 따라 이 홈의 양측 치면에 접하도록 삽입하여 측정자의 반지름 방향 위치의 변동을 측미기로 읽었다. 이때 이 눈금 값의 최대값과 최소값의 차이를 무엇이라 하는가?

① 치형 오차   ② 피치 오차
③ 이(齒) 홈의 흔들림 ④ 이 두께 오차

문제 015

광파 간섭 측정기를 가지고 현미 간섭식 표면거칠기를 측정하려고 한다. 파장을 λ라 하고 간섭무늬의 폭을 a, 간섭무늬의 휨량을 b라 하면 표면거칠기(F) 값은?

① $F = a \times b \times \lambda$ ② $F = (a \times b) - \lambda$
③ $F = \dfrac{b}{a} \times \lambda$ ④ $F = \dfrac{b}{a} \times \dfrac{\lambda}{2}$

문제 016

CNC 선반 프로그램 작성 중 휴지(Dwell) 기능을 이용하여 1.2초 동안 정지시키려고 할 때 사용되는 방법으로 옳은 것은?

① G04 X1200;   ② G04 U1200;
③ G04 P1200;   ④ G04 Q1200;

[해설] CNC 선반에서 1.2초 휴지(dwell)하는 프로그래밍 : G04 X1.2;, G04 U1.2;, G04 P1200;

문제 017

다음은 2D 모델링 및 NC DATA 생성과정도이다. 순서도가 옳은 것은?

① 도면 → 곡선의 정의 → CL Data 생성 → 공구경로검증 → 후처리 → NC Data 생성

[답] 009. ① 010. ② 011. ② 012. ③ 013. ① 014. ③ 015. ④ 016. ③ 017. ①

② 도면 → 곡선의 정의 → 공구경로검증 → CL Data 생성 → 후처리 → NC Data 생성
③ 도면 → 곡선의 정의 → CL Data 생성 → 후처리 → 공구경로검증 → NC Data 생성
④ 도면 → 곡선의 정의 → 후처리 → CL Data 생성 → 공구경로검증 → NC Data 생성

문제 018

다음 중 자동공구교환장치(ATC)가 있는 NC기계는?
① CNC 선반
② 와이어 컷 방전가공기
③ 머시닝 센터
④ 플레이너

문제 019

고급의 모델링 기법으로 공학적인 해석을 할 때 사용되며, 여러 물리적 성질(부피, 무게중심, 관성모멘트 등)이 제공되는 모델링은?
① 와이어 프레임 모델링
② 서피스 모델링
③ 솔리드 모델링
④ 투시도 모델링

문제 020

CNC 선반의 주요 어드레스 종류 및 기능 중에서 휴지기능으로 사용할 수 없는 어드레스는?
① P   ② X
③ Q   ④ U

문제 021

다음 중 PLC 제어 회로의 입력부로 사용되는 기기는?
① 공압 실린더   ② 램프
③ 전자밸브   ④ 리미트 스위치

문제 022

사용 분야에 따른 적절한 센서를 선택할 때 고려해야 할 사항에 해당되지 않는 것은?
① 감지 거리   ② 반응 속도
③ 신뢰성 내구성 ④ 작동 순서

문제 023

자동화 시스템의 구성 요소 중 프로세서로부터 명령을 받아 기계적인 작업을 수행하는 것은?
① 센서   ② 액추에이터
③ 소프트웨어   ④ 네트워크

문제 024

산업용 로봇(robot)의 일반적 분류 중 미리 설정된 순서와 조건 및 위치에 따라 동작의 각 단계를 순차적으로 진행하는 로봇은?
① 시퀀스 로봇   ② 플레이백 로봇
③ 지능 로봇   ④ 감각제어 로봇

문제 025

두 개의 계전기에 의해 전동기를 정·역운전시키는 경우 두 개의 계전기 코일에 동시에 전류가 흐르는 것을 방지하기 위한 대책으로 사용하는 회로는?
① 피드백 회로   ② 차동 회로
③ 인터록 회로   ④ 브리지 회로

문제 026

지름이 60mm인 연강재료를 선반 가공할 때 두 축의 회전수[rpm]는 다음 중 얼마로 하는 것이 가장 좋은가? (단, 절삭속도(V)는 약 150m/min로 한다.)
① 580   ② 800
③ 950   ④ 1240

답 018. ③ 019. ③ 020. ③ 021. ④ 022. ④ 023. ② 024. ① 025. ③ 026. ②

해설
$$n = \frac{1000v}{\pi d} = \frac{1000 \times 150}{\pi \times 60} = 800 \text{rpm}$$

문제 027

다음 중 자연계에는 존재하지 않는 인공합성 재료로서 CBN 미소분말을 초고온, 초고압의 상태로 소결한 것으로 고속도강, 내열강, 열처리합금 등을 절삭하는 데 적합한 공구 재료는?

① 다이아몬드 ② 입방정 질화붕소
③ 고속도강   ④ 서밋(cermet)

문제 028

절삭온도를 측정하는 방법 중 절삭부로부터 열복사를 렌즈에 의해서 검출하여 열전대의 온도 상승을 측정하는 방법은?

① 칩의 색깔로 판정하는 방법
② 서모 컬러(thermo color)에 의한 방법
③ 복사온도계를 사용하는 방법
④ 공구 속에 열전대를 삽입하는 방법

문제 029

피삭재의 재질이 연(軟)할 때, 연삭숫돌의 선정요령으로 옳게 설명한 것은?

① 거친 입도이며, 결합도가 높은 숫돌
② 거친 입도이며, 결합도가 낮은 숫돌
③ 고운 입도이며, 결합도가 높은 숫돌
④ 고운 입도이며, 결합도가 낮은 숫돌

문제 030

밀링머신에서 탄소강의 경우 절삭속도 70m/min, 커터의 지름 100mm, 매분당 이송 400mm/min, 절삭저항 1.2kN일 때 절삭동력은 몇 kW인가? (단, 효율은 100%이다.)

① 1.4   ② 0.008
③ 8   ④ 28.8

해설
$$N_c = \frac{P \times V}{75 \times 60 \times \eta} = PS$$

여기서, $N_c = \frac{1200 \times 70}{102 \times 60 \times 1 \times 9.81} = 1.4$

문제 031

박스 지그(Box Jig)는 어떤 작업에 주로 사용하는가?

① 선반 작업에서 크랭크축 절삭을 할 때
② 그라인딩에서 테이퍼 작업을 할 때
③ 드릴 작업에서 복잡한 가공물에 구멍을 뚫을 때
④ 셰이퍼에서 평면을 연삭할 때

문제 032

공작기계의 3대 기본운동으로 볼 수 없는 것은?

① 준비 운동   ② 이송 운동
③ 위치조정 운동 ④ 절삭 운동

문제 033

방전가공에서 일반적인 전극재료가 아닌 것은?

① 구리   ② 알루미늄
③ 흑연   ④ 은-텅스텐

문제 034

액체 호닝(liquid honing)을 할 때 가공액과 함께 사용되는 가공 재료로 가장 적합한 것은?

① 미세 연삭입자   ② 강구
③ 면   ④ 가죽

문제 035

드릴링 머신에서 드릴을 주축에 고정하기 위해 사용되는 것이 아닌 것은?

① 맨드릴   ② 드릴 척
③ 드릴 소켓 ④ 드릴 슬리브

답 027. ② 028. ③ 029. ① 030. ① 031. ③ 032. ① 033. ② 034. ① 035. ①

문제 036

절삭 공구의 경사면에 칩이 슬라이드 할 때 마찰력에 의해 경사면이 오목하게 파여 지는 현상을 무엇이라 하는가?

① 습도 파손　② 크레이터 마모
③ 결손　　　　④ 플랭크 마모

문제 037

입도가 작은 숫돌로 일감에 작은 압력으로 가압하면서, 가공물에 이송을 주고, 동시에 숫돌에 진동을 주어 변질층의 표면이나 원통 내면을 다듬질하는 가공법은?

① 슈퍼 피니싱(super finishing)
② 래핑(lapping)
③ 액체 호닝(liquid honing)
④ 버핑(buffing)

문제 038

선반에서 여러 가지 조립구멍을 가지고 있어서 공작물을 직접 또는 간접적으로 볼트 또는 기타 고정구를 사용하여 공작물을 고정할 수 있는 선반 부속품은?

① 만능식척　② 심압대
③ 공구대　　④ 면판

문제 039

정면 밀링 커터나 엔드밀을 장치하는 주축 헤드가 테이블 면에 수직으로 설치되어 주로 평면 가공, 홈 가공 등을 하는 밀링 머신은?

① 수평 밀링머신　② 수직 밀링머신
③ 만능 밀링머신　④ 플레인 밀링머신

문제 040

구성인선에 대한 설명으로 적합한 것은?

① 선반공구의 일종
② 공구 끝이 마멸되는 것
③ 칩(chip)의 일부가 날 끝에 붙는 것
④ 조합구성된 바이트 끝

문제 041

버핑가공(buffing work) 사용목적과 거리가 먼 것은?

① 공작물에 광택을 내기 위하여
② 공작물 표면을 매끈하게 하기 위하여
③ 아름다운 외관이 중요시 되는 부분을 위하여
④ 잔류응력을 제거하기 위하여

문제 042

센터리스 연삭기 통과이송법에서 이송속도 F(mm/min)를 구하는 식은?(단, D : 조정숫돌의 지름(mm), N : 조정숫돌의 회전수(rpm), α : 경사작(°)이다.)

① $F = \pi DN \times \sin\alpha$　② $F = DN \times \sin\alpha$
③ $F = \pi DN \times \tan\alpha$　④ $F = \pi DN \times \cos\alpha$

문제 043

밀링머신의 브라운 샤프형 분할대에서 원주를 단식 분할법(simple indexing)으로 13등분 하였다면, 어디에 해당하는가?

① 13구명 열에서 1회전에 3구멍씩 이동한다.
② 39구명 열에서 3회전에 3구멍씩 이동한다.
③ 40구명 열에서 1회전에 13구멍씩 이동한다.
④ 40구명 열에서 3회전에 13구멍씩 이동한다.

해설 $n = \dfrac{40}{N} = \dfrac{40}{13} = 3\dfrac{1}{13} = 3\dfrac{1\times 3}{13\times 3} = 3\dfrac{3}{39}$

따라서 39구명열에서 3회전에 3구멍씩 이동시킨다.

문제 044

공작기계에서 절삭속도에 대한 설명 중 틀린 것은?

답 036.② 037.① 038.④ 039.② 040.③ 041.④ 042.① 043.② 044.②

① 절삭속도는 가공물의 재질 및 지름, 절삭공구의 재질에 따라 적절히 선정하여야 한다.
② 절삭속도가 증가하면 가공물의 표면거칠기가 나빠진다.
③ 절삭속도가 증가하면, 절삭공구의 가공물의 마찰력 증가로 절삭 공구 수명이 단축된다.
④ 동일한 회전수에서 가공물 지름이 커질수록 절삭속도는 커지고, 지름이 작아지면 느려진다.

문제 045

전해 연마(electrolytic polishing)의 특징이 아닌 것은?

① 복잡한 형상의 가공물의 연마가 가능하다.
② 가공면에 방향성이 있다.
③ 내마모성, 내부식성이 향상된다.
④ 연질의 알루미늄, 구리 등도 쉽게 광택면을 가공할 수 있다.

문제 046

운전시험은 공작기계의 운전에 필요한 성능을 시험하는 것을 목적으로 한다. 다음 중 이에 해당하지 않는 것은?

① 기능 시험   ② 무부하 운전시험
③ 부하 운전시험   ④ 진직도 시험

문제 047

배럴(barrel)가공의 주요 목적으로 볼 수 없는 것은?

① 표면거칠기의 향상
② 거스러미 제거
③ 녹이나 스케일 제거
④ 잔류응력 제거

문제 048

절삭성이 우수하여 기계용 기어 및 나사 재료로 사용되는 황동 합금은?

① Al 황동   ② Pb 황동
③ Si 황동   ④ 델타메탈

문제 049

다이캐스팅용 알루미늄 합금으로 거리가 먼 것은?

① 라우탈(lautal)   ② 실루민(silumin)
③ Y합금   ④ 켈밋(kelmet)

문제 050

WC, TiC, TaC 등의 금속 탄화물을 미세한 분말 상에서 결합제인 Co 분말과 결합하여 프레스로 성형, 압축하고 용융점 이하로 가열하여 소결시켜 만든 합금강은?

① 주철공구강   ② 고속도강
③ 초경합금   ④ 다이스강

문제 051

순철의 동소체 중 910~1400℃ 구간에서 존재하는 것은?

① α철   ② β철
③ γ철   ④ δ철

문제 052

주조할 때 주형에 냉금을 삽입함으로써 표면을 백선화하여 경도를 증가시킨 내마모성 주철로 압연기의 롤러, 철도차륜 등에 사용되는 주철은?

① 보통주철   ② 합금주철
③ 칠드주철   ④ 가단주철

문제 053

강의 표면에 알루미늄을 침투시키는 표면경화 방법은?

① 보로나이징(boronizing)
② 실리콘나이징(siliconizing)

답 045. ② 046. ④ 047. ④ 048. ② 049. ④ 050. ③ 051. ③ 052. ③ 053. ③

③ 칼로나이징(calorizing)
④ 크로마이징(chromizing)

문제 054

인장시험에서 표점 거리 50mm, 지름 14mm인 시편이 2000N에서 절단되었다. 이때 표점 거리가 60mm가 되었다면 인장강도는 약 몇 N/mm² 인가?

① 13   ② 23
③ 33.4   ④ 10.2

해설 $\sigma_B = \dfrac{P_{max}}{A_o} = \dfrac{4 \times 2000}{\pi \times 14^2} = 13 \text{N/mm}^2$

문제 055

계수 규준형 1회 샘플링 검사(KS A 3102)에 관한 설명 중 가장 거리가 먼 내용은?

① 검사에 제출된 로트의 제조공정에 관한 사전 정보가 없어도 샘플링 검사를 적용할 수 있다.
② 생산자 측과 구매자 측이 요구하는 품질 보호를 동시에 만족시키도록 샘플링 검사 방식을 선정한다.
③ 파괴검사의 경우와 같이 전수검사가 불가능한 때에는 사용할 수 없다.
④ 1회만의 거래 시에도 사용할 수 있다.

문제 056

어떤 공장에서 작업을 하는 데 있어서 소요되는 기간과 비용이 다음 [표]와 같을 때 비용구배는 얼마인가? (단, 활동시간의 단위는 일(日)로 계산한다.)

정상 작업		특급 작업	
기간	비용	기간	비용
15일	150만 원	10일	200만 원

① 50,000원   ② 100,000원
③ 200,000원   ④ 300,000원

해설 시간이 절약됨에 따른 비용증가
$\dfrac{(200만 원 - 150만 원)}{(15-10)} = 10만 원/일$

문제 057

다음 중 품질관리시스템에 있어서 4M에 해당하지 않는 것은?

① Man   ② Machine
③ Material   ④ Money

문제 058

방법시간측정법(MTM ; Method Time Measurement)에서 사용되는 1 TMU(Time Measurement Unit)는 몇 시간인가?

① $\dfrac{1}{100000}$ 시간   ② $\dfrac{1}{10000}$ 시간
③ $\dfrac{6}{10000}$ 시간   ④ $\dfrac{36}{1000}$ 시간

문제 059

공정에서 만성적으로 존재하는 것이 아니고 산발적으로 발생하며, 품질의 변동에 크게 영향을 끼치는 요주의 원인으로 우발적 원인인 것을 무엇이라 하는가?

① 우연원인
② 이상원인
③ 불가피 원인
④ 억제할 수 없는 원인

문제 060

품질특성을 나타내는 데이터 중 계수치 데이터에 속하는 것은?

① 무게   ② 길이
③ 인장강도   ④ 부적합품의 수

답 054. ① 055. ③ 056. ② 057. ④ 058. ① 059. ② 060. ④

2009년 3월 29일 시행

문제 001
속도제어에서 유량제어 밸브를 실린더 출구 측으로 설치한 회로는?
① 미터 인 회로(meter in circuit)
② 미터 아웃 회로(meter out circuit)
③ 블리드 오프 회로(bleed off circuit)
④ 카운터 밸런스 회로(counter balance circuit)

문제 002
공기압 발생장치 중 게이지 압력이 0.1 kgf/cm² 미만의 압력을 발생시키는 장치에 해당하는 것은?
① 공기 압축기(air compressor)
② 송풍기(blower)
③ 팬(fan)
④ 공기 필터(air filter)

문제 003
유압유의 점성이 지나치게 클 경우에 해당되지 않는 것은?
① 마찰에 의한 열의 발생이 적다.
② 밸브나 파이프를 지날 때 압력손실이 많다.
③ 마찰손실에 의한 펌프동력의 소모가 크다.
④ 유동저항이 지나치게 많아진다.

문제 004
시퀀스 밸브(sequence valves)의 기능을 설명한 것 중 옳은 것은?
① 주회로의 압력을 일정하게 유지하면서 조작의 순서를 제어할 때 사용한다.
② 유압 회로의 일부를 릴리프 밸브의 설정 압력 이하로 감압하고 싶을 때 사용한다.
③ 유압 회로의 최고 압력을 제한하여 회로 내의 과부하를 방지하고 싶을 때 사용한다.
④ 유압 신호를 전기신호로 전환시킬 때 사용한다.

문제 005
다음 기호의 명칭으로 올바른 것은?

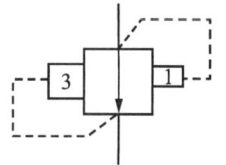

① 파일럿 작동형 시퀀스 밸브
② 무부하 릴리프 밸브
③ 일정비율 감압 밸브
④ 브레이크 밸브

문제 006
드릴지그를 구성하는 3대 요소에 해당하지 않는 것은?
① 위치결정 장치   ② 클램프 장치
③ 공구안내 장치   ④ 공작물 받침 장치

문제 007
쐐기형 클램프를 사용할 때 고정력을 고려하여 쐐기가 스스로 미끄러지지 않도록 하기 위한 가장 좋은 쐐기각도는?
① 16°   ② 12°
③ 20°   ④ 7°

답 001.② 002.③ 003.① 004.① 005.③ 006.④ 007.④

문제 008

구멍이 $\phi 14^{+0.014}_{0}$인 공작물 검사를 위한 플러그 게이지의 통과 측 치수는? (단, 마모 여유는 0.003mm, 게이지 제작 공차는 0.005임)

① 13.997 ± 0.0025　② 14.000 ± 0.0025
③ 14.003 ± 0.0025　④ 14.014 ± 0.0025

해설 통과 측 = (구멍의 최소치수 + 마모 여유)
　　　　　　± 게이지 제작 공차/2
　　　= $(14 + 0.003) \pm 0.005/2$
　　　= 14.003 ± 0.0025

문제 009

다음 그림과 같이 2개의 구멍 A는 관통되었고, 구멍 B, C는 막힌 구멍인 공작물을 가공할 때 쓰이는 지그는 어떤 것이 가장 적합한가?

① 박스 지그
② 판형 지그
③ 바이스 지그
④ 조립 지그

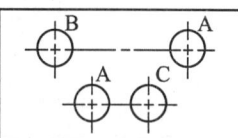
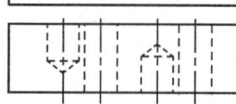

문제 010

공작물을 고정하는 힘을 가하는 원칙으로 가장 거리가 먼 것은?

① 상대위치 결정구에 직접 가할 것
② 견고하지 않은 공작물에는 여러 개의 작은 힘으로 나누어 가할 것
③ 절삭력의 맞은편에 고정력을 가할 것
④ 가공물의 중요하지 않는 부분에 고정력을 가할 것

문제 011

수준기의 곡률 반경이 40m이고, 기포관의 눈금 간격이 2mm일 때 한 눈금의 각도(″)는?

① 약 5″　② 약 10″
③ 약 20″　④ 약 1′ 20″

해설 $\rho = 206265 \times \dfrac{a}{R} = 206265 \times \dfrac{2}{40000} = 10.313(초)$

문제 012

미터나사에 대한 와이어의 지름 $d = 2.866$mm의 삼침을 사용하여 측정한 결과 외측거리 $M = 49.085$mm를 얻었다. 이 나사의 유효지름은 약 몇 mm인가? (단, 피치 P는 2mm이다.)

① 34.755　② 36.219
③ 38.755　④ 42.219

해설 $d_2 = M - 3d + 0.86603P$
　　　= $49.085 - (3 \times 2.866) + (0.86603 \times 2)$
　　　= 42.219

문제 013

쐐기형의 열처리된 블록으로 게이지를 단독 또는 2개 이상을 조합하여 사용하는 각도게이지는?

① 요한슨식 각도게이지
② N.P.L식 각도게이지
③ 베벨식 각도게이지
④ 광학식 각도게이지

문제 014

게이지 블록의 밀착(Wringing) 방법으로 가장 올바른 것은?

① 측정면의 가장자리에서 서로 직교하도록 한다.
② 강하게 누르면서 한쪽 방향으로 밀착한다.
③ 두꺼운 것과 얇은 것과의 밀착은 두꺼운 것을 얇은 것의 한 쪽에 대고 두꺼운 것의 앞쪽을 강하게 누르면서 밀어 넣어 밀착시킨다.
④ 얇은 것끼리의 밀착은 먼저 임의의 두꺼운 것 위에 얇은 것을 길이방향으로 순차적으로 밀착시킨 후 두꺼운 것은 떼어낸다.

답 008. ③　009. ①　010. ③　011. ②　012. ④　013. ②　014. ④

문제 015

최소측정치 0.05mm인 버니어캘리퍼스의 측정 값은? (눈금 일치점 : 화살표)

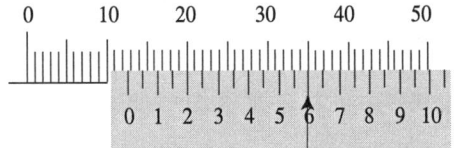

① 11.56mm   ② 11.60mm
③ 12.56mm   ④ 12.60mm

해설 아들자의 네 번째 눈금선이 어미자 눈금과 일치하므로 어미자 12mm 눈금선에서 아들자 0선까지의 치수 0.05×4=0.2mm가 되며, 최종 길이 읽음 값은 12+0.6=12.6mm가 된다.

문제 016

다음 그림을 CNC 선반으로 프로그래밍 할 때 좌표계 설정으로 옳은 것은?

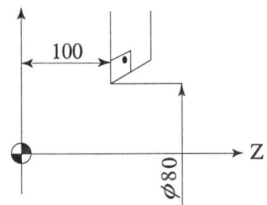

① G50 X40.0 Z100.0 S1200 ;
② G50 X80.0 Z100.0 S1200 ;
③ G90 X40.0 Z100.0 S1200 ;
④ G90 X80.0 Z100.0 S1200 ;

해설
- G50 (좌표계 설정, 절대지령을 말한다.)
- X80.0 (X방향의 거리 80 이동)
- Z100.0 (Z방향의 거리 100 이동)
- S1200; (회전수 1200)

문제 017

CAD시스템의 그래픽 디스플레이 장치에서 음극선관 디스플레이 장치에 해당되는 것은?

① 랜덤스캔 디스플레이
② 전자발광형 디스플레이
③ 액정형 디스플레이
④ 발광다이오드 디스플레이

문제 018

자동화 라인에서 물건 및 부품을 공급해 주는 방식 중 어느 정도 거리가 있고 유연성 있게 부품을 일정한 장소까지 이동시키는 장치로 진용궤도식과 무궤도식이 있는 것은?

① 컨베이어   ② 크레인
③ 무인반송차   ④ ATC

문제 019

다음 중 머시닝 센터에서 NC프로그램에 사용하는 좌표계가 아닌 것은?

① 공작물 좌표계
② 구역 좌표계
③ 기계 좌표계
④ 공구 좌표계

문제 020

주프로그램에서 보조 프로그램을 호출하여 실행한 후 다시 주프로그램으로 복귀할 때 사용하는 M코드는?

① M08   ② M09
③ M98   ④ M99

문제 021

미리 정해 놓은 시간적 순서에 따라 작업을 순차 제어하는 방식을 시퀀스 제어라 하는데, 다음 중 시퀀스 제어를 이용하지 않는 것은?

① 엘리베이터
② 자동판매기
③ 교통신호기
④ 인공지능 로봇

답 015. ④ 016. ② 017. ① 018. ③ 019. ④ 020. ④ 021. ④

문제 022

유연 생산 시스템 형태 중에서 다축 헤드 교환방식 등의 유연한 기능을 가진 공작 기계군을 고정 루트인 자동반송 장치와 연결된 것을 무엇이라 하는가?

① FMC(Flexible Manufacturing Cell)
② FTL(Flexible Transfer Line)
③ 전형적 FMS(Flexible Manufacturing System)
④ LCA(Low Cost Automation)

문제 023

다음 중 자동화시스템에서 센서의 선택기준으로 고려해야할 사항으로 가장 거리가 먼 것은?

① 정확성　　　② 감지거리
③ 신뢰성과 내구성　④ 감지방향

문제 024

제어정보 표시형태에 의한 분류 중에서 하나의 제어변수에 두 가지의 가능한 값(ON/OFF)을 이용하여 제어하는 시스템은?

① 2진 제어계　　② 디지털 제어계
③ 비동기 제어계　④ 아날로그 제어계

문제 025

감지대상 물체의 형상, 색깔, 재질이나 연기, 증기, 먼지 등의 환경에 영향을 받지 않고 검출할 수 있는 센서는?

① 유도형 센서　　② 초음파 센서
③ 변위 센서　　　④ 압력 센서

문제 026

보통 선반에서 가공하기 어려운 작업은?

① 원통가공　　② 나사가공
③ 기어가공　　④ 테이퍼가공

문제 027

공작기계에 관한 시험 항목 중 다음 설명이 나타내는 것은?

> 공구 또는 공작물 부착대에 이송을 걸어 움직이기 시작하는 위치로부터 이송을 역전하여, 공구 또는 공작물 부착대가 역방향으로 움직이기 시작할 때까지 구동축의 회전각을 측정한다.

① 백래시 시험　　② 무부하운전 시험
③ 강성 시험　　　④ 부하운전 시험

문제 028

연삭숫돌의 표시방법 중 "WA 46 H 8 V"에서 8은 무엇을 나타내는가?

① 입도　　　② 연삭숫돌입자
③ 조직　　　④ 결합제

문제 029

산화알루미늄을 주성분으로 하여 마그네슘(Mg), 규소(Si) 등의 산화물과 소량의 다른 원소를 첨가하여 소결한 절삭공구는?

① 세라믹　　　　② 서멧
③ 소결 초경합금　④ 주조 경질합금

문제 030

선반에서 테이퍼를 가공하는 방법이 아닌 것은?

① 변환기어의 조합을 이용하는 방법
② 심압대의 편위에 의한 방법
③ 테이퍼 절삭 장치를 이용하는 방법
④ 복식 공구대를 이용하는 방법

문제 031

절삭공구의 인석의 일부가 가공 중 미세하게 탈락되는 현상으로 옳은 것은?

답　022. ②　023. ④　024. ①　025. ②　026. ③　027. ①　028. ③　029. ①　030. ①　031. ③

① 플랭크 마모(flank wear) 현상
② 크레이터 마모(crater wear) 현상
③ 치핑(chipping) 현상
④ 버니시(burnish) 현상

문제 032

규산나트륨(Na_2SiO_3)을 입자와 혼합, 성형하여 제작하며 대형 숫돌에 적합한 연삭숫돌 결합제는?

① 비트리파이드(vitrified) 결합제
② 실리케이트(silicate) 결합제
③ 레지노이드(resinoid) 결합제
④ 셸락(shellac) 결합제

문제 033

가공물을 고정하고, 연삭숫돌이 회전운동 및 공전운동을 동시에 진행하며, 내연기관의 실린더와 같이 대형의 가공물에 적합한 내면 연삭 방법은?

① 보통형 연삭 방법
② 유성형 연삭 방법
③ 센터리스형 연삭 방법
④ 플랜지컷형 연삭 방법

문제 034

래핑의 장점에 대한 설명으로 가장 거리가 먼 것은?

① 경면(mirror)을 얻을 수 있다.
② 정밀도가 높은 제품을 얻을 수 있다.
③ 윤활성 및 내마모성이 좋아진다.
④ 다듬질면은 내열성이 증가된다.

문제 035

다음 절삭공구 재료 중 일반적으로 고온 경도가 제일 큰 것은?

① 세라믹   ② 고속도강
③ 초경합금   ④ 주조경질합금

문제 036

전해 연마에 관한 설명 중 틀린 것은?

① 공작물을 양극으로 하여 통전한다.
② 복잡한 형상의 제품도 연마가 가능하다.
③ 가공연마에는 방향성이 없다.
④ 내마멸성, 내부식성이 저하된다.

문제 037

다음 중 드릴 작업 시 안전하게 작업한 내용으로 가장 적합한 것은?

① 절삭 중에 브러시로 칩을 털어낸다.
② 드릴을 회전시키고 테이블을 조정한다.
③ 장갑을 끼고 작업한다.
④ 얇은 판의 구멍을 뚫을 때는 보조 나무판을 사용한다.

문제 038

절삭 유제의 사용목적에 적합하지 않는 것은?

① 공구의 인선을 냉각시켜, 공구의 경도를 증가시킨다.
② 가공물을 냉각시켜, 절삭열에 의한 정밀도 저하를 방지한다.
③ 공구의 마모를 줄이고 윤활 및 세척작용으로 가공표면을 양호하게 한다.
④ 칩을 씻어주고 절삭부를 깨끗이 닦아 절삭작용을 쉽게 한다.

문제 039

구성인선(Built up edge)의 방지 대책으로 틀린 것은?

① 경사각(rake angle)을 크게 한다.
② 칩(chip)의 두께를 증가시킨다.
③ 절삭속도를 증가시킨다.
④ 절삭공구의 인선을 예리하게 한다.

답 032. ② 033. ② 034. ④ 035. ① 036. ④ 037. ④ 038. ① 039. ②

문제 040

선삭 가공 중 이송 f(mm/rev)와 공구의 인선반경 r(mm) 관계에서 이론적인 표면거칠기 H_{max}를 올바르게 나타낸 식은?

① $H_{max} = \dfrac{f}{8r}$ ② $H_{max} = \dfrac{8f}{r^2}$

③ $H_{max} = \dfrac{f^2}{8r}$ ④ $H_{max} = 8rf^2$

문제 041

드릴링 머신 1대에 다수의 스핀들을 설치하고, 1개의 구동축으로 여러 개의 드릴을 동시에 구동시키는 드릴링머신은?

① 탁상 드릴링머신
② 레이디얼 드릴링머신
③ 다축 드릴링머신
④ 다두 드릴링머신

문제 042

화학 밀링(chemical milling)의 장점에 대한 설명으로 옳은 것은?

① 가공 속도가 빠르다.
② 가공 깊이에 제한을 받지 않는다.
③ 가공변질 층이 적다.
④ 부식성 및 다듬질면의 거칠기가 좋다.

문제 043

절삭속도 100m/min, 커터날 수 8, 커터 지름 150mm, 1날당 이송을 0.1mm로 하면 테이블 이송속도는 약 몇 mm/min인가?

① 170 ② 212
③ 312 ④ 340

문제 044

액체 호닝에 관한 설명 중 틀린 것은?

① 가공시간이 짧다.
② 호닝 입자가 가공물의 표면에 부착될 우려가 있다.
③ 가공물 표면에 산화막이나 거스러미(burr)를 제거하기 쉽다.
④ 피닝효과(peening effect)로 인해 가공물의 피로강도가 저하된다.

문제 045

방전가공에서 전극 재료에 요구되는 조건이 아닌 것은?

① 비중이 커야 한다.
② 전기 전도도가 높아야 한다.
③ 기계적 강도가 높고, 성형(가공)이 용이하여야 한다.
④ 내열성이 높고, 방전 시 소모가 적어야 한다.

문제 046

철강 가공물을 절삭할 때 절삭저항에 가장 적게 영향을 미치는 인자는?

① 절삭속도
② 가공물의 고정 압력
③ 공구의 날끝각도
④ 가공물의 재질

문제 047

절삭저항은 일반적으로 3분력으로 나눌 수 있다. 이에 속하지 않는 것은?

① 주분력 ② 종분력
③ 이송분력 ④ 배분력

답 040. ③ 041. ③ 042. ③ 043. ① 044. ④ 045. ① 046. ② 047. ②

문제 048

냉각속도에 따른 강의 담금질 조직이 아닌 것은?

① 소르바이트(sorbite)
② 시멘타이트(cementite)
③ 트루스타이트(troostite)
④ 마텐자이트(martensite)

문제 049

다이캐스팅용 Al합금에 요구되는 성질이 아닌 것은?

① 유동성이 좋을 것
② 열간취성이 적을 것
③ 응고수축에 대한 용탕 보급성이 좋을 것
④ 금형에 대한 점착성이 좋을 것

문제 050

구리의 일반적인 성질에 대한 설명으로 틀린 것은?

① 전기 및 열의 전도성이 우수하다.
② 전성과 연성이 좋아 가공이 쉽다.
③ 철강재료에 비해 내식성이 크다.
④ 강도가 커서 구조용 재료로 적당하다.

문제 051

탄소강은 200~300°C에서 상온일 때보다 강도는 커지고, 연신율은 대단히 작아져서 결국 인성이 저하되어 메지게 되는 성질을 가지는데 이러한 성질을 무엇이라 하는가?

① 청열취성   ② 인성취성
③ 인장취성   ④ 적열취성

문제 052

구상흑연 주철의 종류 중 시멘타이트형이 발생하는 원인으로 틀린 것은?

① C, Si가 많을 때
② 접종이 부족할 때
③ 냉각속도가 빠를 때
④ Mg의 첨가량이 많을 때

문제 053

KS 기호로 고속도 공구강 강재를 나타낸 것은?

① SUS   ② STS
③ SNS   ④ SKH

문제 054

표점 거리 50mm인 인장시험편을 인장시험 한 결과 표점 거리가 52.5mm가 되었다. 이 시험편의 연신율은?

① 2.5%   ② 5%
③ 7.5%   ④ 25%

해설
$$\varepsilon = \frac{\text{파단 후 표점 거리} - \text{원 표점 거리}}{\text{원 표점 거리}}$$
$$= \frac{52.5 - 50}{50} \times 100 = 5$$

문제 055

다음 [표]는 A자동차 영업소의 월별 판매실적을 나타낸 것이다. 5개월 단순이동평균법으로 6월의 수요를 예측하면 몇 대인가?

(단위: 대)

월	1	2	3	4	5
판매량	100	110	120	130	140

① 120   ② 130
③ 140   ④ 150

해설
$$\frac{(100+110+120+130+140)}{5} = 120$$

답 048. ② 049. ④ 050. ④ 051. ① 052. ① 053. ④ 054. ② 055. ①

문제 056

부적합품률이 1%인 모집단에서 5개의 시료를 랜덤하게 샘플링할 때, 부적합품 수가 1개일 확률은 약 얼마인가? (단, 이항분포를 이용하여 계산한다.)

① 0.048
② 0.058
③ 0.48
④ 0.58

해설
$5 \times 0.01^1 \times (1-0.01)^{(5-1)} = 0.048$

문제 057

다음 중 계수치 관리도가 아닌 것은?

① C 관리도
② P 관리도
③ U 관리도
④ X 관리도

문제 058

다음 검사의 종류 중 검사공정에 의한 분류에 해당되지 않는 것은?

① 수입검사
② 출하검사
③ 출장검사
④ 공정검사

문제 059

품질관리 기능의 사이클을 표현한 것으로 옳은 것은?

① 품질개선 - 품질설계 - 품질보증 - 공정관리
② 품질설계 - 공정관리 - 품질보증 - 품질개선
③ 품질개선 - 품질보증 - 품질설계 - 공정관리
④ 품질설계 - 품질개선 - 공정관리 - 품질보증

문제 060

다음 중 반즈(Ralph M. Barnes)가 제시한 동작경제의 원칙에 해당되지 않는 것은?

① 표준작업의 원칙
② 신체의 사용에 관한 원칙
③ 작업장의 배치에 관한 원칙
④ 공구 및 설비의 디자인에 관한 원칙

답 056. ① 057. ④ 058. ③ 059. ② 060. ①

최근 기출문제

2009년 7월 12일 시행

문제 001

유압필터의 역할에 해당하는 것은?
① 배압발생
② 기기의 윤활
③ 유체온도 보상
④ 유체 내 불순물 제거

문제 002

유압 작동유가 갖추어야할 조건으로 가장 맞는 것은?
① 인화점이 낮아야 한다.
② 녹이나 부식발생이 쉬워야 한다.
③ 비압축성이어야 한다.
④ 온도에 따른 열팽창이 커야 한다.

문제 003

보기의 기호가 나타내는 유압기호는?

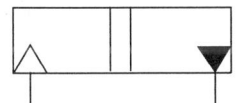

① 공기유압 변환기
② 증압기
③ 단동 텔레스코프형 실린더
④ 복동 텔레스코프형 실린더

문제 004

속도제어 회로에 속하지 않는 것은?
① 로킹 회로
② 블리드 오프 회로
③ 미터 아웃 회로
④ 미터 인 회로

문제 005

공압 실린더 중 피스톤 로드가 없는 실리더를 무엇이라 하는가?
① 로드리스 실린더(Rodless cylinder)
② 탠덤 실린더(tandem cylinder)
③ 충격 실린더(Impact cylinder)
④ 다위치제어 실린더(Multi-position cylinder)

문제 006

다음 중 시퀀스 제어의 종류가 아닌 것은?
① 순서제어
② 시간제어
③ 되먹임제어
④ 조건제어

문제 007

분광 감도 특성이 사람의 비시감도에 가까워 카메라의 노출계, 가로등의 자동 점멸기 등에 사용되는 센서는?
① Cds 셀
② 자외선 센서
③ 발광 다이오드
④ 리미트 스위치

문제 008

센서의 사용 목적과 거리가 먼 것은?
① 정보의 수집
② 정보의 변환
③ 엑추에이터 구동
④ 제어정보의 취급

문제 009

다음 중 서보기구가 사용되지 않는 제어는?
① 수차, 증기터빈의 속도제어
② 공작기계의 위치결정제어

답 001.④ 002.③ 003.① 004.① 005.① 006.③ 007.① 008.③ 009.①

③ 선박의 방향제어
④ 자동평형 기록제어

문제 010

정전이나 전압강하가 발생하여도 출력 접점의 개폐 상태 유지가 요구되는 회로에 사용하는 계전기는?
① 리드 계전기
② 래치 계전기
③ 힌지 계전기
④ 열동 계전기

문제 011

일반적으로 슈퍼 피니싱에서 사용하는 숫돌의 압력범위로 가장 적합한 것은?
① 9.8~29.4 N/cm²
② 49~98 N/cm²
③ 147~294 N/cm²
④ 490~980 N/cm²

문제 012

연삭숫돌의 표시에 WA46-H8V라고 되어 있다. H는 무엇을 나타내고 있는가?
① 점결재
② 결합도
③ 입도
④ 조직

문제 013

밀링작업에서 플랜지를 6° 간격으로 등분하려고 한다. 이때 사용하는 분할판과 크랭크 회전수는? (단, 브라운 샤프형을 사용한다.)
① 15구멍의 분할판에서 6구멍씩
② 18구멍의 분할판에서 15구멍씩
③ 27구멍의 분할판에서 18구멍씩
④ 36구멍의 분할판에서 13구멍씩

해설 $\dfrac{6\times 3}{9\times 3}=\dfrac{18}{27}$

문제 014

절삭속도(V)는 120m/min, 절삭주분력(P₁)은 2744N, 기계효율(η)=70%의 조건으로 선반에서 가공을 하고자 할 때 소요되는 절삭동력은 몇 kW인가?
① 3.52
② 7.84
③ 9.20
④ 10.67

해설 $(kW)=\dfrac{P_1\times V}{102\times 60\times \eta}=\dfrac{2744\times 120}{102\times 60\times 0.7\times 9.81}$
$=7.8\text{kW}$

문제 015

선반 베드에 주로 사용하는 재질에 해당하는 것은?
① 구상흑연 주철
② 연강
③ 공구강
④ 초경합금

문제 016

선반에서 가공물의 직경이 300mm, 절삭속도가 94.2mm/min일 때 가공물의 회전수는 약 몇 rpm인가?
① 50
② 100
③ 150
④ 200

해설 $N=\dfrac{1000V}{\pi D}=\dfrac{1000\times 94.2}{\pi\times 300}=100$

문제 017

공구의 수명 판정에서 공구의 수명이 종료되어 재연삭하거나 새로운 공구로 바꿔야 한다고 판단되는 상황으로 거리가 먼 것은?
① 절삭저항에서 주분력의 변화가 거의 없을 때
② 가공표면에 광택 색조나 반점이 생길 때
③ 공구인선의 마모가 일정량에 도달했을 때
④ 완성 치수의 변화량이 일정량에 도달하였을 때

답 010. ② 011. ① 012. ② 013. ③ 014. ② 015. ① 016. ② 017. ①

문제 018

선반에서 테이퍼를 가공할 때 심압대의 편위량을 e, 테이퍼의 길이를 a, 공작물의 길이를 L, 테이퍼의 큰 지름을 D, 테이퍼의 작은 지름을 d라고 할 때 심압대의 편위량을 나타내는 식으로 옳은 것은?

① $e = \dfrac{2 \times a \times L}{D - d}$

② $e = \dfrac{(D - d) \times L}{2 \times a}$

③ $e = \dfrac{D - d}{2 \times a \times L}$

④ $e = \dfrac{(D - d) \times a}{2 \times L}$

문제 019

밀링 가공에서 폭이 적은 홈 또는 박판 절단에 가장 적합한 밀링용 절삭 공구는?

① 앵글 커터
② 메탈 슬리팅 소
③ 플레인 커터
④ 엔드 밀

문제 020

대형이고 무거운 공작물이어서 공작물을 이동시키면서 가공하기 곤란할 때 사용하기 적합한 드릴링머신은?

① 직립 드릴링머신
② 레이디얼 드릴링머신
③ 다축 드릴링머신
④ 다두 드릴링머신

문제 021

Al_2O_3 분말 약 70%에 TiC 또는 TiN 분말을 30% 정도 혼합하여 수소 분위기 속에서 소결하여 제작하는 공구 재료에 해당하는 것은?

① 초경합금
② 서멧
③ 세라믹
④ 다이아몬드

문제 022

절삭가공의 절삭온도를 측정하는 방법으로 옳은 것은?

① 칼로리메터(calorimeter)에 의한 방법
② 스트레인 게이지(strain gage)에 의한 방법
③ 로드 쉘(load shell)을 이용하는 방법
④ 스냅게이지(snap gage)를 이용하는 방법

문제 023

가공물의 안지름보다 다소 큰 강철 볼(ball)을 압입 통과시켜 가공물의 표면을 깨끗하게 하고, 피로한도를 증가시키는 가공 방법에 해당하는 것은?

① 버니싱(burnishing) 가공
② 블랭킹(blanking) 가공
③ 트리밍(trimming) 가공
④ 숏 피닝(shot peening) 가공

문제 024

구성 인선(built up edge)의 방지대책에 해당되지 않는 것은?

① 경사각(rake angle)을 크게 할 것
② 절삭속도를 크게 할 것
③ 공구의 인선을 예리하게 할 것
④ 절삭깊이를 크게 할 것

문제 025

KS B 4001에서 공작기계의 운전에 필요한 성능을 시험할 것을 목적으로 하는 운전시험의 항목에 속하지 않는 것은?

① 비틀림 시험
② 부하 운전 시험
③ 백래시 시험
④ 기능 시험

답 018. ② 019. ② 020. ② 021. ② 022. ① 023. ① 024. ④ 025. ①

문제 026

분말입자를 이용한 가공방법에 해당하지 않는 것은?

① 방전가공   ② 액체 호닝
③ 래핑   ④ 배럴가공

문제 027

초경합금의 연삭에 적당한 탄화규소계 연삭숫돌의 입자 기호는?

① A   ② WA
③ GC   ④ W

문제 028

박스지그(Box Jig)를 사용하는 작업으로 가장 적합한 것은?

① 드릴 작업에서 대량생산을 할 때
② 선반 작업에서 크랭크 절삭을 할 때
③ 그라인딩에서 테이퍼 작업을 할 때
④ 보링 작업 등의 정밀한 구멍을 가공할 때

문제 029

전해가공(electro-chemical machining)의 장점에 해당하지 않는 것은?

① 재료의 경도나 인성에 관계없이 일정한 속도로 가공할 수 있다.
② 복잡하고 섬세한 형상의 정밀 가공에 유리하다.
③ 공구 전극의 소모가 없고 가공속도가 빠르다.
④ 열작용, 기계작용이 가해지지 않기 때문에 가공 변질층이 생기지 않는다.

문제 030

방전가공 시 사용되는 전극재질의 조건이 아닌 것은?

① 가공속도가 클 것
② 가공전극의 소모가 클 것
③ 가공정밀도가 높을 것
④ 방전이 안전할 것

문제 031

혼(hone)이라는 가공 헤드에 숫돌을 부착하여 원통의 내면을 스프링, 유압, 나사 등으로 가압하며 회전운동과 동시에 축 방향으로 왕복운동 시키며 가공하는 것은?

① 호닝(honing)
② 액체 호닝(liquid honing)
③ 버니싱(burnishing)
④ 슈퍼 피니싱(super finishing)

문제 032

절삭율에 영향을 미치는 여러 종류의 요소들 중 가장 영향을 미치지 않는 것은?

① 작업자의 위치
② 절삭속도
③ 절삭유제의 사용 여부
④ 절삭공구의 재질

문제 033

초경합금의 제조 시 탄화물(WC, TaC)의 점결 재료로 사용되는 것은?

① Cr   ② Ti
③ Co   ④ W

문제 034

표점 거리 50mm, 직경 ϕ14mm인 인장시편을 시험한 후 시편을 측정한 결과 길이는 늘어나고 직경은 ϕ12mm이었다. 이 재료의 단면수축률은 약 몇 %인가?

답 026. ① 027. ③ 028. ① 029. ② 030. ② 031. ① 032. ① 033. ③ 034. ③

① 13.5　　② 20.5
③ 26.5　　④ 36.1

해설
$$\varphi = \frac{A_0 - A}{A_0} = \frac{14^2 - 12^2}{14^2} \times 100 = 26.5\%$$

문제 035

내식성이 우수한 알루미늄 합금에 해당하지 않는 것은?

① 하이드로날륨(Hydronalium)
② 알민(Almin)
③ 실루민(Silumin)
④ 알드리(Aldrey)

문제 036

구상 흑연 주철에서 시멘타이트형 조직의 발생 원인으로 거리가 먼 것은?

① Mg의 첨가량이 많을 때
② Si가 적을 때
③ 냉각속도가 느릴 때
④ 접종이 부족할 때

문제 037

탄소강에 함유되어 탄소강의 성질에 영향을 많이 끼치는 5대 원소와 가장 거리가 먼 것은?

① Mn　　② Si
③ Ag　　④ P

문제 038

굴삭기의 삽날과 같이 내부의 인성을 유지한 상태로 표면만 내마모성이 요구되는 곳의 열처리 방법으로 가장 좋은 것은?

① 담금질　　② 불림
③ 표면경화법　　④ 항온열처리

문제 039

황동의 자연균열(season cracking)이 일어나는 주요 원인으로 가장 가까운 것은?

① 열간 가공하여 재료에 메짐 현상이 생기기 때문에
② 공기 중의 암모니아, 염류 등에 의한 내부응력 때문에
③ 200~300℃에서 저온풀림을 하였기 때문에
④ 표면에 도료를 칠하였기 때문에

문제 040

버니어 캘리퍼스가 마이크로미터보다 더 좋은 점은?

① 보다 정밀하다.
② 나사를 이용하여 깊이 측정에 편리하다.
③ 내경과 외경을 하나의 버니어 캘리퍼스로 측정할 수 있다.
④ 비교측정기로서 편리하게 사용할 수 있다.

문제 041

형상 및 위치 공차에 대한 설명 중 틀린 것은?

① 대칭도(symmetry) : 형체가 중심면을 기준으로 양쪽에 대하여 동일 윤곽을 갖는 상태
② 동심도(concentricity) : 축심이 기준축심과 동일 축선 상에 있어야 할 부분에 대하여 규제
③ 흔들림(runout) : 데이넘 축심을 기준으로 규제형체가 완전한 형상으로부터 벗어난 크기
④ 원통도(cylindricity) : 기계의 직선 부분이 이상 직선으로부터 어긋남의 크기

답 035. ③　036. ③　037. ③　038. ③　039. ②　040. ③　041. ④

문제 042

다음은 롤러에 의한 테이퍼 측정방법이다. D_1을 구하는 식으로 옳은 것은?

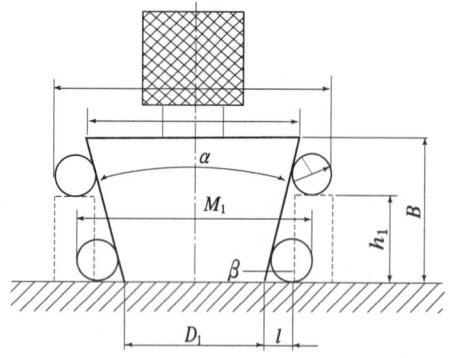

① $D_1 = M_1 - d\{1 + \cot\frac{1}{2}(90° - \frac{1}{2}\alpha)\}$

② $D_1 = M_1 - d\{1 + \cot\frac{1}{2}(60° - \frac{1}{2}\alpha)\}$

③ $D_1 = M_1 + d\{1 + \cot\frac{1}{2}(90° - \frac{1}{2}\alpha)\}$

④ $D_1 = M_1 + d\{1 + \cot\frac{1}{2}(60° - \frac{1}{2}\alpha)\}$

문제 043

표면거칠기 표시에서 R_a는 무엇을 나타내는가?

① 평균 단면 요철 간격
② 최대 높이
③ 산술 평균 거칠기
④ 10점 평균 거칠기

문제 044

암나사의 유효지름의 측정에 사용하는 측정 도구로 거리가 먼 것은?

① 옵티미터
② 삼침
③ 광학적 비교측정기
④ 정밀측정기

문제 045

치공구 본체 설계 시 고려해야 할 사항으로 거리가 먼 것은?

① 본체는 위치결정구, 지지구, 클램핑 등의 요소들이 설치될 수 있는 충분한 크기로 한다.
② 공작물의 위치 결정 및 지지부분이 가능한 외부에서 보이지 않도록 설계한다.
③ 마모 발생 부위는 내마모성의 정지 패드 등을 설치한다.
④ 칩의 배출 및 제거가 용이한 구조로 한다.

문제 046

90° V-Block에서 외경이 $\phi 20\pm 0.1$인 공작물 위치 결정 시 수평중심의 최대변화량은 약 몇 mm인가?

① 0.05   ② 0.07
③ 0.10   ④ 0.14

해설 $0.1 \times \sqrt{2} = 0.141$

문제 047

그림과 같이 공작물을 체결할 때 가장 이상적인 체결력 Q의 크기는 몇 kgf인가? (단, P=30kgf, L₁=30cm, L₂=30cm로 한다.)

① 10
② 15
③ 30
④ 60

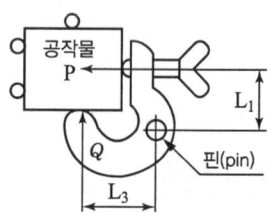

해설 $Q = \dfrac{Pl_2}{l_2} = \dfrac{30 \times 30}{30} = 30\,\text{kgf}$
$= 30 \times 9.81 = 81\,\text{N}$

답 042. ① 043. ③ 044. ② 045. ② 046. ④ 047. ③

문제 048
치공구 설계의 기본 원칙에 관한 설명으로 틀린 것은?
① 중요 구성 부품은 전문 업체에서 생산되는 표준 규격품을 사용할 것
② 가공압력은 클램핑 요소에 하중을 받도록 설계하고 위치 결정면에는 하중을 받지 않도록 할 것
③ 치공구 도면에 주기 등을 표시하여 최대한 단순화 할 수 있도록 설계할 것
④ 치공구의 제작비와 손익 분기점을 고려하여 설계할 것

문제 049
보링 고정구 설계 제작 시 주의 사항으로 거리가 먼 것은?
① 보링바는 충분한 강성을 지녀야 한다.
② 칩의 배출 방법을 고려하여야 한다.
③ 보링공구의 조절을 위하여 고정구와 보링공구 사이는 여유간격을 주지 않도록 한다.
④ 보링바가 고정구에 지지될 경우 진동을 줄일 수 있도록 부시나 베어링을 설치하여야 한다.

문제 050
머시닝 센터에서 드릴가공 사이클을 사용할 때 구멍가공이 끝난 후 R점으로 복귀하기 위하여 사용되는 G코드는?
① G96
② G97
③ G98
④ G99

문제 051
분산처리형 CAD 시스템에 대한 설명으로 옳은 것은?
① 주 시스템에 걸리게 될 자료처리 및 계산에 대한 부하(load)를 각 서브(sub) 시스템에 분산시킬 수 없다.
② 퍼스널 컴퓨터만으로 구성된 CAD 시스템이다.
③ 별도의 프로세서와 자료 저장장소를 갖추고 별도로 운영되며 정보통신망(network)을 통하여 자료를 공유할 수 있다.
④ 대용량의 컴퓨터 시스템을 중심으로 터미널로써만 운영되게끔 구성되는 시스템이다.

문제 052
레이저를 이용하여 3차원 측정 및 3차원 스캔을 하고, 3차원 형상데이터를 얻어서 서피스 모델로 변환한 후 CAD/CAM 설계가 가능하도록 한 작업공정은?
① 리버스 엔지니어링
② 쾌속조형
③ 몰드금형
④ 리모델링 시스템

문제 053
와이어 컷 방전가공에서 가공액의 역할이 아닌 것은?
① 극간의 절연 회복
② 가공 칩의 제거
③ 방전 폭발 압력의 제거
④ 방전 가공부분의 냉각

문제 054
300rpm으로 회전하는 스핀들에서 5회전 휴지(dwell)를 주려고 한다. 정지시간을 구해 NC 프로그램을 작성한 것 중 옳은 것은?
① G04 P1500
② G04 X1000
③ G04 X1.5
④ G04 U1.0

해설
정지시간(sec) = $\dfrac{60}{\text{드릴회전수(rpm)} \times \text{드웰회전수}}$

정지시간 : $x = \dfrac{60 \times 5}{300} = 1\text{sec}$

- CNC 선반에서 1.0초 휴지(dwell)하는 프로그래밍 : G04 X1.0;, G04 U1.0;, G04 P1000;

답 048. ② 049. ③ 050. ④ 051. ③ 052. ① 053. ③ 054. ④

문제 055

$\overline{X}$ 관리도에서 관리상한이 22.15, 관리하한이 6.85, $\overline{R}$ =7.5일 때 시료군의 크기(n)는 얼마인가? (단, n=2일 때 A_2=1.88, n=3일 때 A_2=1.02, n=4일 때 A_2=0.73, n=5일 때 A_2=0.58이다.)

① 2
② 3
③ 4
④ 5

해설 UCL-LCL=2A2R=22.15-6.85
따라서, $A_2 = \frac{(22.15-6.85)}{(2 \times 7.5)} = 1.02$
n=3일 때 A_2=1.02이므로 n=3

문제 056

200개 들이 상자가 15개 있다. 각 상자로부터 제품을 랜덤하게 10개씩 샘플링 할 경우, 이러한 샘플링 방법을 무엇이라 하는가?

① 계통 샘플링
② 취락 샘플링
③ 층별 샘플링
④ 2단계 샘플링

문제 057

어떤 측정법으로 동일 시료를 무한횟수 측정하였을 때 데이터 분포의 평균치와 모집단 참값과의 차를 무엇이라 하는가?

① 편차
② 신뢰성
③ 정확성
④ 정밀도

문제 058

다음 중 신제품에 대한 수요예측방법으로 가장 적절한 것은?

① 시장조사법
② 이동평균법
③ 지수평활법
④ 최소자승법

문제 059

ASME(American Society of Mechanical Engineers)에서 정의하고 있는 제품공정 분석표에 사용되는 기호 중 "저장(Storage)"을 표현한 것은?

① O
② D
③ □
④ ▽

문제 060

다음 중 사내표준을 작성할 때 갖추어야 할 요건으로 옳지 않은 것은?

① 내용이 구체적이고 주관적일 것
② 장기적 방침 및 체계 하에서 추진할 것
③ 작업표준에는 수단 및 행동을 직접 제시할 것
④ 당사자에게 의견을 말하는 기회를 부여하는 절차로 정할 것

답 055. ② 056. ③ 057. ③ 058. ① 059. ④ 060. ①

최근 기출문제

문제 001
유압장치에 대비하여 공기압 장치의 장점이 아닌 것은?

① 에너지로서 저장성이 있다.
② 인화의 위험이 없다.
③ 균일한 속도를 얻기 쉽다.
④ 환경오염이 거의 없다.

문제 002
공기의 공급량(체적 유량)이 일정한 시스템에서 지름 0mm인 공압 호스를 사용할 때 공기의 속도는 L이다. 이 호스를 지름 10mm로 바꾸었다면 공기의 속도는 얼마인가? (단, 공기는 비압축성이고, 흐름은 정상류이다.)

① 0.36L   ② 2.78L
③ 0.65L   ④ 1.67L

[해설] $Q = AV$ 에서

$$\frac{V_2}{V_1} = \frac{\frac{Q}{A_2}}{\frac{Q}{A_1}} = \frac{A_1}{A_2} = \frac{d_1^2}{d_2^2} = \frac{6^2}{10^2} = 0.36$$

∴ $V_2 = 0.36 V_1$

문제 003
유압·공기압 도면 기호에서 드레인 배출기를 나타내는 것은?

① 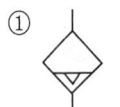   ②

③    ④

문제 004
다음 중 방향제어 밸브에 해당하지 않는 것은?

① 디셀러레이션 밸브   ② 셔틀 밸브
③ 체크 밸브   ④ 릴리프 밸브

문제 005
고도로 정제된 기유에 방청제, 산화방지제, 소포제가 첨가되며, 수명이 길고 방청성이 뛰어나며 항 유화성도 우수한 유압 작동유는?

① 순광유
② R & O형 유압작동유
③ 고VI형 작동유
④ 물-글리콜형 작동유

문제 006
자동화 시스템을 구성할 때 필요한 5대 요소를 나열한 것으로 가장 올바른 것은?

① 프로세서, 액추에이터, 소프트웨어, 로봇, 네트워크
② 프로세서, 네트워크, 액추에이터, PLC, 센서
③ 프로세서, 액추에이터, 센서, 네트워크, 소프트웨어
④ 액추에이터, 센서, 네트워크, PLC, 로봇

문제 007
다음 중 폐회로 제어 시스템을 선택하여야 하는 경우로 가장 적합한 것은?

① 외란의 영향이 무시할 정도로 작은 경우
② 값이 일정한 하나의 외란이 존재할 경우
③ 외란의 변화가 아주 작은 경우
④ 외란 변수들의 특징과 값이 변할 경우

답 001. ③ 002. ① 003. ① 004. ④ 005. ② 006. ③ 007. ④

문제 008

다음 중에서 제어용 서브모터의 특징과 가장 거리가 먼 것은?
① 모터 자체의 관성모멘트가 크다.
② 넓은 속도제어 범위를 갖는다.
③ 피드백 장치가 있다.
④ 큰 가감속 토크를 얻을 수 있다.

문제 009

정전용량형 센서에 대한 설명 중 맞는 것은?
① 분극 현상을 이용하므로 금속물체만 검출할 수 있다.
② 금속, 비금속 물체를 모두 검출할 수 있다.
③ 정전용량은 감지물체의 유전율에 반비례한다.
④ 비금속 물체만 검출할 수 있다.

문제 010

다음 중 공압 시스템에서 수분에 의한 고장으로 보기 어려운 것은?
① 밸브의 고착
② 갑작스런 압력강하
③ 부식 작용에 의한 손상
④ 에멀션화에 의한 밸브 오동작

문제 011

주철, 비금속 재료에 주로 사용하는 호닝 숫돌은?
① WA 숫돌   ② CBN 숫돌
③ 다이아몬드   ④ GC 숫돌

문제 012

방전가공과 전해연마를 응용한 가공방법으로 방전가공에 비해 정밀도는 떨어지나, 가공속도가 크고 한 개의 공구전극으로 여러 개의 제품을 생산할 수 있어, 정밀도가 높지 않은 금형이나 부품가공에 적합한 가공법은?
① 초음파가공   ② 전해가공
③ 레이저가공   ④ 용삭가공

문제 013

원통연삭작업 후 진원도를 측정하였더니 진원도가 불량으로 판단되었다. 그 원인으로 가장 적합하지 않는 것은?
① 센터와 센터구멍의 불량
② 공작물의 불균형
③ 입자의 크기
④ 진동방진구의 사용법 불량

문제 014

구성인선(built-up edge)이 생기는 것을 방지하기 위한 대책으로 틀린 것은?
① 바이트의 윗면 경사각을 크게 한다.
② 절삭속도를 크게 한다.
③ 윤활성이 좋은 절삭 유제를 준다.
④ 절삭 깊이를 크게 한다.

문제 015

초음파 가공의 가장 큰 장점은 다음 중 어느 것인가?
① 절삭가공에 비하여 비교적 적은 에너지를 요한다.
② 공주재료에 특별한 제약이 없고 재연삭이 필요치 않다.
③ 경질 재료 및 유리 등의 취성 재료의 가공에 적합하다.
④ 가공 속도가 빠르고, 가공면적과 깊이의 제한을 받지 않는다.

답 008. ① 009. ② 010. ② 011. ④ 012. ② 013. ③ 014. ④ 015. ③

문제 016

선반(lathe)의 베드(bed)에 관한 설명으로 옳지 않은 것은?

① 강성이 높고 방진성이 있어야 한다.
② 경도가 높고 내마모성이 커야 한다.
③ 시즈닝을 통해 베드 내부의 주조응력을 크게 해야 한다.
④ 정밀도가 높고 진직도가 좋아야 한다.

문제 017

절삭공구의 재질로서 구비하여야 할 조건으로 거리가 먼 것은?

① 경도(Hardness)
② 인성(Toughness)
③ 내마모성(Wear Resistance)
④ 전도도(Conductivity)

문제 018

절삭유체(Cutting Fluid)의 사용목적이 아닌 것은?

① 공구인선을 냉각시켜 공구의 경도 저하를 막는다.
② 공작기계에서 베어링 기어 등의 마찰면에 스며들어 공작기계 마모를 방지한다.
③ 윤활작용으로 공구 마모를 줄이고 가공 표면을 좋게 한다.
④ 칩을 제거하여 절삭작업을 용이하게 한다.

문제 019

절삭가공에서 이송(feed)의 단위로 볼 수 없는 것은?

① mm/min
② mm/stroke
③ mm/rev
④ mm³/kg

문제 020

래핑 작업 조건에 대한 설명 중 틀린 것은?

① 건식 래핑 속도는 150~200 m/min 정도로 입자가 비산하지 않는 정도로 한다.
② 래핑 속도가 너무 빠르면 발열로 인한 표면 변질 층이 커지거나 래핑 번(lapping burn)이 발생하므로 주의한다.
③ 랩제의 입자가 크면 압력을 높이고, 입자가 미세하면 압력을 낮춘다.
④ 랩제는 균일한 크기로 해야 하며, 큰 입자가 섞이면 다듬질한 면에 상처가 생기므로 주의한다.

문제 021

그림과 같이 테이퍼를 선삭하는 데 심압대를 편위시켜 가공한다고 하면 심압대의 편위거리는 몇 mm인가?

① 6
② 10
③ 16
④ 20

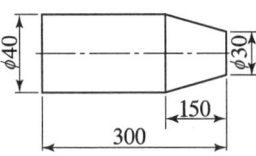

해설

$$\chi = \frac{(D-d)}{2\ell}$$

여기서 $D = 40\,\text{mm}$, $d = 30\,\text{mm}$

따라서 $\chi = \frac{(D-d)^2}{2\ell} = \frac{40-30}{2 \times 150} \times 300$
$= 10\,\text{mm}$

$\chi = \frac{(D-d)L}{2\ell} = \frac{(40-30)300}{2 \times 150} = 10$

문제 022

기계를 시험할 때 가공물을 고정하지 않고, 절삭하지 않는 상태에서, 운전상태, 온도변화, 소요 전력 등을 시험하는 것은?

① 무부하 운전시험
② 부하 운전시험
③ 기능시험
④ 강성시험

답 016.③ 017.④ 018.② 019.④ 020.① 021.② 022.①

문제 023

보링머신은 주축이 수평형과 수직형이 있다. 이 중 수평식 보링 머신 종류가 아닌 것은?

① 테이블(table)형
② 플로어(floor)형
③ 크로스 레일(cross rall)형
④ 플레이너(planer)형

문제 024

회전하는 통속에 가공물, 숫돌입자, 가공액, 콤파운드(compound) 등을 함께 넣고 회전시켜 서로 부딪치며 가동되어 매끈한 가공면을 얻는 가공법은?

① 슈퍼 피니싱
② 버니싱
③ 전해연마
④ 배럴 가공

문제 025

방전 가공의 전극 재료로 가장 적합한 것은?

① 흑연
② 아연
③ 산화알루미나
④ 니켈

문제 026

연삭 중에 발생하는 떨림(chattering)의 원인으로 볼 수 없는 것은?

① 숫돌의 평형 상태가 불량할 때
② 숫돌의 결합도가 너무 작을 때
③ 연삭기 자체의 진동이 있을 때
④ 숫돌축이 편심되어 있을 때

문제 027

경사면에 드릴링할 때의 작업방법으로 옳은 것은?

① 작은 드릴로 드릴링 후 규격에 맞는 드릴로 드릴링한다.
② 앤드밀로 자리파기를 한 후에 드릴링한다.
③ 날끝각이 180도 이상 큰 드릴을 사용한다.
④ 건드릴을 이용하여 드릴링한다.

문제 028

절삭 저항의 3분력에 해당되지 않는 것은?

① 주분력
② 순분력
③ 이송분력
④ 배분력

문제 029

절삭속도 140 m/min, 절삭깊이 6mm, 이송 0.25 mm/rev으로 75mm 직경의 원형 단면봉을 선삭한다. 300mm의 길이만큼 1회 선삭하는 데 필요한 가공시간은?

① 약 2분
② 약 4분
③ 약 6분
④ 약 8분

해설

$$V = \frac{\pi DN}{1000}$$

$$\therefore N = \frac{1000\,V}{\pi D} = \frac{1000 \times 140}{\pi \times 75} = 594$$

$$t = \frac{300}{594 \times 0.25} = 2분$$

문제 030

정면 밀링 커터나 엔드밀을 장치하는 주축 헤드가 테이블면에 수직으로 설치되어 주로 평면 가공, 홈 가공 등을 행하는 밀링 머신은?

① 수평 밀링머신
② 수직 밀링머신
③ 만능 밀링머신
④ 플레이너형 밀링머신

답 023. ③ 024. ④ 025. ① 026. ② 027. ② 028. ② 029. ① 030. ②

문제 031

공구의 지름 50mm, 주축의 회전수 120rpm 절삭 날의 개수 12개의 플레인 밀링커터로 절삭할 때 날 1개당의 이송이 0.1mm이면 이송 속도는 몇 mm/min이 되는가?

① 724
② 668
③ 188
④ 144

해설 $F = f_z \times z \times N = 0.1 \times 12 \times 120 = 144 \text{mm/min}$

문제 032

액체 호닝의 장점이 아닌 것은?

① 가공 시간이 짧다.
② 가공물의 피로 강도를 10% 정도 향상시킨다.
③ 다듬질면의 진원도, 진직도가 우수하다.
④ 형상이 복잡한 것도 쉽게 가공한다.

문제 033

구리의 화학적 성질에 대한 설명 중 틀린 것은?

① 건조한 공기 중에서는 산화하지 않는다.
② CO_2 또는 습기가 있으면 염기성 탄산구리 등의 구리 녹이 생긴다.
③ 환원성의 수소가스 중에서 가열하면 수소취성이 발생될 수 있다.
④ 수소 취성이 생기는 온도는 약 950℃ 정도이다.

문제 034

다음의 설명하는 합금은 무엇인가?

> Al-Si계의 대표적인 합금으로서 주조 시 용융온도가 낮고 수축 여유가 비교적 적으며 유동성이 좋으므로 주조성이 우수하여 얇고 복잡한 주물에 널리 이용된다. 여기에 소량의 Mg를 첨가 개량한 재료가 자동차의 부품, 선반기구, 선박 등에 사용되며 일명 알팩스(alpax)라고도 한다.

① Y합금
② 알드리
③ 실루민
④ 두랄루민

문제 035

담금질한 재료에 인성을 부여할 목적으로 A_1 변태점 이하에서 다시 가열하여 조직을 연화시키는 열처리는?

① 뜨임
② 고온플림
③ 저온플림
④ 블림

문제 036

다음 금속 중 중금속에 해당하는 것은?

① Al
② Mg
③ Na
④ Ni

문제 037

재료의 비파괴 시험법을 설명한 내용 중 틀린 것은?

① 침투 탐상시험 : 침투액과 현상액을 사용하여 균열 등의 결함을 검사하는 시험이다.
② 자분 탐상시험 : 오스테나이트강을 자화하여 자분인 Al_2O_3을 흡착시켜 균열과 같은 결함을 검출하는 방법이다.
③ 방사선 투과시험 : X선, Y선 등의 투과 방사선을 이용하여 재료의 두께와 밀도 차이에 따른 방사선 투과량의 차이를 이용하여 재료의 결함을 관찰하는 방법이다.
④ 초음파 탐상시험 : 재료에 초음파를 입사시켜 반사파의 시간과 크기를 브라운관을 통하여 관찰하는 방법이다.

문제 038

주철의 조직관계를 나타내는 마우러(Maurer) 조직도는 어떤 원소들의 함량에 따른 관계도인가?

① C와 S의 함량
② C와 Si의 함량
③ C와 P의 함량
④ C와 Cu의 함량

답 031. ④ 032. ③ 033. ④ 034. ③ 035. ① 036. ④ 037. ② 038. ②

2010년 3월 28일 시행

문제 039

탄소강의 불순물 중에서 강도, 연신율, 충격치를 모두 감소시키고 특히 고온에서 적열취성을 일으키는 원소는?

① S ② Cu
③ P ④ Mg

문제 040

표준 마이크로미터 나사피치가 0.5(mm), 딤블의 원주눈금이 50등분일 때 읽을 수 있는 최소 측정값은?

① 0.01mm ② 0.05mm
③ 0.001mm ④ 0.005mm

해설
$M = 0.5 \times \dfrac{1}{50} = \dfrac{1}{100} = 0.01\,mm$

문제 041

치형오차의 측정법에 해당하지 않는 것은?

① 기초원 조절방식 ② 피치원판방식
③ 전후기준방식 ④ 직선기준방식

문제 042

나사의 산봉우리과 나사골 일을 연결하는 면을 무엇이라 하는가?

① 골지름 ② 유효지름
③ 나사각 ④ 플랭크

문제 043

각도를 측정할 때 사용하는 측정기가 아닌 것은?

① 베벨각도기
② 광학식 클리노미터
③ 오토 콜리메이터
④ 레이지 블록

문제 044

현미 간섭식 표면거칠기 측정법을 사용하여 표면거칠기를 측정하려고 한다. 파장을 λ라 하고 간섭무늬의 폭을 a, 간섭무늬의 휘량을 b라 하면 표면거칠기(F) 값은?

① $F = a \times b \times \lambda$ ② $F = (a \times b) - \lambda$
③ $F = \dfrac{b}{a} \times \lambda$ ④ $F = \dfrac{b}{a} \times \dfrac{\lambda}{2}$

문제 045

샌드위치 지그 또는 상자 지그를 이 지그에 올려서 공작물을 분할(각도)하여가며 가공하게 되는 지그로서, 주로 대형의 공작물이나 불규칙한 형상에 사용되며 로터리 지그라고도 하는 것은?

① 분할 지그 ② 멀티 스테이션 지그
③ 트러니언 지그 ④ 채널 지그

문제 046

다음의 편측 공차에 대하여 양측 공차 방식을 가진 치수로 변환하면?

$$5.250^{+0.010}_{-0.000}$$

① 5.255 ± 0.005 ② 5.255 ± 0.010
③ 5.260 ± 0.005 ④ 5.260 ± 0.010

해설
㉠ $0.01 + 0 = 0.01$
㉡ $0.01 \div 2 = 0.005$
㉢ $5.250 + 0.005 = 5.255 \pm 0.005$

문제 047

고정구 중에서 일반적으로 가장 많이 사용하며 단순한 형태를 가진 고정구는?

① 플레이트 고정구
② 바이스-죠 고정구
③ 리프 고정구
④ 분할 고정구

답 039. ① 040. ① 041. ③ 042. ④ 043. ④ 044. ④ 045. ③ 046. ① 047. ①

문제 048

치공구 본체 중 안정성, 기계운전 시간의 절약, 재질의 분포가 양호하고 강성이 크나 제작시간이 많이 소요되고 리드타임(Lead time)이 길어 제조 단가가 높은 것은?

① 주조형　　② 용접형
③ 조립형　　④ 플라스틱형

문제 049

호칭치수 25mm의 K6급 구멍용 한계게이지의 통과측 치수허용차를 구한 것 중에서 가장 옳은 것은? (단, K6급 공차는 위치수 허용차 +2 μm, 아래치수 허용차 -11 μm이며, 게이지 제작공차는 2.5 μm, 마모 여유는 2.0 μm으로 한다.)

① 25.002±0.00125mm
② 25.0025±0.001mm
③ 24.991±0.00125mm
④ 24.9915±0.001mm

문제 050

머시닝센터에서 가공물의 고정시간을 줄여 생산성을 높이기 위하여 자동으로 공작물을 교환하는데 사용되는 장치는?

① APT　　② ATP
③ ATC　　④ APC

문제 051

CAD/CAM 시스템의 출력장치에 사용되고 있는 그래픽 디스플레이의 종류에서 평판형 디스플레이의 종류가 아닌 것은?

① 스토리지 디스플레이
② 플라즈마 디스플레이
③ 액정형 디스플레이
④ 진공 방전광 디스플레이

문제 052

다음 중 3차원의 기하학적 형상 모델링이 아닌 것은?

① 와이어 모델링　　② 서피스 모델링
③ 시스템 모델링　　④ 솔리드 모델링

문제 053

1000rpm으로 회전하는 스핀들에서 2회전 휴지를 주려고 한다. 정지시간 및 NC 프로그램을 작성한 것 중 옳은 것은?

① 정지시간 : 0.12초, NC 프로그램 : G04 P120;
② 정지시간 : 0.12초, NC 프로그램 : G04 P0 12;
③ 정지시간 : 0.06초, NC 프로그램 : G04 P60;
④ 정지시간 : 0.06초, NC 프로그램 : G04 P0 06;

해설

정지시간(sec) = $\dfrac{60}{\text{드릴회전수(rpm)}} \times$ 드웰회전수

정지시간 : $x = \dfrac{60 \times 2}{1000} = 0.12 \text{sec}$

- CNC 선반에서 1.5초 휴지(dwell)하는 프로그래밍 : G04 X0.12;, G04 U0.12;, G04 P120;

문제 054

볼(Ball) 엔드밀로 곡면을 가공하면 가공경로 사이에 그림에서 보는 바와 같이 h부분에 공구의 흔적이 남는데 이것을 무엇이라 하는가?

① boolean
② cusp
③ champer
④ parameter

문제 055

다음 중 인위적 조절이 필요한 상황에 사용될 수 있는 워크팩터(Work Factor)의 기호가 아닌 것은?

① D　　② K
③ P　　④ S

답 048. ①　049. ③　050. ④　051. ①　052. ③　053. ①　054. ②　055. ②

문제 056

어떤 회사의 매출액이 80000원, 고정비가 15000원, 변동비가 40000원일 때 손익분기점 매출액은 얼마인가?

① 25000원 ② 30000원
③ 40000원 ④ 55000원

 $\dfrac{15000}{(1-40000/80000)} = 30000$

문제 057

예방보전(Preventive Maintenance)의 효과로 보기에 가장 거리가 먼 것은?

① 기계의 수리비용이 감소한다.
② 생산시스템의 신뢰도가 향상된다.
③ 고장으로 인한 중단시간이 감소한다.
④ 예비기계를 보유해야 할 필요성이 증가한다.

문제 058

계수 표준형 샘플링 검상의 OC 곡선에서 좋은 로트를 합격시키는 확률을 뜻하는 것은? (단, α는 제1종과오, β는 제2종과오이다.)

① α ② β
③ $1-\alpha$ ④ $1-\beta$

문제 059

다음 중 통계량의 기호에 속하지 않는 것은?

① α ② R
③ s ④ $\bar{x}$

문제 060

U 관리도의 관리한계선을 구하는 식으로 옳은 것은?

① $\bar{u} \pm \sqrt{\bar{u}}$ ② $\bar{u} \pm 3\sqrt{\bar{u}}$
③ $\bar{u} \pm 3\sqrt{n\bar{u}}$ ④ $\bar{u} \pm 3\sqrt{\dfrac{\bar{u}}{n}}$

답 056. ② 057. ④ 058. ③ 059. ① 060. ④

2010년 7월 11일 시행

문제 001

다음 그림이 의미하는 공유압 회로의 명칭은?

① 미터 인 회로
② 미터 아웃 회로
③ 블리드 오프 회로
④ OR 회로

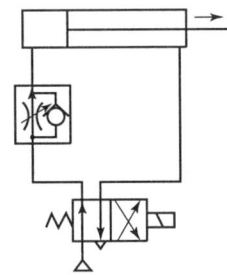

문제 002

유압 기술의 일반적인 장점 및 단점의 설명으로 옳은 것은?

① 압력에 대한 출력의 응답이 느리다.
② 무단 변속이 불가능하다.
③ 소형 장치로 큰 출력을 얻을 수 있다.
④ 먼지나 이물질에 의한 고장의 우려가 없다.

문제 003

공기압 실린더와 결합하고, 그 운동을 규제하는 액체를 봉합한 실린더로. 폐회로를 구성하는 관로 및 스로틀 밸브 등을 포함하는 것을 무엇이라 하나?

① 하이드로 체커
② 박형 실린더
③ 포지셔너
④ 프리마운트 실린더

문제 004

유압펌프를 처음으로 시동할 경우 유의 사항으로 거리가 먼 것은?

① 차가운 펌프에 뜨거운 작동유를 사용하여 시동해서는 안된다.
② 릴리프 밸브의 조정 나사의 위치를 바꾸지 않고 운전해본 다음 릴리프 밸브를 사용하여 최저압력으로 설정하고 유압장치의 상태를 조사한다.
③ 시동 전에 회전상태를 검사하여 플렉시블 캠링의 회전 방향과 설치위치를 정확히 해 둔다. 그리고 필요한 곳에 주유되어 있는가를 확인한다.
④ 신품인 베인 펌프는 압력을 걸어 시동하고 최초 5분 정도는 간헐적으로 작동시켜 길들여야 한다.

문제 005

회로 내의 압력을 설정값으로 유지하기 위해서 유체의 일부 또는 전부를 흐르게 하는 압력 제어 밸브는?

① 급속 배기 밸브
② 셔틀 밸브
③ 릴리프 밸브
④ 스로틀 밸브

문제 006

다음 중 피드백 제어에서 반드시 필요한 장치는?

① 과도 응답을 개선하는 장치
② 응답속도를 빠르게 하는 장치
③ 안정도를 좋게 하는 장치
④ 입력과 출력을 비교하는 장치

답 001.① 002.③ 003.① 004.② 005.③ 006.④

문제 007

다음 그림과 같은 기호 중에서 검출 스위치에 속하지 않는 것은?

① 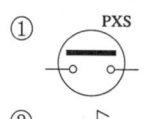 PXS   ② 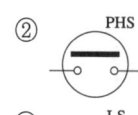 PHS

③   ④ LS

문제 008

물의 수위 경보 및 제어를 위하여 필요한 센서로서 적합하지 않는 것은?

① 플로트(Float) 스위치
② 셀렉터 스위치
③ 수위검지 전극
④ Level Pressure 스위치

문제 009

복수의 NC 공작기계가 가변루트인 자동반송 시스템으로 연결되어 유기적으로 제어되는 생산 형태는?

① Job-shop   ② FMC
③ FMS   ④ FTL

문제 010

미리 정해 놓은 시간적 순서에 따라 작업을 순차 제어하는 방식을 시퀀스 제어라 하는데, 다음 중 시퀀스 제어를 이용하지 않는 것은?

① 자동세탁기   ② 자동판매기
③ 교통신호기   ④ 인공지능 로봇

문제 011

ϕ10mm인 드릴로 두께가 10mm인 강판에 구멍을 가공하고자 할 때 필요한 절삭시간은 몇 초인가? (단, 회전수 60rpm, 드릴의 이송속도는 0.5mm/s이고, 드릴의 원추 높이는 3mm이다.)

① 20   ② 26
③ 2   ④ 2.5

[해설] $T = \dfrac{t+h}{nf} = \dfrac{10+3}{60 \times 0.5} = 0.43\min \times 60 = 26\sec$

문제 012

절삭속도 60m/min, 절삭력이 9.81kN일 때의 필요한 절삭동력은 몇 kW인가? (단, 효율 $\eta = 0.85$로 한다.)

① 11.54   ② 15.68
③ 94.1   ④ 69.2

[해설] $kW = \dfrac{PV}{102 \times 60 \times \eta} = \dfrac{9810 \times 60}{102 \times 60 \times 0.85 \times 9.81}$
$= 11.54 kW$

문제 013

공작기계 주철 베드의 표면을 경화시키는데 다음 중 가장 효과적인 방법은?

① 염욕법
② 오스템퍼링
③ 고주파 경화 처리법
④ 머플로법

문제 014

선반에서 노즈 반지름(nose radius)이 0.2mm인 바이트를 사용하여 $H_{\max} = 6.3\mu m$의 이론적 표면거칠기를 얻으려면 이송(feed)을 약 얼마로 하여야 하는가?

① 0.1mm/rev   ② 0.2mm/rev
③ 0.3mm/rev   ④ 0.4mm/rev

[해설] 이론적 표면거칠기
$H(R_{\max}) = \dfrac{f}{8R}$ 에서 $R_{\max} = 4R_a$ 이므로
이송$(f) = \sqrt{R_{\max} \times 8R}$
$= \sqrt{0.0063 \times 4 \times 8 \times 0.2}$
$= 0.2 mm/rev$

[답] 007. ③   008. ②   009. ③   010. ④   011. ②   012. ①   013. ③   014. ②

문제 015

액체 호닝(Liquid Honing)의 작업특성을 설명한 것으로 다음 중 맞지 않는 것은?

(1) 공작물 피로강도는 10% 정도 상승시킨다.
(2) 표면에 잔류하는 산화막 등을 간단히 제거할 수 있다.
(3) 작업 분사각(분사 방향과 공작물 표면과의 이루는 각)은 공작능률에 영향을 준다.
(4) 다듬질면의 정밀도(진직도 등)이 매우 우수하고 호닝 입자가 공작물 표면에 파묻히지 않는다.

① (3)　　　　　② (1), (2)
③ (4)　　　　　④ 전부 해당없음

문제 016

절삭 공구로 절삭 가공을 할 때 고온과 고압으로 인한 마찰력으로 공구가 마모되어 일어나는 현상으로 옳은 것은?

① 절삭성이 좋아진다.
② 가공 치수의 정밀도가 높아진다.
③ 가공된 면의 표면거칠기가 양호하게 된다.
④ 소요되는 절삭동력이 증가된다.

문제 017

건식래핑의 속도로 가장 적합한 것은?

① 5~10 m/min　　② 20~30 m/min
③ 50~80 m/min　　④ 100~120 m/min

문제 018

연삭작업에서 연삭조건이 좋더라도 숫돌바퀴의 질이 균일치 못하거나 공작물의 영향을 받아 숫돌 모양이 나쁠 때 일정한 모양으로 고치는 방법은?

① 로딩(loading)　　② 글레징(glazing)
③ 트라잉(trying)　　④ 트루잉(truing)

문제 019

절삭 중에 발생되는 칩(chip)의 형상 중에 공구마모인 크레이터가 가장 뚜렷하게 발생되는 칩의 형태는?

① 유동형　　　　② 전단형
③ 균열형　　　　④ 열단형

문제 020

판 캠(plate cam)을 밀링 머신에서 절삭할 때 가장 효과적인 커터는?

① 엔드밀(end mill)
② 메탈 소(metal saw)
③ 플라이 커터(fly cutter)
④ 페이스 커터(face cutter)

문제 021

선반(lathe)의 주축을 중공축으로 한 이유로 볼 수 없는 것은?

① 굽힘과 비틀림 응력을 강화
② 중량감소와 베어링에 걸리는 하중을 감소
③ 긴 공작물을 쉽게 고정
④ 용이한 칩 배출

문제 022

절삭공구의 구비조건으로 거리가 먼 것은?

① 가격이 저렴할 것
② 인성과 내마모성이 클 것
③ 고온에서 경도가 감소될 것
④ 공구의 제작이 쉬울 것

문제 023

절삭유의 사용목적으로 틀린 것은?

① 공구의 인선을 냉각시켜 공구의 경도저하를 방지
② 공작물을 냉각시켜 절삭열에 의한 정밀도 저하를 방지
③ 칩의 냉각을 도와 공작물의 마찰계수를 증가
④ 칩을 씻어주어서 절삭작용을 쉽게 함

답　015. ③　016. ④　017. ③　018. ④　019. ①　020. ①　021. ④　022. ③　023. ③

문제 024

가는 금속선(wire)을 전극으로 하여 2차원 형상으로 공작물을 잘라내는 가공법은?

① 플라즈마 가공
② 와이어 컷 방전 가공
③ 초음파 가공
④ 전해 연마 가공

문제 025

입도가 작은 숫돌로 일감에 작은 압력으로 가압하면서, 가공물에 이송을 주고, 동시에 숫돌에 진동을 주어 변질층의 표면이나 원통 내면을 다듬질하는 가공법은?

① 슈퍼 피니싱(super finishing)
② 래핑(lapping)
③ 액체 호닝(liquid honing)
④ 버핑(buffing)

문제 026

화학가공의 특징을 잘못 설명한 것은?

① 가공물의 강도와 경도에 관계없이 가공할 수 있다.
② 가공경화 또는 표면 변질층이 발생하지 않는다.
③ 한 번에 여러 개를 가공할 수 있다.
④ 친환경적인 작업방법이다.

문제 027

초음파 가공에 대한 설명으로 옳은 것은?

① 취성이 큰 재질은 가공할 수 없다.
② 부도체의 재질은 가공할 수 없다.
③ 초음파 가공에는 다이아몬드 공구를 주로 사용한다.
④ 연삭입자의 재질은 산화알루미늄계(Al_2O_3), 탄화규소(SiC)계 등이 주로 사용된다.

문제 028

공작기계에서 절삭속도에 대한 설명 중 틀린 것은?

① 절삭속도는 가공물의 재질 및 지름, 절삭공구의 재질에 따라 적절히 선정하여야 한다.
② 절삭속도가 증가하면 가공물의 표면거칠기가 나빠진다.
③ 절삭속도가 증가하면, 절삭공구와 가공물의 마찰력 증가로 절삭 공구 수명이 단축된다.
④ 동일한 회전수에서 가공물 지름이 커질수록 절삭속도는 커지고, 지름이 작아지면 느려진다.

문제 029

센터리스 연삭기의 장점에 해당되지 않는 것은?

① 센터가 필요하지 않아 센터 구멍을 가공할 필요가 없다.
② 긴 축 재료의 연삭이 가능하다.
③ 긴 홈이 있는 가공물의 연삭에 적합하다.
④ 연삭 여유가 적어도 된다.

문제 030

밀링머신에서 단식 분할법으로 원주를 $4\frac{2}{3}''$씩 등분하려면 다음 어느 방법이 적당한가?

① 18개 구멍자리에서 4구멍씩 회전
② 18개 구멍자리에서 14구멍씩 회전
③ 27개 구멍자리에서 4구멍씩 회전
④ 27개 구멍자리에서 14구멍씩 회전

해설 $\dfrac{h}{H} = \dfrac{R}{N} = \dfrac{40}{N} = \dfrac{40}{4\frac{2}{3}} = \dfrac{14}{27}$

∴ 27개 구멍자리에서 14구멍씩 회전

문제 031

구성인선(built-up edge)의 방지 대책에 해당하지 않는 것은?

답 024. ② 025. ① 026. ④ 027. ④ 028. ② 029. ③ 030. ④ 031. ③

① 바이트의 경사각(rake angle)을 크게 한다.
② 윤활성이 좋은 절삭유제를 사용한다.
③ 저속절삭을 한다.
④ 마찰계수가 작은 절삭공구를 사용한다.

문제 032

공작기계에 관한 시험 항목 중 다음 설명이 나타내는 것은?

> 공구 또는 공작물 부착대에 이송을 걸어 움직이기 시작하는 위치로부터 이송을 역전하여, 공구 또는 공작물 부착대가 역방향으로 움직이기 시작할 때까지 구동축의 회전각을 측정한다.

① 백래시 시험   ② 무부하운전 시험
③ 강성 시험   ④ 부하운전 시험

문제 033

암모니아 가스에 의한 표면 경화법은?

① 액체 침탄법   ② 침탄법
③ 숏 피닝법   ④ 질화법

문제 034

표점 거리 50mm인 인장시험편을 인장시험한 결과 표점 거리가 52.5mm가 되었다. 이 시험편의 연신율은?

① 2.5%   ② 5%
③ 7.5%   ④ 25%

$$\varepsilon = \frac{\text{파단 후 표점 거리} - \text{원 표점 거리}}{\text{원 표점 거리}}$$
$$= \frac{52.5 - 50}{50} \times 100 = 5$$

문제 035

보통주철에 대한 설명으로 틀린 것은?

① 조직은 펄라이트 기지 조직이다.
② 통상 C, Si, P를 함유하고 있다.
③ 고온에서 기계적 성질이 좋지 않다.
④ 주조가 쉽고 값이 저렴하다.

문제 036

프레스용 금형재료의 구비조건 중 옳지 않은 것은?

① 인성이 클 것
② 내마모성이 클 것
③ 열처리시 치수변화가 많을 것
④ 기계가공성이 좋을 것

문제 037

황동 및 황동 합금의 종류가 아닌 것은?

① 하스텔로이(Hastelloy)
② 문쯔 메탈(Muntz Metal)
③ 길딩 메탈(Gilding Metal)
④ 톰백(Tombac)

문제 038

기계구조용 탄소강의 SM45C에서 기호표시 중 "45"는 무엇을 뜻하는가?

① 탄소함유량   ② 항복점
③ 경도   ④ 인장강도

문제 039

고온강도가 크므로 내연기관의 실린더, 피스톤 등에 이용되는 내열용 Al 합금은?

① Y 합금   ② 오일라이트
③ 러지메탈   ④ 켈멧

문제 040

한계 게이지의 마모 여유는 일반적으로 어느 쪽에 주는가?

① 정지 측에 준다.
② 통과 측에 준다.

답 032.① 033.④ 034.② 035.① 036.③ 037.① 038.① 039.① 040.②

2010년 7월 11일 시행

③ 양쪽에 다 준다.
④ 양쪽에 모두 주지 않는다.

① 피치 ② 잇줄
③ 이형 ④ 유효지름

문제 041

투영기의 교정과 관리에서 배율교정을 위한 배율 오차를 구하는 식으로 옳은 것은? (단, ΔM : 배율 오차, M : 실측한 배율, M_o : 호칭 배율)

① $\Delta M = \dfrac{M - M_o}{M_o} \times 100(\%)$

② $\Delta M = \dfrac{M - M_o}{M} \times 100(\%)$

③ $\Delta M = \dfrac{M_o}{M_o - M} \times 100(\%)$

④ $\Delta M = \dfrac{M}{M - M_o} \times 100(\%)$

문제 044

다음 중 표면거칠기 측정기가 옳게 나열된 것은?

① 삼선식, 촉침식
② 촉침식, 광파 간섭식
③ 광파 간섭식, 스키드식
④ 정적 검출식, 촉침식

문제 045

지그의 손익분기점(N)의 계산식으로 옳은 것은? (단, Y : 지그 제작 비용, y : 1시간당 가공 비용, H : 지그를 사용하지 않을 때 1개당 가공 시간, H_j : 지그를 사용할 때 1개당 가공 시간)

① $N = \dfrac{Y}{H \cdot (H_j - y)}$ ② $N = \dfrac{H_j \cdot y}{H \cdot Y}$

③ $N = \dfrac{Y}{(H - H_j) \cdot y}$ ④ $N = \dfrac{(H - H_j) \cdot Y}{y}$

문제 042

도면에서 더브테일의 각도 나비 D_1을 측정하고자 할 때 그 식으로 맞는 것은?

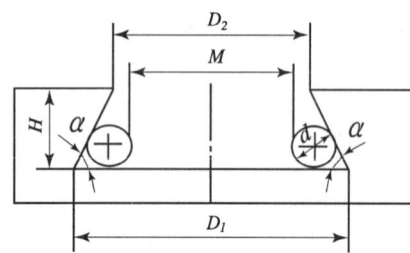

① $D_1 = M + d(1 + \sin\alpha/2)$
② $D_1 = M + d(1 + \tan^{-1}\alpha/2)$
③ $D_1 = M + d(1 + \sin^{-1}\alpha/2)$
④ $D_1 = M + d(1 + \tan\alpha/2)$

문제 046

작은 하중이 걸리는 작업은 주로 스프링에 의한 링크에 의해 작동되며 4가지(하향 잠김형, 압착형, 당기기형, 직선이동형) 기본적인 클램핑 작용으로 되어 있는 클램프는?

① 스트랩(strap) 클램프
② 토글(toggle) 클램프
③ 쐐기(wedge)형 클램프
④ 캠(cam) 클램프

문제 043

다음 중 KS규격에 따른 스퍼기어 및 헬리컬 기어의 측정 요소에 해당하지 않는 것은?

문제 047

절삭공구를 직접 안내하는 것이 아니라 타 부시를 설치하기 위하여 지그 몸체에 압입되어 고정하는 부시는?

① 고정 부시 ② 삽입 부시
③ 라이너 부시 ④ 널링 부시

답 041. ① 042. ② 043. ④ 044. ② 045. ③ 046. ② 047. ③

문제 048

한계 게이지 재료에 요구되는 성질로 틀린 것은?

① 열팽창 계수가 클 것
② 내마모성이 좋을 것
③ 변형이 적을 것
④ 정밀 다듬질이 가능할 것

문제 049

편측 공차 $5.250^{+0.010}_{0.000}$ 을 동등 양측 공차로 옳게 변환한 것은?

① 5.255 ± 0.005 ② 5.255 ± 0.010
③ 5.260 ± 0.005 ④ 5.260 ± 0.010

해설 ㉠ $0.01+0=0.01$
㉡ $0.01\div2=0.005$
㉢ $5.250+0.005=5.255\pm0.005$

문제 050

다음 그림과 같이 A점에서 화살표 방향으로 가공을 한다. ①의 프로그램내용으로 올바른 것은?

```
G90 G00 X25.0 Y15.0;
G01 X81.0 F100;
(     ①     )
G02 X35.0 I-10.0;
G03 X25.0 Y58.32 I-20.0;
```

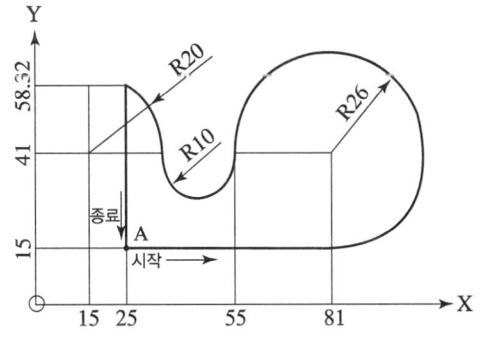

① G02 X-26.0 Y26.0 R-26.0;
② G02 X-26.0 Y26.0 J26.0;
③ G03 X55.0 Y41.0 J26.0;
④ G03 X55.0 Y41.0 R26.0;

해설 G90 (절대지령을 말한다.)
G03 (시계 반대 방향으로 회전 가공)
X55.0 (X방향으로 거리 55mm 이동)
Y41.0 (Y방향으로 거리 41mm 이동
J26.0; (41-15=26.0)

문제 051

다음은 2D 모델링 및 NC DATA 생성과정으로 순서가 바른 것은?

① 도면 → 곡선의 정의 → CL Data 생성 → 공구경로검증 → 후처리 → NC Data 생성
② 도면 → 후처리 → 공구경로 검증 → CL Data 생성 → 곡선의 정의 → NC Data 생성
③ 도면 → 곡선의 정의 → NC Data 생성 → 후처리 → 공구경로검증 → CL Data 생성
④ 도면 → 곡선의 정의 → 후처리 → NC Data 생성 → 공구경로 검증 → CL Data 생성

문제 052

다음 중 입력된 전기적인 펄스 신호에 따라 일정한 각도만 회전하는 모터는?

① 스테핑 모터 ② 브러쉬리스 모터
③ 공압 모터   ④ 유압 모터

문제 053

CNC 선반프로그래밍에서 절삭이송 속도를 회전당 공구의 이송량으로 지정할 때 사용하는 G-코드는?

① G96 ② G97
③ G98 ④ G99

답 048.① 049.① 050.③ 051.① 052.① 053.④

2010년 7월 11일 시행

문제 054

Surface Modeling의 특징과 거리가 먼 것은?

① 2개의 교차면의 교선을 구할 수 있다.
② NC data를 생성할 수 있다.
③ 은선 제거가 어렵다.
④ 복잡한 형상을 표현할 수가 있다.

문제 055

관리속도에서 점이 관리한계 내에 있으나 중심선 한쪽에 연속해서 나타나는 점의 배열현상을 무엇이라 하는가?

① 연　　　　　② 경향
③ 산포　　　　④ 주기

문제 056

로트의 크기 30, 부적합품률이 10%인 로트에서 시료의 크기를 5로 하여 랜덤 샘플링할 때, 시료 중 부적합품 수가 1개 이상일 확률은 약 얼마인가? (단, 초기하분포를 이용하여 계산한다.)

① 0.3695　　　② 0.4335
③ 0.5665　　　④ 0.6305

해설
$P(x \geq 1) = 1 - P(x = 0)$
$= 1 - [(_3C_0 \times _{27}C_5) / _{30}C_5]$
$= 1 - [(1 \times 80,730)/142,506] = 0.4335$

문제 057

다음 중 브레인스토밍(Brainstorming)과 가장 관계가 깊은 것은?

① 파레토도　　② 히스토그램
③ 회귀분석　　④ 특성요인도

문제 058

작업개선을 위한 공정분석에 포함되지 않는 것은?

① 제품 공정분석　　② 사무 공정분석
③ 직장 공정분석　　④ 작업자 공정분석

문제 059

로트의 크기가 시료의 크기에 비해 10배 이상 클 때, 시료의 크기와 합격판정개수를 일정하게 하고 로트의 크기를 증가시키면 검사특성곡선의 모양 변화에 대한 설명으로 가장 적절한 것은?

① 무한대로 커진다.
② 거의 변화하지 않는다.
③ 검사특성곡선의 기울기가 완만해진다.
④ 검사특성곡선의 기울기 경사가 급해진다.

문제 060

과거의 자료를 수리적으로 분석하여 일정한 경향을 도출 한 후 가까운 장래의 매출액, 생산량 등을 예측하는 방법을 무엇이라 하는가?

① 델파이법　　② 전문가패널법
③ 시장조사법　④ 시계열분석법

답 054. ③　055. ①　056. ②　057. ④　058. ③　059. ②　060. ④

2011년 4월 17일 시행

문제 001
공압제어 밸브를 기능에 따라 분류할 때, 이에 속하지 않는 것은?
① 압력제어 밸브(pressure control valves)
② 유량제어 밸브(flow control valves)
③ 방향제어 밸브(directional control valves)
④ 이송제어 밸브(feed control valves)

문제 002
오일탱크의 설명으로 틀린 것은?
① 오일탱크의 용량은 펌프토출량의 1.0배 이상이어야 한다.
② 오일탱크에서 사용하는 공기청정기의 통기 용량은 펌프토출량의 2배 이상이어야 한다.
③ 오일탱크에서 사용하는 스트레이너의 유량은 펌프토출량의 2배 이상이어야 한다.
④ 오일탱크의 바닥면은 바닥에서 최소 15cm 이상이어야 한다.

문제 003
다음 회로와 같이 입력되는 복수의 조건 중 어느 한 개라도 입력조건이 충족되면 출력(ON)이 나오는 회로는?

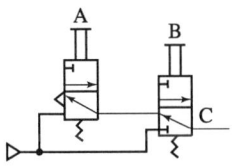

① NOR 회로　② NOT 회로
③ OR 회로　④ AND 회로

문제 004
그림과 같은 공유압 기호의 명칭은?
① 가변용량형 펌프·모터
② 요동형 액추에이터
③ 유압전도장치
④ 공기유압 변환기

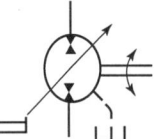

문제 005
다음 중 유압 장치에서 압력제어 밸브가 아닌 것은?
① 릴리프 밸브　② 체크 밸브
③ 감압 밸브　④ 시퀀스 밸브

문제 006
전기로 등과 같은 제어에서 발열량의 많고 적음이나, 온도가 높고 낮음의 명령을 자동적으로 하는 제어는?
① 정성적 제어
② 정량적 제어
③ 디지털 제어
④ 시퀀스 제어

문제 007
자동화 도입절차에서 작업적인 측면에서 자동화 대상 선정과 관계있는 것은?
① 경쟁력이 있는 제품
② 단순반복 작업
③ 생산량이 많은 제품
④ 노동집약적인 생산품

답　001. ④　002. ①　003. ③　004. ①　005. ②　006. ②　007. ②

문제 008

초음파 센서에서 초음파 발생과 검출에 이용하는 성질은?

① 압전효과　② 제백효과
③ 광전도 효과　④ 홀 효과

문제 009

분광 감도 특성이 사람의 비시감도에 가까워 카메라의 노출계, 가로등의 자동 점멸기 등에 사용되는 센서는?

① CdS 셀　② 자외선 센서
③ 발광다이오드　④ 리미트 스위치

문제 010

제어정보의 표시 형태가 카운터, 레지스터, 메모리 등에 적합한 제어계가 아닌 것은?

① 아날로그 제어계
② 디지털 제어계
③ 2진 제어계
④ ON/OFF 제어계

문제 011

절삭가공 시 발생하는 가공 변질층에 대한 설명으로 적합하지 않은 것은?

① 가공 변질층은 최소 1mm 이상으로 나타나며, 절삭조건에 영향을 받으나 가공 재료의 조직과는 무관하다.
② 변질층의 길이를 측정하는 방법은 X선 반사법, 부식법, 재결정법 등이 있다.
③ 절삭각의 증대에 따라 변질층은 두꺼워지며 절삭각이 90도 가까이 되면 그 두께가 상당히 증가한다.
④ 가공 변질층은 가공 경화로 인하여 취성을 갖기 쉽다.

문제 012

밀링 머신에서 탄소강의 경우 절삭속도 70m/min, 커터의 지름 100mm, 매분당 이송 400mm/min, 절삭저항 1.2kN일 때 절삭동력은 약 몇 kW인가? (단, 효율은 100%이다.)

① 1.4　② 0.008
③ 8　④ 28.8

해설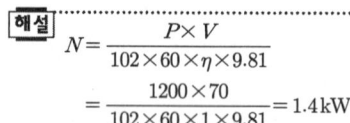

$$N = \frac{P \times V}{102 \times 60 \times \eta \times 9.81}$$
$$= \frac{1200 \times 70}{102 \times 60 \times 1 \times 9.81} = 1.4 \text{kW}$$

문제 013

KS 규격에 따라 수직 주축을 가진 니형 밀링머신의 정적 정밀도를 검사할 때, 주축 끝 외면의 흔들림에 대한 허용값은?

① 0.01mm　② 0.03mm
③ 0.05mm　④ 0.07mm

문제 014

칩(chip)이 경사면 위를 연속적으로 원활하게 흘러 나가는 모양으로 연속 칩이라고도 하는 것은?

① 유동형 칩　② 전단형 칩
③ 균열형 칩　④ 열단형 칩

문제 015

게이지 블록(gauge block)을 제작하려 한다. 최종 다듬질은 주로 어떤 가공을 하는가?

① 방전가공　② 래핑
③ 배럴가공　④ 액체 호닝

문제 016

줄눈의 모양이 물결모양으로 되어 날 눈의 홈 사이에 칩이 끼지 않으므로 납, 알루미늄, 플라스틱, 목재 등에 주로 사용되는 것은?

답　008. ①　009. ①　010. ①　011. ①　012. ①　013. ①　014. ①　015. ②　016. ④

① 단목(single cut) ② 복목(double cut)
③ 귀목(rasp cut) ④ 파목(curved cut)

문제 017

방전가공에서 일반적인 전극재료가 아닌 것은?

① 구리 ② 알루미늄
③ 흑연 ④ 은-텅스텐

문제 018

다음 중 절삭가공에서 절삭률을 나타내는 것은?

① 절삭속도×절삭면적
② 절삭깊이×이송
③ 절삭속도×절삭깊이×칩단면적
④ 이송×매분회전수

문제 019

공작물을 가공 할 때 절삭온도를 측정하는 방법이 아닌 것은?

① 칩의 색깔에 의해 측정하는 방법
② 칼로리미터에 의한 방법
③ 복사 고온계에 의한 방법
④ 마노미터에 의한 방법

문제 020

심압대를 편위시켜 그림과 같은 테이퍼를 가공할 때 심압대의 편위량은 몇 mm인가?

① 6
② 10
③ 12
④ 20

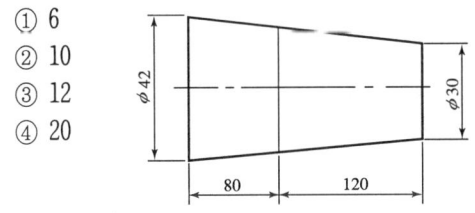

해설 $x = \dfrac{(D-d)L}{2 \cdot l} = \dfrac{(42-30) \times 200}{2 \times 200} = 6mm$

문제 021

슈퍼 피니싱 가공에서 숫돌의 운동은 초기 가공에서 약 몇 mm의 진폭으로 하는가?

① 0.5~1mm ② 2~3mm
③ 5~10mm ④ 15~30mm

문제 022

표준드릴의 날끝각(원추형 선단각)은 몇 도인가?

① 112도 ② 118도
③ 125도 ④ 130도

문제 023

연삭작업 시 떨림(chattering)이 발생하는 원인으로 거리가 먼 것은?

① 연삭기 자체의 진동이 있을 때
② 숫돌의 결합도가 작을 때
③ 숫돌의 평형상태가 불량할 때
④ 숫돌축이 편심되어 있을 때

문제 024

선반에서 여러 가지 조립구멍을 가지고 있어서 공작물을 직접 또는 간접적으로 볼트 또는 기타 고정구를 이용하여 공작물을 고정할 수 있는 선반 부속품은?

① 만능식 척 ② 심압대
③ 공구대 ④ 면판

문제 025

밀링 머신에서 커터의 지름 100mm, 한날 당 이송이 0.2mm, 커터의 날수 8개, 회전수 800rpm일 때 절삭속도는 약 몇 m/min인가?

① 156 ② 251
③ 534 ④ 1280

해설 $V = \dfrac{\pi DN}{1000} = \dfrac{\pi \times 100 \times 800}{1000} = 251$

답 017. ② 018. ① 019. ④ 020. ① 021. ② 022. ② 023. ② 024. ④ 025. ②

문제 026

공작기계의 3대 기본운동으로 볼 수 없는 것은?
① 준비 운동　② 이송 운동
③ 위치조정 운동　④ 절삭 운동

문제 027

전해 연마(electrolytic polishing)의 특징이 아닌 것은?
① 복잡한 형상의 가공물의 연마가 가능하다.
② 가공면에 방향성이 있다.
③ 내마모성, 내부식성이 향상된다.
④ 연질의 알루미늄, 구리 등도 쉽게 광택 면을 가공할 수 있다.

문제 028

연삭재의 종류 중 베이어법으로 정제된 알루미나를 전기로에서 용융하여 응고시킨 덩어리를 분쇄하여 입도를 조절한 것으로 코런덤 결정으로서 전체적으로 백색을 띄는 연삭재의 기호는?
① A　② WA
③ C　④ GC

문제 029

드릴링 머신 1대에 다수의 스핀들을 설치하고, 1개의 구동축으로 여러 개의 드릴을 동시에 구동시키는 드릴링 머신은?
① 탁상 드릴링 머신
② 레이디얼 드릴링 머신
③ 다축 드릴링 머신
④ 다두 드릴링 머신

문제 030

밀링 작업 시 하향절삭과 비교하여 상향절삭의 특징을 설명한 것으로 틀린 것은?
① 백 래시는 절삭에 별 영향이 없다.(백 래시 제거 불필요)
② 가공물의 고정에 유리하다.
③ 절입할 때, 마찰열로 공구인선의 마모가 빠르고 공구 수명이 짧다.
④ 마찰저항이 커서 절삭공구를 위로 들어 올리는 힘이 작용한다.

문제 031

다음 중 절삭 공구의 사용에 있어서 공구 인선의 마모 또는 파손현상이 아닌 것은?
① 플랭크(flank) 마모
② 버(burr)
③ 치핑(chipping)
④ 크레이터(crater) 마모

문제 032

다음 절삭공구 재료 중 일반적으로 고온 경도가 제일 큰 것은?
① 세라믹　② 고속도강
③ 초경합금　④ 주조경질합금

문제 033

다음 중 SM35C의 재료를 올바르게 설명한 것은?
① 기계구조용 탄소강, 탄소함유량 0.32~0.38%
② 기계구조용 탄소강, 최저인장강도 35MPa
③ 탄소공구강, 탄소함유량 0.32~0.38%
④ 탄소공구강, 최저인장강도 35MPa

문제 034

Al-Cu-Si계 합금인 라우탈(lautal)에서 표면이 고운 것을 요구할 때에 첨가량을 늘리는 원소는?
① Si　② Cu
③ Na　④ Mg

답　026. ①　027. ②　028. ②　029. ③　030. ②　031. ②　032. ①　033. ①　034. ②

해설

$UCL\ LCL\overline{c} \pm 3\sqrt{\overline{c}}$, $\overline{c} = \dfrac{58}{20} = 2.9$ (중심선)

$UCL = 2.9 + 3\sqrt{2.9} = 2.9 + (3 \times 1.703) = 8.01$

$LCL = 2.9 - 3\sqrt{2.9} = 2.9 - (3 \times 1.703) = -2.209$

- c관리도: 일정한 단위 속에 나타나는 결점수로 공정을 관리하며 LCL이 마이너스일 때는 고려하지 않음.

문제 035

절삭성이 우수한 황동으로 정밀절삭가공이 필요하고 강도는 그다지 필요하지 않는 시계나 계기용 기어, 나사, 볼트, 너트, 카메라 부품 등에 주로 사용되는 황동 합금은?

① Al 황동   ② Pb 황동
③ Si 황동   ④ 델타메탈

문제 036

주조 시 주형에 냉금을 삽입하여 주물 표면을 급랭시키고 경도를 증가시킨 내마모성 주철은?

① 회주철   ② 칠드주철
③ 가단주철 ④ 고급주철

문제 037

고속도강은 탄소 공구강에 몇 가지 주요 성분을 첨가하여 제작되는데, 이 성분으로 바르게 구성된 것은?

① Cr, Al, Mo   ② Cu, Zn, Pb
③ W, Cr, V   ④ W, Co, B

문제 038

표점 거리가 50mm인 재료를 인장 시험하여 파단 후에 측정한 표점 거리가 60mm이었다면 이 재료의 연신율 몇 %인가?

① 10   ② 17
③ 20   ④ 24

해설

$\varepsilon = \dfrac{\text{파단 후 표점거리} - \text{원 표점 거리}}{\text{원 표점 거리}}$

$= \dfrac{60 - 50}{50} \times 100 = 20$

문제 039

질량효과(Mass Effect)에 대한 설명 중 틀린 것은?

① 일반적으로 탄소강은 질량효과가 큰 편이다.
② 질량효과가 작을수록 열처리가 잘 이루어진다.
③ 열전도도가 높을수록 질량효과는 작아진다.
④ 질량효과가 클수록 담금질성(hardenability)도 좋아진다.

문제 040

수나사의 정도를 검사하기 위하여 일반적으로 측정하는 요소가 아닌 것은?

① 바깥지름   ② 골지름
③ 유효지름   ④ 테이퍼지름

문제 041

한계 게이지 중 내경(구멍) 측정용으로만 짝지어진 것은?

① 플러그 게이지, 링 게이지
② 플러그 게이지, 봉 게이지
③ 테보 게이지, 스냅 게이지
④ 스냅 게이지, 링 게이지

문제 042

사인 바를 사용하여 각도 측정 시 양단의 게이지 블록 높이가 각각 20mm와 70mm일 때 사인 바가 이루는 각도는 약 몇 °인가? (단, 롤러의 중심거리가 100mm이다.)

① 12°   ② 24°
③ 30°   ④ 45°

답 035. ② 036. ② 037. ③ 038. ③ 039. ④ 040. ④ 041. ② 042. ③

해설
$$\sin\phi = (H-h)/L = \frac{70-20}{100} = 0.5 \text{이므로 } 30°$$

문제 043

다음 중 오토 콜리메이터와 함께 원주눈금, 할출판, 기어의 각도 분할의 검정에 사용되는 기기는?

① 폴리곤프리즘
② 평면경
③ 각도 측정기
④ 요한슨식 각도게이지

문제 044

죔새와 틈새가 둘 다 생길 수 있는 끼워 맞춤은?

① 억지 끼워 맞춤
② 중간 끼워 맞춤
③ 헐거운 끼워 맞춤
④ 틈새 끼워 맞춤

문제 045

일반적으로 치공구 제작 공차는 제품 공차에 대하여 몇 % 정도인가?

① 2~5%   ② 8~15%
③ 20~50%   ④ 60~80%

문제 046

치공구 본체 설계 시 고려해야 할 사항으로 거리가 먼 것은?

① 본체는 위치결정구, 지지구, 클램핑 등의 요소들이 설치 될 수 있는 충분한 크기로 한다.
② 공작물의 위치 결정 및 지지부분이 가능한 외부에서 보이지 않도록 설계한다.
③ 마모 발생 부위는 내마모성의 정지 패드 등을 설치한다.
④ 칩의 배출 및 제거가 용이한 구조로 한다.

문제 047

치공구의 사용에 따른 장·단점으로 틀린 것은?

① 작업의 숙련도 요구가 감소한다.
② 가공 정밀도 향상으로 불량품을 방지한다.
③ 가공시간을 단축하게 하여 제조비용을 절감 할 수 있다.
④ 호환성이 낮아지기 때문에 단일제품 제작에만 사용한다.

문제 048

90°의 V블록에 $\phi 35 \pm 0.005$의 봉을 놓고 가공할 때 치수 공차로 인한 재료중심의 위치오차의 크기는?

① 0.00142   ② 0.0142
③ 0.0071   ④ 0.00071

해설 $\sqrt{2} \times 0.005 = 0.00707$

문제 049

공작물이 얇거나 연질의 재료인 경우 혹은 가공 중 발생할 수 있는 변형을 방지하기 위하여 사용되는 지그는?

① 개방형 지그(open jig)
② 샌드위치형 지그(sandwich jig)
③ 판형 지그 (plate jig)
④ 니형 지그 (knee jig)

문제 050

방전가공 시 전압상승에 따른 방전의 진행과정이 옳은 것은?

① 기화상태 → 방전개시 → 폭발 → 용융비산 → 방전휴지
② 방전개시 → 기화상태 → 용융비산 → 폭발 → 방전휴지
③ 방전개시 → 기화상태 → 폭발 → 용융비산 → 방전휴지

답 043. ① 044. ② 045. ③ 046. ② 047. ④ 048. ③ 049. ② 050. ③

④ 기화상태 → 방전개시 → 용융비산 → 폭발 → 방전휴지

③ 라이브러리(library)
④ 블록화 기법

문제 051
공구경보장 코드 G41 또는 G42를 사용할 때 공구경보정량을 입력할 어드레스는 무엇인가?
① A ② D
③ H ④ T

문제 052
CNC 선반 가공 시 공작물을 1.2초간 일시 정지 기능을 사용할 때 적합한 NC코드가 아닌 것은?
① G04 X1.2; ② G04 Z1.2;
③ G04 U1.2; ④ G04 P1200;

해설 CNC 선반에서 1.2초 휴지(dwell)하는 프로그래밍 G04 X1.2;, G04 U1.2;, G04 P1200;

문제 053
레이저를 이용하여 3차원 측정 및 스캔을 하고, 3차원 형상데이터를 얻어서 서피스 모델로 변환한 후 CAD/CAM 설계가 가능하도록 한 작업공정은?
① 리버스 엔지니어링
② 쾌속조형
③ 몰드금형
④ 리모델링 시스템

문제 054
그래픽 도형의 운용 방법에서 표준화, 정형화되어 자주 사용되는 도형요소의 집합을 데이터베이스로 보관하며, 반복 작업을 피하게 하여 CAD 시스템의 능률적 기능을 이용한 도형 데이터보관, 관리 기술은?
① 그룹화기법(group)
② 다층구조(layer)의 활용

문제 055
로트 크기 1000, 부적합품률이 15%인 로트에서 5개의 랜덤시료 중에서 발견된 부적합품수가 1개일 확률을 이항분포로 계산하면 약 얼마인가?
① 0.1648 ② 0.3915
③ 0.6085 ④ 0.8352

해설
$n \times p^x \times (1-p)^{(n-x)}$
$= 5 \times 0.15^1 \times (1-0.15)^{(5-1)} = 0.3915$

문제 056
다음 중 계량 값 관리도에 해당되는 것은?
① c 관리도 ② nP 관리도
③ R 관리도 ④ u 관리도

문제 057
다음 검사의 종류 중 검사공정에 의한 분류에 해당되지 않는 것은?
① 수입검사 ② 출하검사
③ 출장검사 ④ 공정검사

문제 058
Ralph M. Barnes 교수가 제시한 동작경제의 원칙 중 작업장 배치에 관한 원칙(Arrangement of the workplace)에 해당되지 않는 것은?
① 가급적이면 낙하식 운반방법을 이용한다.
② 모든 공구나 재료는 지정된 위치에 있도록 한다.
③ 충분한 조명을 하여 작업자가 잘 볼 수 있도록 한다.
④ 가급적 용이하고 자연스런 리듬을 타고 일할 수 있도록 작업을 구성하여야 한다.

답 051. ② 052. ② 053. ① 054. ③ 055. ② 056. ③ 057. ③ 058. ④

문제 059

그림과 같은 계획공정도(Network)에서 주공정은? (단, 화살표 아래의 숫자는 활동시간을 나타낸 것이다.)

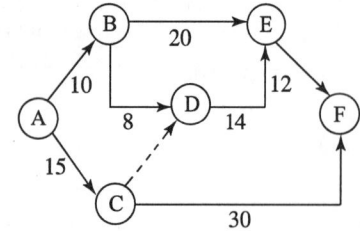

① Ⓐ-Ⓒ-Ⓕ
② Ⓐ-Ⓑ-Ⓔ-Ⓕ
③ Ⓐ-Ⓑ-Ⓓ-Ⓔ-Ⓕ
④ Ⓐ-Ⓒ-Ⓓ-Ⓔ-Ⓕ

문제 060

품질코스트(quality cost)를 예방코스트, 실패코스트, 평가코스트로 분류할 때, 다음 중 실패코스트(failure cost)에 속하는 것이 아닌 것은?

① 시험 코스트
② 불량대책 코스트
③ 재가공 코스트
④ 설계변경 코스트

답 059. ① 060. ①

최근 기출문제

2011년 7월 31일 시행

문제 001

그림과 같은 회로로서 실린더 입구의 분기 회로에 유량제어 밸브를 설치하여 실린더 입구측의 불필요한 압유를 배출시켜 작동 효율을 증진시킨 회로는?

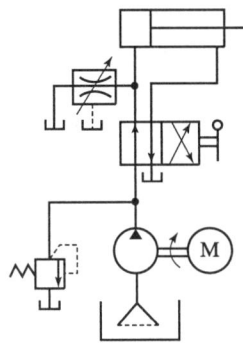

① 미터 인 회로　② 미터 아웃 회로
③ 블리드 오프 회로　④ 재생 회로

문제 002

공기 압축기 설치조건에 맞지 않는 것은?

① 저습한 장소에 설치하여 드레인 발생을 적게 한다.
② 유해 물질이 적은 장소에 설치한다.
③ 가급적 직사광선을 많이 받는 곳에 설치한다.
④ 공기 흡입구에 흡기 필터를 부착한다.

문제 003

유압 작동유가 갖추어야 할 성질로 옳은 것은?

① 인화점이 높아야 한다.
② 산화가 쉬워야 한다.
③ 압축성이 좋아야 한다.
④ 온도에 따른 점도 변화가 커야 한다.

문제 004

다음 중 유압펌프에 속하지 않는 것은?

① 기어 펌프　② 피스톤 펌프
③ 베인 펌프　④ 체인 펌프

문제 005

어큐물레이터 회로의 용도로 볼 수 없는 것은?

① 서지압력의 흡수 및 장치 보호
② 일정 압력 유지
③ 보조동력원으로의 역할
④ 사이클 시간 연장

문제 006

다음 중 유압 시스템에서 공기의 침입에 의한 고장으로 보기 어려운 것은?

① 작동유의 과열
② 펌프에서의 소음
③ 토출 유량의 감소
④ 실린더의 불규칙적 작동

문제 007

자동화 시스템의 주요 3요소가 아닌 것은?

① 센서 - 입력부
② 프로세서 - 제어부
③ 액추에이터 - 출력부
④ 프로그램 - PLC

답　001.③　002.③　003.①　004.④　005.④　006.①　007.④

문제 008

측온저항체의 요구 조건으로 잘못된 것은?

① 저항 온도계수가 클 것
② 온도-저항 특성이 곡선적일 것
③ 사용온도 범위가 넓을 것
④ 화학적으로 안정적일 것

문제 009

입력과 출력이 1:1 대응관계에 있는 시스템으로 메모리 기능은 없고 부울(Boolean) 논리방정식에 이용되는 제어는?

① 메모리 제어(Memory Control)
② 시퀀스 제어(sequence Control)
③ 파일럿 제어(Pilot Control)
④ 시간 제어(Time Control)

문제 010

그림의 회로에 출력 Y가 1이 되기 위한 ABCD의 조건은?

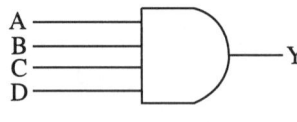

① 0111　　② 1000
③ 1010　　④ 1111

문제 011

공작기계를 구성하는 중요 부분의 직선 또는 평면의 모양, 위치 또는 운동에 관계하는 정적 정밀도 시험의 5개 항목에 속하지 않는 것은? (단, KS B ISO 230-1 공작기계 시험방법 통칙에 준함)

① 진직도　　② 직각도
③ 원통도　　④ 회전 정밀도

문제 012

밀링 가공의 단식 분할법에서 분할대의 분할크랭크를 1회전하면 주축은 약 몇 도 회전하는가?

① 9°　　② 18°
③ 20°　　④ 36°

문제 013

절삭온도를 측정하는 방법 중 절삭부로부터 열복사를 렌즈에 의해서 검출하여 열전대의 온도상승을 측정하는 방법은?

① 칩의 색깔로 판정하는 방법
② 서모 컬러(thermo color)에 의한 방법
③ 복사온도계를 사용하는 방법
④ 공구 속에 열전대를 삽입하는 방법

문제 014

슈퍼 피니싱에 대한 설명으로 틀린 것은?

① 일반적으로 호닝보다 높은 $40N/cm^2$ 이상의 압력을 가하여 가공한다.
② 가공물에 이송을 주고 동시에 연삭 숫돌을 진동시켜 작업한다.
③ 연한 연삭 숫돌을 작은 압력으로 가공물의 표면에 가압하여 가공한다.
④ 가공에 의한 표면의 변질층이 극히 미세하다.

문제 015

래핑 가공에서 랩(Lap)의 재질로 적합하지 않은 것은?

① 주철
② 다이아몬드
③ 구리합금
④ 연강

답　008. ②　009. ③　010. ④　011. ③　012. ①　013. ③　014. ①　015. ②

문제 016

지름(D)은 100mm, 날수(Z)는 8인 평면커터(plain cutter)로 절삭속도(V) 30m/min, 절삭 깊이(t) 4mm, 이송속도(f) 240mm/min에서 절삭할 때 칩의 평균두께 t_m을 구하면 약 몇 mm인가?

① 0.96　　② 0.063
③ 0.63　　④ 0.096

해설 $\dfrac{1000V}{\pi \times D} = \dfrac{1000 \times 30}{\pi \times 100} = 95.4929\,rpm$

$\therefore t_m = \dfrac{f}{nz}\sqrt{\dfrac{t}{D}} = \dfrac{240}{95.5 \times 8} \times \sqrt{\dfrac{4}{100}}$
$= 0.0628\,mm$

문제 017

다음 중 수직밀링머신의 주요 구조가 아닌 것은?

① 새들　　② 컬럼
③ 테이블　④ 오버 암

문제 018

화학 밀링(chemical milling)의 특징에 대한 설명으로 옳은 것은?

① 가공 속도가 빠르다.
② 가공 깊이에 제한을 받지 않는다.
③ 가공 변질층이 작다.
④ 부식성 및 다듬질면의 거칠기가 좋다.

문제 019

선반 바이트에 칩 브레이커(chip breaker)를 설치하는 가장 큰 목적은?

① 윤활유의 윤활성을 향상시키기 위하여
② 유동형 칩(chip)을 짧게 끊어 배출하기 위하여
③ 공구의 생산단가를 낮추기 위하여
④ 가공물의 정밀도 향상을 위하여

문제 020

선반에서 지름이 100mm인 환봉을 300rpm으로 할 때 절삭 저항력이 981N이었다. 이때 선반의 절삭효율이 75%라 하면, 선반이 필요한 최소 동력(kW)은?

① 약 2.1　　② 약 2.8
③ 약 4.7　　④ 약 5.2

문제 021

연삭숫돌 표면의 가공에 칩이 메워지게 되므로 연삭이 잘 안 되는 현상은?

① 드레싱(dressing)　② 프레싱(pressing)
③ 트루잉(truing)　　④ 로딩(loading)

문제 022

표면경도 및 내마모성을 높이기 위하여 선반의 베드(bed)에 주로 사용하는 표면 경화법은?

① 가스 침탄법　② 질화법
③ 청화법　　　④ 화염 경화법

문제 023

방전 가공용 전극재료의 구비조건으로 틀린 것은?

① 기계가공이 쉬울 것
② 방전이 안정하고 가공속도가 클 것
③ 가공전극의 소모가 많을 것
④ 가공 정밀도가 높을 것

문제 024

전해연마(electrolytic polishing)의 특징이 아닌 것은?

① 가공 변질 층이 없고 평활한 가공면을 얻을 수 있다.
② 가공면에 방향성이 없다.
③ 내마모성, 내부식성이 향상된다.
④ 불활성 탄소가 함유된 철금속도 쉽게 가공된다.

답 016. ②　017. ④　018. ③　019. ②　020. ①　021. ④　022. ④　023. ③　024. ④

문제 025
센터리스 연삭의 장점에 해당하지 않는 것은?
① 센터가 필요하지 않아 센터 구멍을 가공할 필요가 없다.
② 높은 숙련도를 요구하지 않는다.
③ 연삭 여유가 작아도 된다.
④ 대형 중량물의 연삭에도 용이하다.

문제 026
기계의 부품을 조립할 때, 볼트의 머리 부분이 돌출되면 곤란한 부분이 있다. 이러한 경우에 볼트 또는 너트의 머리 부분이 가공물 안으로 묻히도록 드릴과 동심원의 2단 구멍을 절삭하는 방법은?
① 카운터 보링(counter boring)
② 카운터 싱킹(counter sinking)
③ 스폿 페이싱(spot facing)
④ 리밍(reaming)

문제 027
절삭공구를 교체하기 위한 절삭공구 수명판정기준으로 거리가 먼 것은?
① 가공면에 광택이 있는 색조나 반점들이 생길 때
② 공구 인선의 마모가 일정량에 도달하였을 때
③ 주분력보다 이송분력이나 배분력이 급격히 감소할 때
④ 완성치수의 변화량이 일정량에 달했을 때

문제 028
호닝유의 역할로 거리가 먼 것은?
① 호닝 숫돌에 끼어진 칩을 제거한다.
② 연삭 능력을 크게 한다.
③ 가공면의 평행도를 향상시킨다.
④ 발생하는 열을 억제시킨다.

문제 029
절삭 공구에 작용하는 절삭 저항의 3분력 중 주분력을 가장 올바르게 설명한 것은?
① 절삭 공구의 축 방향으로 평행한 분력을 말한다.
② 주절삭력이라고도 하며, 절삭 저항의 3분력 중에서 가장 크다.
③ 절삭 작업에 있어 배분력에서 횡분력을 뺀 절삭값을 말한다.
④ 공구의 이송 방향과 반대로 작용하는 것을 말하며, 절삭 저항의 3분력 중에서 가장 작다.

문제 030
선반에서 길이가 직경에 비해 약 20배 이상 길고, 직경이 작은 봉재(환봉)를 깎을 때, 예상되는 문제를 방지하기 위해 필요한 부속 장치는?
① 면판(face plate) ② 맨드릴(mandrel)
③ 방진구(work rest) ④ 에이프런(apron)

문제 031
다음 중 절삭공구재료로 사용하는 스텔라이트의 주성분으로 옳은 것은?
① W-C-Co-Cr
② W-C-Co-Pb
③ W-C-Co-Sn
④ W-C-Co-Zn

문제 032
3/8-16 UNC로 표시되어 있는 태핑을 위하여 드릴링하려면 몇 mm의 드릴이 적당한가? (단, 3/8-16 UNC의 피치는 1.5875mm이고, 암나사의 골지름은 9.525mm이다.)
① 6 ② 8
③ 9 ④ 10

답 025. ④ 026. ① 027. ③ 028. ③ 029. ② 030. ③ 031. ① 032. ②

해설 $M = 9.525 - 1.5875 = 7.9375 ≒ 8$

문제 033

장신구, 무기, 불상, 범종 등의 재료로 많이 사용되는 Cu - Sn 합금은?

① 황동　　　② 청동
③ 양은　　　④ 알민

문제 034

같은 조성의 강재를 동일한 조건하에서 담금질하여도 강재의 크기에 따라 담금질 효과가 달라지는데, 이런 현상을 무엇이라 하나?

① 경화능　　② 시효
③ 질량효과　④ 냉각능

문제 035

Y합금의 주요성분으로 알맞은 것은?

① Al - Cu - Ni - Mg
② Al - Cu - Si
③ Al - Si - Mg
④ Al - Mg - Mn - Zn

문제 036

스테인리스강 중에서 내식성이 가장 높고 비자성체이나 결정입계부식의 단점을 가지고 있어 이를 개량하여 공업에 주로 사용하는 것은?

① 페라이트계 스테인리스강
② 마텐자이트계 스테인리스강
③ 오스테나이트계 스테인리스강
④ 석출경화계 스테인리스강

문제 037

반복하중이 작용하여도 재료가 영구히 파괴되지 않는 최대 응력을 나타내는 것은?

① 피로한도
② 탄성한계
③ 경도
④ 크리프강도

문제 038

다음 중 순철을 사용하기에 가장 좋은 용도는?

① 코일 스프링
② 기계의 구조물
③ 소결자석용 철분
④ 내마모성을 요구하는 부품

문제 039

다음 중 주철의 장점으로 틀린 사항은?

① 인장강도와 충격값이 크다.
② 주조성이 우수하다.
③ 주철의 표면은 녹이 잘 슬지 않는다.
④ 마찰저항이 우수하고 기계가공이 쉽다.

문제 040

정밀정반의 평면도, 마이크로미터의 직각도, 평행도, 공작기계 베드면의 진직도, 직각도, 기타 미소각도의 차 등의 측정에 이용되는 광학적 측정기는?

① 공기마이크로미터
② 오토콜리메이터
③ 전기마이크로미터
④ 텔리스코핑 게이지

문제 041

각도 측정기에 속하지 않는 것은?

① 수준기
② 스크라이버 포인트
③ 오토콜리메이터
④ 콤비네이션 세트

답　033.②　034.③　035.①　036.③　037.①　038.③　039.①　040.②　041.②

문제 042

게이지 블록과 같이 밀착에 의해 각도를 조합하여 사용하며, 홀더가 필요 없고, 조합 후의 정밀도가 2~3"인 각도게이지는?

① 요한슨식 각도게이지
② N.P.L식 각도게이지
③ 사인 바
④ 테이퍼게이지

문제 043

수나사의 유효 지름의 측정법 중 가장 정도가 높은 것은?

① 나사 마이크로미터
② 공구 현미경
③ 삼침법
④ 투영기

문제 044

마이크로미터의 스핀들을 광선정반(optical flat)으로 적색간섭 무늬수가 3개로 측정되었을 때 평면도는? (단, 사용한 빛의 파장은 0.64μm 이다.)

① 0.96μm   ② 1.92μm
③ 2.56μm   ④ 3.78μm

[해설] 평면도 = $n \times \lambda = 3 \times 0.32 = 0.96 \mu m$

문제 045

지그 제작비가 500,000원이고 지그를 사용하지 않았을 때 걸리는 제품 가공 시간은 3분이 소요되고 지그를 사용하였을 때 가공 시간은 1분이고 시간당 가공비가 2,000원일 때 손익 분기점은?

① 7500개   ② 8000개
③ 8500개   ④ 9000개

[해설] $N = \dfrac{Y}{(H-HJ)y} = \dfrac{500000}{(3-1) \times 2000} = 125 \times 60$
$= 7500$

문제 046

드릴지그를 구성하는 3대 요소에 해당하지 않는 것은?

① 위치결정 장치   ② 클램프 장치
③ 공구안내 장치   ④ 공작물 받침 장치

문제 047

기능 게이지의 공차를 부여하는 방법은 각 규격마다 조금씩 차이가 있으나, 일반적으로 간단한 공정으로 공차의 누적이 없는 경우 제품 공차의 몇 % 정도를 적용하는가?

① 2% ~ 5%   ② 10% ~ 20%
③ 25% ~ 40% ④ 50% ~ 70%

문제 048

그림과 같이 φ6mm의 구멍 4개를 가공하고자 한다. 그림과 같은 제품 가공에 가장 적합한 지그는?

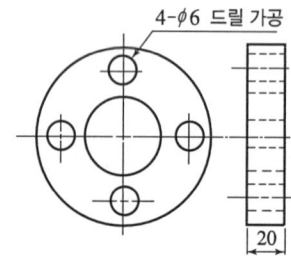

① 박스 지그
② 앵글플레이트 지그
③ 분할 지그
④ 템플리트 지그

답 042.② 043.③ 044.① 045.① 046.④ 047.② 048.④

문제 049

위치결정구 설계 시 요구되는 사항이 아닌 것은?
① 마모에 잘 견디어야 한다.
② 교환이 가능해야 한다.
③ 공작물과의 접촉부위가 잘 보이지 않도록 설계되어야 한다.
④ 청소가 용이해야 한다.

문제 050

다음 중 평판 디스플레이의 종류가 아닌 것은?
① 플라즈마 가스 방출형
② 래스터 스캔형
③ 액정형
④ 전자 발광판형

문제 051

다음 프로그램에서 보조프로그램이 실행되는 횟수는?

```
O2000 ; N100 ——————— ;
(중간생략)
N200 M98 P2001 L2 ;
N210 ——————— ;
N220 M98 P2001 ;
(중간생략)
N300 ——————— ;
N310 M02 ;
```

① 2회 ② 3회
③ 4회 ④ 5회

문제 052

3D 모델링 방법에서 가장 고급적인 기법으로, 셀 혹은 기본곡면이라고 불리는 직육면체, 구, 원추, 실린더 등의 입체요소들을 조합하여 모델을 구성하는 방식은?
① 서페이스 모델링
② 와이어프레임 모델링
③ 솔리드 모델링
④ 직선 모델링

문제 053

머시닝센터에서 스핀들 회전수가 120rpm이고 공회전수가 2회일 때 휴지시간(Dwell time)은?
① 0.5초   ② 1초
③ 1.5초   ④ 2초

문제 054

다음 CNC 공작기계에 사용되는 볼 스크루(ball screw)를 설명한 것이다. 틀린 것은?
① 수나사와 암나사 사이에 강구가 구르기 때문에 기구적으로는 복잡하지만 이동이 부드럽고 마찰계수도 적다.
② 더블너트 방식의 경우 볼 스크루의 백 래시(back lash)도 거의 0에 가깝다.
③ 높은 정밀도를 유지할 수 있다.
④ 볼 스크루는 작동 상에 발생하는 발열에 따른 열팽창에 강하다.

문제 055

어떤 측정법으로 동일 시료를 무한회 측정하였을 때 데이터 분포의 평균치와 참값과의 차를 무엇이라 하는가?
① 재현성   ② 안정성
③ 반복성   ④ 정확성

문제 056

관리도에서 측정한 값을 차례로 타점했을 때 점이 순차적으로 상승하거나 하강하는 것을 무엇이라 하는가?
① 연(run)   ② 주기(cycle)
③ 경향(trend) ④ 산포(dispersion)

답 049. ③ 050. ② 051. ② 052. ③ 053. ② 054. ④ 055. ④ 056. ③

문제 057

도수분포표를 작성하는 목적으로 볼 수 없는 것은?

① 로트의 분포를 알고 싶을 때
② 로트의 평균치와 표준편차를 알고 싶을 때
③ 규격과 비교하여 부적합품률을 알고 싶을 때
④ 주요 품질항목 중 개선의 우선순위를 알고 싶을 때

문제 058

정상소요기간이 5일이고, 이때의 비용이 20,000원이며 특급소요기간이 3일이고, 이때의 비용이 30,000원이라면 비용구배는 얼마인가?

① 4,000원/일   ② 5,000원/일
③ 7,000원/일   ④ 10,000원/일

해설 $\dfrac{30000-20000}{5-3} = 5000$

문제 059

"무결점 운동"으로 불리는 것으로 미국의 항공사인 마틴사에서 시작된 품질개선을 위한 동기부여 프로그램은 무엇인가?

① ZD   ② 6 시그마
③ TPM   ④ ISO 9001

문제 060

컨베이어 작업과 같이 단조로운 작업은 작업자에게 무력감과 구속감을 주고 생산량에 대한 책임감을 저하시키는 등 폐단이 있다. 다음 중 이러한 단조로운 작업의 결함을 제거하기 위해 채택되는 직무설계방법으로서 가장 거리가 먼 것은?

① 자율경영팀 활동을 권장한다.
② 하나의 연속작업시간을 길게 한다.
③ 작업자 스스로가 직무를 설계하도록 한다.
④ 직무확대, 직무충실화 등의 방법을 활용한다.

답 057. ④ 058. ② 059. ① 060. ②

2012년 4월 8일 시행

문제 001
릴리프 밸브 등에서 밸브 시트를 두들겨서 비교적 높은 음을 발생시키는 일종의 자려 진동 현상을 의미하는 용어는?
① 서지 압력 현상
② 캐비테이션 현상
③ 맥동 현상
④ 채터링 현상

문제 002
유압 모터에서 가장 효율이 높고 최대 압력이 높은 유압 펌프는?
① 피스톤 펌프   ② 기어 펌프
③ 베인 펌프   ④ 나사 펌프

문제 003
공압 캐스케이드 회로의 특성에 대한 설명으로 옳은 것은?
① 방향성 리미트 밸브를 사용하므로 신뢰성이 보장된다.
② 복잡한 작동 시퀀스도 배선이 간단하다.
③ 캐스케이드 밸브가 많아지게 되면, 제어 에너지의 압력강하가 발생한다.
④ 캐스케이드 밸브가 많아질수록 스위칭 시간이 짧아진다.

문제 004
2개의 복동 실린더가 1개의 실린더 형태로 조립되어 있고 길이 방향으로 연결된 복수 실린더를 갖고 있으므로 실린더의 직경이 한정되는 반면에 출력이 거의 2배로 큰 힘을 얻는데 가장 적합한 공압 실린더는?
① 충격 실린더   ② 케이블 실린더
③ 탠덤 실린더   ④ 다위치형 실린더

문제 005
다음 그림 기호는 무엇을 나타내는 유압 기호인가?

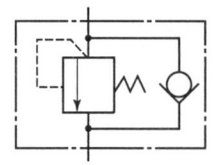

① 체크밸브 붙이 유량제어 밸브
② 파일럿 작동형 릴리프 밸브
③ 파일럿 작동형 시퀀스 밸브
④ 카운터 밸런스 밸브

문제 006
공압 시스템의 고장원인으로 볼 수 없는 것은?
① 이물질로 인한 고장
② 수분으로 인한 고장
③ 공압 밸브의 고장
④ 유압유의 변질

문제 007
가공공정 변환이 용이하여 제품수요의 다양한 요구에 대처할 수 있는 자동화 시스템은?
① CAM   ② FMS
③ CAE   ④ CAD

답 001.④ 002.① 003.③ 004.③ 005.④ 006.④ 007.②

문제 008
다음 중 광센서의 특징이 아닌 것은?
① 비접촉식센서
② 고속응답
③ 색상판별
④ 열전효과

문제 009
물체의 위치와 속도, 가속도 등 방향 및 자세 등의 기계적인 변위를 제어량으로 하고 시간에 따라 변화하는 제어량이 목표 값에 정확히 추종하도록 설계한 제어계로서 공작기계의 제어 등에 이용되는 제어는?
① 시퀀스 제어   ② 서보 제어
③ 자동 조정   ④ 공정 제어

문제 010
전계 중에 존재하는 물체의 전하이동, 분리에 따른 정전용량의 변화를 검출하는 센서로 플라스틱, 유리, 도자기, 목재와 같은 절연물과 액체도 검출이 가능한 센서로 맞는 것은?
① 용량형 근접센서
② 유도형 근접센서
③ 광전형 근접센서
④ 초음파형 근접센서

문제 011
초경합금 바이트의 노즈 반지름이 0.5mm인 것으로 이송을 0.4mm/rev로 주면서 다듬질하려고 한다. 이때 가공면의 표면거칠기 이론값(mm)은?
① 0.06   ② 0.04
③ 0.25   ④ 0.15

[해설] $H = \dfrac{f^2}{8 \times r} = \dfrac{0.4^2}{8 \times 0.5} = 0.04\,\text{mm}$

문제 012
선반작업에서 가공물의 형상과 같은 모형이나 형판에 의해 자동으로 절삭하는 장치는?
① 정면절삭 장치   ② 기어절삭 장치
③ 모방절삭 장치   ④ 외경절삭 장치

문제 013
다음 중 밀링작업의 안전사항에 대한 설명으로 위배되는 것은?
① 일감은 기계가 정지한 상태에서 고정한다.
② 커터에 옷이 감기지 않도록 한다.
③ 보안경을 착용한다.
④ 절삭 중 측정기로 측정한다.

문제 014
다음 연삭 숫돌 입자 중 천연입자가 아닌 것은?
① 에머리   ② 코런덤
③ 다이아몬드   ④ 지르코늄 옥시드

문제 015
전주 가공의 특징이 아닌 것은?
① 가공 정밀도가 높다.
② 생산 시간이 짧고 가격이 싸다.
③ 복잡한 형상, 중공축 등을 가공할 수 있다.
④ 제품의 크기에 제한을 받지 않는다.

문제 016
수평식 보링 머신을 구조에 따라 분류했을 때 이에 속하지 않는 것은?
① 만능형(universal type)
② 테이블형(table type)
③ 플로어형(floor type)
④ 플레이너형(planer type)

답 008. ④ 009. ② 010. ① 011. ② 012. ③ 013. ④ 014. ④ 015. ② 016. ①

문제 017

선반의 가로 이송대에 8mm의 리드로서 원주를 100등분하여 만든 칼라 눈금의 핸들이 달려 있을 때 지름 34mm의 둥근 막대를 지름 30mm로 절삭하려면 핸들의 눈금을 몇 눈금 돌리면 되는가?

① 25 ② 30
③ 50 ④ 60

해설 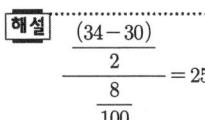 = 25

문제 018

경화된 스틸 볼을 압축공기로 분사시켜 차축이나 기어와 같이 반복하중을 받는 기계부품을 마무리 가공하기에 가장 적합한 것은?

① 슈퍼 피니싱(super finishing)
② 액체 호닝(liquid honing)
③ 숏 피닝(shot peening)
④ 버핑(buffing)

문제 019

연강의 절삭가공에서 회전수가 일정하다고 가정할 때 가공물의 지름과 절삭속도의 관계로 옳은 것은?

① 가공물의 지름이 크면 절삭속도는 빨라진다.
② 가공물의 지름이 크면 절삭속도는 느려진다.
③ 가공물의 지름이 작으면 절삭속도는 빨라진다.
④ 가공물의 지름과 관계없이 절삭속도는 일정하다.

문제 020

선반으로 저탄소강재를 가공할 때 3분력 크기의 순서가 맞는 것은?

① 주분력 > 이송분력 > 역분력
② 주분력 > 배분력 > 이송분력
③ 배분력 > 주분력 > 이송분력
④ 이송분력 > 주분력 > 배분력

문제 021

다음은 공작기계 기본운동이다. 관계가 없는 것은?

① 정적운동 ② 절삭운동
③ 이송운동 ④ 위치조정운동

문제 022

구성인선이 공작물에 미치는 영향이 잘못된 것은?

① 절삭되는 정도를 나쁘게 한다.
② 다듬질 치수를 나쁘게 한다.
③ 표면조도를 나쁘게 한다.
④ 공구의 마모가 적고, 공구각을 일정하게 유지시킨다.

문제 023

입도가 작고 연한 숫돌에 적은 압력으로 가압하면서 가공물에 이송을 주고, 동시에 숫돌에 진동을 주어 표면거칠기를 높이는 가공 방법은?

① 래핑 ② 액체 호닝
③ 슈퍼 피니싱 ④ 버핑

문제 024

절삭 공구의 성분 중 합금성분이 W(18%)−Cr(4%)−V(1%)인 절삭 공구는?

① 초경합금강 ② 고속도강
③ 주조합금강 ④ 세라믹강

답 017.① 018.③ 019.① 020.② 021.① 022.④ 023.③ 024.②

문제 025
배럴가공을 하는 목적과 거리가 먼 것은?
① 표면거칠기의 향상
② 거스러미 제거
③ 녹이나 스케일 제거
④ 잔류응력 향상

문제 026
박스지그(box jig)를 사용하는 작업으로 가장 적합한 것은?
① 드릴 작업에서 대량생산을 할 때
② 선반 작업에서 크랭크 절삭을 할 때
③ 그라인딩에서 테이퍼 작업을 할 때
④ 보링 작업 등의 정밀한 구멍을 가공할 때

문제 027
테이블(table)이 수평면 내에서 회전하는 것으로서, 공구의 길이방향 이송이 수직방향으로 되어 있으며, 대형이고 불규칙한 중량물의 일감을 깎는 데 쓰이는 선반(lathe)은?
① 차륜(wheel) 선반
② 공구(tool) 선반
③ 정면(face) 선반
④ 수직(vertical) 선반

문제 028
외경이 150mm인 연삭 숫돌을 이용하여 1500 m/min의 속도로 연삭하고자 한다. 연삭 숫돌의 회전수는 약 몇 rpm인가?
① 2000rpm   ② 2600rpm
③ 3200rpm   ④ 4000rpm

해설 회전수 = $\dfrac{원주속도}{외경 \times 3.14}$ = $\dfrac{1500 \times 1000}{150 \times 3.14}$ = 3200

문제 029
다음 중 전해액 중에 공작물은 양극, 구리 또는 아연을 음극으로 하고 전류를 통과시킬 때 공작물 표면이 용해되어 매끈한 광택이 얻어지는 것은?
① 전기도금   ② 전해연마
③ 방전가공   ④ 화학연마

문제 030
선반의 정적 정밀도 검사에서 검사사항이 아닌 것은?
① 척의 흔들림
② 주축대 센터와 심압대 센터와의 높이차
③ 가로 이송대의 운동과 주축 중심선과의 직각도
④ 심압대 운동과 왕복대 운동과의 평행도

문제 031
방전가공에서 전극재료에 요구되는 조건이 아닌 것은?
① 비중이 클수록 좋다.
② 전기 전도도가 높아야 한다.
③ 기계적 강도가 높고, 성형(가공)이 용이하여야 한다.
④ 내열성이 높고, 방전 시 소모가 적어야 한다.

문제 032
절삭온도 측정법이 아닌 것은?
① 칩 컬러(chip color)에 의한 측정
② 칼로리미터(calorimeter)에 의한 측정
③ 바이트 여유면(clearance surface)에 의한 측정
④ 열전대(thermo-couple)에 의한 측정

답 025. ④ 026. ① 027. ④ 028. ③ 029. ② 030. ① 031. ① 032. ③

문제 033

다음 중 경도 시험 원리와 그에 따른 경도 시험법으로 옳은 것은?

① 압입자 이용 : 브리넬 경도 시험
② 스크래치 이용 : 비커스 경도 시험
③ 진자장치 이용 : 쇼어 경도 시험
④ 반발 이용 : 로크웰 경도 시험

문제 034

α황동을 냉간 가공하여 재결정온도 이하의 저온으로 풀림하면 가공 상태보다 경화하는 현상을 무엇이라 하는가?

① 경년 변화
② 탈 아연 부식
③ 자연 균열
④ 저온 풀림 경화

문제 035

알루미늄의 특징에 관한 설명으로 틀린 것은?

① 대기 중에서의 내식성이 우수하다.
② 열과 전기의 전도성이 양호하다.
③ 합금재질이 많고 기계적 특성이 양호하다.
④ 알칼리 수용액에 대한 내성이 강하다.

문제 036

주철을 고온으로 가열하였다가 냉각하는 과정을 반복하면 주철의 부피는 팽창하게 되는데 이를 주철의 성장이라 한다. 주철의 성장에 대한 원인으로 틀린 것은?

① 페라이트 조직 중의 Si의 산화
② 펄라이트 조직 중의 Mn, Cr 등의 원소에 의한 Fe_3C 분해 촉진 및 흑연화
③ A1 변태의 반복과정에서 오는 체적변화에 기인되는 미세한 균열의 발생
④ 흡수된 가스의 팽창에 따른 부피 증가

문제 037

탄소 함유량에 따른 탄소강의 일반적인 물리적 성질 중 탄소량이 증가하면 증가하는 성질은?

① 열팽창 계수
② 열전도도
③ 전기저항
④ 내식성

문제 038

WC, TiC, TaC 등의 금속 탄화물을 미세한 분말 상에서 결합제인 Co 분말과 결합하여 프레스로 성형, 압축하고 용융점 이하로 가열하여 소결시켜 만든 합금강은?

① 주철공구강
② 고속도강
③ 초경합금
④ 다이스강

문제 039

담금질 온도에서 Ms 점보다 높은 온도의 염욕 중에 넣어 항온변태를 끝낸 후에 상온까지 냉각하는 담금질 방법으로 점성이 큰 베이나이트 조직을 얻을 수 있어 뜨임할 필요가 없는 열처리 방법은?

① 오스템퍼링(austempering)
② 마템퍼링(martempering)
③ 시간담금질(time quenching)
④ 마퀜칭(marquenching)

문제 040

기하 공차와 그 기호가 잘못 짝지어진 것은?

① 면의 윤곽도 : ⌒
② 경사도 : ∠
③ 대칭도 : ═
④ 진원도 : ○

답 033.① 034.④ 035.④ 036.② 037.③ 038.③ 039.① 040.①

문제 041

게이지 블록과 같이 밀착이 가능하므로 홀더가 필요 없으며, 각도의 가산, 감산에 의해서 필요한 각도를 조합할 수 있고 조합 후 정도는 2~3″인 것은?

① 오토콜리메이터
② N.P.L식 각도게이지
③ 기계식 각도 정규
④ 수준기

문제 042

기어의 측정에서 볼 또는 핀 등의 측정자를 전체 원둘레에 따라 이 홈의 양측 치면에 접하도록 삽입하여 측정자의 반지름 방향 위치의 변동을 측미기로 읽었다. 이때 이 눈금값의 최대값과 최소값의 차이를 무엇이라 하는가?

① 치형 오차
② 피치 오차
③ 이(齒) 홈의 흔들림
④ 이 두께 오차

문제 043

$70^{+0.05}_{-0.02}$ 의 치수 공차 표시에서 최대허용치수는?

① 70.03　② 70.05
③ 69.98　④ 69.05

[해설] 최대허용치수 = 70 + 0.05 = 70.05

문제 044

표면거칠기를 측정하는 방식에 해당하지 않는 것은?

① 광절단식　② 촉침식
③ 현미 간섭식　④ 광택식

문제 045

호칭치수 25mm의 K6급 구멍용 한계게이지의 통과측 치수허용차로 가장 옳은 것은? (단, K6급 공차는 위치수 허용차 +2μm, 아래치수 허용차 −11μm, 게이지 제작 공차는 2.5μm, 마모 여유는 2.0μm으로 한다.)

① 25.002 ± 0.00125 mm
② 25.0025 ± 0.001 mm
③ 24.991 ± 0.00125 mm
④ 24.9915 ± 0.001 mm

[해설] 통과측 치수허용차
= 구멍의 최소치수 + 마모 여유 ± 제작 공차/2
= (24.989 + 0.002) ± (0.0025/2)
= 24.991 ± 0.00125 mm

문제 046

봉재와 같은 원형부품의 위치결정시 수직(상하방향) 중심의 정도가 가장 중요할 때 사용되는 V블록의 각도로 가장 적합한 것은?

① 60°　② 90°
③ 115°　④ 120°

문제 047

채널지그(Channel jig)의 용도를 바르게 설명한 것은?

① 공작물의 두면에 지그를 설치하여 제3표면을 단순히 가공을 할 때 사용하며, 정밀한 가공보다 생산 속도를 증가시킬 목적으로 사용된다.
② 공작물이 얇거나 연질의 재료인 경우 가공 중 발생할 수 있는 변형을 방지하기 위하여 활용한다.
③ 공작물의 형태가 불규칙하거나 넓은 가공면을 가지고 있는 비교적 대형 공작물 가공에 사용된다.

[답] 041. ② 042. ③ 043. ② 044. ④ 045. ③ 046. ① 047. ①

④ 공작물의 가공이 일정한 각도로 이루어지거나 공작물의 측면을 가공할 경우 사용된다.

문제 048

스윙 클램프와 유사하나 훨씬 더 작으며, 좁은 장소에서 사용되며 하나의 큰 클램프보다는 오히려 작은 클램프를 사용해야 할 경우에 유효한 클램프는?

① 후크 클램프(hook clamp)
② 쐐기형 클램프(wedge clamp)
③ 스트랩 클램프(strap clamp)
④ 캠 클램프(cam clamp)

문제 049

다음 중 드릴부시(drill bush)의 종류가 아닌 것은?

① 삽입부시
② 고정부시
③ 라이너부시
④ 데프콘부시

문제 050

CNC 선반에서 절삭유 ON에 해당하는 M-코드는?

① M08 ② M09
③ M05 ④ M03

문제 051

다음 형상 모델링 중 공학적인 해석을 하는데 가장 적합한 것은?

① 2차원 모델
② 솔리드 모델
③ 와이어 프레임 모델
④ 서피스 모델

문제 052

머시닝 센터에서 그림과 같이 공구의 가공경로가 화살표로 지정되어 있을 때 공구지름 보정이 바르게 짝지어진 것은? (단, 빗금친 부분은 가공형상이다.)

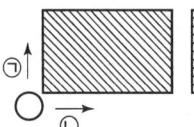
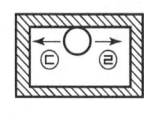

① G41 : ㉡ ㉣, G42 : ㉠ ㉢
② G41 : ㉠ ㉢, G42 : ㉡ ㉣
③ G41 : ㉠ ㉣, G42 : ㉡ ㉢
④ G41 : ㉡ ㉢, G42 : ㉠ ㉣

문제 053

최근 고속가공기에서 회전하는 공구를 고정하기 위해 사용되는 방식은?

① BT방식 ② NT방식
③ AFC방식 ④ HSK방식

문제 054

다음 중 CAD작업을 할 때의 입력장치가 아닌 것은?

① 마우스
② 트랙볼(track ball)
③ 라이트 펜(light pen)
④ CRT(cathode ray tube)

문제 055

여유시간이 5분, 정미시간이 40분일 경우 내경법으로 여유율을 구하면 약 몇 %인가?

① 6.33% ② 9.05%
③ 11.11% ④ 12.50%

답 048. ① 049. ④ 050. ① 051. ② 052. ② 053. ④ 054. ④ 055. ③

[해설] 여유율(내경법)

$$= \frac{여유시간}{정미시간+여유시간} \times 100$$

$$= \frac{5}{45} \times 100 = 11.11\%$$

문제 056

로트에서 랜덤하게 시료를 추출하여 검사한 후 그 결과에 따라 로트의 합격, 불합격을 판정하는 검사방법을 무엇이라 하는가?

① 자주검사 ② 간접검사
③ 전수검사 ④ 샘플링검사

문제 057

다음과 같은 [데이터]에서 5개월 이동평균법에 의하여 8월의 수요를 예측한 값은 얼마인가?

월	1	2	3	4	5	6	7
판매실적	100	90	110	100	115	110	100

① 103 ② 105
③ 107 ④ 109

[해설] 최근 5개월 판매실적만 계산

$$\frac{(110+100+115+110+100)}{5} = 107$$

문제 058

관리 사이클의 순서를 가장 적절하게 표시한 것은? (단, A는 조치(Act), C는 체크(Check), D는 실시(Do), P는 계획(Plan)이다.)

① P → D → C → A
② A → D → C → P
③ P → A → C → D
④ P → C → A → D

문제 059

다음 중 계량값 관리도만으로 짝지어진 것은?

① c 관리도, u 관리도
② $x-R_s$ 관리도, P 관리도
③ $\overline{x}-R$ 관리도, nP 관리도
④ $Me-R$ 관리도, $\overline{x}-R$ 관리도

문제 060

다음 중 모집단의 중심적 경향을 나타낸 측도에 해당하는 것은?

① 범위(Range)
② 최빈값(Mode)
③ 분산(Variance)
④ 변동계수(Coefficient of variation)

[답] 056. ④ 057. ③ 058. ① 059. ④ 060. ②

2012년 7월 22일 시행

문제 001

그림과 같이 실린더의 속도를 제어하기 위한 회로로서 유량제어 밸브를 실린더의 입구 측에 설치한 회로는?

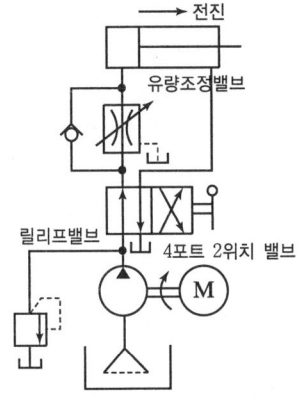

① 무부하 회로 ② 블리드 오프 회로
③ 미터 아웃 회로 ④ 미터 인 회로

문제 002

다음 그림은 무엇을 나타내는 기호인가?

① 외부 파일럿 조작
② 단동 솔레노이드 조작
③ 내부 파일럿 조작
④ 유압 파일럿 조작

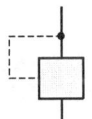

문제 003

스트로크 종단 부근에서 유체의 유출을 자동적으로 죄는 것에 의하여 피스톤 로드의 운동을 감속시키는 작용은?

① 실린더 쿠션
② 감압 작용
③ 스틱 슬립 작용
④ 에어 리턴

문제 004

공기압 장치와 비교하여 유압장치의 특징에 관한 설명으로 틀린 것은?

① 소형 장치로 큰 출력을 낼 수 있다.
② 환경오염의 우려가 없다.
③ 입력에 대한 출력의 응답이 빠르다.
④ 방청과 윤활이 자동적으로 이루어진다.

문제 005

유압 실린더의 설치 구조에서 요동형 마운팅 중 하나로 실린더의 헤드커버 혹은 로드 콕의 피스톤 로드 끝에 마운팅을 위하여 U자 형 링크를 부착하는 형태는?

① 크레비스 형(clevis mounting type)
② 트러니언 형(trunnion mounting type)
③ 풋 형(foot mounting type)
④ 플랜지 형(flange mounting type)

문제 006

시퀀스 제어와 비교하여 자동제어의 상섬에 해당되는 것은?

① 온도특성이 양호하다.
② 동작상태의 확인이 쉽다.
③ 소형이고 가볍다.
④ 소형화에 한계가 있다.

답 001.④ 002.① 003.① 004.② 005.① 006.③

문제 007

그림과 같은 회로처럼 스위치(S)를 ON/OFF 후 동작이 이루어지는 회로를 무엇이라 하는가?

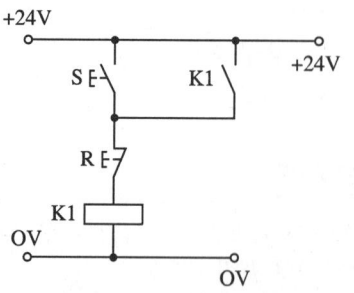

① 자기유지회로 ② 병렬회로
③ OFF-회로 ④ ON-회로

문제 008

다음 중 반사식 광전스위치로 감지할 수 없는 물체는?

① 투명유리 ② 나무제품
③ 종이상자 ④ 플라스틱 용기

문제 009

핸들링의 종류 중 부품이 회전을 통하여 이송되며 작업이 이루어지는 핸들링은?

① 리니어 인덱싱 핸들링
② 로터리 인덱싱 핸들링
③ 선반의 이송장치
④ 래칫 구동 핸들링

문제 010

기계의 점검 사항 중 전자식 자동작동 장치의 일반적 점검사항에 해당하지 않는 것은?

① 필터의 막힘 ② 접점의 더러워짐
③ 전압, 전류 ④ 전원이상

문제 011

칩이 공구의 경사면을 연속적으로 흘러 나가는 모양으로 가장 바람직한 형태의 칩은?

① 유동형 칩(flow type chip)
② 경작형 칩(tear type chip)
③ 균열형 칩(crack type chip)
④ 전단형 칩(shear type chip)

문제 012

액체 호닝에 관한 설명 중 틀린 것은?

① 가공시간이 짧다.
② 호닝 입자가 가공물의 표면에 부착될 우려가 있다.
③ 가공물 표면에 산화막이나 거스러미(burr)를 제거하기 쉽다.
④ 피닝 효과(peening effect)로 인해 가공물의 피로강도가 저하된다.

문제 013

절삭 공구 재료로서 필요한 성질이 아닌 것은?

① 고온에서 경도가 높을 것
② 내마멸성이 클 것
③ 일강보다 단단하고 인성이 있을 것
④ 피삭재와의 친화력이 클 것

문제 014

절삭 유제에 대한 설명으로 틀린 것은?

① 식물성유는 동물성유에 비해 점도가 낮다.
② 식물성유는 윤활성은 좋으나 냉각성은 좋지 않다.
③ 동물성유는 점도가 높아 고속절삭에 사용된다.
④ 광유는 지방유 등을 혼합해서 윤활성능을 높인다.

답 007.① 008.① 009.② 010.① 011.① 012.④ 013.④ 014.③

문제 015

다음 중 래핑(lapping)의 특징이 아닌 것은?

① 정밀도가 높은 제품을 가공할 수 있다.
② 가공면의 내마모성이 증대된다.
③ 가공이 복잡하여 대량생산이 불가능하다.
④ 가공면은 윤활성이 좋다.

문제 016

다음 중 선반 교정 작업이 아닌 것은?

① 주축대 스핀들 베어링을 교정한다.
② 가로 이송대 유극을 조정한다.
③ 공구대를 교환한다.
④ 가로 이송대와 세로 이송대를 보정한다.

문제 017

선반에서 맨드릴을 사용하는 주된 목적은?

① 돌기가 있어 센터 작업이 곤란하기 때문에
② 가늘고 긴 가공물의 작업을 위하여
③ 내, 외경과 내경이 동심이 되도록 가공하기 위하여
④ 척킹이 곤란하기 때문에

문제 018

방전가공에 사용되는 전극재질의 조건이 아닌 것은?

① 가공속도가 클 것
② 가공전극의 소모가 클 것
③ 가공정밀도가 높을 것
④ 방전이 안전할 것

문제 019

연삭작업 시 테리모션(tarry motion)이라 함은?

① 일감의 이송을 양 끝에서는 빨리하고 중간에서는 늦게 하는 것
② 거친 일감의 연삭 시 원주 속도를 크게 하는 것
③ 최종 다듬질 연삭 시 불꽃이 없어질 때까지 연삭하는 것
④ 세로 이송을 잠시 동안 정지시킨 후 역전시켜 연삭하는 것

문제 020

선반의 절삭속도가 10mm/sec, 절삭길이가 2mm, 이송량이 1mm/rev일 때 이 선반의 가공 절삭율은?

① 600 mm²/min ② 1000 mm²/min
③ 1200 mm²/min ④ 1500 mm²/min

해설 절삭율 = 절삭속도 × 절삭깊이 × 이송량
$10 \times 2 \times 1 = 20 \times 60 = 1200 mm^2/min$

문제 021

강에 합금원소를 첨가할 경우 어닐링 상태에서 그 합금원소의 강 중 존재상태가 아닌 것은?

① 금속 간 화합물로 되어 있는 상태
② 금속단체로 되어 있는 상태
③ 시멘타이트 중에 탄화물로 되어 있는 상태
④ 산화물, 염화물 또는 원소 상태로 되어 있는 상태

문제 022

8개의 날을 가진 정면밀링 커터로 외경이 100mm이고, 길이 245mm인 연강을 절삭하려고 한다. 날 1개마다의 이송을 0.04mm로 하고 절삭속도를 120m/min로 할 때 커터선단의 공작물을 1회 절삭이송하는데 소요되는 시간은?

① 약 1분 30초
② 약 1분 45초
③ 약 2분
④ 약 2분 49초

답 015. ③ 016. ③ 017. ③ 018. ② 019. ④ 020. ③ 021. ④ 022. ④

[해설]
- 회전수 $N = \dfrac{1000V}{\pi D} = \dfrac{1000 \times 120}{\pi \times 100} = 382 \text{rpm}$
- 테이블의 이송 $f = 0.04 \times 8 \times 382 = 122.24 \text{m/min}$
- 테이블 이송거리 $L = 100 + 245 = 345 \text{mm}$
- 가공시간 $T = \dfrac{L}{f} = \dfrac{345}{122} = 2.82$분 ≒ 2분49초

문제 023
와이어 컷(wire cut) 방전가공의 특성이 아닌 것은?
① 초경재료 가공이 가능하다.
② 소비전력 및 전극소모가 작다.
③ 와이어 재료는 Cu, Pt, Zn 등을 사용한다.
④ 가공액으로는 물 등의 이온수를 사용한다.

문제 024
드릴날부의 길이가 짧아질수록 나타나는 현상이다. 맞지 않은 것은?
① 절삭성이 떨어진다.
② 웨브각이 커진다.
③ 웨브(web)의 두께가 커진다.
④ 웨브의 크기를 작게 하기 위해 드레싱을 한다.

문제 025
직경 50mm, 길이 150mm의 SM45C 강 소재를 절삭 깊이 2.0mm, 이송 0.5mm/rev로 선삭할 때, $VT^{0.1} = 60$이 성립된다면 공구수명 180min을 보장하는 절삭속도로 깎을 때 소요가공 시간은?
① 2.0 min   ② 2.0 sec
③ 1.3 min   ④ 1.3 sec

[해설]
- 공구수명
$T = 180\text{min}$, $VT^{0.1} = 60$,
$V = \dfrac{60}{T^{0.1}} = \dfrac{60}{180^{0.1}} = 35.7 \text{m/min}$

- 소요회전수
$N = \dfrac{1000 \times V}{\pi \times D} = \dfrac{1000 \times 35.7}{3.14 \times 50} = 227 \text{rpm}$

- 가공 시간 $= \dfrac{L}{F \times N} = \dfrac{150}{0.5 \times 228} = 1.3 \text{min}$

문제 026
축의 베어링 접촉부, 각종 롤러, 초정밀 가공에 이용되며 가공물에 가압과 동시에 숫돌에 진동을 주면서 다듬질하는 가공법은?
① 호닝(honing)
② 슈퍼 피니싱(super finishing)
③ 래핑(lapping)
④ 숏 피닝(shot peening)

문제 027
가공물의 재질에 따른 드릴의 날끝 각의 범위가 적절하지 못한 것은?
① 일반재료 : 118°
② 주철 : 90 ~ 118°
③ 스테인리스강 : 60 ~ 70°
④ 구리, 구리 합금 : 110 ~ 130°

문제 028
밀링작업에서 절삭속도에 따라 공구수명, 다듬질 상태 등이 달라진다. 절삭속도의 선정방법에 대한 설명으로 잘못된 것은?
① 가공물의 경도, 감도, 인성 등의 기계적 성질을 고려한다.
② 커터 수명을 길게 하려면 추천 절삭속도보다 절삭속도를 약간 높게 설정한다.
③ 거친 가공은 이송을 빠르게 하고 절삭속도는 느리게 한다.
④ 다듬질 가공은 이송을 느리게 절삭속도를 빠르게 한다.

[답] 023. ③ 024. ④ 025. ③ 026. ② 027. ③ 028. ②

문제 029

연삭숫돌의 파손 방지를 위하여 숫돌을 검사하는 방법이 아닌 것은?
① 음향 검사
② 회전 검사
③ X-ray 검사
④ 균형 검사

문제 030

밀링 커터, 기어 커터 등의 여유각을 절삭하기 위하여 제작된 선반은?
① 모방 선반   ② 롤러 선반
③ 터릿 선반   ④ 공구 선반

문제 031

전주(電鑄)가공할 때 필요한 형상의 모델용(모형) 재료로 사용하기 어려운 것은?
① 주철   ② 알루미늄
③ 구리   ④ 플라스틱

문제 032

공구수명을 T, 절삭속도를 V, n을 지수, C를 상수라 할 때 Taylor의 공구수명 공식은?
① $T^n = VC$ ② $T^n = C/V$
③ $T^n = V/C$ ④ $T^n = 2VC$

문제 033

온도가 변화해도 열팽창계수, 탄성계수 등이 거의 변하지 않는 불변강에 포함되지 않는 것은?
① 인바(invar)
② 엘린바(elinvar)
③ 인코넬(inconel)
④ 플래티나이트(platinite)

문제 034

탄소강에 함유되어 탄소강의 성질에 영향을 많이 끼치는 5대 원소와 가장 거리가 먼 것은?
① Mn   ② Si
③ Ag   ④ P

문제 035

강재를 가열하여 그 표면에 Zn을 고온에서 확산 침투시켜 내식성 향상을 목적으로 하는 금속 침투법은?
① 크로마이징(chromizing)
② 칼로라이징(calorizing)
③ 보로나이징(boronizing)
④ 세라다이징(sheradizing)

문제 036

20℃에서 길이 100mm인 형강이 30℃에서는 길이 102mm가 되었다면 열팽창계수(1/℃)는 얼마인가?
① 2×10^{-1} ② 2×10^{-3}
③ 2×10^{-4} ④ 2×10^{-6}

해설
$$열팽창계수 = \frac{(신장된 \; 길이)}{(처음 \; 온도 \times 변화 \; 온도)}$$
$$= \frac{2}{(100 \times 10)} = 2 \times 10^{-3}$$

문제 037

내식용 알루미늄 합금의 종류에 속하지 않는 것은?
① 알드레이(aldrey)
② 알민(almin)
③ 하이드로날륨(hydronalium)
④ 라우탈(lautal)

답 029. ③ 030. ④ 031. ① 032. ② 033. ③ 034. ③ 035. ④ 036. ② 037. ④

문제 038

1978년 E. R. Evans가 개발한 주철로서 구상흑연과 편상흑연의 중간형태의 흑연으로 형성된 조직의 주철은?

① CV 주철　　② 칠드주철
③ 가단주철　　④ 미하나이트 주철

문제 039

실용 황동 중 cartridge brass라고 불리며, 연신율이 크고 인장강도가 높아 냉간 가공용으로 주로 사용되는 황동의 조성 비율은?

① 70% Cu - 30% Zn
② 65% Cu - 35% Zn
③ 60% Cu - 40% Zn
④ 95% Cu - 5% Zn

문제 040

미터나사의 수나사 유효지름을 측정하는 식으로 맞는 것은? (단, d_2 : 유효지름, d : 삼침 지름, p : 나사 피치, M : 삼점 접촉 후의 외측치수)

① $d_2 = M - 2d + 0.866025 \times p$
② $d_2 = M - 3d + 0.866025 \times p$
③ $d_2 = M - 2d + 0.960491 \times p$
④ $d_2 = M - 3d + 0.960491 \times p$

문제 041

정반 위에서 200mm의 사인 바를 이용하여 10° 크기의 각도를 만들려고 한다. 이때 사인 바 양단의 게이지 블록 높이 차는 약 몇 mm인가?

① 27.34　　② 17.36
③ 34.73　　④ 24.72

해설 $\sin a = \dfrac{H-h}{L}$ 에서

$\sin 10° = \dfrac{H-0}{200}$　∴ 34.729mm

문제 042

다량의 제품의 치수가 허용치수 이내에 있는가를 검사하기에 가장 적합한 게이지는?

① 다이얼 게이지　　② 한계 게이지
③ 버니어 캘리퍼스　④ 마이크로미터

문제 043

촉침식 표면거칠기 측정기의 검출기에 대한 설명으로 틀린 것은?

① 검출기는 촉침의 기계적인 수직방향의 상하, 변위를 그 변위의 크기에 비례하는 전기식 신호로 바꾸는 장치이다.
② 정적 검출기는 촉침의 수직 위치에만 감응하여 검출하며 위치, 변화에 따른 변위를 전기적 신호로 바꾸는 장치이다.
③ 동적 검출기는 촉침이 수직운동을 하고 있을 때만 그 변위에 비례하는 전기적 신호를 내며, 촉침이 정지해 있을 때는 전기적 신호는 나오지 않는다.
④ 정적 검출기의 대표적인 형식은 압전형 검출기이고, 동적 검출기의 대표적인 형식은 인덕턴스 변화형 검출기이다.

문제 044

3차원 측정기를 이용하여 기계부품의 평면도(flatness)를 구하기 위해 필요한 최소 측정점의 수는 몇 개인가?

① 3개　　② 4개
③ 5개　　④ 6개

문제 045

공작물 관리방법 중 육면체의 가장 이상적인 위치 결정법은?

① 2-1-1　　② 3-1-1
③ 2-2-1　　④ 3-2-1

답 038. ①　039. ①　040. ②　041. ③　042. ②　043. ④　044. ②　045. ④

문제 046

공작물의 수량이 적거나 정밀도가 요구되지 않는 경우에 활용하며, 가장 경제적이고 간단하며 단순하게 생산속도를 증가시키기 위하여 사용되는 지그는?

① 형판 지그
② 링형 지그
③ 바이스형 지그
④ 펌프 지그

문제 047

드릴 부시의 설계 순서 중 가장 먼저 결정해야 할 사항은?

① 부시의 내·외경 결정
② 부시의 길이와 지그판 두께 결정
③ 드릴 지름 결정
④ 부시의 위치 결정

문제 048

공작물을 클램핑 할 때 힌지 핀(hinge pin)을 사용하여 공작물을 장, 탈착하며, 불규칙하고 복잡한 형태의 소형 공작물에 적합한 지그는?

① 박스형 지그   ② 바이스형 지그
③ 리프형 지그   ④ 분할형 지그

문제 049

공작물의 재질과 형상에 따라 클램핑 시 공작물이 불안정해질 수 있는데, 다음 중 공작물이 불안정해지는 요인으로 거리가 먼 것은?

① 공작물의 두께가 얇을 때
② 재질의 탄성계수가 클 때
③ 변형하기 쉬운 형상일 때
④ 직각도가 나쁠 때

문제 050

1800rpm으로 회전하는 스핀들에서 2회전 드웰(dwell)을 주려고 할 때 정지시간은?

① 0.05초   ② 0.08초
③ 1.2초   ④ 1.5초

해설

정지시간(sec) = $\dfrac{60}{\text{드릴회전수(rpm)}} \times \text{드웰회전수}$

따라서 $\dfrac{60}{1800} \times 2 = 0.06666 ≒ 0.08$초이다.

문제 051

와이어 컷 방전가공의 가공 액으로 물(Water)을 사용했을 때 장점이 아닌 것은?

① 취급이 용이하고 화재의 위험이 없다.
② 공작물과 와이어 전극을 빨리 냉각시킨다.
③ 전극에 강제 진동을 발생시켜 극간 접촉을 원활하게 도와준다.
④ 가공 시 발생 되는 불순물의 배제가 용이하다.

문제 052

CNC 선반 프로그래밍에서 N30 M98 P0010 L2 ; 라고 지령되었을 때 L의 의미는?

① 반복횟수
② 전개번호
③ 보조 프로그램 번호
④ 주프로그램 번호

문제 053

다음 중 솔리드 모델링의 특징이 아닌 것은?

① 은선 제거가 가능하다.
② 불(Boolean) 연산(합, 차, 적)에 의하여 복잡한 형상표현이 어렵다.
③ 형상을 절단하여 단면도 작성이 용이하다.
④ 물리적 성질의 계산이 가능하다.

답 046.① 047.③ 048.③ 049.② 050.② 051.③ 052.① 053.②

문제 054

다음 중 머시닝 센터에서 NC 프로그램에 사용하는 좌표계가 아닌 것은?

① 공작물 좌표계　② 구역 좌표계
③ 기계 좌표계　　④ 공구 좌표계

문제 055

축의 완성지름, 철사의 인장강도, 아스피린 순도와 같은 데이터를 관리하는 가장 대표적인 관리도는?

① c 관리도　　② nP 관리도
③ u 관리도　　④ x-B 관리도

문제 056

로트의 크기가 시료의 크기에 비해 10배 이상 클 때, 시료의 크기와 합격판정개수를 일정하게 하고 로트의 크기를 증가시킬 경우 검사특성곡선의 모양 변화에 대한 설명으로 가장 적절한 것은?

① 무한대로 커진다.
② 별로 영향을 미치지 않는다.
③ 샘플링 검사의 판별 능력이 매우 좋아진다.
④ 검사특성곡선의 기울기 경사가 급해진다.

문제 057

작업시간 측정방법 중 직접측정법은?

① PTS법　　② 경험견적법
③ 표준자료법　④ 스톱워치법

문제 058

준비작업시간 100분, 개당 정미작업시간 15분, 로트 크기 20일 때 1개당 소요작업시간은 얼마인가? (단, 여유시간은 없다고 가정한다.)

① 15분　② 20분
③ 35분　④ 45분

해설 $\dfrac{(100 + 15 \times 20)}{20} = 20분$

문제 059

소비자가 요구하는 품질로서 설계와 판매정책에 반영되는 품질을 의미하는 것은?

① 시장품질　② 설계품질
③ 제조품질　④ 규격품질

문제 060

다음 중 샘플링 검사보다 전수검사를 실시하는 것이 유리한 경우는?

① 검사항목이 많은 경우
② 파괴검사를 해야 하는 경우
③ 품질특성치가 치명적인 결점을 포함하는 경우
④ 다수 다량의 것으로 어느 정도 부적합종이 섞여도 괜찮을 경우

답　054. ④　055. ④　056. ②　057. ④　058. ②　059. ①　060. ③

2013년 4월 14일 시행

문제 001

다음 유압 기호는 무엇을 나타내는 기호인가?

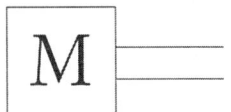

① 원통기　　② 전동기
③ 공압모터　④ 유압모터

문제 002

유압회로에서 어떤 부분회로의 압력을 주회로의 압력보다 저압으로 해서 사용하고자 할 때 사용하는 밸브는?

① 감압 밸브(Pressure reducing valve)
② 시퀀스 밸브(Sequence valve)
③ 무부하 밸브(Unloading valve)
④ 카운터 밸런스 밸브
　　(Counter balance va lve)

문제 003

회로압력이 설정된 압력을 넘으면 막이 유체 압력에 의해 파열되어 유압유를 탱크로 귀환시킴과 동시에 압력 상승을 막아 유압장치를 보호하는 역할을 하는 것은?

① 서보 밸브　　② 릴리프 밸브
③ 압력 스위치　④ 유체 퓨즈

문제 004

압축공기의 건조 작용에 쓰이는 흡수식 건조기에 대한 설명 중 잘못된 것은?

① 흡수과정은 화학적 과정이다.
② 사용되는 건조제는 폴리에틸렌 등이 있다.
③ 외부 에너지 공급이 필요하지 않는다.
④ 운전비용이 적게 들고, 효율이 높다.

문제 005

다음 중 베인 펌프의 특징에 관한 설명으로 틀린 것은?

① 먼지나 이물질에 의한 영향을 적게 받는다.
② 베인의 마모에 의한 압력저하가 발생하지 않는다.
③ 카트리지 방식과 함께 호환성이 좋고 보수가 용이하다.
④ 펌프의 출력에 비해 형상치수가 작다.

문제 006

감지대상 물체의 형상, 색깔, 재질이나 연기, 증기, 먼지 등의 환경에 영향을 받지 않고 검출할 수 있는 센서는?

① 유도형 센서　② 초음파 센서
③ 변위 센서　　④ 압력 센서

문제 007

다음 중 PLC 제어 화로의 입력부로 사용되는 기기는?

① 공압 실린더
② 램프
③ 전자밸브
④ 리미트 스위치

답　001.①　002.①　003.④　004.④　005.①　006.②　007.④

문제 008
다음 중 공압 시스템에서 수분에 의한 고장으로 보기 어려운 것은?
① 밸브의 고착
② 갑작스런 압력강하
③ 부식 작용에 의한 손상
④ 에멀션 상태가 되어 밸브의 오동작

문제 009
산업용 로봇(robot)의 일반적 분류 중 미리 설정된 순서와 조건 및 위치에 따라 동작의 각 단계를 순차적으로 진행하는 로봇은?
① 시퀀스 로봇　② 플레이백 로봇
③ 지능 로봇　　④ 감각제어 로봇

문제 010
다음 중 자동화시스템에서 센서의 선택기준으로 고려해야할 사항으로 가장 거리가 먼 것은?
① 정확성
② 감지거리
③ 신뢰성과 내구성
④ 감지방향

문제 011
레이저(laser)가공에 대한 설명으로 틀린 것은?
① 레이저의 종류는 기체 레이저, 액체 레이저, 고체 레이저, 반도체 레이저 등이 있다.
② 레이저 가공에 주로 이용되는 것은 고체 레이저와 기체 레이저이다.
③ 난삭재 미세 가공에 적합하여 시계의 베어링, 보석, 다이아몬드, IC 저항의 트리밍 등에 사용된다.
④ 레이저의 광은 전자계의 영향을 받으므로 이를 주의해서 가공해야 한다.

문제 012
액체 호닝(liquid honing)의 일반적인 특징으로 틀린 것은?
① 피닝(peening) 효과가 있다.
② 형상이 복잡한 것도 쉽게 가공할 수 있다.
③ 다듬질면의 진직도가 매우 우수 하다.
④ 공작물 표면의 산화막을 제거하기 쉽다.

문제 013
드릴의 절삭도를 증가시키기 위해 선단의 일부를 갈아내는 것을 무엇이라고 하나?
① pressing　② thinning
③ truing　　④ grinding

문제 014
슈퍼 피니싱에서 숫돌의 길이는 일반적으로 어느 정도가 적당한가?
① 가공물 길이의 1/2 정도로 한다.
② 가공물 길이와 같게 한다.
③ 가공물 지름과 같게 한다.
④ 가공물 지름의 1/2 정도로 한다.

문제 015
세라믹공구(ceramic tool)에 대한 설명 중 틀린 것은?
① 산화알루미늄의 미분말을 소결한 재료이다.
② 고속절삭이 가능하다.
③ 충격에 약하다.
④ 연성, 인성이 높다.

문제 016
전기도금의 반대현상으로 가공물을 양극, 전기저항이 적은 구리, 아연을 음극으로 연결하여 전기에 의한 화학적인 작용으로 가공물의 표면이 용출되어 필요한 형상으로 가공하는 방법은?

답　008.②　009.①　010.④　011.④　012.③　013.②　014.②　015.④　016.②

① 화학밀링 ② 전해연마
③ 방진가공 ④ 초음파연마

문제 017

Ni, Ti, Ta 등의 경질 합금 탄화물 분말을 Co, Ni을 경합제로 하여 1400℃ 이상의 고온으로 가열하면서 프레스로 소결 성형한 절삭 공구 재료는?

① 서멧 ② 초경합금
③ 고속도강 ④ 탄소 공구강

문제 018

초경합금의 연삭에 가장 적합한 숫돌은?

① A숫돌 ② WA숫돌
③ C숫돌 ④ GC숫돌

문제 019

회전하는 통속에 가공물, 숫돌입자, 가공액, 콤파운드 등을 함께 넣고 회전시켜 서로 부딪치며 가공되어 매끈한 가공면을 얻는 가공법은?

① 숏 피닝(shot peening)
② 액체 호닝(liquid honing)
③ 배럴(barrel) 가공
④ 버링(burring)

문제 020

브라운 샤프형 분할대를 이용하여 원주를 9등분 하고자 할 때 분할판 크랭크는 몇 회전 시켜야 하는가?

① 4회전 ② 8회전
③ 9회전 ④ 18회전

[해설]
$$n = \frac{40}{N} = \frac{40}{9} = 4\frac{4}{9} = 4\frac{43}{93} = 4\frac{12}{36}$$
따라서 답은 4회전

문제 021

공작기계의 운전시험 항목에 해당하지 않는 것은?

① 기능 시험
② 부하 운전 시험
③ 백래시 시험
④ 회전축의 흔들림 시험

문제 022

센터리스 연삭기 통과 이송법에서 이송속도 F(mm/min)을 구하는 식은? (단, D : 조정숫돌의 지름(mm), N : 조정숫돌의 회전수(rpm), α : 경사각(°)이다.)

① $F = \pi DN \times \sin\alpha$
② $F = DN \times \sin\alpha$
③ $F = \pi DN \times \tan\alpha$
④ $F = \pi DN \times \cos\alpha$

문제 023

절삭 온도를 측정하는 방법이 아닌 것은?

① 칼로리미터(calorimeter)에 의한 방법
② Pbs 셀(cell) 광전지를 이용하는 방법
③ 스트레인 게이지를 이용하는 방법
④ 열전대를 이용하는 방법

문제 024

밀링에서 지름 20mm의 4날 엔드밀을 사용하여 절삭속도 60m/min, 이송 0.05mm/tooth로 절삭할 때 분당 이송량은 약 몇 mm/min인가?

① 121 ② 152
③ 191 ④ 253

[해설]
$$N = \frac{1000V}{\pi D} = \frac{1000 \times 60}{3.14 \times 20} ≒ 955\text{rpm}$$
$$f = f_z \times Z \times N = 0.05 \times 4 \times 955 = 191\text{mm/min}$$

[답] 017. ② 018. ④ 019. ③ 020. ① 021. ④ 022. ① 023. ③ 024. ③

문제 025

밀링 머신에 대한 설명으로 틀린 것은?
① 다수의 절삭날을 가진 커터를 회전하여 가공을 하는 공작기계이다.
② 공구를 고정하고 공작물을 회전시켜 가공하는 공작 기계이다.
③ 불규칙하고 복잡한 면부터 더브테일, 총형 가공 등을 할 수 있다.
④ 부속장치를 사용하여 다양한 가공을 할 수 있다.

문제 026

지름 50mm의 강봉을 회전수 1200rpm, 절임 2.5mm, 이송 0.3mm/rev으로 가공할 때 주분력이 900N이었다면 소용동력은 약 몇 kW인가? (단, 기계의 효율은 85%이다.)
① 4.75   ② 3.92
③ 3.32   ④ 2.64

해설
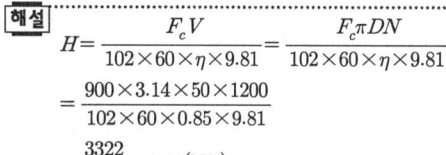

$$H = \frac{F_c V}{102 \times 60 \times \eta \times 9.81} = \frac{F_c \pi D N}{102 \times 60 \times \eta \times 9.81}$$
$$= \frac{900 \times 3.14 \times 50 \times 1200}{102 \times 60 \times 0.85 \times 9.81}$$
$$= \frac{3322}{1000} = 3.32(kW)$$

문제 027

지그보링기의 작업조건을 설명한 것 중 가장 거리가 먼 것은?
① 작업광 내의 온도는 상온 ±1° 이내로 유지시키는 것이 좋다.
② 외부로부터 진동이 전달되지 않도록 방진처리 한다.
③ 햇빛이 닿는 밝은 쪽이 좋다.
④ 공기 필터를 통하여 바깥 공기를 빨아들이는 환기 방식이 좋다.

문제 028

선반 주축은 스핀들 및 심압대에 사용하는 테이퍼의 종류는 어떤 것인가?
① 모스 테이퍼
② 쟈콥스 테이퍼
③ 브라운샤프 테이퍼
④ 내셔널 테이퍼

문제 029

정밀기계 가공을 위한 절삭조건에 대한 설명으로 맞는 것은?
① 공작물, 공구, 공작기계에 진동이 발생하도록 공진 현상을 유도한다.
② 공구의 마모가 커지는 조건이 다듬질 치수 정밀도 유지에 바람직하다.
③ 절삭가공 시 절삭 칩이 쉽게 빠져나올 수 있도록 절삭 조건을 선택한다.
④ 공작물의 열팽창이 작아지는 조건이라면 다소 휨이 발생하여도 무리가 되는 것은 아니다.

문제 030

구성인선(built-up edge)을 감소시키는 방법으로 옳지 않은 것은?
① 절삭깊이를 적게 한다.
② 절삭속도를 적게 한다.
③ 경사각(rake angle)을 크게 한다.
④ 윤활성이 좋은 절삭유제를 사용한다.

문제 031

공구를 재연삭하거나 새로운 공구로 교체하기 위한 공구의 일반적 수명 판정 방법으로 옳은 것은?
① 공구 인선의 마모가 일정량에 달했을 때
② 윤활제의 온도가 일정온도에 달했을 때

답 025. ② 026. ③ 027. ③ 028. ① 029. ③ 030. ② 031. ①

③ 가공물의 온도가 일정온도에 달했을 때
④ 가공 시 경작형 칩 형태에서 유통형 칩 형태로 변경되었을 때

문제 032

절삭유의 구비조건 중 잘못된 것은?

① 인화점 발화점이 낮을 것
② 냉각성이 우수할 것
③ 장시간 사용 후에도 변질되지 않을 것
④ 방청 및 방식성이 좋을 것

문제 033

탄소강은 200~300℃에서 상온에서보다 경도가 높고 연신율이 대단히 작아져서 결국 인성이 저하되고 메지게 되는 성질을 갖는데 이러한 성질을 무엇이라 하는가?

① 저온 취성
② 청열 취성
③ 적열 취성
④ 산온 취성

문제 034

Al-Si계 합금을 더욱 강력하게 하기 위하여 Mg을 첨가한 것으로 기계적 성질이 좋은 합금은?

① γ=실루민
② 마그날륨
③ 두랄루민
④ 알코아

문제 035

표점 거리 50mm, 직경 ∅14mm인 인장시편을 시험한 후 시편을 측정한 결과 길이는 늘어나고 직경은 ∅12mm로 줄어들었다면, 이 재료의 단면수축률은 약 몇 %인가?

① 13.5
② 20.5
③ 26.5
④ 36.1

해설
$$\phi = \frac{A_0 - A}{A_0} \times 100 = \frac{14^2 - 12^2}{14^2} \times 100 = 26.5\%$$

문제 036

구리의 일반적인 성질에 대한 설명으로 틀린 것은?

① 전기 및 열의 전도성이 우수하다.
② 전성과 연성이 좋아 가공이 쉽다.
③ 철강재료에 비해 내식성이 크다.
④ 강도가 커서 구조용 재료로 적당하다.

문제 037

다음 중 내식용 특수목적으로 사용되는 스테인리스강의 주성분으로 맞는 것은?

① Fe - Co - Mn
② Fe - W - Co
③ Fe - Cu - V
④ Fe - Cr - Ni

문제 038

구상흑연 주철의 종류 중 시멘타이트형이 발생하는 원인으로 틀린 것은?

① C, Si가 많을 때
② 접종이 부족할 때
③ 냉각속도가 빠를 때
④ Mg의 첨가량이 많을 때

문제 039

침탄법(carburizing)과 질화법(nitriding)을 비교한 설명으로 틀린 것은?

① 경화 부위의 경도는 질화법이 더 높다.
② 침탄 처리 후에는 열처리가 필요하나 질화 처리 후에는 열처리가 필요 없다.
③ 침탄 처리 후에는 경화에 의한 변형이 생기기 쉬우나 질화 처리 후에는 경화에 의한 변형이 적다.
④ 침탄 처리 후에는 수정이 불가능하나 질화 처리 후에는 수정이 가능하다.

답 032. ① 033. ② 034. ① 035. ③ 036. ④ 037. ④ 038. ① 039. ④

문제 040

투영기의 교정과 관리에서 배율교정을 위한 배율오차를 구하는 식으로 옳은 것은? (단, $\triangle M$: 배율 오차, M : 실측한 배율, M_o : 호칭배율)

① $\triangle M = \dfrac{M - M_o}{M_o} \times 100 (\%)$

② $\triangle M = \dfrac{M - M_o}{M} \times 100 (\%)$

③ $\triangle M = \dfrac{M_o}{M_o - M} \times 100 (\%)$

④ $\triangle M = \dfrac{M}{M - M_o} \times 100 (\%)$

문제 041

다음 중 표면거칠기 측정법과 거리가 먼 것은?

① 표준편과의 비교 측정법
② 촉침식 표면거칠기 측정법
③ 테이블 회전식 표면거칠기 측정법
④ 현이 간섭식 표면거칠기 측정법

문제 042

다음 측정기들 중 아베의 원리(Abbe's Principle)에 맞는 구조를 갖고 있는 측정기는?

① 버니어 캘리퍼스
② 외측 마이크로미터
③ 하이트 게이지
④ 지렛대식 다이얼 테스트 인디케이터

문제 043

삼침법에 의해 나사의 유효지름을 측정하고자 한다. 유효지름 18.376mm인 M20 나사에 삼침을 설치하고 외측 마이크로미터로 측정한다면 삼침 접촉 후 외측 측정값이 약 몇 mm인가? (단, 나사의 피치는 2.5mm, 삼침의 지름은 1.4434mm이며, 리드각 보정은 무시한다.)

① 16.211
② 20.541
③ 24.872
④ 28.347

[해설] $d_2 = M - 3d + 0.86603P$
$= x - (3 \times 1.44346) + (0.86603 \times 2.5) = 18.376$
$x = 20.541$

문제 044

다음 중 오토 콜리메이터로 측정할 수 없는 것은?

① 정밀정반의 평면도
② 단면의 흔들림
③ 미소 각도의 편차
④ 공작기계 베드면의 표면거칠기

문제 045

구멍용 플러그 한계게이지의 통과축을 구하는 공식은?

① (구멍최소지름 + 마모여유 − $\dfrac{게이지 공차}{2}$) + 게이지 공차

② (구멍최대지름 + 마모여유 − $\dfrac{게이지 공차}{2}$) + 게이지 공차

③ (구멍최소지름 − 마모여유 − $\dfrac{게이지 공차}{2}$) + 게이지 공차

④ (구멍최대지름 − 마모여유 − $\dfrac{게이지 공차}{2}$) + 게이지 공차

문제 046

그림과 같이 2개의 구멍 A는 관통되었고, 구멍 B, C는 막힌 구멍인 공작물을 가공할 때 쓰이는 지그는 어떤 것이 가장 적합한가?

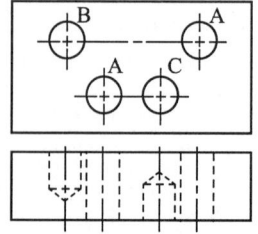

답 040.① 041.③ 042.② 043.② 044.④ 045.① 046.①

① 박스 지그 ② 판형 지그
③ 바이스 지그 ④ 조립 지그

문제 047

보통 드릴 지그판(Jig Plate)의 두께는 공구 지름의 몇 배 정도가 적절한가?

① 공구지름의 1~2배 ② 공구지름의 3~4배
③ 공구지름의 5~6배 ④ 공구지름의 7~8배

문제 048

치공구 설계의 기본원칙에 해당되지 않는 것은?

① 치공구의 제작비와 손익 분기점을 고려할 것
② 손으로 조작하는 치공구는 충분한 강도를 가지면서 가볍게 설계할 것
③ 클램핑 요소에서는 되도록 스패너, 핀, 쐐기, 해머와 같이 여러 가지 부품을 같이 사용할 수 있도록 설계할 것
④ 정밀도가 요구되지 않거나 조립이 되지 않는 불필요한 부분에 대해서는 기계가공 작업을 하지 않도록 할 것

문제 049

ISO 규격에서 지정한 사항으로 지그판과 라이너 부서와의 끼워맞춤 관계로 가장 적절한 것은?

① H7 - n6 ② H7 - g6
③ F7 - m6 ④ F7 - h6

문제 050

최근의 시제품을 만드는 방법으로 모델링 데이터를 한층, 한층 쌓아서 만드는 공정 방식은?

① 리버스 엔지니어링
② 쾌속 조형
③ FMG 시스템
④ 리모델링 시스템

문제 051

다음은 CAM가공 작업과정을 나타낸 것이다. ( )에 들어갈 작업과정이 순서대로 나열된 것은?

㉠ 도면분석	㉡ 단면좌표계설정
㉢ ( )	㉣ ( )
㉤ ( )	㉥ ( )
㉦ 파트 프로그램	㉧ CL 데이터
㉨ 포스트프로세서	㉩ NC 데이터

① 곡선정의 → 도형정의 → 곡면정의 → 가공조건설정
② 가공조건설정 → 곡선정의 → 곡면정의 → 도형정의
③ 곡면정의 → 가공조건설정 → 곡선정의 → 도형정의
④ 도형정의 → 곡선정의 → 곡면정의 → 가공조건설정

문제 052

CNC 선반에서 1000rpm으로 회전하는 스핀들에 4회전 휴지를 주려고 한다. 정지시간은 약 얼마인가?

① 0.1초 ② 0.24초
③ 1초 ④ 1.5초

해설

$$정지시간(sec) = \frac{60}{드릴회전수(rpm)} \times 드웰회전수$$

따라서 $\frac{60}{1000} \times 4 = 0.24$초이다.

문제 053

다음 중 3차원 기하학적 형상 모델링 아닌 것은?

① 와이어 모델링
② 서피스 모델링
③ 시스템 모델링
④ 솔리드 모델링

답 047.① 048.③ 049.① 050.② 051.④ 052.② 053.③

문제 054

다른 조건이 일정할 때 머시닝센터에서 볼 엔드밀로 NC가공 시 커습의 높이에 가장 적은 영향을 주는 것은?

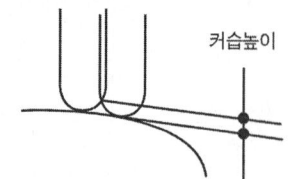

① 공구경로 간격
② 공구의 반경
③ 피삭재의 경사도
④ 공구 경로점 간의 길이

문제 055

공정 중에 발생하는 모든 작업, 검사, 운반, 저장, 정체 등이 도식화 된 것이며 또한 분석에 필요하다고 생각되는 소요시간, 운반거리 등의 정보가 기재된 것은?

① 작업분석(Operation Analysis)
② 다중활동분석표(Multiple Activity Chart)
③ 사무공정분석(Form Process Chart)
④ 유동공정도(Flow Process Chart)

문제 056

단계여유(slack)의 표시로 옳은 것은? (단, TE는 가장 이른 예정일, TL은 가장 늦은 예정일, TF는 총 여유시간, FF는 자유여유시간이다.)

① TE - TL
② TL - TE
③ EF - TF
④ TE - TF

문제 057

다음 중 브레인스토밍(Brainstorming)과 가장 관계가 깊은 것은?

① 파레토도
② 히스토그램
③ 회귀분석
④ 특성요인도

문제 058

검사의 분류 방법 중 검사가 행해지는 공정에 의한 분류에 속하는 것은?

① 관리 샘플링검사
② 로트별 샘플링검사
③ 전수검사
④ 출하검사

문제 059

c 관리도에서 k=20인 군의 총 부적합수 합계는 58이었다. 이 관리도의 UCL, LCL을 계산하면 약 얼마인가?

① UCL=2.90, LCL=고려하지 않음
② UCL=5.90, LCL=고려하지 않음
③ UCL=6.92, LCL=고려하지 않음
④ UCL=6.01, LCL=고려하지 않음

해설

$UCL\ LCL\ \bar{c} \pm 3\sqrt{\bar{c}}$, $\bar{c} = \dfrac{58}{20} = 2.9$ (중심선)

$UCL = 2.9 + 3\sqrt{2.9} = 2.9 + (3 \times 1.703) = 8.01$
$LCL = 2.9 - 3\sqrt{2.9} = 2.9 - (3 \times 1.703) = -2.209$

- c관리도: 일정한 단위 속에 나타나는 결점수로 공정을 관리하며 LCL이 마이너스일 때는 고려하지 않음.

문제 060

테일러(F.W. Taylor)에 의해 처음 도입된 방법으로 작업시간을 직접 관측하여 표준시간을 설정하는 표준시간 설정기법은?

① PTS법
② 실적자료법
③ 표준자료법
④ 스톱워치법

답 054.④ 055.④ 056.② 057.④ 058.④ 059.④ 060.④

2013년 7월 21일 시행

문제 001
무급유 공기압 시스템의 장점에 관한 설명으로 거리가 먼 것은?
① 급유가 불필요하고 급유의 불확실성이 해소된다.
② 사전에 봉입된 윤활제가 씻겨 나가도 작동에 거의 문제가 없다.
③ 루브리케이터를 사용하지 않으므로 경제적이다.
④ 배출되는 윤활유의 양이 매우 적으므로 오염방지 효과가 있다.

문제 002
유압장치에서 힘의 전달은 어떤 것을 이용한 것인가?
① 파스칼의 원리   ② 베르누이의 정리
③ 아보가드로의 법칙 ④ 뉴턴의 법칙

문제 003
고도로 정제된 기유에 방청제, 산화방지제, 소포제가 첨가되며, 수명이 길고 방청성이 뛰어나며 항 유화성도 우수한 유압 작동유는?
① 순광유
② R&O형 유압작동유
③ 고 VI형 작동유
④ 물-글리콜형 작동유

문제 004
다음 중 압력제어 밸브에 해당하지 않는 것은?
① 감압 밸브   ② 릴리프 밸브
③ 시퀀스 밸브 ④ 스로틀 밸브

문제 005
다음 회로와 같이 입력되는 복수의 조건 중 어느 한 개라도 입력조건이 충족되면 출력(ON)이 나오는 회로는?

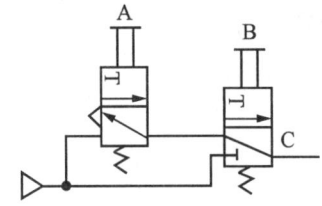

① NOR 회로   ② NOT 회로
③ OR 회로   ④ AND 회로

문제 006
정전이나 전압강하가 발생하여도 출력 접점의 개폐 상태 유지가 요구되는 회로에 사용하는 계전기는?
① 리드 계전기   ② 래치 계전기
③ 힌지 계전기   ④ 열동 계전기

문제 007
제품의 수명단축과 고객의 요구가 다양해짐에 따라 유연하게 대처할 수 있고 높은 생산성의 요구에 대응할 수 있는 생산 시스템을 무엇이라고 하는가?
① FMS   ② FMC
③ FTL   ④ CIM

답 001.② 002.① 003.② 004.④ 005.③ 006.② 007.①

문제 008

아래그림과 같은 기호로 표현되며, 조작 후에 손을 떼면 접점은 그대로 유지되지만 조작 부분은 본래의 상태로 복귀되는 스위치는?

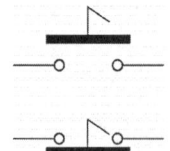

① 복귀형 스위치 ② 근접 스위치
③ 잔류형 스위치 ④ 리미트 스위치

문제 009

공압 시스템에서의 고장원인에 속하지 않는 것은?

① 공급유량 부족으로 인한 고장
② 수분으로 인한 고장
③ 솔레노이드 소음으로 인한 고장
④ 이물질로 인한 고장

문제 010

센서에 활용되는 반도체 재료만의 특징이 아닌 것은?

① 소형경량화가 가능하다.
② 집적화가 용이하지 않다.
③ 응답속도가 빠르다.
④ 지능화가 가능하다.

문제 011

밀링분할가공에서 분할크랭크와 분할핀을 사용하여 분할하는 방법으로 분할크랭크를 40회전시키면 주축은 1회전하는 분할방법은?

① 직접 분할법 ② 간접 분할법
③ 단식 분할법 ④ 차동 분할법

문제 012

고속 가공(high speed machining)의 특성에 대한 설명으로 옳지 않은 것은?

① 난삭재는 가공할 수 없다.
② 버(burr)의 생성이 감소한다.
③ 표면거칠기 및 표면 품질을 향상시킨다.
④ 가공시간은 단축시켜 가공능률을 향상시킨다.

문제 013

절삭 공구재료로서 구비하여야 할 조건과 거리가 먼 것은?

① 내마모성이 클 것
② 가공재료보다 경도가 클 것
③ 조형이 어렵고, 가격이 높을 것
④ 고온에서도 경도가 감소되지 않을 것

문제 014

파이프와 같은 구멍이 큰 가공물을 지지할 수 있도록 제작한 센터는?

① 베어링 센터 ② 하프 센터
③ 평 센터   ④ 파이프 센터

문제 015

방전 가공의 특징이 아닌 것은?

① 무인 가공이 가능하다.
② 전극 및 가공물에 큰 힘이 가해진다.
③ 전극의 형상대로 정밀하게 가공할 수 없다.
④ 가공물의 경도와 관계없이 가공이 가능하다.

해설
- 전극과 가공물에 비접촉성으로 기계적인 힘이 가해지지 않은 상태에서 가공이 된다.
- 전극의 형상 그대로 정밀도 높은 가공이 된다.

답 008.③ 009.③ 010.② 011.③ 012.① 013.③ 014.④ 015.②③

문제 016

만능 밀링 머신의 분할대나 헬리컬 절삭장치를 사용하여 가공할 수 없는 것은?

① 스플라인 가공
② 원형 편심 가공
③ 헬리컬 기어 가공
④ 트위스트 드릴의 비틀림 홈 가공

문제 017

선삭에서 주분력이 9800N, 절삭속도가 100m/min, 선반의 기계효율 80%일 때 소비동력은 약 몇 PS인가? (단, 이송분력과 배분력은 극소하여 무시한다.)

① 1   ② 2.8
③ 25   ④ 27.7

해설 소요동력
$$H(\text{Ps}) = \frac{PV}{75 \times 60 \times \eta \times 9.81}$$
$$= \frac{9800 \times 100}{75 \times 60 \times 0.8 \times 9.81} = 27.7\text{Ps}$$

문제 018

같은 종류 제품의 대량생산에는 적합하지만 모양과 치수가 다른 공작물의 가공에는 융통성이 없는 공작기계는?

① 범용공작기계   ② 전용공작기계
③ 단능공작기계   ④ 만능공작기계

문제 019

보링 머신(boring machine)에서 일반적으로 할 수 없는 작업은?

① 탭 작업
② 드릴링 작업
③ 리밍 작업
④ 기어 가공 작업

문제 020

밀링 머신의 크기를 나타낼 때 테이블의 좌우이송이 850mm, 새들의 전후이송이 300mm, 니(knee)의 상하이송이 450mm일 경우 밀링의 호칭번호는?

① No.0   ② No.1
③ No.2   ④ No.3

문제 021

선반에서 리브(rib)는 어디에 붙어 있는가?

① 주축대   ② 심압대
③ 베드   ④ 왕복대

문제 022

길이가 400mm, 지름이 50mm인 환봉을 절삭속도 100m/min로 1회 선삭(旋削)하려고 할 때 절삭시간(min)은? (단, 이송속도는 0.1mm/rev이고, 공구의 이동 및 설치시간은 무시한다.)

① 1.57   ② 3.14
③ 4.42   ④ 6.28

해설
$$n = \frac{1000v}{\pi d} = \frac{1000 \times 100}{\pi \times 50} = 636.6\text{rpm}$$

이송/mm = 0.1 × 636.6 = 63.66mm

공구의 이송시간 $k = 400/63.66 = 6.28\text{min}$

문제 023

일반적으로 공작기계를 구성하는 공작기계의 구비조건과 거리가 가장 먼 것은?

① 높은 정밀도를 가질 것
② 가공능력이 클 것
③ 운전비용 및 가격이 고가일 것
④ 내구력이 크며 사용이 간편할 것

답 016.② 017.④ 018.③ 019.④ 020.④ 021.③ 022.④ 023.③

문제 024

공작물의 회전수가 1000rpm이고 이송을 4mm/rev로 절삭할 때 절삭 면적이 10mm²라면 절삭 깊이는 몇 mm인가?

① 2.5mm ② 5mm
③ 7.5mm ④ 10mm

해설 절삭면적 = 절삭깊이 × 이송량
$\dfrac{10}{4} = 2.5$

문제 025

절삭저항력에 영향을 미치는 요소에 대한 설명이 옳지 않은 것은?

① 절삭면적이 클수록 저항력이 증가한다.
② 경사각이 클수록 저항력이 감소한다.
③ 절삭속도가 빨라질수록 저항력이 감소한다.
④ 공작물 재질이 경질재료일수록 저항력이 증가한다.

문제 026

숏 피닝(shot peening)이 일감의 가공에 효과적인 것이 아닌 것은?

① 기어의 치면
② 압연가공한 공작물
③ 열처리 전의 합금강
④ 스프링의 표면

문제 027

선반의 주축대에서 주축을 중공축으로 하는 이유가 아닌 것은?

① 긴 가공물 고정이 편리하다.
② 센터를 쉽게 분리할 수 있다.
③ 내경작업을 쉽게 하기 위함이다.
④ 중량이 감소되어 베어링에 작용하는 하중을 줄여준다.

문제 028

다음 설명 중 안전에 위배되는 것은?

① 선반을 시동하기 전에는 반드시 선반에서 척핸들을 분리한다.
② 절삭가공 후 발생된 긴 칩의 제거는 고리 등 도구를 사용하여 제거한다.
③ 정작업(chisel work)에서 눈은 반드시 정의 머리를 보고 정의 날끝을 보아서는 안 된다.
④ 스패너는 해머로 대용하거나 용도 이외에 사용하지 말아야 한다.

문제 029

공구수명에 대한 설명으로 잘못된 것은?

① 절삭속도가 필요 이상으로 커지면 경도의 저하로 인해 공구수명은 감소한다.
② 절삭공구의 날 끝 반지름은 가공면의 표면 거칠기 및 공구수명에 미치는 영향이 없다.
③ 절삭유제를 사용하면 절삭열을 감소시켜 공구수명을 연장시킬 수 있다.
④ 절삭공구재료 및 절삭재료는 공구수명에 영향을 미친다.

문제 030

밀링 커터 중에서 공작물을 절단하거나 깊은 홈 가공에 가장 적합한 것은?

① 앵글 커터 ② 메탈 쏘
③ 플레인 커터 ④ 엔드 밀

문제 031

다음 보링 공구와 부속장치에 속하지 않는 것은?

① 보링 바
② 보링 바이트
③ 보링 공구대
④ 보링 슬롯팅 장치

답 024.① 025.③ 026.③ 027.③ 028.③ 029.② 030.② 031.④

문제 032

가늘고 긴 공작물을 양센터를 이용하여 선반 가공하려고 한다. 선반의 부속품 및 부속장치 중 필요하지 않은 것은?

① 센터(center)
② 돌리개(dog)
③ 심봉(mandrel)
④ 이동식 방진구(follow steady rest)

문제 033

알루미늄 합금의 종류 중 Al-Mg계 합금으로 내식성이 우수하여 선박용품이나 건축용 재료 등에 사용되는 것은?

① 실루민
② 라우탈
③ 하이드로날륨
④ Lo-Ex

문제 034

탄소강(아공석강 영역, C < 0.77%)의 상온에서의 기계적 성질 중 탄소(C)량의 증가에 따라 감소하는 성질은?

① 인장강도   ② 항복점
③ 경도   ④ 연신율

문제 035

표점 거리 50mm인 인장시험편을 인장시험한 결과 표점 거리가 52.5mm가 되었다. 이 시험편의 연신율은?

① 2.5%   ② 5%
③ 7.5%   ④ 25%

[해설]
$$\varepsilon = \frac{\text{파단 후 표점 거리} - \text{원 표점 거리}}{\text{원 표점 거리}}$$
$$= \frac{52.5 - 50}{50} \times 100 = 5\%$$

문제 036

42~48% Ni이 함유된 Fe-Ni 합금으로 열팽창계수가 유리나 백금과 거의 동일하여 전구의 도입선 등에 사용되는 불변강은?

① 인바(invar)
② 엘린바(elinvar)
③ 플래티나이트(platinite)
④ 페르니코(fernico)

문제 037

구리의 화학적 성질에 대한 설명 중 틀린 것은?

① 건조한 공기 중에서는 산화하지 않는다.
② CO_2 또는 습기가 있으면 염기성 탄산구리 등의 구리 녹이 생긴다.
③ 환원성의 수소가스 중에서 가열하면 수소취성이 발생될 수 있다.
④ 수소 취성이 생기는 온도는 약 950℃ 정도이다.

문제 038

풀림(annealing)의 종류에 해당하지 않는 것은?

① 진공 풀림
② 완전 풀림
③ 구상화 풀림
④ 응력제거 풀림

문제 039

주조 시 주형에 냉금을 삽입하여 주물 표면을 급랭시키고 경도를 증가시킨 내마모성 주철은?

① 회주철
② 칠드주철
③ 가단주철
④ 고급주철

답 032. ③   033. ③   034. ④   035. ②   036. ③   037. ④   038. ①   039. ②

2013년 7월 21일 시행

문제 040

현미 간섭식 표면거칠기 측정법을 사용하여 표면거칠기를 측정하려고 한다. 파장을 λ라 하고 간섭무늬의 폭을 a, 간섭무늬의 휨량을 b라 하면 표면거칠기(F) 값은?

① $F = a \times b \times \lambda$
② $F = (a \times b) - \lambda$
③ $F = \dfrac{b}{a} \times \lambda$
④ $F = \dfrac{b}{a} \times \dfrac{\lambda}{2}$

문제 041

보통 연삭 가공한 정밀한 나사의 측정에 이용되며 나사의 유효 경 측정법 중 정도가 가장 높은 방법은?

① 나사 마이크로미터에 의한 측정법
② 검사용 나사게이지에 의한 측정법
③ 측정 현미경에 의한 측정법
④ 삼침법에 의한 측정법

문제 042

공구 현미경의 측정 용도로 거리가 먼 것은?

① 나사 게이지 측정
② 표면거칠기 측정
③ 형상 측정
④ 각도 측정

문제 043

다음 중 비교측정기에 해당되는 것은?

① 다이얼 게이지
② 하이트 게이지
③ 버니어 캘리퍼스
④ 마이크로미터

문제 044

다음 중 KS 표준에 따른 스퍼기어 및 헬리컬기어의 측정요소에 해당하지 않는 것은?

① 피치
② 잇줄
③ 이형
④ 유효지름

문제 045

드릴 작업 시 지그를 사용할 경우의 장점을 설명한 것으로 틀린 것은?

① 제품의 정밀도가 향상된다.
② 금긋기가 필요 없다.
③ 전수검사를 할 수 있다.
④ 호환성이 좋아진다.

문제 046

치공구를 사용하는 목적으로 거리가 먼 것은?

① 가공정밀도 향상으로 불량품을 방지한다.
② 제품의 균일화에 의해 검사 업무를 간소화 할 수 있다.
③ 생산성 향상으로 리드 타임(lead time)을 증가시킬 수 있다.
④ 작업의 숙련도 요구를 감소시킬 수 있다.

문제 047

공작물을 위·아래에서 보호한 상태에서 가공되는 형태로서 공작물이 얇거나 연질의 재료인 경우 가공 중 변형을 방지하기 위해 사용하는 지그는?

① 샌드위치 지그(Sandwich Jig)
② 템플레이트 지그(Template Jig)
③ 박스 지그(Box Jig)
④ 테이블 지그(Table Jig)

답 040. ④ 041. ④ 042. ② 043. ① 044. ④ 045. ③ 046. ③ 047. ①

문제 048

원형 중심봉에 키 자리나 구멍을 가공할 경우 좌우 대칭으로 가공하기에 적합한 것은?

① 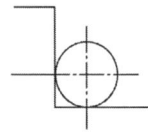   ②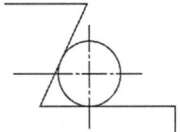

③ 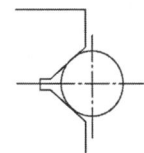   ④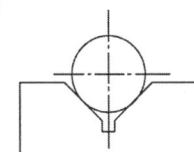

문제 049

드릴 지그의 설계 시 Dowel Pin(맞춤 핀)이 사용된다. 이 핀에 대한 설명 중 틀린 것은?

① Dowel Pin은 볼트의 보충 역할을 한다.
② Dowel Pin은 드릴 부시의 정확한 위치를 보증하기 위해 사용한다.
③ Dowel Pin의 위치는 필요한 곳에 2개를 설치할 수 있다.
④ Dowel Pin은 중간 끼워 맞춤으로 적용할 수 있다.

문제 050

다음과 같은 CNC 선반 프로그램에서 직경이 50mm일 때 주축의 회전수는 몇 rpm인가?

```
G50 S1500 ;
G96 S150 ;
```

① 150   ② 955
③ 1500   ④ 9550

해설 G50 S1500; 주축 최고회전수 1500rpm
G96 S150; 주속일정제어 $v=150$m/min
$n=\dfrac{1000v}{\pi d}=\dfrac{1000\times 150}{\pi \times 50}=955\text{rpm}$

문제 051

다음 그림의 A점에서 B점으로 증분방식에 의한 이동을 지령하기 위한 CNC 프로그램으로 올바른 것은?

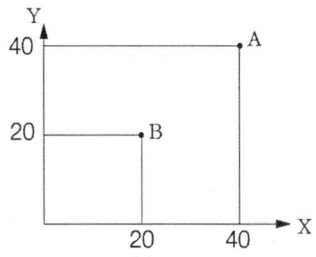

① G90 X20. Y20.
② G90 X-20. Y-20.
③ G91 X 20. Y20.
④ G91 X-20. Y-20.

문제 052

공구기능 T0702의 내용으로 맞는 것은?

① 공구번호 07번과 보정번호 02를 지령한다.
② 공구번호와 공구보정번호는 같아서는 안된다.
③ T72로 지령해도 같은 의미를 갖는다.
④ 07, 02는 X, Z축의 공구 보정량을 의미한다.

문제 053

자동화 라인에서 물건 및 부품을 공급해 주는 방식 중 어느 정도 거리가 있고 유연성 있게 부품을 일정한 장소까지 이동시키는 장치로 진용궤도식과 무궤도식이 있는 것은?

① 컨베이어
② 크레인
③ 무인반송차
④ ATC

답 048. ④ 049. ① 050. ② 051. ④ 052. ① 053. ③

문제 054

CNC 선반 가공 시 공작물을 1.2초 간 일시정지 기능을 사용할 때 적합한 NC 코드가 아닌 것은?

① G04 X1.2;   ② G04 Z1.2;
③ G04 U1.2;   ④ G04 P1200;

[해설] CNC 선반에서 1.2초 휴지(dwell)하는 프로그래밍 G04 X1.2;, G04 U1.2;, G04 P1200;

문제 055

모집단으로부터 공간적, 시간적으로 간격을 일정하게 하여 샘플링하는 방식은?

① 단순랜덤샘플링(simple random sampling)
② 2단계샘플링(two-stage sampling)
③ 취락샘플링(cluster sampling)
④ 계통샘플링(systematic sampling)

문제 056

예방보전(Preventive Maintenance)의 효과가 아닌 것은?

① 기계의 수리비용이 감소한다.
② 생산시스템의 신뢰도가 향상된다.
③ 고장으로 인한 중단시간이 감소한다.
④ 잦은 정비로 인해 제조원단위가 증가한다.

문제 057

제품공정도를 작성할 때 사용되는 요소(명칭)가 아닌 것은?

① 가공   ② 검사
③ 정체   ④ 여유

문제 058

부적합수 관리도를 작성하기 위해 $\sum c = 559$, $\sum n = 222$를 구하였다. 시료의 크기가 부분군마다 일정하지 않기 때문에 u 관리도를 사용하기로 하였다. n=10일 경우 u 관리도의 UCL 값은 약 얼마인가?

① 4.023   ② 2.518
③ 0.502   ④ 0.252

[해설]
$$u \pm 3\sqrt{\left(\frac{u}{n}\right)} = 2.518 \pm 3\sqrt{\left(\frac{2.518}{10}\right)}$$
중심선$(UCL) = \frac{\Sigma c}{\Sigma n} = \frac{559}{222} = 2.518$

문제 059

작업방법 개선의 기본 4원칙을 표현한 것은?

① 층별 - 랜덤 - 재배열 - 표준화
② 배제 - 결합 - 랜덤 - 표준화
③ 층별 - 랜덤 - 표준화 - 단순화
④ 배제 - 결합 - 재배열 - 단순화

문제 060

이항분포(Binomial distribution)의 특징에 대한 설명으로 옳은 것은?

① $P=0.01$일 때는 평균치에 대하여 좌·우 대칭이다.
② $P \leq 0.1$이고, $nP=0.1 \sim 10$일 때는 포아송 분포에 근사한다.
③ 부적합품의 출현 개수에 대한 표준편차는 $D(x) = nP$이다.
④ $P \leq 0.5$이고, $nP \leq 5$일 때는 정규 분포에 근사한다.

[답] 054. ② 055. ④ 056. ④ 057. ④ 058. ① 059. ④ 060. ②

문제 001

다음 공유압 기호는 어떤 밸브의 기호인가?

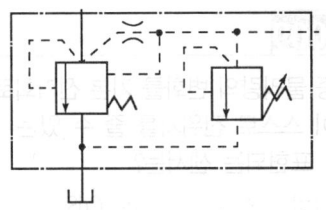

① 파일럿 작동형 릴리프밸브
② 급속 배기밸브
③ 카운터 밸런스 밸브
④ 파일럿 조작 체크밸브

문제 002

오일탱크에 관한 일반적인 설명으로 틀린 것은?

① 오일탱크의 용량은 효율적인 관리를 위해 펌프 토출량의 1.0~1.1배 수준에서 관리한다.
② 오일탱크에서 사용하는 공기청정기의 통기용량은 펌프 토출량의 2배 이상이어야 한다.
③ 오일탱크에서 사용하는 스트레이너의 유량은 펌프 토출량의 2배 이상의 것을 사용한다.
④ 오일탱크의 바닥면은 바닥에서 최소 15cm 이상 유지하는 것이 바람직하다.

문제 003

그림과 같은 유압회로에 대한 설명 중 옳지 않은 것은?

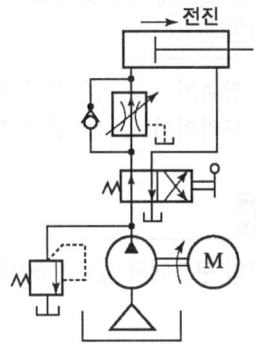

① 실린더의 속도는 펌프의 송출량에 관계없이 일정하다.
② 펌프 송출압은 릴리프 밸브의 설정압으로 정해진다.
③ 여분의 유량은 릴리프 밸브를 통해 환유되어 동력 손실이 작은 편이다.
④ 실린더에 만일 부(−) 하중이 작용하면 피스톤이 자주할 염려가 있다.

문제 004

절대압력과 게이지압력과의 관계를 나타낸 것 중 옳은 것은?

① 절대압력 = 대기압력 + 게이지압력
② 절대압력 = 대기압력 × 게이지압력
③ 절대압력 = 대기압력 − 게이지압력
④ 절대압력 = (대기압력 × 게이지압력) / 2

답 001. ① 002. ① 003. ③ 004. ①

문제 005

다음 기능을 하는 공기압 장치는?

> 가. 공기 압력의 맥동을 표준화 한다.
> 나. 일시적으로 다량의 공기가 소비되어도 급격한 압력강하를 방지한다.
> 다. 정전이 일어난 비상시에 일정 시간 공기를 공급한다.
> 라. 주위의 외기에 의한 냉각 효과로 응축수를 분리한다.

① 공기 압축기 ② 공기 여과기
③ 에어 드라이어 ④ 공기 탱크

문제 006

직류전동기의 구조에서 중요한 3가지 요소가 아닌 것은?

① 계자 ② 전기자
③ 정류자 ④ 브러시

문제 007

종래의 릴레이 및 타이머를 이용한 시퀀스회로에 비하여 최근에는 PLC를 활용하는 경우가 많다. 다음 중 PLC의 장점으로 적합하지 않은 것은?

① 배선이 간결하여 유지보수가 비교적 용이하다.
② 내부회로의 수정이 용이하여 증설, 개선에 편리하다.
③ 동일 접점이 제한 없이 사용되어 회로구성이 편리하다.
④ CPU가 Down 되어도 공정에 영향이 없다.

문제 008

다음 중 아날로그 제어계에 대한 설명으로 옳은 것은 어느 것인가?

① 불연속적으로 표현한 제어시스템이다.
② 하나의 제어변수가 2가지의 가능한 값을 가진다.
③ 연속적인 모든 시간에서 그 크기가 모두 연속적이다.
④ 정보의 범위를 여러 단계로 등분하여 이 각각의 단계에 하나의 값을 부여한 디지털 신호에 의하여 제어된다.

문제 009

다음 중 물리량의 변화를 기본 전기회로의 전원과 같이 스스로 전위차를 줄 수 있는 기전력의 값으로 표현되는 센서는?

① 서미스터 ② CdS
③ 열전쌍 ④ 바이메탈

문제 010

복수의 NC 공작기계가 가변루트인 자동반송 시스템으로 연결되어 유기적으로 제어되는 생산 형태는?

① Job-shop ② FMC
③ FMS ④ FTL

문제 011

공작기계 검사 시험 통칙에서 틀린 것은?

① 시험은 원칙적으로 공작기계를 분해하지 않고 한다.
② 정적 정밀도는 원칙적으로 기계에 하중이 걸려있지 않은 상태에서 한다.
③ 시험은 원칙적으로 공작기계를 사용하는 기업체에서 시행한다.
④ 운전은 필요한 성능과 정밀도에 영향을 미치지 않도록 한다.

문제 012

밀링 머신에 대한 내용 중 옳지 않은 것은?

답 005.④ 006.④ 007.④ 008.③ 009.③ 010.③ 011.③ 012.④

① 여러 날을 가진 커터가 회전을 한다.
② 평면 및 홈 가공을 할 수 있다.
③ 나선형 홈을 가공할 수 있다.
④ 공작물을 회전시키며 홈을 가공할 수 있다.

문제 013

구조용 특수강 중 강인강이 아닌 것은?
① Cr-Mo강 ② Mn강
③ Mn-S강 ④ Ni강

문제 014

연삭숫돌의 결합도에 따른 경도의 선정 기준으로 틀린 것은?
① 연질 가공물의 연삭에는 결합도가 높은 숫돌을 사용한다.
② 연삭 깊이가 깊을 때에는 결합도가 높은 숫돌을 사용한다.
③ 숫돌의 원주속도가 느릴 때에는 결합도가 높은 숫돌을 사용한다.
④ 접촉 면적이 작을 때에는 결합도가 높은 숫돌을 사용한다.

문제 015

전해 연마의 특징으로 옳지 않은 것은?
① 가공변질 층이 없고 평활한 가공면을 얻을 수 있다.
② 가공면에 반대 방향으로 방향성이 있다.
③ 복잡한 형상의 제품도 가능하다.
④ 내마모성, 내부식성이 향상된다.

문제 016

선반 작업에서 절삭속도가 V m/min, 주축의 회전수가 N r/min(=rpm)일 때 공작물의 지름이 32mm이면 V와 N의 옳은 관계식은?

① $V ≒ 0.1N$ ② $V ≒ N$
③ $V ≒ 10N$ ④ $V ≒ 32N$

해설 절삭속도
$$V = \frac{\pi d n}{1000(\text{cm/min})} = \frac{\pi \times 32}{1000} \times N = 0.1N$$

문제 017

초음파 가공의 특징과 가장 관계가 없는 것은?
① 공구의 재료는 피아노선, 황동 등이 있다.
② 소성변형이 되지 않아 취성이 큰 재료를 가공할 수 있다.
③ 부도체는 가공할 수 없다.
④ 원형 또는 이형단면 가공이 가능하다.

문제 018

선반의 크기 표시 방법으로 쓰이지 않는 것은?
① 베드, 왕복대 위의 스윙
② 양 센터 사이의 최대 거리
③ 심압대 위의 스윙
④ 가공할 수 있는 공작물의 최대지름

문제 019

공작기계의 구비조건 및 특성에 대한 설명이 옳지 않은 것은?
① 공작물의 잔류응력은 공작 전에 충분히 제거해야 한다.
② 정밀도가 높은 공작기계는 고속생산이 어려워 바람직하지 않다.
③ 정확한 기준면이 없는 공작방법은 정밀공작에 적합하지 않다.
④ 강성의 결핍과 진동은 정밀공작에 좋지 않다.

답 013. ③ 014. ② 015. ② 016. ① 017. ③ 018. ③ 019. ②

문제 020

기계의 부품을 조립할 때, 볼트의 머리 부분이 돌출되면 곤란한 부분이 있다. 이러한 경우에 볼트 또는 너트의 머리 부분이 가공물 안으로 묻히도록 드릴과 동심원의 2단 구멍을 절삭하는 방법은?

① 카운터 보링(counter boring)
② 카운터 싱킹(counter sinking)
③ 스폿 페이싱(spot facing)
④ 리밍(reaming)

문제 021

그림은 절삭 중에 공구와 공작물 및 칩에 발생하는 절삭온도의 분포이다. 절삭온도가 가장 높은 부분은?

① A
② B
③ C
④ D

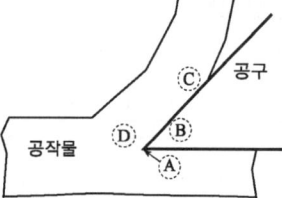

문제 022

다음 중 절삭공구의 수명공식은? (단, V : 절삭속도(m/min), T : 공구수명(min), n : 절삭공구와 가공물에 의해 변하는 지수, C : 공구수명 상수이다.)

① $(VT/n) = C$
② $VT^n = C$
③ $CT^n = C$
④ $TV^n = C$

문제 023

용삭과 유사한 방법으로 가공물 표면에 요철 부분의 블록부를 가공할 때 기계적 마찰로 용삭보다 더 능률적인 가공을 하는 화학 가공은?

① 화학 연삭
② 화학 절단
③ 화학 밀링
④ 화학 절삭

문제 024

슈퍼 피니싱의 2단 공정작업의 2단계 제1공정의 가공조건으로 맞는 것은?

① 고속도 저압력
② 저속도 저압력
③ 고속도 고압력
④ 저속도 고압력

문제 025

드릴링 머신에서 절삭속도 20m/min, 드릴의 지름 25mm, 이송속도 0.1mm/rev, 드릴 끝 원추의 높이를 5.8mm라 하고 98mm 깊이의 구멍을 뚫을 때 절삭시간은? (단, π는 3.14로 계산한다.)

① 약 3분 8초
② 약 4분 4초
③ 약 6분 1초
④ 약 8분 2초

해설
$$T = \frac{t+h}{ns} = \frac{\pi D(t+h)}{1000v \cdot s} = \frac{\pi \times 25 \times (98+5.8)}{1000 \times 20 \times 0.1}$$
$$= 4.104 ≒ 4분 4초$$

문제 026

절삭날수가 10, 바깥지름 100mm인 고속도강 밀링 커터로 길이 300mm인 탄소강을 절삭속도 100m/min로 절삭할 때, 날 1개마다의 이송량을 0.1mm라 하면 1분간의 이송량은?

① 100mm/min
② 300mm/min
③ 318mm/min
④ 412mm/min

해설
$$N = \frac{1000V}{\pi D} = \frac{1000 \times 100}{3.14 \times 100} ≒ 318 rpm$$
$$f = f_z \times Z \times N = 0.1 \times 10 \times 318 = 318 mm/min$$

문제 027

센터리스 연삭기에서 조정숫돌차의 바깥지름이 400mm, 회전수가 30r/min(=rpm), 경사각이 4°일 때 공작물의 1분간 이송속도를 구하면?

① 2500mm/min
② 2560mm/min
③ 2630mm/min
④ 2680mm/min

답 020.① 021.② 022.② 023.① 024.④ 025.② 026.③ 027.③

해설 $V = \pi dn \, \sin a = 3.14 \times 400 \times \sin 4$
$\quad \fallingdotseq 2628.4 (mm/min)$

문제 028
호닝에서 혼의 왕복운동시 오버런은 몇 % 내외일 때 가장 양호한 진직도가 얻어지는가?
① 약 60% ② 약 50%
③ 약 40% ④ 약 30%

문제 029
보통선반에서 바이트 중심이 공작물의 회전중심과 일치하지 않았을 때의 설명으로 틀린 것은?
① 바이트의 중심이 공작물 회전중심보다 낮으면 전방여유각이 커진다.
② 바이트의 중심이 공작물 회전중심보다 높으면 상면경사각이 커진다.
③ 바이트의 중심이 공작물 회전중심보다 높으면 가공하려는 치수보다 가공 후 측정치수가 크다.
④ 바이트의 중심이 공작물 회전중심보다 낮으면 가공하려는 치수보다 가공 후 측정치수가 작다.

문제 030
주철을 초경합금 팁을 사용하여 선반가공 할 때 공구홀더의 윗면 경사각은?
① 0~6° ② 7~10°
③ 11~12° ④ 13~15°

문제 031
주철, 황동, 경합금, 초경합금 등의 연삭에 적당한 탄화규소계(SiC) 연삭숫돌의 입자기호는 무엇인가?
① A ② WA
③ W ④ GC

문제 032
절삭면적의 표시방법 중 옳은 것은?
① 절삭깊이 × 이송
② 절삭속도 × 이송
③ 절삭저항 × 이송
④ 절삭폭 × 이송

문제 033
그림은 동일한 담금질을 했을 때 탄소강과 Cr-V강의 담금질한 경도 분포를 나타내었다. 이에 대한 설명 중 틀린 것은? (단, 담금질 전 두 재료의 경도는 HV200 수준으로 동일하다고 가정한다.)

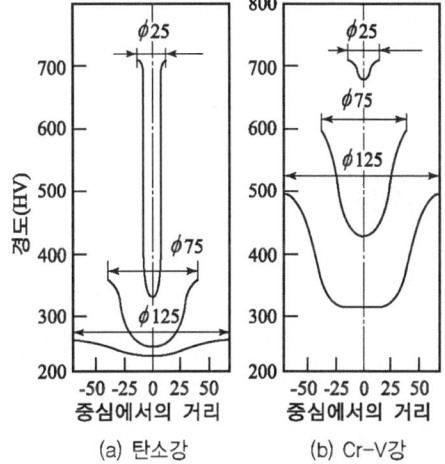

(a) 탄소강   (b) Cr-V강

① 탄소강에서 비교적 가는 봉은 중심부와 표면의 경도차가 매우 크다.
② 탄소강에서 지름이 큰 경우 내·외부 경도차가 거의 없거나 작은 편이며 전체적으로 경도가 낮다.
③ ∅25 Cr-V강의 경우 동일 지름의 탄소강에 비하여 경도의 분포가 고르고 질량 효과가 적다.
④ Cr-V강에 비하여 탄소강이 전체적으로 담금질이 잘 된다.

답 028. ④ 029. ④ 030. ① 031. ④ 032. ① 033. ④

문제 034

순철의 동소체 중 910~1400℃ 구간에서 존재하는 것은?

① α철   ② β철
③ γ철   ④ δ철

문제 035

20℃인 100mm강이 25℃로 변하였을 때 변형율은 0.01이었다. 이 재료의 열팽창계수(1/℃)는 얼마인가?

① 2×10^{-2} ② 2×10^{-3}
③ 1×10^{-2} ④ 1×10^{-3}

[해설] 열팽창계수 = $\dfrac{(신장된 길이)}{(처음 온도 \times 변화 온도)}$
= $\dfrac{2}{(100 \times 10)} = 2 \times 10^{-3}$

문제 036

재료의 경도 시험법 중 반발저항을 이용하는 방법은?

① 브리넬 경도시험   ② 로크웰 경도시험
③ 비커스 경도시험   ④ 쇼어 경도시험

문제 037

베어링강의 재료로서 갖추어야 할 성질이 아닌 것은?

① 소착에 의한 저항력이 커야 한다.
② 마찰계수가 커야 한다.
③ 열전도율이 커야 한다.
④ 내식성이 높아야 한다.

문제 038

황동에서 나타나는 화학적 현상에 속하지 않는 것은?

① 시효 경화(age hardening)
② 탈아연 부식(dezincification corrosion)
③ 고온 탈아연(dezincing)
④ 자연 균열(seasoning cracking)

문제 039

2.11%C의 오스테나이트와 6.67%C의 시멘타이트의 공정조직으로 그림과 같은 조직을 무엇이라 하는가?

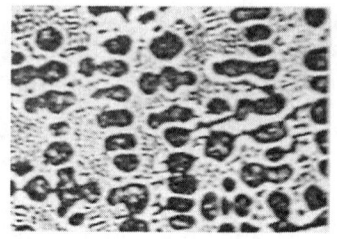

① 흑연   ② 페라이트
③ 레데뷰라이트   ④ 인화철

문제 040

다음 기계부품 도면에서 요구되는 진원도 측정법으로 가장 적합한 것은?

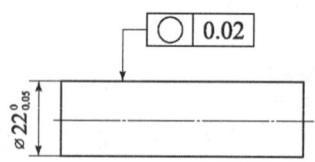

① 지름법   ② 3점법
③ 반지름법   ④ 2점법

문제 041

0~25mm 범위를 가지는 외측마이크로미터의 측정력 범위로 가장 옳은 것은?

① 1~2N   ② 2~5N
③ 5~15N   ④ 20~30N

답 034. ③   035. ②   036. ④   037. ②   038. ①   039. ③   040. ③   041. ③

문제 042

게이지 블록과 마찬가지로 밀착이 가능하기 때문에 홀더가 필요 없으며 오토콜리메이터 같은 광학적인 측정기와 병행해서 게이지면을 반사면으로 이용하여 정밀 각도 측정이 가능한 게이지는?

① 요한슨식 각도 게이지
② NPL식 각도 게이지
③ 테이퍼 게이지
④ 원통 게이지

문제 043

오토콜리메이터와 함께 사용되는 부속품 중 하나로 원주눈금, 할출판, 기어의 각도 분할의 검정에 이용되는 부속품은?

① 평면경
② 폴리곤 프리즘
③ 펜타 프리즘
④ 조정기

문제 044

한 쌍의 기어를 백래시 없이 맞물리고 회전시켰을 때 중심거리 변화를 이용하여 1피치 물림오차 및 전체 물림오차를 구하여 기어의 등급을 평가 할 수 있는 시험은?

① 편측 잇면 물림시험
② 양측 잇면 물림시험
③ 피지원판식 시험
④ 기초원식 시험

문제 045

지그와 고정구를 구분하는데 있어 가장 큰 차이점은?

① 공구 안내장치의 유무
② 본체의 유무
③ 조임 장치의 유무
④ 위치 결정구의 유무

문제 046

클램핑 장치에 칩이 붙을 때는 클램핑력이 불안전하게 된다. 이에 관한 대책으로 잘못 설명한 것은?

① 위치결정면 부분을 넓은 면적으로 한다.
② 클램핑 면은 수직면으로 한다.
③ 볼트, 스프링, 로크 와셔 등을 이용하여 항상 밀착하게 한다.
④ 칩의 비산 방향에 클램프 부분을 설치하지 않는다.

문제 047

템플릿 지그(Template jig)의 설명으로 가장 옳은 것은?

① 작업자가 주의를 하지 않으면 공작물이 부정확하게 가공될 염려가 있는 구조이다.
② 생산 작업에 사용되는 지그 중에서 가장 합리적인 구조이며 정밀한 공작물을 고속으로 생산하기 위한 지그이다.
③ 핀이나 네스트가 없이 클램프에 의하여 공작물을 밀착시킬 수 있는 구조이다.
④ 제작비가 많이 소요되지만 복잡한 형태의 공작물을 다량 생산할 때 적합하다.

문제 048

90° V-Block에서 외경이 $\phi 20 \pm 0.1$인 공작물 위치 결정 시 수평중심의 최대변화량은 약 몇 mm인가?

① 0.05
② 0.07
③ 0.10
④ 0.14

해설) $\sqrt{2} \times 0.1 = 0.14$

답) 042.② 043.② 044.② 045.① 046.① 047.① 048.④

문제 049

치공구의 사용에 따른 장·단점으로 틀린 것은?

① 작업의 숙련도 요구가 감소한다.
② 가공 정밀도 향상으로 불량품을 방지한다.
③ 가공시간을 단축하게 하여 제조비용을 절감할 수 있다.
④ 호환성이 낮아지기 때문에 단일제품 제작에만 사용한다.

문제 050

윤곽제어를 할 때 펄스를 분배하는 방식에 포함되지 않는 것은?

① MIT 방식
② DDA 방식
③ 서보 방식
④ 대수연산 방식

문제 051

머시닝센터에 사용되는 준비기능 중 G42 코드의 의미는?

① 자동 공구길이 측정
② 공구길이 보정 "+"
③ 공구지름 보정 취소
④ 공구지름 보정 우측

문제 052

주프로그램에서 보조프로그램을 호출하여 실행한 후 다시 주프로그램으로 복귀할 때 사용하는 M 코드는?

① M08
② M09
③ M98
④ M99

문제 053

200rpm으로 회전하는 스핀들을 5회전 휴지명령 프로그래밍을 하고자 할 때 바르게 표현한 것은?

① G04 X1.5 ;
② G04 X0.7 ;
③ G04 X1500 ;
④ G04 X7000 ;

해설

정지시간(sec) = $\dfrac{60}{\text{드릴회전수(rpm)}} \times \text{드웰회전수}$

정지시간 : $x = \dfrac{60 \times 5}{200} = 1.5\text{sec}$

- CNC 선반에서 1.5초 휴지(dwell)하는 프로그래밍 : G04 X1.5;, G04 U1.5;, G04 P1500;

문제 054

CAD시스템에서 선, 원, 문자 등 도형 형상을 구성하는 최소단위를 무엇이라 하는가?

① 요소(element)
② 모델(model)
③ 데이터(data)
④ 픽셀(pixel)

문제 055

다음 중 반즈(Ralph M. Barnes)가 제시한 동작경제원칙에 해당되지 않는 것은?

① 표준작업의 원칙
② 신체의 사용에 관한 원칙
③ 작업장의 배치에 관한 원칙
④ 공구 및 설비의 디자인에 관한 원칙

문제 056

근래 인간공학이 여러 분야에서 크게 기여하고 있다. 다음 중 어느 단계에서 인간공학적 지식이 고려됨으로서 기업에 가장 큰 이익을 줄 수 있는가?

① 제품의 개발단계
② 제품의 구매단계
③ 제품의 사용단계
④ 작업자의 채용단계

답 049. ④ 050. ③ 051. ④ 052. ④ 053. ① 054. ① 055. ① 056. ①

문제 057

다음 [표]를 참조하여 5개월 단순이동평균법으로 7월의 수요를 예측하면 몇 개인가?

[단위 : 개]

월	1	2	3	4	5	6
실적	48	50	53	60	64	68

① 55개 ② 57개
③ 58개 ④ 59개

해설 최근 실적만을 계산
$$\frac{(50+53+60+64+68)}{5}=59$$

문제 058

다음 중 두 관리도가 모두 포아송 분포를 따르는 것은?

① $\bar{x}$ 관리도, R 관리도
② c 관리도, u 관리도
③ np 관리도, p 관리도
④ c 관리도, p 관리도

문제 059

전수검사와 샘플링검사에 관한 설명으로 가장 올바른 것은?

① 파괴검사의 경우에는 전수검사를 적용한다.
② 전수검사가 일반적으로 샘플링검사보다 품질향상에 자극을 더 준다.
③ 검사항목이 많을 경우 전수검사보다 샘플링검사가 유리하다.
④ 샘플링검사는 부적합품이 섞여 들어가서는 안 되는 경우에 적용한다.

문제 060

도수분포표에서 도수가 최대인 계급의 대표값을 정확히 표현한 통계량은?

① 중위수
② 시료평균
③ 최빈수
④ 미드-레인지(Mid-range)

답 057. ④ 058. ② 059. ③ 060. ③

2014년 7월 20일 시행

문제 001

유압회로의 일부에 배압을 발생시키고자 할 때 사용하는 밸브는?

① 카운터 밸런스 밸브
② 시퀀스 밸브
③ 리듀싱 밸브
④ 언로드 밸브

문제 002

그림과 같은 유압 회로에 대한 설명으로 틀린 것은?

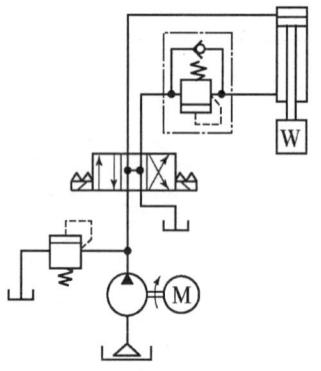

① 부하가 갑자기 감소할 때 실린더가 급진하는 것을 방지한다.
② 수직 램의 자중낙하를 방지한다.
③ 기름 탱크로 복귀하는 유로에 일정한 배압을 형성한다.
④ 실린더가 전진할 때 유량을 일정하게 제어한다.

문제 003

밸브의 복귀방법에서 내부의 파일럿 신호로서 복귀시키는 방식은?

① 스프링 복귀 방식
② 공압 신호 복귀 방식
③ 디텐드 방식
④ 푸쉬버튼 복귀 방식

문제 004

다음 공유압 기호가 나타내는 밸브의 명칭은?

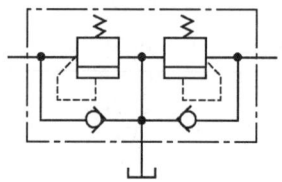

① 파일럿 작동형 시퀀스 밸브
② 카운터 밸런스 밸브
③ 브레이크 밸브
④ 무부하 릴리프 밸브

문제 005

유압 펌프를 작동시켜도 압력이 형성되지 않는 원인으로 가장 거리가 먼 것은?

① 기름탱크의 유면이 너무 낮다.
② 펌프가 동작하지 않거나 회전방향이 반대이다.
③ 압력 릴리프 밸브의 고장으로 항상 열려 있다.
④ 유압 작동유의 점도가 낮다.

답 001.① 002.④ 003.② 004.③ 005.④

문제 006
자동화시스템의 구성요소 중 프로세서로부터 명령을 받아 기계적인 작업을 수행하는 것은?
① 센서　　　　　② 액추에이터
③ 소프트웨어　　④ 네트워크

문제 007
전동기가 기동이 되지 않을 때 점검항목에 속하지 않는 것은?
① 전원 주파수 변동 유무
② 과부하 유무
③ 퓨즈의 단선
④ 상 결선의 단락

문제 008
PLC를 동작시키는 데 필요한 고유의 프로그램을 기억하는 메모리로 맞는 것은?
① 데이터 메모리　② 입·출력 메모리
③ 제어용 메모리　④ 다이나믹 메모리

문제 009
물체에 직접 접촉하지 않고 그 위치를 검출하여 전기적인 신호를 발생시키는 센서는?
① 푸시버튼 스위치　② 리드 스위치
③ 리미트 스위치　　④ 풋 스위치

문제 010
다음 중 유도형센서에 대한 설명으로 틀린 것은?
① 전력소비가 적다.
② 자석 효과가 없다.
③ 분극 현상을 이용하므로 비금속 물질도 검출이 가능하다.
④ 감지물체 안에 온도 상승이 없다.

문제 011
선반 베드에 주로 사용하는 재질에 해당하는 것은?
① 구상흑연 주철　② 연강
③ 공구강　　　　　④ 초경합금

문제 012
센터리스 연삭기의 작업 특성에 대한 설명 중 옳은 것은?
① 직경이 큰 공작물의 단면 연삭이 가능하다.
② 형상이 불규칙한 외경을 가진 제품 연삭이 가능하다.
③ 가늘고 긴 가공물의 연삭이 가능하다.
④ 축의 중앙부위에 긴 홈이 있는 홈 연삭에 적합하다.

문제 013
연삭숫돌의 결합도가 가장 높은 것은 무엇인가?
① L　　　　　② O
③ P　　　　　④ T

문제 014
초음파 가공 시에 사용되는 연삭 입자의 재질이 아닌 것은?
① 산화알루미나　② 탄화규소
③ 다이아몬드 분말　④ 니켈 합금

문제 015
구성인선 방지대책을 설명한 것으로 틀린 것은?
① 절삭깊이를 적게 한다.
② 경사각을 크게 한다.
③ 윤활성이 좋은 절삭제를 사용한다.
④ 절삭속도를 작게 한다.

답　006. ②　007. ①　008. ③　009. ②　010. ③　011. ①　012. ③　013. ④　014. ④　015. ④

문제 016
고속도강 공구에 물리적 증착법(PVD법)으로 코팅할 때 사용되며 코팅면이 금색을 나타내는 것은?
① 탄화티탄(TiC) ② 질화티탄(TiN)
③ 알루미나(Al_2O_3) ④ 탄화텅스텐(WC)

문제 017
절삭가공에서 공작물을 가공할 때 공작기계의 회전수가 일정하다고 가정한다면 공작물의 지름과 절삭속도의 관계를 바르게 설명한 것은?
① 공작물의 지름이 크면 절삭속도는 느려진다.
② 공작물의 지름이 크면 절삭속도는 빨라진다.
③ 공작물의 지름이 작으면 절삭속도는 빨라진다.
④ 공작물의 지름과 관계없이 절삭속도는 일정하다.

문제 018
연성재료를 가공할 때 공구의 각도에 따라 유동형, 전단형, 열단형 등의 서로 다른 형태의 칩이 발생한다. 이때 각도의 정확한 명칭은 무엇인가?
① 윗면 경사각 ② 측면 경사각
③ 전면 여유각 ④ 측면 여유각

문제 019
래핑 작업 조건에 대한 설명 중 틀린 것은?
① 건식 래핑 속도는 150~200m/min 정도로 입자가 비산하지 않는 정도로 한다.
② 래핑 속도가 너무 빠르면 발열로 인한 표면 변질 층이 커지거나 래핑 번(lapping burn)이 발생하므로 주의한다.
③ 랩제의 입자가 크면 압력을 높이고, 입자가 미세하면 압력을 낮춘다.
④ 랩제는 균일한 크기로 해야 하며, 큰 입자가 섞이면 다듬질한 면에 상처가 생기므로 주의한다.

문제 020
공구마멸의 형태가 잘못 표현된 것은?
① 크레이터 마멸
② 플랭크 마멸
③ 씽크 마멸
④ 치핑

문제 021
방전가공의 진행순서로 맞는 것은?
① 암류 → 불꽃방전 → 코로나방전 → 글로우방전 → 아크방전
② 암류 → 코로나방전 → 불꽃방전 → 글로우방전 → 아크방전
③ 암류 → 글로우방전 → 코로나방전 → 불꽃방전 → 아크방전
④ 암류 → 불꽃방전 → 글로우방전 → 코로나방전 → 아크방전

문제 022
전해연마시 철강용 전해연마액의 주성분으로 사용되지 않는 것은?
① 과염소산 ② 황산
③ 인산염 ④ 염화나트륨

문제 023
선반에서 중소형 공작물의 가공에 사용되는 센터는 일반적으로 몇 도(°)를 사용하는가?
① 30° ② 45°
③ 60° ④ 100°

답 016. ② 017. ② 018. ① 019. ① 020. ③ 021. ② 022. ④ 023. ③

문제 024

호닝가공에서 진직도의 불량 원인이 아닌 것은?

① 혼의 오버런이 크거나 없을 때
② 가공 압력의 불균일
③ 큰 정도의 호닝유
④ 숫돌의 길이가 가공구멍 길이에 비해 1/2 이상일 때

문제 025

슈퍼 피니싱으로 정밀가공할 때 가공조건에 대한 설명 중 틀린 것은?

① 거친 가공을 할 때에는 일반적으로 숫돌에 가하는 압력은 0.2~0.5MPa, 평균속도는 5~20m/min으로 한다.
② 다듬질 가공을 할 때에는 일반적으로 숫돌에 가하는 압력은 0.05~0.15MPa, 평균속도는 20~60m/min으로 한다.
③ 숫돌의 진폭은 1~4mm로 하고, 진동수는 공작물이 클 때에는 500~600회, 작을 때에는 1000~1200회를 기준으로 한다.
④ 가공표면의 거칠기는 숫돌의 입도, 공작물의 재질, 절삭속도에 의해 결정되며 일반적으로 1~3μm 범위이다.

문제 026

커터 날의 개수가 10개, 지름이 100mm, 날 하나에 대한 이송이 0.4mm이며, 절삭속도 90m/min로 연강재를 절삭하는 경우 밀링머신 테이블의 이송속도는?

① 1.15m/min   ② 3.54m/min
③ 11.46m/min   ④ 25.46m/min

해설
$$n = \frac{1000v}{\pi D} = \frac{1000 \times 90}{3.14 \times 100} \fallingdotseq 287\text{rpm}$$
$$f = \frac{Fz \times Z \times N}{1000} = \frac{0.4 \times 10 \times 287}{1000} = 1.148\,\text{m/min}$$

문제 027

평밀링 커터에 의한 절삭에서 1개의 날이 깎아내는 칩의 두께를 구하는 식은? (단, 절삭부의 폭을 $b$mm, 절삭 깊이를 $d$mm, 테이블의 매분 당 이송을 $f$mm/min, 커터의 외경을 Dmm, 회전수를 n r/min(=rpm), 날의 수를 Z개로 한다.)

① $\dfrac{f}{nZ}\sqrt{\dfrac{D}{d}}$ ② $\dfrac{f}{nZ}\sqrt{\dfrac{d}{D}}$

③ $\dfrac{f}{nZ}\sqrt{Dd}$ ④ $\dfrac{nf}{Z}\sqrt{\dfrac{d}{D}}$

문제 028

공작기계의 운전 상태와 가공능력을 시험하는 시험 항목은 무엇인가?

① 기능시험
② 무부하 운전시험
③ 강성시험
④ 부하 운전시험

문제 029

밀링머신에서 절삭속도 100m/min, 커터의 지름 100mm, 매 분당이송 300mm/min, 절삭저항(P)이 1200N, 이송분력(P_2)이 30N일 때, 절삭 동력(PS)은 얼마인가? (단, 효율은 100%로 계산한다.)

① 약 1.50   ② 약 2.72
③ 약 3.70   ④ 약 4.22

해설
$$N_c = \frac{P \times V}{75 \times 60 \times \eta \times 9.81} = \text{PS}$$
$$N_c = \frac{1200 \times 100}{75 \times 60 \times 1 \times 9.81} = 2.72\text{PS}$$

답 024.③ 025.④ 026.① 027.② 028.④ 029.②

문제 030

두께 40mm의 주철에 고속도강 드릴로 ⌀32mm의 구멍을 뚫을 때 절삭하는 시간은? (단, 회전수 $n=216$rpm, 이송 $f=0.254$mm/rev, 드릴의 원추높이는 16mm이다.)

① 1.02분 ② 3.02분
③ 5.02분 ④ 7.02분

해설 가공시간 $T=\dfrac{h+t}{nf}=\dfrac{16+40}{216\times 0.254}=1.021$분

문제 031

공작물의 재질이 연하여 숫돌입자의 표면이나 기공에 연삭칩이 메우는 현상은 무엇인가?

① 드레싱(dressing) ② 트루잉(truing)
③ 로딩(loading) ④ 글레이징(glazing)

문제 032

드릴작업의 절삭속도에 대한 설명 중 틀린 것은?

① 드릴의 절삭속도는 드릴 바깥지름의 주속도를 나타낸다.
② 절삭속도는 가공물의 기계적 성질을 고려하여 결정해야 한다.
③ 보통 깊이가 바깥지름의 3배이면 절삭속도를 10% 증가시킨다.
④ 드릴의 지름이 커지면 칩 배출 및 절삭유의 유입조건이 좋아져 절삭속도를 높일 수 있다.

문제 033

시멘타이트는 표준 조직에서 펄라이트 속에 페라이트와 함께 층상으로 존재하든가, 또 과공석강에서는 결정입계에 망상으로 나타나는데 이 경우 경도가 매우 높아져서 가공성이 나쁘고 균열이 쉽게 발생한다. 이를 개선하기 위해 시멘타이트가 구상 또는 입상으로 되게 하는 풀림을 무엇이라고 하는가?

① 구상화 풀림 ② 연화 풀림
③ 응력제거 풀림 ④ 확산 풀림

문제 034

강괴를 탈산 정도에 따라 분류할 때 이에 해당하지 않는 것은?

① 림드 강괴(rimmed steel ingot)
② 세미림드 강괴(semi-rimmed steel ingot)
③ 킬드 강괴(killed steel ingot)
④ 캡드 강괴(capped steel ingot)

문제 035

표점 거리가 50mm, 두께가 2mm, 평행부 나비가 25mm인 강판을 인장시험 하였을 때 최대하중은 25kN이었고, 파단 직전의 표점 거리는 60mm가 되었다. 이 재료에 작용한 인장강도(N/mm²)는?

① 300 ② 400
③ 500 ④ 600

해설 $\sigma_B=\dfrac{P_{\max}}{단면적}=\dfrac{25000}{2\times 25}=500\text{N}/\text{mm}^2$

문제 036

표준조성이 4% Cu, 0.5% Mg, 0.5% Mn 등으로 구성된 알루미늄 합금으로 시효경화처리한 대표적인 고강도 합금은?

① 두랄루민 ② 알민
③ 하이드로날륨 ④ Y합금

문제 037

절삭성이 우수한 황동 합금으로 정밀절삭가공이 필요하고 강도는 그다지 필요하지 않는 시계나 계기용 기어, 나사, 볼트, 너트, 카메라 부품 등에 주로 사용되는 황동 합금은?

답 030.① 031.③ 032.③ 033.① 034.② 035.③ 036.① 037.②

① Al 황동   ② Pb 황동
③ Si 황동   ④ 델타메탈

문제 038

스테인리스강 중에서 내식성이 가장 높고 비자성체이나 결정입계부식의 단점을 가지고 있어 이를 개량하여 공업에 주로 사용하는 것은?

① 페라이트계 스테인리스강
② 마텐자이트계 스테인리스강
③ 오스테나이트계 스테인리스강
④ 석출경화계 스테인리스강

문제 039

주철의 성장을 방지하는 방법으로 틀린 것은?

① 탄화물 안정화 원소인 Cr, Mn, Mo, V 등을 첨가하여 Fe_3C의 흑연화를 막는다.
② C 및 Si양을 증가하여 산화를 방지한다.
③ 편상 흑연을 구상 흑연화 시킨다.
④ 흑연의 미세화로서 조직을 치밀하게 한다.

문제 040

표면거칠기 측정에 사용되는 단면 곡선 필터 중 거칠기와 파상도 성분 사이의 교차점을 정의하는 필터는?

① λc 단면 곡선 필터
② λf 단면 곡선 필터
③ λt 단면 곡선 필터
④ λs 단면 곡선 필터

문제 041

다음 단위에 쓰이는 접두어 중 틀린 것은?

① 밀리(m) : 10^{-3} ② 기가(G) : 10^9
③ 나노(n) : 10^{-12} ④ 메가(M) : 10^6

문제 042

다음 측정기 분류 중 시준기에 해당되지 않는 것은?

① 투영기   ② 공구 현미경
③ 망원경   ④ 인디케이터

문제 043

피치 1.75mm의 미터나사의 유효 지름을 측정할 때 최적 삼침 지름은 약 몇 mm인가?

① 1.000mm   ② 1.010mm
③ 1.150mm   ④ 1.200mm

[해설] $d = 0.57735P = 0.577 \times 1.75 = 1.01$

문제 044

기어를 검사용 마스터 원통기어와 백래시 없이 맞물려서 회전시켰을 때의 중심거리 변동을 측정하는 시험은?

① 기어의 이 홈 흔들림 시험
② 기어의 양 잇면 맞물림 시험
③ 기어의 치형 측정 시험
④ 기어의 원주 피치 측정 시험

문제 045

편측 공차 $5.250^{+0.010}_{+0.000}$을 동등 양측 공차로 옳게 변환한 것은?

① 5.255 ± 0.005
② 5.255 ± 0.010
③ 5.260 ± 0.005
④ 5.260 ± 0.010

[해설] ㉠ $0.01 + 0 = 0.01$
㉡ $0.01 \div 2 = 0.005$
㉢ $5.250 + 0.005 = 5.255 \pm 0.005$

[답] 038. ③ 039. ② 040. ① 041. ③ 042. ④ 043. ② 044. ② 045. ①

2014년 7월 20일 시행

문제 046
치공구를 사용하는 궁극적인 목적에 대하여 옳은 것만으로 나열한 것은?
① 미숙련자의 고숙련화, 생산 원가 상승, 공정의 축소 또는 삭제
② 정밀도 향상, 생산 원가 상승, 공정의 축소 또는 삭제
③ 정밀도 향상, 생산 원가 감소, 저숙련자의 고숙련화
④ 정밀도 향상, 생산 원가 감소, 공정의 축소 또는 삭제

문제 047
드릴지그에서 부시와 가공물 사이의 간격은 주철과 같이 전단형 칩(chip)으로 나타날 때는 어느 정도 하는 것이 가장 좋은가?
① 최대한 간격이 없도록 밀착시킨다.
② 드릴 지름의 1/2정도 부여한다.
③ 드릴 지름의 1/10정도 부여한다.
④ 드릴 지름의 2배정도 부여한다.

문제 048
좁은 장소에서 사용되며 스윙 클램프와 유사한 구조를 가진 클램프는?
① 후크 클램프   ② 토글 클램프
③ 캠 클램프   ④ 스트랩 클램프

문제 049
다음 중 한계 게이지(Limit gauge) 재료에 요구되는 성질로 거리가 먼 것은?
① 변형이 적을 것
② 내마모성이 높을 것
③ 가공성이 높을 것
④ 열팽창계수가 높을 것

문제 050
다음 공구경 보정에 대한 설명 중 옳지 않은 것은?
① 공구경 보정은 지령평면에서만 유효하다.
② 공구보정번호에 음수를 입력하면 공구경 보정 방향이 바뀐다.
③ 보정량 보다 큰 원호 가공 시에는 경보(alarm)를 유발시킨다.
④ G41은 좌측보정이고, G42는 우측보정이다.

문제 051
서보 모터의 엔코더에서 나오는 펄스열의 주파수로부터 속도를 제어하고 기계의 테이블에 위치검출 스케일을 부착하여 위치정보를 피드백 시키는 제어방법은?
① 복합회로 서보방식(hybrid servo system)
② 개방회로방식(open loop system)
③ 반폐쇄회로방식(semi-closed loop system)
④ 폐쇄회로방식(closed loop system)

문제 052
CAD/CAM 시스템의 인터페이스 그래픽 표준규격 중 국제규격(ISO 10303)으로 인정된 것은?
① STEP   ② IGES
③ DXF   ④ STL

문제 053
DNC 시스템의 구성요소가 아닌 것은?
① 컴퓨터와 메모리장치
② 공작물 장탈착용 로봇
③ 실제 작업용 CNC공작기계
④ 데이터 송수신용 통신선

답 046. ④ 047. ② 048. ① 049. ④ 050. ③ 051. ④ 052. ① 053. ②

문제 054

CNC 선반 작업 중에 긴 칩이 발생하여 작업을 방해할 경우 칩을 짧게 절단하는 기능으로 드릴 작업, 단면 홈 작업, 보링 작업 등에 주로 사용되는 기능은?

① G74　② G72
③ G71　④ G73

문제 055

np 관리도에서 시료군 마다 시료수(n)는 100이고, 시료군의 수(k)는 20, $\sum np = 77$이다. 이때 np관리도의 관리상한선(UCL)을 구하면 약 얼마인가?

① 8.94　② 3.85
③ 5.77　④ 9.62

해설
$$\overline{Pn} = \frac{\sum Pn}{k} = \frac{77}{20} = 3.85$$
$$\overline{P} = \frac{\sum Pn}{\sum n} = \frac{\sum Pn}{kn} = \frac{77}{20 \times 100} = 0.0385$$
$$UCL = \overline{Pn} + 3\sqrt{\overline{Pn}(1-\overline{P})}$$
$$= 3.85 + 3\sqrt{3.85(1-0.0385)} = 9.62$$

문제 056

그림의 OC곡선을 보고 가장 올바른 내용을 나타낸 것은?

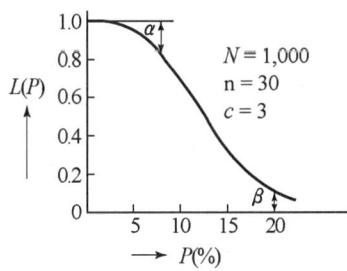

① α : 소비자 위험
② $L(P)$: 로트가 합격할 확률
③ β : 생산자 위험
④ 부적합품률 : 0.03

문제 057

미국의 마틴 마리에타사(Martin Marietta Corp.)에서 시작된 품질개선을 위한 동기부여 프로그램으로 모든 작업자가 무결점을 목표로 설정하고, 처음부터 작업을 올바르게 수행함으로써 품질비용을 줄이기 위한 프로그램은 무엇인가?

① TPM 활동　② 6 시그마 운동
③ ZD 운동　④ ISO 9001 인증

문제 058

다음 중 단속생산 시스템과 비교한 연속생산 시스템의 특징으로 옳은 것은?

① 단위당 생산원가가 낮다.
② 다품종 소량생산에 적합하다.
③ 생산방식은 주문생산방식이다.
④ 생산설비는 범용설비를 사용한다.

문제 059

일정 통제를 할 때 1일당 그 작업을 단축하는데 소요되는 비용의 증가를 의미하는 것은?

① 정상소요시간(Normal duration time)
② 비용견적(Cost estimation)
③ 비용구배(Cost slope)
④ 총비용(Total cost)

문제 060

MTM(Method Time Measurement)법에서 사용되는 1TMU(Time Measurement Unit)는 몇 시간인가?

① $\frac{1}{100000}$ 시간　② $\frac{1}{10000}$ 시간
③ $\frac{6}{10000}$ 시간　④ $\frac{36}{1000}$ 시간

답 054. ①　055. ④　056. ②　057. ③　058. ①　059. ③　060. ①

2015년 4월 4일 시행

문제 001
공기압 장치와 유압 장치를 비교할 때, 공기압 장치의 특징에 해당하지 않는 것은?
① 화재의 위험이 있다.
② 환경오염의 우려가 없다.
③ 압축성 에너지라 위치 제어성이 나쁘다.
④ 동력의 전달이 간단하며 먼 거리의 이송이 쉽다.

문제 002
유압 작동유의 첨가제로서 유압유의 계면 장력을 감소시키기 위하여 오일과 물속에 달라붙어 오일 속에 물 또는 물속에 오일이 존재하도록 하는 것은?
① 방청제 ② 유화제
③ 산화방지제 ④ 점도지수 향상제

문제 003
다음 유압 모터 기호의 설명으로 틀린 것은?
① 양축형이다.
② 정 용량형이다.
③ 1방향 회전형이다.
④ 외부 드레인이 있다.

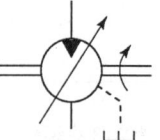

문제 004
공기압축기의 종류로 볼 수 있으나 엄밀하게 압축기의 형태는 아니고 송풍기의 일종이라 볼 수 있으며, 실제로 높은 압력은 만들 수 없고, 그림과 같은 구조를 가진 것은?

① 터빈 팬(turbin fan)
② 피스톤 팬(piston fan)
③ 루트 블로어(root blower)
④ 스크루 블로어(screw blower)

문제 005
구조가 간단하고 값이 싸므로 차량, 건설기계, 운반기계 등에 널리 쓰이고 있는 유압 펌프는 무엇인가?
① 기어 펌프(gear pump)
② 베인 펌프(vane pump)
③ 피스톤 펌프(piston pump)
④ 벌류트 펌프(volute pump)

문제 006
사람의 힘에 의존하지 않고 제어장치에 의해서 자동적으로 이루어지는 제어로 자동 교환장치, 자동 교통 신호장치와 같은 제어방식은?
① 수동 제어
② 자동 제어
③ 오픈 제어
④ 시퀀스 제어

문제 007
다음 중 온도센서가 갖추어야 할 특성과 거리가 먼 것은?
① 검출단에서 열 방사가 없을 것
② 피측정체에 외란으로 작용하지 않을 것
③ 열용량이 적고 소자에 열을 빨리 전달할 것
④ 열저항이 크고, 소자의 열접촉성이 좋을 것

답 001.① 002.② 003.② 004.③ 005.① 006.② 007.④

문제 008

다음 중 수치제어 시스템의 보수 유지에 의한 기어박스 윤활은 어떻게 관리하는 것이 가장 좋은가?

① 매 24시간 주기로 보충
② 매 60시간 주기로 교체
③ 매 1개월 주기로 보충
④ 매 6개월 주기로 교체

문제 009

다음 중 제어시스템의 최종 작업 목표로 분류할 수 없는 것은?

① 공정상태의 확인
② 네트워크의 기본기능
③ 공정상태에 따른 자료의 분석처리
④ 처리된 결과에 기초한 공정작업

문제 010

자동화시스템 보수유지에서 신뢰성을 나타내는 척도와 거리가 먼 것은?

① 생산계획
② 신뢰도
③ 평균고장간격시간(MTBF)
④ 평균고장수리시간(MTTR)

문제 011

일반적으로 드릴의 재질로 적합하지 않는 것은?

① 합금공구강   ② 고속도강
③ 초경합금   ④ 두랄루민

문제 012

범용선반의 정밀도 검사에 대한 설명으로 옳은 것은?

① 베드 미끄럼면의 진직도 검사는 정밀수준기를 3개소 이상 측정하여 검사한다.
② 베드 미끄럼면의 평행도 검사는 베드면 위에 다이얼 게이지를 설치하여 검사한다.
③ 주축의 흔들림은 주축의 면판 등을 고정하는 부분에 블록 게이지를 이용하여 검사한다.
④ 주축대와 심압대의 양 센터 높이차의 검사는 테스트바와 하이트 게이지를 이용하여 검사한다.

문제 013

전해연마의 일반적인 작업 특성으로 틀린 것은?

① 전기 화학적 작용으로 공작물의 미소 돌기를 용출시켜 광택면을 얻는 가공법이다.
② 가공변질층이 발생하지 않는다.
③ 전해액으로 황산, 인산 등 점성이 있는 것이 사용되며 점성을 낮추기 위해 글리세린, 젤라틴 등의 유기물을 첨가 하기도 한다.
④ 복잡한 형상의 제품도 가공이 가능하다.

문제 014

가공물이 대형이거나 무거운 제품에 드릴가공을 할 때, 가공물은 고정시키고 드릴이 가공위치로 이동할 수 있도록 제작된 것은?

① 탁상 드릴링머신   ② 레디얼 드릴링머신
③ 직립 드릴링머신   ④ 다축 드릴링머신

문제 015

연성의 재료를 저속 절삭이나 절삭 깊이가 클 때 많이 발생하는 칩(chip)의 형태는 무엇인가?

① 전단형 칩   ② 열단형 칩
③ 유동형 칩   ④ 균열형 칩

답 008.④ 009.② 010.① 011.④ 012.① 013.③ 014.② 015.①

문제 016

밀링머신에서 상향절삭에 비교한 하향절삭의 특성에 대한 설명으로 틀린 것은?

① 작업시 충격이 크기 때문에 상향절삭에 비하여 기계의 높은 강성이 필요하다.
② 공구의 수명이 상향절삭에 비하여 짧다.
③ 백래시를 완전히 제거해야 한다.
④ 절입시 마찰력은 적으나 하향으로 큰 충격력이 작용한다.

문제 017

센터리스 연삭기의 장점에 대한 설명으로 틀린 것은?

① 연속작업을 할 수 있다.
② 긴축 재료의 연삭이 가능하다.
③ 연삭 여유가 작아도 된다.
④ 긴 홈이 있는 일감을 연삭할 수 있다.

문제 018

선반가공에 사용되는 고정방진구의 조(jaw)는 일반적으로 원형에 몇 도 간격으로 배치하여 지지하는가?

① 60°   ② 90°
③ 120°   ④ 180°

문제 019

피삭재의 재질이 연할 때, 연삭숫돌의 선정요령으로 옳은 것은?

① 거친 입도이며, 결합도가 높은 숫돌
② 거친 입도이며, 결합도가 낮은 숫돌
③ 고운 입도이며, 결합도가 높은 숫돌
④ 고운 입도이며, 결합도가 낮은 숫돌

문제 020

표준 고속도강의 구성 성분비가 옳은 것은?

① W 18%, Cr 4%, V 4%
② W 4%, Cr 18%, V 1%
③ W 1%, Cr 18%, V 4%
④ W 18%, Cr 4%, V 4%

문제 021

동합금을 드릴 가공하기 위한 선단 각도로 가장 적합한 것은?

① 70° ~ 90°   ② 100° ~ 120°
③ 130° ~ 150°   ④ 160° ~ 170°

문제 022

레이저가공에 대한 설명으로 틀린 것은?

① 레이저의 종류는 기체 레이저, 고체 레이저, 반도체 레이저 등이 있다.
② 레이저 광의 특징은 고감도를 유지할 수 있는 좋은 점이 있으나 지향성이 나쁘다.
③ 난삭제 미세 가공에 적합하여 시계의 베어링용 보석, 다이스의 구멍 뚫기, IC 저항의 트리밍 등에 사용된다.
④ 레어지의 광은 전자계의 영향도 받지 않고 진공도 필요가 없고 긴 거리를 손실 없이 전파할 수 있다.

문제 023

터릿선반을 설명한 내용으로 거리가 먼 것은?

① 공정마다 공구를 갈아 끼울 필요가 없다.
② 보통 선반보다 많은 공구를 설치할 수 있다.
③ 간단한 부품의 대량 생산 시 보통 선반보다 능률이 높다.
④ 공구설치시 시간이 짧게 걸리고, 작업은 숙련자만 작업할 수 있다.

답 016.② 017.④ 018.③ 019.① 020.④ 021.② 022.② 023.④

문제 024

가공물에 바이트 날끝 높이의 중심을 정확하게 맞추고, 양 센터 작업으로 절삭을 하였는데 심압대 측이 주축 측보다 가늘게 테이퍼로 깎여졌다. 그 원인으로 가장 가까운 것은?

① 주축대 측의 센터가 심압대 측 센터보다 높았다.
② 심압대 측의 센터가 주축대 측 센터보다 높았다.
③ 양쪽 센터의 높이는 같으나 심압대 측의 센터가 작업자쪽으로 편위되어 있다.
④ 양쪽 센터의 높이는 같으나 심압대 측의 센터가 작업자 반대쪽으로 편위되어 있다.

문제 025

절삭온도를 측정하는 방법 중 절삭부로부터, 열복사를 렌즈에 의해서 검출하여, 열전대의 온도 상승을 측정하는 방법은?

① 칩의 색깔로 판정하는 방법
② 서모 컬러(thermo color)에 의한 방법
③ 복사온도계를 사용하는 방법
④ 공구 속에 열전대를 삽입하는 방법

문제 026

절삭공구 재료 중 주조 경질합금의 대표적인 공구이며, 주성분이 W, Cr, Co, Fe인 것은?

① 스텔라이트
② 세라믹
③ 초경합금
④ 서멧

문제 027

밀링가공의 단식 분할법에서 분할대의 분할 크랭크를 1회전하면 주축은 약 몇도 회전하는가?

① 9°
② 18°
③ 20°
④ 36°

문제 028

선반의 바이트 노즈 반지름(r)=3mm, 이송속도(s)=0.2mm/rev일 때 최대 표면거칠기는?

① 0.0005mm
② 0.002mm
③ 0.01mm
④ 0.1mm

해설
$$H = \frac{f^2}{8 \times r} = \frac{0.2^2}{8 \times 3} = 0.002 \text{mm}$$

문제 029

방전가공의 전극재료에 대한 설명 중 틀린 것은?

① 구리(Cu)-텅스텐(W) : 연삭성이 나쁘고 전극 소모가 적으나 가격이 저렴하여 많이 사용한다.
② 흑연(graphite) : 방전가공속도가 빠르고 전극소모가 적으나 취약하고 깨지는 단점이 있다.
③ 황동 : 절삭성이 우수하나 전극소모가 많은 단점이 있어 관통구멍 외에는 잘 사용하지 않는다.
④ 동(Cu) : 고정도의 가공이 가능하며 전극소모가 적어 일반적으로 많이 사용하나 중량이 무거운 단점이 있다.

문제 030

표면경도 및 내마모성을 높이기 위하여 선반의 베드에 주로 사용하는 표면 경화법은?

① 가스 침탄법
② 질화법
③ 칭화법
④ 화염 경화법

문제 031

절삭속도 140m/min, 절삭깊이 6mm, 이송 0.25mm/rev으로 75mm 직경의 원형 단면봉을 선삭한다. 300mm의 길이만큼 1회 선삭하는데 필요한 가공 시간은?

① 약 2분
② 약 4분
③ 약 6분
④ 약 8분

답 024. ③ 025. ③ 026. ① 027. ① 028. ② 029. ① 030. ④ 031. ①

2015년 4월 4일 시행

해설
$$T = \frac{l}{Nf} = \frac{300 \times 1}{595 \times 0.25} = 2\,\text{min}$$
$$n = \frac{1000v}{\pi D} = \frac{1000 \times 140}{3.14 \times 75} ≒ 595\,\text{rpm}$$

문제 032

절삭시 발생되는 절삭열이 분산되는 비율이 가장 큰 것은? (단, 가공물의 절삭속도는 140m/min인 경우이다.)

① 칩 ② 가공물
③ 절삭공구 ④ 공작기계

문제 033

그림은 주철에 있어서 Si와 C양에 따른 조직의 변화를 나타낸 마우러의 조직도이다. 여기서 Ⅱ 영역(E'~H' 사이 영역) 조직으로 옳은 것은?

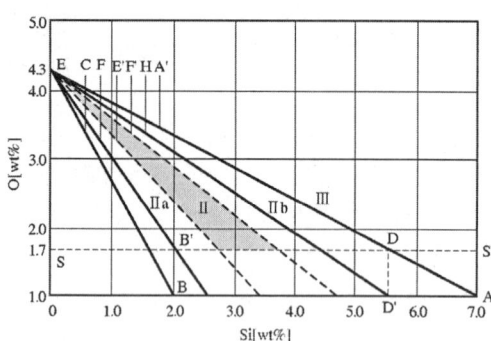

① 백주철 ② 회주철
③ 페라이트 주철 ④ 펄라이트 주철

문제 034

다음 탄소강의 기본조직 중 공석강으로 페라이트와 시멘타이트의 층상으로 나타나는 조직은?

① 펄라이트
② 마텐자이트
③ 오스테나이트
④ 레데뷰라이트

문제 035

WC, TiC, TaC의 탄화물 분말과 Co 결합제로 고온소결(Sintering)시켜 만든 공구 재료는?

① 고속도강 ② 세라믹
③ 초경합금 ④ 다이아몬드

문제 036

알루미늄 합금 중 내열용 합금에 속하며 고온경도가 커서 내연기관의 실린더, 피스톤 등에 사용되는 것은?

① 두랄루민 ② 라우탈
③ 실루민 ④ Y 합금

문제 037

철강의 등온 변태 곡선의 만곡점(knee) 또는 곡선에서의 코(nose)와 Ms점 사이의 적당한 온도로 유지한 염욕 또는 연욕 중에 담금질 한 후 공랭하여 베이나이트 조직으로 만드는 열처리는?

① 심랭처리 ② 마퀜칭
③ 마템퍼링 ④ 오스템퍼링

문제 038

구리(Cu)의 성질에 해당되지 않는 것은?

① 비중이 8.96 정도이다.
② 자성체로서 전기전도율이 우수한 편이다.
③ 철강에 비해 내식성이 우수하다.
④ 항복강도가 낮아 상온에서 가공이 쉽다.

문제 039

표점 거리 50mm, 지름 14mm인 시편을 2000N의 하중으로 인장 시험했을 때, 표점 거리가 60mm에서 절단되었다면 이 시편의 인장강도는 약 몇 N/mm²인가?

답 032. ① 033. ④ 034. ① 035. ③ 036. ④ 037. ④ 038. ② 039. ②

① 1.2　　　　② 13
③ 23　　　　④ 33.4

해설
$$\sigma_B = \frac{P_{max}}{A_o} = \frac{4 \times 2000}{\pi \times 14^2} = 12.9922 ≒ 13 N/mm^2$$

문제 040

다음 중 오토 콜리메이터와 함께 원주눈금, 할출판, 기어의 각도 분할의 검정에 사용되는 기기는?

① 평면경
② 각도 측정기
③ 폴리곤 프리즘
④ 요한슨식 각도게이지

문제 041

치형오차의 측정법에 해당하지 않는 것은?

① 기초원 조절 방식　② 기초원판 방식
③ 전후 기준 방식　　④ 연산 방식

문제 042

다음 중 공기 마이크로미터의 일반적인 특징에 대한 설명으로 틀린 것은?

① 내경 측정이 용이하다.
② 높은 배율로 측정이 가능하다.
③ 측정 범위가 넓어서 다품종 소량 제품의 측정에 유리하다.
④ 피측정물에 부차하고 있는 기름이나 먼지를 분출공기로 불어내기 때문에 정확한 측정이 가능하다.

문제 043

전기 촉침식 표면거칠기 측정기에서 거칠기 곡선을 얻기 위해서 어떤 필터를 사용하는가?

① 고역 필터　　　② 밴드 필터
③ 밴드 리젝트 필터　④ 저역 필터

문제 044

미터 수나사 측정에서 삼침을 넣고 외측거리를 측정하였더니 외측측정값은 20.156mm일 때, 이 수나사의 유효지름은 약 몇 mm인가? (단, 나사의 피치는 2.000mm, 삼침의 지름은 1.1547mm이다.)

① 16.994　　　② 18.424
③ 20.982　　　④ 22.997

해설
$$d_2 = M - 3d + 0.86603P$$
$$= 20.156 - (3 \times 1.1547) + (0.86603 \times 2) = 18.424$$

문제 045

90° V-Block에 ∅60±0.04mm의 봉을 놓고 가공할 때, 치수차로 인한 공작물 수평중심의 최대 변화량은?

① 0.077　　　② 0.057
③ 0.037　　　④ 0.017

해설
$\sqrt{2} \times 0.04 = 0.057$

문제 046

두 개의 구멍이 있는 공작물을 위치 결정 시키고 V홈을 가공할 때, 위치 결정구로 알맞은 것은?

① V 패드와 원형핀
② 다이아몬드 핀과 패드
③ 다이아몬드 핀과 원형핀
④ 마멸용 패드와 원형핀

문제 047

주로 구멍 깊이 검사에 사용하며, 손끝이나 손톱 감각으로 합격과 불합격을 판정하는 한계 게이지는?

① 링 게이지(ring gage)
② 캘리퍼 게이지(caliper gage)
③ 필러 게이지(feeler gage)
④ 플러쉬 핀 게이지(flush pin gage)

답 040. ③　041. ③　042. ③　043. ①　044. ②　045. ②　046. ③　047. ④

문제 048

일반적으로 치공구 제작 공차는 제품 공차에 대하여 몇 % 정도가 가장 적절한가?

① 2~5%
② 8~15%
③ 20~50%
④ 60~80%

문제 049

공작물의 수량이 적거나 정밀도가 요구되지 않는 경우 활용하며, 간단하고 단순하게 생산속도를 증가시킬 목적으로 사용하는 것은?

① 샌드위치 지그
② 채널 지그
③ 템플릿 지그
④ 박스 지그

문제 050

CNC 밀링에서 동일 블록과 함께 사용할 수 없는 G코드는?

① G02, G01
② G49, G00
③ G41, G01
④ G90, G54

문제 051

아래 지령절에서 G03의 의미는?

G03 X100.0 Z-10.0 R10.0 F0.1;

① 원호의 반경
② 좌표계 내의 끝점
③ Z축 방향의 이송량
④ 시계반대 방향의 원호보간

문제 052

다음 중 공구마모에 가장 큰 영향을 미치는 절삭조건은?

① 절삭폭
② 절삭두께
③ 절삭속도
④ 절삭길이

문제 053

다음 그림은 어떤 서보기구를 나타낸 것인가?

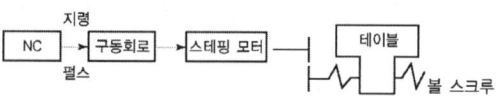

① 개방회로 제어방식
② 복합회로 제어방식
③ 폐쇄회로 제어방식
④ 반폐쇄회로 제어방식

문제 054

CAD/CAM 시스템의 출력장치에 사용되고 있는 다음 그래픽 디스플레이 중 평판형 디스플레이의 종류가 아닌 것은?

① 액정형 디스플레이
② 스토리지 디스플레이
③ 플라즈마 디스플레이
④ 진공 방전광 디스플레이

문제 055

관리도에서 측정한 값을 차례로 타점했을 때 점이 순차적으로 상승하거나 하강하는 것을 무엇이라 하는가?

① 연(run)
② 주기(cycle)
③ 경향(trend)
④ 산포(dispersion)

문제 056

생산보전(PM ; productive maintenance)의 내용에 속하지 않는 것은?

① 보전예방
② 안전보전
③ 예방보전
④ 개량보전

답 048.③ 049.③ 050.① 051.④ 052.③ 053.① 054.② 055.③ 056.②

문제 057

품질특성을 나타내는 데이터 중 계수치 데이터에 속하는 것은?

① 무게 ② 길이
③ 인장강도 ④ 부적합품률

문제 058

어떤 공장에서 작업을 하는데 있어서 소요되는 기간과 비용이 다음 표와 같을 때 비용구배는? (단, 활동시간의 단위는 일(日)로 계산한다.)

정상작업		특급작업	
기간	비용	기간	비용
15일	150만 원	10일	200만 원

① 50,000원 ② 100,000원
③ 200,000원 ④ 500,000원

해설 $\dfrac{(2,000,000 - 1,500,000)}{(15-10)} = 100,000$ 원

문제 059

모든 작업을 기본동작으로 분해하고, 각 기본동작에 대하여 성질과 조건에 따라 미리 정해놓은 시간치를 적용하여 정미시간을 산정하는 방법은?

① PTS법 ② Work Sampling법
③ 스톱워치법 ④ 실적자료법

문제 060

200개들이 상자가 15개 있을 때 각 상자로부터 제품을 랜덤하게 10개씩 샘플링 할 경우, 이러한 샘플링 방법을 무엇이라 하는가?

① 층별 샘플링 ② 계통 샘플링
③ 취락 샘플링 ④ 2단계 샘플링

답 057. ④ 058. ② 059. ① 060. ①

2015년 7월 19일 시행

문제 001

그림과 같이 실린더의 속도를 제어하기 위한 회로로서 유량조정밸브를 실린더의 입구측에 설치한 회로는?

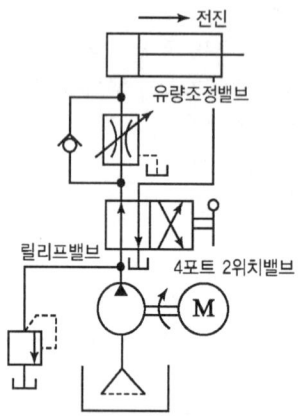

① 무부하 회로 ② 미터 인 회로
③ 블리드 오프 회로 ④ 미터 아웃 회로

문제 002

압축공기의 건조 작용에 쓰이는 흡수식 건조기에 대한 설명 중 틀린 것은?

① 흡수과정은 화학적 과정이다.
② 사용되는 건조제는 폴리에틸렌 등이 있다.
③ 운전비용이 적게 들고, 효율이 높다.
④ 외부 에너지 공급이 필요하지 않다.

문제 003

유체의 흐름에는 층류와 난류가 있다. 어떤 경우에 난류가 가장 많이 발생하는가?

① 점도가 낮고 유속이 클때
② 점도가 낮고 유속이 작을때
③ 점도가 높고 유속이 클때
④ 점도가 높고 유속이 작을때

문제 004

난연성 유압유에 대한 설명으로 적합한 것은?

① 윤활성이 우수하다.
② 점도가 높다.
③ 내화성이 우수하다.
④ 사용온도 범위가 좁다.

문제 005

공기압 실린더의 속도를 상승시키기 위하여 사용하는 급속 배기 밸브 기호는?

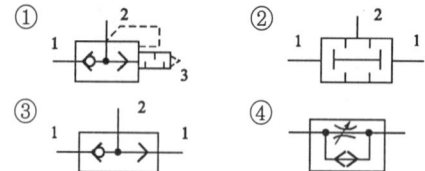

문제 006

PLC에 사용되는 전원에 필요한 조건으로 틀린 것은?

① 정전압으로 오동작방지
② 전원고장 대비를 위한 보호회로 불필요
③ 입·출력전압과 내부구동 전압과의 절연 유지
④ 교류전원에서의 소음제거 및 외부소음에서의 오동작방지

답 001.② 002.③ 003.① 004.③ 005.① 006.②

문제 007

제어 시스템 중 시간과는 관계없이 입력신호의 변화에 의해서만 제어가 행해지는 것은?

① 논리 제어계
② 동기 제어계
③ 비동기 제어계
④ 시퀀스 제어계

문제 008

자동화시스템 보수유지관리의 장점으로 틀린 것은?

① 수리기간을 단축할 수 있다.
② 기계의 내구연수가 짧아진다.
③ 생산품의 품질이 균일해진다.
④ 자동화시스템을 항상 최상의 상태로 유지한다.

문제 009

공압 시스템의 고장원인으로 볼 수 없는 것은?

① 유압유의 변질
② 공압 밸브의 고장
③ 수분으로 인한 고장
④ 이물질로 인한 고장

문제 010

초음파 센서의 설명으로 틀린 것은?

① 스위칭 주파수가 아주 높다.
② 다양한 물체를 검출할 수 있다.
③ 주위 영향이 적어 옥외 설치가 가능하다.
④ 정확한 동작 위치를 선택 및 감지할 수 있다.

문제 011

밀링머신의 크기를 나타낼 때 테이블 좌우이송이 450mm, 새들 전후이송이 150mm, 니 상하이송이 300mm일 경우 밀링의 호칭번호는?

① No.0
② No.1
③ No.2
④ No.3

문제 012

3/8-16 UNC로 표시되어 있는 태핑을 위하여 드릴링 하려면 약 몇 mm의 드릴이 적당한가? (단, 3/8-16 UNC의 피치는 1.5875mm이고, 암나사의 골지름은 9.525mm이다.)

① 6
② 8
③ 10
④ 12

해설 태핑을 위한 드릴의 지름=호칭지름－피치
$= (\frac{3}{8} - \frac{1}{16}) \times 25.4 = 7.94mm ≒ 8mm$

문제 013

슈퍼 피니싱 가공에서 숫돌의 운동은 초기가공에서 약 몇 mm의 진폭으로 하는가?

① 0.5~1mm
② 2~3mm
③ 5~10mm
④ 15~30mm

문제 014

절삭공구를 재연삭하거나 새로운 절삭공구로 교체하기 위한 질식공구의 일반적 공구수명 판정 기준으로 옳은 것은?

① 절삭공구의 경사면과 여유면의 마모가 일정한 량에 도달할 때
② 절삭유의 온도가 일정온도에 달했을 때
③ 공작물의 온도가 일정온도에 달했을 때
④ 가공 시 경작형 칩 형태에서 유동형 칩 형태로 변경되었을 때

답 007. ③ 008. ② 009. ① 010. ① 011. ① 012. ② 013. ② 014. ①

문제 015

연삭작업시 연삭과열의 원인이 아닌 것은?

① 숫돌의 연삭깊이가 클 때
② 공작물의 열적성질이 클때
③ 숫돌의 원주속도가 클 때
④ 건식연삭보다도 습식연삭일 때

문제 016

보링머신은 주축이 수평형과 수직형이 있다. 이 중 수평형 보링머신의 종류로 틀린 것은?

① 테이블(table)형
② 플로어(floor)형
③ 크로스 레일(cross rail)형
④ 플레이너(planer)형

문제 017

배럴가공은 배럴이라는 상자 속에 공작물과 미디어(media), 콤파운드(compound)를 넣고 회전시켜 연마하는 가공이다. 다음 중 미디어와 콤파운드에 대한 설명 중 틀린 것은?

① 스케일 제거용의 산성 콤파운드에는 염산, 황산을 주로 사용한다.
② 미디어로 많이 사용하는 천연 재료는 규석, 규사, 화강암, 석회석이 있다.
③ 콤파운드는 스케일 제거, 변색 방지, 방청, 윤활 등의 목적으로 사용된다.
④ 미디어로 많이 사용하는 인조 재료는 초경합금을 주성분으로 하는 괴상, 구상이 있다.

문제 018

선반에서 노즈 반지름(nose radius)이 0.2mm인 바이트를 사용하여 $H_{max} = 6.3\mu m$ 의 이론적 표면거칠기를 얻으려면 이송(feed)을 약 얼마로 하여야 하는가?

① 0.1mm/rev
② 0.2mm/rev
③ 0.3mm/rev
④ 0.4mm/rev

해설
$H(R_{max}) = \dfrac{f}{8R}$ 에서 $R_{max} \fallingdotseq 4R_a$

이송$(f) = \sqrt{R_{max} \times 8R}$
$= \sqrt{4 \times 0.0063 \times 8 \times 0.2} = 0.2 \text{mm/rev}$

문제 019

숫돌의 결합제 중 유기질 결합제가 아닌 것은?

① 비트리파이드
② 셸락
③ 고무
④ 레지노이드

문제 020

연삭하려는 부품의 형상으로 연삭숫돌의 모양을 만드는 것을 무엇이라고 하는가?

① 로딩
② 글레이징
③ 트루잉
④ 채터링

문제 021

공작물 중 비가공 부분을 감광성 내식피막으로 피복하는 가공법은?

① 화학연삭
② 화학절단
③ 화학연마
④ 화학블랭킹

문제 022

일반적으로 공구선반에서 릴리빙 장치를 이용하여 가공하지 않는 것은?

① 밀링커터
② 탭
③ 호브
④ 바이트

문제 023

밀링머신에서 절삭속도가 100m/min, 날 수가 10개, 지름이 100mm인 커터로 1날당 이송을 0.4mm로 하여 공작물을 가공할 경우 테이블의 이송속도는 약 몇 mm/min인가?

답 015.④ 016.③ 017.④ 018.② 019.① 020.③ 021.④ 022.④ 023.②

① 1020 ② 1273
③ 1421 ④ 1635

[해설]
$$n = \frac{1000v}{\pi D} = \frac{1000 \times 100}{3.14 \times 100} ≒ 319\,rpm$$
$$f = Fz \times Z \times N = 0.4 \times 10 \times 319 = 1273\,mm/min$$

문제 024

가공물의 재질에 따른 드릴의 날끝 각의 범위가 적절하지 못한 것은?

① 일반재료 : 118°
② 주철 : 90~118°
③ 스테인리스강 : 60~70°
④ 구리, 구리 합금 : 110~130°

문제 025

밀링가공에서 래크 절삭장치를 사용하는 것은?

① 수평 밀링머신 ② 수직 밀링머신
③ 생산형 밀링머신 ④ 만능 밀링머신

문제 026

액체 호닝에서 분사기구의 노즐과 공작물 표면에 대한 효율적인 분사각도는?

① 20~30°   ② 30~40°
③ 40~50°   ④ 50~60°

문제 027

온도를 측정하고자 하는 물체 표면에 칠을 하고 변색되는 부분을 판단하여 온도를 측정하는 방법으로 베어링, 열기관 등의 표면온도 측정에 이용되는 절삭온도 측정 방법은?

① 칼로리미터를 사용하는 방법
② 시온 도료에 의한 방법
③ 복사 고온계에 의한 방법
④ Pbs 광전지를 이용한 온도 측정

문제 028

드릴파손의 원인으로 틀린 것은?

① 이송이 작아 절삭저항이 감소할 때
② 절삭 칩이 배출되지 못하고 가득 차 있을 때
③ 드릴이 길게 고정되어 이송 중 휘어질 때
④ 시닝(thinning)이 너무 큰 경우

문제 029

대형이고 무거운 가공물이어서 가공물을 이동시키면서 가공하기 곤란할 때, 사용하기 적합한 드릴링 머신은?

① 직립 드릴링 머신
② 레이디얼 드릴링 머신
③ 다축 드릴링 머신
④ 다두 드릴링 머신

문제 030

선반의 가로 이송대에 8mm의 리드로서 원주를 100등분하여 만든 칼라 눈금의 핸들이 달려 있을 때, 지름 34mm의 둥근막대를 지름 30mm로 절삭하려면 핸들의 눈금을 몇 눈금 돌리면 되는가?

① 25   ② 30
③ 50   ④ 60

[해설]
$$\frac{(34-30)/2}{(8/100)} = 25$$

문제 031

연삭작업에서 숫돌 결합제의 구비조건으로 틀린 것은?

① 입자 간에는 기공없이 치밀해야 한다.
② 결합력의 조절범위가 넓어야 한다.
③ 성형성이 좋아야 한다.
④ 열에 잘 견뎌야 한다.

답 024.③ 025.④ 026.③ 027.② 028.① 029.② 030.① 031.①

문제 032

기어의 다듬질 가공 시 호브의 이송을 가장 크게 할 수 있는 재료는?

① 공구강　　② 경강
③ 연강　　　④ 주철

문제 033

프레스용 금형재료의 구비조건으로 틀린 것은?

① 인성이 클 것
② 내마모성이 클 것
③ 기계가공성이 좋을 것
④ 열처리 시 치수변화가 많을 것

문제 034

다이캐스팅용 Al합금에 요구되는 성질로 틀린 것은?

① 유동성이 좋을 것
② 열간취성이 적을 것
③ 금형에 대한 점착성이 좋을 것
④ 응고수축에 대한 용탕 보급성이 좋을 것

문제 035

탄성과 내마멸성, 내식성이 우수하여 스프링 재료로 가장 많이 쓰이는 청동합금은?

① Cu-Al계 청동
② Mn-Mg계 청동
③ Cu-Si계 청동
④ Cu-Sn-P계 청동

문제 036

표점 거리 50mm, 직경 Ø14mm인 인장시편을 시험한 후 시편을 측정한 결과 길이는 늘어나고 직경은 Ø12mm로 줄어들었다면, 이 재료의 단면수축률은 약 몇 %인가?

① 13.5　　② 20.5
③ 26.5　　④ 36.1

해설
$$\varphi = \frac{A_0 - A}{A_0} \times 100 = \frac{14^2 - 12^2}{14^2} \times 100 = 26.5\%$$

문제 037

Fe-C 상태도의 조직과 결정구조에 대한 설명 중 틀린 것은?

① $\delta - Fe$는 체심입방구조이다.
② 펄라이트(Pearlite)는 공석반응에서 얻을 수 있다.
③ 시멘타이트(Cementite)는 육방정(Hexagonal) 구조이다.
④ 레데뷰라이트(Ledeburite)는 오스테나이트+시멘타이트의 혼합물이다.

문제 038

주철이 고온에서 가열과 냉각을 반복하면 부피가 커져서 주철의 치수가 달라지고 강도나 수명이 감소되는 현상을 무엇이라 하는가?

① 주철의 성장　　② 주철의 청열취성
③ 주철의 자연 시효　④ 주철의 적열취성

문제 039

탄소강의 연화 및 내부응력제거를 목적으로 적당한 온도까지 가열하고 그 온도를 어느 정도 유지한 다음 서서히 냉각시키는 열처리 방법은?

① 불림　　② 풀림
③ 담금질　④ 뜨임

문제 040

표면거칠기 측정이 요구되는 주요 대상이 아닌 것은?

① 접착력 향상이 요구되는 부분
② 내식성 향상이 요구되는 부분

답 032.④　033.④　034.③　035.④　036.③　037.③　038.①　039.②　040.③

③ 내면상태 향상이 요구되는 부분
④ 기구적인 기능 향상이 요구되는 부분

문제 041

참값이 1.732mm인 부품을 측정하였더니 1.7mm였다. 오차율은 약 몇 %인가?
① 0.1　　② 0.2
③ 1　　　④ 2

해설
오차율 = $\frac{오차}{참값} \times 100$

오차율 = $\frac{\Delta d}{d} = \frac{1.732 - 1.7}{1.732}$
$= 0.018 \times 100 = 1.85\% \fallingdotseq 2$

문제 042

나사의 정밀도에 대한 주요 점검대상이 아닌 것은?
① 피치　　　② 리드각
③ 유효지름　④ 산의 반각

문제 043

나사산의 각도 측정에 사용하는 측정기는?
① 투영기　　　② 틈새 게이지
③ 와이어 게이지　④ 나사 피치 게이지

문제 044

기어 호브(gear hob)의 측정요소가 아닌 것은?
① 외경의 떨림
② 웨브(web)의 두께
③ 호브의 분할 오차
④ 보스(boss)의 외경 및 측면의 떨림

문제 045

치공구 설계의 목적으로 거리가 먼 것은?

① 생산성을 높이기 위해
② 작업공정을 늘리기 위해
③ 제품의 품질을 향상시키기 위해
④ 제품의 제작비용을 절감하기 위해

문제 046

상자형 지그(box jig)에 관한 설명으로 틀린 것은?
① 칩 배출이 용이하다.
② 견고하게 클램핑 할 수 있다.
③ 지그 제작비가 비교적 많이 든다.
④ 지그를 회전시켜 여러면에서 가공할 수 있다.

문제 047

중심 결정에 이용되는 V블록에 있어서 120° V블록과 비교하여 60° V블록이 가지는 특징에 관한 설명으로 틀린 것은?

① 공작물의 수직 중심선이 쉽게 위치 결정된다.
② 공작물의 수평 중심선의 위치 결정이 다소 힘들다.
③ 위치 결정점 간격이 넓어 기하학적 관리가 양호하다.
④ 가까운 위치결정구 상에 공작물을 고정시키기 위해서 더욱 큰 고정력이 요구된다.

문제 048

작은 하중이 걸리는 작업은 주로 스프링에 의한 링크에 의해 작동되며 4가지(하향 잠김형, 압착형, 당기기형, 직선이동형) 기본적인 클램핑 작용으로 되어 있는 클램프는?

① 캠(cam) 클램프
② 토글(toggle) 클램프
③ 스트랩(strap) 클램프
④ 쐐기(wedge) 클램프

답 041. ④　042. ②　043. ①　044. ②　045. ②　046. ①　047. ④　048. ②

문제 049

치공구용 게이지에 있어서 한계게이지(limit gauge)의 장점에 관한 설명으로 틀린 것은?

① 합부 판정이 쉽다.
② 검사하기가 편하고 합리적이다.
③ 타제품에 공용하여 사용하기 쉽다.
④ 취급이 단순하여 미숙련공도 사용이 가능하다.

문제 050

고급의 모델링 기법으로 공학적인 해석을 할 때 사용되며 여러 물리적 성질(부피, 무게중심, 관성모멘트 등)이 제공되는 모델링은?

① 솔리드 모델링
② 서피스 모델링
③ 투시도 모델링
④ 와이어프레임 모델링

문제 051

CNC 선반의 공구기능(T기능)에서 아래와 같은 지령 중 "07" 부분의 지령이 "00"으로 명령되었을 때의 의미로 옳은 것은?

T 03 07

① 03번 공구의 보정을 취소한다.
② 보정기억장치의 00번을 불러 기억된 양만큼 보정한다.
③ 보정기억장치의 03번을 불러 기억된 양만큼 보정한다.
④ 공구 03번의 선택에 의해 공구대가 회전하여 절삭가공준비를 한다.

문제 052

아래 그림과 같이 X, Y, Z 방향의 축을 기준으로 공간상에서 하나의 점을 표시할 때 각 축에 대한 X, Y, Z에 대응하는 좌표값으로 표시하는 좌표계는?

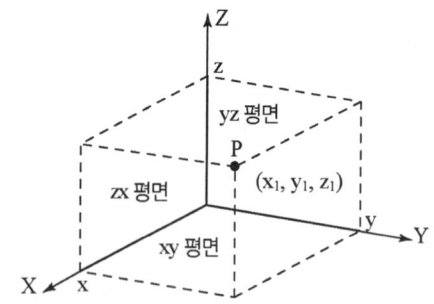

① 극 좌표계
② 직교 좌표계
③ 원통 좌표계
④ 구면 좌표계

문제 053

머시닝 센터 프로그램 작업 시 한 블록 내에서 아래와 같이 같은 내용의 워드를 두 개 이상 지령하면 어떻게 실행이 되는가?

N01 G00 X10. M08 M09

① M08과 M09가 모두 실행된다.
② M08과 M09가 모두 무시된다.
③ M08은 무시되고 M09가 실행된다.
④ M08은 실행되고 M09는 무시된다.

문제 054

CAM 소프트웨어를 이용하여 곡면을 가공할 때 곡면가공방법이 아닌 것은?

① 잔삭가공
② 연삭가공
③ 포켓가공
④ 2D 윤곽가공

문제 055

로트에서 랜덤하게 시료를 추출하여 검사한 후 그 결과에 따라 로트의 합격, 불합격을 판정하는 검사방법을 무엇이라 하는가?

① 자주검사
② 간접검사
③ 전수검사
④ 샘플링검사

답 049. ③ 050. ① 051. ① 052. ② 053. ③ 054. ② 055. ④

문제 056
TPM 활동 체제 구축을 위한 5가지 기둥과 가장 거리가 먼 것은?

① 설비초기관리체제 구축 활동
② 설비효율화의 개별개선 활동
③ 운전과 보전의 스킬 업 훈련 활동
④ 설비경제성검토를 위한 설비투자분석 활동

문제 057
도수분포표에서 알 수 있는 정보로 가장 거리가 먼 것은?

① 로트 분포의 모양
② 100 단위당 부적합 수
③ 로트의 평균 및 표준편차
④ 규격과의 비교를 통한 부적합품률의 추정

문제 058
자전거를 셀 방식으로 생산하는 공장에서, 자전거 1대당 소요공수가 14.5H이며, 1일 8H, 월 25일 작업을 한다면 작업자 1명당 월 생산 가능 대수는 몇 대인가? (단, 작업자의 생산종합효율은 80%이다.)

① 10대　　② 11대
③ 13대　　④ 14대

해설 25일 × 8H = 200대

$$\frac{200대}{14.5H} = 13.793$$

13.79 × 0.8 = 11대

문제 059
ASME(American Society of Mechanical Engineers)에서 정의하고 있는 제품공정분석표에 사용되는 기호 중 "저장(Storage)"을 표현한 것은?

① ○　　② □
③ ▽　　④ ⇨

문제 060
미리 정해진 일정단위 중에 포함된 부적합수에 의거하여 공정을 관리할 때 사용되는 관리도는?

① c 관리도　　② P 관리도
③ X 관리도　　④ nP 관리도

답 056. ④　057. ②　058. ②　059. ③　060. ①

2016년 4월 2일 시행

문제 001

아래 조작 방식 기호의 명칭은?

① 내부 파일럿 조작
② 외부 파일럿 조작
③ 유압 파일럿 조작
④ 단동 솔레노이드 조작

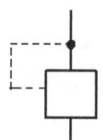

문제 002

유압 모터의 마력을 구하는 식으로 옳은 것은? (단, L: 유압 모터의 마력(PS), N: 유압 모터의 회전수(rpm), T: 유압 모터의 출력 토크(kgf·m)이다.)

① $L = \dfrac{2\pi TN}{60 \times 100 \times 10}$

② $L = \dfrac{2\pi TN}{60 \times 100 \times 25}$

③ $L = \dfrac{2\pi TN}{60 \times 100 \times 50}$

④ $L = \dfrac{2\pi TN}{60 \times 100 \times 75}$

문제 003

동기회로에서 동기를 방해하는 요인이 아닌 것은?

① 내부 누설
② 마찰의 차이
③ 실린더 행정의 길이
④ 실린더 내 안지름의 차이

문제 004

다음 중 유압 작동유에 기포가 발생하며 미치는 영향으로 옳은 것은?

① 작동유의 윤활성을 증대시킨다.
② 작동유의 압축성이 증가하여 기기의 응답성이 저하된다.
③ 펌프 부품의 마찰운동부가 이상 마모하여 용적효율이 저하된다.
④ 릴리프 밸브의 포핏 부분에 이물질이 쌓여 압력 변동의 원인이 된다.

문제 005

공기압 에너지를 사용하여 연속회전 운동을 하는 기기는?

① 회전 밸브   ② 진공 실린더
③ 공기압 모터 ④ 공기압 실린더

문제 006

수광 영역은 주로 접합의 구조에서 정해지지만 일반적으로 400~1100nm의 파장 영역에서 사용할 수 있고, 특히 700~900nm에서 감도가 최대가 되는 특성을 가진 센서는?

① 포토 커플러
② 포토 다이오드
③ 포토 인터럽트
④ 포토 트랜지스터

문제 007

다음 중 정량적 제어(quantitative control) 방식은?

① 개루프 제어
② 시퀀스 제어
③ 폐루프 제어
④ 프로그램 제어

답 001.② 002.④ 003.③ 004.② 005.③ 006.② 007.③

문제 008

1대의 NC공작기계를 핵심으로 하여 자동공구교환장치(ATC), 자동팰릿교환장치(APC), 그리고 팰릿 매거진을 배치한 생산 시스템은?

① CIM ② FMC
③ FMS ④ FTL

문제 009

다음 중 유압 시스템에서 실린더의 추력이 정상보다 감소되었을 때 그 고장 원인으로 가장 거리가 먼 것은?

① 펌프의 토출 증가
② 구동 동력의 부족
③ 릴리프 밸브의 조정불량
④ 유압 작동유의 외부 누설 증가

문제 010

다음 중 제어용 서보 모터의 특징과 가장 거리가 먼 것은?

① 피드백 장치가 있다.
② 넓은 속도 제어 범위를 갖는다.
③ 모터 자체의 관성 모멘트가 크다.
④ 큰 가감속 토크를 얻을 수 있다.

문제 011

수직 밀링 머신의 주요 구조로 거리가 먼 것은?

① 새들 ② 컬럼
③ 테이블 ④ 오버 암

문제 012

∅80mm의 환봉을 선반 주축 회전수 500rpm으로 절삭하였을 경우, 주분력을 981N으로 하면 절삭 동력(kW)은 약 얼마인가?

① 1.05 ② 2.05
③ 3.05 ④ 4.05

해설
$$H = \frac{F_c V}{102 \times 60} = \frac{F_c \pi DN}{102 \times 60 \times 9.81}$$
$$= \frac{981 \times 3.14 \times 80 \times 500}{102 \times 60 \times 9.81} = 2.05 (kW)$$

문제 013

선반 가공에서 테이퍼(taper)를 절삭하는 방법이 아닌 것은?

① 인덱스를 이용하는 방법
② 심압대를 편위시키는 방법
③ 복식 공구대를 경사시키는 방법
④ 테이퍼 절삭 장치를 이용하는 방법

문제 014

정지 센터로 가공물을 지지하고 단면을 가공하면 바이트와 가공물의 간섭으로 가공이 불가능하게 된다. 이때 보통 센터의 선단 일부를 가공하여 단면이 가능하도록 제작한 센터는?

① 센터 드릴(center drill)
② 하프 센터(half center)
③ 파이프 센터(pipe center)
④ 베어링 센터(bearing center)

문제 015

브라운 샤프형 분할대를 이용하여 원주를 9등분 하고자 할 때 분할판 크랭크는 몇 회전시켜야 하는가?

① 18회전 ② 9회전
③ 8회전 ④ 4회전

해설
$$n = \frac{40}{N} = \frac{40}{9} = 4\frac{4}{9}\frac{3}{93} = 4\frac{12}{36}$$
따라서 답은 4회전

답 008. ② 009. ① 010. ③ 011. ④ 012. ② 013. ① 014. ② 015. ④

2016년 4월 2일 시행

문제 016

전해 연마(electrolytic polishing)의 특징이 아닌 것은?

① 가공 변질층이 없다.
② 가공면에 방향성이 있다.
③ 내마모성, 내부식성이 향상된다.
④ 복잡한 형상의 가공물의 연마가 가능하다.

문제 017

줄눈의 모양이 물결 모양으로 되어 날 눈의 홈 사이에 칩이 끼지 않으므로 납, 알루미늄, 플라스틱, 목재 등에 주로 사용되는 것은?

① 단목(single cut)　② 복목(double cut)
③ 귀목(rasp cut)　④ 파목(curved cut)

문제 018

다음 연삭숫돌의 표시 방법에서 "V"의 의미는?

"WA　60　K　5　V"

① 입도　② 조직
③ 결합도　④ 결합제

문제 019

다음 중 액체 호닝의 일반적인 특징에 대한 설명으로 가장 거리가 먼 것은?

① 피닝(peening) 효과가 있다.
② 다듬질 면의 진원도, 진직도가 우수하다.
③ 공작물 표면의 산화막을 제거하기 쉽다.
④ 형상이 복잡한 것도 쉽게 가공할 수 있다.

문제 020

직경 $D=120$mm, 날 수 $Z=2$인 평면 커터로 절삭 속도 $V=30$m/min, 절삭 깊이 $d=2$mm, 이송 속도 $f=200$mm/min으로 절삭할 때, 칩의 평균 두께 t_m(mm)는?

① 0.16mm　② 1.6mm
③ 0.36mm　④ 3.6mm

해설
$$\frac{1000V}{\pi \times D} = \frac{1000 \times 30}{\pi \times 120} = 79.62 \text{rpm}$$
$$\therefore t_m = \frac{f}{nZ}\sqrt{\frac{d}{D}} = \frac{200}{79.6 \times 2} \times \sqrt{\frac{2}{120}} = 0.16\text{mm}$$

문제 021

연삭 가공에 대한 설명으로 틀린 것은?

① 연삭점의 온도가 매우 낮다.
② 경화된 강과 같은 단단하 재료를 가공할 수 있다.
③ 표면거칠기가 우수한 다듬질 면을 가공할 수 있다.
④ 연삭 압력 및 연삭 저항이 적어 전자석 척으로 가공물을 고정할 수 있다.

문제 022

래핑(lapping)에 대한 설명으로 틀린 것은?

① 가공면의 내마모성이 좋다.
② 정밀도가 높은 제품을 가공할 수 있다.
③ 작업이 지저분하고 먼지가 많이 발생한다.
④ 평면도, 진원도 등의 이상적인 기하학적 형상을 얻을 수 없다.

문제 023

절삭 가공의 절삭 온도를 측정하는 방법으로 거리가 먼 것은?

① 칼로리메터에 의한 방법
② 정전 용량법에 의한 방법
③ 시온 도료를 이용하는 방법
④ 삽입된 열전대에 의한 방법

답 016.② 017.④ 018.④ 019.② 020.① 021.① 022.④ 023.②

문제 024

산화알루미늄을 주성분으로 하여 마그네슘, 규소 등의 산화물과 소량의 다른 원소를 첨가하여 소결한 절삭 공구는?

① 서멧
② 세라믹
③ 소결 초경합금
④ 주조 경질합금

문제 025

보통 선반의 기하학적 정확정밀도 검사에서 검사항목으로 거리가 먼 것은?

① 척의 흔들림
② 주축대 센터와 심압대 센터와의 높이차
③ 심압대 운동과 왕복대 운동과의 평행도
④ 가로 이송대의 운동과 주축 중심선과의 직각도

문제 026

다음 중 인조 숫돌 입자인 녹색 탄화규소의 기호로 옳은 것은?

① GC
② WA
③ SiC
④ CBN

문제 027

가공물을 고정하고, 연삭숫돌이 회전 운동 및 공전 운동을 동시에 진행하는 내면연삭 방법은?

① 보통형 연삭 방법
② 유성형 연삭 방법
③ 센터리스형 연삭 방법
④ 플랜지 컷형 연삭 방법

문제 028

선반 작업에서 가공물의 형상과 같은 모형이나 형판에 의해 자동으로 절삭하는 장치는?

① 정면절삭 장치
② 기어절삭 장치
③ 모방절삭 장치
④ 외경절삭 장치

문제 029

다음 중 밀링 머신의 부속품 및 부속 장치가 아닌 것은?

① 아버
② 심압대
③ 밀링 바이스
④ 회전 테이블

문제 030

1차로 가공된 가공물의 안지름보다 다소 큰 강철 볼(ball)을 압입하여 통과시켜서 가공물의 표면을 소성변형시켜 가공하는 방법은?

① 버니싱
② 폴리싱
③ 숏 피닝
④ 롤러 가공

문제 031

다음 중 방전 가공의 전극 재료로 가장 적합한 것은?

① 니켈
② 아연
③ 흑연
④ 산화알루미나

문제 032

선반에서 편심량 2mm를 가공하기 위한 다이얼 게이지 지시 변위량으로 옳은 것은?

① 1mm
② 2mm
③ 3mm
④ 4mm

문제 033

다음 중 내식용 특수목적으로 사용되는 스테인리스강의 주성분으로 맞는 것은?

① Fe - Co - Mn
② Fe - W - Co
③ Fe - Cu - V
④ Fe - Cr - Ni

답 024.② 025.① 026.① 027.② 028.③ 029.② 030.① 031.③ 032.④ 033.④

문제 034
다음 중 재료의 인장시험으로 알 수 없는 것은?
① 연신율 ② 인장 강도
③ 탄성 계수 ④ 피로 한도

문제 035
표면경화인 질화강에서 질화층의 경도를 높여주는 역할을 하는 원소는?
① 인 ② 황
③ 주철 ④ 알루미늄

문제 036
탄소강은 200~300℃에서 상온일 때 보다 강도는 커지고, 연신율은 대단히 작아져서 결국 인성이 저하되어 메지게 되는 성질을 가지게 되며 이때 산화 피막이 발생하는데 이러한 성질을 무엇이라 하는가?
① 청열취성 ② 상온취성
③ 저온취성 ④ 적열취성

문제 037
알루미늄의 관한 설명으로 틀린 것은?
① 전연성이 풍부하다.
② 열, 전기의 양도체이다.
③ 용융점은 660℃ 정도이다.
④ 실용금속 중 가장 무거운 금속이다.

문제 038
표점 거리가 50mm인 재료를 인장 시험하여 파단 후에 측정한 표점 거리가 60mm이었다면 이 재료의 연신율은 몇 %인가?
① 10 ② 17
③ 20 ④ 24

해설
$$\varepsilon = \frac{\text{파단 후 표점 거리} - \text{원 표점 거리}}{\text{원 표점 거리}}$$
$$= \frac{60-50}{50} \times 100 = 20$$

문제 039
주철의 조직관계를 나타내는 마우러 조직도는 어떤 원소들의 함량에 따른 관계도인가?
① C와 S의 함량 ② C와 Si의 함량
③ C와 P의 함량 ④ C와 Cu의 함량

문제 040
다음 중 공구 현미경의 부속품이 아닌 것은?
① 펜타 프리즘
② 중심 지지대
③ 반사 조명 장치
④ 나이프 에지(knife edge)

문제 041
한계 게이지 중 내경(구멍) 측정용으로만 짝지어진 것은?
① 플러그 게이지, 링 게이지
② 플러그 게이지, 봉 게이지
③ 테보 게이지, 스냅 게이지
④ 스냅 게이지, 링 게이지

문제 042
촉침 회전식 진원도 측정기의 특징을 설명한 것으로 가장 옳은 것은?
① 구조가 비교적 간단하고 조작성이 좋다.
② 회전 정밀도가 좋지 않으나 가격이 저렴하다.
③ 복잡한 제품의 측정에 적합하나 가격이 저가이다.
④ 조작이 복잡하나 대형 제품 측정에 적합하다.

답 034.④ 035.④ 036.① 037.④ 038.③ 039.② 040.① 041.② 042.④

문제 043

표준자 재질이 강재인 길이 측정기로 알루미늄 봉을 측정한 결과 35.346mm이었다. 측정 시 측정기 표준자의 온도는 24℃, 알루미늄봉의 온도는 32℃라면 표준 온도에서의 알루미늄봉의 길이는 약 몇 mm인가? (단, 알루미늄봉의 열팽창 계수는 $23 \times 10^{-6}/℃$, 강의 열팽창 계수는 $11.5 \times 10^{-6}/℃$ 이다.)

① 35.343mm ② 35.338mm
③ 35.355mm ④ 35.320mm

해설) $l_s = l[1 + \alpha_s(t-20) - \alpha(t'-20)]$ 에서
$= 35.346[1 + 11.5 \times 10^{-6}(24-20)$
$- 23 \times 10^{-6}(32-20)] = 35.338\text{mm}$

문제 044

다음 측정기 중에서 선반 베드의 진직도 측정 시 가장 고정밀 도로 측정이 가능한 것은?

① 정밀 수준기 ② 오토콜리메이터
③ 레이저 간섭계 ④ 광선정반

문제 045

드릴 부시 종류 중 공구를 직접 안내하지 않는 부시는?

① 고정 부시 ② 라이너 부시
③ 회전형 삽입 부시 ④ 고정형 삽입 부시

문제 046

호칭치수 25mm의 K6급 구멍용 한계 게이지의 통과 측 치수 허용차로 가장 옳은 것은? (단, K6급 공차는 위치수 허용차 $+2\mu m$, 아래치수 허용차 $-11\mu m$ 이며, 게이지 제작 공차는 $2.5\mu m$, 마모 여유는 $2.0\mu m$ 으로 한다.)

① 25.002 ± 0.00125mm
② 25.0025 ± 0.001mm
③ 24.991 ± 0.00125mm
④ 24.9915 ± 0.001mm

해설) 통과측 치수허용차
= 구멍의 최소치수 + 마모 여유 ± 제작 공차/2
= $(24.989 + 0.002) \pm (0.0025/2)$
= 24.991 ± 0.00125mm

문제 047

재밍(Jamming)의 원인으로 거리가 먼 것은?

① 틈새의 크기
② 맞물림 길이
③ 작업자의 손의 흔들림
④ 모떼기

문제 048

다음 중 지그의 종류에 속하지 않는 것은?

① 템플릿 지그 ② 플레이트 지그
③ 카운터 지그 ④ 샌드위치 지그

문제 049

주로 용접 지그나 조립 지그 등에 많이 사용되며 공유압을 이용한 자동화 지그의 기본이 되는 클램프의 형식으로 고정력이 작용력에 비해 매우 큰 장점이 있는 클램프는?

① 토글 클램프 ② 나사 클램프
③ 쐐기 클램프 ④ 스트랩 클램프

문제 050

머시닝 센터에서 드릴 가공 사이클을 사용할 때, 구멍 가공이 끝난 후 R점으로 복귀하기 위하여 사용되는 G 코드는?

① G96 ② G97
③ G98 ④ G99

답) 043. ② 044. ③ 045. ② 046. ③ 047. ④ 048. ③ 049. ① 050. ④

문제 051

CNC 방전 가공의 조건에 대한 설명으로 틀린 것은?

① 방전 전류가 클수록 다듬면 거칠기는 고와진다.
② 방전 전류가 클수록 가공 속도는 올라간다.
③ 클리어런스는 펄스폭(방전시간)이 클수록 커진다.
④ 전극 소모비는 펄스폭(방전 시간)이 클수록 작아진다.

문제 052

솔리드 모델링 방식의 특징으로 틀린 것은?

① 부피나 무게중심을 계산할 수 있다.
② NC 데이터를 생성할 수 있다.
③ 메모리의 데이터 처리양이 Surface Modeling 보다 작다.
④ 형상을 절단하여 단면도 작성이 용이하다.

문제 053

최근의 시제품을 만드는 방법으로 모델링 데이터를 한층, 한층 쌓아서 만드는 공정 방식은?

① 리버스 엔지니어링
② 쾌속 조형
③ FMS 시스템
④ 리모델링 시스템

문제 054

CNC 선반에서 지령 값이 $X=60$mm로 소재를 가공한 후 측정한 결과 외경이 59.95mm이었다. 기존의 X축 보정 값을 0.005라 하면 최종 공구 보정값은?

① 0.005
② 0.045
③ 0.05
④ 0.055

해설 가공 시 X축 보정값 = 60 − 59.95 = 0.05mm
기존 X축 보정값 : 0.005mm
∴ 공구보정값 = 0.05 + 0.005 = 0.055mm

문제 055

정규 분포에 관한 설명 중 틀린 것은?

① 일반적으로 평균치가 중앙값보다 크다.
② 평균을 중심으로 좌우대칭의 분포이다.
③ 대체로 표준 편차가 클수록 산포가 나쁘다고 본다.
④ 평균치가 0이고 표준 편차가 1인 정규 분포를 표준정규분포라 한다.

문제 056

계량값 관리도에 해당되는 것은?

① c 관리도
② u 관리도
③ R 관리도
④ np 관리도

문제 057

작업 측정의 목적 중 틀린 것은?

① 작업개선
② 표준시간 설정
③ 과업관리
④ 요소작업 분할

문제 058

어떤 작업을 수행하는데 작업소요시간이 빠른 경우 5시간, 보통이면 8시간, 늦으면 12시간 걸린다고 예측되었다면 3점 견적법에 의한 기대시간치와 분산을 계산하면 약 얼마인가?

① $te = 8.0$, $\sigma^2 = 1.17$
② $te = 8.2$, $\sigma^2 = 1.36$
③ $te = 8.3$, $\sigma^2 = 1.17$
④ $te = 8.3$, $\sigma^2 = 1.36$

해설 시간치 = $(5 + 8 \times 4 + 12)/6 = 8.16$
분산 = $((12-5)/6)^2 = 1.36$

답 051. ① 052. ③ 053. ② 054. ④ 055. ① 056. ③ 057. ④ 058. ②

문제 059

일반적으로 품질코스트 가운데 가장 큰 비율을 차지하는 것은?

① 평가코스트　② 실패코스트
③ 예방코스트　④ 검사코스트

문제 060

계수 규준형 샘플링 검사의 OC곡선에서 좋은 로트를 합격시키는 확률을 뜻하는 것은? (단, α는 제1종과오, β는 제2종과오이다.)

① α　② β
③ $1-\alpha$　④ $1-\beta$

답 059. ②　060. ③

2016년 4월 2일 시행

2016년 7월 10일 시행

문제 001
유압과 비교한 공압의 특징으로 틀린 것은?
① 비압축성이다.
② 인화의 위험이 없다.
③ 에너지 축적이 용이하다.
④ 제어방법 및 취급이 간단하다.

문제 002
대기압을 0으로 하여 측정한 압력은?
① 양정 압력
② 절대 압력
③ 표준 압력
④ 게이지 압력

문제 003
유압작동유의 점도가 너무 낮을 경우 기계의 운전에 미치는 영향으로 옳은 것은?
① 용적효율 저하
② 동력손실의 증대
③ 유동저항의 증대
④ 캐비테이션 발생

문제 004
공압 회로 구성에 있어 간섭 신호를 제거하기 위해 사용하는 방법 중 불필요한 신호를 차단하는 방법이 아닌 것은?
① 차동 압력기 사용
② 기계적인 신호 제거 방법
③ 방향성 리밋 스위치 사용
④ 공압 타이머에 의한 신호 제거

문제 005
다음 밸브 기호의 명칭은?
① 감압 밸브
② 무부하 밸브
③ 릴리프 밸브
④ 시퀀스 밸브

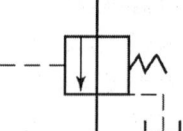

문제 006
제어의 정의에 대한 설명으로 틀린 것은?
① 적은 에너지로 큰 에너지를 조절하기 위한 시스템이다.
② 사람이 직접 개입하지 않고 어떤 작업을 수행시키는 것 등을 뜻한다.
③ 기계의 재료나 에너지의 유동을 중계하는 것으로써 수동이 아닌 것이다.
④ 기계나 설비의 작동을 자동으로 변화시키는 구성 성분의 일부를 의미한다.

문제 007
유압유가 거품을 일으킬 때 거품을 제거하기 위해 거품을 빨리 유면으로 떠오르게 하는 첨가제는?
① 소포제
② 방청제
③ 산화 방지제
④ 유동점 강하제

문제 008
반사식 광전스위치로 감지할 수 없는 물체는?
① 금속용기
② 나무제품
③ 종이상자
④ 투명유리

답 001.① 002.④ 003.① 004.① 005.④ 006.④ 007.① 008.④

문제 009

신호가 입력되어 출력 신호가 발생한 후에는 입력 신호가 없어져도 그 때의 출력 상태를 유지하는 제어 방법은?

① 메모리 제어
② 시퀀서 제어
③ 파일럿 제어
④ 타임 스케줄 제어

문제 010

유연성 생산 시스템 형태 중에서 다축 헤드 교환 방식 등의 유연한 기능을 가진 공작기계군을 고정 루트인 자동 반송 장치와 연결된 것은?

① FTL(Flexible Transfer Line)
② LCA(Low Cost Automation)
③ FMC(Flexible Manufacturing Cell)
④ 전형적 FMS(Flexible Manufacturing System)

문제 011

입도가 작고, 연한 숫돌에 적은 압력으로 가압하면서 가공물에 이송을 주고, 동시에 숫돌에 진동을 주어 표면거칠기를 좋게 하는 방법으로, 다듬질된 면을 평활하고 방향성이 없으며, 가공에 의한 표면변질층이 극히 미세한 가공법은?

① 래핑
② 호닝
③ 배럴가공
④ 슈퍼 피니싱

문제 012

연삭숫돌 선정 시 결합도가 높은 숫돌을 사용해야 할 경우가 아닌 것은?

① 접촉 면적이 적을 것
② 연삭 깊이가 작을 때
③ 경질가공물 연삭할 때
④ 숫돌차의 원주 속도가 느릴 때

문제 013

절삭 저항의 3분력 중 주분력에 대한 내용으로 틀린 것은?

① 축방향으로 작용한다.
② 경사각이 클수록 감속한다.
③ 절삭 동력의 계산에 이용된다.
④ 경도가 높은 소재일수록 크게 작용한다.

문제 014

일반적으로 밀링 머신의 크기를 표시하는 것으로 옳은 것은?

① 축의 크기
② 칼럼의 크기
③ 밀링 머신의 무게
④ 테이블의 이동거리

문제 015

절삭가공에서 공구 수명의 판정 기준에 해당하지 않는 것은?

① 가공면에 광택이 있는 색조 발생
② 공구인선의 마모가 거의 안 생길 때
③ 완성치수 변화량이 일정량에 달했을 때
④ 절삭 저항의 이송분력이나 배분력이 급격히 증가할 때

문제 016

모델을 음극에, 전착시킬 금속을 양극에 설치하고 전해액 속에서 전기를 통전하여 적당한 두께로 금속을 입히는 가공 방법은?

① 전주 가공
② 전해 연삭
③ 전해 연마
④ 초음파 가공

답 009. ① 010. ① 011. ④ 012. ③ 013. ① 014. ④ 015. ② 016. ①

문제 017

다음 중 경사면에 드릴 가공할 때의 작업 방법으로 가장 적합한 것은?

① 건드릴을 이용하여 드릴링한다.
② 날끝각이 180° 이상 큰 드릴을 사용한다.
③ 엔드밀로 자리파기를 한 후에 드릴링한다.
④ 작은 드릴로 드릴링 후 규격에 맞는 드릴로 드릴링한다.

문제 018

구성 인선의 방지 대책에 해당하지 않는 것은?

① 절삭깊이를 크게 할 것
② 절삭 속도를 빠르게 할 것
③ 공구의 인선을 예리하게 할 것
④ 경사각을 크게 할 것

문제 019

다음 중 브로치 가공법에 대한 설명 중 틀린 것은?

① 키 홈, 스플라인 홈을 가공할 수 있다.
② 내면 또는 외면을 브로칭 가공할 수 있다.
③ 브로치의 비용이 저가이므로 소량 생산에 적합하다.
④ 제품의 형상, 모양, 크기, 재질에 따라 각각의 브로치가 필요하다.

문제 020

밀링 가공에서 차동 분할법에 의해 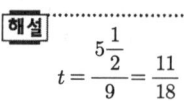 를 각도 분할할 때 옳은 방법은?

① 분할 크랭크 18구멍 열에서 11구멍 이동시킨다.
② 분할 크랭크 18구멍 열에서 15구멍 이동시킨다.
③ 분할 크랭크 21구멍 열에서 11구멍 이동시킨다.
④ 분할 크랭크 21구멍 열에서 15구멍 이동시킨다.

해설
$$t = \frac{5\frac{1}{2}}{9} = \frac{11}{18}$$

문제 021

그림과 같이 테이퍼를 선삭하는 데 심압대를 편위시켜 가공한다고 하면 심압대의 편위거리는 몇 mm인가?

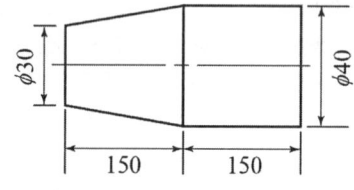

① 6   ② 10
③ 16   ④ 20

해설
$$x = \frac{(D-d)L}{2 \cdot l} = \frac{(40-30) \times 300}{2 \times 150} = 10\text{mm}$$

문제 022

CNC 공작기계 준비 기능인 G코드에서 할 수 있는 작업이 아닌 것은?

① 위치 결정   ② 직선 보간
③ 나사 절삭   ④ 주축 정회전

문제 023

일반적인 절삭 공구에 의한 가공법과 가장 거리가 먼 것은?

① 밀링   ② 선반
③ 호닝   ④ 브로칭

문제 024

일반적으로 가공면의 표면거칠기에 영향을 가장 크게 미치는 절삭 조건은?

답 017.③ 018.① 019.③ 020.① 021.② 022.④ 023.③ 024.①

① 이송 속도 ② 절삭 깊이
③ 절삭 동력 ④ 절삭 속도

문제 025

회전하는 통 속에 가공물, 숫돌입자, 가공액, 콤파운드 등을 함께 넣고 회전시켜 서로 부딪치며 가공되어 매끈한 가공면을 얻는 가공법은?

① 버니싱 ② 배럴 가공
③ 전해 연마 ④ 슈퍼 피니싱

문제 026

공작기계의 이송 및 회전정밀도 유지를 위해 사용되는 윤활제의 구비 조건으로 틀린 것은?

① 화학적으로 활성이며 균질이어야 한다.
② 산화나 열에 높은 안정성을 유지하여야 한다.
③ 사용 상태에서 충분한 점도를 유지하여야 한다.
④ 한계 윤활 상태에서 견딜 수 있는 유성이 있어야 한다.

문제 027

고속 가공의 특징으로 틀린 것은?

① 절삭력 감소
② 단위 시간당 절삭량 증가
③ 가공 변질층의 두께 증대
④ 가공면의 표면거칠기 향상

문제 028

연삭에서 트루잉에 대한 설명으로 옳은 것은?

① 연삭 칩들이 기공을 메워서 연삭을 방해하는 형태
② 고온의 연삭열이 발생하여 면이 산화되어 변색되는 현상
③ 숫돌 형상이 변화된 것을 부품 형상으로 바르게 수정하는 것
④ 숫돌 표면에 무디어진 입자나 기공을 메우고 있는 칩을 제거하는 것

문제 029

작업대 위에 설치해야 할 만큼 소형으로 베드의 길이가 900mm 이하로 부시, 핀, 시계 부품 등을 가공하는 선반은?

① 수직 선반 ② 정면 선반
③ 터릿 선반 ④ 탁상 선반

문제 030

절삭유의 사용목적이 아닌 것은?

① 냉각 작용 ② 마찰 작용
③ 윤활 작용 ④ 세척 작용

문제 031

선반 작업에서 외경 60mm, 길이 100mm의 연강 환봉을 초경바이트로 1회 절삭할 때 걸리는 가공시간은 약 얼마인가? (단, 절삭 속도 60m/min, 이송량은 0.2mm/rev이다.)

① 0.5분 ② 1.6분
③ 3.2분 ④ 5.5분

해설
$$n = \frac{1000V}{\pi \cdot D} = \frac{1000 \times 60}{\pi \times 60} = 318$$
$$T = \frac{L}{nf}i = \frac{100}{318 \times 0.2} = 1.6분$$

문제 032

일반적으로 공구마모를 증가시켜 공구수명에 가장 영향을 크게 미치는 절삭 조건은?

① 회전수 ② 이송 속도
③ 절삭 깊이 ④ 절삭 속도

답 025.② 026.① 027.③ 028.③ 029.④ 030.② 031.② 032.④

문제 033

주철에 함유된 망간의 역할은?
① 흑연을 유리시킨다.
② 유동성을 좋게 한다.
③ 흑연의 생성을 방지한다.
④ 주철의 강도를 높여준다.

문제 034

일반적은 구리의 특징으로 틀린 것은?
① 아름다운 광택과 귀금속적 성질이 우수하다.
② 전기 전도율과 열전도율이 낮다.
③ 연하고 전연성이 좋아 가공하기 쉽다.
④ Zn, Sn 등과 합금이 용이하며 내식성이 좋다.

문제 035

Al-Si계 합금을 더욱 강력하게 하기 위하여 Mg을 첨가한 것으로 기계적 성질이 좋은 합금은?
① 알코아   ② γ-실루민
③ 마그날륨   ④ 두랄루민

문제 036

알루미늄 합금의 종류 중 Al-Mg계 합금으로 내식성이 우수하여 선박용품이나 건축용 재료 등에 사용되는 것은?
① 라우탈   ② Lo-Ex
③ 모넬메탈   ④ 하이드로날륨

문제 037

선팽창 계수가 작고 내식성이 좋아 줄자, 계측기 부품 등의 재료로 사용되는 특수강은?
① 인바   ② 크롬강
③ 망간강   ④ 합금 공구강

문제 038

20℃에서 길이 100mm인 형강이 30℃에서는 길이 102mm가 되었다면 열팽창 계수는?
① 2×10^{-1} ② 2×10^{-2}
③ 2×10^{-3} ④ 2×10^{-4}

해설
$$열팽창계수 = \frac{(신장된 길이)}{(처음 온도 \times 변화 온도)}$$
$$= \frac{2}{(100 \times 10)} = 2 \times 10^{-3}$$

문제 039

탄소강에 탄소 함유량을 증가시킬수록 감소되는 기계적 성질은?
① 경도
② 항복점
③ 연신율
④ 인장 강도

문제 040

촉침식 표면거칠기 측정기에서 촉침과 변환기를 가지고 대상물에 직접 닿아 궤적을 그리는 요소를 포함한 기구는?
① 이송 장치
② 노즐
③ 측정 루프
④ 프로브

문제 041

다음 중 좁은 면적을 가진 경면의 평면도를 가장 정밀하게 측정할 수 있는 방법은?
① 빛의 간섭을 이용하는 방법
② 수준기를 이용하는 방법
③ 오토콜리메이터를 이용하는 방법
④ 전기마이크로미터를 이용하는 방법

답 033. ③ 034. ② 035. ② 036. ④ 037. ① 038. ③ 039. ③ 040. ④ 041. ①

문제 042

중간 끼워 맞춤에 해당하는 것은?

① $50\dfrac{H7}{js7}$ ② $50\dfrac{H7}{r6}$
③ $50\dfrac{H7}{e7}$ ④ $50\dfrac{H7}{x7}$

문제 043

KS 표준에 따른 스퍼 기어 및 헬리컬 기어의 측정 요소에 해당하지 않는 것은?

① 피치 ② 잇줄
③ 이형 ④ 유효 지름

문제 044

미터나사 유효지름 측정에서 삼침을 넣고 측정하였더니 외측 거리가 20.246mm이고, 나사 피치가 2.000mm일 때 나사의 유효지름은 약 몇 mm인가? (단, 삼침의 지름은 최적 선지름을 적용한다.)

① 15.556 ② 16.664
③ 17.846 ④ 18.514

해설 $d_2 = M - 3d + 0.86603P$
$= 20.246 - (3 \times 1.1547) + (0.86603 \times 2)$
$= 18.514$

문제 045

기능 게이지의 일종으로 원형 이외에 여러 가지 단면형의 내측면을 갖는 게이지를 총칭하는 것은?

① 캘리퍼 게이지 ② 리시버 게이지
③ 판형 게이지 ④ 플러그 게이지

문제 046

위치결정구 설계 시 요구되는 사항이 아닌 것은?

① 마모에 잘 견뎌야 한다.
② 교환이 가능해야 한다.
③ 공작물과의 접촉 부위가 잘 보이지 않도록 설계되어야 한다.
④ 청소가 용이해야 한다.

문제 047

치공구 설계의 기본 원칙에 해당하지 않는 것은?

① 치공구의 제작비와 손익 분기점을 고려할 것
② 손으로 조작하는 치공구는 충분한 강도를 가지면서 가볍게 설계할 것
③ 클램핑 요소에서는 되도록 스패너, 핀, 쐐기, 해머와 같이 여러 가지 부품을 같이 사용할 수 있도록 설계할 것
④ 정밀도가 요구되지 않거나 조립이 되지 않는 불필요한 부분에 대해서는 기계 가공 작업은 하지 않도록 할 것

문제 048

축 검사용 한계 게이지(링 게이지) 설계 시 마모 여유를 주는 방법에 대한 설명으로 옳은 것은?

① 통과 측 치수에 부여하며 "+"값으로 준다.
② 정지 측 치수에 부여하며 "+"값으로 준다.
③ 통과 측 치수에 부여하며 "-"값으로 준다.
④ 정지 측 치수에 부여하며 "-"값으로 준다.

문제 049

일반적으로 드릴 지그의 다리는 보통 몇 개를 붙이는 것이 가장 좋은가?

① 4개 ② 3개
③ 2개 ④ 5개

문제 050

특정 곡선이 안내 곡선 혹은 특정 이동 경로를 따라 이동하면서 만든 곡면은?

① 심미적 곡면 ② Sweep 곡면
③ Blending 곡면 ④ Patch 곡면

답 042.① 043.④ 044.④ 045.② 046.③ 047.③ 048.③ 049.① 050.②

문제 051

와이어 컷 방전 가공에서 가공액의 역할이 아닌 것은?

① 극간의 절연 회복
② 가공 칩의 제거
③ 방전 폭발 압력의 제거
④ 방전 가공 부분의 냉각

문제 052

G74 X_ Z_ I_ K_ D_ F_ ; 의 설명으로 틀린 것은?

① F는 이송 속도이다.
② I는 X방향의 이동량이다.
③ D는 절삭 시 단위 전진량이다.
④ Z는 사이클이 끝나는 지점의 Z좌표이다.

문제 053

NC 밀링에서 지름이 80mm인 초경합금으로 만든 밀링 커터로 가공물을 절삭할 때 커터의 적절한 회전수(rpm)는 약 얼마인가? (단, 절삭 속도는 120m/min이다.)

① 400
② 480
③ 560
④ 640

해설
$N = \dfrac{1000V}{\pi \times d} = \dfrac{1000 \times 120}{\pi \times 80} = 480 \text{rpm}$

문제 054

다음 형상 모델링 방법 중 질량 등 물리적 성질의 계산이 가능한 것은?

① 직선 모델링
② 솔리드 모델링
③ 서피드 모델링
④ 와이어프레임 모델링

문제 055

이항분포에서 매회 A가 일어나는 확률이 일정한 값 P일 때, n회의 독립시행 중 사상 A가 x회 일어날 확률 $P(x)$를 구하는 식은? (단, N은 로트의 크기, n은 시료의 크기, P는 로트의 모부적합품률이다.)

① $P(x) = \dfrac{n!}{x!(n-x)!}$

② $P(x) = e^{-x} \cdot \dfrac{(nP)^x}{x!}$

③ $P(x) = \dfrac{\binom{NP}{x}\binom{N-NP}{n-x}}{\binom{N}{n}}$

④ $P(x) = \binom{n}{x} P^x (1-P)^{n-x}$

문제 056

다음 내용은 설비 보전 조직에 대한 설명이다. 어떤 조직의 형태에 대한 설명인가?

> 보전작업자는 조직상 각 제조 부문의 감독자 밑에 둔다.
> • 단점 : 생산우선에 의한 보전작업 경시, 보전기술 향상의 곤란성
> • 장점 : 운전자의 일체감 및 현장감독의 용이성

① 집중보전
② 지역보전
③ 부문보전
④ 절충보전

문제 057

다음은 관리도의 사용 절차를 나타낸 것이다. 관리도의 사용 절차를 순서대로 나열한 것은?

㉠ 관리하여야 할 항목의 선정
㉡ 관리도의 선정
㉢ 관리하려는 제품이나 종류 선정
㉣ 시료를 채취하고 측정하여 관리도를 작성

① ㉠ → ㉡ → ㉢ → ㉣
② ㉠ → ㉢ → ㉣ → ㉡
③ ㉢ → ㉠ → ㉡ → ㉣
④ ㉢ → ㉣ → ㉠ → ㉡

답 051. ③ 052. ③ 053. ② 054. ② 055. ④ 056. ③ 057. ③

문제 058

샘플링에 관한 설명으로 틀린 것은?
① 취락 샘플링에서는 취락 간의 차는 작게, 취락 내의 차는 크게 한다.
② 제조 공정의 품질 특성에 주기적인 변동이 있는 경우 계통 샘플링을 적용하는 것이 좋다.
③ 시간적 또는 공간적으로 일정 간격을 두고 샘플링하는 방법을 계통 샘플링이라고 한다.
④ 모집단을 몇 개의 층으로 나누어 각 층마다 랜덤하게 시료를 추출하는 것을 층별 샘플링이라고 한다.

문제 059

표준시간 설정 시 미리 정해진 표를 활용하여 작업자의 동작에 대해 시간을 산정하는 시간연구법에 해당되는 것은?
① PTS
② 스톱워치법
③ 워크샘플링법
④ 실적자료법

문제 060

다음 표는 어느 자동차 영업소의 월별 판매실적을 나타낸 것이다. 5개월 단순이동 평균법으로 6월의 수요를 예측하면 몇 대인가?

월	1월	2월	3월	4월	5월
판매량	100대	110대	120대	130대	140대

① 120대
② 130대
③ 140대
④ 150대

해설 $\dfrac{(100+110+120+130+140)}{5} = 120$

답 058. ② 059. ① 060. ①

2016년 7월 10일 시행

2017년 3월 5일 시행

문제 001

유압 펌프의 펌프동력을 구하는 식으로 옳은 것은? (단, L_p : 펌프동력[kW], P : 실제 펌프 토출압력[kgf/cm²], Q : 실제 펌프 토출량[cm³/s]이다.)

① $L_p = \dfrac{P \times Q}{7500}$

② $L_p = \dfrac{P \times Q}{10200}$

③ $L_p = P \times Q \times 7500$

④ $L_p = P \times Q \times 10200$

문제 002

다음 밸브 기호의 명칭은?

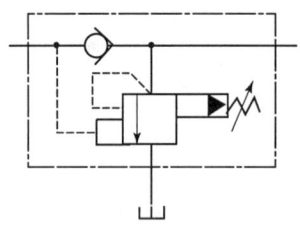

① 무부하 릴리프 밸브
② 양방향 릴리프 밸브
③ 카운터 밸런스 밸브
④ 파일럿 작동형 시퀀스 밸브

문제 003

공압 캐스케이드 회로의 특성에 대한 설명으로 옳은 것은?

① 복잡한 작동 시퀀스도 배선이 간단하다.
② 방향성 리밋 밸브를 사용하므로 신뢰성이 보장된다.
③ 캐스케이드 밸브가 많아질수록 스위칭 시간이 짧아진다.
④ 캐스케이드 밸브가 많아지게 되면, 제어 에너지의 압력강하가 발생한다.

문제 004

로드 자체가 피스톤 역할을 하므로 피스톤형에 비해 로드가 굵어 부하에 의한 휨의 영향이 적은 실린더는?

① 다단 실린더
② 단동 실린더
③ 램형 실린더
④ 복동 실린더

문제 005

공기를 양측(피스톤측, 로드측)에 공급하여 실린더가 전·후진 시 동일한 추력과 속도를 쉽게 얻을 수 있는 특징을 가진 실린더는?

① 충격 실린더
② 탠덤 실린더
③ 양 로드 실린더
④ 텔레스코프 실린더

문제 006

센서의 신호 형태에 대한 설명이 틀린 것은?

① 디지털 신호는 시간과 정보 모두가 불연속적인 신호이다.
② 연속 신호는 시간은 연속이나 그 정보량은 불연속적인 신호이다.
③ 아날로그 신호는 시간은 연속이나 그 정보량은 불연속적인 신호이다.
④ 이산시간 신호는 아날로그 신호를 일정한 간격의 표본화를 통하여 얻을 수 있는 신호이다.

답 001.② 002.① 003.④ 004.③ 005.③ 006.③

문제 007

다음 자동제어계의 기본구성에서 ㉠, ㉡, ㉢, ㉣을 순서대로 올바르게 나열한 것은?

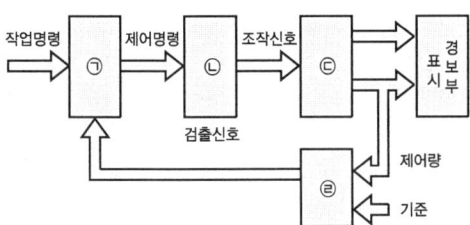

① ㉠ 제어대상, ㉡ 제어부,
   ㉢ 검출부, ㉣ 명령처리부
② ㉠ 검출부, ㉡ 명령처리부,
   ㉢ 제어대상, ㉣ 제어부
③ ㉠ 제어대상, ㉡ 명령처리부,
   ㉢ 제어부, ㉣ 검출부
④ ㉠ 명령처리부, ㉡ 제어부,
   ㉢ 제어대상, ㉣ 검출부

문제 008

물의 수위 경보 및 제어를 위하여 필요한 센서로서 적합하지 않는 것은?

① 셀렉터 스위치
② 수위검지 전극
③ 플로트(float) 스위치
④ level pressure 스위치

문제 009

다음 중 공장자동화 생산시스템에 필요한 기술과 가장 거리가 먼 것은?

① TLV(Threshold Limit Value)
② CAD(Computer Aided Design)
③ FMS(Flexible Manufacturing System)
④ CAM(Computer Aided Manufacturing)

문제 010

시간과 관계없이 입력 신호의 변화에 의해서만 제어가 행해지는 제어계는?

① 논리 제어계
② 동기 제어계
③ 시퀀스 제어계
④ 비동기 제어계

문제 011

밀링 절삭에서 커터의 지름 80mm, 커터의 날수 6개, 회전수 500rpm, 한 날당 이송 0.2mm로 가공할 때 이송속도(mm/min)는?

① 600   ② 480
③ 60   ④ 48

해설 $F = f_z \cdot Z \cdot N = 0.2 \times 6 \times 500 = 600 \, mm/min$

문제 012

절삭 시 전단 스트레인을 일으키는 전단면이 공구의 진행방향과 이루는 전단각(shear angle)에 대한 설명 중 틀린 것은?

① 같은 이송에서 칩이 얇을 때는 전단각은 커진다.
② 전단각이 크면 칩의 변형정도가 작아 가공면이 양호하다.
③ 같은 재료의 경우 절삭속도의 증가에 따라 전단각은 커진다.
④ 같은 재료의 경우 경사각의 증가에 따라 전단각은 작아진다.

문제 013

슈퍼 피니싱에서 산화알루미나계(Al_2O_3) 숫돌로 가공하기에 적당하지 않은 재질은?

① 황동   ② 탄소강
③ 특수강 ④ 고속도강

답 007.④ 008.① 009.① 010.④ 011.① 012.④ 013.①

문제 014

치핑(chipping)현상의 방지대책으로 옳은 것은?

① 이송을 크게 한다.
② 노즈 반경을 작게 한다.
③ 절삭 깊이를 적게 한다.
④ 상면 경사각이 큰 칩 브레이크를 사용한다.

문제 015

취성재료를 절삭속도를 낮게 하여 가공할 시 주로 발생하는 칩의 형태는?

① 균열형 칩   ② 열단형 칩
③ 전단형 칩   ④ 유동형 칩

문제 016

와이어 컷 방전가공에서 가공정도를 향상시키는 방법으로 적절한 것은?

① 진직도의 향상을 위해서 가공액의 비저항을 높인다.
② 코너부의 처짐을 억제하기 위해 와이어의 장력을 낮춘다.
③ 치수정밀도를 향상시키기 위해서 방전에너지를 높이고, 1차 가공으로 마무리한다.
④ 위치결정 정밀도를 향상시키기 위해 와이어의 수직조절을 정밀하게 한다.

문제 017

수직 주축을 가진 니형 밀링머신의 정적 정밀도를 검사할 때, 주축 끝 외면의 흔들림에 대한 허용값은 몇 mm인가?

① 0.01   ② 0.03
③ 0.05   ④ 0.07

문제 018

절삭저항의 분력에 대한 설명으로 옳은 것은?

① 배분력 - 이송방향으로 평행한 분력
② 주분력 - 절삭방향으로 평행한 분력
③ 이송분력 - 칩 배출방향과 직각인 분력
④ 절삭분력 - 칩 배출방향과 평행한 분력

문제 019

드릴 작업에서 볼트 또는 너트의 머리 부분이 묻히도록 드릴과 동심원의 2단 구멍을 절삭하는 방법은?

① 리밍   ② 보링
③ 태핑   ④ 카운터 보링

문제 020

다음 속도열 중에서 직경이 작은 곳에서도 회전수의 간격이 밀집되어 있지 않고, 강하율이 일정하여 많이 사용되는 속도열은?

① 대수급수 속도열
② 등비급수 속도열
③ 등차급수 속도열
④ 역비급수 속도열

문제 021

합금성분이 W(18%) - Cr(4%) - V(1%)인 절삭공구는?

① 세라믹강
② 주조 합금강
③ 초경 합금강
④ 표준 고속도강

문제 022

절삭온도 측정법이 아닌 것은?

① 열전대에 의한 측정
② 칩의 색깔에 의한 측정
③ 칼로리미터에 의한 측정
④ 바이트 여유면 마모량에 의한 측정

답 014.③ 015.① 016.④ 017.① 018.② 019.④ 020.② 021.④ 022.④

문제 023

척에 고정할 수 없는 불규칙하거나 대형의 가공물 또는 복잡한 가공물을 고정할 때 사용하는 선반의 부속품은?

① 심봉 ② 면판
③ 방진구 ④ 돌림판

문제 024

래핑(lapping)에 대한 특징으로 틀린 것은?

① 정밀도가 높은 제품을 가공할 수 있다.
② 가공이 간단하고 대량생산이 가능하다.
③ 가공면은 윤활성 및 내마모성이 나쁘다.
④ 가공면에 랩제가 잔류하기 쉽고, 제품을 사용할 때 잔류한 랩제가 마모를 촉진시킨다.

문제 025

강 또는 주철의 작은 알갱이를 공작물의 표면에 분사하여 표면을 매끄럽게 하는 동시에 피로강도나 기계적 성질을 향상시키는 가공법은?

① 호닝(honing)
② 버니싱(burnishing)
③ 숏 피닝(shot peening)
④ 슈퍼 피니싱(super finishing)

문제 026

선반에서 센터작업을 할 때 공작물을 지지하거나 드릴, 리머, 탭 등의 공구를 장착해서 작업을 하는 역할을 하는 것은?

① 베드 ② 심압대
③ 왕복대 ④ 주축대

문제 027

연삭액에 대한 설명으로 틀린 것은?

① 연삭에서는 연삭액을 사용하는 습식연삭과 사용하지 않는 건식연삭으로 분류한다.
② 연삭액은 공작물의 표면거칠기, 숫돌 마모에 영향을 미친다.
③ 다른 기름과 화학적인 반응을 하지 않아야 한다.
④ 연삭액은 윤활성 및 유동성이 낮아야 한다.

문제 028

절삭속도 150m/min, 절삭깊이 2mm, 이송속도 0.25mm/rev, 직경 80mm의 원형봉을 400mm만큼 선삭하는데 소요되는 시간은 약 몇 분인가?

① 1 ② 2.7
③ 5.2 ④ 7.4

해설
$$n = \frac{1000v}{\pi \times d} = \frac{1000 \times 150}{\pi \times 80} \fallingdotseq 600 \text{rpm}$$
$$th = \frac{l}{n \cdot s} = \frac{400}{600 \times 0.25} \fallingdotseq 2.7 \text{min}$$

문제 029

호닝 작업 시 호닝숫돌의 눈메움 현상요인으로 틀린 것은?

① 숫돌의 입도가 작다.
② 조직이 너무 치밀하다.
③ 숫돌의 결합도가 낮다.
④ 가공 금속의 재질이 너무 연하다.

문제 030

밀링가공에서 직접 분할법으로 8등분을 할 때, 직접 분할판의 회전 구멍수는?

① 2 ② 3
③ 4 ④ 5

해설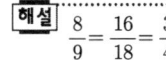

답 023. ② 024. ③ 025. ③ 026. ② 027. ④ 028. ② 029. ③ 030. ②

문제 031

다음 연삭숫돌의 표시 방법에서 '3'의 의미는?

WA 60 K 3 V

① 입자　　② 조질
③ 결합도　④ 결합제

문제 032

보링 공구와 부속장치에 속하지 않는 것은?

① 보링 바
② 보링 바이트
③ 보링 공구대
④ 보링 슬로팅 장치

문제 033

낙하체를 높이 100mm에서 시험편 위에 낙하시켰더니 반발하여 올라간 높이가 65mm가 되었다면, 쇼어경도(H_s)는?

① 50　　② 100
③ 150　 ④ 237

해설 $H_s = \dfrac{100}{65} \times \dfrac{h}{h_0}$

문제 034

내식용 알루미늄 합금의 종류에 속하지 않는 것은?

① 알민　　② 알드리
③ 라우탈　④ 하이드로날륨

문제 035

일반열처리에 속하지 않는 것은?

① 뜨임　　② 풀림
③ 담금질　④ 심냉처리

문제 036

철강 표면에 Zn을 확산 침투시키는 금속침투법은?

① 세라다이징　② 칼로라이징
③ 크로마이징　④ 보로나이징

문제 037

5~20% Zn의 황동으로 강도는 낮으나 전연성이 좋고 금색에 가까운 색을 나타내며, 금박 대용으로 사용되는 것은?

① 톰백　　　② 문쯔메탈
③ 쾌삭 황동　④ 네이벌 황동

문제 038

프레스용 금형재료의 구비조건 중 옳지 않은 것은?

① 내마모성이 클 것
② 경도 및 인성이 클 것
③ 기계가공성이 좋을 것
④ 열처리시 치수변화가 많을 것

문제 039

주철의 흑연화를 촉진시키는 원소가 아닌 것은?

① Al　② B
③ Cu　④ Si

문제 040

다음 중 암나사 유효지름을 측정하는 방법으로 가장 적합한 것은?

① 강구를 측정편으로 하여 측장기로 측정하는 방법
② 나사마이크로미터 의한 방법
③ 삼침법에 의한 방법
④ 피치게이지 의한 방법

답　031.②　032.④　033.②　034.③　035.④　036.①　037.①　038.④　039.②　040.①

문제 041
정밀 정반의 평면도, 마이크로미터의 직각도, 평행도, 공작기계 베드면의 진직도, 직각도, 기타 미소각도의 차 등의 측정에 이용되는 광학적 측정기는?

① 공기마이크로미터
② 오토콜리메이터
③ 전기마이크로미터
④ 텔리스코핑 게이지

문제 042
+2μm 의 오차가 있는 게이지 블록(기분길이 20mm)을 다이얼게이지(최소눈금 0.001mm)의 0눈금에 세팅하여 공작물을 측정하였더니 지침이 5눈금 적게 돌아갔다면, 실제 치수는?

① 19.993mm   ② 19.997mm
③ 20.003mm   ④ 20.007mm

문제 043
표면거칠기 표시에서 Rz를 나타내는 것은? (단, KS B ISO 4287 기준)

① 최대 단면 곡선 골 깊이
② 최대 단면 곡선 산 높이
③ 단면 곡선의 최대 높이
④ 단면 곡선 요소의 평균 높이

문제 044
게이지 블록과 같이 밀착이 가능하므로 홀더가 필요 없으며, 각도의 가산, 감산에 의해서 필요한 각도를 조합할 수 있고, 조합 후 정도는 2"~3"인 것은?

① 오토콜리메이터
② 기계식 각도 정규
③ 수준기
④ N.P.L식 각도게이지

문제 045
지그의 설계 시 고려하는 Dower Pin(맞춤핀)에 대한 설명 중 틀린 것은?

① Dowel Pin은 볼트의 보충 역할을 한다.
② Dowel Pin은 지그나 고정구의 정확한 위치를 보증하기 위해 사용한다.
③ Dowel Pin의 위치는 필요한 곳에 2개를 설치할 수 있다.
④ Dowel Pin은 중간 끼워 맞춤으로 적용할 수 있다.

문제 046
한계게이지 재료에 요구되는 성질로 거리가 먼 것은?

① 열팽창계수가 클 것
② 변형이 적을 것
③ 내마모성이 클 것
④ 가공성이 좋을 것

문제 047
공작물 관리방법 중 육면체의 가장 이상적인 위치 결정법은?

① 2-1-1   ② 3-1-1
③ 2-2-1   ④ 3-2-1

문제 048
선반용 고정구로서 내경과 동심되게 외경을 가공하고자 할 때 사용하는 고정구는?

① 면판
② 테이퍼 절삭장치
③ 심봉
④ 앵글 플레이트

답 041.② 042.② 043.③ 044.④ 045.① 046.① 047.④ 048.③

문제 049

드릴 부시와 공작물 사이의 간격은 가공 칩의 크기 및 형태에 따라 결정할 수 있는데, 주물의 칩과 같이 연속되지 않고 부서지기 쉬운 칩이 발생할 경우 적절한 간격은?

① 드릴 지름의 1/20 정도
② 드릴 지름의 1/2 정도
③ 드릴 지름의 2배 정도
④ 드릴 지름의 20배 정도

문제 050

다음 프로그램에서 보조프로그램이 실행되는 횟수는?

```
O2000 ; N100 ──────── ;
   (중간생략)
N200 M98 P2001 L2 ;
N210 ──────── ;
N220 M98 P2001 ;
   (중간생략)
N300 ──────── ;
N310 M02 ;
```

① 2회 ② 3회
③ 4회 ④ 5회

문제 051

머시닝 센터에서 4날-⌀30 엔드밀을 사용하여 SM45C를 가공하고자 한다. 가공 프로그램에서 약 얼마의 이송속도로 지령해야 적절한가? (단, SM45C의 절삭속도는 80m/min, 공구의 날 당 이송량은 0.5mm이다.)

① 1200mm/min ② 1500mm/min
③ 1700mm/min ④ 1900mm/min

[해설]
$f = f_z \times z \times n = 0.5 \times 4 \times \dfrac{1000 \times 80}{\pi \times 30}$
$= 1697.6 ≒ 1700 \text{mm/min}$

문제 052

지역 통신망(LAN) 시스템의 주요 특징이 아닌 것은?

① 자료의 전송속도가 빠르다.
② 가격 면에서 저렴한 정보통신 시스템이다.
③ 정보 통신망 구성요소 간에 신뢰성이 높다.
④ 신규장비를 전송매체로 첨가하기가 어렵다.

문제 053

다음 형상 모델링 중 공학적인 해석을 하는데 가장 적합한 것은?

① 2차원 모델
② 솔리드 모델
③ 서피스 모델
④ 와이어 프레임 모델

문제 054

CNC 선반의 주요 어드레스 종류 및 기능 중에서 휴지 기능으로 사용할 수 없는 어드레스는?

① P   ② X
③ Q   ④ U

문제 055

설치배치 및 개선의 목적을 설명한 내용으로 가장 관계가 먼 것은?

① 재공품의 증가
② 설비투자 최소화
③ 이동거리가 감소
④ 작업자 부하 평준화

문제 056

설비보전 조직 중 지역보전(area maintenance)의 장·단점에 해당하지 않는 것은?

① 현장 왕복 시간이 증가한다.

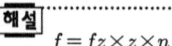
049. ② 050. ② 051. ③ 052. ④ 053. ② 054. ③ 055. ① 056. ①

② 조업요원과 지역보전요원과의 관계가 밀접해진다.
③ 보전요원이 현장에 있으므로 생산 본위가 되며 생산의욕을 가진다.
④ 같은 사람이 같은 설비를 담당하므로 설비를 잘 알며 충분한 서비스를 할 수 있다.

문제 057

3σ법의 $\bar{X}$관리도에서 공정이 관리상태에 있는데도 불구하고 관리상태가 아니라고 판정하는 제1종 과오는 약 몇 %인가?

① 0.27
② 0.54
③ 1.0
④ 1.2

문제 058

워크 샘플링에 관한 설명 중 틀린 것은?

① 워크 샘플링은 일면 스냅리딩(Snap Reading)이라 불린다.
② 워크 샘플링은 스톱워치를 사용하여 관측대상을 순간적으로 관측하는 것이다.
③ 워크 샘플링은 영국의 통계학자 L.H.C. Tippet가 가동률 조사를 위해 창안한 것이다.
④ 워크 샘플링은 사람의 상태나 기계의 가동상태 및 작업의 종류 등을 순간적으로 관측하는 것이다.

문제 059

부적합품률이 20%인 공정에서 생산되는 제품을 매시간 10개씩 샘플링 검사하여 공정을 관리하려고 한다. 이때 측정되는 시료의 부적합품 수에 대한 기댓값과 분산은 약 얼마인가?

① 기댓값 : 1.6, 분산 : 1.3
② 기댓값 : 1.6, 분산 : 1.6
③ 기댓값 : 2.0, 분산 : 1.3
④ 기댓값 : 2.0, 분산 : 1.6

해설
- 기댓값 : $nP = 10 \times 0.2 = 2$
- 분산 : $np(1-p) = 10 \times 0.2 \times (1-0.2) = 1.6$

문제 060

검사의 종류 중 검사공정에 의한 분류에 해당되지 않는 것은?

① 수입검사
② 출하검사
③ 출장검사
④ 공정검사

답 057. ① 058. ② 059. ④ 060. ③

2017년 7월 8일 시행

문제 001
다음 중 요동형 액추에이터를 사용하여 제어하기 가장 부적합한 것은?
① 장력 조정
② 밸브의 개폐
③ 터빈의 회전
④ 덕트의 공기 통로 변환

문제 002
다음 압력제어 밸브 기호의 명칭은?

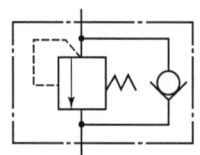

① 브레이크 밸브
② 무부하 릴리프 밸브
③ 카운터 밸런스 밸브
④ 파일럿 작동형 시퀀스 밸브

문제 003
다음 중 유압펌프의 소음발생 원인으로 가장 거리가 먼 것은?
① 에어필터가 막힌 경우
② 펌프의 흡입이 불량한 경우
③ 작동유의 점성이 낮은 경우
④ 펌프회전이 너무 빠른 경우

문제 004
실리카겔, 활성 알루미나 등의 고체 흡착제를 사용해서 습기와 미립자를 제거하는 방식의 공기 건조기는?
① 고압식 공기 건조기
② 냉동식 공기 건조기
③ 흡수식 공기 건조기
④ 흡착식 공기 건조기

문제 005
다음 유체 조정 기기 기호의 명칭은?

① 필터　　　② 공기탱크
③ 드레인 배출기　　④ 기름분무 분리기

문제 006
금속체를 잡아당기면 길이는 늘어나고 지름이 가늘어져 전기저항이 증가하지만, 반대로 압축하면 저항이 감소하는 원리를 이용한 센서는?
① 바이메탈　　② 자기센서
③ 적외선센서　　④ 스트레인 게이지

문제 007
전자계전기(relay)의 사용상 주의사항으로 틀린 것은?
① 정격전압을 확인한다.
② 먼지나 진동을 적게 한다.
③ 열이 발생하므로 습기가 있는 곳에 설치한다.
④ 2개 이상의 계전기를 사용할 때는 적당한 간격을 유지하여야 한다.

답　001. ③　002. ③　003. ③　004. ④　005. ①　006. ④　007. ③

문제 008

모터 기동의 정역회로의 같이 기기의 보호나 작업자를 보호하기 위하여 어떤 기기가 작동중일 때 다른 기기를 작동하지 못하도록 하는 회로로 선행 작동 우선 회로라고도 불리는 회로는?

① 지연회로 ② 증폭회로
③ 촌동회로 ④ 인터록회로

문제 009

다음은 같은 구조의 AGV(무인 운반차) 지상 컨트롤러가 수행하는 기능으로 적합하지 않은 것은?

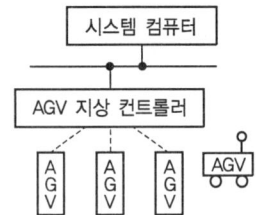

① 경로 최적화
② 생산계획수립
③ 현재위치확인
④ AGV에 FROM/TO 정보의 통신

문제 010

유도형 근접센서의 검출거리는 재질, 크기, 환경에 따라 달라진다. 다음 중 기준 보정값을 적용할 때 사용하는 재질은?

① 동   ② 철
③ 알루미늄 ④ 스테인리스

문제 011

커터의 지름이 100mm, 절삭날수가 10개인 정면 밀링커터로 길이 400mm의 일감을 밀링가공하려 한다. 날 1개당 이송을 0.1mm로 하여 1회에 완성한다면 가공 소요시간은 약 몇 분인가? (단, 주축회전수는 1000rpm이다.)

① 0.4분 ② 0.5분
③ 1.0분 ④ 1.5분

해설
$f = 0.1 \times 10 \times 1000 = 1000$
$T = \dfrac{l+d}{f} = \dfrac{400+100}{1000} = 0.5$

문제 012

Al_2O_3 분말 약 70%에 TiC 또는 TiN 분말을 30% 정도 혼합하여 분위기 가스 속에서 소결하여 제작하는 공구 재료는?

① 서멧   ② 세라믹
③ 초경합금 ④ 다이아몬드

문제 013

주분력이 1000N이고 절삭속도가 200m/min인 공작기계의 절삭 동력은 약 몇 kW인가? (단, 기계적 효율은 1로 가정한다.)

① 3.33 ② 4.53
③ 5.20 ④ 6.57

해설
$N = \dfrac{P \times V}{102 \times 60 \times \eta \times 9.81}$
$= \dfrac{1000 \times 200}{102 \times 60 \times 1 \times 9.81} = 3.33$

문제 014

칩이 공구의 경사면을 연속적으로 흘러 나가는 모양으로 가장 바람직한 형태의 칩은?

① 경작형 칩 ② 균열형 칩
③ 유동형 칩 ④ 전단형 칩

문제 015

다음 요소들 중 절삭율에 영향을 미치는 요소가 아닌 것은?

① 작업자의 위치
② 절삭속도
③ 절삭유제의 사용여부
④ 절삭공구의 재질

답 008. ④ 009. ② 010. ② 011. ② 012. ① 013. ① 014. ③ 015. ①

문제 016

성형연삭에서 연삭하려는 부품의 형상으로 숫돌을 성형하는 작업은?

① 트루잉(truing) ② 드레싱(dressing)
③ 로딩(loading) ④ 글레이징(glazing)

문제 017

다음 중 생산성을 향상시키기 위한 절삭속도의 선정방법에 대한 설명으로 틀린 것은?

① 가공물의 경도, 강도, 인성 등의 기계적 성질을 고려한다.
② 커터 수명을 길게 하려면 추천 절삭속도보다 절삭속도를 빠르게 설정한다.
③ 거친 가공은 이송을 빠르게 하고 절삭속도는 느리게 한다.
④ 다듬질 가공은 이송을 느리게 절삭속도를 빠르게 한다.

문제 018

다음 중 소성변형이 되지 않고 취성이 큰 유리, 다이아몬드, 인조보석 등의 가공에 효과적인 가공방법은?

① 전주 가공 ② 전해 가공
③ 버니싱 가공 ④ 초음파 가공

문제 019

상향절삭과 하향절삭을 비교한 것 중 옳은 것은?

① 하향절삭은 상향절삭에 비해 공구수명이 길다.
② 하향절삭은 상향절삭보다 공작물고정이 불안정하다.
③ 상향절삭은 가공면이 하향절삭보다 거칠고 동력소비가 적다.
④ 상향절삭은 하향절삭보다 칩이 원활하게 배출되지 않는다.

문제 020

규산나트륨(Na_2SiO_3)을 연삭입자와 혼합, 성형하여 제작하며 공구의 절삭 날을 연삭하는데 적합하고, 대형숫돌에 적합한 연삭숫돌의 결합제는?

① 셸락 결합제
② 레지노이드 결합제
③ 실리케이트 결합제
④ 비트리파이드 결합제

문제 021

선반에서 여러 가지 조립구멍을 가지고 있어서 공작물을 직접 또는 간접적으로 볼트 또는 기타 고정구를 이용하여 공작물을 고정할 수 있는 선반 부속품은?

① 돌리개 ② 심압대
③ 공구대 ④ 면판

문제 022

다음 중 전주 가공의 특징으로 틀린 것은?

① 가공 정밀도가 높다.
② 생산시간이 짧고 가격이 저렴하다.
③ 제품의 크기에 제한을 받지 않는다.
④ 복잡한 형상, 중공축 등을 가공할 수 있다.

문제 023

심압대를 편위시켜 그림과 같은 테이퍼를 가공할 때 심압대의 편위량은 몇 mm인가? (단, 그림의 치수 단위는 mm이다.)

① 6
② 10
③ 12
④ 20

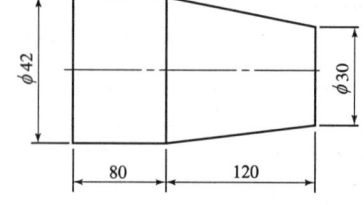

답 016.① 017.② 018.④ 019.① 020.③ 021.④ 022.② 023.①

해설
$$x = \frac{(D-d)L}{2 \cdot l} = \frac{(42-30) \times 200}{2 \times 200} = 6mm$$

문제 024

기계의 부품을 조립할 때, 볼트의 머리 부분이 돌출되면 곤란한 부분이 있다. 이러한 경우에 볼트 또는 너트의 머리 부분이 가공물 안으로 묻히도록 드릴과 동심원의 2단 구멍을 절삭하는 방법은?

① 카운터 보링 ② 스폿 페이싱
③ 탭 가공 ④ 리밍

문제 025

분말입자를 이용한 가공방법에 해당되지 않는 것은?

① 래핑 ② 방전가공
③ 배럴 가공 ④ 액체 호닝

문제 026

절삭저항력에 영향을 미치는 요소에 대한 설명으로 틀린 것은?

① 절삭면적이 클수록 저항력이 증가한다.
② 경사각이 클수록 저항력이 감소한다.
③ 절삭속도가 빨라질수록 저항력이 감소한다.
④ 공작물 재질이 단단한 경질재료일수록 저항력이 증가한다.

문제 027

선반작업 중 지켜야 할 안전사항으로 틀린 것은?

① 칩은 반드시 장갑을 끼고 손으로 제거한다.
② 척의 회전을 손이나 공구로 정지시키지 않는다.
③ 가공물이 길 때에는 심압대로 지지하고 가공한다.
④ 드릴작업이 거의 끝날 때는 이송을 천천히 한다.

문제 028

다음 중 절삭 공구의 사용에 있어서 공구 인선의 마모 또는 파손 현상이 아닌 것은?

① 버
② 치핑
③ 플랭크 마모
④ 크레이터 마모

문제 029

절삭유제에 관한 설명으로 틀린 것은?

① 수용성 오일은 원액 그대로 사용한다.
② 절삭공구와 가공 금속간의 마찰을 줄인다.
③ 성분은 크게 기유와 첨가제로 나뉜다.
④ 절삭온도를 낮출 수 있다.

문제 030

입도가 작은 숫돌로 일감에 작은 압력을 가압하면서 가공물에 이송을 주고, 동시에 숫돌에 진동을 주어 변질층의 표면이나 원통내면을 다듬질 하는 것은?

① 슈퍼 피니싱
② 액체 호닝
③ 래핑
④ 버핑

문제 031

배럴 다듬질의 특징으로 거리가 먼 것은?

① 공작물의 녹이나 스케일 제거할 수 있다.
② 작업이 간단하고 숙련기술을 요하지 않는다.
③ 공작물의 모든 면을 동시에 가공할 수 있다.
④ 공작물의 기계적 성질을 향상 시킬 수 없다.

답 024. ① 025. ② 026. ③ 027. ① 028. ① 029. ① 030. ① 031. ④

문제 032

선반가공에서 지름이 50mm인 공작물을 절삭속도 100m/min으로 가공하고자 할 때 주축의 회전속도는 약 몇 rpm인가?

① 532　　② 637
③ 721　　④ 1020

해설) $N = \dfrac{1000V}{\pi d} = \dfrac{1000 \times 100}{\pi \times 50} = 637 \text{rpm}$

문제 033

만능재료 시험기가 갖추어야 할 조건에 속하지 않는 것은?

① 시험기의 내구성이 클 것
② 시험기의 안전성이 있을 것
③ 정밀도가 낮고 감도가 우수할 것
④ 조작이 간편하고 정밀측정이 가능할 것

문제 034

다음 중 적열취성이 원인이 되는 원소는?

① P　　② S
③ Mn　　④ Si

문제 035

탄소함유량 0.8%이고, 723℃에서 α고용체와 시멘타이트가 동시에 펄라이트로 석출되어 나타나는 강은?

① 공석강　　② 극연강
③ 아공석강　　④ 공정주철

문제 036

알루미늄의 비중과 용융점으로 가장 적당한 것은?

① 비중 : 1.5, 용융점 : 360℃
② 비중 : 2.1, 용융점 : 560℃
③ 비중 : 2.7, 용융점 : 660℃
④ 비중 : 3.4, 용융점 : 760℃

문제 037

풀림(annealing)의 종류에 해당하지 않는 것은?

① 진공 풀림　　② 완전 풀림
③ 구상화 풀림　　④ 응력 제거 풀림

문제 038

장신구, 무기, 불상, 범종 등의 재료로 많이 사용되는 Cu-Sn 합금은?

① 양은　　② 켈멧
③ 황동　　④ 청동

문제 039

WC, TiC, TaC 등의 금속 탄화물을 미세한 분말상에서 결합제인 Co 분말과 결합하여 프레스로 성형, 압축하고 용융점 이하로 가열하여 소결시켜 만든 합금강은?

① 고속도강　　② 초경합금
③ 다이스강　　④ 주철공구강

문제 040

공기 마이크로미터의 장점을 설명한 것으로 틀린 것은?

① 내경 측정용으로 사용하면 효과적이다.
② 확대 기구에 기계적 요소가 없어서 측정 정도가 높다.
③ 직접 측정기로서 바로 측정결과를 알 수 있다.
④ 배율이 높다.

문제 041

다음 중 기어의 치형 오차 측정법이 아닌 것은?

① 기초원판식
② 마스터 인벌류트 캠방식
③ 원호기준방식
④ 오버 핀 방식

답) 032.② 033.③ 034.② 035.① 036.③ 037.① 038.④ 039.② 040.③ 041.④

문제 042

표면거칠기 측정과 관련하여 가공 방식에 따라 다르게 나타나는 표면의 전체 무늬를 뜻하는 용어는?

① 결(lay)
② 흠(flaw)
③ 파상도(waviness)
④ 표면거칠기(surface roughness)

문제 043

편심을 측정하고자 편심측정기에 측정 부품과 다이얼게이지를 설치하고 측정 부품을 1회전하여 측정하였다. 이때 다이얼 게이지의 최대 지시값과 최소 지시값의 차이(TIR)가 0.146mm였다면 편심량은?

① 0.146mm
② 0.073mm
③ 0.292mm
④ 0.219mm

문제 044

보통 연삭 가공한 정밀한 나사의 측정에 이용되며 나사의 유효지름 측정법 중 정도가 가장 높은 방법은?

① 나사 마이크로미터에 의한 측정법
② 검사용 나사게이지에 의한 측정법
③ 측정 현미경에 의한 측정법
④ 삼침법에 의한 측정법

문제 045

치공구 본체에 있어서 주조형 본체가 가지는 장점에 속하는 것은?

① 표준부품의 재사용이 가능하다.
② 진동 흡수 능력이 우수하다.
③ 제작에 소요되는 기간이 짧다.
④ 용접성이 우수하다.

문제 046

공작물의 위, 아래를 보호한 상태에서 가공할 수 있는 형태의 지그로 휘거나 비틀리기 쉬운 얇은 공작물 가공에 적합한 지그는?

① 샌드위치 지그
② 리프 지그
③ 박스 지그
④ 템플레이트 지그

문제 047

다음 중 공작물의 변위발생을 야기하는 요소로 가장 거리가 먼 것은?

① 공작물의 중량
② 공작물의 고정력
③ 공작물의 절삭력
④ 공작물의 형상공차

문제 048

$80^{+0.028}_{+0.013}$인 축 검사를 위한 스냅게이지의 통과측 치수는 얼마이어야 하는가? (단, 마모여유는 0.003이고 게이지 제작 공차 0.004이다.)

① 80.010 ± 0.004
② 80.016 ± 0.004
③ 80.025 ± 0.002
④ 80.031 ± 0.002

해설 통과 측 편측 공차=(축의 최대치수−마모 여유+게이지 공차/2)−게이지 공차

$= (80.028 - 0.003 + \frac{0.004}{2}) = 80.027$

$≒ 80.025 \pm 0.002$

문제 049

밀링 고정구를 설계할 때 검토해야 할 주요 항목으로 가장 거리가 먼 것은?

① 밀링 머신의 종류
② 테이블 치수
③ 작업자의 숙련도
④ 가공 능력

답 042. ① 043. ② 044. ④ 045. ② 046. ① 047. ④ 048. ③ 049. ③

문제 050

다음 중 입력된 전기적인 펄스신호에 따라 일정한 각도만 회전하는 모터는?

① 스테핑 모터　② 브러시리스 모터
③ 공압 모터　　④ 유압 모터

문제 051

CNC 선반에서 1000rpm으로 회전하는 스핀들에 4회전 휴지를 주려고 한다. 정지시간은 약 얼마인가?

① 0.1초　② 0.24초
③ 1초　　④ 1.5초

해설 정지시간(sec) = $\dfrac{60}{\text{드릴회전수(rpm)}} \times \text{드웰회전수}$

따라서 $\dfrac{60}{1000} \times 4 = 0.24$초이다.

문제 052

솔리드 모델링 표현 방법 중 B-rep 방식의 일반적인 장점으로 볼 수 없는 것은?

① 데이터의 상호 교환이 쉽다.
② 투시도, 전개도, 표면적 계산이 용이하다.
③ 모델의 외곽을 저장하므로 적은 메모리가 필요하다.
④ CSG 방법으로 만들기 어려운 물체를 모델화시킬 때 편리하다.

문제 053

볼(Ball) 엔드밀로 곡면을 가공하면 가공경로 사이에 그림에서 보는 바와 같이 h부분에 공구의 흔적이 남는데 이것을 무엇이라 하는가?

① boolean
② cusp
③ champer
④ parameter

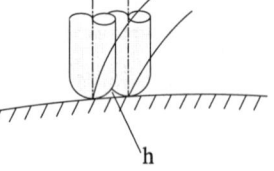

문제 054

머시닝 센터에서 그림과 같이 공구의 가공경로가 화살표로 지정되어 있을 때 공구지름 보정이 바르게 짝지어진 것은? (단, 빗금친 부분은 가공형상이다.)

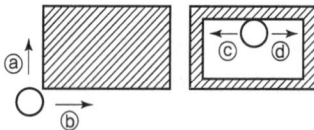

① G41 : ⓑⓓ, G42 : ⓐⓒ
② G41 : ⓐⓓ, G42 : ⓑⓒ
③ G41 : ⓑⓒ, G42 : ⓐⓓ
④ G41 : ⓐⓒ, G42 : ⓑⓓ

문제 055

검사특성곡선(OC Curve)에 관한 설명으로 틀린 것은? (단, N : 로트의 크기, n : 시료의 크기, c : 합격판정개수이다.)

① N, n이 일정할 때 c가 커지면 나쁜 로트의 합격률은 높아진다.
② N, c가 일정할 때 n이 커지면 좋은 로트의 합격률은 낮아진다.
③ $N/n/c$의 비율이 일정하게 증가하거나 감소하는 퍼센트 샘플링 검사 시 좋은 로트의 합격률은 영향이 없다.
④ 일반적으로 로트의 크기 N이 시료 n에 비해 10배 이상 크다면, 로트의 크기를 증가시켜도 나쁜 로트의 합격률은 크게 변화하지 않는다.

문제 056

다음 그림의 AOA(Activity-on-Arc) 네트워크에서 E작업을 시작하려면 어떤 작업들이 완료되어야 하는가?

답 050.①　051.②　052.③　053.②　054.④　055.③　056.④

① B ② A, B
③ B, C ④ A, B, C

문제 057

다음 데이터로부터 통계량을 계산한 것 중 틀린 것은?

> 21.5, 23.7, 24.3, 27.2, 29.1

① 범위(R)=7.6
② 제곱합(S)=7.59
③ 중앙값(Me)=24.3
④ 시료분산(s^2)=8.988

해설 제곱합(S)=35.952

문제 058

브레인스토밍(Brainstorming)과 가장 관계가 깊은 것은?

① 특성요인도 ② 파레토도
③ 히스토그램 ④ 회귀분석

문제 059

품질특성에서 X 관리도로 관리하기에 가장 거리가 먼 것은?

① 볼펜의 길이
② 알코올 농도
③ 1일 전력소비량
④ 나사길이의 부적합품 수

문제 060

표준시간을 내경법으로 구하는 수식으로 맞는 것은?

① 표준시간=정미시간+여유시간
② 표준시간=정미시간×(1+여유율)
③ 표준시간=정미시간×($\frac{1}{1-여유율}$)
④ 표준시간=정미시간×($\frac{1}{1+여유율}$)

답 057. ② 058. ① 059. ④ 060. ③

2018년 기출복원문제

문제 001
터릿선반에서 형식에 따라 분류할 때 대형공작물 가공에 적합한 터릿의 모양은?
① 새들형　② 램형
③ 드럼형　④ 릴리빙형

해설 터릿선반(Turret lathe)
보통 선반의 심압대 대신 여러 개의 공구를 방사상으로 설치하여 공정순서 대로 공구를 차례로 사용할 수 있도록 되어 있는 선반으로 터릿은 모양에 따라 6각형과 드럼형이 있으나 6각형이 주로 쓰이며, 형식에 따라 램형(소형가공)과 새들형(대형가공)이 있다. 그리고 사용되는 척은 콜릿척(collet chuck)이다.

문제 002
공작물의 지름에 관계없이 절삭속도를 일정한 강하율로 적용되는 속도열은?
① 등차급수 속도열
② 등비급수 속도열
③ 대수급수 속도열
④ 복합등비급수 속도열

해설 등비급수 속도열은 공작물의 지름에 관계없이 절삭속도를 일정한 강하율로 적용하기 때문에 많이 사용된다.

문제 003
선반(lathe)의 주축을 중공축으로 한 이유로 볼 수 없는 것은?
① 긴 공작물 가공
② 주축의 무게를 감소
③ 굽힘과 비틀림에 대한 강성이 크다.
④ 센터를 쉽게 분리할 수 있으며, 연동척을 사용할 수 있다.

해설 주축(spindle)을 중공축으로 하는 이유
① 긴 공작물 가공
② 베어링에 걸리는 하중감소
③ 척, 면판 등을 끼고 빼는데 편리하도록
④ 주축의 무게를 감소
⑤ 굽힘과 비틀림에 대한 강성이 크다.
⑥ 고정된 센터를 쉽게 분리할 수 있으며, 콜릿척을 사용할 수 있다.

문제 004
일반적으로 단차식 주축대의 특징이 아닌 것은?
① 벨트걸이로 구조가 간단하다.
② 주축 속도 변환이 작으며 고속회전이 어렵다.
③ 값이 싸고 운전 시 위험이 없다.
④ 백 기어(저속 강력절삭 목적)가 설치되어 있다.

해설 일반적으로 단차식 주축대의 특징
① 벨트걸이로 구조가 간단하다.
② 주축 속도 변환이 작으며 고속회전이 어렵다.
③ 백 기어(저속 강력절삭 목적)가 설치되어 있다.
④ 값이 싸나, 운전시 위험이 따른다.

문제 005
공작물 표면에 작은 요철부의 볼록부를 용삭할 때, 기계적 마찰로 더욱 능률적인 가공을 하는 화학적 가공법은?
① 용삭가공　② 화학밀링
③ 화학연마　④ 화학연삭

답 001. ①　002. ②　003. ④　004. ③　005. ④

해설 **화학연삭**
공작물 표면에 작은 요철부의 볼록부를 용삭할 때, 기계적 마찰로 더욱 능률적인 가공을 하는 방법이다. 공작물과 공구 사이에 고운 연삭 입자를 넣으면 효과적이다.

문제 006

센터 구멍을 내지 않고 지지할 수 있는 센터는?

① 평 센터
② 세공센터
③ 하프센터
④ 파이프센터

해설 센터 구멍을 내지 않고 지지하는 평 센터이다.

문제 007

대형 공작물이나 복잡한 형상의 공작물을 직접 또는 간접적으로 볼트와 앵글 플레이트(angle plate), 클램프 등의 고정구를 이용하여 작업할 수 있는 선반 부속장치는?

① 돌림판
② 면판
③ 돌리게
④ 단동척

해설 면판은 주축끝단에 나사로 고정하고, 돌림판과 비슷한 것 같으나 돌림판보다 크며, 대형 공작물이나 복잡한 형상의 공작물을 직접 또는 간접적으로 볼트와 앵글 플레이트(angle plate), 클램프 등의 고정구를 이용하여 작업한다.

문제 008

두께가 얇은 가공물 여러 개를 한 번에 너트로 고정하여 가공이 편리한 심봉은?

① 나사 심봉
② 조립식 심봉
③ 갱 심봉
④ 단체 심봉

해설 **갱 심봉(gang mandrel)**
두께가 얇은 여러 개의 얇은 원판형 공작물을 심봉에 끼우고 너트로 고정하여 사용된다.

문제 009

어미나사가 4산/인치인 선반에서 공작물 피치가 8mm인 나사를 깎을 때의 변환기어 잇수는?

① A=100, B=25, C=40, D=127
② A=60, B=30, C=127, D=100
③ A=30, B=60, C=127, D=100
④ A=30, B=100, C=127, D=200

해설 $\dfrac{5\times P}{127} = \dfrac{5\times 4\times 8}{127} = \dfrac{160}{127} = \dfrac{100\times 40}{25\times 127}$

문제 010

직경 60mm, 길이 150mm 연강소재를 절삭깊이 2.0mm, 이송 0.25mm/rev로 선삭한다. 이때 $VT^{0.1}=60$이 성립된다면 공구수명 3시간을 보장하는 절삭속도로 깎을 때 소요가공시간은 얼마인가?

① 3.15min
② 2.16sec
③ 3.17min
④ 2.32sec

해설
• 공구수명 $T=180\min$, $VT^{0.1}=60$,
$$V = \dfrac{60}{T^{0.1}} = \dfrac{60}{180^{0.1}} = 35.7\text{m/min}$$

• 소요회전수 $N = \dfrac{1000\times V}{\pi\times D} = \dfrac{1000\times 35.7}{\pi\times 60}$
$= 189.39\text{rpm}$

• 가공시간 $= \dfrac{L}{F\times N} = \dfrac{150}{0.25\times 189.39}$
$= 3.17\min$

문제 011

밀링 머신의 크기를 나타낼 때 테이블 좌우이송이 450mm, 새들 전후이송이 150mm, 상하이송이 300mm일 경우 밀링의 호칭번호는?

① No.0
② No.1
③ No.2
④ No.3

해설
• No.0 : 450×150×300mm
• No.1 : 550×200×400mm
• No.2 : 700×250×400mm
• No.3 : 850×300×450mm

답 006. ① 007. ② 008. ③ 009. ① 010. ③ 011. ①

문제 012

오버 암(over arm)은 아버가 휘는 것을 방지하기 위한 것으로서 한끝은 컬럼 위에 고정하고 강력 절삭을 하기 위하여 오버 암, 아버 지지부와 니를 오버 암 브레이스(over arm brace)로 보강한 밀링머신은?

① 수직 밀링 머신 ② 수평 밀링 머신
③ 만능 밀링 머신 ④ 생산형 밀링 머신

[해설] 수평 밀링머신(horizontal milling machine)
스핀들을 컬럼(column) 상부에 수평방향으로 장치하고 회전하며, 니는 상하로 이동하고, 새들은 전후방향, 테이블은 새들 위에서 좌우로 이송하므로 테이블은 컬럼의 앞면을 전후, 좌우, 상하 세 방향으로 이동하게 된다.
오버 암(over arm)은 아버가 굽는 것을 막기 위한 것으로서 한끝은 컬럼 위에 고정한다. 강력 절삭을 하기 위하여 오버 암, 아버 지지부와 니를 오버 암 브레이스(over arm brace)로 보강한다.

문제 013

래크절삭장치(rack cutting attachment)는 어느 밀링에서 사용되는가?

① 수직 밀링 ② 수평 밀링
③ 생산형 밀링 ④ 만능 밀링

[해설] 래크절삭장치(rack cutting attachment)
만능 밀링머신의 칼럼에 고정되고, 밀링머신의 주축에 의하여 회전이 전달되어 래크기어(rack gear)를 절삭할 때 사용한다. 공작물 고정용의 특수바이스(vice) 및 테이블 단부에 고정된 래크 장치에는 각종 피치(pitch)의 래크절삭이 가능하도록 기어 변환장치가 있다.

문제 014

그림의 커터 명칭은?

① 정면커터
② 평면커터
③ 측면 커터
④ 총형커터

[해설] 정면 밀링커터(face milling cutter)
외주와 정면에 절삭날이 있으며 밀링커터축에 수직인 평면을 가공에 쓰인다. 본체는 탄소강으로 팁을 납땜식, 심은날식, 스로어웨이(throw away)식으로 고정하여 사용하고 있으나, 최근에는 스로어웨이 밀링커터를 널리 사용한다.

문제 015

커터의 지름이 100mm이고, 커터의 날수 10개인 정면 밀링커터로 길이 150mm의 공작물을 절삭할 때 가공시간은 얼마인가? (단, 절삭속도 50m/min, 1날당 이송은 0.2mm로 한다.)

① 28초 ② 38초
③ 48초 ④ 59초

[해설]
$n = \dfrac{1000 \times 50}{3.14 \times 100} = 159\text{rpm}$

$f = f_z \times z \times n = 0.2 \times 8 \times 159 = 254.4\text{mm/min}$

$T = \dfrac{L+D}{f} = \dfrac{150+100}{254.4} = 0.98\text{분} = 59\text{초}$

문제 016

커터의 지름이 100mm이고, 커터의 날수 10개인 정면밀링커터로 길이 200mm인 공작물을 절삭할 때 가공시간은 얼마인가? (단, 절삭속도는 100m/min, 1날당 이송량은 0.2mm이다.)

① 56초 ② 46초
③ 36초 ④ 28초

[해설]
- 회전수
$N = \dfrac{1000V}{\pi D} = \dfrac{1000 \times 100}{\pi \times 100} = 318\text{rpm}$

- 테이블의 이송
$f = 0.2 \times 10 \times 318 = 636\text{mm/min}$

- 가공시간
$T = \dfrac{L+D}{f} = \dfrac{200+100}{636} = 0.47\text{분} = 28.3\text{초}$

[답] 012. ② 013. ④ 014. ① 015. ④ 016. ④

문제 017

지름 50mm, 날수 15개인 페이스커터로 밀링 가공할 때 주축의 회전수가 200rpm, 이송속도가 매분 당 1500mm였다. 이때의 커터 날 1개당 이송량은?

① 0.5　　② 1
③ 1.5　　④ 2

해설 $f_z = \dfrac{f}{z \cdot N} = \dfrac{1500}{15 \times 200} = 0.5$

문제 018

단식 분할법에서 54구멍판을 사용하여 원주를 18등분하면?

① 2회전하고 12구멍 회전
② 2회전하고 14구멍 회전
③ 4회전하고 12구멍 회전
④ 4회전하고 14구멍 회전

해설 $n = 40 = \dfrac{18}{100} = 2\dfrac{4}{18} = 2\dfrac{2}{9} = 2\dfrac{2 \times 6}{9 \times 6} = 2\dfrac{12}{54}$

문제 019

$5\dfrac{1}{2}°$를 각도 분할할 때 분할 크랭크의 회전수로 맞는 것은?

① 분할크랭크 18구멍열에서 15구멍 이동시킨다.
② 분할크랭크 21구멍열에서 11구멍 이동시킨나.
③ 분할크랭크 18구멍열에서 11구멍 이동시킨다.
④ 분할크랭크 21구멍열에서 15구멍 이동시키다.

해설 $\dfrac{5.5}{9} = \dfrac{11}{18}$

문제 020

지름이 100mm인 일감에 리드 600mm의 오른나사 헬리컬 홈을 깎고자 한다. 테이블이송나사는 피치가 10m인 밀링머신에서. 테이블 선회각을 $\tan\theta$로 나타낼 때 옳은 값은?

① 1.90　　② 31.41
③ 0.03　　④ 0.52

해설 $\theta = \dfrac{\pi D}{L} = \dfrac{\pi \times 100}{600} = 0.52$

문제 021

담금질된 합금강이나 탄소강을 연삭할 때 제일 적당한 숫돌은?

① WA숫돌　　② GA숫돌
③ GC숫돌　　④ C숫돌

해설
- A 숫돌 : 일반강
- WA 숫돌 : 고속도강, 담금질강, 합금강
- C 숫돌 : 주철, 비철금속
- GC 숫돌 : 초경합금

문제 022

초경합금 등을 연삭하는데 적합하며 녹색 탄화규소 질인 연삭숫돌은?

① WA숫돌　　② A숫돌
③ C숫돌　　④ GC숫돌

해설
- A 숫돌 : 일반강
- WA 숫돌 : 고속도강, 담금질강, 합금강
- C 숫돌 : 수철, 비철금속
- GC 숫돌 : 초경합금

문제 023

탄소강 중 인장강도와 경도가 최대인 것은 어느 것인가 ?

① 아공석강　　② 공석강
③ 극연강　　④ 과공석강

답 017.① 018.① 019.③ 020.④ 021.① 022.④ 023.②

해설 인장강도와 경도는 공석강(0.85%C)에서 최대가 되고 인장강도는 그후 감소한다.

문제 024

Fe-Fe₃C계 평형상태도에서 Acm선은?

① 시멘타이트의 자기변태선
② γ고용체로 부터 Fe₃이 석출되기 시작하는 온도선
③ γ고용체로부터 펄라이트(pearlite)로 변태하는 선
④ δ고용체의 γ고용체 석출 완료선

문제 025

탄소강에서 탄소가 증가할수록 감소하는 성질은?

① 인장강도 ② 경도
③ 항복점   ④ 비중

해설 탄소강에서 탄소량이 증가에 따라 비중, 열팽창계수, 열전도도는 감소한다.

문제 026

다음 탄소강의 기본조직 중에서 공석강으로 페라이트와 시멘타이트의 층상조직으로 현미경에서 수백 배 이상의 높은 배율에서 명암이 층상으로 나타나는 조직은?

① 페라이트   ② 오스테나이트
③ 펄라이트   ④ 시멘타이트

문제 027

온도가 변화해도 열팽창계수, 탄성계수 등이 변하지 않는 불변강에 해당되지 않는 것은?

① 인바(invar)
② 코엘린바(coelinvar)
③ 인코넬(inconel)
④ 플래티나이트(platinite)

해설 인코넬은 내열강의 한 종류이다.

문제 028

주철 중의 인(P)은 어떤 작용을 하는가?

① 내열성을 증가시킨다.
② 인성을 준다.
③ 강도와 경도를 증가시킨다.
④ 유동성을 좋게 한다.

해설 인(P) : 유동성 증가로 얇은 주물에서 유용함.

문제 029

인장시험에서 표점 거리 50mm, 지름 14mm인 시편이 2000kgf에서 절단되었다. 이때 표점 거리가 60mm가 되었다면 인장강도는 약 몇 kgf/mm² 인가?

① 13   ② 23
③ 33.4 ④ 10.2

해설 $\sigma_B = \dfrac{P\max}{A_o} = \dfrac{4 \times 2000}{\pi \times 14^2} = 12.9922\,\text{kgf/mm}^2$

문제 030

다음 진리값에 해당되는 회로는?

입력신호		출력
A	B	C
0	0	0
0	1	0
1	0	0
1	1	1

① NOT 회로   ② NOR 회로
③ AND 회로   ④ OR 회로

문제 031

유량제어 밸브를 실린더의 입구 측에 설치한 회로는 무엇이라 하는가?

① 미터 인 회로
② 미터 아웃 회로
③ 블리드 오프 회로
④ 카운터 밸런스 회로

답 024. ② 025. ④ 026. ③ 027. ③ 028. ④ 029. ① 030. ③ 031. ①

[해설] 유량제어 밸브를 실린더의 입구 측에 설치한 회로는 미터 인 회로이다.

문제 032

압축공기 윤활기의 원리는?
① 벤투리의 원리 ② 연속의 법칙
③ 베르누이의 원리 ④ 파스칼의 원리

문제 033

공기압에서 일반적으로 필터 엘리먼트는 메시의 크기에 따라 분류한다. 일반적으로 많이 이용되는 필터 엘리먼트의 크기는 몇 ηm인가?
① 0.01~1 ② 0.1~1
③ 5~20 ④ 40~70

문제 034

일정한 압력 하에 체적이 5m³일 때, 온도가 10℃인 공기의 온도를 50℃로 높이면 체적(m³)은 얼마인가?
① 2.2 ② 5.7
③ 9.2 ④ 12.7

[해설] 샬의 법칙에 의거하여
$$\frac{P_1 T_1}{T_1} = \frac{P_2 T_2}{T_2} \quad V_2 = \frac{T_2}{T_1} \times V_1$$
$$= \frac{273-50}{273+10} \times 5 = 5.7$$

문제 035

다음 그림은 무엇을 나타낸 기호인가?
① 릴리프 밸브
② 감압 밸브
③ 무부하 밸브
④ 시퀀스 밸브

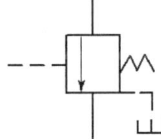

문제 036

치공구의 기능으로 볼 수 없는 것은?
① 공구의 수명감소
② 공작물의 위치결정
③ 공작물의 지지
④ 공작물의 고정

[해설] 치공구는 공작물의 위치 결정, 공구의 안내(드릴 지그), 공작물의 지지 및 고정 등의 기능을 갖추고 있어 공작물의 주어진 한계 내에서 가공하게 되고, 다량으로 생산되는 부품의 제조비용을 절감하는데 도움이 되며 그 중요성은 호환성과 정확성, 정밀성에 있다.

문제 037

치공구의 사용상 이점이라고 볼 수 없는 것은?
① 기계 설비를 최소로 활용한다.
② 제품의 균일화에 의하여 검사업무가 감소된다.
③ 가공정밀도 향상 및 호환성으로 불량품을 방지한다.
④ 작업의 숙련도 요구가 감소한다.

문제 038

치공구 설계제작 비용이 350,000원이고, 임금이 2,500,000원일 때 7,000개의 부품을 밀링 가공한다면 부품단가는 얼마인가?
① 305 ② 407
③ 510 ④ 615

[해설]
$$C_p = \frac{350,000 + 2,500,000}{7,000} = 407원$$
$$C_p = \frac{T_c + L}{L_s}$$
여기서, C_p : 부품단가
T_c : 치공구비용
L : 노임
L_s : 로트수량

[답] 032. ① 033. ③ 034. ② 035. ④ 036. ① 037. ① 038. ②

문제 039

다음 중 기계가공용 지그와 고정구로 볼 수 없는 것은?

① 브로치 지그
② 드릴 지그
③ 보링지그
④ 카운터 보어 지그

해설 기계가공용 치공구 : 드릴, 탭, 밀링, 선반, 연삭, MCT, CNC, 보링, 기어절삭, 브로치, 래핑, 평삭, 방전, 레이저작업 등을 위한 치공구

문제 040

주로 깊이 검사 등에 사용되는 것으로서 슬리브와 핀으로서 구성되고 그 양단 면의 차를 손끝 또는 손톱 끝으로 판정하는 게이지는?

① 플러시 핀 게이지
② 스냅 게이지
③ 플러그 게이지
④ 링 게이지

해설 플러시 핀 게이지(Flush pin Gage)
주로 깊이 검사 등에 사용되는 것으로서 슬리브와 핀으로서 구성되고 그 양단 면의 차를 손끝 또는 손톱 끝으로 판정하는 게이지이며, 독일에서는 타스테라고도 부른다. 그 이용 범위는 매우 넓다.

문제 041

재밍(Jamming)의 원인이 아닌 것은?

① 모떼기
② 맞물림 길이
③ 작업자의 손의 흔들림
④ 틈새의 크기

해설 재밍의 주요 원인은 마찰에 의해 발생되며 틈새, 끼워지는 맞물림 길이, 작업자의 손 흔들림도 원인이 된다.

문제 042

다음 프로그램에서 보조 프로그램이 실행되는 횟수는?

```
O2000 ; N100 ——————— ;
(중간생략)
N200 M98 P2001 L2 ;
N210 ——————— ;
N220 M98 P2001 ;
(중간생략)
N300 ——————— ;
N310 M02 ;
```

① 2회
② 3회
③ 4회
④ 5회

문제 043

CNC 선반프로그래밍에서 절삭이송 속도를 회전당 공구의 이송량으로 지정할 때 사용하는 G코드는?

① G96
② G97
③ G98
④ G99

문제 044

다음 ( ) 안에 알맞은 것은?

여러 개의 도형요소를 그룹핑(grouping)하는 것으로 이 그룹을 ( )라 한다. ( )는(은) 모델에서 언제든지 부를 수 있는 요소모델의 기본단위이다.

① 셀(cell)
② 오브젝트(object)
③ 엘리먼트(element)
④ 점(point)

답 039. ④ 040. ① 041. ① 042. ② 043. ④ 044. ①

문제 045

와이어컷 방전가공의 가공 액으로 물(Water)을 사용하였을 때 장점이 아닌 것은?

① 취급이 용이하고 화재의 위험이 없다.
② 공작물과 와이어 전극을 빠르게 냉각시킨다.
③ 전극에 강제 진동을 발생시켜 극간 접촉을 원활하게 도와준다.
④ 가공 시 발생되는 불순물의 배제가 용이하다.

해설 가공액의 물을 사용했을 때 장점
전극에 강제 진동이 발생하더라도 극간 접촉이 일어나지 않게 도와준다.

문제 046

수조에 설치된 상한, 하한 액면 스위치에 의해 전동기와 펌프가 자동으로 제어되는 양수 장치 제어계에서 제어량은?

① 수조의 수위
② 상한, 하한 액면 스위치
③ 펌프의 토출량
④ 액면 스위치의 개폐 상태

문제 047

다음 중 자동화 시스템에서 신호의 성격이 연속 신호에 해당하는 것은?

① 아날로그신호   ② 디지털신호
③ ON-OFF신호   ④ 2위치신호

문제 048

자동화 시스템을 구성할 때 필요한 5대 요소를 나열한 것으로 가장 올바른 것은?

① 프로세서, 액추에이터, 소프트웨어, 로봇, 네트워크
② 프로세서, 네트워크, 액추에이터, PLC, 센서
③ 프로세서, 액추에이터, 센서, 네트워크, 소프트웨어
④ 액추에이터, 센서, 네트워크, PLC, 로봇

문제 049

다음 PLC의 구성 중 출력부가 아닌 것은?

① 표시등   ② 실린더
③ 전동기   ④ 광센서

문제 050

길이 1m인 강이 20℃에서 25℃로 온도가 변화했을 때 온도 변화에 따라 늘어난 길이는 얼마인가? (단, 강의 열팽창 계수는 11.5×10^{-6}/℃이다.)

① $575\eta m$ ② $57.5\eta m$
③ $5.75\eta m$ ④ $0.575\eta m$

해설 늘어난 길이 = $11.5(10^{-6}) \times 5° = 57.5(10^{-6})$

문제 051

가공된 축이 일정한 치수의 공차 범위에 있는지 검사하는데 적합한 게이지는?

① 센터 게이지   ② 스냅 게이지
③ 반지름 게이지   ④ 플러그 게이지

문제 052

최대 측정길이 175mm의 마이크로미터를 사용할 때 기준봉의 허용지수는 $\pm 3\mu m$이고 마이크로미터의 종합 오차는 $\pm 4\mu m$이다. 기준봉을 사용하여 영점을 조정할 때 일어날 수 있는 최대 오차는?

① $\pm 7\mu m$ ② $\pm 12\mu m$
③ $\pm 11\mu m$ ④ $\pm 5\mu m$

해설 $\sqrt{3^2 + 4^2} = 5$

답 045.③ 046.① 047.① 048.③ 049.④ 050.② 051.② 052.④

문제 053

측정물을 광학적으로 확대하여 그 상을 스크린 상에 투영하고 윤곽의 형상이나 치수 등을 측정하는 것은?

① 미니미터(minimeter)
② 컴퍼레이터(comparator)
③ 투영기(profile projector)
④ 미크로케이터(mikorkator)

해설 투영기(profile projector)는 측정물을 광학적으로 확대하여 그 상을 스크린 상에 투영하고 윤곽의 형상이나 치수 등을 측정하기 위한 측정기이다.

문제 054

마이크로미터의 스핀들을 광선정반(optical flat)으로 적색간섭 무늬수가 3개로 측정되었을 때 평면도는 얼마인가?

① $0.96\mu m$
② $1.92\mu m$
③ $2.56\mu m$
④ $3.78\mu m$

해설 평면도 $= n \times \lambda = 3 \times 0.32 = 0.96 \mu m$

문제 055

일정 통제를 할 때 1일당 그 작업을 단축하는데 소요되는 비용의 증가를 의미하는 것은?

① 정상소요시간(Normal duration time)
② 비용견적(Cost estimation)
③ 비용구배(Cost slope)
④ 총비용(Total cost)

문제 056

일반적으로 품질코스트 가운데 가장 큰 비율을 차지하는 것은?

① 평가코스트
② 실패코스트
③ 예방코스트
④ 검사코스트

문제 057

다음은 관리도의 사용 절차를 나타낸 것이다. 관리도의 사용 절차를 순서대로 나열한 것은?

> ㉠ 관리하여야 할 항목의 선정
> ㉡ 관리도의 선정
> ㉢ 관리하려는 제품이나 종류 선정
> ㉣ 시료를 채취하고 측정하여 관리도를 작성

① ㉠→㉡→㉢→㉣
② ㉠→㉢→㉣→㉡
③ ㉢→㉠→㉡→㉣
④ ㉢→㉣→㉠→㉡

문제 058

표준시간 설정 시 미리 정해진 표를 활용하여 작업자의 동작에 대해 시간을 산정하는 시간연구법에 해당되는 것은?

① PTS
② 스톱워치법
③ 워크샘플링법
④ 실적자료법

문제 059

계수값 규준형 1회 샘플링 검사에 대한 설명 중 가장 거리가 먼 내용은?

① 검사에 제출된 로트에 관한 사전의 정보는 샘플링 검사를 적용하는데 직접적으로 필요로 하지 않는다.
② 생산자 측과 구매자 측이 요구하는 품질 보호를 동시에 만족시키도록 샘플링 검사 방식을 선정한다.
③ 파괴검사의 경우와 같이 전수검사가 불가능한 때에는 사용할 수 없다.
④ 1회만의 거래 시에도 사용할 수 있다.

답 053. ③ 054. ① 055. ③ 056. ② 057. ③ 058. ① 059. ③

문제 060

표준시간을 내경법으로 구하는 수식은?

① 표준시간=정미시간+여유시간
② 표준시간=정미시간×(1+여유율)
③ 표준시간=정미시간×$(\dfrac{1}{1-여유율})$
④ 표준시간=정미시간×$(\dfrac{1}{1+여유율})$

답 060. ③

2019년 기출복원문제

최근 기출문제

문제 001
스프링이나 기어 등의 경도나 피로 강도를 크게 할 목적으로 하는 특수 공작법은?
① 덤블링   ② 방전가공
③ 쇼트피닝   ④ 초음파가공

문제 002
밀링 머신에서 탄소강의 경우 절삭속도 70m/min, 커터의 지름 100m, 매분당 이송 400mm/min, 절삭저항 1177N일 때 절삭동력은? (단, 효율은 100%임)
① 1.87PS   ② 2.13PS
③ 10.66PS   ④ 28PS

해설
$$N_c = \frac{P \times V}{75 \times 60 \times \eta \times 9.81} = \text{PS}$$
$$N_c = \frac{1177 \times 70}{75 \times 60 \times 1 \times 9.81} = 1.87\text{PS}$$

문제 003
선반에서 맨드릴을 사용하는 주된 목적은?
① 독기가 있어 센터 작업이 곤란하기 때문에
② 가늘고 긴 가공물의 작업을 위하여
③ 내, 외경과 내경이 동심이 되도록 가공하기 위하여
④ 척킹이 곤란하기 때문에

문제 004
절삭면적의 표시방법 중 옳은 것은?
① 절삭깊이 × 이송   ② 절삭속도 × 이송
③ 절삭저항 × 이송   ④ 절삭폭 × 이송

문제 005
보통 선반의 기하학적 정확정밀도 검사에서 검사항목으로 거리가 먼 것은?
① 척의 흔들림
② 주축대 센터와 심압대 센터와의 높이차
③ 심압대 운동과 왕복대 운동과의 평행도
④ 가로 이송대의 운동과 주축 중심선과의 직각도

문제 006
그림과 같이 테이퍼를 선삭하는 데 심압대를 편위시켜 가공한다고 하면 심압대의 편위거리는 몇 mm인가?
① 6
② 10
③ 16
④ 20

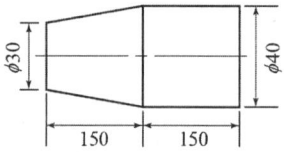

문제 007
양 센터 작업을 할 때 바이트 날끝 높이는 바르게 고정하여 절삭했는데, 심압대 측이 가늘게 테이퍼로 깎여졌다. 그 원인은?
① 주축대 축의 센터가 심압대 측 센터보다 높았다.
② 심압대 측의 센터가 주축대 측 센터보다 낮았다.
③ 양쪽 센터의 높이는 같으나 심압대 측의 센터가 작업자 쪽으로 기울어졌다.
④ 양쪽 센터의 높이는 같으나 심압대 측의 센터가 작업자 반대쪽으로 기울어졌다.

답 001. ③ 002. ① 003. ③ 004. ① 005. ① 006. ② 007. ③

해설: 테이퍼 가공 시 심압대를 작업자 쪽으로 움직이면 심압대 쪽이 가늘게 가공되고, 반대쪽으로 움직이면 주축 쪽이 가늘어 진다.

문제 008

절삭공구의 구비조건이 아닌 것은?

① 가공재료보다 경도가 클 것
② 인성강도와 내마모성이 클 것
③ 고온에서 경도가 감소될 것
④ 공구의 제작이 쉬울 것

해설: 접촉부분이 끊어지지 않고 새로운 면이 생성되기 때문에 산화되지 않는다.

문제 009

초음파가공에 대한 설명으로 틀린 것은?

① 유리나 다이아몬드를 가공 할 수 있다.
② 가공재료의 제한이 매우 작다.
③ 복잡한 형상은 쉽게 가공 할 수 없다.
④ 구멍 뚫기, 문자, 절단 등의 가공에 효율적이다.

해설: 복잡한 형상은 쉽게 가공 할 수 있다.

문제 010

선반작업에서 외경 60mm, 길이 100mm의 연강 환봉을 초경 바이트로 1회 절삭할 때 걸리는 가공시간을 구하면? (단, 절삭속도 60m/min, 이송량은 0.2mm/rev이다.)

① 약 0.5분   ② 약 1.6분
③ 약 3.2분   ④ 약 5.5분

해설:
$$n = \frac{1000V}{\pi \cdot D} = \frac{1000 \times 60}{\pi \times 60} = 318$$
$$T = \frac{L}{nf}i = \frac{100}{318 \times 0.2} = 1.57 ≒ 1.6분$$

문제 011

선반의 크기를 잘못 표현한 것은?

① 베드위의 스윙
② 왕복대위의 스윙
③ 심압대위의 스윙
④ 양 센터 사이의 최대 거리

문제 012

절삭공구 재요의 구비 조건에 대한 설명 중 틀린 것은?

① 피절삭재 보다는 경도가 높을 것
② 내마명성이 높을 것
③ 절삭온도가 높아져도 경도가 저하되지 않을 것
④ 취성이 클 것

문제 013

연삭숫돌 표면의 기공에 칩이 메워지게 되므로 연삭이 잘 안 되는 현상은?

① 드레싱(dressing)
② 프레싱(pressing)
③ 트루잉(truing)
④ 로우딩(loading)

문제 014

보링 머신은 주축이 수평형과 수직형이 있다. 이 중 수평형 보링머신 종류가 아닌 것은?

① 테이블형
② 플로어형
③ 크로스 레일형
④ 플레이너형

답: 008. ③ 009. ③ 010. ② 011. ③ 012. ④ 013. ④ 014. ③

문제 015
공작물을 가공할 때 절삭온도를 측정하는 방법이 아닌 것은?
① 칩의 색깔에 의해 측정하는 방법
② 칼로리메터에 의한 방법
③ 복사 고온계에 의한 방법
④ 마노메타에 의한 방법

문제 016
절삭속도(m/min), T : 공구의 수명(min), n : 공구, 공작물에 의해 변하는 지수, C : 공구, 공작물, 절삭 조건에 따라 변하는 값이라고 할 때, 다음 중 옳은 관계식은?
① (VT/n)=C   ② VTn=C
③ CTn=C   ④ TVn=C

문제 017
공작기계 주철 베드의 표면을 경화시키는 데 다음 중 가장 효과적인 방법은?
① 염욕법
② 청화법
③ 고주파 경화 처리법
④ 머플로법

문제 018
기어 절삭 시 창성법을 이용하여 가공하는 기계는?
① 선반   ② 밀링 머신
③ 호빙 머신   ④ 기어 전조기

문제 019
테이블(table)이 수평면 내에서 회전하는 것으로서, 공구의 길이방향 이송이 수직방향으로 되어 있으며, 대형이고 중량물의 일감을 깎는데 쓰이는 선반(lathe)은?
① 차륜(wheel)선반
② 공구(tool room)선반
③ 정면(face)선반
④ 수직(vertical)선반

문제 020
금속의 절삭가공에서 유동형 칩(Flow type chip)을 얻기 위한 조건으로 틀린 것은?
① 윤활성이 좋은 절삭유제를 사용한다.
② 절삭 깊이를 작게 하여야 한다.
③ 공구 윗면 경사각을 작게 하여야 한다.
④ 절삭속도를 크게 하여야 한다.

문제 021
여러 가지 절삭 공구를 공정 순서대로 고정하여, 작업하는 선반은?
① 수직선반(Vertical Lathe)
② 공구선반(Tool Lathe)
③ 탁상선반(Bench Lathe)
④ 터릿선반(Turret Lathe)

문제 022
드릴링 머신에서 절삭속도 20m/min, 드릴의 지름 25mm, 이송속도 0.1mm/rev, 드릴 끝 원추높이를 5.8mm라 하면 98mm 깊이의 구멍을 뚫을 때 소요 되는 절삭 시간은?
① 약 8분 3초   ② 약 6분 6초
③ 약 4분 4초   ④ 약 2분 2초

해설
$$T = \frac{t+h}{ns} = \frac{\pi D(t+h)}{1000 v \cdot s} = \frac{\pi \times 25 \times (98+5.8)}{1000 \times 20 \times 0.1}$$
$$= 4.104 ≒ 4분 4초$$

문제 023
주강의 재료기호 SC410에서 410은 무엇을 나타내는가?

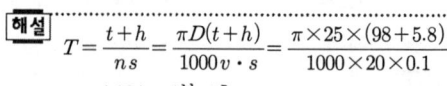
답 015. ④ 016. ② 017. ③ 018. ③ 019. ④ 020. ③ 021. ④ 022. ③ 023. ②

① 탄소함량
② 인장강도
③ 항복점 또는 내구력
④ 뜨임온도

문제 024

인장시험에서 표점 거리 50mm, 지름 14mm 인 시편이 2000N에서 절단되었다. 이때 표점 거리가 60mm가 되었다면 인장강도는 약 몇 N/mm²인가?

① 13 ② 23
③ 33.4 ④ 10.2

해설
$$\sigma_B = \frac{P_{max}}{A_o} = \frac{4 \times 2000}{\pi \times 14^2} = 12.9922 ≒ 13 \text{N/mm}^2$$

문제 025

재료의 인장시험으로 알 수 없는 것은?

① 탄성계수 ② 연신율
③ 비례한도 ④ 피로한도

문제 026

그림은 동일한 담금질을 했을 때 탄소강과 Cr-V 강의 담금질한 경도 분포를 나타내었다. 이에 대한 설명 중 틀린 것은? (단, 담금질 전 두 재료의 경도는 HV200 수준으로 동일하다고 가정한다.)

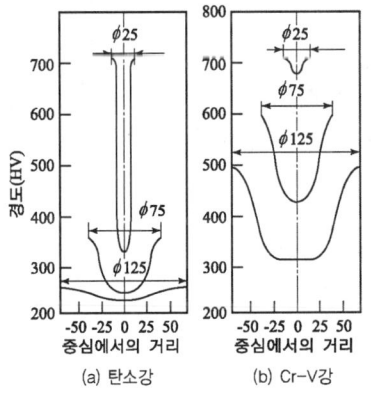

(a) 탄소강   (b) Cr-V강

① 탄소강에서 비교적 가는 봉은 중심부와 표면의 경도차가 매우 크다.
② 탄소강에서 지름이 큰 경우 내·외부 경도차가 거의 없거나 작은 편이며 전체적으로 경도가 낮다.
③ ∅25 Cr-V강의 경우 동일 지름의 탄소강에 비하여 경도의 분포가 고르고 질량 효과가 적다.
④ Cr-V강에 비하여 탄소강이 전체적으로 담금질이 잘 된다.

문제 027

큰 하중에 견디는 동시에 바닥은 인성이 있어서 축과 잘 어울리고 충격과 진동에도 잘 견디며, 열전도가 커서 고속도, 큰 하중의 기계용으로 가장 적합한 베어링 합금은?

① Sn+Sb+Cu
② Pb+Sb+Sn
③ Zn+Cu+Sn+Pb
④ Al+Sn+Cu+Ni

문제 028

세라믹 공구의 주성분은?

① Co-Cr-W-C
② Al_2O_3
③ W-Cr-V-Fe-C
④ Fe_2O_3

문제 029

주조할 때 주물표면에 금속 형을 대어 백선화시켜 경도, 내마모성, 내압성을 크게 한 주철은?

① 고급주철
② 구상흑연주철
③ 가단주철
④ 칠드주철

답 024.① 025.④ 026.④ 027.① 028.② 029.④

문제 030

공압 시스템에서 고장의 원인이 아닌 것은?
① 공급 공기유량 부족으로 인한 고장
② 수분으로 인한 고장
③ 이물질로 인한 고장
④ 외부온도에 의한 고장

문제 031

다음 중 공압 시스템에서 수분에 의한 고장으로 보기 어려운 것은?
① 밸브의 고착
② 갑작스런 압력강하
③ 부식 작용에 의한 손상
④ 에멀션 상태가 되어 밸브의 오동작

문제 032

다음 회로와 같이 입력되는 복수의 조건 중 어느 한 개라도 입력조건이 충족되면 출력(ON)이 나오는 회로는?

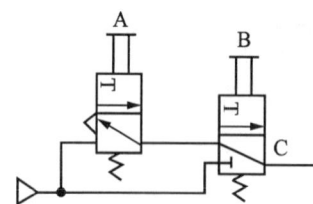

① NOR 회로
② NOT 회로
③ OR 회로
④ AND 회로

문제 033

공압 시스템에서의 고장원인에 속하지 않는 것은?
① 공급유량 부족으로 인한 고장
② 수분으로 인한 고장
③ 솔레노이드 소음으로 인한 고장
④ 이물질로 인한 고장

문제 034

유압작동유의 점도가 너무 낮을 경우 기계의 운전에 미치는 영향으로 옳은 것은?
① 용적효율 저하
② 동력손실의 증대
③ 유동저항의 증대
④ 캐비테이션 발생

문제 035

유압 작동유의 구비조건으로 옳지 않은 것은?
① 장시간 사용하여도 화학적으로 안정되어야 한다.
② 열은 외부로 방출되어서는 안 된다.
③ 녹이나 부식이 없어야 한다.
④ 적정한 점도가 유지되어야 한다.

[해설] 열을 외부로 전달시킬 수 있어야 한다.

문제 036

편측 공차 $5.250^{+0.010}_{0.000}$을 동등 양측 공차로 옳게 변환한 것은?
① 5.255 ± 0.005
② 5.255 ± 0.010
③ 5.260 ± 0.005
④ 5.260 ± 0.010

[해설]
㉠ $0.01 + 0 = 0.01$
㉡ $0.01 \div 2 = 0.005$
㉢ $5.250 + 0.005 = 5.255 \pm 0.005$

문제 037

드릴 부시 종류 중 공구를 직접 안내하지 않는 부시는?
① 고정 부시
② 라이너 부시
③ 회전형 삽입 부시
④ 고정형 삽입 부시

답 030. ④ 031. ② 032. ③ 033. ③ 034. ① 035. ② 036. ① 037. ②

문제 038

직육면체의 직각인 두 면상의 구멍을 가공할 때 가장 적합한 지그는?

① 템플릿지그 ② 박스지그
③ 펌프지그 ④ 채널지그

문제 039

절삭공구 안내가 아니라 교환부시를 안내하는 부시는?

① 고정 부시 ② 삽입 부시
③ 라이너 부시 ④ 널링 부시

문제 040

구멍용 플러그 한계게이지 설계 시 통과측 치수로 올바른 것은?

① (구멍의 최대치수 + $\dfrac{게이지\ 공차}{2}$) + 게이지 공차

② (구멍의 최소치수 + 마모여유 − $\dfrac{게이지\ 공차}{2}$) + 게이지공차

③ (구멍의 최소치수 − 마모여유) + $\dfrac{게이지\ 공차}{2}$ + 게이지공차

④ (구멍의 최대치수 + $\dfrac{게이지\ 공차}{2}$) − 게이지 공차

해설 구멍용 플러그 한계게이지(PLUG GAGE) (ISO, KS, JIS방식)
- 통과 측 = (구멍의 최소치수 + 마모여유 − $\dfrac{게이지\ 공차}{2}$) + 게이지 공차
- 정지 측 = (구멍의 최대치수 + $\dfrac{게이지\ 공차}{2}$) − 게이지 공차

문제 041

원통체 공작물의 위치 결정 방법 중 수직 중심을 항상 동일 위치에 설치되도록 지지하는 방법은?

① 척 지지구 ② 평면 지지구
③ C-Block 지지구 ④ V-Block 지지구

문제 042

솔리드 모델링(solid modelling)방법의 특징으로 적당한 것은?

① 물리적 성질의 계산이 불가능하다.
② CSG(Constructive Solid Geometry)에서는 모델 → 면 → 모서리선 → 꼭지점식으로 데이터 구조를 계층구조로 표현한다.
③ 경계 표현 방법(Boundary Representation)에서는 기본적인 프리미티브의 합, 차, 곱 등의 연산으로 솔리드 모델을 구성한다.
④ 복잡한 계산이 필요하여 연산 처리에 시간이 걸린다.

해설 솔리드 모델링 : 체적 정보에 의한 모델
- 간섭 체크 및 은선 제거 가능하다.
- 물리적 성질 계산 가능(부피, 무게중심, 관성M)하다.
- Boolean연산(합·적·차)을 통하여 복잡형상 표현도 가능하다.
- 유한요소법(FEM) 적용이 가능하다.
- 형상을 절단한 단면도 작성이 용이하다.
- 이동, 회전을 통하여 정확한 형상파악 가능하다.
- 컴퓨터의 메모리양 증가, 데이터 처리시간 증가한다.

문제 043

CNC 선반에서 1000rpm으로 회전하는 스핀들에 4회전 휴지를 주려고 한다. 정지시간은 약 얼마인가?

① 0.1초 ② 0.25초
③ 1초 ④ 1.5초

답 038. ② 039. ③ 040. ② 041. ④ 042. ④ 043. ②

해설 정지시간(sec) = $\dfrac{60}{\text{드릴회전수(rpm)}} \times \text{드웰회전수}$

따라서 $\dfrac{60}{1000} \times 4 = 0.24 ≒ 0.25$초이다.

문제 044
원호 보간 지령에서 오른손 좌우 시계방향으로 가공할 때에 올바른 지령은?
① G01 ② G02
③ G03 ④ G04

문제 045
CNC 선반 프로그래밍에서 절삭이송 속도를 회전당 공구의 이송량으로 지정할 때 사용하는 G코드는?
① G96 ② G97
③ G98 ④ G99

문제 046
아래 그림과 같은 기호로 표현되며, 조작 후에 손을 떼면 접점은 그대로 유지되지만 조작 부분은 본래의 상태로 복귀되는 스위치는?
① 복귀형 스위치
② 근접 스위치
③ 잔류형 스위치
④ 리미트 스위치

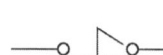

문제 047
반사식 광전스위치로 감지할 수 없는 물체는?
① 금속용기 ② 나무제품
③ 종이상자 ④ 투명유리

문제 048
정해진 작업순서에 의하여 공정이 진행되는 제어로 맞는 것은?
① 시퀀스 제어 ② 논리 제어
③ 디지털 제어 ④ 아날로그 제어

문제 049
다음 중 자동화 시스템에서 신호의 성격이 연속신호에 해당하는 것은?
① 아날로그신호 ② 디지털신호
③ ON-OFF신호 ④ 2위치신호

문제 050
KS 표준에 따른 스퍼 기어 및 헬리컬 기어의 측정 요소에 해당하지 않는 것은?
① 피치 ② 잇줄
③ 이형 ④ 유효 지름

문제 051
표면거칠기에 대한 다듬질 기호 중 Rz에 해당되는 표면거칠기 범위는?
① $0.8\mu m$ 이하   ② $1.5\mu m \sim 6\mu m$
③ $12\mu m \sim 25\mu m$ ④ $25\mu m$ 이상

문제 052
측정 면에 대해서 수직방향에 미동(微動)할 수 있는 앤빌을 구비하고, 앤빌의 이동량을 읽을 수 있도록 인디케이터를 내장한 마이크로미터는?
① 지시 마이크로미터
② 하이트 마이크로미터
③ V홈 마이크로미터
④ 포인트 마이크로미터

답 044. ② 045. ④ 046. ③ 047. ④ 048. ① 049. ① 050. ④ 051. ② 052. ①

문제 053

지렛대식 다이얼 테스트 인디케이터는 무엇에 의해 측정치를 읽도록 한 것인가?

① 허브와 딤블
② 철자
③ 다이얼 눈금과 지침
④ 지렛대

문제 054

N.P.L식 각도 게이지의 설명 중 틀린 것은?

① 광학적인 각도 측정기와 병행해서, 게이지 면을 반사면으로 사용하면 각도의 측정이 가능하다.
② 게이지 블록과 같이 밀착하여 사용할 수 있다.
③ 게이지 면이 크고 개수도 적게 한 것이다.
④ 각도 게이지를 조합할 때 홀더가 필요하다.

문제 055

그림의 OC곡선은 보고 가장 올바른 내용을 나타낸 것은?

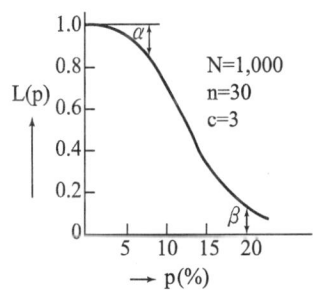

① α : 소비자 위험
② L(p) : 로트의 합격확률
③ β : 생산자 위험
④ 불량률 : 0.03

문제 056

품질관리 활동의 초기단계에서 가장 큰 비율로 들어가는 코스트는?

① 평가코스트 ② 실패코스트
③ 예방코스트 ④ 검사코스트

문제 057

일반적으로 품질코스트 가운데 가장 큰 비율을 차지하는 코스트는?

① 평가코스트 ② 실패코스트
③ 예방코스트 ④ 검사코스트

문제 058

계수 규준형 1회 샘플링 검사(KS A 3102)에 관한 설명 중 가장 거리가 먼 내용은?

① 검사에 제출된 로트의 제조공정에 관한 사전 정보가 없어도 샘플링 검사를 적용할 수 있다.
② 생산자 측과 구매자 측이 요구하는 품질 보호를 동시에 만족시키도록 샘플링 검사 방식을 선정한다.
③ 파괴검사의 경우와 같이 전수검사가 불가능한 때에는 사용할 수 없다.
④ 1회만의 거래 시에도 사용할 수 있다.

문제 059

다음 중 샘플링 검사보다 전수검사를 실시하는 것이 유리한 경우는?

① 검사항목이 많은 경우
② 파괴검사를 해야 하는 경우
③ 품질특성치가 치명적인 결점을 포함하는 경우
④ 다수 다량의 것으로 어느 정도 부적합중이 섞여도 괜찮을 경우

답 053. ③ 054. ④ 055. ② 056. ② 057. ② 058. ③ 059. ③

문제 060

축의 완성지름, 철사의 인장강도, 아스피린 순도와 같은 데이터를 관리하는 가장 대표적인 관리도는?

① c 관리도 ② nP 관리도
③ u 관리도 ④ x-B 관리도

답 060. ④

길잡이 기계기사 시리즈
기계가공기능장 필기

정가 32,000원

- 공　　저　정 연 택 · 손 일 권
　　　　　　조 영 배 · 전 준 규
- 발 행 인　차　　승　　녀

- 2010년　5월 15일　제1판 제1인쇄 발행
- 2012년　1월 16일　제2판 제1인쇄 발행
- 2014년　3월 15일　제3판 제1인쇄 발행
- 2015년　2월 10일　제4판 제1인쇄 발행
- 2015년 10월 30일　제5판 제1인쇄 발행
- 2016년 12월 26일　제6판 제1인쇄 발행
- 2017년　2월 27일　제6판 제2인쇄 발행
- 2018년　1월 30일　제7판 제1인쇄 발행
- 2019년　8월 12일　제8판 제1인쇄 발행

도서출판 **건기원**

(등록 : 제11-162호, 1998. 11. 24)

경기도 파주시 산남로 141번길 59 (산남동)
TEL : (02)2662-1874~5　　FAX : (02)2665-8281

★ 건기원은 여러분을 책의 주인공으로 만들어 드리며 출판 윤리 강령을 준수합니다.
★ 본서에 게재된 내용일체의 무단복제 · 복사를 금하며 잘못된 책은 교환해 드립니다.

ISBN　979-11-5767-419-0　　13550